国外经典教材译丛

图解生物技术

Biotechnology:An Illustrated Primer

原著:〔德〕罗尔夫 D. 施密德(Rolf D.Schmid)

〔美〕克劳迪娅 施密德 丹纳特

(Claudia Schmidt-Dannert)

绘图:〔德〕鲁思·哈梅勒尔(Ruth Hammelehle)

主译:姜 岷

科学出版社

北京

图字：01-2018-7935号

内容简介

生物技术是21世纪的一项核心技术，也是一门应用学科。本书旨在使读者对现代生物技术全貌与核心概念快速有概要性的理解。它是在早期版本《生物技术与基因工程图解小百科》的基础上进行了更新和补充而成，同时也加入了一些新的主题，反映了当今生物技术的发展和趋势。本书首先对现代生物所涉及的众多学科领域进行了简明扼要的阐述，主要包括：微生物学、生物化学、基因工程、细胞生物学和生物工艺学等。其次集中介绍了生物技术在各个领域的应用，包括食品和食品添加剂、工业产品、酶技术、医学领域和医学技术，以及农业和环境保护。再次总览当前应用生命科学的大趋势，包括基因组学和后基因组学、生物信息学、细胞技术和基因治疗，以及新出现的生物经济学。最后主要涉及安全和伦理的各个方面，同时包括专利和注册相关的话题。

本书是为那些要对现代生物技术各个领域有一个全局性了解的读者们而写的。对于学生、教师、专利代理人、管理者及投资者而言，也可以把它当做一本简易参考书，围绕即将到来的工业生物技术主题去寻找一个快速但又不失专业的答案。

图书在版编目（CIP）数据

图解生物技术/(德)罗尔夫 D. 施密德(Rolf D. Schmid)，(美)克劳迪娅 施密德 丹纳特著；姜岷主译. —北京：科学出版社，2019.1
（国外经典教材译丛）
书名原文：Biotechnology：An Illustrated Primer
ISBN 978-7-03-059279-8

Ⅰ. ①图… Ⅱ. ①罗… ②克… ③姜… Ⅲ. ①生物工程-图解 Ⅳ. ①Q81-64

中国版本图书馆CIP数据核字（2018）第250693号

责任编辑：刘 畅 / 责任校对：严 娜
责任印制：赵 博 / 封面设计：铭轩堂

科学出版社 出版
北京东黄城根北街16号
邮政编码：100717
http://www.sciencep.com
北京建宏印刷有限公司印刷
科学出版社发行 各地新华书店经销
*
2019年1月第 一 版 开本：889×1194 1/16
2025年1月第六次印刷 印张：25 1/4
字数：743 000

定价：218.00元

（如有印装质量问题，我社负责调换）

作者简介

罗尔夫 D. 施密德，1943 年出生于奥地利的萨尔茨堡，在德国的慕尼黑大学和弗莱堡大学学习化学和生物化学。曾担任德国杜塞尔多夫汉高公司的高级研究员，斯图加特大学工业生物化学研究所主任，监事会的前任委员和主席，德国艾本德股份公司科学顾问委员会主席，图卢兹白色生物技术科学顾问委员会主席，德国生物技术公司(VBU)协会会员，德国和法国公司的科学顾问委员会成员等。现任南京工业大学名誉教授，中德(江苏—巴登符腾堡州)生物科技双边合作德方协调员，江苏省人民政府科学技术部门科学技术发展的顾问。2007 年建立了 Bio4Business，2015 年建立了 Steinbeis-Beratungszentrum Asia Technology Consulting。共发表 380 余篇论文，出版学术专著 5 本，申请 80 余项专利。在中国和日本出版了 3 本专著，30 余篇论文。

本书译者名单

主　　译：姜　岷　　(南京工业大学)

其他译者(按姓名汉语拼音排序)：

陈可泉　　(南京工业大学)
戴晓琳　　(南京工业大学)
戴仲雪　　(南京工业大学)
董维亮　　(南京工业大学)
董亚楠　　(南京工业大学)
方　艳　　(南京工业大学)
高　军　　(南京工业大学)
胡　南　　(南京工业大学)
贾红华　　(南京工业大学)
蒋羽佳　　(南京工业大学)
马江锋　　(南京工业大学)
钱秀娟　　(南京工业大学)
孙千惠　　(南京工业大学)
吴　昊　　(南京工业大学)
信丰学　　(南京工业大学)
徐　宁　　(淮阴师范学院)
雍晓雨　　(南京工业大学)
章文明　　(南京工业大学)
周　辉　　(南京工业大学)
周　杰　　(南京工业大学)
朱书卉　　(南京工业大学)

早期版本译者名单

主　　译： 李慎涛　(首都医科大学)

　　　　　祁雅慧　(首都医科大学)

其他译者(按姓名汉语拼音排序)：

陈振文　(首都医科大学)

邓旭明　(解放军军需大学)

梁文学　(上海第二医科大学)

廖晓萍　(华南农业大学)

蔺晓薇　(吉林大学口腔医学院)

年春志　(沈阳军区疾病预防控制中心)

欧阳红生　(解放军军需大学)

覃　兰　(清华大学)

孙　明　(农业部兽医诊断中心)

徐彦辉　(清华大学)

译 者 序

生物技术、信息技术和材料科学已成为21世纪三大支柱产业。早在远古时期，人类就已开展了生物技术的实践，将其应用于食品加工、酿造等。随着科技的进步，人们逐渐掌握了科学的原理和方法，并用于指导生物技术的生产实践，出现了一系列的新产品和新成就。20世纪70年代，基因工程技术的出现为人们提供了一种全新的技术手段，带动了发酵工程、酶工程、细胞工程和蛋白质工程的发展，形成了具有划时代意义的现代生物技术，并广泛应用于食品、工业、医药、农业与环境等领域，生物技术产业已经成为当今社会最具发展潜力的行业。

当然，随着现代生物技术的发展，其分工也越来越细，这样，势必会造成这样一种局面：从事动物科学研究的人员不一定了解植物科学研究方面的情况，甚至从事基因工程改造的人员不一定知道发酵工程技术的原理，反之亦然。因此，对于任何一位从事生物技术研究的人员来说，有必要从宏观上对生物技术的各个方面有一个总体的了解，这也正是Rolf D.Schmid和Claudia Schmidt-Dannert教授写作该书的初衷。本书创新性的尝试了一种独特的方式，即以文本和图表相结合的形式来讨论每个专题，共将来自于各种学科的专业知识精简成171个专题，每个专题后配有一副彩色插图，图文并茂。读完此书后，你会知道我们日常生活中的许多生物技术，如啤酒、面包、生物药品是如何生产的，废水、废气如何利用生物技术来处理，转基因产品的安全和伦理问题等!

本人有幸将这本书翻译成中文，希望能让读者对现代生物技术的方方面面都有一个宏观的了解，开阔视野。同时，热忱欢迎读者对译文中的不妥之处批评指正。

译 者

2018年3月

Schueler。在斯图加特对本书原稿给予帮助的同事中，我要特别感谢 Jutta Schmitt、Till Bachmann、Jurgen Pleiss 和 Daniel Appel。

尽管付出了巨大的努力并进行了耐心的交叉校对，但谬误仍难免，这都是作者的过错，希望读者指出，不胜感谢，请访问网址：www.itb.unistuttgart.de/pocketguide，在此本书可得到进一步的完善。

罗尔夫 D. 施密德

2002/2003 新年于斯图加特

目 录

导　论

本书是为那些要对现代生物技术各个领域有一个全局性了解的生物学、生物化学和生物工艺工程学的学生们而写的。对于教师、专利代理人、管理者，以及投资者而言，也可以把它当做一本简易参考书，围绕即将到来的工业生物技术主题去寻找一个快速但又不失专业的答案。有鉴于此，本书将来自于各种科学学科的专业知识精简成171个彩色插图和随之更深入的文本描述，以及文献综合索引的补充。例如，交叉引用为生物技术的技术应用向其所涉及的基础科学的跳跃提供了额外帮助。

这一版保留了早期版本《生物技术与基因工程图解小百科》的格式，也有许多新主题的完全更新和补充，但书的结构有所改变。本页是开端，随后是简要的历史进展，接下来是现代生物技术各基础领域的简单介绍：微生物学、生物化学、分子遗传学、细胞生物学和生物工艺工程学。只有在第二部分集中介绍了应用，例如，食品和食品添加剂、工业产品、酶技术，以及更全面的是生物技术对医学领域和医学技术的贡献，包括抗生素、生物制剂(如抗体)的生产。本节完成了在农业(例如，动植物育种)和环境保护应用上的描述。本书的第三节总览当前应用生命科学的大趋势，包括基因组学和后基因组学作为个体化治疗的趋势，生物信息学被看做是当前大数据过程的需要，细胞技术和基因治疗，以及新出现的生物经济学，例如，能源和材料的可持续性使用。最后五章主要涉及安全和伦理的各个方面，包括专利和注册相关的话题。

本书的目标是为读者提供现代生物技术宽阔领域的简要参考。我们希望不仅成功提供一本具有吸引力和刺激性的读本，也能引导读者试图深入这一领域。

今日生物技术

基因工程和细胞技术

1973年，旧金山的Stanley Cohen和Frederick Boyer首次将设计的外源基因在宿主菌中表达。大约10年后，第一种重组药物——人类生长激素被注册了。自此以后，50多种基因工程蛋白被注册作为治疗药物，包括胰岛素(用于糖尿病)、促红细胞生成素(用于贫血患者)、第八因子(用于血友病患者)、β干扰素(用于多发性硬化症患者)，重组抗体和疫苗，还有数百种正在研发。尽管新技术首先应用在医药上，但其在农业和食品生产方面的创新潜力很快就开始显露出来。因此，人们培育了转基因作物以抵抗除草剂、昆虫或病毒。如今，这些作物主要生长在北美。通过基因修饰，花朵可以展现出新的颜色，蔬菜和水果的营养成分更高，木材的木质素含量降低以改善纸的生产。在化学工业方面，生物质(如淀粉或纤维素等)来源的化学品如生物聚合物开始替代石油产品，并且利用生物质制备生物燃料和化学品的“生物炼制”技术也开始出现。这些技术正在改变农业的面貌。高通量基因测序仪和超级计算机使得人类基因组测序更加廉价和常规，基于基因组的信息现在正被广泛应用于分析疾病的分子基础和通过靶向筛选的方法来开发新药。一些新的方法，如蛋白质组学和结构生物学，使我们对生命和疾病的化学基础有一个基本的理解。应用基因治疗方法，我们尝试用正常功能的基因去替换异常基因，这些进展与细胞生物学的巨大进步相一致，这些进步集中在多细胞生物中细胞间复杂的相互作用。人类已分化的细胞如心肌细胞和神经元，如今可以从胚胎干细胞获得，甚至可以通过诱导多能干细胞对成人的体细胞遗传改造来获得。组织工程已经成为修复创伤组织(如皮肤、骨骼或软骨)的一种外科方法。

公众认可

1998年诞生的多莉羊是第一个从体细胞克隆的动物，因此与其母亲完全相同。胚胎操作和个体遗传指纹等成就的轰动和可能造成的后果已经引发公众激烈的讨论。典型的问题有：人的生命是从什么阶段开始的？什么时候需要被保护？我们能接受克隆人吗？对于个人健康风险的决定性观点，如来自雇主或保险公司的观点，我们能接受到什么程度？分子遗传学和基因治疗将如何影响社会的年龄分布？随意对植物和动物进行遗传修饰道德吗？这些操作与生态系统和其自然多样性能协调到什么程度？新的生物技术将如何影响工业化经济体和发展中经济体之间的关系？目前还没有一个问题得到完全的解决。随着我们开始了解和干预人类大脑的机能，在全球范围内解答这些问题将变得越来越紧迫。

方法和目标

健康·营养
环境友好技术·可持续农业
药品
转基因植物
基因诊断试剂
基因治疗
健康食品
生物农作物保护
化妆品
转基因动物
环境净化
伦理观念
微生物学
生物信息学
生物化学
细胞生物学
分子遗传学
生物工艺工程

科学的基础

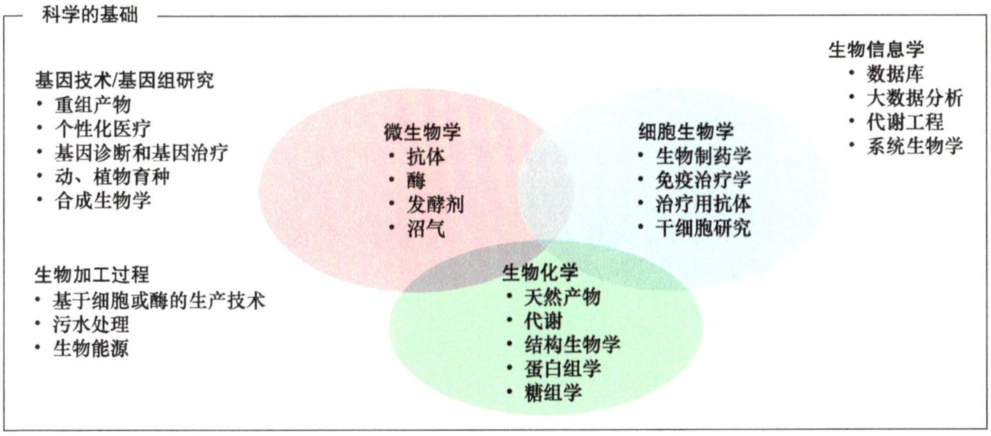
基因技术/基因组研究
• 重组产物
• 个性化医疗
• 基因诊断和基因治疗
• 动、植物育种
• 合成生物学
生物加工过程
• 基于细胞或酶的生产技术
• 污水处理
• 生物能源
微生物学
• 抗体
• 酶
• 发酵剂
• 沼气
细胞生物学
• 生物制药学
• 免疫治疗学
• 治疗用抗体
• 干细胞研究
生物化学
• 天然产物
• 代谢
• 结构生物学
• 蛋白组学
• 糖组学
生物信息学
• 数据库
• 大数据分析
• 代谢工程
• 系统生物学

微生物学

病毒

概述

病毒是一种没有自身完整代谢能力的感染性颗粒，其遗传信息储存在 DNA 或 RNA 内，并依赖于活的宿主细胞的帮助来复制。病毒通过其宿主产生的蛋白质外壳(衣壳)与其核酸(病毒颗粒、核衣壳)装配来完成复制。病毒可以感染大多数的生物，但大多数具有宿主特异性，甚至有组织或细胞特异性。病毒可根据其宿主范围、形态、核酸(DNA/RNA)及衣壳分类。在医学和兽医学领域，人类和动物病毒在早期诊断、预防和治疗起着至关重要的作用，例如，AIDS(HIV)、病毒性出血热(埃博拉病毒)、禽流感(H5N1，H7N9 病毒)或肝炎(多种病毒家族)是人类病毒疾病中的重要案例；正如家畜兽医疾病中的牛瘟(麻疹病毒)或传染性鲑鱼贫血(ISA 病毒)一样。在生物技术中，病毒可用来研制外壳特异性疫苗或成分疫苗，也可用来获得基因载体和启动子元件，并在动物细胞培养和基因治疗等方面进行应用。

动物实验病毒

1979 年，科学家利用猿猴病毒 40(SV40)的载体完成了第一个动物细胞克隆实验。这种病毒能够感染各种哺乳动物，在裂解周期或溶原周期(宿主细胞的裂解和缓慢裂解)进行繁殖，其基因组约为 5.2 kb，含有 DNA 复制所需的早期基因和衣壳合成所需的晚期基因。基于 SV40 的表达载体包含复制起点(ori)，通常还含有来源于病毒 DNA 的启动子和转录终止序列(polyA)。在进行鼠细胞转染时，一般首选牛乳头瘤病毒的 DNA 构建体(BPV)；在被感染的细胞内，DNA 构建体变成多拷贝质粒，并在细胞分裂时传递给子代细胞。在基因治疗方面，毒性弱化的反转录病毒、腺病毒和疱疹病毒等正被研究作为基因的穿梭载体，以期在疾病的治疗中进行应用。反转录病毒(如 HIV)含有 RNA 基因组，他们通常只感染正在分裂的细胞，并且编码一种反转录酶，该酶能在宿主细胞内将 RNA 反转录成 cDNA；随后，HIV-cDNA 整合到宿主的基因组上，通过强启动子指导合成病毒核酸和衣壳蛋白。目前，采用复制缺陷的反转录病毒作为载体用于基因治疗已进行了大量的研究。反转录病毒载体的一个缺点在于其可容纳的外源 DNA(插入片段)较小，而利用腺病毒作为载体则能够容纳大到 28 kb 的外源 DNA。与反转录病毒不同，腺病毒可以感染非分裂期正在的细胞，但其 DNA 不能整合到宿主的染色体 DNA 上。基因治疗中如果以神经细胞为靶细胞时，如阿尔茨海默病或帕金森病，常使用单纯疱疹病毒的衍生载体，其 152 kb 的大基因组能容纳大于 20 kb 的外源 DNA 序列的插入。此外，牛痘病毒也能容纳类似大小片段的插入并感染许多类型的细胞。

植物实验病毒

大多数的植物病毒具有 RNA 基因组，目前已知的能感染高等植物的 DNA 病毒只有两种，分别是花椰菜病毒和双子星病毒。花椰菜病毒的宿主范围很窄，其较小的基因组使其容纳外源 DNA 的能力较弱，因此只能感染十字花科植物，如甜菜和一些甘蓝品种。双子星病毒可以感染玉米和小麦等重要的农作物，因而其应用具有很高的风险。此外，在感染过程中，植物基因组会发生各种重排和缺失，导致外源插入的 DNA 很难正确的表达。

杆状病毒

杆状病毒可以感染昆虫，但不感染哺乳动物。感染后的宿主细胞会形成一种晶体蛋白(多角体蛋白)，其含量可占昆虫细胞的 50%以上。因此，在细胞培养叶蛾(一种蝴蝶)时，使用多角体蛋白启动子来表达外源蛋白是很有用的。这种系统的优点是其翻译后的糖基化修饰与哺乳动物细胞相类似。然而，该系统的规模有限，使其更多的是在实验室研究中被采用。在日本，蚕(家蚕)是最令人关注的外源蛋白表达系统，科研人员正在研究利用核多角体病毒 BmNPV 进行转染。

形状

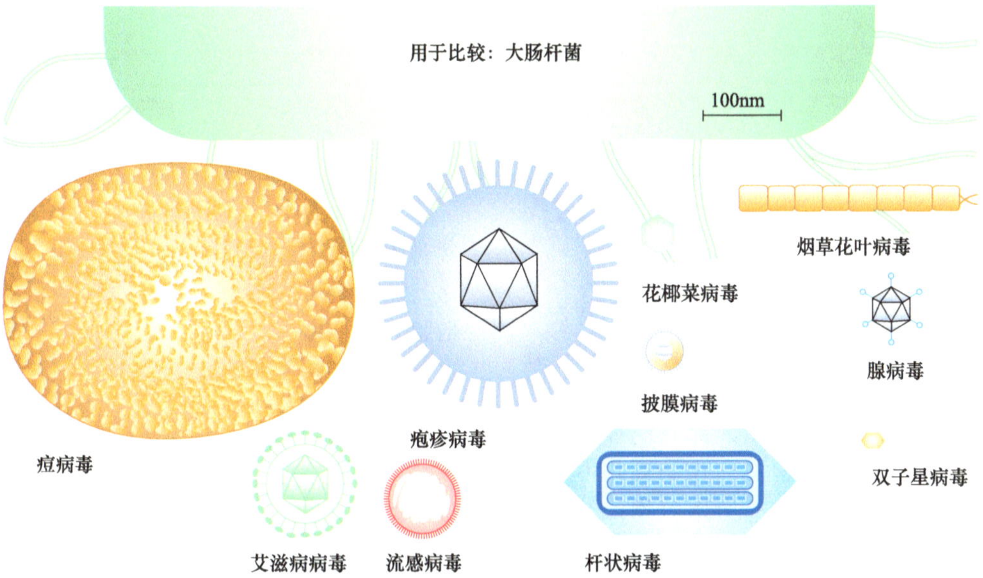

病毒	宿主	疾病	衣壳	核酸
天花病毒	人、牛	天花	复合外壳	线状DNA, d
乙型肝炎病毒	人	乙型肝炎	多角体蛋白衣壳	环状DNA, d
披膜病毒	人	麻疹	多角体蛋白衣壳	(+)-RNA, s
疱疹病毒	人、鸟	Belt rose、疱疹	多角体蛋白衣壳	线状DNA, d
艾滋病病毒	人、灵长类动物	艾滋病	圆形衣壳	2×(+)-RNA, s
流感病毒	人	流感	螺旋状外壳	(-)-RNA, 片段
腺病毒	人	普通感冒	多角体蛋白衣壳	线状DNA, d
乳头瘤病毒	牛	疣	多角体蛋白衣壳	环状DNA, d
烟草花叶病毒	烟草植物		多角体蛋白衣壳	RNA, s
花椰菜病毒	甘蓝		多角体蛋白衣壳	环状DNA, s
双子星病毒	双子叶植物		双多角体蛋白	环状DNA, s
杆状病毒	昆虫		多角体蛋白衣壳	环状DNA, s

注：s为单链，d为双链，+为有义方向，-为反义方向

反转录病毒的繁殖周期

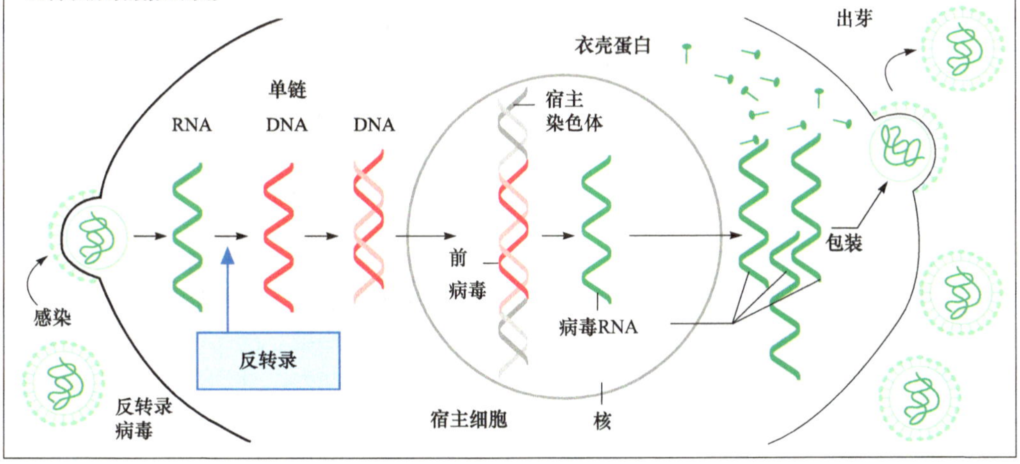

噬菌体

概述

噬菌体(bacteriophages 或简称 phages)是一种感染细菌的病毒其分类按照国际病毒分类委员会 ICTV 进行。自然界中，噬菌体无处不在，在水样品宏基因组分析中尤为丰富。由于历史上有“圣水”具有治愈效果的记载，因此它们被广泛用于细菌感染疾病的治疗，但其治疗结果并不明确。在发酵生产过程中，(如生产起始培养物)，经常会受到噬菌体感染的危险，因此，实际生产中通常会选择抗噬菌体的菌株，作为一种预防措施，防止噬菌体的感染。另外，噬菌体在基因工程中发挥重要作用，如开发克隆载体或启动子、用于 DNA 测序及用于制备基因和蛋白质文库。大多数克隆实验都是利用大肠杆菌，所以大肠杆菌特异性噬菌体(λ-, M13-, Qβ-, T-噬菌体)具有重要的作用。

λ 噬菌体

当感染大肠杆菌时，λ 噬菌体有两种增殖方式：①其线性双链 DNA(约 48.5 kbp，约为大肠杆菌基因组的 1%)不依赖于大肠杆菌基因组，进行独立繁殖，最终导致宿主菌裂解(裂解周期)，释放子代 λ 噬菌体，完成增殖；②整合到大肠杆菌基因组中，形成含有潜在原噬菌体的溶原细胞，它可以随宿主细菌一起复制数代，当遇到应激时(如温度升高或紫外线辐射)，原噬菌体基因将从大肠杆菌基因组中被切除，并裂解宿主细胞完成增殖。λ 噬菌体能形成每端包含 12 个未配对核苷酸的黏性末端(cos 位点)，这是形成环状 λ DNA 和整合到大肠杆菌基因组中所必需的。黏性末端也能为病毒基因产物 A(一种外切核酸酶)的形成产生识别信号。当 λ DNA 复制成线性 λ 基因组串联体后，内切核酸酶 A 在此位置切割，开始将子代 DNA 包装到衣壳内。柯斯质粒是构建大容量基因组文库的重要工具，是从 λ 噬菌体衍生来的，属于 λ 质粒家族(如 λEMBL4)，可以通过升高温度来进行诱导。

M13 噬菌体以不同的机制感染大肠杆菌。它含有单链的 DNA(分子量约 6.4 kb)，在感染后指导其互补链的合成；形成的双链噬菌体 DNA 不是整合到大肠杆菌基因组上而是在细胞质中连续复制，在每个细胞内可产生多达 1000 个噬菌体颗粒。在宿主细胞分裂时，噬菌体感染传给子代细胞(约 100 个/细胞)。克隆到 M13 噬菌体载体的基因可以得到单链的 DNA，这一特性对 DNA 测序很有价值。在 PCR 发明之前，也利用 M13 载体进行蛋白质的定点突变。

T 噬菌体有 7 种类型。在基因工程中，编码 T 噬菌体基因组的两种酶具有重要的作用：①T4 DNA 连接酶，不管 DNA 片段末端的质量(黏性末端或平末端)如何，都能将其连接；②T7 DNA 聚合酶，它能以单链 DNA 为模板将 DNA 聚合，已用于基因测序(Sanger-Coulson 法)。T7-RNA 聚合酶的启动子已应用于几种大肠杆菌表达载体中；T7-RNA 聚合酶可将 DNA 转录成 RNA，在基于 mRNA、tRNA、核糖体、氨基酸和 ATP 的非细胞蛋白合成体系中，这种 RNA 又可作为 mRNA。

其他细菌的噬菌体

在 1000 多种(总数大约 2800 种)已分类的噬菌体中，有 300 多种是肠细菌特异性的，230 多种是球细菌特异性的，另外杆菌特异性和放线菌特异性的各有 150 多种。另一类最近报道的噬菌体(目前是 13 种)是可以感染古生菌的线状病毒目。它们的结构和功能与其他病毒的噬菌体(包括大肠杆菌特异性的噬菌体)密切相关。其中一些与 λ 噬菌体相似，具有毒力或溶原性。在乳制品生产中，乳杆菌特异性噬菌体是一个重要的问题，具有抗性的细菌株通过防止这些噬菌体的吸附和复制来防止感染。在 5 组杆菌噬菌体中，ø105 和 SPO2 常用于转化，PBS1 用于枯草芽孢杆菌基因组序列图谱的构建；噬菌体 D3112 是假单胞菌转化首选的载体；SH3、SH5、SH10 或 øC31 是链霉菌基因工程首选的载体。

大肠杆菌噬菌体(部分)

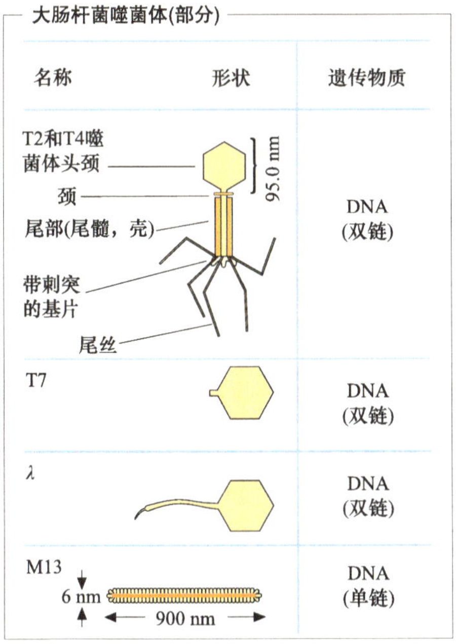

M13的感染周期

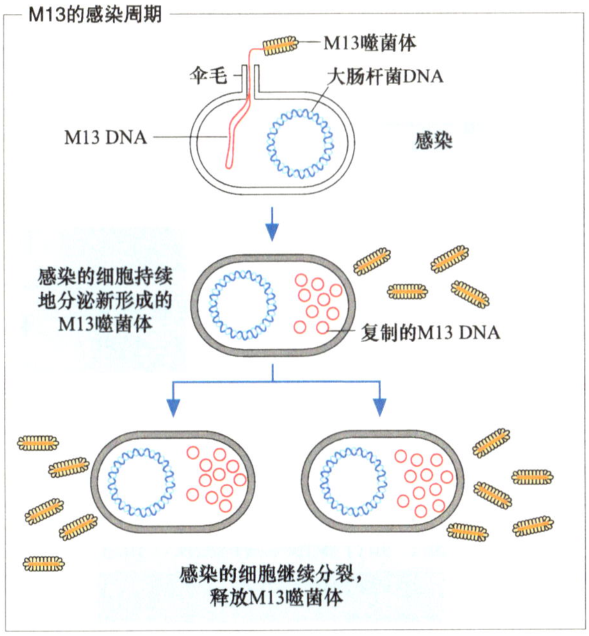

λ噬菌体的感染周期

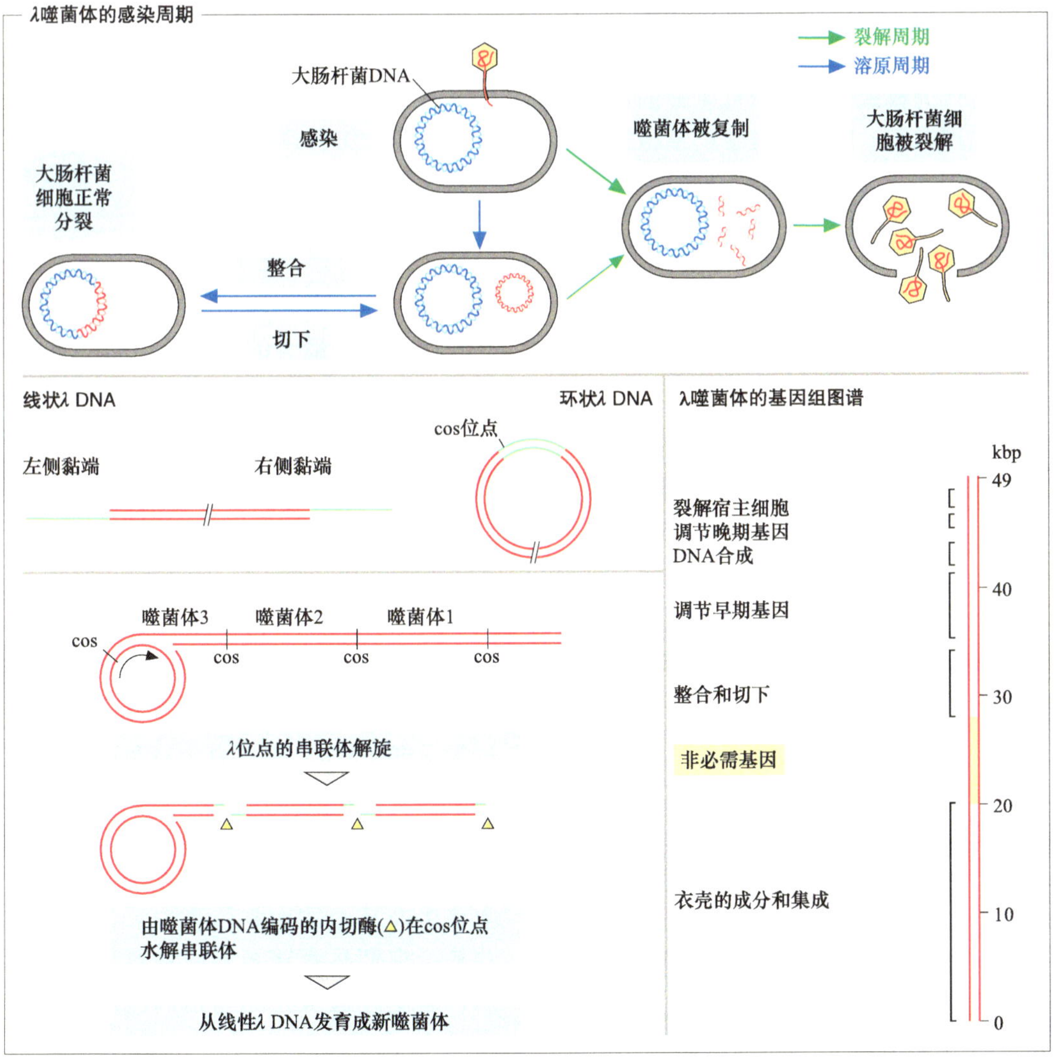

细 菌

概述

根据形态学、生物化学和遗传学的方法，以及细菌的营养需求，可以对细菌进行分类。国际细菌命名法则(ICNB)负责细菌的科学命名，目前包含约 2200 个属和 11500 个种。然而，对从土壤分离的细菌 DNA 进行分类学上的序列相关性分析似乎表明，尚未培养过的细菌种类的数量要大得多。

真细菌

真细菌分类的最古老方法是基于其形态。在简单的光学显微镜下就可以见到杆菌、球菌和螺菌，其中一些可以形成多细胞的聚集体(菌丝、菌落)，并具有其孢子或鞭毛等独特结构。染色可以进一步区分不同种类的细菌。用 H.C.革兰氏染色后，可以根据细胞壁结构进行分类：革兰氏阳性菌只有一层细胞膜，上面覆盖着一层厚的胞壁质细胞壁。而革兰氏阴性菌有两层细胞膜，之间形成周质空间。外膜被一层薄的胞壁质细胞壁覆盖，其脂多糖组分会在表面形成突起。另外还可以根据生理和生化的特性进行分类，一些重要的特性包括：

对氧的反应：微生物可以根据其在需氧或厌氧条件下的生长能力进行分类。

能量产生方式：微生物可以通过光合作用(光能利用菌)，呼吸作用或发酵(化能营养菌)产生能量。

首选电子供体：有机营养微生物利用有机化合物，无机营养微生物利用无机化合物，例如，H_2、NH_3、H_2S、CO 或 Fe^{2+}。

碳源：自养微生物能够固定 CO_2；异养微生物从有机化合物中获得碳。

与其他生物的关系：腐生微生物是自主的，而寄生微生物需要依赖宿主。

噬菌体分型：对噬菌体的敏感性也可以用于分类鉴定。

对环境的适应：嗜常温微生物在正常的条件下生长，而极端微生物能适应温度、压力、pH 或电解质浓度等极端条件。

细胞内含物、色素、细胞壁化学成分和细胞膜（脂肪酸组成）、细胞表面的免疫学差异、对抗生素的敏感性，可以用来进一步区分表型。最近，对细菌进行基因分型已越来越重要。例如，根据细菌 DNA 中的 GC 含量可以进行粗略的分类，而细菌基因组的完全测序能够提供精确的分类。1972 年发现的对编码 16S、18S 或 23S rRNA 的 DNA 序列进行测序，是分类学中非常有用的方法。这种 DNA 含有进化过程中高度保守的序列，其序列分析结果表明微生物可分为三个大的家族：古细菌、真细菌(原核生物)和真核生物。从环境样品中分离到的 DNA，如果其编码 16S、18S 或 23S rRNA 的序列与保藏中心的序列相比，若相似度小于 5%，表明样品中 95%以上的微生物尚未被培养(宏基因组分析)。

特性和分类

细菌的快速分类鉴定在医院、兽医医疗、食品生产、环境卫生及微生物和遗传实验室中是非常重要的。常用的鉴定方法有显微镜法、染色法、确定“分析特性指数 API”（基于在各种底物中的生长）、膜的脂肪酸组成和对编码 16S、18S 或 23S rRNA 的分类特异性序列进行 DNA 分析。对微生物进行精确的分类往往十分繁琐，并且需要考虑大量的实验资料，通常是由菌种保藏库的实验室来完成。

基因组测序

截止 2013 年，大约 2100 种细菌和超过 140 种古细菌已经完成基因组测序，其中包括许多人类致病菌，例如，结核分枝杆菌。基因组分析表明，微生物存在许多可调控的代谢途径，可以通过代谢工程加以利用。

单细胞细菌的形状

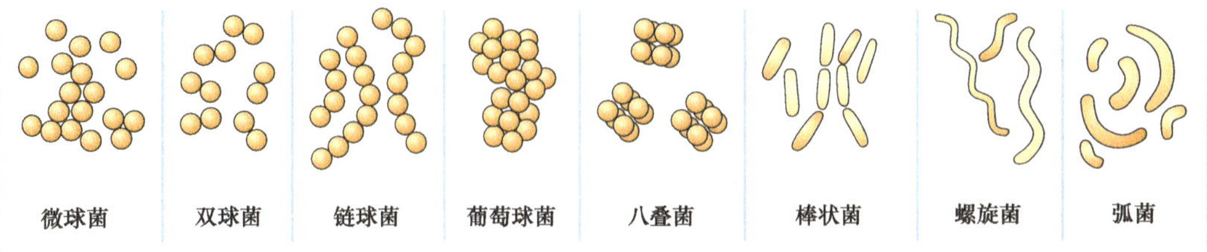

细胞壁组成和革兰氏染色

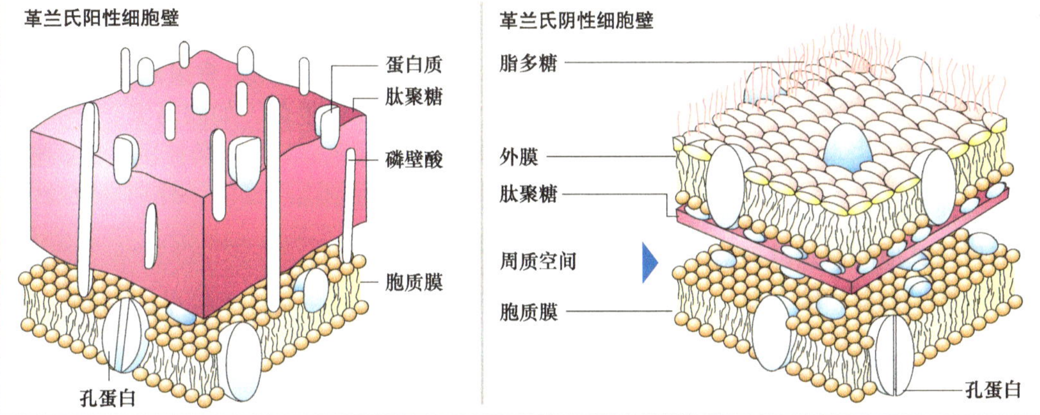

生化鉴定

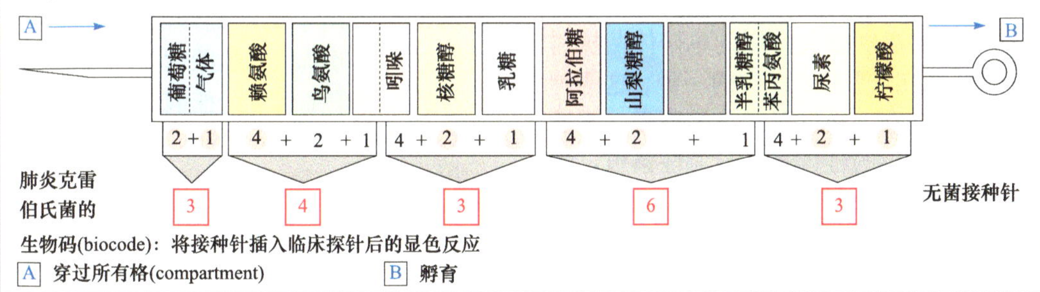

系统发育学和培养

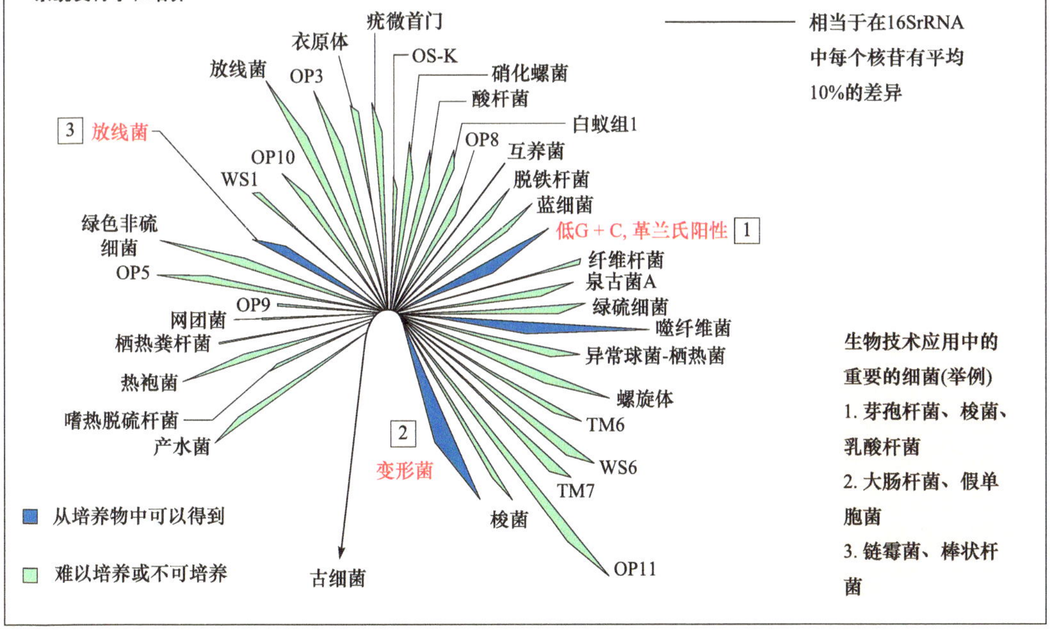

真 菌

概述

真菌在生物圈的碳代谢中发挥着重要的作用，如木材的腐烂和腐殖酸的形成。菌根真菌与植物的根密切相关，可以帮助植物摄取营养，而其他一些真菌(如霉菌)是危险的植物病原菌。真菌是食物腐败的罪魁祸首，但在发酵食品生产中也发挥着重要作用，一些真菌能够生产抗生素或有价值的酶。在已分类的 70 000 多种真菌中，子囊菌约有 20 000 种，是最大的一个亚组，包括点青霉和黑曲霉。在低等真菌中(接合菌)，根霉和毛霉在生物技术中的作用最为重要。在约 12 000 种蘑菇(担子菌)中，有些是可食用的(如蘑菇、香菇、鸡油菌、美味牛肝菌)，其他的则主要参与木材的降解(白腐菌和红腐菌)。目前已知大约有 300 种真菌对人有致病性；所有真菌都是异养生长，其细胞壁由几丁质和葡聚糖组成。

繁殖方式

真菌的繁殖方式多种多样，这里以子囊菌为例。细胞团(原植体)由菌丝体组成，而菌丝体是由菌丝组成。在无性繁殖过程中，菌丝体顶端的分生孢子梗分裂并形成孢子(无性分生孢子)，进而长成新的菌丝体。与大多数真菌一样，子囊菌也可以通过有性的方式进行繁殖，形成不同的表型(二态性)。在这种情况下，其菌丝形成雄性和雌性器官(雄器和产囊体)，在胞质融合期间，两者融合成双核菌丝，再发育成子囊果(子实体)。在双核菌丝的末端细胞中，两个核融合成二倍体的接合子(核配)，然后减数分裂将接合子转变成 8 个单倍体的子囊孢子(担子菌形成 4 个担孢子)，进而再长成菌丝体。

黄青霉

以菌丝体的形式生长，形成子实体并释放孢子(分生孢子)用于无性繁殖。像青霉菌一类的真菌已失去了有性繁殖的能力，这类真菌被称为半知菌。因此，如果在实验室繁殖期间需要重组，必须使用不同类型的核(异核现象)进行原生质体融合。产黄青霉和产黄顶孢霉可以合成内酰胺类抗生素，因而是重要的工业微生物；其他青霉菌，如沙门柏干酪青霉，则在奶酪成熟过程中起着重要作用。黄青霉的基因组约为 32 Mb，其序列于 2008 年公布。

构巢曲霉

分生孢子的形状与青霉菌不同，其基因组为 30.5Mb。米曲霉用于工业化生产胞外酶，也是生产其他真核来源重组酶的良好宿主菌。在亚洲国家中，各种曲霉在食品生产中发挥着重要作用，如酱油、日本豆面酱和清酒，而且与这些产品生产相关的遗传和生化特性也被详细分析。曲霉也可用于胞外酶的生产，如蛋白酶或淀粉酶；此外，它们也是生产可分泌重组真菌酶的首选宿主菌。黑曲霉是生产柠檬酸和葡糖酸的首选微生物。与青霉菌一样，这类霉菌通常采用原生质体融合和筛选的方法来改良菌株。随着构巢曲霉、黑曲霉、米曲霉以及其他 8 种曲霉基因组序列的相继获得(2013 年)，基于目标特征的分子遗传分析，进而定向改良菌种的研究正快速发展。

米根霉

是一种生长在米上的接合菌。黑根霉是面包上生长的一种黑霉，其菌丝生长很快，依靠其底物传播，通过在分化的菌丝体(孢子囊)形成孢子来进行无性繁殖。根霉以及相近的毛霉菌也能在腐败的有机物上生长，并合成大量的胞外水解酶。因此，它们成为生产胞外酶(如脂酶和蛋白酶)的重要微生物。米根霉的基因组大小为 45.2 Mb，其序列于 2009 年测序完成。枝毛霉是第二种基因组测序完成的毛霉。

真菌的形态学特征

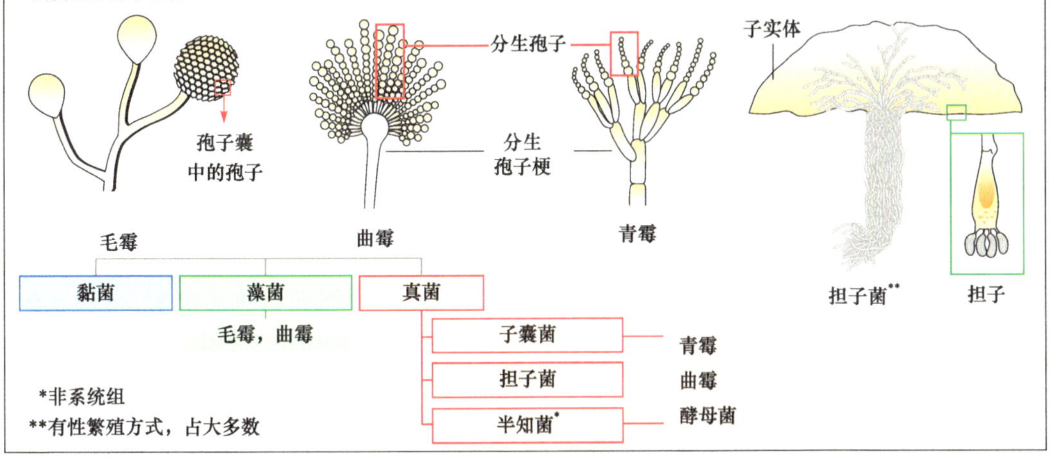

黑曲霉，一种子囊菌

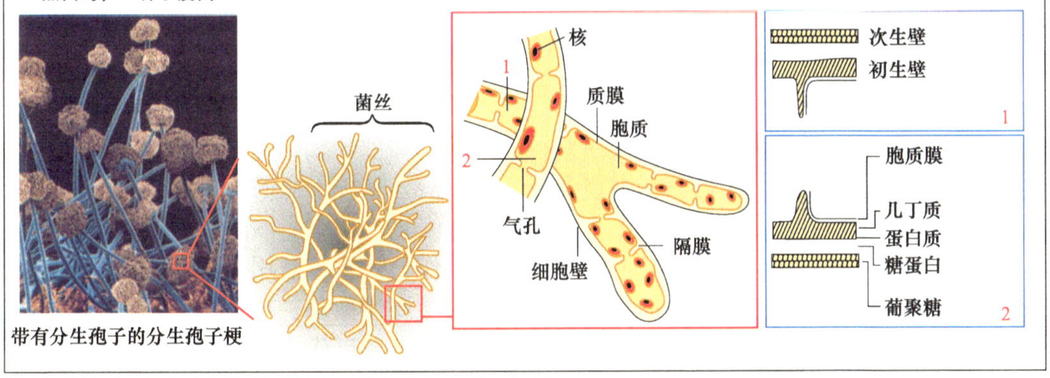

子囊菌的繁殖周期

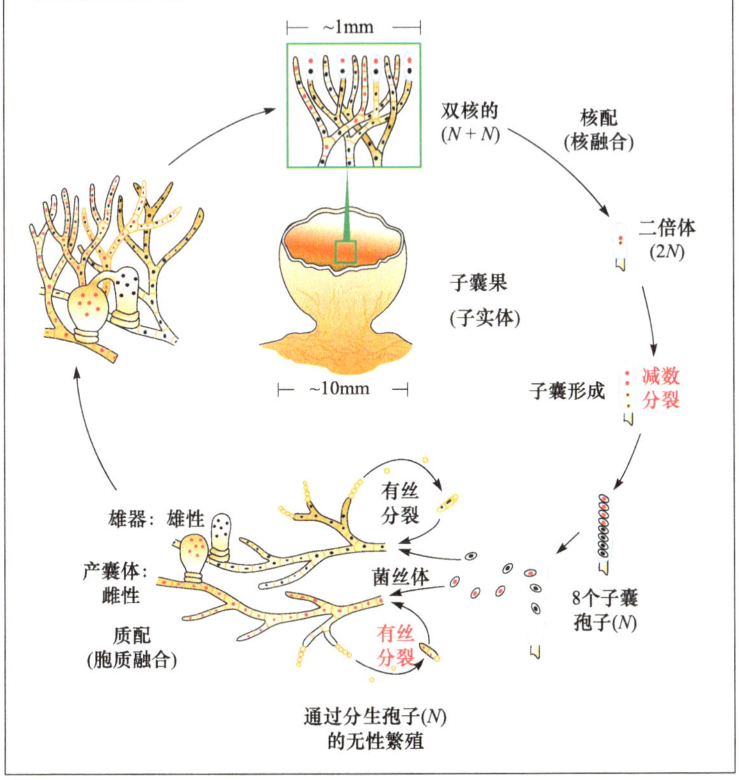

准性生殖，以曲霉为例

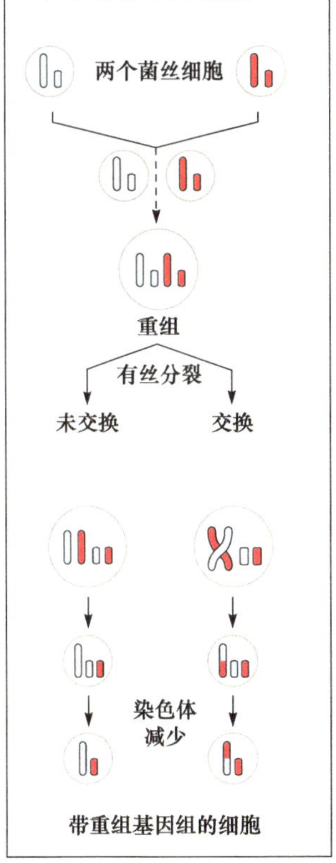

生物技术中用到的一些重要细菌

概述

细菌在生物技术中发挥着重要作用，例如，大肠杆菌、恶臭假单胞菌、枯草芽孢杆菌、天蓝色链霉菌和谷氨酸棒状杆菌。

大肠杆菌

是哺乳动物大肠中的一种腐生菌，属于肠细菌属，呈杆状，带有鞭毛，其细胞壁染色为革兰氏阴性，两层膜包裹并形成壁膜周质空间。在厌氧条件下，大肠杆菌通过发酵产生能量并产酸；在有氧的情况下则通过呼吸链提供能量。在最适条件下，其倍增时间约为 20 min。大肠杆菌基因组大小约为 4.6 Mb，G+C 含量为 51%。尽管大肠杆菌是了解最清楚的微生物之一，如 *E. coli* K-12 MG1655 的基因组在 1997 年就已测序完成，但是仍有约 4300 个开放阅读框(ORFs)的基因产物的功能尚未完全了解。在生物技术中常用大肠杆菌作为宿主菌表达非糖基化的蛋白质，如胰岛素、生长激素和抗体片段。由于大肠杆菌在人的大肠中生长，属于 S2 安全组；因此，研究人员常使用减毒的大肠杆菌菌株，以便可以像 S1 组的生物一样，在正常的微生物学安全条件下对其进行操作(如大肠杆菌 K12)。大肠杆菌也常被用于克隆实验，目前已开发了多种质粒载体用于在大肠杆菌中克隆外源基因，例如，用 BAC 克隆载体来构建基因组文库。

恶臭假单胞菌

一种带有极性鞭毛的杆菌，在水中进行有氧生长。细胞壁有两层膜，形成的壁膜周质空间，革兰氏染色为阴性。恶臭假单胞菌的基因组约为 6.1 Mb，G+C 含量为 61%。假单胞菌在降解芳香化合物上具有广泛的遗传潜力，并且可以通过质粒水平转移。在生物技术中主要用于环境领域研究。

枯草芽孢杆菌

一种无鞭毛的杆菌，在土壤中有氧生长。在不利的条件下，形成休眠状态的耐热孢子；其细胞壁革兰氏染色为阳性且只有一层细胞膜，通过电子传递链产生能量。在最适生长条件下，其倍增时间约为 20 min。枯草芽孢杆菌的基因组已测序完成，其大小约为 4.2 Mb，G+C 含量为 44%。在生物技术中，枯草芽孢杆菌是生产胞外酶(如蛋白酶、纤维素酶和淀粉酶)的首选微生物，也可用于生产杆菌肽等抗生素。目前，基因组精简 20% 的生产菌株已经构建成功，其纤维素酶和蛋白酶的产量可提高 2 倍以上。

谷氨酸棒状杆菌

一种棒状杆菌，可在许多生境中生长，包括一些病原菌，如白喉棒状杆菌。棒状细胞在有氧条件下生长，革兰氏染色为阳性。谷氨酸棒状杆菌的基因组已于 2003 年测序完成，其大小约为 3.1 Mb，G+C 含量为 56%。谷氨酸棒状杆菌的负调节和代谢工程突变株是生产 L-谷氨酸和 L-赖氨酸的重要菌株。谷氨酸棒状杆菌是合成生物学的首选菌株，已有文献报道其突变株利用生物质大量生产乳酸、琥珀酸、1,2-丙二醇和苯胺。目前已提出一种基于谷氨酸棒状杆菌突变菌株的 Corynex 系统，可工业化生产药物蛋白，该方法不仅收率高，还具有良好的下游加工过程。

天蓝色链霉菌

是一种来自放射菌属的土壤微生物，以菌丝体的形式繁殖，可形成气生菌丝，进而产生能形成孢子的分生孢子；其细胞壁革兰氏染色为阳性且只有一层膜；与其他大多数链霉菌一样，天蓝色链霉菌能够降解纤维素和几丁质。天蓝色链霉菌的线状基因组已测序完成，约为 8.7 Mb，是大肠杆菌基因组的两倍，G+C 含量为 72%。基因组中约有 8000 个结构基因，主要编码产生次级代谢产物(如抗生素)所需的酶。

在生物技术中很重要的一些菌

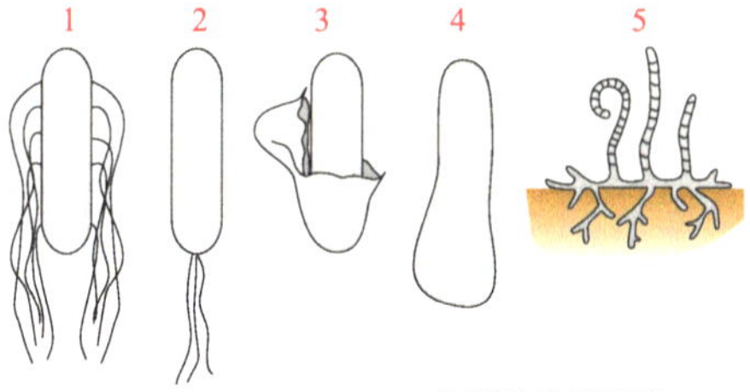

1 大肠杆菌
2 恶臭假单胞菌
3 枯草芽孢杆菌
（从孢子发育）
4 谷氨酸棒状杆菌
5 天蓝色链霉菌
（带无性孢子）

	1	2	3	4	5
鞭毛形成	+	+	–	–	–
革兰氏染色	–	–	+	+	+
孢子形成	–	–	+	–	+
需氧生长	+	+	+	+	+
G + C含量	51	61	44	56	72
基因组大小/Mb	4.6*	4.2	4.2*	3.1*	8.7*

*基因组测序已完成

大肠杆菌K12宿主菌

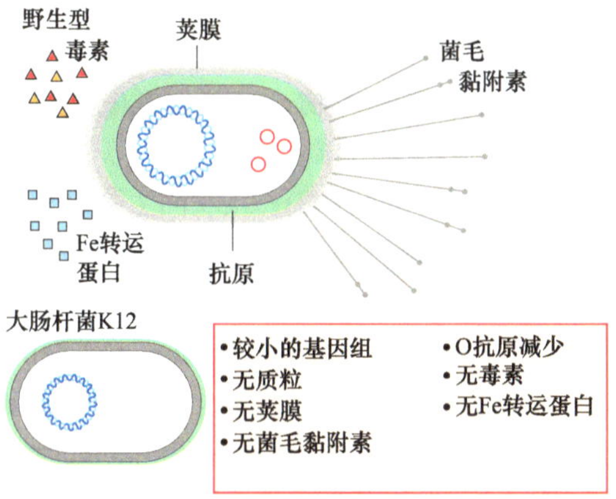

E. coli K12基因组：基因功能

总数	~4485
酶	~1500
转运蛋白	~600
调控蛋白	~400
外源启动基因	~300
膜蛋白	~250
结构蛋白	~200
载体蛋白	~100
RNA合成	~150
其他	~300
未知功能	~600

谷氨酸棒状杆菌

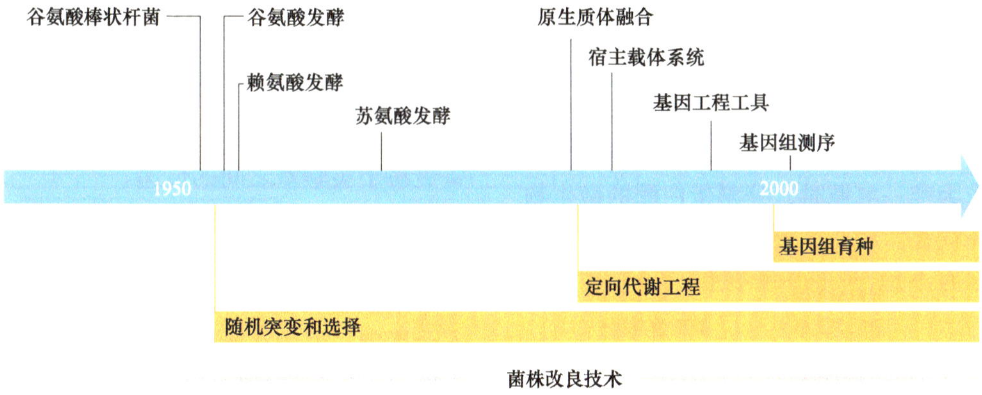

一些全测序的原核生物基因组

	疾病	基因组大小/Mb
流感嗜血杆菌	儿童期脑膜炎	1.8
幽门螺杆菌	溃疡	1.7
肺炎支原体	细菌性肺炎	0.8
结核分枝杆菌	肺结核病	4.4
梅毒螺旋体	梅毒	1.1
麻风分枝杆菌	麻风病	3.3

微生物：菌株改良

概述

从环境中分离的微生物很少具备工业应用所需的所有性能，因此通常需要一系列的突变和选择来对其进行优化。菌株改良的目的通常是：①提高目的产品的产量；②去除不必要的副产物；③改善微生物在发酵期间的基本性能(如减少发酵时间、降低干扰色素的形成、抗噬菌体)。使用微生物的一个最大优点是其倍增时间短(通常少于 1 h)，可以在很短的时间内产生和筛选大量的突变体。在真核微生物中(如真菌)，还必须考虑到重组事件。随着微生物代谢、基因组调控和编码知识的不断积累，对确定的代谢步骤进行定向的缺失或放大的遗传改良方法也在不断优化(代谢工程)。

突变

一个具有正常稳定性的基因(1000 bp)，其自发突变的频率(由于复制过程中自然突变事件和错误引起的 DNA 序列的改变)约为 10^{-7}。大多数的突变保持沉默，或在遗传上、功能上以及通过 DNA 修复机制等，会回复到原始状态。因此，对于工业菌株的改良需要更为严格的突变条件：选择的方法通常是使用紫外诱变和化学诱变，根据实验目标不同，选择使死亡率达到 90%至>99%的筛选条件，随后根据存活菌株的表型再选择符合预期性能的菌株。

表面培养筛选

表型选择通常与选择性分离高产突变株具有相同意义。这种实验的关键要求是能够有一种指示反应，例如，如果突变体能够在包含抗生素、抑制剂或噬菌体的营养琼脂上生长，则可通过鉴定具有相应抗性的表型筛选得到突变体菌株。其方法是首先影印铺板至营养丰富的琼脂上，随后再铺板至选择培养基上，这样可以产生很有用的信息。在含有青霉素的琼脂上(青霉素抑制生长中的细胞)进行富集，有助于鉴定营养缺陷型突变体；这些突变体依靠某种已知的代谢物来生长。如果要分离可产生产量较高的生物活性代谢物(如抗生素或酶)的突变体，可以用抑制圈或裂解圈的大小作为指标。例如，如果需要筛选脂酶，琼脂平板上菌落周围会出现不透明的光圈，光圈的直径取决于三酰基甘油酯的含量，进而可推测脂肪酶产生的数量。这种选择方法的最大优点是：①标准的选择比较灵活；②用肉眼即可筛选到大量的突变体(一块琼脂平板上几百个)。如果这种简单的方法不可用，则必须开发高通量的方法。已报道的许多方法已经达到了这个目的，包括生化指标反应、免疫分析；最为不利的情况是需要对每个突变体细胞进行分析，这种情况通常需要微型板，通过 HPLC、毛细管电泳或类似的方法进行筛选。然而，由于这些方法产生的突变是随机的，所以得到的菌株通常有几个基因的缺陷，必须要用不同的实验来测试其作为生产菌株的性能指标。为此，可先用摇瓶对其生长、生产性能和其他特性做进一步的筛选，随后用小发酵罐在与生产工艺相同的条件下在进行筛选，再将最佳候选菌与野生型或突变较少的菌进行回交，以减少多代随机突变而造成的副作用。

浸没培养筛选

连续发酵也可用来筛选微生物。方法是将纯培养物在包含诱变剂的恒化器中生长，并经受选择压力，如用贫瘠的碳源逐渐更换优质的碳源。在连续生长过程中，那些能够更好适应生长条件变化的突变体逐渐显现。然而，这种方法并不适合筛选那些只在高浓度下形成目的代谢产物的突变体。

微生物的菌株改良

突变原	机制	应用
物理因素		
电离辐射(X射线)	导致单链或双链DNA断裂	主要的遗传改造
紫外线(254nm)	胸苷和胞苷形成二聚体	点突变
化学因素		
亚硝酸盐	将腺嘌呤脱去氨基形成次黄嘌呤，胞苷脱去氨基形成尿苷	点突变
烷化剂	使嘌呤烷基化	点突变
碱基类似物	掺入到复制的DNA内	主要的遗传改造
吖啶橙	插入到DNA内	主要的遗传改造
生物学因素		
转座	在一条染色体内转移DNA元件	基因标记物

复制铺板和青霉素技术

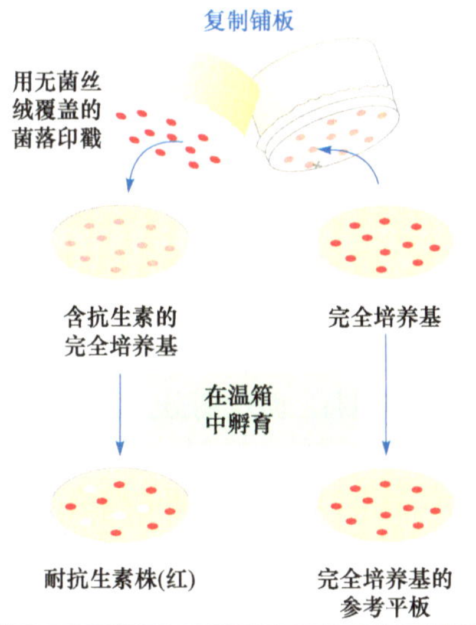

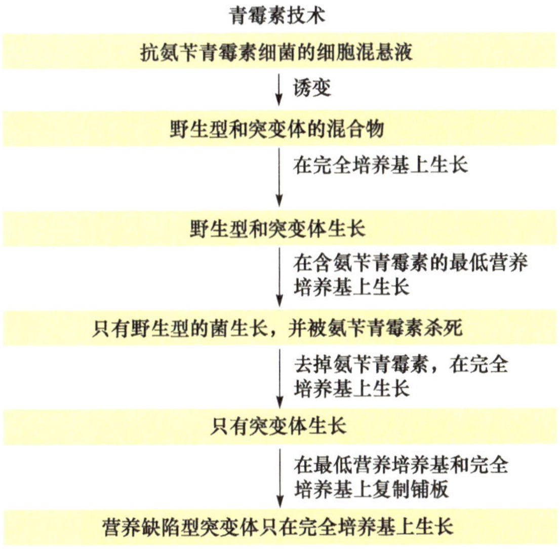

选择培养基在改变的温度下生长

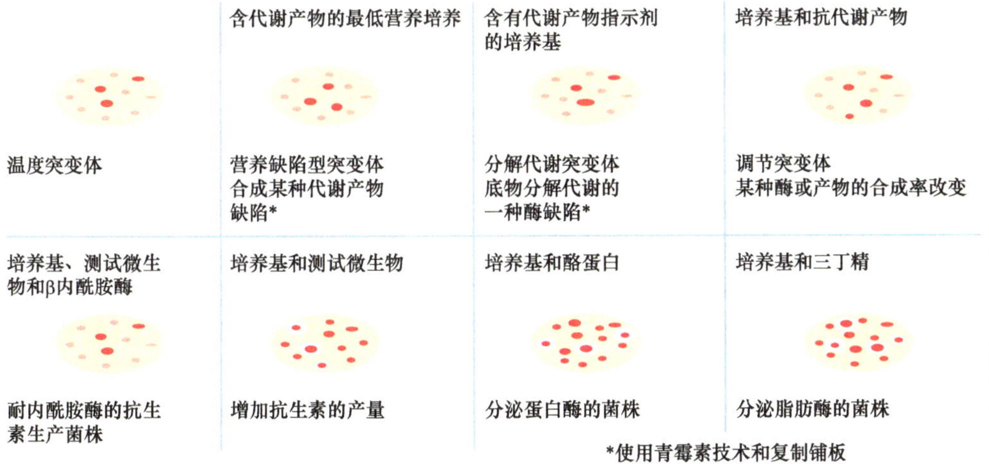

*使用青霉素技术和复制铺板

氨基酸、多肽、蛋白质

氨基酸

几乎所有的多肽和蛋白质都是由 20 种不同的氨基酸构成;其中 19 种是 L-构型手性氨基酸。氨基酸之间通过肽键形成多肽或折叠成蛋白质。多肽和蛋白质的空间构型是由氨基酸的序列和侧链的性能决定的。这些侧链可以是极性的(羟基、酰胺或巯基基团)或带电的(羧基、氨基基团)基团,可形成分子间的离子键或氢键;也可以是非极性的基团(烷基、芳香基、仲胺、硫醇醚),使得分子间形成疏水作用。所有的氨基酸至少有 2 种电离基团,有时会出现 3 种;氨基酸是否带电荷取决于溶液的 pH,在其等电点(pI)时氨基酸净电荷为 0,在电泳时就不会发生迁移;另外多肽和蛋白质的许多电离基团也有其等电点。许多多肽和蛋白质包含特殊的,不包含在 20 种蛋白质源性氨基酸之内的氨基酸和氨基酸衍生物,例如,胶原纤维包含 4-羟脯氨酸和 5-羟赖氨酸。一些特殊的非蛋白质氨基酸[如 γ-氨基丁酸(GABA)]或降解产物(如组胺)是神经系统的传递介质;另外一些多肽类抗生素通常也包含特殊氨基酸。目前,许多氨基酸作为食品和饲料添加剂已工业化大规模生产。

多肽

通常作为信号分子,可形成抗氧化剂,如谷胱甘肽、激素(如胰岛素)和生长因子[如粒细胞-CSF(集落刺激因子)]。多肽是由氨基酸经二维顺式肽键形成,有限的转动自由度极大地降低了肽链构象的数量。一条肽链允许的构象表现为拉氏构象图,多肽形成的二级结构取决于 N—H 和 C═O 基团间形成的分子间氢键的数量,一个螺旋多肽构象为每圈 3.6 个氨基酸,因而非常稳定(α-螺旋)。相比之下,伸展的 3_{10} 螺旋在所有蛋白螺旋中仅出现 10%。两个相邻肽链间形成的相同类型的氢键会产生β-折叠。多肽或蛋白的拓扑学(三级结构)是由其氨基酸序列和侧链结构共同决定的。

蛋白质

由一个或多个肽链组成,通常在非共价作用下形成特殊结构。球状蛋白由约 31%的α-螺旋和约 28%的β-折叠组成,剩下约 40%的序列形式为无规卷曲和折叠。β-转角由 4 个氨基酸组成,其中第 3 个位点是甘氨酸,它们通常连接 2 个β-折叠相连,并开始肽链的转向。利用这种局部结构,生物信息学程序通常可以预测部分蛋白质结构,甚至是更加精确的蛋白结构。蛋白结构通常分为初级结构(=氨基酸序列)、二级结构(螺旋和β-折叠)、三级结构(一条多肽链的 3D 结构)和四级结构(组成蛋白的多条肽链的 3D 结构)。到 2014 年,约 100 000 种蛋白质的 3D 结构已解析,大多数是通过蛋白质晶体的 X-射线分析得到的,也有一部分是通过对溶解蛋白进行高分辨率的 NMR 光谱分析得到的。利用已知的庞大的蛋白质数据库,现在可以使用生物信息学方法并基于其氨基酸序列对蛋白质结构进行预测,这对于难以结晶而无法使用 X-射线分析的膜蛋白来说至关重要。最新研究表明,通过同步加速器的电子束分析极小晶体的衍射已经成为可能。蛋白质大小以千道尔顿(kDa)为单位,其序列由三联体密码(单字母缩写形式)编码的氨基酸组成。蛋白质通常受到其他基团的修饰,如血红素或磷酸基团、金属离子或糖侧链。除了作为代谢中的催化剂外,一些特殊的蛋白质在生物体内还有一些重要的功能,例如,血清白蛋白、血红蛋白和铁蛋白是血蛋白;一些蛋白负责免疫系统调节和协调防御机制,以及特定细胞类型的生长;一些蛋白如肌球蛋白(肌肉)和胶原(结缔组织)则参与生物体形态的形成。

形成蛋白质的氨基酸

氨基酸	三联密码子	密码子	类型	等电点
丙氨酸	Ala	A	疏水	6.00
精氨酸	Arg	R	基础	11.5
天冬酰胺	Asn	N	极性	5.41
天冬氨酸	Asp	D	酸性	2.77
半胱氨酸	Cys	C	极性	5.02
谷氨酰胺	Gln	Q	极性	5.65
谷氨酸	Glu	E	酸性	3.22
甘氨酸	Gly	G	极性	5.97
组氨酸	His	H	基础	7.47
异亮氨酸	Ile	I	疏水	5.94
亮氨酸	Leu	L	疏水	5.98
赖氨酸	Lys	K	基础	9.59
甲硫氨酸	Met	M	非极性	5.74
苯丙氨酸	Phe	F	疏水	5.48
脯氨酸	Pro	P	疏水	6.30
丝氨酸	Ser	S	极性	5.68
苏氨酸	Thr	T	极性	5.64
色氨酸	Trp	W	疏水	5.89
络氨酸	Tyr	Y	极性	5.66
缬氨酸	Val	V	疏水	5.96

肽键/多肽

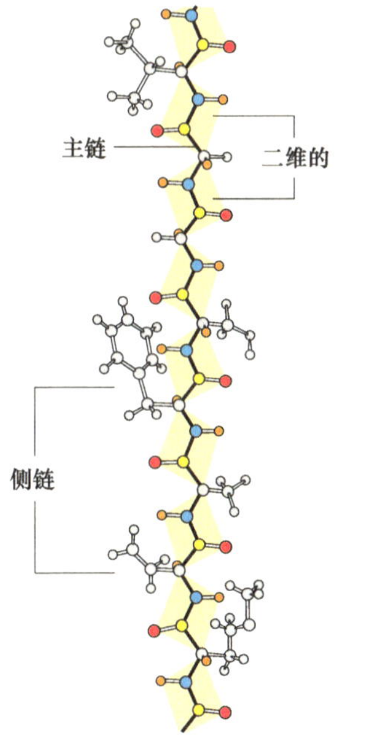

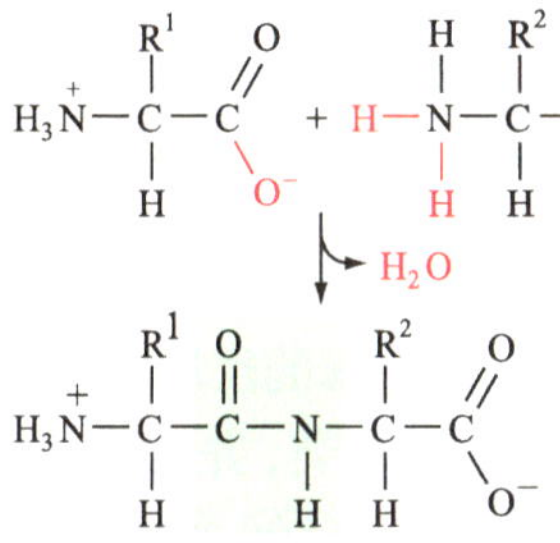

两个氨基酸形成一个二维的肽键架构

α-螺旋和β-折叠

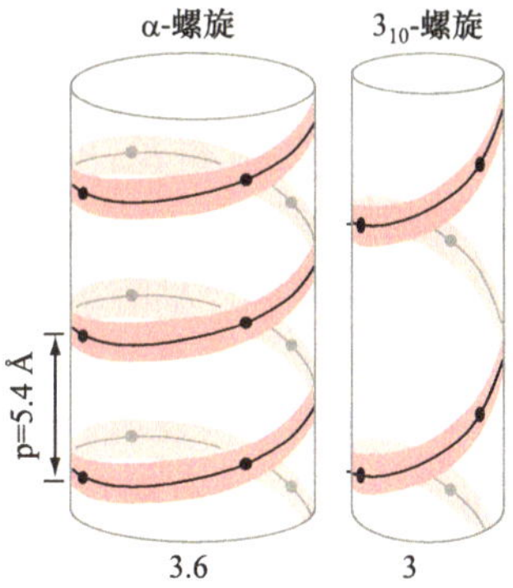

每个螺旋的氨基酸残基数

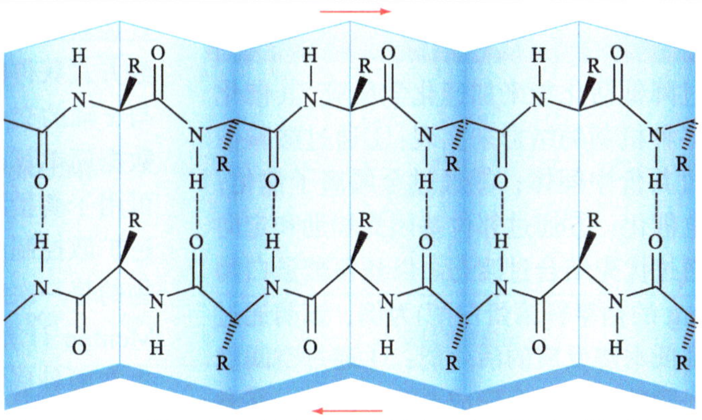

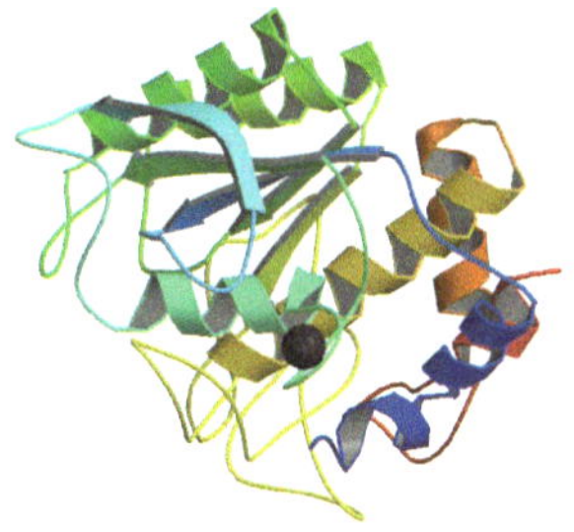

枯草杆菌蛋白酶，一个芽孢杆菌的蛋白酶(27.3 kDa，一个肽链，274个氨基酸)
带状：α-螺旋
箭头：β-折叠
蛋白链依据彩虹色梯度从N-末端到C-末端标记
kDa：千道尔顿；1道尔顿是^{12}C的分子质量的1/12

糖、糖苷、寡糖、多糖

概述

糖类的结构单元是单糖，在异养生物中通过糖异生代谢途径形成，在光合自养生物如植物中由光合作用从CO_2和H_2O合成。葡萄糖是一种六个碳原子的最为重要的单糖，当然，其他种类的糖在代谢中也发挥着重要作用。两种戊糖：核糖和脱氧核糖是核酸的主要成分。少量的糖单元可组成寡糖，而多个糖单元则组成多糖。单糖和寡糖通常与蛋白质(糖蛋白)或脂质(脂蛋白)相连接，被称为“糖复合物”，常表现出结构和调控功能。生物技术生产的许多酶都是糖蛋白，源于人体的糖复合物在宿主微生物中的再生对于生物技术是非常重要的，但这往往很复杂(糖生物学)。

单糖

是直链聚羟基醛-衍生物(醛糖)或酮-衍生物(酮糖)。链长为3(C-3)的糖有一个立体中心，因此可形成$2^1=2$个立体异构体，其绝对构型取决于最简单的代表：D-和L-甘油醛。C-4糖有2个立体中心，形成4个立体异构体，C-5糖有3个立体中心(8个立体异构体)，C-6糖有4个立体中心(16个立体异构体)。只有少数立体异构体是中心代谢产物，但重要的一点是所有可能的立体异构体已经存在于天然化合物中，如抗生素(稀有糖)。C-3和C-4糖以开链方式存在，C-5和C-6糖则形成环状半缩醛或半缩酮(C-5：呋喃糖，C-6：吡喃糖)；在这一反应中，缩醛/缩酮的碳原子(异头碳)形成新的立体中心，通常称为α-或β-糖苷键。随着一个醇分子结合到另一分子的碳原子上，缩醛或缩酮即可形成。糖类大多数以平面哈沃斯准则形式存在，然而其四面体sp^3-C则形成椅子或船形构象；极性羟基基团定位在交错位置上，优先形成重叠构象；糖的优势构象可以通过NMR光谱推测获得。在水溶液中，D-葡萄糖几乎完全以β-D-吡喃葡萄糖的形式存在，而D-核糖以75%的β-D-吡喃核糖和25%的β-D-呋喃核糖形式存在。

糖衍生物

在代谢过程中，单糖通常在C1位置被氧化形成糖醛酸，比如D-葡萄糖转变为D-葡萄糖醛酸。维生素C(L-抗坏血酸)是一种部分氧化并具有内酯键的木糖。醛基或酮基的还原会产生糖醇，重要的脂质组分如甘油(C-3)和肌醇也属于这一类。一个羟基被还原可生成脱氧糖，例如，果胶的一种组分6-脱氧-L-甘露糖(α-L-鼠李糖)。单个羟基可以被氨基替代，如*N*-乙酰甘露糖胺；*N*-乙酰神经氨酸是通过与丙酮酸的醛醇缩合作用形成的，它是糖蛋白和细菌细胞壁的一种组分。糖磷酸酯是重要的化合物，由于“活化糖”的高能性，在代谢、生物合成和胞内信号中发挥重要的作用。

寡糖

是通过糖苷键连接形成，可在糖苷酶作用下裂解。活化的糖分子之间(通常为核苷糖，如尿苷二磷酸葡萄糖)可形成糖苷键，并合成具有光学活性的糖苷，可分为α型和β型，比如缩醛和缩酮。最简单的寡糖是二糖，如蔗糖和乳糖。

多糖(聚糖)

是天然化合物，可作为植物和昆虫的结构组分、纤维(棉花)或能源储存物(淀粉)。活化的单糖通过糖苷键形成多糖，根据组成单元可将多糖分为同多糖和杂多糖，如葡聚糖(由葡萄糖残基组成)、半乳聚糖(由半乳糖残基组成)。多糖还可以分为无支链(如纤维素)和有支链(如淀粉)两种类型，都可以被糖苷酶降解。在生物技术中，淀粉、纤维素和半纤维素是发酵的碳源，一些动物、植物或微生物多糖，如透明质酸、海藻酸盐和葡聚糖可用于医疗或作为精细化学品。一些微生物杂多糖如黄原胶可作为增稠剂用于食品和三次采油技术中。

单糖

醛糖　　　　　　　　　　　　酮糖

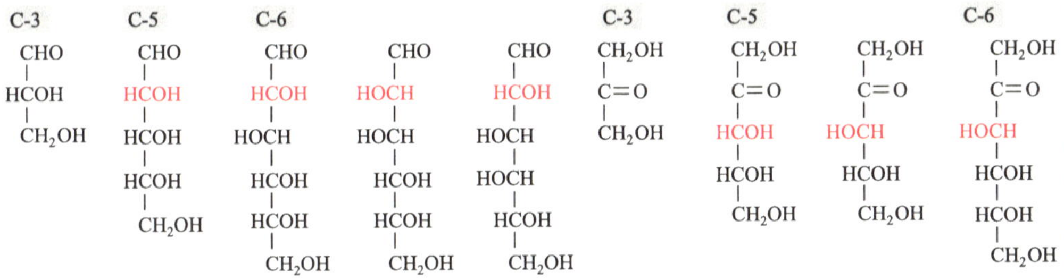

D-甘油醛　D-核糖 (Rib)　D-葡萄糖 (Glc)　D-甘露糖 (Man)　D-半乳糖 (Gal)　二羟基丙酮　D-核酮糖　D-木酮糖　D-果糖

半缩醛和葡萄糖苷

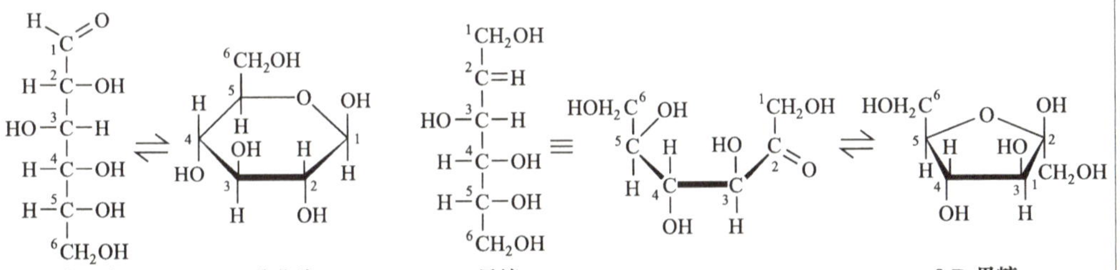

D-葡萄糖 (线性)　β-D-葡萄糖 (哈沃斯投影)　D-果糖 (线性)　β-D-果糖 (哈沃斯投影)

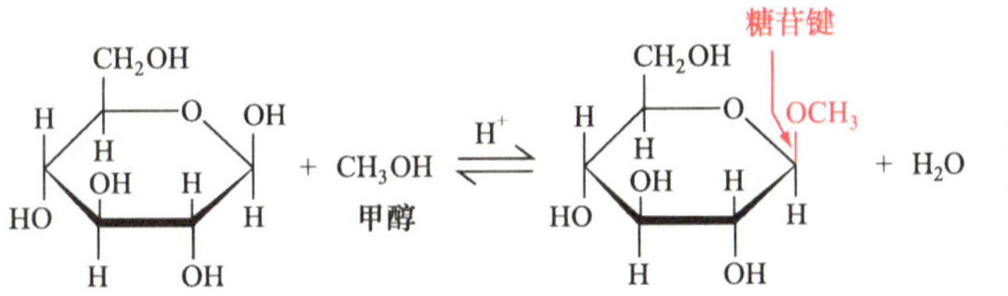

D-葡萄糖　甲基-β-D-葡萄糖苷

椅式结构

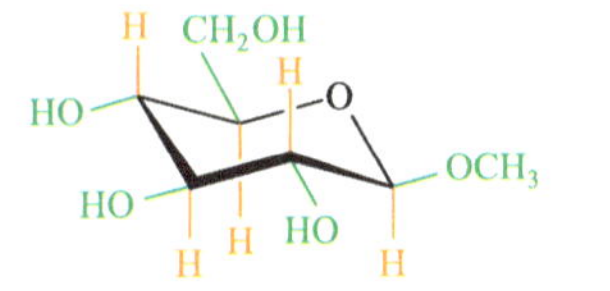

糖衍生物

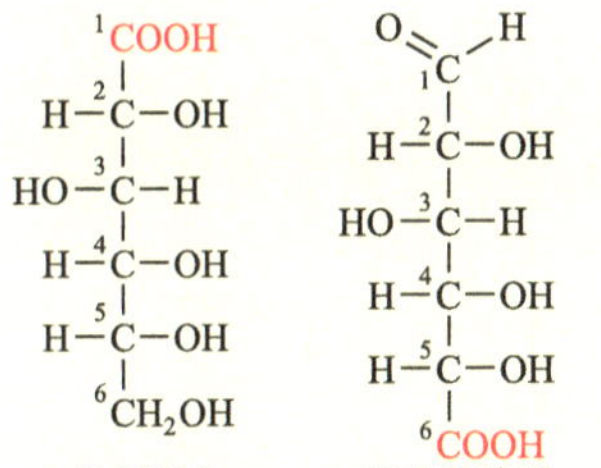

D-葡萄糖酸　D-葡萄苷糖酸

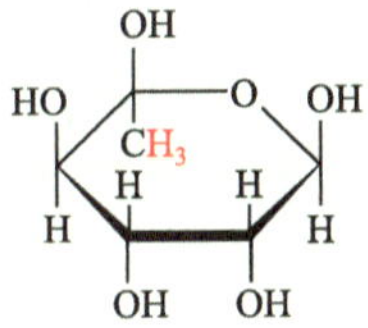

α-L-鼠李糖 (6-脱氧-L甘露糖)

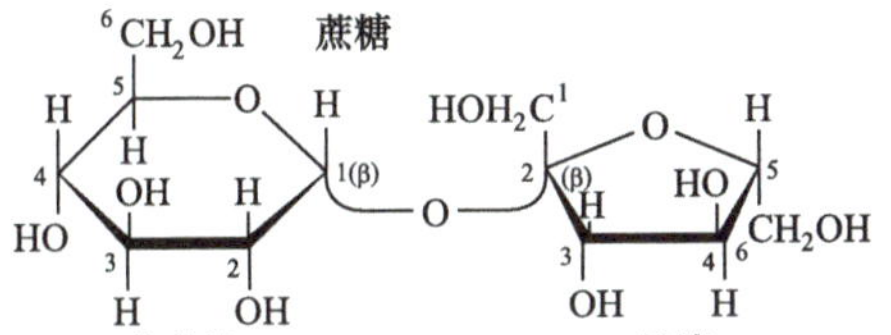

葡萄糖　果糖

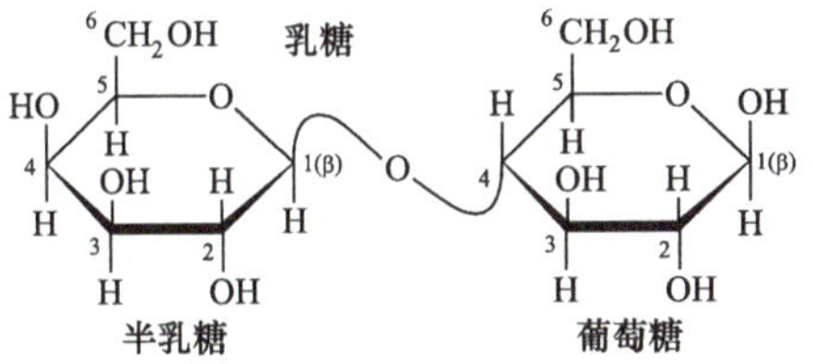

半乳糖　葡萄糖

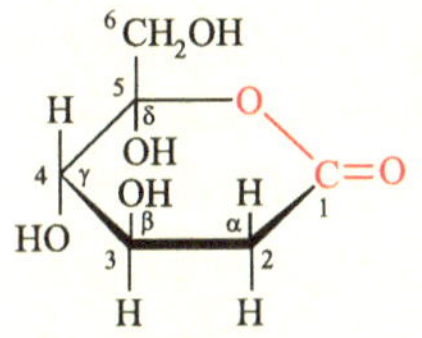

D-葡萄糖酸内酯

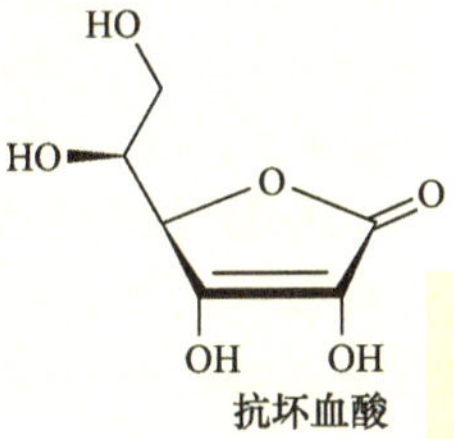

抗坏血酸

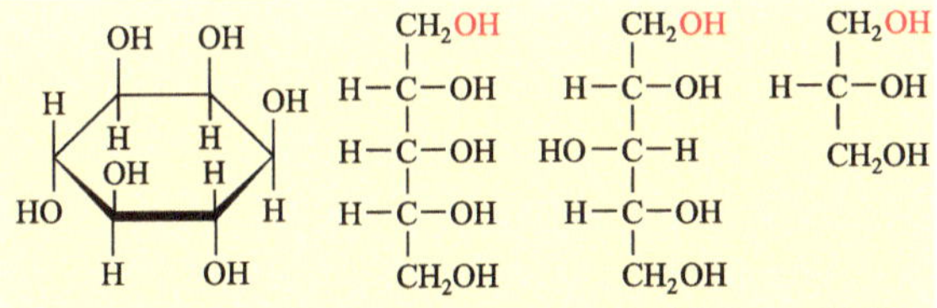

肌醇　核糖醇　木糖醇　甘油

酸糖
脱氧糖
二糖
糖醇

脂类、膜、膜蛋白

概述

脂类可分为甘油三酯、磷脂、鞘脂和甾醇。在水溶液中，脂类聚集成胶束、双分子层和膜；生物膜中不仅包裹着大多数活细胞，还形成胞内隔室如细胞器。甾醇是许多生物膜的组分并参与膜流动性的调节；在高等生物中，一些甾醇还能作为激素；脂类和脂蛋白(脂类和蛋白质通过非共价连接形成)参与多种生物转运和信号转导。

甘油三酯(脂肪和油)

是甘油和脂肪酸形成的酯类，主要用于能量储存。大多数脂肪酸的链长在 C-12 到 C-18 之间，含有一个双键的为饱和脂肪酸，含有多个双键的为不饱和脂肪酸，不饱和脂肪酸的比例越高熔点越低。甘油三酯作为可再生原料在可持续经济(生物经济)发展中发挥重要的作用。

甘油磷脂

是甘油-3-磷酸和脂肪酸(磷脂酸)形成的双酯，磷酸基团被甘油和醇或胺酯化。由于其结构是由一个极性的头部和疏水的残基(酰基链)组成，因而属于两亲化合物(表面活性剂)，可形成胶束和膜。

胶束和脂质体

在水溶液中，脂肪酸在达到一定阈值后会形成胶束(CMC=临界胶束浓度)。甘油磷脂中两个酰基链的大量存在抑制了胶束的形成；相反，它们会形成双层结构并重排成脂质体，例如，在超声测厚仪治疗上。脂质体是直径约为 10 nm 的液滴(囊泡)，其双层膜厚度约 6 nm 并包裹着水孔。膜和脂质体的内外两侧是极性的，而中间层是疏水性的；这种构造是所有细胞膜的基础结构。

生物膜

决定细胞的内侧和外侧，也决定真核细胞大多数细胞器(线粒体、色素体、过氧化物酶体等)的内侧和外侧。其亲脂性组分(如磷脂)在双层膜两侧扩散的非常缓慢(“翻转”，时间范围：数天)，但在膜表面横向扩散则非常快(时间范围：几分钟)。由于磷脂的头部基团携带不同的电荷，细胞膜表面的电荷处于不断变化之中，这有助于插入的脂蛋白(孔蛋白、受体、糖脂)在膜上的定位。膜具有流动性，可以从松散的、流动的状态转变为高度结构化类凝胶的状态，其转变温度取决于脂肪酸的化学结构(链长、双键的数量)。大多数真核细胞膜的转变温度低于体温，因而呈现为流动态；其流动性会受到甾醇的调节。细菌和冷血动物(如鱼)用一种不同的方式来维持膜的流动性：根据周围环境的温度，通过降解和重新合成适当的膜磷脂来改变膜的组成，从而重新调整膜的流动性。

膜蛋白

在底物摄入、分泌，以及细胞间交流的过程中发挥着重要作用，可分为整合蛋白和膜结合蛋白。整合蛋白是根据其氨基酸序列确定的，其疏水氨基酸形成包含α-螺旋或β-折叠的反向平行二级结构。膜结合蛋白具有不同的结构：它们包含锚定基团，如类异戊二烯、脂肪酸、糖基磷脂酰肌醇(GPI)等，这些基团通常是在翻译后连接到多肽链上的。在革兰氏阴性菌中，最重要的膜结合蛋白是孔蛋白；在植物和动物视紫红质可见色素中，最重要的膜结合蛋白是转运蛋白、线粒体、叶绿体和光合蛋白(光反应中心)等。连接蛋白作为间隙连接的介质位于两层膜之间，使两个或以上的细胞间形成连接，实现信号或小分子的交换。受体是一类膜结合蛋白，不仅能与配体结合形成离子通道，也可作为信号传感器，通过下游的级联反应调节靶细胞的行为。膜结合糖蛋白和糖脂在免疫系统中发挥着重要的功能。

常见的天然油脂

标志	高级名称	常用名称	溶解温度/℃
饱和脂肪酸			
12:0	月桂酸	十二烷酸	44.2
14:0	肉豆蔻酸	十四烷酸	52
16:0	棕榈酸	十六烷酸	63.1
18:0	硬脂酸	十八烷酸	69.6
20:0	花生酸	二十烷酸	75.4
不饱和脂肪酸（所有双键均是顺式结构）			
16:1n-7	棕榈油酸	9-十六碳烯酸	−0.5
18:1n–9	油酸	9-十八烯酸	−0.5
18:2n–6	亚麻酸	十八烷-9,12-二烯酸	−9
18:3n–3	α-亚麻油酸	十八烷-9,12,15-二烯酸	−17
18:3n–6	γ-亚麻油酸	十八烷-6,9,12-二烯酸	−10
20:4n–4	花生四烯酸	二十-5,8,11,14-四烯酸	−49.5
20:5n–3	EPA	二十-5,8,11,14,17-缬草酸	−49.5
20:6n–3	DHA	二十二碳-4,7,10,13,16,19,-六烯酸	−44

生物膜结构模型

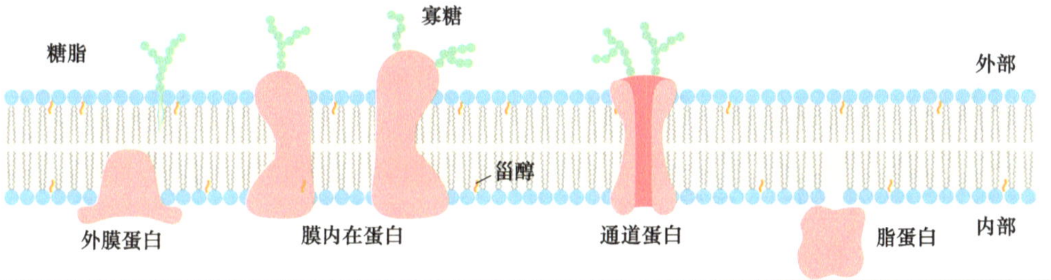

甘油磷脂

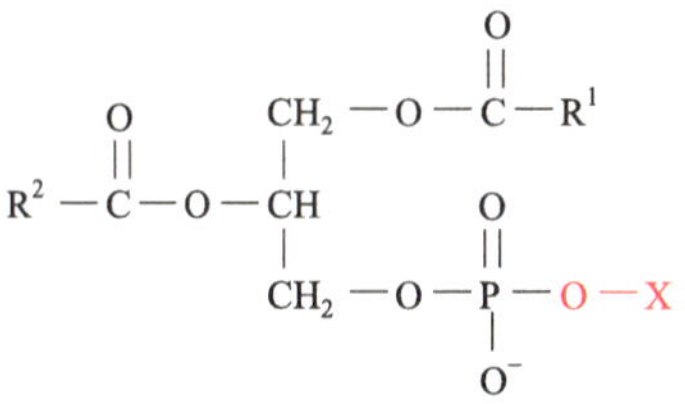

残基O–X	X–结构	磷脂名称
	—H	磷脂酸
乙醇胺	$—CH_2CH_2NH_3^+$	磷脂酰乙醇胺
胆碱	$—CH_2CH_2N(CH_3)_3^+$	磷脂酰胆碱
丝氨酸	$—CH_2CH(NH_3^+)COO^-$	磷脂酰丝氨酸
肌醇	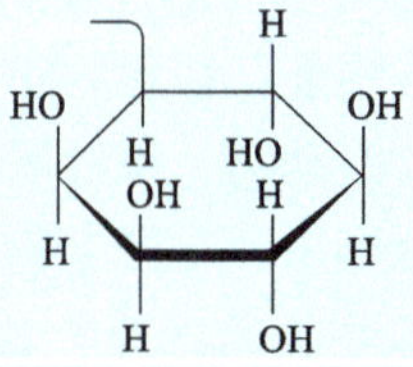	磷脂酰肌醇
甘油	$—CH_2CH(OH)CH_2OH$	磷脂酰甘油

胶束和脂质体

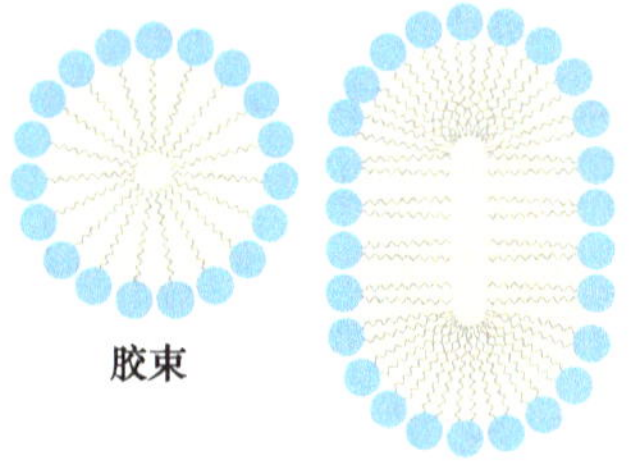

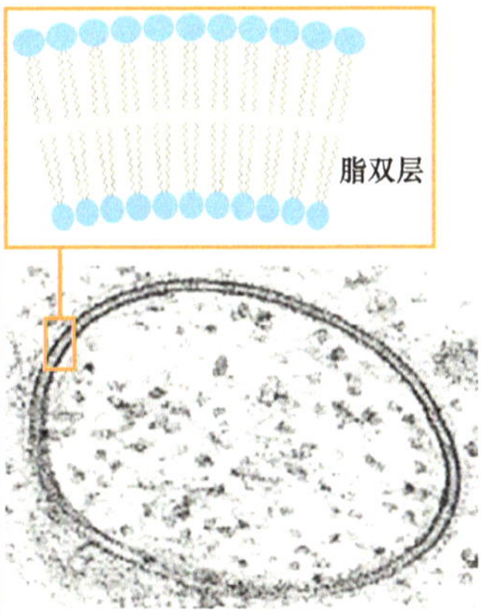

代　谢

概述

生命在地球上的已经存在了 40 多亿年，长期的进化造就了生命的多样性；但生物体基本结构单元、代谢方式及繁殖都遵循一些基本的原则。迄今为止，物种的数量已经超过 100 万种，然而只有 6000 种不同的功能酶，上百万种不同类型蛋白质已足够建立和维持包括人类在内高等生物体，这些蛋白质多数来源于单一多肽的翻译后修饰，其中大多数与简单的单细胞真核生物(如酿酒酵母)高度同源。地球上所有的生命体形成了一个敏感的生态网络，包含数千种生活在几乎所有可能的环境条件下(生态位)的特殊物种。物种间的主要的区别是存在自养生物(利用 CO_2 作为主要碳源)和异养生物(需要利用有机物)，另一种差异在于有氧生物(在空气中生长)和厌氧生物。至于代谢方面，生物体转化葡萄糖的方式也有所不同：可通过糖酵解途径、磷酸戊糖途径或 2-酮-3-脱氧-6-磷酸葡萄糖酸途径。随着全基因组测序的完成，深入了解更为精细的物质结构和代谢变化已成为可能，这将有助于我们更好的理解生物是如何适应特殊的环境。我们在理解生物的调控网络及生物与环境的相互作用(系统动力学、生物控制论)方面已经取得了很大的进步，也正在学习、尝试网络模拟构建复杂的生命系统。在生物技术领域，目前最关键的是代谢调节，通过调节生命代谢来增加产品的产量、减少副产物的生成，或在在育种方面引入或消除一种表现型。传统的杂交或突变以及筛选已经相对落后，现代生物技术中越来越多的使用基因工程。合成生物学是一项全新的技术，它是将不同物种来源的代谢途径在一个宿主生物体(大多数为微生物)内进行整合，从而生成一个崭新的合成途径。

自养代谢

自养生物利用 CO_2 合成碳源，如葡萄糖。光合生物如植物、藻类和蓝藻细菌利用光完成这一过程并获得能量；在光化学反应中心，将化学能转变为腺苷三磷酸的形式进行储存(ATP，通用能量货币)。无机营养生物通过无机化合物的氧化获得能量，如硫、氮、金属离子。生物技术中，比较重要的自养生物有转基因植物、硝化细菌及用于矿物浸出的硫杆菌等。

异养厌氧代谢

在生物技术中，异养厌氧代谢主要用于生产乙醇、丙酮、丁醇和乳酸，这种代谢过程通过糖类的分解代谢产生 ATP。甲烷产生菌古细菌也属于这一类，并具有特殊的代谢途径，一般用于厌氧活性污泥处理；厌氧代谢中能量再生的效率往往比较低。

异养有氧代谢

生物技术中使用的大多数微生物都表现为异养有氧代谢。通过柠檬酸循环呼吸链可产生大量的能量。每摩尔的葡萄糖能产生约 36 mol 的 ATP，能量产量非常高。许多生物技术产品，如柠檬酸、谷氨酸生成过程中，柠檬酸循环的其他组分及草酰乙酸或琥珀酸等的衍生物，在过量生产的生物中，代谢物必须通过其他补救途径进行补充，从而维持基础代谢。

次生代谢

许多微生物形成的代谢物(次生代谢物)并不用于细胞基本功能。在植物中，次生代谢物在抵御病原菌、食肉动物，以及吸引昆虫来受精和传播中发挥重要作用。在微生物中，次生代谢物通常是重要的生物技术产品，如抗生素、生物碱、色素或芳香化合物等，但它们的生理功能还缺乏明确结论，有待进一步研究。

代谢通路–网络

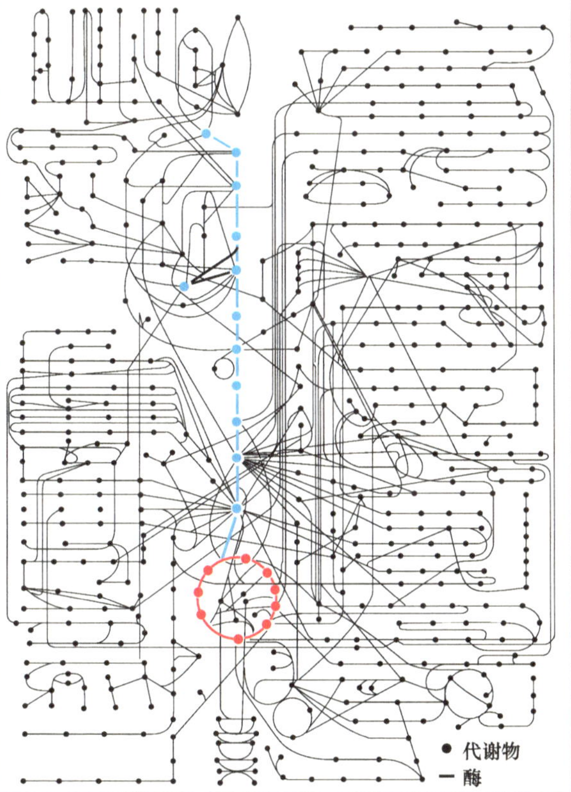

代谢类型

	自养的	异养的
厌氧	微生物浸矿	乙醇 丙酮、1-丁醇 厌氧污泥消化
需氧	转基因植物 固氮	柠檬酸 氨基酸 抗生素 酶 维生素等

柠檬酸循环的变化

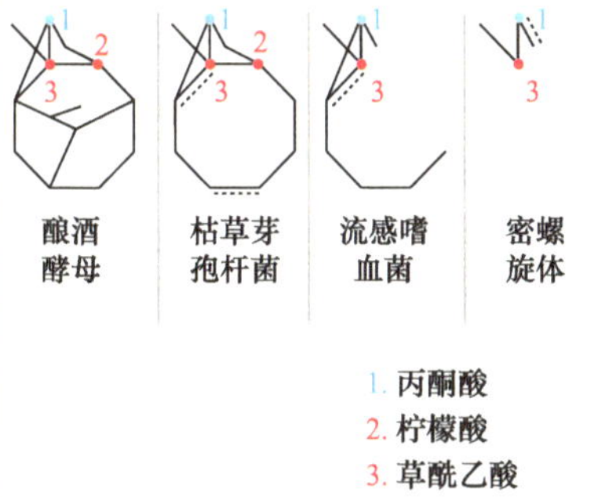

生物技术中特别重要的代谢模块

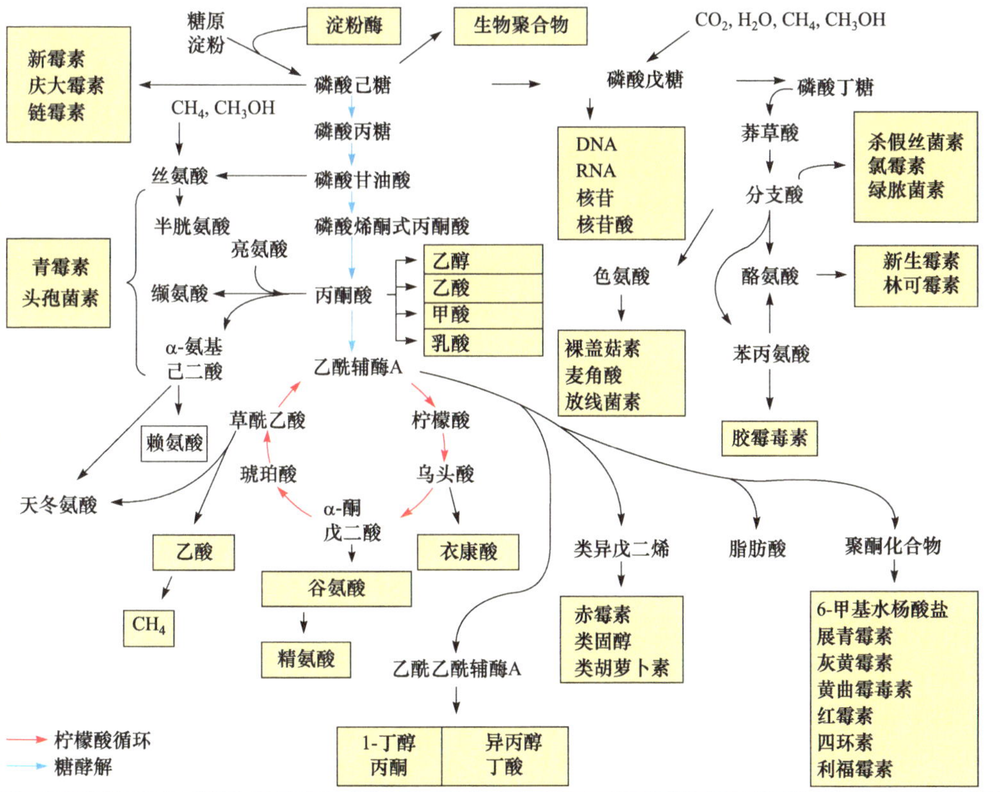

DNA：功能

概述

储存在DNA内的信息编码蛋白质的生物合成。在原核生物中，蛋白质的生物合成分为两个步骤：DNA片段(通常是基因)转录为信使RNA(mRNA，一种多聚核糖核酸)；然后以核糖体为合成机器，把mRNA翻译成蛋白质序列；在真核生物中，这一过程更为复杂。首先，只有一部分DNA(外显子)编码蛋白质的合成；在高等生物中，DNA的非编码序列(内含子)在长度上会超过外显子DNA10倍甚至10倍以上，但是目前内含子的功能尚不清楚。在细胞核内，DNA转录成mRNA(初级转录物)，随后通过剪接除去转录物的内含子部分；然后，剪接好的成熟mRNA离开细胞核，附着在内质网表面的核糖体上。在核糖体上，根据mRNA编码的序列信息装配蛋白质链。在有些情况下，mRNA也编码前导序列，用于引导蛋白质进入特定的细胞区域。在翻译的过程中，通过不同的剪接除去一个或几个外显子，或通过翻译后修饰(如糖基化或磷酸化)，可进一步地改变蛋白质的特性。在高等生物中，这种修饰可以产生比编码基因数目多约50倍的蛋白质突变体；人类的20300个基因可以编码约一百万种蛋白质突变体，它们在不同类型和不同时期的细胞内各不相同，可以用蛋白质组学技术来分析这些差异。

遗传密码

生物体从DNA序列翻译成蛋白质所用的遗传密码几乎是通用的，编码DNA的每个三联体核苷酸，通过转录的mRNA序列，将一个特定的氨基酸高度特异性地掺入到合成中的肽链内。由于遗传密码的通用性，从理论上讲，遗传密码能够将遗传信息从一个生物体转移到另一个生物体内。外源DNA转化到宿主生物体内是基因工程技术的基础。在基因转移实验中，供体和宿主生物对某些三联体密码会有不同的偏好性。例如，只有在一些十二倍体真核生物和原核生物的蛋白质中才能发现的稀有蛋白氨基酸：L-硒代半胱氨酸，是由一个具有茎环mRNA结构的密码子UGA所编码的。更重要的是，遗传密码具有简并性：三联体密码(A、T、G和C：$4^3=64$个)的数目多于氨基酸的数目(20个)，导致多达6个三联体密码都编码一种氨基酸的冗余现象(例如：UUA、UUG、CUU、CUC、CUA和CUG都编码亮氨酸)。正如这个例子表明的那样，三联体密码的第三个碱基对密码子特异性的贡献最少(摆动假说)。然而，生物体之间密码类型的实际使用偏好(更精确地说，每个三联体密码特异的tRNA数量)各不相同，这为早期的基因转移实验带来了一些麻烦。不过由于基因组测序的快速进展，越来越多的生物体密码子使用偏好已经被破解，同时，基因的合成越来越便宜和快速(2014年，大约为0.3欧元/bp)。因此，为宿主细胞选择密码子优化的基因，甚至是用于代谢工程研究的整个基因簇或者基因模块都可以通过化学合成而获得。

寡核苷酸的合成

在很多基因工程实验中需要合成寡核苷酸，在杂交实验中用作探针，在聚合酶链式反应(PCR)和蛋白质位点特异性突变中用作引物(DNA聚合酶的起始序列)。优良的探针或引物需要能与生物体或细胞里分离到的DNA高度特异性地杂交，实现对特定基因序列的检测、克隆和扩增。如果得不到目标蛋白质的DNA序列，可以对纯化后的蛋白质测序，来反向推测其DNA序列。在这种情况下，由于遗传密码的简并性，需要化学合成许多推测的引物(简并探针/引物)来进行克隆实验。如果探针或引物混合物能产生杂交或扩增(鉴定的首选方法：扩增后做Southern印迹或凝胶电泳)，那么分离出所需要的DNA，通过测序就能得到其真正的核苷酸序列。

DNA的功能

DNA —转录→ mRNA —翻译**→ 蛋白质

mRNA —反转录*→ DNA

DNA —复制→ DNA ←→ 遗传

*仅在反转录病毒中

**在核糖体上

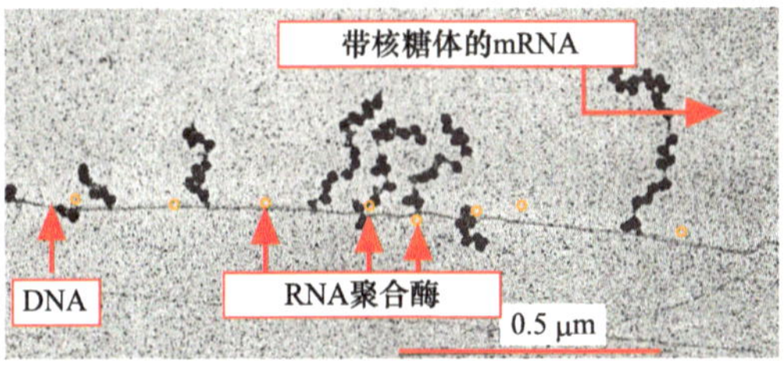

在原核细胞中的转录和翻译

遗传密码

氨基酸	密码子	氨基酸	密码子	氨基酸	密码子	氨基酸	密码子
苯丙氨酸(F)	UUU	丝氨酸(S)	UCU	酪氨酸(Y)	UAU	半胱氨酸(C)	UGU
	UUC		UCC		UAC		UGC
亮氨酸(L)	UUA		UCA	终止	UAA	终止	UGA
	UUG		UCG	终止	UAG	色氨酸(W)	UGG
亮氨酸(L)	CUU	脯氨酸(P)	CCU	组氨酸(H)	CAU	精氨酸(R)	CGU
	CUC		CCC		CAC		CGC
	CUA		CCA	谷氨酰胺(Q)	CAA		CGA
	CUG		CCG		CAG		CGG
异亮氨酸(I)	AUU	苏氨酸(T)	ACU	天冬酰胺(N)	AAU	丝氨酸(S)	AGU
	AUC		ACC		AAC		AGC
	AUA		ACA	赖氨酸(K)	AAA	精氨酸(R)	AGA
甲硫氨酸(M)	AUG		ACG		AAG		AGG
缬氨酸(V)	GUU	丙氨酸(A)	GCU	天冬氨酸(D)	GAU	甘氨酸(G)	GGU
	GUC		GCC		GAC		GGC
	GUA		GCA	谷氨酸(E)	GAA		GGA
	GUG		GCG		GAG		GGG

引物设计

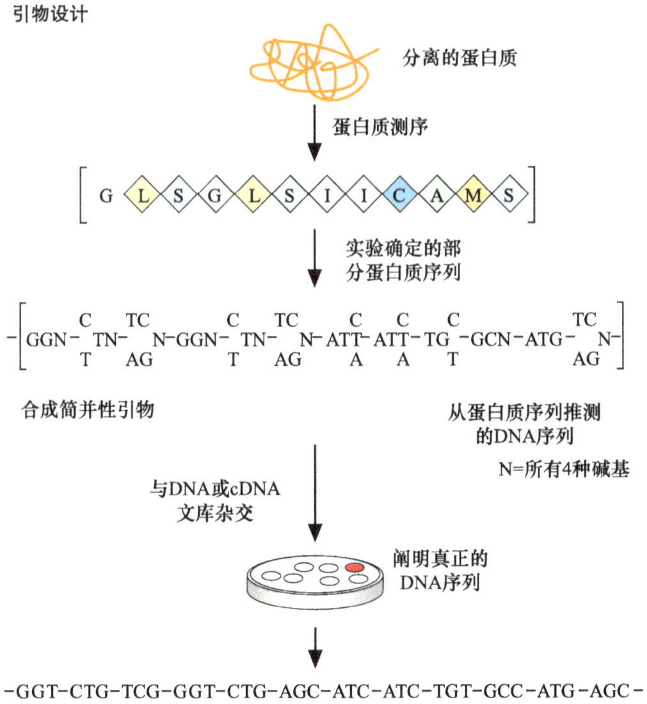

密码子使用频率

氨基酸	密码子	频率		
Glu, E	CAG	0.30	0.31	0.59
	CAA	0.70	0.69	0.41
Lys, K	AAG	0.24	0.43	0.60
	AAA	0.76	0.57	0.40
Pro, P	CCG	0.55	0.12	0.11
	CCA	0.20	0.42	0.27
	CCU	0.15	0.31	0.29
	CCC	0.10	0.15	0.33

频率一列中的阴影从左至右依次为大肠杆菌、酿酒酵母和人

RNA

概述

普遍认为在基于DNA的基因组(现代生物圈的遗传信息)之前，存在着更为简便的生命形式，其复制是基于RNA的。不管怎样，细胞合成蛋白质所用的装置主要是核糖体RNA、转运RNA和信使RNA。在生物技术中，基于RNA的技术发挥着重要作用，例如：①基于RNA的适体(aptamer)用作生物亲和分子，②基于mRNA的体外蛋白质制备方法，③干扰RNA敲除基因功能的能力，④基因治疗中基于RNA的载体。

适体

是人工合成的核酸配体，它能与亲水性分子(如肽和药物)高亲和性地结合。在SELEX(指数富集的配体系统进化技术)工艺中，在大量合成的核酸组合文库(10^{14}～10^{15}种不同的分子)中筛选与目的分子结合的核酸，这些序列与靶相互作用，通过RT-PCR扩增，并在体外转录，每一轮过后都产生具有更大亲和性的亚文库。已分离出在较低浓度范围(nM)内具有结合能力的适体，并研究其在诊断和治疗方面的应用，例如，用于选择性的基因失活。配体阵列也可以用于蛋白质组学的分析(SomaScan™)。

无细胞蛋白质表达

已研制出从DNA模板开始体外蛋白质合成的技术。使用含有RNA聚合酶、tRNA、核糖体、氨基酸和ATP的一种优化的大肠杆菌裂解物，在24h内能够合成高达几毫克的蛋白质。这种方法有利于研究转录过程中的瓶颈，以及表达蛋白酶或抗菌肽等对宿主生物有毒的蛋白质。此技术所需设备已经上市销售(ProteoMaster™)。

基因功能的敲除

RNA分子参与了遗传信息处理的重要步骤，如外显子的剪接和蛋白质的合成。RNA干扰(也称为翻译后基因沉默)已被认为是调节基因表达、介导对内源性或外源性致病RNA抗性的机制(“基因组免疫系统”)。在上述某些机制中，RNA也能够具有催化活性(核酶)；例如，在无任何蛋白质存在的情况下切割磷酸二酯键。目前，对很多此类的机制的研究正在开展，以期更好的用于生物技术中。反义RNA(在基因沉默一章中讨论的技术)已被成功地用于消除成熟西红柿(FlavrSavr)的聚半乳糖醛酸酶活性，可在果皮不皱缩的情况下增加香味。反式切割的核酶(即切割外源RNA链的核酶)已用来尝试治疗HIV、乳腺癌和直肠癌，目前已进入二期临床阶段；另外它们还有其他实际的应用，例如，在体外扩增来自感染患者的$CD4^+$淋巴细胞或$CD34^+$造血前体细胞，然后将这些转化的细胞注入体内。在很多真核细胞中，一种称为RNA干扰(RNAi)的方法可以破坏mRNA：双链RNA激活某种可识别和消化配对的内源性mRNA的RNA酶，该过程可能是使用双链RNA作为模板；在该过程中，RNA酶(DICER)对双链RNA随机切割，所产生的单链RNA片段被依赖ATP的酶激活后，能特异性地与mRNA结合，并被RNA酶识别，然后RNA酶降解mRNA。例如，当一种合适的合成双链RNA在RNA聚合酶Ⅲ启动子后表达，在共转染细胞中，HTV基因的表达被很大程度地抑制。目前干扰RNA广泛用于药物开发的研究，关键的问题是如何将反义RNA分子运输到目标位置，以及如何通过干扰素解除失活。

基因疗法

利用病毒RNA载体的人类基因治疗在其他章节中讨论。人类肿瘤的mRNA提取物已被成功地用于转化相同患者的单核细胞，产生携带肿瘤特异性RNA的成熟树突细胞，将这种细胞输入体内后，能够刺激患者的免疫系统产生抗肿瘤的细胞毒性T淋巴细胞。

适体选择的步骤(SELEX 法)

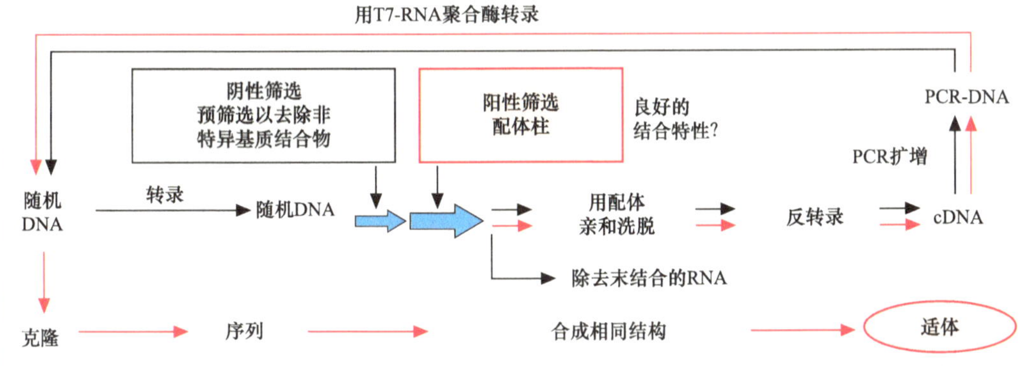

RNA衍生的与细胞外蛋白质结合的适体

靶	Kd/(nmol·L^{-1})	核酸
乙酰胆碱受体	2.0	RNA
碱性成纤维细胞生长因子(PDGF)	0.35	RNA
γ干扰素	6.8	2′-修饰的RNA
角化细胞生长因子(KCF)	0.0003	2′-修饰的RNA

适体复合物

与维生素B_{12}形成的复合物(1DDY-5)

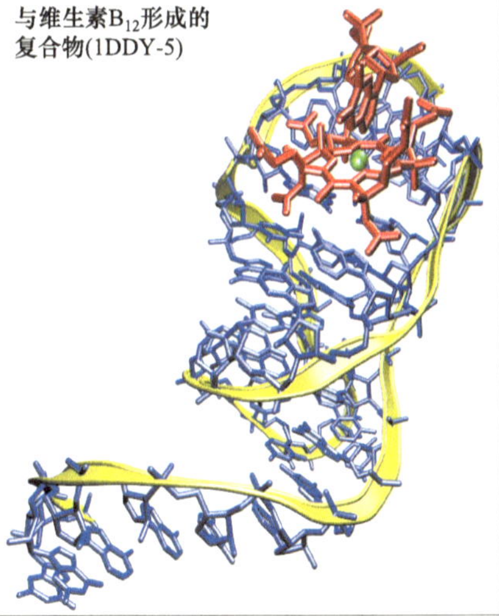

体外蛋白质生物合成

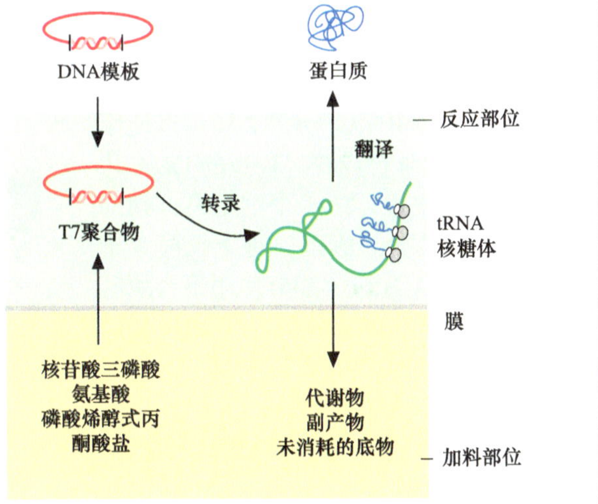

RNAi-干扰RNA

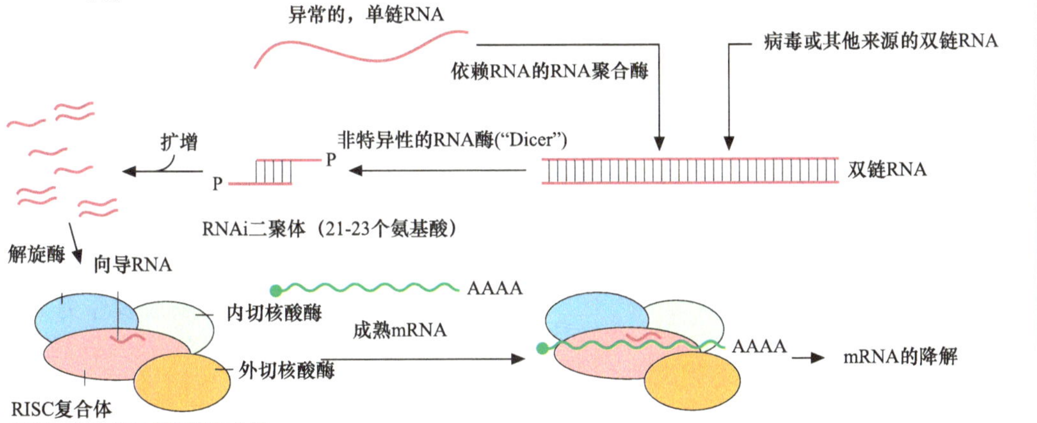

基因工程：常规步骤

概述

基因工程的应用很广泛，向宿主细胞内转移和表达外源 DNA 只需要很少的基本步骤。这些步骤包括：①DNA 操作，特别是 DNA 的分离、扩增、酶修饰、鉴定、测序和化学合成；②在原核和真核细胞中克隆和表达 DNA。

纯化、酶修饰和扩增

每个细胞中只含有极少量的 DNA(一个原核细胞和一个真核细胞的每条染色体里只含有一个分子)，但是通过提取仍然可以分离到纯的 DNA。完整的 DNA 太大，不适于基因工程的后续操作步骤。所幸已经发现了能对 DNA 进行选择性切割、修饰、连接或扩增的酶，还有一些酶可以在试管内(体外)把 DNA 转录成 mRNA。另外，还可以使用自动化的装置，通过化学合成获得较短的 DNA 片段。对于大多数工作来说，从一个细胞里得到的 DNA 片段的量是不足的。所以，对于长度大于 1000 bp 或更长的 DNA 片段，能够使用聚合酶链式反应(PCR)进行扩增是很重要的。例如，利用 PCR 可将不同来源的 DNA 片段(如来自不同的生物体或化学合成的片段)重新连接。

鉴定和测序

DNA 片段可以根据以下性质来鉴定：①熔解行为(由于 GC 碱基对有三个氢键，而 AT 碱基对有两个氢键，所以含有大量 GC 碱基对的 DNA 双螺旋的熔解温度比富含 AT 的 DNA 要高)；②相对分子质量，通常用凝胶电泳确定；③核苷酸序列；④其功能单元的生物学性质；⑤用多种选择性限制酶酶切 DNA，得到限制性内切核酸酶图谱。

克隆

原核生物基因组内的一段 DNA 序列，通常是编码一种蛋白质的一个基因，可以直接克隆。如果要克隆真核细胞的一种功能基因，必须先从 DNA 中除去内含子，从成熟的 mRNA(即剪接后的 mRNA)开始，在体外用反转录酶(RT)将其转录成互补的双链 DNA(cDNA)，这样便无须除去内含子；反转录酶大多从哺乳动物的逆转录病毒中分离得到。从嗜热微生物嗜热栖热菌(*Thermus thermophilus*)分离到的热稳定性 DNA 聚合酶也可以用于这一反应。在 Mn^{2+}的存在下，这种酶的作用类似于反转录酶，并且可以使用 RNA 和 DNA 作为模板。用 RNA 酶处理反转录产生的 mRNA-DNA 杂交链，可得到单链 DNA；在标准的 PCR 反应中，这条单链 DNA 可作为模板来产生双链 DNA。如果要非特异性地扩增真核生物的 mRNA，则可以使用从一个细胞中分离的真核 mRNA 的另一个特性：因为所有真核生物的 mRNA 分子都带有 3′端多聚腺苷酸(polyA)序列，用互补的多聚胸腺嘧啶寡聚物(polyT)作引物，则可通过酶促反应合成其非特异性 mRNA。

表达

目前有多种方法可用于克隆、复制和在宿主细胞内表达(转录和翻译)外源 DNA 或 cDNA，这些方法将在后面阐述。有几种类型的细菌可作为优良的宿主细胞，理由如下：①其基因组是由单个的 DNA 双螺旋组成的；②其分子遗传学背景得到了彻底地研究；③有可以作为载体的噬菌体或质粒；④繁殖迅速，可以在生物反应器里大量培养；⑤它们是非致病菌或者易于不可逆地转化到非致病性的突变体中。外源 DNA 克隆表达的首选物种是大肠杆菌减毒菌株，例如大肠杆菌 K12；其他细菌，例如，枯草芽孢杆菌、乳酸杆菌、各种假单胞菌和链霉菌等也已经已成功运用。高等生物，如真菌(曲霉、木霉)、酵母(酿酒酵母、裂殖酵母)、哺乳动物细胞(中国仓鼠卵巢细胞、仓鼠肾细胞)、昆虫细胞(由杆状病毒转化)、整个动物(如用于蛋白生产的家蚕或者作为人类疾病研究模式物种的转基因小鼠)或转基因植物(用于生产材料如油脂、淀粉和生物多聚物)等，也都可以用外源 DNA 进行转化。

基因工程的基本步骤

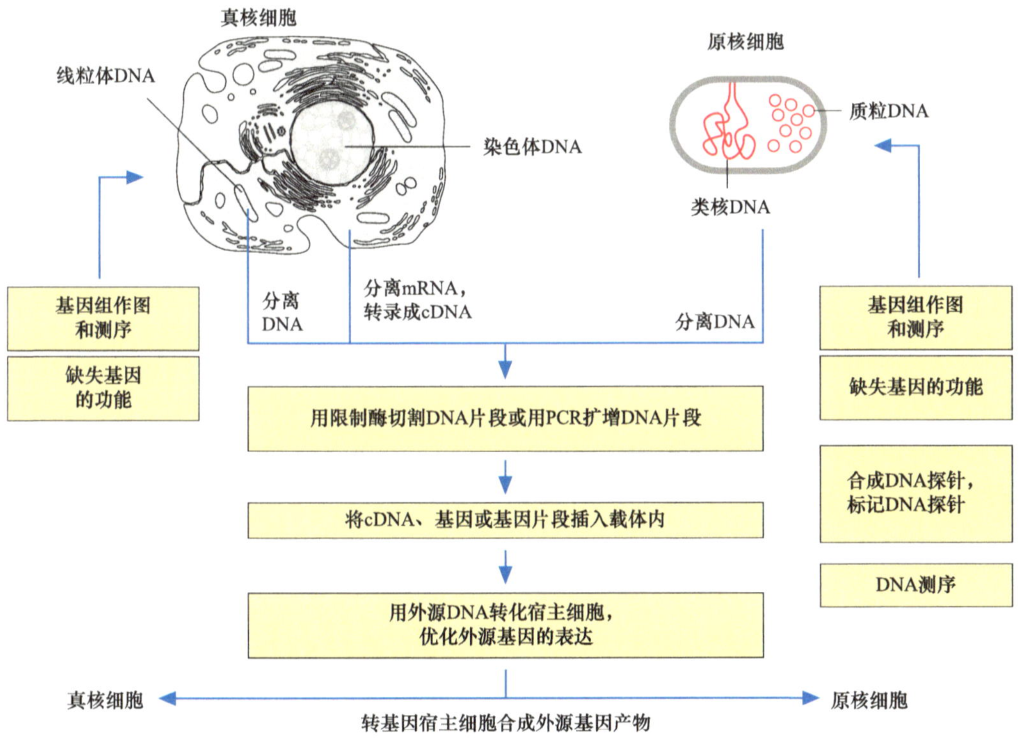

真核基因的克隆

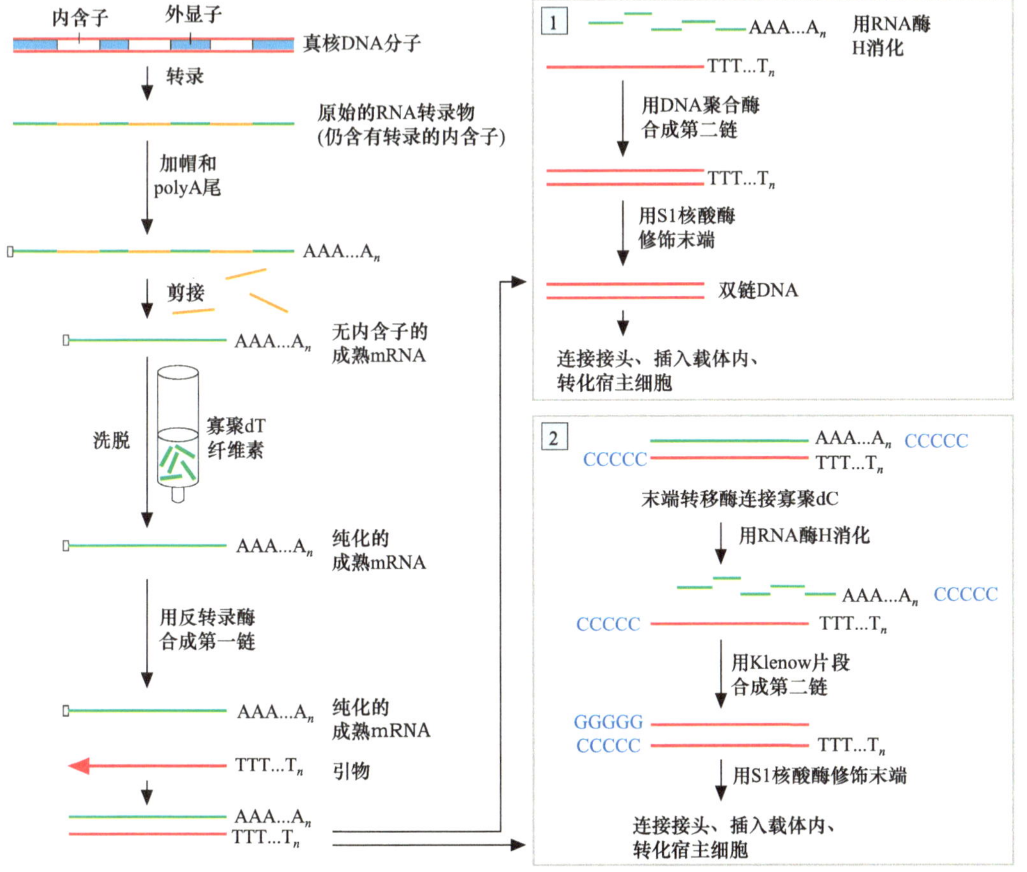

DNA 的制备

概述

活细胞 DNA 的制备、修饰和鉴定通常是基因工程的第一步。在此类实验中，限制性核酸内切酶是基本的工具，它们也用于构建基因的物理图谱。

DNA 的制备

根据生物体或者细胞类型的不同，DNA 的形式会有所不同，在进行分离时需要使用与之相相对应的方法。原核 DNA 并不存在于细胞核内，用溶菌酶/去垢剂混合物(通常是十二烷基磺酸钠，SDS)裂解细胞壁，用苯酚/氯仿变性细胞蛋白质，便可将 DNA 分离出来。将混合物离心后，在上清中加入冷却的乙醇，可以将 DNA 沉淀出来。通常情况下，细菌不仅含有一个分子的基因组 DNA，还含有质粒 DNA。质粒 DNA 的分子质量要小得多，在遗传学实验中具有很重要的地位。如果细胞裂解后加入 NaOH 和去垢剂，蛋白质会被沉淀，染色体 DNA 则被部分水解。在合适的条件下，质粒 DNA 保持环状双链；使用密度梯度(蔗糖或者氯化铯)离心后，用乙醇沉淀可以从上清中将质粒 DNA 分离出来，或者使用色谱分析法更加简易地将其分离出来。通常选择的方法是在微型离心柱上进行固相层析，该方法是将 DNA 在高盐溶液中结合到硅柱上，然后利用低盐溶液下洗脱下来。这种快速且廉价的方法能够为下游操作提供高纯度的 DNA；而且利用磁性化的硅颗粒可将该过程实现自动化。根据所分离 DNA 量的不同可将 DNA 的分离分为小量制备(约 20 μgDNA)或大量制备(几毫克)。从感染后的细菌培养物中可以富集噬菌体 DNA，方法是离心除去裂解的细菌，用聚乙二醇沉淀噬菌体颗粒，用苯酚抽提除去噬菌体衣壳，最后用乙醇从上清中沉淀得到噬菌体 DNA。真核 DNA 分布于细胞核内的多个染色体上；从动物细胞提取总 DNA 的方法是：用去垢剂裂解细胞，用蛋白酶 K 和 RNA 酶消化蛋白质和 RNA，用盐沉淀法除去去垢剂和蛋白质，最后用乙醇从上清中沉淀 DNA。在很多真核细胞的遗传学研究中，会利用剪接后的 mRNA 作为遗传信息的来源。从器官或细胞培养物中分离 mRNA 的方法是:裂解细胞，离心除去细胞核，苯酚抽提除去细胞质蛋白，最后从上清中沉淀 mRNA。线粒体和真核光合生物的叶绿体本身含有 DNA，独立于染色体 DNA 之外进行复制。通过差异离心分离这些细胞器，用类似的方法就可以提取到其 DNA。对于已经部分降解的“古老的 DNA”，以及那些含有干扰下游分析的抑制因子(如腐殖酸，或者在司法 DNA 鉴定中的血红蛋白)的特殊样品，则需要选择特异性的 DNA 提取方法。

限制酶(限制性核酸内切酶)

是由细菌合成的，用于降解进入其细胞质内的外源 DNA(如噬菌体 DNA)。限制酶被广泛地应用于基因工程，选择性地将长的天然 DNA 链切割为较小的、背景清楚的片段。限制酶与长度为 4～10 个核苷酸的 DNA 识别序列结合，然后在识别位点内或附近水解 DNA 双链，形成平末端或部分单链的黏性末端。如果用不同类型的限制酶水解纯化的 DNA 分子，经过凝胶电泳或 DNA 测序，记录每次实验所得到的片段的大小，便得到 DNA 的限制酶切图谱，该图谱可以作为插入和表达外源 DNA 实验的依据。从某种已知的限制酶识别序列的长度，用统计学方法可以计算出其切割位点的频率；例如，识别位点为 4 bp 的酶(如 *Alu*I，AGCT)的切割频率为$(1/4)^4=1/256$，即每 256 bp 切割一次。然而，DNA 的序列信息不是随机分布的，因此，观察到的实际切割频率不完全等于计算得到的理论频率。限制性内切酶对序列的识别也与 DNA 的 G+C 含量有关，因此限制性酶切图谱也可以用来进行物种鉴定。

细菌DNA的分离

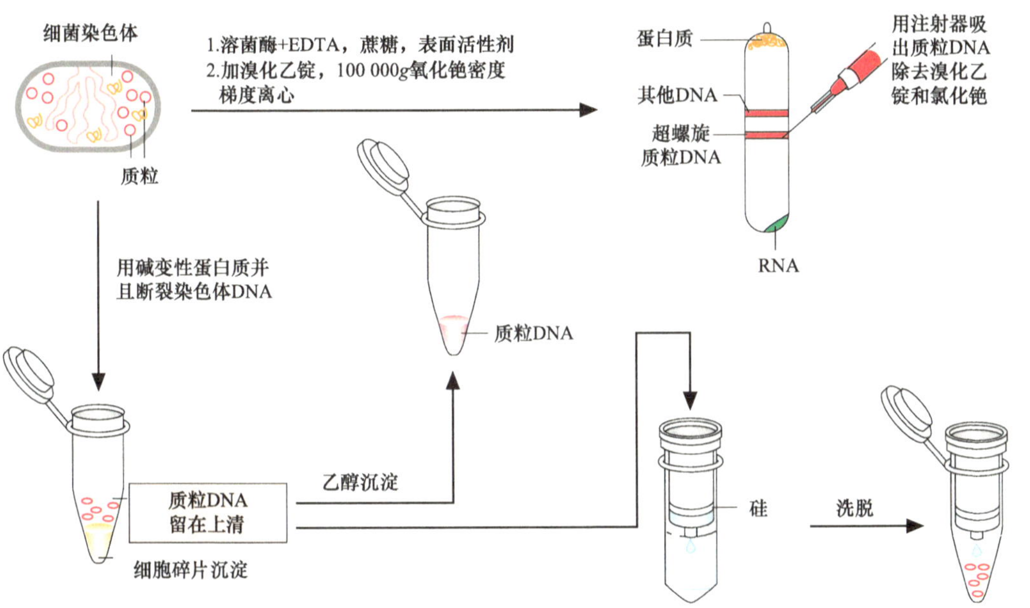

限制酶(核酸酶)

酶	来源生物体	识别序列(5′→3′)	3′端
Not I	*Nocardia otitidis-caviarum*	GCGGCCGC	黏性
Eco RI	*Escherichia coli*	GAATTC	黏性
Bam HI	*Bacillus amyloliquefaciens*	GGATCC	黏性
Bgl II	*Bacillus globigii*	AGATCT	黏性
Pvu I	*Proteus vulgaris*	CGATCG	黏性
Pvu II	*Proteus vulgaris*	CAGCTG	平端
Hind III	*Haemophilus influenzae Rd*	AAGCTT	黏性
Hinf I	*Haemophilus influenzae Rf*	GANTC	黏性
Sau 3A	*Staphylococcus aureus*	GATC	黏性
Alu I	*Arthrobacter luteus*	AGCT	平端
Taq I	*Thermus aquaticus*	TCGA	黏性

一种限制酶与DNA的复合物

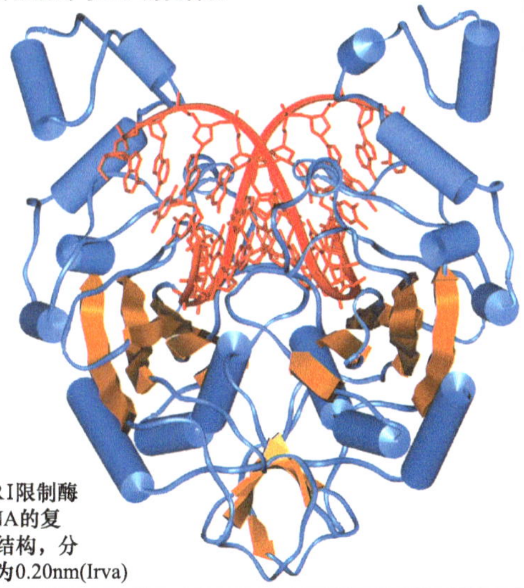

Eco RI限制酶与DNA的复合物结构，分辨率为0.20nm(Irva)

切割频率

切割λDNA所用酶	切割位点的数目理论计算	实际发现
Bgl II	12	6
Bam HI	12	5
Sal I	12	2

注：所有三种限制酶都识别6个碱基对的序列，统计学计算切割频率是每4^6(4096)个碱基有一个位点，λ噬菌体全长约49 000bp，应有12个酶切位点，不过实验观察到的位点要少的多，这是因为水解所需要的序列在噬菌体基因组上不是随机分布的。

DNA操作中其他的工具酶

概述

DNA体外操作中广泛使用下列酶：①切割特异DNA序列的水解酶；②连接DNA片段的连接酶；③以单链DNA为模板合成DNA双链的合成酶；④修饰DNA3′或5′端的水解酶和转移酶；⑤保护合成的DNA片段避免被细菌限制性内切酶攻击及对后续操作有保护作用的甲基转移酶。

水解酶

最重要的水解酶是限制性核酸内切酶，已经在前面讨论过。目前有大量的商品化酶可供选择，它们的区别在于识别序列和产生平末端或黏性末端(黏性末端是单链上有几个核苷酸突出的末端)。另一种常用的水解酶是来自黑曲霉(*Aspergillus niger*)的S1核酸酶，它在单链缺口处切割单链DNA和双链DNA。

连接酶、转移酶

这类酶中最重要的是DNA连接酶。在细胞内它是一种修复酶：修复双链DNA分子在复制、重组或意外事件过程中可能产生的缺口。连接酶存在于所有的细胞中，在遗传工程中用于DNA片段的体外重组(如在DNA载体中插入外源DNA)。DNA连接酶可以连接平末端和黏性末端。然而，由于黏性末端的连接效率更高(因为单链序列有利于与要连接的互补序列杂交)，所以连接之前常常把平末端转化成黏性末端。该步骤可以通过加接头或用末端核苷酸转移酶添加寡聚核苷酸尾来完成。这些方法所用的所有步骤在相关文献里都有详细描述。DNA连接酶一般从感染T4噬菌体的大肠杆菌细胞中分离(T4DNA连接酶)，末端转移酶来自小牛脾脏。

合成酶

两种最重要的合成酶是DNA聚合酶I和反转录酶。DNA聚合酶I来源于大肠杆菌，在单链DNA引物存在的情况下，不论在大肠杆菌细胞内还是在试管内，它都能够与单链DNA结合，并沿着5′→3′方向合成第二条链。该酶除了具有聚合酶活性之外，还有3′→5′和5′→3′核酸外切酶活性；它还识别部分双链DNA分子中短链DNA的缺口，并以其为模板来进行多聚化。除去该酶的前323个氨基酸可导致其5′→3′核酸酶活性丧失，但得到的酶片段(Klenow片段)还有聚合酶和3′→5′核酸酶活性，并能补齐双链DNA中的单链缺口。Klenow片段常用于向DNA中引入放射性标记，这是一种用放射自显影来显示痕量DNA的有用技术(通过对X射线胶片曝光)。在标记实验中，首选的方法是用DNA的黏性5′端作为模板，在Klenow片段作用下，以^{32}P标记的脱氧核苷酸为底物合成双链。目前，从嗜热微生物中提取的DNA聚合酶广泛应用于PCR反应。反转录酶(RT)是反转录病毒的一种关键酶，在宿主细胞内它以病毒RNA作为模板合成互补DNA；在基因工程中，可用这一特性从mRNA合成cDNA。反转录酶可以从感染逆转录病毒的动物细胞中分离得到，如猴成肌细胞瘤病毒(MMV)或莫罗鼠白血病病毒(MMLV)。

末端基团修饰酶

在克隆实验的过程中，常常需要增加或删除DNA片段5′端的末端磷酸基团，催化该反应的碱性磷酸酶和多聚核苷酸激酶都有商品化酶供应。

甲基转移酶

该酶可以通过将甲基基团共价结合到胞嘧啶和腺嘌呤上以修饰DNA(详见表观遗传学部分)，其修饰后的产物为5-甲基胞嘧啶、*N6*-甲基腺嘌呤或*N4*-甲基胞嘧啶。基因工程中合成的DNA片段能够通过甲基化修饰来抵御细菌限制性核酸内切酶的攻击。

用于DNA操作的酶

酶的应用范围	功能
DNA降解	
限制酶、核酸内切酶 1	切割内部的磷酸二酯键
S1核酸酶 2	切割单链DNA或单链缺口
DNA的合成或连接	
DNA连成酶 3	修复单链断裂，连接两个DNA分子
DNA合成酶 I 4	合成双链，填补单链缺口
Klenow片段 5	填补单链缺口，无5′→3′外切酶活力
反转录酶 6	以RNA为模板合成DNA
末端基团的修饰	
碱性磷酸酶	除去5′端的磷酸基团
多核苷酸激酶	向5′端添加磷酸基团
末端脱氧核苷酸转移酶	向3′端添加磷酸基团

切割DNA的酶

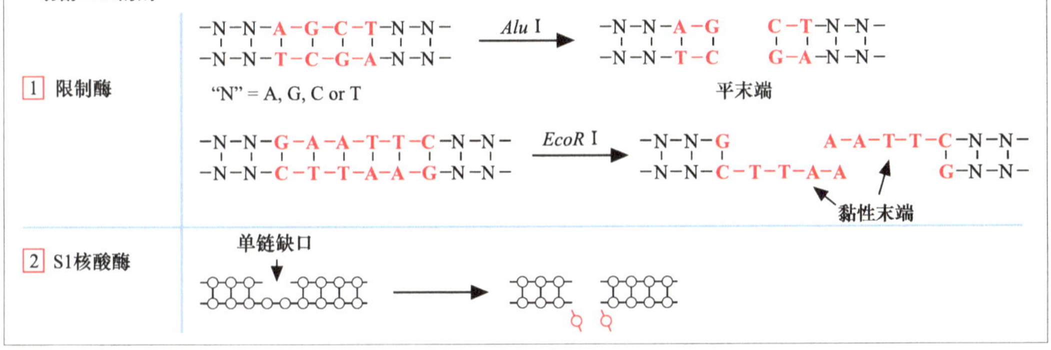

连接DNA的酶

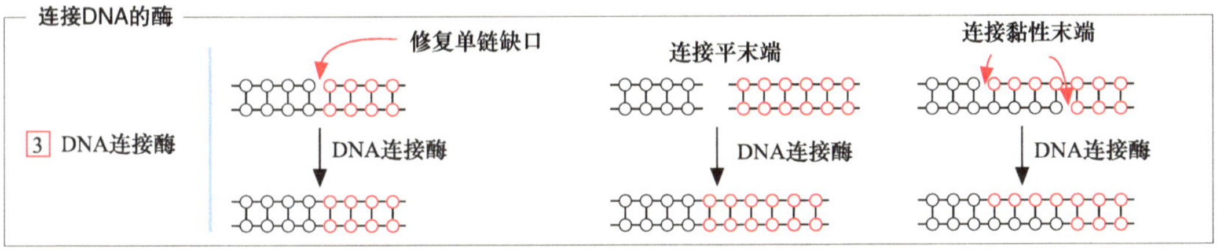

用模板合成DNA的酶

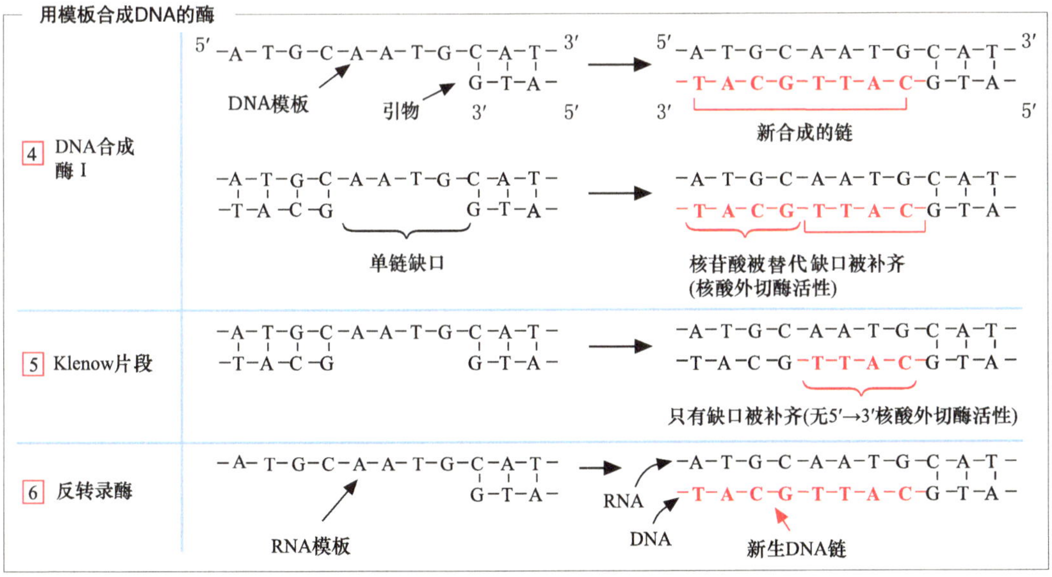

PCR：常规方法

概述

聚合酶链式反应(PCR)是基因工程中最重要的发明之一，其发明者 Kary Mullis 由此获得了诺贝尔奖。任何一段短的 DNA 序列，如某种基因或者基因片段，都可以用 DNA 聚合酶通过 PCR 扩增许多倍。此技术在基因鉴定和基因操作方面具有很重要的价值。

方法

标准的方法需要两条寡核苷酸链(引物)，它们与需要扩增的目的 DNA 序列的一端结合(每条引物结合一条 DNA 链)。该方法需要 DNA 序列已知或者能够通过蛋白序列确定(这种情况下，需要考虑到简并遗传密码的多义性)。除了 DNA 模板和两条引物外，还需要 4 种脱氧核苷酸的混合物和 DNA 聚合酶。然后便可以按照以下 3 个步骤进行 PCR 反应：①94℃时，DNA 双链解聚形成两条单链的 DNA 分子(变性)；②当温度降至 40～60℃后，两条引物中的每一条与对应 DNA 单链杂交(退火)；③升温到 72℃后，形成两条新的互补链(延伸)；如果重复加热到 94℃，新形成的 DNA 链脱离各自的 DNA 模板，降温后开始新一轮的循环。利用一台自动热循环仪，重复该循环 25～40 次(根据模板的不同，每个循环约几秒到几分钟之间)，仅仅在几个小时内就能够将目的 DNA 扩增 2^{25}～2^{40} 倍。该反应要求所使用的 DNA 聚合酶能够承受致使 DNA 双链解聚的高温，在高温下保持活性；来自于嗜热微生物(如 *Thermus aquaticus*、*Pyrococcus furiosus* 或 *Thermotuga maritima* 的 *Taq*, *Pfu*, *Tma*-聚合酶)的 DNA 聚合酶便具有这样的特性。Taq 聚合酶的错误率(每一扩增循环中出现的突变频率)约为 8×10^{-6}。另外两种聚合酶由于还具有校正活性，因而具有更高的保真性；例如，*Pfu Ultra*(一种通过蛋白质设计优化的 *Pfu* 聚合酶)错误率仅仅为 4.3×10^{-7}。PCR 产物的分子质量和产量可通过凝胶电泳来确定，或者在实时定量 PCR 中，引入报告基团，如 SYBR Green(一种能与双链 DNA 结合的荧光染料)等进行实时测定(光循环仪)。其原理是随着 PCR 反应中 DNA 产物的增多，染料发出的荧光强度也相应增加，通过外推法就可以计算得到原始的 DNA 含量。

实际应用

采用 PCR 技术，可以快速地克隆和测序确定的 DNA 序列。即使是单个的 DNA 分子也能够通过 PCR 进行扩增，如从单个精子细胞中扩增 DNA，所以该方法已经应用到考古学和古生物学中。在临床诊断中，一旦确定了一种 DNA 序列和某种疾病之间的关系，便可以方便地使用 PCR 技术来进行诊断；这种方法已经在很多传染性疾病和越来越多的遗传性疾病的诊断中得到了很好的应用。在食品与环境分析方面，PCR 方法能够鉴定微量的转基因植物材料或病原体。一旦知道了某种蛋白质家族的共有序列，便能够设计引物来鉴定那些尚未知晓的家族成员(反向遗传学)。通过使用改造的引物或者人为地增加 PCR 反应的出错率，能够将确定的或者随机的突变引入蛋白质内。RNA 被转录成 cDNA 后，同样可通过 PCR 的方法分析。RNA 通过 RT-PCR 扩增，然后用来确定例如：①细胞上 RNA 病毒(如 HIV 病毒)的量；②细胞 mRNA 的相对含量。PCR 已能成功地在微型毛细管中进行(芯片 PCR)。采用合适的微型设备，一段目的 DNA 在一小时内可被扩增 2^{20} 倍，可进一步用于诊断检验中，如用于 DNA 芯片中。序列特异性的荧光标记探针可同时检测多个基因或基因片段的“多通道”，利用序列特异性的探针，结合自动化的 96 或 384 孔板能够高通量的分析病理样品中的基因，如检测单核苷酸多态性(single-nucleotide polymorphisms，SNPs)。

聚合酶链反应(PCR)

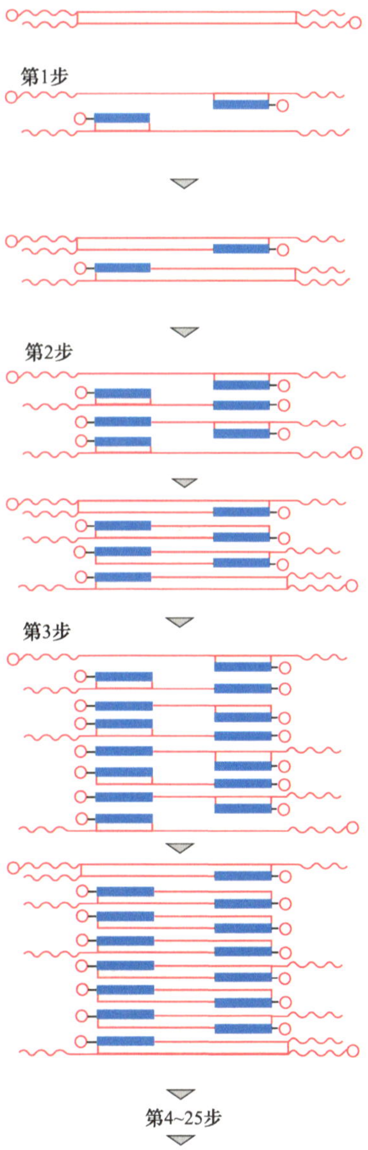

PCR产物分析

方法	分析
聚丙烯酰胺凝胶电泳	EB染色(紫外线、图像分析)
琼脂糖凝胶电泳	与标记的探针杂交(Southern blot)放射性同位素掺入，如^{32}P磷酸银染色
高效液相色谱	紫外分析
用限制酶降解后，凝胶电泳或高效液相色谱	如上

热循环仪的功能原理

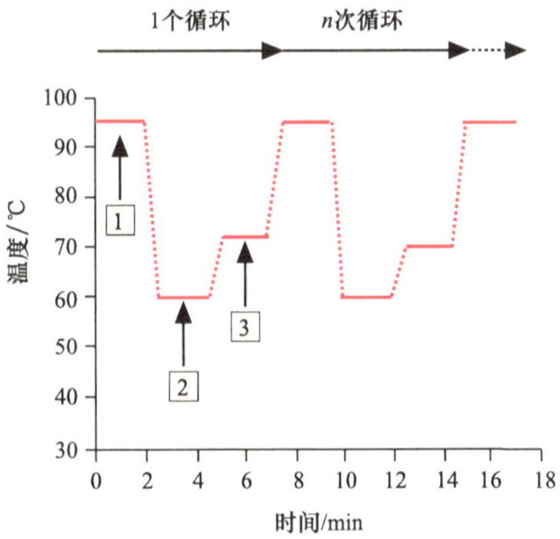

1 第1步：变性

2 第2步：引物退火

3 第3步：引物延伸

热循环仪

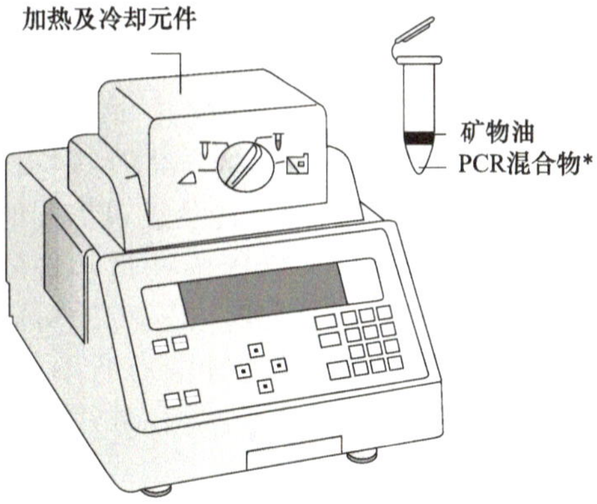

*可同时进行96个反应

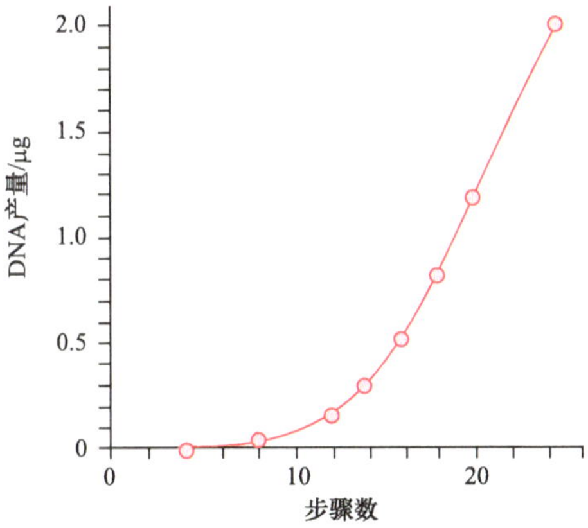

通过掺入SYBR绿，可实时确定PCR的产量(光循环仪™)

PCR：实验室方法

概述

PCR 是许多分子遗传学实验的一项核心技术，在此只讨论其中的一些应用。

功能元件的插入

DNA 的功能元件包括克隆位点(限制酶的识别序列)、起始密码子或终止密码子、标签(用于鉴定翻译后蛋白质的序列，或编码 N 端或者 C 端多聚组氨酸链的序列，可通过金属亲和层析快速纯化翻译的蛋白质)。

mRNA 序列分析(RT-PCR)

当 mRNA(部分)的序列已知或可通过相应的蛋白质序列得到，便可采用 PCR 进行扩增。合成相应的引物后，与从细胞中分离的 mRNA 退火，使用逆转录酶和核苷酸混合物逆转录成 cDNA 的第一条单链，随后 cDNA 单链能够通过常规的 PCR 进行扩增，获得特定的序列。RT-PCR 可以通过一步法或两步法完成，其缓冲液有所不同。

两个 DNA 片段的融合

如果要将基因的两个片段融合，使用两套引物，通过两个独立的 PCR 过程扩增目的序列，所产生的 PCR 产物在需要融合的位置含有重叠序列。在第三个 PCR 反应中，以获得的两种 PCR 产物作为模板，加入末端引物，使得具有重叠序列的互补链杂交并扩增得到融合产物。这种方法中，很重要的一点是正确选择目的核苷酸三联体的阅读框。在某些情况下，在两个编码基因之间插入间隔序列可能是必要的，如插入一段编码聚丙氨酸的序列；插入的间隔序列可能有助于保持两种融合蛋白中每一种的自由构型(单链抗体便是相应的例子)。

插入或去除基因片段

与基因融合相似，针对中间或末端序列，选择合适的引物可以得到被截短的 DNA(和蛋白质)，从中除去目的片段。

定点突变

是一种非常有用的技术，例如，研究酶的作用机制，或者对酶的底物特异性进行定向的修饰。传统的位点特异性突变方法是在 M13 噬菌体的单链 DNA 上引入突变，现在这种方法已经完全被 PCR 方法所取代。由于 DNA 片段在单个核苷酸之间，即使有一个不匹配的情况下也能够杂交，因此通过修饰三联体密码子可以在 DNA 的任意位置上替换想要的氨基酸，并能够通过 PCR 进行扩增。另一种方法使用两种带有突变的互补寡核苷酸，以过甲基化 DNA 组成的双链质粒作为模板，使用适当的引物和 *Pfu* 聚合酶，在体外扩增整个质粒。用限制性核酸内切酶 *Dpn*I(该酶只水解甲基化 DNA)消化除去甲基化的模板 DNA(体外扩增的 DNA 未被甲基化)。新合成的含有突变的 DNA 可直接转化到大肠杆菌中，不再需要长耗时的克隆步骤；基于此原理的突变试剂盒现已经上市销售。

多重 PCR

通过采用适当的引物配对，能够在单个 PCR 反应中同时扩增几种序列；如果这些引物有不同的荧光标记，则可以实现不同基因的定量 RT-PCR。这种方法在临床分析上十分重要，例如，用于病毒感染疾病检测、抗生素抗性的快速检测、或者单核苷酸多态性(SNPs)的分析。

使用简并引物的 PCR

简并引物是一段单链 DNA 的同源序列家族，该 DNA 序列中的一个或多个核苷酸被任意一种核苷酸或脱氧肌苷酸(dI)所替代。肌苷酸可以和其他的碱基配对(通用碱基)，因此可以在简并引物中替换 DNA 序列中的未知核苷酸，进而克隆序列未知的基因；例如，如果 DNA 序列是从蛋白质序列推导得到的，而且密码子使用频率不确定，或者要克隆多基因家族中的基因时，就需要采用简并引物。

PCR反应简图

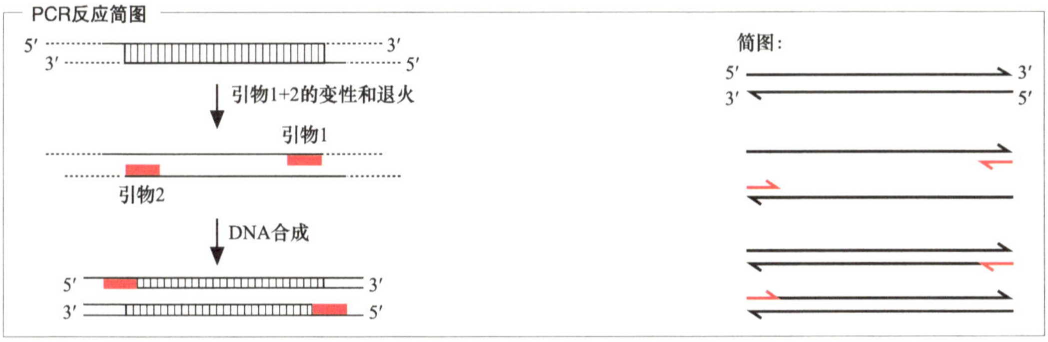

应用实例

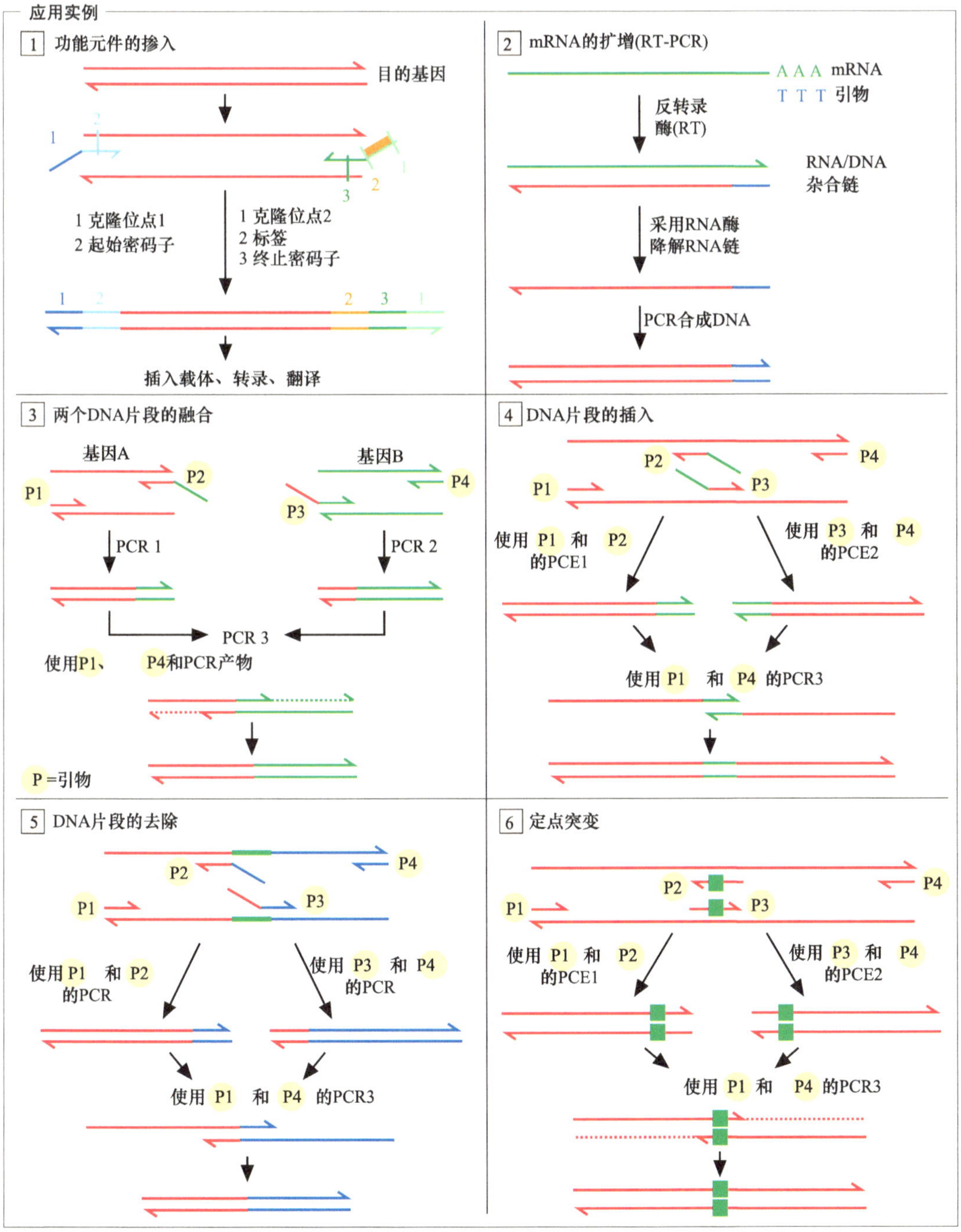

DNA：合成和长度测定

概述

在实验室中可简单、快速、经济地合成 100 bp 左右(寡核苷酸)的短的单链 DNA 片段。这些 DNA 片段可用于基因工程的很多步骤，如作为 PCR 的引物。对于长达 30 kbp 的 DNA 片段，其分子量的确定可采用凝胶电泳，并用分子质量已知的 DNA 片段进行标定。

DNA 合成

首选的方法是亚磷酰胺法，通常是在自动合成仪中进行的。所有 4 种核苷酸碱基(A、C、G、T)都以亚磷酰胺的形式存在，其中 3′亚磷酸基团被二异丙胺和一个甲基基团所保护，脱氧核糖的 5′羟基和嘌呤、嘧啶的氨基基团也被保护。在该方法中，核苷 1 首先与不溶性的载体材料结合，5′羟基的化学法“解锁”，导致其可对核苷 2 的四唑活化的亚磷酰胺基团进行亲核攻击，然后用碘将生成的磷酸三酯键氧化成 5 价的磷酸酯。与 DNA 的生物合成不同，该循环是从 3′端到 5′端进行的，在每个碱基上重复。当整个 DNA 片段合成完后，去除所有的保护基因，通过凝胶电泳或高效液相色谱纯化单链的寡核苷酸。即使每个反应循环的产量达到 98%，一条 20mer 聚体的寡核苷酸的总产量也仅有 67%，而 40mer 聚体的寡核苷酸仅为 45%，而且所生成的 DNA 混合物难以分析和纯化。对于合成较长的 DNA 或整个基因，需要更加复杂的方法，但通常也都是基于 PCR 技术。寡核苷酸主要用于：①基因片段或者短基因的合成；②作为探针或引物，在用杂交或 PCR 的方法从基因组或 cDNA 中，鉴定或分离基因片段；③对基因进行定点突变；④DNA 测序。DNA 合成通常是在能够提供高质量、快速运输和价格合理的专业实验室中进行的(2014 年：小于 0.30 美元/bp，几天内即可完成)。

DNA 长度的测定

由于 DNA 带有净的负电荷，所以很容易通过凝胶电泳分离。凝胶通常是由琼脂糖(大孔径)、聚丙烯酰胺(小孔径)或两种物质的混合物组成的；通过调整孔径的大小，可以对最长达 30 kb 的 DNA 片段混合物进行快速而精确的分析，获得其分子质量分布情况。在很多研究中，会采用变性条件(SDS-PAGE)：如果在表面活性剂十二烷基硫酸钠(SDS)存在的条件下进行聚丙烯酰胺凝胶电泳，单链 DNA 的迁移率仅与其分子质量有关，因为 SDS 阻止了二级结构的形成和分子间的聚集。凝胶上的 DNA 可用以下方法来检测：溴化乙锭染色、放射性标记的放射自显影技术，或通过使用发光标记物(如罗丹明:鲁米诺)的标记法。最常用的方法是溴化乙锭染色，但它具有遗传毒性，必须在适当的安全条件下使用。溴化乙锭染色的灵敏度为>25ng DNA。用 ^{32}P 标记的 DNA(使用 ^{32}P 标记的 ATP 和用 DNA 聚合酶 I 进行缺口平移)，可检测更低浓度的 DNA，但需要放射安全性设备，并需要对污染进行常规的放射性监测。目前，基于荧光染料的方法得到了日益广泛地应用，如 SYBR Green，其灵敏度是溴化乙锭的 25～100 倍，能够检测到>250 pg 的 DNA，用紫外光激发后，可在磷光影像分析仪(phosphoimager)中进行分析。在实验中，根据片段的迁移距离可计算出其分子质量，但通常使用一套不同分子质量已知的 DNA 标准品来进行标定。DNA 分子质量的分析时一项非常重要的技术，在未知 DNA 片段的限制酶分析、构建限制酶切图谱，以及从染色体、质粒或病毒 DNA 中经 PCR 克隆获得的基因和基因片段的鉴定等不同类型的研究中，发挥着重要的作用。

基因和基因组的合成

将 PCR 技术和寡核苷酸合成技术结合，能够合成出完整基因、多基因代谢通路或抗体文库的基因库。2007 年，研究人员成功利用该方法合成了山羊结核分枝杆菌(*Mycobacterium capricolum*)的大小约为 10^6 bp 完整基因组。

DNA的化学固相合成

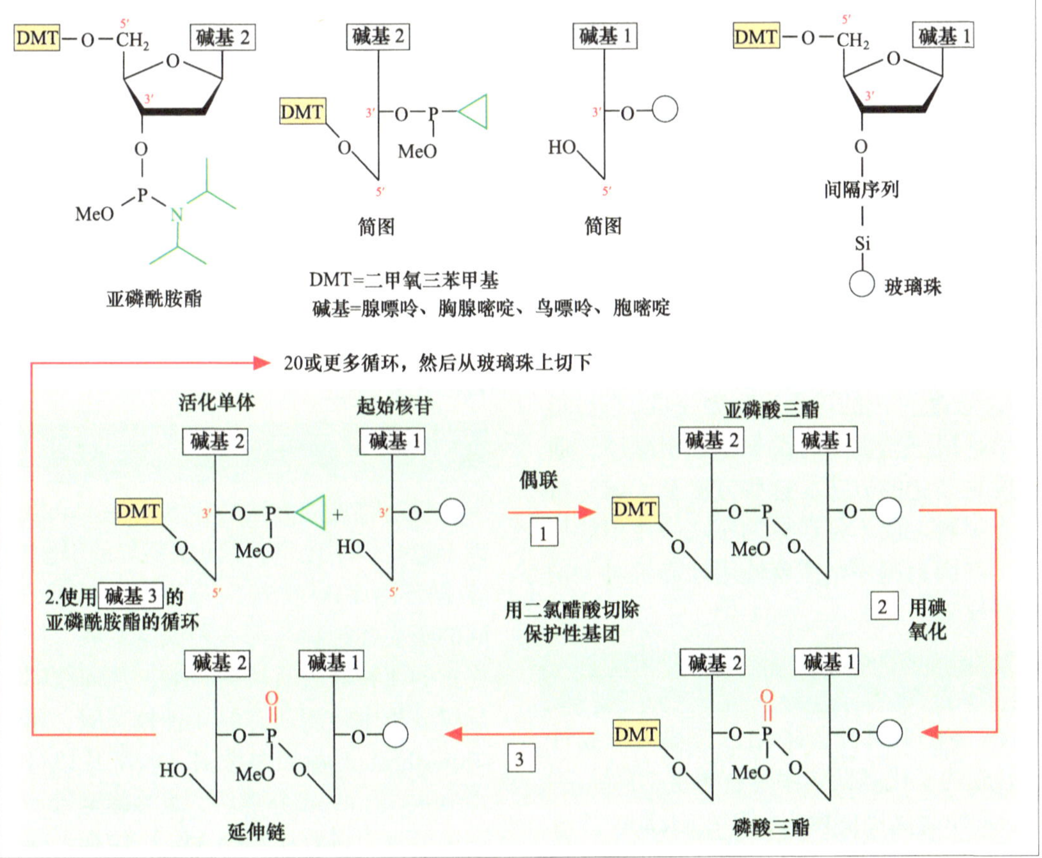

使用凝胶电泳测定DNA分子质量

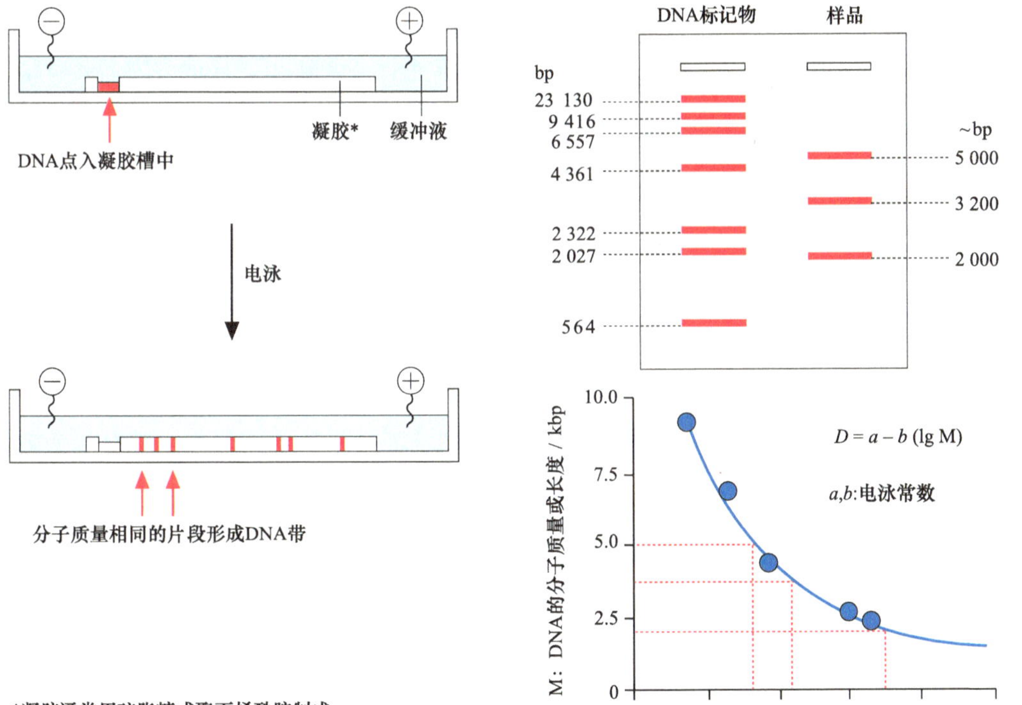

*凝胶通常用琼脂糖或聚丙烯酰胺制成
染色时，通常使用EB(溴化乙锭)

DNA 测序

概述

DNA 测序有两种方法：Sanger-Coulson 法和 Maxam-Gilbert 法，这两种方法都能够测出长达 600 bp 的单链 DNA 片段的序列，测定更长的 DNA 序列需要通过短的重叠序列来完成。当对很长的 DNA 片段进行测序时，如基因组测序，通常使用高度自动化的方法。这些方法基于碱基特异性的荧光染料，而不是经典测序法中使用的放射性标记。基因组测序则需要使用计算机对大量的序列进行比较。

Sanger-Coulson 法

将 DNA 克隆到被噬菌体 M13 感染的大肠杆菌中，所形成的子代噬菌体中带有单链 DNA。将此单链 DNA 作为测序的模板，使用 Klenow 片段(或更经常地使用 T7DNA 聚合酶)、一段合成的寡核苷酸作为引物和四种脱氧核苷酸(dATP、dTTP、dGTP、dCTP)作为底物，双链 DNA 通过单链 DNA 模板合成；往含有上述试剂混合物的 4 个完全相同的反应容器中，分别加入 4 种双脱氧核苷酸(ddATP、ddTTP、ddGTP、ddCTP)中的一种，当这些核苷酸掺入到其相应的互补位置时，DNA 合成被终止，大量的不同位置的终止，形成了具有统计学意义的所有可能的 DNA 混合物。然后，用凝胶电泳将这些混合物分离，就可以确定各 DNA 片段的分子质量，随后推断得到 DNA 的序列。这种方法通常在反应混合物中加入 ^{32}P 或 ^{35}S 标记的核苷酸，用放射自显影对凝胶进行观察。

Maxam-Gilbert 法

现在对此方法使用得较少。它是标记 DNA 的一个末端后，在 4 个独立的化学反应中，对双链 DNA 进行部分的化学水解。每一个碱基特异性的反应都含有若干步骤(如用甲酸、硫酸二甲酯、肼等处理)，并在 DNA 链上该碱基处进行(部分)选择性切割，从而产生了一系列的末端标记的 DNA 片段，同 Sanger-Coulson 法一样，再通过凝胶电泳分离并用放射自显影观察。当用固相法，并用荧光标记物标记末端的核苷酸时，此方法可实现自动化。

高通量测序

目前首选的方法是在 Sanger-Coulson 法的基础上进行以下改良：①使用特异的引物在 PCR 反应(循环测序)对双链 DNA 进行测序；②用 4 种不同的荧光标记物与每一种碱基耦联，标记用于链终止的 4 种双脱氧核糖核酸，从而能够在单个的反应分析中检测所有的 4 种核苷酸，用快速导流(flow-through)凝胶电泳对 DNA 片段进行时间分辨(time-resolved)分离后，能够确定每一个片段的分子质量，可直接得到 DNA 序列，阅读长度约为 900 bp，每个循环耗时 13 h，实际测试时需再加上 2 h 的设置时间。目前，商品化仪器都带有 96 个平行电泳道，其测序能力为 15 h 略低于 100 000 个 bp。如果用毛细管电泳替代凝胶电泳，阅读长度将减少为约 650 bp，但分离时间仅为 3 h 加上 1 h 的设置时间；因此，利用配备了 96 支毛细管的商品毛细管测序仪，65 000 个核苷酸的测序可在 4 h 内完成，每台仪器每天可测定约 400 000 个碱基。目前，配备了 384 支毛细管的测序仪也有销售。在本书撰稿的这十年里，高通量测序技术有了长足的发展，对基础与应用分子生物学及医学具有重要的影响。例如，现在一个微生物的基因组测序能够在一天之内完成，相比较于传统的克隆方法，一个微生物的特定的酶能够利用如 BLAST 这样的生物信息学工具更快的被鉴定出来。为了更正阅读错误，基因组将会被多次测序并通过比对来校正数据。未来，“测序工厂”将会使用高性能机器人来准备样品并完成测序，并利用超级计算机最终完成序列的比对。

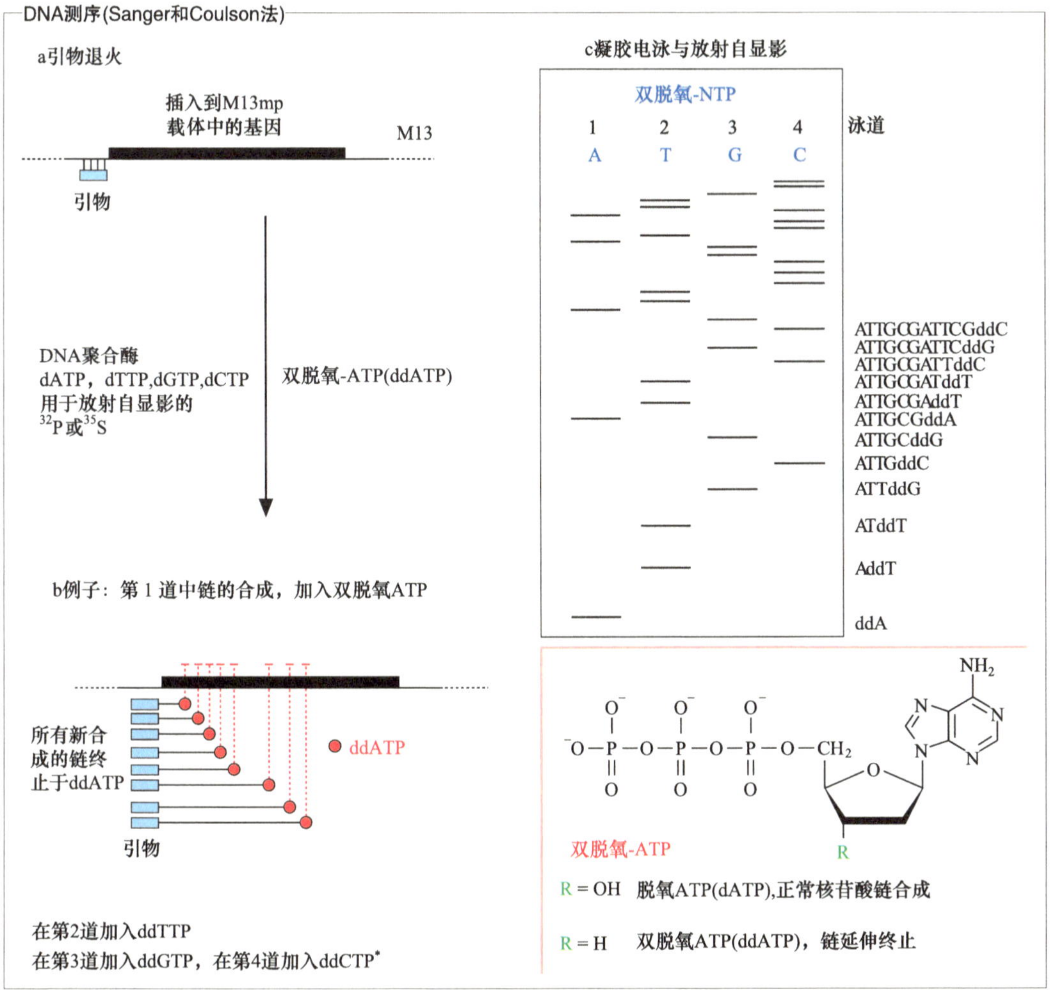
DNA测序(Sanger和Coulson法)
a引物退火
插入到M13mp
载体中的基因
M13
引物
DNA聚合酶
dATP，dTTP,dGTP,dCTP
用于放射自显影的
^{32}P或^{35}S
双脱氧-ATP(ddATP)
b例子：第1道中链的合成，加入双脱氧ATP
所有新合
成的链终
止于ddATP
ddATP
引物
在第2道加入ddTTP
在第3道加入ddGTP，在第4道加入ddCTP*
c凝胶电泳与放射自显影
双脱氧-NTP
1 2 3 4
A T G C
泳道
ATTGCGATTCGddC
ATTGCGATTCddG
ATTGCGATTddC
ATTGCGATddT
ATTGCGAddT
ATTGCGddA
ATTGCddG
ATTGddC
ATTddG
ATddT
AddT
ddA
NH2
双脱氧-ATP
R
R = OH 脱氧ATP(dATP),正常核苷酸链合成
R = H 双脱氧ATP(ddATP)，链延伸终止

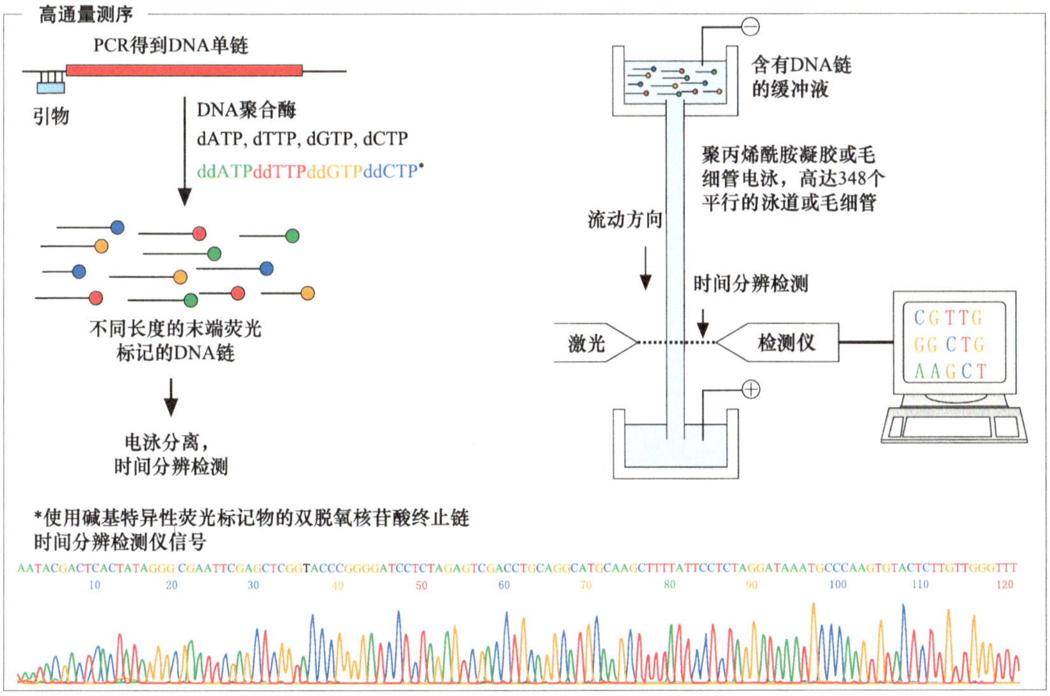
高通量测序
PCR得到DNA单链
引物
DNA聚合酶
dATP, dTTP, dGTP, dCTP
ddATPddTTPddGTPddCTP*
不同长度的末端荧光
标记的DNA链
电泳分离，
时间分辨检测
含有DNA链
的缓冲液
聚丙烯酰胺凝胶或毛
细管电泳，高达348个
平行的泳道或毛细管
流动方向
时间分辨检测
激光
检测仪
CGTTG
GG CTG
AAGCT
*使用碱基特异性荧光标记物的双脱氧核苷酸终止链
时间分辨检测仪信号
AATACGACTCACTATAGGG CGAATTCGAGCTCGGTACCCGGGGATCCTCTAGAGTCGACCTGCAGGCATGCAAGCTTTTATTCCTCTAGGATAAATGCCCAAGTGTACTCTTGTTGGGTTT
10 20 30 40 50 60 70 80 90 100 110 120

将外源DNA转入到活细胞内(转化)

概述

在自然界中，DNA可通过多种方式转入活细胞内：①通过质粒、噬菌体或病毒(接合、转导、转染)；②直接摄入(转化)。含有转入的外源DNA的细胞被称作转化细胞。在基因工程实验中，外源(异源)DNA通常被转入到宿主细胞内，并在宿主细胞中表达，所用的转化方法部分是生物学方法，部分是工业方法。

质粒

几乎只存在于细菌中，大多数质粒是环状的双链DNA分子，它们的复制不依赖于细菌的染色体，但是能够整合到染色体DNA(游离基因)中。质粒含有一个复制起点，并几乎总是含有一个或多个对细菌有益的基因，如编码抗生素抗性的基因。质粒DNA很容易与染色体DNA分离，并且与染色体DNA一样可在体外进行酶处理，这就产生了基因工程所涉及的众多克隆和表达载体。质粒载体的最重要的功能特性是：①一个在宿主生物中复制的复制起点(*ori*)；②可选择的用于其他宿主生物复制的复制起点(穿梭质粒)。这使得我们能够在将遗传信息转移到目的宿主(更为复杂的宿主)之前，在一种易于操作的生物(如大肠杆菌)体内构建一种适当的载体；③独特的限制性序列，能够在确定的位置插入一个基因(MCS，多克隆位点)；④一种或多种抗性或者营养缺陷型标记，用以选择阳性受体克隆。报告基因有助于转化子的筛选，例如，蓝白斑筛选经常与pUC质粒一起使用，质粒编码的*lacZ'*基因与缺失该基因的大肠杆菌宿主菌(缺失 *lacZ△M15*)染色体的*lacZ*基因互补，只有转化的大肠杆菌才能够合成具有功能的β-半乳糖苷酶，该酶能水解白色染料5-溴-4-氯-3-吲哚-β-D-吡喃半乳糖苷(X-gal)，产生深蓝色的5,5′-二溴-4,4′-二氯靛蓝，因此转化未成功的质粒克隆是蓝色的，而含有外源基因插入的克隆，由于编码*lacZ'*基因的开放阅读框被切断，因而菌落呈白色。质粒载体通常小于10kbp，便于操作，并具有负选择压力下从分裂细胞中不轻易丢失的优势。目前，大多数质粒载体是针对大肠杆菌而开发的，但有些质粒也用于芽孢杆菌、假单胞菌、链霉菌、乳酸杆菌和其他一些细菌的克隆实验中。真核细胞中几乎没有质粒，但也有少数的例外，如酿酒酵母含有2μ质粒；再如来自根癌农杆菌的Ti质粒已经成为转化双子叶植物的重要载体。

噬菌体和病毒

能够通过转染将DNA转入宿主细胞。通过去除负责细胞裂解或其他致病性机制的基因片段，可以获得减毒的噬菌体和病毒载体。大多数的细菌都有其特异性的噬菌体，其中很多被用于基因工程中，例如，λ和M13噬菌体用于大肠杆菌的实验，也有少量的减毒病毒载体用于转化植物、昆虫和动物细胞。

非生物学方法

包括化学和物理方法。*E. coli*常用的方法是"热激转化"，细胞经$CaCl_2$或$RbCl_2$预处理后成为"感受态细胞"，通过一个短暂的"热激"(42℃处理60s)可以摄入外源DNA；电穿孔法是使用一个短暂的电脉冲，在细胞膜上瞬间形成孔，导致DNA摄入；基因枪法在植物细胞转化一节中已经阐述。在动物细胞或植物原生质体(二者都不含有细胞壁)转化时，DNA能以钙盐的形式沉积到细胞表面，有可能引发胞吞作用。其他方法包括用脂质体使含有DNA的细胞融合(脂质体转染)，或将DNA微注射到真核细胞的核内等。需要注意的是，使用上述这些方法时，转化细胞的数量较少，且每次实验时都需要对方法进行优化。

质粒

	举例	长度/kb	来源
f(致育)质粒	F-质粒	95	大肠杆菌
r(抗性)质粒	RP4	54	假单胞菌
毒素(大肠杆菌)质粒	ColE1	6.4	大肠杆菌
降解性质粒	TOL	117	恶臭假单胞菌
毒力质粒	Ti质粒	213	根瘤土壤杆菌

克隆载体

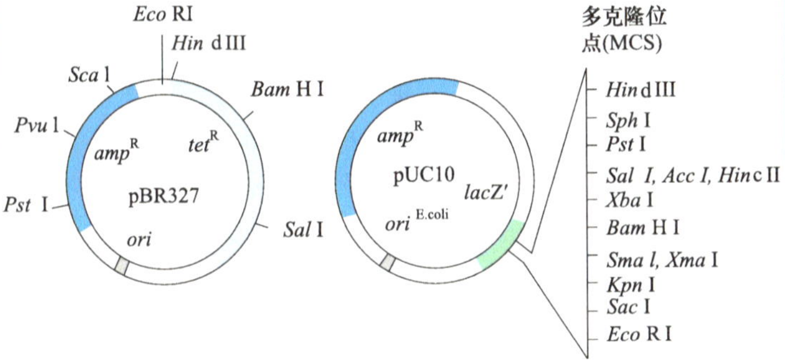

大肠杆菌的两种克隆载体

ori $^{E.coli}$ 大肠杆菌的复制起点

amp^R 选择标记1(氨苄青霉素抗性)

tet^R 选择标记2(四环素抗性)

lacZ' β-半乳糖苷酶基因片段

抗生素抗性筛选

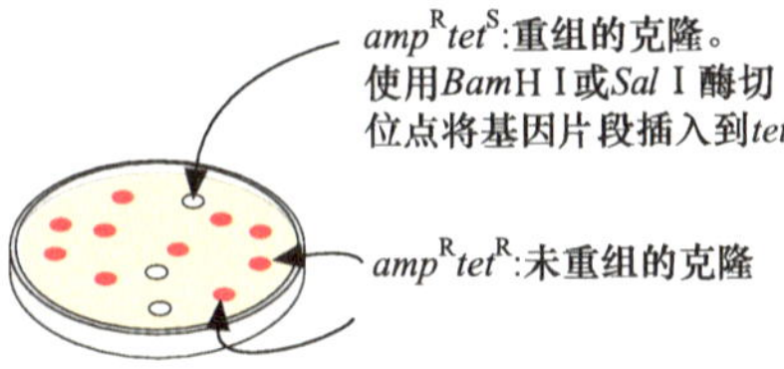

蓝白斑筛选

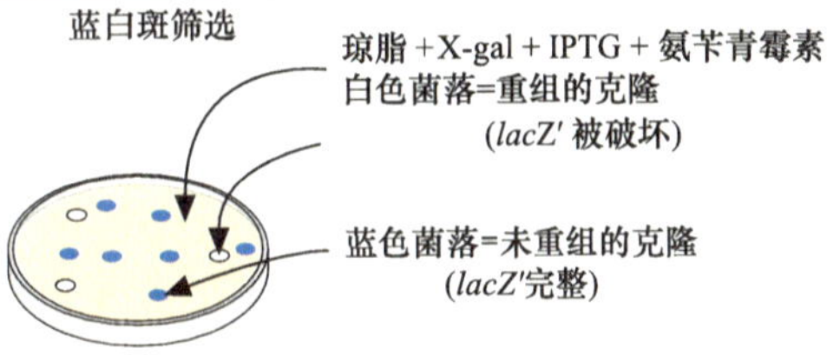

X-gal: β-半乳糖苷酶的发色底物

IPTG : β-半乳糖苷酶启动子的诱导剂

用于真核基因表达的穿梭载体

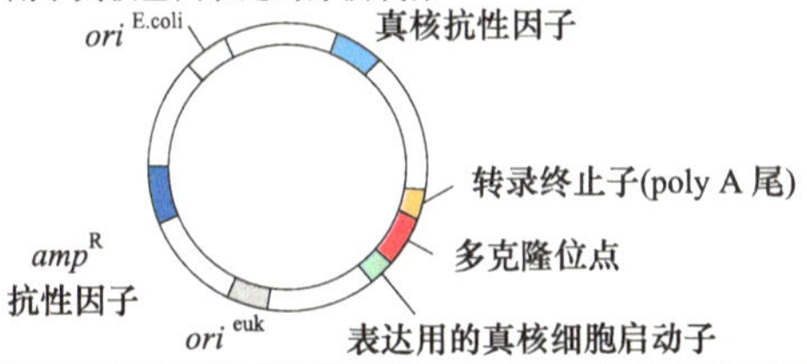

ori $^{E.coli}$ 大肠杆菌的复制起点

amp^R 大肠杆菌的选择标记

ori ^{euk} 真核细胞的复制起点(如用于酿酒酵母的2μ质粒、用于动物细胞的SV40病毒)

非生物学方法转化

胞吞

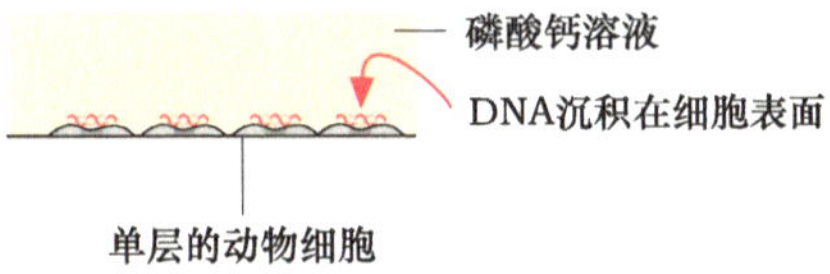

电穿孔

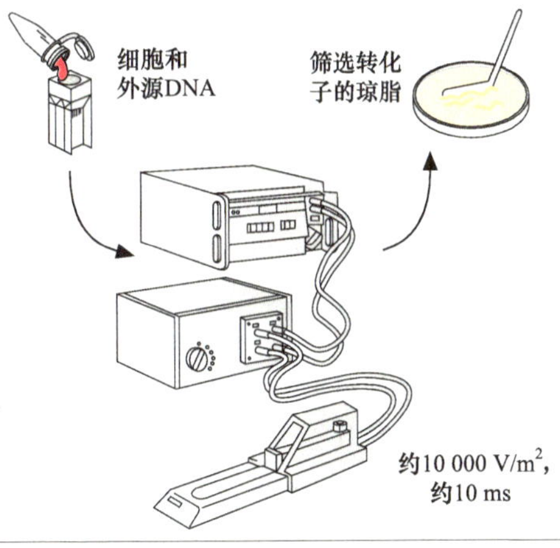

脂质体融合(脂质体转染)

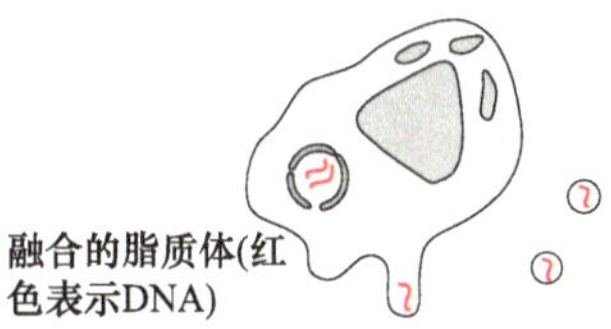

微注射

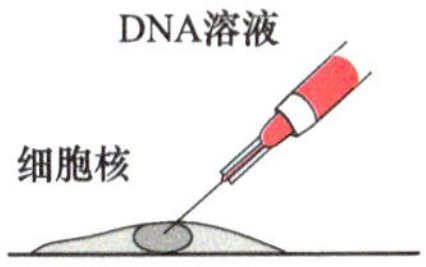

基因克隆与鉴定

概述

PCR 方法已广泛用于已知序列或从蛋白质的部分氨基酸序列推导的序列的克隆。如果必须克隆一个未知蛋白质或基因的序列，则需制备基因组文库(原核生物)或 cDNA 文库(真核生物)，并将其储存到一系列转化的宿主生物中(通常是大肠杆菌)。如果目的基因产物能被正确地表达，通过其活性(鸟枪法克隆)、转录的 mRNA(仅当其是主要的细胞产物时)或者对基因产物的免疫学鉴定(Western blot)能够鉴定到其产物，则该基因必然存在于此文库中。

用 PCR 法克隆

一旦获得了目的基因或基因产物的充足序列信息，便能够合成相应的引物，进而采用 PCR 法从 DNA 或 cDNA 克隆基因。如果不知道基因的精确序列，例如，从氨基酸序列推导的基因序列，则必须使用简并引物。通常情况下，PCR 克隆时需要插入限制性酶切位点，以利于后期连接到表达载体中。

基因文库的制备

用限制酶消化来自供体细胞(细菌、植物、哺乳动物或昆虫细胞)的 DNA 或 cDNA，然后用这个片段库转化感受态宿主细胞(通常是大肠杆菌)。由于需要分析大量不同的插入异源基因的克隆，所以有效的筛选方法是至关重要的。因此，用于转化的载体需要含有抗生素抗性标记基因，如 amp^R 或 tet^R，以便只有转化的细胞才能在筛选琼脂上生长。在标记物拯救方法中，用基因文库中含有负责营养缺陷型特性的 DNA 片段转化野生型菌株的营养缺陷型突变株，被该基因互补的转化子能够在不含添加剂的基本培养基上生长。通常情况下，较为常用有两种标记基因：一种用于转化子的筛选，另一种作为插入外源 DNA 的多克隆位点(MCS)。外源 DNA 在 MCS 上成功插入会导致某种标记表型的丢失，从而能够被识别，如抗生素抗性。在这些准备步骤完成后，便可以分析基因文库是否含有目的基因的转化子。

基因和基因产物的检测

其原理和方法基于以下两个方面：①DNA 或 RNA 探针的基因特异性杂交；②基因产物的表达。在第一步骤中，合成与目的 DNA 序列互补的基因特异性探针，并用放射性同位素或其他方法标记，然后与从转化子中获得的单链 DNA 杂交(Southern 印迹)，或者直接进行菌落或噬菌体杂交。用同样的方法，使用标记的 DNA 或 RNA 探针，也能够分析转化子转录的 mRNA(Northern 印迹)。如果基因产物的 DNA 序列未知，可以使用 Western 印迹，其方法是利用表达载体来构建基因文库，使用标记的抗体进行免疫反应来检测目的蛋白质，用这种方法甚至能够检测到蛋白质片段；因为在基因文库的构建过程中，编码基因可能被切断，分散在两个或更多的转化子中，所以 Western 印迹是一种很有用的技术。如果要在基因文库中搜索调节元件(如启动子)，则使用的载体需在多克隆位点后有报告基因(如荧光素酶或绿色荧光蛋白)，通过报告基因的表达，来检测从基因文库中分离的启动子。

其他检测方法

基于特异性引物的 PCR 方法常用于监测基因是否插入染色体 DNA 中；例如，对野生型和转化型基因的凝胶电泳进行比较，如果出现的新的限制性图谱，则表明成功地克隆了一个新基因。

基因功能的鉴定

第一步通常是基于生物信息学分析：通过对待测基因的部分序列与序列文库进行 BLAST (*Basic Local Alignment Search Tool*)比对分析，可对待测基因可能的功能进行预测。此外，BLAST 基于氨基酸序列的突变概率还能够构建系统进化树。

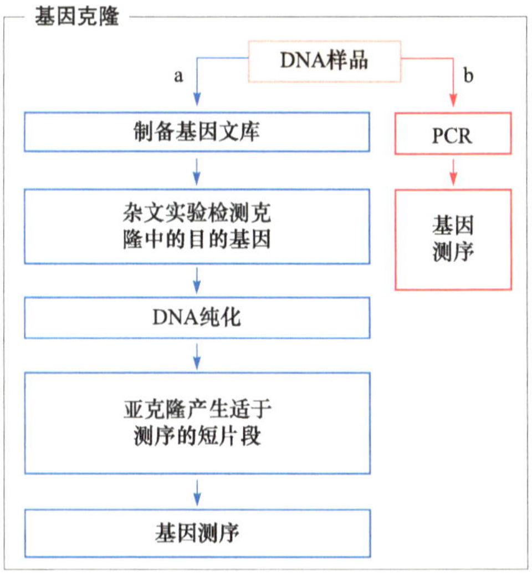

检测方法

Southern印迹	检测DNA	与标记的DNA或RNA探针交杂
Northern印迹	检测mRNA	与标记的DNA或RNA探针交杂
Western印迹	检测蛋白质	使用标记抗体进行免疫学检测
报告基因	检测调节元件	编码报告蛋白质的基因的表达

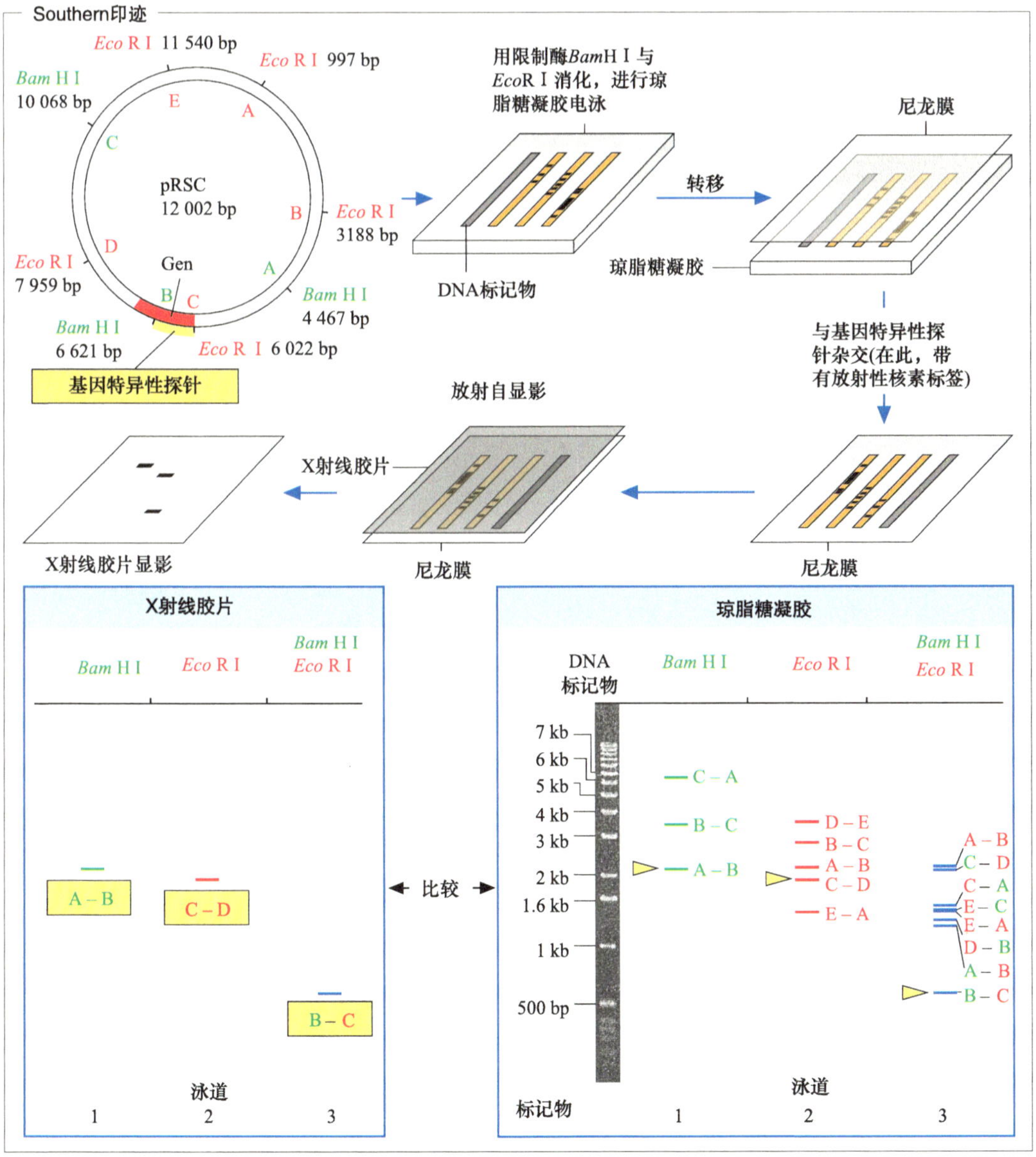

基因表达

概述

基因工程的一个重要目的就是在一种宿主生物中表达外源基因或操纵子(几个相关的基因)；外源线性 DNA 能够通过同源重组技术整合到宿主生物体内。在原核生物(如 *E. coli*)中进行基因表达时可以利用同源重组，但一般会优先使用表达载体，载体通常是独立于染色体外能自主复制的质粒。由于其可能会在细胞分裂时丢失，这些载体通常都含有一些额外的抗生素抗性基因，因此发酵要在含有这些抗生素的培养基中进行。在表达载体中，外源基因之前常含有一个可诱导型的启动子，能够通过适当的外界条件开启或关闭基因。在高等生物中，通过使用适当的前导序列，已能够在目的部位(如在叶绿体中)定位和表达外源 DNA。

原核生物的表达载体

典型的细菌表达载体含有一个复制起点(*ori*)、一个能够筛选转化克隆的标记基因、带有自身起始密码子 ATG 和终止密码子的外源结构基因或操纵子(ORF=open reading frame，开放阅读框)；一些识别序列为细胞的转录和翻译装置提供适当的指令，从而生成基因产物。在大肠杆菌中，RNA 聚合酶与 ORF 上游的序列(所谓的–35 盒与–10 盒)结合，将 DNA 转录成 mRNA；转录在 ORF 下游的转录终止子区域停止，有时在 mRNA 上形成茎环区域。为了构建表达载体，通常首选可诱导型的启动子，例如，往培养基中加入异丙基-β-D-硫代半乳糖苷(IPTG)，能够打开大肠杆菌乳糖操纵子的启动子，在这种诱导剂存在的条件下，阻遏蛋白与操纵子序列脱离，使得 RNA 聚合酶能够与启动子结合，将基因转录成 mRNA。很多表达型载体在市面上有售，它们通常含有多克隆位点。

真核生物的表达载体

拥有相似的结构，它们含有一个选择性标记、一个带有共有序列(TATA、CCAAT 和 GC 盒)的可诱导型的启动子、一个起始密码子(ATG)、一个多克隆位点和一个终止序列。在真核细胞中转录得到的 mRNA 的 3′端被多聚腺苷酸化(polyA 尾)，其 5′端有一个 7-甲基鸟苷三磷酸残基(“帽子”)。特殊的信号序列可引导基因产物在相应的目的细胞器中表达。高等生物的真核表达载体几乎不能自主复制，通常通过重组将其插入到宿主生物的染色体中。为了筛选含有多拷贝外源基因的转化动物细胞克隆，将辅助基因克隆到载体中，使细胞对毒性培养基成分产生抗性。例如，二氢叶酸还原酶(DHFR)或新霉素磷酸转移酶与目的基因产物的共表达，保证了只有含有目的基因的细胞才能在含有高浓度氨甲蝶呤或新霉素的培养基中存活。

启动子

启动子的特点是有强有弱，有严谨有松弛。在工业工艺中使用的启动子必须是强且严谨的，即在诱导剂缺失的条件下，启动子应当保持关闭。典型的基于大肠杆菌工艺的启动子有 *lac*、*trp*、*tac* 或 *rha* 启动子，通过往培养基中加入试剂才能诱导(如 L-鼠李糖诱导 *rhaPBAD* 启动子)。相比之下，λP_L 启动子的诱导则是通过将培养基温度从 30℃升到 42℃来实现的。在真菌和酵母中表达外源基因时，在酿酒酵母中通常使用 GAL10 半乳糖启动子、在毕赤酵母中使用醇氧化酶启动子 AOX、在曲霉中使用葡萄糖淀粉酶启动子，在动物细胞中的表达通常使用金属硫蛋白启动子。对于转基因植物和动物，通常使用受宿主生物调控的启动子。因此，在转基因动物中，目的基因经常被克隆在乳腺的强乳清蛋白启动子之后，从而在诱导泌乳之后，能够大量地表达重组蛋白质。

表达载体

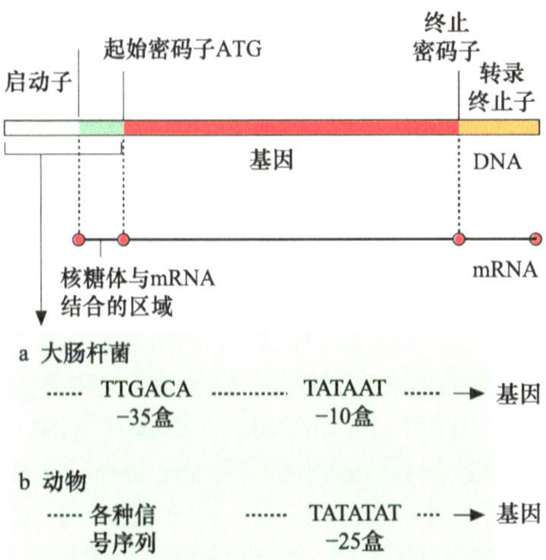

诱导和阻抑

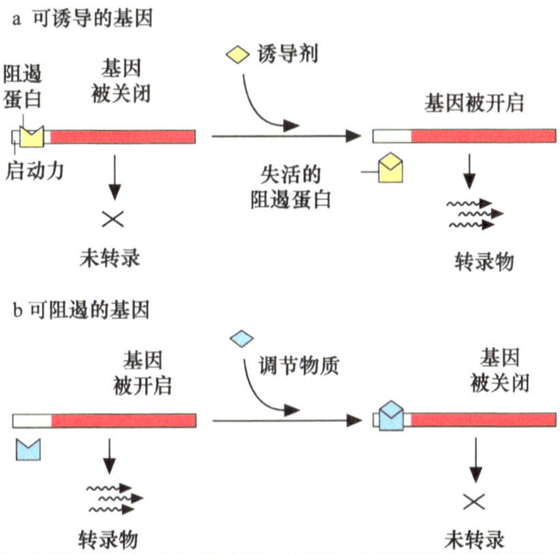

可诱导的启动子(举例)

启动子	蛋白质	诱导剂	宿主生物
lacZ	β-半乳糖苷酶	IPTG	大肠杆菌
λP_L	–	将温度从30℃升至42℃	大肠杆菌
*GAL*10	β-半乳糖苷酶	半乳糖	酿酒酵母
AOX	醇氧化酶	甲醇	毕赤酵母
metallothionein	金属硫蛋白	Zn^{2+}	动物细胞

启动子

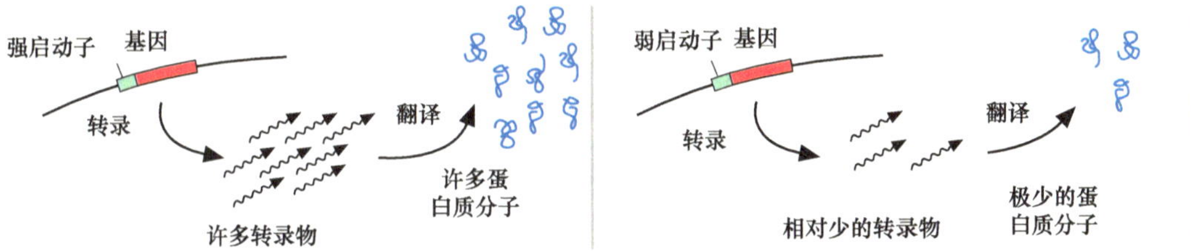

大肠杆菌的表达盒

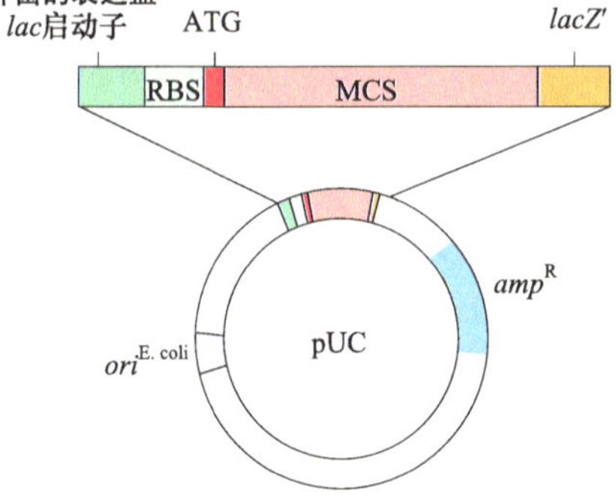

RBS　核糖体结合位点

ATG　起始密码子

（黄色）　蓝白斑筛选用的*lacZ'*序列

MCS　含有限制酶识别序列的多克隆位点

（浅蓝色）　筛选标记

$ori^{E.coli}$　大肠杆菌的复制起点

毕赤酵母的表达盒

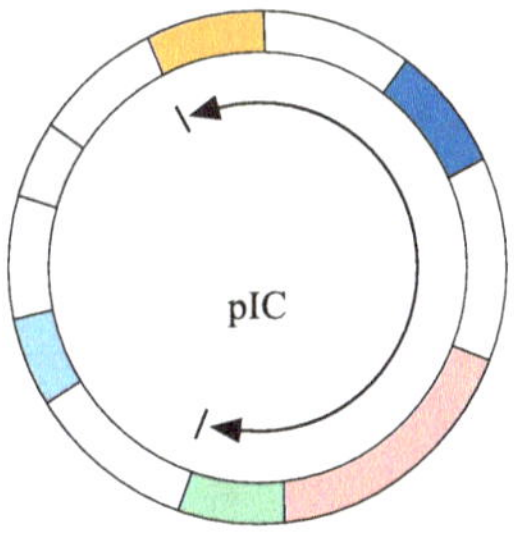

（黄色）醇氧化酶基因的3'端

（白色）大肠杆菌的复制起点

（浅蓝色）大肠杆菌的氨苄青霉素抗性筛选标记

（绿色）醇氧化酶的启动子

（粉色）含有限制酶识别序列的多克隆位点

（深蓝色）毕赤酵母His4营养缺陷型标记

|◄—►| 整合到毕赤酵母染色体内的载体

基因沉默

概述

对基因进行定向沉默是基础分子生物学研究和生物技术中的一项重要技术，例如，在家畜或植物育种、微生物菌株开发，以及在医疗(如肿瘤治疗)中去除某些不想要的特性。与基于化学诱变剂或辐射所引起的随机诱变不同，实验通过重组或者基于 RNA 的技术，基因技术能够敲除特定的基因。尽管在一些实例中基因沉默取得了无可争议的成功，但大多数的表型都是多基因控制的，因此通常很难将一种期望的表型指定到某个单个基因的功能上。现在，在内切酶不断开发的基础上，又开发出了用于基因组多重编辑、修复和移除基因或整个操纵子的新方法。

重组敲除

用于产生敲除突变体的 DNA 替代载体，几乎与所要沉默的基因或外显子同源，但含有一个突变或缺失，当载体与染色体 DNA 重组后，产生无功能的基因产物。只有当插入片段的长度超过约 150 bp 时，才能确信重组的发生。由于重组事件发生的频率相当小($<10^{-3}$)，所以需要用标记物来筛选转化的细胞。常用生长抑制剂作为选择标记物，如甲氨蝶呤，其抑制活性可通过表达足够量的二氢叶酸还原酶(DHFR)来消除。

基于 RNA 的技术

在基于 RNA 的技术中，将要抑制的基因反向连接到表达载体中，用其转化宿主细胞。该基因转录过程中产生的 mRNA(反义 RNA，asRNA)与正常基因产生的 mRNA 互补，从而阻止基因产物的合成。其结果是很可能两种 mRNA 都不能与核糖体结合，或被 RNA 酶快速降解的双链 RNA。反义技术为医学治疗提供了一个有意义的新理念，为基因疗法提供了有效的补充：如果某种疾病并不是由于错误的基因产物所引起的，而是由于基因的过量表达所引起的，则替换该基因的效果不如采用反义技术干扰其翻译过程更加有效。事实上，在脑瘤的治疗中，通过表达 asRNA，可减弱由于胰岛素类生长因子形成过程中的错误引起的恶性胶质瘤细胞癌变。asRNA 可通过含有金属硫蛋白启动子的游离基因载体进行表达。RNA 干扰是基于双链小分子干扰 RNA(siRNA)的形成，再与目标 mRNA 结合形成 RISC 复合体，从而导致目标 mRNA 的降解。另一种 asRNA 疗法就是基于其直接注射，由于在体内 RNA 会很快被 RNA 酶降解，因此必须使用 RNA 的类似物如磷酸硫代硫酸盐(phoshothionate)。2012 年，超过 40 种的反义寡核苷酸和 siRNA 被临床测试过。2014 年，其中的两种在美国被登记注册：福米韦生(Fomivirsen)，用于治疗免疫力低下病人的巨细胞病毒感染；米泊美生(Mipomirsen)，可抑制载脂蛋白 B 的形成(治疗纯合型或杂合型家族性高胆固醇血症)。使用反义技术生产水果的成功例子是 FlavrSavr™ 西红柿，其果实能够在藤上成熟并发出香味，并且具有更长的保鲜期。用这种载体转化的植物含有标记基因，如编码抗生素抗性的基因。但是，一些专家指出，这些抗性标记物的水平基因转移，可能会导致抗生素抗性在整个生态系统中传播。

基因组编辑

目前，已有多种技术可用于基因组的定向编辑。在这些方法中，利用双链或单链 DNA 的同源重组技术是十分有效的。大多数方法都是使用蛋白质工程改造的可与 DNA 结合的核酸酶、锌指核酸酶(ZFNs)或者具有转录激活因子效应的核酸酶(TALEN)。基于 RNA 的 CRISP/Cas9 核酸酶系统也可以用于大基因组的多重编辑。上述这些方法在基因疗法、动植物育种上均具有广泛的应用潜力；例如，已被用于修复患有杜氏肌营养不良病人体内 iPS 细胞内受损的肌萎缩蛋白基因；也可用来干扰产油植物蓖麻种子中蓖麻毒素(一种有毒的外源凝集素)的合成。

用基因打靶敲除基因

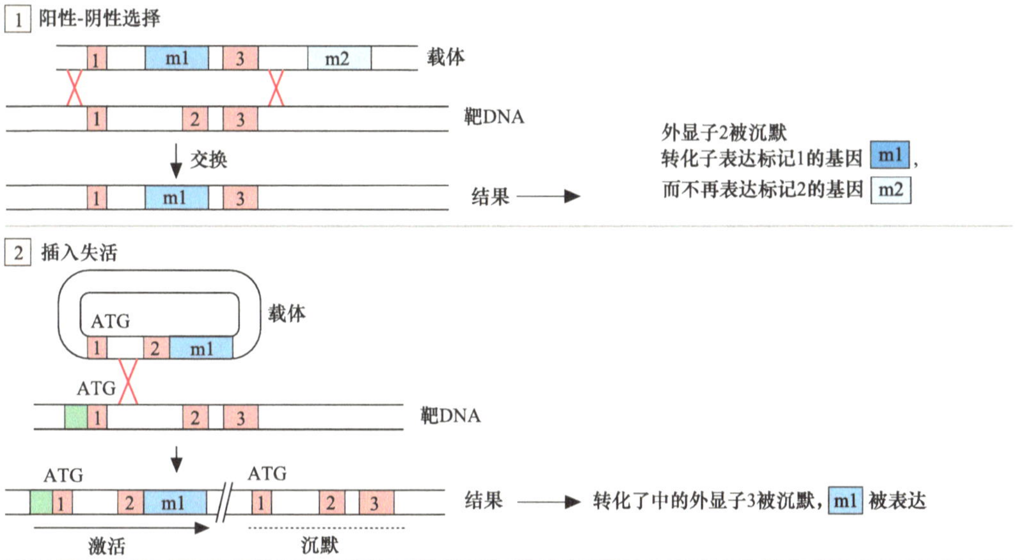

核酸酶介导的基因组编辑

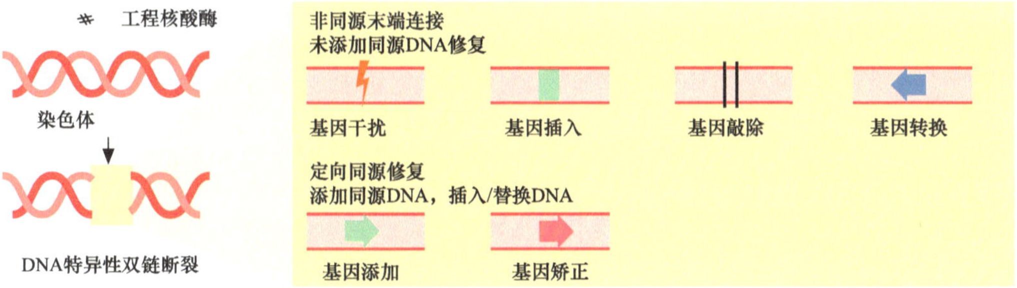

工程核酸酶的四个家族

1 工程大范围核酸酶和重组归巢内切核酸酶

2 类似转录激活剂的效应物核酸酶

3 锌指核酸酶

4 CRISPR-Cas系统(规律成簇的间隔短回文重复)

真核筛选标记

标记	细胞类型	指示剂
隐性 腺苷脱氨酶	CHO突变体	9-β-xylofuranoxyl
显性 二氢叶酸还原酶	所有的	氨甲蝶呤
新霉素磷酸转移酶胸腺嘧啶激酶融合蛋白	所有的	硫酸新霉素
金属硫蛋白1	所有的	Cd^{2+}、Zn^{2+}

反义技术

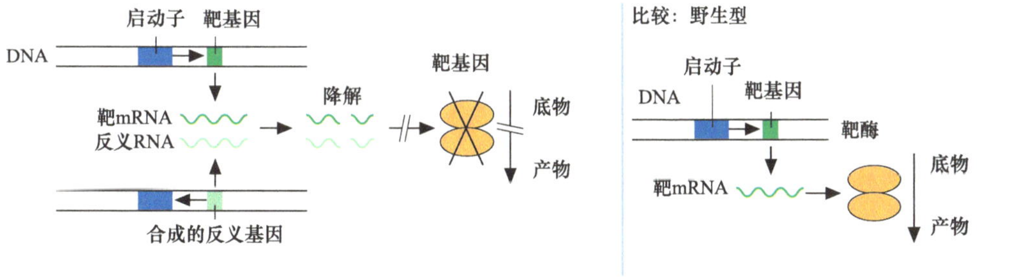

表观遗传学

概述

表观遗传学是指可遗传性和非遗传性基因功能的改变，并且无法用 DNA 序列改变来解释的一种遗传学现象。表观基因组学被用来描述基因组水平上的改变。在高等生物中，细胞分裂伴随着分化成不同类型的细胞。在表观遗传过程中，DNA 或者组蛋白的共价改变导致了某些区域 DNA 的沉默，从而在其生命周期中决定了其细胞的功能分类。尽管大多数的 DNA 损伤(人类：每天每个细胞大约 10 000 次)会被修复，但随着时间的延长，其损伤效应逐渐积累进而导致表观遗传的改变。

机制

表观遗传改变是由以下两个因素引起的：①组蛋白氨基酸翻译后的修饰；②DNA 的甲基化(大多数是在 GpC 位点)。组蛋白修饰包括乙酰化、甲基化、泛素化、磷酸化或者类泛素化(由一个 SUMO1 蛋白修饰)，其作用是改变了包裹有一个特定基因序列的组蛋白域的形状和/或电荷，导致基因表达的改变。已报道有许多酶可以实现上述修饰作用，例如，组蛋白赖氨酸甲基转移酶(KMT)作用于组蛋白 H3 和 H4；也有一些酶能使组蛋白去甲基化，如组蛋白赖氨酸去甲基化酶(KDM)，可去除组蛋白 H3 或 H4 的 3 个甲基基团。实际情况下，多个组蛋白的修饰作用可能同时发生并共同调控基因的转录(组蛋白密码)。DNA 甲基化在含有 GpC 位点的重复序列上频繁发生，其产物 5-甲基胞嘧啶能自发脱氨到胸腺嘧啶核苷上，从而增加了永久突变的可能性。因此，CpG 位点的突变频率很高，但是很少出现在基因组中。参与这些修饰作用的酶经常与复制位点发生作用，如 DNA 甲基转移酶；在转基因小鼠实验中发现这些酶的去除是致死性的。在减数分裂中，一条单链 DNA 的半甲基化可用于沉默一条 X DNA 链；在有丝分裂中，DNA 甲基转移酶，如 DNMT1，在 DNA 复制后可以将甲基组分转移到新合成的链上。有证据表明小片段非编码 RNA 也参与表观遗传的调控，起作用很可能是在基因表达中参与启动子的调控。

功能

表观遗传学通常分为先决定和概率性渐成两种。体细胞的表观遗传属于先决定型，它是多细胞真核生物细胞分化的关键。概率性遗传的例子是基因组印迹的遗传特性(父亲和母亲在其胚细胞内携带不同的表观遗传模式)。在小鼠中，创伤经历能够通过表观遗传学传递两代，如暴露在樱花气味中的小鼠受刺激后，其后代相对于未受刺激的小鼠对这种气味的反应更为剧烈。在瑞典的 Overkalix 村庄开展的一个研究人的隔代遗传(三代)实验中，研究人员对超过 300 多个具有家族遗传病史的孙辈青少年男性进行分析(他们的祖先在 19 世纪曾遭遇过饥荒)，结果显示在有充足食物的情况下，这些研究对象死于糖尿病的概率要显著多余死于心血管疾病的。

与生物技术的相关性

与健康细胞相比，肿瘤细胞常常显示不同的甲基化模式。因此，针对肿瘤抑制子基因 *BRCA2*(针对乳腺癌 2 型，早发性)中特定位点突变的诊断，可以为乳腺癌的发病或者遗传性乳腺-卵巢癌并发症提供一个风险评估。BRCA2 蛋白是 DNA 修复复合体的一部分，其基因中的表观遗传性的改变可能会导致其功能下降。

微生物

细菌 DNA 的甲基化发生在腺嘌呤而不是胞嘧啶，这一过程不仅对新复制 DNA 的校对十分重要，也能控制沙门氏菌、弧菌、耶尔森氏鼠疫杆菌和布鲁氏菌等病原微生物的毒力。通过对 *E. coli* O104:H4 菌株的全基因组测序(该菌在 2011 年造成德国 50 人感染死亡)，结果发现该菌不仅获得了志贺毒素，还含有一个来源于噬菌体的 DNA 甲基转移酶，该酶完全修饰了 *E. coli* 的甲基化谱，从而导致 *E. coli* 毒性大大增强。

分析工具

细菌基因组的甲基化能够通过特殊的 PCR 方法检测，或者通过单分子实时测序(SMRT)来分析。一个经典的过程是用亚硫酸氢钠预处理 DNA，将非甲基化的胞嘧啶核苷转化成尿嘧啶，然后通过比较处理前后的基因序列，就能很容易地找到甲基化位点。

DNA甲基化和组蛋白乙酰化

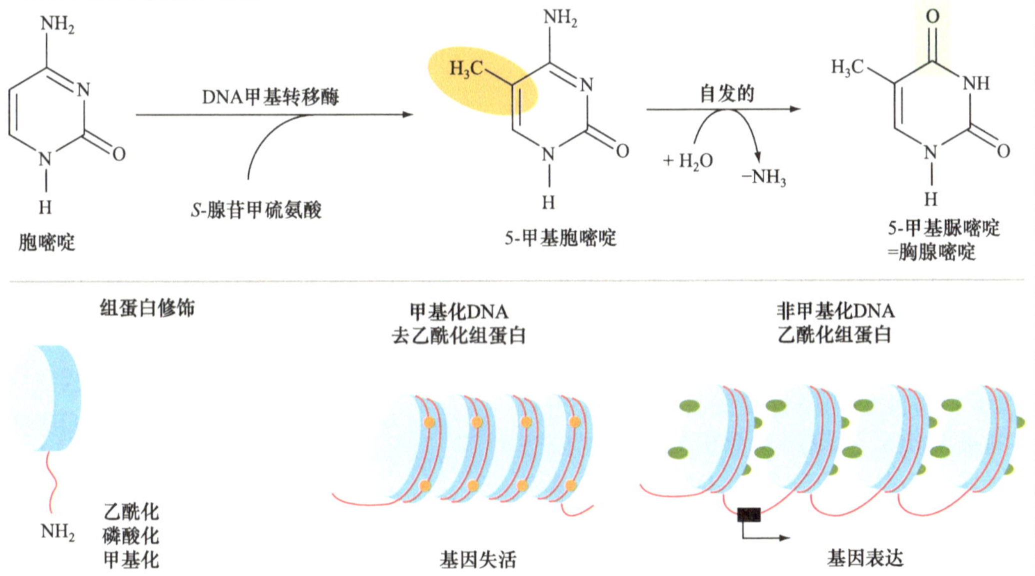

DNA甲基化分析：区分重亚硫酸盐产生的多态性

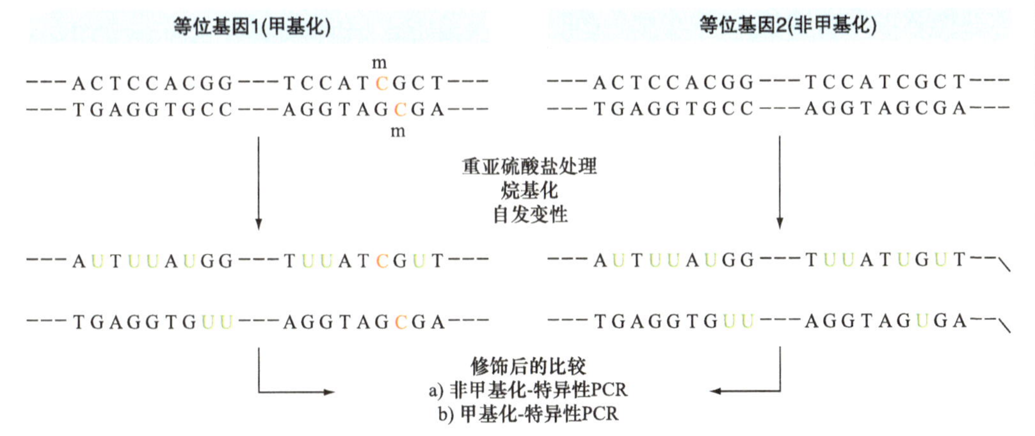

同卵双胞胎是表观遗传差异

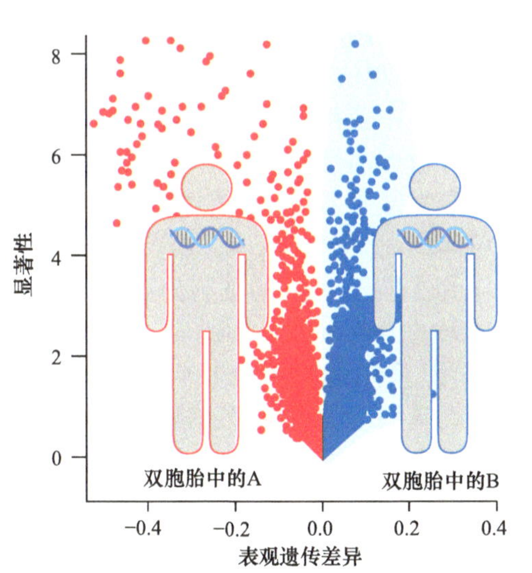

摄食行为也会导致表观遗传差异

相同年龄和性别的同基因Avy小鼠

毛色和肥胖取决于Avy等位基因的表观遗传状态

基因文库和基因图谱

概述

即使是噬菌体和病毒这样小的基因组也很难对其 DNA 或 RNA 直接测序。因此，基因组 DNA 往往需要被切割成为小的片段并克隆到载体中，逐步获得能够测序长度的片段。当这些片段的序列被测定后，使用计算机分析序列信息，并将其整合为基因组完整的 DNA 或 RNA 序列(物理图谱)。由于存在众多完全相同的碱基序列，所以对于较大的基因组，只有在确定了足够的标记物后才能认为其序列是正确的(基因图谱)；而序列标签位点(STS)是一种非常重要的实用标记物。

基因文库

是由构成完整基因组的所有 DNA 片段组成的。用超声或限制性核酸内切酶将整个基因组 DNA 切割为小的 DNA 片段，然后插入到载体中，便可得到其基因文库。制备较大的片段时，首选识别序列稀少的限制酶，如 *Not*I，它识别的序列为 5′-GCGGCCGC-3′；从统计学上讲，每 4^8 = 65 536 bp 才出现一次识别位点。然而，在任何基因组中，该序列出现的频率很大程度上取决于 DNA 中的 GC 含量和重复 DNA 序列的存在。

载体

为构建基因图谱及测序，将基因组 DNA 片段克隆到载体中，通过转化宿主细胞很容易将其扩增并重新分离出来。基因组 DNA 的大小决定了构建整个基因文库所需要的克隆数量。对于较大的真核生物基因组，首选人工染色体(如酵母人工染色体 YAC)来构建酿酒酵母基因文库，或者选用细菌人工染色体(BACs)来构建大肠杆菌基因文库。这类载体能够包装长度达 300 kbp 的插入片段。但是，对于测序来说，这些片段仍然过大，通常需要使用来源于 λ 噬菌体的载体进行亚克隆，如柯斯质粒(cosmids)可包装 30～45 kbp 的外源 DNA。

基因图谱

经典的基因图谱绘制方法依赖于对耦联表型的观察，例如，很早以前通过四分体分析获得了子囊菌(如粗糙脉孢菌和酿酒酵母)的基因图谱；由于所有的子细胞都按照减数分裂时形成的次序存在于子囊中，可很容易地分离孢子，并分析其表型特性。现在，分子遗传学进一步扩展了这些方法。对于相对小的基因组，可以通过小的限制酶切片段来测序，常常根据产生基因位置直接获得物理图谱。通过选择适当的 PCR 引物或 DNA 杂交的探针，可以得到较大基因组的遗传标记。其中，长 DNA 序列的荧光原位杂交(FISH)是一种重要的方法，如果同“DNA 梳”(DNA combing)一起使用，可以得到较高分辨率(10 kbp 以内)。为此，将用聚赖氨酸包被的载玻片浸入到含有长 DNA 片段的溶液中，如果将载破片从溶液中缓慢拉出(0.3 mm/s)，DNA 片段便能平行对齐，为与标记物杂交提供了的完美的条件。

STS(序列标签位点)

是长度为 100～500 bp 的 DNA 序列，在整个基因组中仅出现一次，这表明 STSs 不包括重复 DNA 中发现的序列。通常从含有长基因组片段的克隆文库中获得 STSs，如 YAC/BAC 文库。如果必须分析大的真核生物基因组，则通常使用染色体特异性文库。基于染色体结合染料的量取决于染色体的大小这一原理，用荧光染色和用流式细胞仪分选(荧光激活的细胞分选仪，FACS)能够分离单条的染色体；当找到某一已知基因组的一套 STS 后，使用适当的 PCR 引物，很容易确定这些 STS 在基因组中是相邻还是相距很远：如果他们相距很近，基因文库中一系列重叠的基因片段将会产生另外的杂交基因片段，这些片段带有相同的 STS。因此，STS 标记物是基因片段分子耦联分析的理想“绘图试剂”。

基因文库

生物	单倍体基因组 b	所需克隆数目(P = 95 %) λ载体 (EMBL4) $a\approx17$ kbp	柯斯质粒 $a\approx35$ kbp	BAC $a\approx250$ kbp	YAC $a\approx1000$ kbp
大肠杆菌	4 800 000	850	410	56	13
酿酒酵母	14 000 000	2 500	1 200	167	41
黑腹果蝇	170 000 000	30 000	14 500	2 036	508
番茄	700 000 000	123 500	59 000	8 387	2 096
人	3 000 000 000	529 000	257 000	35 948	8 986
蛙	23 000 000 000	4 053 000	1 969 000	275 602	68 901

$N=\frac{\ln(1-P)}{\ln(1-a/b)}$；$P$ = 概率；a = 载体中DNA插入片段的平均大小(bp)；b = 基因组的总大小(bp)

基因图谱

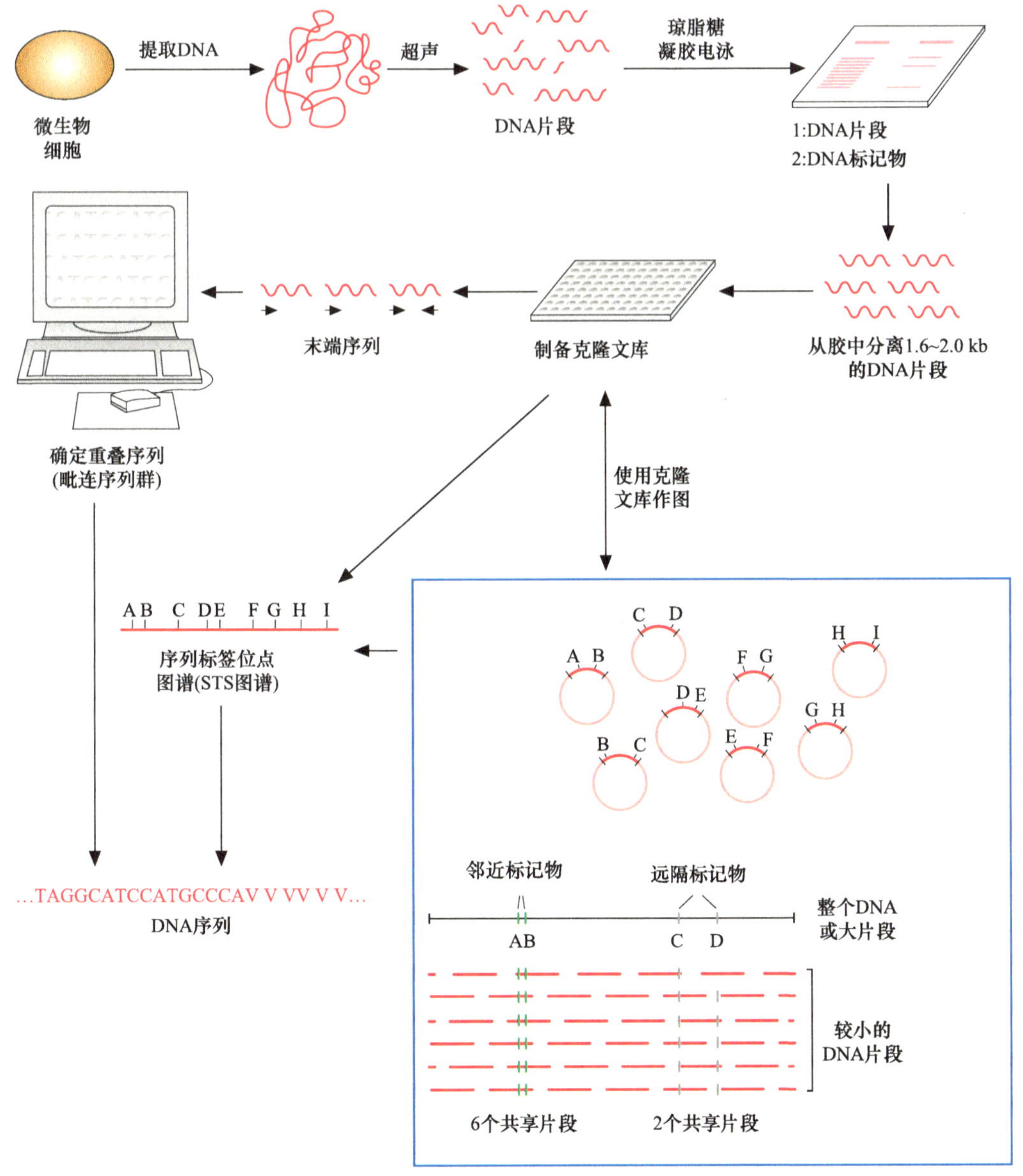

原核生物的遗传图谱

概述

在接合(DNA 从供体细胞转移到受体细胞)、转导(通过噬菌体使 DNA 在细菌之间转移)和转化(摄入裸 DNA 或质粒 DNA)之后，通过观察表型的变化，可以得到微生物的遗传图谱。1995年，通过克隆跨叠片段图谱或用鸟枪法，就获得了一张物理基因组图谱(一个基因组的完整 DNA 序列)。

遗传图谱

在细菌中，很容易快速地观察到多种表型的变化，诸如失去形成孢子或鞭毛的能力，以及产生抗生素抗性等都能作为表型的标记。为了阐明代谢通路，研究人员对阻滞突变体进行了很长时间的研究，这种突变体丧失了该通路中一步或多步的能力，通过加入前体分子能够补偿这种能力的缺失。在实验中，很多细菌的代时很短(<1 h)，非常有利于微生物遗传学的研究。对受体细胞中两种表型修饰进行观察，同时对接合或转导所需要的时间进行测量，能够估计出编码这两种表型的基因距离(连锁分析)。因此，原核基因图谱能以分钟来测量(染色体长度 100 的为 n/100)。在 37℃，将大肠杆菌基因组完全转移到受体细胞中所需要的时间为 100 min。

物理基因组图谱：克隆重叠片段图谱

基因组测序的一项重要任务是鉴定基因组文库中那些含有毗连 DNA 序列的克隆。对于完整的基因组，克隆“重叠群”可以与克隆指纹技术相结合。这样，在两个克隆中，重叠的限制酶图谱或序列标签位点的存在表明它们含有基因组序列的重叠部分，可在计算机程序的辅助下推导完整的序列。在任何可能的地方仍然使用遗传图谱中与表型相关的标记。从邻近标记对一个基因进行定位克隆，通常使用染色体步移法。在该方法中，可以从起始克隆中制备标记的 RNA 用于杂交试验，或者从克隆末端序列构建引物，然后从相近的克隆中制备 PCR 产物，这些克隆中可能含有目的基因。这样，用不完整的遗传图谱作模板，可逐步获得完整基因组的 DNA 序列。

物理基因组图谱：鸟枪法

一种比较省时的方法，其原理是基于长度为 600 bp 的任何 DNA 序列都能够直接快速地测定。最初，通过限制酶切割基因组 DNA，而现在首选超声或流体动力学方法(喷雾器)将 DNA 片段化，形成小的重叠片段并测定其末端序列，然后用超级计算机从重叠序列中获取基因组序列(将序列片段组装成更长的重叠群)。得益于现代大型计算机的高通量测序(HTS)、高效的现代浮点运算方法，以及已经完成测序的数以千计的原核生物基因组数据库的支持，这种方法能在一天内绘制典型的微生物基因组(1～5 Mbp)，当然，其效率也与测序仪速度相关。由于通常可以得到含有标记物序列的遗传图谱(1990 年开始对大肠杆菌基因组进行测序时，只有 1400 种标记物，相当于在 4.64 Mb 的基因组中标记物之间的平均距离为 3300 bp)，所以鸟枪法测序所得到的计算结果能够被连续地验证。随着研究地不断深入，通过对基因组和其功能单位进行比对，进而获得关于生命代谢模块的方法已经达成共识，并广泛采用。

生物信息学

基因组计划所用的计算机程序主要是准确地确定序列的同源性。在实际应用中，即使很小的测序误差(99%的精确度)也能够使所有记录的基因序列产生错误，所以有必要对多个测序实验的结果进行比较。对基因地注释一般是通过标准程序来完成地，例如，使用“原核生物基因组自动注释通道”的直系同源分析，有助于鉴定来源于共同祖先的不同物种的基因，就像宿主学可用于鉴定基因一样，它能够鉴定在两个物种之间基因水平地转移。

从接合实验获得的遗传图谱

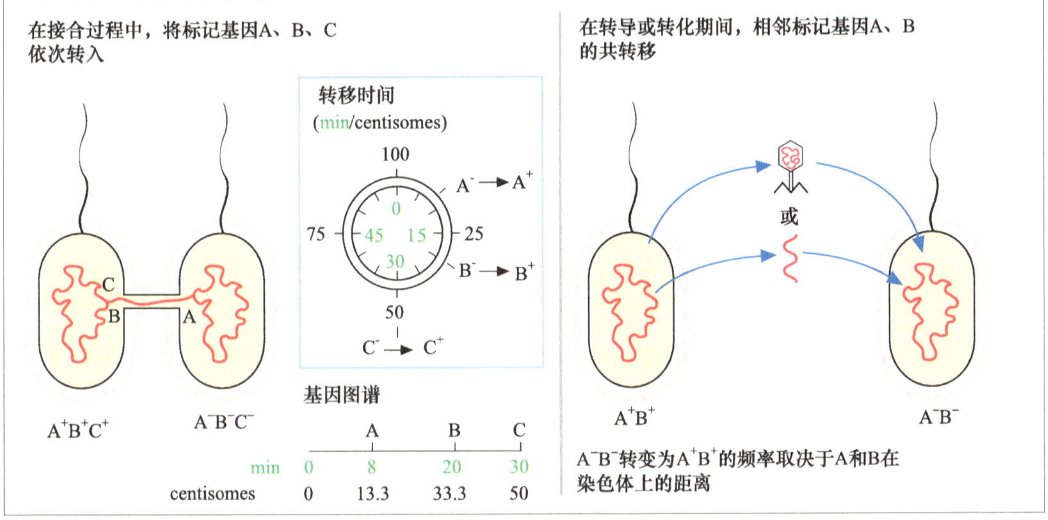

原核基因组测序

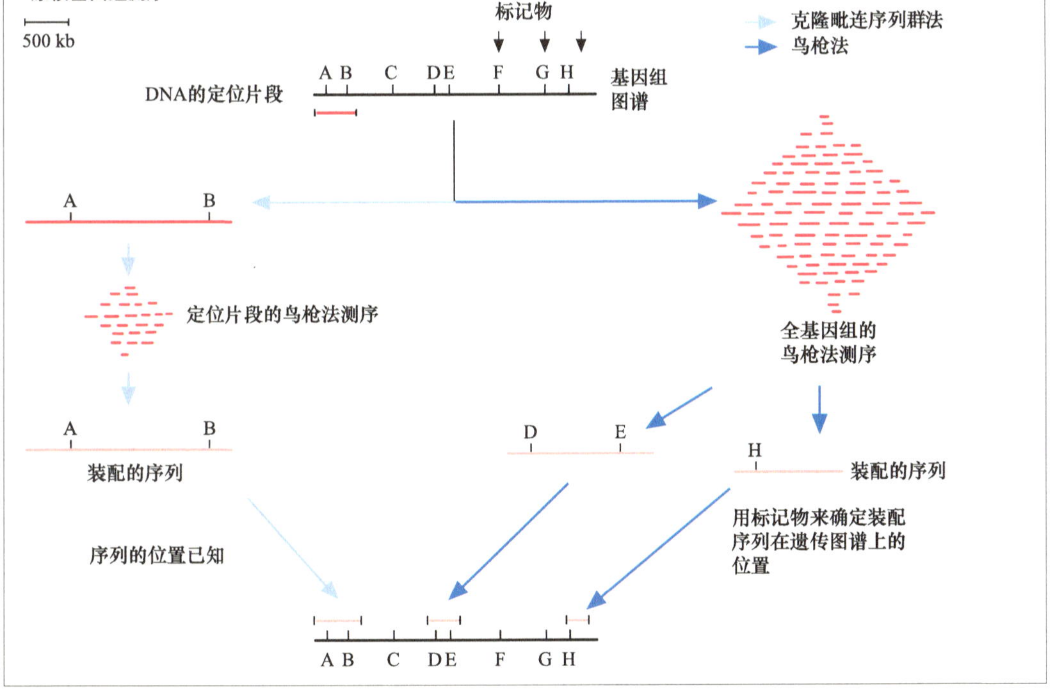

鸟枪法及其问题

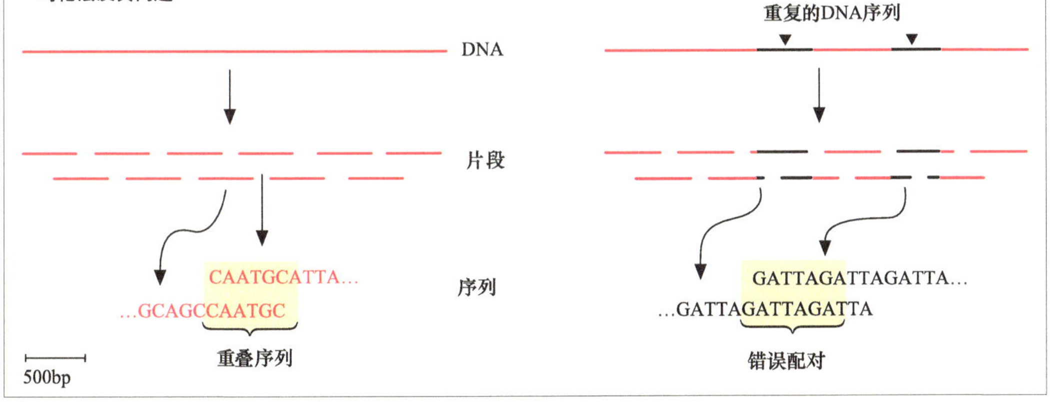

真核生物的遗传图谱

概述

真核生物的遗传图谱的绘制与原核生物的遗传图谱相似，也是通过对遗传表型的耦联分析而获得的。但是，由于真核生物的染色体存在二倍体或多倍体，所以决定某种表型的基因序列可能来源于不同的基因型(杂合的)，这些基因型是在减数分裂的过程中分离的。真核生物基因组的另一个特征是比较大，通常含有几十亿个碱基对。此外，真核生物基因组还含有内含子和许多重复 DNA 序列，进一步增加了寻找某一独特的序列的难度。尽管存在这些困难，目前仍有数百种真核生物的基因组已被完全测序；现在一个研究的趋势是开展“GigaScience”计划，例如，探索人类多样性的遗传学基础(人类多样性计划，1000 人类基因组计划)、复杂医学诊断(人类癌症基因组计划)、基于基因组信息的动植物育种计划，或者百万微生态系统基因组计划等。

遗传图谱

在动物实验中，遗传图谱基于系谱和连锁分析而获得，其原理是在有性生殖的过程中，观察表型特征是如何连锁的(即通过减数分裂交换，详见遗传学教材)。在染色体上相邻的基因决定的两种表型，比相距很远的基因决定的两种表型共遗传的频率更高，因此，耦联表型的重组频率能够产生真正的遗传图谱，其大小通常为重组频率的百分比。如今，许多分子遗传学的方法进一步补充了这种经典的方法，例如，通过限制酶图谱能够确定并比较不同相关 DNA 片段的指纹，而通过荧光原位杂交(FISH)，使用带有荧光标记物标签的引物可确定基因在较长的 DNA 片段或染色体上的位置。

基因组测序

高等生物的基因组含有重复 DNA 序列(卫星 DNA、Alu 序列、反转录转座子等)，这使得确定某序列在整个基因组中的位置十分困难。每个长度在 100～500 bp 的 SINE(短散在核元件)，如 Alu 序列占哺乳动物基因组的 20%；长度为 6000～7000 bp 的 LINE(长散在核元件)占哺乳动物基因组的 10%；此外，小卫星 DNA 和微卫星 DNA 又占了 5%。在人类中，微卫星 DNA 是由 10～50 拷贝非常短的重复序列(如 AC 或 ACCC)组成的，这些序列在整个基因组中可出现 10 000 多次。由于每一个个体都有其独特的微卫星分布，这些微卫星 DNA 便是很好的遗传标记物，例如，用于法医调查以及家畜的育种。由于存在大量的重复序列，所以尽管鸟枪法在原核基因组测序时很有用，但用于真核生物基因组测序则会遇到很大的困难。因此，重叠克隆的毗连序列群测序法便被广泛使用，该方法往往结合基因组步移法，用序列标签位点(STSs)和表达序列标签(ESTs)作为标记物。STSs 和 ESTs 提供了互补的信息；STSs 分布在整个基因组中，但是并不能区分编码区和非编码区，而且可能含有重复序列；ESTs 是来自 cDNA 克隆的短序列，由于 cDNA 是通过反转录酶将剪接后的 mRNA 变成双链的 DNA 而得到的，所以 EST 序列中不含有重复序列，而且每个 EST 都有其独特的序列。如果用源自 EST 的引物与基因组文库杂交，将检测不到任何内含子或重复序列，但能检测到含有完整或部分表达基因的克隆。因此，作为遗传图谱绘制的标记物，STSs 和 ESTs 能够很好地互相补充。一旦用以上方法根据基因组文库的克隆绘制了基因组的物理图谱，接着就将柯斯质粒、YAC 或 BAC 克隆亚克隆到 λ 噬菌体文库中，继而进行 DNA 测序。然后用序列-毗连序列群软件分析重叠序列，得到单条染色体的完整 DNA 序列，并最终得到整个基因组的序列。最后，用遗传图谱的信息确认该图谱。

遗传图谱

基因

m 雏翅

v 朱砂眼

w 宽眼

y 黄体

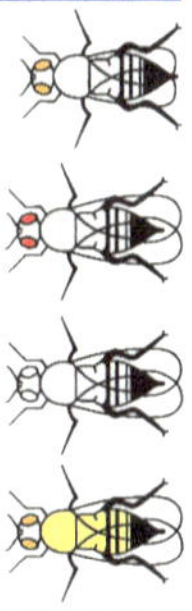

遗传图谱上的位置

重组频率：

在m和v之间	3.0%
在m和y之间	33.7%
在v和w之间	29.4%
在w和y之间	1.3%

染色体命名

吉姆萨染色后的中期染色体

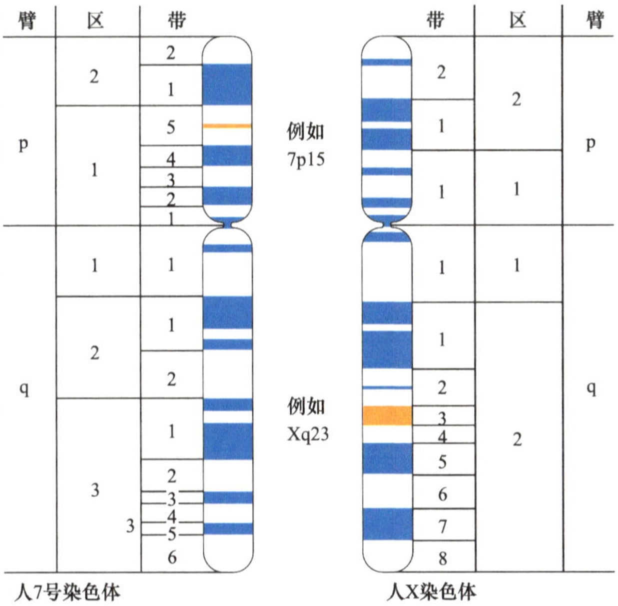

真核基因的组成

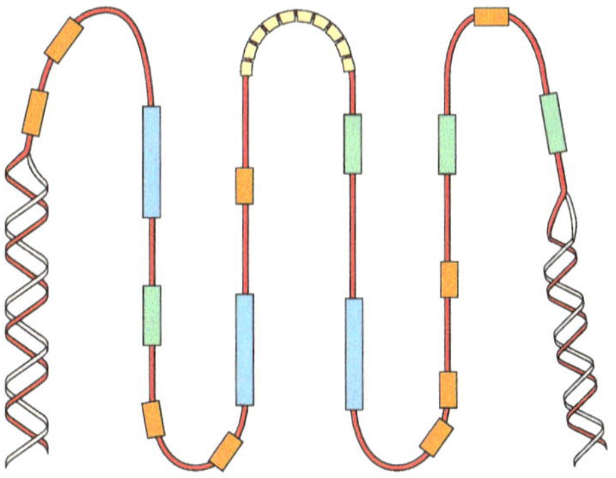

卫星DNA：

端粒与中心粒区域，小卫星(16~64bp)，微卫星(2~4bp，高达50拷贝)

SINE(短散在重复元件)，100~500bp

LINE(长散在重复元件)，达7 000bp

基因

着丝粒

不同生物的基因结构

a 人类：不连续的外显子，很多内含子，众多重复元件，无操纵子

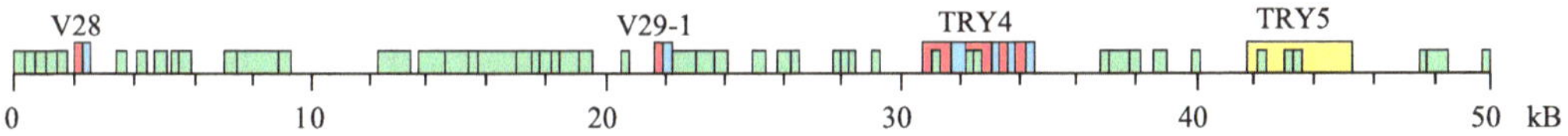

b 酵母(酿酒酵母)：紧聚外显子，很少内含子，几乎不含重复元件

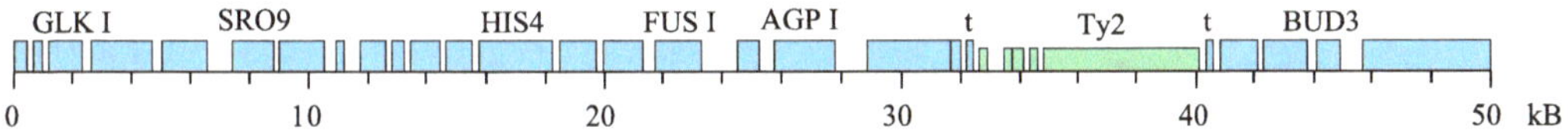

c 玉米：主要是重复元件，无操纵子

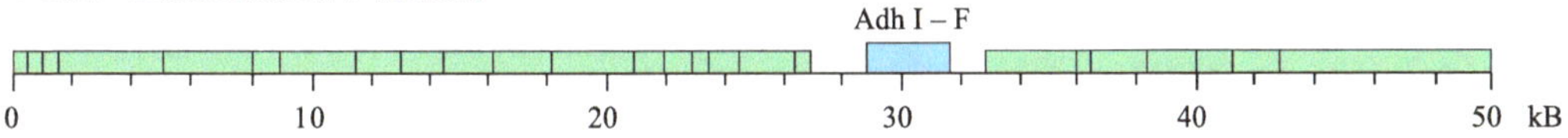

d 细菌(大肠杆菌)：无内含子，常有操纵子，几乎无重复序列

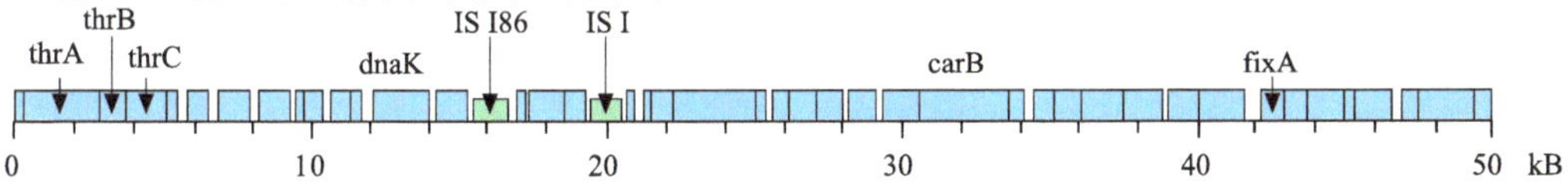

基因　内含子　假基因　分布于整个基因组的重复序列　t = 编码RNA的基因

宏基因组学

概述

宏基因组是指一个群落生境或一个共栖群落(生物群落)的全部基因组信息。相邻且具有相同气候环境条件的群落称为一个“生物群系”。通过对一个生物群系特定物种标记基因的遗传图谱分析,例如,根据它们的线粒体DNA(“DNA条码”),可尝试建立分类参考数据库。微生物群落不仅存在于污泥、人和动物的肠道中,还存在于富营养化的土壤和水样中。这些群落中的大部分微生物都是不可培养的。随着高通量DNA测序(HTS)和生物信息学的发展,这些群落中的基因库已经被发掘并且可以用来克隆和表达新的酶或者基因。

方法

为了构建宏基因组文库(如污泥、土壤或者粪便样品),需要提取DNA并用限制性核酸内切酶将其降解成DNA片段。这些片段可直接用于测序,也可以在宿主微生物(如大肠杆菌)内表达。对于功能性分析而言,这些基因可以被表达生成产物,并用于简单的测试;例如,宿主微生物在三丁酸甘油酯平板上培养时,可通过晕圈的形成来检测脂肪酶和酯酶,在碘-淀粉棕色平板上培养时,可通过透明圈来检测淀粉酶。具有活性的细胞能够繁殖,插入质粒的外源DNA可以被分离并测序,序列可以通过生物信息学方法分析,如BLAST。通常,许多由此发现的DNA片段都是编码新酶的基因。另一种更为通用的方法是序列分析。首先构建一个含有全部宏基因组DNA信息的综合基因库;然后鸟枪法测序获得一个大的基因间隔区,这个区域包含有基于16SRNA(原核生物)和18SRNA(真核生物)探针序列的所有生物的多样性信息。这个信息常用于构建一个RNA系统发育树,通过与DNA数据库的DNA序列进行比对(通常是GenBank),与已知DNA序列的同源性比较可以指示目标蛋白的靶向克隆。基因盒(如合成抗生素)的序列也可以通过类似的方法鉴定。在少数案例中,这种方法能够用来获得不可培养微生物的全基因组序列。例如,蚜虫内共生生物 *Buchnera aphidicola* 的基因组就是通过收集蚜虫细菌DNA后重构得到的。

应用

近年来,对共生生物群落及它们之间的互作关系的研究发展迅速,这促进了我们对于很多过程理解,如人类消化道的系统研究。借助于国际合作,人类口腔、消化道、阴道等的微生物群落已被测序,并依据年龄、疾病和食物偏好性进行了相应的分析。污泥微生物群落是另外一个研究热点,不仅研究其随着时间及功能变化的群落组成变化,甚至还研究了污泥中的质粒宏基因组,结果发现了其中含有大量抗生素抗性基因及可移动的基因元件,进一步表明微生物对几种抗生素的交叉抗性也成为了研究的热点。另一个宏基因组学的里程碑事件是由克雷格·文特尔研究所(Craig Venter Institute)于2003年开始的全球海洋样品考察(Global Ocean Sampling Expedition)项目。在该项目中,每隔200海里取100 L的海水样品,并分析其宏基因组。早在2004年,该项目就提供了1.6 Gb的序列数据,其中大部分都是新的遗传序列(已提交GenBank),并且基于此发现了约2000个物种和超过100万的潜在未知功能蛋白。同时,其中的一艘调查船(Sorcerer II)在七大洋中分别取样。目前(2014),该船正在亚马孙区域执行任务。宏基因组学在工业应用中也是十分重要,一个早期(2000)的应用是分离和繁殖一种微生物菌株(*Thauera*),该菌株能够合成胞外多糖从而吸附大量的重金属。德国B.R.A.I.N公司在构建DNA文库的同时,还从大量培养的微生物中收集其“生物文档”,其中包含来源于不同微生物生态环境的150万种基因,该技术被用来筛选一些新的专利酶,或者“合成的”微生物代谢途径,如用于抗生素或维生素的工业生产。

宏基因组分析

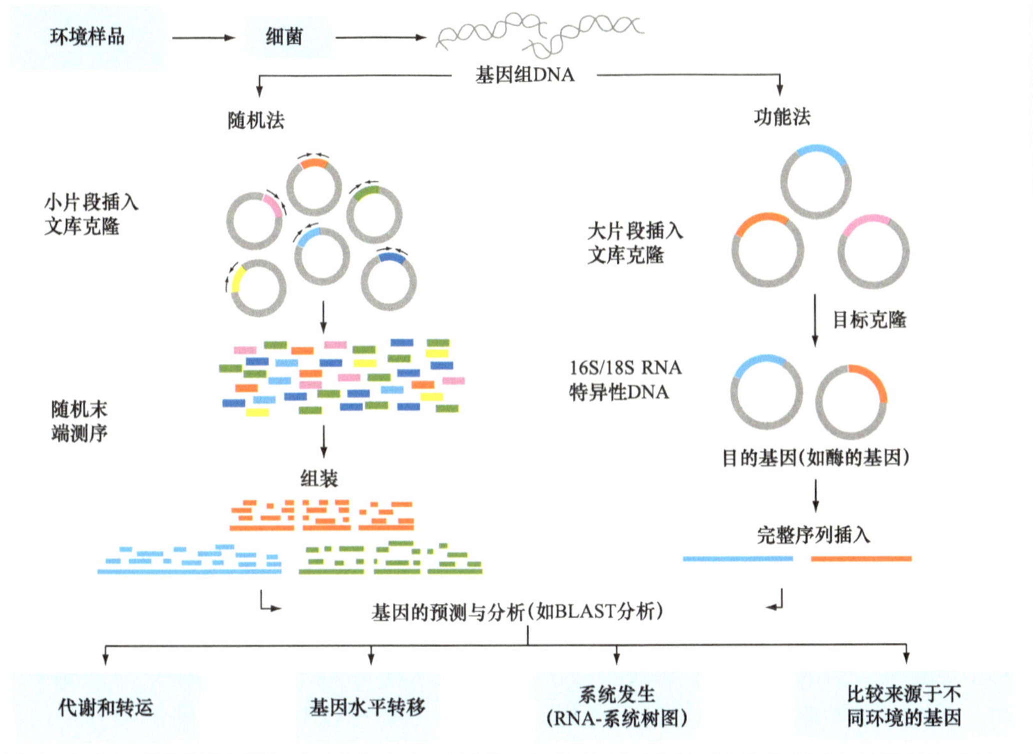

宏基因组多样性：RNA系统树图

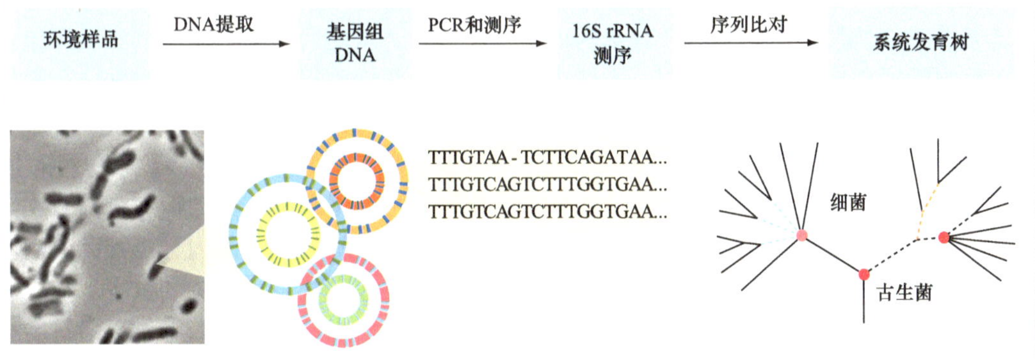

全球海洋采样探险，美国拉荷亚J.CraigVenter研究所

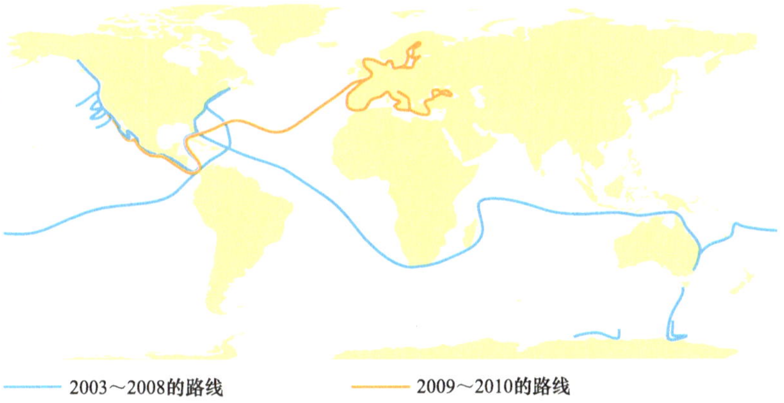

通过热带东太平洋从哈利法克斯采样，分析了63亿bp，发现了612万新的基因和1700个新蛋白家族。两个采样点(相距200海里)的遗传多样性是非常高的。

细胞生物学

细胞生物学

概述

细胞生物学现在已经发展成为一门相当全面的学科，本书只做了非常简短的介绍。生物技术的研究集中在多细胞生物和人类的真核细胞上，其中一些研究还侧重于人类免疫系统及干细胞研究。

细胞，组织，器官

单个真核细胞的组分及生物化学元件在本书的其他章节已描述，但其他关于细胞内部组分如细胞骨架、能源供应及细胞囊泡运输并未涉及。在多细胞生物中发现的其他方面如有丝分裂细胞周期、通过细胞凋亡毁灭人体自身细胞的机制等都没有在生物技术的框架中介绍。对于血细胞和免疫系统相关的干细胞研究背景和生物医药的成功，将在后面的章节中做简短的介绍。人体内约 10^{14} 个细胞的组织与合作是相当复杂的，例如，细胞分化、物质运输和信号传递等。

细胞分化

从一个受精卵到胚胎，到最终发育成一个完整的有机体(个体发育)的过程中，通过一个成熟过程会形成特殊的不同功能的细胞。以人类为例，大约有 200 种不同类型的细胞(成纤维细胞、成肌细胞、成骨细胞、红细胞、神经元等)，同一类型的细胞会形成组织。组织的形成需要从蛋白质和多糖(如结缔组织)或细胞骨架(如上皮细胞)等形成细胞外基质，然后通过钙黏素(一类膜蛋白家族)选择构成组织需要的细胞。不同类型的组织结合起来就形成了器官，例如，表皮、感觉上皮细胞、肺泡或肠黏膜。在每个组织中，干细胞被储存起来，它们并不是完全分化的，其分裂不受限制，并响应特定的信号；干细胞的功能是通过不断提供新鲜细胞，再生特定的不同组织。

物质和信号的运输

大多数物质在穿过磷脂双分子层膜时的渗透性都较差。只有当膜被赋予通道或形成跨膜运输的转运蛋白时，它们才能够自由输入和输出分子和离子。大多数的运输过程都需要能量，例如，通过 ATP 水解(ATP 驱动泵)产生能源驱动转运。高等生物可以利用几百种信号分子向细胞发送信号，常见的信号分子可以是特定的蛋白质、多肽、氨基酸、核苷酸、糖、激素等。细胞质膜上的受体(通常是跨膜蛋白)，可以与信号分子特异性结合，从而启动细胞质中的级联反应。这种反应会引起细胞行为的改变，例如，改变细胞内基因表达、代谢活动、细胞结构或细胞运动等。信号发射单元细胞的分类依据是它们的信号传递路径。旁分泌细胞分泌的信号分子会在短距离进入周围组织间液体，而内分泌细胞分泌激素则是一个在血液中长距离运输的过程。神经元含有较长轴突，形成高度复杂的结构，通过突触与其他神经元相连可以接触远处的靶细胞，通过分泌神经递质及其受体影响靶细胞的行为。电子信号的传输(动作电位)、细胞中的离子和代谢产物的传输是通过细胞-细胞通道进行的；该通道是由膜镶嵌蛋白复合物构成的，它们使邻近细胞都能参与信号传递，每种类型的细胞都有其特定的受体，以此可以对细胞外信号进行特殊的响应。

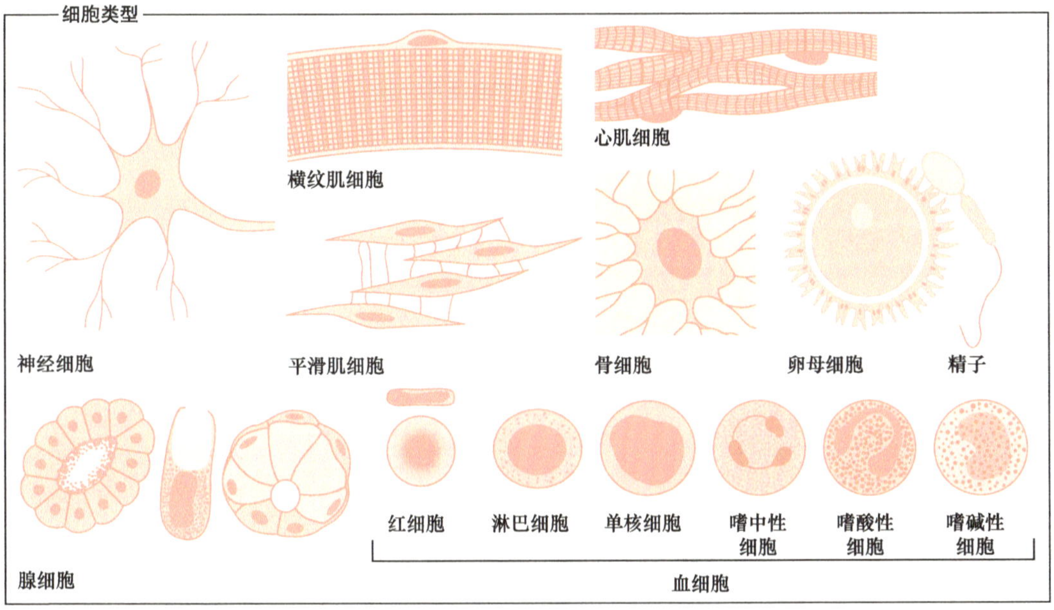

细胞类型
神经细胞
横纹肌细胞
心肌细胞
平滑肌细胞
骨细胞
卵母细胞
精子
腺细胞
红细胞
淋巴细胞
单核细胞
嗜中性细胞
嗜酸性细胞
嗜碱性细胞
血细胞

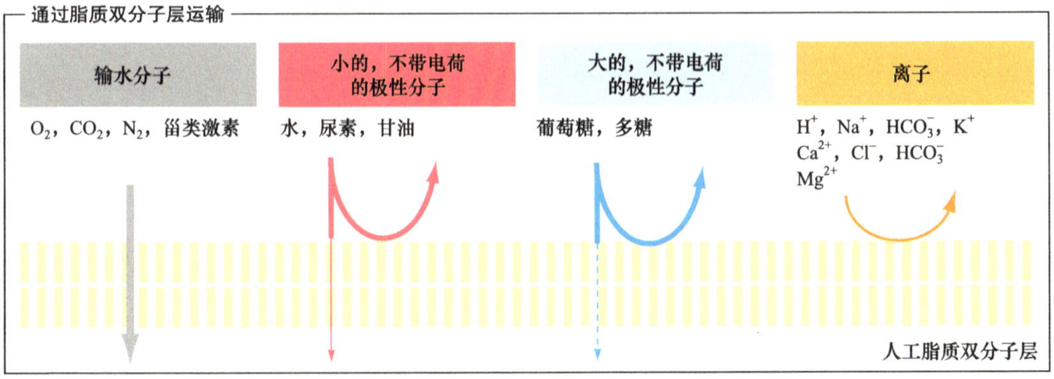

通过脂质双分子层运输
输水分子
小的，不带电荷的极性分子
大的，不带电荷的极性分子
离子
O_2，CO_2，N_2，甾类激素
水，尿素，甘油
葡萄糖，多糖
H^+，Na^+，HCO_3^-，K^+
Ca^{2+}，Cl^-，HCO_3^-
Mg^{2+}
人工脂质双分子层

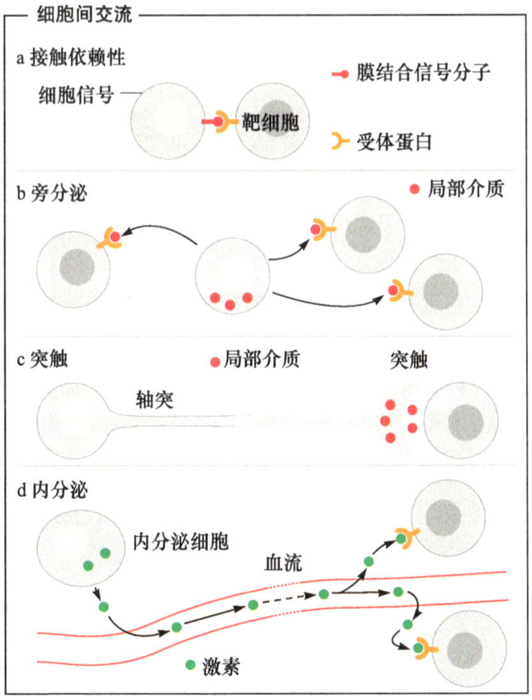

细胞间交流
a 接触依赖性
细胞信号
靶细胞
膜结合信号分子
受体蛋白
b 旁分泌
局部介质
c 突触
局部介质
突触
轴突
d 内分泌
内分泌细胞
血流
激素

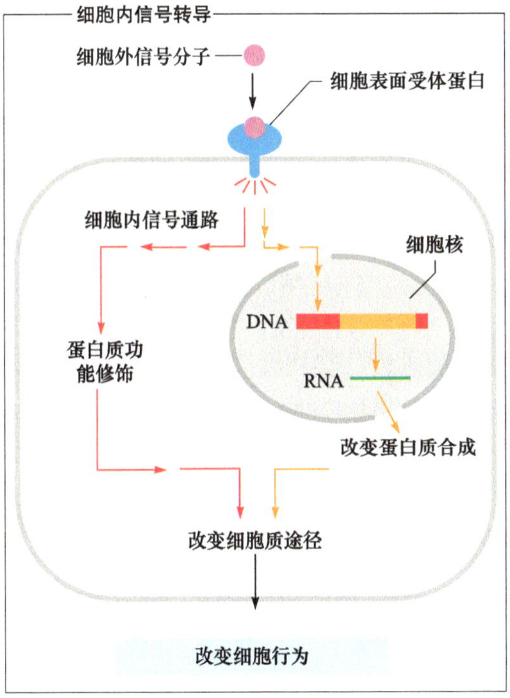

细胞内信号转导
细胞外信号分子
细胞表面受体蛋白
细胞内信号通路
细胞核
DNA
RNA
蛋白质功能修饰
改变蛋白质合成
改变细胞质途径
改变细胞行为

干细胞

概述

如果将干细胞继续培养，它们能够连续分化并发育成各种类型的特异性细胞。在发育的早期阶段，胚胎干细胞出现在受精卵中，成年干细胞出现在成年动物或人的大多数组织中。在基础研究中，干细胞是一种很重要的工具，因为它们能够使我们了解发育过程中发生的分子事件；在与组织或器官相关的疾病治疗中也有很大的治疗潜力(细胞疗法)。一个突破性的发现是，如果使用适当的转录因子，完全分化的细胞可以转化为多功能干细胞；然后这些干细胞可以被诱导分化成各种不同的细胞(iPS=诱导多能干细胞)。

胚胎干细胞(ESC)

从受精卵细胞发育的所有细胞，在其发育的早期(桑葚胚)都具有分化成任何种类细胞的能力(它们是全能的)。同卵双胞胎是从一个桑葚胚分离的两个全能细胞自然发育的结果。在受精后约第四天，桑葚胚发育成囊胚，囊胚的内细胞是多能性的——它们仍然能够形成各种不同类型的细胞，但囊胚的外细胞已经开始分化。经过进一步的细胞分裂，内细胞形成了大量的多能性ECS，ECS能够分化成各种特定的细胞，例如，骨髓细胞、神经细胞或心肌细胞。在人的胚胎中，这种发育约在八周后完成，此时大多数的ECS已经分化。因此，人类的ECS可用以下途径分离到：①从不育夫妇体外授精(IVF)所产生的人囊胚中获得，但要在植入前进行；②从流产后的胎儿组织中分离；③将任何二倍体人细胞的核转移到去核的人卵细胞中，并将其培养至囊胚期从而得到ESC(另见“动物克隆”)。

成年干细胞

儿童甚至成年人的骨髓含有多能干细胞，少数干细胞能进入循环系统，并分化成各种类型的血细胞。最近，在成年人的许多其他组织中也发现了干细胞，例如，在切下的脑标本中发现神经元干细胞。现在，基于动物实验的结果，已确信将成体干细胞移植到不同类型的组织中，其表现像多能性细胞一样，它们能够适应分化成宿主组织。成年干细胞的最大优点是其免疫相容性(假若供者和受者是同一个人)。然而，与ECS相比，成年干细胞更难分离。此外，成年干细胞带有供体的先天性或获得性的遗传缺陷。目前，ECS似乎比成年干细胞具有更广泛的应用潜力。2007年，一个突破性发现是完全分化的细胞可以被重新编程为iPS细胞，即诱导多能干细胞。

应用

ECS能够使细胞分化的分子基础方面的基础研究得以进行。此外，它们也是研究病理状态(如出生缺陷或肿瘤)的有力工具，同时也可用于研制各种人类细胞系，这些细胞系对在分子水平进行药物效果测试和安全性测试是十分有用的。最后，其应用为通过细胞治疗来治疗疾病提供了可能性，例如，胰岛细胞的移植(从胰腺组织培养物中的干细胞培养得到)能够永久地治愈患Ⅰ型糖尿病的儿童。然而，必须指出的是该技术在应用过程中尚有很多问题需要解决，例如，ECS在体外可靠的分化和其与宿主的免疫相容性。

伦理问题

人的生命是否在受精卵的多细胞期(如桑葚胚或囊胚，这些已受到法律的承认和保护)已经开始？这是一个有争议的问题，也正在进行伦理方面的争论。在美国和大多数工业化国家，对在治疗性克隆方面的胚胎干细胞研究只是有限接受，更多的是强调成体干细胞克隆和治疗的研究。随着 iPS 细胞技术的出现，这些担忧已经逐步淡化。iPS 细胞的来源是供体的体细胞及去分化和再分化的细胞，同时他(她)也是接受者；然而，这种新型治疗方法的安全性仍备受关注，仍然需要检验。

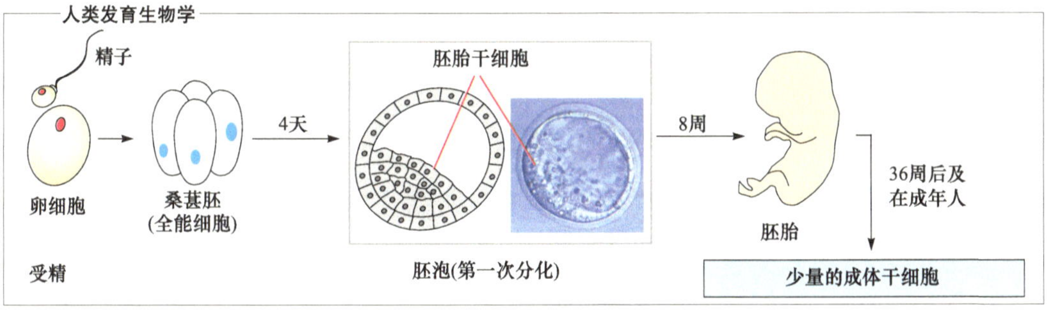
人类发育生物学
精子
卵细胞
桑葚胚
(全能细胞)
4天
胚胎干细胞
胚泡(第一次分化)
8周
胚胎
36周后及
在成年人
受精
少量的成体干细胞

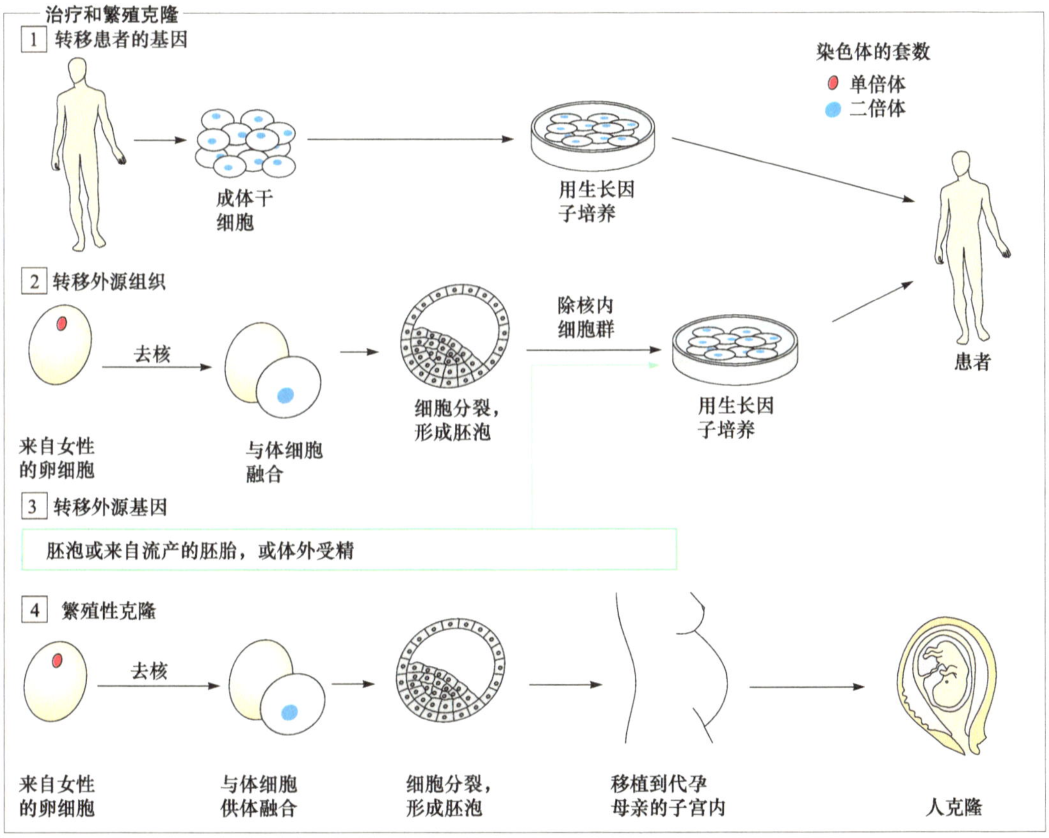
治疗和繁殖克隆
1 转移患者的基因
成体干
细胞
用生长因
子培养
染色体的套数
单倍体
二倍体
2 转移外源组织
去核
来自女性
的卵细胞
与体细胞
融合
细胞分裂，
形成胚泡
除核内
细胞群
用生长因
子培养
患者
3 转移外源基因
胚泡或来自流产的胚胎，或体外受精
4 繁殖性克隆
去核
来自女性
的卵细胞
与体细胞
供体融合
细胞分裂，
形成胚泡
移植到代孕
母亲的子宫内
人克隆

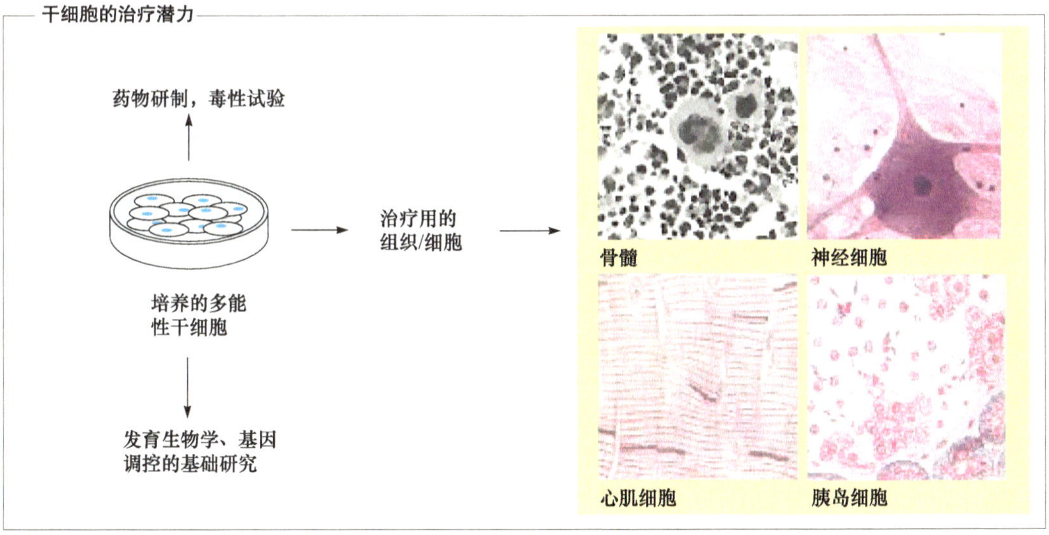
干细胞的治疗潜力
药物研制，毒性试验
培养的多能
性干细胞
治疗用的
组织/细胞
发育生物学、基因
调控的基础研究
骨髓
神经细胞
心肌细胞
胰岛细胞

血细胞与免疫系统

概述

免疫系统保护高等生物免受感染，并提供对许多病原体的免疫性。它是由特定的细胞(细胞免疫反应)和与其关联的信息型化学物质(体液免疫系统)组成的。免疫系统中的细胞毒性可破坏侵入体内的病原体和完全损伤(凋亡)的生物自然细胞，它们也参与抗移植器官的免疫防御。为了适应不断变化的环境条件，免疫系统表现出很高的可塑性，这是由遗传所决定的。免疫系统出现问题会引起许多疾病，如免疫反应低下、过敏、自身免疫性疾病和恶性变性。免疫系统受到许多信息蛋白质(细胞因子、生长因子)的调节，这些蛋白质能够以重组蛋白的形式生产，研究人员正在评估其治疗作用。

细胞类型

所有类型的血细胞(其功能从氧转运到抗体形成)都是从一个共同的干细胞前体生成的；多能造血干细胞在骨髓中形成，在此分化成骨髓干细胞和淋巴干细胞；骨髓干细胞产生的红细胞进入血管中并运输氧气，并与血红蛋白及粒细胞、巨噬细胞和其他类型细胞相结合。淋巴干细胞产生淋巴细胞，淋巴细胞进入血液系统和淋巴系统。一个健康的成年人约有10^{12}个这种“幼稚”的淋巴细胞(指那些尚未与抗原接触的淋巴细胞)。一旦淋巴细胞被一种抗原(和一些其他信号)激活，它便通过无性繁殖生成大量抗原特异性的子代细胞。淋巴细胞可进一步分化成B细胞和T淋巴细胞，一旦B细胞在骨髓、淋巴结或脾中成熟，它们与抗原接触后便生成抗体(体液免疫反应)。相反，T细胞在胸腺中成熟，它们与主要组织相容性复合物(MHC)分子接触后便开始分化。MHC是暴露在细胞表面的一种细胞膜蛋白质复合物，可形成特异的细胞表面结构，其特性取决于其所执行的功能。T细胞是细胞免疫反应的主要载体，会分泌不同的细胞因子。例如，T辅助细胞能分泌各种白细胞介素，可使B细胞激活、膨胀和分化。CD4是T辅助细胞表面上的一种典型的糖蛋白标记物。而细胞毒性T淋巴细胞在其表面携带糖蛋白CD8，能够裂解病毒感染的细胞，并分泌细胞因子γ干扰素、α淋巴毒素和其他一些物质。

免疫反应和细胞因子

根据病原体是病毒、细菌还是寄生虫，机体对感染的免疫反应有所不同。抗体首先标记胞外病原体或其毒素，激发一连串的作用，最终被巨噬细胞内吞并降解。胞内病原体(如分枝杆菌或病毒)则通过另一种机制(类似于消除转化的细胞)被消灭：一旦它们感染一个无处不在的巨噬细胞，巨噬细胞便会将病原体/细胞的裂解片段暴露在其表面，启动一系列复杂的作用，由细胞毒性T淋巴细胞将被感染的细胞消灭。自身免疫性疾病的机制与此相似，例如，在Ⅰ型糖尿病中，胰腺β细胞的蛋白质被修饰，结果被机体认为是外源蛋白质，CD8淋巴细胞会将其消灭。细胞因子和免疫系统细胞表面上的细胞因子受体对免疫反应的协调性具有重要的影响，免疫反应的调控是高度复杂的；细胞特异性生长调节因子和其受体决定了一种高度特异的方式，免疫系统的细胞必须在一个特定的时间内合成。基因工程的出现使得以重组蛋白质的形式生产这些细胞因子和生长因子成为可能，为医学研究开辟了一个崭新的领域，比如干扰素就为医学治疗提供了新的可能性。目前，抗体和干细胞是正在发展中的免疫治疗的替代技术。

血液形成和免疫反应：细胞类型

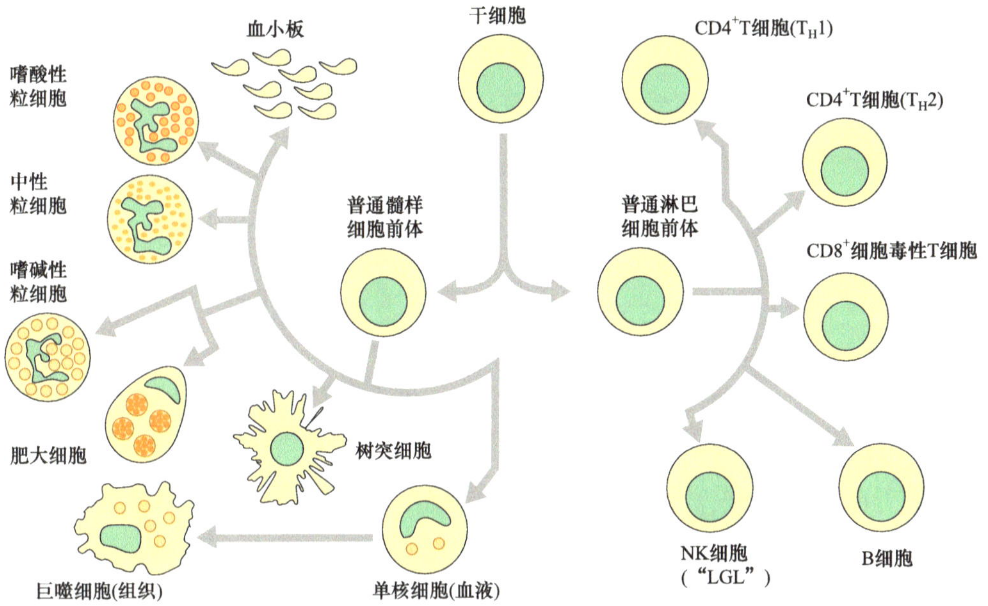

细胞因子和生长因子(部分)

一般功能	类型	来自的细胞类型	靶标和作用
淋巴细胞激活	白细胞介素-2	T_H1、(CTL)	促进T细胞的生长
	γ干扰素	T_H1、CTL	激活巨噬细胞
	白细胞介素-4	T_H2	激活B细胞
	白细胞介素-3	T_H1、T_H2(CTL)	刺激造血前体细胞的生长
局部炎症	白细胞介素-9	T细胞	增强肥大细胞活性
	α干扰素	白细胞、成纤维细胞	增加MHCI类分子的表达
	α肿瘤坏死因子	巨噬细胞、NK细胞	引起局部炎症反应
全身和骨髓特异性作用	白细胞介素-1α 白细胞介素-1β	各种类型的细胞	引起发热、促进造血前体细胞的生长
	白细胞介素-6	T_H2、巨噬细胞	释放急性期蛋白质
	促红细胞生成素	肾	刺激成红血细胞的生长
	粒细胞-巨噬细胞集落刺激因子(GM-CSF)	T_H1、(T_H2)、(CTL)	增加粒细胞、巨噬细胞和树突细胞和生成

细胞因子和生长因子的治疗潜力

感染	肿瘤治疗
休克	自身免疫性疾病
免疫系统缺陷	过敏反应
细胞生长缺陷	器官移植药物

抗　体

概述

抗体是在脊椎生物血液和淋巴循环中的特异性防御蛋白质，它们是B淋巴细胞与免疫原性抗原接触后形成的，并与这些抗原高亲和力地结合。大多数的外源蛋白质、多糖和脂多糖都可作为抗原，如组成病毒、微生物和寄生虫细胞表面的大分子。毒性蛋白质(毒素)也可以诱导抗体的形成，如果将低分子量的化合物接触到强免疫原性结构的表面(半抗原)，甚至也可以引起抗体的形成。在自身免疫性疾病中，生物体自身的蛋白质变成了“外源”蛋白质，并具有抗原特性。长久以来，抗体便作为疫苗用于治疗感染和毒素(如蛇咬伤)(被动免疫)。在免疫分析中，抗体作为报告基团具有很大的价值；在工业上，通过免疫层析法，可使用抗体来纯化一些重组蛋白质，如第八因子。

结构

抗体属于免疫球蛋白。人体的免疫球蛋白可分为5个类型：IgG、IgM、IgA、IgE和IgD，它们在免疫防御中起着不同的作用。IgG主要存在于血清中，它是由两个完全相同的轻链(L)和两个完全相同的重链(H)组成的异源二聚体，其轻链和重链之间通过半胱氨酸桥连接。在IgG重链和轻链中，可以区分为恒定区(C_H、C_L)和可变区(V_H、V_L)。抗体的F_C区与受体结合，F_{ab}区与抗原结合，此区高度可变：有6个互补决定区(CDR)，每个CDR由约20个氨基酸组成，这样每个CDR可以有$20^{6\times20}$种不同组合。

生物合成

抗体是由B淋巴细胞合成的，这种细胞有近1000套基因片段可用。基因片段通过随机重组连到一起(“基因改组”)，来编码免疫球蛋白的可变区；此外，在B细胞克隆增殖期间，编码可变区的基因发生突变；通过上述方式，编码抗体的一个相对较小的基因型就表现出了丰富的表型多样性。

制备

多克隆抗体是不同抗体的混合物，对应于同种抗原的不同表位，可通过免疫动物(如家兔、绵羊、山羊和马)获得。通过反复免疫，间隔(几周)采血，可以从同一动物(马、牛、绵羊)反复地得到相似批次的抗体，然后通过沉淀和层析进行纯化。生产高纯度抗体时，可以使用A蛋白亲和层析，A蛋白(分子质量为42 kDa)是从金黄色葡萄球菌中得到的，它能高特异性和高亲和力的与IgG的Fc区结合。在无菌条件下，将纯化的IgG分成小份，在无空气的情况下将其冻干，如果冷藏保存，抗体可以稳定几年。工业生产是在GMP条件下完成的。

危险性

用于人的治疗时，因为抗体在通过胃肠道时不稳定，所以需要持续地用药。人的免疫系统将从动物得到的抗体认定为外源蛋白质，会产生免疫防御，在反复注射以后反应更加强烈。解决这个问题的一种方法是轮换使用从不同动物得到的抗体，或者从供血者得到抗体。尽管血库中储存的血液在使用前经过彻底的检查，但是仍存在病毒污染如肝炎或艾滋病等风险。最近，通过细胞技术可以获得单克隆抗体、重组抗体或抗体片段；其优点是某种明确的良好的抗体可以在生物反应器无限量生产。为了应付免疫原性，具有抗原表位和人类抗体糖链的混合结构已被开发(“人源化抗体”)。现在，利用细胞技术大规模的制造人类抗体的发展十分迅速。

应用

抗体主要用于人类疾病的诊断和治疗，在分子生物学和细胞生物学中用作分析工具。最近在食品和环境分析领域的应用也正在开展。

IgG 抗体

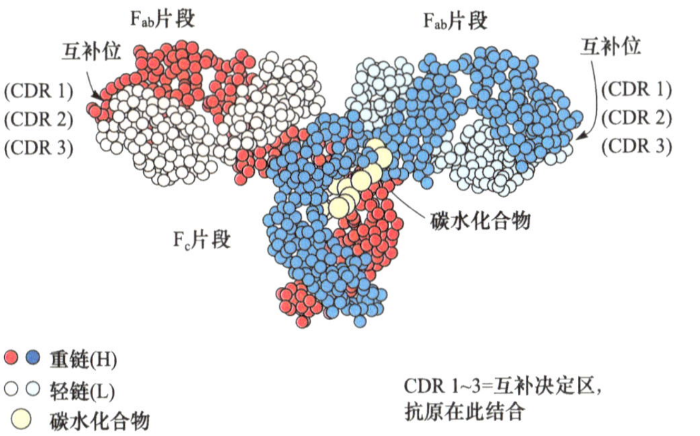

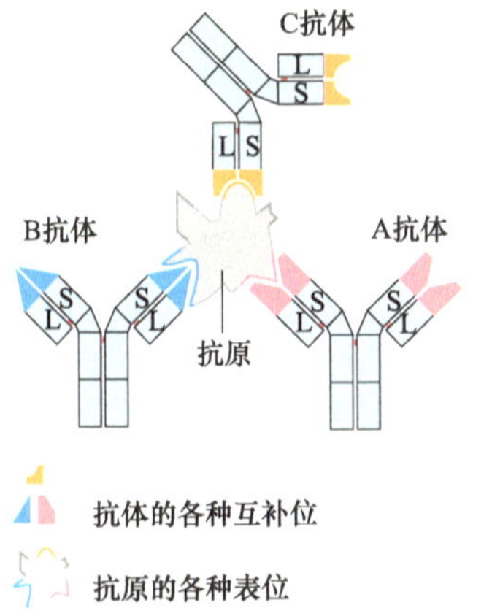

生物合成

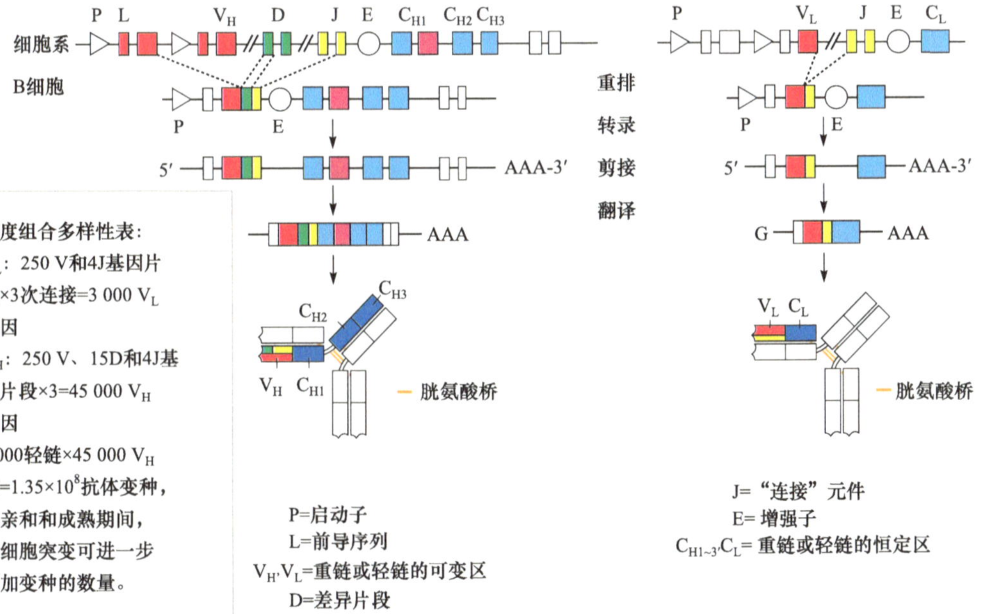

高度组合多样性表：

V_L：250 V和4J基因片段×3次连接=3 000 V_L基因

V_H：250 V、15D和4J基因片段×3=45 000 V_H基因

3 000轻链×45 000 V_H链=1.35×10^8抗体变种，在亲和和成熟期间，体细胞突变可进一步增加变种的数量。

多克隆抗体

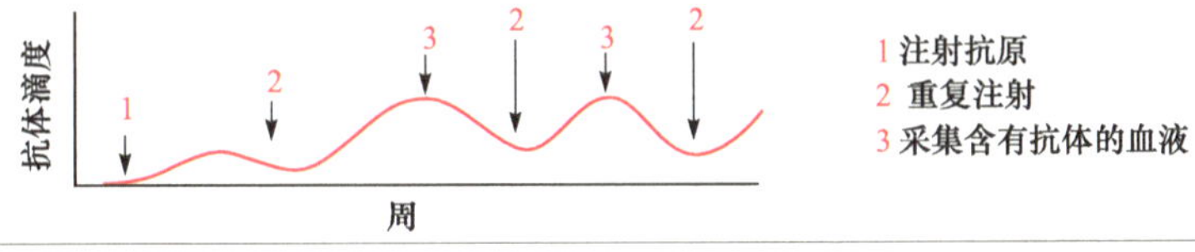

层析纯化

几升血液

离心分离红细胞,得到血浆

IgG分离

用乙醇或硫酸铵沉淀

纯化

层析、用A蛋白亲和层析

商品抗体

用于被动免疫的一些商品多克隆抗体

抗体	来源
破伤风抗毒素	马血清
蛇毒抗血清	马血清
麻疹病毒免疫球蛋白	人血清
免疫球蛋白G	人血清

报告基团

概述

在基础研究和应用研究中，报告分子都起着重要的作用，它们用于①细胞的化学分析和组织的化学分析；②在细胞分选仪中分选细胞；③观察结合事件，如抗体、受体或DNA；④遗传工程研究，如启动子的克隆研究。常用的报告原子和分子包括放射性同位素、荧光团和酶。将报告基团连接到蛋白质或DNA时，常用生物素—链霉亲和素和地高辛系统。基因工程中常用的报告基团有编码β-半乳糖苷酶、荧光素酶和绿色荧光蛋白(GFP)的基因。

放射性标记

在放射免疫测定(RIA)中，用^{131}I或^{35}S标记反应物，用闪烁扫描计数器检测放射活性。在分子遗传学实验中，常使用DNA聚合酶Ⅰ、Klenow片段或RNA聚合酶在DNA或RNA中引入^{32}P标记的磷酸基团，然后通过放射自显影或更快的磷图像仪，通过放射性标记的DNA或RNA检测杂交事件。尽管这种方法需要严格的放射安全规范，以及存在其他快速方法的竞争，但由于其具有较高的灵敏度，所以在研究中被广泛采用。

荧光团

荧光团(如荧光素或罗丹明)是灵敏度高达皮摩尔水平的报告分子。荧光团标记的抗体用于组织化学和细胞化学的研究中；通过与一台细胞分选仪(FACS，即荧光激活的细胞分选仪)结合使用，此类方法能够以每分钟1000个细胞，甚至更高的速度将标记和未标记的细胞分离。这种方法常用于细胞生物学研究，例如，将在其表面展示的特异性抗原标记后，将B细胞和T细胞分离，以及通过杂交标记细菌的分类单位特异序列后，分离细菌的混合培养物(FISH，荧光原位杂交)。DNA的荧光报告基团为SYBR-Green和溴化乙锭。

酶

与上述提到的报告分子相比，酶的优点在于通过信号放大可以进一步增加分析的灵敏度，这在定量分析测定中非常有用。常用的报告酶有碱性磷酸酶和辣根过氧化物酶，通过电化学法或光度测定法，能够在生物传感器中测定其反应。如果使用荧光测定或化学冷光测定酶分析方法，灵敏度能够达到皮摩尔甚至阿摩尔的水平。一个非常灵敏的方法是使用辣根过氧化物酶作为结合鲁米诺的报告酶，鲁米诺是一种氧化后显示强冷光的邻苯二甲酸衍生物。

地高辛和生物素—链霉亲和素

这些化学物质常用于将一个报告分子偶联到待分析的生物分子上。地高辛(M_r=390.52)是一种类固醇，能够通过其羟基偶联到一个核苷酸上，而不影响杂交事件，它与特异性抗体高亲和力(10^{-9} mol/L)地结合，并且能用各种报告分子对该抗体进行标记。另一个相似的系统是生物素-链霉亲和素系统(亲和力10^{-10} mol/L)。

遗传标记物

引入编码报告蛋白质的基因能够快速地分析克隆事件，例如，“蓝白斑”筛选是基于编码β半乳糖苷酶一个片段的质粒DNA序列，如果在此片段中插入了外源DNA，它将不能再与编码β半乳糖苷酶剩余片段的染色体DNA互补，从而使外加的发色底物X-gal(5-溴-4-氯-3-吲哚-β-D-半乳糖苷)不再能被水解为蓝色染料。另一种非常有用的遗传标记物是GFP(绿色荧光蛋白)，其基因是从水母克隆而来的，无须外加任何底物，GFP能够发出强的荧光。GFP基因可用作报告基团来揭示启动子的功能、基因表达或基因调控。从萤火虫或光细菌克隆的荧光素酶基因可用于同样的目的，但是观察表达的报告蛋白质需要加入酶底物(分别为荧光素或癸醛)。

放射性标记

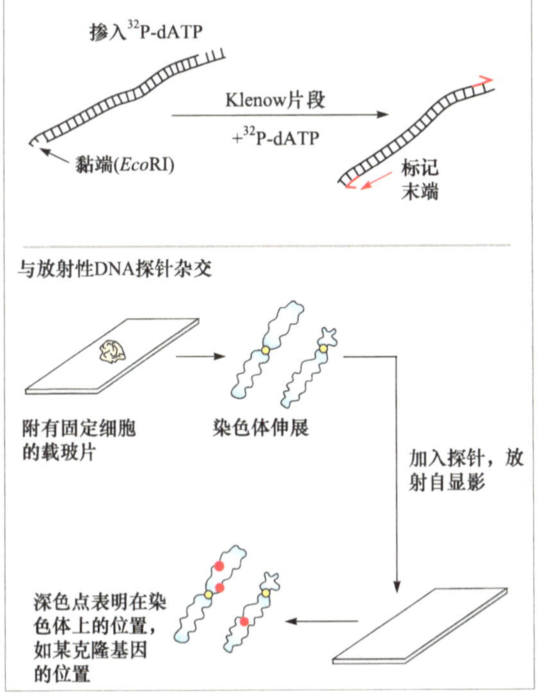

细胞分选仪(FACS*)

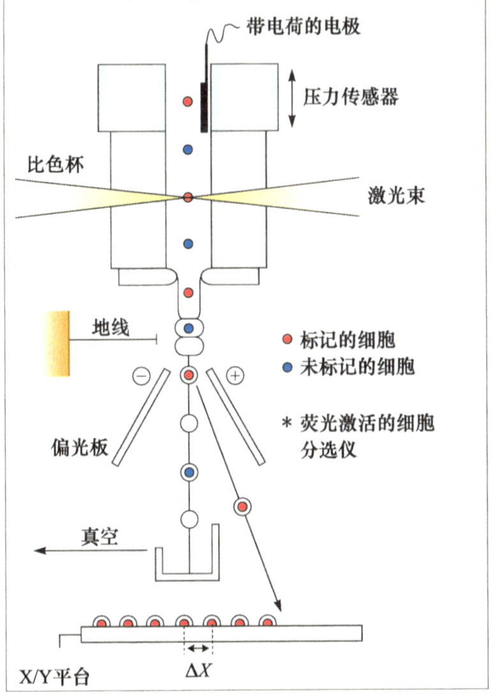

DNA杂交的光学检验

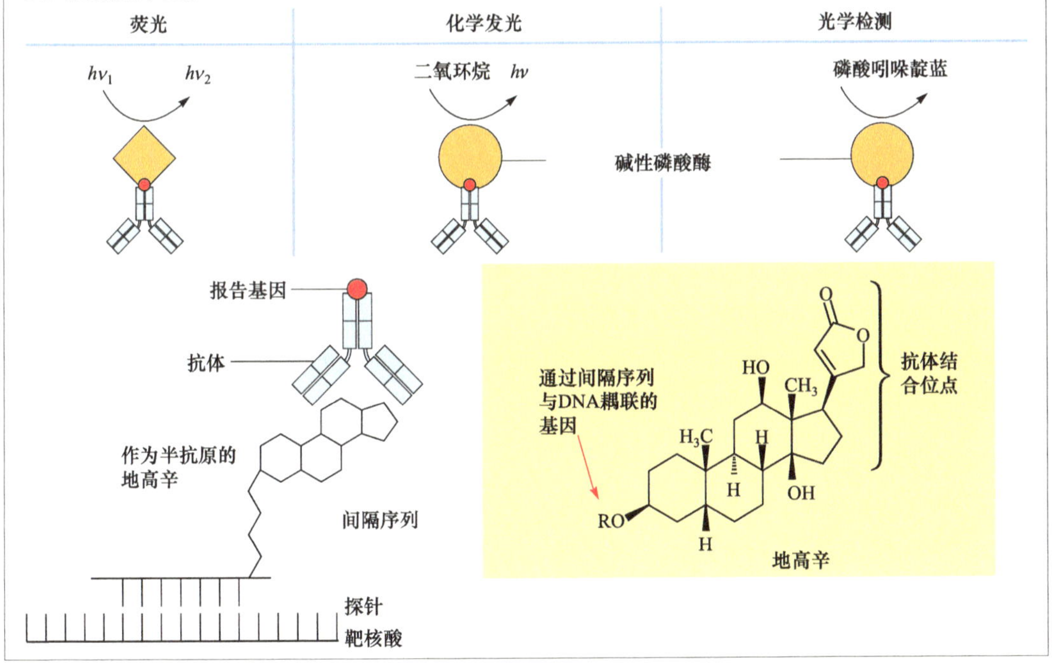

常用报告基因

基因	外加底物	检测
lac Z'：β-半乳糖苷酶的基因片段	5-溴-4-氯-3-吲哚-B-β-吡喃半乳糖苷(X-Gal)	目测(蓝-白)
lux：萤火虫或光细菌的荧光素酶	萤光素或癸醛	萤光
GFP：水母的绿色荧光蛋白	—	荧光

固态发酵

概述

固态发酵是一种传统的发酵工艺，通常定义为“无自由水存在的发酵”，目前仍广泛用于发酵食品的制备，例如，酱油、豆面酱或丹贝等产品的生产。在早期的生物技术中，它还广泛用于柠檬酸等真菌发酵产品或食品酶类的生产，但如今很大程度上被深层发酵取代。最近，在“生物炼制”的概念和框架下，利用固态发酵生产生物乙醇及类似化合物的工艺再一次受到了研究人员的重视。

原材料

一般来说，固态发酵过程能使废弃物(如麦麸、大豆或咖啡豆残渣)高值化利用。在接种发酵菌剂或等待空气中的微生物生长前，通常需要对原料进行预处理，以提高可发酵糖的浓度。

微生物

真菌(如曲霉)常用于传统的固态发酵领域，因为其菌丝能很好地渗透到基质中，因而可获得良好的产品收益。此外酵母(乙醇)、乳酸杆菌(酸奶)和芽孢杆菌(纳豆)也可用于固态发酵。

技术

在泡菜、豆豉、可可等传统食品的制备中，传统工艺仍在被广泛地使用。对于工业产品的生产，已经在工程和过程控制方面做了大量的研究工作。固态发酵的主要限制因素包括传质、反应热的去除、分析控制和过程建模，针对这些问题已开展了很多研究工作。传质通常涉及底物摄入和氧(对于需氧微生物而言)，通过将底物-微生物混合物置于缓慢搅拌的渗滤托盘上，可以很好地解决这两个问题。消除反应热是一个重大的挑战，目前已通过使用鼓风机、内部传热板或冷却水夹套等方式解决。在固体基质上，水活度必须被控制，因为它对微生物生长和产物形成都很重要。最后，过程分析在固体系统中也比较复杂，需要用到微量热法、傅里叶变换、近红外分析(FTIR、NIR)等方法，以及采用气相色谱、气相色谱-质谱联用、微波分析、图像分析等传感装置。目前，实验反应器的设计已经完成，但许多过程还处于研究当中；例如，瓦格宁根大学建立的水平桨式混合机、蒙彼利埃的奥尔斯多姆中心开发的发酵反应器以及吉夫-苏尔-伊维特的 CNRS 设计的扁平生物反应器。所有这些设计都试图将固态发酵发展成一个高度可重复的过程，并在过程建模方面取得了长足的进步。但是与深层发酵相比，目前成熟的流程工艺还相对较少。总之，固态发酵具有许多优势，如培养基成本低、廉价的生物反应器(如托盘)设计、操作问题少、下游处理简单(通常是水提取)，但在放大和过程控制方面还存在着一些问题。目前固态发酵主要用于在制曲过程中生产食品酶(如淀粉降解酶、果胶酶)，以及用于生产一些重要的传统食品添加剂，如酱油等。

酱油生产(日式)

传统的酱油生产原料是大豆的热水提取物和等量的熟小麦，这些原料与米曲霉(有时也是大豆曲霉或酱油曲霉)混合在一起，混合物中也包含一些细菌、酵母菌和乳酸菌，这些发酵菌剂会在发酵过程中产生“曲”。一旦微生物群落生长起来，就会在曲中加入粗盐(固态发酵)或盐水(湿发酵)，然后在“酱醪”发酵罐中进行长达几个月的发酵。在酱醪酿造过程中，米曲霉将谷物和大豆蛋白分解为游离氨基酸和寡肽，将小麦淀粉分解为单糖。游离氨基和糖醛基团在所谓的美拉德反应中相互作用，从而变成深褐色。乳酸菌将糖发酵成乳酸，酵母产生乙醇，经过陈酿和二次发酵，即可产生许多典型的酱油风味。目前，这一复杂过程已经被彻底分析，对涉及的标准化微生物(发酵剂)的代谢途径已经有了清楚的了解，并对每一个工艺步骤也都进行了优化。因此，通过固态发酵工艺生产酱油就可以进行酿造并有可重复性，类似于深层发酵酿造啤酒。亚洲有多种风味的酱油。

固态发酵生产酱油

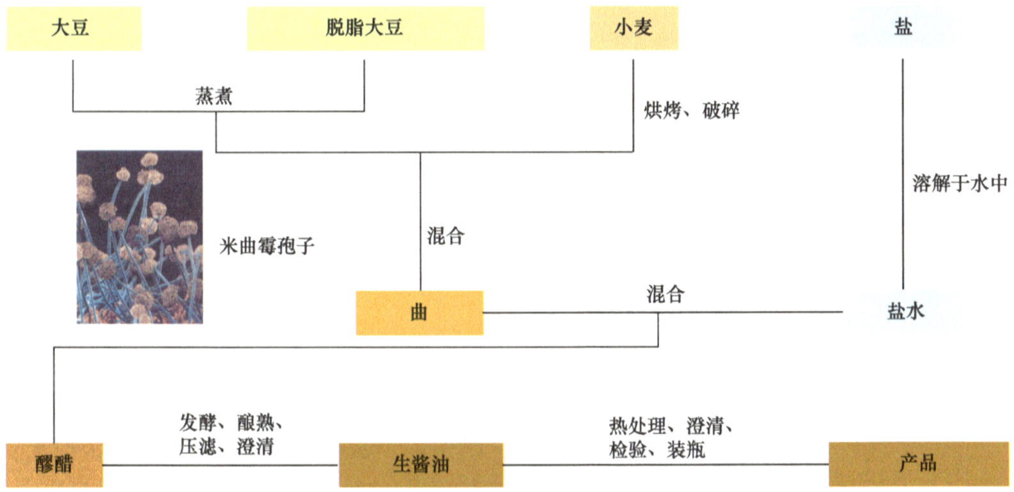

常用的底物

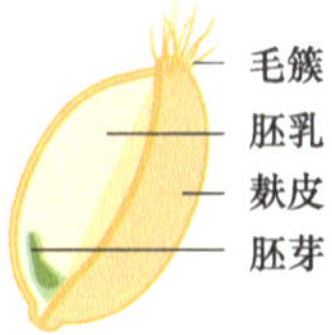

麦粒

麦麸

小麦、黑麦、米糠
木薯
甜菜糖蜜
甘蔗糖蜜
甘薯渣
咖啡渣和咖啡皮
豆皮
苹果渣

常用的微生物

微生物	产品
米曲霉	味噌、酱油
黑曲霉	柠檬酸
寡孢根霉	豆豉
巴氏醋杆菌	醋
木霉属	堆肥、青贮
混合培养	可可豆发酵

可可豆发酵

用于固态发酵的水平桨式混合机

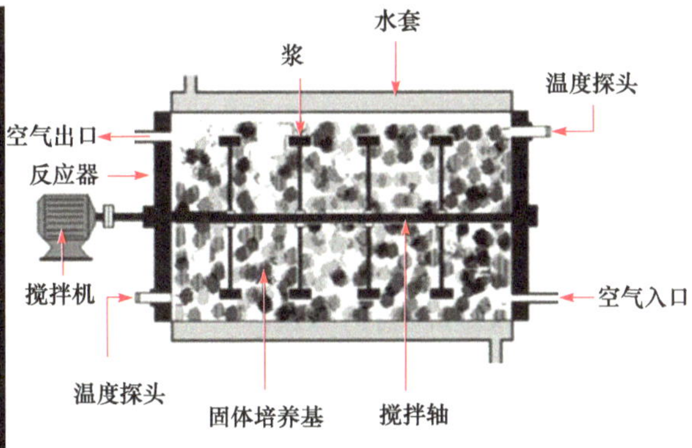

荷兰瓦各宁根大学

微生物的生长

概述

微生物可在固体营养基(表面培养)或在液体培养基中(浸没培养)中培养。在实验室研究中，常用琼脂平板或摇瓶；而在工业生产中，则首选生物反应器。培养基的成分对产物的生成十分重要。在大多数情况下，通过无菌培养条件来防止其他微生物的污染。

摇瓶

标准的容器是带挡板的锥形瓶，装有约50～500 ml无菌营养溶液，在恒温往复式摇床或旋转式摇床培养，以确保氧饱和。培养厌氧菌时，通过煮沸和除气除去营养培养基中的氧，之后加入巯基乙酸，在无氧的无菌通风橱内完成之后的操作。

生物反应器(发酵罐)

发酵罐是一种容量为1 L甚至超过500 m^3的密闭反应器。在标准的搅拌式生物反应器中，营养物的混匀和空气分布都是由搅拌器来完成的。用生物反应器可以进行分批培养、补加底物的分批培养(分批补料培养)或连续培养。在工业生产中，首选分批和分批补料培养；而在基础研究中，连续培养是非常重要的，因为这种方法能够使细胞保持特定的生长率数天甚至几周。在许多微生物发酵中，培养物只有在对数生长期后期才开始形成产物，如果这时用分批补料的方式补加营养物，那么发酵和生产期就可以延长，产量就可以相应增加。使用分批补料的另一个原因是可以防止底物抑制：通常情况下，在高葡萄糖浓度下，微生物产生的产品量较少(代谢物阻遏)。

培养基优化

在生物技术中所用的大多数微生物是异养的，在有氧条件下生长，它们需要有机化合物作为碳源和能源，另外还需要无机或有机氮、盐和微量元素。一般情况下，会在摇瓶内优化营养培养基，以产量、底物成本和转化率作为主要的参数(在一些发酵中，如乙醇或柠檬酸的生产，碳源的成本会超过产品成本的50%)。由于成本的原因，工业上所用的营养培养基是由成分不太确定的物质组成的，如玉米淀粉水解物、糖蜜或大豆粉(复合培养基)；而在实验室研究中，则首选成分明确的培养基，如葡萄糖或氨基酸混合物。

灭菌

在实验室中，接种前高压灭菌是最好的培养基灭菌方法，一般采用121℃高压灭菌15 min，这种方法甚至可以杀死嗜热微生物的孢子(试验微生物：嗜热脂肪芽孢杆菌)。热敏感性培养基成分(如葡萄糖和维生素)，可采用无菌过滤，然后加到高压灭菌后冷却后的培养基中。如果生物反应器的容积超过约10 L，通常用蒸汽在1.4～3 bar (1 bar=0.1 MPa)下原位高压灭菌。这种方法很费时(加热和冷却时间需要几小时)，而且由于长时间加热，可能会导致培养基成分的改变。因此，在工业上首选连续灭菌的方式，其方法是用蒸汽将营养培养基加热至140℃，持续约2～3 min(保留时间)。使用逆流散热器可以防止形成蒸汽冷凝物，约90%导入的能量会被转化。空气进入生物反应器之前，必须用过滤器进行过滤除菌：1 m^3的空气会含有高达2000个菌落形成单位(cfu)，包括约50%的真菌孢子和40%的革兰氏阴性菌。对于一个工作容积为100 m^3的生物反应器，当通气率为1 vvm时，每小时需要6000 m^3的无菌空气。近年来，塑料制成的一次性生物反应器具有广泛的应用。它们可在500 mL到3000 L体积范围内应用，作为无菌成品单元进行供应。一次性生物反应器的优点是：①可在同一时间开展更多的实验，节约了灭菌和冷却时间；②交叉污染的风险大大降低；③比钢铁反应器的初始投资更少。

摇瓶

搅拌式生物反应器

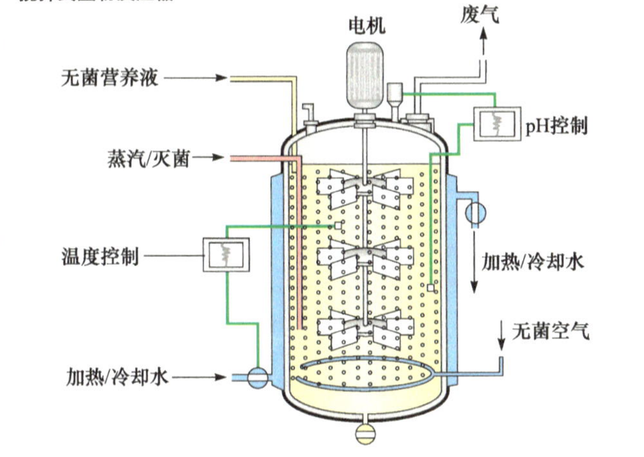

营养成分

成分	来源	组成/备注
复合碳源		
甜菜糖蜜 甘蔗糖蜜	糖生产	约48%的蔗糖 约33%的蔗糖，约22%转化糖
玉米浸出液	玉米磨粉	约1%~3%葡萄精，11%~13%乳糖
酒精	酒生产	不定
淀粉和糊精	玉米淀粉水解	不定
亚硫酸盐泡沫	造纸	2%~4%的己糖和戊糖
乳清	奶牛场	3%~5%乳糖
碳氢化合物	石油化学厂	脂肪族链烷>C-5
成分明确的碳源		
葡萄糖		可被大多数微生物代谢
甘露醇		链霉菌的良好碳源
甲醇		可被许多细菌和酵母代谢
复合氮源		
大豆粉、花生粉、麦芽粉、玉米浸出液、乳清粉、酵母提取物		粗蛋白含量在20%和6%之间，含维生素和微量元素
成分明确的氮源		
氨盐、硝酸盐、尿素、氨基酸		
维生素、微量元素		

硫胺素、核黄素、吡哆酸、烟酸、烟酰胺、泛酸、氰钴胺、叶酸、生物素、α硫辛酸、嘌呤、嘧啶、血红素

大量元素(10^{-3}~10^{-4} mol/L)：K、Ca、Mg、Fe、S、P

微量元素(10^{-6}~10^{-8} mol/L)：Mn、Mo、Zn、Cu、Co、Ni、V、B、C、Na、Si

一些碳源的价格

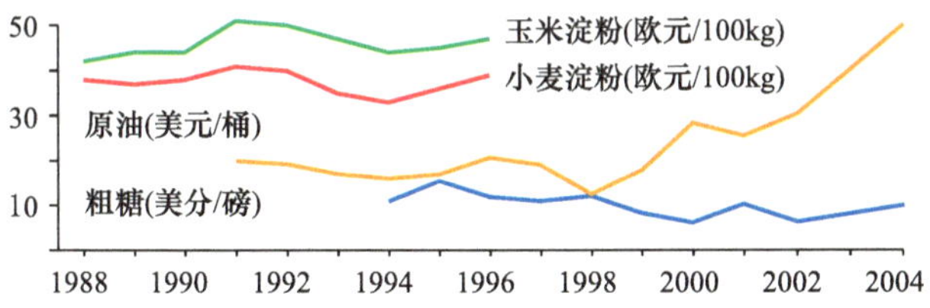

2013年底德国的市场价

布伦特原油，美元/桶	110
粗糖(欧元/100 kg)	40
玉米淀粉(欧元/100 kg)	57
小麦淀粉(欧元/100 kg)	48

生长动力学和产物形成

概述

单细胞生物的生长规律已经很清楚，但对形成菌丝的生物(链霉菌、真菌)的生长规律还不太明确。根据产物形成动力学，可以将发酵分为几种类型。

单细胞微生物的生长动力学

大多数微生物和酵母是单细胞生物，它们通过细胞分裂来繁殖，可以用光学的方法(如浊度)连续监测细胞数目的增加。在静置培养(如在小摇瓶或单批发酵罐中)单细胞生物过程中，延滞期(诱导生成生物合成所需的重要酶)之后，经过短暂的过渡期，出现对数生长期(具有一级动力学)。如果一种底物被消耗或一种产物出现抑制作用，则会出现过渡期Ⅱ；接着进入稳定期，在这一期中，由于底物限制、较高的菌群密度、有限的氧传递和有毒代谢物的积累，最终会使生长终止，发酵进入死亡期的显著特点是细胞数目下降。要定性一个生长曲线，重要的参数有：①延滞期(单位：h)，它取决于微生物、接种材料的生理条件和培养基的营养成分；②特异生长率μ(单位：h^{-1})，在指数生长期，细胞形成率与细胞浓度相关，当用方程$\mu=\mu_{max}\cdot S/(K_S+S)$ (Monod 方程)计算时，μ可以表示细胞的生长速度；③此方程中的饱和常数K_S与底物浓度($mg\cdot L^{-1}$)相关，在K_S，生长率为最大生长率的50%；从正式的观点看，K_S相当于酶动力学中的米氏常数K_m；④生长率与代时和倍增时间(generation or doubling time)相关，这一参数用[h]表示，表示在对数生长期中，微生物用多长时间翻倍；⑤产率系数Y_S用来测量消耗每个单位的底物所生成的生物量，因为细胞团的形成既取决于化学参数(P_{O_2}、C/N 比率、磷酸盐浓度)，又取决于物理参数(如温度)，因此可以定义几种产率系数。如果使用复合营养培养基，可以观察到两个对数生长期(二次生长)，中间有一个延滞期，这是由于在第一种碳源被消耗后，需要一个延滞时间诱导新的酶来适应新的碳源。

形成菌丝体的微生物生长动力学

真菌和形成菌丝体的原核生物(如链霉菌)不仅仅以细胞分裂的方式生长，还可以通过菌丝体的纵向伸长来生长，通常通过称重干生物量来确定生长，而且生长的确定涉及复杂的动力学。

产物的形成

在大多数发酵工艺中，产物的形成或与生长有关，或与生长无关，只有极少数的工艺不属于这两种类型。在传统的分类中，与生长有关的产物包括细胞团形成(面包酵母、SCP、海藻)和初级代谢产物，如乙醇、乳酸和葡萄糖酸等的形成。产物如果不是来源于初级代谢，而是从次级代谢中产生时，其产生与生长无关，会出现在对数生长期的末期，例如，抗生素和细胞外酶。如果转基因宿主生物用于产物形成，第一步通常是宿主生物(*E. coli*，*S. cerevisiae*)生长到100 g/L(细胞干重/培养基)这样的高细胞浓度。如果目标产物的编码基因克隆到宿主染色体上并组成型表达，那么产物的形成将与微生物的生长相耦合。然而，通常基因表达最好的时期是生长期结束之后。为此，基因被克隆到诱导型启动子之后，如 *lac* 启动子，该启动子可以被异乳糖(6-*O*-β-D-半乳吡喃糖-D-葡萄糖)或者异丙基硫代半乳糖苷(IPTG)所激活；经常使用的 *rbaPBAD* 启动子可以被 L-鼠李糖诱导。如果用$\lambda P_L P_R$启动子，诱导发生在温度从 30℃到 42℃的一个程序升温阶段，但这样的温度变化很难在大反应器中实现，因此往往限于实验室研究。

在分批发酵罐中的生长

微生物生长曲线

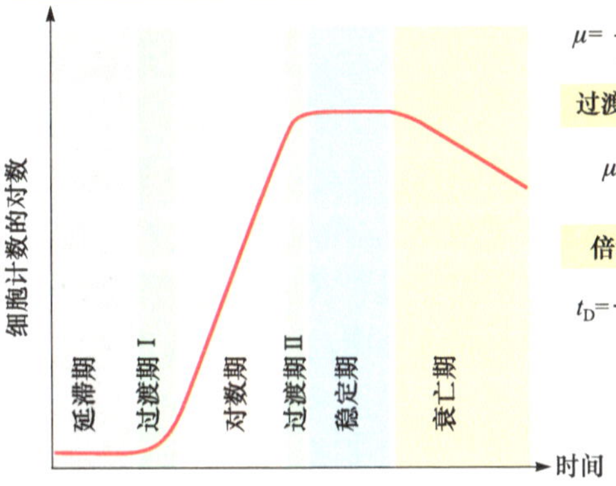

	μ_{max}/h^{-1}	t_D/h
大肠杆菌35℃	>2	<0.35
酿酒酵母35℃	0.6	1.2
黑曲霉30℃	0.2	3.5
产黄青霉35℃	0.12	5.7

对数生长期的生长动力学

$\mu=\frac{1}{X}\cdot\frac{dX}{dt}$　　$\mu=\mu_{max}$=常数

过渡期 II 的生长动力学

$\mu=\mu_{max}\cdot\frac{S}{K_s+S}$　Monod方程(Monod相关)　对底物有限的生长有效

倍增时间

$t_D=\frac{\ln 2}{\mu}$

世代时间

$t_G=\frac{\ln 2}{\nu}$

分裂率

$\nu=\frac{1}{N}\cdot\frac{dN}{dt}$

ν = 分裂率(h^{-1})
μ = 特异生长率(h^{-1})
μ_{max} = 最大特异生长率(h^{-1})
N = 细胞计数(–)
X = 生物量($g\cdot L^{-1}$)
S = 有限底物浓度($mol\cdot L^{-1}$)
K_S = 饱和常数、底物特异性($mol\cdot L^{-1}$)(Monod常数)
t = 时间(h)

产物形成

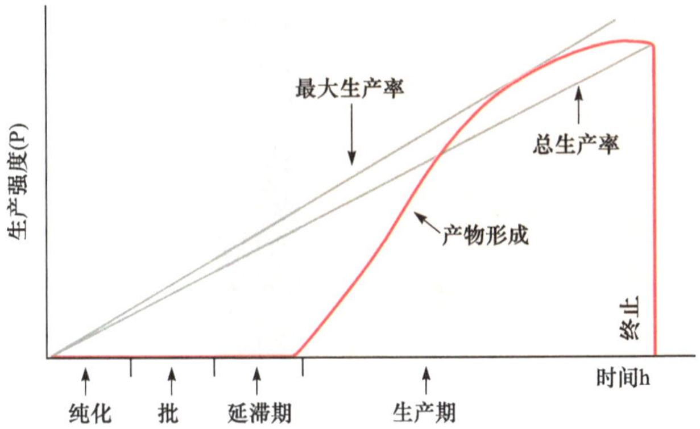

生产强度

$P=\frac{\text{产物浓度}}{\text{L·发酵时间}}$ [单位/(L·h)]

产量系数

$Y_s=\frac{\text{生物量形成}}{\text{底物消耗}}$ (kg/kg)

$Y_{O_2}=\frac{\text{生物量形成}}{\text{氧消耗}}$ (kg/kg)

$Y_{kJ}=\frac{\text{生物量形成}}{\text{热量形成}}$ (kg/kJ)

发酵类型

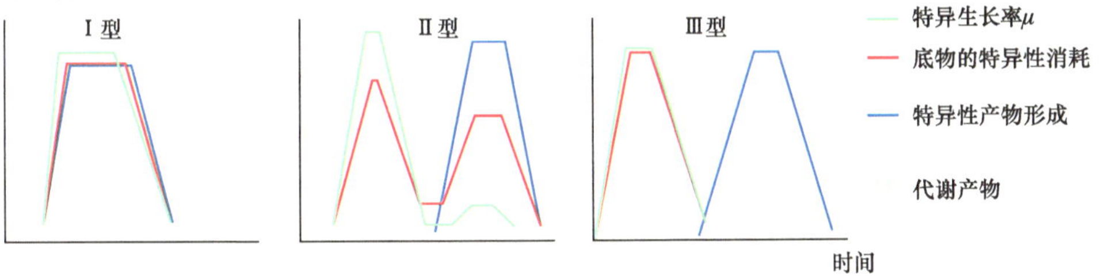

I 型

底物 ⟶ 产物
或
底物 ↓ A ⟶ B ↑ 产物

例如:面包酵母、SCP、乙醇

II 型

底物 ↑ A → B → C → 初级代谢
底物 ↓ D → E ⟶ 产物

例如：柠檬酸、氨基酸

III 型

底物 ⟶ 细胞生长，直至对数生长期末期
↓
产物
来自次级代谢

例如：抗生素、维生素、酶

分批补料发酵、连续发酵和高细胞密度发酵

概述

分批补料发酵是工业发酵的首选方法，可以以某种方式往发酵系统中补加一定的培养基进而延长生产期；其次是重组宿主细胞的高密度培养方法。连续发酵的实力性要低一些，但有很大的基础重要性，因为这种方法能够研究控制微生物生长的规律。

分批补料发酵工艺

有两个重要的优点：首先，在对数生长期的末期(此时次级代谢产物刚刚开始生成)，补充新鲜培养基或中间结构单元，可以增加许多工业化生产的次级代谢产物(抗生素、酶、多糖等)的产量。其次，通过仔细地限制培养基中葡萄糖的浓度，可以防止底物抑制。葡萄糖是发酵中使用最广泛的碳源和能源，但是过量的葡萄糖能够通过代谢物阻遏作用来抑制产物的形成，如在生产抗生素的过程中。代谢物阻遏的另一个例子是面包酵母的生产：较高的糖浓度可以增加比生长速率μ，然而，过量的葡萄糖会转化成乙醇(Crabtree effect，克勒勃屈利效应)，生物量产率系数Y_S显著下降。因此，需要采用以分批补料的方式将糖加到发酵液中。有时氮源和磷源也需要这样加入。

连续发酵

通常认为反应器是一个密封的系统，但严格来讲，它与环境有气体交换。在连续发酵过程中，不仅与环境有气体交换，而且生物反应器还是一个开放系统，通过连续补料加入无菌营养液，又不断地将发酵液移去。通常可以分为三种连续发酵方式：一种是化学恒定的(营养物浓度保持恒定)、一种是浊度恒定的(细胞团保持恒定)，第三种是活塞流(plug-flow)式反应器，在这种反应器中，培养基流过管式反应器，不会反混；在反应器出口回收细胞团，而培养液再从进口进入。在这种系统中，沿流动方向的条件(如培养基成分、生物量浓度和产物浓度)始终与分批发酵的条件相似。在均衡条件下，在连续发酵中，由微生物的比生长速率μ来平衡流出物造成的细胞损失，底物浓度[S]和产物生产速率Q_X保持不变。在这样的条件下，Q_X作为第一近似值，只取决于流速。对次级代谢物连续发酵(Ⅲ型发酵)的概念很难形成，因为细胞生长和产物形成不直接相关。连续发酵特别适用于：①优化细胞的生长和产物的形成；②分析营养成分的限定因素。然而，在工业上很少使用连续发酵，为数不多的几个例外是废水的需氧和厌氧处理、生产啤酒用的新工艺和用重组酵母菌株生产人胰岛素。然而，在大多数的工业发酵工艺中，依然还存在着以下难题：①与分批补料发酵相比，只有连续操作500～1000 h后，连续发酵才能收支平衡，从无菌操作和抗感染管理的角度来说，这是个很难满足的条件；②在这么长的时间内，很难保证营养培养基成分的恒定；③经过多代的细胞分裂，不能保证重组宿主细胞的遗传稳定性。

高密度细胞发酵

这个术语用于在生物反应器中，表示细胞干重超过50 g/L。在生物反应器中，通过适当的补料方式添加葡萄糖或甘油等标准底物时，大肠杆菌的细胞浓度可以达到150 g/L。为了高效表达目的基因，已经开发出大量具有不同诱导策略的载体。许多高密度细胞发酵的方案已经开发应用于酵母、乳杆菌和其他微生物上。

连续发酵

发酵罐类型

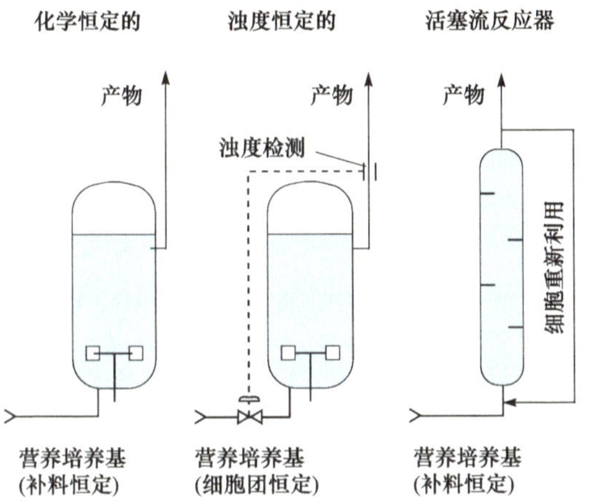

稀释率和产率

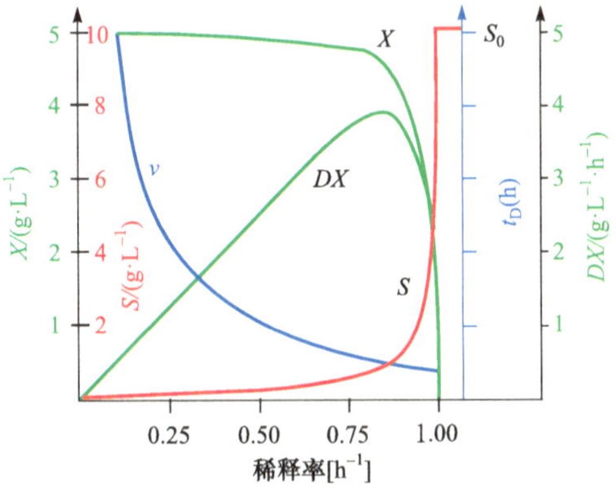

S=底物浓度(g·L^{-1})
X=生物量(g·L^{-1})
t_D=倍增时间(h)
DX=细胞排出量(g·L^{-1}·h^{-1})

生物量和底物平衡

生物量

$$\frac{dX}{dt}=\mu\cdot X-D\cdot X \quad (1)$$

底物

$$\frac{dS}{dt}=D(S_0-S)-\frac{\mu\cdot X}{Y_S} \quad (2)$$

在稳定期遵循:

$$\frac{dX}{dt}=\frac{dS}{dt}=0 \quad (3)$$ 进一步遵循$\mu=D$

使用(3)和(1)和(2)

$$X=Y_S(S_0-S) \qquad D=\mu_{max}\frac{S}{K_s+S} \qquad S=\frac{D\cdot K_s}{\mu_{max}-D}$$

Y_S=产率系数(kg/kg)
K_S=Monod常数(g·L^{-1})
S_0=补料的底物浓度(g·L^{-1})
S=生物反应器中的底物浓度(g·L^{-1})
D=稀释率(h^{-1})
X=生物量(g·L^{-1})
μ=特异生长率(h^{-1})
μ_{max}=最大特异生长率(h^{-1})

分批补料工艺

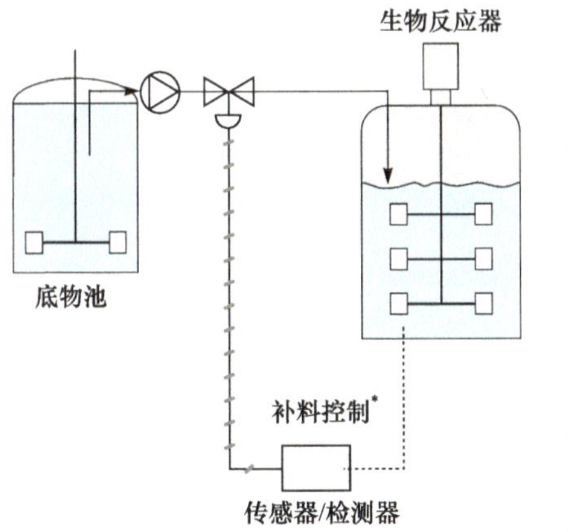

*例如，通过重量

用补加葡萄糖的方式生产青霉素

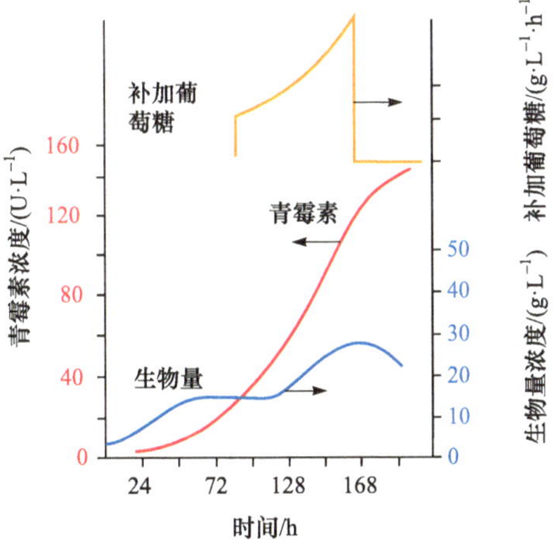

发酵技术

概述

要以可接受的成本生产生物技术产品，生物工艺工程(bioprocess engineering)与生物科学一样重要，前者是由工程师创建的一个学科，而后者是由生物学家和生物化学家创建的。工业工艺工程的主要对象是工艺操作安全性和投资及工艺成本最小化，主要包括：①优化传质；②保持恒温的工业方法；③通气的优化(对需氧工艺)。

混合

在生物反应器中的混合是由搅拌器或泵来完成的，在紧邻搅拌器的地方形成湍流，其特征是由其雷诺数 Re(Reynolds number)决定的。在需氧工艺中，通气也有助于混合。在计算雷诺数时，黏度是一个参数，黏度取决于微生物的浓度、物理形态(如真菌发酵中的菌丝体)和产物的类型(如黄原胶)。在一个理想的混合生物反应器中，反应区带的湍流是以均质的方式分布的。然而，这种指标只是大致的，因为生物材料的灵敏度通常是有限的，例如，菌丝体的剪切力灵敏度限制了搅拌器的速度。其他的因素，例如，搅拌器的几何结构、其形状和数目、机械单元(如挡板)的位置、泵的位置(非搅拌式反应器)、通气盘和空气注入器的配置和定位(在搅拌式反应器和非搅拌式反应器中)。能量数 Ne 描述搅拌式反应器的能量需要量，在不放气的情况下，与雷诺数相关。在工业应用中，研制了几种搅拌器，如圆盘状、涡轮状、MIG 和内 MIG 叶轮状，能够提供良好的混合和 O_2 转移。混合和 O_2 转移参数是根据容积转运系数 k_La 来测定的。

温度控制

为了得到最佳的结果，要在恒温下进行发酵。在细胞生长所需的首次加热以后，发酵反应器通常需要冷却，因为微生物的生长和搅拌器的机械作用都产生热量，而这些热量必须除去。要计算一个工艺中所产生的热量，必须要考虑到热量转移数和发酵罐的交换面积。通常情况下，用环绕生物反应器的水冷却系统就足以除去热量，但当产率系数非常高(低 Y_{kJ} 值)时，如在酵母的烷烃发酵中，必须使用另外的内部散热器。发酵产生的反应焓可以通过底物的还原度大致估计。因此，与部分氧化底物(如糖)发酵相比，烷烃发酵产生的热量更多。

通气

培养液中氧气的含量常常会限制需氧培养物的生长。为了优化氧含量，必须考虑几个生物学和工业因素，例如，生物反应器的最佳氧传质与微生物的特异性最大摄氧率 $q_{O_2}^{max}$ 相关。此外，氧是在一个三元相的系统中转运，这种系统是由气体相、液体相和微生物组成的。要进行氧的传质，必须克服几种相界(phase boundaries)：①从气泡到相界面的表面；②通过相界面的表面进入液体内；③通过液体进入界面周围的微生物；④进入细胞。在单细胞生物中，相界面表面 2 通常是有限的，而细胞联合或菌丝体通常在 4 才表现出有限性。氧的传质还取决于许多技术条件，如反应器的尺寸、流体静力学压力(装料高度)、搅拌器的性能、通气系统和通气率、化学和生理化学参数，如营养类型、培养基密度和黏度、温度、表面压力(消泡)和生物学参数，如微生物的生长类型。虽然通气率可以简单地由每分钟单位体积反应器的通气量(vvm)给出，但是反应器和搅拌器或泵的几何形状对氧输速率具有显著的影响。生物反应器中氧传质特性的一个重要参数是容积转运系数 k_La，它可以通过实验确定。实验室生物反应器可达到 800～1200 h^{-1}，生产发酵罐可以达到 500～800 h^{-1}。

搅拌式反应器中的混合

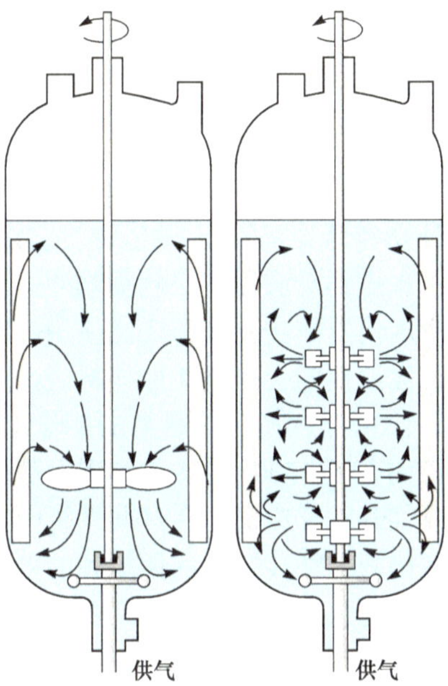

流动特征

雷诺数Re

$$Re=\frac{惯性力}{黏性力}=\frac{d_R^2 n\rho}{\eta}$$

能量需求

能量数N_e

$$Ne=\frac{推动力}{惯性}=\frac{P_o}{d_R^5 n^3 \rho}$$

d_R=叶轮直径(m)

n=叶轮转数(s^{-1})

η=动态黏度(Pa·s)

P_o=叶轮性能(W)

ρ=密度(kg/m^3)

通气

喷头

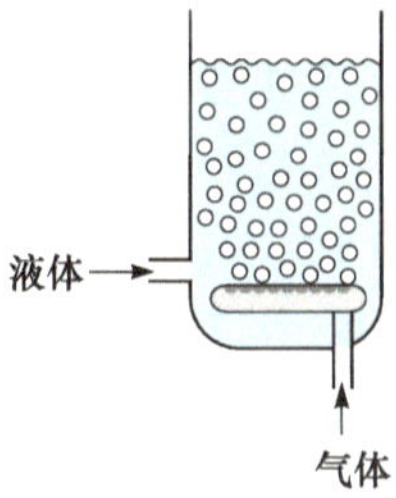

筛板

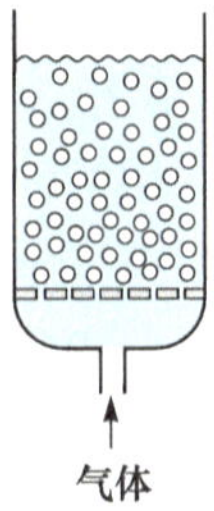

注入器

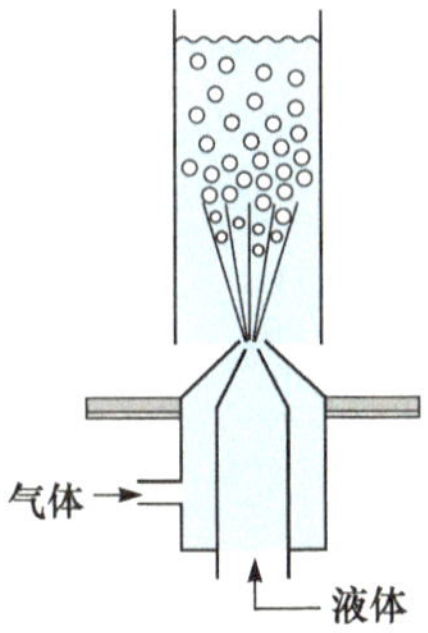

自升式搅拌器

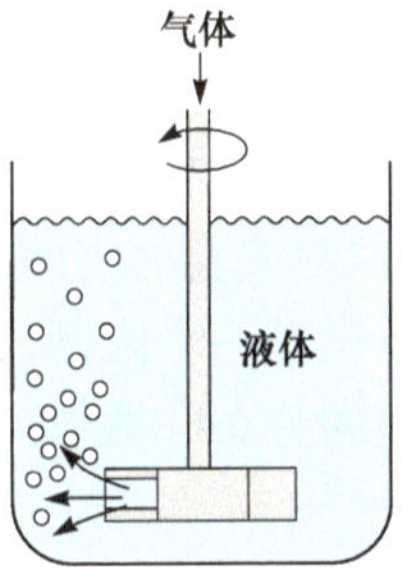

特异O_2需求量Q_{O_2}

$Q_{O_2}=Xq_{O_2}=k_La(C^*_{O_2}-C_{O_2})$($mol\cdot L^{-1}\cdot h^{-1}$)

$q_{O_2}^{max}$=最大O_2再吸收率($mol\cdot g^{-1}\cdot h^{-1}$)

q_{O_2}=特异O_2再吸收率($mol\cdot g^{-1}\cdot h^{-1}$)

k_La=容积转运系数(h^{-1})

X=生物量浓度($g\cdot L^{-1}$)

O_2转运：k_La值

$$k_La=k\left(\frac{P}{V_R}\right)^{\alpha}(u_G^0)^{\beta}(h^{-1})$$

k,α,β=常数

P=叶轮性能(W)

V_R=发酵罐容积(m^3)

u_G^0=气体表面速度($m\cdot s^{-1}$)

O_2再吸收率r

$$q_{O_2}=q_{O_2}^{max}\frac{C_{O_2}}{K_{O_2}+C_{O_2}}\ (mol\cdot g^{-1}\cdot h^{-1})$$

C_{O_2}=溶氧浓度($mol\cdot L^{-1}$)

$C^*_{O_2}$=饱和浓度O_2($mol\cdot L^{-1}$)

K_{O_2}=米氏常数O_2($mol\cdot L^{-1}$)

通气率B

$$B=\frac{体积空气}{生物反应器容积}\ min\ (vvm)$$

通气数N_B

$$N_B=\frac{V_G}{nd_R^3}$$

V_G=气体体积流量(m^3/s)

n=叶轮转数(s^{-1})

d_R=叶轮直径(m)

发酵技术：规模放大

概述

将工艺从研制向生产转化(规模放大)的过程中，必须考虑一些参数的变化。根据工艺和所希望的生产容积，可以使用几种类型的生物反应器，而搅拌式反应器是最常用的。传统的方法是十倍地放大(30 L 至 300 L 至 3000 L 至生产规模)。

放大

即使是中试规模，生物反应器也都装备了叶轮、涡轮、挡板、泵或通气模块，以得到良好的混合。如果将中试规模的结果移植到生产规模，必须考虑到随着容积的增加，混合时间显著增加，而且在容积大于 150 m^3 的反应器中，快速混合不仅很难实现，而且需要抑制性能量消耗，这也影响到携带λ启动子的质粒：诱导所需温度的快速增加完全超出了大型生产发酵罐的范围。除了混合之外，在链霉菌或真菌(如曲霉、青霉)的发酵中，机械剪切应力也是一个限制，同样也影响到通气所产生的气泡的分布和散热。

生物反应器的类型

固态生物反应器(如用于生产柠檬酸用的)具有重要的历史重要性，尽管需氧废水处理所用的滴滤池仍然是这类生物反应器的一个广泛使用的实例，并且固态发酵(SSF)在废物利用领域再次受到关注。表面反应器易于操作，但其产物的容积-空间-产率相对有限。对于工业产品，搅拌式生物反应器是首选的装备，这类反应器是温度和 pH 可控的，配备搅拌器和通气系统，有无菌进料阀和取样阀。搅拌器通常是多级型，通过挡板补充，在某些反应器中，仍在使用带回流(overflow)和导管(conduit tube)的单级搅拌器。在进行乙酸生产和需氧废水处理时，使用自升式搅拌器。在工业生产中，使用 1 L 至约 3000 L 的研究型生物反应器和工作容积达 500 m^3 的搅拌式生物反应器。为优化接种物和培养基等(上游生物工艺)，小型可伸缩的水平生物反应器越来越受欢迎。对于上游实验或小规模发酵实验，已广泛使用一次性生物反应器，比如他们会提供无菌塑料袋。对于较大的容积，快速混合和散热所需的能量迅速增加，因此在容积大于 1500 m^3 的大容积发酵罐中，首选环形或气升式反应器。在这些系统中，用大泵或喷射器作为搅拌装置。前面提到的单细胞蛋白质的生产和需氧废水处理，是工业化使用气升式反应器的典型例子。

测量和控制

对一个生物工艺的经济优化，以及对一个工厂的操作安全性，测量和控制是十分重要的。常规的测量指标包括反应器的重量、温度、营养培养基的 pH 和 O_2 含量、搅拌器的转速和能耗。通常情况下，用 CO_2(通过 IR 分光光度计)和 O_2(通过顺磁共振)来分析供气和排气，或通过质谱分析，可提供呼吸商(RQ)。呼吸商可以为培养物的生长和状态提供重要的线索。通常在取样之后，在生物反应器的外面测定底物的消耗和产物的形成。从反应器内容物的高价值(即使只按每千克产物 10 欧元的市场值和终产物的浓度在 100 $g \cdot L^{-1}$ 来计算，一个 100 m^3 的发酵罐发酵后的价值也是 100000 欧元)的角度来说，要不断更新方法，以保证可靠的操作控制和无菌控制。

消泡

蛋白质或表明活性剂溶液在通气过程中会形成泡沫，这常常是发酵工艺的一个障碍。通常用机械消泡装置(热消泡或气泡离心机)来消除气泡，这种装置位于叶轮轴的顶部。如果气泡产生得很严重，可使用化学消泡剂(如芥子酸或硅酮)；然而，其缺点是会混到发酵的终产品中去，而且会很难除去。

生物反应器类型

表面反应器

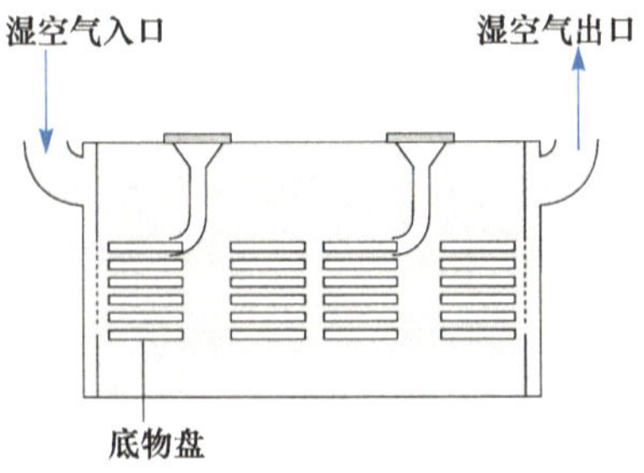

搅拌式反应器

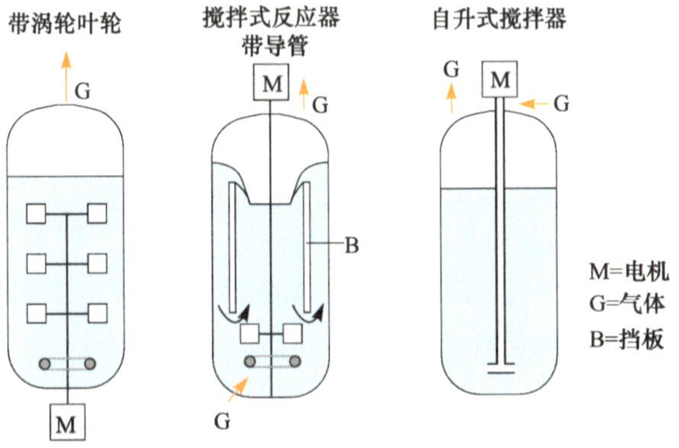

最常用的生物反应器类型，容积达约150m^3

气泡式、气升式和轴式反应器

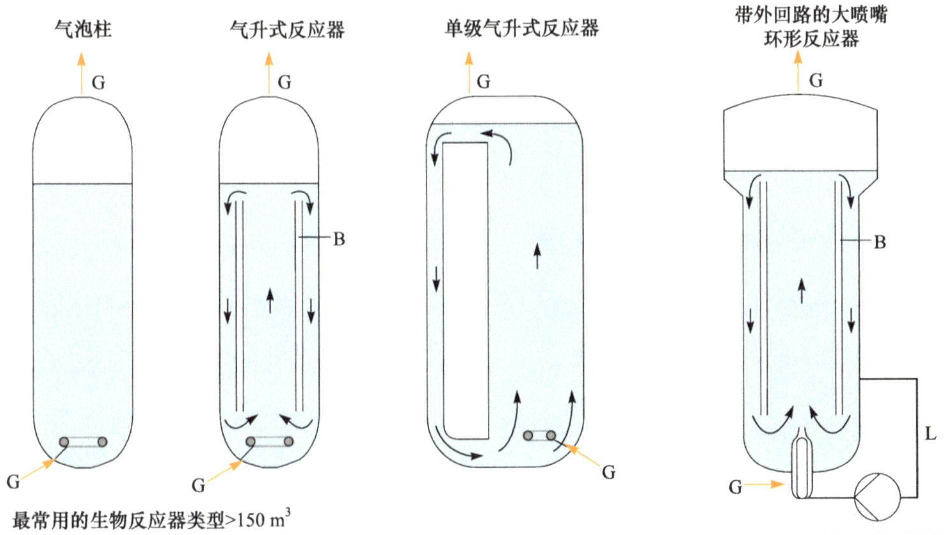

最常用的生物反应器类型>150 m^3

混合时间——取决于生物反应器的容积

容积/L	3	9	100	300	1 000	3 000	24 000
叶轮转速/($r\cdot min^{-1}$)	750	2 000	230	350	200	180	30
混合时间/s	5	3	6.6	5	25	20	66

生物反应器技术中的测量和控制

物理参数	化学参数	生物参数
温度	pH值	酶活性
压力	溶氧	ATP含量
能量输入	废气中的O_2和OO_2	NADH含量
黏度	氧化还原电位	蛋白质含量
空气流速	底物浓度	
营养物补给	产物浓度	
浊度	离子浓度	
生物反应器重量		

注：红色为调节的参数，其余为测量的参数。

哺乳动物细胞的培养

概述

哺乳动物细胞培养物主要用于：①生产疫苗；②生产不能由重组微生物获得治疗性和诊断性的药用蛋白，包括含有很多二硫键的蛋白质，它们只有在经过复杂的翻译后修饰(如糖基化)才有活性，或者由于错误的糖基化模式导致长期服用时产生免疫反应的蛋白质。例如，治疗性的抗体、第八因子、促红细胞生成素和 tPA。用哺乳动物细胞生产重组蛋白，技术要求和成本高。最近开发的一项替代技术，尝试用转基因的动植物来生产这些蛋白。另外也正在进行人类组织培养方面的研究，目的是生产用于移植医学和药物及化妆品试验的组织替代物(组织工程)。

人类细胞培养

取自人类组织的细胞群体在营养培养基中增殖，用来鉴定和繁殖人类特异性的病毒，这已经有很长历史了。人类细胞可以在−196℃低温容器的气相中冻存，在很长一段时间内可以从这些储备中得到均一的细胞培养物。然而，这些原代细胞的寿命只能分裂 50 次，并且必须附着在固体表面生长。因此，采用这种方法得到的细胞材料是有限的。与此相反的是，连续细胞系有无限增殖的能力。连续细胞系的实例有 HeLa 细胞系和 Namalva 细胞系，分别是来源于人宫颈癌和淋巴癌。胚胎干细胞(ES)虽然不是癌细胞，但由于能无限增殖，所以也属于连续细胞系。从患者已完全分化的细胞中得到胚胎干细胞和诱导多能干细胞，目前正处在激烈的研究中，正因为这种细胞来源于患者本身(自体细胞)，所以在移植进入患者身体并分化成各种器官特异性细胞时，不会被患者的身体所排斥。对于组织工程学，来源于不同细胞类型的自体细胞培养，可用于组织的替换，比如受损的软骨、骨骼或用于烧伤的“人造皮肤”。

细胞系在生物技术中的应用

在生产治疗性蛋白质时，连续细胞系是很有用的。工业生产中用到的细胞系来源于动物肿瘤，它们无限分裂，表现出以下特性：①短至 20～30 h 的倍增时间；②简单的培养条件；③能高密度悬浮生长，并且对剪切力有足够的稳定性，这使得它们能在大型的生物反应器中培养；④有可转化的载体。如今，用于这一目的的细胞主要有下列几种：①鼠或人杂交瘤细胞，用于生产单克隆抗体；②中国仓鼠卵巢成纤维细胞(CHO 细胞)；③叙利亚幼仓鼠肾肿瘤细胞(BHK 细胞)。CHO 或 BHK 细胞广泛应用于表达重组蛋白质，如 tPA、EPO 和第八因子。这些细胞的表达产物在翻译后修饰方面，特别是糖基化模式与天然的人类蛋白非常相似。

克隆载体

目前已有数种载体用于制备遗传稳定的重组动物细胞。它们都整合到靶细胞的基因组内，并且带有外部诱导所需的序列。一般使用可以转化大肠杆菌的穿梭载体，用大肠杆菌作为优化载体的宿主。在实验室操作中，用来选择转化细胞的典型标记物是对毒性培养基成分(如新霉素或镉盐)具有抗性的蛋白质。而在工业生产中，不能使用这种试剂；作为替代，二氢叶酸还原酶(DHFR)与 *dhfr*-缺陷型宿主细胞(例如，CHO-K1)联用是首选的标记物。DHFR 被叶酸类似物氨甲蝶呤竞争抑制，干扰胸腺嘧啶的生物合成，这样，对胸腺嘧啶营养缺陷型的转化的 *dhfr* 缺陷型细胞，在用 DHFR 载体转染后，可以在含有氨甲蝶呤的最低营养培养基上生长。它们等量扩增外源的 *dhfr* 基因，与目的基因产物的 cDNA 相连。用 CHO 细胞工业生产第八因子和 tPA 所用的两个载体见下页。

常用的永久细胞系

	来源	用途
Namalva	人淋巴瘤	干扰素
BHK	幼仓鼠肾	第八因子
CHO	中国仓鼠卵巢	tPA,EPO,FMD病毒疫苗
SP2/0鼠杂交瘤	鼠骨髓瘤	单克隆抗体
BS-C-1vero细胞	原代猴肾	人疫苗

用于蛋白质生产的动物细胞

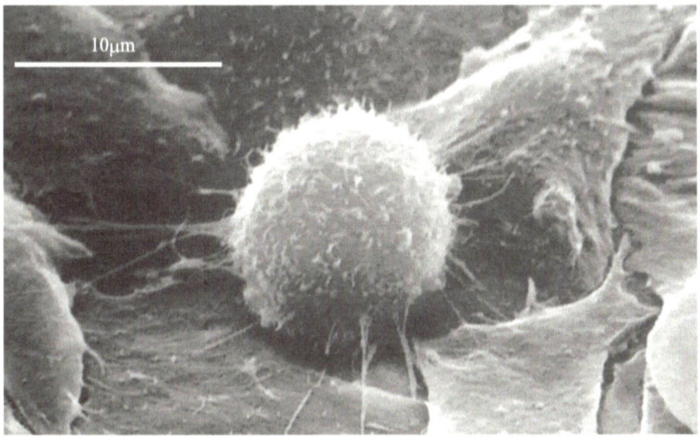

理想的特性

- 永生性
- 简单而稳定的转化
- 在悬浮培养中高密度增殖
- 高复制速度
- 对培养条件要求不高

◀CHO细胞(附着在表面)

CHO表达载体示例

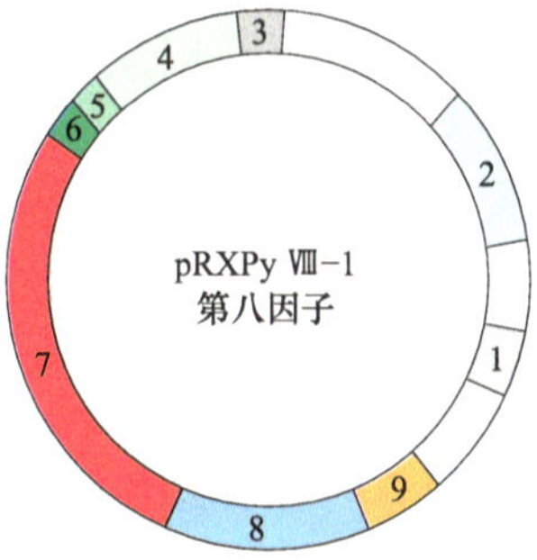

1 colE1复制起点
2 tet抗性基因
3 多瘤病毒(复制起点/增强子)
4 腺病毒(晚期启动子)
5 第一个外显子腺病毒(晚期基因)
6 随后的内含子，带有5′-和3′-剪接识别位点
7 第八因子cDNA
8 dhfr-cDNA
9 SV40(早期终止子)

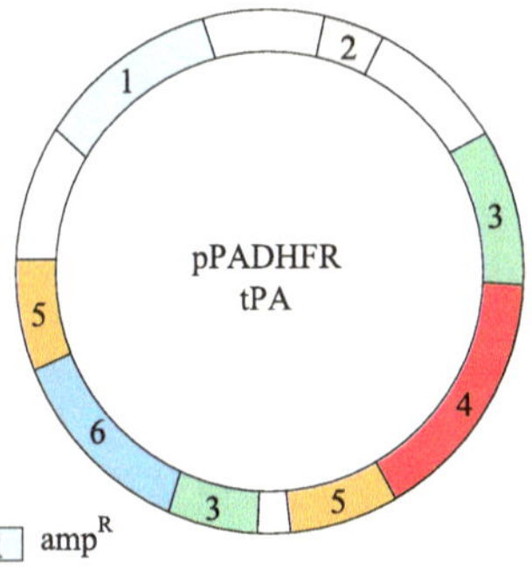

1 amp^R
2 colE1复制起点
3 SV40(早期启动子)
4 tPA cDNA
5 HbsAg(终止子)
6 dhfr cDNA

选择和扩增标记

表达载体上的标记基因	营养培养基的成分	选择/扩增	备注
新霉素磷酸转移酶	新霉素	选择新霉素抗性细胞	不适用于生产性培养基
金属硫蛋白	镉离子	选择镉抗性细胞系	用于研究
二氢叶酸还原酶(DHFR)	胸腺嘧啶和氨甲蝶呤(一种DHFR抑制剂)	选择dhfr互补性的细胞系，用氨甲蝶呤扩增	常用于生产

哺乳动物细胞生物反应器

概述

最近几十年来，开发出无数种实验室规模培养哺乳动物细胞的方法，特别是营养培养基优化方面取得了巨大的研究进展。由于只有通过哺乳动物细胞培养，才能得到足够质量和数量的几种重组蛋白质(如人或人源化的抗体、第八因子和许多种类的 tPA)，所以基于哺乳动物细胞培养的生产工艺放大到 20000 L。在这一背景下，生物工艺工程的典型技术(如混合与通气)发挥了关键的作用。由于要除去非目的蛋白质成分，以及需要检测甚至是痕量的病毒 DNA 或逆转录病毒 RNA，所以，对从动物细胞中分离纯化产品的要求是非常严格的。

营养培养基

除了良好的氧和 CO_2 供应，供应足够的营养成分也是至关重要的。不同于微生物，动物细胞的生长需要很苛刻的温度和 pH 要求(通常是 37℃、pH 7.0)。为了调节细胞 pH，可以通过添加碳酸氢盐或是在充满 CO_2 的条件下进行实验。葡萄糖是首选的碳源，同时也必须添加氨基酸、维生素、核苷酸、蛋白质、脂肪酸、无机盐和促生长剂。大多数老式的营养混合物含有胎牛血清作为生长促进剂的复合源。现在所用的无血清培养基比较便宜，从动物保护方面考虑也更容易接受。他们添加有胰岛素、转铁蛋白、乙醇胺和亚硒酸盐(如 ITES 培养基)。工艺上还需要准备植物衍生蛋白和脂蛋白。

实验室方法

在实验室中，主要使用滚瓶或 T 型瓶(组织培养瓶)培养细胞，对于更大规模的培养(高达 10 L)，则使用转瓶(spinner flask)，在这些培养瓶里，细胞浓度可以达到每毫升一到两百万个细胞。

细胞反应器

当把实验放大到细胞反应器的水平时，必须清楚在分批培养或补料分批培养时，毒性代谢物的积累会抑制目的产物的生成。在灌流培养时，新鲜的营养液替代了营养被耗尽的培养基。在工业发酵中，首选补料分批方法，因为可以减少细胞感染的风险。由于细胞处在悬浮液中，供氧和细胞对剪切力的稳定性都是很重要的，但两者又是互相矛盾的，必须进行优化。动物细胞的供氧 k_La 值在 2.2 h^{-1} 左右，或者小于微生物 k_La 值一到两个数量级。间接供氧系统得到广泛地研究，如半通透的硅膜。例如，在 1000 L 的带旋转膜系统的生物反应器里，内膜压力达到 6 bar，氧传递速率可以达到 120 g $O_2 \cdot m^{-3}$。另一个关键问题是如何充分利用昂贵的营养物。在灌流实验中，细胞被微孔膜过滤器截留。一旦达到所需的细胞密度，则开始连续地生成产物，这种类型的培养物被保持平衡状态达 900 h 以上。如果将细胞固定在诸如用多孔硅制造的具有大的内表面的微珠载体上，可以得到稳定的产量 30 天以上。在现代生产技术下，扩大到 20 000 L 规模，需要大约 14 天时间来完成。只采用分批补料的方法，细胞在无血清培养基中悬浮培养。在小规模(最大至 100 L)反应器中，使用连续灌流方式替换消耗的培养基，这种培养基中含有对生长有抑制作用的物质，如乳酸和氨。培养过程中，通过多微孔旋转过滤器过滤细胞并回收利用。一旦细胞密度达到每毫升 1500～20 000 万个细胞，可以开始回收产品。另一种方法是在微粒上培养细胞，这种方法能够保持生长平衡达到 30 天。

产品纯化

与大多数微生物产物的回收不同，哺乳动物细胞产物的回收不需要破碎细胞，因为目的产物分泌到培养基中。然而，为了得到高纯度的产物，必须进行一系列纯化，质量控制是一个关键因素。回收步骤可能包括亲和纯化。蛋白质产品的鉴定可以用肽图、末端氨基酸测序、MALDI-TOF 等方法；在每个剂量的药用终产物中，致癌的或可转化的 DNA 浓度必须小于 100 pg(10^{-10} g)；并且必须不含反转录 RNA 或内毒素。

营养培养基

含血清培养基	无血清培养基
葡萄糖、谷氨酰胺	葡萄糖、丙酮酸钠、谷氨酰胺
氨基酸	氨基酸
胎牛血清	牛血清蛋白、胰岛素、转铁蛋白、乙醇胺、亚硒酸盐(ITES培养基)
矿物质	矿物质
CO_2和O_2供应	CO_2和O_2供应

实验室培养和中试培养

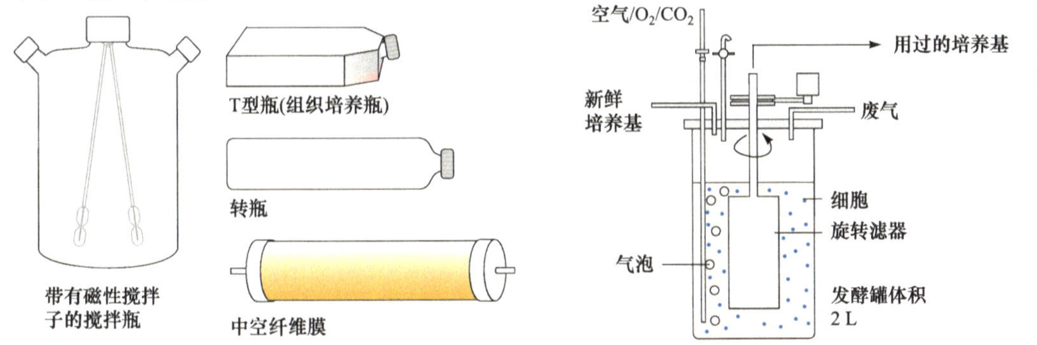

培养方法

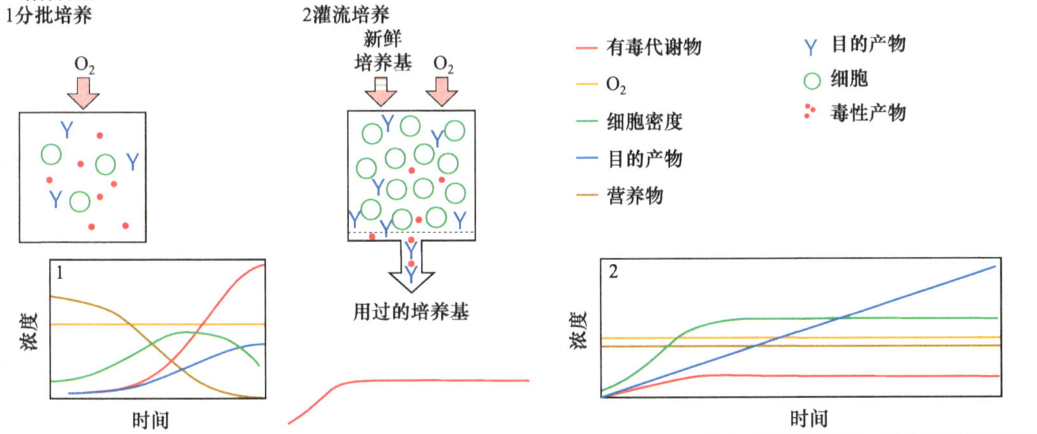

CHO细胞的分批补料培养图示

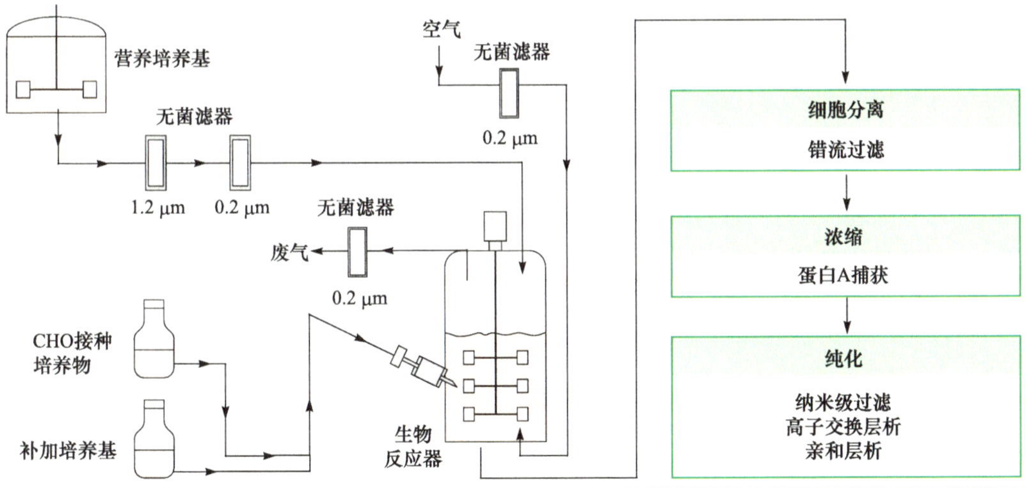

酶和细胞反应器

概述

遗传工程使得酶的生产变得更加方便和廉价。最近，利用代谢工程手段优化微生物细胞生产单一的目标化学品已经实现。酶或全细胞催化的工业反应可以使用溶解或悬浮的催化剂完成，若从稳定性和节省成本方面考虑，固定化在载体上的酶或细胞更有优势。利用吸附、包埋或共价结合等方法可将酶或细胞固定在载体表面或内部。固定化酶的工业实例是将青霉素 G 裂解成 6-氨基青霉烷酸，进而通过脂酶催化生产手性胺类。固定化细胞可用于从富马酸合成 L-天冬氨酸和葡萄糖的异构化；在此过程中，产生相应胞内酶(葡萄糖异构酶)的细胞处于失活状态，但所需的酶活仍然保留。

固定化的化学原理

通常只需要把酶或细胞吸附到带电荷的表面就足够了。基于这一点，有很多离子交换材料、微孔材料和多孔材料可供选用。如果选用共价结合固定化酶，主要使用三种方法：①用戊二醛交联赖氨酸表面的ε-氨基，生成甲亚胺，通过氢硼化钠加氢可使其进一步稳定；②用二异氰酸盐交联；③结合到多聚环氧化物(环氧乙烷)上。研究人员对大量的无机和有机载体进行了研究，以选择出合适的基质材料。为了将细胞包埋到载体材料内，通常将预聚合物与细胞混合，再将混合物进行游离基聚合或光化学聚合，例如，将细胞或酶与丙烯酰胺混合，然后加入 *N*, *N'*-亚甲基双丙烯酰胺和过硫酸钾，细胞或酶就可以掺入聚丙烯酰胺胶凝胶内。目前氨基甲酸乙酯(urethane)预聚合物和其他材料已用于光化学聚合。为了将酶或细胞装入微型胶囊中，可以使适当的预聚合物在水(含有酶或细胞)与有机溶剂(不与水混合)的分界相中进行聚合。洗涤剂用酶的固定化可以利用水溶性聚合物(如聚乙二醇)，另一个常用的方法是使用离子型凝胶，如海藻酸盐，其在 Ca^{2+}存在时可形成凝胶。也有报道把酶和细胞编织到纤维(如胶原)中进行固定化。

固定化生物催化剂的特性

固定化后，生物催化剂性质可能会改变，这是因为催化效率不仅仅受催化剂本身影响，也受物质传递的影响，而物质传递与所用的固定化基质的特性相关。因此，经验规则对于优化固定化催化剂、生物反应器的填装和其体积时间产量是很有帮助的。除了催化剂内在的特性(如 V_{max} 和 K_m)，这些经验规则还考虑到颗粒大小和物质传递的相关参数。固定化生物催化剂的一个重要的特性是其在应用中的稳定性。在适宜的情况下，它可以在几个月内保持活力(天冬氨酸酶、葡萄糖异构酶、青霉素酰化酶)。

反应器类型和工艺技术

酶和细胞反应器已被工程化应用，制作成不连续或连续的搅拌式反应器、固化床、流化床、中空纤维柱反应器和膜反应器。除了生物催化剂的稳定性和物质传递的优化以外，从经济学角度看，上游和下游处理是最重要的。这些过程包括底物的制备、支路产物的抑制和根据产物应用目的而开发的特异性的回收方法等。其总的设计原则是系统稳定、易于操作，并且将投资和运作成本优化至最低。另外，检测和质控也是关键因素。对于大吨位的产品，如异构酶(果葡糖浆，HFCS)和 6-氨基青霉烷酸，优先选用连续运作的设备，并行使用几个生物反应器，并且连贯地充填生物催化剂，这样，每个催化剂活力耗尽的模块都可以在不降低设备总产量的前提下更换。对于低吨位的产品，如 L-天冬氨酸，单个固定化大肠杆菌的生物反应器就足以进行生产运行了。

用于固定化的材料

无机载体		天然和合成的聚合物		
Al_2O_3	$Ca_3(PO_3)_2$凝胶	活性炭	环氧乙烷	胶原
斑脱土	多孔陶瓷材料	聚丙烯酰胺	琼脂糖	聚酰胺
多孔玻璃		羧甲基纤维素	海藻酸盐	纤维素
		聚亚胺酯	右旋糖酐	

固定化于玻璃表面

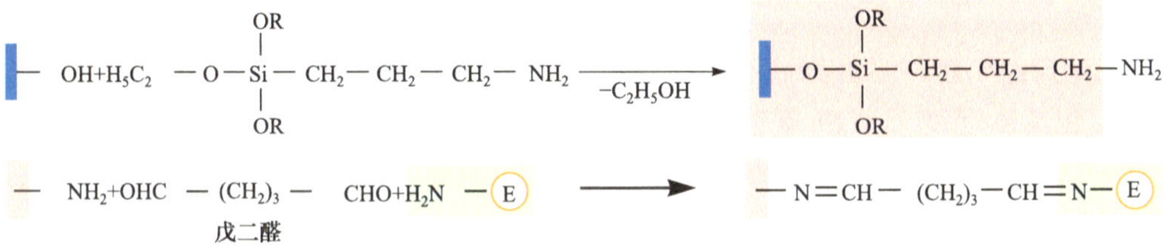

带赖氨酸ε-氨基的酶　　玻璃表面

反应器类型

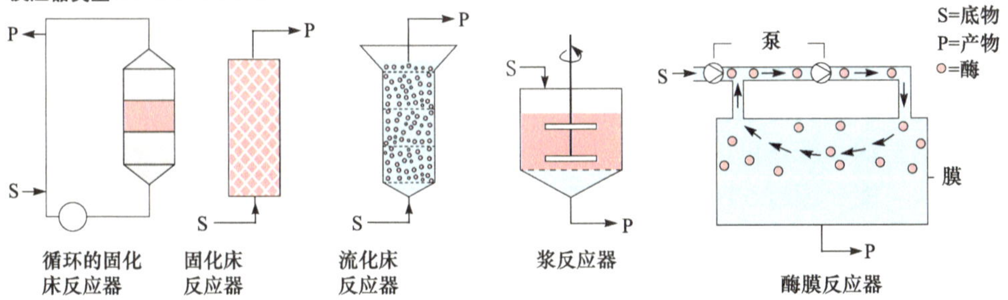

体积–时间产量(VTY)

颗粒大小C_p的影响

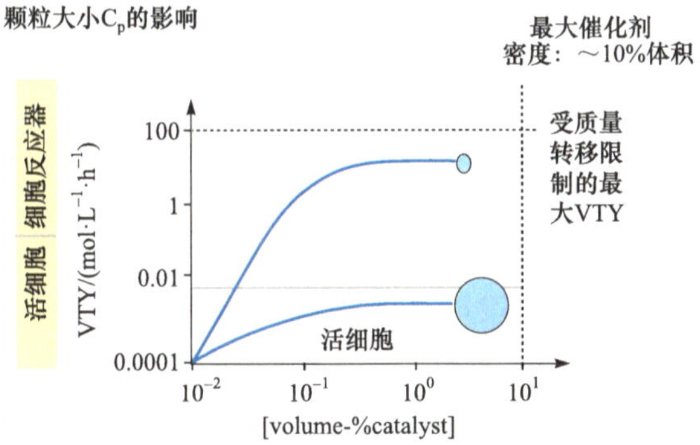

$VTY=\frac{S_o-S_t}{t}(mol\cdot L^{-1}\cdot h^{-1})$

S_o=底物的初始浓度($mol\cdot L^{-1}$)

S_t=时间t的底物浓度($mol\cdot L^{-1}$)

酶固定化的影响

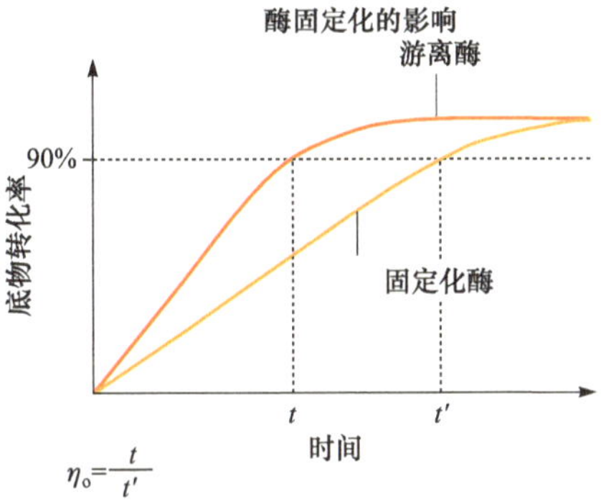

$\eta_o=\frac{t}{t'}$

η_o=催化剂的利用程度

t=游离(t_{12})或固定化(t_{12}^{1})生物催化剂的给定底物转化时间

质量转移的影响

内质量转移:Thiele模数

$\varphi=\frac{反应底物}{扩散底物}$

$\varphi=\frac{d_p^2}{4}\cdot\frac{\delta_{max}}{K_m\cdot D^e}$

外部质量转移: Sherwood数

$Sh=\frac{质量转移}{扩散}$　　$Sh=\frac{k_f\cdot d_p}{D_0}(-)$

D^e 有效扩散系数($m^2\cdot s^{-1}$)

k_f 质量转移系数($m\cdot s^{-1}$)

d_p 颗粒直径(m)

D_0 分子扩散系数($m^2\cdot s^{-1}$)

δ_{max} 最大催化剂密度

K_m 米氏常数

生物产品的回收

概述

发酵过程得到的生物产品是细胞产物(细胞团、胞内蛋白、包涵体)或胞外产物(氨基酸、抗生素、酶)。在传统的发酵中，产物浓度一般很低(<10%,通常<1%)。使用遗传工程改造的微生物，通常能得到较高的产量(例如,高达细胞湿重 50%的蛋白质)。分离纯化产物时,下游处理过程(DSP)非常重要，通常决定了生产成本，浓缩和纯化步骤的顺序必须和产物的应用目的相适应。因此，药用和诊断性制备物需要复杂的纯化方法，但工业用酶只需要少而简单的步骤就可以富集了。纯化过程中的产物损失可能会超过 50%，这说明良好的方法有着重要的经济意义。另外，从经济和生态学方面考虑，废物处理应该遵循安全和廉价的原则。

细胞团

面包酵母的生产是制备微生物菌体的经典案例。发酵完成后,通过离心机或离心分离器分离细胞，洗涤后用压力薄片过滤器或真空旋转过滤器进行过滤,然后包装制成湿产物。用旋风器处理混酵母得到干燥的面包酵母,可以保存更久。其他的细胞分离方法还有渗滤法和交叉流动过滤等。

细胞内产物

由于目标产品常常是胞内蛋白质，所以在不破坏蛋白质活性的前提下，需要将分离的细胞裂解。在这一步中，常常使用机械的方法，如高压匀浆器或球磨机。对于酵母自溶物的生产，可通过激活酵母胞内蛋白酶，从而使细胞破碎。在实验室规模，常在冰浴下用超声破碎细胞。溶菌酶或其他裂解酶也可以与温和的表面活性剂合用。在使用重组大肠杆菌细胞发酵的过程中，目标蛋白常常形成二硫键错配的包涵体。根据所用前导序列的不同，包涵体可能形成于周质空间或细胞质中，温和地裂解细胞后，通过差速离心可以分离出包涵体。还原型的包涵体(来自细胞质),先被氧化的亚硫酸盐氧化裂解，得到的 *S*-磺酸盐再经硫醇试剂还原(周质空间形成的氧化型包涵体用这一步),再用能打开氢键的尿素或者类似的试剂将蛋白质变性，下一步在氧化条件下透析除去尿素，最后部分蛋白折叠成正确的构象获得目标蛋白。然而经这种处理方法，获得具有活性功能的蛋白质总量一般不超过 20%。

细胞外产物

柠檬酸、乳酸和氨基酸等低分子量的生物产品通常可以从除去细胞团的培养液中沉淀分离，通过溶解和沉淀步骤进一步纯化，通常可以得到结晶的产物。由于这些方法会导致大量的副产物产生，因此开发了使用液体离子交换剂等的新型 DSP 方法，这种方法具有很高的经济意义。通常用醋酸正戊酯或醋酸正丁酯多步溶剂萃取来分离抗生素。胞外蛋白质的分离一般从超滤开始，随后用硫酸铵或硫酸钠盐析，或用低浓度(2%～10%)预冷的有机溶剂(如 2-丙醇)沉淀。工业用酶常采用液体浓缩物或喷雾干燥的粗产品，而诊断或治疗用酶则必须经过进一步纯化。

集成工艺

为了简化生产工艺，研究人员进行了大量的尝试。如在膨胀床色谱法中，通过在含有离子交换或亲和吸附介质的流化床内，利用密度梯度使细胞分离和产物浓缩同时进行。另一种工艺基于两相系统，一个是水盐相，另一相是水溶性聚合物；由于两相不互溶，能够使细胞碎片和蛋白质在不同相里得以富集，对这两相进行优化调整，进而用于集成产物的回收。

概观

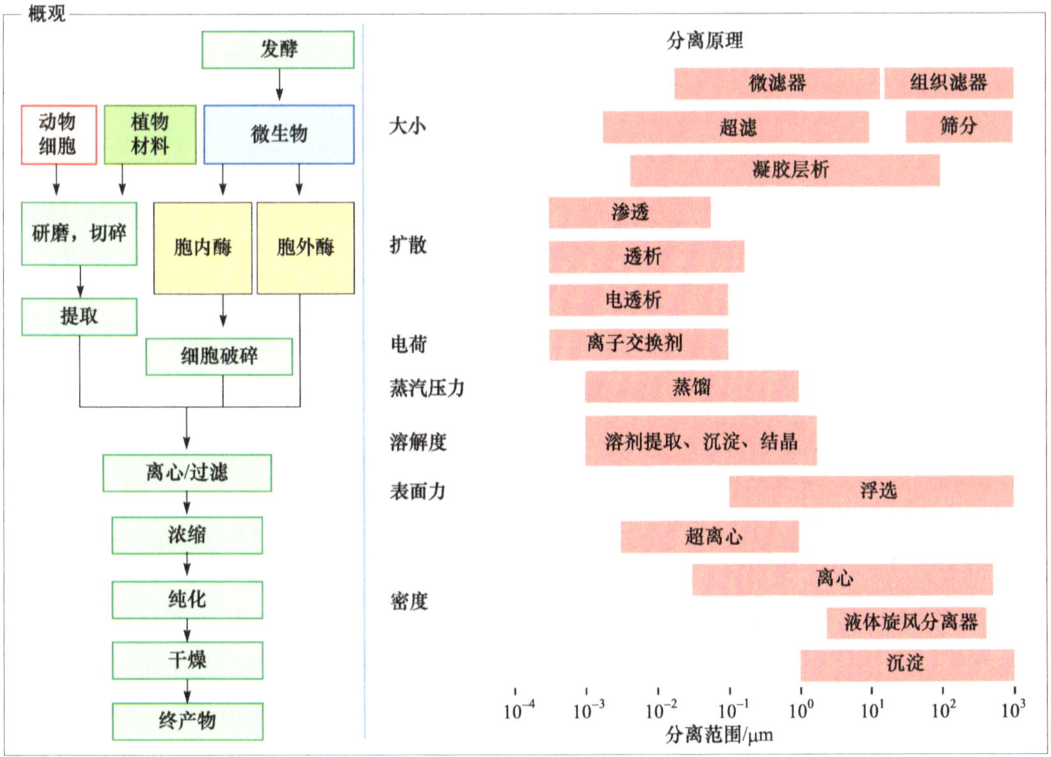

过滤

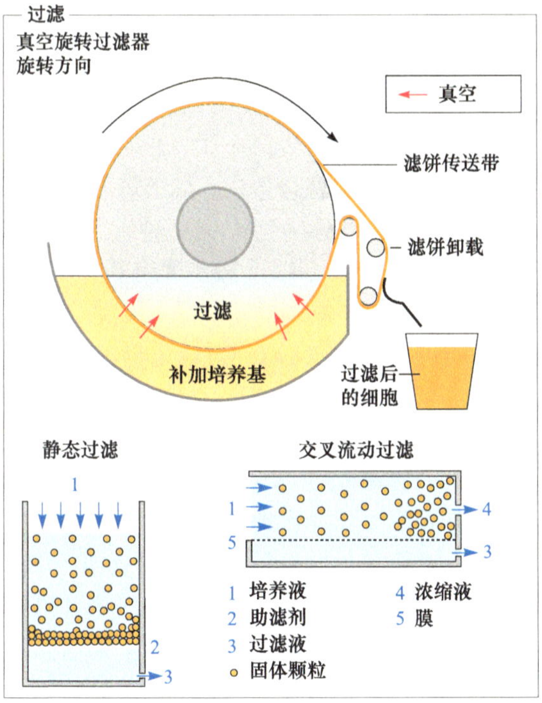

离心

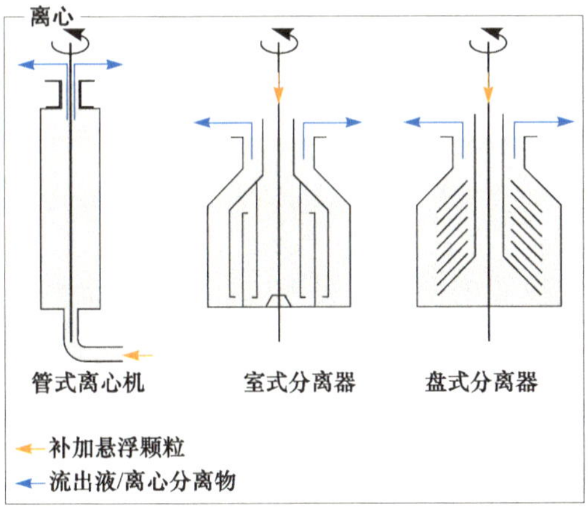

溶剂提取

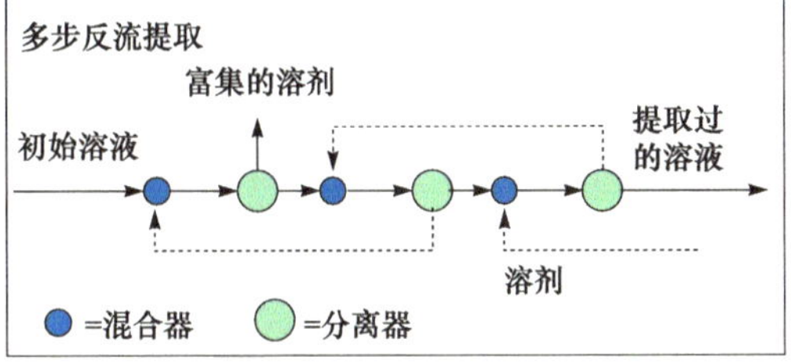

膜分离

	反向渗透	超滤
原理	扩散转移	基于分子大小
截留颗粒	分子质量小于500～1 000 Da	分子质量大于1 000 Da
渗透压	0.8～10 MPa	非常小
工作压力	1～15 MPa	小于1 MPa

蛋白质回收：层析

概述

在大多数的纯化方法中，层析是一个极为重要的步骤。层析的最佳方案可以根据范第姆特(van Deemter)方程计算而得到。根据分离原理，可以将柱填充材料分类为：①凝胶层析，根据分离物的分子量和形状对其进行分离；②吸附层析，基于亲水或疏水作用；③离子交换层析，蛋白质中带电荷的氨基酸侧链是关键的影响因素；④聚焦层析，根据蛋白质等电点来分离；⑤亲和层析，通过与配体的特异性作用实现分离。对于每种方法，都有大量的商业吸附剂可供选择。使用AKTA^{TM}系统可以在几个小时内选择最合适的吸附剂和洗脱方法。在实验室中，许多层析分离步骤都是在中压或高压下进行的(例如，FPLC=快速蛋白液体层析)，而放大到生产水平的工艺则不使用高压层析步骤。

凝胶层析

一类重要的商品化载体材料是由葡聚糖或琼脂糖形成的凝胶，其孔径大小可以通过交联来调整。凝胶的羟基经烷基化试剂部分烷基化后，能够耐受有机溶剂；在与带电荷的组分交联后，凝胶将同时具有分子筛和离子交换树脂的特性。

吸附层析

羟基磷灰石是一种广泛使用的亲水材料。疏水层析常用琼脂糖凝胶的丁基、辛基或苯基衍生物，通过疏水蛋白质与疏水吸附材料之间的相互作用达到纯化目的。

离子交换层析

由于离子交换层析效率高，并且易于放大规模，因而常用于蛋白质纯化中。阳离子交换剂常选用磺酸化和羧基化的聚合物。阴离子交换剂常使用含有四氨基基团的聚合物。多糖和合成的聚合物通常作为聚合体的支撑材料。该方法的分离原理基于不同蛋白质净电荷的差异，通过提高盐浓度或者改变 pH 进行洗脱，收集目标产物。

亲和层析

这是一种很好的层析方法，它依靠蛋白质与耦联在载体材料上的特异性配基的相互作用来进行分离。例如，纯化脱氢酶时使用了葡聚糖耦联的色素，这些色素能够与蛋白质的 NADH 结合口袋结合。免疫层析是一种非常昂贵的技术，偶尔用于药用蛋白质的工业纯化，如第八因子，其原理是载体上连接有这种蛋白质的特异性抗体。要从介质上洗脱蛋白质，可以使用低分子量的竞争性配体，也可以使用提高盐浓度或降低 pH。少量生产时，通常可以使用亲和配体来纯化重组的蛋白质，用基因工程的方法可以有目的将这种配体引入到重组的蛋白质中，例如，带有易于纯化的辅助蛋白的融合蛋白，如链霉亲和素(可通过带有生物素的载体纯化)。另一种有用的技术是在蛋白质的 N 端或 C 端添加多聚组氨酸尾(his_n，n=4～6)；经过此类修饰的蛋白质可以通过含有金属的介质进行纯化(IMAC=固定化金属亲和层析)。基质结合金属螯合剂首选 Ni^{2+}，也可以使用 Cu^{2+}、Zn^{2+}、Co^{2+}、Fe^{2+}或 Fe^{3+}。如果组氨酸标签附近引入一种蛋白酶(如 X 因子)的高特异性酶切位点，纯化后可以选择性地切除标签。用基因操作的方法也可将其他肽标签引入蛋白质内，例如，与链霉亲和素的生物素位点结合的序列，可以用链霉亲和素修饰的柱子来进行纯化。融合蛋白或肽标签与目的蛋白通常以这样一种方式连接——这种连接方式能够在纯化后用特异性的蛋白酶将融合蛋白质或肽标签除去。另一个完全不同的方法是基于分子印迹材料的使用；通过将多功能的配体与亲水交联聚合物固定在支撑材料表面，目标化合物可以高选择性的纯化。

范第姆特方程

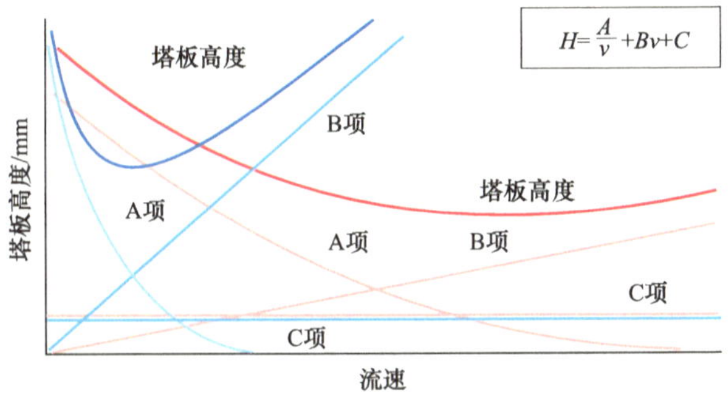

H=塔板高度

v=流速

A=扩散项

B=平衡范围

C=柱质量项

高分子质量复合物(蛋白质)

低分子质量复合物

聚合物基质

例子：阴离子多聚糖

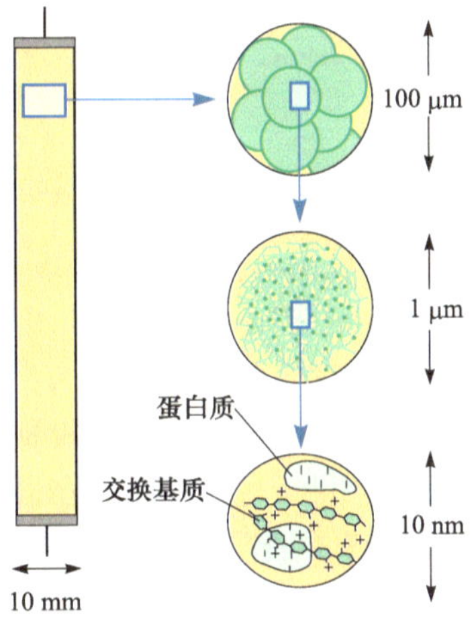

层析类型

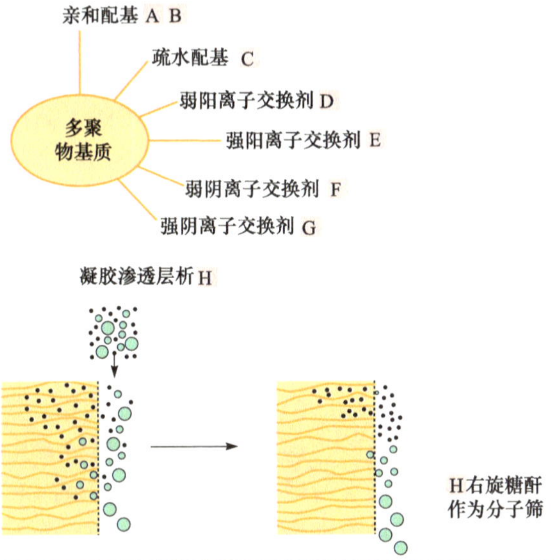

配基

疏水作用

C 丁基、辛基、苯基

阳离子交换剂

D 羧甲基

E 磺丙基

阴离子交换剂

F 二乙基氨基乙基

G 三甲基氨基甲基

亲和层析

A 基团特异性的配基

B 免疫试剂

免疫亲和层析

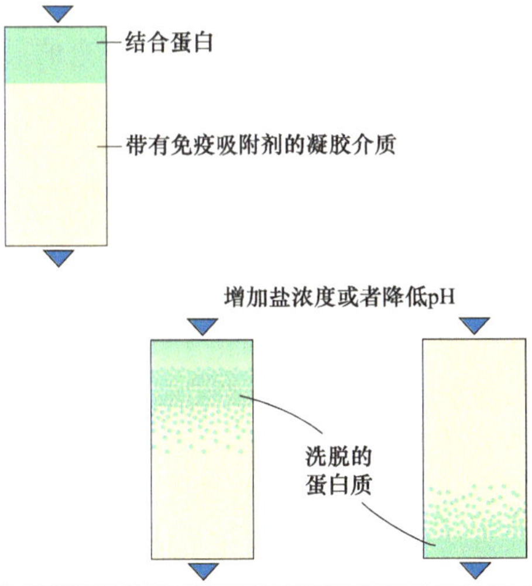

组氨酸标签层析

用多聚组氨酸(n=4～6)对蛋白质末端进行遗传修饰

次氨基三乙酸(NTA)作为配基

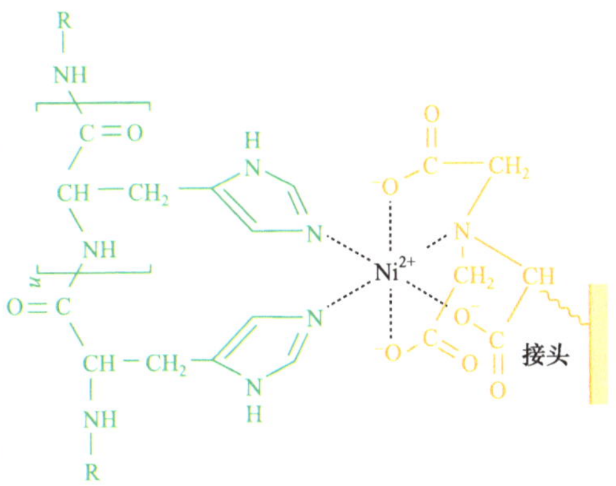

工业工艺的经济因素

概述

在工业应用中，需要从经济学角度对生物技术工艺进行优化，其主要目标通常为：①开发简单稳定的工艺；②保持低的人员和投资成本；③短时间内获得高产量，选用廉价易得并且质量稳定的原材料，保持低的能源成本；④保持低的环境成本(废物和废水处理)。

简单稳健的工艺

在生物技术中，通常采用多步工艺，在这个过程中，即使省略一个步骤也可能会带来很大的好处。因此，在抗生素生产中，一种所谓的威斯特法利亚倾析器得到了广泛的应用，它能够把细胞分离和溶剂提取两个步骤合二为一。对于酸性生物产品的分离，在盐沉淀中首选离子交换器，因为在后续过程中会使用浓硫酸等危险化学品，并且会有大量的盐(石膏)作为副产物积累，不得不处理。因为生物技术工艺工期长，而且常常由非熟练工人轮班操作，所以稳健工艺是必需的。生物反应器运行期间的污染可能导致几十万欧元或美元的损失，这是一个由来已久的严重问题。

低的人员和资金成本

生物技术生产成本的10%～40%用在人员工资上。典型的发酵和回收工作过程耗时约一周，整个工艺必须由工人二十四小时轮班控制。根据产品的不同，一个生物反应器设备的资本投资为10^7～10^8欧元，折旧和保险费用占到生产成本的10%，甚至更多。

能源平衡和原材料

能源成本主要由灭菌、冷却、搅拌的成本所决定。工业生产中所用的大型生物反应器使用连续灭菌或注入高压蒸汽(140℃，4 min)的方式来灭菌。在细胞生长过程中，大约一半的碳源能量浪费在产热上。生产性发酵罐中使用冷却套和旋管冷却器来散热。通过热交换器，大约90%用于灭菌和冷却得到的热能得以回收。在传统的发酵工艺中(如柠檬酸生产)，原材料(特别是碳源)可占总成本的30%～60%。工业生产大多使用廉价的复合原料，每个批次之间其成分可能会有差异。因此，在生产中，原材料的标准化和质量控制是一个很重要的因素。

细胞团和废水的处理

所有的发酵完成后会产生大量的细胞团和耗尽营养的培养基，由于其BOD_5太高而不能直接排放。例如，用于柠檬酸生产的一个300 m^3的发酵罐可以产生15吨黑曲霉菌丝体滤饼(湿细胞团)。出于环保原因，这些残渣被焚烧，但对于高含水量的废物来说，这是一种昂贵的处理方式。在发酵工艺结束时，目标产物溶解于高度稀释的溶液中，即使是优化良好的工艺，收率也很少超过10%。因此，在产品纯化的过程中，会产生富含营养的废液，这些废液中可能会含有盐或有机溶剂。在污水处理厂处理这些废液所需的费用也必须计算在成本之内。

灵敏度分析

每种生物工艺都可以分成单个的操作单元，可以对每个操作单元进行详细的经济学审查。这一程序有助于分析哪一步是成本密集型的，哪一步的优化会带来最大程度的成本节省。由于图表计算方法有利于网络化观察单个因素的影响，所以最常用于此类分析。生产重组人胰岛素的原材料成本中，用于回收的化学试剂的成本超过发酵原材料的近十倍，成本主要消耗在盐酸胍(用于包涵体去折叠)和羧肽酶 B(裂解融合蛋白)上。因此，工艺经济性的优化要着眼于开发不需要这些试剂的方法。

L氨基酸的工艺经济学

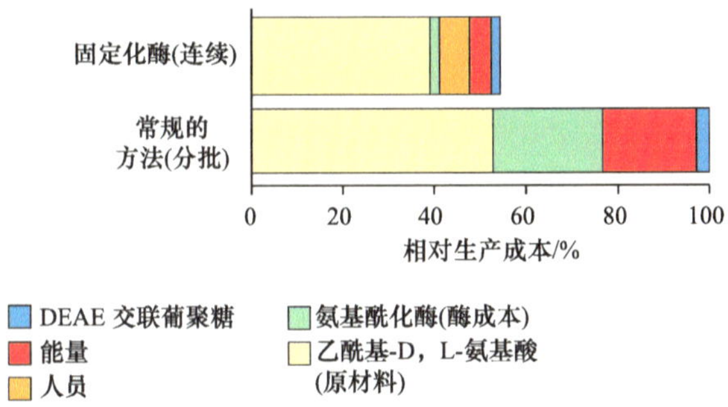

回收损失

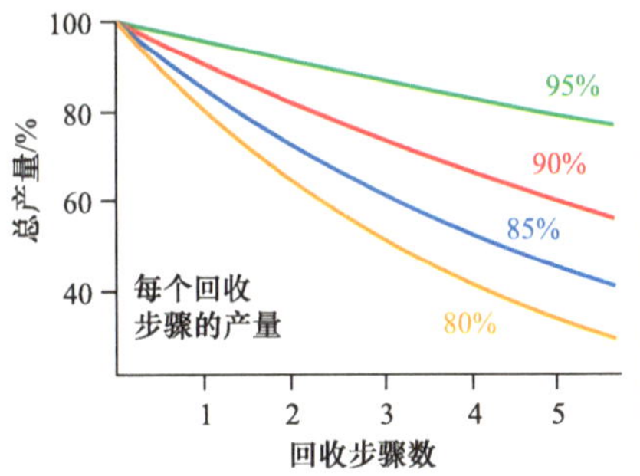

柠檬酸工业生产中的回收工艺参数

投料溶液	工艺步骤	分离产物或废物
	发酵液，284 000 L	
洗涤用水	沉淀池	湿生物量 3 400 kg干重
	过滤	
约22 000 kg 石灰[$Ca(OH)_2$]	沉淀池，分离器	柠檬酸钙
	加热至80～90℃，然后至95℃	
	旋转过滤；滤饼	废物(过滤液)
	4 0000 L柠檬酸钙悬浮液	
约35 000 kg95%硫酸母液	酸池	
洗涤用水	过滤	约6 000 kg硫酸钙
	蒸发器：残渣含有67%的柠檬酸	
	离子交换剂，活性炭	
	结晶剂	
洗涤用水	离心机	母液
热空气	干燥器	
	包装	40 456 kg无水柠檬酸

重组蛋白质生产的原料成本

(在大肠杆菌中生产人胰岛素，老式的Hoechst工艺，35 m^3发酵罐，分批补料发酵，24h，25 $g·L^{-1}$干细胞团，产量1吨/年)

成本类型	产量/ ($kg·年^{-1}$)	价格/ ($美元·kg^{-1}$)	价值/ ($美元·kg^{-1}·年^{-1}$)	特定成本/%
葡萄糖	432 640	0.69	298 520	68.3
玉米浸出液	652 800	0.12	78 336	17.9
盐	～12 000		～40 000	8.4
消泡剂	2 448	4.86	11 897	2.7
四环素	163.2	55	8 965	2.7
发酵原料			437 000	100 rel%
盐酸胍(用于包含体变性)	1 007	2.15	2 165 100	56.4
羧肽酶B(切割融合蛋白)	0.8	1023.00/g	818 400	21.3
蚁酸	262 280	1.25	327 850	8.5
溴化氰	22 848	11.00	251 330	6.5
所有其他化学试剂			28 000	7.3
回收材料			3 839 000	100 rel%

酒精饮料

概述

在大多数的人类文化中，人们都研制出酒精饮料。在西方文化中，主要有葡萄酒、啤酒、发酵果汁、香槟和烈性酒，亚洲主要的酒精饮料是米酒，世界其他地方的地区特产有乳酒(发酵的马乳，蒙古游牧民族)、格瓦斯(来自于发酵的谷物，俄罗斯)、粟酒(来自于黍和高粱，靠近东方)和龙舌兰酒(来自于龙舌兰属植物汁，拉丁美洲)。

葡萄酒

是通过酵母发酵葡萄浆或葡萄汁来生产的。常见酿酒用的葡萄树(*Vitis vinifera*)的基因组已经完成测序，其具体的遗传信息可以用来指导育种。葡萄生长的地区、葡萄的品种和生产技术都对葡萄酒的质量有重要的影响。其生产技术包括收获、压榨、葡萄浆的处理、葡萄浆的发酵和窖藏处理。葡萄的收获取决于天气，而这对酒的质量同样至关重要。在压榨的过程中，通常将葡萄从茎上摘下后，在榨汁过程中不破坏葡萄籽。生产白葡萄酒时，将葡萄浆立即过滤以获得葡萄汁；而生产红葡萄酒时，传统的方法是将葡萄浆在20℃发酵6～8天，将葡萄皮中的红色花青素溶解到发酵生成的乙醇中。现代工艺是将红色葡萄的葡萄浆加热至40～45℃，加入果胶酶以后，葡萄皮中的红色花青素将在2～4 h内溶解，随后进行压榨。对葡萄浆处理进行适当的改良，使葡萄酒商能够得到(在一定范围内)特定类型的葡萄浆，这使得在葡萄质量不高的年份也可以得到高质量的葡萄浆。根据国家的法规，可以在葡萄浆中加入糖或酸，也可以加入碳酸钙将酸中和，还可以加入SO_2或焦硫酸钾中止发酵，这样的工艺能够使葡萄浆的风味保持一致并且抑制葡萄浆变成褐色(通过抑制酚氧化酶)、保护对氧敏感的色素和香气成分、抑制需氧微生物的生长(如醋酸菌、野生酵母和霉菌)。进行葡萄浆发酵时，传统的方法是在木桶中进行，现在通常是在不锈钢或聚酯罐中进行。接种可以采用自发的方式，也可以加入酿酒酵母*ellpsoideus*变异的种子培养物。根据葡萄浆类型的不同，可以发酵几天到几个月，也可通过温度进行调节。通过人工中止发酵或加入在8 bar压力的CO_2下保存的葡萄浆(甜度保留)，来保证葡萄酒的残留糖和酒精含量(7%～15%，按体积计)。干葡萄酒含有<9 g/L的残留糖。在随后的葡萄酒窖藏处理期间，化学的、生物化学的、生物学的和物理的过程都难以控制来使葡萄酒的成熟度保持一致。在窖藏期间，pH>3.2有利于醋酸菌的生长，醋酸菌通过马来酸-醋酸发酵，将马来酸转化成较弱的醋酸和CO_2。

香槟

是通过在优质葡萄酒中加入1%～3%的蔗糖和酵母培养物来生产的。发酵一般是在罐中进行的，而一些比较名贵的品种，则是在瓶中发酵的。香槟在20℃必须有至少3 bar的压力。

烈性酒

是通过蒸馏谷物、蔬菜和水果的糖提取物生产的，其酒精含量在30%～60%之间。烈性酒的一些原料有：葡萄酒(白兰地酒、法国白兰地酒、干邑、雅文邑)、甘蔗汁或糖蜜(arrak、朗姆酒)、谷物(Korn、威士忌酒)、马铃薯(伏特加酒)、水果汁(水果白兰地酒)或龙舌兰属植物(龙舌兰酒)。

米酒

与葡萄酒或啤酒发酵不同，米酒是通过需氧固态发酵而生产的。首先，将米曲霉(*Aspergillus oryzae*)接种到煮成半熟的大米中，在约30℃高湿度条件下培养，约在2天内便可形成酒曲(koji)，作为一种发酵材料。在这种酒曲中，大米中大部分的淀粉被解聚成寡糖，往酒曲中加入更多煮过的米、水和酵母起始培养物(moto)，制成糊状物(moromi)，在25℃发酵20天，通过过滤和巴氏消毒，便制成米酒。瓶装米酒的酒精度大约为15%。在其他相关的进程中，起始原料(这里是大米和水)的质量决定了最终产品的质量。

酒精饮料

啤酒	大麦淀粉被大麦淀粉酶降解成糖，加入啤酒花提取物，酵母将糖溶液发酵成乙醇
葡萄糖	酵母发酵葡萄汁
香槟	往葡萄酒中加入糖和酵母，进行二次发酵
苹果酒	酵母发酵苹果汁
米酒	米曲霉、淀粉酶将大米淀粉解聚，酵母发酵糖液
威士忌	酵母发酵大麦、酵母、黑麦或玉米提取物，蒸馏
伏特加	酵母发酵马铃薯或小麦提取物，蒸馏

生产数字

啤酒

总计(2011)	1927亿升
中国	490亿升
美国	225亿升
巴西	132亿升
俄罗斯	98亿升
德国	95亿升
墨西哥	81亿升
日本	56亿升

葡萄酒

总计(2010)	264亿升
法国	46亿升
意大利	46亿升
西班牙	36亿升
美国	27亿升
阿根廷	16亿升
澳大利亚	11亿升
德国	8亿升

米酒

日本(2008)	4.9亿升

啤酒、葡萄酒和米酒的一般生产流程

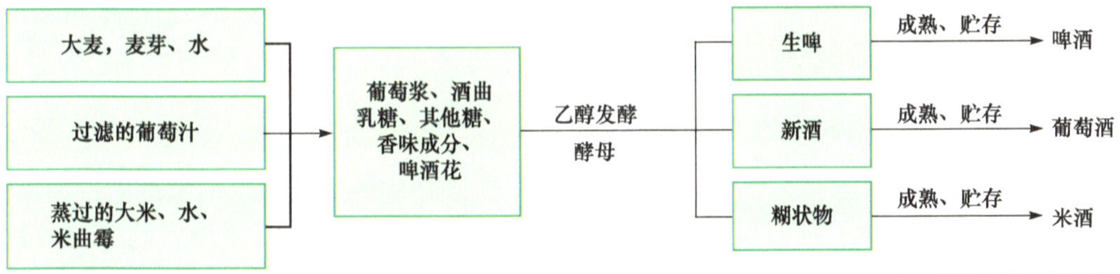

葡萄酒的生产

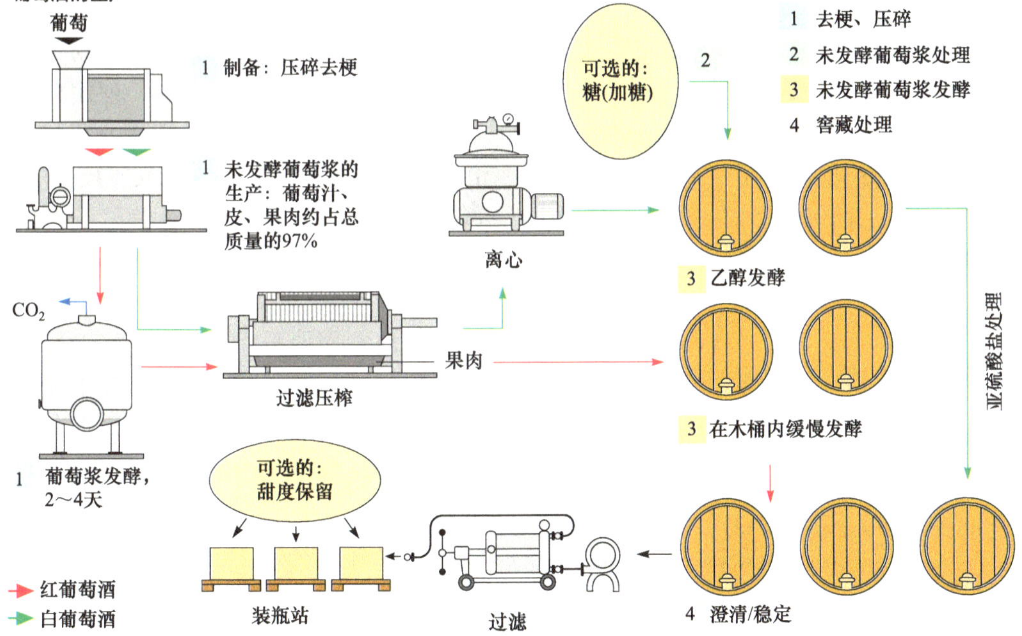

啤　酒

概述

啤酒是人类最古老而且分布最广的一种酒精饮料，它是通过酵母(酿酒酵母)发酵麦芽来生产的，发酵时要加入啤酒花提取物(能提供苦味)。全世界的产量约为 1900 亿升(1.9 亿吨)。最大的生产国有中国、美国、巴西、俄罗斯和德国。德国 1516 年的“纯度法”生产啤酒时，只能使用大麦(有时用小麦)、酵母、啤酒花和水，在其他国家，可使用的原料更为广泛。现代加工技术能够生产低热量啤酒和淡味啤酒(酒精含量降低)，淡味啤酒占美国啤酒总销量的一半以上。

生产

啤酒酿造大部分都使用大麦麦芽作为发酵原料，但也有用发芽或未发芽的小麦、水稻、燕麦和黑麦等作为原料。通过发芽，在干燥炉中干燥，大麦被转化成一种稳定的、富含碳水化合物和酶的麦芽。当用水将其悬浮时便形成糊状物，再加入啤酒花水提取物，这种糊状物就含有典型的苦味并平衡了麦芽的甜味。通过麦芽中酶(主要是淀粉酶)的作用，生成的麦芽汁中含有单糖和二糖，可以被酵母发酵利用。将酵母培养物接种至糊状物，发酵数天。根据发酵工艺的不同，啤酒的乙醇含量在原始麦芽汁(发酵前提取物的净重，单位为 g/100 g)的 2%和>18%之间。最后的成熟过程在啤酒窖内完成，温度约为 0℃，需要几天到几周的时间。在这个过程中，浑浊成分沉降下来，发酵过程中产生的一种影响口味的成分丁二酮，这时也被转化成 3-羟基-2-丁酮和 2，3-丁二醇。此外，啤酒发酵过程中还伴随着其他的酶转化，这些转化对啤酒口味的影响很大。过滤后，对将要出售的啤酒进行巴氏消毒。

啤酒的类型

根据初级发酵和次级发酵所用的时间和温度、所用原料及其加工、所用的酵母培养物(例如：表面发酵酵母不能水解蜜三糖)，啤酒的种类可以根据以下两点来区分：所用的发酵工艺(底部发酵啤酒，如 lager、pilsner；顶部发酵啤酒，如 porter、ale 和 stout)和麦芽汁的含量(高比重啤酒>16%、中比重啤酒 11%～14%、干啤酒 7%～8%和低比重啤酒 2%～5.5%)。

淡味啤酒和无酒精啤酒

生产淡味啤酒(<1.5%乙醇)或无酒精啤酒(<0.5%乙醇)时，要么通过早期停止发酵的方式，或者发酵后采用适当的工艺技术将乙醇除去(真空蒸馏、膜工艺)。

生物技术创新

除德国外，大多数国家都通过加入微生物酶来加速淀粉的糖化、蛋白质的降解或过滤步骤，有时加入植物蛋白酶(木瓜蛋白酶)来防止蛋白质在冷藏时沉淀(防冷)。最新的进展有：①转基因大麦的育种和使用，特别是加强了耐热性葡聚糖酶和其他酶活性；②在发芽时，使用醋酸菌作为起始培养物，以减轻麦芽受到镰刀菌和其他细菌的污染；③加入细菌α-乙酰乳酸脱羧酶(能够将α-乙酰乳酸直接转化成乙酰甲基原醇的一种酶)，缩短了降解二乙酰所需要的成熟时间；④使用重组的酿酒酵母株，它能表达诸如葡聚糖酶或淀粉酶(能够更好地利用原料)或α-乙酰乳酸脱羧酶(能更快地形成口味)，能够酿造碳水化合物含量极低的“低热量啤酒”。啤酒加工技术正在全面改进之中，过去需要在酒窖保存一周来优化啤酒的口味，现在将啤酒加热至 90℃，然后使用固定化的酵母在生物反应器中成熟 2 h 即可。

生产图解

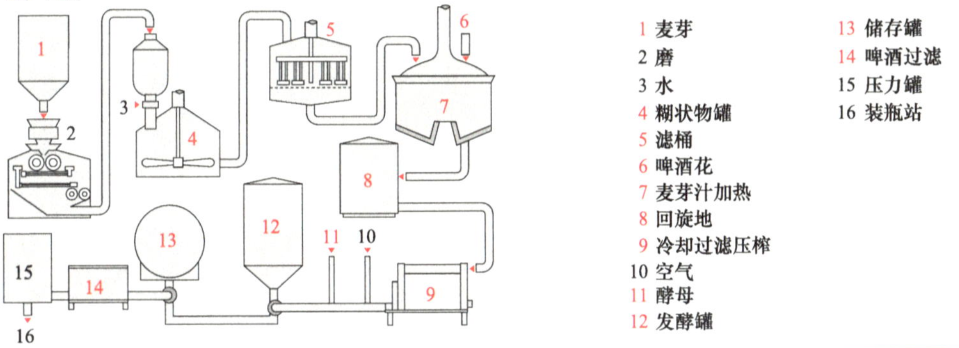

	术语	工艺步骤	细节
1	浸泡和发芽	大麦生成芽	10～18℃，pH7.0,8天，淀粉酶和蛋白酶被激活
	干燥	大麦胚乳被干燥	逐步地将水分低至<3%，将温度升至约125℃
	去胚芽	除去大麦胚芽	动物饲料
4	制糊	干燥的麦芽被重新激活	在糊状物罐内，麦芽淀粉酶将大麦淀粉解聚，形成糊精和乳糖，并形成香味前体
5	滤清	除去混浊的聚合物	
6 7	啤酒花和麦芽汁	加入啤酒花提取物，与麦芽汁一起加热	在锅内1.5～2.5h后，麦芽淀粉酶被灭活，苦味成分被溶解，蛋白质被沉淀，营养液被灭菌
8	过滤	除去沉淀物	
9	喷淋	洗涤沉淀物	
11	接种	接种	用酿酒酵母纯培养物
12	主发酵	发酵	底部发酵：5～10℃，8～10天；酵母和乳酸菌顶部发酵：10～25℃，2～3天
		除去酵母	a)倾注洗涤或；b)除去表面层
13		啤酒成熟	在啤酒窖中，0℃，几天或几周的时间，聚合沉淀物、丁二酮降解成3-羟-2-丁酮
14		过滤 巴氏消毒	酿造后再贮藏成熟的啤酒(lager beer)

重组酵母的潜力

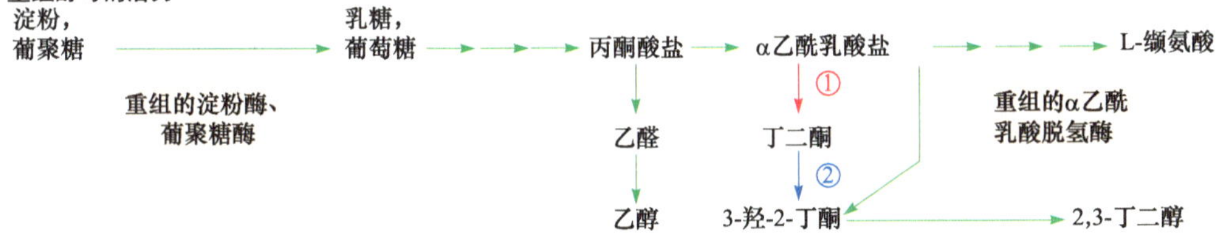

使用固定化酵母成熟啤酒

主发酵开始	除去酵母	反应 ①	反应 ②	至常规工艺
		90℃热处理 10 min	在连续操作的生物反应器中，用固定化酵母进行成熟，接触时间为2 h，温度15℃	

发酵食品

概述

在所有的人类文明中，通过微生物发酵，许多食品都得到了改良。最初，传统的方法都是为了保存食品，通过生成有机酸降低 pH，延长蔬菜的食用寿命(泡菜、酸菜)、在储存前通过酶水解可以增加可消化性(发酵面团、香肠、印尼豆豉)、可以改善口味(发酵乳产品)或生产调味料(酱油、日本豆酱)。在工业化国家，约三分之一的食品通过发酵来改良，通常使用背景清楚的微生物作为起始培养物。

起始培养物

广泛用于食品工业，用于大量生产发酵食品，在发酵乳品(如酸奶酪和奶酪)、发面面包(面起子)和其他烘焙食品(面包酵母)的生产中，以及在酿造和酿酒业(酿酒酵母)等都发挥着重要的作用。起始培养物可以分为单株、单种和混合种培养物。选用起始培养物的主要原则是：快速有效地启动发酵、可靠地生产目标产品、能够耐抗生素和噬菌体。全球起始培养物的生产值超过 10 亿美元。依据实际出发(例如，菌株一直都用于传统发酵食品的生产)，起始培养物的合法化受特定的国际框架组织管理。根据国际乳制品联盟的清单，目前有 195 株细菌、69 株酵母和真菌被鉴定为安全级别。

香肠

大多数无须冷藏保存的香肠是通过加入葡萄球菌(如肉葡萄球菌)来生产的，但也可以使用乳酸杆菌株和青霉菌株。肌肉组织中的糖原经过发酵产生乳酸，将 pH 降至 5 以下，防止了酸敏感性微生物的污染，同时肌肉蛋白质(等电点：pH5.3)变成胶冻状。脂肪和蛋白质发酵降解的产物对香肠的口味起着重要的作用。此外，盐稳定性葡萄球菌和乳酸杆菌的起始培养物也被用来生产咸肉和香肠(通过加入盐、硝酸盐或亚硝酸盐来保存)。

奶酪

2010 年，全球共生产了 1430 万吨奶酪，其中欧盟国家生产了 680 万吨，美国生产了 460 万吨，其中在欧洲就有 1000 多种奶酪。其制作工艺是通过凝乳(通过加入粗制凝乳酶或重组的凝乳酶，从酸奶中除去乳清，取沉淀物)的自然感染，或往里加入起始培养物来生产奶酪。在这些工艺中，使用了许多种类的微生物，通常是青霉菌(法国 Camembert 所产的软质奶酪、羊乳干酪)、链球菌(Emmentals)或乳酸球菌(Gouda 型奶酪)；根据奶源(牛、山羊、绵羊)，加工工艺(需氧、厌氧、需氧-厌氧)和起始培养物的加入方式(加到表面还是通过接种)的不同，传统工艺之间的差异很大。奶酪的质地受凝乳过程的影响，因此在热水中的拉伸和揉捏可以使其变成纤维状(Mozzarella, Provolone)，重复的成型和混合可以除去块状凝乳的边角和水分(Cheddar)，在温水中清洗可以降低酸度提供更温和的口感(Edam，Gouda)。

非西方发酵产品

Ang-kak 是中国产的一种“红米”，是将紫色红曲霉(*Monascus purpureus*)孢子接种到湿米中来生产的，被用作调味品，由于含有抗生素，也用作消化系统的治疗药物。Kishk 是亚洲的一种小菜，是将小麦芽放到酸奶中发酵制成的。日本豆酱是一种食品调味品，是在蒸过的米中加入米曲霉来生产的。酱油是一种味道很浓的蛋白质水解物，在中国已有 1000 多年的生产历史，现在是用大豆和小麦的混合物来生产的。其制作工艺是在高湿度、35℃的条件下，接种米曲霉，形成表面培养物，与等体积的盐水(>13%的盐)混合，形成的糊状物(moromi)，在室温下用乳酸菌和酵母发酵长达一年的时间。在印度尼西亚和马来西亚，主要食品印尼豆豉是通过少孢根霉(*Rhizopus oligosporus*)在蒸熟的大豆和大米发酵来生产的。

起始培养物的制备

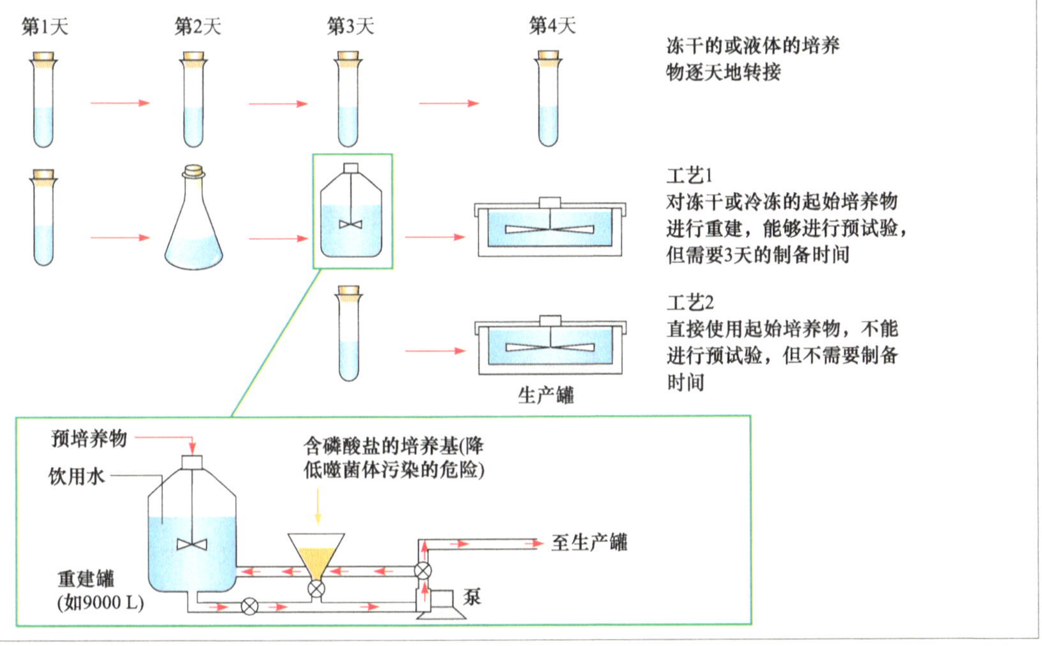

奶酪的生产

原料乳 巴氏消毒 → 起始培养物 成熟 → 凝固物形成 加入凝乳酶、切割、搅拌、静置 → 除去乳清 → 盐 成型、压榨、干燥成熟

酱油的生产

酒曲 在35℃、高温度条件下，大豆粉、小麦麸皮用米曲霉固相发酵72 h → 糊状物 加入等体积的盐水，长时间熟化 → 精加工 过滤、巴氏消毒、保存

非西方文化发酵产品

产品	国家	用途	原料	微生物
酒曲	日本	酱油和日本豆腐的起始产品	大豆粉、小麦麸皮和炒米	米曲霉 大豆曲霉
酱油	日本	深色调味品	酒曲	片球菌
日本豆腐	日本	淡味调味品	酒曲	曲霉、乳酸杆菌
豆腐	日本、中国	凝固蛋白	大豆、豆浆	豆腐毛霉菌和其他
水豆豉	日本	辣味调味品	在松针中炒过的大豆	纳豆芽孢杆菌
印尼豆豉	印尼	主要食品	在香蕉叶中煮过的大豆	少孢根霉
Ang-kak	印尼、中国	调味品、着色剂、药物	炒过的米	紫色红曲霉
gari	尼日利亚	食品装饰	木薯	地霉、棒状杆菌

食品和乳酸发酵

概述

在许多文化中，生产发酵乳品，发酵卷心菜生产泡菜，或通过发酵增强甜菜的消化性来生产饲料(青贮饲料)，这些传统的工艺技术已经流传了上千年。1856 年，当巴斯德发现了乳酸菌后，他进一步改进了这些传统的技术，他发现对食品进行乳酸菌发酵，可以将 pH 降低至 4，这样可以防止大多数其他微生物的污染。

乳酸菌

形状各异，但根据其生化特性，可以很好地对其进行鉴定，它是革兰氏阳性的兼性厌氧菌，尽管不含血红素蛋白(如过氧化氢酶)，但能够在有氧的条件下生长，将乳糖分解成葡萄糖和半乳糖，并进一步代谢成乳酸。“同型发酵”的乳酸杆菌，如酿脓链球菌(*Streptococcus pyogenes*)、干酪乳杆菌(*Lactobacillus casei*)和乳酸乳球菌(*Lactococcus lactis*)，分解每摩尔葡萄糖生成两摩尔当量的乳酸；“异型发酵”的乳酸杆菌，如肠膜明串珠菌(*Leuconostoc mesenteroides*)和短乳杆菌(*Lactobacillus brevis*)乳酸杆菌只生成 1 摩尔当量的乳酸。生成多少的 L-(+)乳酸(通常为 50%～90%)、D-(−)乳酸或 D，L-乳酸取决于具有种属特异性的乳酸消旋酶。除乳酸外，发酵的乳品中还含有部分水解的蛋白质、非乳糖和温和的微生物群落，在人类食品中这些都被认为是有价值的。

发酵乳品

在欧洲，酸奶、酸奶油、酸奶酪(yoghurt)、kefer 和酪乳(buttermilk，脂肪含量<1%)，这些都可以由未经处理的奶自然感染而成。在商场中的牛奶，是往巴氏消毒的奶中加入起始培养物来发酵生产的，随后导致乳酸的生成，酸化后 pH 降至 4～5。例如，含 95%以上 L-(+)乳酸的酸奶酪是加入嗜酸乳杆菌起始培养物，可能还补加严格厌氧的双歧乳杆菌(发现于母乳喂养的婴儿肠道菌群中)，这种酸奶酪被认为易被消化吸收，并具有刺激免疫系统的作用。一些乳杆菌发酵产品被证实有助于健康。乳酸发酵的另一个特点是通过起始培养物所分泌蛋白内酶和脂肪酶的作用，进而形成各种风味。其中对这些风味具有特别重要的微生物有：链球菌、乳杆菌、明串珠菌，以及一些酵母。

乳酸发酵蔬菜、水果和果汁

重要的实例有泡菜和腌黄瓜，泡菜的年产量可达上百万吨。其生产工艺是将卷心菜精切成条，装入大的不锈钢容器或木槽(容量高达 100 吨)中，自发接种，这样所形成的微生物区系具有多样性，包括乳酸菌、酵母、霉菌和其他细菌。目前起始培养物研究正在进行当中。其他乳酸发酵蔬菜的实例有：罗宋汤(发酵的甜菜根，俄罗斯和波兰)和朝鲜泡菜(kimchi)(发酵的白菜或萝卜，朝鲜)。乳酸发酵的果汁储存稳定、富含维生素和矿物质、特别易于消化，如番茄汁和胡萝卜汁。

发酵面团

与小麦粉不同，只有当 pH<4.3 时，黑麦粉才能明显膨胀，这是生产有弹性和易消化的小麦、黑麦面包、谷物面面包和全谷物面包的先决条件。因此，通过乳酸菌和面包酵母的共同作用，将黑麦粉变成 pH 4.2 的发酵面团。

青贮饲料

是一种牛的发酵性冬季饲料。通常将甜菜收集在地窖中，或堆成堆以排除空气，进行乳酸发酵。如果发酵过程不彻底，不能生成足够的乳酸使 pH 降至 5 以下，会形成梭菌或酵母而污染饲料。因此发酵起始物被用来提高青贮饲料的营养含量和稳定性。大多数青贮饲料含有嗜冷性(*psychotropic*)病原体——单核细胞增多性利斯特氏菌(*Listeria monocytogene*)，该菌在冰箱中也能繁殖，这样会引起一些冷藏的食品，如软奶酪、肉渣和凉拌卷心菜等的污染。

乳酸发酵

同型发酵乳酸杆菌		异型发酵乳酸杆菌
乳酸乳球菌	唾液乳杆菌	肠膜明串珠菌
酿脓链球菌	干酪乳杆菌	乳明串珠菌
德氏乳杆菌	其他	短乳杆菌
瑞士乳杆菌		其他

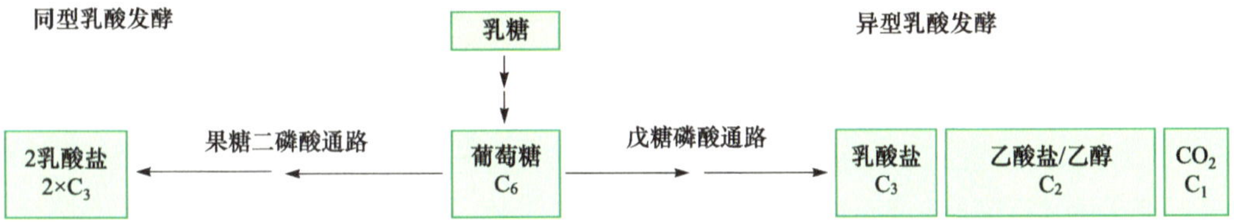

发酵面团

	小麦	黑麦
用于生产的农业面积的百分数(全世界)	约33	<3
主要食品	酵母面团	发酵面团
烤制时存留气体的因素	面筋网状结构	酸化产生的戊聚糖和蛋白
面包的特异体积(体积/重量)	约3.5	约2.0

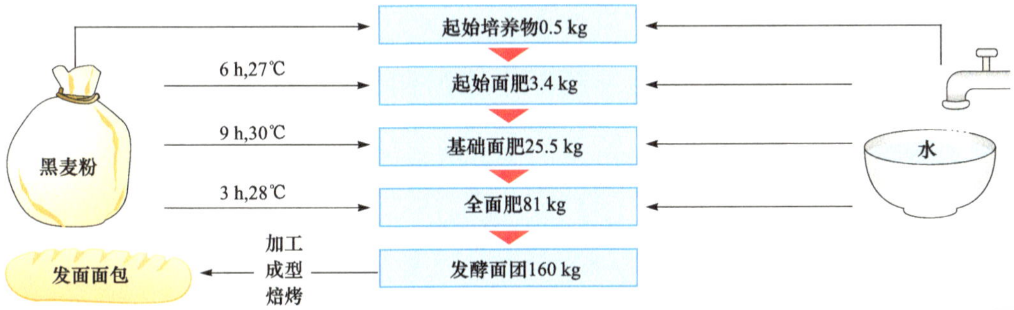

泡菜、酸乳酪和青贮饲料

泡菜

切包心菜　2%～2.5%盐

自然接种

装于100吨的容器，18～20℃，隔绝空气

如果乳酸>1.5%：过滤，巴氏消毒、精制

酸乳酪

乳
搅匀，巴氏消毒，加入添加剂，例如，水果

罐发酵：加入起始培养物*，装瓶，培养，冷却至4℃，销售

搅拌酸奶酪：装罐，加入起始培养物*，培养，冷却至4℃，装瓶，销售

*例如，保加利亚乳杆菌、嗜酸乳杆菌、嗜热链球菌

青贮饲料

在发酵过程中，产生微生物和酸

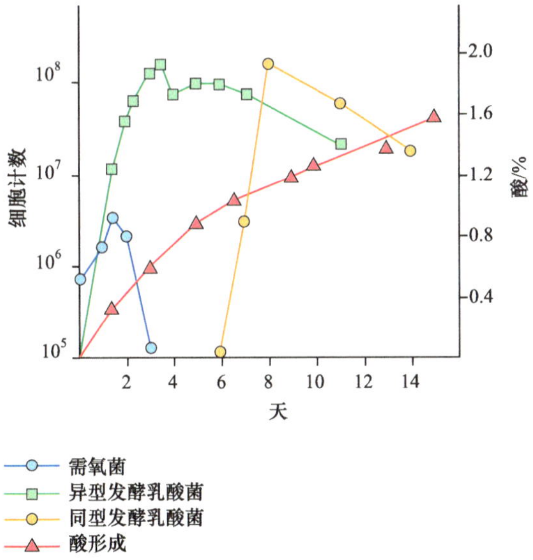

益生元和益生菌

概述

益生菌是一种有助于肠道微生物菌群的食品添加剂。益生菌包括一些重要的微生物，如乳酸杆菌等。这些菌能够伴随进食而被摄入并且有助于健康。普遍认为乳酸杆菌作用于肠道，而在肠道中含有丰富的微生物群落(人类肠道微生物区系或人类微生物组)，直接影响肠道对营养物质的降解吸收。肠道微生物群落的组成影响人类的身体健康，已成为现代研究的一个热点。益生元和益生菌的销售要受到严格的法律规定。日本在这方面处于世界领先地位，拥有超过 1000 种批准的 FOSHU 产品(“Food of specified health use”，特定健康用处的食品)，其中大部分都是益生元或者益生菌。

肠道菌群

成年人类的微生物组包含约 10^{11} 个微生物，包括 1000 种不同种的微生物，对应 40～60 个属。成年人类的肠道微生物大约重 1 kg，含有超过 300 万个基因。婴儿肠道微生物组组成主要来源于母亲的泌尿生殖系统(剖宫产儿童肠道微生物组则来源于母亲的皮肤)。当幼儿的食物组成转变成混合进食以后，则会逐渐发展一个不同的微生物群落并且一直持续稳定到其成年后。当其遭受营养不良、抗生素影响，或者在旅行中的饮食习惯的改变时，其肠道微生物菌群会有短暂的改变。对一个个体而言，随着年龄的增长，肠道微生物菌群多样性会下降。其组成在其生命的早期就已经固定，并且是由遗传因素和饮食习惯所共同决定的。肠壁通常都是无菌的，并且受肽类抗生素(防卫素)的保护作用而能抵御细菌感染。但是当宿主的免异系统衰退或受损时，细菌的毒素能够随着食物(如氨基酸和多肽)的水解而进入宿主肠肝的血液流通中。分子遗传法，尤其是转录组分析和基于 16S rRNA 的肠道宏基因组文库分析，极大地推进了我们对于人类微生物组成与健康、疾病之间关系的了解。通过高分辨率质谱技术或核磁共振技术对人类大肠代谢产物的分析(大部分都是肠道微生物代谢的产物)能够让我们更加深入地了解益生元和益生菌的作用。

益生元

典型的益生元是低聚果糖、菊糖、低聚半乳糖和乳果糖。低聚果糖和菊糖常出现在植物源食物如菊苣、耶路撒冷洋蓟或者雅葱里。低聚半乳糖和乳果糖通常由乳糖经工业生产获得。它们可作为肠道益生菌(如双歧杆菌和乳杆菌)的选择性生长促进剂。

益生菌

主要包括一些重要的双歧杆菌和乳杆菌，通常出现在发酵食品和饮料中，也可能出现在食品添加剂里。由于大部分在酸性胃液里都已经失活，它们对于大肠的生理作用还有争论。而稳定性的益生菌现在已经出现在一些商品中。

管理

自从 2007 年 7 月以来，欧盟对“健康申明”开始进行严格管理，有关食品或者食品组成成分(包括益生菌)只有经过严格的科学证明以后才能允许使用。截至目前，所有有关健康的益生菌都被收录和总结。该目录已经被提交到 EFSA(European Food and Safety Authority，欧洲食品与安全机构)，在这里每一个相关的申明都需要科学的判断。而对于一些益生菌，EFSA 已经证明了其具有副作用。

FOSHU(“food for specified health use”，特定健康用处的食品)

这是日本针对那些对人体健康有维持和促进作用的食品产品与食品添加剂的官方机构。如果发现了某些产品具有促进作用，只有向官方的消费者事务协会提交充足的证据，并且通过健康、劳动和福利部的确认后，才能获得 FOSHU 的许可。FOSHU 收录的 1000 种产品不仅包括可以调节胃肠功能的食品(益生元和益生菌)，还包括通过其他途径促进人体健康的食品，如增强骨骼形成或者调控血压的产品。

人类，微生物组和饮食

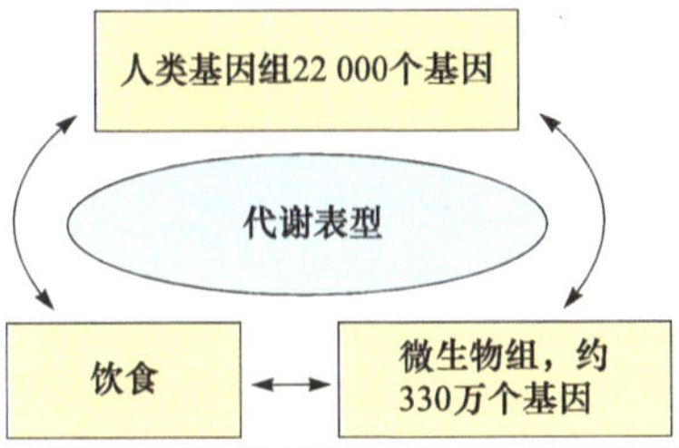

益生菌(举例)

与健康饮食相关的益生菌	
动物双歧杆菌乳亚种 HN019	丹尼斯克
嗜酸乳杆菌LA5	科汉森
约氏乳杆菌La1	雀巢
干酪乳杆菌DN-114001	达能
干酪乳杆菌代田株(DSM 20312)	益力多

益生低聚糖和糖(挑选部分)

益生低聚糖(挑选部分)
菊粉
反式-低聚半乳糖(GOS)
果糖-(FOS)，木糖-(XOS)，甘露糖-寡糖(MOS)，聚葡萄糖
二糖，如乳糖 单糖，如塔格糖

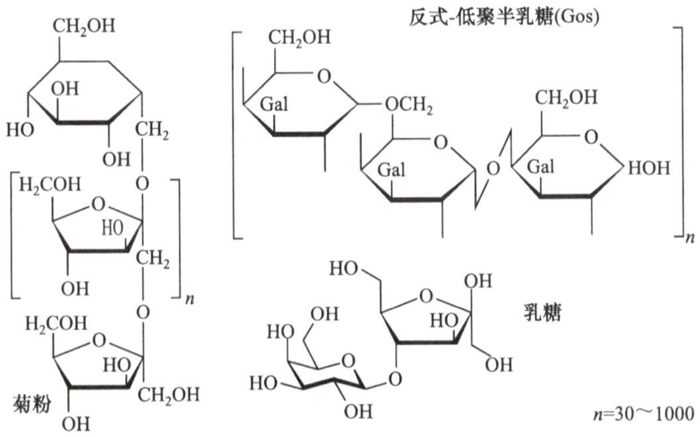

生活中肠道菌群的发展

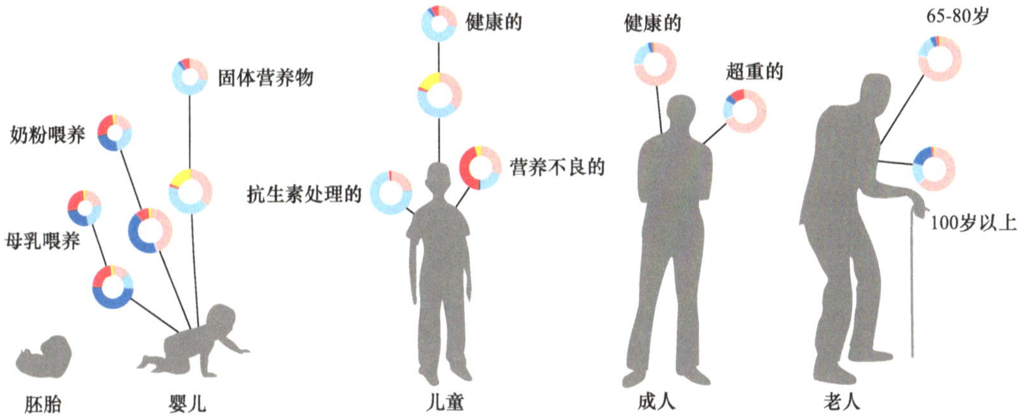

厚壁菌门（多数为革兰氏阳性菌）梭菌属、芽孢杆菌属、乳杆菌属、葡萄球菌属、链球菌属、片球菌属

拟杆菌属(革兰氏阴性菌)松脆杆菌

放线菌门(革兰氏阳性菌)双歧杆菌属、放线菌属

变形菌门(革兰氏阴性菌)埃希氏杆菌属、沙门氏菌属、弧菌属、螺杆菌属

其他

FOSHU健康声明

选择	功能组分
胃肠道相关	低聚糖、乳糖、双歧杆菌和乳杆菌、难以消化的糊精、半乳甘露聚糖
血糖相关	难以消化的糊精、小麦胚乳、茶多酚、L-阿拉伯糖
血压相关	乳三肽、酪蛋白肽
口腔卫生相关	异麦芽酮糖、麦芽三糖、赤藓糖醇

面包酵母和饲料酵母

概述

在人类早期历史中就有用面粉制作面团的文字记录：埃及黏土碑记载了“啤酒面包”的烘焙，所用的是酵母发酵的湿大麦。在 19 世纪以前，欧洲的面包师也使用啤酒酵母来烤制面包，有两种工艺能够得到这种酵母，一种是“荷兰工艺”(约在 1750 年)，此工艺是从混浊的发酵液中过滤；另一种是“维也纳工艺”(约在 1800 年)，它是从发酵液中将酵母分离出来。约在 1870 年，在法国，巴斯德发现剧烈的通气可以使面包酵母(酿酒酵母)的产量提高，而且伴随生成的乙醇量极少。从那时起，在通气条件下，在搅拌的大桶中生产面包酵母，广泛地使用糖蜜作为碳源。酿酒酵母亚系在工业生产中被用作面包酵母、啤酒酵母，生物乙醇发酵菌株以及健康食品和动物饲料的营养添加剂。2013 年，全球酵母市场产值大约 40 亿美元，其中面包酵母产值占三分之一左右。为了创立自给自足的经济，20 世纪 30 年代研制了生产动物饲料酵母的第一个工艺。然而，在战后时期，出现了新的驱动力：消除发达国家与发展中国家间的“蛋白质差距”。近年来，生物质残渣的可持续性利用逐渐成为另一个主导的驱动力。由此，研究人员正在开发利用酵母通过生物炼制产业产生的农业废弃物作为基质，进行固态发酵生产动物饲料或者有机肥料的工艺。

面包酵母发酵

由于糖蜜的价格低且含有较高的糖、氮源、维生素和矿物质，所以已成为一种生产酵母的重要原料，用热水提取剁碎的甘蔗和甜菜后，剩余的渣即为糖蜜，它含有 40%～50%的蔗糖，这些糖被酵母的蔗糖水解酶水解成葡萄糖和果糖，即酵母能够代谢的糖。

技术

为了得到糖蜜转化为酵母细胞团的高产量系数(Y_S)，必需得保证两个必要条件：在发酵过程中剧烈通气，以抑制乙醇的生成；严格控制培养基中葡萄糖的浓度，如果葡萄糖的浓度超过 100 mg/L，即使在高氧浓度下，呼吸也下降，形成乙醇(代谢物阻抑、需氧发酵、Crabtree 效应)。因此，现代发酵工艺使用优化过的通气搅拌系统和计算机控制的糖蜜加料。在现代工艺中，每千克糖蜜生成 1 kg 的 H_{27} 酵母，H_{27} 是酵母工业中使用的一个计算产量的相对值，指含有 27%干重的压缩酵母。因为糖蜜含有约 50%的糖，并且由于酵母产量与糖底物的相对比值为 100 g 糖约 54 g 干重的酵母，所以酵母的产量约为每千克糖蜜 1 kg H_{27} 酵母。传统的综合加工工艺生产的压缩酵母不易储存，需要在销售的当地进行生产。现在，用旋涡干燥器来干燥酵母，所生产的酵母可以稳定几个月，而且加入水和糖后，在几分钟内就可以被重新活化，这个特点对于清晨就开始工作的面包师来说是很方便的。

饲料酵母

在价格上与其他富含蛋白质的残料(如鱼粉，特别是豆粉)相比具有竞争力，因此，对于一种饲料酵母生产工艺的竞争性来说，碳源的价格是至关重要的。研究表明石油组分、天然气、乙醇、甲醇、纤维素、半纤维素、淀粉和乳清等都可以作为碳源。在瑞典的 Symba 工艺中，酵母菌株 *Endomycopsis fibuliger* 降解土豆淀粉为葡萄糖，生成的葡萄糖可以作为产朊假丝酵母(*Candida utilis*)的基质生长形成细胞团。另一种碳源是在制木浆过程中木片提取时用过的亚硫酸盐溶液，这种溶液含有约 4%的聚糖。例如，在芬兰的 Pekilo 工艺中，使用的是多变拟青霉(*Paecilomyces variotii*)。在加拿大的滑铁卢工艺中，使用的是真菌解纤维素毛壳菌(*Chaetomium cellulolyticum*)，利用农业和林业废料(如谷物的茎秆、甘蔗渣、肥料或锯木厂的木屑)生产细胞团。Rank-Hovis McDougall 基于禾谷镰刀菌(*Fusarium graminearum*)，能够将葡萄糖转化成低热量的健康食品 Quorn，这种食品拥有和肉类相似的质地。

面包酵母

A 发酵

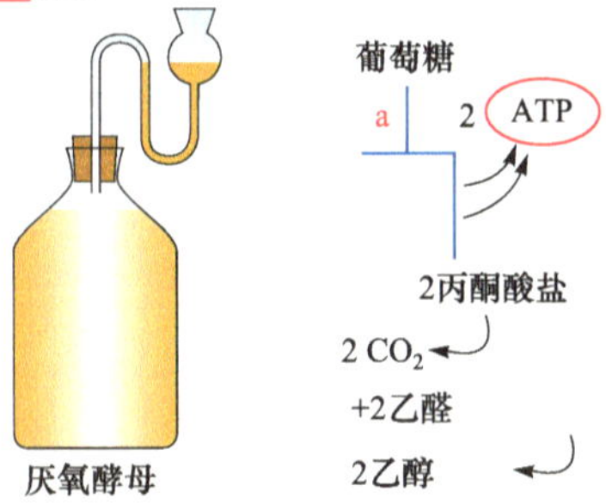

B 呼吸

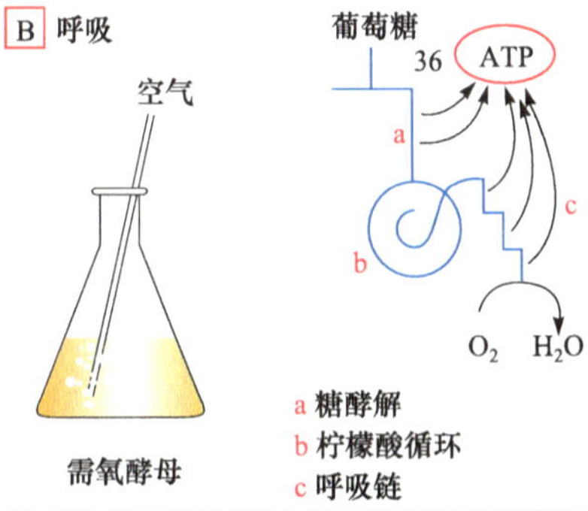

	工艺	H_{27}酵母* /kg	乙醇 /L
A	荷兰工艺(约1850年以前)	3~6	25~30
	维也纳工艺(约1915年以前)	14	25
	哥本哈根工艺(自1877年)	20	20
B	现代分批补料工艺	达85	<1

*在现代工艺中，100 kg糖蜜可以制成27 kg酵母干粉(H_{27}酵母)

用计算机辅助补加糖蜜生产酵母

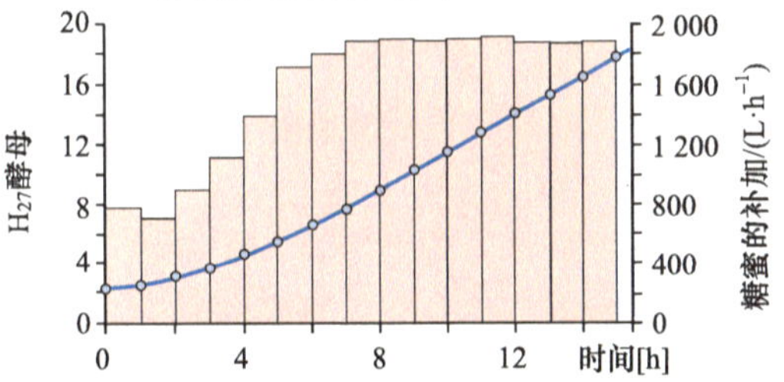

预培养物：酵母种子 ▶ 生物反应器：>100 m^3、糖蜜、氮源 ▶ 回收：分离器 ▶ 副产品：乙醇、废水、糟粕

回收 →
- 压缩酵母H_{27}：真空旋转滚筒过滤机
- 面包酵母干粉：挤出后，旋涡、干燥器、冷却器
- 饮料酵母：巴氏消毒以后

饲料酵母

原料	酵母和真菌	备注
马铃薯淀粉	*Endomycopsis fibuliger* 和产朊假丝酵母	Symba工艺，瑞典，*E. fibuliger*降解淀粉，产朊假丝酵母生长得更快，从葡萄糖形成细胞团
乳清	脆壁克鲁维酵母	用于清洁牛奶场的废水，产品中含有酵母和乳清残余物
用过的亚硫酸盐溶液	酿酒酵母、产朊假丝酵母	木质水解后的己糖残余物被酿酒酵母代谢，戊糖被产朊假丝酵母代谢
	多变拟青霉	Pekilo工艺，芬兰：从亚硫酸盐制浆废水中生产饲料酵母的连续工艺
纯化的葡萄糖	禾谷镰刀菌	RankHovis McDougall工艺，英国：使用真菌菌丝的纤维组织作为“功能性蛋白质”

Pekilo工艺

亚硫酸盐溶液、蒸汽 ▶ SO_2剥离器：100 $m^3 \cdot h^{-1}$（→ SO_2气体）→ 冷却器 →（空气、氨）→ 生物反应器：多变拟青霉，360 m^3，加入NH_3、K^+和磷酸根离子，30℃，pH4 ▶ 回收：过滤、挤压、干燥（→ 焚化的废水）→ 52%～57%粗蛋白

废液中的生物降解成分(BOD_5)减少85%

石油来源的饲料酵母和单细胞油

概述

第二次世界大战以后，石油化学和发酵技术的进步促使发酵生产单细胞蛋白质(SCP)想法的产生。在人口呈指数增长的地区，这种单细胞蛋白质能够帮助消除富人与穷人间蛋白质供应的差距。在战争期间，德国曾探索了单细胞油(SCO)的潜力，以应对盟国的海上封锁，这次封锁完全中断了从亚洲和美洲的植物油进口。现如今，对于可再生能源的开发又使得这个产业重新获得了活力。

单细胞蛋白质：原料和微生物

酵母(*Candida tropicalis* 和 *C. bombicola*)能够靠烷烃生长，烷烃在体内被过氧化物酶最终氧化成一元羧酸和二元羧酸，然后被进一步代谢。基于此，在 1965 年至 1975 年，使用高沸点石油组分作为酵母蛋白质形成的碳源被深入地研究。由于两次石油危机的影响，石油逐渐地被甲醇所代替。这种碳源能够被大量的甲醇营养型酵母利用，如多形汉森酵母、毕赤酵母、博伊丁假丝酵母、克拉拉单胞菌。甲醇的代谢首先是氧化生成甲醛进入磷酸戊糖途径，甲醛也可以被进一步通过蚁酸氧化成 CO_2，生成还原物。

用烷烃生产的酵母细胞团

高沸点烷烃只微溶于水，但不能加入乳化剂，因为乳化剂会污染终产品，而且在发酵过程中有产生泡沫的问题。因此在研制工艺时，通气优化和机械搅拌系统的优化是十分重要的，由于在工艺中通气水平较高(10 vvm，每摩尔的十六烷需要 16 mol 的 O_2)，必须小心地控制泡沫的形成。在英国 Grangemouth 的 40 m^3 的生物反应器(BP)和在 Sardinia 的 100 m^3 的生物反应器工厂，使用 Intermig 搅拌器和机械泡沫分离器以分批补料技术发酵 5 天，每千克烷烃可以生产 0.9 kg 湿重的热带假丝酵母，最后使用分离器回收细胞团。从饮食的观点来看，产品中高浓度的 RNA(4%)有危险性，因此须通过自溶将其含量降低。使用干燥器将酵母干燥，使其稳定，以便于运输。

基于甲醇的工艺

甲醇的沸点较低(64.5 ℃)，在浓度超过 100 mg/L 时，即使是对甲醇营养型微生物也有毒性。使用细高的气升式发酵罐(ICI，英国 Billingham：8 m×60 m)和多达 600 个计算机控制的喷嘴，使甲醇的分布得到控制，而且由于流体静压较高，其溶解性得到提高，另外，使用环状系统来实现所需的高通气率。使用嗜甲基菌，连续两天的发酵工艺可以从每千克的甲醇生成 0.5 kg 的生物量。用分离器分离细胞团，通过自溶使 RNA 降低，使用旋流式干燥器将酵母干燥，使其稳定，以便于运输。

认可和经济效果

利用烷烃酵母作为食品很快受到了质疑和批评，质疑者认为这样能够富集石油中的致癌性聚芳香化合物，尽管深入的毒理学研究并不支持这一观点。1974 年的注册限制将其使用限于家养动物的饲料添加剂。两次石油危机过程中的石油价格上涨最终导致这些项目的停产。来源于甲醇的生物量进入市场没有遇到这些困难，因为它从一开始就宣布用作饲料添加剂。然而，由于甲醇价格上涨，而且整个欧洲对用奶粉作为饲料蛋白质的补助，使得此工艺也失去了经济价值。

单细胞油

可以从利用葡萄糖的酵母(如霜红酵母)或真菌[如深黄被孢霉(*Mortierella isabellina*)]，以及可以利用 CO_2 的蓝细菌中获得。已报道油产量可高达干细胞团的 60%，并且其产量随着细胞高密度培养的上升而提高(如生物柴油的产量)。甘油三酯的组成可以通过基因工程技术进行调控，比如 *Mortierella isabellina* 被遗传改造后用于生产高产量的ω-3 脂肪酸，作为保健品的一种重要成分。

单细胞蛋白质(SCP)

碳源	微生物	问题
高沸点烷烃	解脂假丝酵母、热带假丝酵母	分离困难(形成乳状液)，油残留、味道、消费者认可
甲烷	荚膜甲基球菌	高耗氧量，高发热工艺(冷却)，爆炸的危险
甲醇	多形汉森酵母、毕赤酵母、博伊丁假丝酵母、食甲基嗜甲基菌	高含量的RNA

大豆粉和奶粉与单细胞蛋白质的成分比较(%)

SCP产品	粗蛋白	氨基酸	脂肪	核酸	盐、水
TORRINA(BP)	60	54	9	5	10
PRUTEEN(ICI)	83	65	7.4	15	10
大豆粉	45	40	2	–	18
全奶粉	25	–	27	–	10

SCP产量(中试厂和生产厂)

微生物	碳源、代谢	Y_s^*	生产效率/$(kg \cdot m^{-3} \cdot h^{-1})$
解脂假丝酵母(TORRINA)	烷烃	0.95	2
克拉拉单胞菌(PRUTEEN)	甲醇、RMP	0.53	8～10
产朊假丝酵母	乙醇	0.8	4.5
酿酒酵母(面包酵母)	糖蜜、FDP	0.85	5.2
多变拟青霉(PEKILO)	亚硫酸盐溶液、FDP	0.6	2.7

*g细胞干重/g碳源
RMP：一磷酸核酮糖通路，FDP：二磷酸果糖通路

ICI的PRUTEEN生产厂

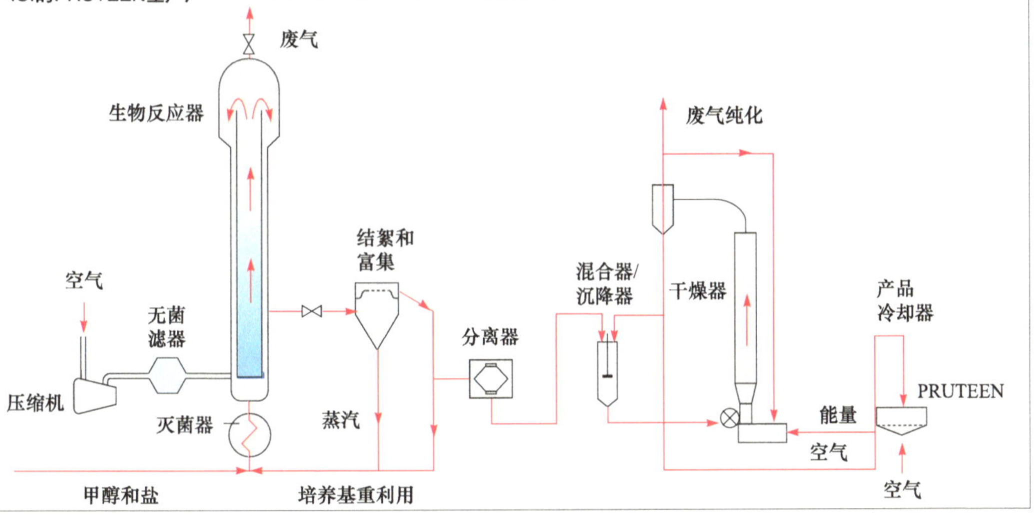

PRUTEEN的生产

原料	气升式反应器	结絮和富集	分离单元	
甲醇(从600个喷嘴喷入)、氨、盐	工作容积3 000 m^3；高60 m，600吨	64℃30 min，RNA浓度从80 $mg \cdot g^{-1}$降至2 $mg \cdot g^{-1}$	分离 干燥	83%的粗蛋白 <1%的核酸

氨 基 酸

概述

自从 20 世纪前半叶发现了氨基酸的代谢作用以来，它就被用于医药领域(如输液制剂)。某些氨基酸，如 D,L-甲硫氨酸、L-赖氨酸或 L-苏氨酸，可用作动物饲料中的添加剂。L-谷氨酸盐在食品中有增强味感的特性，二肽阿斯巴甜(Aspartame™)是一种很好的低热量甜味剂，这些发现促进了氨基酸的工业化生产。20 种蛋白质源氨基酸是蛋白质和肽的基本成分。大多数的高等生物依靠从食物中摄取一些氨基酸(必需氨基酸)，在人和许多家畜中，这些氨基酸是：L-甲硫氨酸；L-赖氨酸；芳香氨基酸：L-苯丙氨酸、L-酪氨酸和 L-色氨酸；疏水氨基酸：L-缬氨酸、L-亮氨酸和 L-异亮氨酸。通过实验研究又发现一些氨基酸是人体营养的必需氨基酸，这进一步丰富了氨基酸的目录。非蛋白质源氨基酸(如其 Cα原子 D-构象)存在于天然化合物中。它们在有机合成中作为手性的合成原料，如半合成抗生素的制造。

经济考量

2012 年氨基酸的年产量约为 500 万吨，其市场价值接近 100 亿美元，大部分的生产商都位于亚洲北部。最重要的产品是 L-谷氨酸钠(大约 250 万吨)，其次是 L-赖氨酸(大约 150 万吨)和 D,L-甲硫氨酸(大约 90 万吨)。L-天冬氨酸和 L-苯丙氨酸是生产甜味剂阿斯巴甜的起始原料，其产量均约为 15000 吨。其中只有少部分以高纯度的无热原的形式用于医疗，如作为输液的添加剂。而大部分的(仍在增长)商业化氨基酸都是用作动物饲料添加剂(如赖氨酸、甲硫氨酸、苏氨酸和色氨酸)或用作人体营养(如谷氨酸和阿斯巴甜)。

生产

生产氨基酸的方法有四种：①从蛋白质水解物中提取；②化学合成；③使用酶或细胞反应器对化学前体进行生物转化；④通过微生物发酵生产。从蛋白质水解物提取氨基酸(手性库)主要是用来合成 L-半脱氨酸和 L-胱氨酸、L-亮氨酸、L-天冬酰胺、L-精氨酸和 L-酪氨酸。多种植物蛋白质和屠宰场的蛋白质废料被用作起始原料，酸水解后，通过沉淀和乙醇提取，首先分离出疏水氨基酸 L-苯丙氨酸、L-亮氨酸和 L-异亮氨酸，通过离子交换层析将水溶性氨基酸分成碱性、酸性和中性的组分，然后进行结晶。化学合成通常生成外消旋的氨基酸，当其手性不影响应用功能时，这些氨基酸可以作为商品使用，如 D，L-丙氨酸缺乏手性时不影响其功能(用于果汁的调味剂)，以及用作饲料添加剂的 D，L-甲硫氨酸。使用一种生物催化剂，可以将外消旋氨基酸分成两种对映体，其 Cα原子不同，所用的生物催化剂是一种分离的酶或含有一种适当酶的全细胞。在商用条件下，通常偏向于将生物催化剂固定化，因为这样能够进行连续的工艺，并延长生物催化剂的使用寿命。通常只有简单低廉地合成化学前体的工艺才能在经济上获得成功。由于重组生物技术的进步，几乎所有的蛋白质源氨基酸都可通过经济有效的发酵手段生产。大肠杆菌和谷氨酸棒状杆菌经过代谢工程改造和优化后是最佳的宿主菌。唯一的例外是甘氨酸、D，L-甲硫氨酸和 L-天冬氨酸，它们仍然是通过化学合成法生产。2003 年，用于生产谷氨酸和赖氨酸的工业菌株谷氨酸棒状杆菌的全基因组测序由几个工作小组合作完成，这也促进了其生产产量的进一步提高。由于氨基酸合成和分泌的途径已经被研究透彻，代谢工程技术被广泛用来指导目标氨基酸的代谢流优化。

工业上重要的氨基酸

氨基酸	年产量*/(吨/年)	价值*/(美元/kg)	生产工艺	主要应用
蛋白质源氨基酸				
L-谷氨酸盐	>2 500 000	1	发酵	增味剂
L-赖氨酸	13 000 000	2	发酵	饲料添加剂
D,L-甲硫氨酸	900 000	2	化学合成	饲料添加剂
L-苏氨酸	15 000	5	发酵	饲料添加剂
L-天冬氨酸	15 000	10	手性库、细胞反应器	阿斯巴甜
L-苯丙氨酸	15 000	10	发酵、酶反应器	阿斯巴甜、医药
甘氨酸	16 000	10	化学合成	甜味剂
L-精氨酸	2 000	20	发酵	医药、化妆品
L-色氨酸	4500	20	发酵	饲料添加剂
所有其他	10 000		手性库、发酵、酶和细胞反应器	医药和其他应用
其他氨基酸(举例) D-苯基甘氨酸、D-4-羟苯基甘氨酸			化学合成、酶反应器	氨苄青霉素、阿莫西林前体
(S)-5-羟色氨酸			化学合成、植物提取	Oxitriptan™，抗抑郁剂

*估计值(2012年)

生物合成

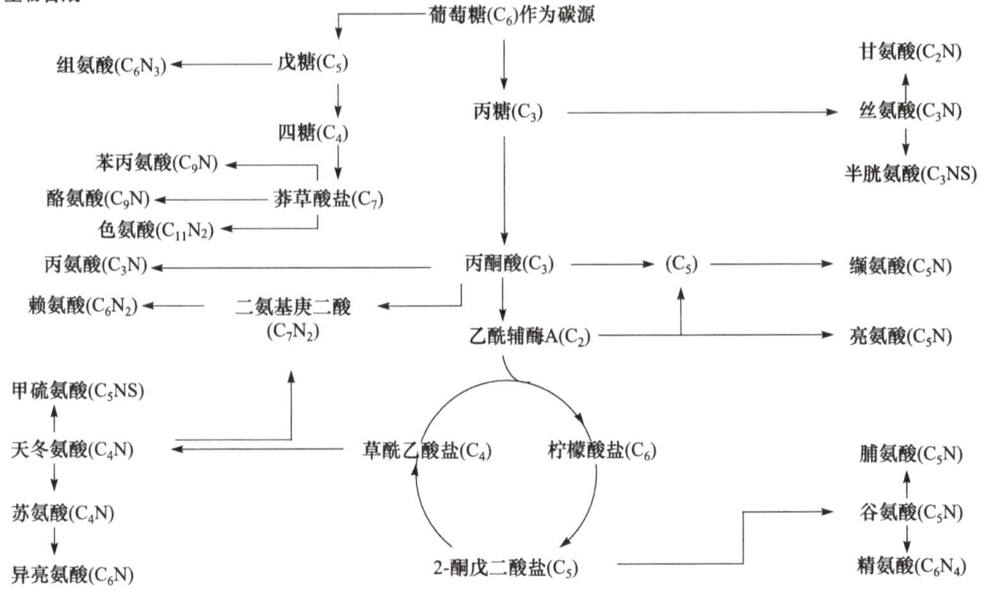

生产工艺

L-谷氨酸

概述

L-谷氨酸是一种蛋白质源性氨基酸，在高等生物中，其主要功能之一是在大脑中用作神经递质。通过血脑屏障(BBB)可以防止 L-谷氨酸过量地流入大脑，大脑能够从 L-谷氨酰胺合成 L-谷氨酸，而 L-谷氨酰胺能够通过血脑屏障。早在 1908 年，在日本发现了 Konbu 海藻的增味功能，并追踪到 L-谷氨酸的存在。1909 年，Ajinomoto 开始从小麦麸皮和大豆蛋白的酸水解物中生产这种氨基酸。1957 年，协和发酵工业株式会社(Kyowa Hakko)的研究人员发现，当谷氨酸棒状杆菌在含糖培养基中生长时，能够分泌 L-谷氨酸。在随后的几十年，通过突变将菌株改良，发酵技术得到优化，使 L-谷氨酸的产量达到 150 g/L。

微生物和生物合成

谷氨酸由谷氨酸棒状杆菌生成，它是异柠檬酸盐和α-酮戊二酸的柠檬酸循环的一种副产物。在野生型菌株中，通过柠檬酸循环的谷氨酸生物合成和 C_2 单位氧化的比率受到严格的调控。相反，工业上用的突变株则具有如下特性：①能够更好地分泌谷氨酸盐；②生物合成通路的主要酶被解除调控；③回补通路被激活。与此有关的进一步详细情况包括(分别地)：①使用各种方法得到膜穿透性增强的突变株，如降低生物素、油酸或甘油的利用率(使用油酸或甘油营养缺陷型的菌株)，使用细胞壁变形的菌株，加入青霉素；②在生产菌株中，α-酮戊二酸脱氢酶的活性明显低于 L-谷氨酸脱氢酶的活性(K_m 相差 70 倍，V_{max} 相差 150 倍)；③草酰乙酸在糖酵解途径中是柠檬酸的前体，通过磷酸烯醇丙酮酸(PEP)羧化酶对 PEP 进行羧化及乙醛酸循环的激活导致草酰乙酸的生成增加，由于 PEP 羧化酶需要辅因子生物素，因此必须保证生物素的供给。此外，几种参与谷氨酸生物合成的酶解除了对中间代谢产物、各种终产物、NH_4^+ 和 NAD^+/NADH 库的调节。2003 年谷氨酸棒状杆菌的全基因组测序工作完成，上述方法逐渐被基因工程和代谢工程方法所完善。例如，谷氨酸脱氢酶多拷贝基因盒对于谷氨酸合成的影响已经被研究。另外，调控蛋白 OdhI 的磷酸化，以及机械敏感性转运通道蛋白 YggB 的突变也被发现能够分别影响谷氨酸的合成和转运。这些有关谷氨酸生物合成功能增强机制的不断发现有助于培育出一些更高产量的工业菌株。

发酵和回收

通常使用糖蜜或淀粉水解物作为碳源，在最佳培养条件下，谷氨酸棒状杆菌的高效突变株能够将这些碳源的 60%～70%转化为谷氨酸。使用氨作为氮源，对培养基中生物素的浓度进行优化，同时将 pH 保持在 7.8，氧气供应维持在最佳 K_d 值为 3.5×10^{-6} mol/(atm·min·ml)，生产在达 500 m^3 的生物反应器中进行。为了防止代谢物的阻抑作用，最好的方式是在该工艺中使用分批补料，而且 14 h 后(细胞团形成以后)，通过监测废气中 CO_2 的浓度，将培养基中葡萄糖的浓度维持在 0.5%，通过超滤分离细胞以后，从培养基中分离谷氨酸(60 h 后 150 g/L)，之后通过离子交换层析和结晶纯化。阴离子交换剂以钠盐形式回收，回补铵盐。

经济效益

谷氨酸钠(MSG)在食品工业中主要用作增味剂，也经常与核苷产品如 IMP 或 GMP 合用。2009 年 L-谷氨酸的产量大约为 230 万吨，其中中国是最大的生产国(大约 70 万吨)，其他大部分生产商也都位于亚洲国家。MSG 是最大的消费品，其单价大约为 1000 美元/吨，整个市场价值超过 23 亿美元。

L-谷氨酸

$C_5H_9NO_4$

M_r	147.13	CAS 56-86-0(L)-型
m.p.	247～249℃(分解)	
溶解度	600 g·L^{-1}水(20℃)	

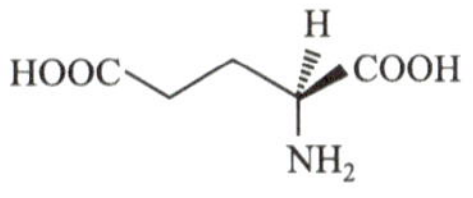

(2*S*)-型，L-型

生物合成和高效突变体

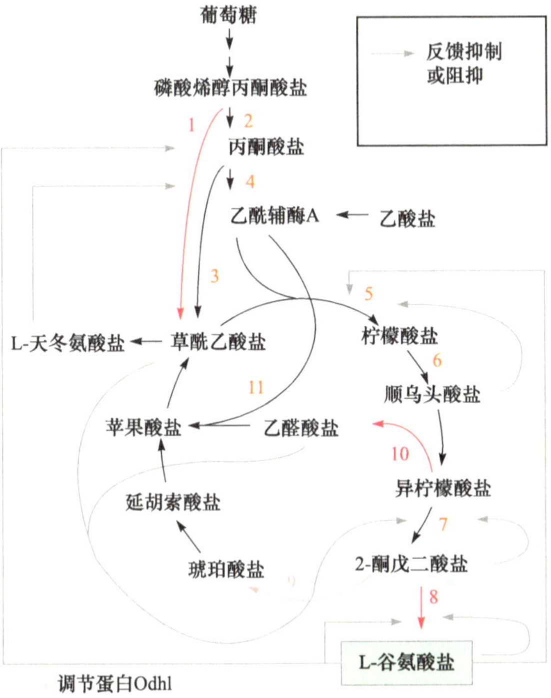

酶	基因
1 磷酸烯醇丙酮酸羧化酶(PEPC)	*ppc*
2 丙酮酸激酶	*pyk*
3 丙酮酸羧化酶	*pyc*
4 丙酮酸脱氢酶	*pdh*
5 柠檬酸合成酶	*gltA*
6 顺乌头酸酶	*citB*
7 异柠檬酸脱氢酶	*icd*
8 L-谷氨酸脱氢酶(GDH)	*gdh*
9 α-酮戊二酸脱氢酶(GDH)	*aceE*
10 异柠檬酸裂解酶(ICL)	*aceA*
11 苹果酸合成酶(MS)	*aceB*

高效突变体：

1. PEPC、GDH、ICL和MS的活性较高
2. KDH活性降低或被阻抑
3. 通过L-谷氨酸的反馈抑制降低PEPC的活性

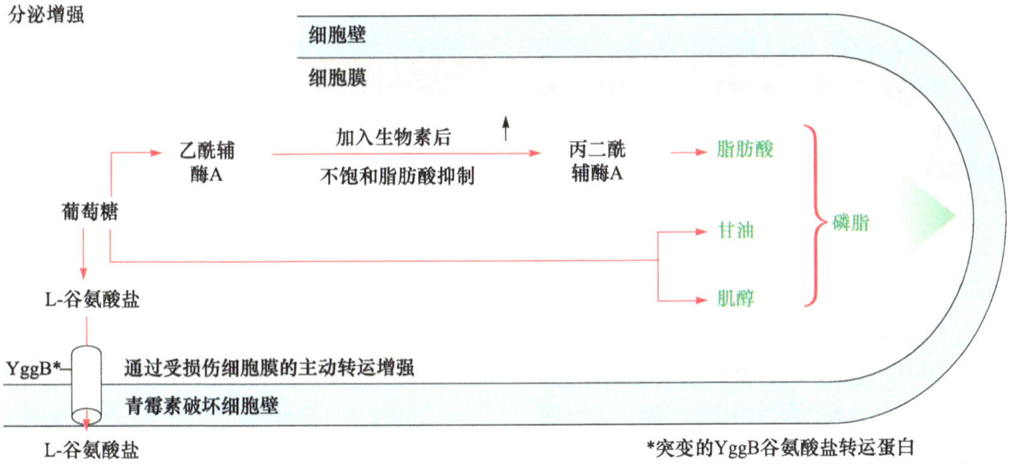

发酵和回收

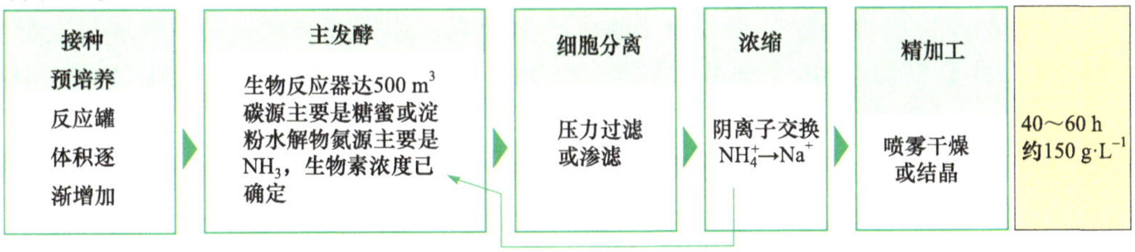

D,L-甲硫氨酸、L-赖氨酸和 L-苏氨酸

概述

这三种氨基酸主要用作饲料添加剂，对人和大多数的驯养动物，这些都是必需氨基酸。这些生物本身不能产生这些氨基酸。用作食品或饲料的许多农作物，如玉米、大豆、燕麦、大麦、小麦和大米的这些氨基酸含量较低，不能提供充分的营养。因此，建议在素食中添加这些氨基酸。在饲料中，缺乏这些氨基酸会造成严重的后果，因为在动物育肥期间，依靠小麦或大米增加的分量，只有在添加了 L-赖氨酸和 L-苏氨酸后才能达到蛋白的营养标准。同样，在以玉米为主的饲料中，需要添加 D,L-甲硫氨酸、L-赖氨酸和 L-苏氨酸。在工业上，一般通过化学合成或发酵来生产这些氨基酸。

D,L-甲硫氨酸

合成包括五个步骤，涉及丙烯醛(acrolein)、甲硫醇(methanethiol)和 HCN，生成乙内酰脲(hydantoin)中间体，由于高等动物能够将 D-甲硫氨酸转化成 L-甲硫氨酸，所以外消旋的 D,L-甲硫氨酸可以用作饲料添加剂，无须分离对映体。使用选择性切割 L-对映体衍生物的酶水解 D，L-甲硫氨酸衍生物，可以生产少量的 L-甲硫氨酸。

L-赖氨酸

主要通过使用谷氨酸棒状杆菌突变株发酵生产。它通过柠檬酸循环的草酰乙酸盐生成，在一个多步的通路中，通过天冬氨酸和丙酮酸的缩合，生成二氨庚二酸(DAP)作为中间产物，这个通路的支路也可生成 L-苏氨酸和 L-甲硫氨酸，通过反馈抑制作用抑制赖氨酸的生成。在高产赖氨酸的突变菌株中这种调控过程被消除，主要由于解除调控或通过营养缺陷型突变株(主要基于同型丝氨酸营养缺陷)绕过了强调节的酶。*S*-氨乙基半胱氨酸(AEC)抗性菌株具有一个特殊的特征：该抗性代谢物像 L-赖氨酸一样可结合到天冬氨酸激酶的变构中心。于是 AEC 抗性菌株突变体不再被 L-赖氨酸抑制，从而导致更高的赖氨酸产量。由于 2003 年已得到并注释了的谷氨酸棒状杆菌的全基因组序列，并克隆了这个通路中涉及关键酶的所有编码基因，所以基于通量分析的基因工程和代谢工程的方法在得到更有潜力的突变株中发挥着十分重要的作用。现在，L-赖氨酸产量约为每 60 小时 100 g/L，而且使用了(已用于 L-谷氨酸盐的)补料分批发酵工艺在容量达 750 m^3 的生物反应器中进行发酵，碳源一般是甘蔗糖蜜，底物转化率能够达到 75 g 的 L-赖氨酸/100 g 葡萄糖。培养基中生物素的浓度必须超过 30 μg/L。回收包括用分离器分离细胞、离子交换层析和喷雾干燥。另一种有趣的方法(尽管在经济上不再可行)是，在细胞反应器中，加有丙酮干燥的罗伦隐球酵母细胞，从 D,L-α-氨基-ε-己内酰胺(ACL)生产赖氨酸。ACL 是从 Nylon™化学合成的一种廉价的中间体，对映体选择性水解之后，使用无色杆菌(*Acbromobacter obea*)细胞，用氨基己内酰胺消旋酶将剩余的 D-α-氨基-ε-己内酰胺重新消旋，生成几乎定量的 L-赖氨酸。

L-苏氨酸

选择用来生产这种氨基酸的微生物是解除了调控的大肠杆菌突变株，最好的菌株仅 30 h 就可生成超过 100 g/L 的苏氨酸。苏氨酸的操纵子被克隆用于菌株的进一步改良。回收首先是细胞分离，之后进行超滤，然后从超滤液结晶得到产品。

经济效益

2009 年，L-赖氨酸的产量约为 130 万吨，D，L-甲硫氨酸产量约为 85 万吨，L-苏氨酸产量约为 19 万吨。甲硫氨酸的首选工艺是外消旋酸盐的化学合成，苏氨酸和赖氨酸主要通过发酵生产。甲硫氨酸和赖氨酸的价格在每吨 1500～4000 美元之间，市值约为 30 亿美元。预计在不久的将来，食品和饲料中添加的工业生产氨基酸将会受到来自转基因作物的竞争，这些作物含有针对营养需求而优化的氨基酸成分。

D,L-甲硫氨酸

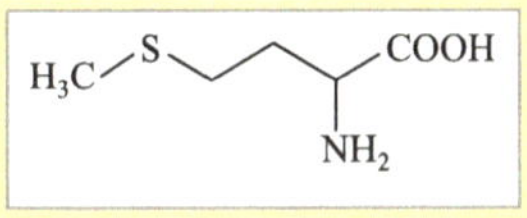

$C_5H_{11}NO_2S$

M_r	149.21
m.p.	280～281℃,dec.
CAS	63-68-3

L-赖氨酸

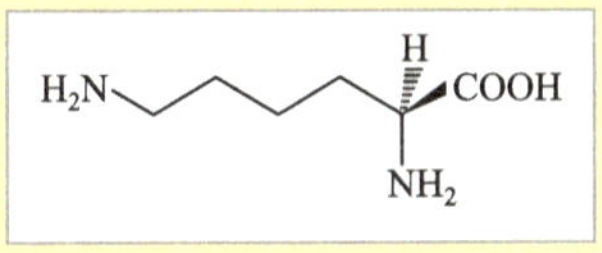

$C_6H_{14}N_2O_2$

M_r	146.19
m.p.	224℃,dec.
CAS	56-87-1

L-苏氨酸

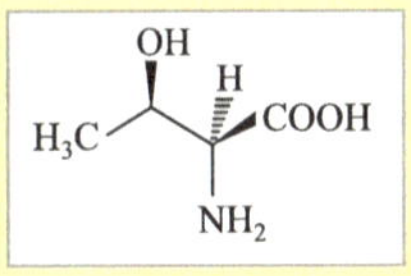

$C_4H_9NO_3$

M_r	119.12
m.p.	255～253℃,dec.
CAS	72-19-5

动物饲料中的氨基酸

小麦　不添加
添加0.25%的L-赖氨酸
添加0.4%的L-赖氨酸和0.4%的L-苏氨酸

玉米　不添加
添加0.05%的L-赖氨酸
添加0.4%的L-赖氨酸和0.035%的色氨酸

大米　不添加
添加0.1%的L-赖氨酸
添加0.2%的L-赖氨酸和0.1%的L-苏氨酸

作为对照：不含任何添加剂的酪蛋白

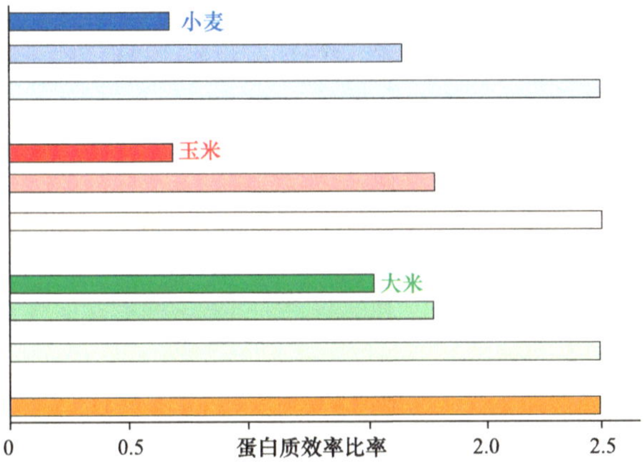

解除调控的生物合成

L-赖氨酸的生产菌株：谷氨酸棒状杆菌

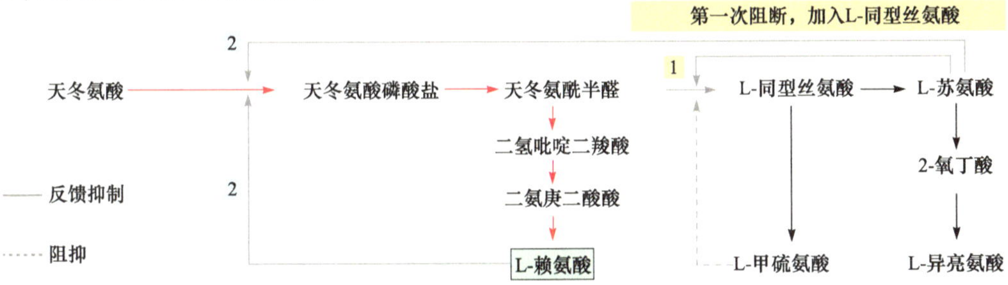

突变株：L-赖氨酸的生物合成不再被AEC、L-赖氨酸和L-苏氨酸所阻抑，是在*S*-氨乙基半胱氨酸(AEC抗代谢物)存在下筛选得到的

L-赖氨酸的发酵和回收

首选工艺：发酵

生产菌株	30 m^3生物反应器	750 m^3生物反应器	细胞分离	回收	
谷氨酸棒状杆菌的营养缺陷型、调控的和转基因突变株	葡萄糖、大豆粉	葡萄糖、大豆粉优化的质量转运	分离器或交叉流动过滤	离子交换、结晶或直接喷雾干燥	100 $g\cdot L^{-1}$ L-赖氨酸 80 h

另一种工艺：细胞反应器

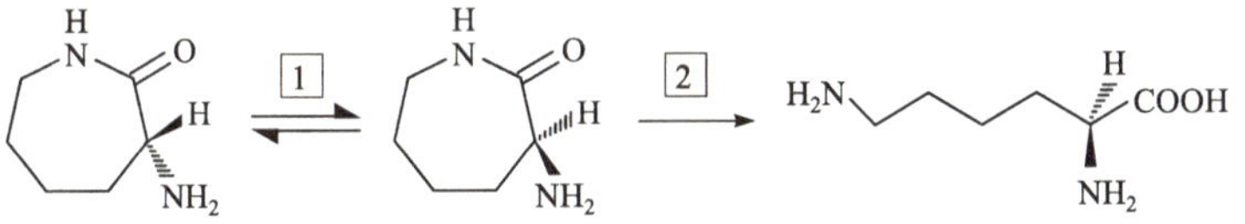

D-α-氨基-ε-己内酰胺(ACL)　L-α-氨基-ε-己内酰胺　L-赖氨酸

1 ACL消旋酶 obae无色杆菌

2 ACL水解酶 罗伦隐球酵母菌

阿斯巴甜、L-苯丙氨酸和L-天冬氨酸

概述

阿斯巴甜(L-α-天冬酰胺-L-苯丙氨酸甲酯)是一种合成的低热量甜味剂，甜度约为蔗糖的200倍。它于1965年被发现，并且于1981年被FDA注册为食品添加剂。2009年其产量约为2万吨，Ajinomoto是其行业领先者。其起始原料为L-苯丙氨酸和L-天冬氨酸。阿斯巴甜化学合成需要使用几种保护基团，与酶合成法相比，缺乏竞争性。

L-天冬氨酸

可以从蛋白质水解物中提取来分离。然而，首选的合成法是通过大肠杆菌将氨加到富马酸上。通常情况下使用细胞反应器，将细菌固定化在κ角叉胶或聚丙烯酰胺上。这一系统的产量约为140 g/(L · h)，操作的稳定期(催化剂的半衰期)可达2年。诱导后将细胞冻干，产量可达166 g/L。当表达含有编码天冬氨酸酶基因(*aspA*)的质粒时，大肠杆菌K12生成的天冬氨酸酶可提高30倍。与细胞反应器相比，发酵工艺生产L-天冬氨酸缺乏竞争性，即使用高效突变株也无法与细胞反应器竞争。

L-苯丙氨酸

过去，工业生产通常是用酶反应器，以容易得到的化学原料为底物。近年来，基于高效突变菌株的发酵工艺开始具有竞争性。与发酵工艺的产率(space-time yield)相比，合成前体的有效生产和价格成为经济方面优先考虑的决定因素。目前，已得到的最佳结果：使用黏红酵母的苯丙氨酸氨裂解酶，将氨加到反式苯乙烯酸上。在固定化微生物的细胞反应器中，产量约为50 g/L，83%的转化率。使用产氨黄杆菌的L-乙内酰脲酶和L-*N*-甲胺酰酶切割D, L-5-苯甲基乙内酰脲也是一种有前景的方法。在发酵工艺中，大多使用大肠杆菌或棒状杆菌的高效突变株。L-苯丙氨酸的生物合成通常是从前体赤藓糖-4-磷酸盐和磷酸烯醇丙酮酸盐开始的，通过中间产物莽草酸(shikimic acid)、分支酸(chorismic acid)和预苯酸(prephenic acid)，这种生物合成通路包括生成L-酪氨酸和L-色氨酸的支路，这一通路中的许多酶被高度调控。因此，大多使用营养缺陷型的突变株来生产L-苯丙氨酸。这个通路中的大多数基因已被克隆，也可以用遗传学方法来生产带有去阻抑的生产菌株。例如，使用重组的发酵短杆菌菌株，60 h后产量达50 g/L，以分批补料的方式进行发酵，过滤除去细胞，通常用超滤发酵液便可以回收产物，之后再用吸附层析和结晶来纯化。

阿斯巴甜

用两种氨基酸化学合成阿斯巴甜，需要使用保护性基团，反应完成后将保护性基团去除。与这种多步骤的工艺相比，目前使用的酶法生产工艺要简单得多：只有L-天冬氨酸的氨基需要保护，用一种酶来催化L-Z-天冬氨酸(同质异构的L-β-天冬酰胺-L-苯基丙烯-甲酯的味道发苦)与L-苯基丙烯-甲酯的α-羧基的酰胺化，由于这种酶的区域选择性甚至能够在此反应中使用消旋的苯基丙烯甲酯。本反应首选的酶是固定化的嗜热脂肪芽孢杆菌嗜热菌蛋白酶，溶剂是异戊醇。嗜热菌蛋白酶的温度稳定性良好，工艺温度可以达到70℃，产率可高达30 g/(L·h)。反应产物的纯度很高，可进一步用离子交换层析纯化。阿斯巴甜只是最近引入的一系列天然甜味剂中的一种，其他的还有sucralin(一种三氯半乳蔗糖)、stevioside(一种糖基化的二萜)、thaumatin或monellin(分别为糖基化的蛋白质和多肽)和advantame(由Ajinomoto开发的一种修饰的天冬胺酰-苯基-丙氨酸二肽)。

L-苯丙氨酸

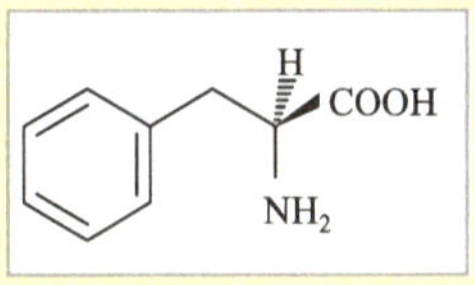

$C_9H_{11}NO_2$

M_r	165.19
decomp.	310～312℃
CAS	63-91-2

L-天冬氨酸

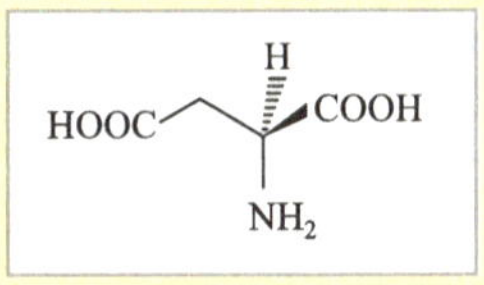

$C_4H_7NO_4$

M_r	133.10
CAS	56-84-8

α-阿斯巴甜

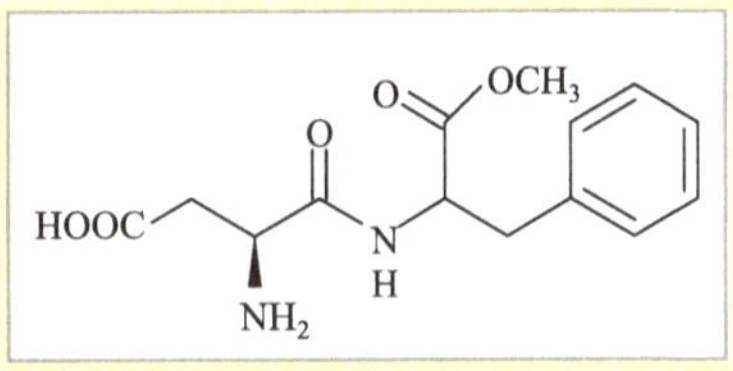

$C_{14}H_{18}N_2O_5$

M_r	294.31
ADI*	40 $mg\cdot kg^{-1}$
CAS	22389-47-0

*可接受的日摄入量

L-苯丙氨酸的生产

首选工艺，发酵

大肠杆菌的高效突变株	碳源：葡萄糖 回收：超滤、离子交换 层析、结晶	60 h,50 $g\cdot L^{-1}$

可选工艺：酶反应器

某乙烯酸加氨	来自黏红酵母的载体结合的L-苯丙氨酸-氨裂解酶	～50 $g\cdot L^{-1}$

L-天冬氨酸的生产

多步细胞反应器

固定化的大肠杆菌细胞；
1.2 $mol\cdot L^{-1}$延胡索酸铵 pH8.5,37℃

回收

15℃加硫酸将pH调至2.8：
天冬氨酸沉淀

90%～95%的产量，大肠杆菌细胞半寿期：2年

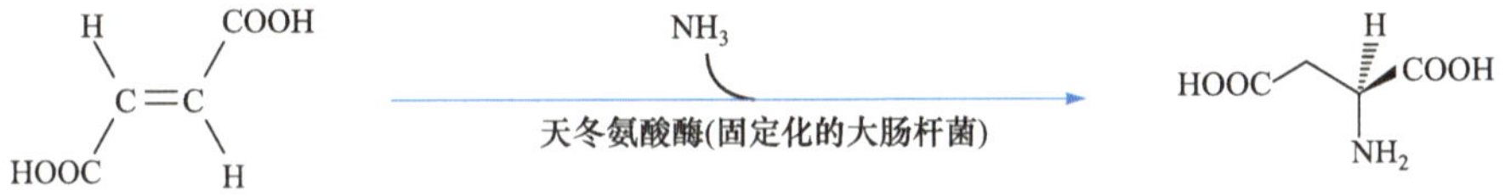

α-阿斯巴甜的生产

L-Z-天冬氨酸+D,L-苯丙氨酸-甲酯

↓ 固定化的嗜热菌蛋白酶 60℃,2 h

D-苯丙氨酸-甲酯 → 消旋 → （返回 L-Z-天冬氨酸+D,L-苯丙氨酸-甲酯）

L-Z-α-天冬氨酰-L-苯基丙烯-甲酯

↓ 化学加氢 → ZH

L-α-天冬氨酰-L-苯基丙烯-甲酯
α-阿斯巴甜

蓝色箭头：酶催化
橙色箭头：化学步骤
Z=苄氧基羰基

甜味剂	化学成分	相对甜度
蔗糖	二糖	1
环己氨磺酸盐	合成的环己基硫酰胺，钠盐	40
α-阿斯巴甜	二肽甲酯	200
甜叶菊苷	糖基化的双萜	300
糖精	合成的2-磺苯甲酸亚氨盐，钠盐	450
三氯蔗糖	氯化二糖	600
竹芋蛋白	208个氨基酸的非糖基化蛋白	2500
莫尼糖蛋白	非糖基化蛋白，两个肽链，各44个和50个氨基酸	2500
爱德万甜	阿斯巴甜衍生物	20 000

通过酶转化的氨基酸

概述

如前所述的一些例子(L-赖氨酸、L-天冬氨肽、L-苯丙氨酸)，手性氨基酸可以通过具有外消旋模块的酶来转化制备。与发酵工艺相比，酶工艺的优点是能够制备非蛋白质源性氨基酸，甚至非天然的氨基酸。在大多数酶转化中，通常使用水解酶和消旋的前体，如酯酶、氨基酰化酶、酰胺酶和乙内酰脲酶/氨甲酰酶。其缺点是需要在偶联反应中对“错误的”对映体进行重新消旋，以使其恢复正确的构象对映体。因此，现在开始广泛地研究基于裂解酶的加成反应和基于氧化还原酶的氧化还原反应，因为这些反应只生成唯一的对映体。

对映体选择性水解

到目前为止，基于氨基酰化酶和乙内酰脲酶的酶反应器最为先进，已被部分工业化。在氨基酰化酶反应中，结合在载体上的酶(例如，来自于米曲霉或热葡萄糖苷酶芽孢杆菌)水解消旋的 *N*-酰基氨基酸，只有 L-对映体被水解，*N*-酰基-D-氨基酸仍然留在反应混合物中，通过结晶从反应混合物中分离 L-氨基酸。当错误的对映体重新消旋后(通常在一个热反应中)，它与新消旋的前体结合，重新回到反应中去。使用这种技术，L-甲硫氨酸、L-酪氨酸、L-脯氨酸和 L-缬氨酸的年产量高达几百吨，主要被应用于临床方面(主要为输液)。尽管用这种方法也可以生产 D-氨基酸，但是，对制备非蛋白质源性氨基酸和非天然氨基酸，乙内酰脲酶(可从多种微生物中分离到)是一种更好的选择。在这种工艺中，用具有特异性酶活性的乙内酰脲酶切割消旋的乙内酰脲，生成初级产物 *N*-甲氨酰化氨基酸，它可被水解成目的手性氨基酸。然后，在 pH 8.5 的条件下，将错误的乙内酰脲重新消旋，使其变成对新的水解循环有用的产物。本方法与适合的宿主生物结合(如大肠杆菌)，能够用于工业化生产 R-苯基甘氨酸和 R-4-羟苯基甘氨酸、氨苄青霉素和阿莫西林(半合成青霉素)的侧链。

对映体选择性加成反应

醇腈醛化酶主要存在于植物中，它具有 R 或 S 选择性，因此不会生成非目的手性的副产品。这两种类型的醇腈醛化酶基因已经被克隆，并在大肠杆菌或酵母中表达，如来自木薯的 R-醇腈醛化酶和来自杏仁的 S-醇腈醛化酶。两种酶的晶体结构已得到解析，现在研究人员正尝试用蛋白质工程的方法来增强其底物特异性，以实现其在各种工业应用中的应用。

对映体选择性氧化还原反应

合成的α-氧基己酸对映体可选择性地合成 L-亮氨酸。这个例子清楚地说明，来源于芽孢杆菌的 L-亮氨酸脱氢酶对氧基化合物的还原性氨化不仅需要 NH_3，而且需要 NADH。由于 NADH 价格贵，它的再生需要一种经济的工艺。一种较好的工艺是使用博伊丁假丝酵母的甲酸脱氢酶，因为反应产物 CO_2 从混合物中挥发，这样使反应平衡向 L-亮氨酸漂移。如果聚乙二醇(PEG)与 NADH 结合，辅因子仍具有功能并被保留在酶膜反应堆中。使用这种技术，消耗一摩尔 NADH-PEG，可以得到 6×10^5 摩尔当量的产物。另一种方法是，通过氧化醌受体(如亚甲蓝)也可以使 NADH 再生，或用电化学的方法生成还原产物。本反应中所用的大多数酶已被克隆，并用蛋白质工程的方法对其进行了改良，以增加其稳定性和特异性(例如，用 NADPH 的再生代替 NADH 的再生)。通常整个反应通路所需要的关键基因都被整合到宿主生物(如大肠杆菌)的基因组。

主要反应类型

反应类型	酶类型	说明
消旋前体的水解	水解酶	首选，简单反应，但是昂贵，“错误”对映体必须重新消旋
HCN或氨与羰基化合物的加成反应	裂解酶	简单，定量反应，但可选用的酶有限
α-氧基羧酸的还原性氨化	脱氢酶	只形成一种对映体，但辅助的酶和辅因子成本高

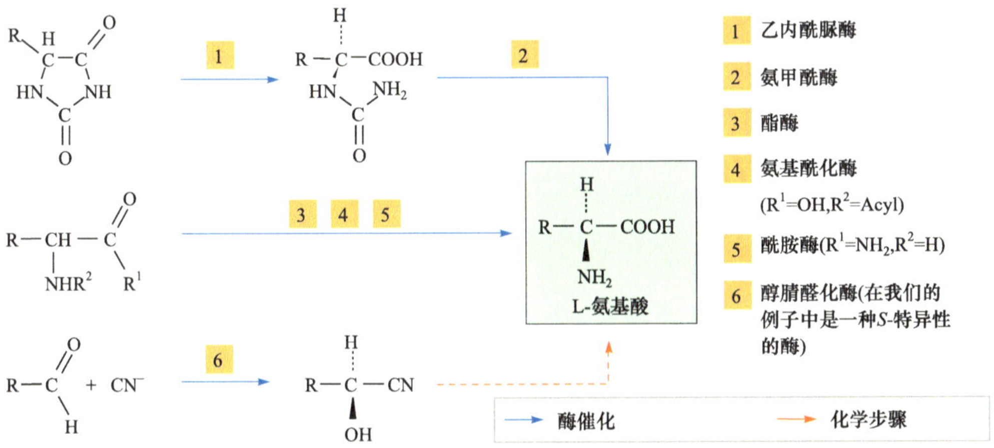

N-酰基-D,L-氨基酸的对映体选择性水解

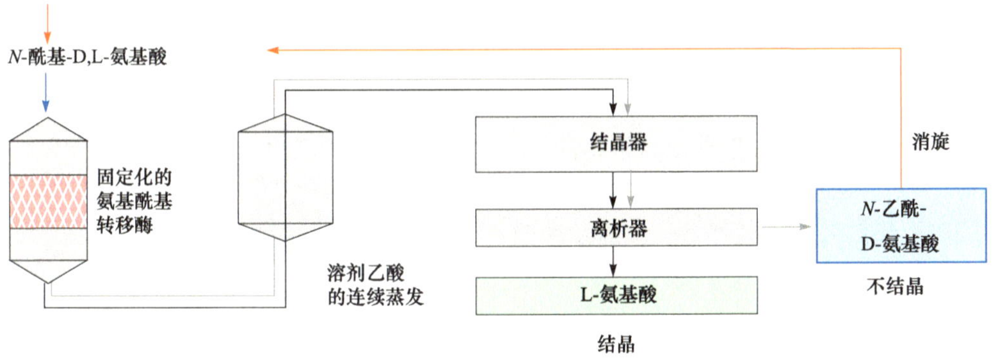

α-氧碳酸的还原性氨化

亮氨酸脱氢酶的广谱底物特异性能够对假底物进行还原性氨化，生成非蛋白质源性氨基酸，如t-亮氨酸

球形芽孢杆菌亮氨酸脱氢酶	相对活性	K_m
α-氧基异己酸盐	100	0.31
α-氧基异戊酸盐	126	1.4
α-氧基戊酸盐	76	1.7
α-氧基丁酸盐	57	7.7
α-氧基己酸盐	46	7.0

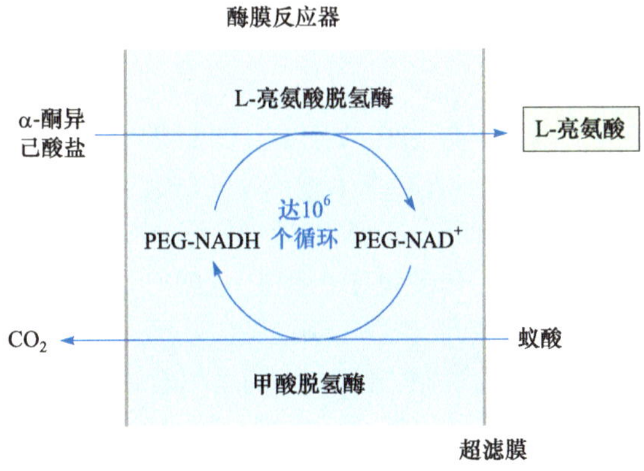

PEG-NADH是一种合成的NADH衍生物(分子质量约为3 000 Da)，它能被许多脱氢酶作为辅因子接受，并能被超滤膜截留。

维 生 素

概述

在药品和动物饲料中，维生素经常用作添加剂。大多数维生素的生产是通过化学合成或从植物材料中提取，生物技术工艺已用于合成维生素 B_2、B_{12} 和 C。全球通过发酵生产的维生素年产量超过 20 万吨，其中维生素 C 占最大份额。

维生素 B_2(核黄素)

核黄素衍生物 FAD 和 FMN 是许多氧化还原酶的辅因子，游离的核黄素只存在于奶中。用缺乏核黄素的饲料饲养动物可以引起皮炎、生长缺陷，并可损害眼睛。其生物合成是一个很复杂的通路，以三磷酸鸟苷和 5-磷酸核酮糖起始。核黄素可以用化学法合成，但现阶段利用其代谢的两阶段发酵逐渐显示出经济优势，其年产量达到 10 万吨。用一种丝状真菌 *Ashbya gossypii* 的基因工程突变株通过分批补料发酵工艺(碳源为植物油，氮源为大豆粉)，72 小时产量超过 20 g/L。回收过程要先对细胞进行热激处理使其自溶，然后分离细胞和层析。另一种方法使用的是枯草芽孢杆菌(可以是随机突变的也可以是基因工程菌株)，该突变株的 GTP 和 5-磷酸核酮糖产量都得到提高。

维生素 B_{12}(氰钴胺)

在一些甲基化和异构化反应中，需要维生素 B_{12} 作为酶的辅因子，缺乏维生素 B_{12} 可引起贫血症，特别是恶性贫血。尽管维生素 B_{12} 已用于药品(主要用于保护肝)和食物中，但是全球产量的一半(约 20 吨)还是用于动物饲料。其生物合成是从琥珀酰辅酶 A 和甘氨酸开始的，两者缩合成 5-氨基-4-氧缬草酸，再经过另外的 30 个合成步骤(在不同的生物中会有所不同)，形成 5'-脱氧腺苷钴胺素。生产维生素 B_{12} 时，使用基于反硝化假单胞菌的发酵工艺。使用的培养基含有糖蜜(含甘氨酰甜菜酯，一种重要的共底物)作为碳源，氨和钴盐。用 5，6-二甲基苯并咪唑作为前体化合物，120 h 后产量可达到 200 mg/L。在谢氏丙酸杆菌中(一种人体皮肤微生物，益生菌)，维生素 B_{12} 生物合成通路中的 22 个基因都已被克隆，而且现在所用的生产菌株已经通过代谢工程而优化。

维生素 C(L-抗坏血酸)

抗坏血酸常被称为“生理还原剂”，参与活性氧(如氧基)的还原清除，此外作为辅因子参与许多酶反应。维生素 C 缺乏引起皮肤和血管损害(坏血病)，它可以作为维生素药品出售，也用在许多食品和饮料中(既作为维生素又作为抗氧化剂)。其年产量约为 10 万吨(全球)，其中中国产量最高。其生产工艺是化学-酶合成方法，从 D-葡萄糖开始，化学加氢形成 D-山梨醇。传统的工艺途径是 Reichstein-Gruessner 合成法或对其改良的方法，用氧化葡萄糖酸杆菌(*Gluconobacter oxydans*)将山梨醇亚末端氧化生成 L-山梨糖，再化学氧化成 2-酮基-L-古龙酸(2-KGA)，同时需要对手性羟基的保护和脱保护，整个工艺的总收率约为 66%。氧化可以连续或分批进行，要求有固定化细胞和剧烈的通气，24 h 后产量即已恒定。在 2-KGA 工艺中，L-山梨糖被 *Ketogulonicigenium vulgare* 直接氧化生成 2-KGA，其收率也较高(26 小时 96%)，2-KGA 容易被内酯化形成 L-抗坏血酸。还有一种微生物(巨大芽孢杆菌)也可以采用这种工艺，此外，氧化葡萄糖酸杆菌菌株也可以用来氧化 L-山梨糖，使整个工艺缩短为 3 步。下一步计划是将必须要的酶在合适的宿主细胞内克隆与表达。最早尝试的是 Genentcch 公司，1993 年使用 *Erwinia herbicola* 菌株，但是该工程菌株葡萄糖耐受性太低，其产率不尽如人意。

维生素

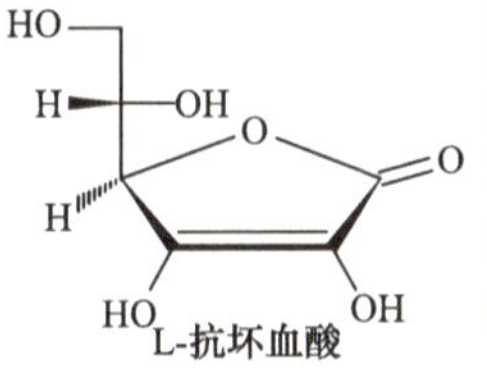

L-抗坏血酸
(维生素C)

$C_6H_8O_6$

M_r 176.13

CAS 50-81-7

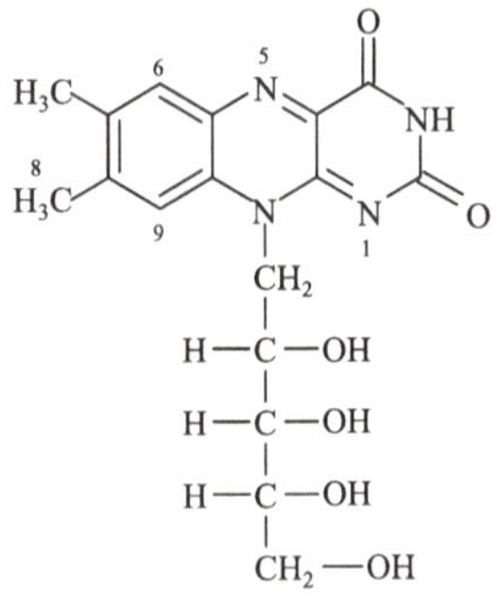

核黄素(维生素B_2)

$C_{17}H_{20}N_4O_6$

M_r 376.36

CAS 83-88-5

生产工艺和市值

维生素	2010年产量/吨	生产工艺	应用
A β胡萝卜素	3 000	化学合成	动物营养、着色剂
B_1 硫胺素	3 000	化学合成	保健
B_2 核黄素	6 000	发酵(30%) 化学-酶合成(50%) 化学合成(20%)	保健、动物营养
B_6 吡哆醇	3 000	化学合成	保健、动物营养
B_{12} 氰钴胺	20	发酵	保健、动物营养
C 抗坏血酸	100 000	化学-发酵合成	保健、食品添加剂、动物营养
D_2 钙化醇	40 000	从麦角固醇光化学合成	保健
E α生育酚		从植物油、藻类提取	保健

核黄素生物技术生产工艺

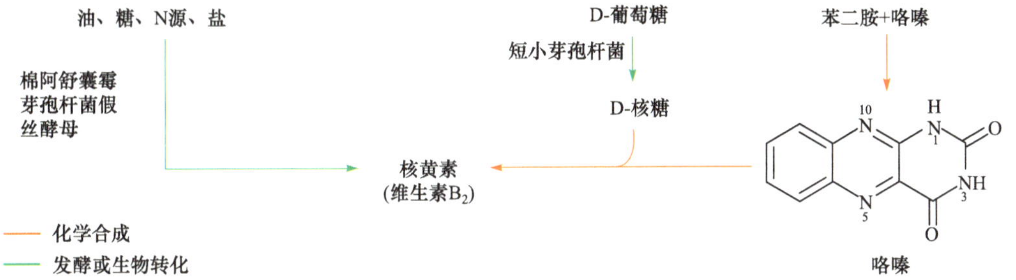

L-抗坏血酸的合成

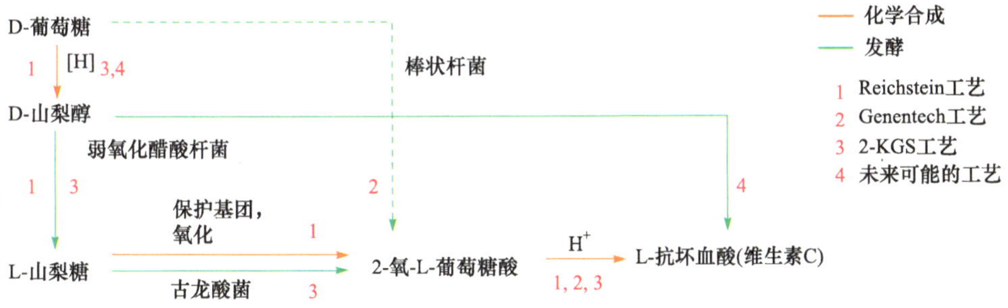

核苷和核苷酸

概述

约 50 年前,由日本首先在干蘑菇和干鱼中发现了 5'-核苷酸并作为增味剂,在汤中加入即使很少量(0.0005%～0.001%)的这种化合物,其味道也会明显增强,且能够抑制异味(如罐装食品的金属味)。加入 L-谷氨酸钠可以使这一作用增强。而 5-磷酸-肌苷(IMP)、5-磷酸-鸟苷(GMP)和 5-磷酸-黄嘌呤腺苷(XMP)的作用更强,但其 2'-和 3'-的异构体、嘧啶核苷酸和核苷则无效果。5'-磷酸-腺苷、脱氧 IMP 的活性要比 5'-IMP 或者 5'-GMP 要低。自 1961 年起,5'-IMP 和 5'-GMP 已进行工业化生产,2014 年产量超过 1 万吨,生产商主要在亚洲。

生产工艺

使用四种生产工艺:①RNA 的酶水解;②组合法,用发酵法生产肌苷或鸟苷,然后用化学法进行磷酸化;③用发酵法定向生产 5'-IMP;④用发酵法定向生产 5'-XMP,然后用酶法转化成 5'-GMP。

RNA 的酶水解

酵母的 RNA/DNA 比率是最理想的,因此,在生产 RNA 时首选酵母。如:产阮假丝酵母在糖蜜或果浆中生长,使用低 C/N 比的培养基,在对数生长期的早期,酵母含有 10%～15%的 RNA(干重),加入 Zn^{2+}和磷酸盐,其量还可以进一步增加,通常使用气升式生物反应器,大规模地连续有氧发酵,除去细胞团后,用热碱性 NaCl 溶液提取 RNA(5%～20% NaCl、100℃、8 h),用 HCl 或乙醇沉淀。酶水解 RNA 时,使用来自 Penicillium citrinum 的 P1 核酸酶制剂(不含非特异性的 5'核苷酸酶或磷酸酶),5'-IMP 和 5'-GMP 的最终分离方法是将其吸附到活性炭上,再通过离子交换和重结晶分离。

5′-IMP 的发酵

传统的工艺基于通过芽孢杆菌或其他革兰氏阳性菌发酵生成肌苷,肌苷被分泌到培养基中,在 pH11 可将其沉淀。腺苷营养缺陷型突变株(用基因工程的方法改良了其转运特性)的产量可达到 35 g/L。然后,在适当的溶剂中,用 PCl_3 将重结晶的肌苷转化成 5'-IMP。现代的方法可以直接合成 5'-IMP。*Corynebacterium ammoniagenes* 突变株不再受核苷的抑制,对培养基中的 Mn^{2+}浓度不敏感,可以在不水解的情况下分泌 5'-IMP。最近的方法中,细胞膜通透性良好的 *C. ammoniagenes* 与过表达肌苷激酶基因的大肠杆菌共培养,可以通过肌苷激酶的作用由肌苷和 ATP 合成 5'-IMP,其中 *C. ammoniagenes* 提供了肌苷,并由 ADP 再生 ATP 的同时,再生廉价的无机磷。日本使用的另一个工艺是用基因重组的大肠杆菌合成来源于菌株 *Escherichia lattae* 的磷酸酶/磷酸转运酶。利用蛋白质工程,磷酸酶活性被抑制去除,而保留的磷酸转运酶可以利用无机磷使肌苷磷酸化,从而大大提高产量。

5′-GMP 的生产

首选的工艺是:①用发酵法生产鸟苷,再化学磷酸化;②发酵法生产 XMP,再用酶法转化成 GMP。用巨大芽孢杆菌的嘌呤营养缺陷型菌株产生的 5'-氨基咪唑羧酰胺-1-核苷(AICA-riboside),经过化学方法转化成 5'-GMP。用这种方法生产 GMP 也已有报道,但目前尚未在工业上使用。

其他核苷酸

核苷酸(如 ATP、cAMP、NAD^+/NADH、$NADP^+$/NADPH、FAD、辅酶 A)和核苷糖是重要的生物化学品,也被用于特殊的生物转化工艺中。它们是通过用阻抑突变菌株发酵来生产的,或通过酶工艺,从化学前体开始来生产的,例如,NAD^+和辅酶 A 可以用产氨短杆菌的阻抑突变菌株发酵生产,产量约为 2 g/L。

肌苷5′-单磷酸

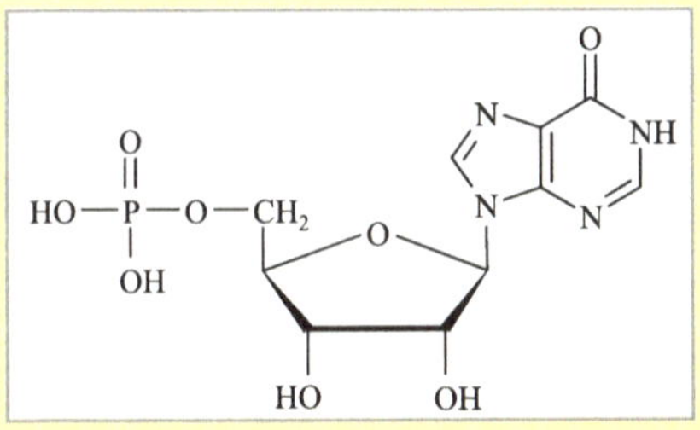

$C_{10}H_{13}N_4O_8P$

M_r 348.21

CAS 131-99-7

鸟苷5′-单磷酸

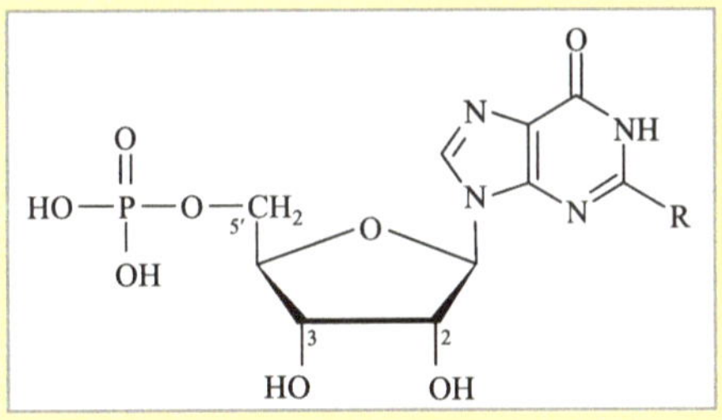

$R=NH_2$：鸟苷5′-单磷酸(5′-GMP)

$C_{10}H_{14}N_5O_8P$ M_r 363.22 CAS 85-32-5

R=OH：黄苷5′-单磷酸(5′-XMP)

生产和市场量

核苷	市场量/吨	生产工艺	应用
5′-IMP	>10 000	酶水解酵母RNA	增味剂
5′-GMP		发酵成肌苷/鸟苷和化学磷酸化，或直接发酵成5′-IMP	增味剂
肌苷	25	发酵	医疗
乳清酸	20	发酵	肝病
腺嘌呤、腺苷、ATP	22	发酵、酶合成	医疗

微生物的DNA/RNA含量

	细菌	酵母	真菌
DNA*	0.37～4.5	0.03～0.52	0.15～3.3
RNA*	5～25	2.5～15**	0.7～28

* 干细胞团的百分数

**其中75%～80%为rRNA

合成通路

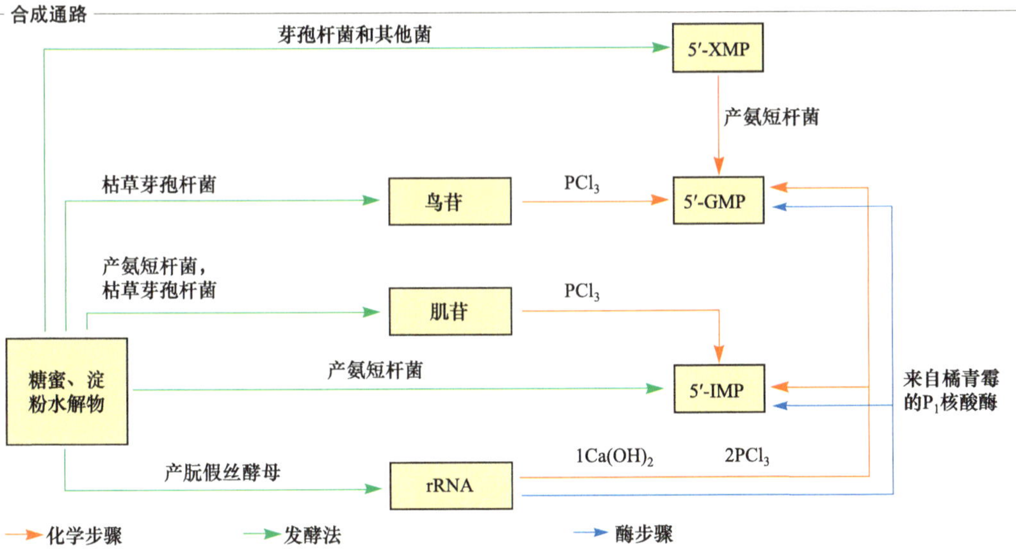

发酵	回收		化学合成
产氨短杆菌高效株，淀粉水解物、原始RNA、NH_2、pH 6，30℃	在pH 11沉淀，重结晶	42 h后肌苷 $>30\ g\cdot L^{-1}$	5′-IMP：在三烃基磷酸盐溶剂中，用PCl_3，产率>90%

工业产品

生物乙醇

概述

乙醇是一种重要的工业溶剂，也是有机化学品(如乙烯、聚乙烯)合成的起始原料。在许多国家，乙醇作为生物燃料添加到汽油中(E10 和 E15 代表乙醇体积占 10%或 15%)。“混合燃料”类型的汽车能耐受更高浓度的乙醇。2012 年，生物乙醇的产量为 850 亿升(约 6700 万吨)，其中 77%来自美洲。全球 95%的乙醇是通过酵母或细菌以葡萄糖或蔗糖为碳源生产的。从 2014 年开始，只有当碳源的价格低廉时，或石油价格升高时，或政府进行调控时，生物乙醇的生产才会比石油化工更具经济竞争力。在巴西，碳源是蔗糖(甘蔗糖蜜)，在美国则是来源于玉米淀粉的葡萄糖。由于玉米也是动物饲料和人类的营养物质，因此在原料的利用上(食用或驱动)存在着潜在的冲突，这与生物炼制中增强利用生物质(秸秆、柳枝稷等)生产生物乙醇背道而驰。

微生物和生物合成

用于生产乙醇的最重要微生物是面包酵母(酿酒酵母)，通过糖酵解途径，1 mol 的葡萄糖可产生 2 mol 的乙醇，运动发酵单胞菌是从龙舌兰属植物中分离到的一种细菌，也可以产生相同物质的量的乙醇，但其合成是基于 2-酮-3-脱氧-6-磷酸葡萄糖酸(KDPG)代谢通路。这两种微生物可以利用蔗糖但不能利用淀粉，因为它们没有降解淀粉的酶。因此，如果选择淀粉作为碳源，则需在发酵前将其降解成葡萄糖。

发酵和回收

通常使用大规模的生物反应器(容积可达 500 m^3)，以分批补料发酵的方式进行生物乙醇的生产。选用的微生物是酿酒酵母，与运动发酵单胞菌相比，即使在非灭菌的情况下，也不易感染乳酸菌。在培养时，使用富含氮源和矿物质的培养基。经过有氧生长后，停止通气，20 h 后乙醇的产量可达到理论最大值的 90%。由于代谢物的抑制作用，葡萄糖浓度>0.1%时会抑制该过程，可通过连续或半连续补加糖(补料分批发酵)来预防。由于乙醇浓度>8%(通常在 72 h 后达到)会抑制酵母代谢，所以要将含有乙醇的培养基除去。纯度为 95%的乙醇是通过共沸点蒸馏分离获得，并可用于汽车。无水乙醇可通过萃取蒸馏、分子筛和膜技术(渗透蒸发)来制备。在一些工艺中，如 Melle-Boinot 工艺，通过分离器收集到的细胞可被重新利用，作为下一批的预培养物，这种工艺缩短了发酵总时间。连续发酵乙醇的方法已研制成功，但技术仍需改进。一种可将酵母固定的反应器也研制成功，但目前尚未使用。

经济考量

目前，有 700 多个发酵工厂生产生物乙醇。在 1975 年巴西启动了一个“Proalcool”计划，目标是降低石油进口。在 100 多个发酵工厂中，每年使用简单的技术(如分批发酵、蒸馏)从甘蔗糖蜜中生产的乙醇约为 210 亿升(2012 年)。从 1975 年开始美国生产富含生物乙醇的汽车燃料(“gasohol”)。这种技术要求更高(如分批补料、渗透蒸发)。发酵的固体物((细胞团和固体培养基成分)可作为动物饲料出售。

利用生物质生产乙醇

这种工艺的第一步是物理(如蒸汽)或化学(如磷酸、氨水)分解，随后用纤维素酶和半纤维素酶水解。在这个过程中，酶的抑制剂(如糠醛)会形成，半纤维素也会被分解成酿酒酵母不能代谢的戊糖(如木糖和阿拉伯糖)。因此，有效廉价的制浆技术及廉价的耐抑制剂水解酶成为关键，如来源于里氏木霉或一些可以同时代谢葡萄糖和戊糖的重组酵母或细菌(酿酒酵母、马克斯克鲁维酵母、毕赤酵母、运动发酵单胞菌、大肠杆菌)。

乙醇

C_2H_6O

H_3C-CH_2-OH

M_r	46.07	b.p.	78.32℃	工业生产：
D.	0.793 67(15℃)	CAS	64-17-5	主要是乙烯和水的加成反应，使用催化剂

从糖蜜生产

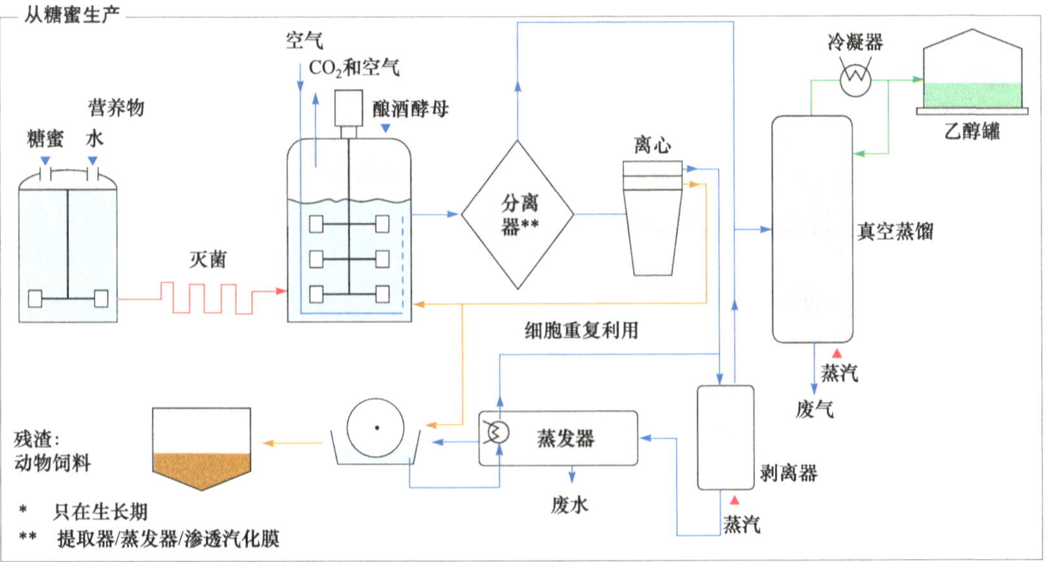

* 只在生长期

** 提取器/蒸发器/渗透汽化膜

发酵和回收

营养

甘蔗汁或甜菜糖蜜或糖化的淀粉，矿物质

↓

细胞反应器	生物反应器
固定化细胞，连续工艺	达500 m^3，分批工艺或连续工艺

↓

乙醇分离

蒸馏或过渗透气化

↓

废料

动物饲料

乙醇

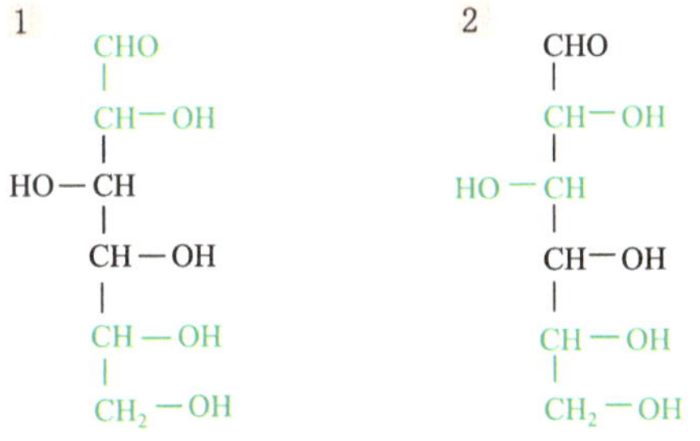

在用 1 和 2 对葡萄糖进行代谢时乙醇C原子的来源

1	酿酒酵母	糖酵解
2	运动发酵单胞菌	KDPG通路

转化生物质或玉米淀粉合成生物乙醇

a 磷酸水解木质纤维素

木质纤维素 → 稀酸水解（不锈钢反应器） → 液化(+纤维素酶和糖苷酶) → 发酵*(+纤维素酶和糖苷酶) → 蒸馏

b 玉米淀粉合成乙醇

玉米 → 蒸汽锅（不锈钢反应器） → 液化(+淀粉酶和葡糖淀粉酶) → 发酵(+淀粉酶和葡糖淀粉酶) → 蒸馏

*葡萄糖(来源于纤维素)和戊糖(来源于半纤维素)共发酵

正 丁 醇

概述

正丁醇(2011 年全球产量约为 300 万吨)是一种重要的汽车油漆溶剂和生产酯(如丁基纤维素)的基本原料，也是一种生物燃料。丙酮(2009 年全球产量约为 670 万吨)是正丁醇发酵的副产物，也可用作溶剂。在第一次世界大战期间，它的需求量很大，用于生产线状无烟火药，这是英国海军使用的一种炸药。目前，这两种化合物是用石油化学原料生产的。但在 1950 年以前，大多使用梭菌以淀粉或糖蜜为碳源发酵获得。1915 年，俄国/英国化学家 Chaim Weizmann (后来成为以色列的第一届总统)发明了工业化生产工艺。由于分子遗传学和加工技术的发展，发酵生产这两种溶剂最终又会在商业上具有吸引力，因此被作为一种保留技术而进行研究。

微生物和生物合成

梭菌是能产生丙酮和正丁醇的极少数厌氧菌中最重要的菌株。在发酵过程中，细胞生长的后期，由生成丁酸和乙酸(乙酸化)转变为生成丁醇，此时 pH 下降至 5 以下，不同微生物的产物组成成分存在差异。研究最透彻的微生物是丙酮丁醇梭菌，它对所形成的细胞对毒性溶剂表现出很高的耐受性。以 100 g 葡萄糖为碳源，其正丁醇和丙酮的产量可达 38 g，产率为 3 : 1，副产物为乙醇(ABE 发酵)。许多梭菌能合成淀粉酶、淀粉葡萄糖苷酶和其他胞外水解酶，因此能代谢一些廉价的碳源，如淀粉。相关研究还涉及利用生物质来源的葡萄糖和戊糖，同样还有乳糖(乳清)的利用。对参与这两种溶剂生物合成的酶已经进行了详细的研究并对其基因进行了克隆。葡萄糖经过糖酵解产生丙酮酸，在丙酮酸/铁氧还蛋白氧化还原酶的作用下，丙酮酸经氧化脱羧作用形成乙酰辅酶 A，随后在糖酵解产生的 NADH 的作用下进一步还原成一系列 C_2，C_3，C_4 代谢产物。此外，还存在一种氢化酶将一些电子转移到质子上生成氢。为了改变溶剂的收率和产量，应对这些酶的调节进行深入研究并通过代谢工程优化代谢途径。丙酮丁醇梭菌的基因组测序已完成，由于能够得到用于大肠杆菌和枯草芽孢杆菌的穿梭载体、特异的噬菌体和转座子，所以这种菌很有希望用于基因工程。一些工程生产菌株的丁醇收率可以提高 15%(w/v)，并可将丙酮转化成“黄油香精”乙偶姻。

发酵和回收

使用丙酮丁醇梭菌和体积大于 100 m^3 的补料发酵来大规模生产丙酮和正丁醇工艺已用了 40 多年。在该工艺中，底物成本约为 60%，产品蒸馏的能量成本约为 12%。更新发酵工艺的决定性因素是从原料到产品的收率(每千克糖生产的溶剂千克数)和生产强度(每升每小时生产出的溶剂克数)。因此，现代工艺的发展目标在于：①细胞回收利用的两阶段工艺；②整合大孔树脂膜工艺，通过渗透汽化提高溶剂的回收。

经济因素

目前，在美国和南非使用了 40 多年的以玉米淀粉和蜜糖为碳源的分批发酵工艺，但与基于石油化学的合成工艺相比并没有太大的竞争力。只有中国已经建立了工厂，可达到 200 m^3 的发酵体积，生产 30 000 吨的正丁醇。通过代谢工程特异性敲除 *adc* 基因(编码乙酰乙酰脱羧酶)的丙酮丁醇梭菌 EA2018 作为发酵菌种，以玉米淀粉为碳源，其收率为 14 g/L，产物具有较高比例的丁醇，其组成为 2 : 7 : 1(ABE)。美国一些小的试点工厂利用水解生物质产生的葡萄糖为碳源进行连续发酵，同时也有代谢工程改造的大肠杆菌生产高收率丁醇的报道。

1-丁醇

$C_4H_{10}O$ H$_3$C—CH$_2$—CH$_2$—CH$_2$—OH

M_r	74.12
D	0.813
m.p.	−90℃
b.p.	117～118℃
CAS	71-36-3

1-丁醇的化学合成：
丙烯加氢醛化和氢化

丙酮

C_3H_6O H$_3$C—CO—CH$_3$

M_r	58.08
D	0.7908
m.p.	−95℃
b.p.	56℃
CAS	67-64-1

丙酮的化学合成：
2-丙醇催化脱氢、丙烯直接氧化、氢过氧化异丙苯的裂解

生物合成

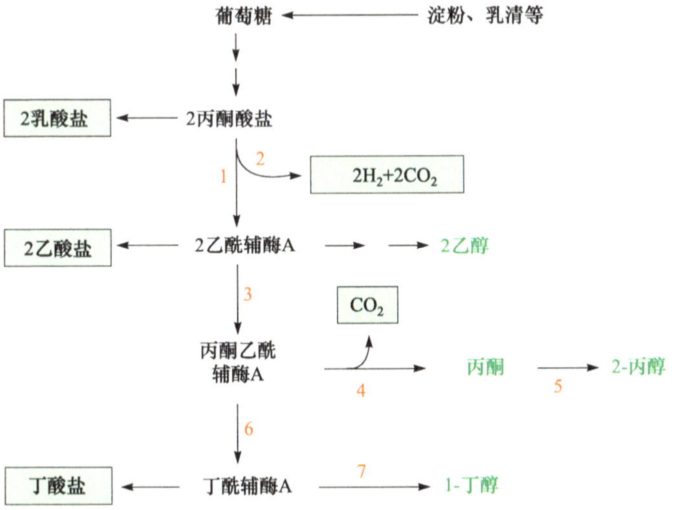

1 丙酮酸盐：铁氧化还原蛋白氧化还原酶
2 氢化酶
3 硫解酶
4 乙酰辅酶A转移酶/乙酰乙酸盐脱羧酶
5 乙醛/乙醇脱氢酶
6 两种脱氢酶，巴豆酸酶
7 丁醛和丁醇脱氢酶

已克隆了编码所有1～7酶的基因

发酵和回收

孢子悬液
培养的悬液

▼

摇瓶培养
厌氧，37℃24 h

▼

15 m^{3}的生物反应器
CO_2条件下，37℃18 h

▼

700 m^{3}生物反应器
6%的糖蜜，37℃50～60 h

▼

连续蒸馏
之后进行分馏

每100 kg葡萄糖产出的38 kg 1-丁醇和丙酮(3：1)

丙酮丁醇梭菌的典型发酵曲线

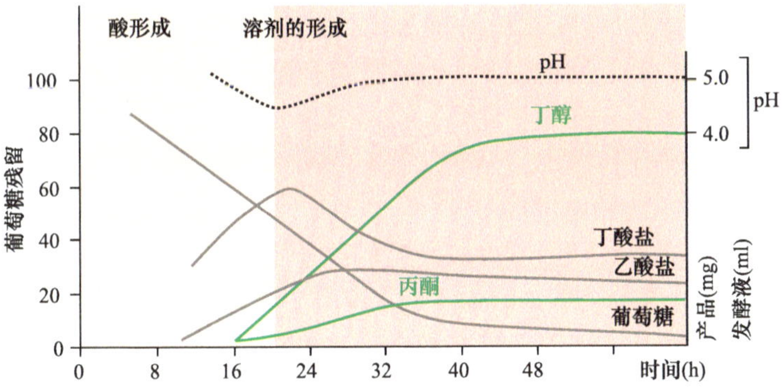

1-丁醇得率(2012)

微生物	1-丁醇/(g/L)	ABE*/(g/L)	规模/t	碳源	国家
丙酮丁醇梭菌 EA2018	14	21	200000	玉米淀粉	中国
丙酮丁醇梭菌 BEKW	17	20	15	玉米淀粉	韩国
野生型丙酮丁醇梭菌	无数据		9000	木质纤维素	美国
大肠杆菌 BW	15	12**	15	玉米淀粉	美国

*丙酮, 1-丁醇和乙醇； **1-丁醇和乙醇

高级醇和烯烃

概述

随着油价的上涨，通过发酵从糖类制备除乙醇和丁醇外的其他醇类受到了广泛关注。合成途径包含化学和生物方法。在生物方法中，通过代谢工程改变生产菌株的代谢流通路，使其流向目标产物。高级醇是常见的化学品家族成员，可以脱水形成烯烃，经聚合后可形成生物聚合物如“生物聚乙烯”。从生物质糖合成高级醇和烯烃的许多工艺已经实现工业发展。

1,3-丙二醇(1,3-PD)

是合成热塑性聚酯的结构单元。在 2007 年，杜邦公司引进了一种生产纺织品和地毯的聚酯 Sorona，由对苯二甲酸和 1,3-丙二醇合成。1,3-丙二醇的工业化生产是生物技术领域的一座里程碑，将来源于大肠杆菌、酿酒酵母和肺炎克雷伯氏菌的基因第一次在大肠杆菌中表达并具有良好的工业化生产能力，产量可达 150 g/L。构建该生产菌株的措施包括：①敲除编码甘油激酶的基因(*glpK*)和编码甘油脱氢酶的基因(*gldA*)改变糖酵解中磷酸丙糖异构酶分支的代谢流；②消除磷酸转移酶(PTS)依赖的葡萄糖转运系统；③下调编码甘油醛-3-磷酸脱氢酶的基因(*gap*)。

异丙醇

是通过丙烯烃化合成的一种溶剂，是漆和染料工业化学品的原材料，也是燃料生产中的副产品。一种新的方法是通过代谢工程改造的酵母发酵生产。异丙醇也是生产对二甲苯的原料，对二甲苯是合成对苯二甲酸(PET 聚酯的组成成分)的“绿色”替代品。“生物对苯二甲酸”是 2,5-呋喃二羧酸(FDC)的竞争者，FDC 可通过葡萄糖化学合成，是 PEF-型聚酯(聚乙烯呋喃聚酯)生产中潜在的二元羧酸结构单元。

2,3-丁二醇

是化学品合成的手性原料，也是生产合成橡胶主要单体顺式-1,3-丁二烯的重要结构单元。丁二烯可以从生物质生产，可通过高温下生物乙醇的二聚化(列别捷夫过程)，也可通过 1-丁烯或 2-丁烯(从丁醇或异丁醇)的氧化脱氢。另一种方法是控制 2,3-丁二醇的脱水，2,3-丁二醇是许多厌氧和兼性厌氧微生物混合酸发酵的代谢终产物。大肠杆菌属和克雷伯氏菌属的工程菌株非常适合用于工业生产 2,3-丁二醇，在合适的培养基和严格控氧条件下，发酵 38 h 产量可达 150 g/L 以上。使用木糖作为发酵原料(生物质中的半纤维素)能有效提高产量。然而副产物的形成尚未完全解决，目前仍需对产物进行分离。

异戊二烯

是橡胶的单体结构单元，是一种挥发性化学品(沸点 34℃)。在植物中主要是通过甲羟戊酸生成，在某些植物和细菌中也可通过非甲羟戊酸途径形成。天然橡胶是通过橡胶树合成，主要由顺式-1,4-聚异戊二烯组成。这种材料的区域和立体选择性化学合成需要特殊的催化剂。杰能科和杜邦公司通过在大肠杆菌中表达一种植物异戊二烯合酶过量生产前体物质二甲丙烯焦磷酸酯 DMAPP，已达到了从葡萄糖到异戊二烯的工业化过程。挥发的异戊二烯随着废气从生物反应器中分离，进一步浓缩可得高纯度的异戊二烯。目前已有工业生产异戊二烯相关报道，包括与日本轮胎制造商普利司通合作的味之素公司，与阿米瑞斯(美国)合作的米其林公司，以及与 GlycosBio(美国)合作的马来西亚国营企业 BioXCell。

1,3-丙二醇

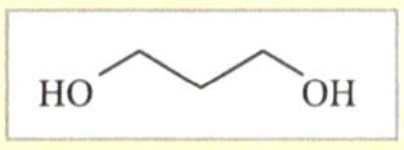

$C_3H_8O_2$

M_r	76.10
D	1.05 g·cm^{-3} (20℃)
b.p.	213℃
CAS	504-63-2

丁醇，异丁醇

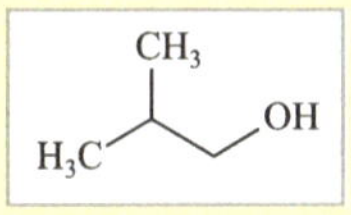

$C_4H_{10}O$

M_r	74.12
D	0.80 g·cm^{-3}
b.p.	108℃
CAS	78-83-1

1,3-丁二烯

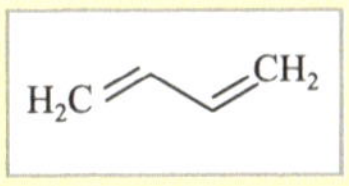

C_4H_6

M_r	54.09
D	0.61 g·cm^{-3}
b.p.	−4.5℃
CAS	106-99-0

异戊二烯

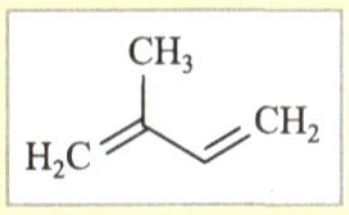

C_5H_8

M_r	68.12
D	0.68 g·cm^{-3}
b.p.	34℃
CAS	78-79-5

M_r：相对分子质量；D：密度；b.p.：沸点；

1,3-丙二醇的生产

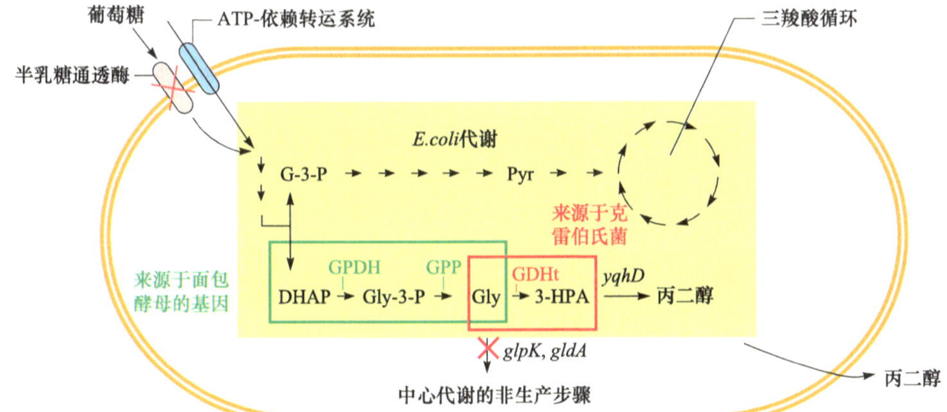

G-3-P:甘油醛-3-磷酸
DHAP:二羟丙酮磷酸
Gly-3-P:甘油-3-磷酸
Gly:甘油
3-HPA:3-羟基丙醛
GPDH:甘油-3-磷酸脱氢酶
GPP:甘油-3-磷酸磷酸化酶
GDHt:甘油脱水酶
yqhD:二羟丙酮磷酸脱氢酶
glpK:甘油激酶
gldA:甘油脱氢酶
PTS:磷酸转移酶转运系统

利用丁醇制备对苯二酸

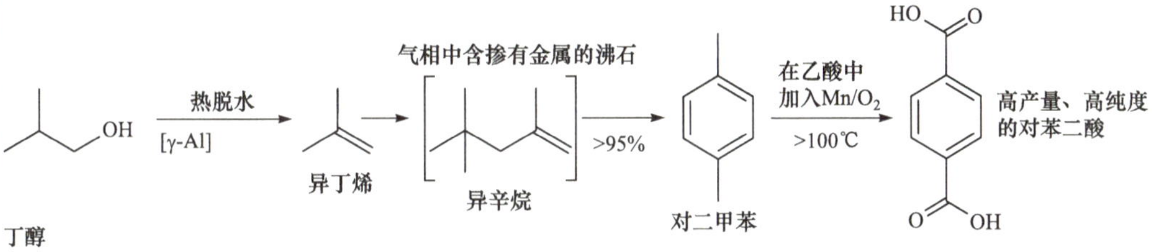

能利用可再生原料生产的醇类和烯类(选择部分)

C2中间体

利用生物乙醇生产乙烯(巴西布拉斯科公司)；通过金属催化利用纤维素生产乙二醇(中国科学院)

C3中间体

丙醇，异丙醇：通过生物乙醇的催化聚合与易位，产物为丙烯；工程大肠杆菌利用葡萄糖生产1,3-丙二醇(杜邦)

C4中间体

工程酵母利用葡萄糖生产仲丁醇，产物为异丁烯(Gevo公司)；工程克雷伯氏菌或肠杆菌利用葡萄糖生产2,3-丙二醇(lanza)；工程大肠杆菌利用葡萄糖生产1,4-丁二醇(genomatica)；通过2,3-丁二醇脱水制备1,3-丁二烯，产物为丁二烯橡胶(朗盛)

C5中间体

工程大肠杆菌利用葡萄糖生产异戊二烯，产物为聚异戊二烯(杰能科，味之素，Amyris)

C15中间体

工程酵母利用葡萄糖生产一种倍半萜烯，β-法呢烯(作为燃料，Amyris)

乙酸/醋

概述

在许多文化中，醋被用于蔬菜、沙拉、米和其他食品的酸化和保存，它在这些食品和提神饮料中的应用可以追溯到古代。从古至今，醋主要是通过从发酵果汁(如葡萄酒)的方式进行生产。在18世纪，法国研制了“固相工艺”，即将稀释的葡萄酒缓慢地流过有醋酸菌的小嫩枝。Louis Pasteur于1868年定义了醋酸菌选择性生长的条件，为醋的现代化生产工艺奠定了基础。目前，使用醋酸杆菌属的菌株通过发酵从乙醇中生产醋。如果用葡萄酒做原料，产品为葡萄酒醋(6%的醋酸水溶液，pH约为4.8)；如果用精馏的乙醇，醋的浓度为5%。美国的年产量约为7.5亿升或75万吨。冰醋酸(99.7%)是一种重要的化工原料，它是通过乙烯的催化氧化生产的，pK_a为5.6。在美国，由于醋酸钙镁(熔点，−7.7℃)(Cryotech CMA™)比氯化钠腐蚀性更低，常用于防冰跑道。用玉米淀粉生产的醋酸钙镁被提议作为抗冻剂(Nicer De-Icer)。

微生物和生物合成

只有极少数葡糖杆菌属和醋酸杆菌属的微生物能够通过“亚端氧化”将醋酸氧化成乙醇。在生长过程中，其表型变化很快，因此这些菌的分类很复杂，通常要通过测定其16S DNA来进行分类，最近也有通过分析其质粒特性来分类。乙醇的氧化是通过乙醇脱氢酶(ADH)和乙醛脱氢酶(ALDH)的连续反应来进行，这两种酶都是膜结合的酶，并含有吡咯喹啉醌(PQQ)作为辅基。ADH含有一个额外的亚铁血红素C残基，它们通过辅酶Q将乙醇氧化产生的电子转移到一种膜结合的末端氧化酶上。在生长期间，这些细菌通过糖酵解和KDPG通路将葡萄糖代谢成丙酮酸，并进一步通过柠檬酸循环。这两类菌株对缺氧环境非常敏感，即使中断供氧仅几分钟也将导致乙醇氧化效率显著下降。如果乙醇耗尽，在氧的存在下，乙酸将进一步氧化成CO_2。

发酵和回收

醋酸杆菌常用于乙酸的工业化生产。在剧烈的通气条件下，将这种微生物在含有葡萄酒或精馏乙醇、其他营养物和浓度大于60 g/L乙酸的醪液中培养，以防止乙酸的进一步氧化。这一过程以反复分批补料的方式进行，一旦乙醇浓度降至约0.2%(乙醇传感器)，则除去一定量的发酵液并补充新的醪液。由于需要很均匀的通气(0.1 vvm，即每分钟单位体积通入的空气体积)，使用高效的转子/定子搅拌器，并带自动通风装置(Frings通风装置)。酸开始快速生成，并伴随着产热，通过散热器将热量散掉。使用这种工艺，一个100 m^3的生物反应器的平均生产强度为1.6 $gL^{-1}\ h^{-1}$。使用特殊的起始培养物和适当的监测及控制，这一工艺可以在50～70 h内生成约17.5%的醋溶液。如果再发酵45～55 h，可以得到像罐头行业所需的更高浓度的溶液(达21%)。一旦乙酸浓度达到20%，醋酸菌会死亡，进而发酵终止。生醋通过膜工艺过滤、纯化和巴氏消毒，稀释成可在市场上出售的5%～6%的醋溶液。醋生产最受欢迎的设计是Frings醋酸发酵罐。其他的生产工艺，如细胞重复利用的连续发酵或在气升式生物反应器中使用固定化的醋酸菌，有时可以得到较高的生产强度(达100 $gL^{-1}\ h^{-1}$)，但并未被市场广泛接受。由于地区选择性差异(如葡萄，葡萄酒，椰子汁)，传统醋的生产通过数周或几个月的缓慢发酵。所需的香味在成熟期逐渐发展，这可能需要数年时间，正如传统的意大利摩德纳的香黑醋。通常醋酸杆菌在醋中保持黏状。

醋酸

$C_2H_4O_2$

M_r	60.05	**化学合成:**
Sdp.	117.9℃	**乙烯和氧**
pK_a	4.76(25℃)	**或甲醇和CO的加成反应**
CAS	64-19-7	

$H_3C-COOH$

通过醋酸杆菌的生物合成

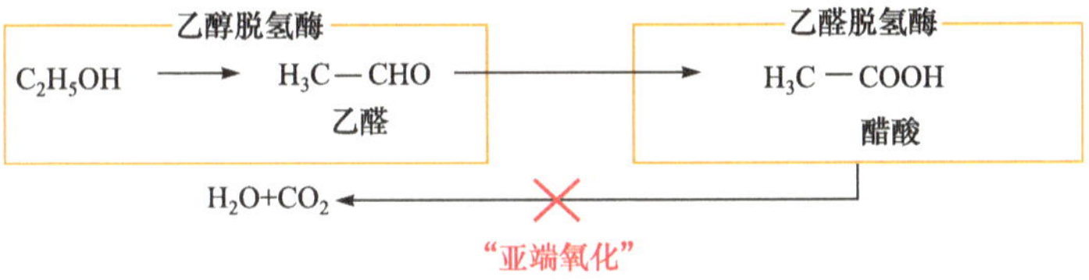

膜结合的、依赖PQQ的脱氢酶通过辅酶Q将乙醇氧化反应所产生的电子转移到一种膜结合的末端氧化酶上

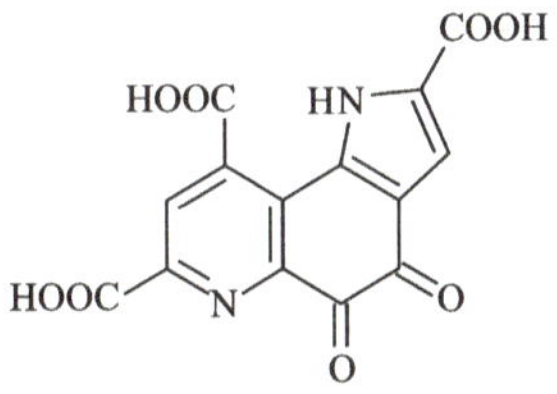

吡咯喹啉醌
(PQQ)

发酵和回收

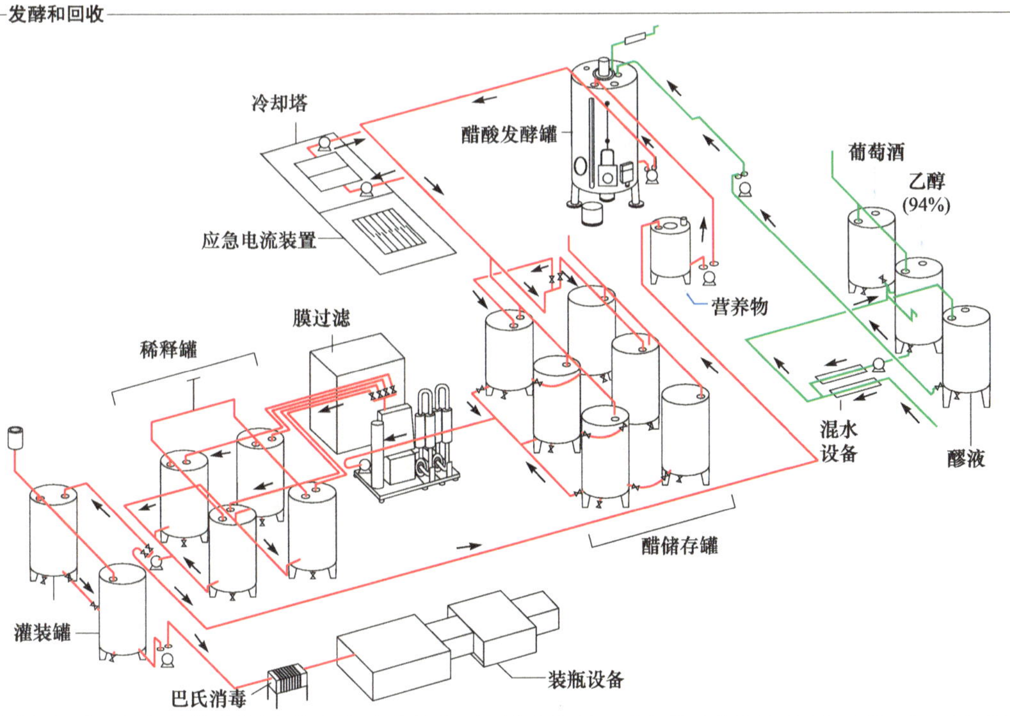

其他工艺

	最大醋产量/%	生产强度/(L·m^{-3}·d^{-1})	备注
标准工艺(反复批发酵)	15	35～50	简单工艺方案
一步法高百分比工艺	18.5	30～50	高醋浓度，低储存和运输成本
两步法高百分比工艺	>20	30～50	高醋浓度，低储存和运输成本
连续工艺	>10	达60	高醋浓度，低储存和运输成本
固定化醋酸杆菌(实验)	<9	—	流化床或气升式反应器，达460天

柠 檬 酸

概述

柠檬酸首次由 Scheele 于 1822 年从柠檬汁中分离到，并确定了其成分。许多水果都可产生大量的柠檬酸。1934 年，Hans Krebs 发现柠檬酸是有氧代谢(柠檬酸循环)的一种重要化合物；例如，一个成年人每天代谢产生 1.5 kg 的柠檬酸作为中间产物。柠檬酸是一种强三元酸，其三步解离的 pK_a 为 3.13、4.78 和 6.43(25℃)。1%的柠檬酸水溶液 pH 为 2.2。它有三个羧基和一个羟基，是一种很好的二价和三价阳离子的配位剂。柠檬酸主要通过发酵的方法生产，年产量为 200 万吨，其中 2/3 由中国生产，市场价值约为 18 亿美元。柠檬酸在食品工业中用作酸化剂和防腐剂，在金属处理中用作配位剂，在洗涤剂中用作水软化剂，在急诊医学中用作重金属中毒的治疗剂。

微生物和生物合成

一些霉菌，如黑曲霉，在对数生长期后期，若给予过量的葡萄糖和氧气，可分泌大量的柠檬酸。尽管柠檬酸循环的中间产物通常被正常的代谢所消耗，但是通过两个反应，黑曲霉几乎能够定量地将葡萄糖转化为柠檬酸：①草酰乙酸，柠檬酸循环的中间产物，可通过一个回补反应得到补充；②丙酮酸羧化酶，位于霉菌的胞质中，可通过糖酵解的捷径催化 CO_2 和丙酮酸合成草酰乙酸。此外，通过一种反向转运系统，柠檬酸从线粒体(在此形成)分泌到胞质中，反过来，又将从胞质中输入马来酸(草酰乙酸的一种还原产物)。柠檬酸合成的限速步骤是葡萄糖的转运和磷酸化。

生产工艺

黑曲霉用于从糖工业化生产柠檬酸。生产的某些部分仍沿用传统的表面发酵工艺：在无菌室内，将糖液装于耐酸盘中，接种黑曲霉孢子；5 天后，在表面形成菌丝团并进行发酵。大量地通气也是必需的(达 10 vvm，每分钟单位体积发酵液的空气体积)，主要是除去所产生的热量。约 8 天的表面发酵后，将菌丝除去，用热水抽提，从混合的液体中沉淀柠檬酸，每千克糖约产出 50 g 柠檬酸。现在大多数的柠檬酸是在体积为 100～500 m^3 的搅拌式或气升式发酵罐中生产的。首先用蒸汽将不锈钢反应罐(收获液：pH 2.0)消毒，然后加入廉价的碳源，如淀粉水解物或蔗糖，通过一种尚不完全清楚的机制，限制培养基中的 Mn^{2+}($< 2\ \mu g\ L^{-1}$，通过添加铁氰化物或阳离子交换剂来实现)有利于生成高浓度的柠檬酸。在上述条件下，菌丝不会形成只含有少量孢子的松散的菌丝团，而是形成直径小于 0.5 mm 的固体颗粒。在 pH 5 条件下，细胞团的形成通常在 48 h 内完成，以分批补料的方式加入糖并加大通气量可启动柠檬酸的生成并分泌到培养基中，产量约为 150 g/L，摩尔收率大于 80%。通常用过滤的方法除去菌丝，向滤液中添加 $Ca(OH)_2$ 沉淀柠檬酸，再加入硫酸使其与柠檬酸钙反应进而回收柠檬酸。添加活性炭或离子交换剂使其结晶成纯的柠檬酸。在上述过程中，1 吨柠檬酸可产生 1 吨以上的石膏，导致大量废物和较高的废水处理成本。大多数的回收方法是用三月桂胺螯合发酵液中的柠檬酸，用烷烃和 1-辛醇的混合物提取复合物，在此工艺中，溶剂和螯合剂可以回收。一些降解烷烃的酵母能从低挥发性的烷烃组分生成柠檬酸，如近平滑念珠菌。然而，随着油价的攀升及对产品中可能存在有毒残留物的担忧，这种技术已被遗弃。

柠檬酸

$C_6H_8O_7$ CAS 77-92-9

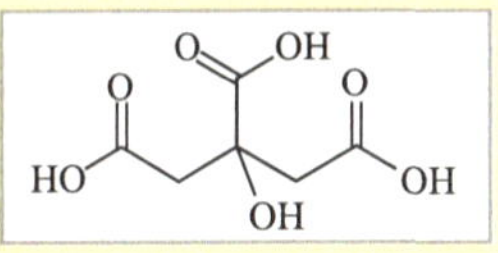

M_r	192.12
溶解度	600 g·L^{-1}水(20℃)
酸性	pK_{a1}=3.128(25℃):1%柠檬酸水溶液:pH 2.2
配位常数(lgk):	Fe^{3+}12.5,Ca^{2+}4.68,Cu^{2+}3.98(20℃时)

来源和用途

来源	/(g·kg^{-1})
柠檬	40～80
柚子	12～21
覆盆子	10～13
红醋栗	15～30
草莓	6～8
番茄	2.5

世界市场情况：年产约200万吨(2012)

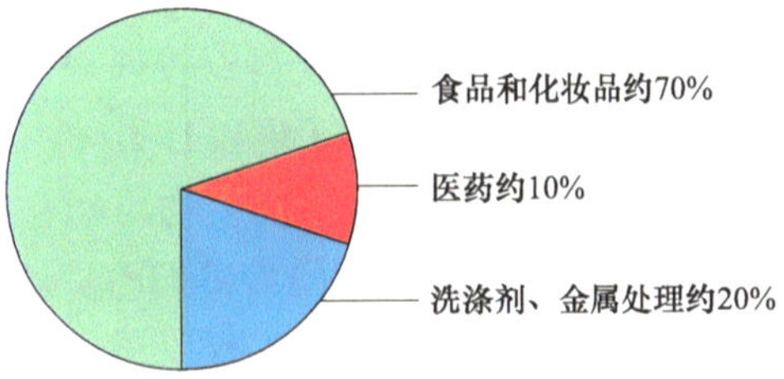

在黑曲霉中的生物合成

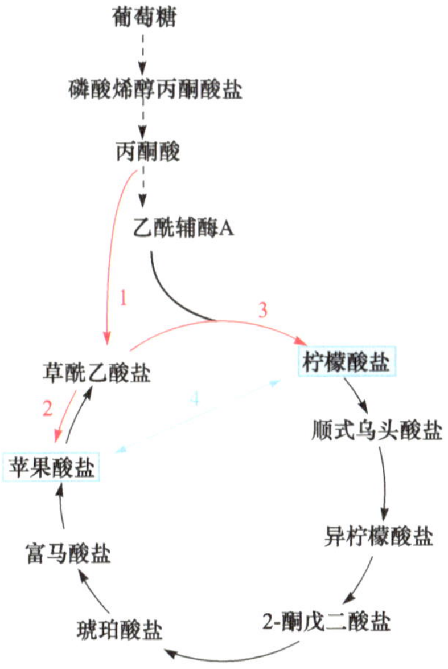

柠檬酸循环的回补反应

1 丙酮酸羧化酶(在胞质中)
2 苹果酸脱氢酶(在胞质中)
3 柠檬酸合成酶(在线粒体中)
4 柠檬酸/苹果酸反向转运系统(线粒体膜)

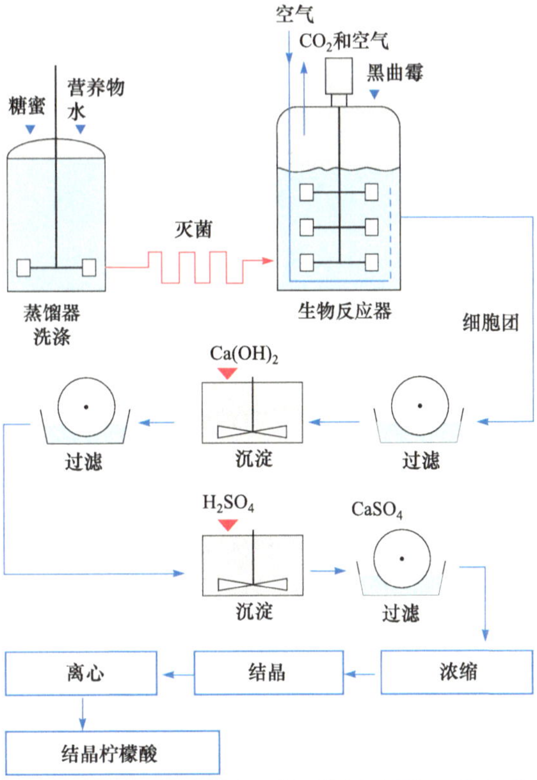

发酵和回收

接种材料、培养基	种子发酵罐	生物反应器	过滤	纯化	
淀粉或糖蜜、氮源、盐	40 m^{3}生物反应器	400 m^{3}不锈钢罐。32℃、8d，细胞生长后，pH从5.0降至2.0	用真空旋转滤器除去菌丝	沉淀 重结晶 1. $Ca(OH)_2$ 2. H_2SO_4 3. 重结晶	150 h后 >200 g·L^{-1} 柠檬酸

乳酸，3-羟基丙酸(3-HP)

概述

2013 年乳酸的产量为 30 万吨，其中大多数是由发酵产生。由于乳酸具有良好的酸味口感和防腐性能，因而其主要应用于食物和饮料。较低纯度的产品用于皮革和纺织工业。D-乳酸和 L-乳酸的一种新用途是作为平台化学品合成生物可降解的聚酯(NatureWorks™)。3-羟基丙酸(3-HP)是一种非天然的羟基酸，可以通过代谢工程改造大肠杆菌来合成。3-羟基丙酸不仅是合成聚合物的重要原料，也是合成其他化合物(如丙烯酸通过 3-HP 脱水获得)的重要平台化学品。基于丙烯酸合成的聚合物应用于尿不湿、涂料、纺织品、黏合剂以及废水处理等。

乳酸：微生物和生物合成

许多乳酸菌都可以工业化生产 L-乳酸，微生物的选择取决于使用何种碳源。由于要对底物进行完全转化，必须使用同型发酵的乳酸菌，理论上 1 mol 的葡萄糖经糖酵解可产生 2 mol 的 L-乳酸。左旋乳酸芽孢乳杆菌可生产 D-乳酸。真菌和面包酵母也可通过代谢工程实现高产乳酸。然而目前其收率与乳杆菌生产工艺相比并没有竞争力。

发酵和回收

乳酸可以通过化学合成或发酵来生产。化学合成是通过水和丙烯酸或氢氰酸与乙醛的加成反应来实现，生成外消旋的乳酸。在发酵时，微生物的选择取决于碳源。如果使用葡萄糖或其他糖溶液，则优先选择德氏乳杆菌或赖氏乳杆菌；当使用乳清作为碳源时，则使用保加利亚乳杆菌。发酵培养基含有 12%～18%的糖、氮源、磷酸盐和维生素 B。由于乳酸菌在 pH 4.5 条件下会失去活力，因而利用碳酸钙作为缓冲液，使 pH 恒定在 5.5～6.0，并控制在 45～50℃缺氧条件，根据底物浓度，发酵通常在 2～6 天后完成。去除菌体后，添加硫酸可以将乳酸钙转化为游离酸，并可通过离子交换层析进一步纯化。另一种方法是使用甲醇酯化生成乳酸甲酯，可通过蒸馏进一步纯化。在发酵液中使用液体膜和直接使用离子交换剂无须预先沉淀钙盐，该方法正在研发中。对于聚酯的应用，首先通过缩合形成交酯，再通过真空蒸馏来纯化。

3-羟基丙酸

为了微生物能以葡萄糖或甘油为原料生产这一非天然化合物，构建了许多人工代谢途径。首选的方法是以大肠杆菌作为宿主菌，葡萄糖为原料，经丙酮酸和 L-丙氨酸至β-丙氨酸，随后在两步酶催化下通过丙二酰半醛形成 3-HP。该途径有趣的地方是使 L-丙氨酸和β-丙氨酸异构化的酶(丙氨酸-2,3-氨基变位酶)在自然界中并不存在。因此，该酶是在其类似蛋白——赖氨酸-2,3-氨基变位酶基础上，结合蛋白质设计和酶的进化获得的，通过在大肠杆菌表达后发现其对 L-丙氨酸有活性。同时，基于大肠杆菌发酵过程的工业优化已经达到试点规模(2014)。另一种方法是以甘油为碳源，利用来源于肺炎克雷伯菌的甘油脱氢酶使其脱水形成 3-羟基丙醛，进而在来源于巴西固氮螺菌的α-酮戊二酸半醛脱氢酶作用下还原成 3-HP。由于该过程需要添加外源维生素 B_{12}，并且肺炎克雷伯菌在胞质中形成维生素 B_{12}，因此已尝试将整个代谢途径在肺炎克雷伯菌中表达。然而，收率仍不尽如人意，大约为 40 g/L。上述的发展是新兴的“合成生物学”的案例，合成生物学不再局限于天然的途径和酶，而是尝试随意设计需要的途径和酶。

D-乳酸，L-乳酸

$C_3H_6O_3$
M_r 90.08
pK_a 3.80(25℃)
CAS 50-21-5
10326-41-7(*R*)-型
79-33-4(*S*)-型
外消旋物的化学合成：
水和丙烯酸的加成反应或HCN与乙醛的加成反应，之后水解

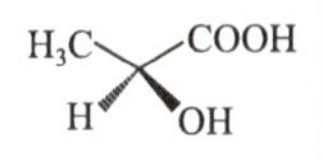

(*S*)-型

3-羟基丙酸

$C_3H_6O_3$
M_r 90.8
pK_a 4.50(25℃)
fp 213℃
CAS 503-66-2

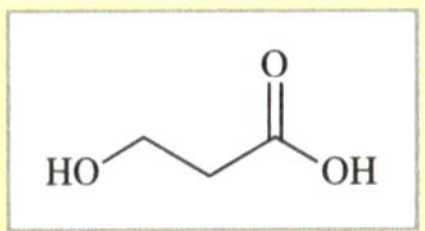

生物合成L-乳酸(德氏乳杆菌)

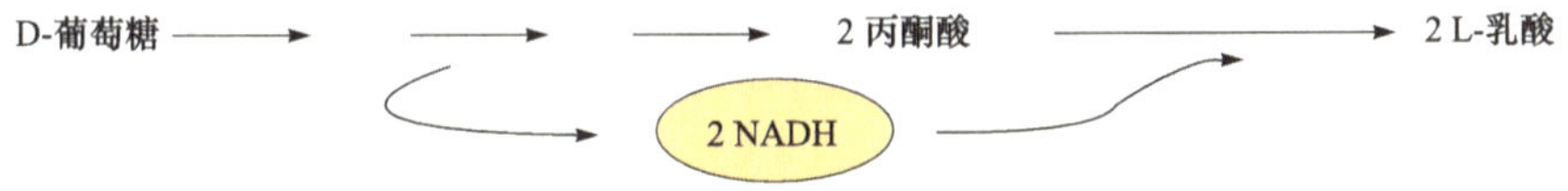

大肠杆菌中β-丙氨酸途径合成3-羟基丙酸

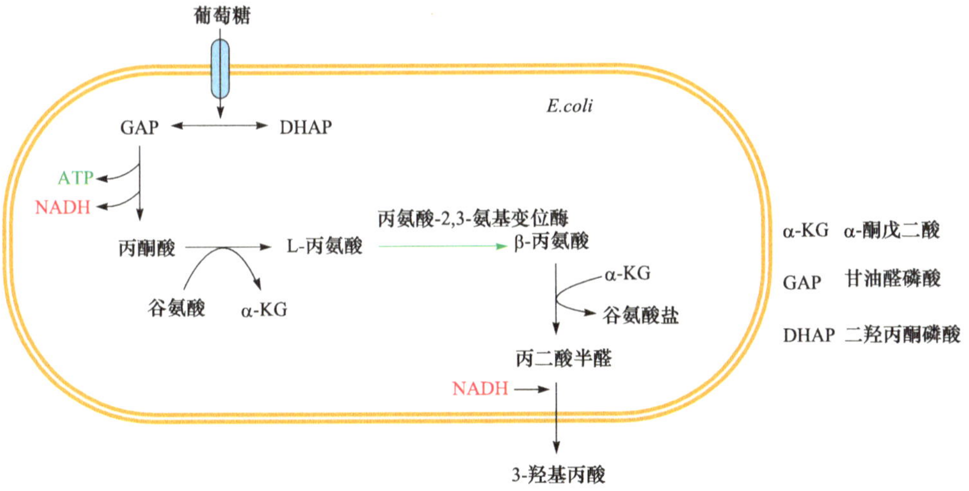

α-KG α-酮戊二酸
GAP 甘油醛磷酸
DHAP 二羟丙酮磷酸

丙氨酸-2,3-氨基变位酶

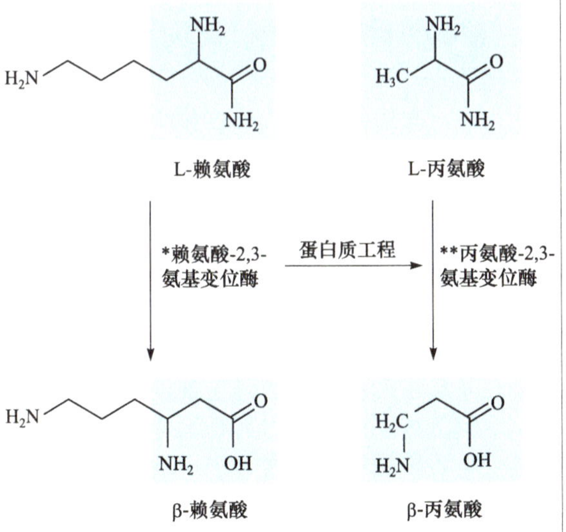

*自然存在的酶
**非自然存在的酶

发酵和回收

L-乳酸	3-羟基丙酸
预培养 乳酸杆菌	预培养 重组大肠杆菌
生物反应器 >100 m^3，葡萄糖或糖溶液，30℃，pH 6.5，1 vvm	生物反应器 甘油或葡萄糖
回收 除去细胞，Ca盐沉淀，溶解，离子交换层析	回收 除去细胞，酸提取，沉淀
生产强度 2～3kg·m^{-3}·h^{-1}	目标 对糖的理论收率>90%

葡萄糖酸和“绿色”糖化学

概述

葡萄糖酸是葡萄糖在发酵过程中选择性氧化产生，也是一种成熟的生物技术产品。近年来，糖的衍生物在“绿色技术”的体系内发展，如2,5-呋喃二甲酸、乙酰丙酸酯、葡糖二酸和异山梨醇。通过化学方法生产的产品是潜在的平台化学品，也可能从未来的“生物炼制”中获得。

葡萄糖酸

D-葡萄糖酸钠、D-葡萄糖酸和其δ-内酯的产量约为70 000吨。δ-内酯作为一种温和的酸味剂应用于食品工业。葡萄糖酸钙和葡萄糖酸铁溶解度高且无毒性，因而应用于治疗钙或铁缺乏症的医药输液制剂中。葡萄糖酸钠也是一种碱性很强的钙和铁的配位剂，其产量的50%用于瓶子清洗、碱除锈的添加剂、用于混凝土的制备及在纺织品处理时用来防止铁沉淀。D-葡萄糖酸的p*K*a为3.7。D-葡萄糖酸是D-葡萄糖亚端氧化的终产物，与乙醇亚端氧化成乙酸相似。某些霉菌(黑曲霉、青霉菌)和氧化细菌(特别是葡糖杆菌)能够进行这种反应。在霉菌中，起作用的黄素酶是D-葡萄糖氧化酶，该酶定位于真菌细胞壁上，但在发酵时也会出现在培养基中。葡萄糖氧化酶是生物传感器中血糖测定的关键酶。相反，葡糖杆菌使用膜结合的D-葡萄糖脱氢酶，该酶以吡咯喹啉醌作为辅因子，与醋酸杆菌的乙醇和乙醛脱氢酶类似。

发酵和回收

D-葡萄糖酸是通过电化学氧化或通过黑曲霉发酵从D-葡萄糖生产的。在pH > 3时，黑曲霉能在其细胞壁上积累葡萄糖氧化酶，该酶能将D-葡萄糖氧化成D-葡萄糖酸-5-内酯，它能够自发地或通过酶催化(内酯酶)更快地水解成D-葡萄糖酸。在剧烈通气条件下，pH 4.5～6.5(用Na_2CO_3/NaOH或$CaCO_3$作为调节剂)下，加入11%～25%的D-葡萄糖，细胞生长后即可获得葡萄糖酸钠或葡萄糖酸钙。通过浓缩和干燥可从过滤的发酵液中得到盐，通过离子交换层析可从盐中可以得到游离酸和内酯。

2,5-呋喃二甲酸(FDCA)

是一种人类代谢物，可在尿液和血浆中检测到。其生产方法为葡萄糖经脱水形成羟甲基糠醛或烷氧甲基糠醛，随后在强碱条件下催化氧化获得。氧化步骤也可通过细菌完成，如贪铜菌*Cupriavidus basilensis* HMF14。FDCA是石油基对苯二甲酸的潜在替代品，可与二醇类(如生物乙醇来源的乙烯乙二醇)缩合成“绿色”材料，如聚呋喃二羧酸乙二醇酯(PEF)，正尝试替代聚对苯二甲酸乙二醇酯(PET)；PEF可完全由糖转化形成并可生物降解。荷兰Avantium公司提出了Y-X-Y(“iksy”)技术，该公司与多个瓶装公司合作，如可口可乐、达能集团。利用Y-X-Y技术，通过交换二醇组分(如丙二醇)可产生其他材料，如纤维材料或膜材料。

异山梨醇

是一种易吸水性材料，可由山梨醇经两步脱水获得，常用作干燥剂和利尿剂，还是一种潜在的平台化学品，如可用于合成聚酯。异山梨醇聚碳酸酯(Durabio™)具有与石油化工产品聚碳酸酯相似的性能。

葡萄糖二酸

可由葡萄糖选择性化学氧化获得。二元羧酸包含4个手性中心，因此可用于制备多种手性产品。葡萄糖二酸已用作温和的化妆品磨砂膏。

乙酰丙酸酯

在醇类存在条件下，可在稀酸溶液中加热葡萄糖获得。例如，在甲醇存在条件下可形成乙酰丙酸甲酯；在甘油存在条件下可形成乙酰丙酸缩酮。这些产品可作为石油化工试剂的替代品应用于各种领域，如增塑剂、溶剂、聚氨酯组分或农药(如氨基乙酰丙酸)。

D-葡萄糖酸

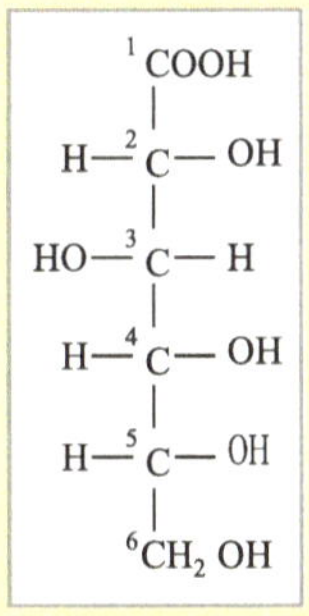

$C_6H_{12}O_7$

M_r	196.16
pK_a	3.7 (25 ℃)
CAS	526-95-4

2,5-呋喃二甲酸

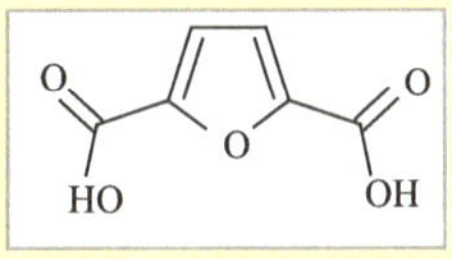

$C_6H_4O_5$

M_r	156.09
pK_a	2.28
CAS	3238-40-2

FDC的合成

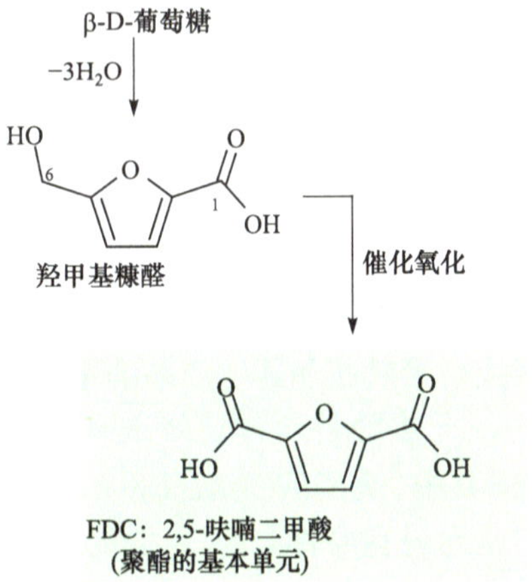

D-葡萄糖酸(黑曲霉)

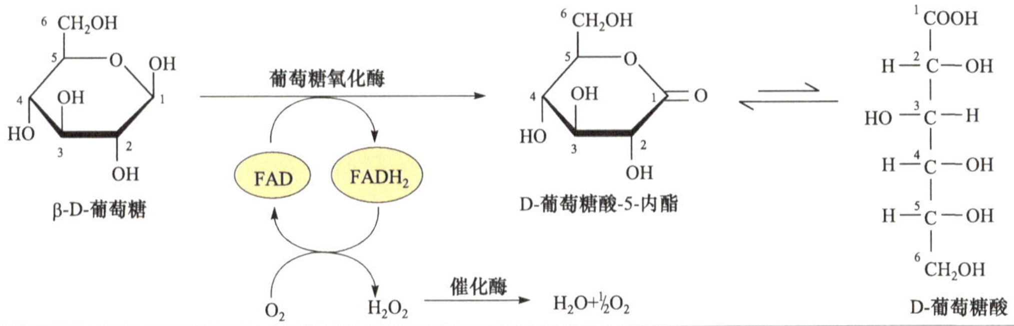

发酵和回收D-葡萄糖酸

预培养		生物反应器		回收		生产强度
黑曲霉	▶	>100 m^3，葡萄糖或糖溶液，33℃，pH 6.5, 1 vvm	▶	细胞分离、浓缩，加入NaOH，干燥	▶	>13 $kg\cdot m^{-3}\cdot h^{-1}$

其他“绿色”糖结构单元

产物	结构	制造	应用	状态	公司
乙酰丙酸缩酮酯	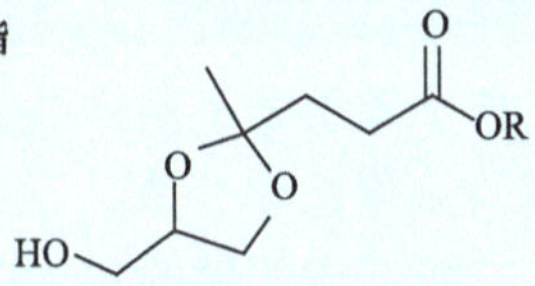	葡萄糖和戊糖的热化学处理	塑化剂	中试	美国Segetis 荷兰Aventium
葡萄糖二酸	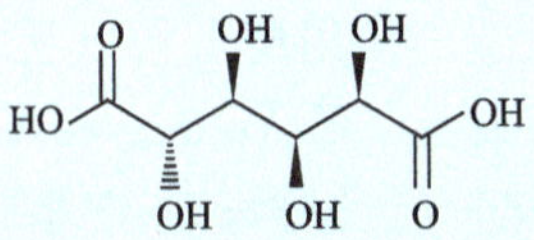	葡萄糖生物聚合物的化学氧化	生物聚合物	中试	美国Rivertop可再生能源公司
异山梨醇(聚碳酸酯)	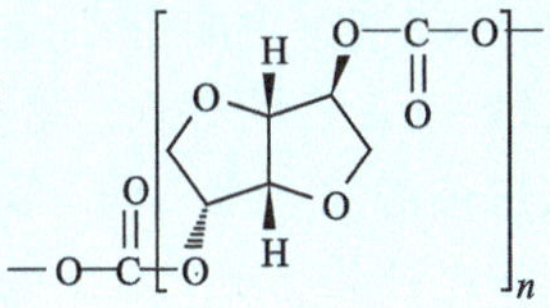	山梨醇化学脱水	生物聚碳酸酯	产品Durabio(生物工程塑料)	日本三菱化学 法国罗盖特

二元羧酸

二元羧酸

是聚酯、聚酰胺和其他产品的重要结构单元。大多数的二元羧酸是通过烷烃或环烯的氧化化学合成的，其中，癸二酸(辛烷-1,8-二羧酸)是一个例外，它是通过蓖麻油酸(蓖麻油的一种组分)的碱裂解形成的。有些二元羧酸可以通过发酵合成，用于生物合成的二元羧酸多样性刺激了这一领域的发展。

琥珀酸

是柠檬酸和尿素循环(精氨酸琥珀酸)的中间体。琥珀酸不仅是食品级的酸味剂，也是合成生物聚合物的重要平台化学品，如聚酯、聚酰胺和聚呋喃。对于化学合成方法，主要使用 C-4 二羧酸如反丁烯二酸。对于工业发酵，主要使用大肠杆菌突变株、面包酵母、革兰氏阴性瘤胃细菌 *Basfia succinoprodugenes* 或其他菌种。大肠杆菌突变株的改造在于敲除编码丙酮酸甲酸裂解酶的基因和编码乳酸脱氢酶的基因来抑制副产物的形成，如乙酸、甲酸和乳酸。通过引入 *Rhizobiumetlii* 来源的丙酮酸羧化酶，代谢物回补顺序使得三羧酸循环得以补充。与大肠杆菌相比，面包酵母可以在低 pH 条件下生产琥珀酸，促进了发酵过程中的 pH 纠正，降低了回收过程中盐的负荷。通过敲除 *sdh3* 或 *ser3/ser33* 基因可以使琥珀酸产量比野生型提高 30 倍，*sdh3* 基因负责耦合琥珀酸的形成与生物质的再生，*ser3/ser33* 基因负责 3-磷酸甘油酸进入丝氨酸代谢的通道。

衣康酸

是柠檬酸循环的副产物，可以由各种曲霉(如土曲霉)经糖发酵形成。衣康酸的生物合成路径为柠檬酸脱水形成顺乌头酸，随后脱羧形成衣康酸。发酵类似于柠檬酸的生产过程，产量约为 80 g/L。浓缩的溶液在 15℃条件下结晶即可回收衣康酸。衣康酸在化学上类似于甲基丙烯酸，但多包含一个功能基团，是合成许多聚丙烯酸酯、树脂和表面活性剂有用的结构单元。在 2009 年，衣康酸的产量达 50 000 吨。

高级二元酸

酵母中的耶氏酵母属(如解脂耶氏酵母)和假丝酵母属(如热带假丝酵母)能以烷烃类作为唯一碳源生长。在烷烃的代谢中，第一步是在单加氧酶作用下，烷烃的单末端、双末端或近末端氧化，产生的羟基化合物进一步在脱氢酶的氧化下生成羧酸，经过常规代谢的同化再经β-氧化形成乙酰-CoA。脂肪酸也可以通过单末端氧化或脱氢作用氧化成二元羧酸。当β-氧化受阻时，酵母突变株可以将烷烃或脂肪酸转化成二元羧酸或ω-羟基脂肪酸。脂肪酸是可再生原料，大多数来源于植物油脂，因此二元羧酸的合成可以作为化学结构单元。然而，这一过程的缺点在于链长低于 C-12 的脂肪酸(月桂酸)在工业上没有合适的应用，使得这一过程制备的二元羧酸链长限制在 C-12 到 C-18。相反，聚酰胺中规模最大的产品聚酰胺纤维需要短链的二元羧酸如己二酸。

己二酸

是自然界中罕见的产品，可通过环己烯或环己烯酮的氧化化学合成。己二酸是尼龙 66(己二酸和己二胺形成的聚酯)的组成成分。最近，代谢工程改造的重组酵母可以利用烷烃、脂肪酸或葡萄糖合成己二酸(Verdezyne, USA)。在这些菌株中，宿主(热带假丝酵母)体内脂肪酸降解系统中的酰基-CoA 合酶被寄生曲霉 *Aspergillus parasiticus* 来源的己酸-CoA 合酶替代。此外，不必要的分支路径基因也被敲除。己二酸、癸二酸和十二烷二酸是未来绿色聚酯和聚酰胺中最有前景的结构单元。

琥珀酸

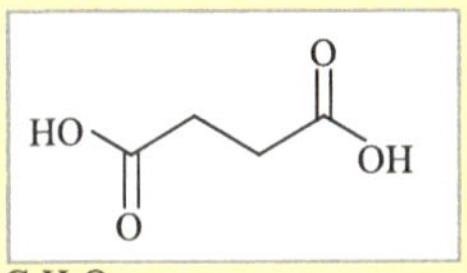

$C_4H_6O_4$

M_r	118.09
pK_s	4.16 and 5.51
fp	184℃
溶解度	58 $g \cdot L^{-1}$(20℃)
CAS	110-15-6

化学合成：顺丁烯二酸酐的催化加氢

M_r：相对分子质量；
pK_s：质子自传递常数；
f.p.：熔点

衣康酸

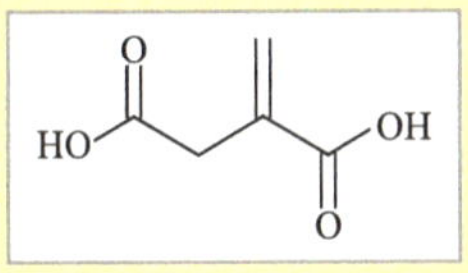

$C_5H_6O_4$

M_r	130.10
pK_s	3.84 and 5.55
fp	184℃
溶解度	63 $g \cdot L^{-1}$(20℃)
CAS	97-65-4

己二酸

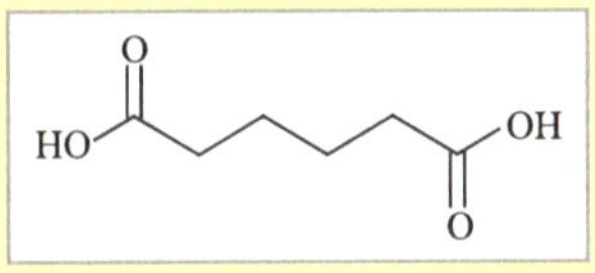

$C_6H_{10}O_4$

M_r	146.14
pK_s	4.43 and 5.42
fp	151℃
溶解度	24 $g \cdot L^{-1}$(20℃)
CAS	124-04-9

化学合成：环己烷的催化氧化

琥珀酸的生物合成

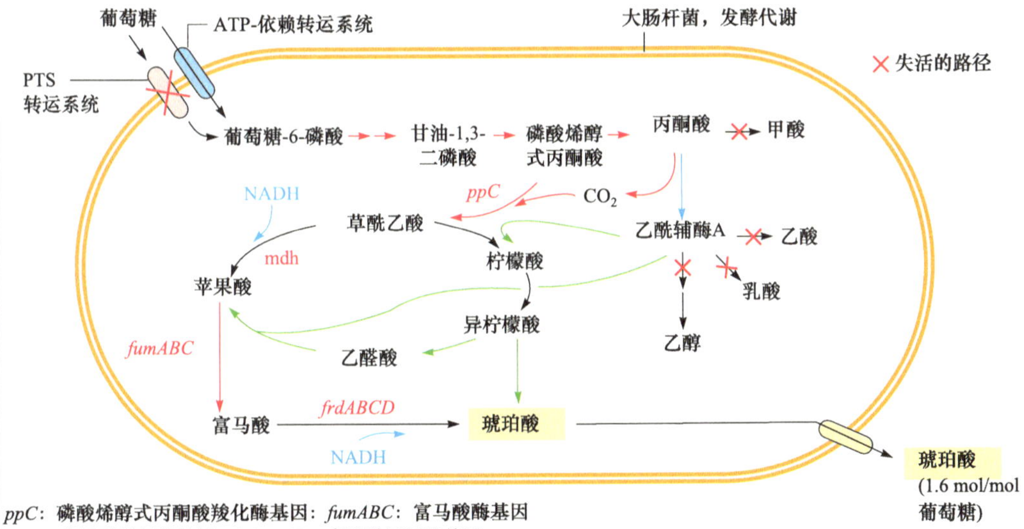

ppC：磷酸烯醇式丙酮酸羧化酶基因；*fumABC*：富马酸酶基因
Mdh：苹果酸脱氢酶基因；*frdABCD*：富马酸还原酶基因

琥珀酸衍生物

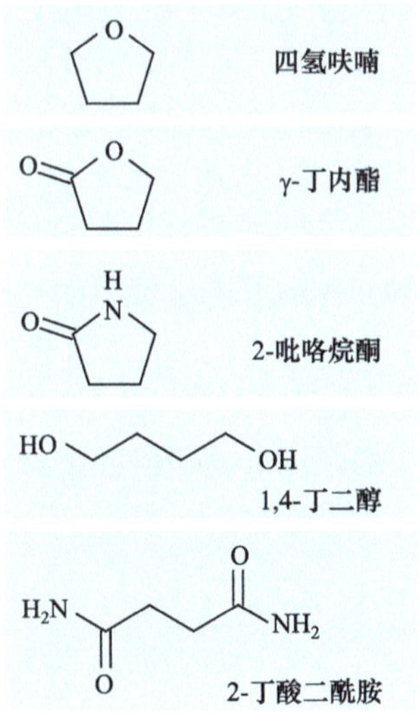

二元羧酸

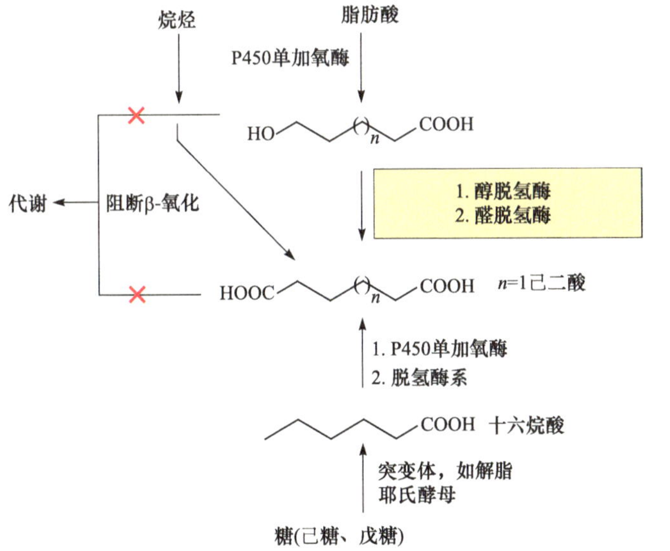

生物聚合物：聚酯

概述

聚酯是最大的一类聚合物，利用石油基化学材料来源的酸和醇通过缩聚作用合成。聚对苯二甲酸乙二醇酯(PET)可用于生产塑料板材、塑料瓶。聚碳酸酯(PC)可用于生产光盘、飞机窗户及一些其他的目的。生物聚合物(生物塑料)是最近发展起来的，利用淀粉或植物油脂等可再生资源生产的材料。与传统塑料相比，生物塑料具有更好的可降解性(或腐烂的更快)，这是由于其手性结构单元可以被环境微生物分泌的酶所分解。聚酯类生物聚合物主要包括聚乳酸(PLA)、聚羟基脂肪酸(PHA)和生物 PET 产品。基于异山梨醇的聚碳酸酯也被研究。与传统的聚酯相比，生物聚合物的生产成本更高(2013)，并且其生产和应用性能也需进一步改善。廉价的、市场已经获得成功的是热塑性淀粉或 PSM(淀粉基材料或淀粉处理的增塑剂如山梨醇和甘油)。虽然目前只有大约 8%的聚合物是生物基的，但这类产品的年增长率可达 20%。

聚乳酸(PLA)

从 L-乳酸工业化生产聚乳酸已有多年(NatureWorks™)。发酵产物通常作为二聚体分离，并在金属催化下经开环聚合形成 PLA。与添加剂混合后，材料经挤压可制备各种产品，如堆肥袋、食品包装和一次性餐具。若要应用于汽车和机器制造业，则要求材料具有更多的性能(如更高的熔解温度、更高的抗击能力)。这些性能可以通过使用 1:1 混合的 L-和 D-丙交酯的共聚作用获得。因此，改善 D-乳酸工业化生产的发酵过程已经开展。

聚羟基脂肪酸(PHA)

许多微生物在合适的条件下可以形成聚羟基丁酸，其产量可达细胞干重的 90%，如罗尔斯通氏菌。许多菌株其聚合物的组成可以通过添加前体(如乳酸)进行各种修饰。罗尔斯通氏菌的 PHA 操纵子仅由 3 个基因组成，并在大肠杆菌、恶臭假单胞菌及其他微生物和植物中成功表达。值得关注的技术在于 3-羟基丁酸和 3-羟基戊酸的共聚物表现出与聚丙烯相似的性能，但其可通过可再生资源合成并可生物降解。生产的少量产品在外科手术中具有特殊的应用。另一种商业化产品是 Aonilex，它是 3-羟基丁酸和 3-羟基己酸的共聚物，根据其混合程度，熔点可达 160℃，具有很好的应用性能，可利用革兰氏阴性菌钩虫贪铜菌(*Cupriavidus necator*)的工程菌株生产。用于发酵的碳源和氮源分别为植物油脂和无机氮，根据可利用的碳源，其产量几乎是定量的。PHA 生物聚合物在胞质中形成，其回收需用酶水解细胞壁，经有机溶剂提取，更简单的方法是干燥获得细胞团。

生物-PET

是经发酵获得的二醇和对苯二甲酸的共聚物。利用对苯二甲酸和重组大肠杆菌生产的 1,3-丙二醇制备的共聚物已经注册并用于制造纺织纤维和地毯。利用对苯二甲酸和经生物乙醇水合作用获得的乙二醇制备的共聚物已用于生产可口可乐公司的“绿色瓶”。在这两个例子中，对苯二甲酸都是来源于石油基原料，生物基材料制备的产品只占 30%。利用可再生资源生产对苯二甲酸的工业项目正在进行中，例如，工程酵母生产的叔丁醇二聚化，或利用 2,5-呋喃二羧酸(FDC)替代对苯二甲酸，FDC 可由葡萄糖脱氢作用再化学氧化合成。

聚乳酸

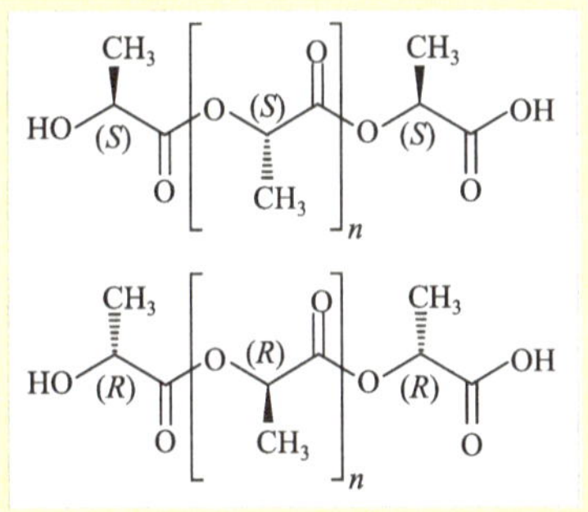

CAS-Nr. 33135-50-1

	熔点/℃	结晶度
L-聚乳酸	170～180	37
D-聚乳酸	170～180	37
sc聚乳酸 (1:1混合)	230	>50

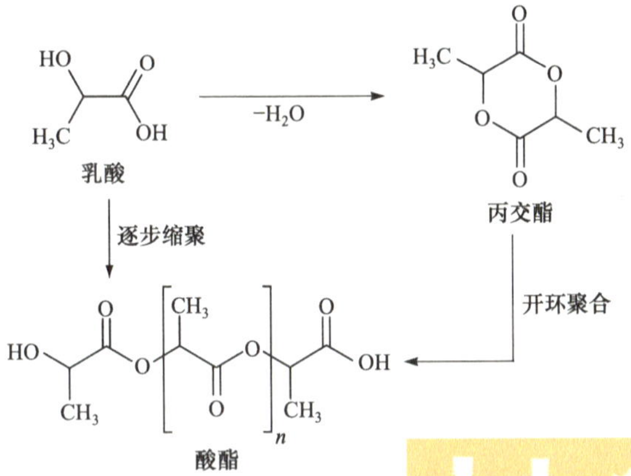

在土壤中6周之后的生物可降解瓶子

聚羟基脂肪酸

产品	催化剂	生产商
3-羟基丁酸和3-羟基戊酸共聚物(Biopol)	真氧产碱杆菌	Metabolix (Mirel)
3-羟基丁酸和3-羟基己酸共聚物(Aonilex)	真氧产碱杆菌来源于豚鼠气单胞菌的基因簇	日本钟渊
2,3-丁二醇和丁二酸共聚物(GS pla)	通过2种生物聚合物化学合成	三菱化工
聚羟基丁酸，克隆来源于广泛产碱菌的操纵子	大肠杆菌	ATO-DLO
侧链从C3～C8的聚酯或苯戊酸侧链	假单胞菌	非商业化
聚羟基丁酸，克隆来源于真氧产碱杆菌的操纵子	油菜籽	非商业化

真氧产碱杆菌		生物反应器		回收	
异养生产菌株	▶	分批补料，葡萄糖，丙酸，30℃，约40 h	▶	酶解细胞	> 80 g/L，培养基，> 2 g/L×h

来源于真氧产碱杆菌的操纵子

启动子	PHA合酶	酮硫解酶	乙酰辅酶A还原酶

PET聚合物与类似物

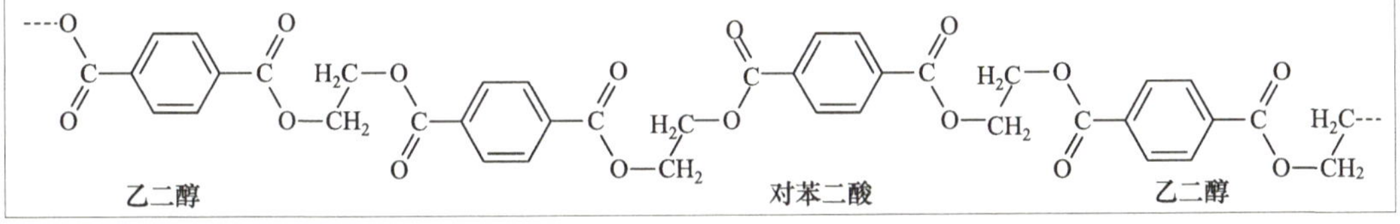

PET聚合物与类似物

二醇组分	酸组分	产品/交易名称	公司
来源于生物乙醇的乙二醇	对苯二酸	绿瓶	可口可乐
来源于生物乙醇的乙二醇	来源于异丁醇的对苯二酸	发展中	Gevo
来源于生物乙醇的乙二醇	呋喃二羧酸	发展中	Aventium
1,3-丙二醇	对苯二酸	Sorona纺织品	杜邦

生物聚合物：聚酰胺

概述

根据结构来看，多肽、蛋白质和酶都属于聚酰胺。蚕丝也属于聚酰胺，在亚洲作为纺织材料已使用数千年。一些聚酰胺具有“智能聚合物”的潜力，并可以通过生物技术的方法生产，例如，蜘蛛的牵引丝、贻贝的黏附蛋白或珍珠层的复合材料(分子仿生学)。目前，重要的聚酰胺都是通过石油基材料生产的，如尼龙、聚酰胺纤维，可以作为热塑性纤维、灯芯绒衣物、地脚螺栓或绝缘材料。利用可再生材料(如生物尼龙)生产聚酰胺也有巨大的生物技术潜力，然而对于大规模使用来说，原料仍然太贵。

蚕丝

的结构组分是蚕丝蛋白，蚕丝蛋白是由重复的六肽单元和间隔器组成。高比例的甘氨酸和形成的许多氢键形成了一个非常紧密和稳定的β-折叠。蚕丝蛋白是由家蚕(*Bombyx mori*)蚕蛾生产并与辅助蛋白丝胶蛋白一起分泌。这种高分泌性能的系统已经用于生产转基因蛋白，如红细胞生成素、铁蛋白或蜘蛛丝，并且这些过程在日本正处于工业化使用的边缘(2014)。

蜘蛛丝蛋白

是由蜘蛛(如 *Nephila claviceps*)的吐丝器喷出的一种高度不同的聚酰胺，具有很高的弹性性能和技术潜力，如蜘蛛牵引丝的伸展能力可达30%(在未断裂之前)，已经开发用于防弹背心的组分(“生物钢”)。蜘蛛丝蛋白和蚕丝一样是由重复的多肽组成，已经在大肠杆菌、毕赤酵母和转基因动物中表达，使用的合成基因为针对宿主微生物的密码子偏好性优化获得的。然而，重组蜘蛛丝蛋白的产量仍然局限于每升发酵液几克蛋白。制造“蜘蛛丝”的最大挑战在于制备足够长的可以用技术设备纺织的纤维。一种合适的工程方案已经实现(AMSilk, Spiber)，即模拟蜘蛛的吐丝器。

黏着蛋白

贻贝(如 *Mytilus edilis*)可以通过一种聚酰胺黏着在光滑的表面上，如蟹壳，这种聚酰胺在水中会变硬；通过这种方法，贻贝可以实现远距离的传播。这种天然黏着剂的前体蛋白分子量大小约为130 kDa，这种蛋白主要由亲水性氨基酸组成，如酪氨酸、丝氨酸、苏氨酸、赖氨酸或脯氨酸。在分泌过程中，酪氨酸和脯氨酸残基通过翻译后羟基化修饰，形成 3-或 4-羟-L-脯氨酸和 *O*-羟酪氨酸(DOPA)；分泌后，在氧存在条件下，这些残基形成漏勺结构，进而开始多肽链的聚合。通过对合成的基因表达元件的优化，前体蛋白可以在大肠杆菌中实现很好地表达。然而，目前关于黏着形成以及翻译后修饰过程的基因还未实现在大肠杆菌中克隆表达。因此，前体蛋白分离后经真菌酪氨酸激酶的氧化形成多羟基化的多肽，随后添加 L-抗坏血酸以防止被进一步氧化。基于这种材料的商业黏着剂正开发用于牙科领域。

生物尼龙

石油基尼龙有 2 个 C-6 结构单元组成：己二酸和己二胺(PA66)。戊二胺可在发酵过程中由 L-赖氨酸脱羧形成(BASF, Ajinomoto)，与己二酸缩聚可形成 PA56，其性能与 PA66 相似。己二酸目前主要由环己烯和环己醇生产的石油化工产品，但从葡萄糖或脂肪酸生产这种二元羧酸的生物技术路径已经建立(Genomatica, Verdezyne)。因此生产绿色的尼龙 PA66 在技术上是可行的，但目前价格仍然很高。长链的二元羧酸如癸二酸(C-12)(蓖麻油酸经碱处理获得)或十二烷二羧酸(月桂酸的末端氧化)已经商业化应用。因此，PA510, PA512,PA 610, PA612 和其他的聚酰胺原则上可以通过生物结构单元生产。然而，这些材料在制造或应用方面的优势相较于高价格并不能被市场接受。

蚕丝

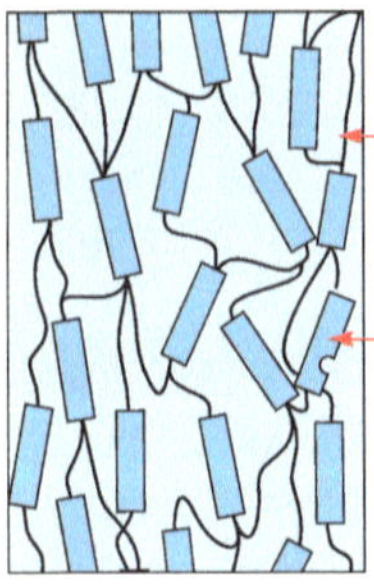

蚕丝蛋白，二级结构

蚕丝蛋白主要组分

(甘氨酸-丝氨酸-丙氨酸-甘氨酸-丙氨酸)$_n$-间隔区

压力
强度 1×10^9 Nm^{-2}
扩展性 15%
抗张强度 350 MPa

蚕茧中的家蚕

蜘蛛的牵丝蛋白

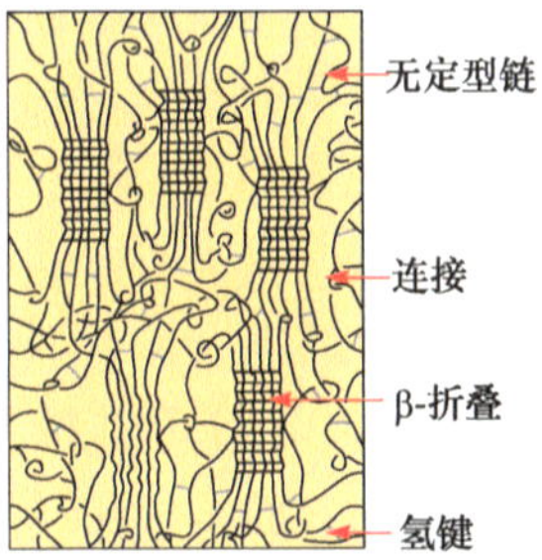

牵丝蛋白主要组分
(甘氨酸-脯氨酸-甘氨酸-甘氨酸-x)$_{3\text{-}63}$-(甘氨酸-甘氨酸-x)$_{12}$-间隔区

压力
强度 4×10^9 $N\cdot m^{-2}$
扩展性 500%
抗张强度 20 000 MPa

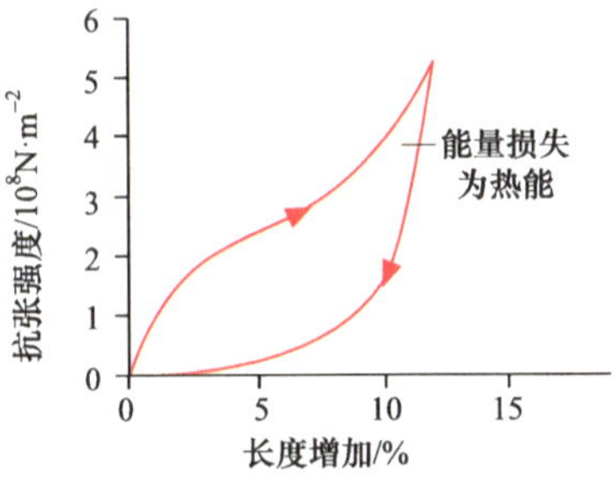

尼龙6,6的合成

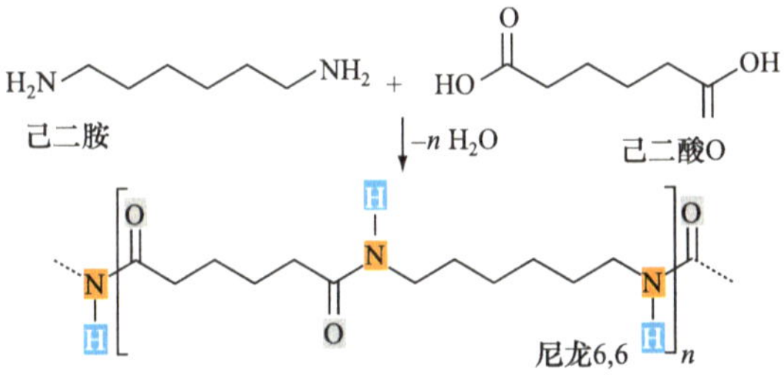

尼龙6,6上层结构的氢键

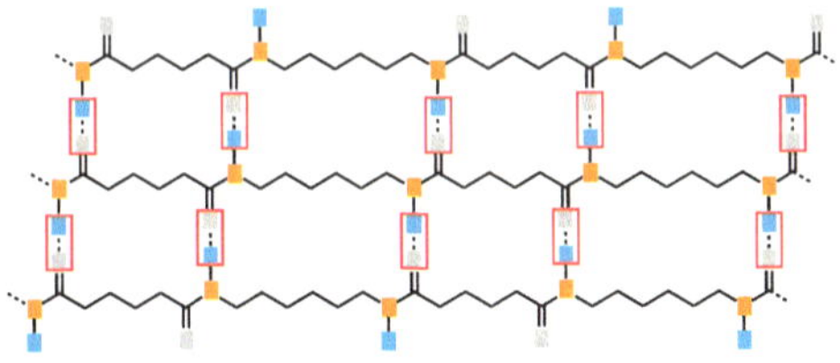

	二胺		二酸	
尼龙6,6	己二胺		己二酸	
尼龙5,6	戊二胺	L-赖氨酸脱羧(巴斯夫，味之素)	己二酸	来源于葡萄糖代谢通路(Genomatica,Verdezyne)
尼龙6,10	己二胺		癸二酸	
尼龙5,12	戊二胺	L-赖氨酸脱羧(巴斯夫，味之素)	十四烷双酸	十二烷酸的末端氧化(科宁，Cathay,Hilead)

红色：石油基原料，绿色：生物基原料

来源于普通贝类的黏着蛋白(贻贝)

[丙氨酸-赖氨酸-(脯氨酸或羟脯氨酸)-丝氨酸(酪氨酸或二羟基苯丙氨酸)-羟脯氨酸-羟脯氨酸-苏氨酸-二羟基苯丙氨酸-赖氨酸-]

hyp=4-羟基脯氨酸
DOPA=3,4-二羟基苯丙氨酸

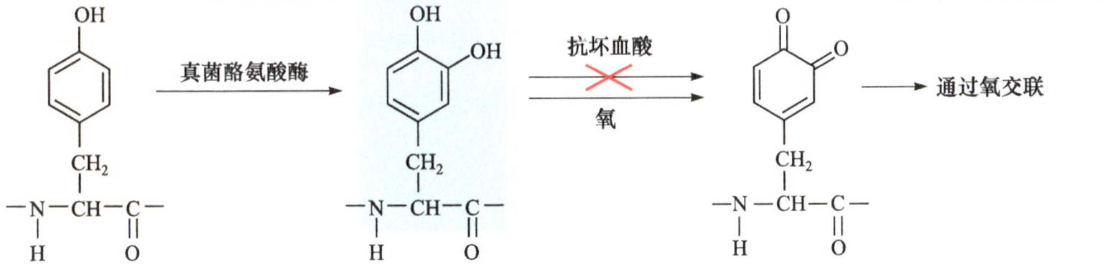

基因工程获得的前体蛋白

激活的预聚物，通过抗坏血酸稳定

多糖

概述

在食品生产中，使用多种糖来作为增稠剂和稳定剂，如淀粉、纤维素、阿拉伯树胶、瓜尔胶、果胶、海藻酸盐和琼脂。在石油勘探中也使用黄原胶。尽管大多数多糖是从植物和海藻中分离的(可再生资源)，但有些是通过发酵，作为微生物细胞胞外产物来生产的。由于这种发酵工艺在经济上无法与从植物和海藻中制备相比，其应用只局限于特殊的领域。最重要的微生物多糖是黄原胶、葡聚糖和细菌纤维素。透明质酸是脊椎动物胞外基质的组分，可应用于医学和化妆品。

黄原胶

是一种酸性的杂多糖，是由植物病原性原核生物-野油菜黄单胞菌产生的；它由5个己糖残基作为重复单元组成，分子质量约为(1.5～2)×10^6 Da。丙酮酸残基的数目可能会有所变化，但这几乎不影响这种生物聚合物的黏度。黄原胶的黏度对电解质不敏感，生物聚合物表现出假塑性特性(当剪切力增加时，黄原胶溶液的黏度反而降低)，因而在需要凝胶的工业工艺应用中非常方便。它最重要的应用就是在食品加工中作为增稠剂(如色拉酱)。在三次采油中，用黄原胶对聚合物驱动放入含盐土壤的形成进行了广泛的研究，但是，由于油价下跌和采油技术的改进，这种方法在商业上未获得成功。在石油勘探和开发中，在钻“泥”时，使用黄原胶。采用分批发酵的方式进行发酵(碳源：葡萄糖或蔗糖，氮源：蛋白胨、硝酸铵或尿素)。表达了大肠杆菌的 *lac* 操纵子、野油菜黄单胞菌能够从乳清(一种废料)中生产黄原胶。然而，这种工艺在商业上尚无竞争力。在发酵过程中，发酵液如果黏度急升至10000 cP，表明黄原胶已形成。在这种高黏度的培养基中，如果要供应充足的氧气(这是高产所必需的)，必须配置特殊的搅拌器。通常用2-丙醇沉淀的方法从发酵液中分离产物。目前(2013)，黄原胶的年产量在100 000吨以上。

葡聚糖

在医疗上，用葡聚糖作为血浆扩充剂，而且由于其天然物和化学衍生物的孔径都很明确，所以被用于蛋白质的纯化。葡聚糖是由D-葡萄糖构成的，大多是通过α-1,6-糖苷键连接，分子量可达5×10^7 Da。有几种微生物可以以细胞外产物的形式生产葡聚糖，如人口腔中的变形链球菌(形成牙斑)。工业化生产葡聚糖时，通常使用肠膜明串珠菌，在24 h内，可从蔗糖生产约200 g/L葡聚糖，在发酵液中加入乙醇可将其沉淀出来。加入酸可将其部分水解，通过分级沉淀可将不同分子质量的葡聚糖分开。分子质量为75 kDa的葡聚糖用作血浆扩充剂，分子质量为40 kDa的葡聚糖在外科用作抗凝血剂。

其他微生物多糖

铜绿假单胞菌和棕色固氮菌能够形成微生物海藻酸盐，其成分与海藻的产物相似。醋酸纤维杆菌及其他微生物能将糖和其他碳源转化成50% (w/w)的薄纤维素纤维，与微纤维一起可形成高弹性和纯度的材料，不仅应用于伤口敷料和皮肤移植，也用于高档耳机的膜。一些真菌能够形成小核菌葡聚糖，一种由β-1,3-交联葡萄糖残基组成的多糖，含有一个β-1,6-交联葡萄糖单元的侧链。与鞘氨醇单胞菌的结冷胶一样，具有与黄原胶相似的假塑性特性，在食品生产中，少量使用来作为胶凝剂。普鲁兰多糖是一种含有约10% α-1,6-糖苷键的α-1,4-交联的葡聚糖，许多细菌都可以合成。它可以被加工成不透氧的薄膜，因此已用于保护氧不稳定性的食品或其他物质。然而，所有这些聚合物的生产成本很高，到目前为止尚未在工业上大规模使用。

黄原胶

聚合度约
10 000

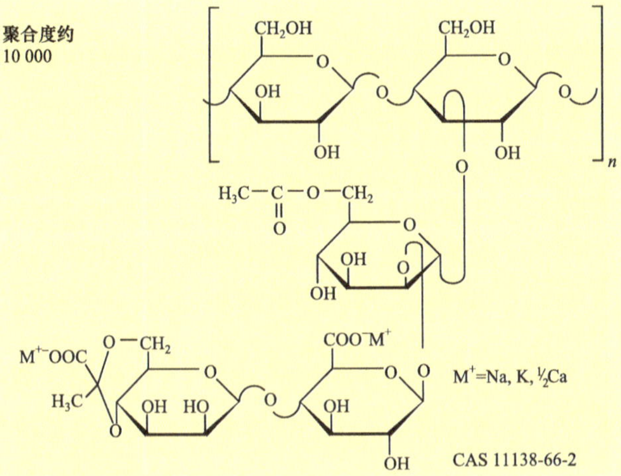

M⁺=Na, K, ½Ca

CAS 11138-66-2

假塑性特性

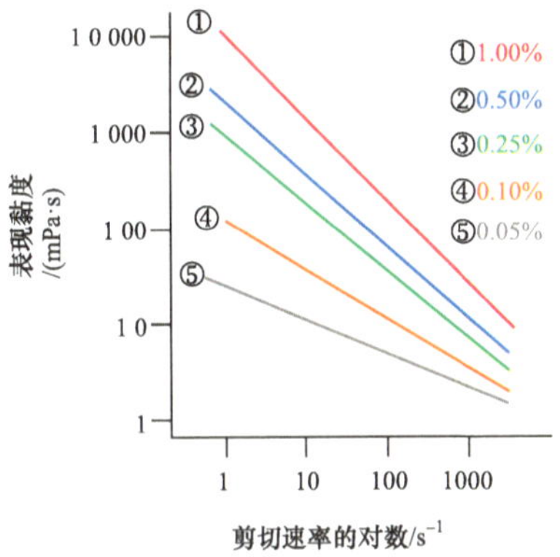

25℃时黄胶原在水中的
分散度为0.05%～1%

发酵和回收

预培养
野油菜黄单胞菌*，葡萄糖或蔗糖、氮源

→ **生物反应器**
>120 m^3，40～48 h,28℃，pH 7.0，由于黏度高，用特殊的搅拌器

→ **回收**
巴氏消毒、用乙醇或2-丙醇沉淀

60 h，约30 $g\cdot L^{-1}$

*野油菜黄单胞菌是一种植物病原体，必须在风险组2的安全条件下培养

葡聚糖

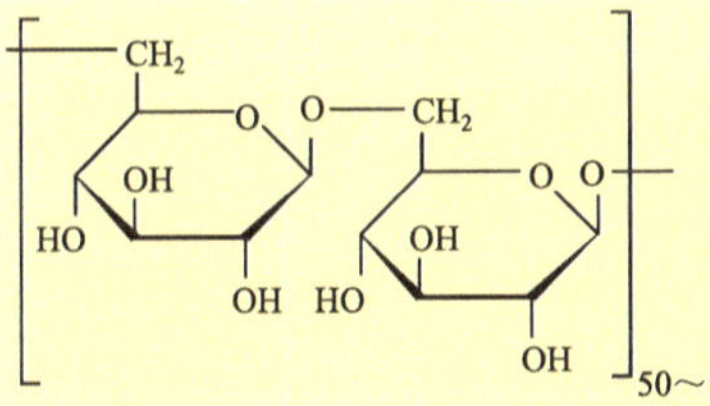

1.6-α-D-葡萄糖
聚合度约28 000
也有1,2-、1,3-和1,4-键

CAS9004-54-0

生物合成

(1,6-α-葡萄糖基)$_n$+蔗糖

↓ 葡聚糖蔗糖酶

(1,6-α-D-葡萄糖基)$_{n+1}$+果糖

发酵和回收

生物反应器
肠膜明串珠菌
1) 生长
2) 生长期：用蔗糖作碳源，23℃

→ **回收**
用乙醇、丙酮或甲醇沉淀

→ **水解，分级分离**
各种分子质量的葡聚糖

24 h，100 $g\cdot L^{-1}$，产率约为蔗糖的45%

市场资料和应用

多糖	产量/吨	价格/(美元/kg)	微生物	应用
黄原胶	>1000 00 0	10～14	野油菜黄单胞菌	食品添加剂、石油勘探
葡聚糖	2 000	35～390	肠膜明串珠菌	血浆扩充剂、食品添加剂、生物化学品
葡聚糖衍生物	600	400～2 800		
细菌纤维素	少	～100	醋酸纤维杆菌	创伤敷料、lead/phones

具有一定经济重要性的其他细菌多糖：
藻酸盐(固氮菌)、热凝多糖(浓杆菌、根瘤菌)、结冷胶(鞘氨醇单胞菌属)、支链淀粉(茅霉菌属)、β葡聚糖(真菌)

生物表面活性剂

概述

某些微生物若暴露于烷烃、植物油甚至糖底物中就能形成表面活性剂，通常称为“生物表面活性剂”。与产量为数百万吨的合成表面活性剂相比，生物表面活性剂要贵得多，因此只用于特殊领域，如化妆品。由于其优良的生物可降解性能，所以正在研究将其作为一种“友好”的环保方法来处理被油污染的水、土壤和潮滩。

生物表面活性剂

当几种细菌和酵母在烷烃或植物油中生长时可产生生物表面活性剂。研究充分的生物表面活性剂包括鼠李糖脂、海藻糖脂、甘露糖赤藓糖醇酯、脂肽和杂多糖。槐糖脂是一种众所周知的酵母生物表面活性剂，是由球拟假丝酵母产生的，如果这种菌在甘油三酯中生长时，其产量高达400 g/L以上。槐糖脂合成的基因簇已被克隆并完成测序，其包含5个基因：一个P450单加氧酶，用于羟基脂肪酸的形成，两个葡糖基转移酶，一个乙酰转移酶和一个转运蛋白。通过代谢工程技术可提高槐糖脂的产量。通过浮式离心或溶剂萃取，可以从发酵液中分离出羟酸糖脂及其内酯的混合物，纯化后的产品易于形成胶团，其CMC值(临界胶团浓度，表明表面活性剂活性的值)与典型的合成的非离子型表面活性剂相似。真菌*Pseudozyma hubeiensis* SY62在甘油三酸酯存在条件下可形成大量的乙酰化的甘露糖赤藓糖醇酯(MEL-B)。该菌已完成测序，其基因组大小为18.4 Mb。其他已研究的微生物为真菌玉蜀黍黑粉菌和腐殖隐球菌，可产生纤维二糖酯。一些假单胞菌能合成鼠李糖脂，其产量可达100 g/L。从技术的角度(但不是经济的角度)来看，其已作为生物表面活性剂用于微生物强化采油(MEOR)(在钻孔中原位生产糖脂)和清除潮滩的油污染。在实验室条件下，非致病性的铜绿假单胞菌发酵液包含120 mg/L的鼠李糖脂，可在沙土中吸收27%的原油。该菌可在氮限制条件下以向日葵油作为唯一碳源合成鼠李糖脂。红串红球菌能分泌海藻糖四酯。根据疏水底物类型的不同，在某些情况下可以调整糖脂的链长度。Emulsan是一种由乙酸钙不动杆菌以甘油三酯为碳源发酵合成的杂多糖(脂多糖)，用溶剂萃取的方法将其从发酵液中分离。若其加入到油和水的悬浮液中，可作为水包油乳化剂，显著降低油的黏度，少量使用可以改善油在管道中的流动，也可用来清洁运油车和运油船。枯草芽孢杆菌在疏水底物上生长，可产生酰化肽素Surfactin，它具有很高的表面活性剂活性(高CMC)，但对哺乳动物和水生生物有血液毒性。在发酵条件的优化下，其产量可高达110 mg/L，但要比槐糖脂的产量低几个数量级。

工业产品

目前(2014)，已有两种生物表面活性剂实现了工业化生产：比利时Ecover公司利用球拟假丝酵母合成的槐糖脂和日本Toyobo公司利用*Pseudozyma hubeiensis*合成的MEL-B。Ecover利用槐糖脂生产了一系列的家用洗涤剂，这种非离子洗涤剂具有良好的环保特性。然而，槐糖脂与通过化学催化脂肪醇和葡萄糖生产的APG(烷基糖苷的类似结构)相互竞争。虽然槐糖脂具有很好的生态平衡，但APG这种产品的生产更加便宜。MEL-B是一种乙酰化的甘露糖赤藓糖醇酯，可作为天然成分用于皮肤护理产品，由日本的Toyobo公司生产，化妆品公司Kanebo使用。MEL-B与神经酰胺(一种天然蜡)具有相似的性能，在适当的皮肤模型中表现出良好的保湿效果。据报道MEL-B的各种变体已用于形成液晶。

生物表面活性剂

	生物	结构元件
槐糖脂	*Torulopsis bombicola*	槐糖、羟基脂肪酸
纤维二糖脂	玉米黑粉菌	纤维二糖、脂肪酸
甘露糖赤酯	铜绿假单胞菌	甘露糖、赤藻糖醇、脂肪酸
鼠李糖脂	铜绿假单胞菌	鼠李糖、β羟基癸酸
海藻糖脂	棒状菌、节杆菌	海藻糖、长链蜡酯
棒干菌分枝菌酸酯	棒状菌、节杆菌	一、二和三糖的分枝菌酸酯
乳清	乙酸钙不动杆菌	聚阴离子杂多糖，分子质量约10^6 Da
表面活性剂	枯草芽孢杆菌	酰化七肽

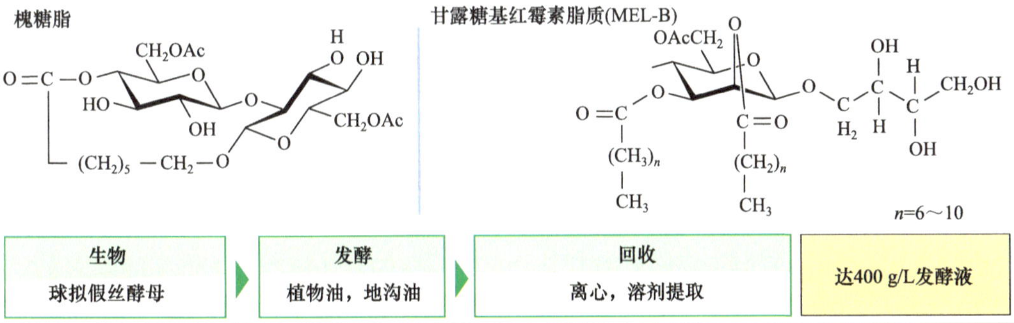

生物表面活性剂MELB的保湿作用

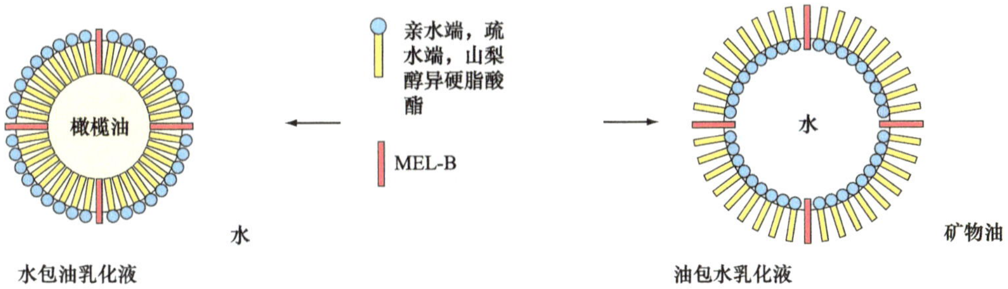

生物表面活性剂和海洋污染

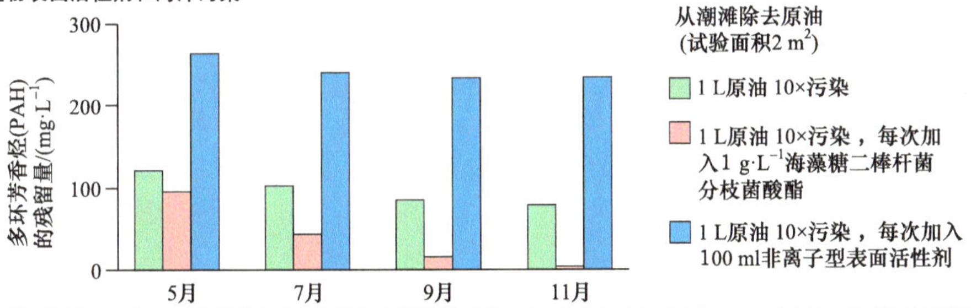

球拟假丝酵母中槐糖脂生物合成的基因簇

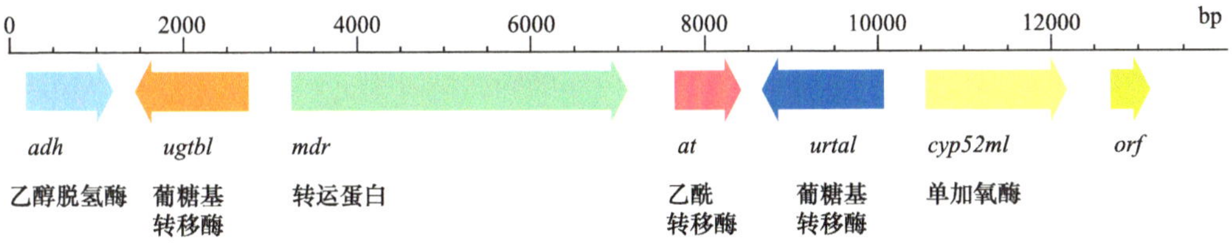

脂肪酸与脂肪酸酯

脂肪和油主要是来自于动植物中，每年的平均产量为1.9亿吨(2012)。它们的主要用途是食品和饲料，但是有一小部分是应用于化工合成的表面活性剂、乳化剂等(化工类油脂)。动物和植物分别使用甘油磷脂作为为膜组分和甘油三酯储进行能量储存。甘油三酯中的大多数脂肪酸都是由饱和的，或者是1～3倍的双键的碳链构成的。鱼油含有更长和更高的不饱和脂肪酸如二十二碳六烯酸(DHA)和二十碳五烯酸(EPA)，常用作食品添加剂。通过生物技术，甘油三酯可被水解、再酯化(酯交换反应)或使用脂肪酶生成脂肪酸和甘油。一些酵母、真菌和藻类可储存多达80%的油脂物质，如甘油三酯，可直接使用，也可作为能源化学品(生物柴油)或食品添加剂使用。

"生物柴油"是脂肪酸甲酯或乙基酯的混合物，是通过甘油三酯与甲醇或乙醇的酯交换反应得到的。它们可以与标准柴油混合。氢氧化钠、甲醇酯用于交换反应，同时来自解脂耶氏酵母的脂肪酶也被用于酯交换反应。当废食用油(地沟油)用于生物柴油合成时，与甲醇进行酯交换反应是有利的。生物柴油作为煤油替代喷气燃料的方法也处于研发当中，并且已经作为燃料进行了几次试飞。

可可豆是热带可可树的果实，可可脂就是从这种可可豆中提取的。在制造过程中，需要经过温和地加热烘焙之后，可以得到几乎等量的可可脂和可可酱。可可膏是可可粉的基础材料。可可脂是由甘油三酸酯与棕榈酸、硬脂酸和油酸混合而成的主要脂肪酸。它的熔点是37℃，也是人体的体温，因此就像好的巧克力一样，可可奶油在舌头上会很快融化。它也作为直肠药物的栓剂被广泛应用。通过棕榈油(主要脂肪酸：棕榈酸和油酸)的酯交换反应，可以制备可可脂代用品。但根据食品立法，它不被认为是天然化合物，必须贴上标签。

可通过酶催化来增加甘油的附加值。具有立体选择性的脂肪酶如来自 *Rhizomucor miehei* 的酶(1,3-选择特异性)被用于制备日常食品用油(ECONA@)，该油主要由不被小肠吸收的1,3-甘油二酯组成，因此不会导致脂肪的储存。该催化过程从甘油和游离脂肪酸开始。BETAPOL 是主要由甘油 1,3-油酸-2-棕榈酸酯("OPO")组成的甘油三酯，类似母乳脂肪，被用于母乳喂养的婴儿奶粉配方中。该过程遵循酶催化的酯交换反应，如脂肪酶催化油酸(或油酸乙酯交换)生成2-棕榈酰酸甘油单酯。用于合成甘油三酯的另外一个例子是 TONALIN。它含有共轭亚油酸，是顺式-9-反式-11 和反式-10-顺式-12-亚麻酸。因为这种油能够抑制脂蛋白酶的活性，防止脂肪的积累，所以它被应用于运动饮食的标准和减肥药。

油藏微生物的研究已经开展了近几十年了。例如，在战争期间被广泛地用于生产食品和和饲料油。其中酵母菌有 *Mortierella alpina*, *Rhodosporidium toruloides*, *Lipomyces starkey* 和藻类，如 *Botryococcus braunii* 或 *Neochloris oleoabundans* 都能够存储最多80%的油脂(主要由高不饱和脂肪酸组成)，因此被应用于食品添加剂、生物柴油的生产。其中一些菌种的基因组已经测序，目前正在进行代谢工程和其他菌株改造的研究。

高度不饱和的脂肪酸带有(ω-3)或(ω-6)-不饱合键如 DHA[二十二碳六烯酸，22:6(ω-3)]，EPA[二十碳五烯酸，20:5(ω-3)]，花生四烯酸 20:4(ω-6)出现在鱼油或花生油中，并作为一种保健食品添加剂可以防治动脉粥样硬化。从油酸等标准脂肪酸开始，生物合成步骤包括链延伸和不饱合键的引入。大多数的酶已经被克隆并在酵母中实现异源表达，如重组菌株 *Mortierella alpine* 可以产生大量的 EPA，DHA 或者花生四烯酸。

生物-柴油

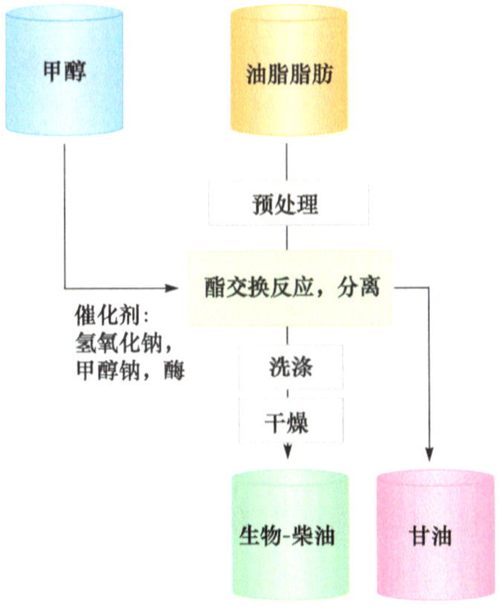

全球油脂产量

2011/2012:1.829亿吨

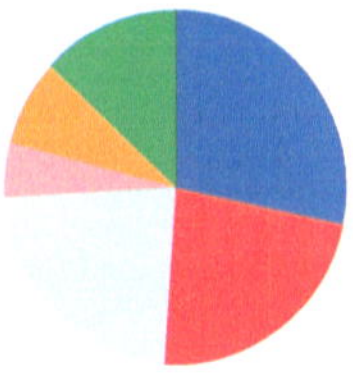

棕榈油	28.2%
豆油	22.8%
其他动物油脂	23.2%
棕榈仁油和可可豆油	4.9%
葵花籽油	8.0%
菜籽油	12.9%

酶法合成1,3-甘油二酯食物用油

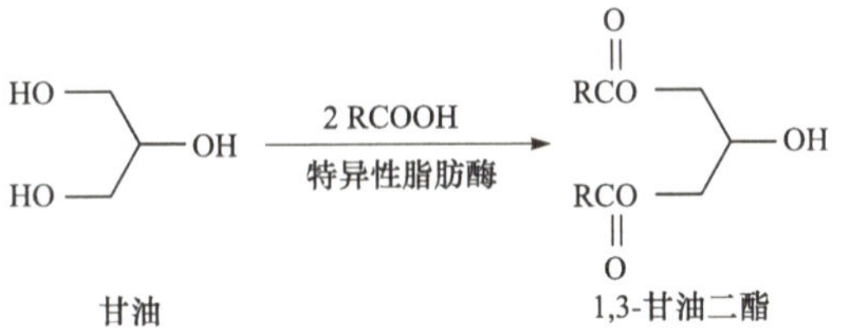

R=油，亚麻油酸，其他

不同甘油三酯的熔点

动物酯油，3-硬脂酸，1,2-二棕榈酸甘油脂	62℃
可可油，1-棕榈酰-2-油烯基-硬脂酸	37℃
棕榈油，1-硬脂酸-2-棕榈酰-3-甘油	39℃
三油精	5.5℃

可可豆和可可豆油

高山被孢霉

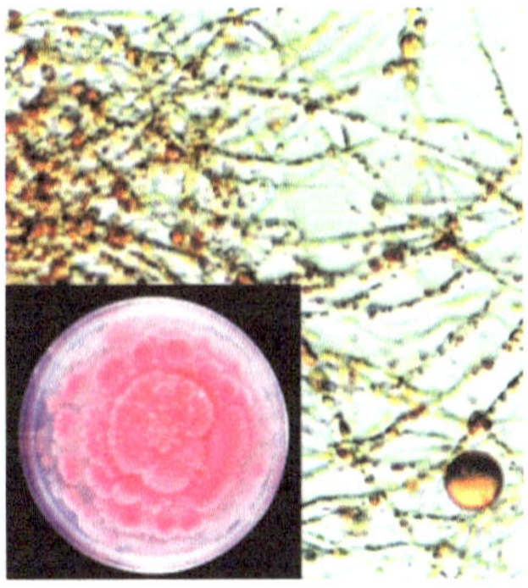

酶法合成可可豆油

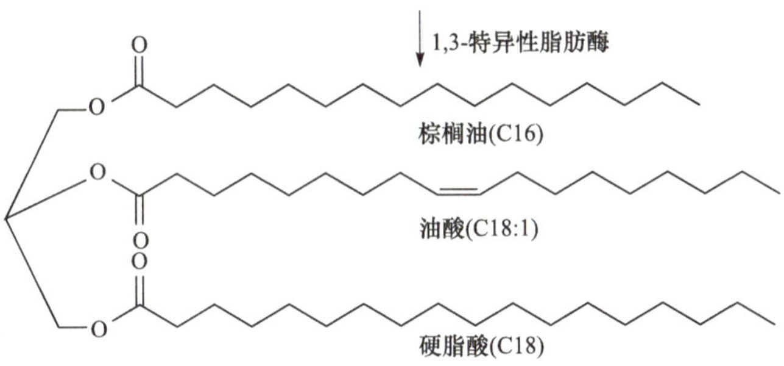

通过酶法酯交换反应合成的脂肪

油脂	原材料	酶
1,3-甘油二酯油	甘油，脂肪酸	1,3-特异性脂肪酶
2-棕榈-1,3-油醇-甘油	适当的甘油三酯	1,3-特异性脂肪酶
2-γ-亚麻酸-1,3-已酰甘油	2-γ-亚麻酰基-单甘酯-已酸	1,3-特异性脂肪酶
1-硬脂酰-2-棕榈-3-油醇-甘油 (可可豆油替代品)	棕榈油，硬脂酸	脂肪酶

酶技术

生物转化

概述

生物转化是生物的主要功能，用于代谢物(合成代谢和分解代谢)的生物合成或生物降解，也用于对毒性化合物或非天然(异生物质)化合物的解毒，每一步反应都由酶进行催化。在生物技术中，生物转化通常是生物催化的同义词，即将天然的或合成的前体转化成价值较高的产物。工业生物转化使用微生物、哺乳动物细胞或植物细胞在生物反应器中进行(发酵)，或使用分离的酶或细胞(可以固定到载体上)进行。基因工程技术的发展给生物转化带来了革命性的进步。现如今，不仅动植物细胞中负责某一催化步骤的基因可以转移到微生物中，进而简化其生物进程与应用，甚至可以将自然界中不存在的代谢途径重新人工编辑(合成生物学)，整合到微生物中从而获得更高产量的高附加值产品。由于语言习惯个人因素等差异，某种生物催化工艺会有不同的称谓。比如“生物催化”、“生物转化”、“发酵”或“酶催化”。在所有这些工艺中，通常会使用一种或多种酶；使用已分离纯化的酶可以简化工艺，因为温度耐受性通常较好、不需要无菌条件，而且不会妨碍析出物和产物的扩散。然而，如果一种酶分离成本很高、不稳定或需要多种辅助酶和辅因子，这种酶将不会是最优的一个选择。

微生物

用于生产天然代谢产物(如谷氨酸)，并用于对非天然底物(如在合成类固醇衍生物的 β 羟基化过程中)进行生物转化。因为这些生物转化是酶催化反应，所以通常以区域选择性和立体选择性的方式来进行；而且，由于可以从其他生物克隆到基因或整个基因组，并能够在宿主菌中表达，生物转化的可能性(如用微生物生产靛青)也大幅提高。代谢工程、蛋白质工程，以及通过基因组测序发现的新酶和代谢通路，将进一步促进生物转化在工业领域的应用。

哺乳动物细胞

被大规模地用于工业化生产药用蛋白质(细胞发酵罐)，但用于一步生物转化则太昂贵。医学上正对这些细胞进行研究，如构建“人工肝脏”，来转化、去除血液中的有毒代谢物，以及使其与白蛋白结合。

植物细胞

已研究将植物细胞用于生物转化，例如，使用毛花洋地黄(*Digitalis lanata*)细胞培养物将 β-甲基洋地黄毒苷进行 12-羟基化，生成 β-甲基异羟基洋地黄毒苷原。与化学合成或重组微生物合成相比，植物细胞在工业生产中的成功应用较少，例如，用 *Taxis brevifolia* 的细胞培养物合成紫杉醇。

酶催化

通常情况下，酶用于单步的生物转化工艺。在大多数工艺中，使用游离的或固定化的酶，但如果这种酶的分离成本太高，则可以使用灭活全菌中的活性酶(例如，链霉菌细胞中的葡萄糖异构酶)。多数酶生物转化的工业应用实例中都会涉及水解酶，因为水解酶不需要辅因子，而且通常可以催化区域选择性和立体选择性反应(见酶催化应用章节)。在工业上也使用酶催化异构化反应、双键、羰基或失活碳氢键的加成反应。

重组代谢通路

这项技术在过去 10 年里发展迅速(见代谢工程、合成生物学章节)。一个重要的实例是在靛蓝的生产中，研究人员将假单胞菌的萘双加氧酶克隆到大肠杆菌中，然后通过宿主菌的代谢工程优化新的通路，获得了成功。将肺炎克雷伯菌负责甘油转化 1,3-丙二醇的编码基因在大肠杆菌中表达，可以利用玉米淀粉水解液商业化生产这种聚酯的结构单元。本书中还介绍了很多其他类似的案例，例如，在大肠杆菌种共表达立体定向的乙内酰脲酶和氨甲酰激酶，可以为宿主菌提供生长所必需的 D-或 L-氨基酸。

生物转化

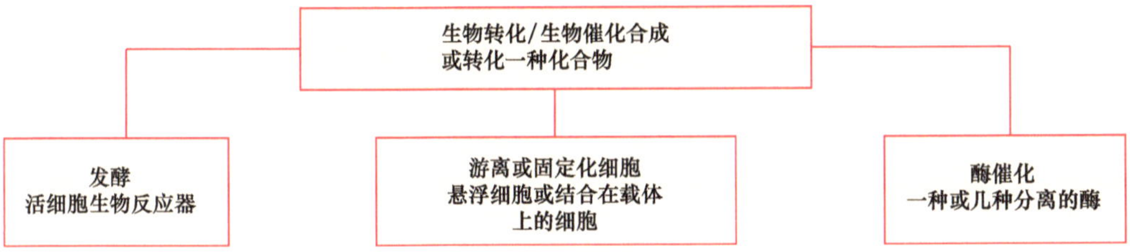

生物转化反应(举例)

	生物/酶	类型	公司
D-山梨醇 → L-山梨糖	弱氧化醋杆菌	F	DSM
苯基-D乳酸盐 → 4-羟基-苯基-D-乳酸盐	棉白僵菌	F	BASF
富马酸 → L-天冬氨酸	大肠杆菌	IC	Ajinomoto
D-葡萄糖 → D-果糖	链霉菌某些种的葡萄糖异构酶	IC, IE	Aom、Tate&Lyle
D，L-乙酸钾氧基苯乙胺 → L-苯乙胺	洋葱假单胞菌脂肪酶	IE	BASF
色氨酸 → 靛青	重组的Stamm大肠杆菌株	RIC	Genencor
葡萄糖 → 1,3-丙二醇	含克雷伯氏菌通路的大肠杆菌	RIC	DuPont、Genencor

F:发酵，IC:固定化细胞，IE:固定化酶，RIC:重组的固定化细胞

用重组的大肠杆菌生产靛蓝

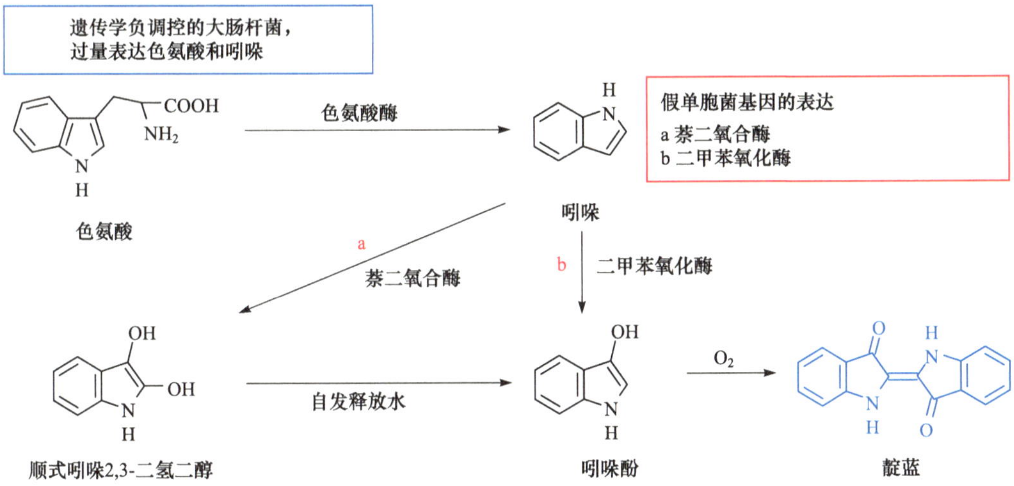

酶和细胞的固定化

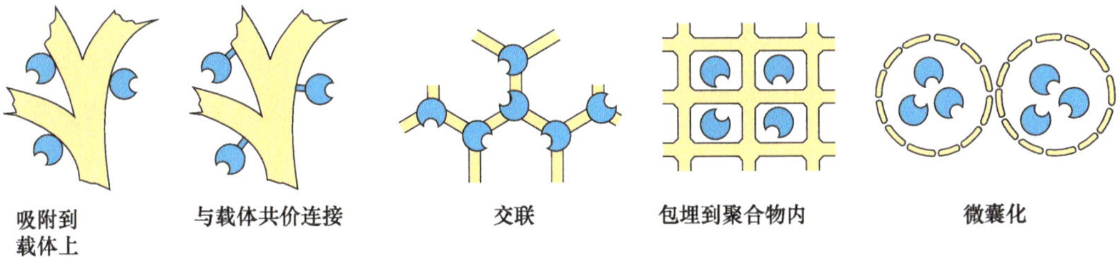

工业用酶

概述

工业用酶始于约100年前，从动物、植物和微生物分离的许多酶已成为工业化生产中的重要成分，并用做分析试剂。约在1970年，研究人员研发出可用于工业生物催化(酶转化)的固定化酶；基因工程能够提供纯酶和遗传修饰的酶，进一步提升了这种潜力，例如，借助于蛋白质工程或直接定向适应性进化来获得满足工业催化需要的酶。

酶分类

按照国际协议，根据酶的功能将其分为六类，已知有几千种不同功能的酶，其中大多数已从不同的微生物中分离到其突变体，但其特性往往不适合于工业应用。例如，三分之一的酶在生物膜环境内发挥功能，其分离的形式不稳定，大多数氧化还原酶、转移酶、连接酶和合成酶的活性需要辅因子，如NADH、ATP或辅酶A等，这些辅助因子价格昂贵，基于经济方面的考虑，必须要进行再生。水解酶和异构酶不具有这种缺点，是工业应用的首选酶；对于分析和诊断行业，高选择性的酶价格高是可以理解的，因此可使用的酶的种类更多。

生产

根据酶的来源(动物、植物、微生物)、用途(所需的纯度要求)和生产规模，酶的生产工艺具有较大差异，其他决定分离和纯化工艺的因素主要是酶的特性(溶解性、膜结合性、稳定性或不稳定性)。如果在工业应用中需要大量的酶(如在洗涤剂中使用细胞蛋白酶)，首选通过发酵生产胞外酶，因为下游处理的步骤往往比较简单，如细胞分离、通过沉淀或超滤浓缩发酵液、在喷雾或涡旋干燥器内温和地干燥，以及为了精制而加入稳定性化合物。通过这种工艺提取的酶制剂通常纯度较低，会掺杂有其他的酶(实际上可能对具体应用会有用处，比如食品工业)。相反，用于医学治疗(如tPA、DNA酶)或医疗诊断的酶制剂则必须是高纯度酶，这些酶通常都是在细胞内生产，而且由于其市场价格较高，通常使用几步层析来分离纯化，最后得到单一的活性酶。酶制剂的纯度的检测有以下几种方法:①在每步纯化时检测酶的比活度;②检测非目的副活性的降低量；③电泳法。基因工程使酶的生产发生了革命性变化，目前在工业中使用的许多酶都是通过基因重组的微生物进行发酵生产的，这些工艺的优点是出现的副活性较少，只需要几步层析便可以得到纯的酶制剂，同时降低废物的产生。

注册

通过酶工艺从天然产物中生产的食品添加剂(且不会存在于最终的产品中)被认为是“天然”产品，不需注册(如异葡萄糖)。尽管酶也是天然产物，但在食品和医疗领域应用时仍然需要注册。在欧洲，只有当生产商提供了详细的有关酶的生产过程、酶效率、健康和安全指标后才能注册，作为食品和饲料用酶。欧洲食品安全局(European Food Safety Agency，EFSA)负责监管欧洲范围内酶制剂的注册和生产；但是在法国和丹麦等国家，酶的注册和监管还停留在国家层面，主要是针对作为食品添加剂的酶，或该酶生产过程的加工助剂。基因重组获得的酶需要更严格的管理。工业用酶(如去污酶制剂)在欧洲范围内必须根据REACH程序，由欧洲化学机构(European Chemical Agency)审批注册。在美国，被列为GRAS等级的食品用酶(通常认为是安全的)，在得到FDA的许可后可以自由使用；而要获得GRAS等级需要得到相关专家的认可，并且生产该酶的生物是食品发酵工业长期使用的菌株。

酶分类

酶分类号	名称	辅酶	例子
1.x.y.z	氧化还原酶		
1.1.y.z	与CH—OH反应	NAD^+, $NADP^+$, PQQ	乙醇脱氢酶
1.1.3.z	与CH—OH反应	FAD^+	葡萄糖氧化酶
1.3.y.z	与C—H反应	亚铁血红素	类固醇11-β-羟基化酶
2.x.y.z	转移酶		
2.4.y.z	转移糖基		糖基转移酶
2.6.1.z	将NH_3转移至羰基	吡哆醛磷酸盐	转氨酶
3.x.y.z	水解酶		
3.1.y.z	水解酯键		脂肪酶、酯酶
3.2.y.z	水解糖苷键		α-淀粉酶
3.4.y.z	水解肽键		枯草杆菌蛋白酶、胰蛋白酶
4.x.y.z	裂解酶		
	催化小区反应，生成属于昂件，或将基团加到双键上。		
4.3.y.z	从C=C双键上添加或消去NH_3		天冬氨酸酶
5.x.y.z	异构酶		
5.1.y.z	消旋D-和L-氨基酸		丙氨酸消旋酶
5.3.y.z	分子内氧化还原酶		木糖(葡萄糖)异构酶
6.x.y.z	连接酶		
6.2.y.z	C-S连接	ATP, CoASH	乙酰辅酶A合成酶

酶的制备

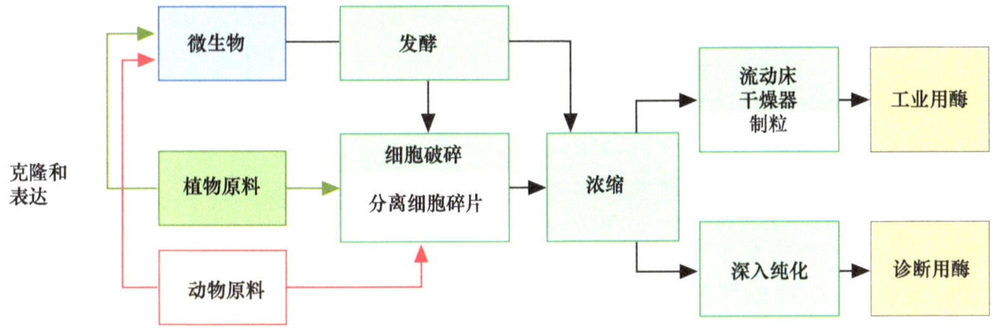

注册

来源	例子	建议
动物原料	胰腺提取物、凝乳酶、胃蛋白酶	良好工业实践(GMP)
植物原料	木瓜蛋白酶、菠萝蛋白酶	良好工业实践(GMP)
微生物		
a) 传统的用于食品生产	枯草芽孢杆菌、黑曲霉、米曲霉、爪哇毛霉、酒曲菌、酿酒酵母、脆壁克鲁维酵母和乳酸克鲁维酵母、酒明串珠菌、起始培养物来源的微生物。	美国：GARS许可a类微生物来源的酶 欧盟：欧洲食品安全局审查饲料添加剂酶：欧洲化学管理局审查工业用酶
b) 来自背景很清楚的微生物的酶	嗜热脂肪芽孢杆菌、地衣芽孢杆菌、凝结芽孢杆菌、巨大芽孢杆菌、环状芽孢杆菌、产生克雷伯氏菌	

酶催化应用

概述

由于酶具有良好的能量学和区域选择性及立体选择性，所以被广泛用于化学合成(绿色技术)。酶催化反应所选择的都是已分离的酶，或者在重组微生物中经过优化的酶(见生物转化章节)；并且首选不需要辅酶的酶，最重要的例子是水解酶，但也会使用与辅酶紧密结合的异构酶和氧化还原酶。现在，已有许多的高纯度重组类型的酶可以大规模生产，而且可以通过类似蛋白质工程的方法对其进行优化，以用于工业生产或医学诊断。在此的讨论使用酶命名法的编号顺序进行。

氧化还原酶

截止到 2014 年，已经鉴定分类了约 2000 种不同的氧化还原酶。氧化酶通常含有紧密结合的 FAD 作为辅因子，可被用于试纸条。脱氢酶在分析和合成中具有很高的应用价值，因为其反应可以达到均衡；因此，它们既可以用于羟基的氧化，也可以用于羰基的还原。然而，在工业应用时必须添加昂贵的辅酶(通常是 NAD(P)$^+$或 NAD(P)H)，或必须找到一种能使这些辅酶再生的，且成本低廉的偶联反应。例如，一个突破性的应用实例是，当将来自博伊丁假丝酵母的甲酸脱氢酶和 PEG 结合的 NAD(P)H(作为辅酶)与酶膜反应器中的脱氢酶一起使用时，平衡会发生漂移使底物完全氧化，并以生成的 CO_2 作为耦联产物。与此同时，基因重组酶的工业化生产取得了巨大的进步，可以部分实现辅酶再生(如葡萄糖脱氢酶或乙醇脱氢酶)。最近，工业应用过氧化物酶、双加氧酶和 P450 单加氧酶的热度日益增长，它们通常都含有一个紧密结合的 Fe-S 簇(cluster)或亚铁血红素作为辅因子，可以通过区域选择性或立体选择性的方式氧化非活性的碳氢键。

转移酶

包括大约 1700 种不同的酶，但是目前还未在工业生产应用。

水解酶

是最重要的一种工业用酶，大约有 1700 种，其中脂肪酶、酯酶、淀粉酶和蛋白酶已在工业上广泛应用。如果可以完全控制反应混合物中水的含量、水的活性，则可将其用于区域选择性和立体选择性地生成酯键和酰胺键。例如，来自嗜热脂肪芽孢杆菌的嗜热菌蛋白酶，可以区域特异性地酯化 L-天冬氨酸甲酯和 L-苯丙氨酸甲酯，使天冬氨酰苯丙氨酸甲酯具有甜味；又如，来自大肠杆菌的青霉素酰胺酶被广泛用于从 6-氨基青霉烷酸合成半合成的青霉素。来自洋葱伯克霍尔德菌的脂肪酶，可用于从消旋的氨基化合物前体工业合成手性胺，来自米赫根毛菌的脂肪酶被广泛用于生产可可油的替代品，氨基酰化酶被用于选择性地水解消旋的 *N*-酰基氨基酸。

裂解酶

包括大约 680 种酶，而且大部分不需要辅因子。来自大肠杆菌的天冬氨酸酶用于从富马酸大规模地生产 L-天冬氨酸，该工艺使用的是固定化的细胞，而不用游离的酶；来自绿针假单胞菌的丙烯腈水合酶催化水与丙烯腈的加成反应，生成丙烯酰胺(聚丙烯酰胺的单体)；醇腈醛化酶能够以立体选择性的方式将 HCN 加到羰基化合物上，水解腈基后，生成手性 D-或 L-羟酸；使用醛缩酶，例如，来自兔子肝脏的醛缩酶，可以从适当的原料合成各种糖；果胶酸裂解酶和果胶裂解酶被用于食品工业。

异构酶

是一种小类的酶，有大约 280 种，它们都不需要辅酶。葡萄糖异构酶已被大规模地用于工业化生产，将 D-葡萄糖部分异构化成 D-果糖，生成高甜度的异葡萄糖浆。细胞内酶通常在产酶微生物灭活的固定化细胞中使用，通常是链霉菌。

连接酶

所有(大约 200 种)连接酶都依赖 ATP，如果要工业化应用，则需要进行 ATP 的再生，因此还不能用于工业生产。

酶与化学合成的比较

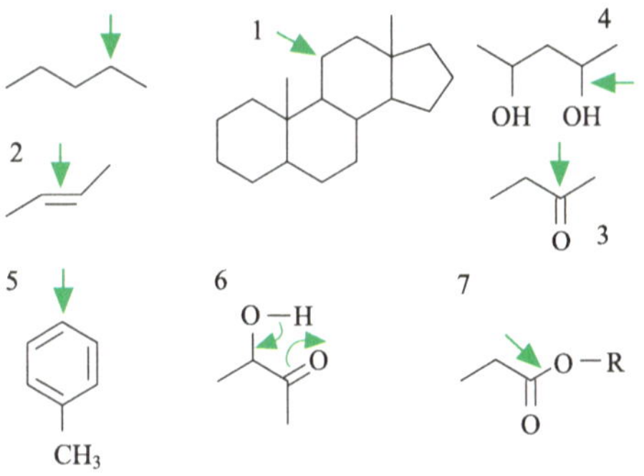

对以下的反应，酶通常更好

1 在非活化的碳氢键上的区域特异性和立体特异性的氧化反应
2 在活化的碳原子上进行立体选择性的加成反应
3 羟基的立体选择性还原反应
4 羟基的区域选择性氧化反应
5 在芳香环进行位置特异性置换反应
6 位置特异性的异构作用
7 在温和条件下，酯的区域选择性或立体选择性水解或形成

生物催化所用酶的类型

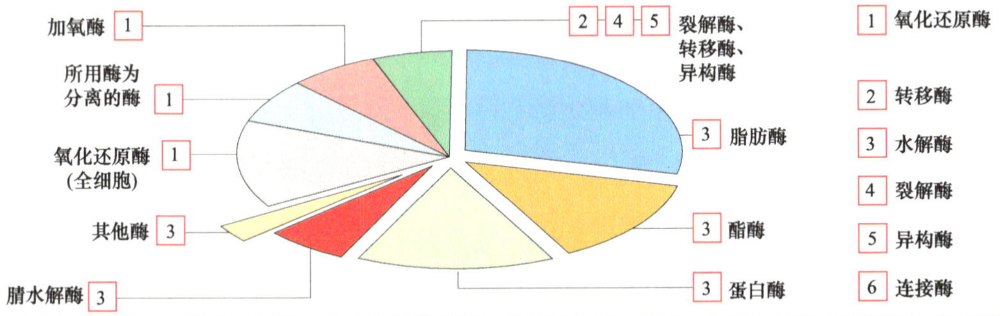

酶催化应用(2014)

	工艺	酶	规模(吨/年)公司	
3	青霉素G水解成6-氨基青霉素酸	来自大肠杆菌的青霉素酰胺酶*	50 000	DSM Sinochem, Sandoz
3	*N*-乙酰-D,L-氨基酸水解成L-氨基酸	来自曲霉菌的酰基转移酶*	5 000	Evonik,Ajinomoto
4	NH_3与廷胡索酸的加成反应，生成L-天冬氨酸	大肠杆菌内的天冬胺酸酶*	10 000	Ajinomoto
3	淀粉水解成D-麦芽糖和L-葡萄糖	α-淀粉酶、葡糖淀粉酶	>100 000	几个公司
5	D-葡萄糖异构化生成D-果糖	链酶菌内的葡萄糖异构酶*	8 000 000	ADM,Tate &Lyle
3	从己腈合成丙烯酰胺	绿针假单胞菌内的水合酶*	300 000	Nitto Chemicals，BASF
3	消旋的苯乙基氨基化合物水解成手性胺	来自洋葱伯克霍尔德菌的脂肪酶*	10 000	BASF
3	用硬脂酸甲酯对棕榈油转酯,生成可可油替代物	来自米赫根毛霉的脂肪酶*	1 000	Unilever,Fuji Oil
3	1-氯丙烷二醇的去卤化	来自嗜热生物的卤化酶*	正在研制中	Dow Chemicals

*用固定化的形式

区域酶和手性酶的合成

概述

以氨基酸合成为例，酶促反应常被用来合成手性分子。由于本章篇幅有限，只能列举几个重要的例子：①利用脂肪酶和转氨酶合成手性胺类；②利用脂肪酶、酯酶、酮基还原酶、环氧化物水解酶、脱卤酶或醛缩酶对羟基基团进行去消旋化；③利用脂肪酶、酯酶或腈水解酶合成手性羧酸；另外本章也会列举部分腈类水解生成酸胺的反应。上述许多的反应已经在工业化生产中应用，可用于合成终产物或构建结构单元(如 synthones)。

手性胺类

在具有高产量和高手性选择性的脂酶存在时(如来源于 *Burholderia cepacia* 的脂酶)，能够通过甲氧基乙酸和外消旋二级胺的酶促酰化作用合成具有手性的高纯度的二级胺。手性的酰胺类物质能够水解生成手性胺类物质，外消旋后重新进入反应循环。通过上述反应，大量的手性二级胺类物质能够工业化合成结构单元(Synthones)类物质，并进一步应用到制药和农药领域。在另一类的反应中，利用具有高区域性和高手性的转氨酶，通过还原性氨基化作用可以将酮基类化合物转化为手性胺类；该反应需要吡哆醛磷酸盐作为辅因子。如果异丙胺作为氨基供体，丙酮将会作为该反应的副产物生成。商业化合成的 Sitagliptin(一种治疗糖尿病的药)就是基于这种反应生成的。

手性羟基基团

脂酶和酯酶通常利用其较高的手性选择性切割外消旋的酯类化合物。在这类反应中，有越来越多的基因重组的脂酶和酯酶可供选择，并且已有很多研究报道，证明可以进一步利用定向进化或者蛋白质工程等进行优化。另外，还有很多反应也利用了脱氢酶和酮基还原酶的手性选择性；这些依赖于 NADPH 的酶通常以全细胞型催化剂的形式来使用，以大肠杆菌作为宿主细胞，并且通常还会耦合另一种重组酶如葡萄糖脱氢酶或者乙醇脱氢酶(这些酶的编码基因已经被克隆到宿主菌细胞内)来实现被消耗的 NADPH 的再生。这些反应还可以被用来制备手性羟基酸。手性二醇的合成可以优先选择环氧化物水解酶来进行催化，因为这种酶能够立体选择性的水解外消旋的环氧化合物。此外，许多类型的醛缩酶由于其具有很广泛的底物特异性，也会被用来进行这类反应。手性邻位二醇的合成通常是利用一个酮基还原酶和一个卤代烃脱卤酶的组合，这种组合也应用于商业化合成阿托伐他汀(一类降低血脂的药物)。

手性羟基化羧酸

如果一个酯类分子在其酸性基团含有一个前手性基团，则通常可以通过脂酶或者酯酶的催化作用获得手性产物。氨基化酶通常也被用来合成手性羟基酸，因为他们只水解化学合成的外消旋羟基腈的其中一个手性体；Clopodogrel(一种止血剂)就是通过这种方法生产的。

酸酰胺

腈水合酶转化腈为酸酰胺。在此反应中不能形成手性中心，但是该反应具有很高的经济价值：丙烯酰胺(聚丙烯酰胺的单体，迄今为止都是通过化学催化，产量达到几十万吨)就可以通过这种方法制得，并且拥有较高的时空产率。在全细胞催化体系中利用 *Rhodococcus chloraphae* 的腈水合酶，在温和条件下，可以选择性的将丙烯腈转化为丙烯酰胺，其产物纯度较高并且利于进一步聚合。

烷烃的还原

碳碳双键的非对称还原在有机合成领域是十分重要的反应，因为通过该反应可以最多产生两个立体型的中心区域，烷烃还原酶能够应用于此类反应。该反应的还原平衡需要还原性的烟酰胺辅因子。由于烷烃还原酶具有较广泛的底物特异性，它们越来越受到生物有机合成专家的关注。

脂肪酶催化酰胺化手性仲胺

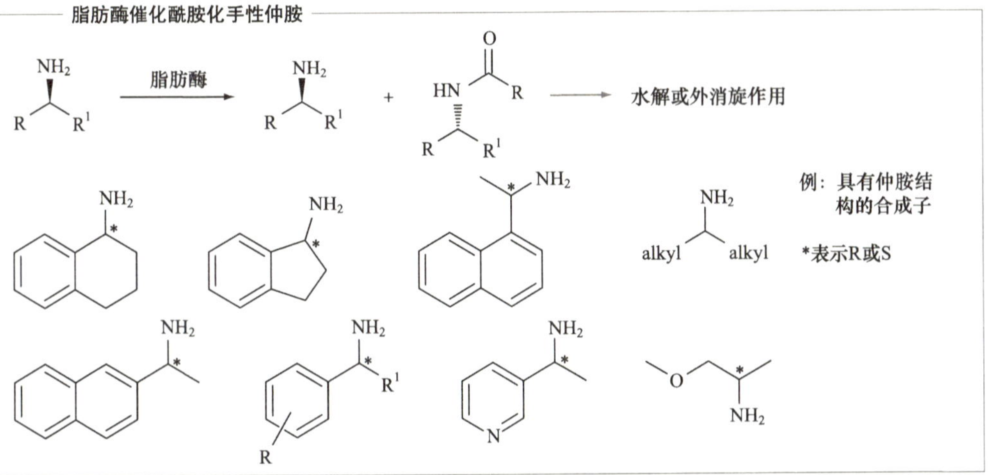

腈水合酶的选择性水合作用

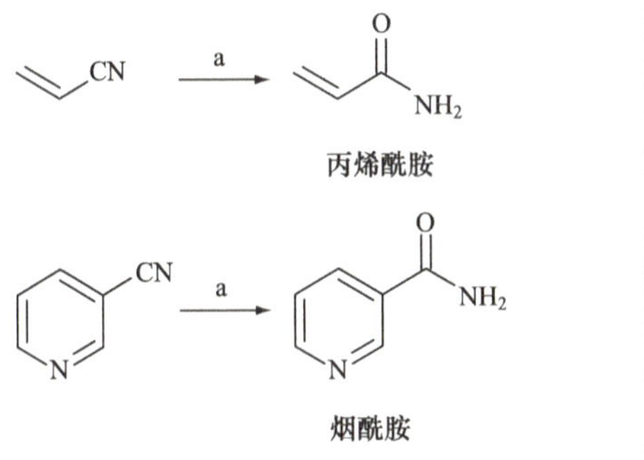

烯还原酶不对称还原烯烃

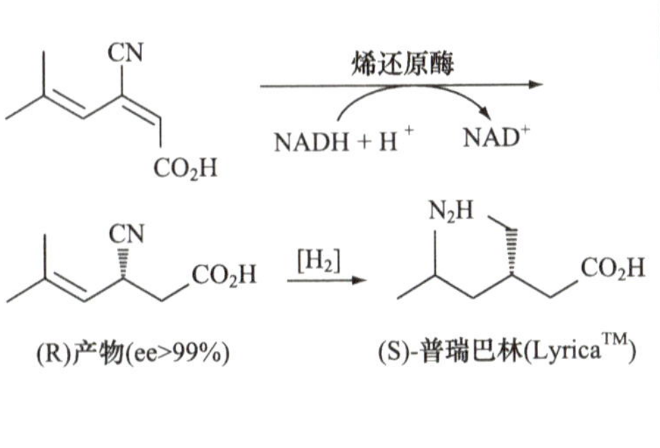

酮还原酶还原手性二级乙醇

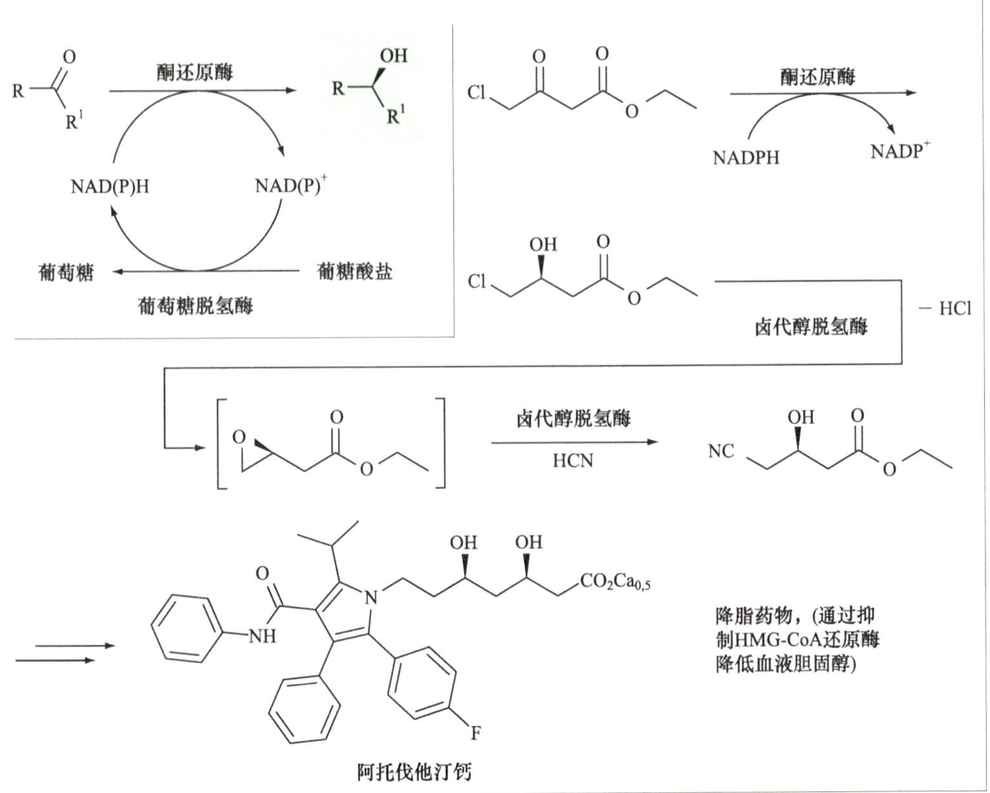

添加剂用酶

概述

现在，酶在许多工业领域都被用作添加剂，如洗涤剂、食品工业以及造纸、纺织和皮革加工等行业。由于酶的区域选择性和立体选择性通常比化学催化剂好，所以在精细化学品工业合成方面的使用也日益增多；同样，酶也广泛用于医学样品和食品的分析检测。现在已开发了很多人工重组酶，这意味着酶的成本将进一步降低，纯度进一步提升，并可以通过蛋白质工程技术对其进行优化，使酶具有更多的人类所期望的特性。这些技术方法在食品领域的应用会受到限制，因为食品生产中利用基因工程技术生产的组分必须符合相关的规定，否则将降低消费者的接受程度。添加剂用酶通常首选水解酶和异构酶，因为这些酶不需要辅助因子。

目的

在工业上，使用任何酶作为添加剂，最终都应当赢利。比如产品质量的改进、生产成本的降低或环境保护利益是一些典型的实例，业已证明用酶作添加剂都可以实现这些目标。例如，在洗涤剂中添加蛋白酶能够溶解纤维内的蛋白质污点，而化学添加剂则不具备这种效果。从生成无用副产物的角度来看，淀粉的酶水解要优于酸水解。在果汁加工中使用果胶酶，果汁的产量可显著地增加，而且过滤时的加工成本也下降。谷氨酰胺酶能够通过生成新的蛋白质之间的异构肽键从而提高肉制品、香肠、鱼和大豆制品的品质。在皮革处理过程中，蛋白酶和胶原酶能够选择性地去除毛发和其他皮肤成分；在过去，由于其恶劣的工作环境，制革是一种被排斥的职业，而在大约在一个世纪前，该方法的使用极大地改善了制革工人的工作条件。在传统工艺中，凝乳酶来自小牛胃的提取物，成本高且工作场所的卫生条件很差，而使用细菌或重组的凝乳酶使奶凝结要比传统工艺的成本更低、更卫生。一般而言，在大多数情况下都是使用酶的混合物，一方面是成本的原因，一方面是因为其他酶的活性会带来其他的好处(例如，由于在洗涤剂蛋白酶中存在降解淀粉的淀粉酶)。混合酶与分析用酶相比，其制备比较简单、要求不高。另一方面，在通常情况下，所生产的酶混合物的定性很复杂，要按照生产商的标准来进行。同样，工业酶的技术或经济效益只有在使用非常具体的测定方法、某种特定工艺，甚至某个单独的生产商相应的很特异的检测方法时，这种工业用酶的工业和经济利益才能呈现出来。这些方法往往需要很长时间才能开发出来，并且不容易标准化，因为内部质量控制会依靠十年乃至一个世纪才形成的标准，而这些标准都是基于这些单个的方法。因此，酶生产商实验室内进行的用来筛选、改良酶的生物化学检验，常常与客户工业实际所用检验不匹配，这也经常导致工业添加剂用酶的改良很单调乏味。

注册

添加剂用酶的生产受 GMP(药品生产与质量管理规范)的管理。通过基因工程或蛋白质工程技术生产的酶在洗涤剂中起着重要的作用，在一些小的细分市场(如食品酶)中，重组酶则是一个例外，尽管使用重组酶有很明显的优点，但是昂贵的注册费用，以及消费者、潜在消费者的忧虑是其应用的巨大障碍；但是一些特殊的情况除外，如重组的凝乳酶。

酶添加剂成本和市场

很明显，添加酶制剂的利润与其价格有关。通常情况下，工业利益转化成经济优势时，每千克产品在几分钱左右；但是，工业用酶的价格大多在每千克 3～10 英镑。尽管有成本的不利因素，2013 年工业用酶的全球市场增至 40～50 亿美元，洗涤剂中用的水解酶市场份额最大，其次是食品和饲料用酶。

用作工业添加剂的酶

应用	酶类型	微生物(举例)	市场份额/%	经济优势
洗涤剂	蛋白酶、淀粉酶、果胶酶、纤维素酶、脂肪酶	地衣芽孢杆菌 构巢曲霉 里氏木霉	26	1,7,8
淀粉水解	α-淀粉酶，葡萄糖淀粉酶	液化淀粉芽孢杆菌	16	3,4
葡萄糖异构化	葡萄糖异构酶	委内瑞拉链霉菌	5	1,3
啤酒配制	淀粉酶	枯草芽孢杆菌	3	3,4
果汁、葡萄酒	木聚糖酶、果胶酶	黑曲霉	3	3,4,5,6
焙烤食品	α-淀粉酶、麦芽糖淀粉酶 蛋白酶、 木聚糖酶	米曲霉、解淀粉芽孢杆菌	8	1,3
奶酪制造	蛋白酶(凝乳酶)、脂肪酶	动物凝乳酶、米赫根毛酶	8	2
动物饲料	肌醇六磷酸酶、木聚糖酶、蛋白酶	黑曲霉 里氏木霉	22	3
造纸、纺织	α-淀粉酶、纤维素酶	里氏木霉、解淀粉芽孢杆菌	5	4
皮革处理	蛋白酶	米曲霉	2	1,7

工艺/应用	每单位数量的酶成本(估算)
淀粉液化	约10美元/吨淀粉
从淀粉生产葡萄糖	3.5美元/吨淀粉
葡萄糖的异构化	6美元/吨淀粉
美国HFS	6~7美元/吨淀粉
乙醇	1美元/吨淀粉
啤酒	0.1美元/100L
焙烤食品(美国)	0.1美元/100kg面粉
焙烤食品(欧洲)	01~0.5美元/100kg面粉
果汁	01~0.5美元/100L果汁
葡萄酒	01~0.5美元/100L葡萄酒
用葡萄糖氧化酶对水果柠檬水的稳定	03~0.8美元/100L
奶酪生产	0.05美元/100L奶
洗涤剂	0.05-0.25美元/kg
制革	1.2~3美元/吨皮

应用技术中重要的目标

1.较高的产品质量

2.改良的味道

3.较高的产量

4.降低生产成本

5.易于过滤

6.易于保存

7.改善工作条件，降低环境负荷

洗涤剂酶

概述

大约一个世纪前，德国的Otto Roehm首先将膜蛋白酶加到洗涤剂中，以除去蛋白质污渍，如血、蛋、可可、草污渍等；1960年左右，自芽孢杆菌的细菌蛋白酶问世，使得酶的使用显著增加。目前，几乎所有的洗涤剂都含有酶添加剂。基因克隆和蛋白质工程使蛋白酶得到改良，能够很好地适应洗涤条件。重组芽孢杆菌蛋白酶的生产规模每年超过10000吨(以粗酶量计算)，其他酶(如纤维素酶、脂肪酶、淀粉酶、半纤维素酶、甘露聚糖酶和果胶酸酯裂解酶)也被用作洗涤添加剂。

洗涤剂和洗涤工艺

洗涤剂通常含有阴离子和非离子表面活性剂，有时也含有阳离子表面活性剂，阴离子表面活性剂被硬水中的 Ca^{2+} 和 Mg^{2+} 灭活，因此一般会在洗涤剂中加入配位剂，以解除这些金属离子。三磷酸五钠曾经是最重要的配位剂，而现在改用硅酸钠铝(并有少量的诸如柠檬酸或磷酸盐之类的"载体")。传统的漂白剂是次氯酸钠或偏硼酸钠过水合物，现在也大多被过碳酸钠或中链有机过氧化物酸所替代。洗涤剂溶液的pH约为10，洗涤过程中的温度为30～90℃，所需时间通常约为30 min。因此，洗涤剂用酶必须具备耐受碱、表面活性剂、配位剂和漂白剂的能力，而且，其底物特异性应当比较低。

蛋白酶

目前，实际应用的丝氨酸蛋白酶都是从芽孢杆菌制备的。几乎所有的菌株都是重组菌，多拷贝的蛋白酶编码基因都位于一个强启动子之后，通过蛋白质设计技术，洗涤剂用酶对复杂试剂和氧化剂耐受力被不断加强。例如，将第222位的甲硫氨酸换成丙氨酸，增强其在洗碗机内的特性和稳定性。在发酵期间，随着菌的生长，蛋白酶通常在加入诱导剂之后生成，所需时间一般不超过72h；发酵之后，用分离器或滤器将细胞团完全除去，用沉淀法或膜分离将胞外酶浓缩，之后再进行部分纯化。由于在工作场所吸入酶尘或气溶胶会引起过敏反应，一般会将酶的浓缩物进一步制成颗粒，这些颗粒被压缩，并且无尘。制备酶颗粒的过程是将酶浓缩物喷雾成中心颗粒，然后在含有添加剂(如盐、蜡和稳定剂)的快速混合器中成粒，或在喷雾干燥器内，在添加剂的存在下直接喷雾成中心颗粒，最后将酶颗粒用蜡和色素包裹。在几个大规模的研究中，暂未发现吸入或皮肤接触酶颗粒导致过敏的案例。

纤维素酶

在洗涤棉制品过程中，纤维素酶内切酶在适当pH条件下会水解那些从织物中突出的纤维素微纤丝，洗涤后的纺织品感觉更柔软、色彩更明亮。此外，与正常纤维相比，它能更好地耐受污物色素。在洗涤剂中添加的纤维素酶主要使用来自于*Humicola insolens*、*Melanocorpus* sp.和*Thielavia* sp.，其多数用重组的米曲霉或者枯草芽孢杆菌制备的。

脂肪酶

具有碱性最适pH的脂肪酶被用来除去长链蜡酯(如口红污渍)，这些物质用化学表面活性剂很难除去。目前所用的最重要的洗涤剂脂肪酶来自*Humicola insolens*，是用重组的米曲霉制备的。

淀粉酶

通过水解作用，淀粉酶能够使含有淀粉的污渍变得疏松，在自动洗碗机中使用时其最高浓度为0.1%。在所有洗衣粉和洗涤剂的淀粉酶中，来自于*Bacillus tearothermophilus*、*Thermoactinomyces*或*Pseudomonas*的碱稳定性和热稳定性较高；它们可以通过蛋白质设计进行优化，并且由工业生产中的常见重组菌株解淀粉芽孢杆菌或者枯草芽孢杆菌表达的。

用在洗涤剂和自动洗碗机的酶

酶	底物	生产菌	应用
蛋白酶	蛋、奶、可可、血液、gras	芽孢杆菌(蛋白酶)	W,D
淀粉酶	淀粉、肉汁	芽孢杆菌(α-淀粉酶)	W,D
脂肪酶	皮脂、蜡质	腐质霉属(米曲霉表达)	W
纤维素酶	污垢颗粒、色素、棉纤维(颜色翻新、防毛球)	米曲霉、腐质霉属及其他	W
甘露聚糖酶	瓜尔豆胶(包裹、冰淇淋)	芽孢杆菌、木霉属	W,D
果胶酶	橘子汁、果酱、果汁	曲霉	W,D

W=洗涤剂,D=自动洗碗机

结构

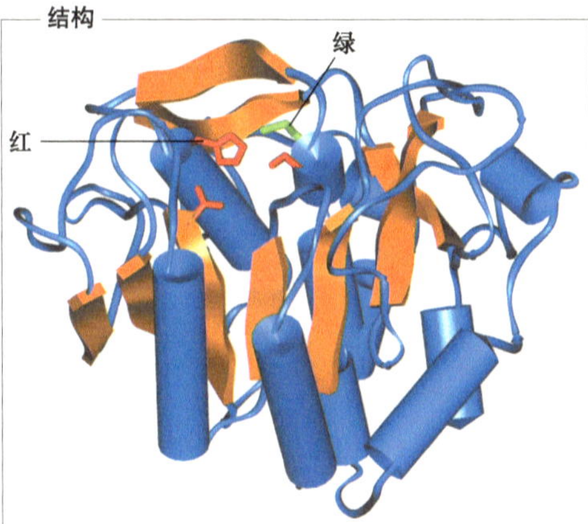

枯草杆菌蛋白酶carlsberg(Isbc)，分辨率0.23nm，红：催化三联体(Ser,Asp,His)；绿：Met222

用蛋白酶清洗

无蛋白酶60 ℃清洗　　添加蛋白酶60 ℃清洗

发酵和回收

预培养物

迟缓芽孢杆菌遗传修饰的高性能菌株：$10\ m^3$, 24 h, 35 ℃

生物反应器

$120\ m^3$, 48 h, 35 ℃ 碳源：糊精
氮源：大豆粉，用酪蛋白诱导

$>25\ g\cdot L^{-1}$枯草杆菌蛋白酶，60 h

细胞分离和浓缩

微滤和超滤，或横向流动过滤，沉淀

1 分层成粒

在喷雾干燥器内，中心颗粒(包裹盐/糖的颗粒)，游离基接受体(radical scavenger)、PEG、TiO_2分层包裹。

2 混合器成粒

中心颗粒(盐/PEG)在混合器内成粒、干燥，在喷雾干燥内用PEG/TiO_2包裹。

淀粉水解酶

概述

淀粉是地球上重要性仅次于纤维素的一种多糖，在发酵中是非常重要的碳源，仅次于葡萄糖。2012 年，全世界淀粉产量约 7500 万吨，其中 70%来源于玉米，其次是马铃薯和木薯。在提取的淀粉中，仅有约 20%被直接使用、30%被化学修饰、50%被糖化生成葡萄糖或其寡聚物(糊精或麦芽糊精)。淀粉水解的首选方法是酶水解，这比酸水解产生的副反应要少得多。

淀粉

是一种聚合物(聚合程度 200～5000)，由线状的直链淀粉(聚 α-1，4-D-葡萄糖)和分支的支链淀粉组成。直链淀粉是假晶的(pseudocrystalline)，通过碘-淀粉反应可以确定其数量；在支链淀粉成分中，线状的直链淀粉链中约每 20 个葡萄糖残基有一个分支，以 D-1，6-糖苷的方式与其相连。根据淀粉的来源，直链淀粉和支链淀粉的比率会有所不同，这个比率会决定淀粉的理化特性。淀粉不溶于冷水，适当加热时它会溶解，溶解程度取决于分子内氢键破坏的程度；在胶化的范围内淀粉吸收水后形成凝胶，其黏度明显增加，此时它可以被化学修饰或被酶水解。如果将胶化的淀粉冷却，直链淀粉重新结晶，并形成分子内氢键。淀粉是许多食品(面包和木薯淀粉)的重要成分或原料，其传统的生产工艺被不断优化，在优化过程中，淀粉的酶处理发挥着重要的作用。

淀粉降解酶

有几种酶可用来降解淀粉：①α-淀粉酶(同义词：外淀粉酶)在多聚链内的 α-1，4 位置水解淀粉；②β-淀粉酶(同义词：内淀粉酶)在非还原末端水解生成麦芽糖或麦芽三糖；③葡糖淀粉酶(同义词：γ-淀粉酶、淀粉转葡糖苷酶)切割 1 mol 麦芽糖生成 2 mol 的葡萄糖，但如果降慢速度，也能切割支链淀粉的 α-1，6 键；④支链淀粉酶优先切割普鲁兰的 α-1，6 键，但也切割支链淀粉的 α-1，6 键；⑤异淀粉酶也切割 α-1，6 键，但对支链淀粉的切割速度要高于普鲁兰。

α-淀粉酶

许多生物体内都有 α-淀粉酶，一般情况下它是从麦芽、膜腺和米曲霉中结晶而来的，已得到了解淀粉芽孢杆菌 α-淀粉酶的晶体结构，也已经克隆了几种 α-淀粉酶，在多种宿主系统中过表达。细菌 α-淀粉酶表现出较高的最适温度(地衣芽孢杆酶：78℃)，而且比真菌淀粉酶更耐碱，结果，可以得到不同 pH 和温度稳定性的多种 α-淀粉酶。

β-淀粉酶

一种含巯基的酶，可从小麦麦芽、嗜热脂肪芽孢杆菌中得到，是制备麦芽糖糖浆的一种重要酶。

切割 α-1,6 键的淀粉酶

在这种酶中，最重要的是来自于黑曲霉的葡糖淀粉酶；也使用一种同样的来自于酒曲菌的酶。工业上使用肺炎克雷伯氏菌和蜡样芽孢杆菌来生产支链淀粉酶。

生产工艺

在食品工业中应用的淀粉酶多使用 GRAS 标准的菌株生产，有时还会通过固态发酵生产。工业应用的淀粉酶(生物乙醇、糖浆、洗涤剂、纺织业)通常都是一些热稳定性较高的酶，这些酶大多都是克隆到解淀粉芽孢杆菌或者枯草芽孢杆菌的基因工程菌中，通过优化提高其活性和稳定性。生产中通常使用 30～200m^3 的好氧发酵罐，发酵 36～48h，其淀粉酶浓度能够达到 15～30 g/L。酶被菌株分泌到培养基中，得到的是稀释的酶溶液。由于该酶产品相对价值较低，所以其分离工艺只包括几步简单的处理，首先是通过离心机或者旋转鼓过滤器去除细胞，然后通过超滤、沉淀等方法浓缩，最后加入稳定剂进行精制。2012 年，生物乙醇产业所使用的 α-淀粉酶和葡糖淀粉酶产值约为 40 亿美元。

各种淀粉的组成和特性

淀粉来源	直链淀粉/%	支链淀粉/%	胶化范围/℃	膨胀能力/倍
马铃薯	18~23	77~82	56~66	>1000
小麦	19~25	75~81	52~63	21
玉米	21~39	70~79	62~72	24
大米	17~19	81~83	61~78	19

马铃薯

小麦

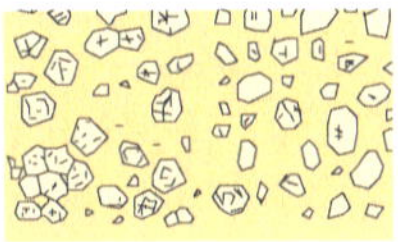
玉米

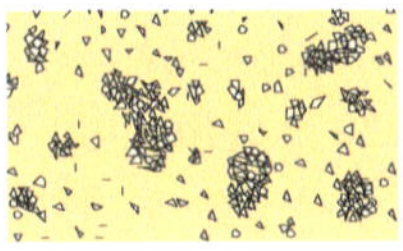
大米

直链淀粉和支链淀粉的结构

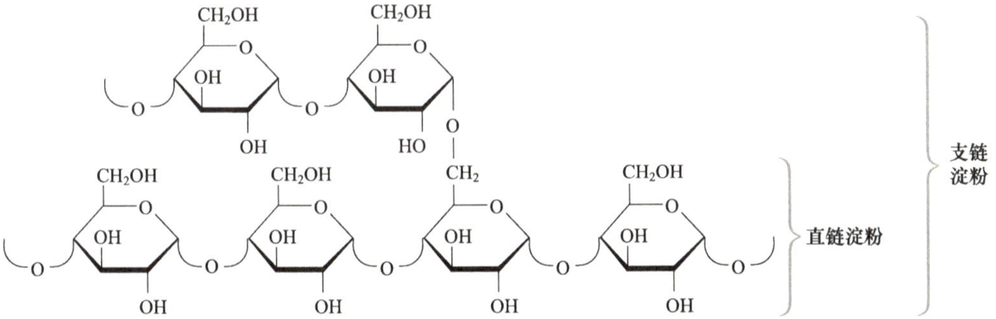

酶降解

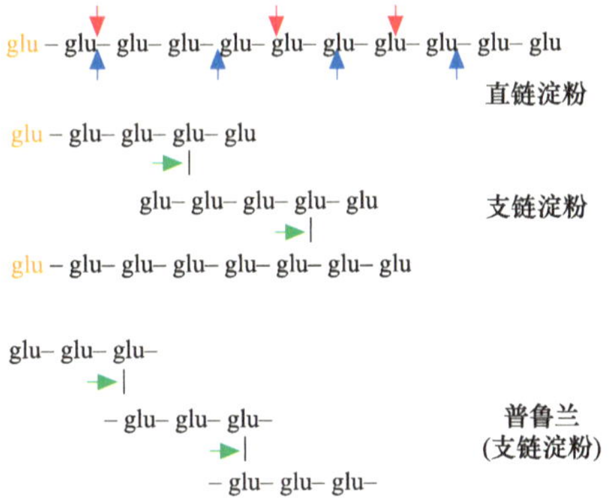

α-淀粉酶(1,4-α-D-葡聚糖-4-葡聚糖水解酶，EC3,2,1)：切割α-1,4-键，生成麦芽糖和麦芽三糖

β-淀粉酶(1,4-α-D-葡聚糖-麦芽糖水解酶，EC3,2,1,2)；从非还原性末端切割麦芽糖单体

葡糖淀粉酶(γ-淀粉酶(1,4,α-D-葡聚糖-葡萄糖水解酶，EC3,2,1,3)和支链淀粉酶(支链淀粉-6-葡聚糖水解酶，EC3,2,1,41)：切割α-1,6-键

α-淀粉酶和葡萄糖粉酶/支链淀粉酶的混合物：切割直链淀粉和支链淀粉，生成D-葡萄糖

glu-glu 麦芽糖　　glu-glu-glu 麦芽三糖　　glu-非还原末端

酶

酶	来源	特性	应用条件
α-淀粉酶	地衣芽孢杆菌	60℃、pH5.7效果最佳，需要Ca^{2+}	95~105℃ , pH 6~7, Ca^{2+}
	米曲霉	50~60℃、pH5.0效果最佳，需要Ca^{2+}	< 50℃ , pH > 3.5, Ca^{2+}
	大麦芽	70℃、pH5.0效果最佳	< 70℃ , pH > 4.5
β-淀粉酶	嗜热脂肪芽孢杆菌	在75℃、pH5.0最稳定	用于麦芽糖糖浆
支链淀粉酶	肺炎克雷伯氏菌	50~55℃、pH5.0效果最佳	55~65℃ , pH 3.5~5
葡糖淀粉酶	黑曲霉、根霉某些种	50~55℃、pH4.0最稳定	55~65℃ , pH 3.5~5

淀粉的酶水解

概述

全球每年提取的淀粉约 7500 万吨，其中一半需经进一步水解。在美国，淀粉的水解物主要用于生物乙醇和异葡萄糖(又称为 HFS：高果精糖浆)的生产。少部分经水解制得糊精和麦芽糖糖浆而广泛用作发酵的碳源。在美国，淀粉生产的原料主要是玉米和小麦。而马铃薯和大米作为欧洲和亚洲地区集约化农业作物，使美国在这两种作物的价格上不占优势，因此用马铃薯和大米生产葡萄糖的可行性较小。当拿破仑阻止英国商品进入欧洲(Continental Blockade 大陆封锁事件)时，Kirchhoff 在圣彼得堡发明了一种方法，用稀硫酸水解土豆淀粉制备蔗糖的方法，以替代进口的甘蔗蔗糖。但由于这种技术会产生有颜色的副产物，现在已经没有市场价值了。

淀粉的酶水解

通过湿磨法从玉米和小麦中分离得到淀粉，另外还有玉米胚芽油、玉米和小麦面筋，以及各种饲料添加剂等高价值的副产品。在细菌来源的热稳定型 α-淀粉酶存在下，将研磨后的淀粉加热至 105～140℃使其膨胀和胶化(淀粉糊化)几分钟。再经芽孢杆菌 α-淀粉酶的水解 2～3 小时，淀粉将彻底转化生成麦芽糖糊精(葡萄糖当量 15～20)。麦芽糖糊精是一种低聚糖混合物，含有少量的单糖、二糖和三糖，它是后续完全糖化的一种优质的起始原料；同时，麦芽糖糊精也用作食品的低甜度成分，例如，婴儿食品、患者食品和即食汤。

酶法糖化

可直接获得葡萄糖(dextrose、glucose)、高果糖或高转化糖浆。这一加工过程中所用的葡糖糖化酶主要来自黑曲霉、米曲霉和里氏木霉。这些葡糖糖化酶有的是天然酶，有的是经过自体选殖和蛋白质工程改良的，与天然酶相比，工程酶具有更优良的性能以及更高的得率。在糖化过程中，从淀粉糊化锅中获得的麦芽糖糊精被冷却至约 60℃，pH 调整到～4。通常情况下，这以过程是连续进行的，需要将几个罐连在一起，以防止不同水解程度的糖浆混合；48～72 h 后可得到具有很高 DE 值(97～98)的葡萄糖糖浆，然后加入支链淀粉酶或异淀粉酶会进一步提高 DE 值，并降低葡糖淀粉酶的水平。研究表明，高黏度的底物溶液引起扩散受限，以及反转产物的生成导致葡糖糖化酶固定化没有太大意义。通过结晶，可从高 DE 的糖浆分离得到高纯度的 D-葡萄糖单水化物。通过调整酶和糖化条件，可以按需定制不同成分的葡萄糖糖浆；DE 值中等甚至更低的葡萄糖糖浆一般用于生产糖果。高麦芽糖和高转化糖浆通常由来自黑曲霉的 α -淀粉酶催化麦芽糖糊精生产使用来，其黏度较大、不易形成棕色且不易结晶。

环化糊精

如果麦芽糖糊精经环化糊精转移酶处理，可以形成水溶性较好的 5、6 或 7 元的环化糊精环，但都伴随着有直径在 0.5～0.75 nm 的疏水腔，能够容纳疏水性的外来分子，如维生素、香精、臭气以及药物。因此，在配方设计中，环化糊精经常被用来增强这类化合物的溶解度，提高其生物可利用率，改善其稳定性。由于环化糊精的表面活性特性，也可以用来作为乳化剂，如在蛋黄酱的生产。所有的环化糊精都已通过食品与药品监督管理局的 GRAS 认证，在欧洲，α-环糊精已被证明具有降低血糖的作用。手性环化糊精衍生物也被用作分离手性物质混合物的稳定相。环化糊精的工业化生产大都局限于 ß-环化糊精，相关的环化糊精转移酶已从嗜温的和嗜碱的芽孢杆菌中分离得到，该工艺使用淀粉和糊精做原料。

淀粉的酶降解

1 玉米淀粉水解

40%(m/V)，去离子水，20 ppmCa^{2+}，pH6~6.5,77~105℃,0.15%细菌α-淀粉酶

2 麦芽糖糊精DE15~20

2~3 h，95℃，细菌α-淀粉酶

3 葡萄糖糖浆DE97

pH4.2，60℃，2~3天，霉菌葡萄糖淀粉酶

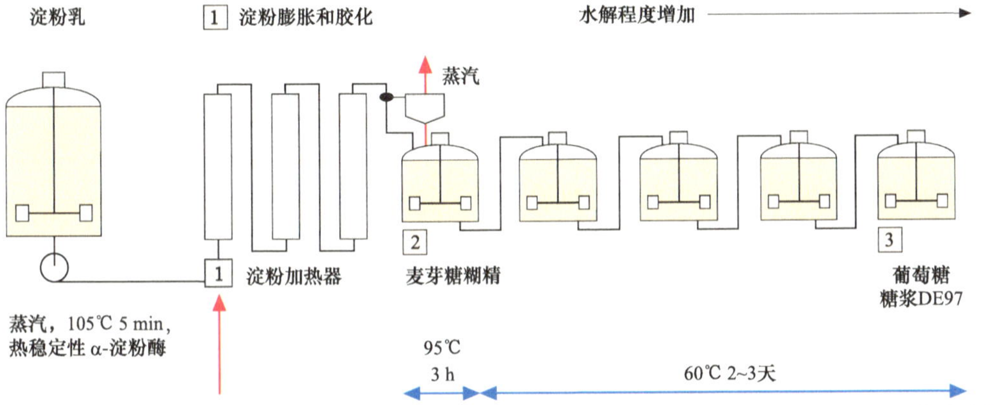

淀粉的酶水解产物

产品	特性	所用酶	应用
麦芽糖糊精	DE 15~25	α-淀粉酶	具有较好流变性的食品添加剂，甜味剂的原料
麦芽糖糖浆	DE 40~45	α-淀粉酶、β-淀粉酶	甜味剂
高麦芽糖	DE 50~55	α-淀粉酶、葡萄糖淀粉酶	甜味剂
高度和超高度糖化的麦芽糖糖浆	DE 60~70 DE <80	α-淀粉酶、葡萄糖淀粉酶 支链淀粉酶	甜味剂 发酵原料
葡萄糖	DE97	延长水解	异葡萄糖的原料
异葡萄糖	DE97	葡萄糖异构酶	甜味剂

注：DE即葡萄糖当量，一种淀粉水解程度的量度标准

环化糊精

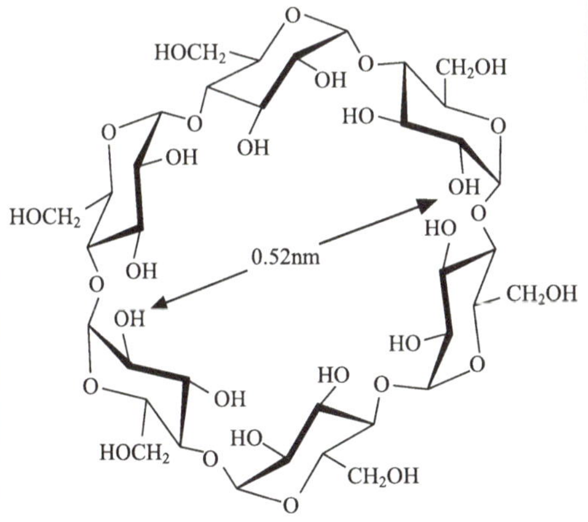

α-环化糊精

特性

环化糊精	α	β	γ
葡萄糖残基数	6	7	8
M_R	972	1135	1297
水溶性(100g/ml)	14.5	1.85	23.2
直径/nm	>0.47	>0.6	>0.75
CAS	10016-20-3	7585-39-9	17465-86-0

酶和甜味剂

概述

在西方文化中，直到 18 世纪糖(D-蔗糖、蔗糖)才成为一种重要的食品添加剂，最初这些糖都是从热带和亚热带地区生长的甘蔗中分离的。为了应对拿破仑的欧洲大陆禁运政策，从甜菜中获得糖这一项新技术应运而生。如今，玉米和小麦淀粉已成为很重要的糖生产原料：通过两步酶法反应，淀粉首先被水解成葡萄糖，然后异构化生成葡萄糖-果糖糖浆(异葡萄糖)。鉴于饮食方面的考虑(降低摄入的热量、防龋)，多种糖替代物已被研制成功。糖或糖替代物的甜度是由生物传感器通过与10%的蔗糖水溶液的甜度比较来进行评估的，高甜度糖(如 Thaumatin 或者 Advantam)的甜度可达到蔗糖的 1000 倍。现在，食品和饮料工业，人工合成的甜味剂已逐步替代蔗糖或玉米糖浆生产传统上含糖的产品。

转化糖

蔗糖通过酸或转化酶水解生成转化糖浆，它是一种 D-葡萄糖和 D-果糖的等摩尔混合物。转化糖的甜度与蔗糖相似，由于它不结晶，所以常用于糖果和软巧克力馅的生产。转化酶是从面包酵母-酿酒酵母中提取获得，它位于细胞质中，只需用研磨机将细胞壁破坏后，再通过几步简单的下游处理便可以得到纯酶。在酶反应器中利用固定化的转化酶，以 70%的蔗糖糖浆作为底物进行生产转化糖，得益于酶的稳定性，该反应可在 55℃下连续运行数天。

异葡萄糖

木糖异构酶(分类学学名：D-木糖-醛糖-酮糖异构酶，EC5.3.1.5)可从链霉菌和其他一些菌株中分离获得。在一个平衡反应中，木糖异构酶不仅能够转化 D-木糖生成 D-木酮糖，也能够转化 D-葡萄糖生成 D-果糖。在 60℃的最适反应温度下，转化生成 42%的 D-果糖和 55%的 D-葡萄糖混合物(异葡萄糖、高果糖浆)，与蔗糖相比，其甜度比稍微低一些。如果用层析和重新异构化从混合物中将葡萄糖分离出来，则得到异葡萄糖 55，它含有 55%的 D-果糖，甜度较高，适宜生产软饮料。迄今，异葡萄糖 42 和 55 的最主要生产国是美国；2012 年美国异葡萄糖的年产量为 750 万吨，占糖市场的 37%。但由于糖替代品的大量使用，异葡萄糖的产量已经有所下滑。在欧洲，由于欧盟保护甜菜农民的利益，所以欧洲的异葡萄糖产量仅有约 69 万吨(甜菜糖产量的 5%，2013 年)。

生产

葡萄糖异构酶(胞内酶)存在于在多种微生物中，这种蛋白质会形成同源二聚体，二价金属(如 Mn^{2+}或 Co^{2+})参与催化反应。该酶的年产量约为 1500 吨，大多来自链霉菌或凝结芽孢杆菌，其生产通常使用分批补料的生物反应器，反应所需时间大概 72h 左右。为了节约胞内酶的分离成本，常常直接使用固定化的菌株来生产异葡萄糖，这种细菌株已被灭活，通过戊二醛交联结合到适当的载体上。固定化的微生物与葡萄糖进料接触不到 1 h，底物和产物的浓度达到平衡；在一种温度为 60℃的工艺中，D-果糖生成量约为 42%，并获得异葡萄糖 42。在 60℃的催化条件下，催化剂的半衰期约为 50 天。如果使用模块式工艺生产线，这种工艺能够实现连续工作。由于菌株的优化，现代工艺已不再依赖添加 Mn^{2+}或 Co^{2+}作为辅因子，反应产物中含有微量焦化的糖，可以通过活性炭柱来纯化，异葡萄糖的商品形式为糖浆。

D-果糖

是一种高甜度的糖，通过层析法(通常使用模拟床移动层析)可以从转化糖或异葡萄糖中制备 D-果糖。菊芋的块茎中含有高达 75%的菊糖，菊糖是一种果糖聚合物，可以用从曲霉中获得的菊糖酶从菊芋中制备果糖。

用作甜味剂的糖

D-果糖

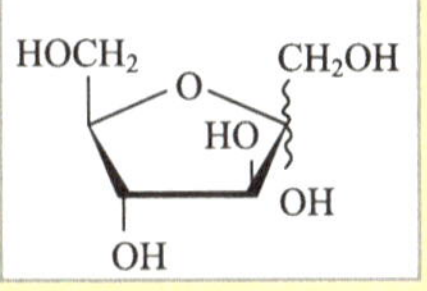

M_r180.16
m.p.106℃,decomp

D-葡萄糖

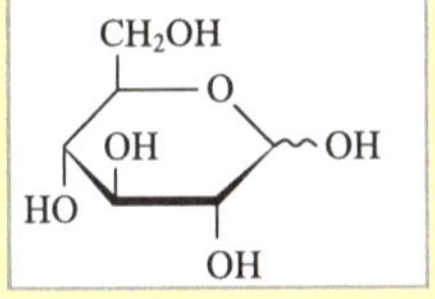

M_r180.16
m.p.146℃,decomp

蔗糖

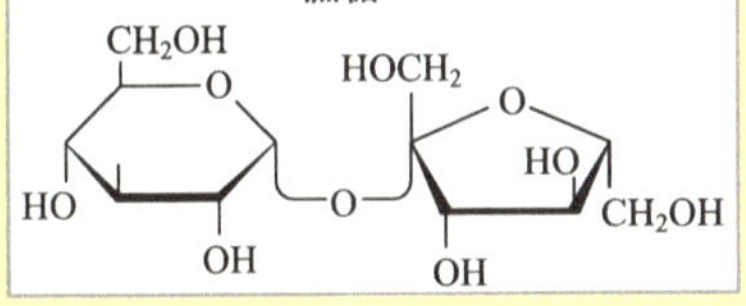

M_r342.30
m.p.185~186℃,decomp.165℃以上

糖和糖代用品

名称	相对甜度(相对蔗糖)	起始原料、生物工艺
蔗糖	1	从甘蔗或甜菜中分离
葡萄糖	0.5~0.8	用α-淀粉酶、葡糖淀粉酶水解淀粉
葡萄糖糖浆	0.3~0.5	用α-淀粉酶、葡糖淀粉酶水解淀粉
氧化葡萄糖糖浆	0.3~0.8	淀粉水解物或葡萄糖糖浆的氧化
异葡萄糖42	0.8~0.9	用葡萄糖异构酶对葡萄糖进行酶异构化
果糖	1.1~1.7	● 蔗糖的酶水解或 ● 葡萄糖进行酶异构化或 ● 菊糖进行酶水解随后利用层析分离
转化糖	1.00	用转化酶水解蔗糖
甘露醇	0.4~0.5	果糖加氢
山梨醇	0.4~0.5	葡萄糖加氢
木糖醇	1.0	木糖加氢
乳糖醇	0.3	乳糖加氢
麦芽糖醇	约 0.9	麦芽糖加氢
异麦芽糖	0.45	蔗糖酶异构化生成异麦芽酮糖(palatinose),然后加氢生成一种吡喃葡萄糖苷山梨醇和吡喃葡萄糖苷甘露醇的混合物

注：甜味剂的相对甜度是由尝味员通过器官感觉，并与10%的蔗糖水溶液比较来确定的。这样，其值会围绕一个中间值波动。

生产

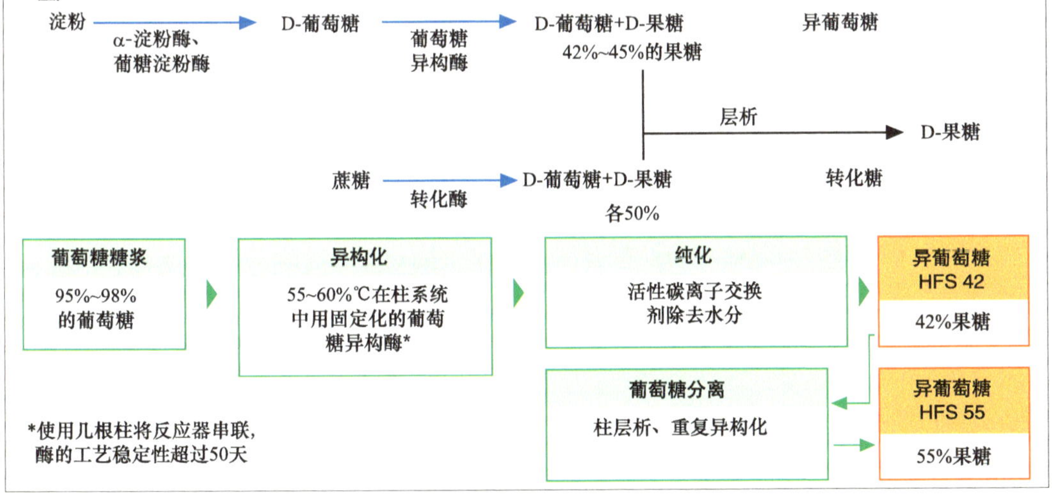

纤维素和聚糖水解酶

概述

纤维素酶和半纤维素酶在众多生物技术领域中都有应用。近年来，利用这两种酶水解生物质生成发酵底物葡萄糖和能量物质(主要是生物乙醇)的研究非常广泛和深入。在这种工艺中，生物质首先经过物理或化学方法预处理成可溶的形态，然后才能够进行酶水解；该工艺具有理论可行性但目前不具有经济优势。纤维素酶和木聚糖酶在谷氨酸棒状杆菌或者酿酒酵母的胞内或表面表达，水解生物质生产氨基酸或生物乙醇等产品。纤维素酶还可以用于食品领域如温和地生产蔬菜泥和水果泥。此外，纤维素酶还在木浆和纸的生产方面有所应用，在某些洗涤剂中，碱性纤维素酶可作为纤维素纤维(棉花)的柔软剂。

纤维素

是植物细胞壁的定型材料，也是最丰富的可再生资源。地球上纤维素的年产量约为200亿吨。纤维素是由D-葡萄糖单元间经β-1,4糖苷键交联构成(平均聚合程度约为10 000)，再通过氢键排列形成平行的纤维束(微纤维)。

聚糖

也称半纤维素，是由戊糖、己糖、脱氧己糖和己糖醛酸构成的异质杂聚物，约占细胞壁的20%。木葡聚糖(木聚糖)通过氢键直接与微纤维交联，其中葡萄糖残基通过β-1，4糖苷键连接形成，木糖残基通过β-1,6糖苷键连接形成众多侧链，这种堆积的方式使得主链和侧链的长度都可以无限延长。阿拉伯半乳聚糖与细胞壁上的糖蛋白结合，其主链是由半乳糖和阿拉伯糖残基以β-1，4糖苷键交替连接组成。戊聚糖由木糖和阿拉伯糖残基交替组成。

生物降解

在自然界中，纤维素、半纤维素可以被细菌，特别是白腐真菌降解。这些真菌降解生物质的第一步是通过真菌菌丝的生长，机械地软化细胞壁，然后利用许多特殊的酶，水解纤维素和半纤维素，同时进行木质素的氧化。在某些微生物(如梭菌)，有大量降解纤维素的酶组装成纤维小体，表现出各种各样的活性。

纤维素酶

可从许多微生物中分离得到，最常见的是纤维单胞菌和梭菌了解得比较清楚。真菌纤维素酶主要来自里氏木霉、黑曲霉、腐质霉；这类纤维素酶的生产工艺与普通的胞外酶的常规工艺在生物反应器中生产这些酶一样。细胞分离和分级沉淀后得到的酶制剂仍然有半纤维素酶活性，这可能会在具体应用中发挥作用。用于木材糖化的纤维素酶主要是来自白腐真菌里氏木霉。纤维素酶的混合物可通过生物反应器中进行表面发酵或深层发酵获得；采用表面发酵时，用水提取酒曲即可得到酶混合物；而采用深层发酵时，需先除去细胞，发酵上清液再经乙醇分级沉淀后才能获得酶混合物。

半纤维素酶

β-葡聚糖酶是从枯草芽孢杆菌、青霉菌、黑曲霉和其他菌株中分离制备的，甘露聚糖酶和半乳糖甘露聚糖酶是从黑曲霉或里氏木霉中分离的，这些酶的生产工艺与普通的胞外酶相同。

葡萄糖和木糖

对于任何以纤维素或生物质(木片、甘蔗渣和其他)做原料的生产工艺，底物的运输和预处理，以及酶的成本是工业生产中需考虑的重要因素。在底物的预处理中，热处理和(或)侵蚀性化学处理几乎可以除去所有的木质素，这与制备木浆所用的方法相似。在此过程中，部分木糖会被降解；利用高效重组菌株生产纤维素酶或半纤维素水解酶可以有效地降低酶耗成本。

植物细胞壁多糖的组成

成分	结构	聚合程度	结构单元	百分比
纤维素	β-1,4-D-葡萄糖	1 000~10 000 微纤维	D-葡萄糖	木材*：60% 棉花*：90%
果胶	聚半乳糖醛酸、鼠李半乳糖醛酸，半乳聚糖、阿拉伯半乳聚糖	100~200	D-半乳糖醛酸，D-半乳糖醛酸甲酯、L-鼠李糖、D-阿拉伯糖	10%~40%
聚糖(半纤维素)	木聚糖、木葡聚糖、β-1,3和β-1,4-D-葡聚糖、半乳甘露聚糖、阿拉伯半乳聚糖、葡糖醛酸甘露聚糖		木糖、葡萄糖、半乳糖、甘露糖、阿拉伯糖、葡萄糖醛酸	20%

*木材中含有约40%的木质素(第二大成分)

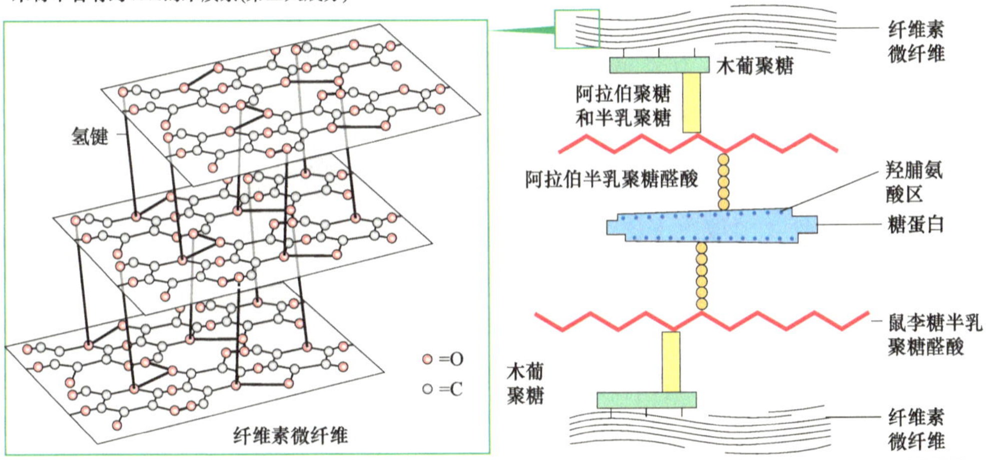

纤维素和木聚糖

纤维素

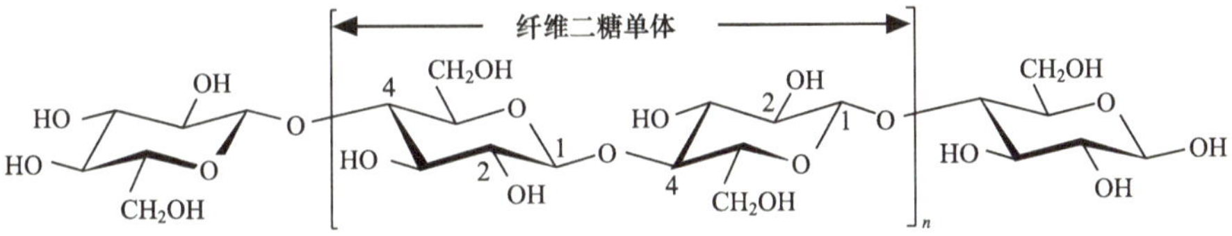

木葡聚糖

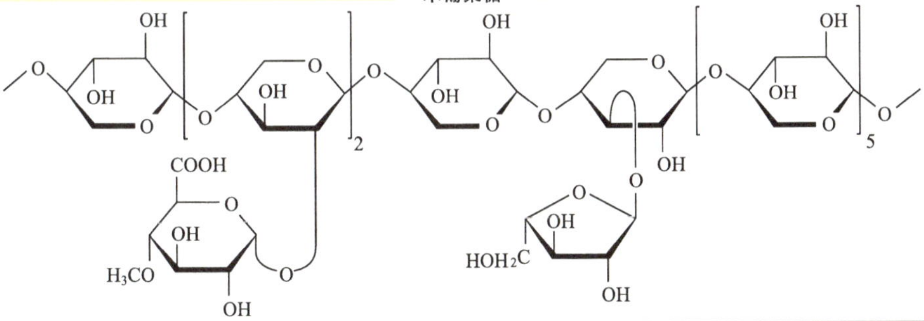

纤维素酶的制备(举例)

种子液培养
里氏木霉重组菌

→ **发酵罐**
150 m^3,7~14天,<100 g/L 活力的酶蛋白

→ **分离提取**
过滤或离心，喷雾干燥或超滤

→ 46%干物质为活力酶蛋白

木浆和纸加工用酶

概述

木浆是一种富含纤维素的纤维材料，是由木材除去大多数的木质素和半纤维素而制成的。木浆可进一步制成纸、硬纸板和化工产品。2011年，全世界生产了约1.8亿吨木浆和约4亿吨纸和硬纸板(中国占25%，北美占22%)。每生产1吨纸需要消耗3.3吨木材，此外还需要0.4吨的石油来提供能源。木浆厂和造纸厂的废水具有严重污染性，每吨木浆废水含有1kg AOX和55 kg COD。因此，研究人员正在开发改良的木浆的生产工艺，期望减少对原料和能源的消耗，同时降低对环境的危害。最终物木浆和纸的特性主要取决于树的种类和生产工艺。除了一些生长快的硬木(桉树、白杨)外，首选软木(桦树、松树、冷杉)，因为其木质是由较长的纤维组成的，易于加工处理。与硬木相比，软木含有较少的聚糖(14%～17%)，但含有较多的木质素(26%～32%)。目前已经开展了很多基于植物组织培养和基因工程的研究，期望减少软木中木质素的含量。

木浆生产

将树木砍伐，剥去树皮，用机械的方法将木材劈成片，再进一步用机械的、热机械的或化学的方法将其转化成木浆。现在最常用的化学方法是Kraft工艺(占全世界总产量的80%)，此方法是在170℃、高压下，用Na_2S/ NaOH解聚木质素；另一种去除木质素的方法是用过量的亚硫酸盐，通过磺化作用除去木质素(亚硫酸盐木浆)。这两种方法都需经过氯或氯的衍生物进一步漂白。酶处理工艺将在下面的生物制浆和原浆温和漂白章节中进行讨论。

生物制浆

在木片的机械降解之前，用降解木质素的微生物对其进行预处理的方法正在研究之中(生物制浆)，此方法大多使用白腐真菌。例如，Clariant的Cartapip™工艺中，用营养物和白腐真菌*Ophiostoma piliferum*的孢子喷洒木片，然后放置几周。该工艺的目前已进行了100吨放大评估，然后再经过Kraft工艺处理，木浆的产量和质量都得到提升。

酶漂白(生物漂白)

经Kraft工艺和亚硫酸盐处理得到的木浆结构疏松，易于酶催化，这类木浆必须经过ClO_2漂白，以除去制浆过程中的有色副产品(主要来源于木质素)。经过木聚糖酶和/或漆酶预处理的木浆(特别是硬木木浆)，可以减少ClO_2的用量，改善制浆工艺。已经有多个造纸厂将这种酶处理工艺放大到了工业化木浆生产中，每吨木浆ClO_2的用量降低了5千克，这部分节省的经费不仅补偿酶的成本，同时污水排放量减少了三分之一。目前已经研究的木聚糖酶复合物来源于热纤梭菌和玫瑰菌核链霉菌，以及表达了来自深海嗜热海栖热胞菌(最适温度为96℃)的木聚糖酶的重组大肠杆菌。目前，商业化的木聚糖酶都来自于*Trichoderma longibrachiatum*(长柄木霉)和*T. reesei*(里氏木霉)；然而，木聚糖酶的生产工艺还不成熟，仍待进一步发展。

树脂控制

某些木材(如松木)含有较高的甘油三酯，在粗犷的木浆生产条件下容易形成树脂，这些树脂会吸附在造纸机器上，影响纸张白净度。利用微生物来源的脂肪酶对红松进行预处理，可有效地降低树脂的形成。此外，这种方法的另一个好处是，在氯漂白过程中，不形成氯化脂肪酸；这也是目前木浆和造纸工艺中，微生物酶的一个最重要的应用。除此以外，漆酶(如来源于变色栓菌)还可以与其他一些调控因子结合，用于去除来源于甾醇类和木质素酚类的树脂的研究。

油墨的去除

在印刷纸的再生中，如果用纤维素酶、木聚糖酶和脂肪酶的混合酶预处理废纸，能更彻底地除去油墨。

木浆和纸生产工艺

方法	条件	化学过程	备注
硫酸盐法（Kraft工艺）	Na_2S、NaOH 2 h、约170℃，pH 13~14	HS^-对木质素的降解	约80%的造纸厂，纤维素、聚糖也受到破坏，导致部分粉碎
亚硫酸盐法	SO_2、HSO_3^-、SO_3^{2-}取决于(Ca^{2+}、Mg^{2+}、Na^+、NH_4^+)，pH 1~13，1~4 h，125~180℃	通过磺化作用降解木质素	与Kraft工艺相比，木质素降解得不够彻底
氨漂白	Cl_2、OCl^-、ClO_2^-	木质素降解、通过氨化漂白有色副产品	可能产生对生态有害的化合物
O_2,$H_2O_2^-$漂白		木质素降解，通过氧化漂白有色副产品	

生物制浆

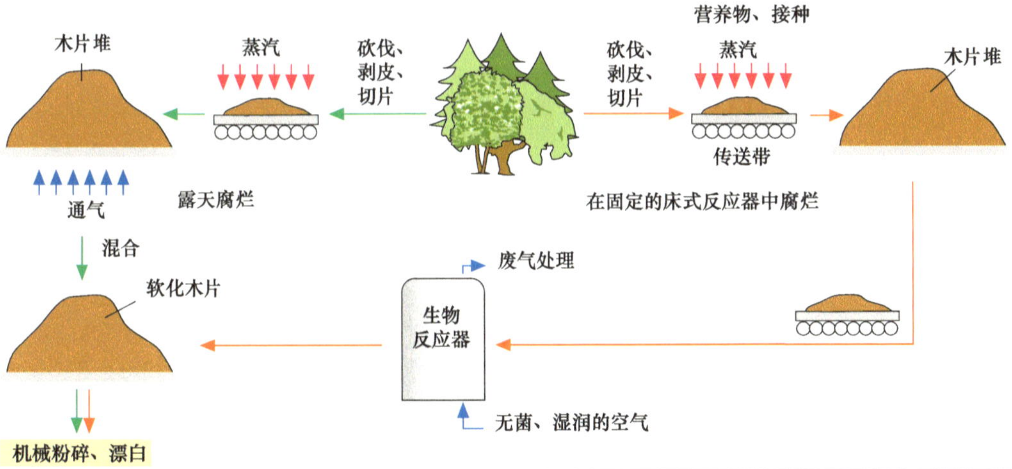

木聚糖的酶降解和木浆漂白

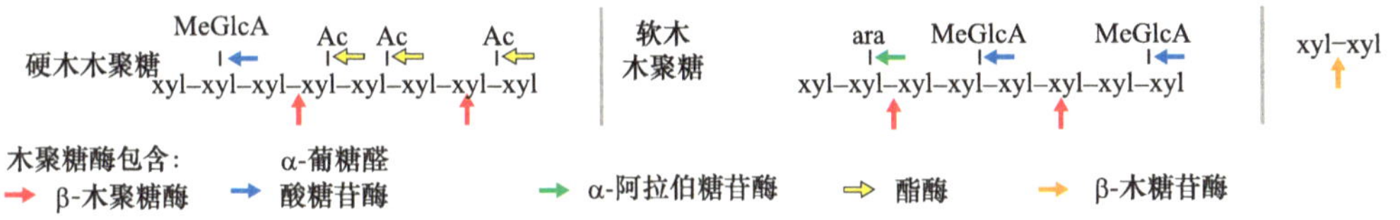

xyl：木糖，ara：阿拉伯糖，MeGlcA:4-*O*-甲基-D-葡萄糖醛酸，Ac：乙酸基

纸和纸板生产

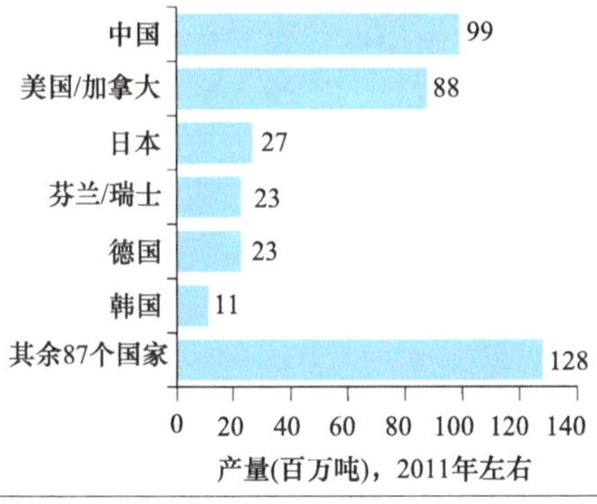

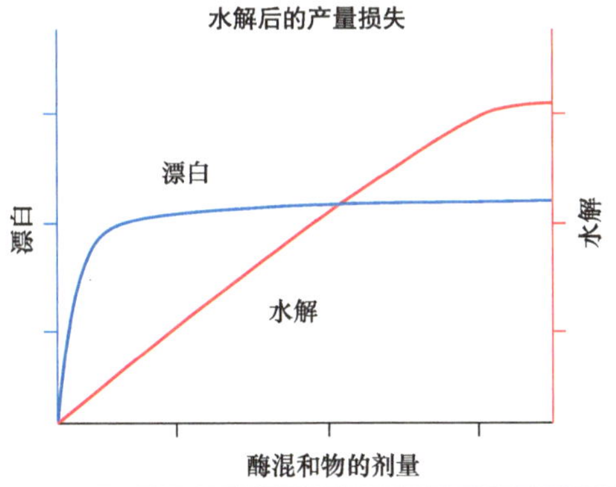

果胶酶

概述

工业用果胶酶通常是由多种水解酶和裂解酶组成。果胶酶通过调整果浆和菜泥的结构和黏度通过阿莱降解果胶，以保持其原有颜色。果胶酶是水果和蔬菜加工所用的主要酶，其全球生产规模为每年约1000吨。

果胶

是一种酸性多糖，分子质量为30 000～300 000 Da，其组成变异很大，但其主要的结构单元是δ-1,4-交联的D-半乳糖醛酸，它可以被甲醇酯化。也有富含D-鼠李糖的糖链，携带D-阿拉伯糖、D-木糖和D-半乳糖的侧链。高度酯化、高分子量的果胶形成了植物初级细胞壁的非水溶性胞间层(原果胶，细胞凝结物)；它们在果汁中可能占2%，在水果果肉中占20%以上(如在柠檬果肉占25%)。通过解聚和水解酯键，原果胶被转化成带负电荷的短链果胶，在Ca^{2+}的存在交联形成凝胶。这一过程在水果和蔬菜的成熟过程中自然发生，导致果蔬的组织结构、物理和化学特性发生显著改变。因此，在蔬菜泥和果汁生产加工中，需要用果胶酶制剂来温和地降解果胶。

果胶酶

包括以下酶：

1. 聚半乳糖醛酸内切酶 [EC 3. 2. 1.15]
2. 聚半乳糖醛酸外切酶 [EC 3. 2. 1.67]
3. 果胶酸裂解酶 [EC 4. 2. 2.2]
4. 果胶酸外裂解酶 [EC 4. 2. 2. 9]
5. 果胶裂解酶 [EC 4.2. 2. 10]
6. 果胶酯酶[EC 3. 1.1.11]

商品的果胶酶含有不同比例的上述酶，在应用时可产生所期望的特性。

工业制备

现在，所有的商业果胶酶都是从霉菌(如曲霉属或根霉属)中制备的，这类菌来源的酶都已获得食品级认证(GRAS 级别)。果胶酶的工业生产生产多采用霉菌表面发酵，例如，再含有高湿度的小麦麸皮培养基中培养菌株约100h，然后用缓冲液提取培养物，超滤提取液获得酶的浓缩液，进一步微滤浓缩液除去孢子；然后加入稳定剂(如甘油或山梨醇)，将制剂以酶活性进行标定(这可能会很困难，因为存在很大范围的酶活性，如纤维素酶、半纤维素酶和葡萄糖苷酶)，然后就可以投放市场。除了制备酶液浓缩外，利用喷雾干燥制备酶制剂粉末也是可行的。用基因工程技术可以制备酶活准确的酶制剂，但由于消费者的顾虑，其应用仍存在问题。

应用

果胶酶可用于：①蔬菜和水果的浸解(浸渍酶，macerases)；②处理水果汁如葡萄汁制备过程中产生的糊状物质，以增强果汁可滤过性和产量；③去除葡萄汁中悬浮的果胶物；④预防柑橘类的水果时如芒果或菠萝生成胶状物。果胶酶的浸渍作用常用于生产婴儿果酱和菜泥、混合果汁和水果乳品等。果汁生产过程中加入果胶酶，根据水果种类的不同，果汁产量可增加5%～10%，过滤性可增强1.5～5倍。果胶酶也在葡萄酒的生产过程中有所应用，例如，在酒浆浸渍方面，果胶酶可以增强果汁的提取效果、提高葡萄酒的澄清度，并加快过滤。

纤维素酶和半纤维素酶

常用于食品加工，如从玉米中制备淀粉，以及咖啡豆和茶叶的提取。添加到果胶酶中还可进一步提升蔬菜食品的加工工艺。在啤酒生产过程中，细菌或真菌的葡聚糖酶可以协助麦芽的粉碎，这样可以更快地形成发酵液。当与食品级的蛋白酶一起使用时，纤维素酶还能够保持超滤膜的清洁和渗透性。来自枯草芽孢杆菌的阿拉伯糖酶，曲霉、木霉以及芽孢杆菌的木聚糖酶都可以用来净化梨、苹果等果汁。

磷脂酶

通过去除磷脂来实现植物油的“脱胶”，磷脂类似于乳化剂，会降低植物油生产效率。

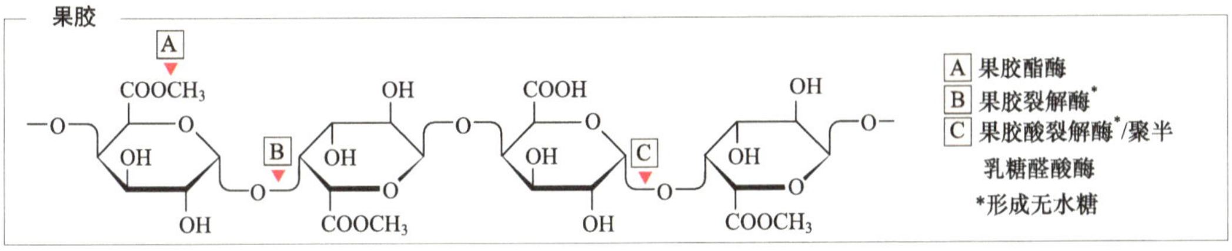
果胶
A
COOCH3
OH
OH
B
OH
O
COOCH3
COOH
O
OH
OH
C
OH
O
COOCH3
A 果胶酯酶
B 果胶裂解酶*
C 果胶酸裂解酶*/聚半乳糖醛酸酶
*形成无水糖

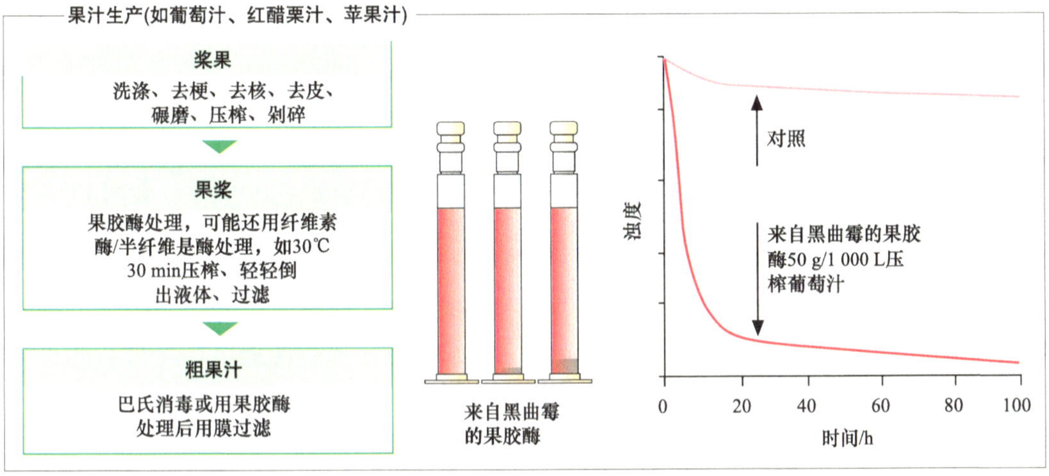
果汁生产(如葡萄汁、红醋栗汁、苹果汁)
浆果
洗涤、去梗、去核、去皮、碾磨、压榨、剁碎
果浆
果胶酶处理，可能还用纤维素酶/半纤维素酶处理，如30℃ 30 min压榨、轻轻倒出液体、过滤
粗果汁
巴氏消毒或用果胶酶处理后用膜过滤
来自黑曲霉的果胶酶
浊度
对照
来自黑曲霉的果胶酶50 g/1 000 L压榨葡萄汁
0
20
40
60
80
100
时间/h

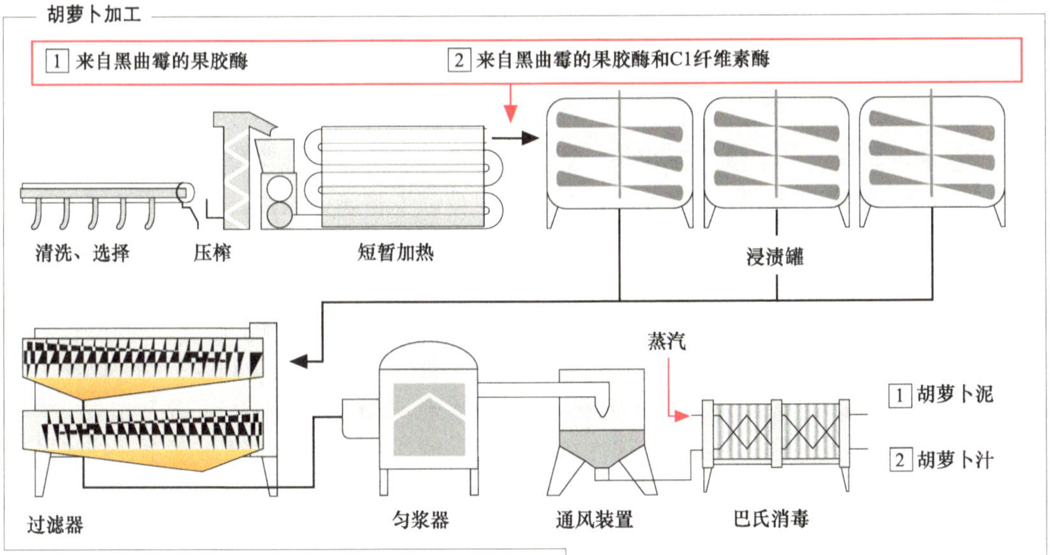
胡萝卜加工
1 来自黑曲霉的果胶酶
2 来自黑曲霉的果胶酶和C1纤维素酶
清洗、选择
压榨
短暂加热
浸渍罐
蒸汽
过滤器
匀浆器
通风装置
巴氏消毒
1 胡萝卜泥
2 胡萝卜汁

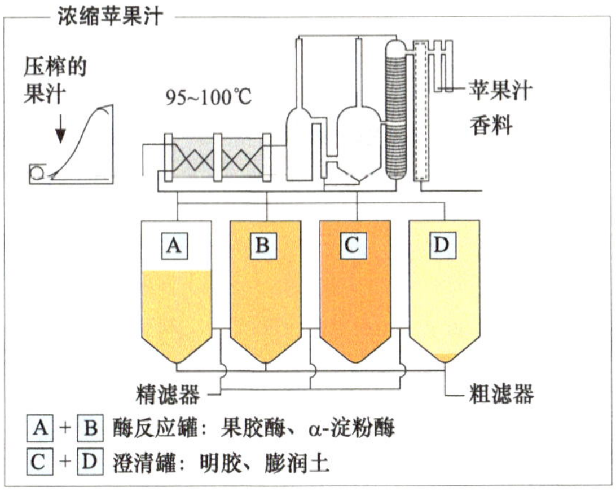
浓缩苹果汁
压榨的果汁
95~100℃
苹果汁香料
A
B
C
D
精滤器
粗滤器
A + B 酶反应罐：果胶酶、α-淀粉酶
C + D 澄清罐：明胶、膨润土

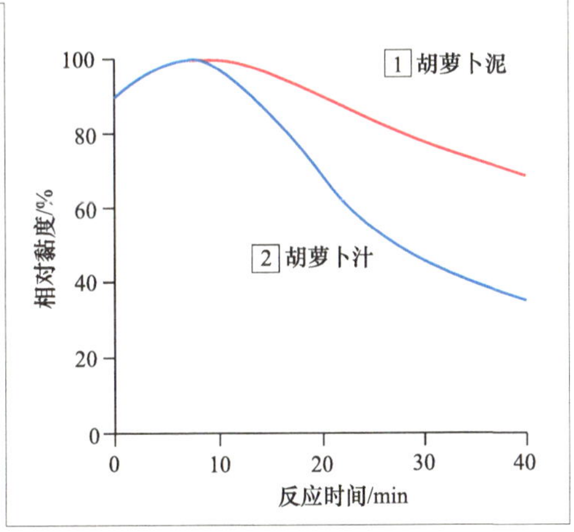
100
80
60
40
20
0
相对黏度/%
1 胡萝卜泥
2 胡萝卜汁
0
10
20
30
40
反应时间/min

酶和乳制品

概述

蛋白酶、乳糖酶和脂肪酶是乳制品生产过程中的主要酶类。其中一个重要的环节是用高度特异性的蛋白酶(凝乳酶)来生产奶酪(全球产量1800万吨)，酶消耗量约为1000吨；此外，奶酪的味道受到蛋白酶和脂肪酶作用的影响。针对许多成年人不能很好地耐受乳糖，研究人员研制出了乳糖酶(β-半乳糖苷酶)处理的乳制品。在一些发展中国家，乳制品中会加入溶菌酶或过氧化氢酶，以防止细菌的侵袭。最后，松软干酪和奶酪生产过程中产生的乳清，可作为发酵原料，2011年全球乳清产量约为200万吨。

乳

是一种水包油乳状液，含水量约为90%。乳中的甘油三酸酯(乳中的脂肪)具有独特性质，它含有2%～4%的丁酸，乳糖和蛋白质的含量各占约3%；酪蛋白是蛋白质组分中的主要成分，它是一种由分子质量为20～30 kDa的磷酸化蛋白质组成的约100万Da的聚集体混合物，其中κ-酪蛋白是一种保护胶体。要使κ-酪蛋白易于消化，必须先将这种胶体降解，降解的方法有：加入浓度高于6 mmol/L的Ca^{2+}；或调解pH至低于4.6；也可以通过凝乳酶(哺乳动物上消化道的一种蛋白酶)水解κ-酪蛋白的单个肽键(^{105}Phe-^{106}Met)。

水解酪蛋白的蛋白酶

在哺乳动物的胃中，酪蛋白首先被凝乳酶和酸共同作用水解，使其利于后续的水解。通过加入牛、山羊或绵羊的粗制凝乳酶，将乳转化成酸奶或奶酪用来保存易腐败食品的古老发明。在传统的奶酪生产中，使用动物胃制剂来实现这一目的。但是，这种制剂纯度低且供应量较少，难于进行标准化，现在来自细菌凝乳酶或重组的凝乳酶更受欢迎。来自米赫毛霉菌的凝乳酶与动物凝乳酶表现出相同的特异性(^{105}Phe-^{106}Met)并已被广泛使用。1987年，研究人员在大肠杆菌中成功克隆并表达了来自小牛的凝乳酶；至今，酿酒酵母、黑曲霉，以及乳酸克鲁维属酵母都已被开发为优势表达宿主。1992年，美国FDA批准在奶酪生产中使用重组的凝乳酶；1997年，欧盟和日本也批准了重组凝乳酶的使用。现在，美国、英国和其他一些国家都利用重组的凝乳酶生产奶酪，然而欧洲中部地区消费者对此仍然持保留态度。

乳糖水解

大多数哺乳动物只在成年以前才能很好地耐受乳糖，成年人(除了大多数的北高加索人外)对乳糖都表现出不耐受性，这是因为成年人体内乳糖酶的含量明显降低，使未消化的乳糖进入肠道被微生物菌群发酵，生成了过量的气体。初级乳糖不耐受的原因，是来源于一个碱基的变异(13910位，T/T是耐受乳糖；C/C不耐受乳糖)。乳糖不耐受性必须不同于罕见的遗传疾病——半乳糖血症，后者是由于第9号染色体上的隐性基因缺陷，导致不能合成UDP-半乳糖，生成过量的半乳糖代谢产物，特别是有毒性的半乳糖醇。鉴于此，对半乳糖血症患者来说，必须食用不含半乳糖的食物，而对于乳糖不耐受性人群，则可以食用无乳糖或已经酶水解的乳制品。工业上，已有用乳糖酶处理的乳制品生产，如酸奶酪，面包店的乳糖水解糖浆和乳清类的动物饲料，水解乳糖的甜度超过天然二糖的甜度，为乳糖处理的产品增添了甜度。

奶酪风味

在生产奶酪时，用脂肪酶可以部分地水解乳脂中的短链和中链脂肪酸，生成一种风味混合产物(酶改良奶酪EMC)，根据脂肪酶的链长度特异性的不同，可以生成各种风味成分。

乳的成分

	乳/%	乳清/%
水	~88	~94
脂肪	~3.4	~0.5
蛋白质	~3.3	~1
酪蛋白	~2.6	–
乳糖	–	~4.8

黑曲霉表达凝乳酶原的质粒

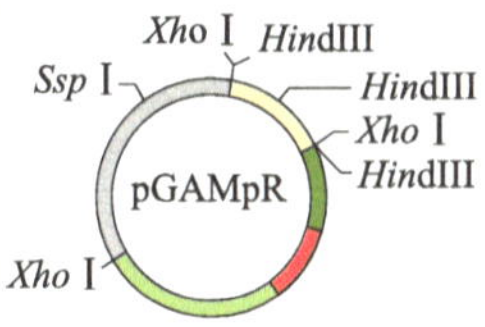

乳的加工

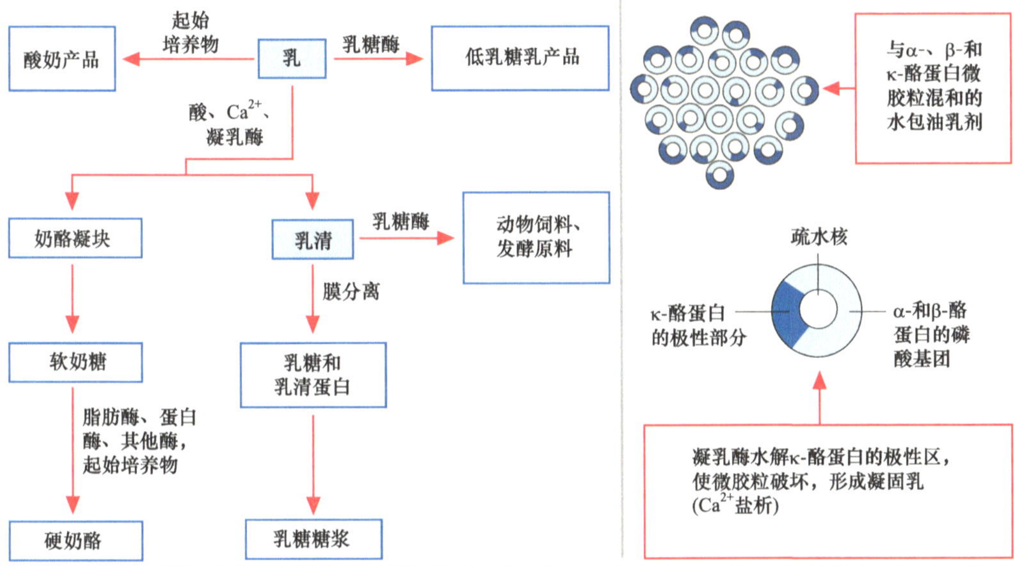

凝乳酶的生产

天然的	细菌的	重组的
年轻动物的胃 切割，在pH<5激活	**预培养** 米赫毛霉或微小毛霉的高产突变体	**重组微生物** 大肠杆菌
提取 盐水，14天	**生物反应器** 葡萄糖糖浆、大豆粉，30 ℃，72 h	**生物反应器** 麦芽糖糊精、37℃，36 h
纯化 超滤 标定	**纯化** 菌丝体分离、逆渗透、沉淀	**纯化** 包含体分离、Triton-X100/EDTA、尿素/碱提取、离子交换层析、酸处理
200 U/kg胃	72 h, 5 000 U/m^3	36 h, 20 000 U/m^3

乳糖不耐受性和半乳糖血症

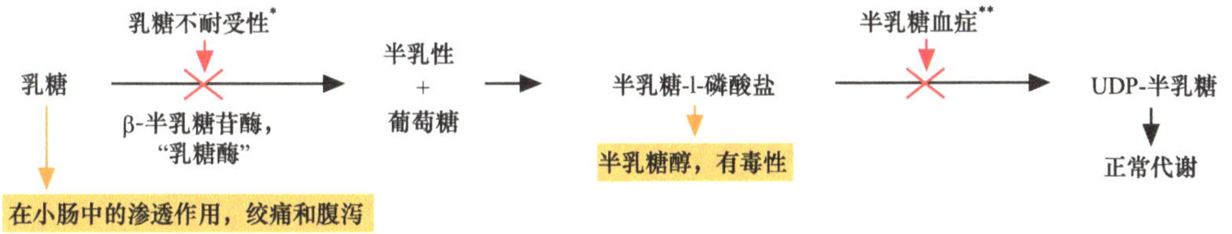

*>70%的成年班图人、美洲黑人、印度人、中国人和澳大利亚土著人

**9号染色体上的半乳糖-1-磷酸-尿苷酰转移酶缺陷，发病率1：100 000

烘焙食品和肉品加工用酶

概述

生物技术在烘焙食品中的最主要应用是生产酵母面团和面起子。生产面起子时，乳酸杆菌和酿酒酵母的联合发酵，增加了黑麦面粉的可消化性。淀粉酶、木聚糖酶、脂酶、葡萄糖氧化酶和蛋白酶等酶也被应用于面团和烘焙食品的加工。特异的木聚糖酶可以促进戊聚糖凝胶的形成，从而改善黑麦粉和小麦粉的加工。淀粉酶、脂酶、葡萄糖氧化酶和蛋白酶可用于所有种类的面粉，因为这些酶可以调节淀粉和面筋的特性，使面团具有理想的黏度，改善其发酵性。麦芽β-淀粉酶用作添加剂，以防止面包变味。全球烘焙食品工业酶的用量大约为 1000 吨。在香肠加工中，常使用起始培养物改善香肠的风味和保存，且加入蛋白酶可使肉质变嫩，其中最常用的常用蛋白酶是木瓜蛋白酶和菠萝蛋白酶。

面粉加工和酶

谷物被碾磨后生成面粉，其成分(淀粉、戊聚糖和蛋白质)与谷物的种类(小麦、黑麦等等)密切相关，也与土壤的成分、气候和收获的时间有关。通过加入适当的酶可以调节面粉的特性。淀粉酶能够将淀粉水解成糊精(α-淀粉酶)、麦芽糖(β-淀粉酶)，最后生成葡萄糖。因此，加入酶可以影响面团的加工、风味和体积(因为面包酵母只能发酵单糖和二糖)。已证明来自嗜热脂肪芽孢杆菌的麦芽糖β-淀粉酶是一种优良的防止面包变味的酶添加剂。在生产面团时，谷物的面筋蛋白结合部分水，形成凝胶。如果加入蛋白酶，这种凝胶会被部分地破坏掉，面团的弹性增加(截留发酵过程产生的 CO_2 的必要条件)。然而，加入过量的蛋白酶会导致所需面团的黏弹性下降，这样会使整个结构变软。在实际应用中，使用来自麦芽、芽孢杆菌或霉菌的 α-淀粉酶，以及霉菌葡萄糖淀粉酶。由于面包的手工和工业生产需要特殊的生产工艺，因此需要各种酶的参与。对于蛋白酶，首选的酶来自于米曲霉，它在按预期疏松面筋，但不会引起过度降解。由于酶会在产品中有残留，因此，目前还不能使用基因重组酶。当然，通过微生物表面或罐发酵获得的酶混合物还含有一些副活性，这些酶系被分离、鉴定并被销售，其中就包括一些稳定剂(如缓冲剂)。

分析方法

主要使用传统手工艺方法，比如在试管中检测气体的生成，用降落数值测定法(falling number method)测定黏度的下降；用淀粉测定记录仪(farinograph)、延伸性曲线图(extensogram)、面团吹泡张力曲线图(alveogram)等来评价蛋白酶的作用，这些方法都能给出面筋黏弹性的特征数据。

肉和酶

在停止供氧之后，肌肉经过复杂的生物化学转化形成肉类。在这些转化过程中，蛋白酶(组织蛋白酶)发挥着重要的作用。从消费者的角度出发，最关心的是肉应当多汁、易于咀嚼，以及具有良好的质地、颜色和口味。在西方文化中，传统的方法是通过储存和浸泡(marination)来实现上述目的。在其他地方，人们会将肉包裹在木瓜叶中，或浸在菠萝汁中，使其变嫩，改善口味；木瓜蛋白酶(从木瓜叶中分离的一种巯基蛋白酶)溶液喷撒到肉类表面具有同样的效果。另一种可用的方法是，在动物死亡之前，将灭活的木瓜蛋白酶(H_2O_2 氧化其巯基)注射到其血流中，一旦动物死亡后，由于血液中的氧减少，木瓜蛋白酶的巯基被重新激活，导致一部分肉类快速地水解。

面粉加工和酶

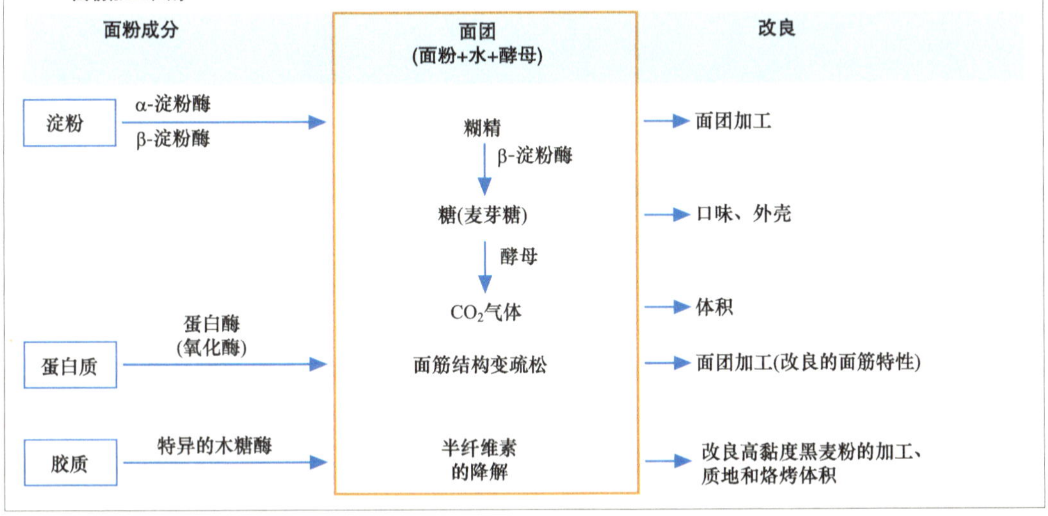

焙烤食品用酶

酶	对面粉的作用	检测方法	对焙烤食品的作用
来自麦芽，芽孢杆菌和曲霉的α-淀粉酶，来自米曲霉的葡萄糖淀粉	使破碎的淀粉谷物和黏性淀粉生成麦芽糖和葡萄糖	气体生成*，黏度测定(面糊黏度测量法或降落数值测定发法)、焙烤实验	增大体积、改善外壳和口味
来自霉菌的中性蛋白酶	降解面筋	淀粉测定记录仪和延伸性记录仪中的黏弹特性	增强面团的黏度，更好地截留气体
来自绿色木霉的木糖酶	水解胶质	面糊黏度测量法中的黏度测定	改善发酵的耐受性
来自嗜热脂肪芽孢杆菌和曲霉的β-淀粉酶	防止巅峰和面筋的相互作用	焙烤实验、器官感觉试验	延长新鲜期、更好的质地、保鲜

*酿酒酵母不能代谢较长的寡糖，只能代谢麦芽糖和葡萄糖

面团的延展性

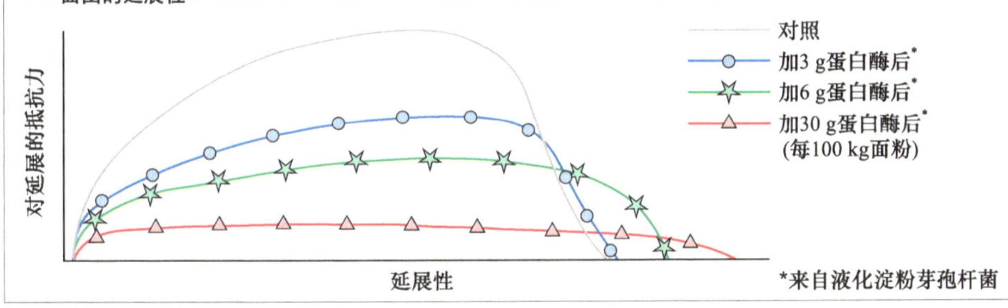

焙烤实验

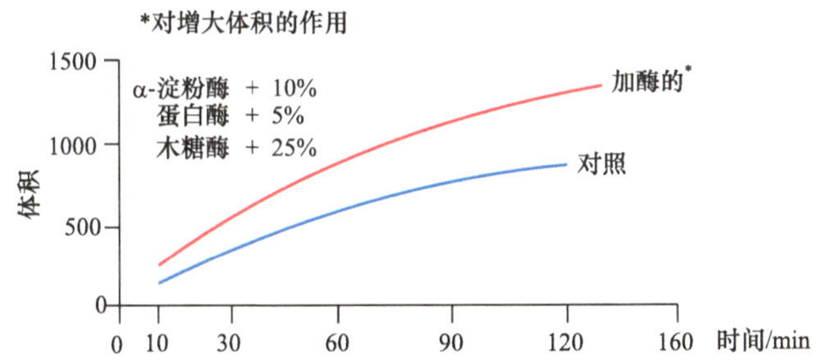

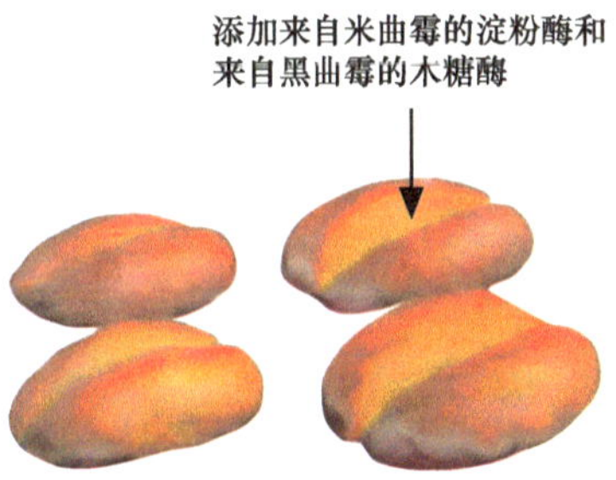

食品生产与动物饲料酶制剂

概述

近年来，不断有新的具有实际应用价值的酶被发现。谷氨酰胺转移酶可以在蛋白质的内部和分子间形成结合键，能够用于蛋白质类食品，如肉制品、豆制品的人工修饰。天冬酰胺酶能够将结合到蛋白质的天冬酰胺残基转化成天冬氨酸，可以减少加热时致癌物质—丙烯酰胺的生成。饲料用酶包含植酸酶、纤维素酶和木聚糖酶；纤维素酶和木聚糖酶能够提高饲料中纤维素的可消化性；植酸酶可以用来生产肌醇六磷酸(种子中磷元素的主要贮存形式)。

谷氨酰胺转移酶[EC2.3.2.13]

一种可以修饰蛋白质结构的酶。它可以在谷氨酰胺残基的酰基基团和赖氨酸残基的 ε-氨基基团之间形成交叉链结构(蛋白质内部或分子间的)，最终形成一个异肽链。血液凝结系统的XⅢ因子具有谷氨酰胺转移酶活性，能够在纤维蛋白凝结的时候形成异肽键，这些肽键的形成可以保护蛋白质，抵抗蛋白酶的降解；在链霉菌(GRAS 级微生物)中同样发现有能够催化上述反应的谷氨酰胺转移酶。该酶现在被广泛地使用在调节蛋白质类食品的质地和特性上，例如，豆蛋白、奶蛋白、牛肉、猪肉、鸡肉、鱼肉明胶和肌球蛋白等蛋白质食品的凝胶浓缩液的制备；此外，谷氨酰胺转移酶也可以用于人造蟹肉、鱼丸和肉制品的制备。目前已经商业化的谷氨酰胺转移酶是 Ajinomoto 公司生产的 Activa TG™。谷氨酰胺转移酶是巯基酶，能够生产硫酯中间产物，能够被赖氨酸残基的 ε-氨基基团酰胺化。

天冬酰胺酶[EC3.5.1.1]

当淀粉食品通过烘焙、油炸、烘烤加热时，一些蛋白类的 L-天冬酰胺残基经过美拉德反应被转化成丙烯酰胺(一种致癌物)。加入天冬酰胺酶以后可以将 L-天冬酰胺水解成 L-天冬氨酸，防止在加热时生成丙烯酰胺。由于在食品制备过程中经常会用到高温条件，因此需要使用耐高温的天冬酰胺酶；诺维信公司从深海厌氧微生物强烈火球菌中分离的 Acrylaway High T™ 就是这种类型的酶。

植酸和植酸酶

植酸盐是肌醇六磷酸的钾、镁和钙盐。它们是种子里主要的磷元素贮存形式，但在种子萌发过程中又不仅仅起到提供磷素的作用。反刍动物瘤胃中的微生物通过产生植酸酶来降解植酸从而释放磷素。单胃动物(如猪和家禽)不能合成植酸酶，植酸并不能作为磷的来源，因此，需要在其谷物饲料中添加植酸酶。谷物中 80%的磷元素都是来自于植酸，添加植酸酶可以提高单胃动物的磷素供应量，促进其快速生长。当然饲料中添加植酸酶降低了液体粪污中与磷与植酸的结合量，从而可能导致河流和湖泊的水体富营养化。目前，已经从很多植物和微生物中分离出了植酸酶，其 X-射线结构也已经被解析。这些酶在其活性位点(组氨酸酸性磷酸酶)都具有一个相似的序列。大部分的植酸酶都能切割植酸 6 个磷基团当中的 5 个，只是切割速度不同而已。根据其分类学命名[EC3.1.3.n]，研究人员将植酸酶水解的第一个磷基团的位置作为分类依据，迄今为止大部分的磷酸酶都被分类为 3-或 4-植酸酶。作为饲料添加剂，大部分商品化的植酸酶都来自于耐热的细菌、真菌、米曲霉或者毕赤酵母。热稳定性是饲料的一个重要因素，因为其生产过程中的粒化和其他一些加热操作。通过筛选或者蛋白质工程等方法可以对植酸酶进行优化，比如加快磷素的释放速度，或者提升耐受 95℃的瞬时耐高温性能(在生产饲料过程中需要这种高温操作)。植酸酶已经应用于转基因植物和转基因猪，以促进磷素的供应。

纤维素酶和木聚糖酶

纤维素和木聚糖是黏性谷物(如小麦、黑麦、大麦)和非黏性谷物(如玉米、高粱)细胞壁中的纤维成分。单胃动物(如鸡或猪)的饲料中添加纤维素酶和木聚糖酶能够增强能量供给，促进动物的生长。商品化的木聚糖酶(β-1,4-内切木聚糖酶)来自于里氏木霉(*Trichoderma reesei*)，该酶热稳定性高，能够适应饲料生产过程中的高温步骤。

丙烯酰胺的还原：L-天冬酰胺酶

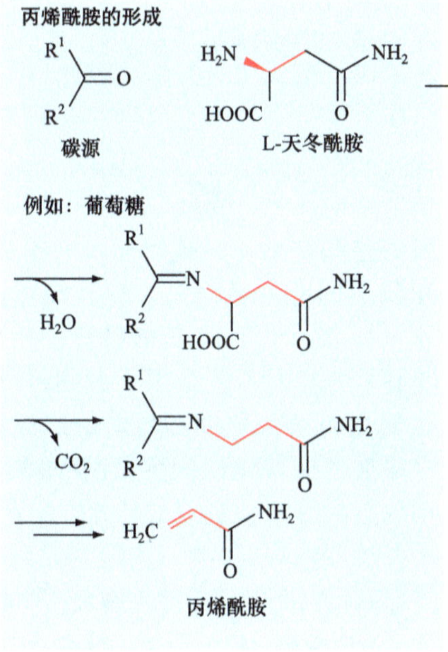

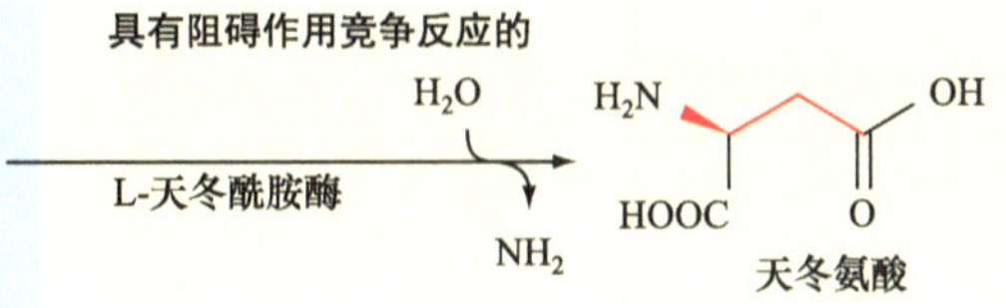

马铃薯条：煎炸时间15秒

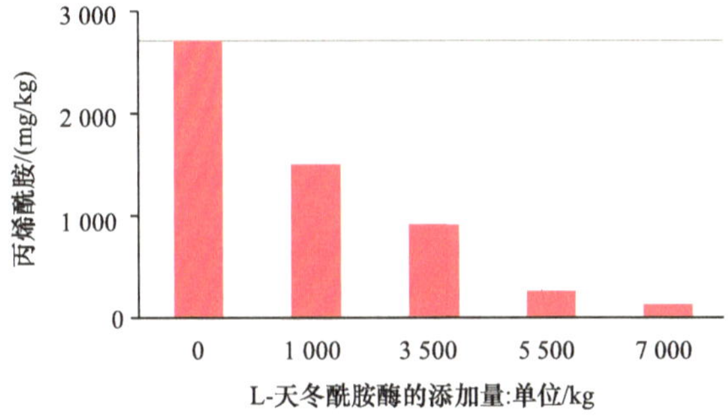

样品通过诺维信不同Acylaway^{R}剂量处理，实验证实了马铃薯条煎炸15秒后残余的丙烯酰胺总量。

谷氨酰胺转移酶：肉类“黏合剂”

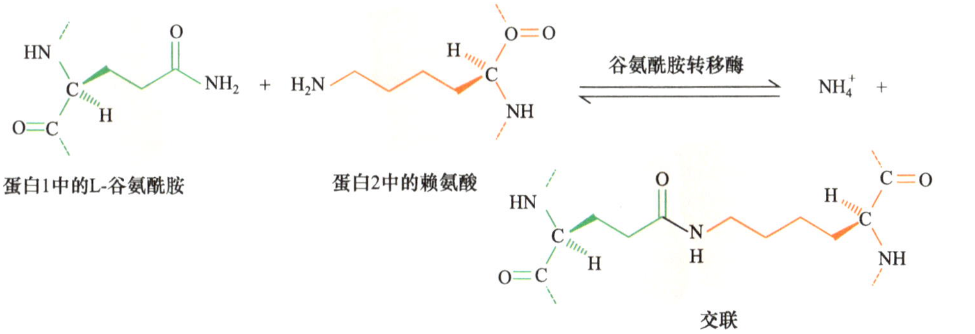

磷酸盐促进磷元素的供给

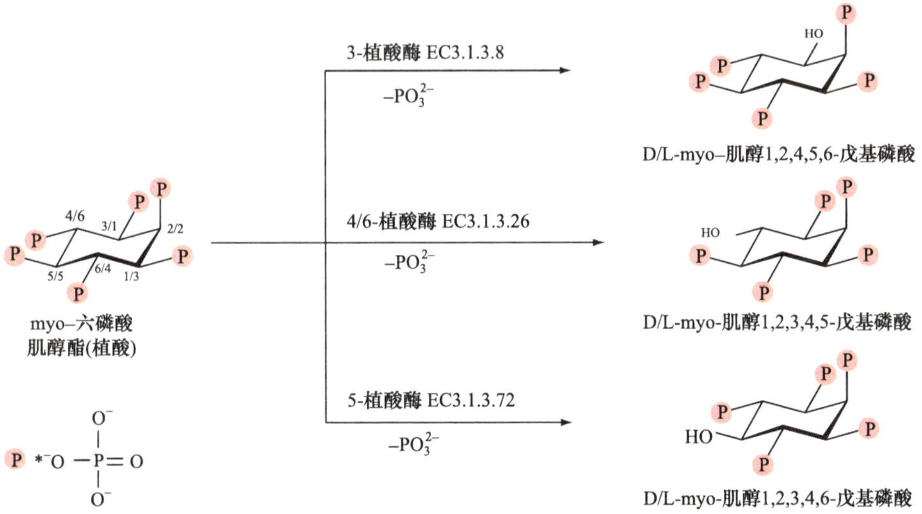

皮革和纺织处理用酶

概述

从古代开始，人类就利用动物的皮制备皮革。在整个历史过程中，由于使用了高强度的化学品，如石灰、碱和硫黄，而且不知其故地使用了粪便和尿作为酶源，所以制革行业被认为是一种“不洁净的职业”。2004 年，德国 Otto Roehm 首先建立了更为科学的皮革处理的工业方法，使这一行业的情况大为改观。现在，全球用于皮革处理的蛋白酶的年用量约为 100 吨。

皮革

动物皮肤含有 60%～65%的水、约 30%的蛋白质(> 90%的胶原蛋白，还有角蛋白、弹性蛋白和其他的微量成分)和 2%～10%的脂肪。表皮 (上皮)仅占皮肤的约 1%，它可以进一步分为角质层、颗粒层和黏膜层。真皮/角质层(制革皮肤)占皮肤厚度的 85%，它是由乳头层(含胶原纤维)和网状层(由结缔组织构成)组成的，最后一层下皮占皮肤厚度的 15%，含有胶原蛋白、肌肉、脂肪组织、血管和神经。皮革是由制革皮肤层制成的，经过多种加工步骤，已将毛发、脂肪组织、非纤维性蛋白质和水除去，并已稳定。在潮湿的环境中，不稳定的兽皮很快腐烂，干燥后失去其柔韧性。

皮革处理和酶

动物屠宰扒皮后，将兽皮立即脱水(如盐渍)保存，以防止微生物侵袭。在所谓的水房中，进行以下操作：浸泡期间加入水、表面活性剂和还原剂除去血、污物、盐、脂肪和非纤维性蛋白质。在这一步中，制革皮肤重新吸水；蛋白水解酶对这一软化步骤中起到除去色素、脂肪和汗腺的作用，这是生产高价值"清光革"的首要条件。这一工艺中所用的酶必须具有高度的蛋白水解活性，但不能水解胶原蛋白。膜蛋白酶(胰腺提取物)和来自枯草芽孢杆菌、或大豆曲霉的蛋白酶可以很好地满足这些要求。经过下一步的浸灰处理后，表皮和残余的毛发被除去，皮肤便可以进行后续的制革步骤；石灰、亚硫酸钠特别适合于这一浸灰步骤，传统的工艺是用手洒到兽皮的内部。现在，使用由氢氧化钙和硫酸钠组成的强碱性试剂，并加入碱稳定性的蛋白酶(如来自嗜碱芽孢杆菌的蛋白酶)；在后续的步骤中加入铵盐或有机酸除去碱，在这一步中，膜蛋白酶、中性和碱性细菌或霉菌蛋白酶能帮助除去残余的非胶原蛋白，并使胶原蛋白变软，以便干燥。霉菌蛋白酶也用于疏松铬处理后的皮革(温蓝革，wet blues)。在工业上，基于高度酶处理的，将浸泡、浸灰和制革合并成一步的工艺尚未完成，但酶的催化使得制革各个阶段的水消耗量降低了约 50%。

纺织处理酶制剂

纤维纺织时，织物的经线和纬线要承受很大的机械应力，在这一步中，为了防止纺线断裂，需要用浆料进行加固，考虑成本的因素，通常用淀粉作为上浆剂；也可以使用聚合物分散剂，如乙烯-醋酸乙烯酯或者聚氨酯。上浆剂可以很好地粘到线上，但织完后必须除去，接着可以进行染色、漂白和强化；目前，以淀粉作为上浆剂时，通常使用芽孢杆菌的 α-淀粉酶来获得淀粉。石洗(Stone-washing)经常被用来处理丁尼布纺织品(如牛仔裤)，形成磨损的外观。在原始的方法中，纺织品使用浮石来磨洗，形成粗糙的表面效果，并且可以去除丁尼布的表层结构，使得衣物上的白色线头更加显著。由于这一步骤对纺织品的损伤较大，现在更多的是选用曲霉的纤维素酶。该酶能够在不损伤纺织品的前提下去除其表面染色的几层纤维。一种称为 BioBlast 的纤维素酶也被用来去除纤维或者服装表面的突出小球部分。

皮革制造

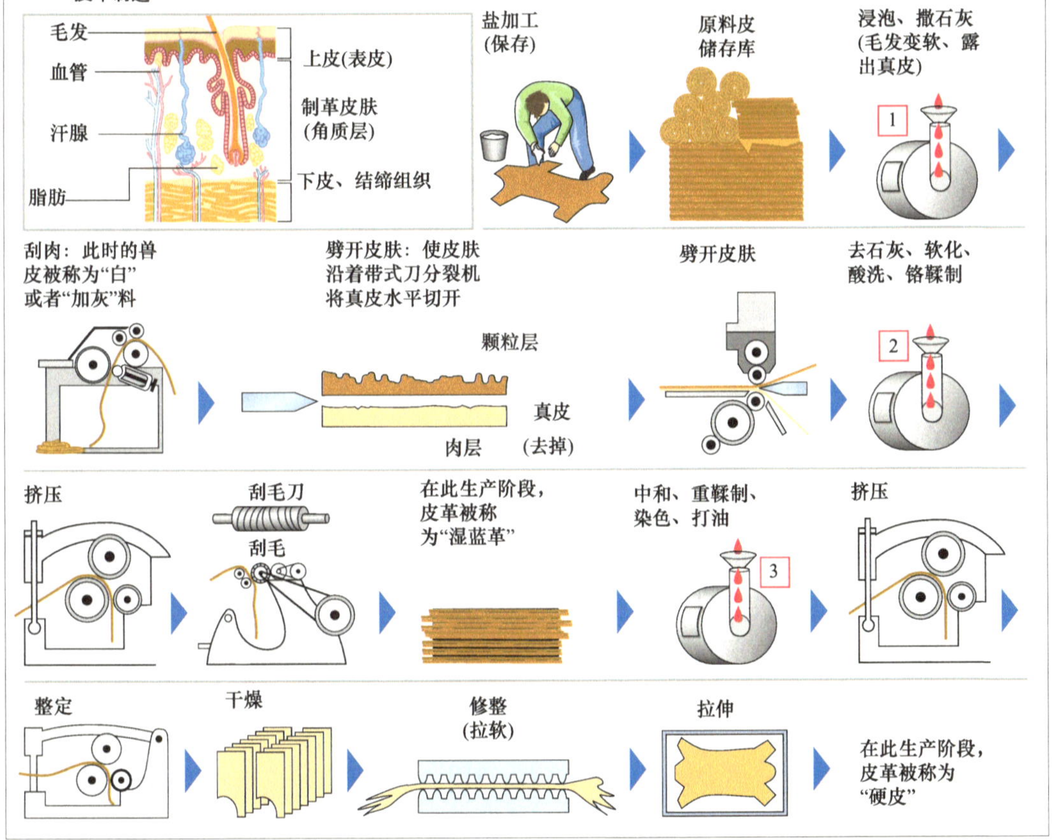

制革所用的酶

	加工步骤	pH	目标蛋白质	酶
1	浸泡(蛋白质降解、真皮暴露、毛发软化)	7~9	非纤维性质蛋白质、脂肪	霉菌、细菌蛋白酶；胰蛋白酶(胰腺提出物)
1	去毛	10	角蛋白	角蛋白酶、蛋白酶
1	加石灰	12.5	非胶原蛋白	细菌、菌酶蛋白酶；弹性蛋白酶
2	去石灰、软化	8~9	残余的蛋白质、脂肪	菌酶、细菌蛋白酶；胰蛋白酶(胰腺提出物)
2	酸洗(增强弹性、改善染色)	5~6	胶原蛋白	霉菌、细菌蛋白酶；胰蛋白酶(胰腺提出物)
2	湿蓝革	6	铬鞣皮革	霉菌蛋白酶

纱线的脱浆

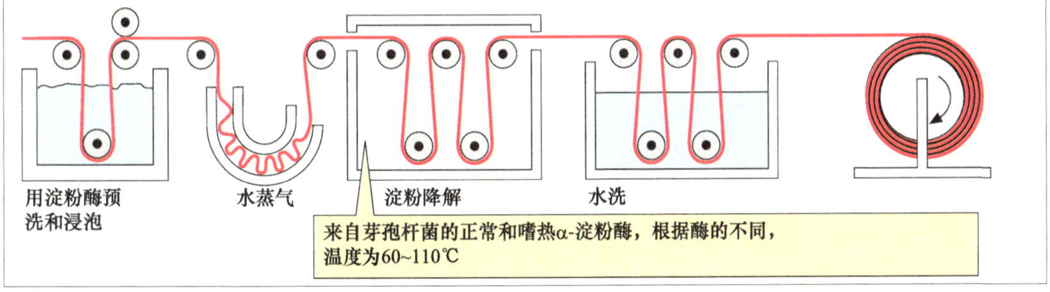

获得新工业用酶的方法

概述

近年来，酶的分离得到了加速发展，这主要是得益于改进的筛选方法，便捷的宿主菌表达系统，以及诱变、基因工程等技术带来的更高的生产性能。尽管有了这些进步，但在有机合成方面，酶催化仍然发展很慢。其中一个原因是，对于一些重要的合成单元操作(如 C-C 耦联)，只有极少数参与反应的酶不需要昂贵的辅因子，醛缩酶便是一个典型的例子。另一方面，研制和优化一个酶工艺往往需要很长的时间，达不到 GMP 认证在制药业、农业中的短时间要求。目前改进这种状况的方案有：①理性蛋白设计；②定向进化；③增强生物催化剂高效催化的自然多样性，如宏基因组学。

新的生活环境

微生物能够适应各种各样的生活环境(生态位)，并且通常具备多样的适应这种环境的酶，特别是在 pH、温度、渗透压等变化方面，微生物具有较强的适应能力。在极端的环境(如高酸性或碱性环境、沙漠、深海沉积物、地球表面或海底的热泉)中通过系统地筛选，能够鉴定到大量的极端微生物，并从中分离出新的酶，例如，在大多数 PCR 反应中所用的热稳定性Ⅰ型 DNA 酶(Taq 聚合酶)，就是从嗜热原核生物水生栖热菌(*Thermus aquaticus*)中分离的，该菌是从加利福尼亚黄石公园的天然温泉(Old faithful)的 90℃热水中分离到的。在对深海热水出口的水下进行探测(1500 m 深，在地中海海底)时，分离到了一些至今尚不清楚的古细菌。由于极端生活环境(90℃，150 bar)，其 DNA 聚合酶在 DNA 复制时的保真度甚至要高于栖热菌属的 DNA 聚合酶，其中一些新酶已成为商品(如 Pfu 和 Tma 聚合酶)。

新的筛选方法

除了传统的筛选方法外，通过蛋白设计或定向进化对酶进行修饰，已成为工业用酶的有力的优化工具，特别是定向进化能够使酶快速地适应所期望的温度、pH、有机溶剂或底物。基因组测序以及生物信息学分析得到的大量序列信息，为新酶的鉴定开辟了新的路径。随着全测序基因组数目的日益增多，可以根据其指纹(共有序列，从酶上已知其具有相同的功能)鉴定几千种酶，使用 PCR 技术可以很容易地将这些酶分离出来。但是，寻找其天然底物常常很困难。通过分析从土壤中分离的 DNA 样本的编码 16S 或 23S 核糖体 RNA 的保守序列，可得到如下结论：已经培养和分类的细菌不到所有细菌的 1%。为了摆脱这种限制，从未经培养的微生物中分离新酶的方法已被成功建立：从土壤、污泥或者瘤胃的宏基因组中分离 DNA，经过限制性内切核酸酶酶切后，在适当的宿主菌中表达这些基因片段、用适当的功能分析方法或者将未知酶序列与已知功能的酶序列进行信息比对等。生物信息学方法也可以帮助寻找一些工业用酶：如果已知酶的底物，该底物与酶在其3D结构内的结合位点就能够定位，这样就可以筛选到一些潜在的功能酶。接下来通过合理地克隆与实验证明这些酶的功能。一些服务机构如 B.R.A.I.N. AG、Evocatal、Enzymicals 或者 BioProdict 现在可以提供获得新酶的多种程序服务。

多样性(已知的所有生物)

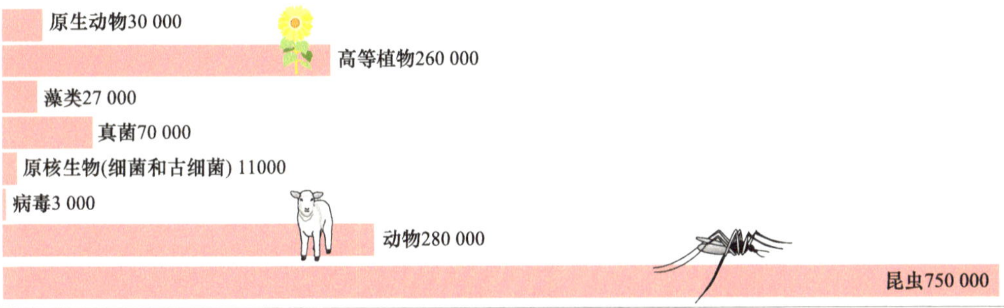

各种DNA聚合酶的特性

来源	95℃的半寿期/min	3′→5′核酸外切酶活性	5′→3′核酸外切酶活性	末端类型
水生栖热菌	40	无	有	3′A
海栖热袍菌	20	无	有	3′A
激烈热球菌	>120	有	无	未鉴定
(*Pyrococcus furiosus*) *Thermococcus litorslis*	1 380	有	无	>95%的平端

脂肪酶的多样性(Connlly 结构和共有系列)

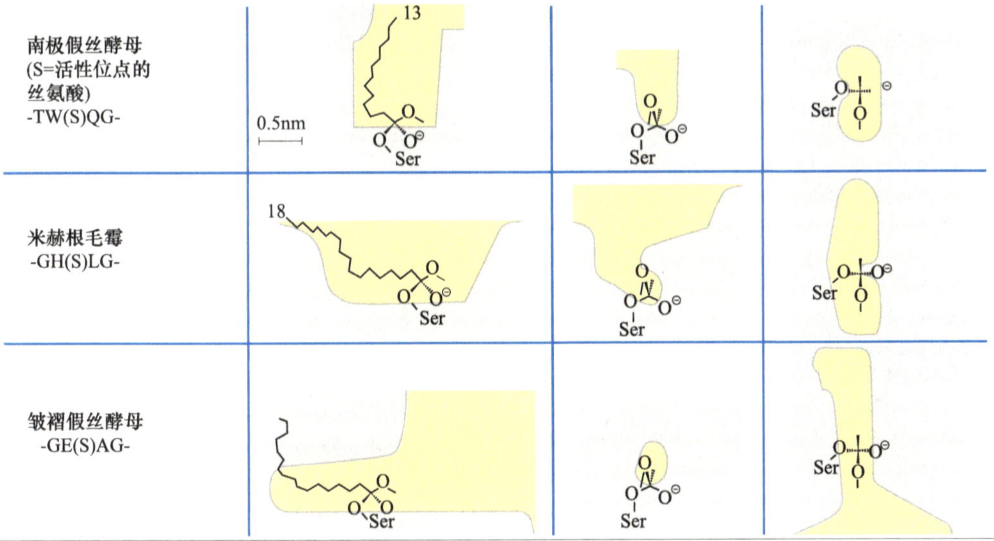

新酶筛选方法

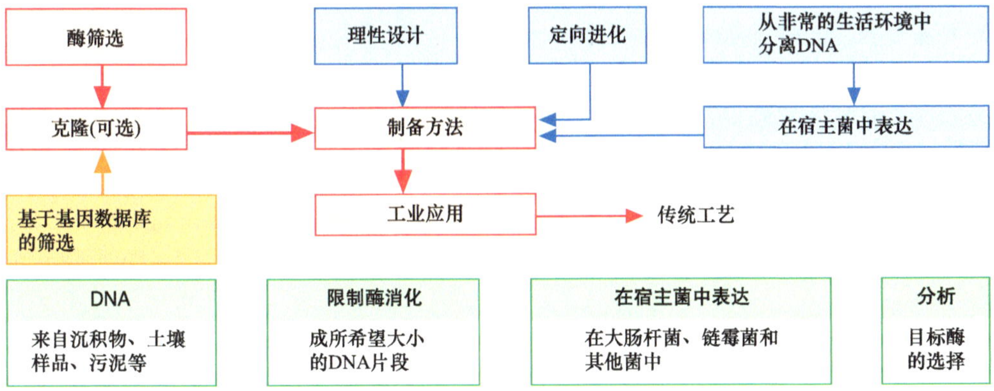

蛋白质设计

概述

蛋白质设计(蛋白质工程)是指通过基因工程方法对蛋白质序列进行修饰。蛋白质工程可以用来：①解析酶的作用机制；②按照人为意愿修饰酶或者抗体的结合位点；③改变一个酶的整体特性，例如，在高温、极端 pH、蛋白酶下的稳定性、溶解性或者其抗原性。如果以一个结构已知的蛋白作为研究起点，通过定点突变替换其单个氨基酸或者核苷酸序列，该技术叫做理性蛋白设计；如果是通过随机突变和定向性能选择来改变氨基酸位点，则被定义为定向进化。

通用方法

理性蛋白设计和定向进化都需要获得编码该蛋白的基因序列。对于理性蛋白设计，还需要进一步获得蛋白的结构信息，这些信息可以从结构蛋白的 X-射线结构、核磁共振结构(NMR)数据库，或者与该蛋白同源的已知蛋白的三级结构模型中获得。

突变

在理性蛋白设计中，可以通过 PCR 在 DNA 水平上，实现蛋白质的某个氨基酸的替换、插入或者删除；有几种方法可以快速、简单、可靠的实现这种修饰。对于随机突变来说，可以将目的基因克隆到 DNA 修复机制受损的大肠杆菌宿主中，并将宿主菌在突变条件下培养；或者使用易错 PCR 技术(通过在 PCR 体系中添加过量的 Mn^{2+} 或其他手段使得 DNA 在复制过程中错配率提高到 1%~3%)。基因改组(gene shuffling)也是一种突变方法，该技术基于构建相关基因片段的文库(序列相似性必须约为 80%)，再利用 PCR 技术重新整合这些片段，最后通过高通量筛选的方法寻找目的特性。

理性蛋白设计

蛋白质的三级结构通常通过 X-射线晶体学能够获得，也可以通过 ^{13}C 和 ^{15}N 标记的蛋白质的 3D 核磁共振获得。截止 2014 年，在 ProteinDatabase (PDB)里已经有超过 10 万个蛋白质的结构，可以通过网络供全球共享。如果一个目标蛋白的序列与一个已知蛋白序列同源性超过 30%，就可以利用已知蛋白的结构特征提供未知蛋白的同源结构模型，这个模型则可以为突变实验提供一个精确的数据和结构基础。目前，由于电脑性能的限制，这种模拟仅适用于真空条件下的处理。随着超级计算机和高通量平行计算机的出现，蛋白质结构、突变蛋白的结构，以及它们结合底物和抗原的位点的模型能够在溶液中被模拟出来(可能需要蛋白质分子内几千个原子之间的分子力学的计算，即力场计算)。尽管有了上述的改进，仍然还需要通过几轮的模拟与遗传实验的优化(蛋白质工程循环)才能获得蛋白预测结果。蛋白质设计通常还需要与目标位点的蛋白氨基酸的排列组合相结合，该位点是通过底物锚定或者底物结合位点比对后被选择出来的。

定向进化

与理性蛋白设计不同，定向进化不需要对蛋白结构进行模型构建。可以使用有效的噬菌体展示技术优化抗体结合位点的选择性：该技术可以筛选大批量的突变抗体的文库(可高达 10^{10})。以酶为例，对编码基因进行随机突变，突变的基因在突变体文库中表达，然后再分析鉴定出优势突变株。通过反复的饱和突变，更多的标记大量蛋白序列空间的定向方法可以利用。酶学分析的水平十分重要，可以决定突变体获得的速率以及突变体的质量。近年来，该技术为提升工业酶品质做出了卓越贡献：例如，改变酶的底物选择性、热和碱稳定性等。自动化系统和流式活性细胞筛选系统(flow-activated cell sorters, FACS)已逐渐应用到这一领域。

概念

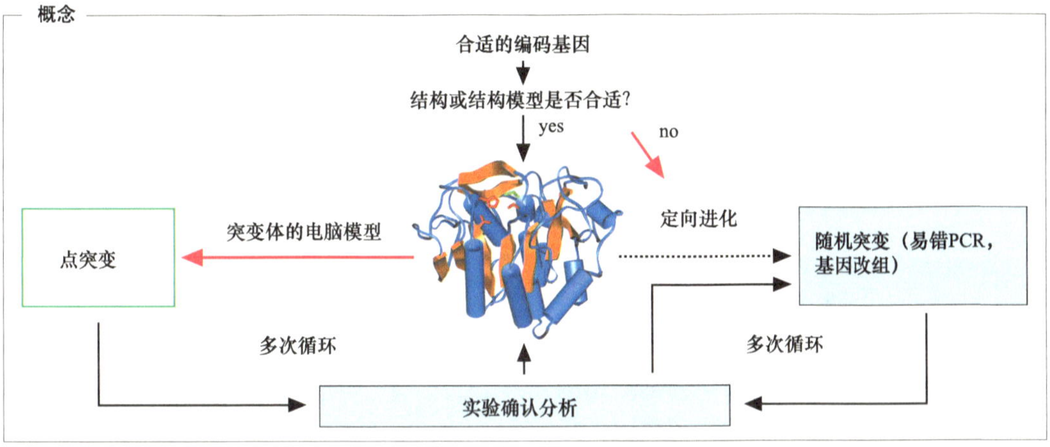

举例

酶	方法	突变	效应
洗涤剂蛋白酶	理性设计	222甲硫氨酸→丙氨酸	氧化态中保持稳定
人胰岛素	理性设计	22赖氨酸→脯氨酸	降低分解速率
组织纤溶酶原激活物	理性设计	删除2号环状结构	降低分解速率
青霉素酶	定向进化	5个位点	更好的溶解性
P450脂肪酸羟化酶	定向进化	4个位点	极大提高底物特异性

易错-PCR

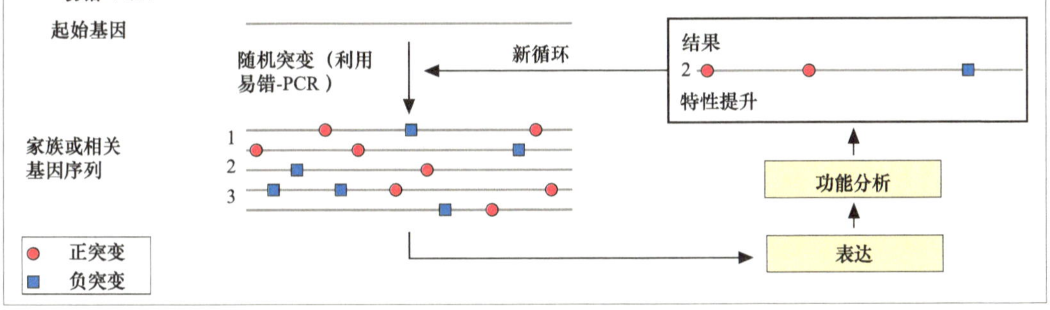

基因改组

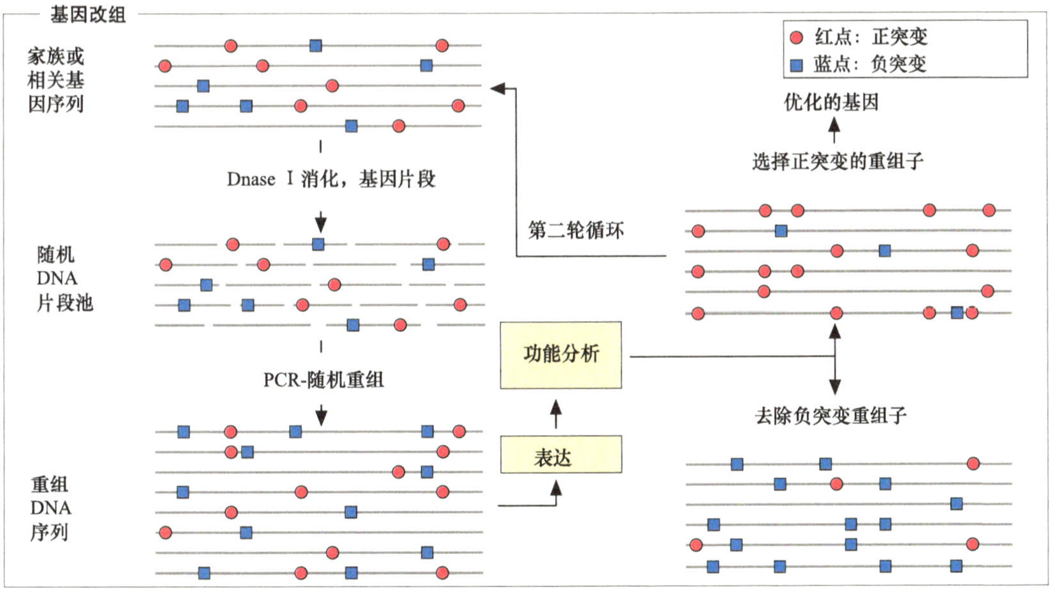

抗 生 素

抗生素：来源、应用和作用机制

概述

1928 年，英国生物科学家 Alexander Fleming 注意到，真菌污染的琼脂平板能抑制葡萄球菌的生长，仅十年后，Howard Florey(一名在英国工作的澳大利亚人)成功分离到 Fleming 所观察到的真菌抗生素混合物，并进行了纯化和结构鉴定。而后，动物实验的成功，以及以及对一名严重感染葡萄球菌的患者的成功治疗，促使英美联军在第二次世界大战中抗生素的大规模生产利用。到 1945 年时，青霉素的制备就达千克级。1947 年，Selman Waksman (一名俄籍美国微生物学家)在灰色链霉菌(*Streptomyces griseus*)的培养物中检测到链霉素，这是一种除青霉素外，能有效抵抗革兰氏阴性微生物的新型抗生素。自此以后，研究者通过系统化的筛选发现了很多新的抗生素，并建立了工业化的生产工艺。然而，对轻微的疾病及动物饲养的饲料没有节制地使用抗生素，很快就会导致微生物对抗生素产生耐药性，目前，耐药性是医院面临的主要问题(医院感染)。为了消除这种现象，研究者们正不断地开发新的抗生素，而且限制其使用。最近，遗传学方法已被用于加强新型抗生素的筛选，如不同抗生素生产菌的细胞融合、生物合成抗生素的基因簇的改组(shuffling)。此外，通过化学修饰改良具有毒性或者生产力低下的还未上市的抗生素也进一步加快了抗生素的发展。

生物活性分子

抗生素是次生代谢产物，是一大群通过中心代谢合成的结构单元形成的分子，但在生长停止后被大面积修饰。它们的平均分子量为 400～600 Da。次生代谢物的主要生物学作用是防御、调节和交流。它们的功能包括酶抑制、信息素活性、花瓣着色或毒素活性等。到目前为止，已鉴定出超过 500 000 种次生代谢产物，其中大多数在高等植物中。次生代谢物的抗菌活性可能只是其功能的一个方面；事实上，超过一半的抗生素已显示出其他生物效应。许多生产抗生素的微生物的基因组序列已经完成测序，为监管抗生素合成和自我保护提供了思路。通常，抗生素的生物合成和抗性表现都是由一个或几个操纵子内的编码基因控制的。

发生

已知从细菌中分离出约 10 000 种抗生素，另有 10 000 种来自担子菌和低等真菌，还有 10 000 种来自高等生物，特别是植物，还包括地衣、动物和海洋无脊椎动物。放线菌合成抗生素的数量远远超过其他生物体合成抗生素的能力。

应用

约有 300 种抗生素能工业化生产，它们大多数是半合成化合物，均是在具有生物活性的已知结构上进行化学修饰而得。β-内酰胺抗生素(青霉素和头孢菌素)约占全球市场的一半左右，市场占有超过 42 亿美元和约 50 000 吨(2009 年)，大多数抗生素被用作化学疗法用的抗微生物试剂，抗生素可分为广谱抗生素和选择性抗生素，前者对广范围的病原体有效(如头孢菌素和四环素)，后者用于高度特异性的治疗(如利福平抗结核病，两性霉素 B 抗真菌感染)。抗肿瘤抗生素是抑制细胞生长的有效药物，但具有较强的毒性，如阿霉素(adriamycia)。有些抗生素可以用于植物防护，通常情况下，其有效浓度要比除草剂低，因而对哺乳动物的毒性较低，如杀稻瘟菌素 S(blasticidin S)和春雷霉素(kasugamycin)。只有极少数的抗生素用于食品保存，如匹马菌素(pimaricin)有时会被用作奶酪的抗真菌剂。在集体动物饲养中，饲料抗生素的添加可以使动物生长地更快更好，但通常禁用于饲料(如莫能菌素禁用于肉鸡)，以防止临床交叉耐药性的产生。在分子生物学中，抗生素被用作一种研究工具，用于选择性地抑制各种细胞功能。

现状

分类学组	相对数(%)*
放线菌	40
其他细菌	15
真菌	20
藻类	1
植物	12
海洋无脊椎动物	10
动物	1

*~30 000 种活性生物质(估计)

产量和产值

抗生素类型	产值/亿美元
糖肽、脂肽类	2
氨基糖苷类	10
四环素	16
大环内酯类	48
喹诺酮类(合成的)	71
青霉素/内酰胺酶抑制剂	115
头孢菌素	119
其他	39
总计	420

(2009)

根据化学结构分类

1 碳水化合物抗生素	氨基糖苷类	链霉素(医药)、春雷霉素(稻杀真菌剂)
2 大环内酯抗生素	大环内酯类 多烯类 安莎霉素类	红霉素(医药) 匹马菌素(奶酪生产) 利福平(抗结核病)
3 醌和相关的抗生素	四环素 蒽环霉素	四环素、金霉素(医药、饲料抗生素) 阿霉素(肿瘤治疗药)
4 氨基酸和多肽抗生素	氨基酸衍生物 β内酰胺抗生素 多肽抗生素 色素肽 糖肽	环孢菌素(器官移植)、草丁膦(植物保护) 青霉素、头孢菌素(医药) 杆菌肽(医药)、维吉尼亚霉素(饲料抗生素) 放射菌素(肿瘤治疗药) 博来霉素(肿瘤治疗药)、万古霉素(医药)、阿伏帕星(牛饲料抗生素)
5 N杂环化合物	核苷抗生素	多氧菌素、杀稻瘟菌素S(用于植物保护的杀真菌剂)
6 O杂环化合物	聚醚抗生素	莫能菌素(鸡饲料)
7 脂环族化合物	环烷衍生物	放线菌酮(叶杀真菌剂)
8 芳香族抗生素	苯衍生物	氯霉素(医药)、灰黄霉素(杀真菌剂)

生产时间图

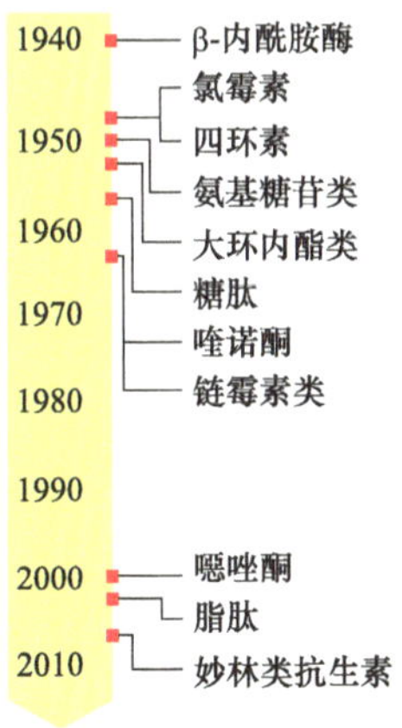

4	氨基酸和肽类抗生素	脂肽	环孢素β(移植药物) 达托霉素(治疗)
5，6	*N*-和*O*-杂环类化合物	恶唑烷酮	利奈唑酮(治疗)
7	脂环类化合物	妙林类	瑞他莫林(治疗)
8	苯衍生物		

新抗生素：
- 通过新结构的筛选
- 通过对已有的或新的结构的修饰
- 通过对已知的但还没有应用的抗生素的修饰

抗生素：筛选、工业生产和作用机制

筛选

传统的筛选办法是，通过从抑制微生物的生长的抗生素生产菌株或其培养基滤过液中鉴定抗生素。如果检测到生物活性，则从培养液中进一步浓缩和纯化抗生素，并对其结构进行分析。现在如果依然使用这种方法，通常会发现已知的抗生素。因此，为了增加“命中”的数目，许多新的筛选方法应运而生。例如，其他的生物化学或生物学分析方法就可以替代微生物生长抑制试验，用化学方法或定向指导的方法可以对可能产生抗生素的菌株的培养基滤过液进行分析(如对微生物的全提取物或组分提取物进行高度平行的微孔板分析，来监测与发病机制有关的(微生物酶的抑制情况)。

菌株改良

如果一种有希望的新抗生素得到确认，必须在早期阶段对其产量进行优化，由于抗生素是次生代谢物，其产生的浓度相当低(每升培养物只有几毫克甚至更低)。菌株的改良通常是以经验为依据，主要是通过多次反复突变和选择，或与野生型菌株进行回交，以提高生产菌株的稳健性，这些方法的使用使那些在经济上占重要地位的抗生素的产量比原始菌株增加了10^3～10^6倍，基因工程的方法(如增加主要酶的基因拷贝数)使产量得到进一步增加。

发酵和回收

大多数抗生素的化学结构很复杂，通常含有几个异构体，导致其化学合成相当复杂。事实上，很多设计非常巧妙的抗生素化学合成方法并不适用于工业生产。因此，大多数抗生素都是通过在生物反应器中发酵来生产的，同时使用廉价的碳源和氮源，如糖蜜、葡萄糖、乳糖、大豆粉和玉米浸出液等。由于大多数抗生素生产菌都具有代谢物阻抑的性质，所以通常以分批补料的方式加入碳源。由于抗生素是次级代谢物，只有细胞生长达到其稳定期后，抗生素才开始生成。抗生素通常是细胞外产物，而且通常微溶于水，发酵结束后才对其进行分离，除去细胞后用有机溶剂提取发酵液(这两步可以整合成一步)。接下来可用各种层析方法或结晶法对抗生素进行进一步纯化。抗生素的生产必须按照认证标准(如 GMP 和 ISO9000)进行严格的管理和安全控制。

作用机制

抗生素可以影响:①细胞遗传装置成分的生物合成和细胞遗传装置的功能；②细胞成分的生物合成；③蛋白质的生物合成和功能；④细胞质膜的生物合成和功能，或革兰氏阴性细菌的细胞外膜；⑤细胞壁的生物合成。抗生素间的相互作用是多种多样的。针对其毒副作用，这些作用于目标特定微生物的抗生素常用来制备药物，如内酰胺抗生素抑制胞壁质的生物合成，细菌细胞壁的肽聚糖聚合物。由于微生物的代时短，且能快速适应环境变化，所以微生物通常很快就可以产生抗药性，导致新抗生素的发展和新的耐药菌株的出现之间形成一种永久地竞争。

目标筛选

目前已经测定了 2000 多种微生物的基因组序列，其中主要是很多病原体。这样使得人们对微生物细胞成分的认识大大增强，微生物的新陈代谢和调控，为新的抗菌的分子的目标性鉴定点燃了希望。因此，在一个为期 7 年的项目中，利用高通量分析技术对数百万候选药物进行测试，预期筛选获得 300 个潜在的抗性因子，但结果是相当令人失望，因为只有 5 个假定的新的基因结构是可识别的。因此，目前的研究重点是已知抗生素的化学修饰或使用组合生物合成学合成新的基因结构。

筛选

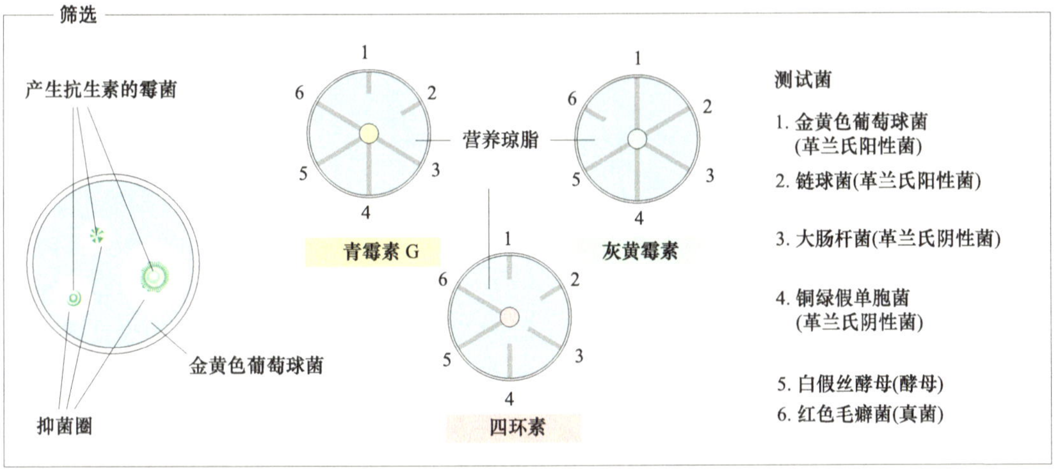

菌株改良

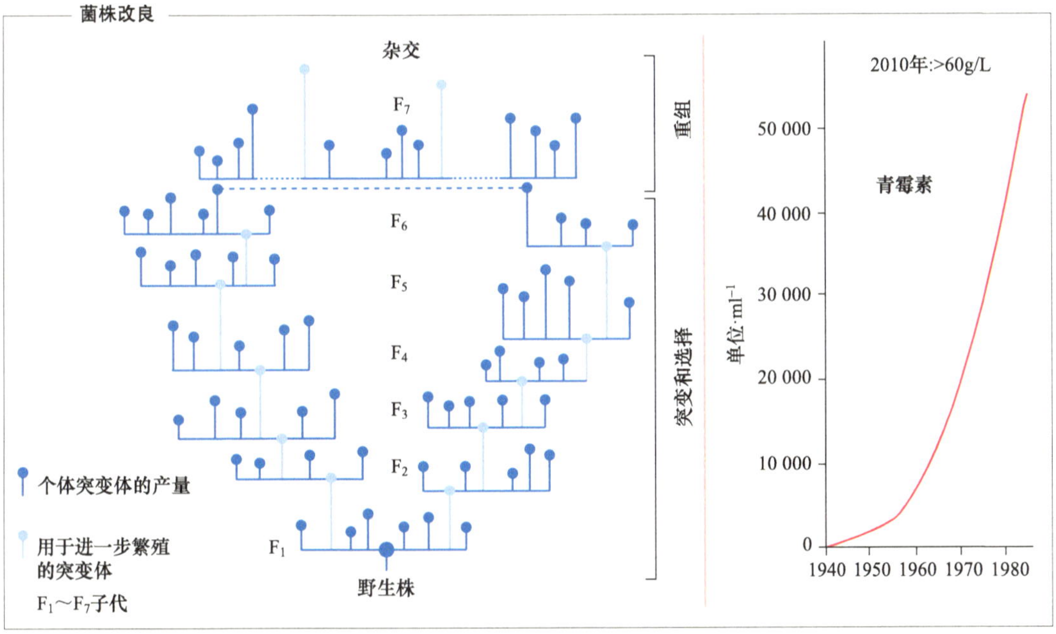

耐药性的机制

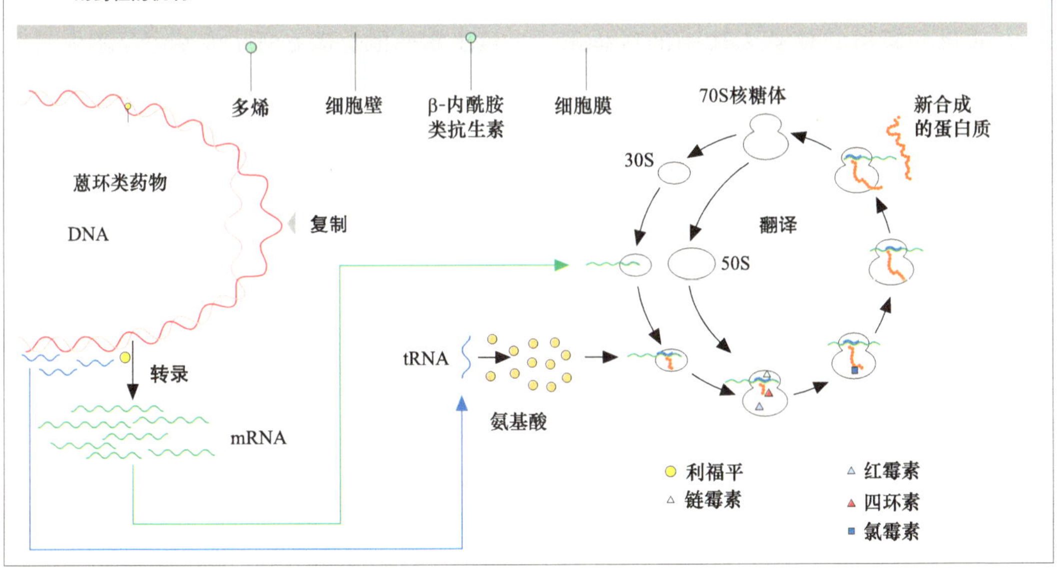

抗生素抗性

抗性

抗生素抗性细菌的传播是现代医学的一个主要问题。广谱抗性微生物(即对几种或多种抗生素具有耐药性的微生物),如沙门氏菌、大肠杆菌、链球菌、葡萄球菌已经开始广泛传播。被有潜在风险的结核分枝杆菌(引起结核病的病原体)所感染的人数字已经接近 20 亿。如今,大约 70%的人类病原菌携带有医疗上常用的抗生素的抗性基因,每年由此引起的受害者大约 200 万(2013 年)。如果一个患者受到甲氧西林抗性的金色葡萄球菌或碳青霉素抗性的肠杆菌的感染,死亡率将超过 50%。因此,全球范围内已经部署了跟踪抗性微生物传播的监控系统。在美国,该系统是隶属于 FDA 的国家抗菌抗性监控系统(NARMS);在欧洲是欧洲抗生素抗性监控系统(EARSS)。抗生素抗性机制是由遗传编码的,并且抗性基因通过质粒、噬菌体和转座子在不同微生物中转移。因此,开发无微生物抗性的新型的抗生素是一个永恒的进程。另外,在家畜养殖业,作为生长促进剂或者疾病防御剂使用的抗生素要受到严格的管理。因此,对于一些已经证明的或具有很高可能性的可以通过食物链转移到人体中的抗生素已经被禁止使用了。

抗性机制

最常见的抗性机制是:①减少抗生素的吸收和快速输出(如通过膜渗透率或输出泵的调控);②靶位点的修饰(如通过改变核糖体或 DNA 上的抗生素结合位点);③抗生素的酶促修饰。抗生素抗性多发生在微生物群落中,例如,生物膜、人和动物的胃肠道或污水处理厂中,并且通过化学信号如酰基-高丝氨酸内酯(AHL)引发群体感应,这是抗性形成的遗传起始。攻击单个目标的抗生素(大环内酯类的核糖体)与那些攻击更广泛靶标的抗生素(内酰胺抗生素)相比诱导抗性更快。当开发新的抗生素时,应当试图尝试阻止或减缓抗性的形成。通过化学合成、抗生素前体定向或者综合的生物合成法对抗生素基本结构进行的化学修饰已被开发应用。

临床显示

医院感染(“院内感染”)是频繁发生的可怕事件。预防感染的措施包括严格的卫生管理、按照医疗指导的抗生素选择和住院期间使用的快速诊断测试进行的患者筛查。在后者中,CRE、MRSA、结核分枝杆菌、艰难梭菌、利福平耐药菌株和感染性病毒(诺如病毒,腺病毒)的快速检测占主导地位。

诊断程序

传统上诊断一个抗生素抗性细菌的方法是将临床样品(如痰液)在微生物实验室培养。在第一步中,具有“嫌疑”的菌株在选择性培养基上被筛选出来,然后进入第二步测试,例如,通过盘板试验其对不同抗生素的抗性。这一方法是将浸有不同抗生素的纸条被放在培养基上,来观察抑菌圈的形成。尽管有许多自动化操作步骤,但该方法至少需要两天时间才能得到结果。这对于具有严重生命威胁的感染病例是不利的,并且不能够对于需要快速诊断的医院患者进行及时预防。RT-PCR 技术的发展实现了对“嫌疑”微生物的 DNA 的快速检测诊断。市场上完全自动化的仪器已经可以从痰针刺样品中提取样品的 DNA,利用适当的引物扩增相应的 DNA 片段,并且对扩增子进行定量检测,该方法只需要不到两个小时就可以获得结果。针对快速基因型分析,例如,内酰胺抗生素抗性的复杂检测方法正在研究当中。

人血液样品中耐甲氧西林金黄色葡萄球菌的发生率

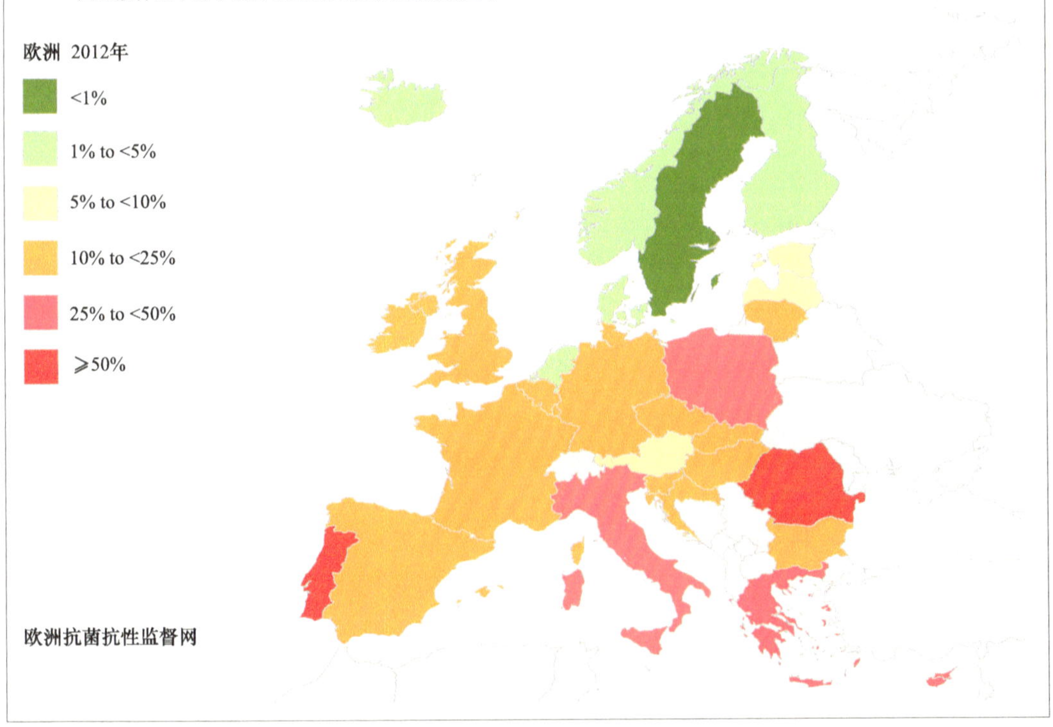

耐药性的机制

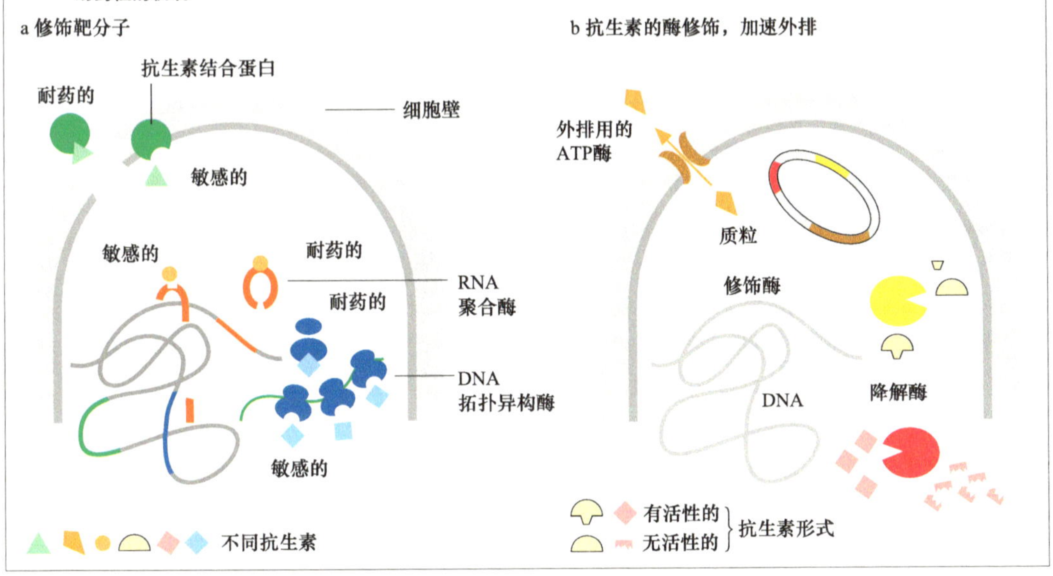

动物饲料中用作生长促进剂的抗生素：抗性问题

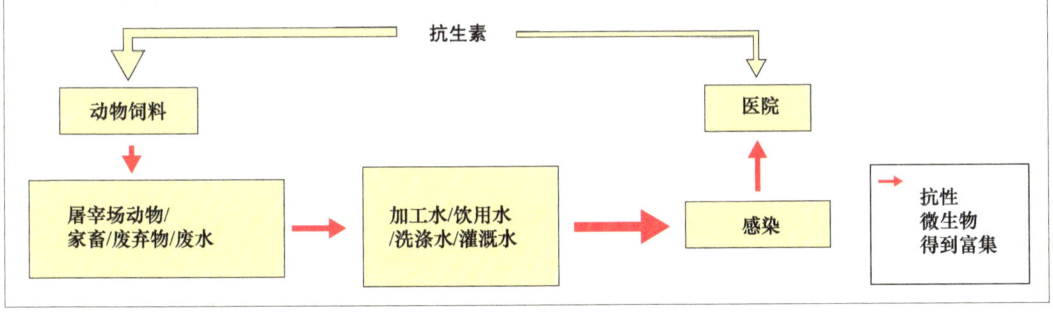

β-内酰胺类抗生素：结构、生物合成和作用机制

概述

β-内酰胺类(penams cephems，penams，即青霉素，cephems，即头孢菌素)抗生素具有高效、低毒的特性，而且有很多方法能将其转化为半合成的内酰胺衍生物，所以无论在效用还是数量方面，它们都是最重要的抗生素，其年产量约为 6 万吨，其中头孢菌素约占总抗生素市场的 50%。这些抗生素只用于临床，而青霉素还用于兽医医疗。最重要的初级 β-内酰胺类抗生素是青霉素 G 和头孢菌素 C，它们是生产半合成青霉素和头孢菌素的起始原料。衡量 β-内酰胺类抗生素功效的重要指标是：酸稳定性(用于口服用药)和对由质粒编码的 β-内酰胺酶的稳定性，β-内酰胺酶是微生物对 β-内酰胺类抗生素产生耐药性的主要酶。

青霉素

产黄青霉(*Penicillium chrysogenum*)产生初级产物异青霉素 N，其侧链含有一个非蛋白质源性氨基酸(L-α-氨基己二酸)。如果在对数生长期的后期往培养基中加入酸(如苯乙酸)，真菌的 *N*-酰基转移酶将催化这些酸进入“青霉素生物的合成”，这种青霉素表现出不同的药物学特性。如果苯氧乙酸加入到产黄青霉的培养基中，在对数期后期，可以合成青霉素 V。青霉素 V 具有耐酸性，因此可以用来口服。水解酸侧链后得到的中间体青霉素 G 和 6-氨基青霉烷酸(6-APA)，是生产半合成青霉素的重要中间体。

头孢菌素

继 Giuseppe Brotzu(一名意大利医师)的发现之后，头孢菌素 C1953 是第一个被发现的新一类的 β-内酰胺类抗生素，它是由产黄顶孢霉(*Acremonium chrysogenum*，以前称为 *Cephalosporium acremonium*)产生的，产黄顶孢霉不含 *N*-酰基转移酶，因此无法以加入的酸作为前体合成头孢菌素衍生物。大多数的半合成头孢菌素都是以 7-氨基头孢菌素酸(7-ACA)及其脱乙酰基衍生物 7-氨基-戊二酰-氨基头孢烷酸(7-ADCA)为合成中间体生产的。第二代和第三代头孢菌素对大范围内的革兰氏阳性和革兰氏阴性病原体表现出良好的广谱功效，对人体的毒性较低。β-内酰胺酶抑制剂如(克拉维酸)有时与内酰胺抗生素结合使用以增强活性。

生物合成

产黄青霉含有一个由 3 个基因组成的编码异青霉素 N 的生物合成的基因簇。通过第一种合成酶，催化结构单元 L-α-氨基己二酸、L-缬氨酸和 L-半胱氨酸形成三肽，再通过第二种合成酶将三肽转化为双环的异青霉素 N。由同一基因簇编码的一种乙酰辅酶 A：异青霉素-*N*-乙酰转移酶能够使 L-氨基酸侧链替换成多种其他的乙酰基。青霉素的生物合成通路分布在几个细胞区室中。头孢菌素是由产黄顶孢霉 *A. chrysogenum* 转化中间体异青霉素 N 而得：氨基酸侧链差向异构化后，经扩张酶(expandase)催化完成氧化环扩张，最后再对各种内酰胺和噻嗪环的进行取代反应。真菌的 *O*-酰基转移酶能够在 3-乙酰基甲基的位置进行修饰反应，但是，由于缺乏 *N*-酰基转移酶，不能在 7-酰胺键处反应。与青霉素不同，编码头孢菌素 C 生物合成的基因位于两条染色体上，它们的表达受到强力的调控。上面提到的所有基因都已被克隆，正在进行用基因工程和蛋白质工程的产品改良实验。

作用机制

在细菌细胞壁生物合成期间，β-内酰胺类抗生素能阻止肽交联的形成，由于胞壁质是革兰氏阳性菌细胞壁的主要成分，这似乎就能解释为什么第一代 β-内酰胺类抗生素对这类细菌具有特异性。由于高等动物和人没有胞壁质，所以 β-内酰胺类抗生素的副作用局限于对胃肠道微生物的干扰，偶尔会发生过敏反应。

青霉素

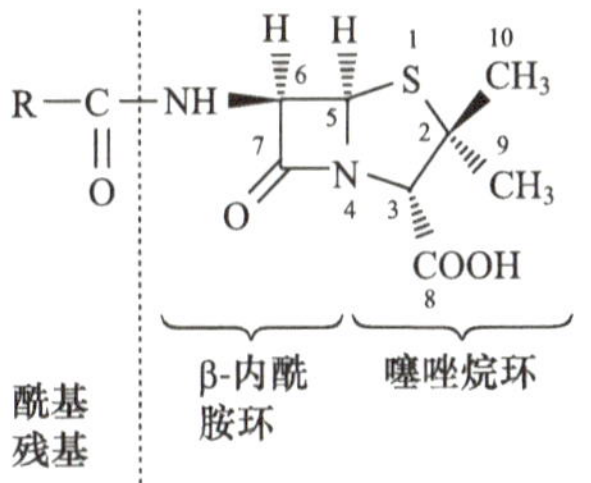

R	名称	特性
HOOC—(*S*)CH(NH_2)—(CH_2)$_3$—	异青霉素N	
H_5C_6—CH_2—	青霉素G	酸不稳定，对β-内酰胺酶敏感
H_5C_6—(*R*)CH(NH_2)—	氨苄青霉素	酸稳定，对β-内酰胺酶敏感，对革兰氏阴性病原体有效
HO—C_6H_4—(*R*)CH(NH_2)—	阿莫西林	酸稳定，对β-内酰胺酶敏感，广谱抗生素，再吸收很好

头孢菌素

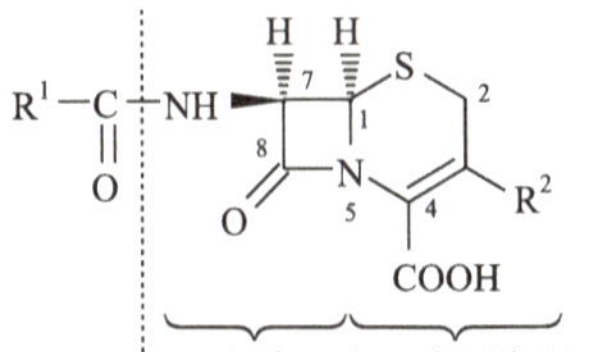

R^1/R^2	名称	特性
HOOC—(*R*)CH(NH_2)—(CH_2)$_3$— / CH_2—O—CO—CH_3	头孢菌素C	酸不稳定，对β-内酰胺酶敏感
H_5C_6—(*R*)CH(NH_2)— / Cl	头孢克洛	酸稳定，对β-内酰胺酶稳定，广谱抗生素
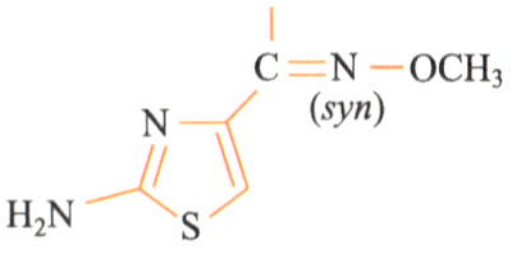 / CH_2—O—CO—CH_3	头孢氨噻	酸稳定，对β-内酰胺酶稳定，非常广谱功效

生物合成和基因结构

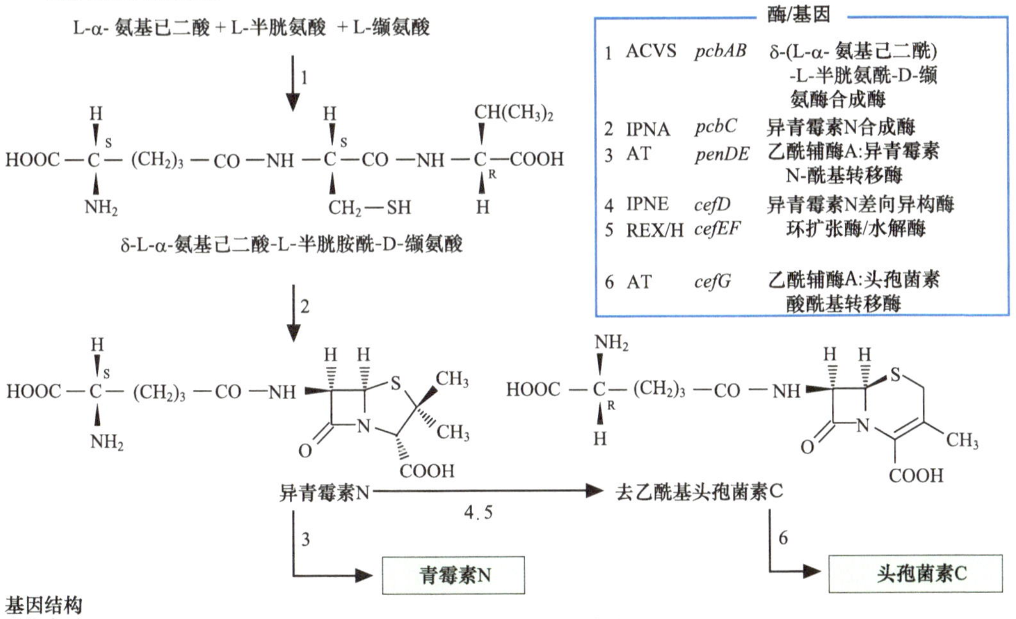

酶/基因

1	ACVS	*pcbAB*	δ-(L-α-氨基己二酰)-L-半胱氨酰-D-缬氨酶合成酶
2	IPNA	*pcbC*	异青霉素N合成酶
3	AT	*penDE*	乙酰辅酶A:异青霉素N-酰基转移酶
4	IPNE	*cefD*	异青霉素N差向异构酶
5	REX/H	*cefEF*	环扩张酶/水解酶
6	AT	*cefG*	乙酰辅酶A:头孢菌素酸酰基转移酶

基因结构

β-内酰胺类抗生素：生产

青霉素的生产

青霉素内的青霉烷环含有三个立体结构中心，在 9 种可能的异构体中，只有一种[3(S):5(R):6(R)]具有生物活性。因此与化学合成相比，发酵工艺具有经济优势。β-内酰胺类抗生素可由大量的细菌和真菌合成，但只有产黄青霉具有实际应用。通过在培养基中添加多种的芳香族或脂肪族的前体，促进“生物基青霉素”的合成。只有青霉素 G 和青霉素 V 能进行大规模生产，分别使用苯乙酸和苯氧乙酸作为前体，青霉素 G 和青霉素 V 也都用于生产 6-氨基青霉烷酸(6-APA)，它是制备半合成青霉素和一些头孢素的一种重要中间体。

青霉素 G 和 6-APA

工业生产青霉素 G 时，产黄青霉素的高效菌株在容积达到 200m^3 的生物反应器内生长，为了防止代谢物抑制，采用分批补料的方式加入糖。氧的供应非常重要，因为真菌的菌丝体很黏，很容易被切断，需要仔细地优化搅拌速率和通气系统。复合营养培养基可用葡萄糖或蔗糖作为碳源、玉米浸出液作为氮源。青霉素的积累主要在培养约 40h 后，此时真菌的生长已结束。在发酵约 100h 时，向培养基中加入苯乙酸，真菌则分泌出青霉素 G。发酵结束后，通过过滤或离心除去菌丝体，在 pH2.5~3.0，0~3℃条件下，借助用双相逆流提取器，利用乙酸戊酯或乙酸丁酯对过滤液进行瞬间提取；另一种方法是，用两台以逆流方式工作的提取倾析器，用直接提取的方法将这两步合并。在使用氨水或碳酸盐重新提取后，通过结晶纯化粗抗生素(110m^3 的生物反应器可得到 3 吨多)。随后，通过温和地水解酰胺键生成 6-APA 和苯乙酸，苯乙酸还可以重新用于发酵。6-APA 是制备大多数半合成青霉素和一些头孢菌素的重要中间体。在过去的几十年中，用固定化的大肠杆菌青霉素 G 酰胺酶对青霉素 G 进行酶水解，已在很大程度上替代了化学水解，这种方法通常采用分批处理的方式，在约 30℃，pH7.5~8.0 的条件下进行。酶很稳定，可重复使用达 1000 次。沉淀 6-APA、过滤、洗涤，可以得到很纯的产品，可以进一步加工成半合成青霉素或通过(化学)环扩张生成 7-ADCA，它是某些头孢素的基础中间体。

头孢菌素和 7-A(D)CA

使用产黄顶孢霉的发酵工艺可以生成头孢菌素 C，这与青霉素 G 的生产相似，但产量较低。产黄顶孢霉不含 *N*-乙酰转移酶，这样便不能生成生物合成的头孢菌素，通过水解头孢菌素 C 可以制备 7-氨基头孢菌素酸(7-ACA)。酶法对生态环境有利，因此已越来越成为首选的方法。在这种方法中，通过固定化的 D-氨基酸氧化酶的作用，D-α-氨基己二酰侧链被氧化去氨基，生成 α-酮己二酸单酰-7-ACA，α-酮己二酸单酰-7-ACA 自发脱羧生成戊二酰-7-ACA，再通过固定化的戊二酰-7-ACA 酰基转移酶将其戊二酰侧链切掉。已有报道，头孢菌素 C 酰胺酶能够一步地水解 D-α-氨基己二酰侧链，但尚未建立大规模的应用工艺。现在的观点是，将戊二酰-7-氨基头孢烷酸酰基转移酶的特异性底物转换成头孢霉素 C 酰胺酶的底物。将产黄青霉素菌(*A.chrysogenum*)或棒状链霉菌(*Streptomyces clavuligerus*)的扩张酶/水解酶基因克隆到小环藻(*P. chrysogenum*)中，并在己二酸的存在的情况下通过 β-微管蛋白启动子启动扩张酶/水解酶的表达，可以实现头孢霉素 C 的工程菌合成。利用固定化酶技术已经可以实现青霉素环扩环形成去乙酰氧基头孢霉素。

合成路线

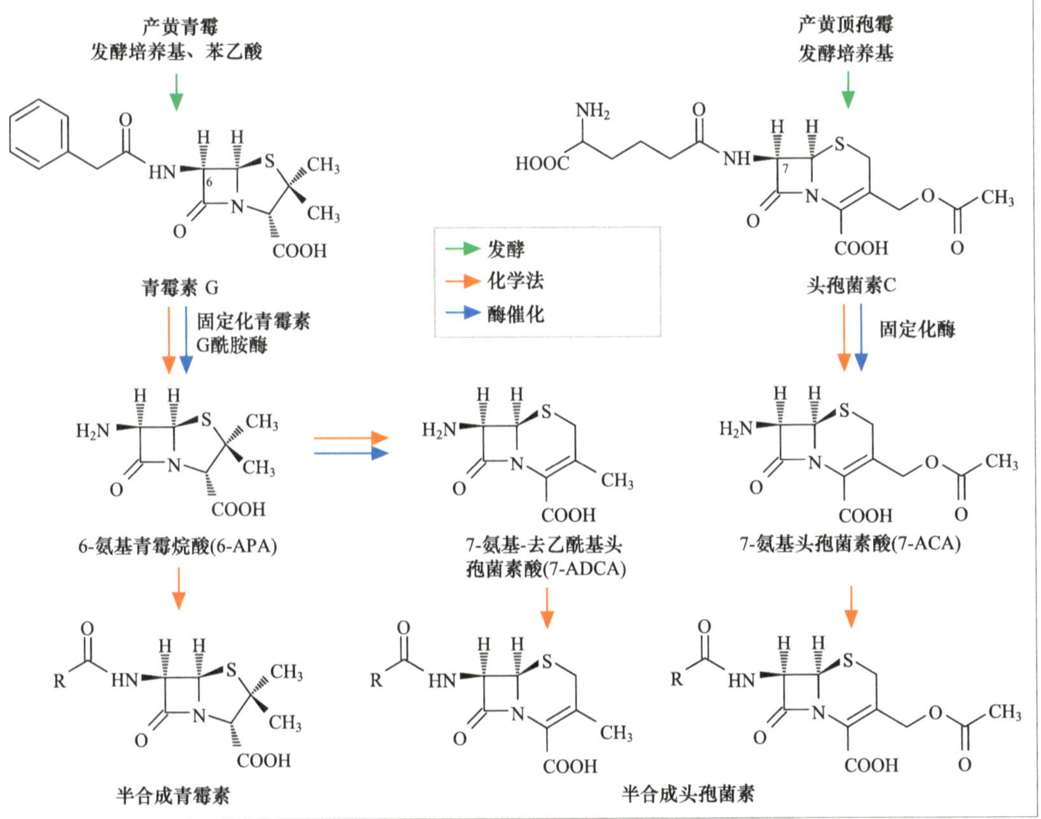

工艺步骤

青霉素系列

接种材料

产黄青霉的孢子悬浮液

预发酵罐、生产发酵罐

乳糖，玉米浸出液、$CaCO_3$；以分批补料的方式补加葡萄糖、良好的O_2供应；加入前体(如D-苯乙酸)，生成生物合成的青霉素；120 h后，>70 $g \cdot L^{-1}$

回收

1.分离菌丝体

2.用连续的逆流工艺，用乙酰酯、丁酯或戊酯提出培养基

酶水解生成6-APA

固定化的大肠杆菌青霉素G酰胺酶，大多在37℃下连续操作

环扩张生成7-ADCA

4步化学法，约70%的产量，或酶法

半合成青霉素

化学法加入酰基侧链，大多用Schotten-Barmann 反应

头孢菌素系列

接种材料

产黄顶孢霉的孢子悬浮液

预发酵罐、生产发酵罐

以分批补料的方式补加前体、良好的O_2供应，约120 h；脂肪酸(如油酸甲酯)可以增加产量，约150 h后，>30 $g \cdot L^{-1}$

回收

1.分离菌丝体

2.离子交换和沉淀，XAD吸收材料

酶水解生成7-ACA

固定化的D-氨基酸氧化酶和戊二酰7-ACA酰基转移酶，>90%的产量

半合成头孢菌素

化学法加入酰基侧链，大多用Schotten-Barmann 反应

7-ADCA由青霉素环扩展(胞内)或6-APA(酶学技术)衍生获得

氨基酸和肽类抗生素

概述

β-内酰胺抗生素是人类医学中最重要的治疗用抗生素，前文已有论述。在来源于次级氨基酸代谢的500多种抗生素当中，发现有一些抗生素在医学、伤口治疗和农业上具有实用价值，如环丝氨酸(cycloserin)和磷丝菌素[phosphinothricine, L-2-氨基-4-(羟基)(甲基)氧膦基丁酸]、环状肽抗生素[如短杆菌肽(gramicidin)和杆菌肽(bacitracin)]、螯合肽(博莱霉素)，色素肽(chromopeptide)(放射菌素)和缩肽(维吉霉素)。缬氨霉素选择性地结合钾离子。这些抗生素中的大多数是从链霉菌中分离获得的，但也有一些是从革兰氏阳性菌(如链球菌和芽孢杆菌)中分离获得。

氨基酸衍生物

D-环丝氨酸由兰花链霉菌(*Streptmyces orchidaceus*)合成的，它是D-丙氨酸(细菌细胞壁的一种成分)的类似物，能够抑制丙氨酸消旋酶(胞壁质生物合成中的一个关键酶)。由于D-环丝氨酸可以有效地抑制结核分枝杆菌，因此在过去，D-环丝氨酸是与利福平联合治疗结核病的首选抗生素。最早从吸水链霉菌(*Streptomyces hygroscopicus*)分离得到的内氨酰草丁膦是一种L-谷氨酸类似物，能够抑制植物的谷氨酸合成酶，工业上用化学合成方法生产草丁膦(Glufosinat®, Basta®)，如果克隆并在农作物中表达来自吸水链霉菌的乙酰转移酶，这株植物将对草丁膦产生抗性，其种子也对草丁膦敏感。

肽抗生素

由10～50个氨基酸构成，具有高比例的疏水和带正电荷的侧链，导致其对细胞质膜的强亲和力。它们的生物合成发生在核糖体或非核糖体酶复合物。核糖体肽类抗生素通常为线性肽，但可以进行翻译后修饰形成非蛋白质源性氨基酸，如通过差向立体异构作用将L型氨基酸转化为D型氨基酸，或通过羊毛硫氨酸(一种胱氨酸类似物)利用硫醚基团形成肽链桥结构(羊毛硫抗生素)。由乳杆菌合成的尼生素就是一个例子，它能裂解细菌的胞质膜，因而有助于乳制品的储藏，因此在所有的发酵乳制品中都是必需的。防御素是另一类富含胱氨酸的阳离子肽抗生素，是免疫系统的一部分：保护肠道黏膜免受微生物的损害。非核糖体肽合成发生在类似于真核生物的脂肪酸合酶的可溶性多酶复合物的硫代模板上，在该系统中，产生短的线性肽，其可以进一步转化为环状肽(例如，短杆菌肽S)，它们很少含有20个以上的结构单元，而且常常含有非必需氨基酸和其他的结构元件。由于其毒性的影响，非核糖体肽通常只限于外用，如治疗伤口或烧伤。杆菌肽也用作饲料添加剂。环孢菌素(cyclosporin)是通过霉菌 *Tolypocladium inflatum* 合成的，是立体器官移植和骨髓移植中的首选免疫抑制剂。环孢菌素能抑制T细胞的活性，因此也用于治疗一些慢性炎症性疾病，如肾病综合征、顽固性局限行肠炎(refractory Crohn's disease)、溃疡性结肠炎、类风湿性关节炎，等等。黏菌素(多黏菌素)是由多黏芽孢杆菌 *Bacillus polymyxa* 生产的，是应对革兰氏阴性菌感染的一种重要的反向抗生素。轮枝链霉菌 *Streptomyces verticillus* 生产的博来霉素是一种很重要的肿瘤抗生素，在三分子氧存在的条件下，它与Fe^{3+}以1∶1的比例形成功能类似于DNA酶相似的复合物，导致单链DNA的断裂。放线菌素是phenoxazinone的肽衍生物，是由多种链霉菌产生的，它通过插入DNA的5'-TGCA-3'回文序列中，从而阻断其翻译。其细胞毒性作用被部分用于肿瘤的治疗。缩肽(depsipeptide)的氨基酸结构单元通过酯键和酰胺交替地连接，它们主要用于抵抗革兰氏阳性菌。维吉霉素是由弗吉尼亚氏链霉菌(*Streptomyces virginiae*)产生的，大量用于猪和牛的育肥中。铁色素(siderochrome)含有铁和氧肟酸(hydroxamic acid)基团的肽抗生素，用于治疗铁储存性疾病。

氨基酸衍生物

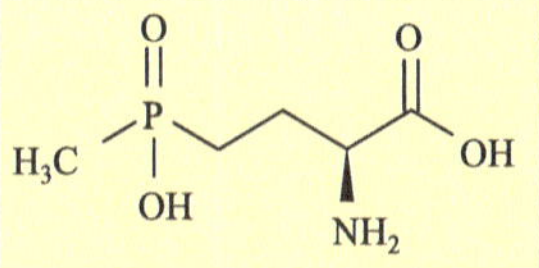

草丁膦

$C_5H_{12}NO_4P$

M_r 181.13

CAS 355 97-44-5

(S)- 型

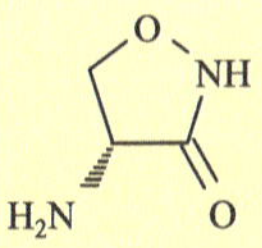

环丝氨酸

$C_3H_6N_2O_2$

M_r 102.09

CAS 68- 41-7

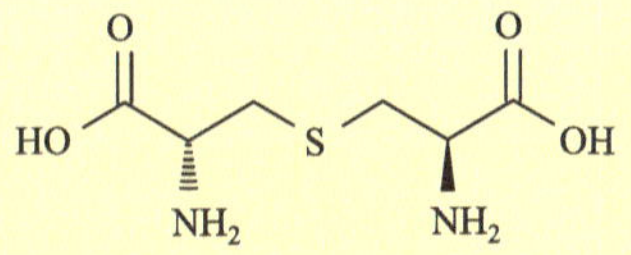

羊毛硫氨酸

$C_6H_{12}N_2O_4S$

M_r 208.2318

CAS 922-55-4

环肽抗生素

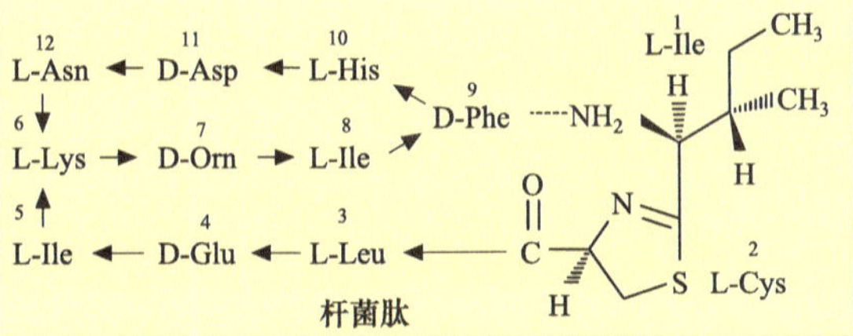

杆菌肽

$C_{66}H_{103}N_{17}O_{16}S$ M_r 1422.71

水溶性极好 CAS 1405-87-4

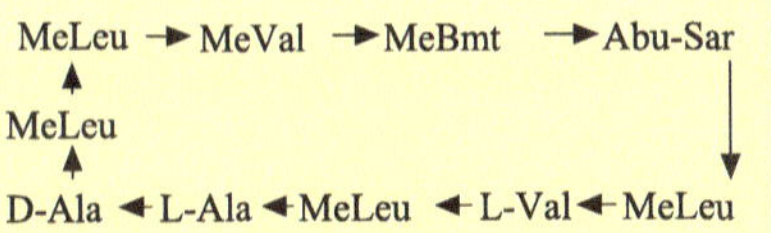

环孢菌素 A

$C_{62}H_{111}N_{11}O_{12}$

M_r 1202.63 CAS 59865-13-3

Abu	L-氨基丁酸
Sar	肌氨酸
MeBmt	丁烯基二甲基苏氨酸
MeLeu	甲基亮氨酸

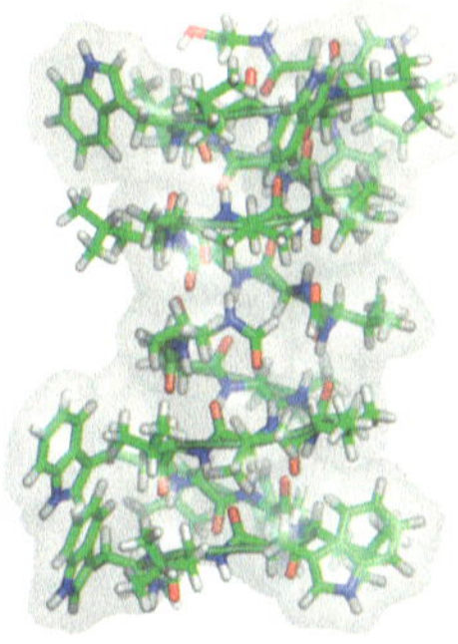
侧面结构图

短杆菌肽，A-和B-链，磷脂膜(IMAG)

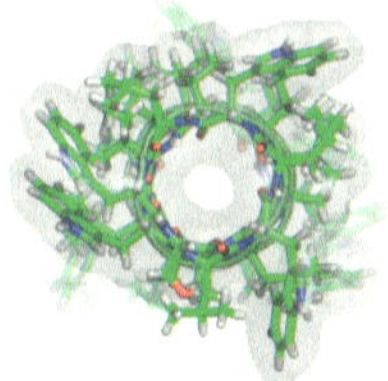
顶部俯视结构图

抗生素	生产
草丁膦	化学合成
杆菌肽	地衣芽孢杆菌
多黏菌素	多黏芽孢杆菌
短杆菌肽	芽孢杆菌
博来霉素	轮枝链霉菌
环孢霉素	多孔木霉
维吉霉素	弗吉尼亚链霉菌
缬氨霉素	极暗黄链霉菌

杆菌肽的发酵

预发酵罐

1～3 m^3, 6 h， 37℃

生物反应器

约100 m^3, 30 h，37℃；蔗糖、大豆粉、盐

回收

药物：用1-丁醇提取、离子交换

动物饲料：发酵液喷雾干燥

30 h达9 $g \cdot L^{-1}$

短杆菌肽S(短芽孢杆菌)的生物合成

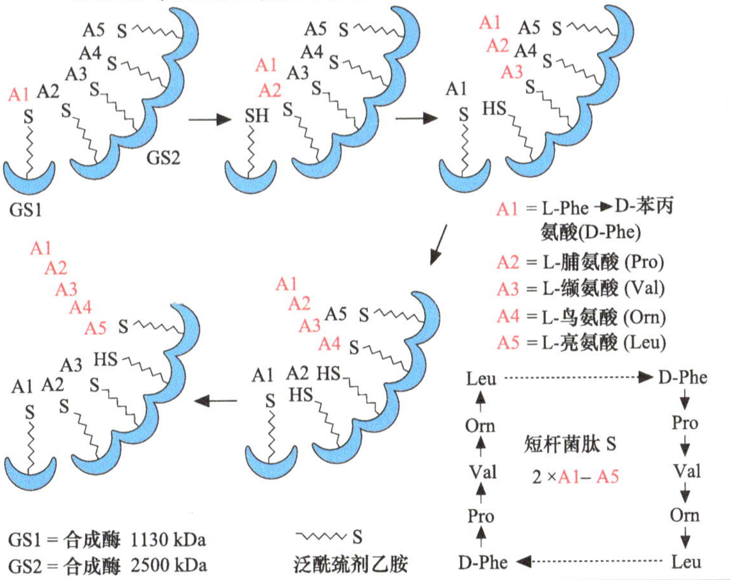

糖肽类、脂肽类、聚醚类和核苷类抗生素

概述

这一章包括十分重要的糖肽类抗生素——万古霉素，其在治疗耐甲氧西林金黄色葡萄球菌(MRSA，methicillin-resistant *Staphylococcusaureus*)中必不可少的(“一线治疗”)，万古霉素是酰基化的糖肽壁霉素和脂肽达托霉素。聚醚类抗生素莫能菌素能够预防原生动物感染，可用在鸡饲料中。尽管存在天然的核苷抗生素，但在治疗中只使用合成的类似物，如用鸟嘌呤核苷的类似物阿昔洛韦治疗病毒性脑膜炎。糖苷类林可霉素对于革兰氏阳性肠道菌有较强的抗性。

糖苷类和脂肽类抗生素

万古霉素是由东方拟无枝酸菌(*Amycolatopsis orientalis*，一种放线菌)产生的。用于耐青霉素的肠球菌(如脓毒性心内膜炎)和对青霉素过敏的患者。由于它对肾脏有毒性，曾经(现在有时)将其与其他对肾脏有毒性的抗生素合用，如氨基糖苷类抗生素和环孢菌素，所以必须全面监测其对肾脏的毒副作用。万古霉素的作用与β-内酰胺类的抗生素一样，是通过抑制细菌细胞壁生物合成(与UDP胞壁酰五肽结合)来实现的。耐药菌株的细胞壁糖肽被修饰，从而不与万古霉素反应。这种类型的耐药性很可能通过转座子在人和家畜之间水平转移。替考拉宁是携带各种酰基侧链的糖脂混合物，其广谱作用类似于万古霉素。达托霉素是由11个氨基酸和癸酰侧链构成的环肽。它由链霉菌(*Streptomyces roseosporus*)产生，并且是目前(2014)最安全的抗生素之一(即观察到的最小抗性)，其甚至可以在万古霉素无效的情况下用于抵抗感染。达托霉素的作用机理是在细菌细胞膜中形成孔，导致K^+的流出和膜的去极化。与万古霉素类似，达托霉素只能作用与胃肠外。环孢菌素A或环孢菌素是另一种环状脂肽，由白僵菌属的真菌 *Beauveria* 合成，其功效相当于免疫抑制剂，通过一种复杂的机制防止淋巴细胞活化，这一机制促进了器官移植技术的改革。环孢菌素A也用于治疗皮肤和肠道疾病。

林可霉素

由林可链霉菌(*Streptomyces lincolnensis*)产生的一种抗生素，对革兰氏阳性病原菌有抑制效果，用于兽医医疗。与氯霉素相似，林可霉素与核糖体的50S亚基结合，抑制肽链的延伸。耐受林可霉素的突变菌株常常出现，它们通过甲基化修饰rRNA，或通过酶转化使林可霉素失效。

莫能菌素

是一种聚醚抗生素，是通过肉桂地链霉菌(*Streptomyces cinnamoensis*)发酵来生产。通过聚酮化合物进行生物合成，使用乙酸盐、丙酸盐和丁酸盐作为结构单元。莫能菌素作为离子载体渗入到膜内，导致钠离子的流入，造成渗透压失衡，细胞裂解。这种作用机制不仅作用于细菌和真菌，还会影响原生动物，如艾美球虫和弓形虫，在集体家畜养殖中常常出现这两种原虫感染。尽管莫能菌素对人和马的毒性很大，但对鸡和牛的毒性不大，因此它仍是鸡饲料中一种最重要的广谱抗生素，若用量得当，鸡对其耐受性良好。莫能菌素在欧盟和美国都已通过注册，作为鸡饲料添加剂的用量占其总市场份额的80%，括沙利霉素与之类似，两者在结构上相似，其年产量为几千吨。一定要注意，当使用莫能菌素时，不要让其他家畜(如马)或农场工人中毒。

核苷抗生素

应用很少，胞嘧啶类似物杀稻瘟菌素S是由灰产色链霉菌(*Streptomyces griseochromogenes*)产生的，用作抑制真菌的药物，在水稻农业中用来治疗枯萎病。它能阻止氨酰基tRNA与核糖体的结合，对植物及鱼、动物和人的毒性很大，侵害黏膜、皮肤和肺，已逐渐被春日霉素替代。在临床治疗中很重要的一种嘌呤衍生物是阿昔洛韦，它是一种合成的鸟嘌呤核苷衍生物，对疱疹病毒有抑制效果，可以用来治疗脑炎，常通过化学合成获得。

糖肽类、糖苷类和核苷类抗生素

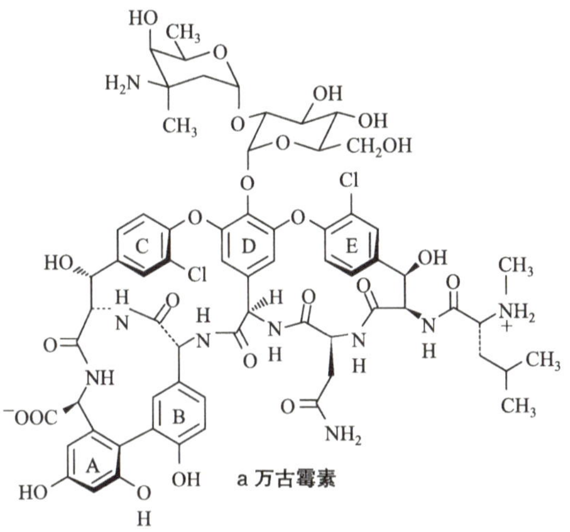

a 万古霉素

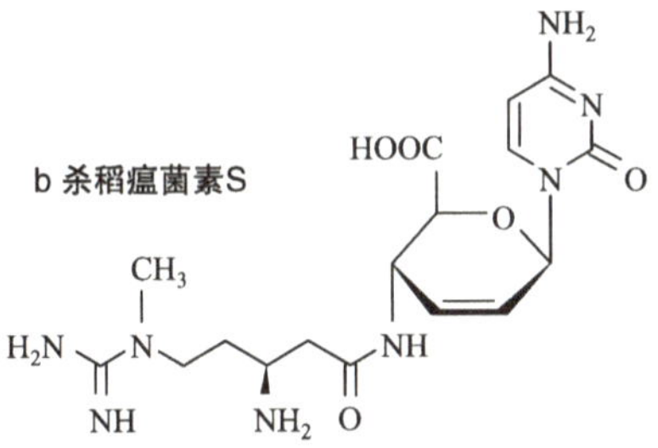

b 杀稻瘟菌素S

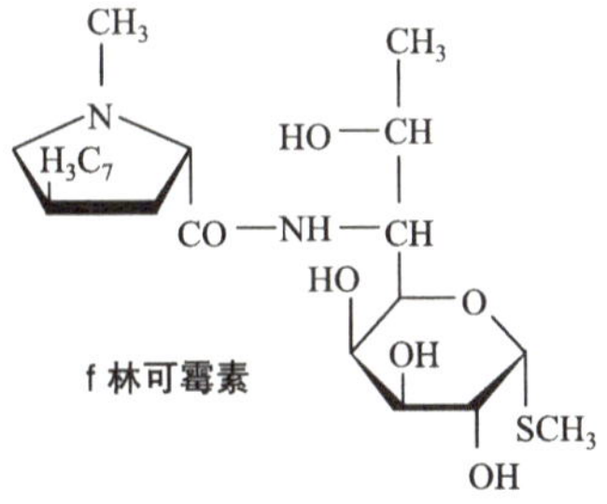

f 林可霉素

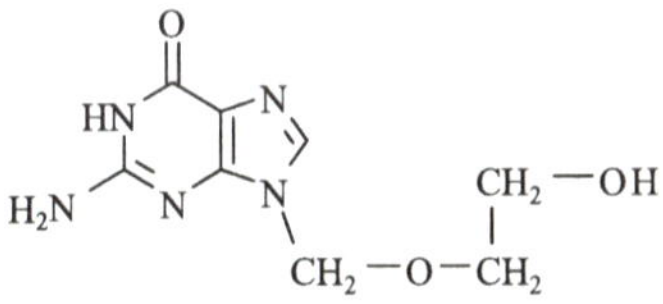

c 阿昔洛韦

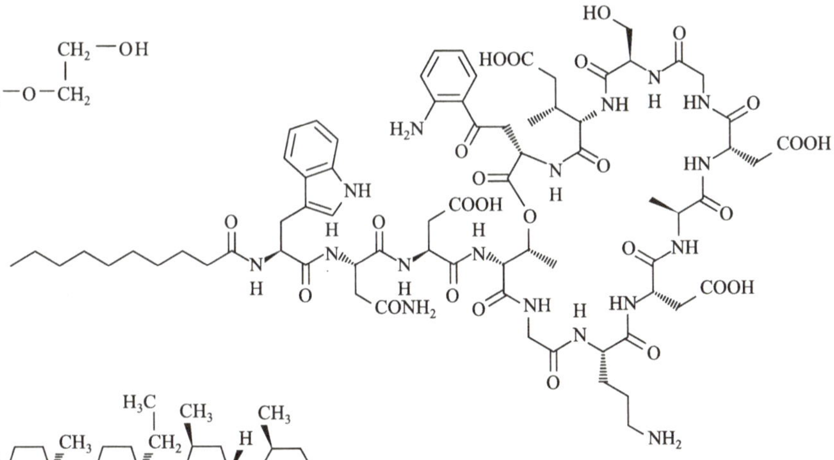

d 达托霉素

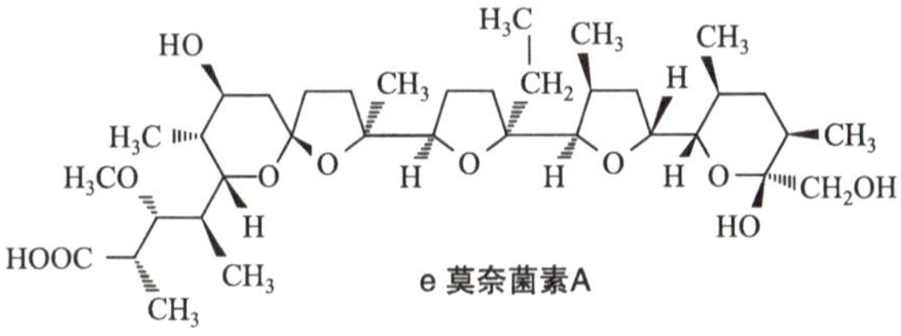

e 莫奈菌素A

	a	b	c	d	e	f
	$C_{66}H_{75}C_{12}N_9O_{24}$	$C_{17}H_{26}N_8O_5$	$C_8H_{11}N_5O_3$	$C_{72}H_{101}N_{17}O_6$	$C_{36}H_{62}O_{11}$	$C_{18}H_{34}N_2O_6S$
M_r	1449.27	422.44	225.21	1619.7086	670.90	406.56
CAS	1404-90-6	2079-00-7	59277-89-3	103060-53-3	17090-79-8	154-21-2

抗生素	生产菌	类型	应用
a 万古霉素	东方拟无枝酸菌	糖肽	耐甲氧西林金黄色葡萄球菌感染
b 杀稻瘟菌素S	灰色链霉菌	核苷	植物保护杀真菌剂
c 阿昔洛韦	化学合成	核苷	临床抗病毒药
d 达托霉素	玫瑰孢链霉菌	脂肽	耐甲氧西林金黄色葡萄球菌感染
e 莫奈菌素A	肉桂链霉菌	聚酯	动物育种中的球虫病预防
f 林可霉素	林可链霉菌	林可胺	兽药

S=链霉菌　　MRSA=广谱抗性的金黄色葡萄球菌感染

氨基糖苷类抗生素

概述

Selman Waksman(1943)发现链霉素是抗生素发展的一个里程碑。链霉素是历史上第一次被允许治疗由结核分枝杆菌(*Mycobacterium tuberculosis*)引起的肺结核。如今，由于链霉素(它是氨基糖苷类抗生素的典型)的肾毒性导致其被异烟酸酰肼和利福平(以前由环丝氨酸)取代。由于分枝杆菌细胞壁结构异常，阻碍药物的进入，治疗困难，活动性结核病需要长期使用抗生素组合。大多数氨基糖苷类抗生素的主要结构是氨基环醇环，即2-脱氧链胺，其通过糖苷键与其他氨基糖连接。氨基糖苷类抗生素表现出广泛的生物效能，并且能够抵抗许多革兰氏阴性病原菌。因此，尽管链霉素具有高毒性(它们必须经肠胃外施用)并能造成耐药菌株，它们仍是严重感染者的首选抗生素，在人类治疗中占有一席之地。链霉素也被用于植物保护。世界市场上链霉素的销售额大约是10亿美元(2009年)。用于人类治疗的最重要的化合物是庆大霉素、新霉素、妥布霉素、卡那霉素和半合成产物如西索米星和阿米卡星。链霉素偶尔仍然使用。大观霉素已被成功用于抗青霉素耐药淋病奈瑟氏菌感染。春日霉素是抗稻瘟病的重要农用抗生素。潮霉素被用作猪和家禽育肥中的驱虫药，但在欧盟已不再允许使用这种用法，因为已经观察到用于人类治疗的氨基糖苷类抗生素出现了交叉抗性。

生物合成

链霉菌和小单孢菌属主要形成氨基糖苷类抗生素。多步生物合成(链霉素：24步)通常在核苷酸糖的骨架上，从D-葡萄糖开始，与其他不寻常的糖(氨基糖，C-分支糖)交连形成氨基环化醇单元。Lstreptose是组成异常的支链已糖(5-脱氧-3-C-甲酰-L-来苏糖)，由D-葡萄糖通过L-鼠李糖经脱氧胸苷二磷酸酯连接的活化中间体形成。链霉素的生物合成需要33种蛋白质，并且该途径所需的所有基因位于灰色链霉菌基因组的单个基因簇上。它们包含30～40bp并且大多已经被克隆。然而，其生物合成途径的代谢调控尚不明确。

产品

与其他工业生产的抗生素一样，经过一系列突变，选择和回交，生产菌株已经得到显著提升。使用这样的程序，野生型菌株的抗生素产量(几毫克每升级)已经提高了1000倍(链霉素：在120h发酵后得10 g/L)。工业生产使用大型生物反应器，以葡萄糖，淀粉或糊精作为碳源，豆粕作为氮源。趋于与菌丝体结合的氨基糖苷类抗生素，如庆大霉素，通过酸化至pH 2.0释放。通过过滤或离心分离细胞块并浓缩发酵液，再经过几轮的离子交换层析和结晶纯化才能得到抗生素。

作用机制和抗性机制

氨基糖苷类抗生素与核糖体的30 S亚基结合并干扰翻译，最终抑制蛋白质生物合成。其中一些氨基糖苷类抗生素还特异性地结合到RNA的Ⅰ型内含子上。但氨基糖苷类抗生素的一个主要缺点是它们能很快导致在质粒或染色体上编码的抗性表型的形成。耐药菌株在其核糖体上突变了氨基糖苷结合位点，或者利用转移携带各自基因的质粒，通过乙酰化、磷酸化或腺苷酸化来阻断关键羟基以获得耐药能力。

半合成氨基糖苷类

高效能的半合成氨基糖苷可以通过化学衍生法，优选氨基获得。例如，西索米星、阿米卡星和妥布霉素。然而目前，尽管在许多情况下已经克隆了氨基糖苷类抗生素合成途径的所有基因并且已经制备了合适的表达框，但通过途径工程(组合生物合成)来实现半合成氨基糖苷类抗生素的进程仅取得了微小的成功。推测可能是氨基糖苷类抗生素合成途径中的许多酶受到了复杂的个体调控，致使通路互换困难。

氨基糖苷类抗生素

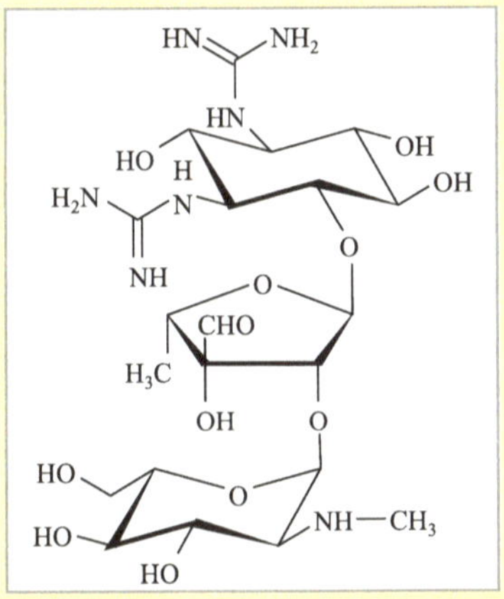

壮观霉素 M_r 581.58

$C_{21}H_{39}N_7O_{12}$ CAS 57-92-1

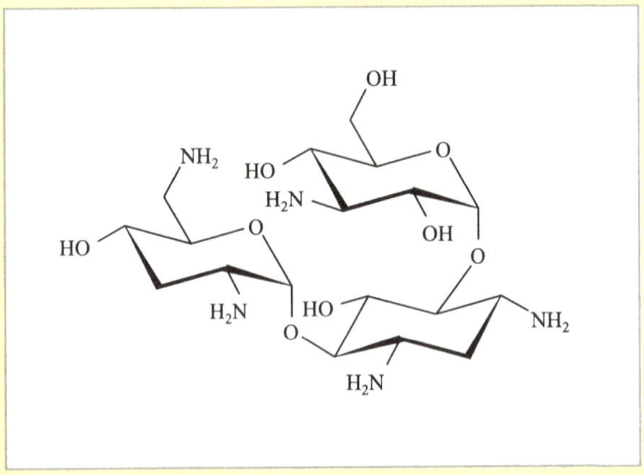

妥布霉素 M_r 467.51

$C_{18}H_{37}N_5O_9$ CAS 32986-56-4

抗生素	物种	应用
链霉素	灰色链霉菌	心内膜炎，肺结核
卡那霉素	卡那霉素链霉菌	局部感染(皮肤，眼睛)
妥布霉素	黑暗链霉菌	囊性纤维症感染病人
庆大霉素	绛红小单胞菌	革兰氏阴性病原菌感染
奈替米星*	绛红小单胞菌	革兰氏阴性病原菌感染
阿米卡星*	卡那霉素链霉菌	广谱抗性病原菌感染
新霉素	弗氏链霉菌	局部感染(皮肤)
春日霉素	春日链霉菌	水稻枯萎病感染
有效霉素	吸水链霉菌	水稻农业

*化学衍生物

壮观霉素的生物合成

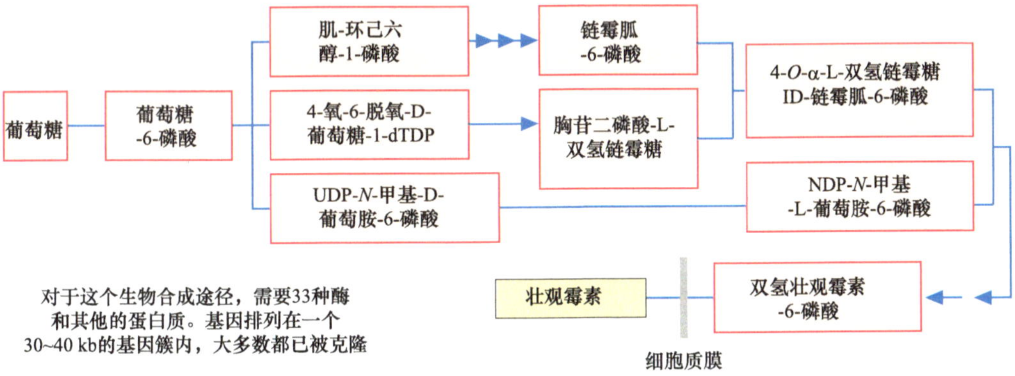

生产

预培养	发酵	除去细胞	纯化	
接种和生长	达150 m^3的生物反应器，分批补料工艺，28~30℃，70~120 h，葡萄糖或糊精、大豆粉，1~3 $g\cdot L^{-1}$ NaCl,微量元素，0.5~1 $vvmO_2$	对于与菌丝体结合的抗生素，酸化至pH 2	离子交换，结晶和重结晶	120 h后，>10 $g\cdot L^{-1}$

四环素类、醌类、喹诺酮类和其他芳香族抗生素

概述

四环素对病原菌具有广谱抗性，因而成为一类重要的抗生素，用于医疗和农业，其 2009 年市场产值为 16 亿美元。喹诺酮类是萘啶酸的类似物，可通过化学合成生产，是仅次于内酰胺类抗生素的一类重要的医用抗生素(2009 年的市场值为 71 亿美元)。

四环素

四环素类抗生素是 1945 年在金霉链霉菌(*Streptomyces aureofaciens*)的代谢产物中发现的一类重要的毒性较低的广谱抗生素。四环素能够抗革兰氏阳性菌、革兰氏阴性菌、立克次氏体、支原体、钩端螺旋体、螺旋体和一些较大的病毒。然而，在许多国家广泛地使用四环素作为鸡和猪的饲料添加剂，导抗性菌株的形成。常见的耐药机制包括：降低四环素穿透革兰氏阴性菌细胞膜的能力(改变孔蛋白)，改变其核糖体结合位点，合成含有四环素转运蛋白(tet-protein)的编码质粒。这些机制在使用强力霉素或替加环素等半合成四环素时很少被观察到。四环素通过与核糖体(70S 亚基)的结合来抑制蛋白质的生物合成。只有链霉菌能够产生四环素，其产物通常是氧四环素。以葡萄糖为底物合成氧四环素需要需要很多步骤，该过程至少需要 21 个基因，包括 3 个抗生素抗性基因。过程中会产生聚酮中间体。为了满足工业生产须优化生产菌株，目前已有少数链霉菌可以在大型生物反应器中培养。在优化氧气供给及磷酸盐的浓度的情况下，其产量可达到 $80g \cdot L^{-1}$ 以上。分离时，将细胞团分离后，使用正乙酸丁酯提取发酵液。用离子交换色谱或离液剂进行下游纯化处理。

蒽环类

蒽环类药物如阿霉素苷通过插层和抑制拓扑异构酶来抑制 DNA 的复制。可通过发酵合成，用于化疗、肿瘤治疗。

喹诺酮类

萘啶酸是化学合成氯醌(chloroquinone，是一种抗疟疾药)的副产品。其杀菌作用在 1962 年发现的，它能抑制细菌的拓扑异构酶(旋转酶 A 亚基)，这一点于 1977 年被证实。由于细菌和人的拓扑异构酶结构和功能显著不同，因而喹诺酮类对人的毒性很小。另一方面，喹诺酮类具有广谱的抗革兰氏阳性菌、革兰氏阴性菌、支原体、衣原体和厌氧微生物活性，细菌的耐药性产生很慢，而且不是质粒编码的。如果产生了耐药性，则是因为旋转酶亚基被修饰，或膜对药物的穿透性降低。在 5000 多种通过化学合成喹诺酮类衍生物中，有一些已经广泛应用。其中环丙沙星(Ciprobay®)是一种能够抗炭疽芽孢杆菌的喹诺酮类抗生素。

氯霉素

是在 1950 年从委内瑞拉链霉菌(*Streptomyces venezuelae*)的培养物中分离到的，现在已完全通过化学合成的方法来生产。其生物合成通路是芳香族氨基酸的生物合成通路中的以分支酸(chorismic acid)为节点的一个分支路径。它通过与 70S 核糖体的 50S 亚基结合，阻断肽酰基转移酶而发挥作用。氯霉素是第一个广谱抗生素，可以有效地抗革兰氏阳性菌、阴性菌、放线菌立克次体和大型病毒。由于它能伤害骨髓，所以只作为保留抗生素(reserve antibiotic)使用，特别是用于治疗斑疹伤寒、细菌性痢疾和立克次氏体的感染。

灰黄霉素

是二苯甲酮(benzophenone)的衍生物，是一种杀真菌的抗生素，通过与真菌的纺锤体结合阻断有丝分裂，可检测到形成短的、卷曲的菌丝。它是通过发酵来生产的，其应用包括：治疗皮肤真菌病，以及在农业上用于叶子杀真菌剂，防止枯萎病。

醌类和芳香族抗生素

抗生素	生产菌株	应用
(氯)四环素	金霉素链霉菌(*Streptomyces aureofaciens*)	人的广谱抗生素
氧四环素	龟裂链霉菌(*Streptomyces rimssus*)	治疗和动物饲料
蒽环霉素	波赛链霉菌(*S.peucetius*)	肿瘤治疗
喹诺酮类	化学合成	人治疗用广谱抗生素和动物饲料
氯霉素	化学合成	广谱抗生素
灰黄霉素	灰黄霉素(*Penicillium griseofulvium*)	皮肤真菌感染和叶子真菌感染(枯萎病)

四环素

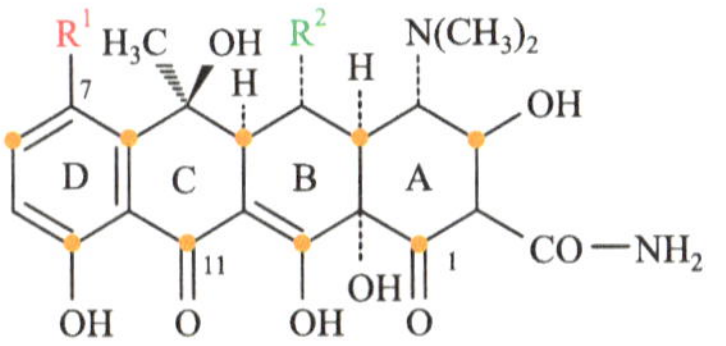

● 乙酸盐的C[1]

氯四环素
$C_{22}H_{23}ClN_2O_8$
M_r 478.89
CAS 57-62-5

	R^1	R^2
四环素	H	H
氯四环素	Cl	H
氧四环素	H	OH

阿霉素

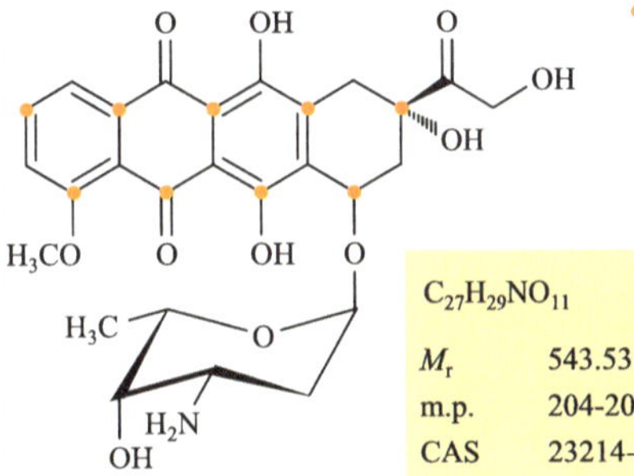

● 乙酸盐的C[1]

$C_{27}H_{29}NO_{11}$
M_r 543.53
m.p. 204-205 °C
CAS 23214-92-8

萘啶酸和环丙沙星，两种喹诺酮类抗生素

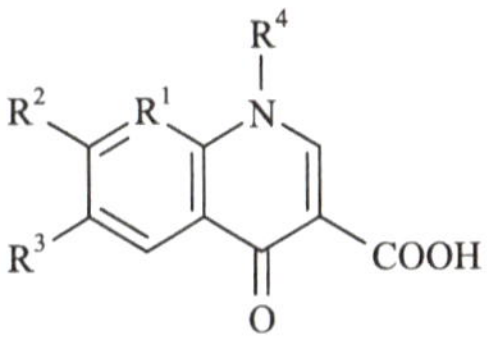

	R^1	R^2	R^3	R^4
萘啶酸	N	CH_3	H	CH_3
环丙沙星	CH	$C_4H_9N_2$	F	C_3H_5

氯霉素

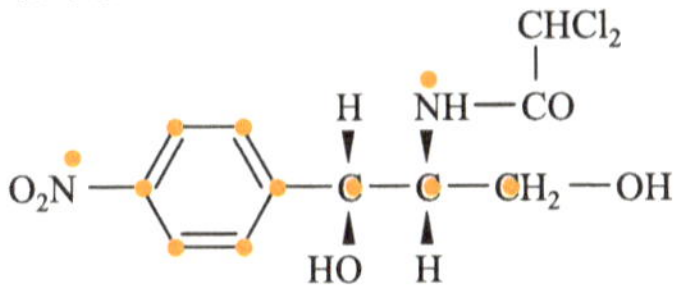

● 来自p-氨基苯丙氨酸

$C_{11}H_{12}C_{l2}N_2O_5$ CAS 56-75-7
M_r 323.13

灰黄霉素

● 乙酸盐的C[1]

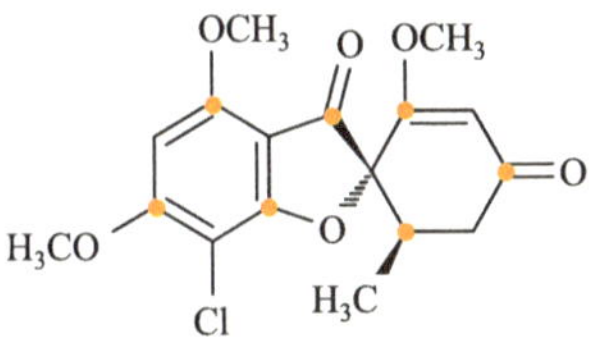

$C_{17}H_{17}ClO_6$ CAS 126-07-8
M_r 352.77

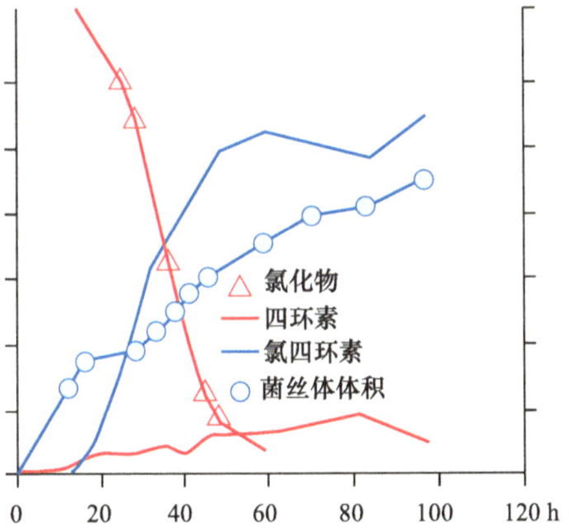

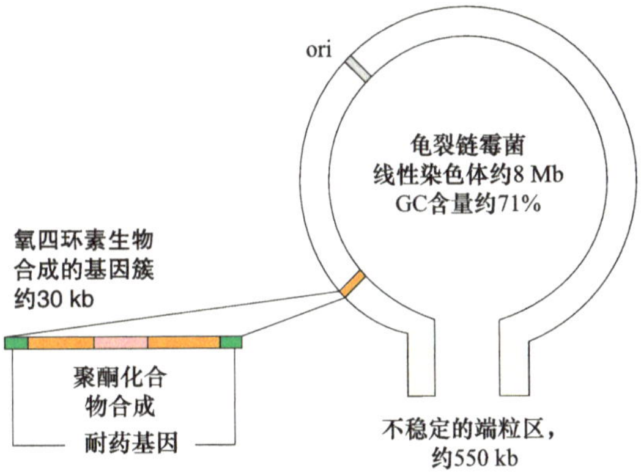

氯四环素的发酵和分离

预培养物	生物反应器	分离	
金霉素链霉菌的高效菌株	约150m[3]，蔗糖、玉米浸出液、盐，1 vvm空气、28℃、pH 5.8~6.0、60~65 h	用过滤器或分离器分离菌丝体，用正乙酸丁酯多阶段提取、用离子交换层析纯化	140 h 后，>80g·L[-1]

大环内酯类抗生素

概述

这组很重要的抗生素包括大环内酯类(macrolide)抗生素、多烯类(polyene)抗生素、环呋喃内酯(macrotertrolide)类抗生素和安莎霉素类抗生素，它们都有长链的多羟脂肪酸和末端为羟基或氨基的一个大环内酯或内酰胺环。用不常见的糖(大环内酯)就可将此环糖基化，这个环可以含有共轭的双键(多烯)或一个芳香的发色团(安莎霉素类)，或者被构建成聚内酯(如环呋喃内酯)。大多数聚酮化合物是从链霉菌分离出来的，用于人的治疗，也用于食品保存和动物饲料添加。大环内酯类抗生素在医疗上的市场值约为 50 亿美元(2009 年)，约占抗生素总产量的 1/5。

大环内酯类抗生素

是亲脂的化合物，其主要结构元件为 10～60 个大环内酯环，是由与脂肪酸合酶相似的多酶复合物通过一个起始物单元乙酰辅酶 A 与丙二酰辅酶 A(或其甲基和乙基类似物)缩合形成的。聚酮化合物很可能是这个反应的中间体，它可进一步被含有氨基、C-甲基分支和脱氧基的不常见的糖修饰。大环内酯类抗生素的毒性较低，常用于儿科医疗。大环内酯类抗生素通过与革兰氏阳性微生物的 50S 核糖体亚基结合，影响延伸肽链的易位从而抑制菌体生长。而耐药性的产生，大多数是由于核糖体 23S RNA 的甲基化造成的。阿奇霉素、克拉霉素、红霉素和螺旋霉素是抗呼吸道细菌感染的首选抗生素。喹红霉素(cethromycin)是大环内酯类抗生素中的一种新型抗生素。由于能够抗支原体，泰乐菌素(tylosine，一种相关的大环内酯抗生素)成为一种很有价值的饲料抗生素，可用于猪的育肥。但这样使用会导致交叉耐药菌株的产生，因此欧盟国家都需要兽医处方才能使用泰乐菌素。

多烯类抗生素

大多由链霉菌产生。这类抗生素是由含 3～7 个共轭双键的 26～38 个大环内酯环组成，并可能含有其他的结构单元，如糖苷键中的氨基糖。有几种多烯类抗生素可作为抑制真菌的药剂，如两性霉素 B(amphotericin B)或用来治疗白色假丝酵母的制霉菌素(nystatin)，以及在奶酪中用作食品防腐剂的匹马菌素。多烯抗生素需与真菌膜上的甾醇(如麦角甾醇)一起发挥作用，因此，它们对细菌不起作用。由于多烯类抗生素对肾脏和肝脏具有一定的毒性，故只限用于重度感染。此外这类抗生素不太稳定，不能在农业上用作杀真菌剂。

安莎霉素类

是含有一个发色团芳香族的大环内酯类抗生素，其最具代表性的是利福霉素(rifamycin)。利福霉素由地中海拟无枝酸菌(*Amycolatopsis mediterranei*)，对革兰氏阳性菌和支原体有较强的抑制作用。其生物合成包括聚酮的组装，该过程是通过将乙酸和丙酸链这一延伸单元(extension units)加至 3-氨基-5-对羟基苯甲酸(AHBA)这一独特的起始单元来实现的，而 AHBA 的形成通路与莽草酸的通路相似。利福平是一种利福霉素的半合成衍生物，是目前主要用来治疗结核病(病原体为结核分枝杆菌)的药品，也用于治疗麻风病(病原体为麻风分枝杆菌)或嗜肺军团杆菌感染。其抑制原理是通过与细菌的 β 亚基结合来抑制细菌 DNA 依赖的 RNA 聚合酶，由于利福平不与人的 RNA 聚合酶结合，所以对人无毒性。耐药菌株的形成则与 RNA 聚合酶的突变和修饰有关。

发酵和纯化

在工业上，具有重要商业价值的大环内酯抗生素是通过高效能菌株在大型生物反应器中使用复合培养基生产得到的，其过程需添加丙酸为生物合成的重要前体。例如，在 72 小时后，红曲霉(以前叫做 *Streptomyces erythreus*)的红霉素产量约为 10 g · L^{-1}。通过过滤或用分离器除去细胞团后，用有机溶剂(如用乙酸丁酯)萃取，再通过色谱法和重结晶进一步纯化。

聚酮类抗生素

a 红霉素

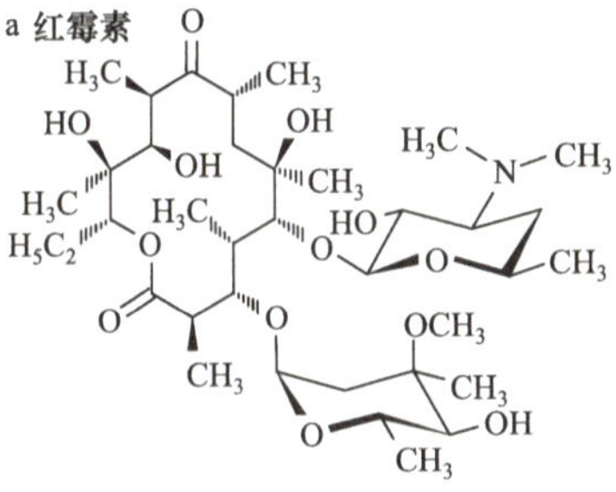

b 利福平：R= CH=N—N(哌嗪)N—CH_3

c 利福霉素：R= H

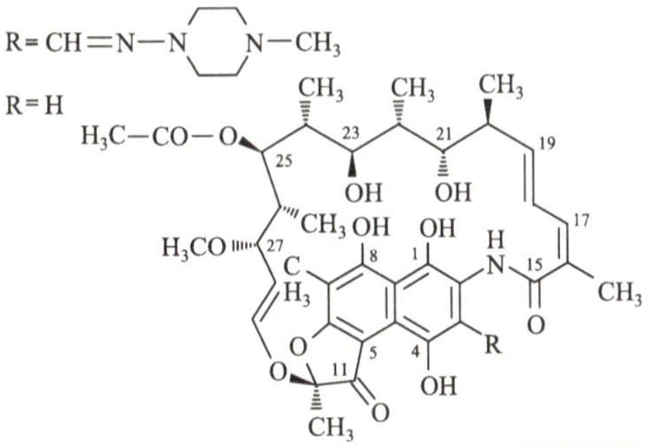

d 两性霉素 B

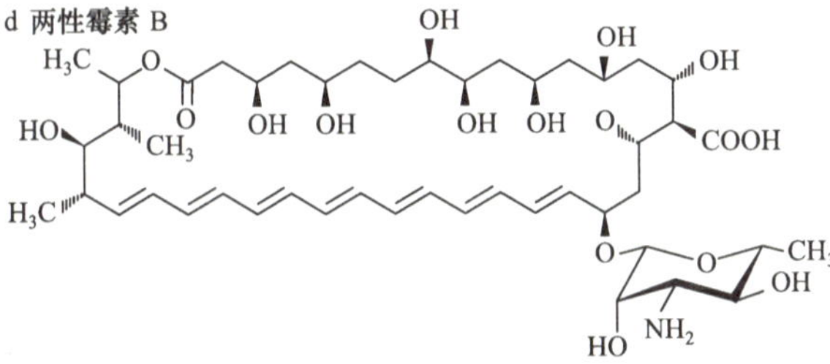

a $C_{37}H_{67}NO_{13}$, M_r=733.94, CAS 114-07-8

b $C_{43}H_{58}N_4O_{12}$, M_r=822.95, CAS 13292-46-1

c $C_{37}H_{47}NO_{12}$, M_r=697.78, CAS 6968-60-3

d $C_{47}H_{73}NO_{17}$, M_r=924.09, CAS 1397-89-31

红霉素A的生物合成

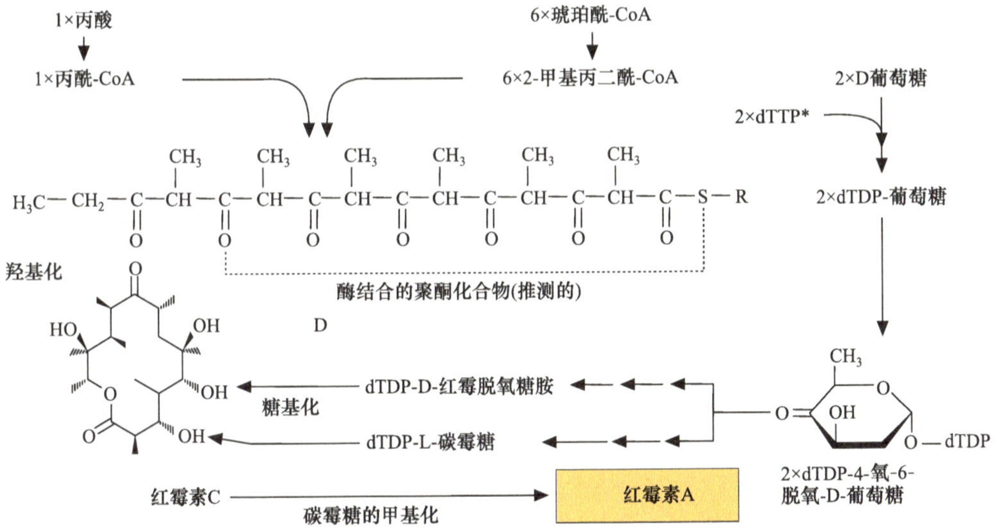

*dTTP=脱氧胸苷三磷酸

生产

红霉素	利福霉素/利福平
发酵罐 红色糖多孢菌高效菌株，>120 m^3的生物反应器，用分批补料工艺，葡萄糖、大豆粉、微量元素，0.2%~0.5%丙醇，33℃，70~120 h	**发酵罐** 地中海拟无枝酸菌高效菌株，>120 m^3的生物反应器，用分批补料工艺，葡萄糖、大豆粉、微量元素、0.25%~0.5%丙醇，33℃，70~120 h

用过滤或分离器除去细胞

纯化

用乙酸丁酯逆流提取，层析、重结晶

红霉素	利福霉素
72 h后，约10 g·L^{-1}红霉素	72 h后，约7 g·L^{-1}利福霉素

4步Mannich合成，生成利福平

抗生素筛选的新途径

概述

尽管抗生素成功地治疗了许多疾病，而且不断又分离到新的抗生素。但是，曾经确信消失了的传染病又死灰复燃，且更加难治疗。结核病的重新出现就是一个例子，甚至目前对葡萄球菌或链球菌的感染也难以治愈，问题的根源就在于细菌对一种或多种抗生素已产生耐药性(“广谱抗性”)，这已经成为医疗和科学领域的一个重要挑战。抗生素的耐药性通常由质粒或转座子编码，并能在不同的微生物之间水平转移，如通过接合或噬菌体感染。此外对病原性真菌和酵母有效但对人无毒的抗生素数目相对较少，由于真核生物彼此之间的代谢很接近，对真菌有效的抗生素通常对人也有毒性。因此，寻找新型抗生素迫在眉睫。

新的筛选方法

如果用标准筛选方法(如生物分析)来发现新型抗生素，90%左右的结构是已经报道过的。因此，如今已开发了许多非常规的方法，以发现新的结构。最重要的例子有：①前体物质的定向生物合成，在发酵时加入合成的前体诱导抗生素的生物合成；②在已有的菌属，如细菌、稀有放线菌、地衣、海绵动物或与植物或动物共生的微生物(内生微生物)中筛选抗生素；③依赖于新的分析法来改良筛选方法；④针对抗生素合成菌株的基因重组；⑤胞外重组参与抗生素合成的基因，以进行组合生物合成。

反向遗传学

随着基因和基因组测序技术的巨大进步，许多编码抗生素产物的基因簇已陆续报道。如果对在抗生素生物合成中起关键作用的酶的基因序列有透彻的分析，如：在羟基化、糖基化或卤化中，它们的遗传足迹(共有序列)可用于筛选其他生物体的基因组 DNA 或宏基因组中的类似酶活性。该方法已成功地筛选出新的卤化酶。

组合生物合成

大多数抗生素的生物合成是由基因簇(模块)进行编码，其组成包括：①酶的结构基因；②赋予合成菌株抗性的基因；③调节产品形成的基因；④抗生素胞外运输的重要基因。在抗生素和次生代谢物分析库(anti-SMASH, antibiotics and Secondary Metabolites Analysis Shell)中记录有很多模块。anti-SMASH 是一个公共数据库，可以访问和使用随机或半随机的“基因重排实验”(在后一种情况下，基因功能的预选在重排之前完成)。链霉菌属是做这样实验最理想的菌株，因为它们都包含20～30个抗生素的生物合成基因簇，在两个菌株接合时，质粒转移发生率相对较高，可以利用这种模块化的“基因砖”(“体内合成生物学”)进行组合生物合成。运用这种方法，分离到了以前从自然界中从未分离到得新的抗生素。

来自基因组分析的新靶标

基因组已被完全测序的病原微生物的数目正在逐年增长，流感嗜血杆菌(1.83 Mb，慢性支气管炎)、幽门螺杆菌(1.67 Mb，溃疡)、博氏疏螺旋体(0.91 Mb，莱姆病)、结核分枝杆菌(4.41 Mb，结核病)、梅毒螺旋体(1.14 Mb，梅毒)和沙眼衣原体(1.04 Mb，眼睛感染)的基因组已全被阐明。从基因组信息来解释病原体特异性的代谢或信号传导通路就成为可能，从而在药物开发中可以开发出针对病原体特异靶标的药物。然而，在一项为期 7 年的工业研究中，对 300 个假定靶标和数百万药物候选物利用高通量筛选方法进行筛选，只有 5 个合适的重要结构被鉴定。

前体导向的生物合成和突变合成(mutasynthesis)(例子)

抗生素类型	生产菌	加到培养基中的前体
青霉素	产黄青霉	许多脂肪族、脂环族和芳香族碳酸
头孢菌素	产黄顶孢霉	*S*-羧甲基-L-半胱氨酸
博来霉素	链霉菌	修饰的胺
杆菌肽	地衣芽孢杆菌	D-别氨基酸
四环素	灰色链霉菌	2-脱氧链霉素

天蓝色链霉菌-基因组

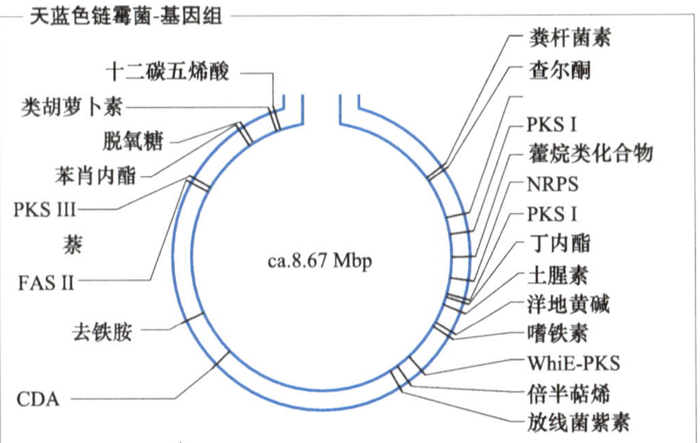

包含>20个基因簇合成天然产物，例如抗生素(放线菌紫素)。另外还有一些抗生素例如次甲霉素是由质粒编码的

一些放线菌菌株的合成潜力

菌株	基因组大小(Mb)	推断的抗生素编码基因簇
天蓝色链霉菌	8.7	22
阿维链霉菌	9.0	30
纤维堆囊菌	13.0	17
红色糖多孢菌	8.2	25
灰色链霉菌	8.5	34
热带盐孢菌	5.2	17

组合的生物合成

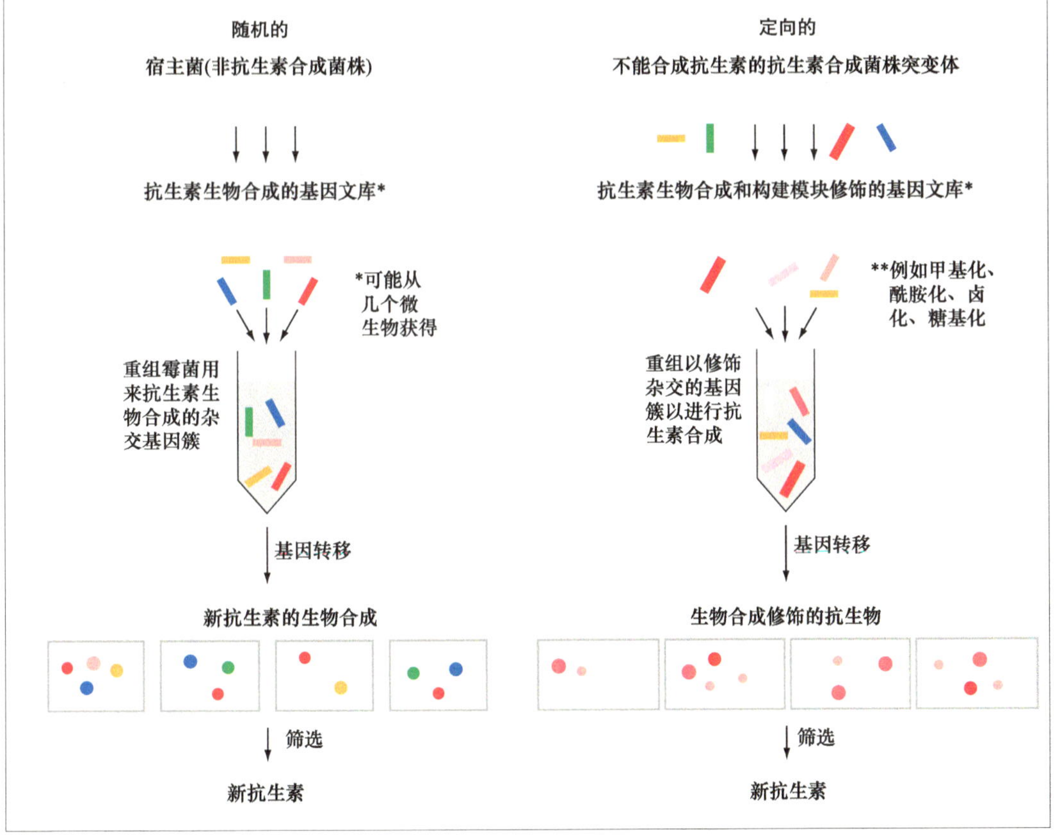

胰 岛 素

概述

胰岛素是一种能够调节脊椎动物血液中葡萄糖水平的多肽激素，也是治疗糖尿病(高血糖症)的关键药物。直到1982年，人们通过从屠宰动物的胰腺提取生产胰岛素。此后，在大肠杆菌和酿酒酵母中生产重组的人胰岛素已经成为主要的生产技术。在2010年全球市场份额为160亿美元，目前产量指标估计为100吨/年。

糖尿病

特点是胰岛素的合成和释放有缺陷。在Ⅰ型糖尿病中，由于遗传缺陷、病毒感染或自身免疫性疾病，不能产生胰岛素。因此，必须通过皮内或肌内注射持续地供给胰岛素来控制血液中的葡萄糖水平。更常见的Ⅱ型糖尿病(成人型糖尿病)主要是“生活方式疾病”，胰腺生产的胰岛素不足，有时可以通过药物刺激，但在后期需要供应胰岛素。约有4亿人(2012年，世界)患有糖尿病[美国2600万(2012)]，其中Ⅰ型患者不足10%。

生物合成

在胰腺β细胞中，胰岛素首先合成为前胰岛素原，然后被加工成胰岛素原，并储存在高尔基体中。当被一种包括低血糖症的复合机制激发时，可被膜结合的蛋白酶水解成3个多肽链(A，B和C)。A和B链(分别为21和30个氨基酸)通过3个半胱氨酸键结合成有活性的胰岛素，C链(31个氨基酸)被释放并被分解代谢。

生产

1928年引入胰岛素治疗。对于常规生产，用1-丁醇提取牛或猪的胰腺，胰岛素以锌盐的形式沉淀，易于结晶，进一步通过凝胶色谱法(“单峰胰岛素”)纯化。从一头猪的胰腺生产的胰岛素量够一个糖尿病患者用3天，一头牛的产量可以用10天，这成为了其工业化生产的瓶颈。此外，人、猪和牛的胰岛素有一个或两个氨基酸不同。因此，连续服用动物胰岛素的糖尿病患者偶尔会出现过敏反应的副作用。尽管中国和德国早在1964年就成功地化学合成了人胰岛素，但证明经济意义不大。1975年，丹麦的诺和诺德公司(Novo-Nordisk Industri)在用羧肽酶Y催化猪胰岛素转化为人胰岛素时(将C末端的Ala^{30}替换为Thr^{30})，发现了可临时解决连续使用动物胰岛素引起的过敏反应。自1982年以来，通过发酵生产重组人胰岛素已经成为首选的方法。通过化学合成获得编码前胰岛素原的DNA，这样可以根据宿主生物大肠杆菌K12的密码子偏好性对其进行优化。在早期的方法中，出于安全考虑，对A链和B链分别表达和纯化，然后通过进一步氧化，将其化学转化为有活性的胰岛素分子。现在，生产重组胰岛素原与色氨酸合成酶的融合蛋白，再通过几步加工生成有活性的胰岛素。优化的大肠杆菌生产菌株合成的胰岛素原融合蛋白高达其细胞质量的40%。这样，一个40 m^3的生物反应器能够提供约100 g纯的重组人胰岛素。另一种方法是在面包酵母重组株表达截短的“小胰岛素原”(mini-proinsulin)。糖尿病患者可以使用单剂量的“胰岛素笔”来应用胰岛素。对于Ⅰ型糖尿病，大多使用带有导管的便携式胰岛素泵。

新型胰岛素

通过蛋白质工程获得的具有反向序列的$Lys^{28}Pro^{29}$(Humalog，Liprolog)的人胰岛素，其在注射后能够更快地起效，从而有助于规划食物摄入。天冬胰岛素也有类似的快速功效。具有Pro^{28}Asp-$Thr^{30}Arg^{31}$Arg(B链)和Asn^{21}Gly(A链)的甘精胰岛素注射液(Lantus)表现出更持久的活性，允许低频的剂量(“单剂量胰岛素”)，与在Lys^{39}处脂肪酸酰化的地特胰岛素注射液一样($Thr^{30}{}_{del}Lys^{29}$)。在德古胰岛素中，Thr^{30}(B链)缺失，并且十六烷二酸通过γ-L-谷氨酰基间隔区与Lys^{29}缀合，导致在皮下组织中形成多六聚体胰岛素储存库并具有缓释作用。

人胰岛素的一级结构

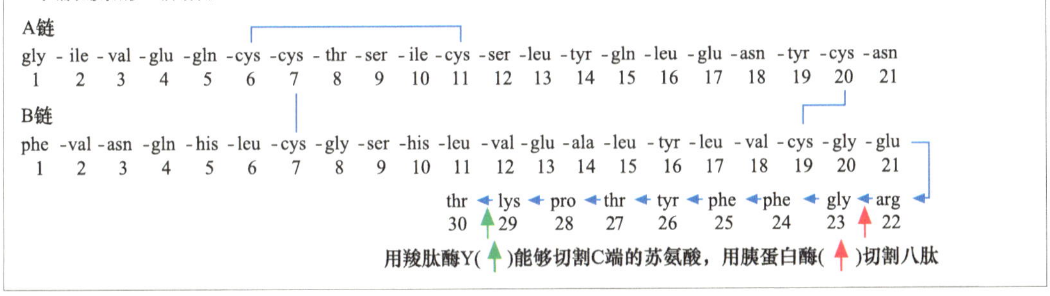

三级结构

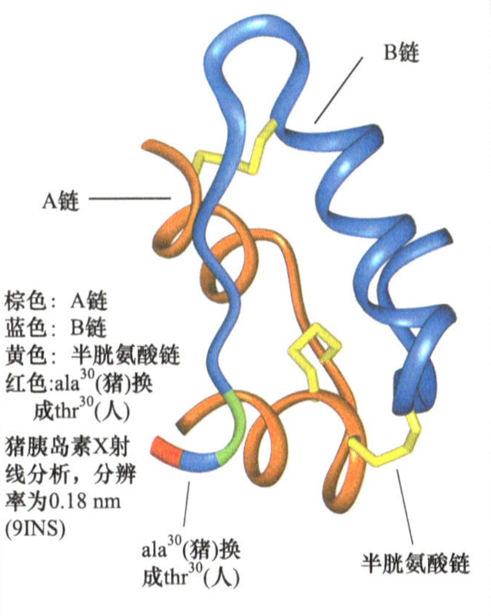

生物合成和表达质粒

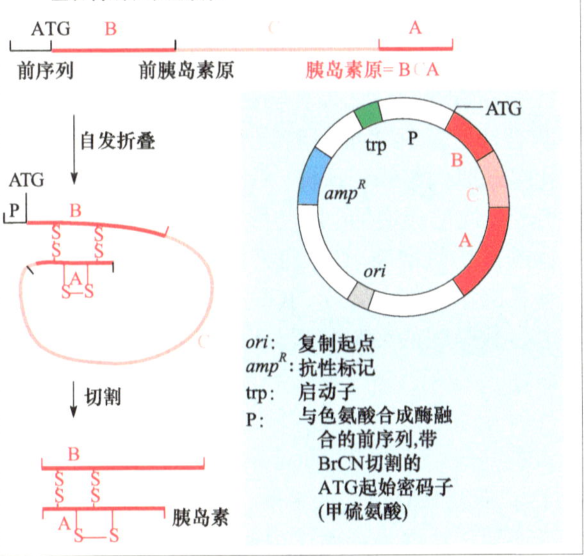

不同来源的胰岛素(仅B链的C末端)

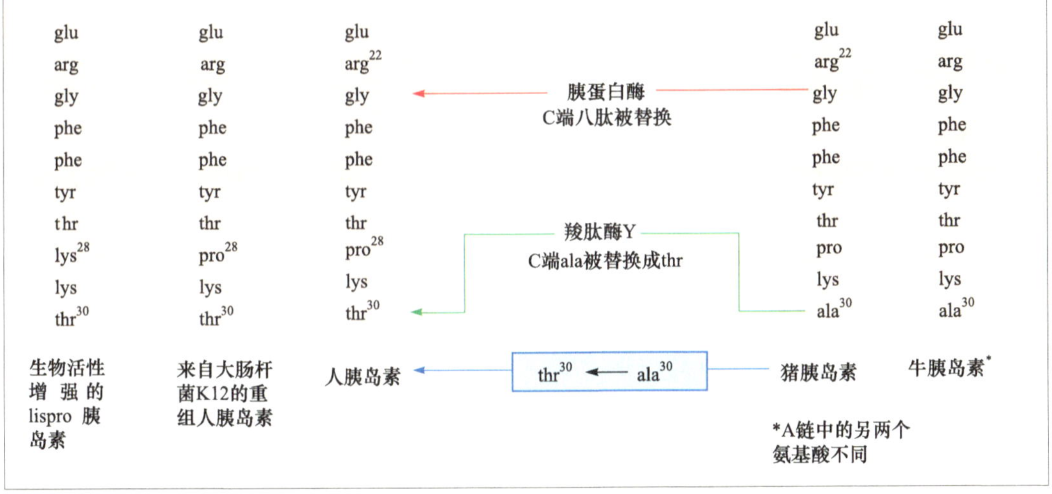

用大肠杆菌K12生产人胰岛素

生物反应器	回收	处理	
40 m³，37℃ 30 h，碳源和氮源	包含体分离，除去细胞碎片	1. 在met位点，用CNBr切割融合蛋白 2. 氧化性亚硫酸分解 3. 还原 4. 半胱氨酸键形成(O_2，pH10.6) 5. 胰蛋白酶/羧肽酶B：除去C-肽	30 h 约2.5 g人胰岛素/m³

生长激素和其他激素

概述

生长激素(GH，somatotropin)是遗传工程技术生产的被广泛使用的激素。它在脑下垂体前叶腺中合成并对代谢功能具有广泛的调节作用。两种机制具有特殊的重要性：如果食物摄入量高，GH会抑制脂肪合成，从而将能量转换到蛋白质生物合成，如乳腺或肌肉组织；这样，GH具有促合成的功能，使蛋白质形成增加，脂肪形成减少，并可使泌乳动物的产奶量增高。GH的第二个作用是受类胰岛素生长因子IGF-1介导，IGF-1在肝脏中形成并诱导大多数组织的细胞分裂，从而介导GH的生长促进活性。

人生长激素(hGH)

是由191个氨基酸组成的多肽，含有2个二硫键。广泛地用于注射治疗由于内源性GH分泌不足导致的纵向生长迟缓(0.1%的概率)所引起的儿童生长阻滞。然而，在大多数由于GH受体缺陷导致生长迟缓的病例中，使用外源性的GH都是无效的。产生过量的GH可能会导致儿童过度生长和成年人肢端肥大症(手指、脚趾、耳朵和鼻子过度生长)。hGH在健美中被用作合成代谢药物并且其全球销售额约为30亿美元。

动物生长激素

用基因工程生产的牛生长激素(bGH)与人生长激素有67个氨基酸不同。自1990年以来，尽管这一应用仍然存在争议，但是在美国和其他一些国家它已经被注册(但在欧盟、加拿大和日本未注册)，用来提高奶牛的产奶量。这种作用是乳房的能量供给增加所致。对于猪可用猪GH(pGH)来改善育肥效果，这是由于蛋白质合成增加和脂肪合成减少，它主要用于育肥那些以蛋白质为代价产生大量脂肪的猪品种。尽管，hGH在其他哺乳动物中是有效的，但是bGH和pGH对人还未表现出促合成作用。因此，食用GH处理的牛奶或猪肉后，此食物链中具有激素活性的残留物的风险为零，特别是这些蛋白质是经胃肠道摄入的，而蛋白质在胃肠道中会被降解。即使是注射，GH也不会在组织中储存。在水产养殖中，将鲑鱼GH(sGH)克隆在具有高活性的抗冻蛋白的启动子后，培育了转基因鲑鱼，处理过的生长的尺寸比未处理的对照大3～10倍。报道称由于水产养殖是封闭的，而且染色体DNA操作后会导致不孕，所以这些鱼类的商业生产不会造成生态风险。FDA可能很快会批准生产(2014年)。

发酵和回收

在基因工程技术出现之前，GH是通过从脑下垂体中提取获得，因而GH的供应非常有限并且质量不高。从1984年起，可以通过基因工程来生产GH，主要通过重组大肠杆菌菌株。hGH的克隆在开始的时候是非常困难的，因为此激素及其mRNA在脑下垂体中的量极少，而克隆实验必须使用hGH的cDNA中的单一限制性位点；通过全合成cDNA的5'-部分，并与其3'-片段合并成一个能够在大肠杆菌中表达的有功能的开放阅读框(ORF)，已解决这一问题。在当前的工业过程中，形成天然的hGH，以避免长期应用中产生的任何免疫学风险。通过一系列的层析步骤可纯化重组激素。

其他重组激素

大量其他激素已被克隆，目前正在进行注册的各个阶段实验。一些激素用于治疗，例如，人甲状旁腺激素的重组片段特立帕肽，用于治疗骨质疏松症；或艾塞那肽(Byetta)，一种刺激胰岛素释放的类胰高血糖素激素；在不育症的情况下使用促卵泡激素(FSH)。异源糖蛋白在CHO细胞中产生。对于动物繁殖，优先使用天然的类似物(例如，来自怀孕母马血液的马血清促性腺激素PMSG)。

生长激素

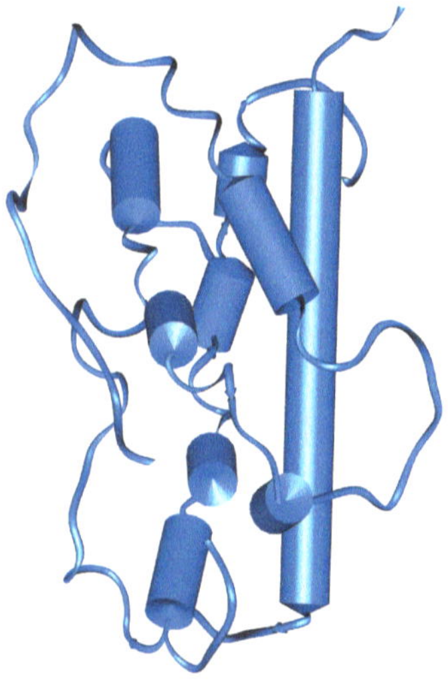

人生长激素，分辨率为0.25 nm(1HGU)

人生长激素的克隆

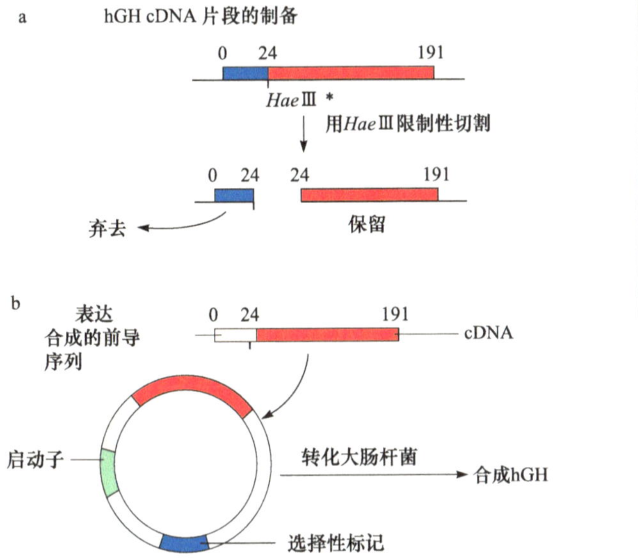

**HaeⅢ*=来自埃及嗜血菌的限制性内切核酸酶

发酵和回收

接种培养物	生物反应器	回收	hGH
携带含hGH基因质粒的大肠杆菌K12	大肠杆菌营养培养基，37℃	细胞裂解，层析，酶处理导致电荷差异，沉淀，凝胶层析和离子层析	(例如重组人生长激素)

生长激素和乳生产

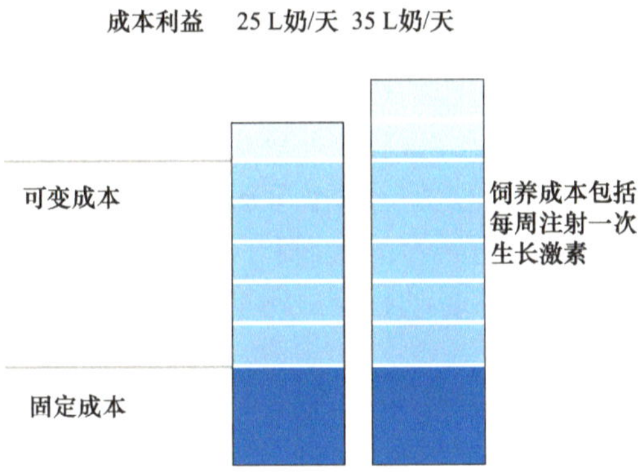

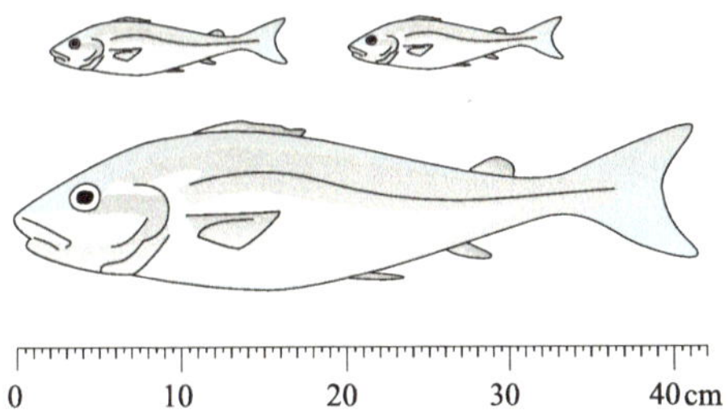

养殖用的转基因大西洋鲑，含有多拷贝的编码sGH的质粒(上为对照鱼)

已注册的重组激素（2013，部分）

激素	结构	功能	适应症	生产商
胰高血糖素	1条肽链，29个氨基酸	调节糖异生和淀粉降解	低血糖症	Novo-Nordisk
艾塞那肽	1条肽链，39个氨基酸	刺激胰岛素释放	Ⅱ型糖尿病	Lilly
促卵泡激素(FSH)	2条肽链，92个和111个氨基酸，糖基化	促进卵细胞生长，精子形成	不孕，体外受精	Merck serono, MSD
特立帕肽、甲状旁腺激素片段	1条肽链，34个氨基酸	增加血浆中Ca^{2+}浓度	骨质疏松症	Lilly
促甲状腺激素(TSH)	2条肽链，92个和118个氨基酸，糖基化	刺激甲状腺素形成	甲状腺癌	Genzyme

血红蛋白、血清白蛋白和乳铁蛋白

概述

血液由悬浮于血清中(血浆)中的细胞组成。在多细胞生物体中，它是用于代谢物运输、pH 缓冲、调节体温和水分平衡，以及防御病原体的最重要的介质。在人类所有基因中约 20%编码血液蛋白。红细胞中的血红蛋白向构成我们身体的约 10^{13} 个细胞运输 O_2。微溶于水的化合物在结合血清白蛋白后通过血液运输。血液蛋白质可以通过血清分级分离的方法来制备，但是许多血液蛋白质已经可以使用基因工程技术制备，例如，α_1-抗胰蛋白酶，是血液中所含的一种能够保护肺组织免受蛋白水解降解的弹性蛋白酶抑制剂；乳铁蛋白，是牛奶中的抗菌蛋白质。细胞因子能够调节与病原体防御有关的血液细胞的增殖和 B 细胞的抗体形成，激素的高度选择性使其能够调节许多细胞的功能，例如，生长因子调节所选定类型细胞的生长。血液的黏度受一连串复杂的蛋白质调节，这种调节机制可以通过形成抗凝血剂阻止血小板的聚集，如果血管受到损伤，也可以形成纤维蛋白，使血液凝块。这种精密平衡的异常可能会导致许多疾病。随着基因工程的出现，大量生产这种复杂的蛋白质是有可能的，这些蛋白质可用于医学研究和治疗。

血红蛋白

是红细胞的主要蛋白质，它是一种分子质量为 64 kDa 的非糖基化四聚体$\alpha_2\beta_2$，由一对携带 4 个亚铁血红素基团的 2 个完全相同的 ab 亚基组成。通过构象变化的调节，结合一个 O_2 分子增加了其他亚铁血红素基团对氧的亲和力。血红蛋白用于大量失血后的药物治疗，用供血者的全血或红细胞浓缩液进行输血，因为会出现免疫副反应，并且供血中可能会有病毒污染，所以这种治疗有一定的风险性。有鉴于此，人血红蛋白已被克隆并在大肠杆菌、酿酒酵母或转基因猪中表达。尽管已经获得了高纯度的产物，但分离的蛋白质对肾脏有害，并且在红细胞外不稳定——容易分解成αβ二聚体，且这种二聚体很快被蛋白水解酶所降解。目前正在尝试使用蛋白质工程和微胶囊技术克服这些缺点。

血清白蛋白(hSA)

是一种分子质量为 69 kDa 的非糖基化蛋白质，在肝脏中形成前白蛋白原，约占全部血清蛋白的 60%，因此对血液的渗透压有重要的影响。它结合和运输微溶于水的化合物，如脂类。在医学上，主要用作血浆扩溶剂，用于治疗大失血的休克，可通过一系列沉淀和层析的方法分级分离供血获得。通过对无菌产品的适当热处理(60℃，几个小时)可除去病毒和其他病原体。然而，反复的输血会造成严重的感染。因此，重组人血清白蛋白(rHSA)已在枯草芽孢杆菌、大肠杆菌和酿酒酵母及转基因植物和转基因山羊的奶中表达。在酿酒酵母中表达的 rHSA 可从 Novozymes 获得，作为动物细胞培养的试剂和药物制剂的配制，其生产过程是不受动物蛋白污染的。

乳铁蛋白

是一种分子质量为 77 kDa 的具有抗菌和消炎功能的蛋白质，其活性可能是基于其对 Fe^{3+}的高度亲和力。泌乳动物的乳中含有约 100mg · L^{-1}的乳铁蛋白。在一系列实验中，将其克隆到牛α_{S1}-酪蛋白启动子下游，成功得到了生产高达 10g · L^{-1} 乳铁蛋白的转基因牛或羊群。也有报道称在转基因烟草或水稻等植物中表达了这种蛋白。重组产物已经获得了来自 FDA 和 EMEA 的孤儿药状态(GRAS)，但是目前仍未成功将其发展成用于口服治疗溃疡或非小细胞肺癌的药物。

血液蛋白质

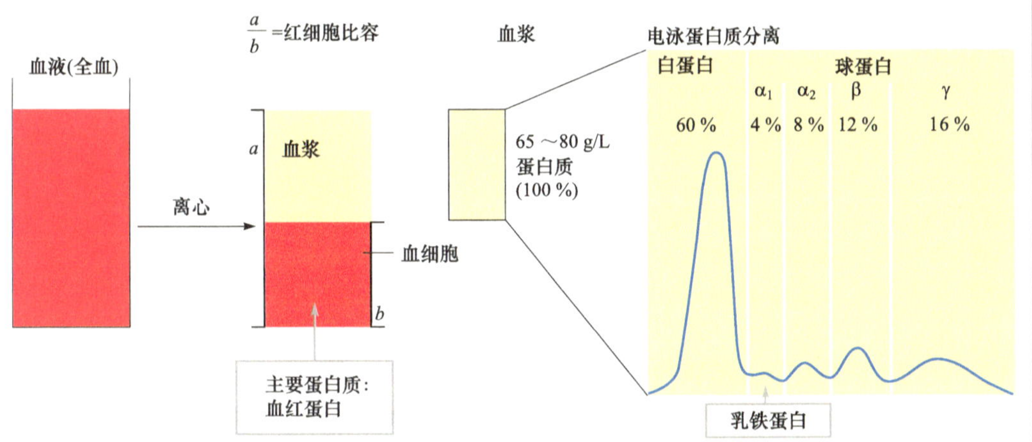

从供血者血液分离的白蛋白

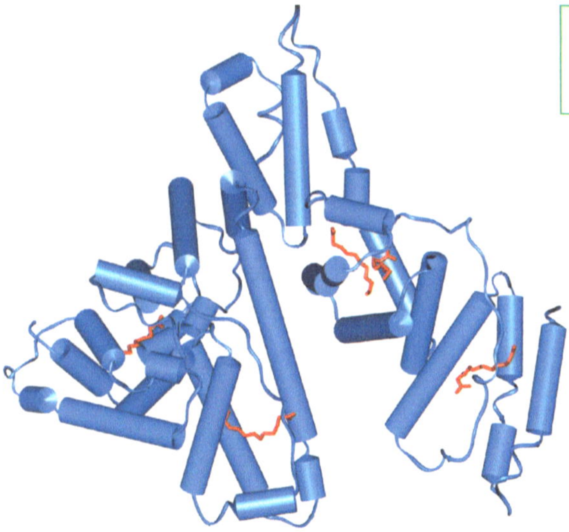

人血清白蛋白(1 HSA)，分辨率为0.24 nm，
结合5分子的肉豆蔻酸(加框部分)

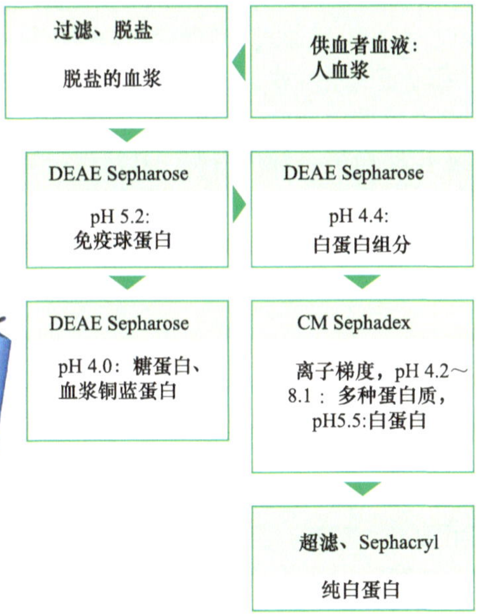

乳铁蛋白

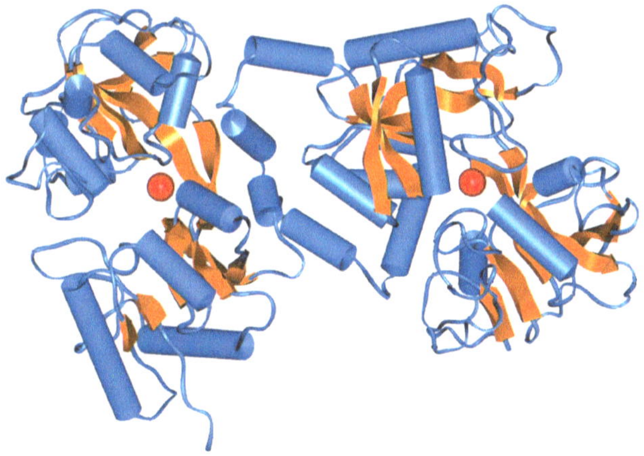

人乳铁蛋白，(1BJ5)，分辨率为0.24 nm，
两个红色圆球为螯合的两个铁离子

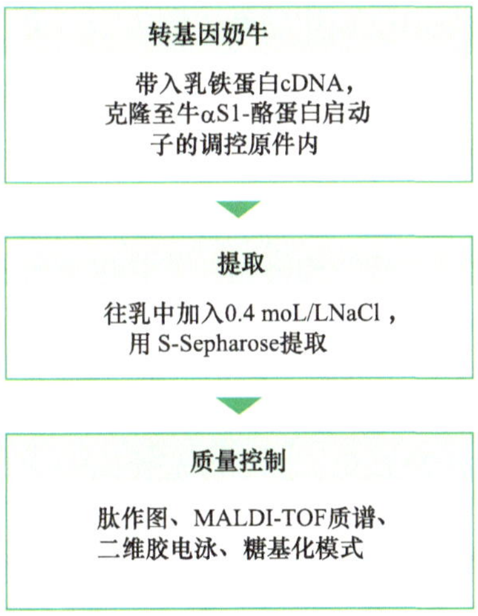

血凝剂

概述

一旦血管从内侧或外侧受到损伤，会迅速形成血凝块，以防止进一步的出血，这一过程称为止血，受到一系列复杂的交互式步骤的调节，包括酶原激活、蛋白水解和蛋白水解的抑制，防止在健康生物体内形成血凝块。血凝块形成的第一步是蛋白酶水解可溶性的纤维蛋白原，形成软凝块(通过改变电荷分布)，通过谷氨酰胺转移酶(第八因子)的作用转变成硬凝块，形成另外的酰胺(异构肽)键。水解纤维蛋白原的丝氨酸蛋白酶称为凝血酶，通过第十因子(另一种蛋白酶，其活性受第八因子复合物的调节)的作用从前体蛋白释放出来。大多数易出血的人存在遗传畸变，影响了第八或第十因子的合成或功能。

血友病

在古埃及黏土碑上就可以发现对血友病的描述。现在，主要有三种类型：血友病 A、血友病 B 和血管性血友病。血友病 A 只在男性中发病，发病率为 1∶5000，它是由于第八因子复合物的生物合成缺陷引起的：如果这种复合物形成的量小于正常量的1%，可能会发生自发性出血，平均寿命低；内含子 F8A 上的一个异常倒置，会阻止这种基因产物在肝脏中的生物合成，这往往是造成这种缺陷的病因。第八因子基因位于 X 染色体上，是一种由 2332 个氨基酸组成的一条单一肽链的糖蛋白(分子质量约 300 kDa)，其糖含量约为 35%，有 25 个预测的糖基化位点。通过电子晶体学获得了其结构模型，并且也获得了其去糖基化蛋白质的 X 射线结构。通过对长约 186 kb DNA 片段(含有 26 个外显子)的剪接，开始第八因子的生物合成。在翻译后糖基化的过程中，B 结构域被高度糖基化，之后在凝血酶激活过程中被去除。血管性血友病是由于血管内壁上的血管性血友病因子(vWF)的生物合成出错引起的。vWF 基因位于 12 号染色体上，因此，男性和女性的发病率相同(1∶1000)。vWF 蛋白比第八因子更大，糖基化程度更高，高达 100 个单体聚合成大的多聚体，每个单体结合一分子第八因子，形成第八因子复合物(Ⅷ：vWF)，通过激活第十因子/第九因子系统，使血小板聚集速度加速 100 倍以上。血友病 B 的发病率为 1∶25 000，大多是男性。它是由于第九因子(一种分子质量为 55 kDa 的糖蛋白)的合成出错引起的。第九因子与第八因子的复合物一样，参与第十因子的激活，使其生成活化的第十因子，其基因位于 X 染色体(Xq27)上，与一段 34kbp 的序列在一起。

克隆

Genentech 公司和遗传学研究机构几乎同时完成了第八因子的克隆，低丰度的 mRNA 转录本(仅占肝脏总 mRNA 的 10^{-5})是主要的挑战。通过基因组步移技术从淋巴瘤细胞系中获得完整的 cDNA 转录本，克隆到含有 SV40 元件和腺病毒启动子的载体中，并在 CHO-和 BHK-细胞系中表达出有功能的产物。

生产

约从 1964 年起，通过冷沉淀和分级分离免疫层析技术已经从供体血液中分离纯化得到了第八因子，第九因子和 vWF 因子。这些因子在冷冻干燥后，应用于肠胃外治疗。为一个血友病 A 患者提供第八因子，每年需要数千名捐献者的血液供应，这样感染病毒的风险非常高，估计高达 60% 以上。基于此，自 1992 年以来成功生产了重组第八和第九因子，成为了一个重大突破。由于动物细胞的高度糖基化，其被用作培养 CHO 细胞的宿主，但是产量非常低，每升细胞培养物只能得到几毫克的产品。因此，价格非常昂贵，尽管患者数量相对较少，但是市场价值估计为 20 亿美元(2006 年)以上。当前的发展目标是通过蛋白质工程、糖链修饰或结合聚乙二醇(聚乙二醇化)形成“长效第八因子”。

常见的血友病

	血友病A	血管性血友病	血友病B
遗传	1∶5 000, 仅男性发病	1∶1 000, 男女均发病	1∶25 000,大多患者为男性
临床症状	关节和肌肉出血、脑出血	鼻出血、月经出血量大、伤口出血时间延长	儿童期自发性关节出血
基因座	Xq 28	12p12	Xq27

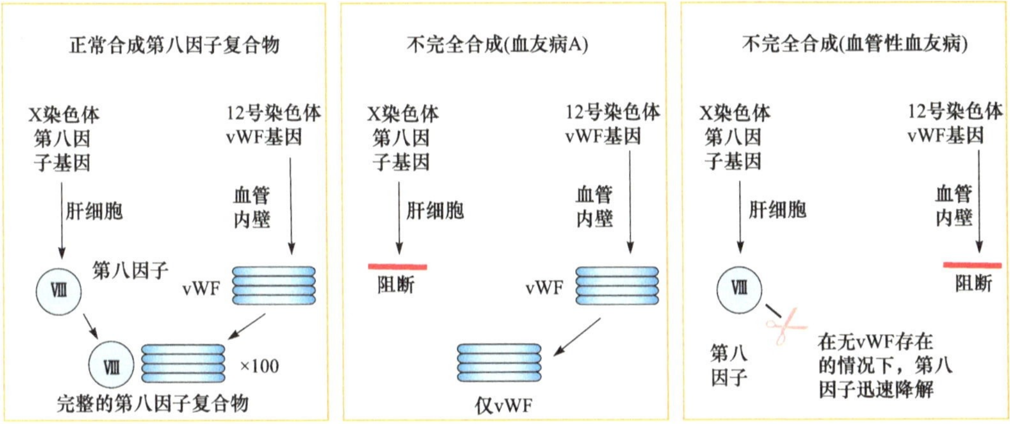

第八因子复合物是由第八因子和血管性假性血友病因子(vWF)组成的。

第八因子：基因结构和表达载体

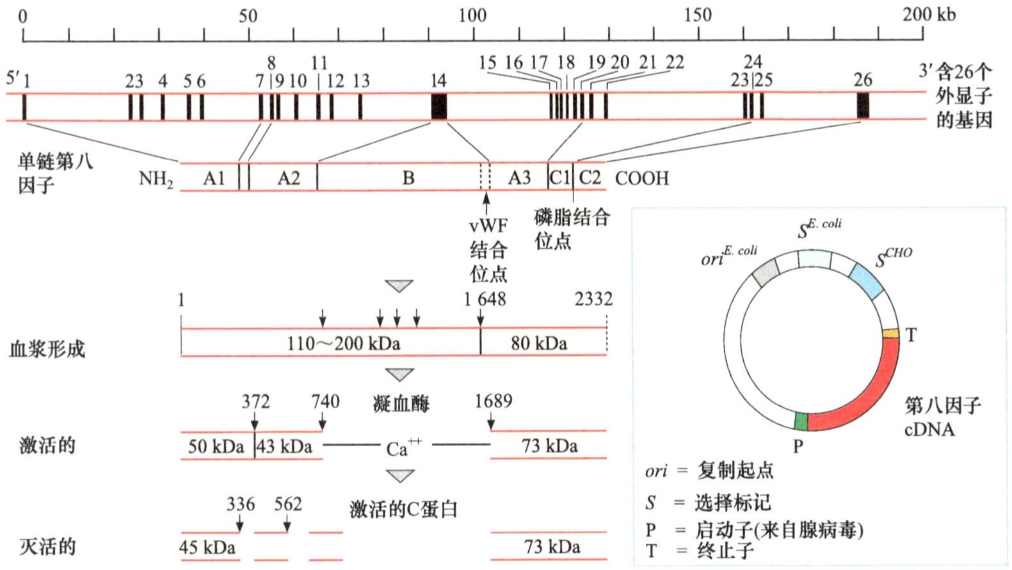

第八因子的生产

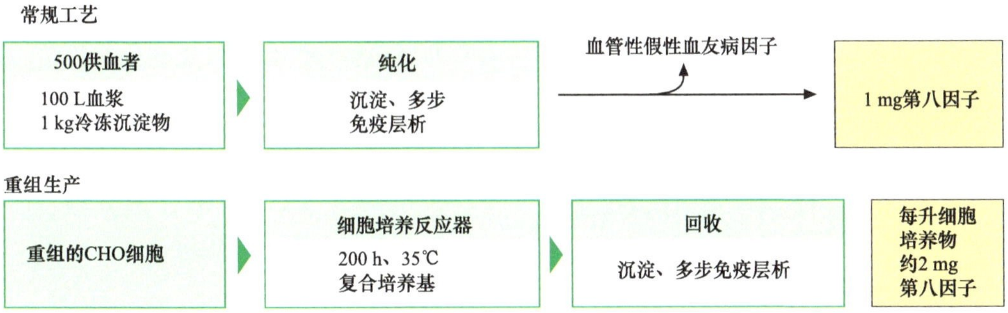

抗凝血剂和血栓溶解剂

概述

在工业化国家，血栓的突然形成(静脉阻塞、心脏病发作、中风)是引起死亡的主要原因之一。在美国，每年约有250万人死于心血管疾病。抗凝血剂能够预防初级血栓的形成(如手术后)，血栓溶解剂是通过蛋白水解作用溶解血栓。重要的抗凝剂是通过基因工程技术生产的，有肝素、香豆素衍生物和凝血酶抑制剂(如水蛭素或人抗凝血酶Ⅲ(AT-Ⅲ))。血栓溶解剂是指细菌链激酶、重组制剂尿激酶和组织纤溶酶原激活剂(tPA，reteplase，TMK-tPA)。

肝素

是一种分子质量为3～60 kDa的硫酸化的葡糖胺聚糖，可以从猪肠或牛肺中提取得到。它由肥大细胞形成，然后分泌到血浆中并激活AT-Ⅲ，接着AT-Ⅲ通过与凝血酶结合抑制纤维蛋白的形成。

水蛭素

是一种凝血酶抑制剂，最初是从水蛭的唾液中分离出来。已经在大肠杆菌、多形汉逊酵母和其他宿主生物中表达；因此，可以通过发酵生产水蛭素(如，Lepirudin^{TM})。它与AT-Ⅲ一样，通过与凝血酶结合抑制纤维蛋白的形成。

组织纤溶酶原激活剂，tPA

正如在伤口愈合期间观察到的一样，纤维蛋白的降解在很大程度上是由丝氨酸蛋白酶纤溶酶催化的。然而，只有通过丝氨酸蛋白酶tPA的作用，从其酶原(纤溶酶原)形成纤溶酶时，该反应才能进行。因此tPA是一种血栓溶解剂，其分子质量为72 kDa，它能高度特异性地水解纤溶酶原的Arg^{561}-Val^{562}肽键，tPA有五个结构域，其功能性是源于与其他蛋白质的同源性。两个“kringle结构域”与底物纤维蛋白结合，蛋白酶结构域含有酶的功能中心。人类tPA在1982年被首次克隆，1986年实现商业化应用。人类tPA的8个二硫键和3个糖侧链最初被认为是底物结合所必需的(约占总分子质量的5%)，使得其不能在大肠杆菌中功能性表达有功能行的产物，因此，便在CHO细胞中生产重组酶，随后进行一系列复杂的纯化过程，包括沉淀、离子交换层析和免疫亲和层析。tPA的突变体有4个氨基酸改变并且糖基化位点发生移动(tenecteplase，TNK-tPA)，这改善了血纤维蛋白的选择性，延长了在血清中的半衰期，并且可以使用“快速灌注方式”而不必输液。tPA的非糖基化突变体也是有活性的，并且可以在大肠杆菌中实现功能性表达，因此，在大肠杆菌宿主中制备的突变体瑞替普酶(repalysin)必须从包涵体中进行复性，它是一种突变体，不含kringle-1和表皮生长因子结构域，在血清中的滞留期可延长3～4倍，并且不会引起过敏。将tPA的cDNA克隆到乳白蛋白启动子下游的载体上，用其转化宿主动物后，转基因动物的乳中已实现了tPA的表达。

其他血栓溶解剂

尿激酶是在泌尿生殖道中合成的一种丝氨酸蛋白酶，它在血浆和尿中形成为尿激酶原，与tPA一样，尿激酶将纤溶酶原水解成纤溶酶。可以分别纯化具有相似生物活性的两种突变体(分子质量分别为54 kDa和30 kDa)，较轻的突变体是较重的突变体自溶后形成的。尿激酶可以从尿、人肾脏培养物或重组大肠杆菌中制备。链激酶是由一些溶血性链球菌形成的分子质量为45 kDa的具有水解活性的蛋白质。一旦与纤溶酶原结合，它会诱导纤溶酶原的构象变化，导致纤溶酶的自溶性降解。链激酶可从链球菌培养物的上清中获得并通过层析法纯化。虽然这种血栓溶解剂的生产成本不高，但具有引起免疫反应的风险。在吸血蝙蝠的唾液中，发现并克隆了几种纤溶酶原激活剂(bat-PA)，最大的(去氨普酶，desmoteplase)含有477个氨基酸，其功能类似tPA，但会引起人类免疫反应，因此还未被应用。

血栓溶解(简化)

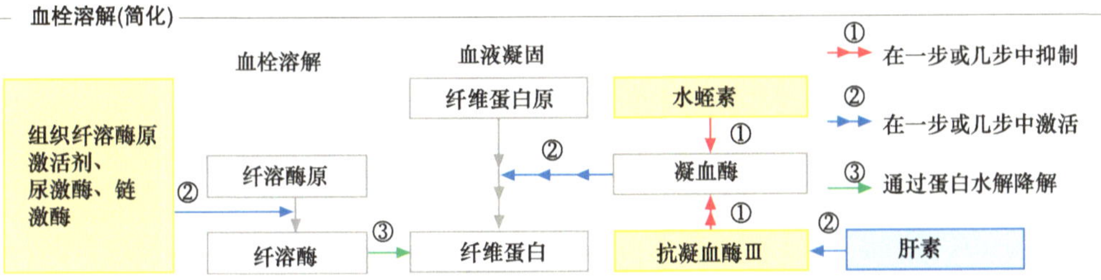

抗凝血剂(A)和血栓溶解剂(T)

	类型	作用	企业(选择)
肝素[a]	A	硫酸多糖与抗凝血酶Ⅲ结合，灭活凝血酶	Celsus
水蛭素[b]	A	抑制凝血酶	Novartis, Schering*
抗凝血酶Ⅲ[b]	A	抑制凝血酶	Genzyme
链激酶[b]	T	激活纤溶酶原	Kabi Upjohn*
尿激酶[b]	T	激活纤溶酶原	Grunenthal*
tPA[b]	T	激活纤溶酶原	Genentech*, Boehringer, Ingelheim*, Roche*

*已注册；a.天然化合物；b.重组蛋白

组织纤溶酶隐患激活剂，tPA

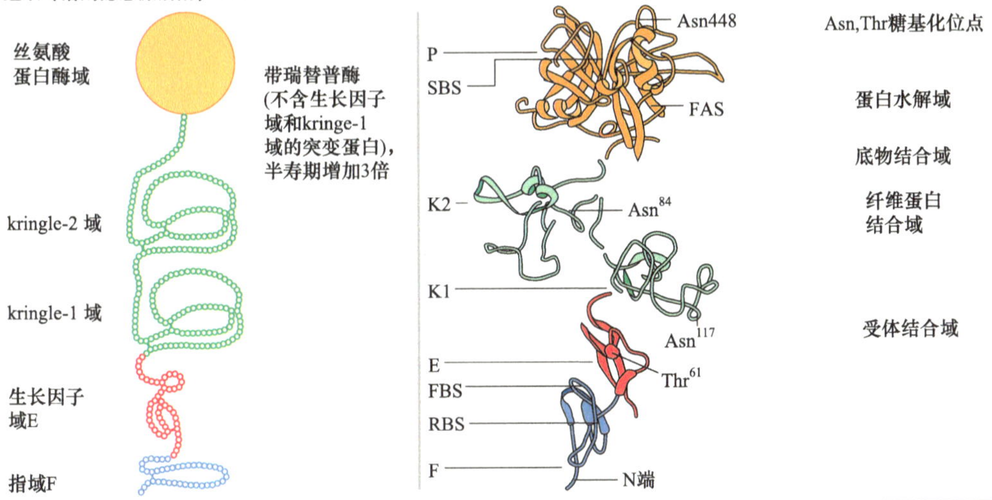

组织纤溶酶原激活剂的生产(举例)

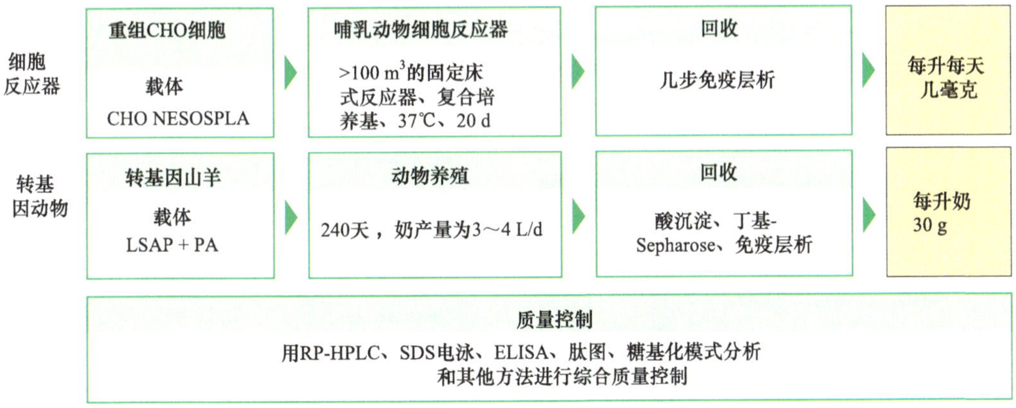

酶抑制剂

概述

酶抑制剂是一种重要的治疗剂；例如，从牛组织中获得的蛋白酶抑制抑肽酶用于治疗某些类型的胰腺炎或休克，重组α_1-抗胰蛋白酶将来可用于治疗肺气肿。虽然微生物来源的蛋白酶抑制剂(如亮抑酶肽、胃酶抑素、抗蛋白酶、胰凝乳蛋白酶抑制剂和弹性蛋白酶抑制剂)尚未用于治疗，但微生物代谢物阿卡波糖(一种糖苷酶抑制剂)是一种很有价值的糖尿病治疗剂。奥司他韦(Oseltamivir)用于治疗流感和禽流感。奥利司他(Tetrahydrolipstatin)是微生物代谢物利普司他汀的化学衍生物，由于能抑制人胰腺脂肪酶，因而已广泛用于治疗肥胖症。

抑肽酶

是由48个氨基酸(分子质量为6,511 Da)组成的多肽，能抑制各种蛋白酶如胰蛋白酶、糜蛋白酶和纤溶酶(胰蛋白酶抑制剂，PTI)。对胰蛋白酶的抑制常数K_i约为10^{-11} M。抑肽酶(Trasylol®)用于治疗胰腺炎，严格控制条件下还用于大出血、休克和器官移植。另一个应用是用于哺乳动物细胞的发酵，它能够防止分泌到培养基中的重组蛋白被水解。抑肽酶的分离首先从牛胰腺或肺中提取，然后进行层析纯化。由于它未被糖基化，因此也可以在大肠杆菌宿主细胞中进行功能性表达。

α1-抗胰蛋白酶(αAT)

这种大的糖蛋白(分子质量为54 kDa)在14号染色体上(14q32)编码的，在肝脏中合成并以约2 g · L^{-1}的浓度在血清中循环，占α_1-球蛋白组分的90%以上。它抑制弹性蛋白酶，一种由免疫系统的嗜中性粒细胞分泌的蛋白酶，可预防肺组织(主要由弹性蛋白组成)的蛋白水解。在主要发生于北欧的一种遗传缺陷中，αAT在53位发生突变($Lys^{53}\rightarrow Glu$，Z型)。在这种突变中，肝细胞分泌的αAT的量显著降低，导致血清中的浓度仅为正常值的15%。因此，弹性蛋白酶开始水解肺组织，引起有生命危险的肺气肿和通常会致命的成人呼吸窘迫综合征。带有Z型αAT的吸烟者特别的危险，因为烟草烟雾中的成分会氧化Met^{358}，它是抑制弹性蛋白酶所必需的。通过静脉内注射抑制剂[约200 g/(患者·年)]，可以延缓疾病发展。αAT主要通过供血者的血浆中分离获得。抑制剂也可以用重组的方法生产。由于其生物学活性的实现需要复杂的糖基化修饰，所以在酿酒酵母中的表达要比在大肠杆菌中表达效果更好。另一种最具经济价值的方法是将这种重组糖蛋白与β-乳球蛋白融合表达，可分泌到转基因羊的奶中。

阿卡波糖(拜糖平 Glucobay®)

是放线菌菌株犹他游动放线菌(*Actinoplanes utahensis*)产生的一种假四糖，是一种极具竞争性的转化酶、麦芽糖酶、α-淀粉酶、β-淀粉酶，以及各种糖苷酶的抑制剂。它能降低胃肠道中的葡萄糖含量，因此被用作口服抗糖尿病和抗肥胖病药物，年销售额约为3亿美元。它通过微生物发酵生产，现已克隆了其生物合成涉及的几个基因。

奥司他韦(特敏福，Tamiflu®)

是一种具有防病毒作用的合成抑制剂的前体药物。口服后，由肝酯酶水解成活性酸的形式，抑制定位于腺病毒表面的神经氨酸苷酶。而病毒不能水解覆盖在宿主细胞表面的唾液酸糖蛋白，故感染的毒性更小。2007年，世界卫生组织(WHO)建议使用这种抑制剂预防H5N1禽流感。

利普司他汀

是一种由链霉菌(*Streptomyces toxytricinii*)生产的亲脂性酯，含有一个β-内酯环中链和*N*-甲酰-L-亮氨酸侧链，通过催化加氢作用可将其转化为奥利司他(塞尼可 Xenical®)。这两种化合物与许多脂肪酶活性位点的丝氨酸残基共价结合。口服后，能阻断胰脂肪酶，抑制甘油三酸酯的水解，而不会降低游离脂肪酸的摄取。奥利司他可用于肥胖症的治疗，其专利保护已于2009年到期。

α_1-抗胰蛋白酶——一种蛋白酶抑制剂

人弹性蛋白酶(1-EGS)，分辨率为0.16 nm

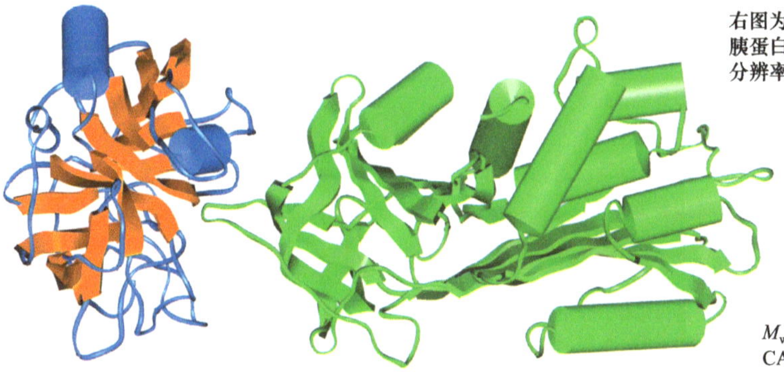

右图为：人α_1抗胰蛋白酶(1-ATS)，分辨率为0.16 nm

M_w =54 kDa

CAS = 9041-92-3

阿卡波糖——一种α糖苷酶抑制剂

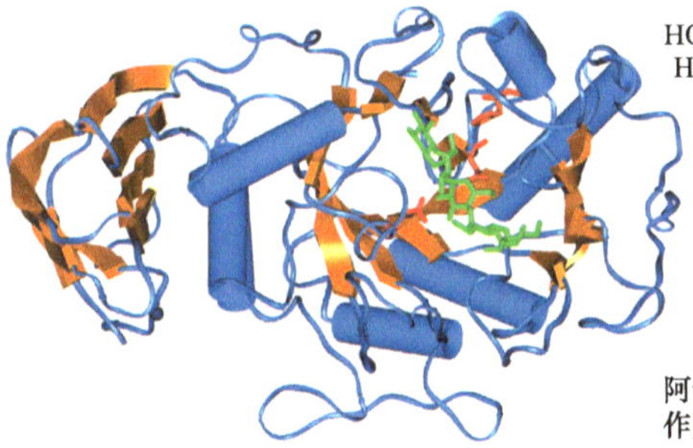

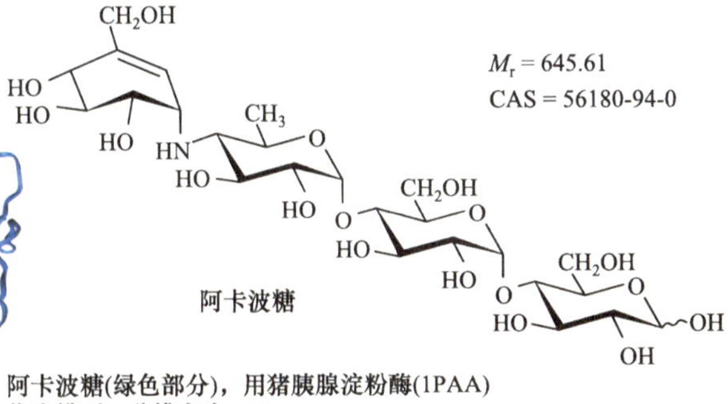

阿卡波糖

M_r = 645.61

CAS = 56180-94-0

阿卡波糖(绿色部分)，用猪胰腺淀粉酶(1PAA)作为模型，分辨率为0.23 nm

奥利司他(Xenical®)—一种脂肪酶抑制剂

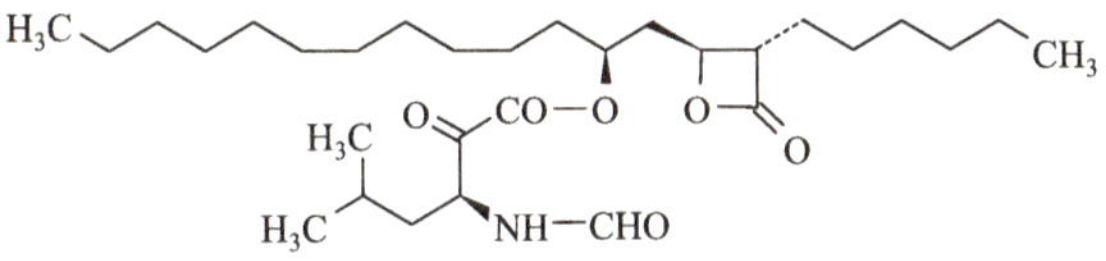

M_r = 495.74

CAS = 96829-58-2

奥利司他(绿色部分)和人胰腺脂肪酶(1HUP)，分辨率为0.23 nm

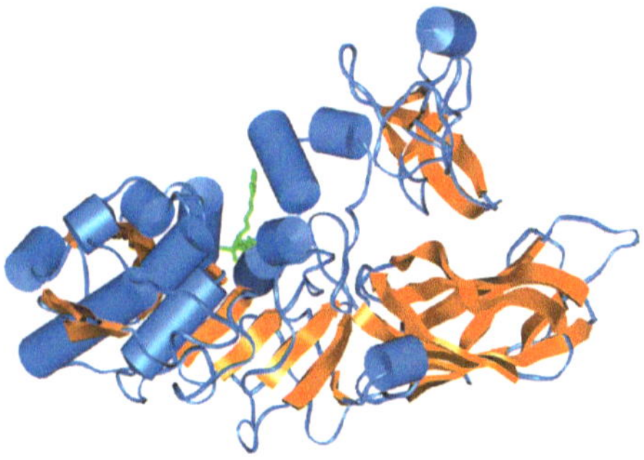

某些工艺和产量

α_1-抗胰蛋白酶	阿卡波糖	奥利司他
转基因绵羊	预培养 犹他游动放线菌高效突变株	预培养 毒三素链霉菌功效突变株
奶	生物反应器 几立方米的淀粉或麦芽糖、28℃、5～6 d	生物反应器 几立方米的淀粉或麦芽糖、大豆粉，28℃、124 h
回收 酪蛋白沉淀、层析	回收 过滤、离子交换层析	回收 过滤、用乙酸乙酯提取、反相层析
每升奶10 mg纯αAT	几克/升	几克/升

白细胞介素和抗白细胞介素

概述

白细胞介素(IL)是由免疫系统的各种类型的细胞生成的。由于在免疫系统中，IL 通过与特异性受体结合来调节其他细胞的活性，因而通常被称为“免疫系统激素”。在人体内已经发现了 30 多种白细胞介素(IL-1～IL-31) (2013)。IL-2 已被注册用于治疗，其他的(如 IL-21)正在进行临床试验，但副作用较大，因而阻碍了其临床应用。

特性和应用

吞噬细胞(巨噬细胞、单核细胞)合成两种类型的 IL-l(IL-lα和 IL-1β)。先合成分子质量为 31 kDa 的前体蛋白，经蛋白质水解加工成具有生物学活性的 IL-1，分子质量为 17.5 kDa，具有致炎活性，刺激淋巴细胞、成纤维细胞、造血细胞和胸腺细胞的生长。在 T 细胞、成纤维细胞(Ⅰ型)和 B 淋巴细胞(Ⅱ型)的表面已鉴定到 IL-1 的受体。根据吞噬细胞对抗原的吞噬和蛋白质水解，认为它能够分泌 IL-l，因而会导致这类抗原的免疫防御细胞的生成增加(“扩张”)。在随后的免疫防御增强的过程中，白细胞介素 2(IL-2、T 细胞生长因子)发挥着重要的作用。对 IL-2 的研究最充分，它是由被抗原激活的 T 细胞生成的，能够刺激 T 淋巴细胞和 B 淋巴细胞的生长和分化，将 IL-2 受体提呈到 T 细胞的表面，可以使免疫反应得到进一步的增强。由于 NK 细胞(“杀伤细胞”)和单核细胞能够组成型地提呈 IL-2 受体，所以 IL-2 也能够增强其活性。其由 133 个氨基酸(分子质量 15.5 kDa)组成的亲水性糖蛋白的晶体结构已得到了解析。IL-2 是一个已注册的治疗肾癌的药物。白细胞介素 3(IL-3)是由 133 个氨基酸组成的糖蛋白，由激活的 T 淋巴细胞合成，能够诱导骨髓干细胞分化成成熟的白细胞。由于它还参与免疫系统其他类型细胞的分化，所以常常将其称为“多能生长因子”。白细胞介素 4(IL-4)是一个分子质量为 20 kDa 的糖蛋白，不但能和 IL-1 一样刺激 B 淋巴细胞和 T 淋巴细胞的生成，而且能刺激免疫球蛋白 IgG 和 IgE 的分泌，此外，它还能增强单核细胞对抗原的提呈。白细胞介素 6(lL-6)与 IL-l 和 IL-2 的特性相似，但与二者不同的是，它能够诱导肝细胞的几种急性期蛋白质的表达，一般认为它在严重的自身免疫性疾病中发挥着作用。白细胞介素 10(IL-10)在其他白细胞介素生物合成中起到抑制作用(“细胞因子合成抑制因子”)。白细胞介素 12(IL-12)刺激 T 淋巴细胞和 NK 细胞合成γ干扰素，而且似乎在免疫防御的职能分配中发挥着重要的作用。对重组白细胞介素临床研究的主要兴趣是对癌的治疗，其他有潜力的应用有：创伤愈合、艾滋病患者免疫防御的改善和骨髓移植后免疫抑制的患者。IL-19 和 IL-22 的晶体结构已得到解析，其结构与 IL-2 的结构差异很大。

IL-2 的生产

由于这种白细胞介素的糖基化模式似乎对治疗不起决定性作用，所以用大肠杆菌的转化细胞来生产这种蛋白质，使用中密度或高密度发酵，可以得到高浓度的包涵体，先用凝胶渗透层析纯化，然后在还原条件下使其溶解，之后，在氧化剂存在的条件下，使其复性。要进行进一步的纯化，使用沉淀反应、HPLC 和凝胶过滤。IL-2 的测活通常是在一个复杂的生物分析中进行的，根据 ^{3}H 标记的胸腺嘧啶掺入到依赖 IL-2 的小鼠 T 细胞的量来确定。

白细胞介素和抗白细胞介素

产品	商品名	临床应用	生产商	状态
IL-1受体拮抗物	Kineret	类风湿性关节炎	Amgen/Swedish Orphan	已批准
IL-2	Proleukin	肾癌，转移性黑色素瘤	Novartis	已批准
IL-2 PEG		HIV	Chiron, 已停产	
IL-3		干细胞扩展	Sandoz, 已停产	
IL-4		肺癌	Schering-Plough, 已停产	
IL-6纳米抗体		炎症	Merck-Serono	研究中
IL-6抗体	Actemra	类风湿性关节炎	Roche/Chugai	已批准
IL-10	Tenovil	克隆氏癌	Schering-Plough, stopped	
IL-11		胃肠癌标记物		研究中
IL-12/IL-23优特克单抗	Stelara	牛皮癣	Janssen-Cilag	已批准
IL-15超兴奋剂蛋白复合体		转移性黑色素瘤	Altor BioScience	临床研究
IL-17 抗体		牛皮癣	Amgen, Eli Lilly, Novartis	临床研究
IL-21		晚期黑色素瘤	Zymogenetics	罕用药

免疫系统的相互作用

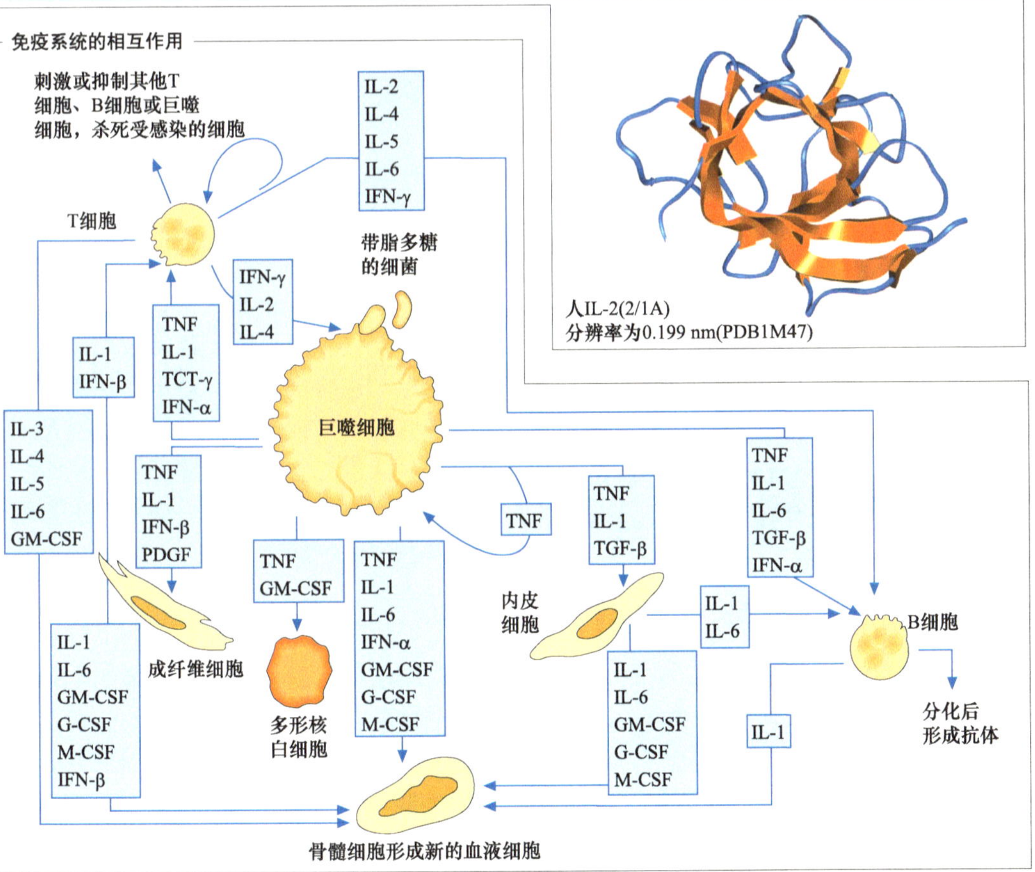

人IL-2(2/1A)
分辨率为0.199 nm(PDB1M47)

IL-2的生产和下游处理

大肠杆菌：重组的，tet^R → **生物反应器**：达1 000 L，中密度或高密度细胞发酵 → **回收**：包含体复性，层析法 → **质量控制**：SDS-PAGE，肽图，ELISA等 → **纯IL-2**

促红细胞生成素和其他生长因子

概述

在研制动物组织培养物的过程中，发现多种因子(集落刺激因子，CSF)能够刺激特定类型细胞的生长，其量通常很少，通过与靶细胞的表面受体结合来发挥作用，属于细胞因子。只有在基因工程技术发明之后，才有可能大量地制备这些因子、研究其组成、探索其治疗潜力(增强特定类型细胞的生长，如皮肤细胞、神经细胞、血液细胞或骨细胞)。在这些早期研究的过程中，发现促红细胞生成素(EPO)、粒细胞 CSF(G-CSF)和粒细胞-巨噬细胞 CSF(GM-CSF)有很大的医疗用途：由于 EPO 能诱导红细胞的生成、G-CSF 能诱导中性粒细胞的生成、GM-CSF 能诱导嗜酸性粒细胞和中性粒细胞的生成，所以这些蛋白质能够用于治疗各种类型的贫血症，特别是患肾衰竭的透析患者。仅在美国，接受 EPO 治疗的肾性贫血(透析)患者约为 400 000(2012)。GM-CSF 是一种用来治疗嗜中性白细胞减少症的重组生长因子(血液中性粒细胞减少，例如，在化疗和透析以后，导致感染的危险性增大)。这两种产品的全球市场规模约为每年 120 亿美元(2013)。但随着最初专利保护的到期，越来越多的生物仿制药进入市场，削减了这两种产品的市场份额。

促红细胞生产素

是一种刺激红细胞生长的因子，它是在肾内皮细胞和肝巨噬细胞(Kupffer 细胞)中合成的，受血液中的氧分压调节。在骨髓的造血干细胞中，EPO 诱导细胞核消失，同时生成血红素，这样便形成红细胞。因此 EPO 是一种有价值的治疗贫血性疾病的治疗剂，特别是治疗继发性贫血(主要依赖人工肾的患者由于血液透析而引起的)，如果配合使用其他骨髓影响因子，如 GM-CSF 或 G-CSF(刺激粒细胞，噬酸性粒细胞和单核细胞的生长)，EPO 有可能成为透析患者恢复健康必不可少的生物药物。1984 年，首次从人的骨髓中克隆了编码 EPO 的基因，这种糖蛋白的单肽链只有 165 个氨基酸，分子质量为 34 kDa，其三个天冬酰胺酸和一个苏氨酸残基上的 4 个大糖链占其分子质量的 40%，是其功能所必不可少的部分。由于糖链很易变形，所以 EPO 结晶结构很长时间不能确定，但是最近以一种与受体结合的形式被解决了。由于在任何人工宿主系统中都需要保留高度特异性的糖基化模式，所以目前商品化 EPO 的生产只能使用哺乳动物细胞培养的方法，大多数是使用中国仓鼠卵巢(CHO)细胞。

生长因子

这类蛋白可以刺激一些特定的细胞生长和分化，如神经、皮肤、骨细胞和结缔组织等。许多生长因子被克隆并研究其临床潜力，大部分因为副作用已被禁止使用，只有少数例外，如 G-CSF 和 GM-CSF。生长因子经常被用作开发重组抗体的靶标，这些抗体是针对不受控制生长的特殊细胞类型，如癌症治疗。干细胞疗法是一种新兴的和相互竞争的新概念，用于扩展特殊细胞或组织类型。在澳大利亚，有一种上皮生长因子可用于绵羊的“生物剪毛”。

生产

使用重组的哺乳动物细胞，在 5000 L 或以上的生物反应器中生产 EPO，CHO 细胞是首选的细胞系，发酵过程需要 30 天。EPO 被分泌到营养培养基中，通过一系列的层析从发酵液中纯化。由于正确的糖基化模式对功能是至关重要的，所以需要用适当的方法对纯化的重组产品进行彻底的检验。对许多其他的生长因子(如 GM-CSF 和 C-CSF)，糖基化模式对药效的影响很小或无影响，可以使用重组微生物(如大肠杆菌)生产这些生长因子。

治疗用生长因子(2013)

产品	蛋白质类型	表达系统	应用	先驱者
促红血胞生成素	糖蛋白，34 kDa	CHO细胞	透析和化疗后的贫血	Amgen, Roche
粒细胞CSF	糖蛋白，20 kDa	CHO细胞，大肠杆菌	免疫刺激试剂	Amgen
粒细胞-巨噬细胞CSF	糖蛋白，18-30 kDa	大肠杆菌	免疫刺激试剂	Immunex
表皮GF	多肽，6 kDa	大肠杆菌	羊毛剪切	BioClip
骨形成蛋白BMP-7	蛋白质，约100 kDa	CHO细胞	骨和软骨形成	Stryker

CSF: 集落刺激因子；GF: 生长因子

这些产品中已有部分申请了专利保护，通用产品已经面世。生物同一性时具有相同结构的通用产品，生物相似性时结构相似的产品，但不完全相同(例如，不同表达宿主生产的产品的糖基化方式不同)

生长因子的分离

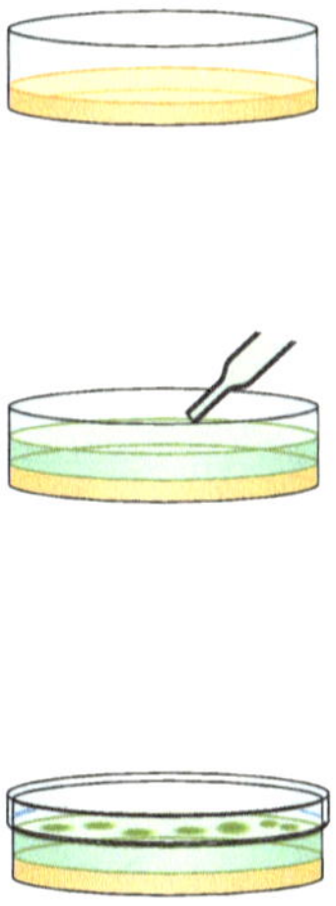

生成生长因子的白细胞

覆盖一层靶细胞培养物

一种类型的靶细胞表现出生长增强

EPO

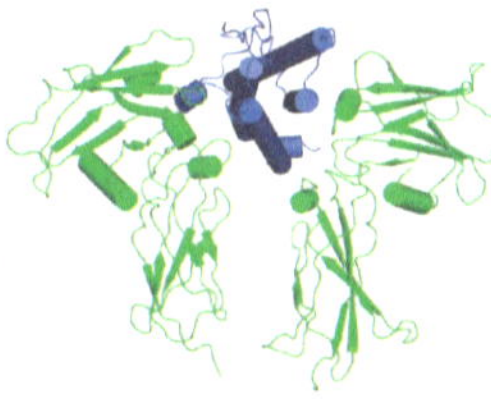

EPO与胞外EPO受体结构域组成的复合体

绿色: EPO受体

蓝色: EPO

1CN4, 分辨率 0.28 nm

促红细胞生成素的功能

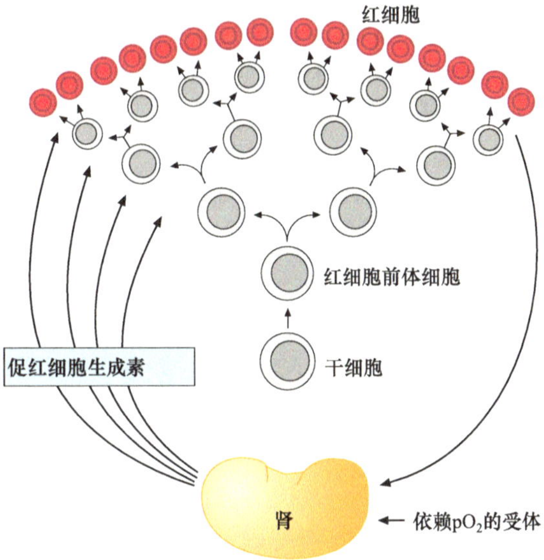

用表皮生长因子剪毛

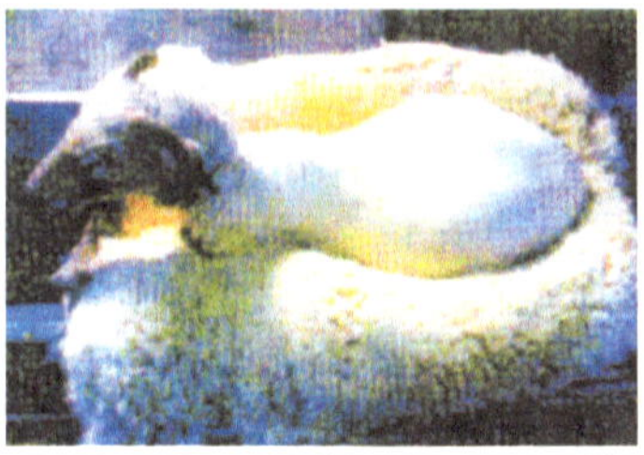

EPO和GM-/G-CSF:生产和纯化

EPO：重组的CHO细胞 → 细胞反应器 → 回收

GM-CSF、G-CSF：重组的大肠杆菌细胞 → 生物反应器 → 回收

质量控制

免疫分析、肽图、SDF-PAGE、反相HPLC、MALDI-TOF质谱、生物学活性

其他治疗用蛋白

概述

目前正在研究用于治疗的重组蛋白有几百种，在此只讨论肿瘤坏死因子(TNF)、DNA 酶 I 和葡糖脑苷脂酶。

肿瘤坏死因子

当患者被细菌感染以后，一些肿瘤停止生长，TNF 的发现与这些早期的观察有关。现已表明在激活的巨噬细胞、单核细胞、自然杀伤细胞(NK 细胞)，以及肝和脑细胞中，细菌内毒素(脂多糖)刺激 TNF 的生成。TNF 有两种突变体，尽管其序列同源性小于 30%，但其生物学活性相似。TNFα(分子质量 17.3 kDa，157 个氨基酸)是由巨噬细胞生成的，其晶体结构通常为大量的β片层。已发现了两种特异的 TNFα受体，两者出现在截然不同类型的细胞中。TNFβ(171 个氨基酸，糖蛋白)是由淋巴细胞合成的(“淋巴毒素”)但同样与 TNFα的受体结合，其功能尚不太清楚。最初，对 TNFα的兴趣集中在它对分离的能够被干扰素进一步刺激的转化细胞具有细胞毒作用，然而，临床研究并未证实这些发现，相反，发现其有很大的毒副作用。的确，细胞因子的许多副作用(炎症、关节炎、血压升高等)似乎都源于 TNFα的形成，TNF 也与一些反应有关，如败血症性休克(也可由脂多糖引起)，慢性感染后的恶病质(瘦弱)或肿瘤的发展也与 TNF 有关，TNF 调节其他细胞因子的形成，与自身免疫性疾病(如风湿性关节炎)的发生有关，在移植物排斥中起着主要的作用。TNF 这种有趣的矛盾的作用，以及它易于在重组的宿主(如大肠杆菌)中生产，使得我们有很大的兴趣对这些蛋白及其突变体进行临床研究。这包括单克隆抗体，如英利昔单抗(类克，Remicade®)，阿达木单抗(修美乐，Humira®)，也包括受体融合蛋白，如依那西普(恩利，Enbrel®)。

DNA 酶 I (Pulmozyme®)

囊肿性纤维化(CF)是由于 *CFTR* 基因(囊性纤维化跨膜电子调节因子)的移码突变而导致的一种遗传性疾病，仅在美国就有约 30 000 儿童和成年人发病，在 28 个高加索人中就有一个是未察觉的、无症状的缺陷基因携带者。CF 引起身体产生异常厚的黏液，这是由于钠和氯化物从细胞被覆器官(如肺和胰)内向其外表面的运输障碍所引起的。这种厚的 CF 黏液也影响到膜腺，使酶不能到达肠内。黏液的过量形成导致呼吸障碍，来源于白细胞的细胞外 DNA 使痰的黏度进一步增加。治疗囊肿性纤维化的一种方法是吸入一种含有重组人 DNA 酶 I (260 个氨基酸)的气雾剂，这种重组酶是在 CHO 宿主细胞中生产的，使用含 DHFR 插入片段和含甲氨蝶呤的培养基，以提高产量。痰中的 G 肌动蛋白抑制 DNA 酶 I，而用基因工程的方法得到的突变的酶则不被抑制，这样在痰中的活性要高出 10 倍。囊肿性纤维化是一种单基因疾病，这样最终可以用基因治疗的方法来治疗。

葡糖脑苷脂酶

高歇氏病是一种遗传性贮存疾病，它是由于不能合成葡糖脑苷脂酶，导致在某些类型的细胞中大量沉积脑苷脂。该疾病为常染色体隐性遗传，40 000 人中有一人携带其编码，而仅有 10 000 人表现出症状。根据临床症状，高歇氏病被分为三种类型。最常见的患者患 I 型高歇氏病，患者的骨和消化道疼痛，但没有神经症状，通过静脉注射β-葡萄糖脑苷脂酶(Cerezyme™)，可以有效治疗。这种酶可以从人的胚盘中得到，但是，最近首选的方法是在 CHO 细胞中生产这种重组酶，也有用重组的植物细胞生产这种酶的报道。市场份额约为 2 亿美元(2012 年)。

肿瘤坏死因子(TNFα)

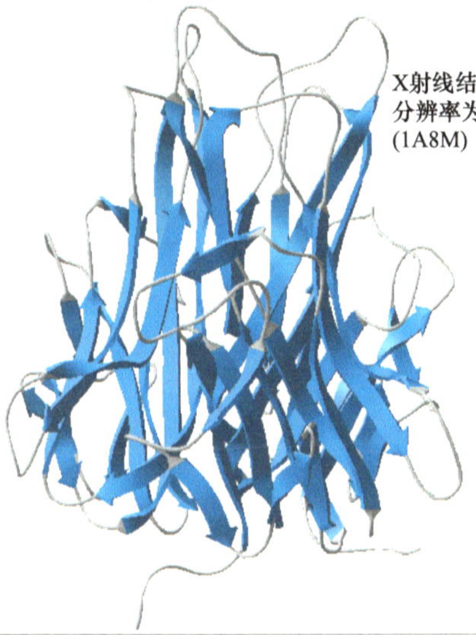

X射线结构分析，分辨率为0.23 nm (1A8M)

DNA酶I

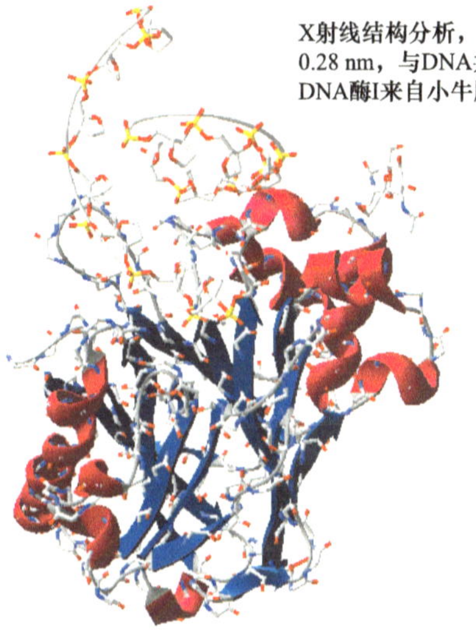

X射线结构分析，分辨率为0.28 nm，与DNA共结晶，DNA酶I来自小牛胸腺 (1ATN)

囊肿性纤维化

氯化物穿过上皮细胞的分泌量减少，在肺部形成黏液，高加索人：在2000个婴儿中有1个纯合子患者，在28个人中有1个杂合的患者。纯合子患者的平均寿命：<30年

治疗

重组的人DNA酶1气雾剂

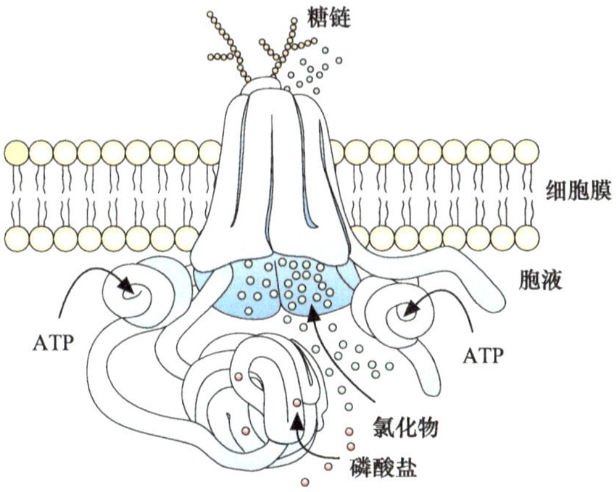

囊肿性纤维化膜调节因子(CFTR)是一种由单链多肽链(约2 170个氨基酸)组成的膜蛋白，由7号染色体(7q31)编码，它发生了突变，大多(约70%)是Phe^{508}(ΔF508)缺失。

Gaucher氏病

缺乏具有功能的酶——β葡糖脑苷脂酶[由1号染色体(1q31)编码]，导致血液异常、肺功能异常、骨和神经缺陷。

治疗

重组的人β葡糖脑苷脂酶

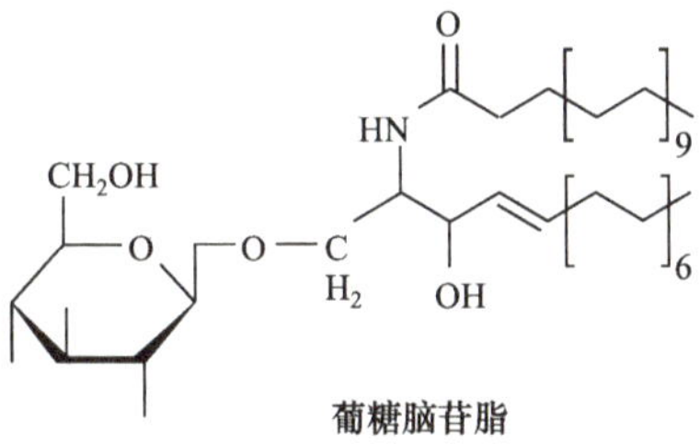

葡糖脑苷脂

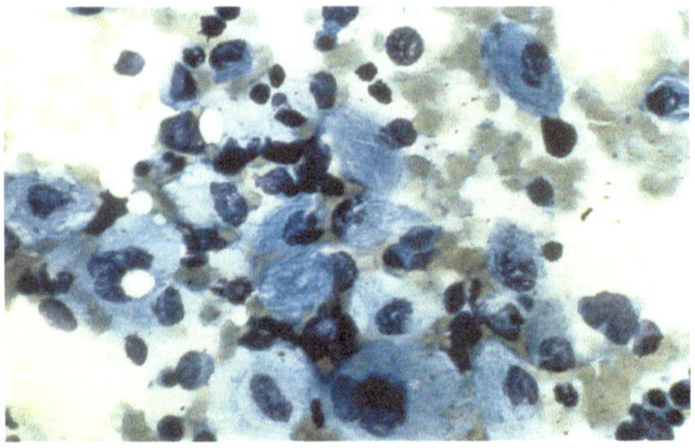

骨髓涂片，可见染色的巨噬细胞(蓝色)，其形状为微粒体储存疾病所典型的。

CHO细胞	细胞反应器	回收	酶转化
带编码β葡糖脑苷脂酶的pGB210质粒(1 191bp)	达2 000 L	超滤、层析	糖链的部分降解

单克隆抗体和催化抗体

概述

单克隆抗体与从免疫动物获得的多克隆抗体相比，多克隆抗体由针对相同抗原的抗体混合物组成，单克隆抗体是均质的：它们由具有明确选择性和活性的单一类型的抗体组成。它们是用杂交瘤细胞制造的。单克隆抗体已成为免疫分析的重要生物药物和分析试剂，但多克隆抗体仍被广泛用于医疗应用。例如，Privigen 和 Gamunex 是从接受免疫缺陷治疗的大量献血者获得的多价 IgG 抗体富集。2011 年这些产品的销售额分别接近 10 亿美元。并且，从诸如牛或马等免疫动物获得的多克隆抗体仍然用于紧急情况如蛇咬伤。

杂交瘤技术

抗原被注射到实验动物体内（通常是小鼠，有时是大鼠）。将脾脏淋巴细胞分离并与鼠淋巴细胞肿瘤细胞（骨髓瘤细胞）体外融合，上述细胞可以在培养物中无限期地分裂。一些产生的杂交瘤细胞在其表面上表达针对抗原的抗体，因此可以使用免疫测定和免疫细胞克隆程序分离。最有生产力的克隆被深度冷冻，使其可以多年保持稳定。这种方法允许重复生产纯单克隆抗体，针对几乎无限选择的抗原和半抗原。

单克隆抗体的生产

杂交瘤细胞分裂并可以在细胞培养中永久增殖。优选的培养基是由次黄嘌呤，胸苷和氨蝶呤(一种用于核酸生物合成的抗代谢物）组成的 HAT 培养基。杂交瘤细胞和 B 细胞具有“补救途径”，如果存在次黄嘌呤和胸腺嘧啶脱氧核苷，通过从头合成嘌呤碱基来避免氨基蝶呤的阻断。由杂交瘤细胞合成的单克隆抗体以 10～30mg L^{-1} 的水平分泌到培养基中。通过使用复合培养基在生物反应器中培养细胞获得更大的量（800～1000mg · L^{-1}）。除了 D-葡萄糖和 L-谷氨酰胺之外，胎牛血清最初用于培养基中，因为它含有重要的细胞因子和生长因子如乳铁蛋白。最近，开发了模拟牛血清因子（BSF）并含有葡萄糖、谷氨酰胺、维生素、盐、微量元素和重组生长因子如胰岛素和乳铁蛋白的复合合成培养基。杂交瘤细胞可以在有氧条件下在固体表面上生长，但也已经适应于悬浮生长。他们需要氧气和二氧化碳的存在。在实验室规模上，大多数情况下使用缓慢旋转的旋转培养皿或摇瓶。在工业中，通常使用生物反应器。因为哺乳动物细胞对剪切力敏感，所以它们必须优化通气和混合。最初，具有大内表面积的生物反应器（如大孔珠或中空模块）被用来保护通过曝气的机械破碎的细胞。此后，使用搅拌罐和气升式反应器（高达 12 500L）开发了用 CHO 细胞悬浮培养的条件。工业上的发酵通常以补料分批方式进行，每升培养物可产生几克单克隆抗体。在典型的纯化过程中，通过超滤或渗滤浓缩培养基，随后将抗体与蛋白质 A 柱结合。进一步的纯化可以包括离子交换层析和通过凝胶色谱除去聚集的抗体和外源蛋白质。

催化抗体

用与酶催化反应过渡态相关的化合物免疫动物可以制备催化抗体，也可以用噬菌体展示方法。这样可以得到具有催化活性的单克隆抗体或重组抗体，甚至在那些在自然界中似乎不发生的反应（例如，Diels-Alder 加成反应）中也具有催化活性。这些抗体的 X 射线分析表明，它们的 CPR 区域与相应的酶活性位点具有功能相似性，例如，催化抗体 17E8（水解甲酸正亮氨酸苯酯）形成一个丝氨酸和一个组氨酸一个天冬氨酸“催化二联体”，而不是丝氨酸-组氨酸-天冬氨酸“催化三联体”(发现于催化相同反应的丝氨酸水解酶中)。但是，催化抗体的效率（定为 K_{cat}/K_M）尚未达到相关酶的效率，不断有证据表明，催化抗体也可能存在于生物中。

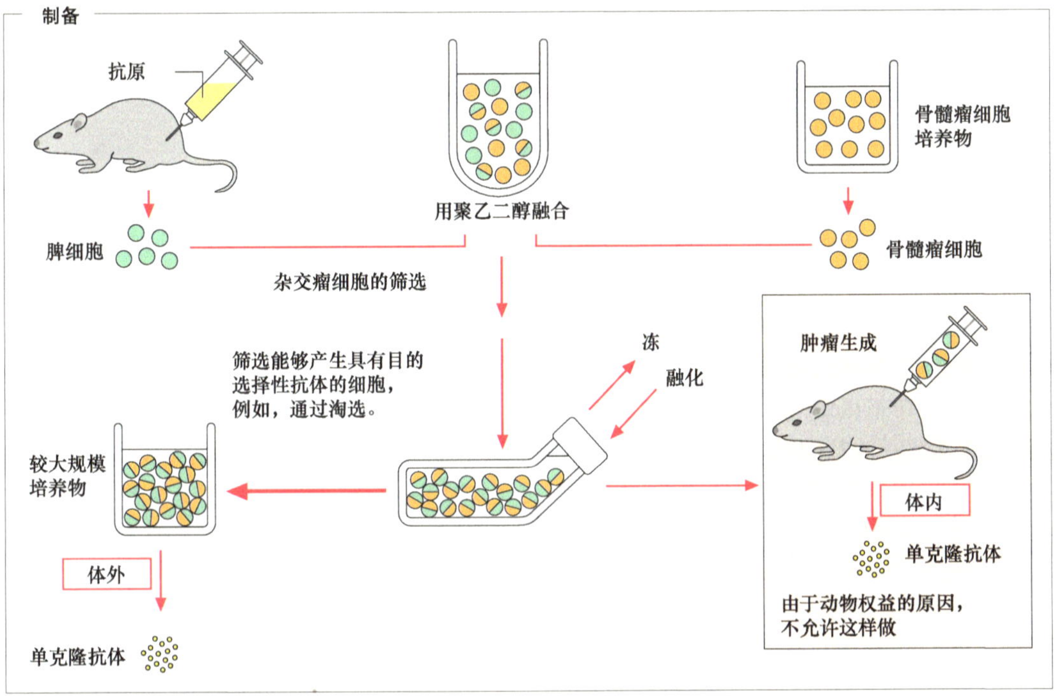
制备
抗原
脾细胞
用聚乙二醇融合
骨髓瘤细胞
培养物
骨髓瘤细胞
杂交瘤细胞的筛选
筛选能够产生具有目的
选择性抗体的细胞，
例如，通过淘选。
冻
融化
肿瘤生成
体内
单克隆抗体
由于动物权益的原因，
不允许这样做
较大规模
培养物
体外
单克隆抗体

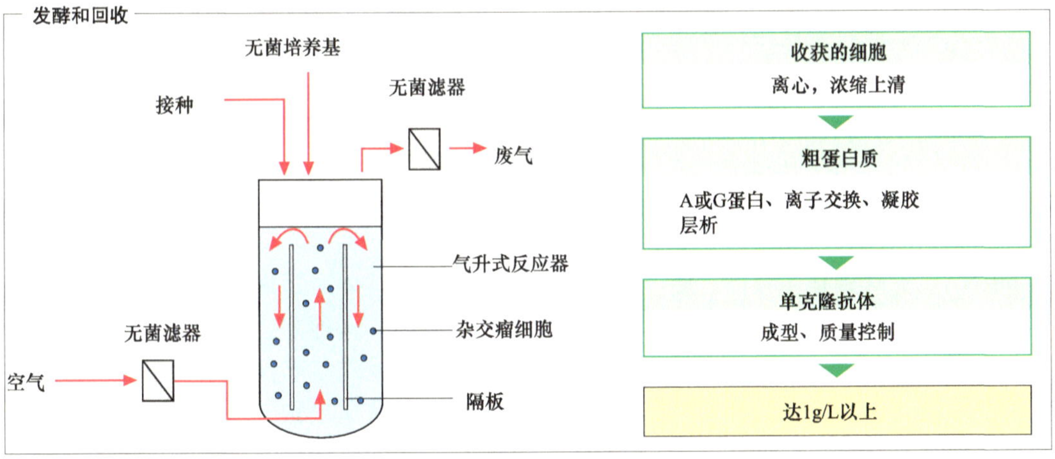
发酵和回收
无菌培养基
接种
无菌滤器
废气
气升式反应器
杂交瘤细胞
无菌滤器
空气
隔板
收获的细胞
离心，浓缩上清
粗蛋白质
A或G蛋白、离子交换、凝胶
层析
单克隆抗体
成型、质量控制
达1g/L以上

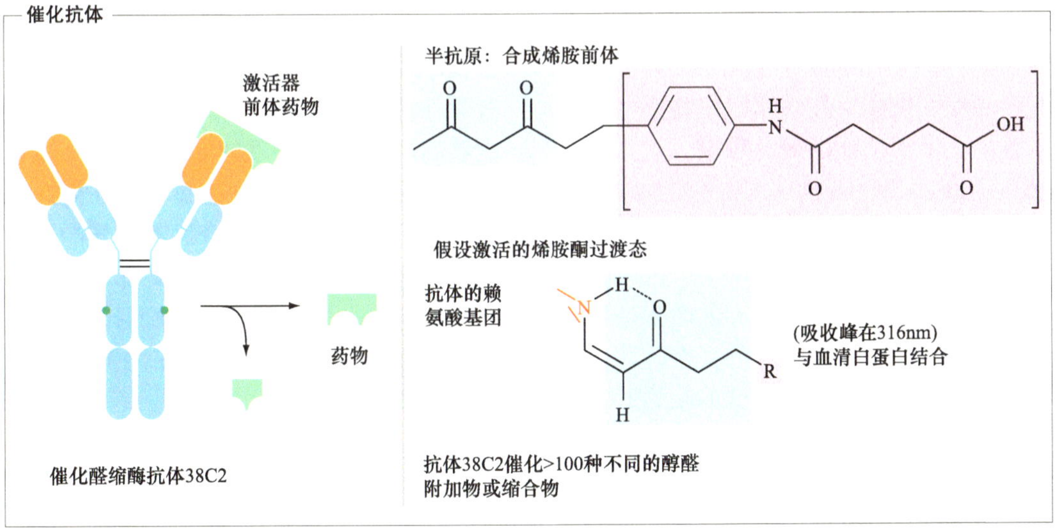
催化抗体
激活器
前体药物
药物
催化醛缩酶抗体38C2
半抗原：合成烯胺前体
O
O
H
N
OH
O
O
假设激活的烯胺酮过渡态
抗体的赖
氨酸基团
H
O
N
R
H
(吸收峰在316nm)
与血清白蛋白结合
抗体38C2催化>100种不同的醇醛
附加物或缩合物

重组抗体

概述

在宿主生物中，可用基因工程的方法表达天然的或修饰的抗体。如果使用微生物，通常形成抗体片段，特别是单链(scF_v)和 F_{ab} 片段。从真核细胞、杆状病毒系统、转基因植物(植物抗体)和转基因动物的乳汁中可以得到完整的重组抗体。重组抗体在诊断和治疗中具有很大的潜力。对用于药物导向的双特异性和双功能性抗体进行的研究表明，它结合在目标类型的细胞上作为抗原，如解毒、免疫抑制和肿瘤治疗。在蛋白质组分析中，用特异性的抗体对二维电泳分离的特异性抗原进行鉴定和定量，或直接使用抗体芯片。催化抗体正在研究之中，以用于生物催化。

生产

遗传起始材料是 cDNA，来源于免疫实验动物骨髓瘤细胞的 mRNA，或来源于“初始”B 淋巴细胞的 mRNA。克隆到宿主体内，便产生重组的抗体或抗体片段，例如，将编码融合蛋白或单独 V_L 和 V_H 链的 cDNA 整合到 λ 载体中，用此载体转化感受态细胞，便可在大肠杆菌周质空间中表达正确折叠的 scF_v 或 F_{ab} 片段。但是，这些片段缺少两个功能域：吸附到受体的 F_c 片段和糖基化的 C_H2 域，因此，便用动物细胞培养，如用 CHO 细胞来生产治疗性抗体。在转基因植物中生产完整的抗体也是一个很活跃的研究领域。

组合修饰

与杂交瘤技术相比，重组技术生产抗体的优点是具有制备很大抗体库的潜力。这通常是用所谓的“噬菌体展示”技术来实现的。在这种方法中，将 B 淋巴细胞的所有抗体以 cDNA 的形式分离出来，与病毒衣壳蛋白的基因融合，包装进 M13 表达载体中，在大肠杆菌中感染性传代一代后，形成高达 10^{10} 个辅助噬菌体，根据所用的 cDNA 构建体，在其表面表达 scF_v 或 F_{ab} 片段(由其基因组编码)。使用亲和层析很容易从此库中分离出高亲和力的抗体，而且编码基因仍然在分离的噬菌体颗粒内。用基于链改组、易错 PCR 诱变或大肠杆菌的突变株的技术反复突变和筛选，将在短时间内使抗体具有显著的亲和性。这样，通过对中和 HIV-1 病毒的抗体片段(gp120)的 CDR 区进行一步一步诱变，其亲和力能够增加 420 倍，达 15 pmol/L。这一设想已经成功地应用于从人 B 淋巴细胞的初始 cDNA 文库开始制备高亲和力的人抗体。酵母表面展示的蛋白质库也已经被研发出来。与噬菌体展示相比，蛋白库更小并受到酵母特异性糖基化的阻碍。

抗体阵列

重组抗体库是蛋白质组高通量分析的重要工具。例如，这种方法有助于研究不同组织的蛋白质模式，或建立来自健康和患病组织的蛋白质指纹图谱，从而生成可以早期诊断疾病的生物标志物。为了构建这样的数据库，大多使用噬菌体展示方法制备的 F_{ab} 片段。为了制备合适的玻璃或聚合物芯片表面，这些 F_{ab} 片段(>10^{10} 个变体)通常带有额外的、独特的结合序列(“邮政编码”)，从而能够高选择性、高密度的结合(约 10^6 个变体/mm^2)。结合之前芯片的表面处理排除了任何非特异性结合事件，使得蛋白质结合后有优异的信噪比。蛋白质结合的检测通常在用荧光标记物标记完整的蛋白质组样品后完成。这种检测极限范围为皮摩尔甚至飞摩尔。另外，目前正在研究不依赖标记的方法如质谱分析等。

重组抗体片段

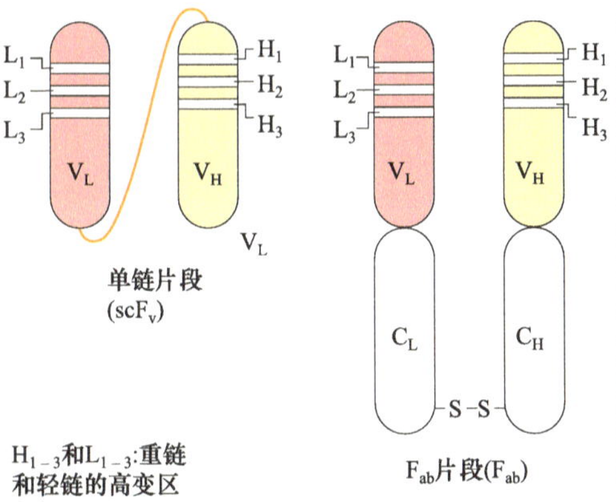

H_{1-3}和L_{1-3}:重链和轻链的高变区(CDR_s)

用于表达F_{ab}片段的大肠杆菌表达载体

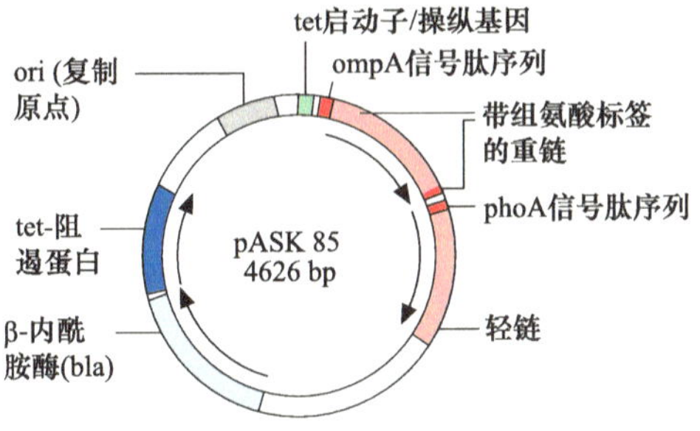

双顺反子表达盒(1个启动子表达2个抗体链)

ompA=外膜蛋白A

phoA=碱性磷酸酶的前导序列

bla=氨苄青霉素抗性

抗体多样性

系统	容量	克隆筛选	亲和力增加
B-淋巴细胞(免疫系统)	$>10^8$个基因	通过位于其表面上的IgM刺激特异性B细胞	淋巴细胞：体细胞高度突变
大肠杆菌	淋巴细胞克隆的容量加上与随机CDR合成的基因$>10^8$个基因	在噬菌体的表面表达抗体片段，之后进行亲和筛选	基因改组、突变株、易错PCR诱变

克隆筛选：噬菌体展示技术

带接头的V_H和V_L基因构建体

与噬菌粒载体连接

转化大肠杆菌

用辅助噬菌体感染(噬菌体挽救)

呈现scF_v的噬菌体的表达

筛选抗原特异性的噬菌体(淘选)

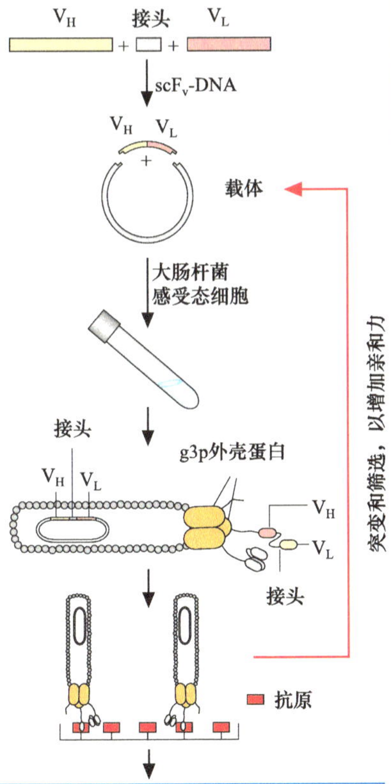

用筛选的噬菌体感染大肠杆菌，制备重组的scF_v抗体片段

杂合抗体

天然IgG

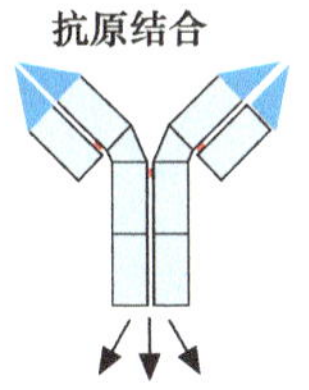

激活免疫系统

双特异性抗体

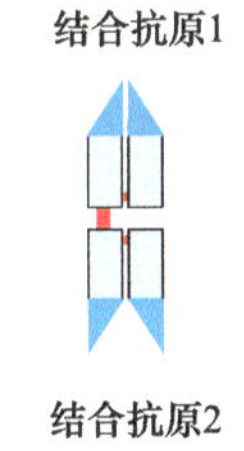

双功能抗体

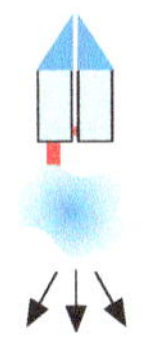

*酶、毒素、放射性标记物、生物素 结合域等

治疗性抗体

概述

在临床应用中治疗性抗体是最成功的重组蛋白质药物之一。它们主要用于癌症和炎症性疾病的治疗。由于是肠道外给药，因而可能会导致免疫反应。为此，嵌合、人源化或人抗体优于小鼠单克隆抗体，因为它们更类似于人抗体。

制备

嵌合、人源化或人抗体的制备，需要使用三种不同的过程。嵌合抗体来自转基因的小鼠，通过修饰小鼠的淋巴细胞产生人的 Fc 片段和小鼠的 Fab 片段。对于人源化抗体，小鼠来源的部分仅限于将鼠 CDRs(“互补决定区”)插入其他人抗体中。人抗体是从人类淋巴细胞的遗传图谱获得的，其在体外进行重新组合和选择，然后在细胞中扩增。

嵌合抗体

通过剪接编码人 Fc 片段的基因和编码鼠 Fab 片段的基因来获得嵌合抗体。通过将编码所需抗体的人和鼠的基因片段组合到酵母人工染色体(YACs)上，再转染到抗体产生系统遗传缺陷的小鼠的胚胎干细胞中即可获得这些产品。嵌合抗体的人源部分约占 60%，因此在长期治疗时会减少免疫反应，但不能消除。

人源化抗体

通过在小鼠的 CDRs 中插入人抗体生成系统来获得人源性抗体，这种抗体的合成是在转基因小鼠中进行，这种小鼠产生抗体重链和轻链的能力被沉默，并被产生人抗体的相关元件所替代。小鼠 CDRs 就是通过这种方法组合到人抗体的轻链中。这种抗体的人源部分约占 90%。

人抗体

通过无性选择天然人 B 淋巴细胞的遗传元件形成人抗体。这可以通过一种基于大肠杆菌特异性噬菌体的方法，即噬菌体展示来完成，也可以使用类似的面包酵母表面展示技术，其中编码酵母表面蛋白 Aga2p 的基因与抗体文库融合。以上两种方法都需要制备高度多样化的人抗体文库，例如，Morphosys 公司的文库 HuCal 包含数十亿个完整的人类抗体。这些抗体可以通过与抗原的结合来检测。一种更加新颖的技术(2013)(Ylanthia)将高度多样性的人源化小鼠抗体和人类 B 淋巴细胞的表达相结合，产生了包含 1000 亿个以上的，具有高度多样性、良好溶解性和治疗相容性的人类抗体的文库。

应用

畅销药物是数量惊人的抗体或抗体片段。阿达木单抗与其竞争对手英夫利昔单抗相似，都是针对肿瘤坏死因子 TNFα的抗体。它们可用于治疗类风湿性关节炎、牛皮癣、克罗恩病和溃疡性结肠炎(2012 年增加销售额约 160 亿美元)。贝伐单抗会抑制组织中新血管的形成(血管生成)，用于治疗进展性肿瘤(2013 年销售额>70 亿美元)。曲妥单抗(赫塞汀)与 HER2 / neu 受体结合会抑制表达这些受体的肿瘤细胞的生长。它可用于治疗细胞类型已确认的乳腺癌和胃癌(2013 年销售额 70 亿美元)。兰尼单抗，一种与内皮生长因子结合的 Fab-抗体片段，可用于治疗年龄相关性黄斑变性(2013 年销售额 43 亿美元)。帕利珠单抗，一种用于儿童抗病毒感染被动免疫的单克隆抗体。

命名

考虑到用于治疗或其他用途的单克隆抗体的数量巨大，世界卫生组织建立了通用命名系统，并且已经被美国采用。它允许鉴定抗体的来源和靶标。因此，曲妥单抗(Trastuzumab)是针对各种肿瘤(-tu-)的人源化抗体(-zu-)，而英夫利昔单抗(Infliximab)是免疫系统(-li-)中活性的嵌合抗体(-xi-)。

诊断和治疗用抗体(部分)

通用名称	商标名称	应用	抗体类型	靶蛋白/功能
许多		诊断学(体外)	鼠源的	促性腺激素、生长激素、前列腺特异性抗原、疱疹、军团杆菌等
	CEA-Scan	肿瘤诊断	鼠源的	癌胚抗原CEA
英夫利昔	Remicade®	类风湿性关节炎、克罗恩病、牛皮癣	嵌合体	阻断TNF-a
	Herceptin	乳癌、胃癌	人源的	HER2/新受体
阿伦单抗	MabCampath®	lymphatische Leukämie	人源的	淋巴细胞CD52-抗原
贝伐单抗	Avastin®	肠癌、乳癌、肺癌(非小细胞)	人源的	VRGF(血管内皮生长因子)
西妥昔单抗	Erbitux®	肠癌、头颈癌	嵌合体	EGF受体
替伊莫单抗	Zevalin®	非霍奇金症淋巴癌、放射免疫疗法	鼠源的、掺杂Y90	B淋巴细胞CD50-抗原
奥戈伏单抗	OvaRex®	卵巢恶性肿瘤	鼠源的	CA-125
帕尼单抗	Vactibix®	转移性结直肠癌	人源的	EGF受体
阿仑单抗	Lemtrada®	多发性硬化	人源的	淋巴细胞CD52-抗原
贝利单抗	Benlysta®	红斑狼疮	人源的	BLys，TNF超家族的一种细胞因子
奥马珠单抗	Xolair®	重度哮喘	人源的	IgE的Fc-部分
	CaroRX®	漱口水	植物抗体	与变异链球菌特异性结合

鼠源的：来自老鼠，植物抗体：由转基因植物生产

抗体杂交

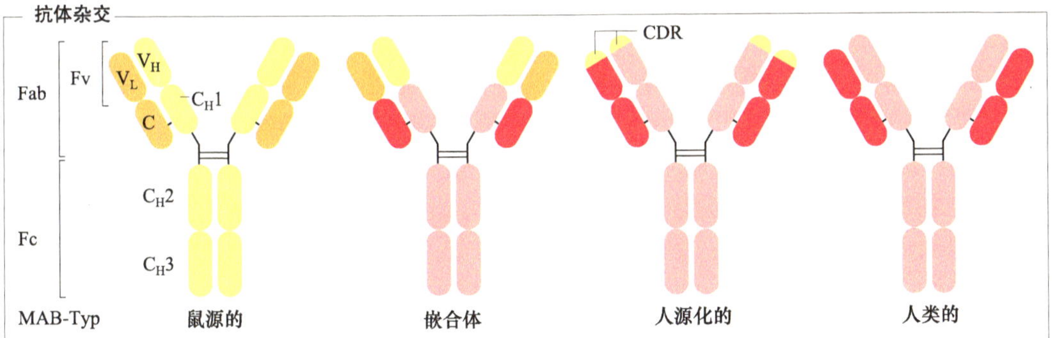

C = 恒定区，V = 可变区，L = 轻链，H =重链，CDR =互补决定区，黄/橙色=鼠，粉/红色=人，
Fab = 抗原结合片段，Fc = 恒定片段，Fv = 可变片段

疫　苗

概述

注射特异性的抗体可以暂时保护机体免受病毒、细菌或毒素(如被蛇咬伤后)的侵害(被动免疫)，然而，如果注射疫苗刺激机体产生适当的抗体，可以获得更好(常常为终生)的保护(主动免疫)。接种疫苗后，免疫系统产生 B 淋巴细胞(它们能够分泌病原体特异性的抗体)、T 淋巴细胞(能够破坏外源性的抗原材料)、寿命长的记忆 B 细胞和记忆 T 细胞(如果抗原再次出现，它们会立即产生免疫反应)。疫苗可以是全细胞、细胞成分(如细胞壁脂多糖)或毒性蛋白质(毒素)。因此，没有抗原性或仍具有抗原性但已失去致病性的弱化病毒或微生物可以作为疫苗。通过连续的细胞传代，可以得到弱化的病毒。几十年来，已生产了许多种类的疫苗来保护人类，如抗麻疹、白喉、破伤风、百日咳、结核病、霍乱和小儿麻痹症的疫苗。在一些国家，人们饲养的动物也注射疫苗，如抗口蹄疫的疫苗。尽管取得了这些进展，但是仍有许多疾病尚无疫苗，因此，许多热带病和艾滋病无法预防接种。此外，一些确信曾经消失的传染病又死灰复燃，如结核病。还有一些疾病对抗生素治疗的耐药性也日益增加。幸运的是，基因工程的方法为制备新的和高纯度的疫苗开辟了一条新路。

疫苗制备

常规方法是配制灭活或减毒的抗原性材料，以用于皮下注射、肌内注射或口服。通常使用已失去致病性但仍可以刺激免疫反应的病原菌株；另一种方法是先在实验室中培养病原体，然后通过热处理或甲醛处理来灭活，使其仍保留免疫原性。在制备抗微生物病原体或其毒素的疫苗时，可以在生物反应器中培养微生物。直到约 1970 年，才在鸡胚中生产病毒，然后从卵内蛋白中纯化得到病毒的衣壳蛋白，将其用作疫苗。现在，另一种首选的方法是用动物细胞培养技术在动物细胞中繁殖病毒。在这两种方法中，通常使用弱化的病毒，从鸡蛋或细胞培养物中分离病毒后，再用热处理或甲醛进一步处理弱化或灭活。考虑到这些发酵和回收工艺潜在的危险性，所有的步骤(包括配制)都要在高的安全标准下进行。通常在动物中测试产品的活性和稳定性(“释放试验”)。

举例

破伤风是由于伤口感染破伤风梭菌而引起的。在厌氧生长的过程中，这种病原菌分泌一种神经毒性蛋白质，由血液将这种蛋白质运输到神经，导致痉挛性麻痹。制备破伤风毒素时，将毒素高产株(哈佛株)在生物反应器中培养，生长结束后，微生物被自溶，释放出毒素，过滤除去细胞碎片后，将毒素在约 0.5%的甲醛溶液中灭活 4 周，形成“类毒素”。通过渗滤和盐沉淀进行纯化，并将其吸附到铝盐上，这样可以增加其免疫原性(佐剂效应)。在动物上试验每一批的免疫原性和耐受性。生产麻疹疫苗时，用低毒力的病毒株(埃德蒙顿菌株)接种培养的动物或人细胞，将宿主细胞裂解后，用连续流区带超速离心分离，并进一步纯化，再制成高度稳定的冻干粉或液体制剂储存。家畜疫苗也在快速发展，可通过各种动物传染病获得疫苗，如牛口蹄疫，马、牛和猪的病毒性呼吸道疾病，大规模生产时细菌感染引起的肠炎。据估计兽用疫苗约占总疫苗市场的 20%。

基本技术

被动免疫

注射抗体

主动免疫

1 保护性疫苗接种

2 口服疫苗，使用

- 灭活的病原体
- 减毒的病原体
- 病原体特异性抗原
- 病原体DNA

1 用于全身性感染

2 用于局部感染

疫苗接种的差距

疾病	年发病数(百万)	年死亡数(千)
痢疾	> 4 000	> 400
各种蠕虫病	> 2 000	> 20
呼吸系统疾病	> 350	> 4 000
疟疾	> 300	> 1
血吸虫病	> 250	> 10
热带麻疹	> 44	> 1 000
南美洲锥虫病	> 25	高
结核病	> 6	> 2 000
艾滋病	> 5	> 150

现有的疫苗(举例)

	疫苗	应用	生产
1	BCG	结合病	从牛型结核菌制备减毒活疫苗
1	风疹	麻疹	用减毒风疹病毒制备活疫苗
2	脊髓灰质炎	小儿麻痹	用减毒脊髓灰质炎病毒制备活疫苗
1 2	霍乱	霍乱	霍乱弧菌灭活株，改造的活疫苗
2	斑疹伤寒	斑疹伤寒	鼠伤寒沙门菌减毒株
1	嗜血菌	脑膜炎	从流感嗜血菌纯化囊膜多糖
1	FMD	口蹄炎	氮丙啶灭活的口蹄疫病毒

注：减毒，指在细胞培养中连续传代来弱化(“传代”)

病毒疫苗的生产

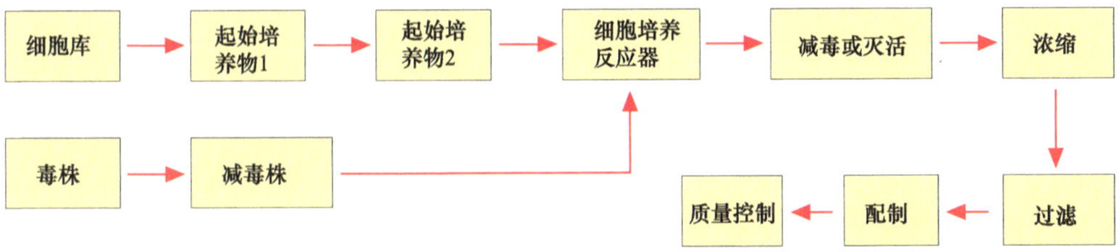

发酵和回收

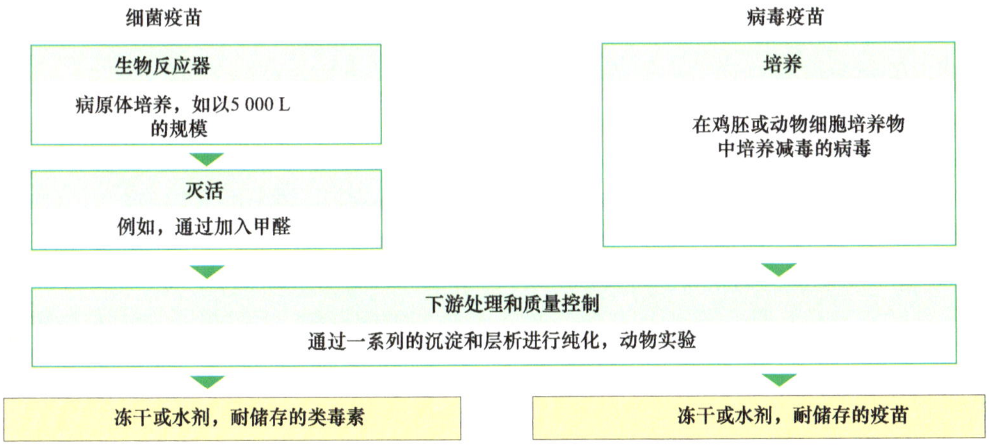

重组疫苗

概述

基因工程方法为制备疫苗开辟了新的可能性。利用基因工程方法，既能够生产高纯度的成分疫苗，又可以设计全新的疫苗接种策略。例如，将疫苗成分整合到无害病毒的衣壳上、在转基因植物中或转基因牲畜的奶中表达疫苗(很明显，这可以通过食物摄入来免疫)，以及通过 DNA 或 RNA 直接转染来进行疫苗接种。然而，到目前为止，只有少量的重组成分疫苗(预防乙型肝炎、白喉、莱姆病感染)进入全球市场。

策略

使用基因工程的方法，可以得到成分疫苗，这种疫苗直接针对病原体的单细胞成分，如抗其表面蛋白质。然而，这种方法需要已知病原体的免疫原性成分。这种方法的一个成功例子是乙型肝炎疫苗的生产。在亚洲的许多国家，乙型肝炎是一种地方病，在所有病例中，有 90%的患者是未被发现的病毒携带者，约有 5%的患者发展为慢性肝病。据估计约 10 亿人患乙型肝炎。为了制备重组疫苗，从感染人的血浆中分离乙型肝炎病毒的表面抗原 HbsAg，对其测序、克隆，使它能够在大肠杆菌或酿酒酵母中表达，用层析的方法纯化分泌的蛋白质。另一种制备重组疫苗的方法是制备遗传减毒的宿主菌株，如霍乱弧菌。引起霍乱的菌株正常情况下产生霍乱毒素，它是一种含有腺苷酸环化酶活性的融合蛋白，在小肠内分泌后，可导致 cAMP 的形成，引起液体和电解质的大量损失，在临床上表现为剧烈的腹泻。使用基因工程技术，制备了霍乱弧菌的缺失突变株，这种突变株没有腺苷酸环化酶活性，但仍具有免疫原性，这样便可以安全地用于疫苗接种。第三种策略是正在计划制备的载体疫苗：这种疫苗将使用修饰的病毒 DNA 来进行疫苗接种，这种 DNA 能够编码所要的免疫原性蛋白质，但缺乏所有的致病元件。一般选择牛痘病毒作为载体，因为它的感染性很强，但对人完全无害。用基因工程的方法已经成功地将病毒抗原加入到牛痘病毒的基因组中，在感染后，形成对狂犬病病毒 G 蛋白、乙型肝炎病毒的表面抗原、流感病毒的 NP 和 HA 蛋白以及其他抗原的免疫。然而，普遍认为这种方法不够安全，特别是对婴儿或免疫抑制患者。自 1959 年以来，高致病性禽流感的局部或大范围爆发已经引起公众和卫生局的恐慌。流感 A 病毒的 H5N1 亚型和其变体亚型可作为有效的载体。基于病毒血凝素或神经氨酸酶抗原，使用逆向遗传的方法能产生抗 H5N1 病毒的疫苗，可保护小鼠或鸡免受感染。

转基因植物

在发展中国家，正计划用转基因植物进行疫苗接种计划(可食用疫苗，如转基因香蕉)。由于这种疫苗将通过消化道摄入(如口服疫苗接种)，所以其效果取决于通过消化道时的稳定性，以及通过黏膜的能力；在消化道内，这种疫苗刺激小肠的免疫系统产生抗体。这种方法也需要考虑大量的监管问题，如持续一致的生产，以及在成熟、腐烂或水果(或其他食品)加工过程中，疫苗蛋白质的变化情况。

DNA 疫苗

将编码疟疾的病原体恶性疟原虫表面结构的 DNA 注射到小鼠的脾内，免疫后的动物产生抗这种寄生虫的抗体。使用结核分枝杆菌(结核病的病原体)基因组消化物进行同样的实验也引起了 T 细胞反应，并能够鉴定引起免疫反应的基因产物。在这两个研究中，都将抗原特异性的 DNA 整合到质粒中，这种新方法仍处在初级研究阶段。

重组疫苗(部分)

		抗原	状态
病毒	乙型肝炎	表面抗原	已注册
	2型单纯疱疹	表面抗原	临床研究
	狂犬病疫苗	表面抗原	未注册
	黄热病毒	表面抗原	临床前研究
	艾滋病病毒	表面抗原	临床研究
细菌	肺炎链球菌	多糖耦联物	已注册
	破伤风梭菌	破伤风毒素	未注册
	结核分枝杆菌	表面抗原	临床研究
寄生虫	恶性疟原虫	(疟疾)	临床研究
	锥虫某些种	(昏睡病)	临床研究
	曼氏裂体吸虫	(裂体吸虫病)	临床研究

用重组痘病毒进行疫苗接种

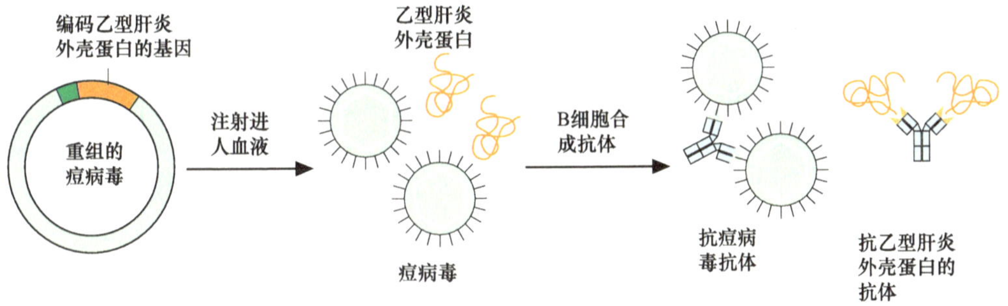

H5N1禽流感疫苗

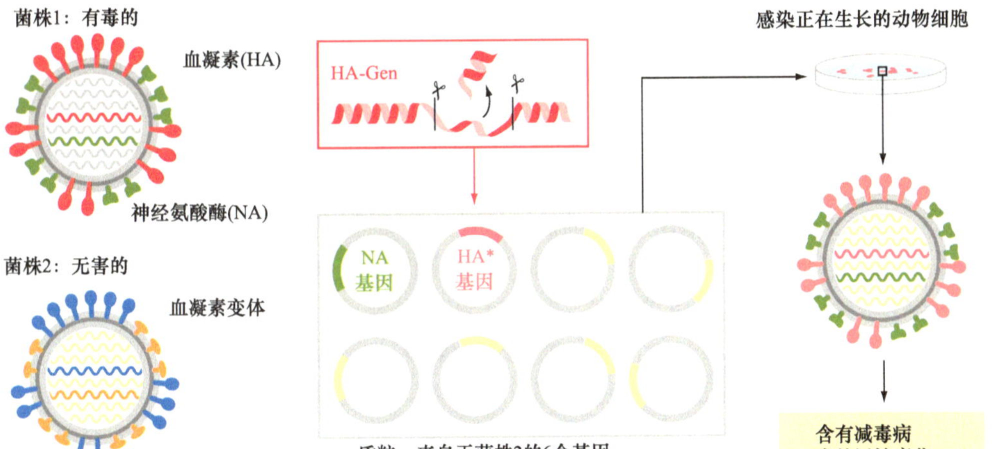

质粒，来自于菌株2的6个基因，
*“缴械”的HA基因

重组乙型肝炎疫苗的发酵和回收

生物反应器

重组的酿酒酵母表达质粒编码的rHBAg蛋白

▶

回收

用沉淀、渗滤和层析的方法

rHBAg疫苗

综合质量控制(无病原、过敏原等)

类固醇生物转化

概述

类固醇是一类生物转化成功应用的化学品。

类固醇这一大组化合物由10 000多种天然及合成的化合物组成，有许多用于药物上，如维生素D(钙化醇)、抗炎药(皮质类固醇)、排卵抑制药(雌激素和孕激素)、抗心律失常药(洋地黄糖苷)和利尿药(螺内酯)。在其工业生产中使用了多种类型的生物转化反应，重要的实例有：β-谷甾醇侧链降解生成雄甾-4-烯-3,17-二酮(AD)，雄甾-1,4-二烯-3,17-二酮(ADD)，以及11-β-羟基化脱氧皮甾醇(Reichstein S)。AD去饱和为ADD已经工业化。使用携带几个外源基因的重组酵母，成功地从糖合成了孕烯醇酮。熊去氧胆酸用于溶解胆结石和治疗原发性胆汁性肝硬化；使用适当的脱氢酶和辅因子再生系统，通过区域专一和立体定向酶异构化胆酸的羟基基团可以缩短从胆酸化学合成熊去氧胆酸的过程。

侧链降解

在很长时间内，在工业合成胆固醇中，薯蓣皂苷配基(从薯蓣根中分离的一种天然化合物)是一种重要的物质。其他原料有来自动物胆囊的胆酸和豆甾醇(用大豆油生产维生素E时的一种副产品)。由于从这些原料化学合成皮质类固醇、雌激素和螺内酯需要经过大量的步骤，所以植物甾醇(如从葡萄或大豆分离的β-谷甾醇)的侧链降解最终成为有吸引力的工业生产方法。放线菌目(如分枝杆菌属、诺卡菌属、节杆菌属和棒状杆菌属)具有这种能力，它们能够降解植物甾醇的侧链直接生成类固醇中间体，如雄甾-4-烯-3,17-二酮(AD)或雄甾-1,4-二烯-3,17-二酮(ADD)，它们是雌激素和孕酮合成的原料，也可以在其第17位上通过化学的方法加上侧链来生成皮质类固醇。AD可以通过简单节杆菌或者多个分枝杆菌的静息细胞去饱和生产ADD。

羟基化

经过几十年的微生物筛选，在目前的培养物保存库中，有一些微生物几乎能在类固醇环的所有位置选择性地进行羟基化。其中最重要的羟基化步骤在于AD的9α位和黄体素的11α位，从而成为糖皮质激素合成的简化路线。为了防止羟基化酶副反应的发生，使用细胞色素CYP11B(它能在7α和14α的位置羟基化，但不能在11β位置羟基化)的17α-乙酸酯作为底物。在这种系统中，由于副反应被空间位阻，因而所希望的生物转化步骤具有高度的区域选择性和立体选择性。因为底物和产物的水溶性低，这一转化反应在溶解数天的重悬底物上进行。

糖原料合成孕烯醇酮

最近有一种实验方法是构建从糖生成孕烯醇酮的重组酵母。在生长过程中，酿酒酵母生成麦角固醇作为其膜的组分。在重组菌株中，通过关闭Δ22-去饱和基因来阻抑这种酵母甾醇的氧化降解。把与类固醇代谢相关的3个牛的基因和一个来源于植物拟南芥的δ7-还原酶基因克隆到酵母的XIII号、XV号和III号染色体上，所形成的菌株能够从D-半乳糖生成孕烯醇酮。进一步将3β-羟基类固醇脱氧酶克隆到这种突变株中，即可形成孕酮。通过功能性地表达牛的11β-、17α-和21-羟化酶以完善这一通路，通过一步发酵可以直接从糖生成皮质醇。经过十多年的基础研究，到2014年底产量已经有了经济竞争优势。利用合成生物学方法，这种简洁的过程将会被Sanofi-Aventis商业化。

起始材料和转化步骤

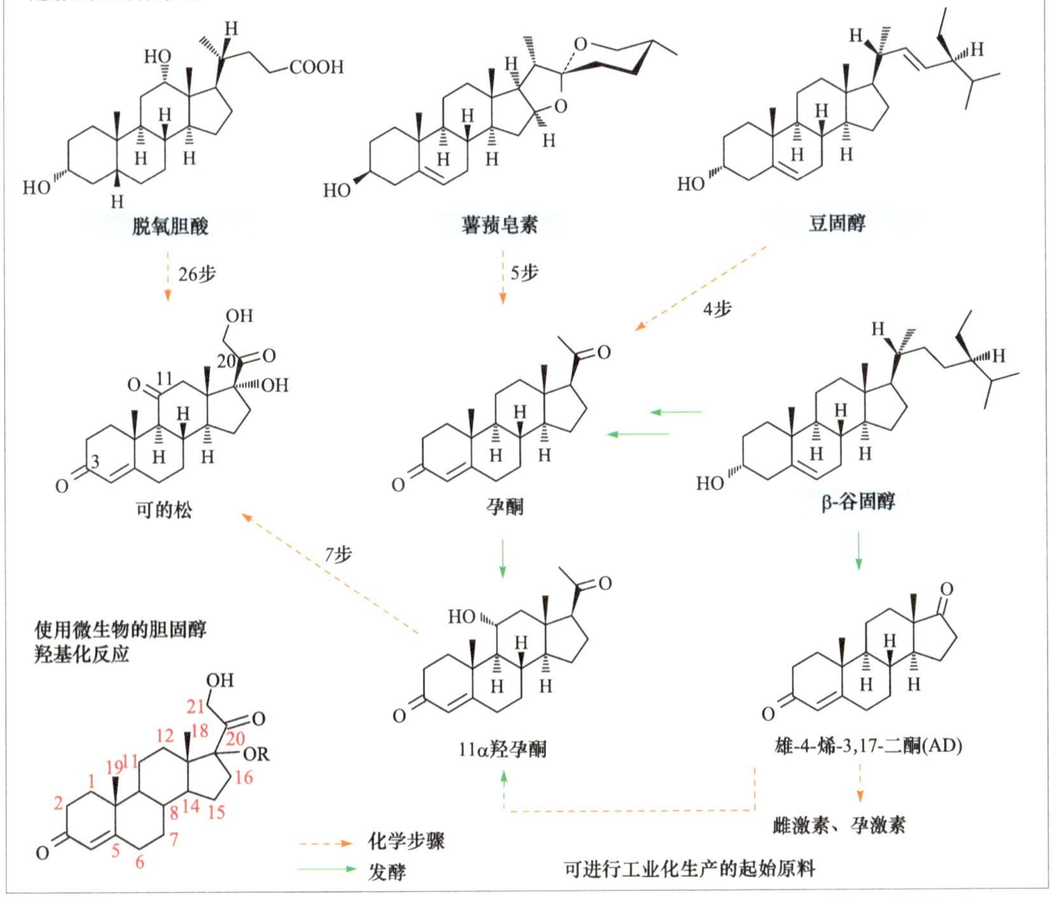

用新月弯孢对Reichstein S进行11b羟基化

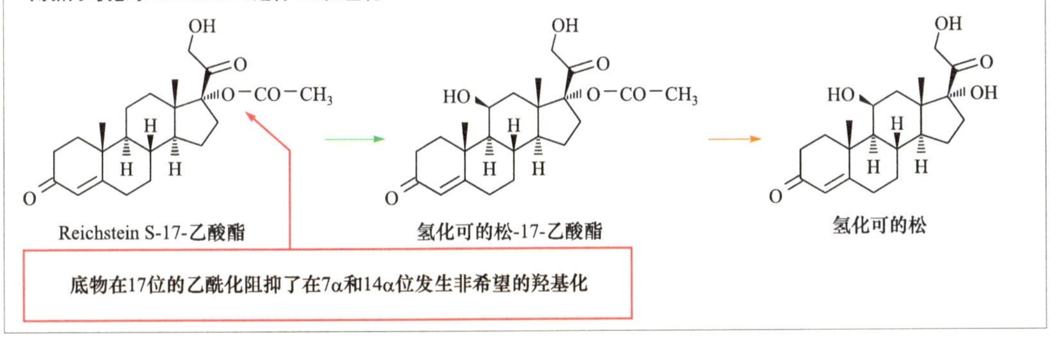

用重组酵母合成胆固醇

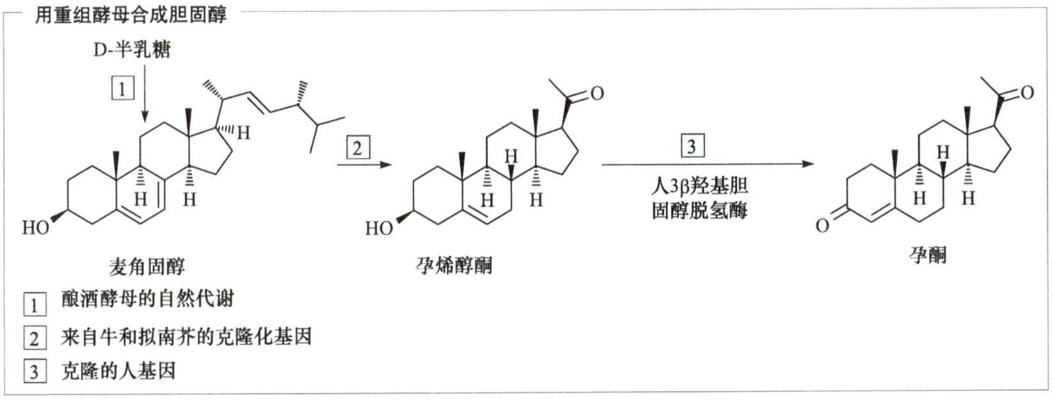

酶检验

概述

约从1950年开始,代谢产物的酶检测和体液中酶活性的测定使医学诊断发生了革命。稍后的免疫分析和最近的DNA分析成为医生不可缺少的工具。在酶诊断学中，通过适当的高选择性的酶测定血液或血清中的小分子化合物，如乳酸或葡萄糖。另一种可选的方法是，用适当的指示反应来检测血清中酶的浓度，以诊断某一器官破坏性的进程。酶检验也可用于食品分析、发酵过程监测和环境保护。如果使用脱氢酶，可以使用光谱吸收的变化或$NAD(P)^+$和NAD(P)H荧光的变化(光检验)。根据这一原理,使用适当的脱氢酶，可以直接测定葡萄糖和乙醇含量，而通过两个或多个不同的酶反应，可以定量测定许多其他物质，如脂肪酸或甘油。从实用的角度考虑，最好使用尽可能少的辅助酶。在食品分析中，酶法可以检测多种糖(葡萄糖、半乳糖、麦芽糖)和酸(柠檬酸、苹果酸)。在大多数的微生物发酵中，葡萄糖的连续性检测十分重要；在动物细胞培养中，对葡萄糖和乳酸进行同样的监测具有重要意义。酶活性的抑制也可用作分析工具，例如：测定分离的乙酰胆碱酯酶(神经传递中的一种主要酶)活性的抑制，可用来指示神经毒气的存在或有机磷或氨基甲酸杀虫剂的存在。

酶活性的确定

患者血清中酶活性的测定是医生的一个很重要的工具。在疾病(心肌梗死、肝炎、肝硬化、胰腺炎等)中，当细胞被破坏时，酶就会释放到血液中。因此，测定血液中酶的活性能够监测许多器官(心脏、肌肉、肝)细胞和其区室(膜、胞质、线粒体)的损伤。因为不同器官的细胞常常释放不同的酶或一种酶的不同酶亚型(异构体)，所以这种能够区分出器官特异性的诊断(鉴别诊断)是可行的。例如，可通过检测转氨酶能够监测肝病；检测α-淀粉酶可以监测胰炎症；检测肌酸激酶可以监测心肌细胞的损伤(这一方法已经被心肌肌钙蛋白的免疫测定广泛替代)。这些检测遵循一种基于使用底物的动力学方法，这些底物与其他酶有极小或无交叉活性。

实验室自动化

最初，临床酶检测是由人工完成的，使用单个样品制备、温育方法和检测(使用带适当波长滤光片的简单光度计)。现在，临床酶检验的大量增加使得中心诊断实验室几乎全自动化，所有加样、温育和测定都由实验室自动设备完成，通过用条形码和其他方法来进行样品识别。在现代机器设备中，各种测量原理如酶和免疫测定(ELISA)都整合在一起。

测验片

某些情况下，对于日常的医疗保健(如糖尿病患者每日的自检测、医院急诊室中的应急检验)来说，检验分析耗时太长。在这种情况下，常常使用诊断测验片。测验片是由几种固体的分离层和反应层(“干化学”)构成的，当样品准备好，一旦加入一滴溶液(如一滴血)后，指示反应立即开始进行。这里常用的酶是氧化酶，在辅助酶过氧化物酶的存在下，其初级反应产物H_2O_2氧化一种无色染料，生成一种有色的化合物，其数量与样品中所测成分的量成正比。通过肉眼与比色表比较可以半定量地分析，使用反射光度计可以进行定量分析。在食品分析领域，测验片技术已成熟。例如，检测鱼的新鲜度(日本)，所用的原理是通过胺氧化酶的氧化作用和H_2O_2的形成来确定胺的释放。

常用的酶检验(部分)

	典型的被分析物	关联性
临床诊断	葡萄糖	糖尿病
	甘油三酯、胆固醇	血脂、动脉硬化症
	尿酸	痛风
	碱性和酸性磷酸酶	肿瘤
	转氨酶	肝病
	肌酸激酶	心肌梗塞
食品分析	糖(葡萄糖、麦芽糖)	质量
	酸(柠檬酸、乳酸)	质量、假冒品
生物工艺控制	葡萄糖、乳酸	细菌和细胞培养发酵
环境监测	乙酰胆碱酯酶的抑制剂	有机磷、氨基甲酸盐的存在

不器官功能障碍的鉴别诊断

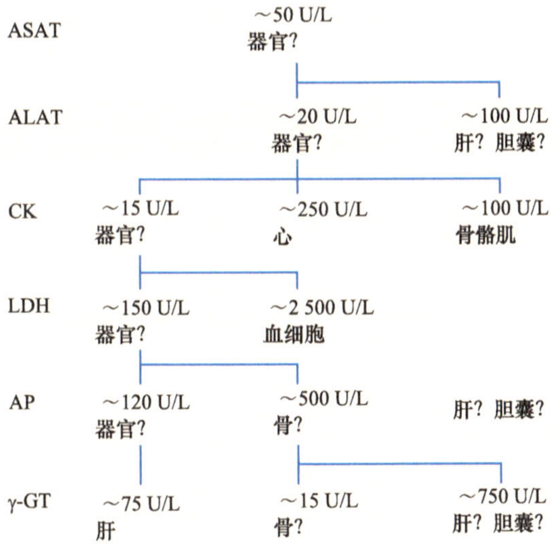

ASAT 天冬氨酸转氨酶
GLDH 谷氨酸脱氢酶
ALAT 丙氨酸转氢酶
CHE 胆碱酯酶
CK 肌酸激酶
LDH 乳酸脱氢酶
AP 碱性磷酸酶
γ-GT γ-谷氨酰转肽酶

器官疾病诊断的关键酶

肝、胆囊：ALAT-GLDH-γ-GT-CHE
心脏：CK-LDH(同工酶-1)-ASAT
骨骼肌：CK-GLDH
骨：AP
血：LDH
胰腺：α-淀粉、脂肪酶

测验片(举例：血糖)

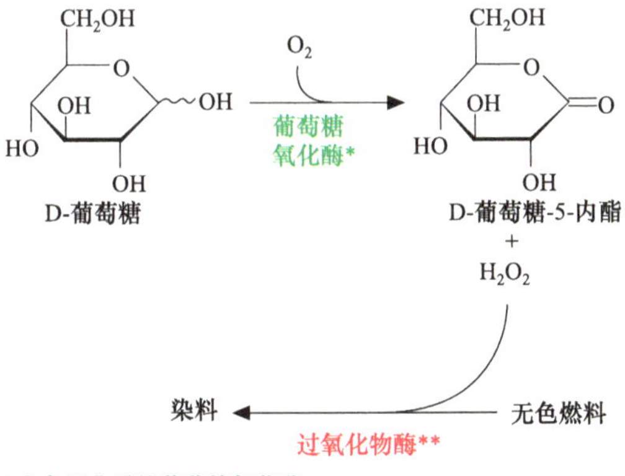

*来自黑曲霉的葡萄糖氧化酶
**来自辣根的过氧化物酶

检测血糖的手持式光度计

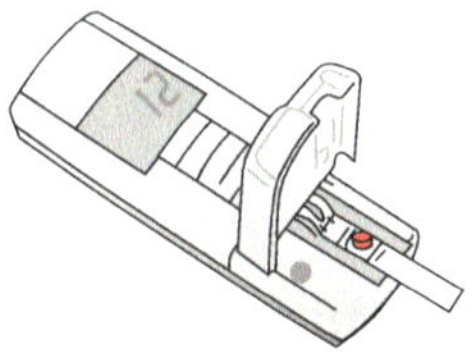

测验片的构造

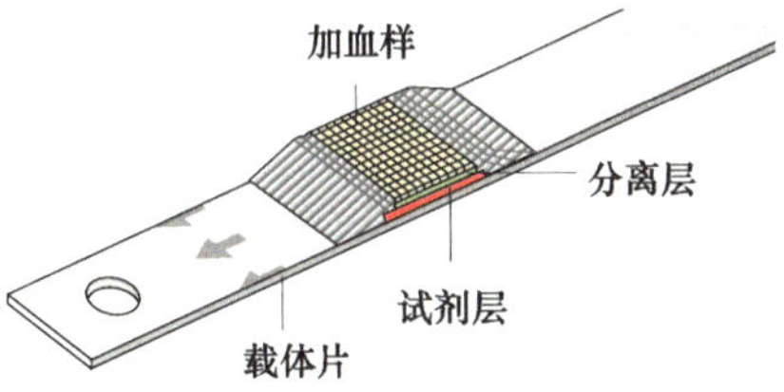

生物传感器

概述

在生物传感器中，通过酶、抗体、DNA 和微生物等得到的生物学识别信号与一个物理传感器(如电极、光纤装置或压电晶体)相连。尽管进行了深入的研究，并提出了大量的概念，但是只有极少数的生物传感器取得了商业上成功。在 2011 年生物传感器的市场容量约为 90 亿美元，主要是各种类型的葡萄糖生物传感器。

电化学生物传感器

氧化酶或水解酶被用于电化学生物传感器。通过水解其底物，水解酶可引起 pH 的变化，通过离子选择性电极(pH 电极)或场效应晶体管可以检测到这种变化。氧化酶生成 H_2O_2，并消耗 O_2，这两种物质可以通过电流计电极(如氧电极)来分析。通过使用一种能够将电子转移到氧化酶的四羟酮醇基团上的所谓中介物，可以显著地降低氧化势能。尽管 H_2O_2 的氧化相比 Ag/AgCl 需要 +400 mV 的势能，但二甲基二茂铁在+100mV 就被氧化。因此如果在样品中有 L-抗坏血酸(正常势能$\varepsilon = +170$mV)之类的物质存在，便排除了假阳性信号的危险性。在第三代生物传感器中，介质被有机导电材料取代，这种材料基于电荷转移复合物进行直接从电极到黄素基团的电子转移。酶电极在商业上最成功的例子是葡萄糖传感器，在医院中经常被作为一个单独的项目进行葡萄糖快速测定，但主要以便携式的形式来使用，由糖尿病患者自己进行测定，葡萄糖传感器也可用于监视生物反应器中葡萄糖的消耗。糖尿病患者用的微型可植入式葡萄糖传感器已经面世，但是，由于组织相容性不好，在几天内就必须更换，使得用其控制自动胰岛素泵便不够理想。如果将需氧微生物纯的或混合的培养物固定在氧电极的顶部，则可以连续地监测培养物的呼吸情况。这一概念已被商品化，用于连续检测废水的 BOD，这样可以在几分钟内获得数据，而不用几天。酶免疫测定可以基于电化学报告反应，来代替显色反应。用电化学活性试剂(如道诺霉素)加入 DNA，能够对杂交事件进行电化学测定，但这些概念尚未推向市场。

光学生物传感器

如果抗体与抗原相互作用，可以通过光学传感器表面特性的变化(消逝场)观察到其质量增加。基于这一原理的仪器在研究中得到了很好的认可，因为这些仪器能够对抗原/抗体相互作用的动力学进行高灵敏度(nmol/L)的测定。其他的光学传感器基于这样一个原理：在一种氧化酶系统存在的情况下，多环芳烃化学品(如菲衍生物)中的氧产生的荧光猝灭提供底物特异性信号，这种氧化酶系统在底物氧化时消耗等摩尔的氧。在类似的装置中，pH 值的变化可以通过 pH 值依赖的荧光素的荧光监控。例如，耦合青霉素酰胺酶的一个传感器，从青霉素 G 到 5-APA 的转化可以被监控。术语“光极”在这种情况下使用。

流式注射分析(FIA)

尽管在严格意义上讲 FIA 不是一种生物传感器技术(在通常情况系下，生物成分和传感器是相互分离的)，但是这种方法对酶分析、免疫分析和 DNA 分析特别有用。它将分析和自动液体处理结合在一起，这样便可以很方便地用于一个或少数几个被分析物进行反复分析。FIA 概念被成功地移植到微系统和纳米技术领域。

天然生物传感器

细菌的化学受体和高等动物的感觉器官就是天然的生物传感器，这些天然的生物传感器能够可信地、快速地分析高度复杂的化学品混合物(如玫瑰香味和酒香)。基于神经网络的化学计量分析就是对天然生物传感器的技术模拟。尽管正在研究将此技术用于生物传感器，但是到目前为止，与天然感觉系统的性能还相差很远。

生物传感器

	生物成分	传感器
酶电极		
电流计的	大多是氧化酶	O_2电极
电位计的	大多是水解酶	离子选择性电极
酶FET（场效应管）	大多是水解酶	场效应管
细菌传感器	微生物	O_2电极 离子选择性电极
压电式传感器	抗体	压电式石英晶体
光学传感器	抗体、DNA	带表面等离子共振或光栅耦合器的光学纤维

通常用液体处理的方法制备样品，如流式注射分析(FIA)；通常用电子法进行信号处理，通过骨神经网络的模式识别分析复杂的信号。

氧电极

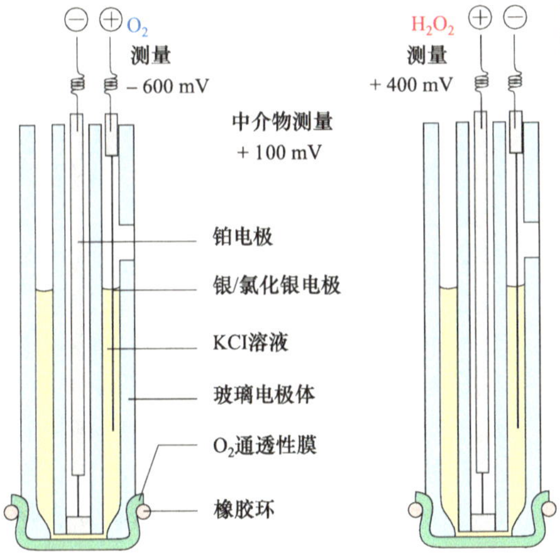

葡萄糖检测

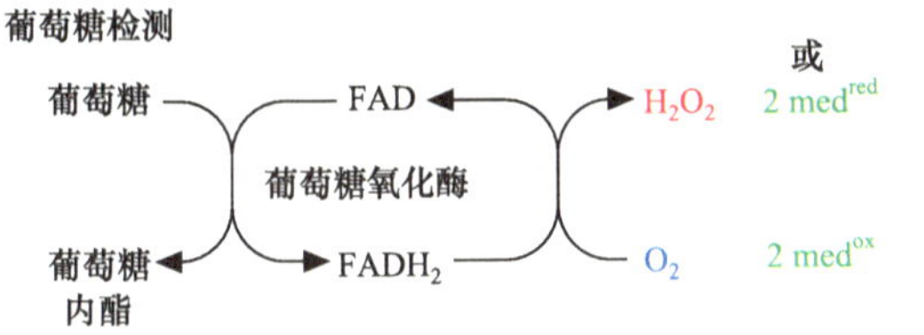

$FAD/FADH_2$: 辅因子黄素腺嘌呤二核苷酸

med^{red}/med^{ox}：中介物，如二甲基二茂络铁

光学生物传感器

使用表面等离子共振

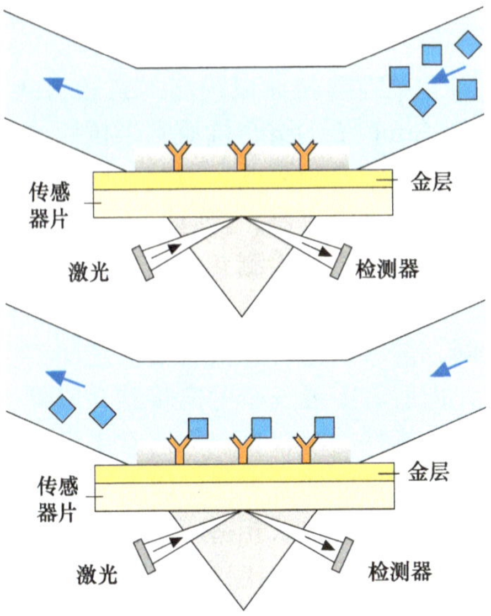

一旦被分析物与抗体结合，金层邻近的折射指数便发生改变

被分析物(抗原)
受体(抗被分析物抗体)
层厚度
毛细管

检测乙醇的流式注射系统

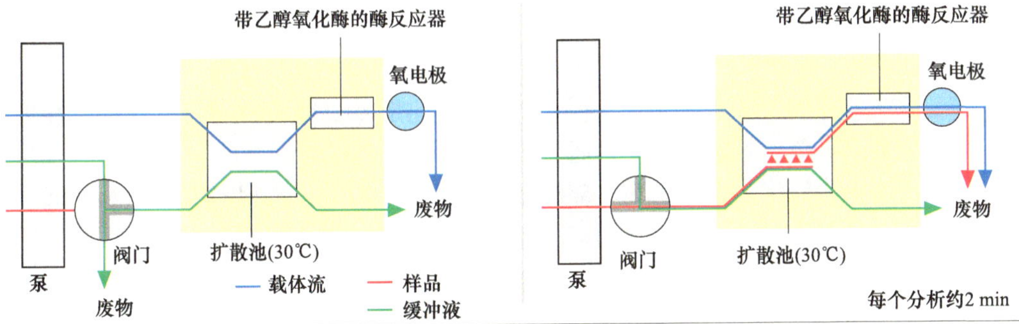

每个分析约2 min

免疫分析

概述

尽管酶能够对复杂的生物混合物(如血清)中的一种被分析物进行快速和定量的测定，但是，由于免疫分析更灵敏、更通用，所以已成为一种更好的方法。在20世纪70年代早期研制的放射免疫测定和酶联免疫测定造就了一个市场，2012年的市场额已达到约170亿美元。

方法

多克隆和单克隆抗体以很高的亲和力(K_d通常10^{-6}～10^{-8}mol · L^{-1})结合抗原和半抗原，但是却不容易确定其结合的程度。因此，研究人员便设计了一种报告基团机制，能够对抗体与抗原结合位点之间的竞争进行检测和定量，这是一个很大的突破。通常来说，均相免疫测定与非均相免疫测定不同，前者在结合和报告反应之间不需要分离步骤，而后者需要一步分离步骤，以除去过量的试剂和干扰性的混合物，但通常更灵敏。研究人员设计了大量的实验方法，以使实验的特异性和灵敏度与特定的要求相适应，包括报告基团的选择。当使用放射性同位素(放射免疫测定，RIA)时，结合事件检测信号形成的比率为1∶1。使用酶免疫测定(ELISAs)时，通过酶反应将信号进行进一步放大，做得好的酶免疫测定，灵敏度可达皮摩尔甚至飞摩尔(10^{-12}～10^{-15}mol · L^{-1})。通常使用辣根过氧化物酶或碱性磷酸酶作为报告酶。如果使用DNA片段作为报告基团，可以利用实时PCR(RT-qPCR)进行放大和量化。这种技术可以对朊病毒蛋白质进行非常精准的免疫分析。

读数

通过标准曲线来读出免疫测定的结果，通常用96孔或384孔的微孔板作为反应装置，配以微孔板读数器(高度平行的光度计、荧光计或发光计)。用这种方法，根据高度并行的免疫测定可以很容易地绘制出标准曲线。

分析物

从理论上讲，能产生特异性抗体(游离的或与特定的半抗原携带分子结合的)的任何物质都可以通过免疫测定来检测，其分子质量从10^2 Da(如药物、激素)到约10^6Da(如多聚蛋白质)。

测验片

和用酶诊断试剂一样，也可以用测验片进行免疫测定。许多测验片都可以在药店中买到，例如，通过检测人绒毛膜促性腺激素(HCG)的水平可以确定怀孕，当受精卵在子宫内着床后，尿液或血液中的HCG浓度明显增高。在医院里也用测验片进行紧急检测，如肌钙蛋白T的分析。肌钙蛋白T是心脏病发作后受损伤的心肌细胞释放的一种蛋白质，将一滴血放到测验片上，便被吸入进转运区内，而红细胞被截留，通过毛细管力，被分析物被转运到反应区，在此将特异性的抗体偶连物洗脱下来，形成三明治状复合物，在随后的特异性反应中，这种三明治状复合物与金染色的二级抗体结合，形成一条红色的线。空白对照能够确保将假阳性结果排除。该反应可以在15 min内完成，通过肉眼观察可以对反应进行定性监视，或用CCD相机进行定量。类似的免疫分析模式是基于脂肪酸结合蛋白FABF(15 kDa)，心肌梗死后其在血清中的浓度快速上升。

其他例子

免疫测定已成为重要的医学诊断辅助手段，随着对人类代谢调节的进一步了解，每年都会发现一些新的疾病早期免疫检测的诊断标记物。在食品分析中，免疫测定可以快速定性地检测食品中添加的违禁蛋白质(如往香肠中添加酪蛋白)。使用免疫分析，也可以对食品或水中的病原微生物或毒素进行快速分析，使用这些技术也可以很容易地对食品或水中的异型生物质(如除草剂)进行快速、灵敏的(nmol · L^{-1})检测。

免疫分析的种类

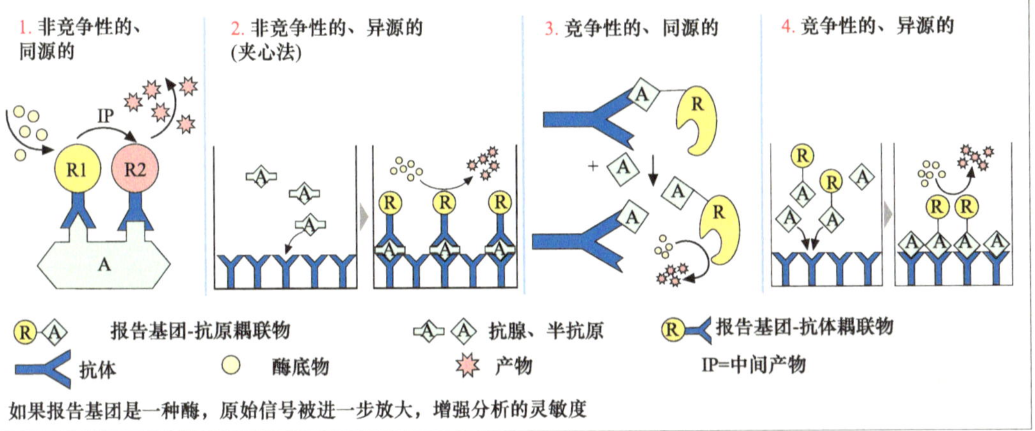

心脏病发作的现场保健盒：肌原蛋白T

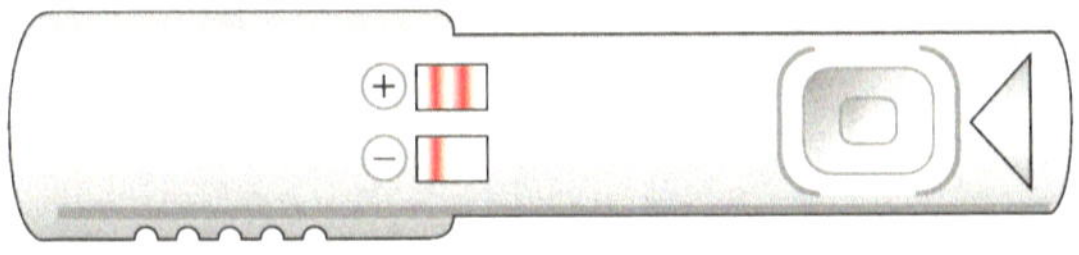

分析时间15 min

阳性：两条红色带

阴性：一条红色带

ELISA读数

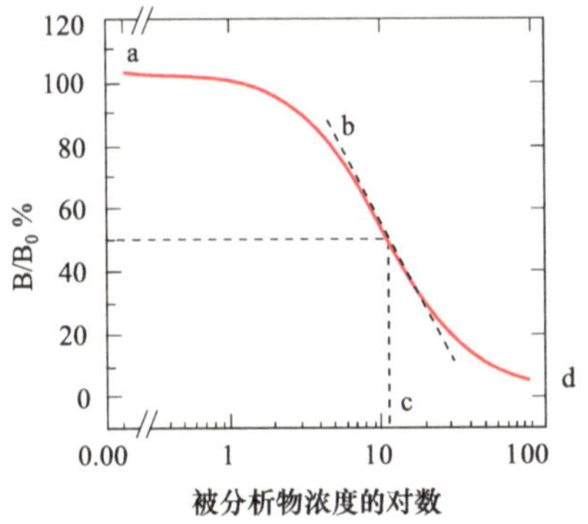

% B/B_0: 消光值，标准化的

a 上渐近线

b 测试中点的梯度(灵敏度)

c 测试中点(检测能力)

d 下渐近线

机理

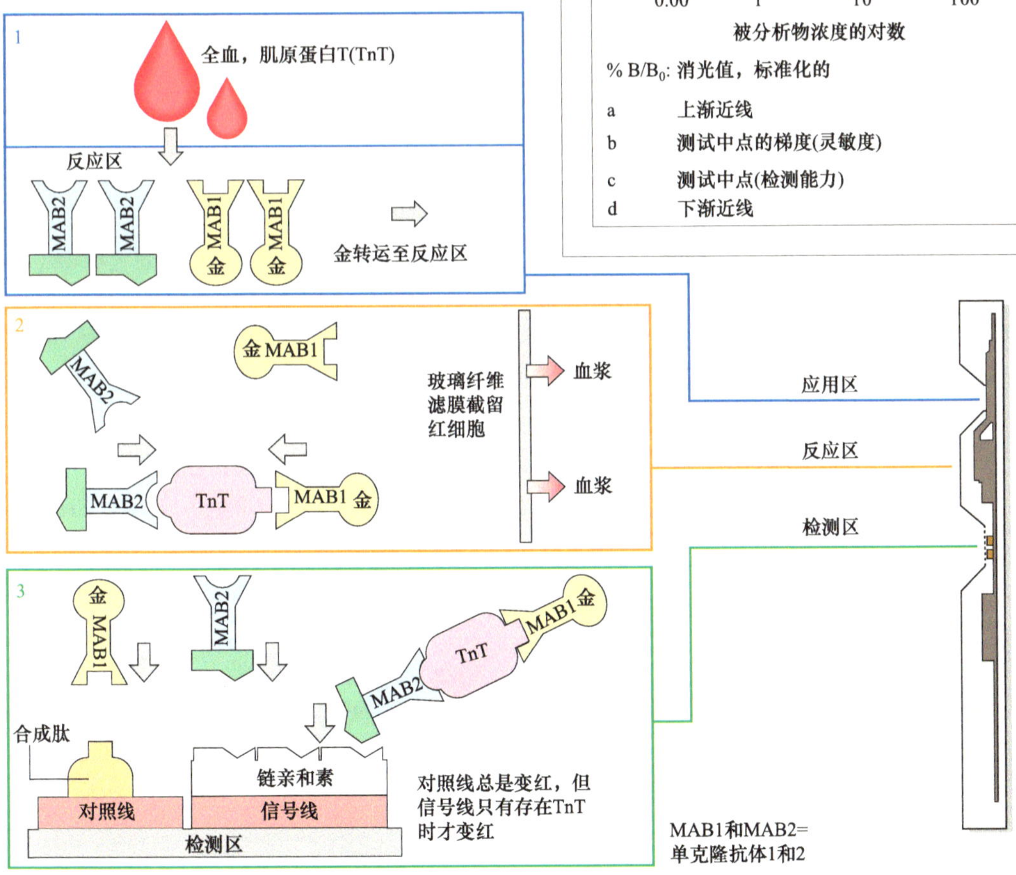

糖生物学

概述

糖链(聚糖)在许多生物结构中存在，并在结构生物学中发挥着重要的作用。一般生物中聚糖被称为糖组。糖基化的程度和模式是许多生物分子的重要特征，如抗体。糖蛋白(蛋白质部分占主导)或蛋白聚糖(糖部分占主导)是在内质网或高尔基体由翻译后修饰形成的蛋白质。糖脂在植物(单半乳糖甘油二酯)和动物(鞘糖脂、脑苷脂)中是很重要的结构性脂质。许多植物(如黄酮类)和微生物(如抗生素)的次生代谢产物也是糖基化的。由于许多手性羟基糖存在大量的区域和立体异构体，对聚糖的分析可能是需要的。

糖基化模式

在聚糖中通常出现的糖有甘露糖、半乳糖、葡萄糖、木糖、*N*-乙酰葡萄糖胺、*N*-乙酰半乳糖胺、*N*-乙酰神经氨酸和 *N*-羟乙酰神经氨酸。他们以区域选择性和立体选择性方式连接到寡糖链上使其成为激活形式(如二磷酸尿苷葡萄糖 UDP-glucose)。在糖蛋白中，多肽类是 *N*-或 *O*-的糖基化。在内质网膜上，*N*-糖基化通过转移 1,4-己糖到类异戊二烯链载体分子多萜醇的方式产生在含有-Asn-X-Ser/Thr 序列的天冬酰胺的酰胺态氮基团上。这种机制在所有真核生物中是保守的。在高尔基中多肽类的 *O*-糖基化优先发生在丝氨酸或苏氨酸的残基上。该反应与磷酸化反应的竞争导致更多异构产物的产生。

分析方法

N-聚糖可以通过糖苷酶轻松地从结合物中去除。β-消除法可以消除 *O*-聚糖。通过色谱法定量分析水解后的糖。用 2D-NMR 方法、电子喷雾(ES)质谱或更复杂的质谱方法如 CAD-MS/MS 来分析多糖的序列。许多其他方法已经开发出来，对于带电荷的糖链分析如唾液酸，用选择性的糖降解酶处理后，再通过等电点聚焦(IEF)或毛细管区带电泳(CZE)分析是非常有效的方法。糖蛋白中含有约 50%的蛋白质，可使用二维分离和质谱进行分析(糖蛋白组学)。

糖蛋白的功能

蛋白质中的糖残基有助于蛋白质的稳定、耐水解、黏度和分隔。糖蛋白是细胞膜的重要结构组分，而且蛋白聚糖可以形成润滑分子(如黏蛋白)。糖蛋白参与许多细胞与细胞间的信息交互。例如，在免疫系统中，主要组织相容性复合体(MHC)的糖蛋白可与 T 细胞受体相互作用。

生物技术应用

用于外源蛋白表达的宿主系统可以是不合成糖蛋白的大肠杆菌，也可以是形成与人类糖基化模式不同的啤酒酵母、裂殖酵母和曲霉。聚糖的精确结构可能取决于发酵条件。重组生物药物“错误”的糖基化模式可能禁止免疫反应，因此它是理想的适合人源的糖基化模式。因此，通过控制酿酒酵母或粟酒裂殖酵母翻译后糖基化修饰来提供表达重组产品。通过敲除和敲入适当的糖基转移酶可以实现“人源”糖基化模式。“糖工程学”也运用于动物细胞生产的生物药物中，如 CHO-cells。通过敲除海藻糖酶(Fut-8)的无海藻糖抗体极大地降低了癌症治疗中的毒性。人类细胞培养最适合生产人源糖基化模式，许多人类细胞系已经开发出来，这些细胞系可用于商业化生产抗体和其他带有完美的人源糖基化模式的生物药物。

糖基化及其分析

生物体典型的糖基化方式

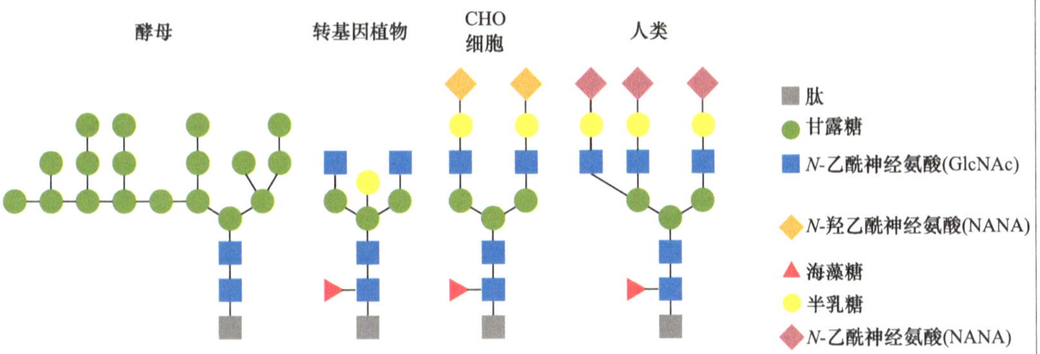

糖基化方式的质谱分析(MS-MS)

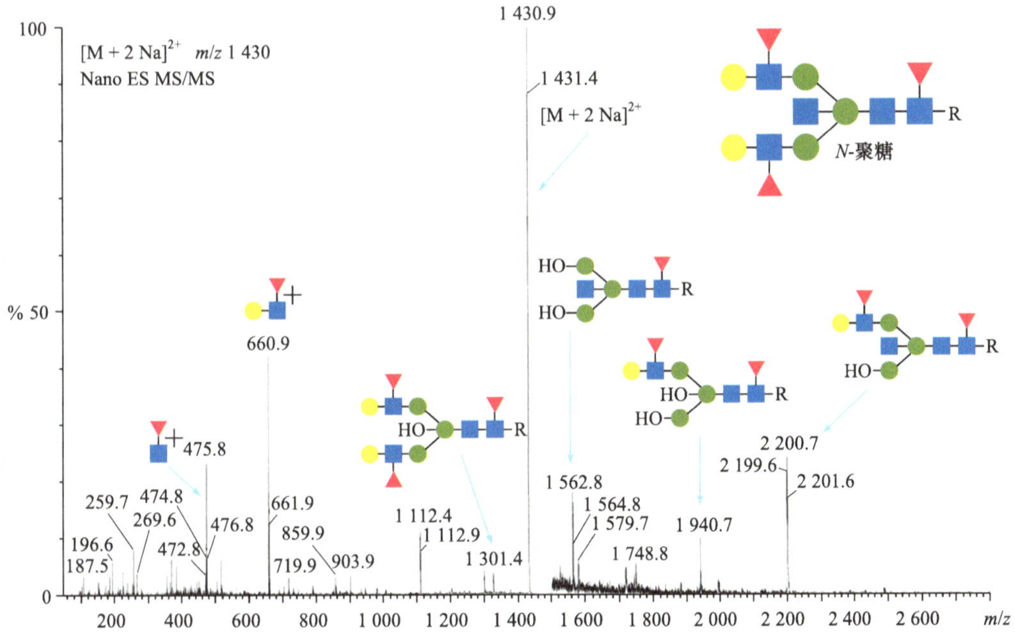

糖基化生物药物的生产方法(部分，2014)

公司	过程	生物系统	应用
Glycode/F	GlycodExpress™	糖工程化的酵母菌株	各种*N*-糖基化
Asahi Glass/J	ASPEX	糖工程化的栗酒裂殖酵母菌株	
ProBioGen/D	GlymaxX®	通过一种假单胞菌来源的酶去除CHO细胞过程中的海藻糖	ADCC增强的无害藻糖抗体
Kyowa Hakko Kirin/Lonza, J/CH	Potelligent®	固定人细胞系	ADCC增强的人源抗体
Grucell (Johnson & Johnson)/USA	PER.C6®	人羊水细胞	人的糖基化方式
Gevec/D	CAP®	人羊水细胞	人的糖基化方式
Glycotrope/D	GlycoExpress™	各种人细胞系	人的糖基化方式

ADCC=抗体依赖性细胞介导的细胞毒性

农业和环境

动物育种

概述

自约11 000年前的"新石器时代革命"以来，人类已经驯养了狗、绵羊和山羊，约8000年前，又驯养了牛、猪和马。在开始时，驯化和繁殖是育种的关键问题。现代动物育种的目标是生产又多又好的动物产品(肉、乳、蛋、羊毛)。例如，现代的肉牛每年可以增加300千克的体重，奶牛年产奶量可能超过10 000升，通过育种技术，这些性能指标在过去的30年内提高了一倍。在史前时期，选择动物交配时一直按照表型标准，而表型标准的价值取决于遗传和环境因素。现在，生殖生物学和基因诊断等现代方法不断发展、应用，对传统的群体遗传学和生物统计学分析等方法起到了很好补充作用。例如：①人工授精；②体外受精(IVF)和胚胎移植；③包含育种标记的遗传图谱的制备；④生产性状或疾病的基因分型标记。到目前为止，转基因动物和动物克隆主要用于基础研究和医学研究，但也有例外，比如用作"细胞工厂"的转基因蚕，以及在其乳腺中生产重组蛋白的转基因绵羊、山羊和奶牛。

人工授精(AI)

早在1729年，意大利医生拉扎罗·斯帕兰扎尼(Lazzaro Spallanzani)就描述了用于狗育种的人工授精。在更早的时候，一些阿拉伯国家就知道将人工授精用于马的育种。1942年，德国成立了首座用于牛育种的人工授精站。人工授精不仅成本低廉，还可以选择具有高育种价值的雄性动物。一头公牛一次射出的精液可以分成400份，每份含有2000万个精子，这些精子可以保存在−196°C。适合人工授精动物的选择是从幼犊开始的，其筛选必须通过增重、体形和其母亲产奶性能等几个步骤。将选择的"试验公牛"与许多母牛交配，在试验期间其后代奶和肉的生产性能将决定"待选公牛"能否成为"育种公牛"，一旦确定，该育种公牛就能够取代多达1000头常规交配的公牛。兽医、人工授精师或饲养员用一份解冻的精液给母牛授精。在大多数工业化国家，90%以上的奶牛是通过人工授精怀孕的。在猪的育种中，约60%的母猪为人工授精。

体外受精(IVF)和胚胎移植(ET)

这两种技术主要用于增加高产奶牛后代的数量。进行胚胎移植(ET)时，对母牛使用适量的激素使其超数排卵，然后进行人工授精，这种方法可产生8个适合胚胎移植的胚胎，当胚胎移植到代孕母牛后，平均可成活4头小牛。尽管该方法在实际应用中已很成熟，但由于其过程复杂且成本较高，导致其难以在农业实践中广泛应用。另一个研究得较为成熟的方法是卵细胞在雌性生殖道外进行的体外受精，这需要成熟地掌握受精卵生成或培养的方法(可用于许多目的)来保护所形成的胚胎。对于母牛而言，卵细胞的获得不需要外科手术，而是用基于超声波的卵泡穿刺。然而在其他动物(绵羊、猪)中，需要用外科手术。通过PCR技术可以在3～6小时内确定胚胎的性别，进而将性别分类后的胚胎提供给感兴趣的饲养员，移植到代孕母体中。

遗传图谱

基因组序列现在可用于许多家养动物，如狗、猫、马、牛、鸡、火鸡、鳟鱼和鲤鱼等。基于这些信息和前期的努力，对许多家养动物建立了详细的遗传图谱，特别是显著影响生产性状的基因。用PCR和RFLP法可以分析基因突变体。与经济相关的实例是猪的兰尼碱受体基因(该基因的突变会极大地影响胁迫耐受性)和影响牛产奶量和质量的编码基因的突变体。目前，大多数性状特征，例如，在赛马中，马的耐力和能量消耗受许多基因的影响，其遗传标记的分析和育种的应用需要进一步的努力。

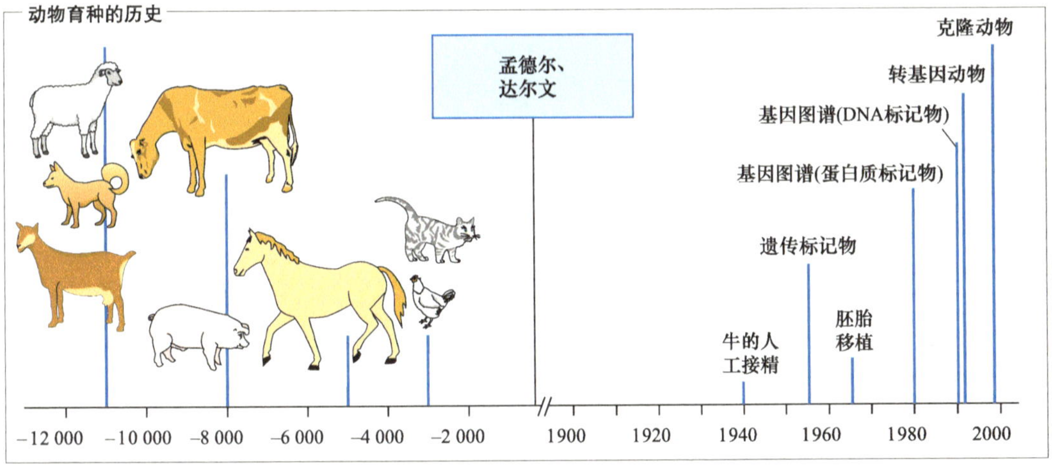
动物育种的历史
孟德尔、
达尔文
克隆动物
转基因动物
基因图谱(DNA标记物)
基因图谱(蛋白质标记物)
遗传标记物
胚胎
移植
牛的人
工授精
−12 000
−10 000
−8 000
−6 000
−4 000
−2 000
1900
1920
1940
1960
1980
2000

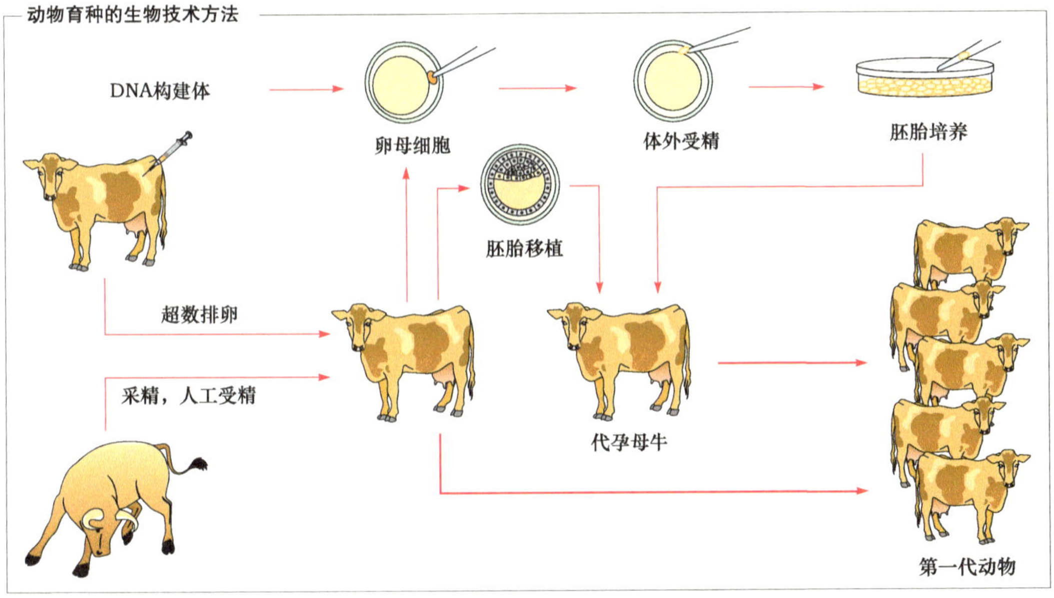
动物育种的生物技术方法
DNA构建体
卵母细胞
体外受精
胚胎培养
胚胎移植
超数排卵
采精，人工受精
代孕母牛
第一代动物

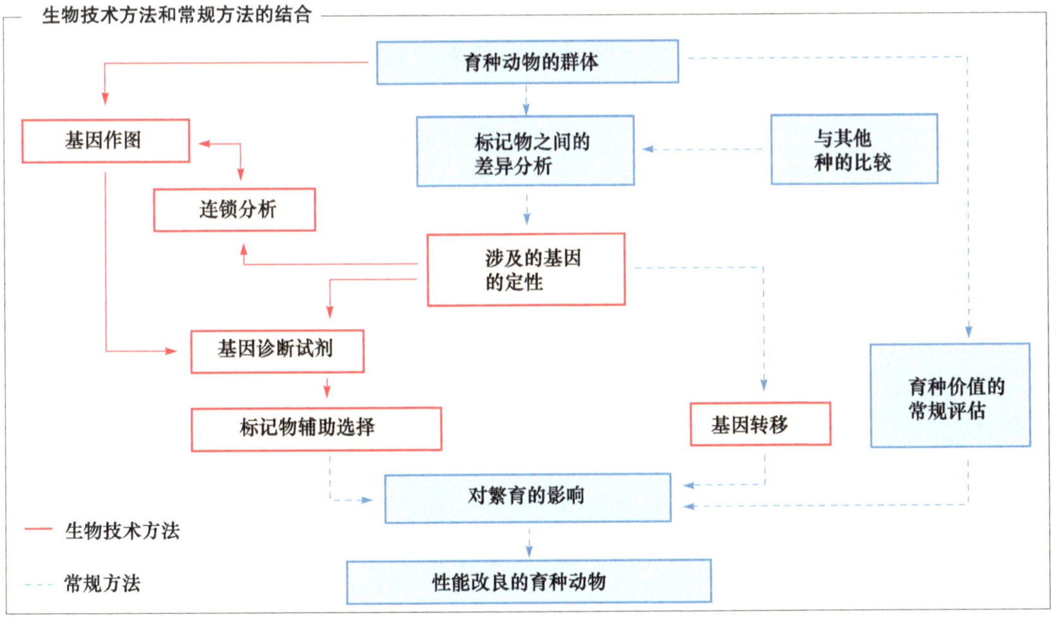
生物技术方法和常规方法的结合
育种动物的群体
基因作图
标记物之间的
差异分析
与其他
种的比较
连锁分析
涉及的基因
的定性
基因诊断试剂
标记物辅助选择
基因转移
育种价值的
常规评估
对繁育的影响
性能改良的育种动物
生物技术方法
常规方法

胚胎移植、克隆动物

概述

本节包括超排卵方法、胚胎培养和胚胎移植到代孕动物体的方法，还提到了转基因胚胎和克隆动物的生产。

哺乳动物的胚胎发育

在第二次减数分裂的中期(卵母细胞Ⅱ)，大多数哺乳动物从卵巢释放卵子。如果接着被精子受精，则减数分裂会继续进行，并释放第二极体，来源于卵母细胞和精子的两个单倍体原核融合，形成合子的二倍体核，接着发生第一次细胞分裂。在进一步分裂期间，核的大小不断减小，一直持续到桑葚胚期。桑葚胚期可以看到第一次细胞分化，形成胚泡，在透明带溶解后，胚泡在子宫黏膜着床，形成胚胎。

超排卵和胚胎培养

对于大多数哺乳动物，用激素处理雌性动物能够排出过多的卵母细胞(超排)。通常也能得到卵细胞，在体外使其受精(IVF)，并在适当的培养基进行培养使其发育至胚胎期。基于经济方面的考虑，大多数的实验是用牛和绵羊的胚胎完成的，这两种胚胎都可以在−196℃无限期保存(冷冻保存)。

胚胎移植(ET)和胚胎分裂

胚胎移植(ET)是将源胚胎移植到同种的代孕母体内，胚胎可来源于超排和人工授精的供体动物，这与胚胎分裂不同。胚胎分裂是通过显微手术从一个桑葚胚分离分裂球，将一组分裂球中的每一个都在体外培养至胚泡期；将其移植到代孕母体后，这些分裂球会发育成遗传性状完全相同的个体。通过这种方法，从一头母牛中通常可以得到 2 个(有时 6～20 个)可移植的胚胎，其中约 50%的胚胎可发育成健康的小牛，这种方法在农业育种中已经广泛应用。

转基因胚胎

在胚胎发育的卵母细胞期或胚泡期，可以通过微注射将基因构建体导入到前核或胚胎干细胞中，用这种方法能将新的遗传物质导入受体胚胎内，所产生的转基因胚胎可以移植到代孕母体，最终生出转基因动物。这一领域的开拓性研究是用小鼠完成的，因为小鼠是基础研究和应用研究的重要实验动物，该方法也适用于农场动物，这是“基因农场”的一个关键问题。

克隆动物

在单细胞生物、植物和低等动物中，无性繁殖产生相同的克隆是普遍存在的。在高等动物中，遗传上完全相同的克隆却很罕见，例如，人类纯合子双胞胎的频率仅为 0.3%。要通过实验产生高等动物的克隆，从雌性供体中取出一个卵子(一套单倍体染色体)，用微量吸管将其细胞核去除；在同种动物的体细胞(例如，从培养的乳房上皮细胞得到的细胞)诱导细胞周期的 G_0 期(当不发生细胞分裂时)，将含有二倍体染色体核的细胞与去核的卵细胞融合，形成的二倍体细胞在细胞培养中或在不育雌性动物的输卵管内发育至胚胎期，最后移植到代孕母体内。1997 年，基于基因分化的体细胞，首次创建了与其母体在遗传上完全相同的动物(多莉羊)。在实验室中，用 277 个去核卵细胞和来自于这些卵的总计 27 个胚胎，但是仅有多莉成功发育成羊羔。尽管这些实验存在很多障碍，通过对其不断地改进，目前已经成功地应用到小鼠、山羊、猪和牛等几十种动物。一些实验技术已用于转基因、单克隆畜群，例如，在奶中产生治疗性蛋白质(基因农场)，繁殖高品质赛马，还有濒危物种的保护。

控制哺乳动物雌性周期的激素

激素	来源	作用
前列腺素 PGF24	化学合成	黄体的降解、性热的释放
促卵泡激素(FSH)	猪垂体或重组蛋白质	刺激卵泡超排
孕马血清促性腺激素(PMSG)*	怀孕马的血清	刺激卵泡导致冲击(brunt)和超排
促性腺激素释放激素	化学合成	诱导排卵

*同义词： eCG=马绒毛膜促性激素

哺乳动物的胚胎发育和生物技术

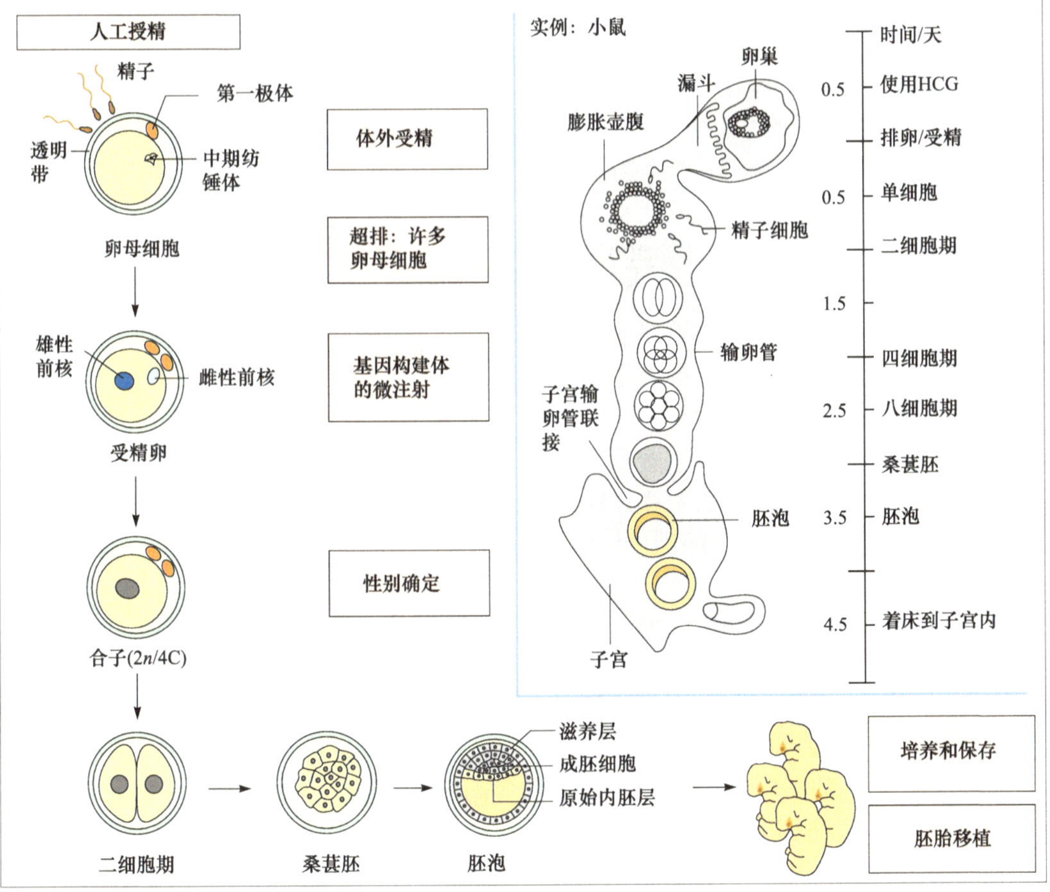

克隆动物

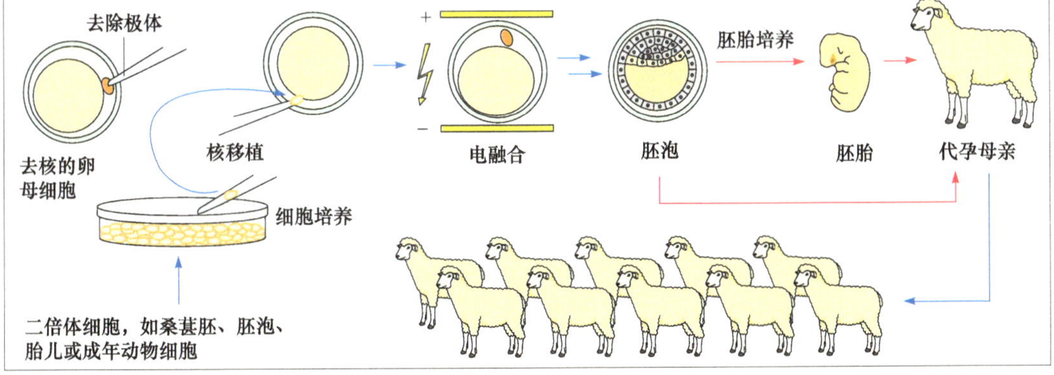

基因图谱

概述

在过去的100年里，通过选择和交配来进行动物育种，建立了统计学的方法来分析遗传和环境的影响。对于重要的家养动物(马、牛、猪、绵羊、山羊、鸡、狗、猫)，许多基因组已被测序，基于遗传特征或标记的连锁，绘制了越来越精确的遗传图谱。相反，物理图谱则是在单条染色体的DNA上标记基因的位置。家养动物的基因组通常在3Gbp左右，与人类基因组具有类似的复杂性。到目前为止，狗和鸡(2005年)，马(2007年)的基因组序列已经完成测序，随后是牛(2009年)和其他动物的基因组。此外，对于许多具有重要经济价值的家养动物来说，基因组层面的耦合图谱确实存在，它们包括数千个微卫星位点，以及数百个具有特定功能的基因。根据这些数据，用PCR方法可以对这些基因的等位基因变异体进行分类，最终这些遗传变异体可与生产性状相联系，并用于育种。

遗传改良

将想要的生产特征(如高产奶量)指派到基因上与组装数量庞大的拼图游戏十分相似，但起源不同(亲本和后代)。为了简化遗传学分析，必须首先对性状形成所涉及的环境因素进行标准化。在育种实践中，通过复杂的统计学方法(如BLUP，最佳线性无偏预测)，可以预测出遗传因素和环境因素对性状值变化的影响。利用人工授精和胚胎移植等方法，一组家养动物的半数基因库来源于一个亲本，这样可以在其后代中更精确地分析性状的遗传起源。然而，没有一种方法中能够以简单的方式分析出单个基因多态性对复杂性状的影响。

基因图谱和基因组测序

由于大多数家畜的基因组大小约3 Gbp，而DNA的直接测序时每个反应只能测600bp左右，因此需要用更复杂的方法来定位单个基因。鉴定DNA标记序列在亲本DNA中多态性(即由不同的等位基因组成)和追踪等位标记基因在子代中的遗传性具有重要的意义。微卫星DNA是所用的最重要的标记物，它们有大量的串联重复序列(VNTR)，常见于哺乳动物的基因组内(每个基因组约有50 000～100 000个微卫星基因座)。第二种分析DNA标记位置的方法是RFLP分析(限制性片段长度多态性)。这种方法是用内切核酸酶消化亲本和子代DNA，并通过凝胶电泳比较所产生的片段。这种方法可制作多态性图谱，在理想的情况下，这些图谱与生产性状的价值相关，因此对育种实验很有用。一旦确定了某个对育种具有重要影响的多态性在基因组上的位置，就可以通过PCR扩增基因座，用PCR产物进行序列分析。然而，需要注意的是这种方法要有足够的相关基因的内含子——外显子结构信息，最好优先分析转录的mRNA或其cDNA。对具有重要经济价值的家养动物(如鸡、牛和猪)，已经通过观察遗传性状、基因和DNA标记物获得了其基因图谱。连锁分析能够提供基因和标记物在染色体DNA上相对位置的更多信息，因为这种方法能够记录在减数分裂的交换期间所发生的重组事件。在国际“1000公牛基因组计划”中，全基因组关联研究对200多种不同种族的动物进行测序，尝试鉴定育种相关的等位基因。近年来，遗传育种的一个新发现是表观遗传学，其在抗胁迫或抗病性育种研究中起到了重要作用。全表观基因组关联分析可以用来检测哪些表观遗传特征与育种中不期望得到的性状具有关联型。

基因作图的方法

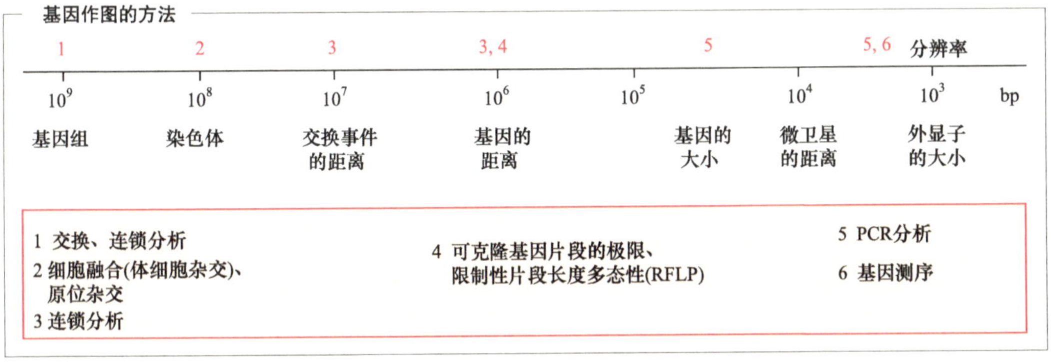

猪6号染色体的基因图谱

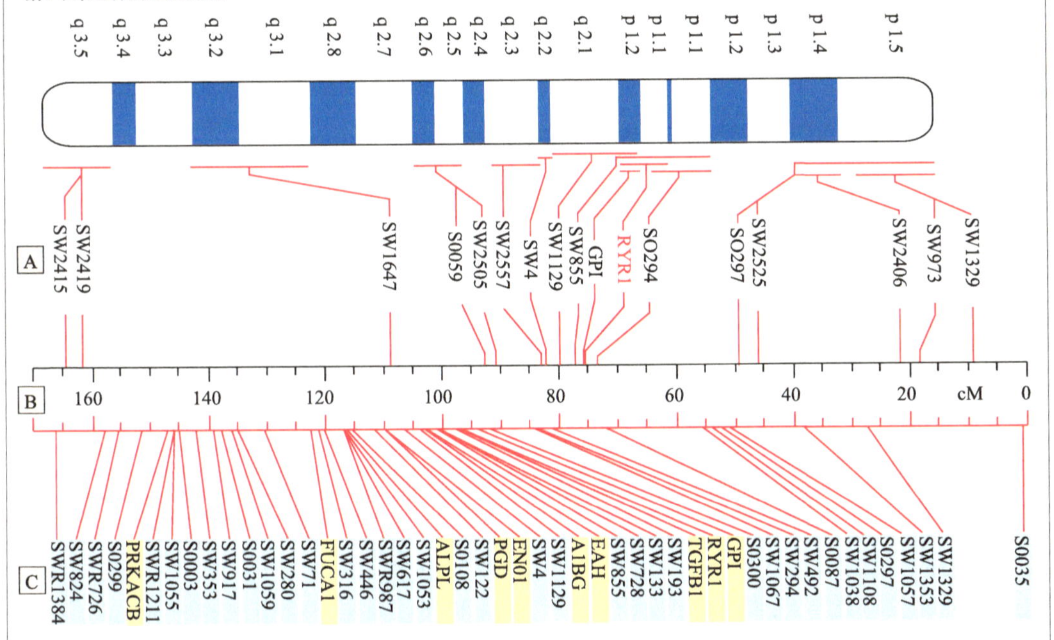

A 物理图谱和原位杂交所用的探针

B 遗传图谱(cM)

C 蓝色：微卫星(标记物基因座)。黄色：基因区段，例如，*RYR1*,与“应激敏感性”表型相关的一种受体蛋白

RFLP和微卫星标记物

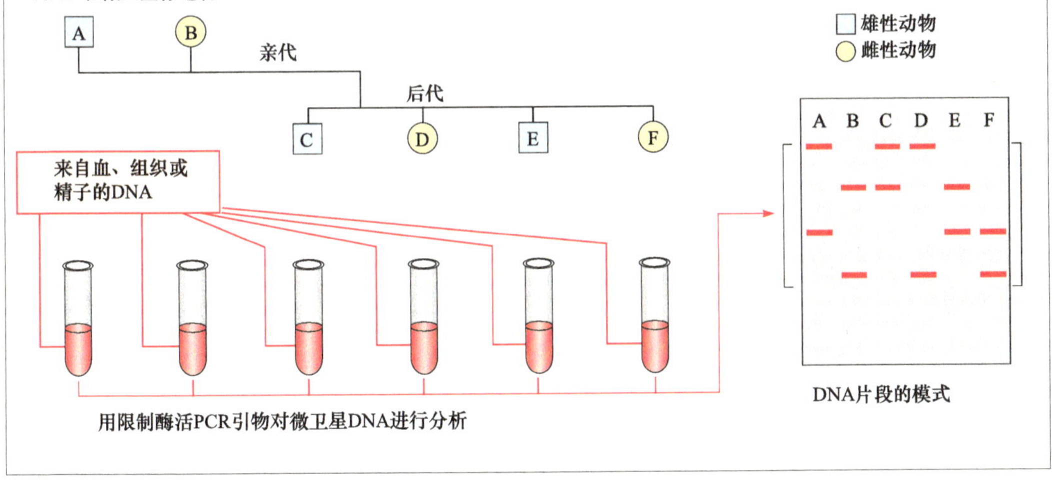

转基因动物

概述

转基因动物可以表达外源基因(敲入)或不表达自身基因(敲除)，在基础研究中具有重要作用，可作为人类疾病和动物育种研究的动物模型。由于小鼠在生理上与人类接近，且容易饲养，所以是最重要的动物模型。

转基因动物

为了将杂合基因型的副作用最小化，转基因动物最好来源于亲代近交系。在小鼠中，兄弟与姐妹间近交 7～10 代，可产生大量纯合子群体。在进行外源遗传物质转移时，最常用的方法是将基因构建体微注射到胚胎干细胞(ES)的前核中。尽管这种方法很快，但只有少数胚胎能够存活。合适的载体通常包括内含子-外显子结构体、启动子和 polyA 信号序列，这个序列重组到受体动物基因组后，常常同时在不同的位置出现几个拷贝。对于基因敲除实验来说，这是所不希望的，所以首选在体外转染胚胎干细胞的方法。使用一种插入载体，它含有一段与替换基因同源的 DNA 序列，但缺失了在编码某种功能性基因中发挥重要作用的序列，通过诱导双链断裂或交换来启动重组，导致功能性基因的失活。用选择性标记或基因捕获(将一个报告基因克隆到目的基因的外显子或调控序列中)可以很容易地控制此类实验。使用这种基因打靶的方法，可以获得只有一个基因拷贝整合到 DNA 序列中的特定位置的受体细胞。对于基因沉默，广泛使用的是各种反义或干扰 RNA 构建体(基因组编辑)。一些性细胞中含有新重组或沉默基因的子代(嵌合体动物种系)，会被用来进一步培育纯合转基因动物(第一代转基因动物)。

转基因小鼠

给近亲繁殖的雌性动物腹腔注射人绒毛膜促性腺激素(HCG)诱导超数排卵，然后通过交配使其受孕。从其输卵管中可以得到多细胞期、桑葚胚或胚泡(取决于制备的时间)，这些细胞可以通过转染或显微注射来进行转化。在转染方法中，从胚泡中制备全能性的胚胎干细胞(ES 细胞)并在组织培养中繁殖，可以用适当的 DNA 载体进行转化，之后重新注入胚泡中，从而产生转基因胚胎。在微注射方法中，将携带适当外源 DNA 的载体注射到较大的雄性前核中(在受精后的卵细胞中可见)。上述两种方法中，将转化的胚泡或卵细胞植入到代孕母鼠的子宫内，代孕母鼠需先与切除输精管的雄性小鼠交配，以产生假孕。

应用

1982 年，首次将大鼠生长激素的基因构建体微注射到受精小鼠卵的前核中，并在代孕鼠体内发育成转基因“超级小鼠”。利用这种技术，可以分析特定的基因在遗传学疾病中的作用，例如，通过敲除实验，关于这个基因是否与病理状态有关的实验证据就会增加。在“肿瘤鼠”(oncomouse)中，激活的 *v-Ha-ras* 致癌基因与一个胚胎启动子偶联，在表皮受伤后会导致皮肤瘤的形成，这样，肿瘤鼠可用来进行诱变剂的皮肤试验。β-淀粉样前体蛋白(APP)突变的转基因小鼠可用作阿尔茨海默病(Alzheimer’s disease)的动物模型；有遗传免疫缺陷的 SCID(重度复合型免疫缺陷病)小鼠可用作免疫疾病的模型。截止到 2013 年，已有大约 50 000 个表型注释的小鼠基因型被录入到小鼠基因组信息学(MGI)数据库中，这些小鼠模型可应用于 1274 种人类疾病的研究中。目前，许多小鼠品系的基因组序列已经完成测序，而转基因小鼠的研究，则对人类基因组功能的分析具有十分重要的研究价值。除了小鼠之外，大鼠也是重要的实验动物，而且转基因大鼠在市场上现已有售。此外，由于猪同样是人类优良的生物医学模型，科研人员也对猪 SCID 开展了相关研究。

“超级小鼠”

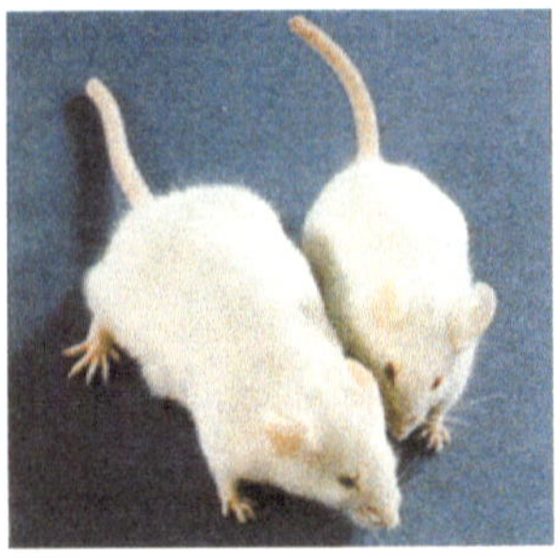

将含有大鼠生长激素基因的基因构建体微注射到一个受精小鼠卵的前核中以后（右侧：对照）

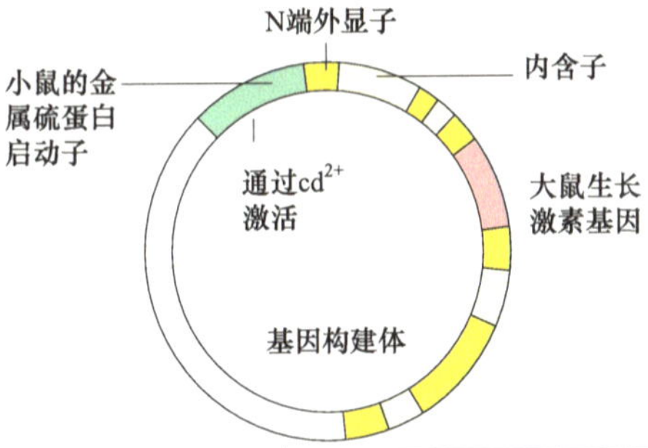

转基因小鼠

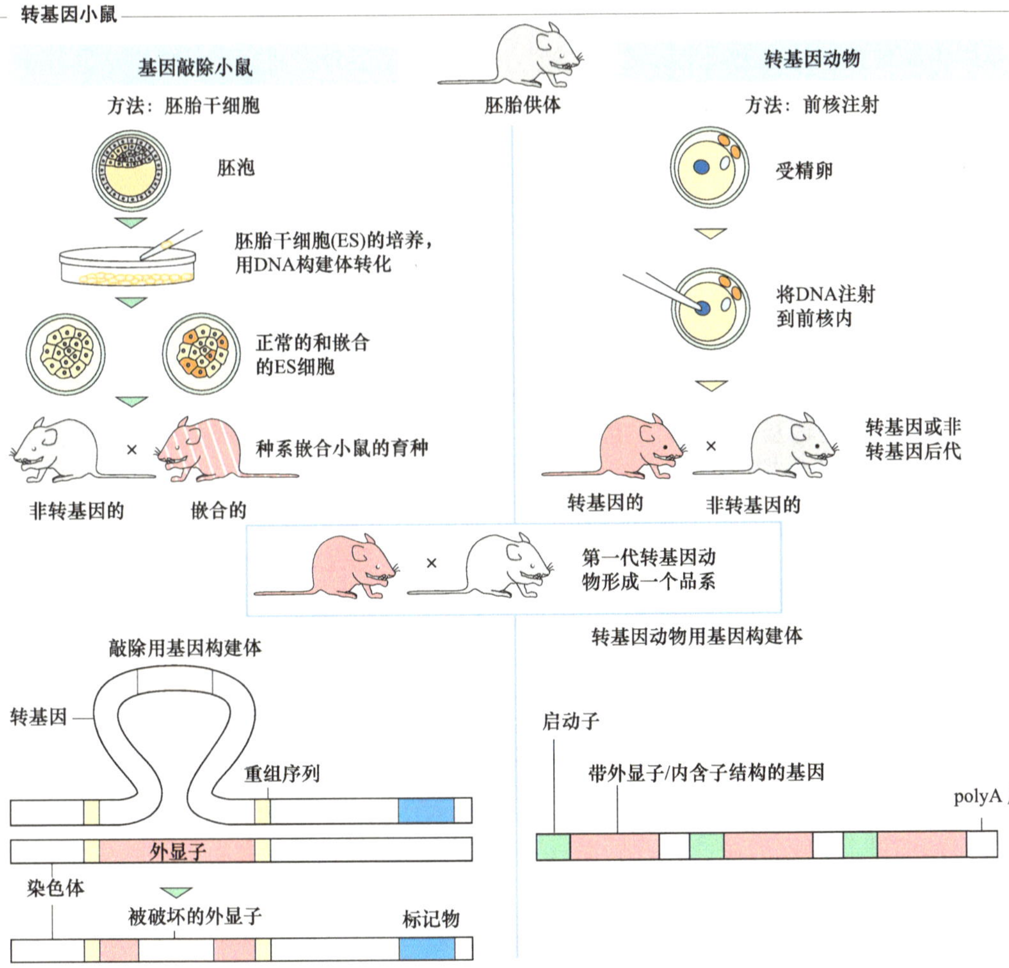

临床研究用的小鼠品系*

改变/缺陷	应用
常规育种	裸鼠或无毛小鼠，用于皮肤相容性试验
表达大鼠生长激素	“超级小鼠”
免疫系统缺陷	SCID小鼠：免疫缺陷
p53肿瘤抑制蛋白缺陷	致瘤小鼠：致癌作用
血管紧张素原缺陷	高血压小鼠
CTFR缺陷	囊肿性纤维小鼠(用于基因治疗试验)

*截至2013年，已报道了1200多种可作为人类疾病研究模型的转基因小鼠

育种、基因制药和异种移植

概述

DNA 重组技术广泛用于提高动物性产品产量的研究，例如，生产瘦肉和无乳糖或无过敏原牛奶的转基因牛的育种；具有更高半胱氨酸生物合成能力的转基因羊，从而提高羊毛的产量；生产特种丝线的转基因蚕；以及表达重组植酸酶的转基因猪。此外，转基因狗、鸡、鲑鱼和赛马也正在研究中。由于对技术的要求很高及受公共舆论的影响，转基因动物的应用仅限于某些领域。例如，已通过基因工程技术在山羊、绵羊和牛的乳汁中生产有药用价值的蛋白质(基因农场)。类似的技术应用于转基因植物中，会大幅提高产量，这比在生物反应器中使用转基因动物、一般动物或微生物细胞进行培养更具有竞争性。特别是对于心脏移植，考虑用转基因猪为人类提供可替换的器官(异种移植)。

转基因动物的育种

转基因动物的育种最初集中在通过基因转移增加内源性的生长激素来加快动物的生长。最近，则更注重于其他目的，如增强对疾病和压力的抵抗力，以改善肉或蛋的质量。在哺乳动物中，可以通过对受精卵细胞前核的微注射和胚胎移植来完成基因的转移。用重组的反转录病毒或重组的精子受精来转化鸡，用 DNA 电穿孔卵细胞可以得到转基因鱼。这些技术的一个应用实例是通过克隆一种抗冻蛋白来改善鱼对冷的耐受能力。

基因制药

一些生物医学上的重要蛋白质可以分泌到转基因动物的乳汁中，将目的基因克隆在β-或αS1-酪蛋白启动子下游，将适当的基因构建体注射到受精卵前核中，形成转基因胚胎。尽管这种技术的成功率还不高(<0.1%的经处理卵细胞可发育成胚胎)，但是已培育出能够生产重组蛋白的转基因动物，如α1-抗胰蛋白酶、tPA、尿激酶、IGF-1、IL-2、乳铁蛋白或人血清白蛋白，产量可达 $35g \cdot L^{-1}$ 乳汁。目标产品可以从乳汁中分离或直接使用乳汁。由于一头高产奶牛每年可生产高达 10 000 L 的牛奶，因此，一头转基因奶牛所产生的第八因子可满足整个美国的需求(120 g)。人抗凝血酶(ATryn)是一种具有抗凝血特性的血浆蛋白，已经在转基因山羊中生产，并在 FDA 和 EMEA 注册，可供人体使用。

异种移植

截至 2014 年，有超过 12 万的美国公民等待器官移植；其中，约 10 万人等待肾脏移植，约 3000 人等待心脏移植，但每年只能得到约 2000 颗心脏。在此背景下，研究人员正在对作为器官供体的转基因动物进行研究，其中最适合的动物是猪：它的器官在大小、解剖学和生理学上都与人相似。在异种移植中，关键问题是器官的免疫排斥，可分为：①过急性免疫排斥(几秒至几分钟)，基于受体补体系统的迅速激活；②急性免疫排斥(几天)，基于 T 细胞的反应；③慢性免疫排斥(长达几年)，其确切机制尚不清楚。当从其他种属的动物移植器官时，最主要的目标是防止过急性免疫排斥。为此，已获得了补体级联系统替换成人的系统的转基因猪，一个关键的改良是 hCD55(衰变促进因子，DAF)的克隆。当补体系统中含有这种因子的转基因猪的心脏移植到灵长类动物时，受体动物存活了约 40 天，而对照动物则在几分钟内死亡。另一个目标是敲除猪的α-1,3-半乳糖基转移酶，因为α-连接的末端半乳糖残基只在猪的器官组织中存在，在人体中则会形成抗α-1,3-半乳糖抗体。

在转基因动物中改良的生产性能

	效果	靶蛋白质或编码基因
猪	恶性高热综合征肌肉中的Ca代谢	6号染色体上的雷诺丁受体基因(*RYRI*): cys→ arg
牛	*κ*-酪蛋白：乳的质量	*κ*-酪蛋白基因
鲑鱼	增强温度耐受性的抗冻蛋白质(AFP)	表达美洲拟鲽的AFP编码基因

用转基因山羊生产药品

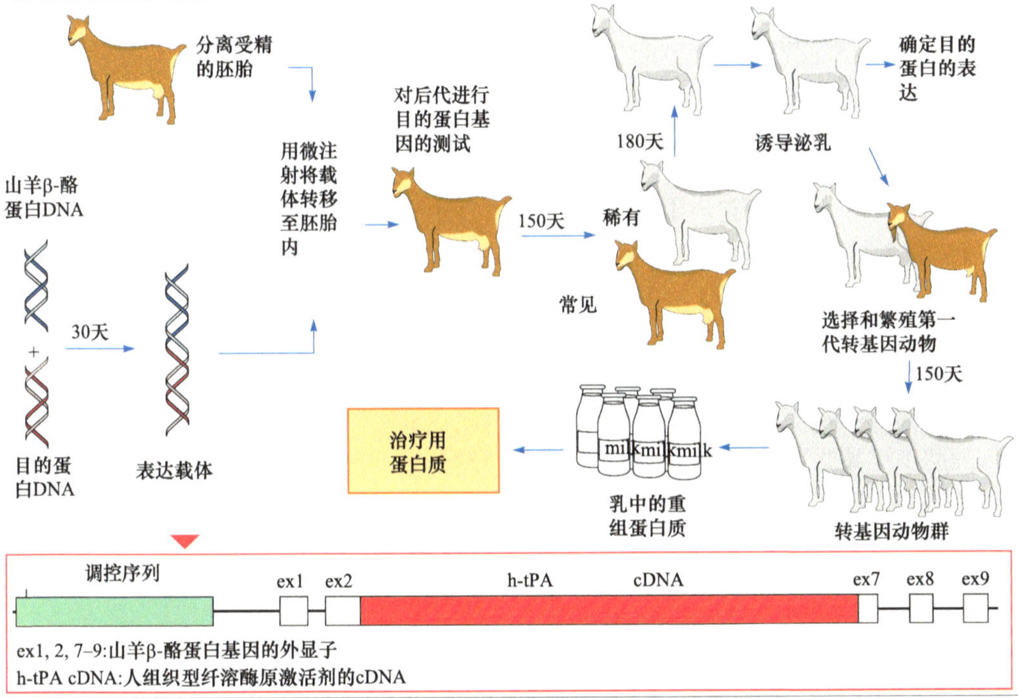

在转基因动物乳中表达的治疗用蛋白质

基因构建体	重组蛋白质	表达量/(mg · L^{-1})	转基因动物
WAP	tPA (cDNA)	0 ~50	山羊
WAP	C 蛋白(cDNA)	1 000	猪
BLG	α1-抗胰蛋白酶(基因组DNA)	3 500	绵羊
BLG	人血清白蛋白	1 000	小鼠
山羊的β-酪蛋白	tPA (cDNA)	3 000	山羊
母牛αS1酪蛋白	尿激酶(基因组DNA)	2 000	小鼠
母牛αS1酪蛋白	胰岛素生长因子(IGF-1)(cDNA)	10 000	野兔

注：WAP=乳清酸性蛋白；BLG=牛β-乳球蛋白。

生产性能比较

蛋白质	美国市场/(kg/年)	作为来源的血浆/L	奶牛数量(乳产量=10 000 L/年)
第八因子	0.120	1 200 000	1.2
C蛋白	100	20 000 000	100
纤维蛋白原	200	500 000	20
α1-抗胰蛋白酶	800	4 000 000	80
血清白蛋白	100 000	2 000 000	5 000

植物育种

概述

约 11 000 年前，人类开始栽培植物，与其野生型的祖先相比，这种长期育种使得现在栽培的植物能够产生更多的生物量、果实和种子。人类及其家养动物在很大程度上依赖这些栽培的植物，即使是今天，地球上的 72 亿人中仍有约 1/4 的人营养不良(2014)。2100 年全球人口预计将达到 120 亿，因此未来一个很主要的需求就是植物产量的增加。

植物育种

植物育种的结果被称为栽培品种——一种合乎以下规范的植物品系：具有这种品种的典型特征并通过繁殖而遗传得到的。一个品种来源于杂交和选择，根据繁殖类型、花粉的来源，以及植物的基因结构和组成的不同，可以分为品系、种群、合成品种、克隆和杂种。在遗传上为纯系的品种是通过自受精而得到的，如小麦、稻、大麦和甘蔗。但是，玉米、马铃薯、大豆和甜菜等一些开花植物则是远系繁殖的，其杂合程度更高。如果他们能够像马铃薯和甜菜那样无性繁殖，则能够得到一种狭窄基因型的合成品种或克隆品种。通过强制的自受精(近交)，远系繁殖的植物可以培育成高度杂合但却是完全纯系的杂交品种。为此，在某些植物(如玉米)的育种中就要除去雄性花序，然而如果雄蕊和雌蕊在一朵花内，则这种操作会很困难。此问题的解决方案之一是使用雄性不育的亲本品系，有两种方法可供选择，一种是使用细胞质雄性不育(CMS，由线粒体基因组编码)，另一种是使用自交不亲和(SI)品系，这是一种广泛分布的防止自花授粉的自然机制。然而，杂合的个体往往比纯系的个体要强壮，这可能是因为异等位基因产物被灭活的可能性要少一些，或是异等位基因产物表现出较宽的功能范围，这种特性(杂种优势)常常被用于回交，这与选育生产抗生素微生物的方法相似。在园艺行业使用类似的方法已经开发了 11 000 多种品系，仅就美国而言商业价值就达到了 120 亿美元(2009 年)。

林业

在人类早期的历史中，森林的过度砍伐造成了大面积的土地侵蚀和裸露，现在，在热带雨林中又发生了类似的情况。只有从约 1800 年前开始，人们才在欧洲的中部和北部建立了可持续性的林业经济(如松树必须达到 100 年树龄才可以砍伐，橡树要求达到 300 年树龄)。木材(年产量约 7×10^{10} 吨)是一种有价值的可再生资源,将来很可能会用于生产化学原料，包括发酵的原料。现在，木材主要用于生产木料、纸板及用于造纸和纤维素工业。

现代生物技术方法

许多方法可用于产生或筛选新的基因型。化学诱变、射线和转座子已用于产生突变株，诱导染色体倍增(多倍体)或消除也被广泛应用。雄性不育对杂交杂种的培育是非常重要的，通过基因工程技术可以实现雄性不育。例如，在一种花粉特异性启动子的控制下，表达具有高度活性的来自于液化淀粉芽孢杆菌的 RNA 酶，可以使花粉灭活；通过表达一种抑制 RNA 酶活性的恢复基因(restorer gene)，可以调控这一过程。愈伤组织、分裂组织、原生质体或单倍体培养物(通常可再生为完整的双子叶植物或单子叶植物)的制备使植物育种发生了变革，因为这样可以显著地加快传统的选择步骤。转基因植物可以表达抗病毒、真菌、细菌、除草剂或杀虫剂等不同因子，但也可以用基因工程方法使其表达高价值的产品。植物的全基因组测序将为其育种建立定向的方法。

植物育种的方法

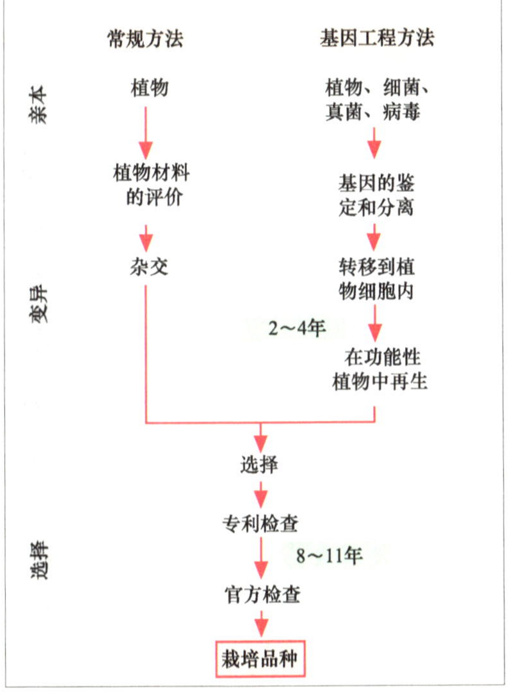

农作物的产量(2000年)

产品/植物		全球产量($\times10^6$吨)
蔗糖	*Saccharum officina rum*	1 260
玉米	*Zea mays*	594
稻	*Oryza sativa*	594
小麦	*Triticum aestivum*	584
亚麻	*Linum usi tatissimum*	503
马铃薯	*Solanum tuberosum*	321
甜菜糖	*Beta vulgaris*	246
木薯	*Manihot esculenta*	175
大豆	*Glycine max*	161
甜马铃薯	*Ipomoea batatas*	142
大麦	*Hordeum vulgare*	132
番茄	*Lycopersicon esculentum*	98
葡萄酒	*Vitis vinifera*	64
高粱	*Andropogonoideae*	58

技术进展

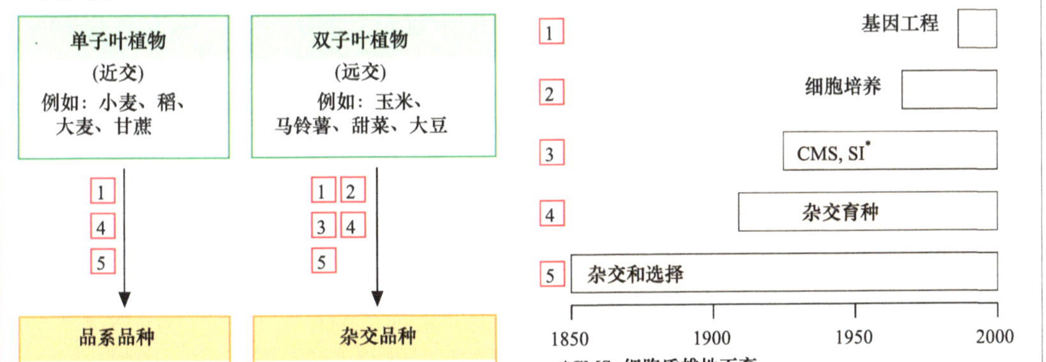

*CMS: 细胞质雄性不育
SI :自交不亲和性

植物基因组的大小

种类		染色体数目	倍体型	基因组/1 000Mb
单子叶植物				
大麦	*Hordeum vulgare*	7	2	4.8
稻	*Oryza sativa*	12	2	0.42
小麦	*Triticum aestivum*	7	6	16
双子叶植物				
玉米	*Zea mays*	10	2	2.5
拟南芥	*Arabidopsis thaliana*	5	2	0.1
油菜	*Brassica napus*	19	2	1.23
番茄	*Lycopersicon exculentum*	12	2	1
烟草	*Nicotiana tabacum*	12	4	4.4
马铃薯	*Solanum tuberosum*	12	4	1.8

植物组织表面培养

概述

在过去的40年中，人们已能够将植物器官(根、叶等)的组织和细胞，繁殖成为器官培养物。通过植物激素处理，这种培养物通常能够再生成完整的可繁殖的植物。这种方法已被广泛地用于基础研究中，同时也可用于：①通过微繁殖，从一个母株中生产大量的植物；②培育特性改良的植物(体外选择)；③以无病毒的方式繁殖观赏植物和园艺植物；④生产转基因植物；⑤将濒临灭绝的植物品种以可再生的细胞培养物(生殖质)的形式保存。植物组织培养物也可用于生产次级植物产品。

方法

一种被称为体细胞胚胎发生的方法是在无菌条件下，从植物(无菌种子长成的)的目的器官中取出组织(外植体)，然后转移到培养基中进行培养。由于大多数的细胞和组织是异养的，所以培养基中须包含其生长所需要的碳源(如葡萄糖、蔗糖)和氮源(硝酸盐)，培养基中还含有维生素、微量元素、植物细胞分裂素(如激动素或玉米素)和生长因子(如3-吲哚乙酸、2，4-二氯苯氧基乙酸或脱落酸)。对于难培养的细胞，则需要使用更复杂的培养基。培养物通常在无菌培养室中生长，控制培养室内的光线、湿度和温度(气候培养室)。根据培养条件和起始材料的不同，可以得到愈伤组织、悬浮培养物、分生组织或单倍体培养物。

愈伤组织培养物

以未控制方式生长的一种受伤组织称为愈伤组织。在植物中，它来自于外植体切面的平面。愈伤组织可以在琼脂平板的表面上培养，是生产未分化的、全能性植物细胞的起始材料。如果愈伤组织培养物不是太“老”，用植物激素处理可以使完全分化的植物再生。

悬浮培养物

与微生物和动物细胞一样，已获得的植物细胞(例如，通过植物器官的浸渍)可以在液体营养培养基中繁殖。与愈伤组织培养相比，悬浮培养物具有更多的细胞类型，很难维持一个标准的方式。

分生组织培养物

分生组织是植物的胚胎细胞，能够无限地分裂。在无菌条件下，从嫩枝、根或腋生枝能以无叶植物球果的形式分离到分生组织，并可以长成愈伤组织培养物或悬浮培养物。分生组织培养物特别适用于获得大量无特异病原体的植物，其方法是将分生组织细胞在40℃短暂加热，得到大量无特异病原体和无特异病毒的培养物(其原理可能是通过形成热激蛋白杀死病原体和病毒)。从这些培养物能够得到无特异病原体和无特异病毒的植物幼苗，但是这些幼苗无抗性，能够被感染。葡萄树、草毒、香蕉、甘蔗或马铃薯的分生组织培养物和观赏植物(如康乃馨、水仙、菊花和兰花)的分生组织培养物使园艺种植发生了变革。据估计，每年无病毒种子或幼苗的全球市场约为几十亿美元。

单倍体培养物

是植物性器官(特别是小孢子)的培养物。经过表面培养繁殖后，单倍体培养物能够再生成只有一套染色体的不育单倍体植物；在有丝分裂药物秋水仙素的存在下或经原生质体融合，单倍体培养物可再生成纯系二倍体植物(double haploids, DH)。对育种者来说，这样的植物具有重要的意义，因为它们能够将一套恒定的性状传递给后代。大多数与经济相关的遗传特性都是由几个基因的相互作用共同决定，单个基因变异引起的作用通常很小。二倍体的培育能够真正实现植株的大量繁殖，因此，它们对于绘制数量性状位点(QTL)是非常有用的。目前单倍体培养物正用于马铃薯、大麦、油菜、烟草和一些药用植物的育种。

体细胞克隆变异

虽然在常规微繁殖(micropropegation)中，克隆的保真度很高，但是在植物细胞的培养过程中，染色体的不稳定性可能导致再生幼苗基因型和表型的变化，利用这一特点可从细胞培养物中恢复对作物改良有用的新基因型。

分裂组织培养物的制备和再生

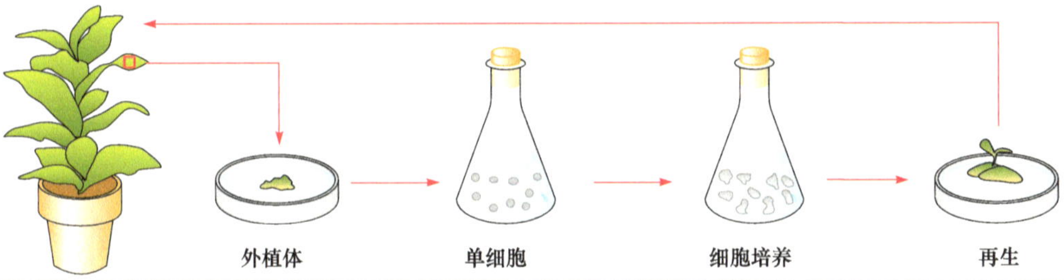

植物激素的影响

	外植体	愈伤组织	根	嫩芽	不生长
植物生长素	–	3.00 mg·L^{-1}	3.00 mg·L^{-1}	0.03 mg·L^{-1}	–
细胞分裂素	–	0.2 mg·L^{-1}	0.02 mg·L^{-1}	1.00 mg·L^{-1}	0.2 mg·L^{-1}

	结构	功能*
植物生长素	3-吲哚乙酸，(2，4-二氯苯氧基)乙酸(一种合成的植物生长素)和其他	诱导纵向生长，高浓度抑制根的形成和细胞分裂
细胞分裂素	激动素，6-苄氨基嘌呤，赤霉素和其他	刺激愈伤组织的形成、细胞生长和纵向生长

*单独的植物生长素：愈伤组织的形成；单独的细胞分裂素：降低细胞分裂

分裂组织培养的无病毒植物幼苗

	消除
番茄	番茄aspermic病毒
草莓	线虫传多角体病毒和其他

	消除
菊花	菊花B病毒、菊花矮小类病毒

注：通常将分裂组织培养物在40℃热处理。

单倍体培养物

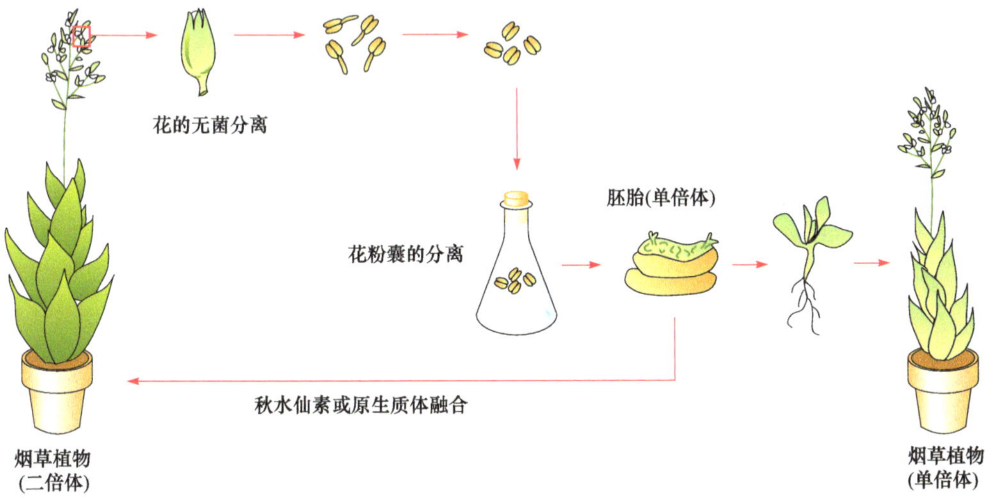

植物细胞悬浮培养

概述

与微生物或动物细胞一样，在通气条件下，植物细胞可以在含有植物激素的无菌液体培养基中繁殖(悬浮培养)。如果将这样培养的细胞铺至固体营养培养基上，可发育成胚状体，胚状体可再生成完整的植物。植物细胞的悬浮培养用于：①快速筛选带有所期望的新特性的变异体；②制备原生质体细胞和转基因植物；③在生物反应器中生产次生植物代谢产物。

方法

将储存的培养物或愈伤组织培养物中获得的植物细胞转移至含有碳源、氮源、矿物质和植物激素的液体培养基中，植物细胞以异养的方式生长。进行悬浮培养时，需要使用摇瓶；为了生产次生代谢产物，首选容积达几立方米的生物反应器。

筛选用的悬浮培养

悬浮培养是快速考查具有新特性(如高耐盐性、高抗除草剂能力或生成次级代谢产物)细胞变异体的有力工具。由于比传统的新变异体筛选方法更快(传统的方法是通过播种、生长，对几代的植物进行考查)，所以这种新方法在植物育种中已普遍应用。例如，用于改良大豆、柑橘、甘蔗、玉米、小麦和马铃薯品种，特别是用于制备新的耐应激和病原菌的植物杂种。这种方法的不足是会选择到带有非期望性状的突变体，此外，从悬浮细胞中再生完整的植物并不容易，而且再生植株的选择性与悬浮培养中观察到的特性可能会有差异。悬浮培养广泛用于筛选，如通过定向基因转移在转基因植物中表达所希望的遗传性状。

原生质体培养物

在等渗溶液中，使用纤维素酶、半纤维素酶和果胶酶，小心的去除植物细胞壁多糖可得到原生质体。通过化学法或电击法，生成的原生质体能与其他原生质体融合(原生质体融合)，得到基因组发生组合的杂种体细胞。如果原生质体与去核的胞质融合，则能够获得遗传物质来源于胞质细胞器(质体)的纯合子性状，该方法已成功用于转移雄性胞质不育。由于它能保证植物完全的远系繁殖，因而在育种中有很高的价值。研究人员对不同植物品种间的原生质体融合进行了深入的研究(如马铃薯+番茄=马铃薯番茄)，但到目前为止，尚未获得新的植物品种。

植物细胞生物反应容器

植物细胞能够繁殖成具有遗传全能性细胞悬浮培养物，有时可用来生产有价值的产品，例如，使用容积达几立方米的生物反应器从植物的悬浮培养物中工业化生产次级代谢产物，如紫草素、黄连素、紫杉醇。在紫杉醇的生产中，通过内生青霉菌进行繁殖传播，形成一种特殊的紫杉醇细胞系来进行合成。在一个次级代谢产物生产的典型案例中，将植物激素处理后的愈伤组织培养物细胞转移至悬浮培养物中，逐渐增加反应器的规模。一种 75 000 升的生物反应器已经应用在紫杉醇的生产中。有些人试图将悬浮的植物细胞用于单步生物转化(如区域选择性的苷化反应或羟基化反应)，但在经济上未获得成功，因为这些反应往往可以利用更简单的方式进行(用酶或重组微生物)。研究人员还对搅拌式反应器、气升式反应器、鼓泡塔和其他反应器进行了研究。经常使用一次性生物反应器来探索最佳条件，如培养基优化。发酵产品的回收遵循标准化的方法。尽管这种技术所涉及的工艺工程挑战已基本解决，但是高产细胞系的稳定性仍然是一个常见的问题，这进一步证明了我们对大多数次级代谢产物的生物合成及其调控机理仍然知之甚少。

原生质体融合

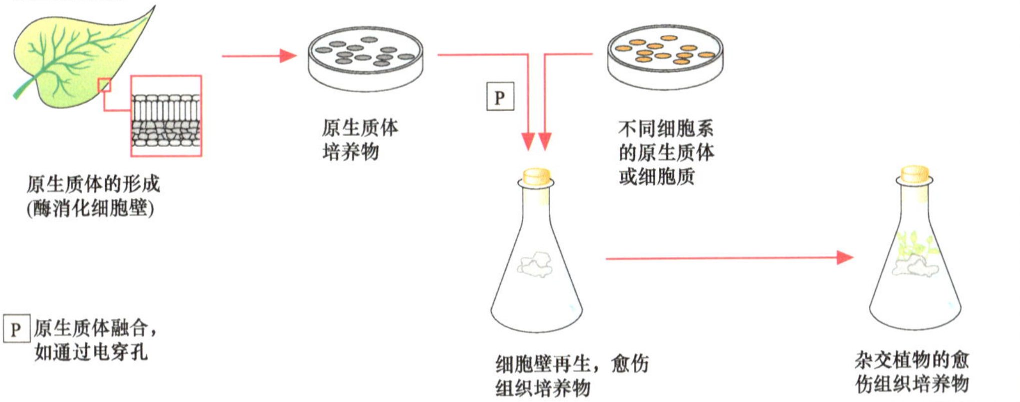

用于选择的悬浮培养

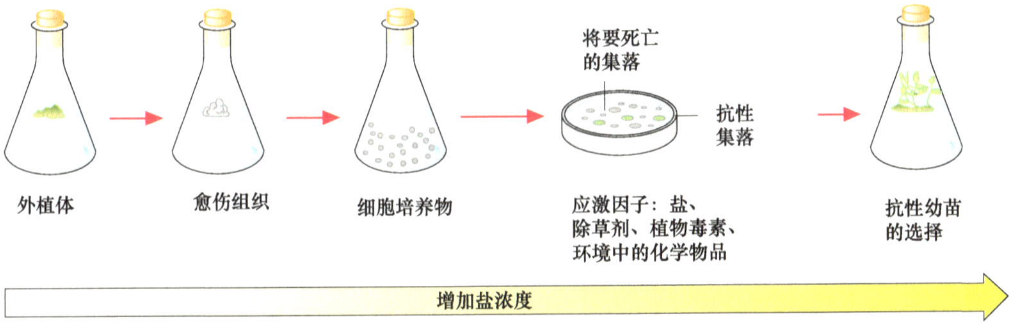

用于植物细胞培养的生物反应器类型

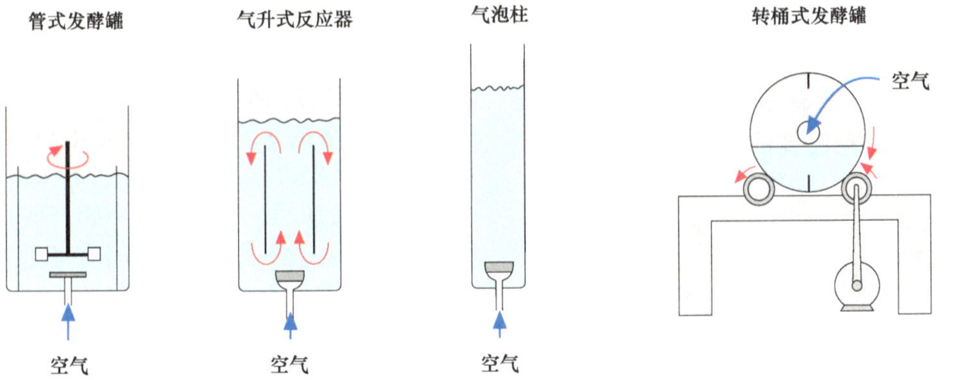

植物	产品	应用	规模、产量、备注
Digitalis lanata	从甲基洋地黄毒苷生成甲基地高辛(12β羟基化作用)	心脏/循环治疗药	300 L气升式反应器，半连续工艺，40~60h，约75%的产量
Lithospermum erythrorhizon	紫草素	化妆品	两阶段感应器，200 L或750 L，23天的时间
Berberis sp.	原黄连素	药品	达 1.7 $g \cdot L^{-1}$
Panax ginseng	人参片	保健品	30L反应器
Coleus blumei	迷迭香酸	药品	产量不明
Taxus spp.	紫杉醇	抗肿瘤药	14天后达 1 $g \cdot L^{-1}$
Vanilla planifolia	香兰素	香味化合物	45天后 16 $mg \cdot L^{-1}$

转基因植物：方法

概述

目前已研制了多种将外源 DNA 转移到植物基因组中的方法。在双子叶植物(如番茄、烟草、马铃薯、茶和大豆)中，首选的方法是使用根癌土壤杆菌(*Agrobacterium tumefaciens*)的 Ti 质粒，对于可以从原生质体再生的双子叶植物或单子叶植物，使用电穿孔或原生质体转化的方法。用 DNA 微注射或基因枪可以转化完整的植物细胞，通常用 PCR 的方法或共转化报告基因来评价转化是否成功。

Ti 质粒

根癌土壤杆菌能够感染双子叶植物，在根的茎部引起癌细胞增殖，称为根虫瘿病(root gall disease)。在这种方法中，将一种约 200kb 的 Ti(肿瘤诱导的)质粒转化到植物细胞中，使 T-DNA(一种 15～30kb 长的 DNA 片段)整合到植物的染色体 DNA 中，T-DNA 的两侧各有 25 个碱基的串联重复，这对它们的转移是至关重要的。在转化双子叶植物时，有一种改良的 Ti 质粒，它保持感染性，但失去了毒力，除要转化的基因外，还含有 T-DNA(大肠杆菌或其他宿主菌的复制起点)和一个报告基因。进行转化时，通常用根癌土壤杆菌的重组株感染敏感的植物细胞。使用器官特异性的启动子和前导序列能够指导 T-DNA 进入靶细胞中任何所希望的位置(叶、茎、根或亚细胞区室，如叶绿体或线粒体)；也能够通过外源因素(如高温、干旱、病原体感染、光照值或生物钟等)来诱导质粒的表达。有时也以同样的方式使用来自毛根土壤杆菌(*A. rhizogenes*)的一种质粒(Ri 质粒)。植物病毒(如花椰菜病毒、双粒病毒)不太适合于用作载体，它们接受外源 DNA 的能力太低、感染范围太窄、复制方式太复杂，无实用价值。

转基因单子叶植物

许多单子叶植物(如小麦、大麦、水稻和玉米)是很重要的农作物，但一直不能被根癌土壤杆菌转化。然而，最近的研究结果表明，诱导剂乙酰丁香酮可作为一种化学信号来激活单子叶植物 Ti 质粒的毒力区，利用这种方法，可以用 Ti 质粒系统转化单子叶植物细胞。但是，很难将其重建到完整的重组植株内，这严重制约了依赖原生质体的所有方法(如微注射、电穿孔和脂质体融合)的使用。因此基因枪法成为首选的方法，其操作是用高速的吸收外源 DNA 的细小金颗粒或钨颗粒轰击植物胚胎。然而，这种方法实现的基因转移通常很不稳定(瞬时表达)。

干扰基因表达

基因敲除植物的获得主要有三种方法。其中一种方法是用同源重组的方法将外源 DNA 片段整合到靶基因区内，这与基因敲除动物的制备方法相同，但不同的是这种方法对植物的效率很低。如果一个被适当启动子诱导的靶基因拷贝以与读框方向相反的方向整合，则可以得到更好的结果。转化的植物将该基因转录成反义 RNA，它与正常基因的 mRNA 结合，作为非功能性 RNA 复合物被 RNA 酶破坏。由于这是一个统计学过程，其成功率仅在 1%到 2%之间。基因组编辑正成为植物转化的一个重要支柱。

植物基因组

第一个被完全测序的植物基因组是拟南芥(*Arabidopsis thaliana*)，其基因组大小约为 100 Mb，分布在五条染色体上。最近，水稻(*Oryza sativa*)的两个变种基因组测序已经完成，其基因组约为 420 Mb，分布在 12 条染色体上，其他一些植物的基因组，如马铃薯、大豆、小麦、棉花、烟草、黑麦和草莓等也已经完成测序。植物基因组的分析较为困难，包括基因组大小(玉米约 2.5 Gbp)、多倍体(小麦：六倍体，草莓：八倍体)、重复序列队列(小麦：六倍体)和转座子。

转化方法

	单子叶植物	双子叶植物
微注射(原生物质)	+	+
转染(原生质体，Ca^{2+})	0	+
电穿孔(原生物质)	0	+
基因枪法	++	+
T-DNA	+	++
植物病毒	0	0

注：0偶尔成功；+可能；++首选方法。

微注射

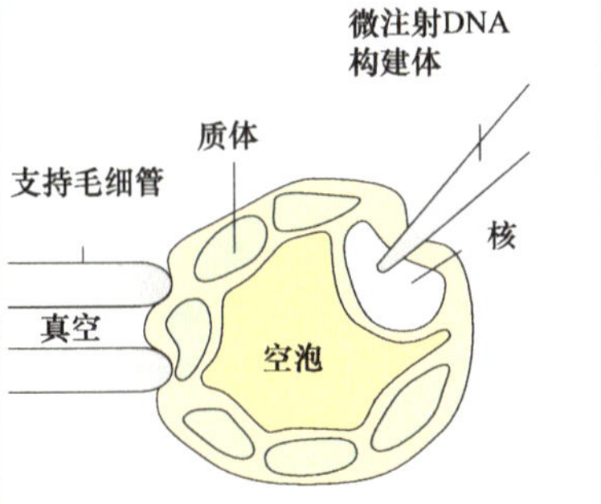

用根瘤土壤杆菌感染植物

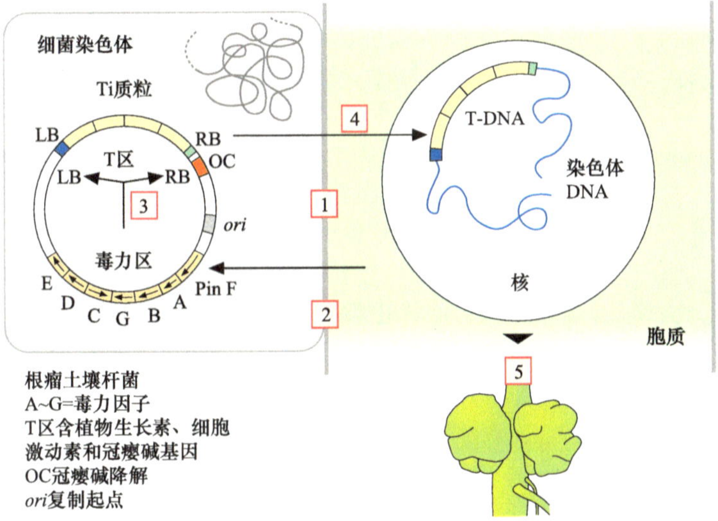

1 根瘤土壤杆菌附着到受伤的植物细胞上

2 植物细胞传送趋化信号，激活毒力区

3 Ti质粒的毒力区激活T区

4 T区整合到植物的染色体内，作为单链DNA

5 植物生长素和细胞激动素启动肿瘤生长，冠瘿碱变为根瘤土壤杆菌的碳源

基因枪

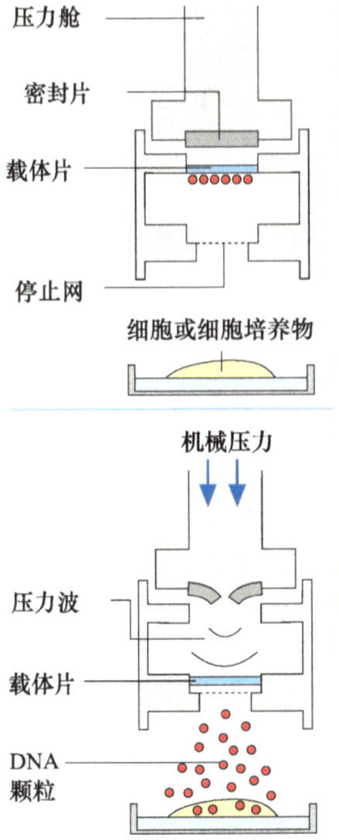

来源于根瘤土壤杆菌的克隆载体

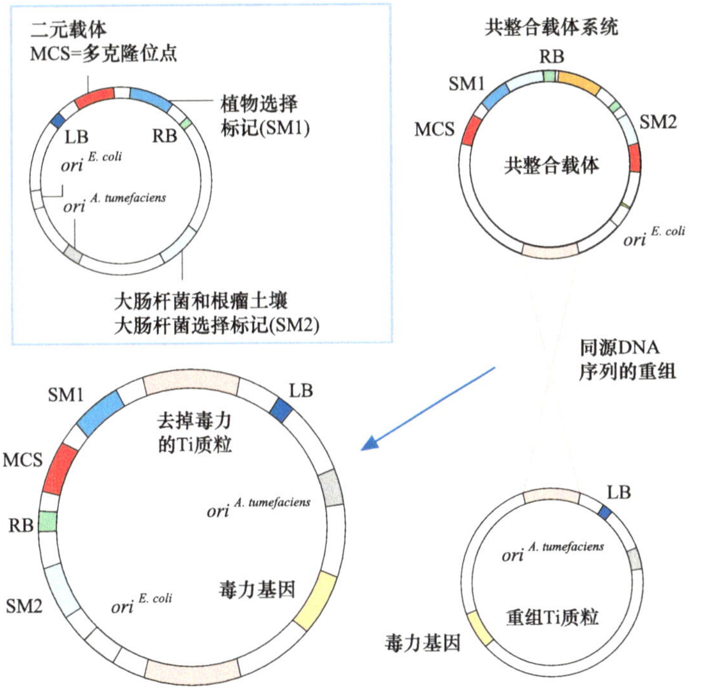

转基因植物：抗性

概述

在美国，已注册了30多种农业转基因植物，种植面积达7300多万公顷。这些转基因植物包括转基因棉花、马铃薯、玉米、油菜、大豆和番茄。在大多数情况下，是将除草剂、杀虫剂或病毒的抗性外源基因转入目标植物中。截止2014年，在全球范围内28个国家已有十多种转基因农作物在种植，面积可达1.815亿公顷。对应激耐受性增强的植物及颜色改良的观赏植物的转基因研究正处于最后阶段。

除草剂耐受性植物

杂草会使作物总收成损失约10%。理想的除草剂应满足以下几个条件：在低浓度发挥作用、不抑制农作物的生长、容易降解和不进入地表水。转基因植物可以降低除草剂的用量，因为它们通过以下方式获得遗传抗性：①含有过量的除草剂敏感性蛋白质；②降低除草剂的结合；③通过生物降解灭活除草剂。例如，抗广谱除草剂草甘膦(Roundup™)的大豆是这样获得的：分离抗草甘膦的大肠杆菌，分离编码5-*O*-烯醇丙酮酰莽草酸-3-磷酸合成酶(ESPS合成酶，除草剂的靶点)的细菌基因，在植物启动子的控制下，使其在大豆中表达。通过表达吸水链霉菌的草胺膦乙酰转移酶(PAT)，可以得到抗草胺膦(一种谷氨酸合成酶的抑制剂；Basta™)的烟草、马铃薯、油菜和其他植物。

抗昆虫植物

苏云金芽孢杆菌(*Bacillus thuringensis*)合成一种分子质量为250kDa的蛋白质(δ-内毒素，BT毒素)，在昆虫肠内水解后生成一种高度毒性的蛋白质，而在植物和哺乳动物体内，则不发生这种转化。这样，在植物中表达的BT蛋白可以作为杀虫蛋白。使用密码子优化和强的组成型启动子(如花椰菜花叶病毒的35S蛋白的启动子)，表达率增加了约1000倍。此外，也成功地使用克隆的蛋白酶抑制剂作为防昆虫剂。

抗真菌植物

真菌感染会对农作物造成严重的损害。马铃薯枯萎病(由致病疫霉菌 *Phytophthora infestans* 引起)曾在19世纪造成整个欧洲的饥荒，特别是爱尔兰。通过过量表达植物源性的葡聚糖酶或壳聚糖酶(定向抗真菌细胞壁)，可增强烟草对真菌的抗性。用核糖体灭活蛋白(ribosome-inactivated proteins，RIP)也获得了很大的成功。

抗病毒植物

病毒也可以造成农作物的严重损失，如马铃薯的4号马铃薯病毒和甜菜的甜菜丛根病病毒。目前，正尝试通过在植物中表达非功能性病毒衣壳蛋白来干扰病毒的复制(交叉保护)。抗病毒抗体或锤头核糖体酶的表达也正在研究中。

高应激耐受性植物

许多种类的生理应激(强光、紫外辐射、热、干旱)都伴随着氧自由基的产生，特别是氧负离子。在花椰菜花叶病毒的35S蛋白的启动子控制下，表达过氧化物歧化酶的转基因植物不仅具有更高的生理应激抗性，而且枯萎的更慢。

改变花的颜色、老化

正如水果的储存稳定性和风味一样，形状和颜色是观赏植物的重要特性。转入外源基因或使内源基因沉默可以影响这些特性，例如，表达与其他植物次级代谢有关的基因(大多数是与类黄酮或花色苷糖苷代谢有关)可以调节发色基团的生物合成。在“蓝色”玫瑰中，表达了一种来自三色堇的P450单加氧酶，它能使二氢槲皮素羟基化，生成一种蓝色的色素，导致编码花青素(红色)生物合成的二氢黄酮醇-4-还原酶的基因沉默。矢车菊的深蓝色素protocyanin是由结合Fe^{2+}、Mg^{2+}和Ca^{2+}的六种色素形成的复合体，很难像“蓝色”玫瑰那样获得。通过反义技术可使基因沉默，一个商业案例是Flaver-Savr™番茄，其果胶酶基因被沉默，使其保质期更长。然而，这个项目最终被放弃了。

抗性植物(例子)

植物	过量表达的/外源的/改良的或灭活的基因产物	期望的特性	转化方法	公司、组织
棉花	乙酰乳酸合成酶	抗磺脲		DuPont
玉米	BT-δ-内毒素	抗欧洲玉米螟		DeKalb、Monsanto
	谷氨酸合成酶、转乙酰酶、EPSP合成酶	磷堇菜碱和草甘膦抗性		Bayer Crop Science、Zeneca Seeds,Monsanto
大豆	谷氨酸合成酶、转乙酰酶、EPSP合成酶	磷堇菜碱和草甘膦抗性		Bayer Crop Science, Zeneca Seeds,Monsanto
马铃薯		抗科罗拉多甲虫		Monsanto
	多酚氧化酶	防止变成褐色	反义构建体	Bayer Crop Science, Zeneca Seeds, Monsanto
木瓜		木瓜环斑病毒		康奈尔大学/夏威夷大学
番茄	多聚半乳糖醛酸酶	延迟成熟	反义构建体	Calgene, Monsanto "Flavr-Savr"
		厚皮、延迟成熟	反义构建体	Zeneca Seeds
	莫尼糖蛋白	增加甜度	Ti质粒	
矮牵牛花	玉米的二氢山柰酚还原酶	皱边花瓣	反义构建体	Max-Planck研究所
玫瑰	二氢槲皮素-5′-羟化酶	蓝色色素	反义构建体	Suntory、Calgene

甜菜丛根病

转基因植物(2014)

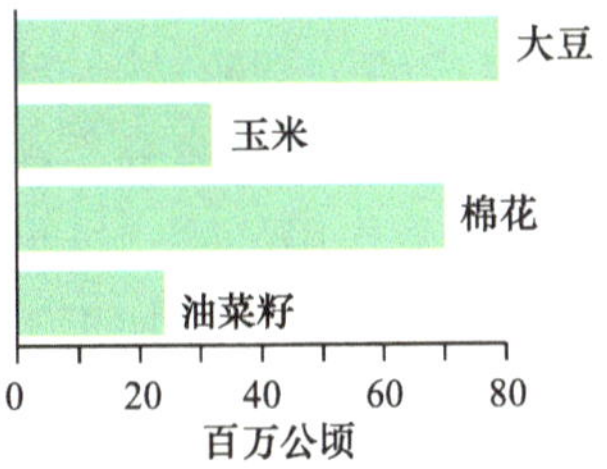

全球28个国家总计1.815亿公顷，其中美国7300万公顷约50%的转基因植物携带除草剂抗性

磷堇菜碱抗性大豆

通过表达吸水链霉菌的磷堇菜碱乙酰转移酶，植物能够抗除草剂磷堇菜碱(Basta™)
右：无抗性对照

蓝玫瑰

转基因植物：产品

概述

通过基因工程对植物进行的改良不仅包括提高抵抗除草剂和病原体的性能，还包括对植物化学成分(可再生资源)的改良，甚至包括在转基因植物中合成有价值的化学物质。例如：①对氨基酸、淀粉、木质素或油组分的改良；②表达抗原、抗原片段(植物抗体)、疫苗、人血清蛋白或生物聚合物。

植物化学成分的改良

已用多种方法探索了在植物蛋白质中，补加人类食品的必需氨基酸(通常是 L-赖氨酸和 L-甲硫氨酸)：①表达组成更合适的其他植物蛋白；②内源性储存蛋白的位点特异性突变，用必需氨基酸取代非必需氨基酸；③克隆分支代谢中起负调节作用的关键酶，例如，增强合成 L-赖氨酸的大肠杆菌天冬氨酸激酶和棒状杆菌脱氢吡啶二羧酸合成酶。在大多数植物中，ADP 葡萄糖焦磷酸化酶(淀粉生物合成的关键酶)是一种异构酶。为增加淀粉的百分比和调节其成分，在番茄中表达了大肠杆菌的无调节作用的酶，结果果实中淀粉含量提高了 20%以上。在食品加工工业中，直链淀粉和支链淀粉的比例对淀粉的性能至关重要。在马铃薯中，在颗粒型淀粉合成酶启动子(GBSS 启动子)控制下，表达负责α-1,6 键形成的大肠杆菌 *glgB* 基因，所生成的淀粉中支链淀粉含量增加 25%以上。在巴斯夫(BASF)开发的 Amflora™马铃薯中，利用特定的反义 RNA 使得其淀粉合成酶基因 *GBSS* 的转录中止，其体内淀粉被胶淀粉所取代，可以作为一种工业原料，如可用于墙纸粘贴。油料植物的脂肪酸成分也可通过基因工程得到明显改善。月桂酸(C12)，一种用于生产可溶于冷水的表面活性剂的重要可再生原料，它以甘油三酯的形式只存在于热带油(棕榈油、椰子油)中。将月桂(*Umbellularia california*)的链长度特异性脂肪酸 ACP 硫酯酶克隆到适当的油菜品系中，结合其他措施，可获得转基因的油菜品种，其种子中含有 50%物质的量的三月桂甘油。全球木材年采伐的价值超过 4000 亿美元，为了得到生长更快的树木和减少造纸过程中的污染，通过调节木质素的生物合成所需基因，如在肉桂酸途径中的 Shikimisäure 合成酶(香豆-3′-羟化酶)，使木质素含量降低。这种研究的重点对象是快速增长的硬木树，如杨树、桉树等。

表达有价值的化学品

这类实验大多数是在转基因烟草或拟南芥中进行的，因为转化这类生物难度相对较小。研究人员利用转基因植物已经成功地表达了人血清蛋白，产量很高；还有研究表达了完整的 IgG 抗体(“植物抗体”)，可获得高达 1%总蛋白的浓度，通过其抗变异链球菌黏附的性能，IgG 抗体可以用来开展预防蛀牙的免疫学方法。在发展中国家，在植物中经济地表达抗原，可以用来进行廉价的疫苗接种(口服的方法)。在模型实验中，在烟草中表达了乙型肝炎 B 病毒表面抗原的一个片段，表达量约占可溶性蛋白总量的 0.01%；然后用这种烟草制成的食物喂养小鼠，成功产生了免疫反应。在志愿者人群中，食用表达了大肠杆菌热稳定性内毒素 B 片段(一种会导致腹泻的蛋白)的马铃薯，人体也会产生免疫反应。当在拟南芥或油菜的叶绿体中表达编码聚羟基丁酸合成的 *Ralstonia eutropha* 操纵子时，可以利用光合作用来生产这种有价值的聚合物。但是，含有这种聚合物的植物的经济加工必须进一步优化，而且要求苛刻的欧洲公众也需要更多的安全证据加以说服。

番茄酱

用糖含量增加的
番茄生产

脂肪酸成分改变的转基因油菜

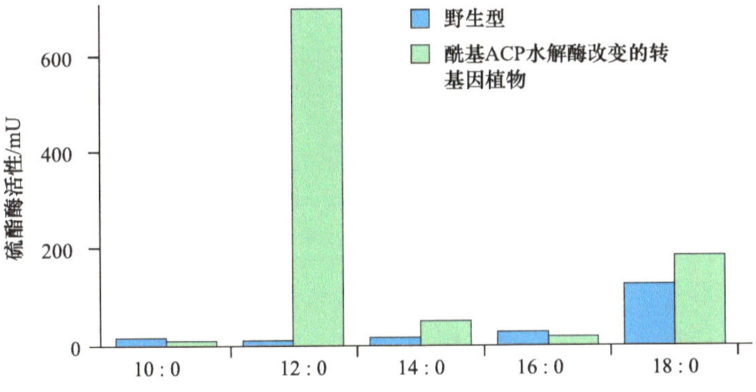

转基因油菜油质体中的聚羟基丁酸

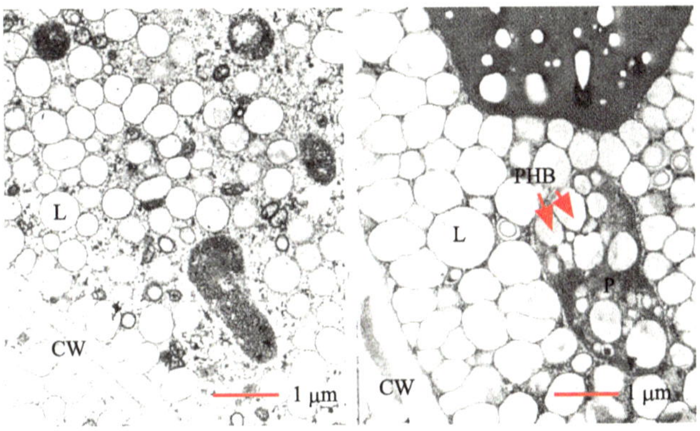

CW = 细胞壁
P = 质体
PHB = 聚羟基丁酸
L = 脂类

作为生物反应器的植物

植物	外源的/修饰的/灭活的基因	观察到的特征	转换方法
内源性植物基因的装饰			
油菜、大豆	抑制天冬氨酸激酶(大肠杆菌)和脱氢吡啶二羧酸合成酶(棒状杆菌)	较高的赖氨酸含量	Ti质粒
马铃薯、番茄	淀粉合成酶	淀粉成分改变	反义构建体
油菜	酰基ACP水解酶	脂肪酸特性改变	Ti质粒
拟南芥	γ-生育酚甲基化酶	维生素E合成	Ti质粒
松树	莽草酸合成酶	木质素含量改变	反义构建体
植物外源基因的表达			产量/(g·kg^{-1})
马铃薯	乙型肝炎外被蛋白	在小鼠中引起免疫反应	
	人血清白蛋白	产生人血清白蛋白	
烟草	抗变异链球菌附着的IgG片段	产生抗体片段	10
拟南芥、油菜	*Ralstonia eutropha*的三个基因(phb操纵子)	产生聚羟基丁酸或戊酸	140

转基因植物 PHV操纵子 → 收获 提取 → 回收 → 达140 g·kg^{-1} “植物多聚体”

需氧废水处理

概述

约在100年前，开始使用滴滤池和曝气池的方法进行需氧废水处理。约在1850年开始建造下水道系统，两者相结合使流行病发病率降低，人类的平均寿命显著提高。今天，在大多数的工业化国家，几乎所有的废水在进入地表水之前都进行生物学处理，例如，德国在2007年约有10 000个城市污水处理厂。但是在世界范围内，还有很大差距，例如在许多沿海地区，大量未经净化的废水仍然直接排入海洋，而且，在发展中国家工业化伴随着快速的人口增长。

废水的组成

生活废水和工业废水的组成不同，尽管后者取决于产生该废水的工厂的类型，但是在临时性波动被平均化以后，生活废水的组成却惊人地恒定。以德国标准为例，它含有每人每天(居民当量)60g BOD_5(5日生化需氧量)的有机污染物负荷量。BOD_5值是用一种标准方法测定耗氧量而得到的，其他重要参数有COD(化学需氧量)和TOC(总有机碳量)，它们是通过对废水样本进行化学氧化来测定的，可以代表一个废水样本的总有机负荷量和可氧化的无机成分。还有一些的重要参数包括总氮、总有机氮、磷酸盐负荷量等。许多废水是生活废水和工业废水的混合物。

微生物方面

在需氧废水处理厂的污泥中，大量的微生物、藻类和原生动物形成了一个共生的微观世界(生物群落)。如果只处理生活废水，这些群落在长时间内是恒定的，加入工业废水会显著地改变这些群落的组成。最近，已有商业化的污泥起始培养物能够特异性的氧化某些工业废水成分，因而有助于工业废水的净化。

滴滤池工艺

在此工艺中，将机械预处理的废水通过填充有表面积较大的材料(如熔岩石)制成的塔，将其过滤。这样，丝状菌和多糖分泌细菌形成的污泥菌群开始在这些材料的表面聚合，以连续的方式氧化废水中的成分，本系统的氧化能力受限于氧的扩散。用压力冲洗剩余污泥，并进一步用厌氧污泥消化来处理。

通气池

在此工艺中，将废水保留在一个搅拌的通气池中，该技术的氧化效率是滴滤池5倍，这是因为在该工艺中主动引入了空气，如果把空气换成氧气，其效率还可以进一步提高。在此过程中形成的污泥组成与滴滤池的菌群类似(如无色杆菌属、气杆菌属、产碱杆菌属、芽孢杆菌属、亚硝化单胞菌属、埃希氏菌属、假单胞菌属、动胶菌属)，可以通过后续的沉降池除去，并进行厌氧污泥消化。该工艺的缺点是其露天构造使工艺改进受限，而且其令人讨厌的气味会影响周围居民。在某些国家(如德国)，污水的三级处理已成为标准，通过沉淀或生物工艺除去磷酸盐(富营养化因子)，通过生物工艺，使用硝化细菌和硝酸盐还原(反硝化)细菌除去硝酸盐(饮用水中的一种危险因子)。

生物塔

如果要净化大量的工业废水，可以使用一种含有密封的发酵塔的高度工程化工艺。在德国，由Hoechst和Bayer研制的技术中，使用带环形泵的30 m高塔，通过污水进量的优化和气动涡轮，使通气得到增强。这种塔的氧化能力比通气池约高50倍，而且气味留在密封系统内；还可以加入生活废水，以增强整体的生物降解性能。

废水的组成

来源	居民当量*	备注
生活废水	1	每个居民
酿酒厂	150~350	每1 000 L啤酒
牛奶场(不含奶酪生产)	25~70	每1 000 L乳
淀粉厂	500~900	每1 000吨玉米
羊毛	200~4 500	每吨羊毛
造纸厂	200~900	每吨纸
糖厂	1 000~2 000	每吨糖

*一居民当量相当于60 g BOD_5。

生物废水处理塔*

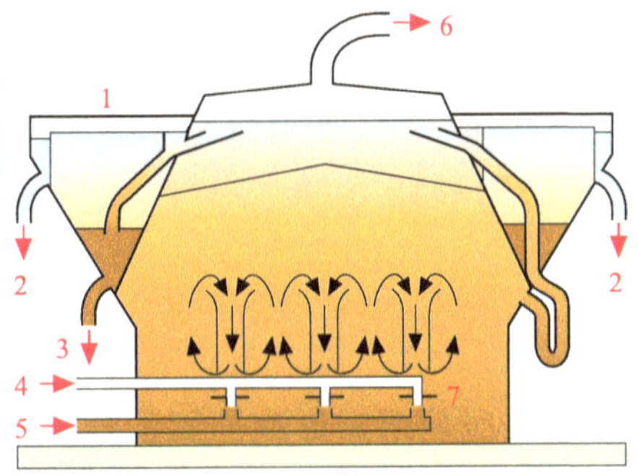

1. 沉降池
2. 纯化的废水
3. 剩余污泥
4. 压缩空气
5. 废水
6. 废气
7. 注入器

*例如Bayer AG

生物污水处理厂

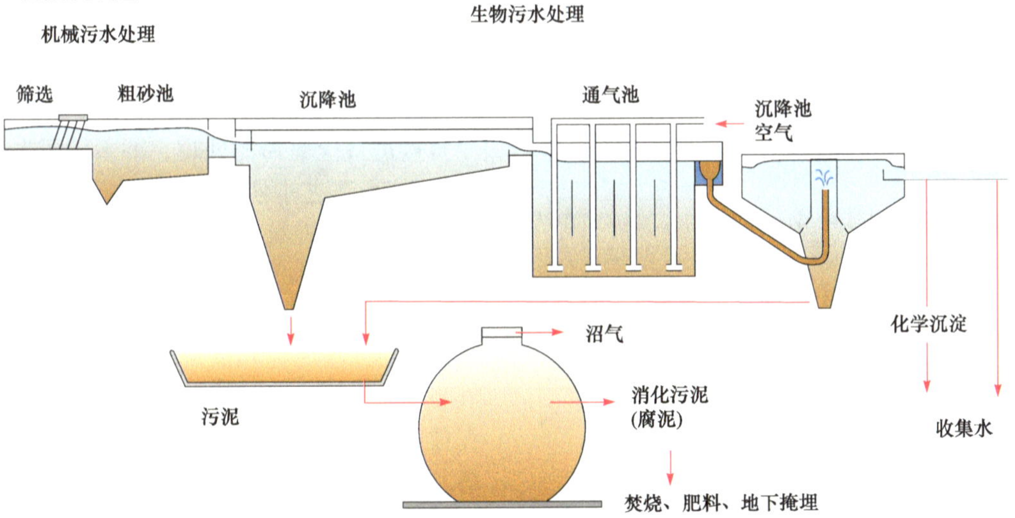

滴滤池

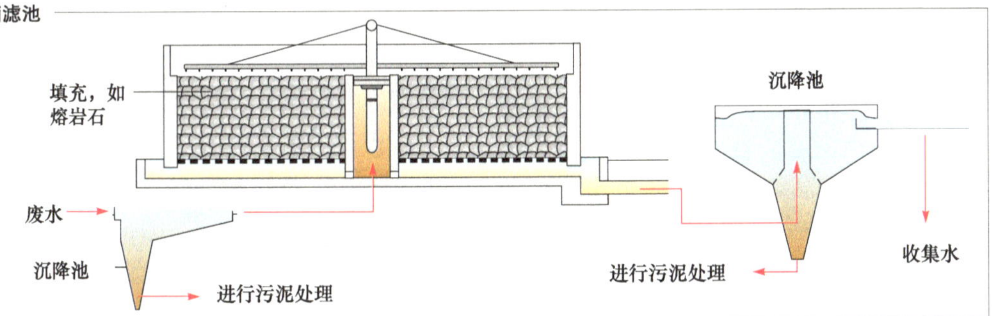

典型的构造和性能资料

	滴滤池	通气池	生物废水处理塔
高度或深度/m	2~4	3~6	30
直径/m	达30	达30	30
工作容积/m^3	~10	~100	15 000
滞留时间/h	~4	6~10	14
BOD_5降低/(吨/天)	0.5	2	100

厌氧废水处理和污泥处理

概述

在需氧废水处理期间形成的污泥通常要进行厌氧污垢处理，然后将其焚烧、填埋或用作农业肥料。厌氧污泥消化可能是生物技术中体积量最大的工艺，仅德国就有约5000个污泥处理厂，总处理能力为每年100万 m^3，可生产1亿 m^3 的沼气。使用厌氧流化床反应器，也可以对废水进行厌氧处理。在某些发展中国家(如中国、印度)，在小的分散的设施中，通过厌氧消化除去废物来产生沼气，作为当地的能源。

微生物方面

通过三种类型的细菌菌群的作用，从污泥中生成甲烷：①各种专性厌氧菌或兼性厌氧菌(梭菌属、肠杆菌属、链球菌属)降解淀粉、脂肪和蛋白质，生成有机酸、H_2 和 CO_2；②产乙酸菌将高级脂肪酸转化成乙酸、H_2 和 CO_2；③产甲烷菌从乙酸生成甲烷和 CO_2，后者为专性厌氧菌，通常为古细菌。

分析方面

污泥消化的主要参数是有机碳(TOC、DOC或 COD)的降低和沼气的生成。对样品进行过硫酸盐氧化后，用红外分光光度计测定总有机碳(TOC)，过滤后测定溶解的有机碳作为DOC，用重铬酸盐氧化后进行滴定，来测定化学需氧量(COD)。这样，所有三种方法都是用所生成的 CO_2 量和样品(在此为污泥)整个化学氧化所需要的 O_2 量来表示的，或用其溶解的组分(DOC)生成的 CO_2 和 H_2O 来表示。沼气是厌氧污泥消化的终产物，其组成为2/3的 CH_4 和约1/3的 CO_2，并含有微量的 H_2、N_2、H_2S 和其他气体，通常用气相色谱来测定其组成。

工业方面

与废水的需氧处理相比，污泥的厌氧消化相当慢(滞留时间约为 20 天)。污泥消化所需的微生物菌群的开发只能在很窄的pH和温度范围内进行，需要严格控制这些参数。然而，本工艺的优点是污泥能够几乎完全(>90%)地转化为 CH_4 和 CO_2，生成少量的生物量，气味也很小。处理后的消化污泥残余物被焚烧、填埋或用作农业肥料，所产生的能源大大超过了整个污水处理厂所需的能源。

厌氧流化床反应器

对含有高负荷生物降解性有机物的废水可以直接进行厌氧污泥处理，即不需要先进行需氧氧化。在此工艺中使用的是塔式反应器，微生物菌群聚集到污泥颗粒内，或聚集在污泥颗粒表面，或加入表面积较大的颗粒后而聚集到此颗粒上；这些颗粒密度较高，会发生沉淀，使细菌在塔的底部富集。由于废水是从底部加入的，而且生成的沼气会使柱子进一步混合，所以本工艺的效率很高。在柱子的顶端，用气体分离器将气体从颗粒上分离。对于某些废水(如造纸厂或制糖厂、淀粉厂的废水)，即使是负荷较高，也可以在一天内使TOC降低95%以上，并获得大量的沼气。

沼气

仅中国就有超过760万个家庭使用沼气消化池，每年可产生2亿 m^3 的沼气，并提供足够的肥料，显著地减少了薪柴的消耗量。沼气池基于简单的技术，污泥大多数来源于农业生物质，如粪便、农业废弃物或生活垃圾。在未来的能源需求由不可再生能源转向可再生资源(生物经济)的时代背景下，工业化国家对沼气生产产生了浓厚的兴趣，相关技术正在快速发展。截至2013年，仅在德国就建立了约7700个沼气厂，年发电量22亿 kWh，并为德国天然气网络供应5亿 m^3 的生物甲烷。

降解反应

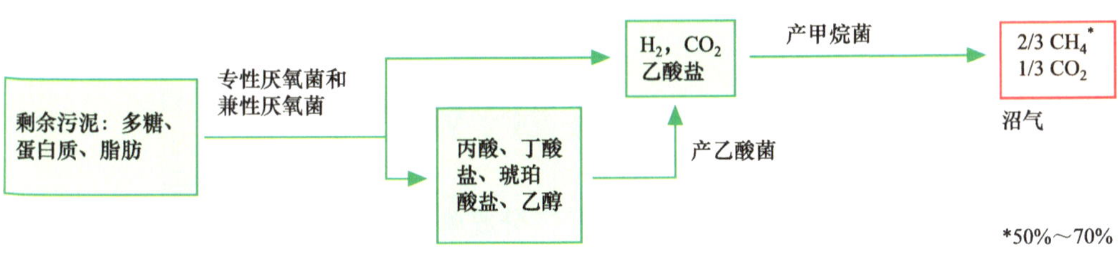

消化池

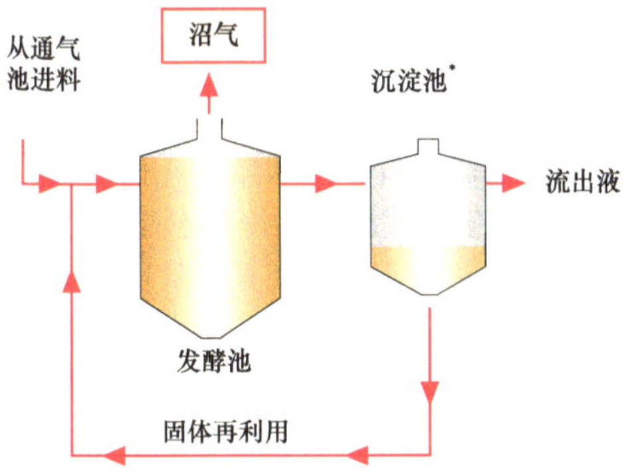

*通常整合在消化池内

厌氧流化床反应器

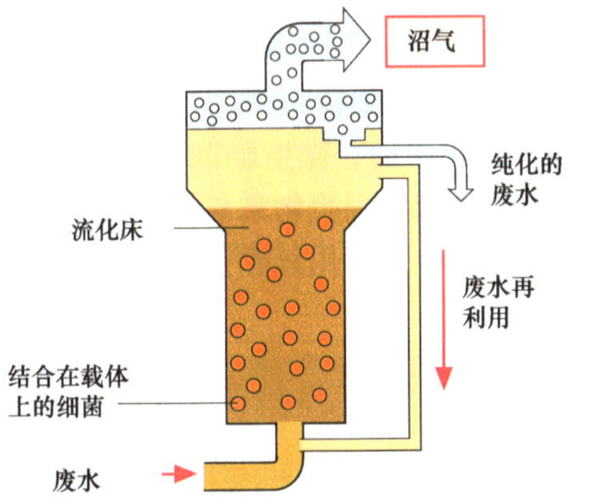

典型的构造和性能资料

	常规消化池	接触式发酵	流化床反应器
高度、容积	达30 m 16 000 m^3	中试阶段	达20 m 2 000 m^3
负荷/[kg COD/(m^3·d)]	1～8	1～5	5～30
液体滞留时间/d	10～30	0.5～25	0.2～1.5
微生物滞留时间/h	10～30	＞20	＞100
COD降低/%	30～70	60～90	80～90

沼气厂和农业

*1 000 kg的家养动物每天可生产2～5 m^3沼气，相约当于1～3L柴油

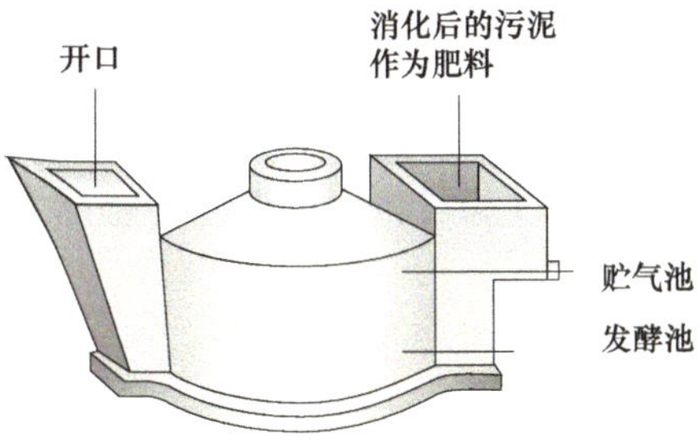

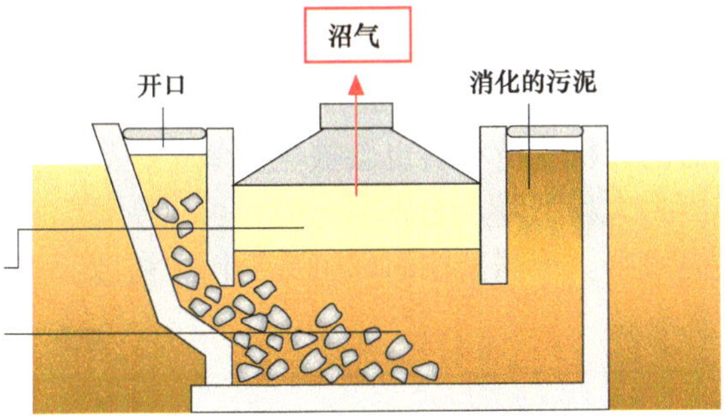

土壤生物处理

概述

在建立环境生态平衡的过程中，微生物菌群通过对生物质的降解和有机物的矿化而发挥重要的作用。尽管微生物的这种能力在废水处理中已经用了近一个世纪，但是土壤微生物去污(生物去污)的研究从 30 年前才刚开始起步。该过程包括微生物培养物原位喷洒和取土后的土壤清洁，其作用效果可与化学法和热力学工艺相媲美。目前，土壤生物处理所使用的微生物包括天然微生物和重组微生物，但是对于喷洒到环境中无法控制的工程菌株尚未得到许可。

污染物和土壤结构

人为污染物主要分为五类：①矿物碳氢化合物(MHC)，②苯、甲苯、二甲苯和乙基苯(BTXE)，③聚芳香碳氢化合物(PAH)，④含氯的碳氢化合物(CHC)，⑤在军事领域的三硝基甲苯(TNT)。MHC 和 BTXE 通常易于生物降解，而高浓度的 PAH 和 CHC 则不易降解。对这些化合物的生物降解性进行评估时，必须考虑土壤的成分，例如，渗透性好的沙质土壤比黏土更容易净化。到目前为止，只能通过一系列的厌氧和有氧处理将 TNT 固定化。

土壤原位处理

在本技术中，通过注入井将液体营养物和具有高度生物降解活性的微生物培养物(在污染物存在的情况下富集后分离得到)加入至土壤中，之后通过地表水进行通气和转化。该方法适用于厚度可达 1.5 m 的污染土层，可以通过排水系统、加压通气等有效的通气方式进行改善。如果一些污染物是挥发性的，则必须仔细监测所产生的废气，抽吸曝气是一种可供选择的方法。如果土壤主要是由黏土和亚黏土组成，则不可进行氧化。在这种情况下，使用硝酸盐作为电子受体；然而，从地表水会受到硝酸盐污染的角度出发，这种工艺的生态平衡是值得怀疑的。

土壤异位处理

污染了易生物降解的化学品的土壤通常是开凿挖掘后，在长床反应器中处理。在预培养物中选择合适的微生物以进行高效的生物降解，之后用其接种土壤，加入营养物，充分混合后堆积约 2 米高，在良好的通气下，两周内污染物可降低 90%以上，其处理成本约为每立方米土壤 75～150 英镑。

TNT 的腐殖化

在有氧条件下，生物异源物质(如 TNT、三氯乙烯或四氯乙烯)很难被代谢，所以逐渐被大量带负电的物质所替换。然而，厌氧菌却能够较好地将其代谢，因此，研究者精心设计了降解军营中 TNT 污染土壤的工艺。此工艺包含两个步骤，第一步在一个装有 25 吨含 TNT 土壤的反应器内，加入蔗糖作为电子供体，保持厌氧；18 天后 TNT 被还原成三氨基甲苯，通过通气，三氨基甲苯不可逆地共价结合到土壤成分(如腐殖酸)上。

重组微生物

用基因工程技术能够将不同微生物的代谢步骤联合起来，与野生型相比，这种重组微生物能更好地降解难于清除的化学品。这种方法已成功地用来降解含氯的芳香族化合物和脂肪族化合物，如氯苯酸、氯苯呋喃和脂肪族的 CHC。假单胞菌是一种常用的降解菌，环境中的脂肪族和芳香族化合物大都是由此类菌降解的，它们常常以质粒的形式携带部分与降解有关的遗传信息，如降解甲苯的质粒 TOL 就是首先在恶臭假单胞菌中发现的。在流化床反应器中应用重组微生物的实验是有前途的，但是将遗传修饰的生物体(GEM)释放到环境中的危险仍然存在争议。

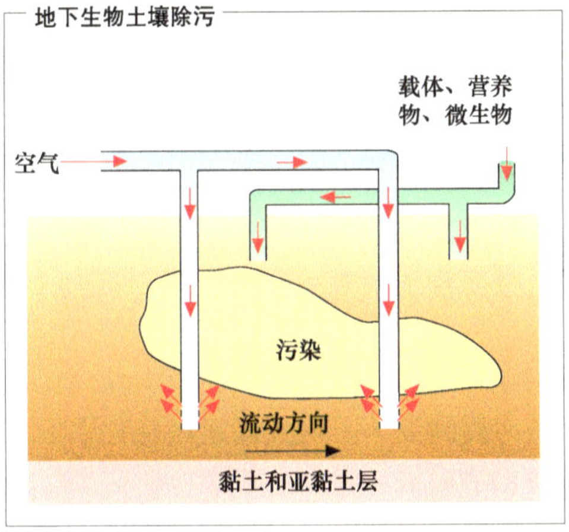
地下生物土壤除污
载体、营养
物、微生物
空气
污染
流动方向
黏土和亚黏土层

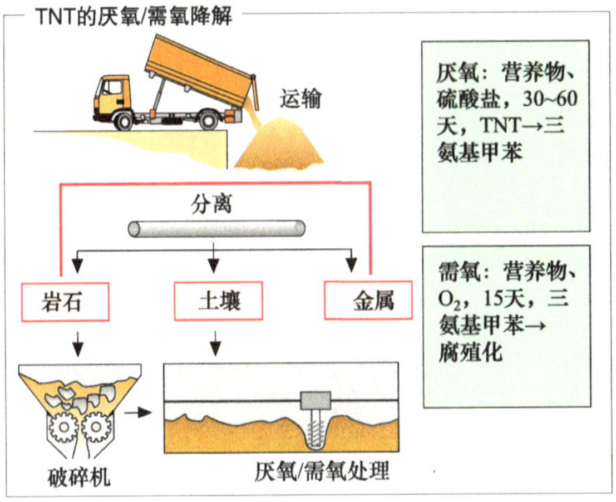
TNT的厌氧/需氧降解
运输
厌氧：营养物、
硫酸盐，30~60
天，TNT→三
氨基甲苯
分离
岩石
土壤
金属
需氧：营养物、
O_2，15天，三
氨基甲苯→
腐殖化
破碎机
厌氧/需氧处理

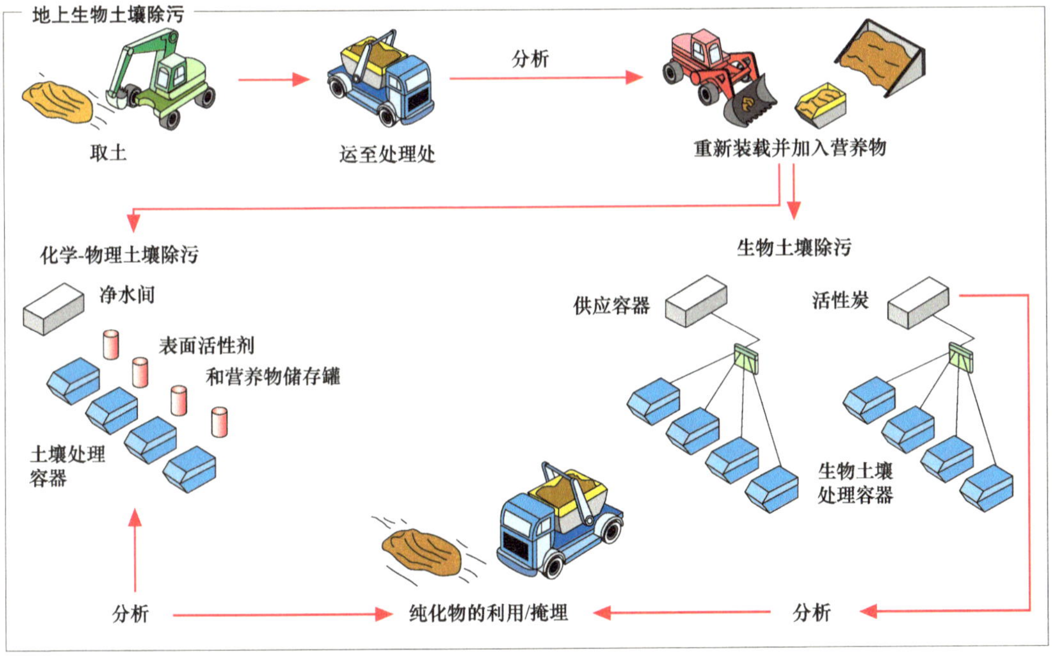
地上生物土壤除污
取土
运至处理处
分析
重新装载并加入营养物
化学-物理土壤除污
生物土壤除污
净水间
表面活性剂
和营养物储存罐
土壤处理
容器
供应容器
活性炭
生物土壤
处理容器
分析
纯化物的利用/掩埋
分析

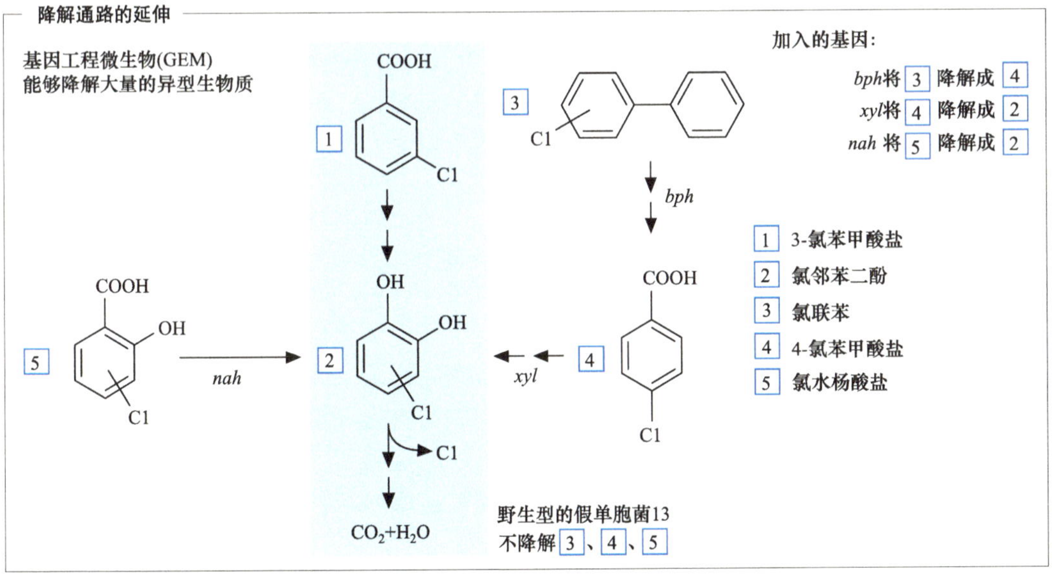
降解通路的延伸
基因工程微生物(GEM)
能够降解大量的异型生物质
加入的基因：
bph将 3 降解成 4
xyl将 4 降解成 2
nah 将 5 降解成 2
COOH
1
Cl
3
Cl
bph
OH
OH
COOH
OH
5
Cl
nah
2
Cl
xyl
4
COOH
Cl
Cl
CO_2+H_2O
1 3-氯苯甲酸盐
2 氯邻苯二酚
3 氯联苯
4 4-氯苯甲酸盐
5 氯水杨酸盐
野生型的假单胞菌13
不降解 3、4、5

微生物浸矿、生物膜和生物腐蚀

概述

主要在美国、墨西哥和澳大利亚通过接种硫杆菌从低品位矿石中浸出金属。据统计，全球约有25%的铜、10%的铀、3%的钴和镍是通过生物浸矿的方法生产的。

微生物学和生理学

金属浸矿是由硫杆菌完成的，它是一种革兰氏阴性杆菌，能同化 CO_2 的专性化能无机营养菌。它们通过将还原的硫化合物(如硫化物)氧化成硫酸来产生能量。除氧化硫杆菌外，氧化亚铁硫杆菌不仅可以氧化还原硫化物，还能氧化可溶性的 Fe^{2+}盐。合成 1 g 细胞干重，氧化亚铁硫杆菌需氧化 156 g 当量的 Fe^{2+}。这两种细菌都适合在酸性条件下生长，最低能耐受 pH2.0。硫杆菌能够使硫化物和氧化物矿石增溶，如黄铁矿(FeS_2)、蓝石(CuS_2)、靛铜矿(CuS)、闪锌矿(ZnS)，硫化铅、硫化钼和硫化锑(PbS、MoS_2、Sb_2S_3)，硫化钴和硫化镍(CoS、NiS)，以及氧化物如沥青油矿(UO_2)。在直接细菌浸矿工艺中，硫杆菌按以下方程式通过几步中间步骤氧化硫化物矿物：

$$\text{金属硫化物}+2O_2 \longrightarrow \text{金属硫酸盐}$$

相反，在间接细菌浸矿工艺中，硫杆菌起催化作用，帮助将硫化物矿物地球化学氧化生成 Me^{2+}，其方程式为：

$$\text{金属硫化物}+ Fe_2(SO_4)_3 \longrightarrow \text{金属硫酸盐} +2FeSO_4+S$$

这样，细菌在很强的酸性条件下促进矿物的氧化。在 pH2～3，细菌对 Fe^{2+}的氧化效率比化学氧化高 10^5～10^6 倍。由于矿石成分很复杂，上述两种浸矿方式在现场应用时可能会有交叉。异养微生物也被认为可以用于生物浸矿，曲霉或青霉菌可以形成柠檬酸或葡糖酸等强螯合剂，与金属离子耦合形成水溶性复合物。然而，此类微生物的生长需要提供有机碳源。

技术

为提高效率，必须满足或优化以下参数：矿物的化学组成和粒度、矿物营养物、低 pH、正氧化还原电位、30℃以及良好的供氧。工业工艺可以在矿山、矿石堆或矿池中原位进行。另外，可以将废弃的矿井隧道注满来进行原位浸矿。如果矿石中的金属精砂高度稀少，而且考虑到环境方面的因素，池内浸矿技术是最先进的，比热冶炼工艺更具竞争性。

生物膜和生物腐蚀

当细菌在水环境中黏附到表面后会分泌生物聚合物，这些生物聚合物可将它们锚定到诸如金属或组织一类的材料上，从而形成生物膜。通常情况下，生物膜由多种细菌、真菌，藻类、原生动物、碎片和腐蚀产物组成，在金属铁的微生物腐蚀中，Fe 通过厌氧氧化形成 FeS，被厌氧型硫酸盐还原菌(如脱硫弧菌 *Desulfovibrio vulgaris*)催化，反应式如下：

$$4Fe + SO_4^{2-} + 2H_2O \rightarrow FeS + 3Fe(OH)_2$$

铁在厌氧条件下按以下方程式被氧化：

$$4Fe + 8H^+ \rightarrow 4Fe^{2+} + 4H_2$$

在此过程中产生的 H_2 层可以保护金属免受进一步氧化；然而，在硫酸盐的存在下，脱硫弧菌按以下方程式还原硫酸盐：

$$4H_2 + SO_4^{2-} \rightarrow H_2S + 2H_2O + 2OH^-$$

通过硫酸铁和氢氧化铁的沉淀，导致 Fe 进一步腐蚀：

$$4Fe^{2+} + H_2S + 2OH^- + 4H_2O \rightarrow FeS + 3Fe(OH)_2 + 6H^+$$

其他厌氧微生物，如嗜酸性氧化硫硫杆菌、排硫硫杆菌、蚀阴沟硫杆菌，可以将在厌氧代谢形成的硫化氢氧化成硫酸，因此也会参与到上述腐蚀的过程和生物膜的形成。据统计，由于生物腐蚀造成的铁管损失每年高达几十亿欧元。

微生物浸矿

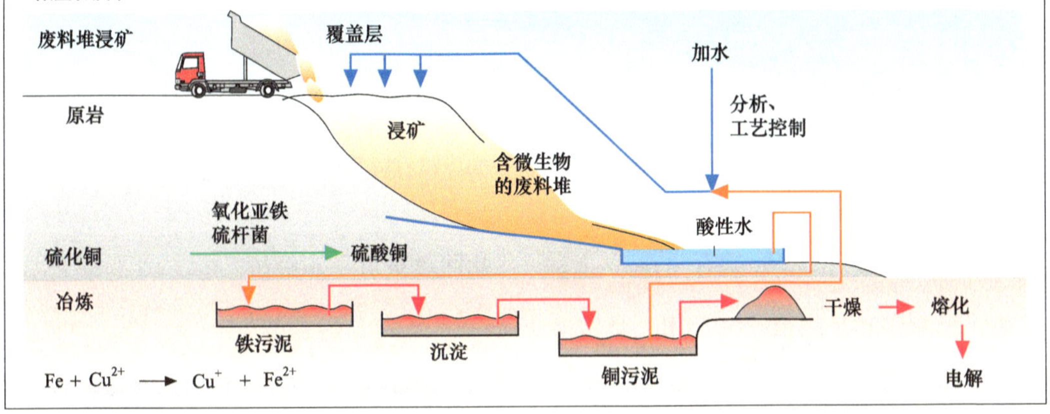

生化反应步骤

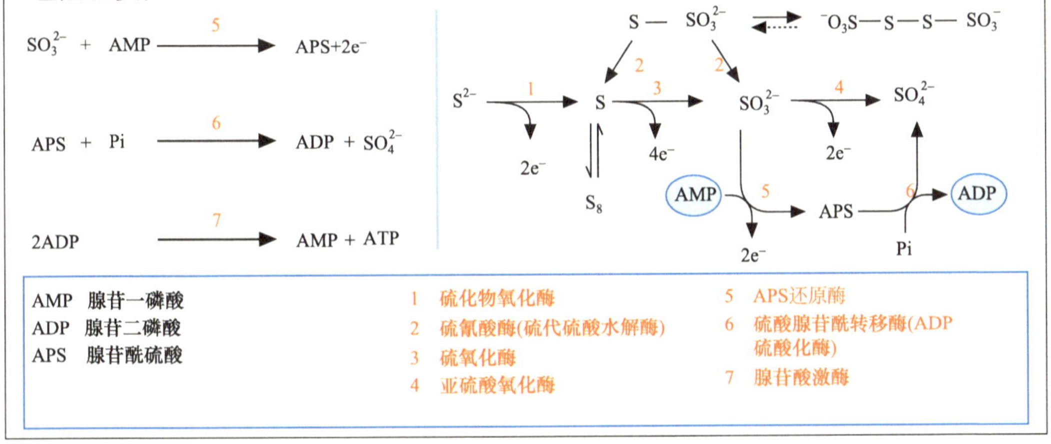

铀浸矿动力学

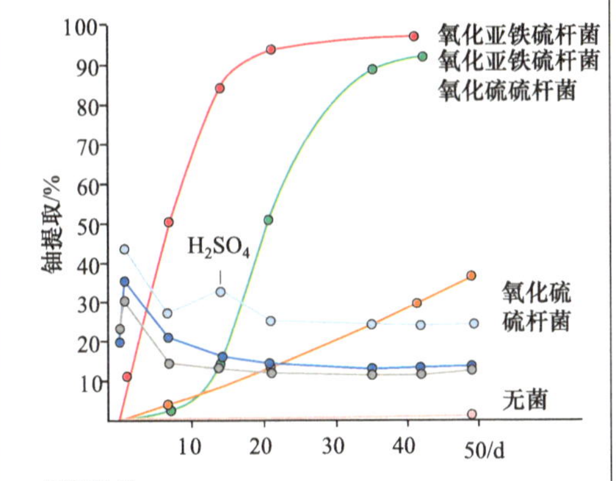

摇瓶培养
5%铀矿石，颗粒大小<600 mm

生物腐蚀

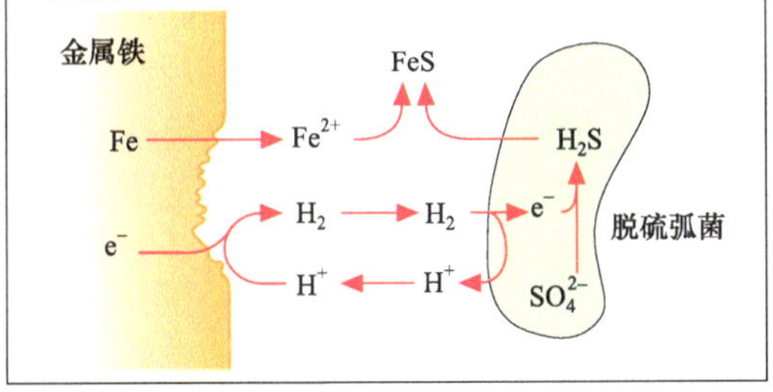

矿石浸矿的种类

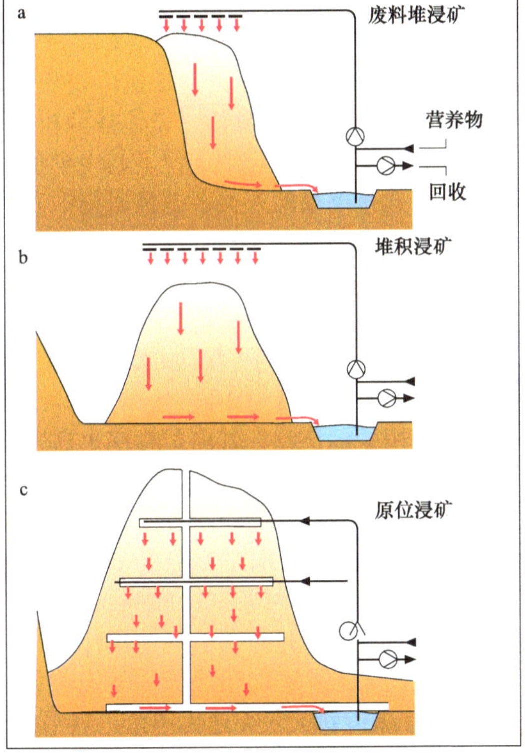

大 趋 势

人类基因组

概述

除了基因组测序和基因治疗外，用人类做遗传学实验既不合法也不是所希望的。然而，人口增长的模式表明现存的人口是地球生活过的总人口数量的 6%，因此可以得到一个巨大的人类基因库。经过几十年对家族内遗传进行的研究，得到了一张染色体图谱。甚至在人类基因组学诞生之前，就在该图谱上对几百种遗传性疾病进行了大致的定位。但是，从 DNA 序列上对某种疾病进行精确的定位则还不多见。人类基因组含有大约 30 亿碱基对，分布在 23 条染色体上(单倍体染色体)，其中仅有百分之几的 DNA 是编码蛋白质的序列，大部分的基因组序列是功能未知的重复元件。利用当代人类基因组 DNA 和线粒体 DNA 的单核苷酸多态性(SNPs)可分析人类在过去的五万年中的迁移活动(基因地理工程)。

遗传图谱

在人类中，主要的表型标记物是遗传疾病，通过人类遗传学的方法(家族分析、染色体分析、单基因的功能和定位克隆)，已经定位了其中少量的病例。1984 年建于巴黎的人类多态性研究中心(CEPH)保存了约 100 个家庭的 3 代组织培养物，平均由 4 位祖父母、2 位父母和 8 个子女组成。此外，为了探索遗传多态性和遗传疾病表型之间的关系，还研究了很少迁移的人群(如冰岛和塔斯马尼亚岛)，得到一张功能基因图谱。小卫星 DNA 是此类研究中有用的标记物：其出现频率很高并具有高度的可变性。对任意一个小卫星 DNA，每个个体都是杂合体的可能性为 70%。因此，可以单独地追踪与某个小卫星 DNA 耦联的基因座。1994 年，研究人员借助大约每 600 000bp 一个标记物，同时结合对含有 2335 个小卫星 DNA 的 291 次减数分裂(CEPH 保存的 20 个家族的 304 个个体)的分析，首次得到了人类遗传图谱。同时，此图谱被进一步解析。

人类基因组测序

1990 年，一个公众资助的国际协会开始了这项大规模的计划。其方法是基于对重叠克隆的毗连序列群测序。用荧光激活的细胞分选仪(FACS)分离被荧光标记物标记的单条染色体，将其 DNA 切割并转入约 300 000 个 BAC 克隆中。通过限制酶图谱、染色体步移法和序列标签位点鉴定含有重叠 DNA 序列的克隆；亚克隆后，双向测定其 DNA 的末端序列(消除测序误差)，然后计算全部的序列，并使用遗传图谱验证。从 1996 年开始，通过对约 50 000 种非冗余的表达序列标签进行测序，对上述方法进行了补充。自 1998 年，私营公司 Celera 开始使用鸟枪法与该公众项目竞争。为此，将人类 DNA 切割为 6000 万个约 2000bp 长的片段和 1000 万个约 10 000bp 长的片段。以上片段都从两端测序，每次 500bp 的长度(对 10 000bp 片段的测序是确保长达 5kbp 的重复序列未错误配对，但最近的研究表明该方法并非毫无错误)。这种方法得到的测序 DNA 的总长度约为 350 亿个碱基对，相当于大约 12 倍的冗余度。以上两个项目都已经完成，人类基因组序列草图在 2000 年中期公布，最终的结果也于 2004 年公布。意外的是发现和小鼠相同范围的仅有 20 500 个基因，然而人类基因组相比其他哺乳动物显示更多的节段序列重复。在过去的 10 年中，高通量测序(HTS)促进了成千上万的人类基因组测序。“人类参考基因组”是基于 13 名志愿者建立的，研究焦点转移到了解基因组序列的个体和区域差异。他们在健康和疾病上的表型特征现在已成为一个主要的研究领域。目前正在研究人类基因组的表观遗传模式，不同类型细胞中初级基因产物的多样性已经成为蛋白质组学研究的主要方向。

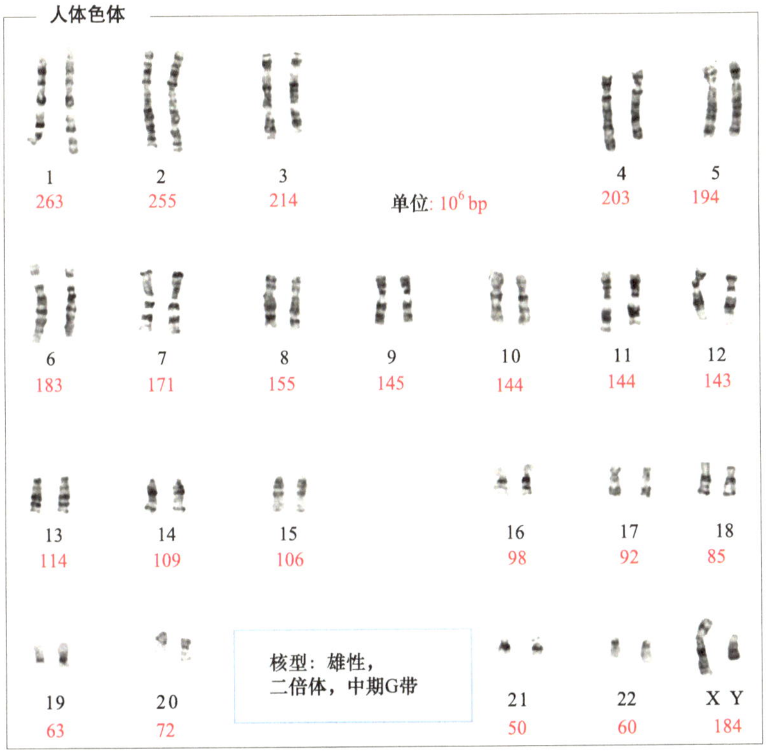

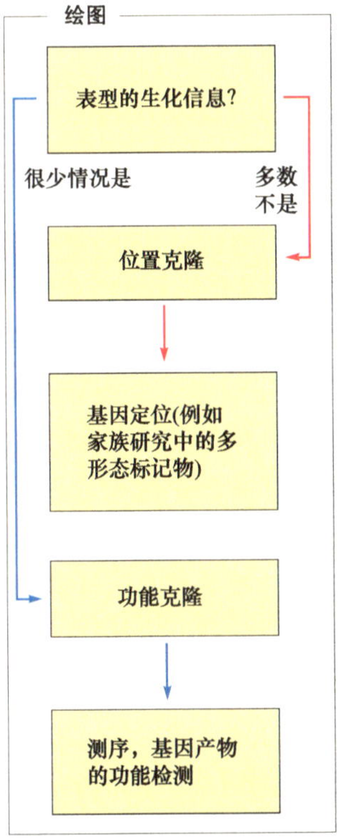

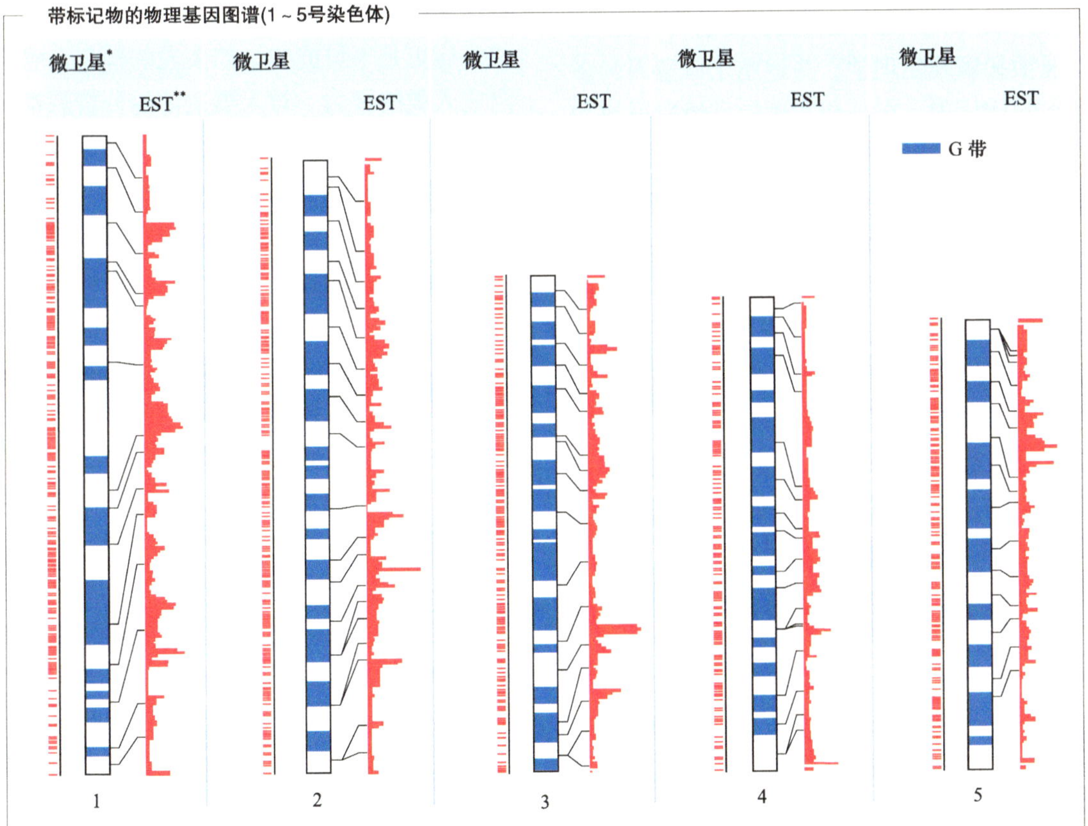

*CEPH 家族的2 335个微卫星(CEPH=人类多态性研究中心)，一个家族三代以上个体的细胞库。

**20 104个表达序列标签(EST)

药物基因组学和营养基因组学

概述

每个患者对药物的反应不同——这就是我们需要对单个患者或特异性患者群体进行药物风险和副作用综合临床研究的原因之一。由于个体间的基因组差异对其影响较大，因此对人类基因组的遗传分析和高通量测序(HTS)提高了患者对药物反应的预测性：如果药物代谢的所有途径及其目标已知，这些目标基因编码的个体差异性可以预测出药物的疗效(药物基因组学)和个体患者的兼容性("个性化医疗")。此外还可以选择为一个患者量身定做药物的结构或配方，制定特定治疗方法。尽管这里的情况更复杂，营养学持有相似的看法：食物不仅是复杂基质中化学成分复杂的混合物，而且消化道中的微生物(人类的"微生物组")也影响食物消化和新陈代谢。

药物代谢(药物动力学)

不同患者对同一种药物有不同反应。约 80% 的药物都通过肝脏的细胞色素系统被"激活"(修饰)，一些重要的个体差异可能在这一步前已发生。例如，单加氧酶细胞色素 P4502D6 是一种对人类很重要的酶，它用于外源物质(首先被羟基化，然后与亲水代谢物如甘氨酸或葡萄糖醛酸结合，进而表现为水溶性用于分泌)的激活和脱毒。如果一个患者 22 号染色体上编码该酶的是纯合子(纯合子：来自双亲的功能性等位基因)，那么他就是一个"快速代谢者"。通常情况下，患者和该基因的副本拥有非常快的新陈代谢(很少有药物能到达目标)，而只有一个亲本等位基因的杂合患者则是缓慢代谢者(更多药物能够到达目标)。酶的突变也可能导致其活性的改变。因此，遗传上的个体差异影响药物动力学(ADME＝吸收、分布、代谢、排泄)，可能导致其在目标位置的活性药物过量或不足；最糟糕的情况是药物在到达目标之前已被完全代谢，或未被代谢，但导致目标物上药物浓度过高，产生毒性。

药物作用的目标

可以将药物与目标之间的反应类比于一个接收器。这样，治疗高血压的药物依那普利还是一种血管紧张素转换酶(ACE)的抑制剂，其对于这种酶的一些突变体作用更强。曲妥单抗是治疗乳腺癌的一种治疗性抗体。由于这些患者在肿瘤中过量表达了其靶蛋白 Her2 受体，因而只对三分之一的患者起作用。如果核苷酸类似物如 5-氟尿嘧啶、6-巯基嘌呤和其他类似物用于肿瘤的化疗中，需要提前检查患者的二氢吡啶脱氢酶(DPD)多态性和 UDP-葡萄糖醛酸基转移酶(UGT1A1)的变异性，因为这些酶的缺乏会导致这些有毒药物的缓慢解毒并有严重的副作用。

伴随式诊断

由于基因多态性影响医生对疾病治疗的选择，基因多态性的遗传诊断发展势头迅猛，于是引入了"伴随式诊断"的概念，这有助于在给患者开药前分析患者特定的基因型。因此，我们进行了一个测试，患转移性恶性黑素瘤的患者的原癌基因 B-Raf 存在 V600 突变(占所有病例的 50%)决定是否口服威罗菲尼治疗，该药是一种蛋白激酶抑制剂，具有良好的前景。

营养基因学

这个新的领域尝试将人类基因的多态性与生物活性食品成分的活性联系在一起。这可能最终导致基于遗传信息来优化个人饮食。例如，鉴别与肥胖症有关的瘦素基因多态性，还有亚甲基四氢叶酸还原酶(MTHFR)基因的多态性，该基因是叶酸代谢中的一种关键酶，而叶酸代谢紊乱会导致严重健康问题。

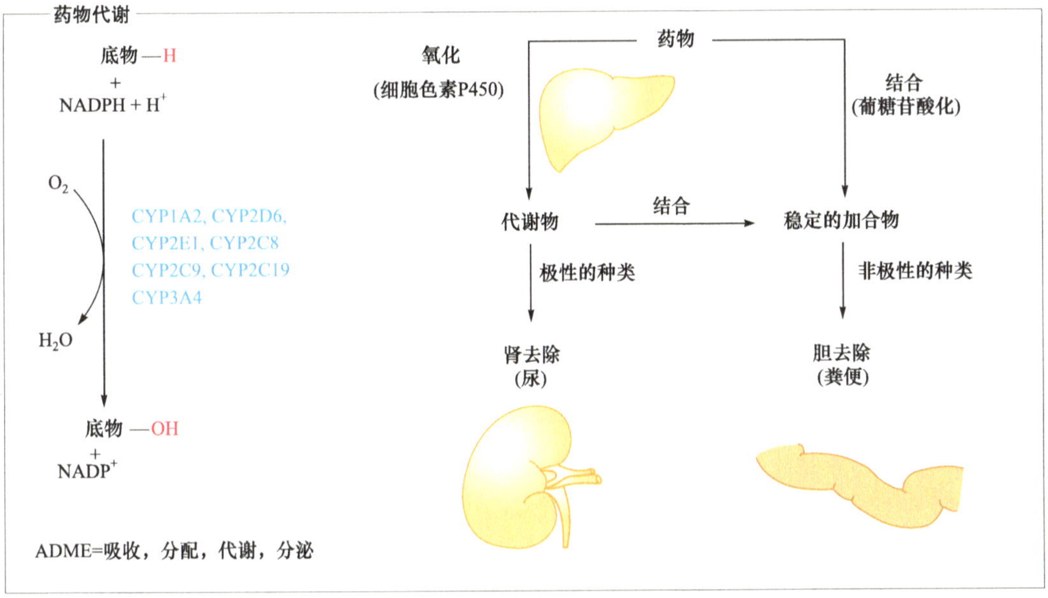
药物代谢
底物—H
+
NADPH + H+
O2
CYP1A2, CYP2D6,
CYP2E1, CYP2C8
CYP2C9, CYP2C19
CYP3A4
H2O
底物—OH
+
NADP+
ADME=吸收，分配，代谢，分泌
药物
氧化
(细胞色素P450)
结合
(葡糖苷酸化)
代谢物
结合
稳定的加合物
极性的种类
非极性的种类
肾去除
(尿)
胆去除
(粪便)

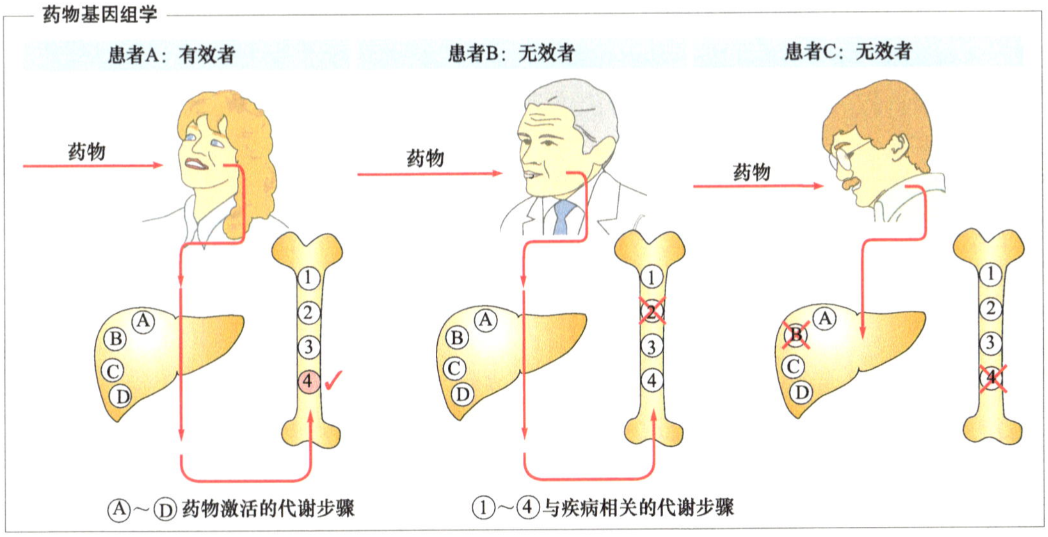
药物基因组学
患者A：有效者
患者B：无效者
患者C：无效者
药物
药物
药物
Ⓐ～Ⓓ 药物激活的代谢步骤
①～④ 与疾病相关的代谢步骤

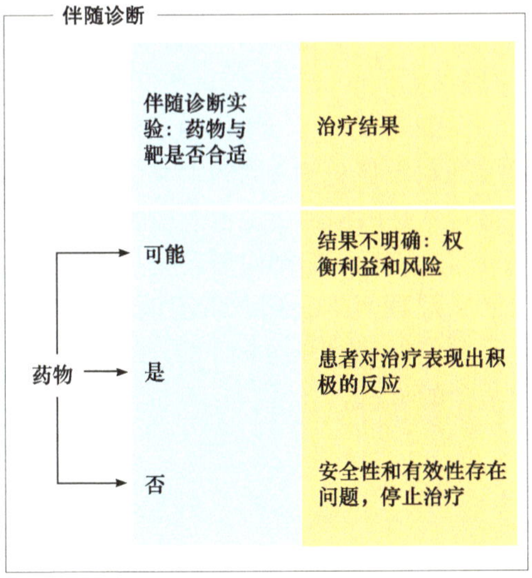
伴随诊断
伴随诊断实验：药物与靶是否合适
治疗结果
药物
可能
结果不明确：权衡利益和风险
是
患者对治疗表现出积极的反应
否
安全性和有效性存在问题，停止治疗

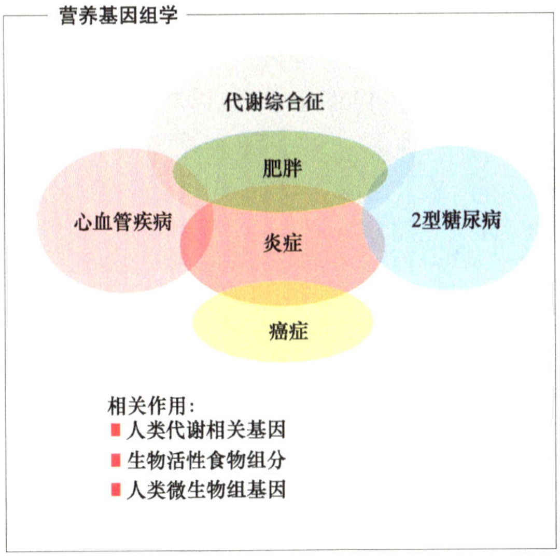
营养基因组学
代谢综合征
肥胖
心血管疾病
炎症
2型糖尿病
癌症
相关作用：
人类代谢相关基因
生物活性食物组分
人类微生物组基因

DNA 分析

概述

用放射性、荧光或其他可检测的标记物标记一条链，便可以观察到两条多核苷酸链之间(DNA-DNA、DNA-RNA 或 RNA-RNA)通过氢键杂交的事件。通常先用 PCR 扩增要分析的 DNA 或 RNA，为了减少假阳性或假阴性杂交，完善的样品制备方法(样品可能具有多样性，如尿液、血液、组织、植物材料或化石)，单链探针的选择及杂交条件是十分重要的。DNA 分析现在已被应用于多种领域，如致病微生物的基因分型、疾病的遗传分析、监测转基因植物或用其生产的食品、亲子鉴定以及犯罪调查。DNA 分析的市场价值正在迅速增长，已有数十亿美元的订单。

设备

分析的标准方法是：①比较型凝胶电泳；②基于光学或电化学报告基团的杂交分析；③DNA 芯片。在电泳中，通过与标准大小的 DNA 比较来分析样品。变性梯度凝胶电泳(DGGE)是一种获得微生物群落基因指纹的有效方法，如肠道菌群。在进行基于杂交的分析时，可用标准的化学方法将报告基团连接到单链多核苷酸上，如使用生物素/链霉亲和素接头。此外，也可以(如 LightCycler™ 分析中所用的方法)将一种嵌入型染料(SYBR Green™)插入到扩增的 DNA 中，能够对杂交事件进行实时定量的检测。另一种有用的方法是 TaqMan™分析，基于连接到 DNA 探针末端的“分子信标”(一种荧光团)，与位于探针另一端的猝灭物质作用。当 PCR 样品中存在一段配对的序列时，探针被扩增，荧光团被释放，样品发出荧光。由于技术的快速发展，大量的同步测序已经和杂交实验形成竞争，如血液中肿瘤 DNA 的“液体活检”可以指示转移扩散。

基因分型

基因分型广泛应用于法医检测和亲子鉴定(遗传指纹技术)，并逐步成为分析人类单核苷酸多态性(SNPs)的有用工具。在亲子鉴定中，将男性的少量微卫星序列与其推测的后代的微卫星序列进行比较；在犯罪调查中，将嫌疑人的序列与遗留在犯罪现场的含有痕量 DNA 的样品进行比较。两个个体含有相同的微卫星型的概率非常低(同卵双胞胎除外)。对患者进行 SNP 分析是一种新兴的鉴定技术，如个体安全与药物效果(药物基因组学)。在 2014 年底，美国国家生物技术信息中心(NCBI)的 SNP 数据库录入了近 1.13 亿人的 SNPs。SNP 分析也应用于植物和动物育种，以保证谱系的安全。在医学诊断中，DNA 分析用于鉴定基因序列及其畸变，以及血液、体液或尿样中是否存在传染性病原体。1μL 血液样品就足以检测到引起疟疾的疟原虫的存在。利用 DNA 分析，可分析食物样品中含量极低的致病性微生物或转基因的原材料。由于基因分型分析通常始于从样品中扩增目的 DNA，所以需要知道靶 DNA 序列的足够信息，以制备能与靶 DNA 杂交的合成探针。

产前筛选

主要基于超声与生化标记相结合。已能够精确检测到怀孕 9～12 周的人类胚胎的单基因疾病。无论是从胚胎细胞还是母血中胎儿 DNA 分离，都可通过 DNA 的靶向测序提高精确性。这种方法已从原理上扩展到着床前期单/多基因疾病的危险性分析(着床前诊断 PID)，但在伦理方面引发了激烈的争议。

法医DNA分析

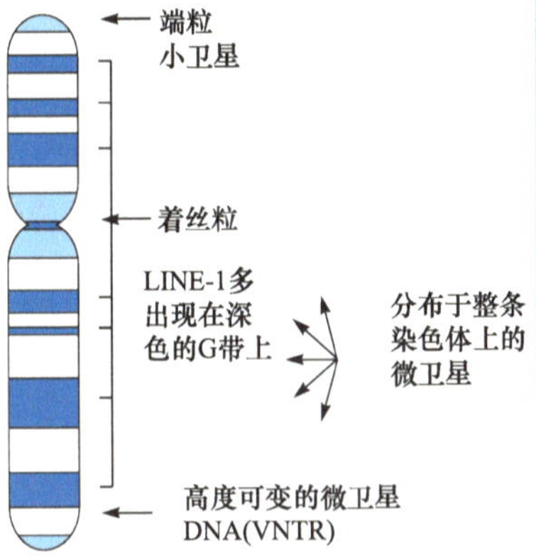

几种基因座的基因分型

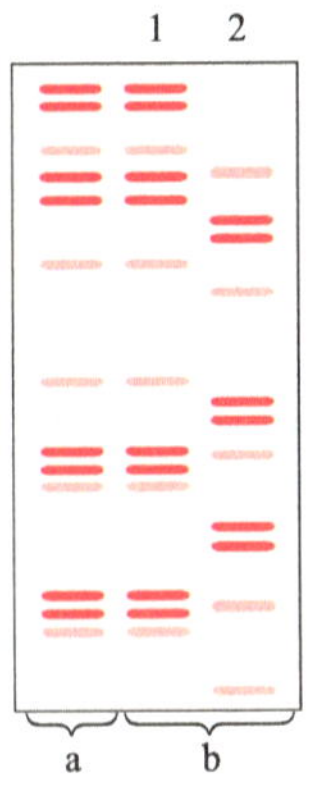

a 犯罪现场的DNA样品

b 犯罪嫌疑人1和2的DNA样品，1是有罪的

法医学中的DNA指纹技术：从样品中分离DNA，用PCR扩增几个含有微卫星的区域，然后用一系列选择性探针进行Southern印迹分析

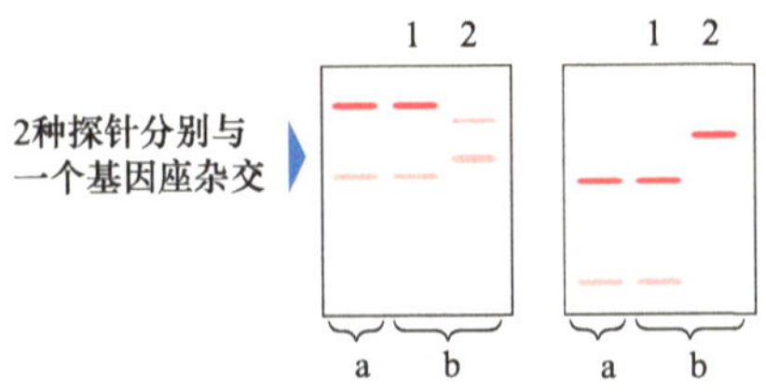

微卫星	<1 kb	重复的(AC)$_n$序列，n=10～50
小卫星	1～30 kb	序列中有很多重复序列，数量不定的衔接重复序列(VNTR)，亚端粒定位
大卫星	< 1000 kb	通常在着丝粒或端粒区，富含AT
随机插入的重复序列	SINE:100～500 bp LINE:6～7 kb	约占人类基因组的20%，Alu家族约占5% 约占人类基因组的10%

传染性疾病的DNA分析(举例)

- 人乳头瘤病毒(HPV)
- 疱疹病毒，如巨细胞病毒(CMS)
- 艾滋病病毒(HIV)
- 结核分枝杆菌
- 布氏疏螺旋体
- 幽门螺杆菌
- 脑膜炎奈瑟氏球菌

遗传扫描

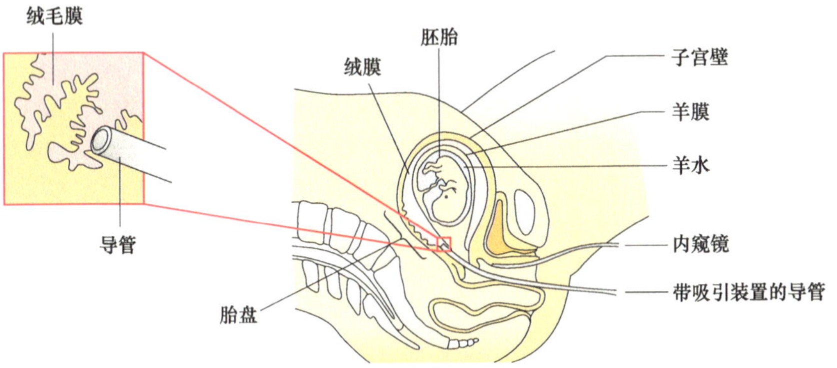

绒毛膜分析(9～12周)

分析方法

- 染色体异常
- 生化试验
- 基于FISH的方法
- DNA检测

一些单基因疾病的DNA检测

疾病(频率)	基因(位置)
镰刀形红细胞贫血(1：500；黑人)	(11短臂)
囊性纤维化(1：2500)	CFTR (7q31)
血友病A和B(1：25 000)	(Xq27)
Huntingdon氏病(1：20 000)	IT15 (4p 16.3)
苯丙酮酸尿症(1：10 000)	PAH (12长臂)
遗传型乳腺癌 (1：200女性)	BRCA1 (17q21)

基因治疗

概述

在已报道的约 15 000 种人类疾病中，90%以上不能用常规疗法治愈，其中大多数起源于遗传或获得性遗传缺陷。基因治疗是尝试用健康基因替代功能受损的基因。到 2013 年底，使用了 1700 多种基因治疗方案治疗了成千上万的患者(超过 60%在美国)。定向于人类体细胞的基因治疗已被广泛接受。但是，向人类精子或卵细胞(生殖细胞系)内转入基因可能会在受试者后代产生新的遗传特性，因此尚未被广泛接受且被暂停使用。有必要区分体外基因治疗和体内基因治疗，前者是在人体外扩增和转化人类细胞，然后将其重新输入体内，而后者是用遗传材料直接治疗患者。

基本概念

大多数疾病的遗传基础尚不清楚，即使是遗传背景清楚的单基因疾病的基因治疗也面临很大的困难：必须克服人体的免疫屏障和对外源核酸的细胞控制机制。目前，实验集中在：①缺陷基因序列与添加了正确序列的 cDNA 重组；②通过反义 RNA 或干扰 RNA，使基因沉默；③用 DNA-RNA 嵌合体修复缺陷的 DNA 序列。首选载体包括反转录病毒(约占全部方法 20%)、腺病毒(约 23%)、痘苗病毒(约 8%)或用于脂质体转染(约 12%)的阳离子脂质体，脂质体能够转移较大的 cDNA 片段。然而，病毒衣壳中供外源 DNA 插入子可用的空间很小——在 4 kb(腺病毒)和 30 kb(疱疹病毒)之间。脂质体能够以气溶胶的形式通过呼吸道进入体内，通过胞吞作用进入细胞。病毒载体通常经皮下、肌肉注射或直接肿瘤内注射来应用。患者自身的骨髓在用 DNA 修饰后的植入(自体细胞疗法)和 DNA 的直接应用也都已叙述。

个体方案

在所有的基因治疗方法中，约 2/3 集中在肿瘤治疗上。为此目的，将一种肿瘤抑制基因(如 *BRCA1* 或 *p53*)、一种细胞因子基因(如 *IL-2*)、一种组织兼容性抗原(如 *HLA-B7*)或一种所谓的自杀细胞注入体内。针对单基因疾病治疗的方案通常关注重度复合性免疫缺陷病(SCID)，它是由编码腺苷脱氨酶(ADA)的基因缺陷所引起的。传染病的基因治疗(用裸露 DNA 免疫)是另一个主要的研究领域。

体外基因转移

使用的是为骨髓移植而成功建立的方案，首选的细胞类型是造血干细胞，它是免疫系统和血液系统所有细胞的前体细胞。如果能够在体外通过基因转移，在那些尚未分化的细胞中替换遗传缺陷，那么再将这些转基因细胞输入患者体内后，就能够分化成健康的免疫细胞和血细胞。来自患者的诱导多能干细胞(iPS)的进展有力地推进了这一领域的研究。例如，使用人类的人工染色体可以将纠正基因引入到 iPS 细胞中。已有基于 iPS 诱导细胞培养或小鼠的成功模型实验的报道，例如，改善杜氏肌萎缩症、脊髓性肌萎缩或各种免疫缺陷疾病。

体内基因转移

在通过用载体、脂质体或 DNA 转染患者来替换缺陷基因的一些尝试中，至少有部分靶细胞得到了转化，有时患者的临床情况得到了明显的改善，例如，帕金森病、血友病、急性或慢性淋巴细胞白血病等。

结论

尽管人类单病因性疾病的基因治疗在理论上是可行的，但仍然存在很多尚未解决的问题。到 2013 年，总共有 3 人伤亡，其中之一是由于腺病毒载体的使用。然而，用于基因治疗的第一种药物已在美国和欧洲注册：Glybera™，该基因编码人类脂蛋白脂肪酶(LPL)，与腺病毒相连，可用于治疗脂蛋白脂肪酶缺陷(LPLD)。

体内基因治疗

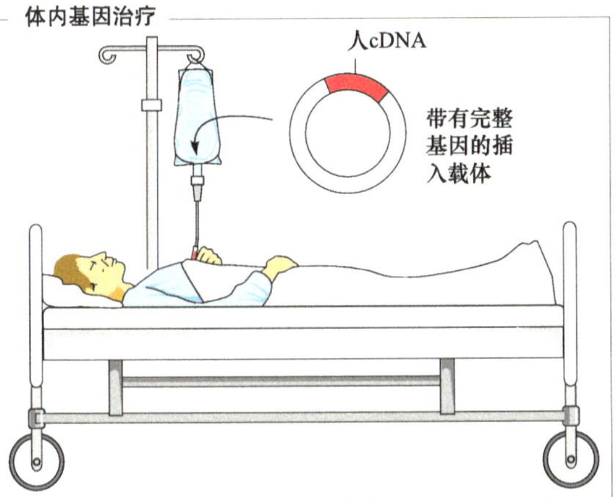

反转录病毒载体

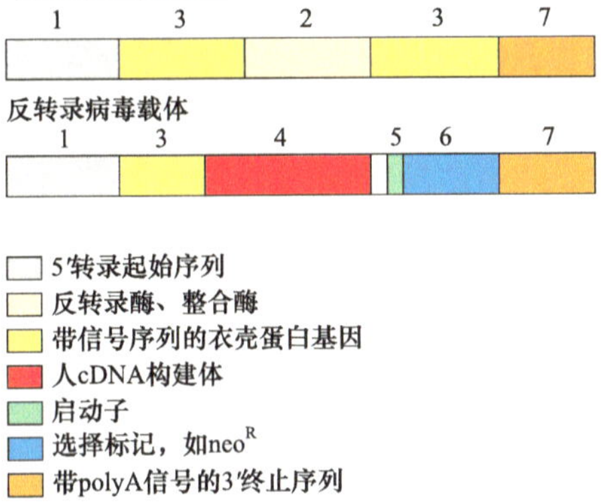

体外基因治疗，如在干细胞中

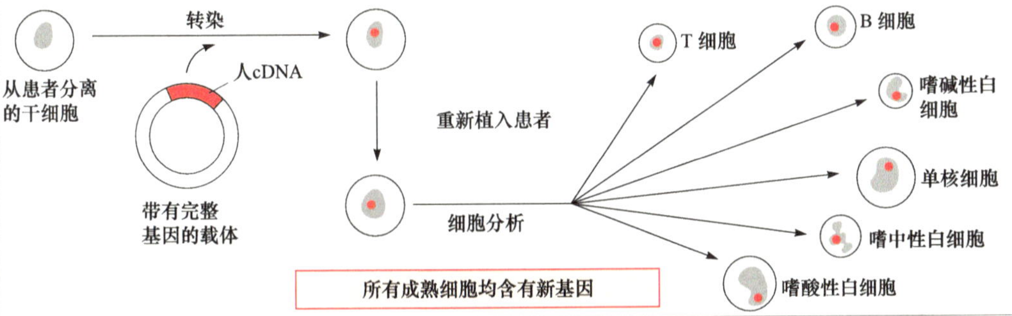

基因治疗的载体

反转录病毒

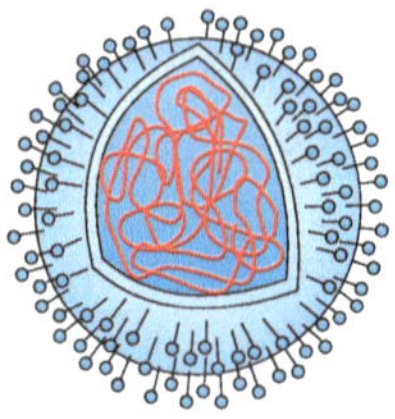

优点：
稳定地插入基因组中

缺点：
随机插入，仅感染分裂中的细胞

腺病毒

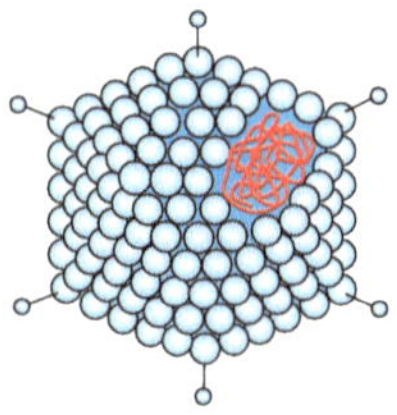

优点：
能够插入大DNA片段

缺点：
插入到基因组内，细胞不稳定

腺联病毒

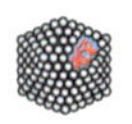

优点：
稳定地插入到基因组内

缺点：
对外源DNA的容量小

脂质体

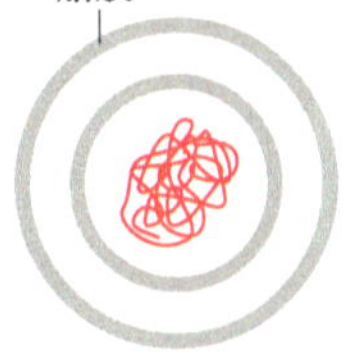

优点：
感染的危险性小

缺点：
效率低

裸DNA

优点：
感染的危险性小

缺点：
效率和稳定性低

基因治疗实验(2014)

疾病	举例/转移的基因
癌症：1331种医疗方案	组织相容性抗原、肿瘤抑制基因、自杀基因、IL-2、IL-7和 IL-12
单基因疾病：188种医疗方案	SCID ADA基因、囊化纤维化、第九因子、慢性肉芽肿病
传染病，主要是AIDS：170种医疗方案	转基因T淋巴细胞、DNA疫苗
其他疾病：387种医疗方案	VEGF121(动脉粥样硬化)、风湿性关节炎

基因治疗全球临床试验，http://www.abedia.com/wiley/index.html

诱导多能干细胞(iPS)

概述

2007 年，由 Shin'ya Yamanaka 领导的京都团队通过表达特定的基因，成功地从已分化的小鼠细胞中再生出多能干细胞，随后在人体细胞中得到了进一步证实。这些实验为从自身体细胞产生多能干细胞奠定了基础，并将其应用于个性化细胞治疗和药物测试。这一过程引起的医学和伦理问题比基于脐带来源的胚胎干细胞(EMS)的细胞疗法少很多，因此迅速成为全球范围的临床研究。2014 年，已经进行了一些临床试验，用于治疗冠状动脉、眼、神经等疾病。2012 年，Yamanaka 获得了诺贝尔医学奖。

方法

Yamanaka 用携带编码转录因子基因的逆转录病毒转染了小鼠成纤维细胞。若引入以下四个基因，即可获得多能干细胞：①*c-Myc*，一种支持细胞内所有活性基因表达的转录因子；②*Klf-4*，一种与干细胞特异性相关的转录因子；③*Oct-4*，一种参与基本胚胎发育的转录因子；④*Sox-2*，一种未分化胚胎干细胞自我更新所必需的转录因子。第一种的缺点在于肿瘤细胞有发展的风险，因为 *c-Myc* 是原癌基因，另外用于转染的逆转录病毒可能会整合到哺乳动物受体细胞的基因组中。使用腺病毒代替逆转录病毒用于转染可降低了后者的风险。后来发现，如果用重组转录因子(蛋白质诱导多能干细胞，PiPS)直接转化受体细胞，那么这两种风险都可以消除。通过合成的修饰 RNA(RNA 诱导多能干细胞，RiPS)使体细胞转化成多能干细胞成为可能。2014 年，通过选择合适的体细胞、转录因子和转化方法，使无限制地产生 iPS 细胞成为可能。然而，转化效率仍然很低(<1%)。从尿液中获得的人肾脏上皮细胞具有更高的转化率(可达 4%)和更好的分化潜力。脂肪组织是干细胞的良好来源。在合成培养基上的培养足以使其分化成拥有功能特性的肝细胞。

性能和风险

iPS 细胞和胚胎干细胞(ESC)具有十分相似的特性。在分化、基因表达和甲基化(表观遗传学)上具有相似性。与 ESC 相比，iPS 是通过转录因子进行人工修饰。由于有些因子参与了癌细胞的形成，因此，iPS 衍生的体细胞的安全性尚未得到解决。

iPS 细胞的扩增

iPS 细胞是黏附细胞，通常生长在表面，需提供促进生长的物质如钙黏蛋白(一种黏附蛋白)。用无血清的复合培养基来培养 iPS 细胞，其主要成分包含葡萄糖、氨基酸、γ-氨基丁酸、无机盐、生长因子等重组蛋白。在细胞扩增之后，用温和的分离剂(如 EDTA)可将细胞从表面分离出来，整个过程可以在机器人辅助工作站上进行。

应用

最重要的两个应用是再生医疗和药物的个性化测试。这两个应用都有望带来创新和巨大的市场。在再生医疗中，个性化的 iPS 细胞已经进行临床研究。在日本，黄斑变性的患者使用视网膜色素上皮细胞进行治疗，帕金森病的患者使用多巴胺神经原祖细胞进行治疗，心脏机能不全的患者正在接受心肌细胞的治疗。为此，患者的细胞被转化成 iPS 细胞，在细胞板中扩增并植入患者体内。免疫反应中涉及的 T 细胞等血细胞再生也在研究中。对于药物测试，肝细胞等人类细胞类型已经实现商业化，个性化的形式也在开发中，这是个性化药物测试的一大进步。

iPS细胞用于药物测试

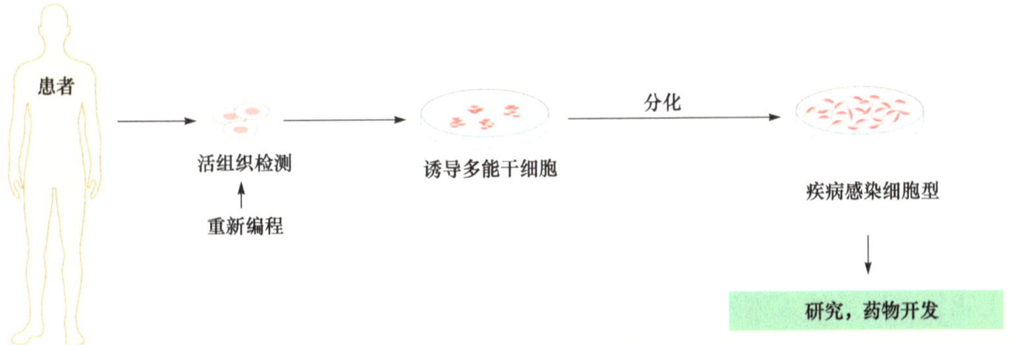

iPS干细胞用于治疗

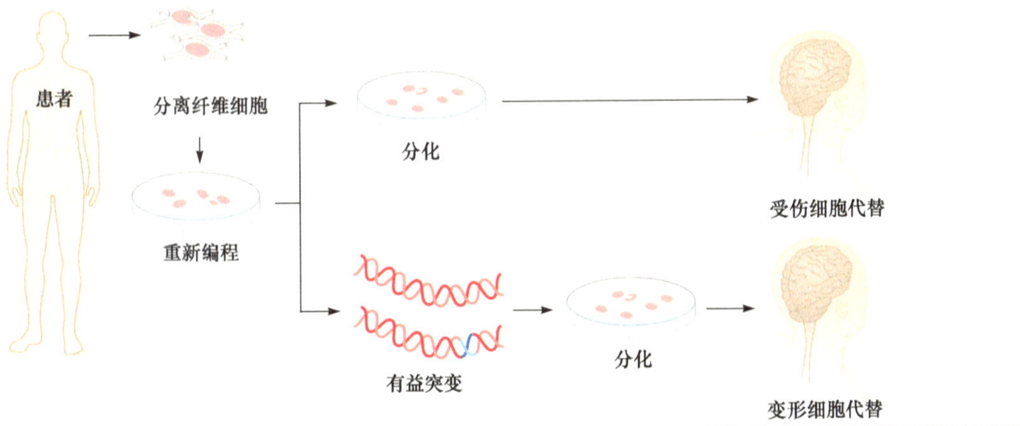

从iPS细胞中再生的冷冻的心肌细胞

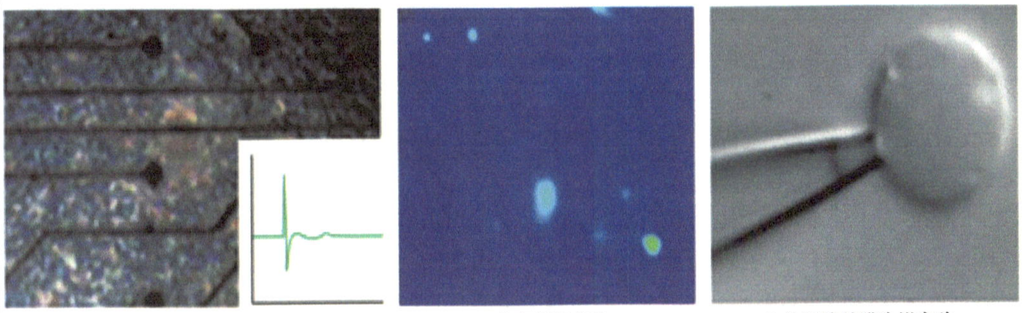

1.在多电级阵列上　　细胞外的电活动　　2.生命细胞成像　　3.单细胞的膜片钳实验

iPS技术的应用

目标细胞	起始细胞	课题组，年份
3D肾脏结构(肾小球，肾小管)	各种祖细胞如：纤维细胞	Kumamoto University, 2013
人类红细胞	各种各样的祖细胞	CiRA, Kyoto University, 2013
人类血小板	祖细胞	Megakaryon Corp., Tokyo 2013
视网膜色素上皮细胞	祖细胞	RIKEN, Kobe, 2014
人类干细胞	祖细胞	ReproCell Co., Tokyo, 2011
人类心肌细胞	祖细胞	Axiogenesis, Cologne 2012

组织工程

概述

组织工程旨在通过植入体外培养的组织而使组织得到功能性的再生。最初用于皮肤移植来治疗烧伤，随后用于骨、血管、肝脏、软骨、韧带、角膜、肌肉和神经细胞。生物相容性材料和全能干细胞在这项研究中发挥着重要作用。

手术方法

在自体移植中，在同一患者中将组织从一个部位移植到另一个部位。例如，将腿静脉移植到冠状动脉旁路(2010 年美国约有 400 000 人)或将臀骨移植到脊柱。虽然这种方法不存在免疫问题，但成本高并且比较疼痛。人造材料和装置广泛应用于人造瓣膜、人造髋关节和膝关节或乳房移植物。

支架引导组织再生

胞外基质(ECM)是人体的形状决定成分，如骨胶原蛋白的纤维性复合网络。人造支架如陶瓷、胶原管或合成材料(薄膜、膜、海绵、珠子)用于接种供体细胞。在合适的细胞生长因子存在下，供体细胞能在这些支架上生长，产生可以给患者移植的人工组织。要为生长在支架上的细胞提供营养需要形成毛细血管(血管生成)，目前这一技术尚未完全掌握。已使用 CAD/CAM 法来从 CAD 模型(实体自由成形制造，SFF)制造任意复杂形状的支架。3D 打印为身体部位的生产开辟了一条有吸引力的新途径。因此，由聚合物模具和组织生产一个完整的耳朵主要有三个步骤：①产生一个耳朵的 3D 扫描图；②用 3D 打印机从这些数据中准备三维中空聚合物的形状；③利用胶原蛋白和软骨细胞填补这种形状。

三维细胞培养

不同类型的祖细胞和原代细胞可以共培养形成一种更复杂的组织等效物，例如，在角化细胞存在下让上皮细胞生长，就会产生人工表皮。将包埋在胶原机制中的皮肤成纤维细胞与角化细胞共培养，形成一种角化的表皮，这样可以得到一种 3D 皮肤等效物。

干细胞

人体多能胚胎干细胞在组织工程中具有很大的潜力，因为它们能够发育成各种不同类型的细胞，这取决于其生长环境和所加入的细胞生长因子。成人骨髓是成人干细胞的传统来源，几乎不用考虑伦理方面的限制。干细胞也可以从新生儿脐带血中采集和冷冻，以便用于以后生活中组织的再生。iPS 技术为未来患者自身组织的再生开辟了广阔的道路。脂肪组织含有丰富的干细胞，已经证明脂肪来源的干细胞可以通过特定的化学培养条件转变为与肝细胞类似的细胞。

应用

组织工程广泛用于：①在制药和化妆品行业中，建立基于人细胞培养物的试验系统，使用人源细胞的 3D 皮肤和角膜来替代动物测试物质的刺激性或进行药物开发，可以提供更可靠的结果；②用于移植。人造人皮肤已经在商业上应用一段时间了。例如，Dermagraft®是由生物可吸收支架和人成纤维细胞组成的工程化人真皮组织。它通过将感染降低至最低程度，并在患者得到足够的自体皮肤用于自体移植之前防止体液损失，从而用来治疗烧伤及各种类型的溃疡帮助伤口愈合(糖尿病性足溃疡、静脉溃疡和压疮)。细胞生长因子诱导成人骨髓中残留的间充质干细胞分化成软骨细胞，形成软骨组织。创伤性软骨缺损可以用自体同源软骨移植法(ACT)治疗，这种方法是将软骨细胞注射到新缝合的骨膜瓣下的损伤区域。经过移植骨组织的替代骨广泛应用于再生医学，并且用于神经再生的人工神经移植或神经导向管正在研制中。

组织工程的靶标

基于干细胞的组织工程		非基于干细胞的组织工程	
血管	肝	胆囊	半月板
骨	胰	软骨(耳、鼻和关节)*	口腔黏膜
软骨	神经组织	心脏瓣膜	唾液腺
角膜	骨骼肌	肠	气管
牙本质	皮肤	肾	输尿管
心肌			尿道

*正在进行临床实验或临床观察研究

一些组织工程公司

美国	Advanced Tissue Sciences	人组织和器官，如皮肤、软骨、骨、肝
美国	Curis	伤口愈合、再生医学
美国	MatTek	皮肤试验系统
德国	BioTissue Technologies	皮肤、软骨
荷兰	IsoTis	皮肤、软骨、骨
法国	SkinEthic Laboratories	皮肤试验系统

三维皮肤代用物的生成

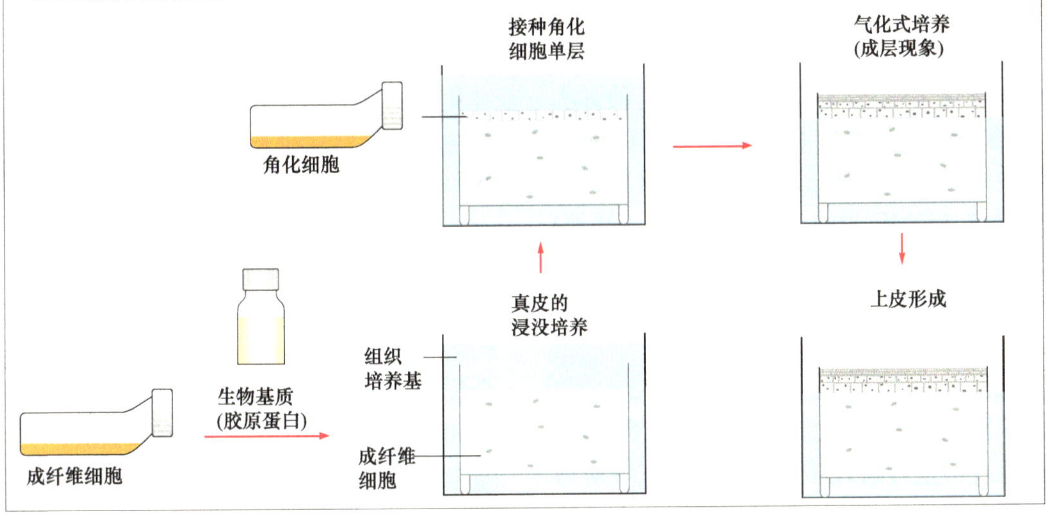

产生

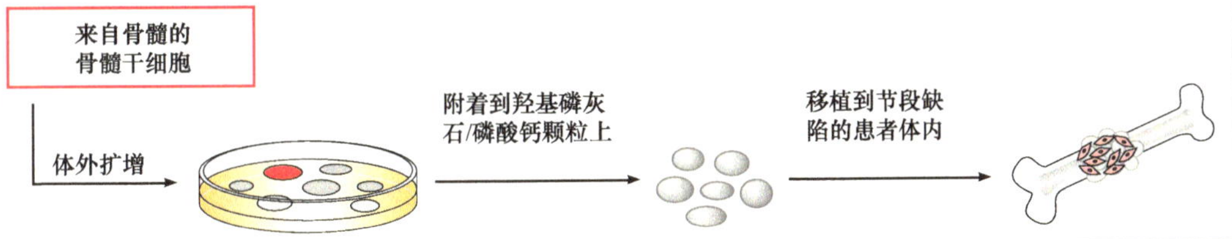

使用人造皮肤的“伤口愈合”

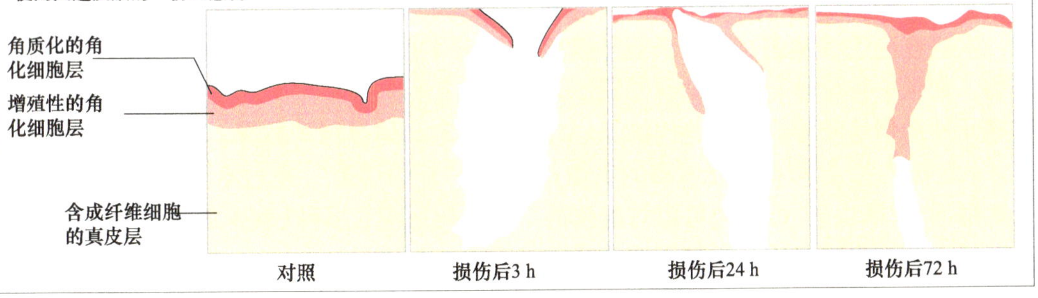

高通量测序

概述

几十年来，DNA 主要通过 Frederick Sanger 于 1977 年建立的方法进行测序。随着 1990 年人类基因组计划的开始及 DNA 序列在研究和医学领域日益重要，亟须更快的测序方法。2014 年，一天内可以完成 10^9bp 的基因组测序(当然分析测序结果所需的时间是截然不同的)。这种高通量“下一代测序”(HTS)的设备和软件的市场规模在 2013 年估计达 15 亿美元。在已提出和实现的各种方法中，我们将重点介绍：①Roche 的 454 测序仪；②Illumina 的 HiSeq 分析仪；③Life Technologies 的 SOLID 分析仪；④Pacific Biosciences 的 RSII 测序仪，以及⑤Oxford Nanopore Technologies 建立的纳米孔法。

罗氏的 454-测序仪

最初由美国 454 公司开发，在该方法中，基因组 DNA 被剪切成小片段，并添加末端接头。通过两个接头中的一个，片段结合到微珠上，并且每个片段都可通过 PCR 扩增。接下来，每个微珠会置于皮升板的独立空腔中，随后通过引物延伸进行焦磷酸测序，读取长度约为 1 kb。

Illumina 的 HiSeq 分析仪

同样，将基因组 DNA 剪切成 200～300bp 的片段。通过连接适当的接头，获得桥连片段簇并将其沉积在流动池中，使用固相 PCR 扩增它们。接下来，使用每个碱基的特定荧光标记的终止子，在每个单链片段上以高度平行的方式形成双链。因此，每个单一碱基的添加可以被其独特的荧光识别。然而，阅读长度限制在约 200bp。

生物技术公司的 Solid 分析仪

将剪切的片段分离成克隆片段，连接到相同的 P1 片段，通过乳化 PCR 扩增并结合到玻璃板上。使用 P1 片段的第一个引物，接着是 n-1，n-2，n-3 和 n-4 引物，每组用荧光标记物标记的四种碱基的一组特异性探针竞争性结合到下一个碱基，一旦发生结合就释放其标记。由于这个过程与 n-x 引物重复数次，所以精度大大提高。读取长度为 75～100 个碱基。

Pacific Bioscienes 的 PacBio RS II 测序仪

与迄今描述的方法不同，该方法测序单个 DNA 链。该链进入 SMRT 细胞(用于“单分子实时”)，其中 DNA 聚合酶被固定。形成 DNA 链所需的四个核苷酸中的每一个都用不同的荧光标记物修饰，并可以自由进入 SMRT 细胞。插入标记的碱基后，标记被释放，其荧光通过零模式波导传播且不需要信号放大。由于仪器的核心板含有一百万个 SMRT 细胞，因此该方法允许大基因组测序。此外，读取长度超过 5 kb。

Oxford Nanopore Technologies 的 GridION 测序仪

在该系统中，单链 DNA 通过电泳、生物孔(双膜中的重组孔蛋白)或化学纳米孔(石墨烯、氮化硅)进行移动。如果向孔隙施加电压，则在每个核苷酸(允许分析碱基序列中的每个核苷酸，甚至甲基化的碱基)通过孔隙期间电流的变化取决于其几何形状。例如，表观遗传修饰的分析可以通过它们的其几何形状和电流信号来识别。纳米孔测序仪的读取速度为每秒约 300 个碱基。

生物信息学

高通量测序仪不可或缺的一部分是使用序列重叠链的信息获取基因、基因组和基因组序列(鸟枪法)信息的生物信息学方案。碱基序列的错误分配的数量与基因组的大小成正比。因此，必须比较多个读取的序列以排除读取错误。由于引起更多读取错误的重复序列随着基因组的大小而增加，所以需进一步的校正。

高通量测序(HTS)

仪器	Roche 454 GS FLX	Illumina HiSeq	Life Tech Solid	Life Tech Ion Proton	Pacific Bio RSII	Oxford Nanopore GridION
市场引入	2005	2007	2007	2013	2012	原型
价格(2014)	500 000 (GS FLX+)	740 000 (HiSeq 2500)	665 000 (Solid 5 500 xl W)	149 000	695 000	未知
DNA制备	F, L, A	F, L，随意扩增	F, L, A	F, L, A	F	F
读取长度	达到1 000	达到2×150 (双末端测序)	1× 75 or 2× 50	200	5 500 – 8 500	非常高
并行读取数	100万	达到80亿	达到240亿	达到8200万	约50 000	??
性能	23小时7亿个碱基	6天1万亿个碱基	5天2 400亿个碱基	4小时100亿个碱基	1小时3.75亿个碱基	每秒300个碱基

llumina HiSeq-X Ten系统使用10个仪器，配备2个流动池同时进行(价格是1000万美元，2014)。使用该设备进行一个人类基因组测序的价格为1000美元。

F=分裂，L=接头链接，A=扩增

Illumina 测序方法

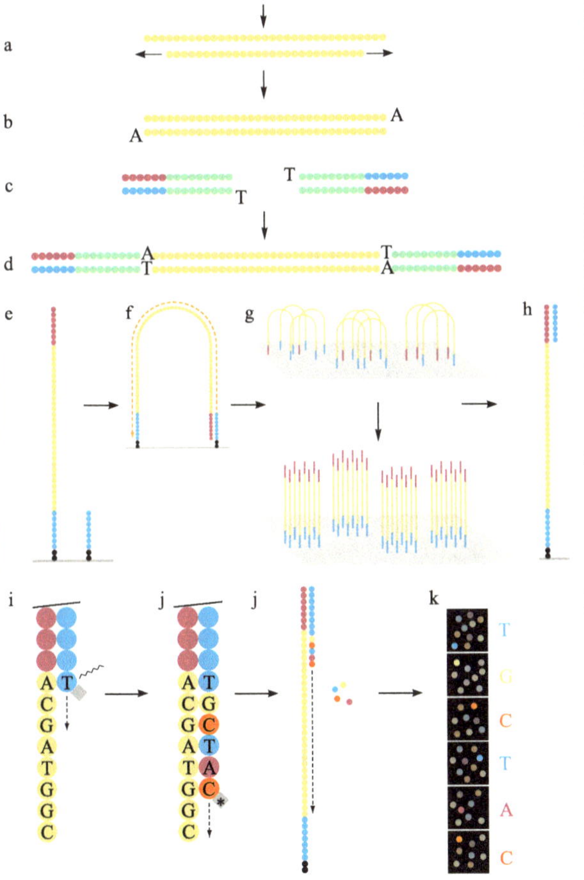

4个碱基与不同的荧光标记连接

合成序列

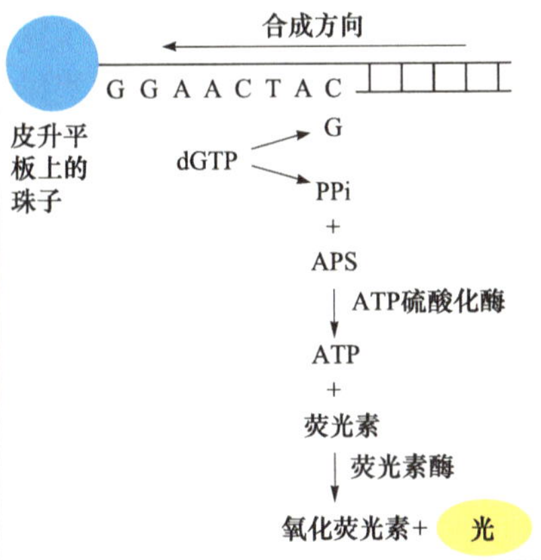

文库制备：6 h(3 h)
- a DNA片段
- b 修复末端/突出的酸性A
- c 连接适配器
- d 选择性连接DNA

聚类再生：5 h(3 h)
- e 将DNA附着到细胞
- f 进行桥扩增
- g 聚类再生
- h 测序引物退火

测序：4～6天(30 min)
- i 延伸第一个碱基，读取并解锁
- j 重复上述步骤至延伸链
- k 产生碱基

持续时间/实际时间

蛋白质组学

概述

蛋白质组这一术语是在1995年提出的，用来描述基因组编码的所有蛋白质。在高等生物中，选择性剪接和翻译后修饰能使每个基因产生平均10种蛋白质。蛋白质组学主要用于理解基因组是如何差异表达和修饰蛋白质的，以及如何决定其相互作用和功能的(功能基因组学)。

方法

蛋白质组学研究的核心过程是大量蛋白质的分离和鉴定。例如，大肠杆菌的蛋白质组含有约4000种蛋白质。样品制备尤其重要，膜蛋白和细胞质蛋白需要不同的方案。在真核生物中，首选单一细胞类型的蛋白质提取物，它提供了差异表达的信息。分离蛋白质最重要的方法是二维聚丙烯酰胺凝胶电泳(2D PAGE)，其中第一种方向的分离是基于等电点，而第二种方向的分离是基于摩尔分子质量。通过控制pH梯度可以提高分辨率。通过染色(银染)、扫描和计算机分析能够在二维电泳上进行半定量分析。高通量系统能够在一周内分析约100个凝胶。主要的瓶颈是鉴定微量表达的蛋白质(每个细胞10～1000个拷贝)、翻译后修饰的蛋白质与正确的前体蛋白质的相互关系和定量。使用重组的抗体文库是定量分析的方法之一，但必须知道蛋白质的特性。如果蛋白质的表达量大于1μg，并且N端未被酰基化，则可以进行N端测序，该序列可以与计算机数据库比对。鉴定表达量较少的蛋白质时，质谱是一个很好的选择。使用MALDI-TOF(基质辅助激光解吸电离飞行时间)质谱可以得到大致的分子量；另一种方法是用胰蛋白酶消化凝胶中的蛋白质(胰蛋白酶仅作用于多肽的赖氨酸或精氨酸残基)，生成多肽混合物，再通过MALDI-TOF分析其分子量，与基于计算机的胰蛋白酶消化进行比较，提供了蛋白质一致性的信息。这种方法只能用于基因组序列已知并且知道所有蛋白质的编码序列。如果不知道这些信息，电喷雾质谱(ESI-TOF)能够帮助确定未知蛋白质的片段类型，从而得到蛋白质序列标签(PST)，其通常被加入到蛋白质数据库的条目中。这两种方法的灵敏度为每个蛋白点几飞摩尔。然而，为了达到这种灵敏度，必须在细胞中表达几十万拷贝的某种特定蛋白质。蛋白质的金属编码标签(MeCAT)能够将灵敏度提高到阿摩尔(10^{-18}mol/L)，使用这种技术，多肽可以被镧系元素标记，并且可以使用电感耦合等离子体质谱(ICP-MS)进行定量。

应用

使用蛋白质组学，可以分析细胞的蛋白质表达谱中细胞特异性差异或诱导差异。例如，①大肠杆菌在不同碳源生长后，蛋白质组表达谱的差异；②健康人和糖尿病患者的胰腺细胞蛋白质谱的比较；③在用药或中毒后，肝细胞蛋白质谱改变的毒理学研究。特定疾病的标记蛋白通常已经确定。蛋白质组学也能帮助确定细胞中蛋白质的功能。为此，科学家试图构建正在研究的细胞类型的蛋白质组图谱，并试图理解在“细胞工厂”中蛋白质的相互作用。用基因工程的方法引入组氨酸标签是一种有效的方法，用亲和纯化方法来纯化表达的或关联的蛋白质，并通过质谱确定它们的一致性。

人类蛋白质组学的启动

截至2014年，人类蛋白质组学参考数据库包含30 000多个注释的蛋白质条目，约94 000个翻译后修饰。这些条目是引用文献以及21 200个实验或预测的翻译后修饰。在人类蛋白质组学项目中，正在阐明每条人染色体编码的蛋白质，以及与临床感兴趣的组织(如血浆、肝脏、脑和尿)相关的蛋白质。

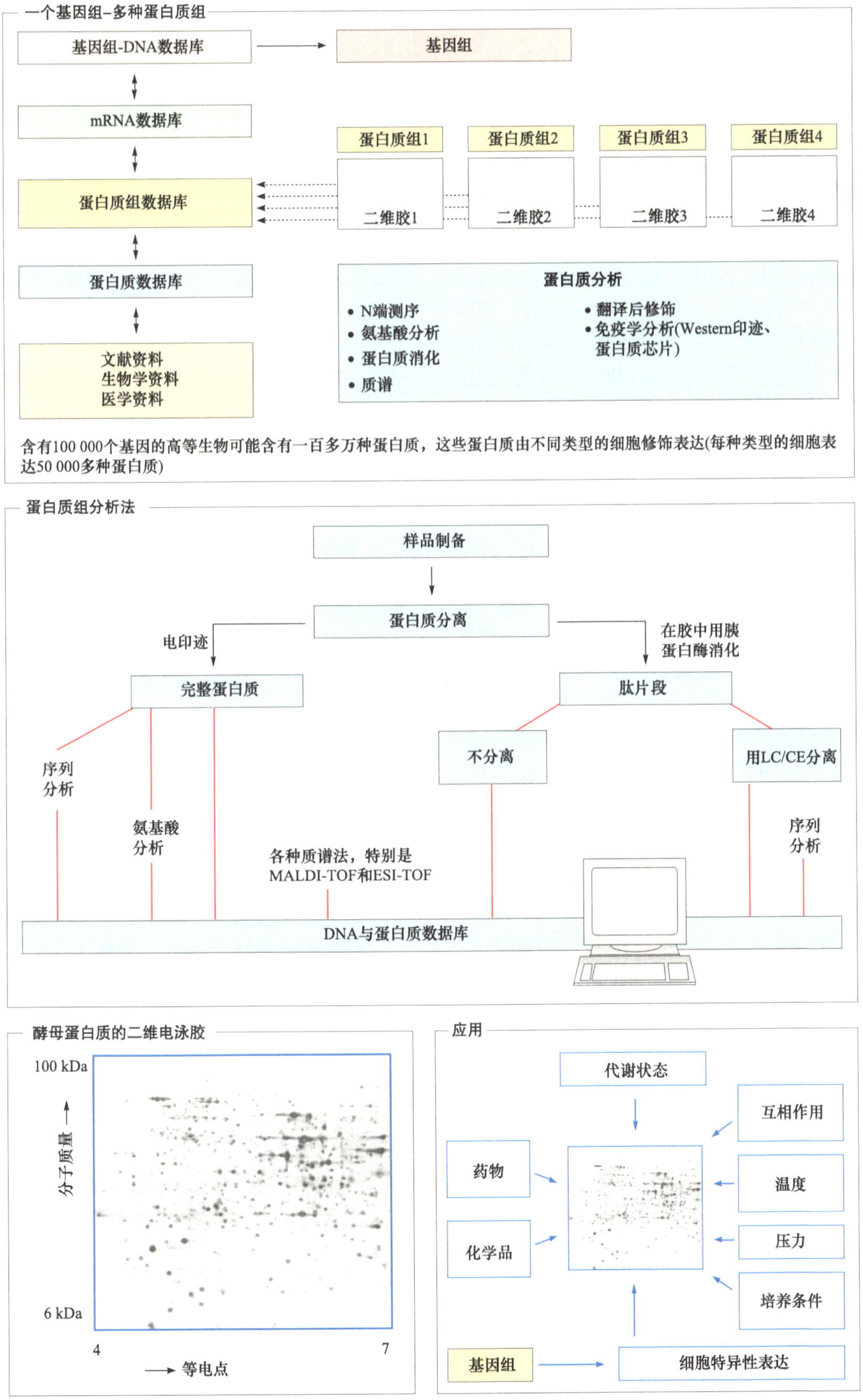
一个基因组–多种蛋白质组
基因组-DNA数据库
基因组
mRNA数据库
蛋白质组1
蛋白质组2
蛋白质组3
蛋白质组4
蛋白质组数据库
二维胶1
二维胶2
二维胶3
二维胶4
蛋白质数据库
蛋白质分析
• N端测序
• 氨基酸分析
• 蛋白质消化
• 质谱
• 翻译后修饰
• 免疫学分析(Western印迹、蛋白质芯片)
文献资料
生物学资料
医学资料
含有100 000个基因的高等生物可能含有一百多万种蛋白质，这些蛋白质由不同类型的细胞修饰表达(每种类型的细胞表达50 000多种蛋白质)
蛋白质组分析法
样品制备
蛋白质分离
电印迹
在胶中用胰蛋白酶消化
完整蛋白质
肽片段
序列分析
氨基酸分析
各种质谱法，特别是MALDI-TOF和ESI-TOF
不分离
用LC/CE分离
序列分析
DNA与蛋白质数据库
酵母蛋白质的二维电泳胶
100 kDa
6 kDa
分子质量
4
7
等电点
应用
代谢状态
互相作用
药物
温度
化学品
压力
培养条件
基因组
细胞特异性表达

DNA 和蛋白质芯片

概述

固体表面上的 DNA 微阵列(DNA 芯片、基因芯片)或“液相芯片”，能同时检测多个杂交事件，可用于高度平行的基因分型(如检测多态性)、表达分析(如研究基因转录的差异)及 DNA 测序。商品 DNA 芯片包括由尼龙或硝酸纤维素制成的“基因滤器”，含有成套的酵母、小鼠、人或其他生物的 cDNA 片段，其密度达到每平方厘米几百个寡核苷酸。通过两种不同的方法，可以在坚硬物体表面(如玻璃或塑料)上获得高达每平方厘米 10 000～100 000 个寡核苷酸的密度：①用光刻技术在表面上逐步化学合成寡核苷酸(“原位合成”)；②用点样仪将 DNA、RNA 或寡核苷酸微量沉积。基于 DNA 标记的微球体“液体芯片”是另一种前景很好的高度平行性 DNA 分析方法。

寡核苷酸芯片

通过偶联亚磷酰胺酯制备，使用核苷酸特异性的保护基团，然后用光化学反应除去这种保护基团。在整个芯片上，每一步合成的分布都用光刻技术(掩模)控制，用这种方法能够制备每平方厘米高达 25 万种寡核苷酸的芯片。最近，出现了在单块圆片(直径 20 cm)上包含用于人类 SNP 分析的 6000 万种 DNA 探针的芯片。通常寡核苷酸的长度被限制在 25 个碱基之内，因为在合成的每一步中，由于不完全偶联和不完全去保护所产生的错误都会被放大。在该方法中，需要生产大量的光刻掩模，使试样芯片的生产成本很高，但在批量生产时则成本很低。

微沉积

除原位合成 DNA 外，任何长度的单链 DNA、cDNA 或合成的寡核苷酸，都能被微量沉积在玻璃等表面上。在进行偶联时，可使用标准的表面化学方法。多核苷酸可用针直接接触点样，或使用基于压电方法(喷墨打印技术)的非直接接触的液滴点样。商品微量点样仪可达到每小时 10 000 多个 DNA 或 cDNA 片段的速度，用这些方法能够制备每平方厘米约 10 000 种寡核苷酸的芯片。寡核苷酸芯片在检测由于错配导致的不完全杂交(如 SNP 分析)中十分有用。另一种用途是 DNA 的重测序，为此，芯片必须含有目的 DNA 的完整单链序列，此序列以相互重叠的片段存在，采用载有 16 000 条 20 聚体寡核核苷酸的芯片，通过对人类线粒体 DNA(mtDNA)的测序，验证了该方法的正确性，180 种已知的 mtDNA 多态性的 179 种可在一次杂交实验中确定。

检测

通过用放射性荧光标记来检测杂交事件，通常在扩增过程中加入 DNA 探针，将放射性或产生荧光的报告基团插入 DNA 探针中，通过这种标记检测杂交事件，用放射自显影、激光扫描仪或 CCD 图像分析仪进行检测。还可以应用生物素化的核苷酸，其在杂交后与金标记的抗生物素蛋白反应。如果在最后一步中使用胶态银，该方法的灵敏度可以提高 50 倍。对杂交事件进行无标记检测时，使用激光解吸质谱(MALDI-TOF)能够分离并分析探针的引物特异性延伸产物的质量。

“液相芯片”

用两种荧光团分别标记单链 DNA 标记的聚苯乙烯微球体，通过它们在荧光激活的细胞分选仪(FACS)中的光谱位置，可以快速分选高达 100 种不同的 DNA 序列。

蛋白质芯片

很多蛋白质也能像 DNA 那样被固定在玻璃表面上。例如，如果将所有推测的靶蛋白固定在一块芯片上，在 ^{32}P 标记的 ATP 存在的条件下，进行激酶催化的磷酸化反应，之后进行放射自显影，就可以检测激酶的靶蛋白。重组抗体或核酸适体文库通常用于检测。蛋白质芯片的主要应用是血清诊断、细胞裂解物中蛋白质谱分析及蛋白质-蛋白质相互作用的分析。

寡核苷酸芯片

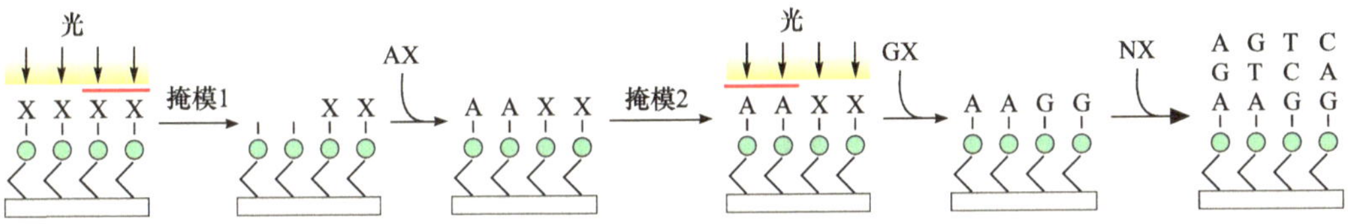

掩模1,2:光刻掩模

AX,GX,NX:腺苷酸、鸟苷酸、任意核苷酸的亚磷酰胺酯

DNA芯片(表达谱确定)

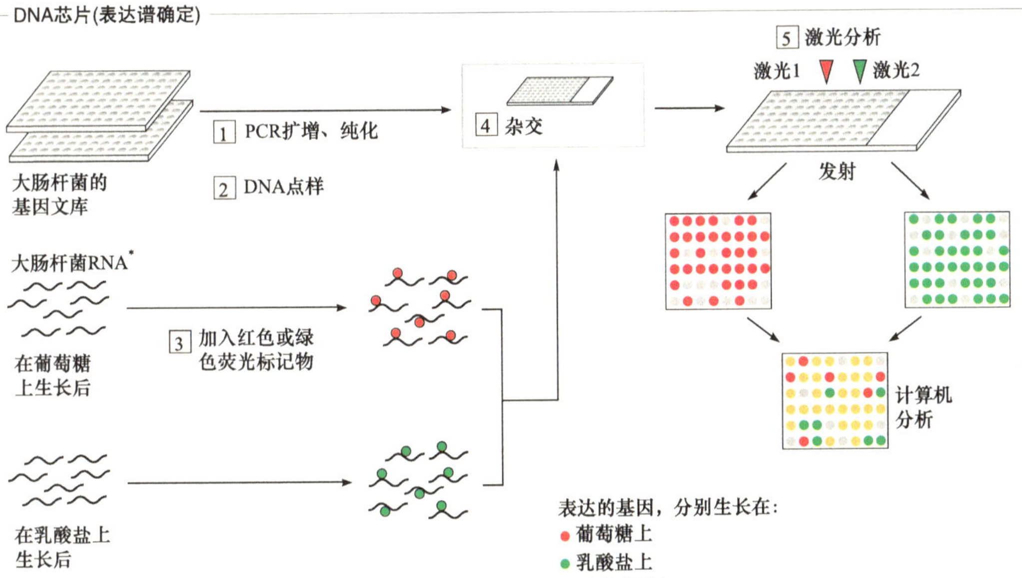

*RNA被反转录为单链DNA

应用与检测方法

芯片密度	应用
高，>10 000 DNA序列	基因鉴定，转录(表达)谱的确定
中，1000～10 000 DNA序列	分析突变、等位基因、多态性
低，<1 000 DNA序列	遗传倾向、急性疾病、传染

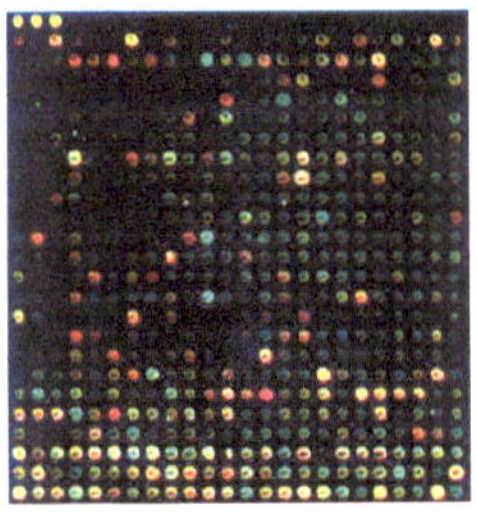

DNA芯片

与荧光标记的或金/银标记的DNA杂交

通过CCD，激光荧光扫描或吸光度(银)，进行检测

DNA滤膜分析

与放射性标记的DNA杂交

用放射自显影进行检测

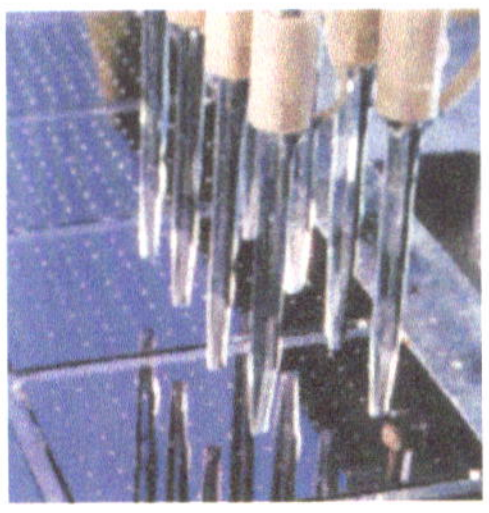

DNA质谱分析

通过引物特异性延伸探寻单链DNA

使用MALDI-TOF质谱，通过序列特异性分子质量进行检测

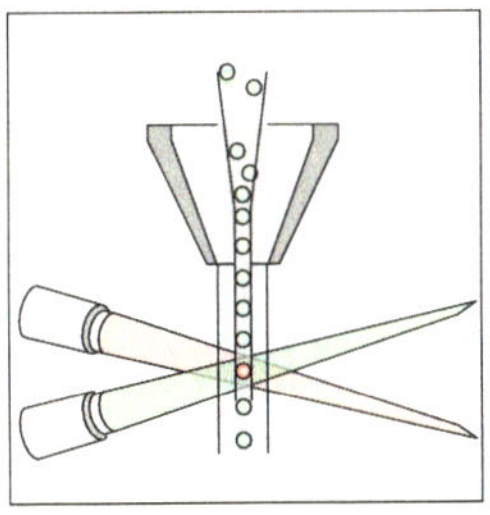

DNA光谱分析(“液相芯片”)

用单链DNA探针标记微球体，并用两种发色团标记

通过查寻在FACS系统中的位置进行检测

合成生物学

概述

在该术语下总结了几种方法，例如，在三联密码子中使用化学修饰的碱基扩大了遗传密码或使用生物信息学设计人工酶。但是常用的合成生物学概念是在质粒 DNA 上设计人工生物学回路(生物砖)，然后克隆到一个宿主微生物中(通常是大肠杆菌)，遵循乐高模型概念。鉴于技术的应用，合成生物学最重要的两种类型：①构建含有合成或缩减基因组的宿主微生物；②在微生物中构建人工代谢途径。

缩减基因组的宿主微生物

这项研究的早期案例是构建衰减菌株 *E. coli*-K12，该菌株中所有的质粒及与人类致病相关的编码基因(如菌毛附着素和表面抗原)均已敲除，为基因工程提供了安全菌株。近年来，为了提高产物的合成，微生物基因组中更多的基因被敲除。谷氨酸棒杆菌已广泛用于谷氨酸、赖氨酸和其他产品的商业化生产，基因组的大量缩减也使其成为生产酶(如转谷氨酰胺酶)或治疗性蛋白质(如 hEGF)的常用宿主，其生产的产物能正确折叠并分泌到培养基中。在粟酒裂殖酵母中，编码 59 种蛋白酶和其他蛋白质的基因被敲除，使得突变菌株能够向培养基中分泌正确折叠、高纯度酶或治疗性蛋白质(如人生长激素、转铁蛋白)。在基因组缩减 21%的枯草芽孢杆菌中，通过改造基因组中底物摄入和产物分泌的区域，一种外源纤维素酶(用于洗涤剂)的分泌提高了 250%。其他的成果更接近于基础研究，主要关注“人工”或嵌合微生物的构建。因此，2010 年，1.08 Mbp 大小的蕈状支原体 *JCVI-syn1.0* 基因组被合成并转入到无核 *M.capricolum* 菌株中，产生的人工细菌能正常生长和分裂。2012 年，在枯草芽孢杆菌 168 中插入了蓝藻中集胞藻属 PCC6803 的完整基因组，从而得到了一个至关重要的细菌嵌合体。

新代谢途径的构建

早期的工业实例(2005)是在大肠杆菌中构建 1,3-丙二醇(可用于聚酯合成)的合成途径。为了实现 1,3-丙二醇的大量生产，导入了两个来自酿酒酵母的基因及一个来自肺炎克雷伯氏菌的基因，并通过代谢工程优化了代谢途径。一个最新的案例(2014)是酿酒酵母以麦角固醇(酵母的一种细胞壁组分)为原料工业化生产皮质醇。为实现该途径，分别导入了来源于牛、人类和植物的基因，并且优化了转运中间代谢物到不同区室(如线粒体)的几个步骤，这项工作耗费了 15 年的时间。另一个案例是青蒿素的合成。这种抗疟疾药来自于一年生的蒿类植物(青蒿)，但很难从植物或植物组织培养中获得。在大肠杆菌和酿酒酵母中均构建了新的合成途径，通过表达来自于雨生红球藻的一个基因获得了较高产量的青蒿素前体紫穗槐二烯。一些蓝藻细菌生产高浓度的甘油三酯，可用于脂肪酸甲脂的生产。如果通过脂肪酸辅酶 A 还原酶和脂肪醛脱羧酶来回补甘油三酯，则可以形成微生物烷烃。

风险和伦理问题

使用合成生物学方法也能合成致病性病毒(如小儿麻痹症、西班牙流感)，显然制定规则和保护条例以免这项新技术的滥用是很有必要的。对于修饰干细胞伦理问题的关注也在增加。与种子、工业微生物及故意释放“人工”微生物到环境中相关的生态和 IP 问题正处于暂停状态。

“生物砖”：细胞反应的标准化元件

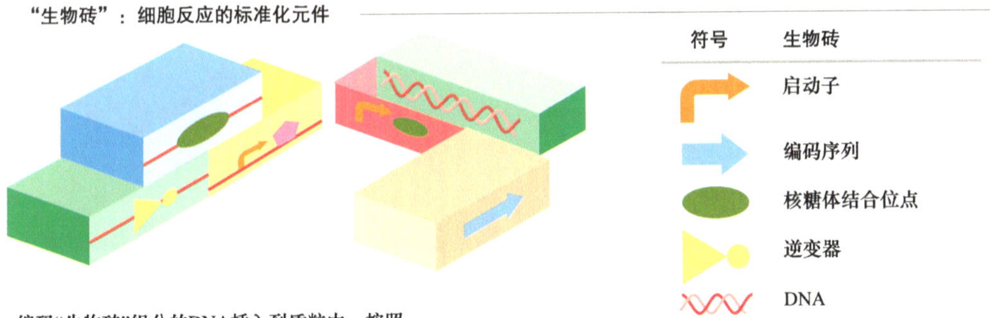

编码“生物砖”组分的DNA插入到质粒中，按照特定的程序，与其他组分一起在宿主微生物中重组

抗疟疾药——青蒿素的合成

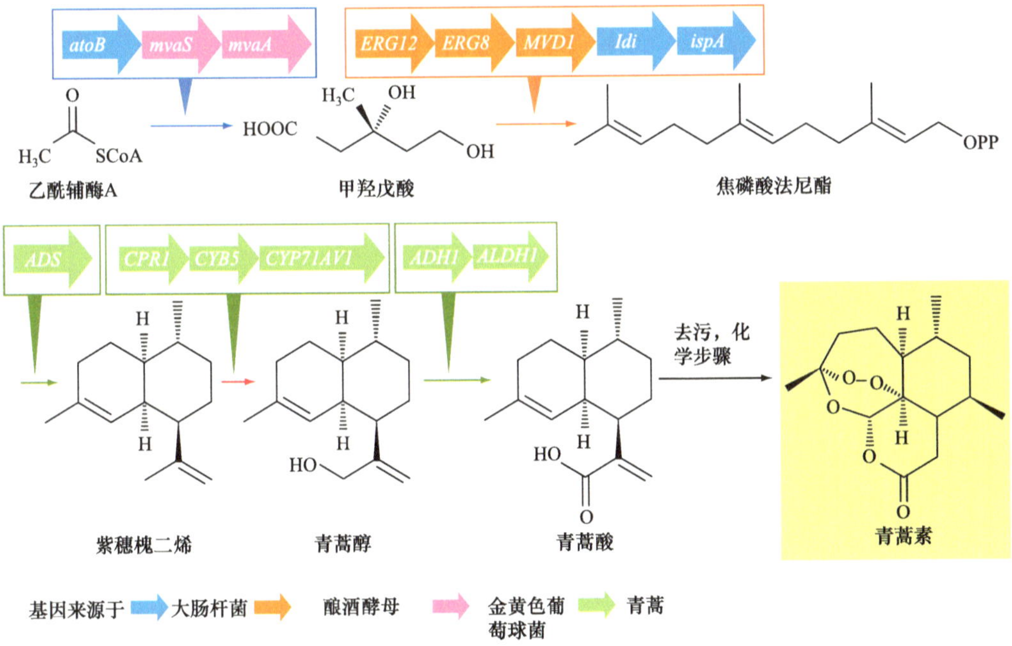

以酿酒酵母作为宿主微生物生产青蒿酸，其产量约为25 g/L

“合成”代谢途径案例

产品	宿主微生物	额外的基因来源	研究团队
青蒿素	酿酒酵母	细菌，植物	美国加利福利亚，Jay Keasling
烯烃	蓝藻	植物，藻类	LS9公司，Andreas Schirmer
1,3-丙二醇	大肠杆菌	酿酒酵母，克雷伯菌	杜邦公司，CE Nakamura
3-羟基丙酸	大肠杆菌	克雷伯菌，固氮螺菌	美国嘉吉公司，David H.Cameron
氢化可的松	酿酒酵母	牛，植物	法国科学研究中心Denis Pompon
抗坏血酸	谷氨酸棒杆菌	草生欧文氏菌	Genentech, 1983
靛蓝	大肠杆菌	恶臭假单胞菌	David Gibson, 1983

烷烃/烯烃形成脂肪酸

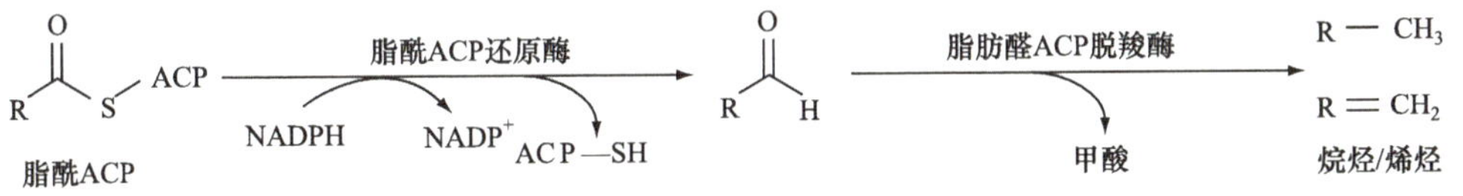

系统生物学

概述

系统生物学是一门着眼于从整体描述细胞功能的新的研究领域。它基于对构成功能模块的代谢、调节及信号化合物的功能分析。这些功能模块结合在一起便能够提供基于实验的细胞模型，从而能够交互地预测细胞的行为。例如，系统生物学的一个长期目标是通过仿真研究为临床试验提供支持。通过模拟，系统生物学是细胞的动态路标，它含有交通模式、其形成原因及我们如何才能控制它们。

关键成分

在编辑生物学系统的信息之前，必须先知道系统结构的详细资料，这包括基因的功能和相互作用、蛋白质结构、生物化学通路及细胞内和多细胞结构的调节机制。活细胞的第二个重要特征就是其能够忍受动态变化，对内部和外界因子做出反应。仿真研究描述这些变化，并能够鉴定特殊行为的基本机制，也必须阐明将减少至最低程度的控制因子。最后，设计原理和仿真有助于将以上各模块整合成一个功能系统。

测量

对一个复杂生命系统中的生物学调节的任何分析都需要广泛的数据库，例如，基因的测序和表达谱分析(基因组和转录组)、蛋白质组分析，以及在毫秒内对酶活性和代谢物的同时测量(代谢组)，从而在确定的条件下，高通量地高度平行的跟踪代谢事件(代谢组学)。典型的例子有单分子测量、自动化纳米设备和飞米激光，能够观察到分子的相互作用(“相互作用组”)。微流体系统(如微量全分析系统，μ-TAS)可快速精确的测量皮升的样品，此外还有许多成熟的技术(如 PCR 和毛细管电泳蛋白质分离技术)也正在微量化，如能够用于 mRNA 水平和蛋白质修饰方面的研究。

鲁棒性

生物学系统表现出良好的鲁棒性，当亚系统出现问题时，生物学系统能保护细胞。与鲁棒性相关的现象学参数是：①应对环境变化的能力；②系统对动力学变化的相对不敏感性；③受损后，系统功能的缓慢下降，而不是灾难性的毁坏。这种行为是通过各种调控系统实现的，例如，负反馈和前馈控制，重要功能的冗余和结构稳定性，以及模块化，即亚系统的物理或功能绝缘，从而使一个模块出现故障时不会影响到其他模块，相关系统也可用于复杂机器的工程。

计算工具

最初为一般工程目的而设计的计算工具常用于系统生物学中。由于大规模细胞系统的数据整合、管理、可视化和分析是一项极具挑战性的任务，所以研制了综合的建模和模拟软件。最近，系统生物学标记语言(SBML)及细胞标记语言(CellML)有望发展为基于 XML 的计算机可读模型定义的标准。这些标准使模型能不受所用计算工具的限制进行交换。系统生物工作台(SBW)建立在 SBML 的基础之上，提供了模块的开放源软件的框架，能被进行合作的项目各研究机构共享。

联合和应用

在许多国家，关注健康问题的系统生物学诸多项目正在进行中(2014 年)。在美国，西雅图系统生物研究所研究导致各种疾病的生物网络的扰动；在德国，一些用于系统了解肝脏的生物学网络、癌细胞网络扰动及衰老相关的项目得到资助；在日本，系统生物学研究所也涵盖了医疗项目，同时也涉及微生物系统生物学如大肠杆菌或酵母，甚至整个菌群如珊瑚礁。

系统生物学–基本概念

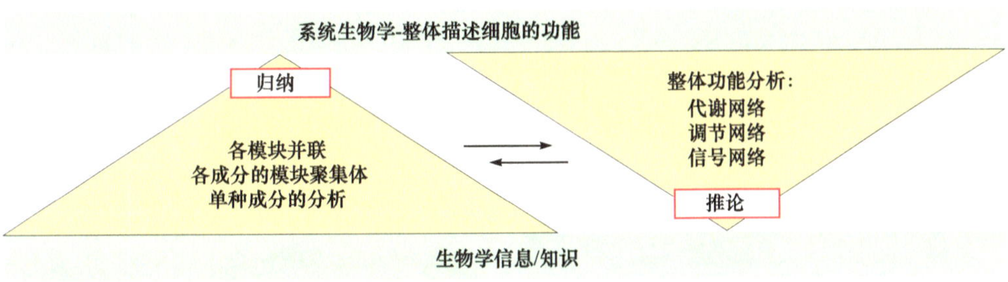

述语及实验方法

术语	定量数据	方法
代谢组	代谢物	机器人辅助的快速LC-MS、酶分析
基因组	基因功能	基于NMR的^{15}N、^{13}C痕量分析基因敲除实验
转录组	mRNA的差异形成	使用cDNA芯片的表达谱
蛋白质组	蛋白质差异合成和修饰	MALDI-TOF或电子喷射质谱，二维凝胶电泳
“相互作用组”	不同的蛋白质-蛋白质相互作用	双杂交系统、原子力显微术、荧光共振电子转移(FRET)

信号网络

哺乳动物细胞中改变生长因子β(TGF-β)的信号转导网络，基于553个反应和561种反应物，大多数反应是经磷酸化作用激活的蛋白质或酶。

红点：反应步骤

蓝点：反应物

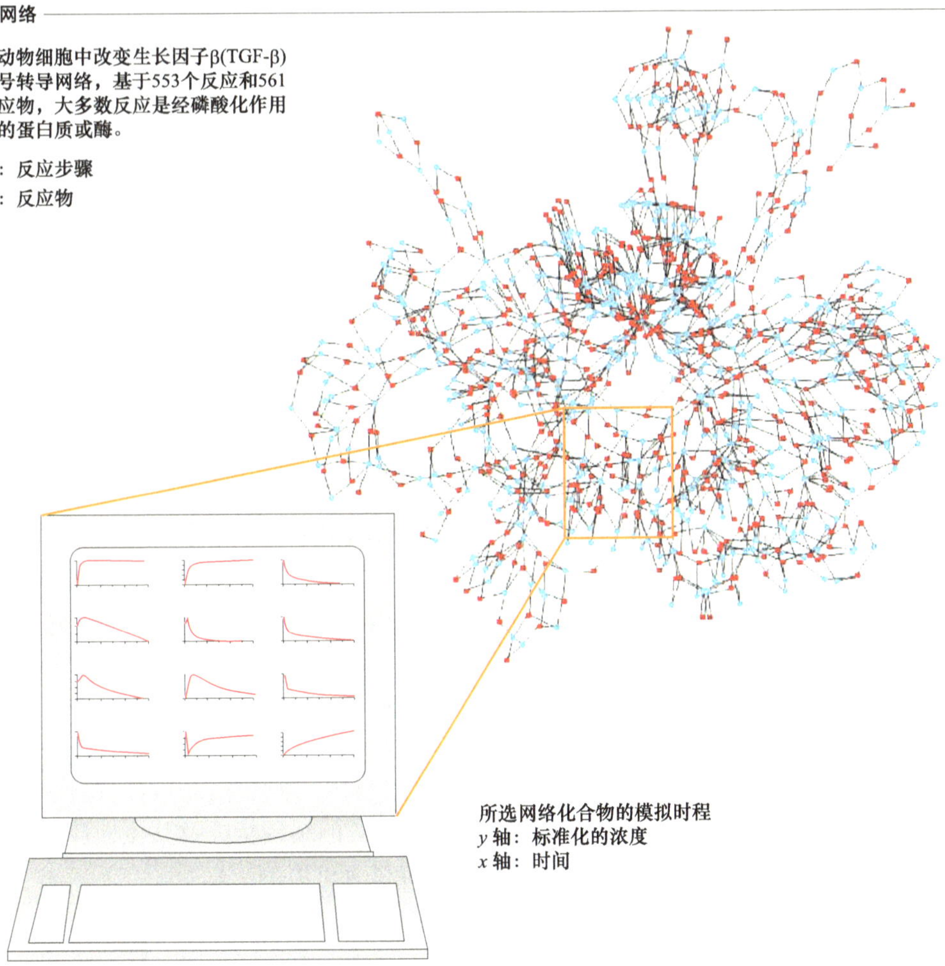

所选网络化合物的模拟时程

y 轴：标准化的浓度

x 轴：时间

生物信息学：序列和结构数据库

概述

如果没有计算机和远程通信的飞速发展，分子生物学的飞速进展是不可能的。计算机和远程通信这两种技术能够储存、快速分类和在世界范围内检索大量的生物学信息。信息交换的通信平台是 1980 年为在美国范围内进行科学远程通信而建立的因特网。现在，网络在全世界已经覆盖了 250 亿个服务器(2009)，拥有 20 多亿的用户(2010)，而且这些数字每年都在增长。除了主要的商业应用，因特网还促成了世界范围内科学信息的交换及其检索和组织。生物信息学和生物计算学涵盖了许多方面，包括处理和加工关于 DNA 和蛋白质序列、蛋白质结构和代谢途径。

序列信息

DNA 测序的普及和高速性，使公众可以得到的 DNA 序列的数量迅速增长，大约每两年增长 10 倍。到 2004 年底，已测序的 DNA 核苷酸碱基的总量超过 450 亿；利用高通量测序，这一数值在 2011 年增加到 10^{11}(100 Tb)。这些数据都储存在一个全球的数据库中(“GenBank”)，该数据库在美国、日本和欧洲(英国)有三个镜像站点，能够通过网络进入，使科学家能够实时地将新的 DNA 序列信息与已知的序列进行比较，从而得到其 DNA 或蛋白质序列与已知基因或蛋白质之间的一致性或同源性。BLAST(Basic Local Alignment Search Tool)是一种将实验确定的序列与存储在 GenBank 类似序列的同源性进行识别的一种算法，提供关于推定其功能的信息。蛋白质序列信息存储在 UniProt 数据中，它是整合日内瓦的 SwissProt 数据库、茵格斯顿的欧洲生物信息学研究所(TrEMBL)及华盛顿的蛋白质信息资源(PIR-PSD)三大数据库的数据而成。在 2014 年初，包含了 50 多万个标注序列。

结构信息

相对于序列信息，蛋白质的三级结构信息发展较为缓慢，这是因为三级结构信息在根本上依赖于 X 射线分析，而该分析方法需要大量的时间来制备晶体及其重金属衍生物。这种实验瓶颈严重阻碍了大蛋白质复合物和膜蛋白的分析，而膜蛋白占所有已知蛋白质的 30%。多维核磁共振是另一种可在溶液中分析蛋白质结构的方法，但目前该方法仅能用于分析分子质量小于 30 kDa 的蛋白质。尽管有如上的实验困难，但到 2014 年初，蛋白质数据库(PDB)中已有的蛋白质结构和结构变体已有大约 100 000 种，并以每年约 8000 个的速度增长。如果某种蛋白质(三级结构未知)的序列与通过实验确定结构的某蛋白质的同源性超过 30%，则通过同源建模，在计算机上通常能够构建未知蛋白质的结构模型。目前，在其他结构数据库(SCOP、CATH)中能够找到约 100 到 150 种不同的蛋白质结构格式。尽管在理论上可能存在的蛋白质序列的数量是天文数字(对于一种由 300 个氨基酸组成的蛋白质，其可能的不同序列数为 20^{300})，但两种二级结构基序(α 螺旋和 β 折叠)却是相对稳定的，此外，大的结构基序似乎按照模块化方式来组成，这就大大减少了可能的蛋白质结构格式，并且可以将这些基序与已知蛋白质中的结构元件作比较(DSSP)。已经广泛并成功应用的经验方法是生成一类特殊蛋白质的结构功能数据库。例如，细胞色素 P450(CYP)工程数据库(CYPED)包含 13000 以上 CYP 序列和 741 种注释结构(2014)，这些可以为新测序的 CYPs 的结构特征及其蛋白质工程合理的起始点提供有价值的信息。

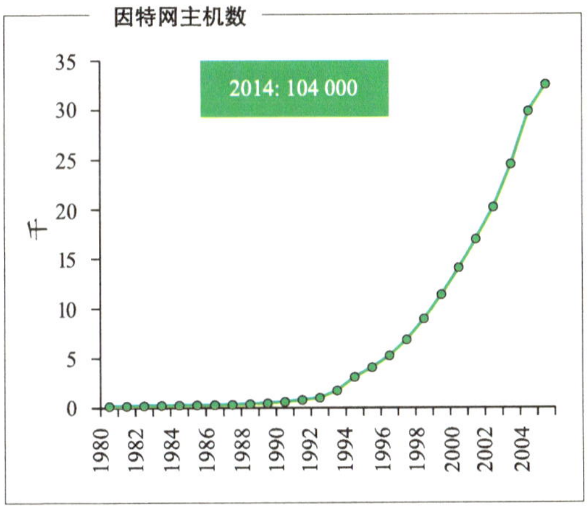

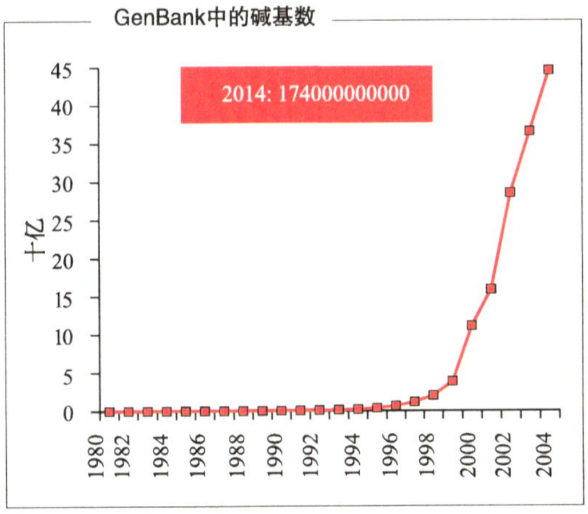

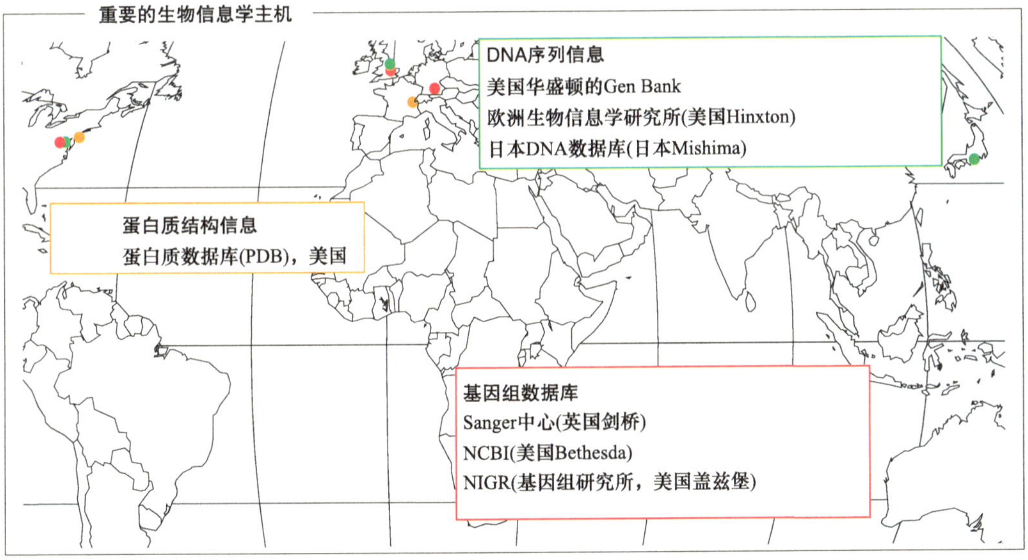

重要网站(一小部分)

	DNA序列	
GenBank (ENA)数据库 日本DNA数据库	～1740亿个碱基对 (2014年8月)	www.ncbi.nlm.nihgv/genbank.html www.ebi.ac.uk/ena.html www.ddbj.nig.ac.jp
	基因组信息	
Sanger中心	人类基因组、小鼠基因组、 许多其他基因组	www.sanger.ac.uk
NCBI	人类基因组、小鼠基因组、 许多其他基因组	www.ncbi.nlm.nih.gov
	蛋白质结构	
RSCB蛋白数据库	～10 4000种蛋白质结构 (2014年10月)	www.rcsb.org/pdb/home/ home.do
Uni ProtKB	～500 000种蛋白质结构和序列 (2014年10月) ～140 000种注释的人蛋白质序列	www.uniprot.org
CYPED CYP工程数据库	CYP结构和功能 >13 000 P450 (CYP)序列 >700 种功能注释结构	www.cyped.uni-stuttgart.de

碳资源

概述

可预测的化石原料的短缺加速了全球对使用生物原料或CO_2来生产生物燃料和化学原料的研究。目前，淀粉和蔗糖用于工业生产发酵产品，如生物乙醇或二元羧酸。脂肪和油是不同种类的可再生原料，可用于生产脂肪酸甲酯(生物柴油)和“油脂化学品”。考虑到保证世界人口持续增长所需的粮食供给，这些原材料在营养和化学技术方面的双重用途，已经引发了一场关于“吃或驱动”的全球性讨论。在此背景下，当前的讨论(2014)主要集中于：①通过自养微生物或藻类利用CO_2生产生物质和化学品；②通过制浆把生物质转变为可发酵糖，随后用于发酵过程；③利用木质素作为原料；④将不能用于食品生产的废弃脂肪和油用于工业生产，如地沟油。

CO_2作为碳源

生物质主要是由植物或藻类利用CO_2和太阳能产生的。目前，藻类被开发作为液体生物燃料的来源，如鲨烯或法呢烯；通过合成生物学也能从甘油三酯中获得烷烃。利用基因工程手段可以改变高等植物的新陈代谢。因此，通过工程改造和选育获得的桉树或杨树能够生长地更快，并且含有更多的多糖和更少的木质素，这样更适合于纸浆的生产和作为可持续生物质生产的碳源或能源。

合成气体作为碳源

一些梭菌(*C. ljungdahlii*)可以在合成气(煤或生物质气化过程中产生的CO、CO_2和H_2的混合物)中生长和产生代谢物。例如，Evonik利用这一过程开发了聚合物聚甲基丙烯酸酯原料2-羟基异丁酸的生产工艺流程。

生物原料

地球上产生的大量生物质可用于生产生物燃料或化学品。其中50%的生物质是在海洋中形成。理论上来说，这足以涵盖人类所需的食物、能源和原料。然而，这些资源分布不均衡，并且可持续利用技术还不完善。在食物、燃料和化学品的可持续全球经济生产中(生物经济)，生物技术过程和生物炼制起着关键作用。

生物质的直接利用

干燥生物质，如农作物秸秆，可以在发电站燃烧产生大量的能量。根据作物类型的不同，除去有毒或腐烂气体的代价高昂。

生物质制糖

目前研究的最重要过程是将生物质纤维素和半纤维素转化为可发酵糖，尤其是葡萄糖、木糖和阿拉伯糖。为了达到这个目的，首先通过物理方法(如高压蒸汽处理)碾碎和分解木材、农业废弃物等，从基质成分中释放多糖；随后，利用纤维素酶和半纤维素酶水解。

木质素

是木本植物的重要组成部分(占干重的20%～30%，每年约有200亿吨)，通过肉桂酸(来自于苯丙氨酸)的自由基聚合而成，因此含有很高比例的芳香族化合物。到目前为止，尝试利用木质素来可持续生产芳香族化合物或者高附加值产品的方法还不完善。

经济考虑

在2012年，石油基经济是以39亿吨原油为基础(C含量：85%)。60%通过油轮(4000多艘)运输到精炼厂，40%通过输油管道运输。92%的原油用于能源化学品的生产，只有8%用于化学合成。生物质的碳含量少，因而具有更少的能量密度，其成分多样，并且是潮湿和可生物降解的。由于复杂的物流运输(收获周期)，许多当地的生物炼制需要替代石油炼制。在德国，约8000个沼气厂能够生产约4000兆瓦的电力，这相当于5个燃煤发电厂产生的电力。

生物质贸易*(2020, 预计)

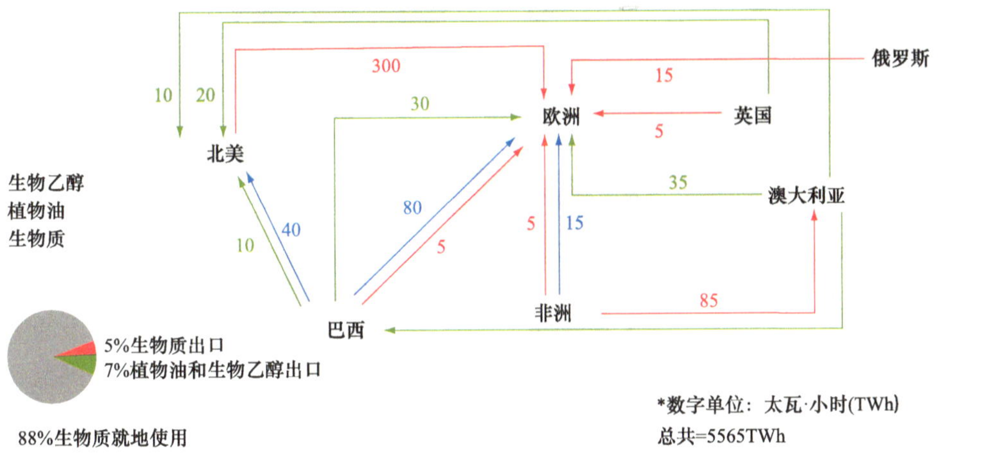

碳源的生物处理

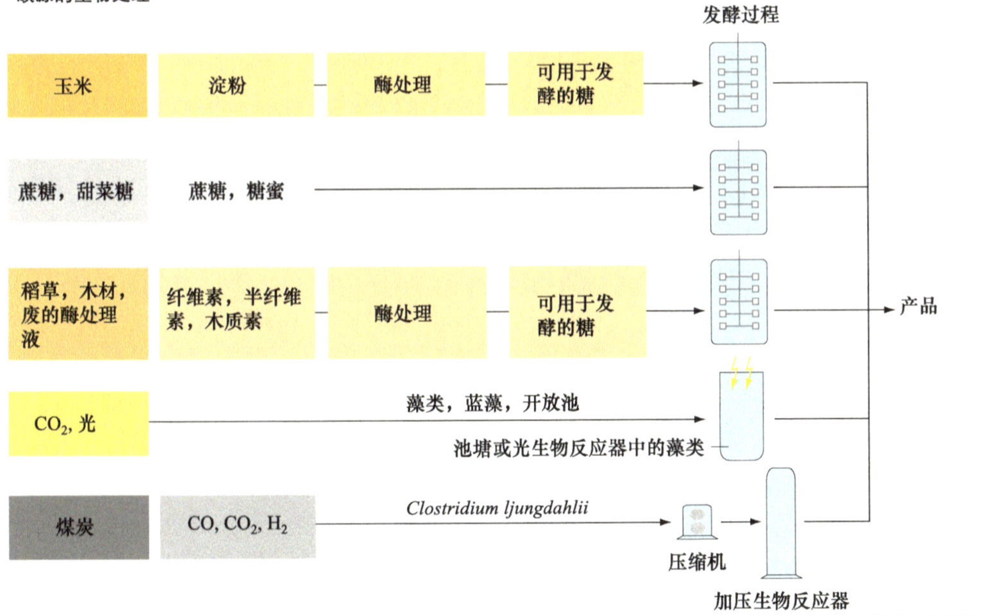

化石原材料和生物质的生产

原材料	年产量/百万吨	碳含量/%	主要产地
原油	3 900	85.0	许多地区
粗糖	167	42.1	巴西(42%)
棕榈油	46	72.9	马来西亚(70%)
玉米	700	44.0(淀粉)	美国(45%)
甘蔗渣	530	50.0	巴西(41%)
小麦秸秆	350	50.0	俄罗斯(10%)
生物质	114	59.0	马来西亚(61%)
木材废料	900	50.0	俄罗斯(17%)

生物炼制

概述

在过去的100年里，化学技术已经发展成为从煤、天然气或石油等原料经济生产能源化学品和化学中间体的有力综合工艺（“一体化”）。第一步通常是在炼油厂完成(在石油化学的情况下，通过长链碳氢化合物的热裂解)，分馏后产生能源化学品，如汽油、煤油和柴油。此外，还会形成各种各样的分别由 C_1-(来自甲烷)、C_2-(来自乙烯)、C_3-(来自丙烯)、C_4-、C_5-和芳香族衍生物组成的结构模块。在生物炼制中，尝试遵循相同的概念，但是采用的是可持续原料如 CO_2 或生物质(如来自木材、稻草、废料、植物油)。生物转化(发酵)在由这些原料生产有价值的中间体过程中发挥着重要作用。对于这个概念，有时又称为“白色生物技术”。

生物炼制

生物炼制的典型原料是纤维素、半纤维素、木质素、淀粉和植物油。能够形成少量木质素、改性淀粉或特定链长的甘油三酯的转基因植物可能在将来会变得很重要。根据原料不同，通常可将生物炼制分为：①使用粮食作物如玉米、黑麦或小麦的生物炼制；②使用秸秆、芦苇、木材、甘蔗渣(来自甘蔗生产)或来自造纸的木质纤维素的基于木质纤维素的生物炼制；③以苜蓿、三叶草或草为原料的绿色废弃物生物炼制。截至2014年，约有200家生物炼制工厂正在进行试验。首选的产品是生物乙醇、生物丁醇和聚合物结构单元如乳酸。

生物能源

利用可再生原料生产的能源化学品主要是生物乙醇、生物柴油和沼气。生物燃料电池运行的长远发展目标是生物氢。大多数工业化国家的主要项目都是生产生物乙醇用以应对预期的石油短缺。然而，来自压裂的廉价石油暂时遏制了这些项目。美国的目标是到2020年将生物乙醇的份额从目前的0.5%提高到10%(“美国生物质技术路线图”)。欧盟、日本和中国也有类似的计划。生物柴油主要通过甘油三酯，如植物油或废油(如地沟油)的碱性甲醇分解来生产，但也可以由这些材料通过脂肪酶催化产生。生物柴油已被用作汽车柴油添加剂。在美国、中国、法国和芬兰，特殊种类生物柴油的生产工艺也被认为可用于航空的“生物煤油”(2014)。沼气($CH_4 : CO_2$=2∶1)是通过生物质的厌氧发酵形成的，并且已建立污水技术(厌氧污泥消化)，在农业中用于分散发电。2012年，德国超过7500个沼气工厂投入运行，中国超过8万个。从长远来看，氢能作为燃料被寄予厚望。除了重量轻以外，燃料电池的主要优势在于它们与传统的内燃机相比能量转换效率更高。因此，如果生物氢可以通过水(使用藻类或蓝细菌)的生物光解、生物质的光解降解、厌氧细菌的生物质发酵、甚至使用氢化酶的燃料电池而经济化地产生，这样的燃料电池将形成封闭的 CO_2 碳循环从而提高能源效率。这样的技术已经在工业化国家深入研究，但对于实际应用还不够成熟。

环境效益分析

如今化学过程不仅要通过经济分析，还要通过生态学标准分析。如果用于不同的行业，参数可能会有所不同，但是原料的可持续性与过程产量、能源需求和排放(废气、废水、污泥)一样重要。由于在过程中必须使用有毒或易燃的辅助化学品造成了不利因素。如果使用环境效益分析对一种产品的替代生产程序进行比较，则通常可以在几种工艺中建立一种较好的方法。生物技术过程通常是最有利的过程但也不总是如此。

石油时代

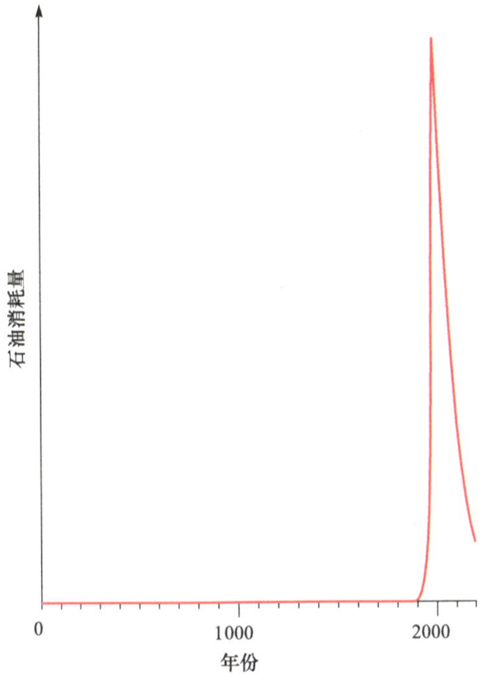

生物炼制的概念

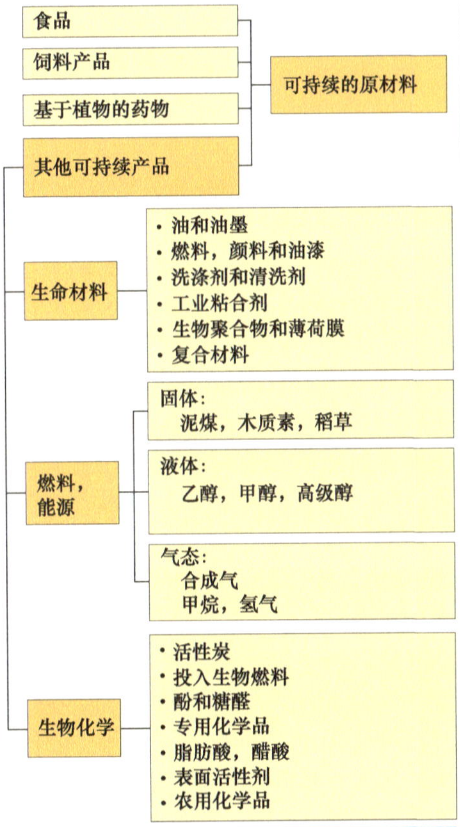

在布莱尔，内布拉斯加州的嘉吉植物

这种生物炼制产品如糖类代用品，乙醇，乳酸，3-羟基丙酸和其他可持续原料如玉米和大豆植物中得到的化学品

氢气技术

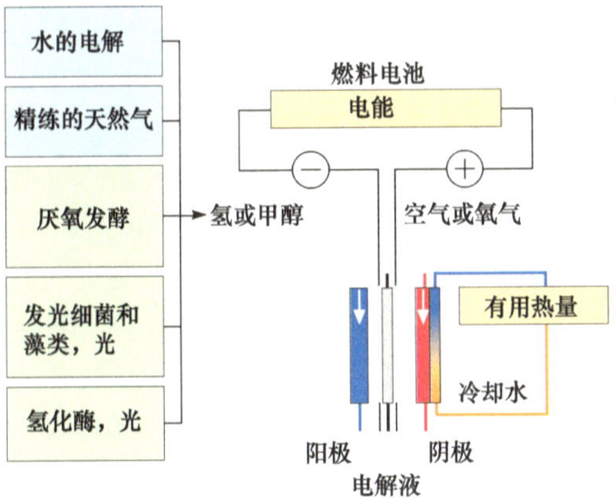

生产靛蓝：生态效率

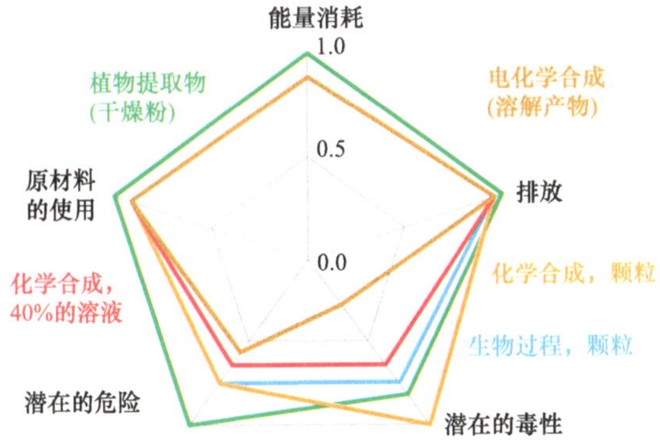

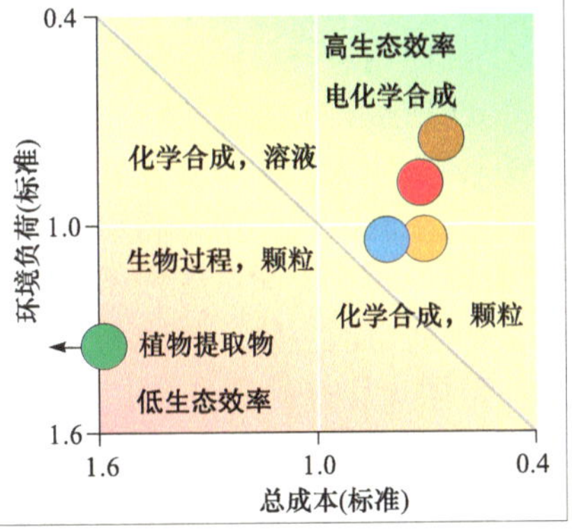

基因工程的安全性

概述

在 rDNA 技术发展的早期，科学家就表达了对在生物之间进行基因转移所用技术安全性的忧虑。经历了短时间的延续，在 1975 年 Asilomar 会议后，美英科学家们自愿接受基因工程的安全性控制。现在，在所有的工业化国家中，基因工程的安全性都受到条例的控制，而某些国家则是通过法律来控制，但在具体细节上有很大的差异，如对防范的要求。

美国 NIH 准则

危险评定是一种主观的方法，研究者必须基于某种因素的危险组(RG)进行最初的危险评定。根据这些因素对健康成人的相对致病性，依据以下标准将其分为 4 个危险组：①危险组 1(RG1)的因素与健康成人的疾病无关；②危险组 2(RG2)的因素与健康成人的疾病有关，但这些疾病通常不严重，而且通常有针对这些疾病的预防或治疗措施；③危险组 3(RG3)的因素与严重的或致命的人类疾病相关，针对这些疾病，可能会有预防或治疗措施；④危险组 4(RG4)的因素很可能引起严重的或致命的疾病，针对这些疾病，通常没有预防或治疗措施。

欧洲准则

在欧洲，一种法定的调整系统要求对遗传改造生物(GMO)的应用进行危险评定。在欧盟内，使用活的 GMO 所进行的所有工作都受到欧盟指令[欧洲关于转基因微生物(GMMs)的使用指令]的严格监管。每个欧盟成员国都将该欧盟指令贯彻到其立法系统中。在英国，立法不仅涉及微生物，而且涵盖了所有的生物。健康与安全执行委员会(HSE)在英国操作并执行立法，控制涉及防范使用的遗传改造生物的活动安全性[遗传改造生物(防范应用)2000 指导条例]。依据危险评定，将 GMM 分为 4 个等级。如果评定的控制测量落在两个防范级之间，则该项活动必须归为较高级别，一些涉及改造生物的活动必须通报 HSE。

卡塔赫纳议定书《生物多样性公约》

卡塔赫纳生物安全议定书是一项旨在确保安全处理、运输和使用活的转基因生物(LMOs)的国际协议，认为现代生物技术可能给生物多样性带来不利的影响，也考虑到对人类健康的危害。这项议定书于 2000 年提出，2003 年得到批准。

职员训练

进行遗传学实验的所有人员都必须接受适当的职业培训，并定期接受额外的正规指导。项目主持人负责所有实验的专业指导和文档资料。在某些国家，必须为一个或几个实验室指定一位生物学安全员，该官员以机关中央执行官的名义，监督实验室的技术情况并与项目主持人商讨。

实验室仪器

用于基因工程的实验室必须先得到主管部门的批准，必须建立路标，控制进入。依据所要进行的试验，这些实验室必须符合各种生物安全标准或防范级别(BSL)，建筑特点必须符合这些标准(如负压清洁工作台、锁)。随着安全标准的提高，对废水、废气和废弃物排放的要求也相应地增加。这也与健康检查有关，例如，在德国，所有在 RG2 或更高级别因素下工作的人员都必须进行定期健康检查。在生产重组产品的工厂，法规甚至更加严格。

文档资料

通常说来，在基因工程实验室中，工作的启动必须要通报管理部门，而且实验室必须要注册。所有的遗传学实验都必须要有文档资料，在德国，有关 RG1 因素的文档必须保存 10 年，有关 RG2 及更高级别因素的文档必须保存 30 年。

基因工程实验室RG1与RG2(依照德国法规)

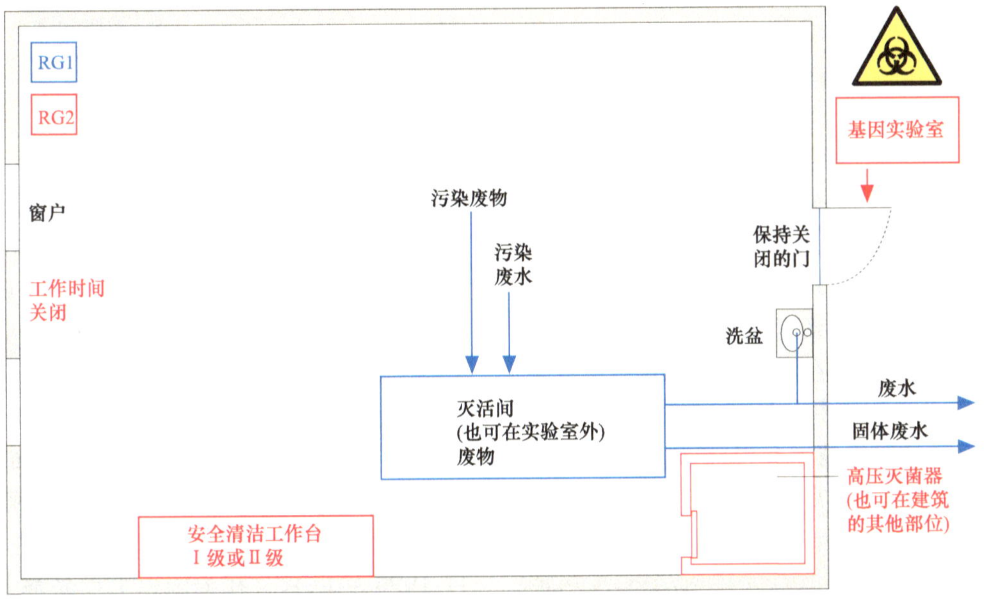

基因工程生产设备

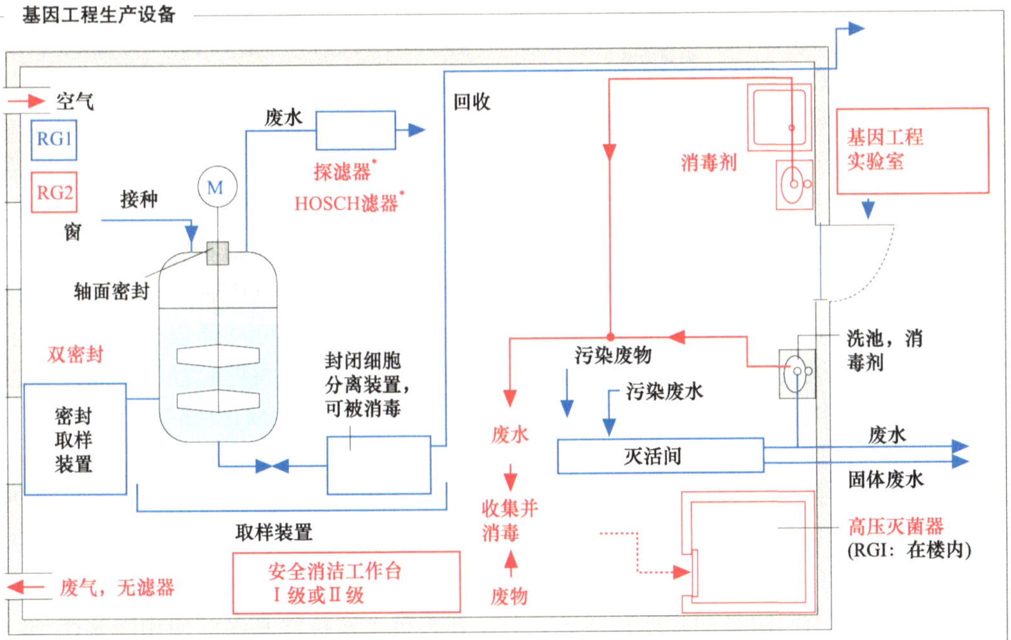

*替换物：细胞分离仪，文氏管冲洗仪，除雾器，泡沫控制仪

*替代法：加热消毒废气

基因工程微生物的危险评价

对人类及环境的危险		例子
RG1	无危险	大肠杆菌的实验室株，面包酵母，转基因动植物
RG2	低	一些假单胞菌株，黄单胞菌属
RG3	中	结核分枝杆菌，植物病毒
RG4	高	对人类致病性强的微生物

道德考虑和公众认可

概述

基因工程和细胞生物学的很多方面都引起了科学-哲学和道德的问题。包括：①如何保护一个人的遗传信息；②如何使能产生可遗传性状的基因治疗合法化，尤其是单倍体细胞(生殖细胞系)；③人类胚胎的克隆；④干细胞疗法；⑤动物福利，例如，用于药物研制的基因敲除动物和用于生物药物生产的转基因动物；⑥生物技术和基因工程在军事上的应用。尽管现代生物技术大体上得到了社会的认可，但普遍认为对利益和风险必须进行权衡。

个体遗传信息

特别是当人类基因组测序完成后，遗传筛选的优点使得我们有理由相信，将来能够预测个体患某种遗传性疾病的可能性，如产前诊断。这就出现了这样一个问题：医生和社会应该如何处理这些信息(例如，当胎儿可能但不确定患某种不可治愈的疾病时，是否应该实施流产)。我们也需要阐明这样一个问题：政府机构可以储存个体遗传资料到什么程度？例如，在犯罪调查时的快速筛选，或保险公司和雇主是否可以利用这些资料来对保险或雇佣与健康风险进行平衡？

基因治疗

在一个民主的国家中，体细胞基因治疗需要得到患者的正式同意，且风险很低。但是，如果基因治疗被用于单倍体的卵或精子，改造后的遗传类型可遗传给后代，而并未得到他们的同意。在动物实验中，基因治疗的基本技术正快速发展，但在人类治疗中，其认可和成功还有待观察。

基因操作

在精细化学品的生产或转化中使用微生物，对此都有很大的争议，更不用说还涉及基因操作。对基因工程植物的忧虑通常是：从此类植物中获得的食品是否安全？培养这些微生物所带来的长期生态影响能否被控制？相比之下，动物的基因操作引起公众更多的忧虑，而在这些忧虑中，转基因动物实验的目的(生产生物药物、在药物研究中使用基因敲除动物)却占次要位置。

动物和人类克隆

绵羊、小鼠、猪、牛和山羊已经能够生产完全相同的克隆体，人类的生殖克隆却遇到了很大的伦理问题，这包括技术(如后代的性别确定或体外受精与胚胎转移)的群体遗传后果。

干细胞治疗

主要的争议点是：人类生命从发育的哪个阶段开始？从哪个发育阶段必须得到保护？是否可以研制其他的替代疗法？iPS 技术的出现也许能解决这些争论。

军事或恐怖应用

可用标准的生物技术方法来生产战剂，如炭疽芽孢杆菌(*Bacillus anthracis*)孢子或天花病毒。基因工程技术能够用于研制逃脱免疫系统免疫机制的生物武器。尽管生物武器被日内瓦公约定为非法，但仍有几个国家涉嫌继续生产。

公众认可

美国是遗传研究和基因技术的前沿国家(2/3的基因治疗实验是在美国完成的)，在美国，公众的接受率高于欧洲和日本。在大多数国家中，生物技术和基因工程的医学应用得到了公众的支持。在欧洲，尽管实际上转基因小鼠已成为生物医学研究的标准工具，但转基因动物的生产遇到了很大的批评。转基因植物在欧洲国家几乎没有应用，而在美国和加拿大却是标准的农作物。而且在中国等国家其重要性也与日俱增。遗传改造酶在工业和食品工业中得到了广泛的应用，没有遭到公众的强烈反对。

对基因工程的科学-哲学观点

绝对的观点

有些人类活动(如基因工程)从根本上是应当谴责的。研制这种技术，就是人在扮演上帝的角色，超越人类自身的能力所及，将自然降格为人类的技术操纵对象。

实用主义的观点

基因工程的主要目标是减轻患者遭受的痛苦。然而，使用的方法必须足够安全，而且，患者必须能够决定自己是否希望使用基因诊断或基因治疗。

社会政策的观点

基因工程的社会效应是不可估量的。优先使用基因治疗是错误的，应该优先考虑更好的预防措施。基因治疗会让我们无意间做出不利于下一代的事(与优生学恰好相反)。

遗传学研究存在问题的情形

主题	研究现状	法规或发展趋势
克隆人类	已能够克隆动物	不允许
使用胚胎干细胞	专门技术正在发展	允许，但受管制
人工授精、性别确定、代孕母亲	在动物中进行研究	允许人工授精，不允许性别确定和代孕母亲允许
产前诊断	已建立细胞学诊断方法，已建立部分基于DNA的诊断方法	在确定医学适应证后可以流产
用基因扫描判断遗传性危险	对一些单基因疾病已有可能	对于不可治疗的疾病，对单基因缺陷是否可预测以及诊断是否可以被接受仍在进行争论；要求对雇主和保险公司进行严格的资料保密
用于药物研发的基因敲除动物	广泛采用	通常被接受，但受到动物保护组织的激烈争论
使用转基因动物或植物生产食物和生物药品	已建立许多工业方法	消费者保护、动物保护和生态后果均在讨论中
使用转基因微生物或细胞系生产生物药品	已采用	被广泛接受

欧洲国家的认可度(2010)

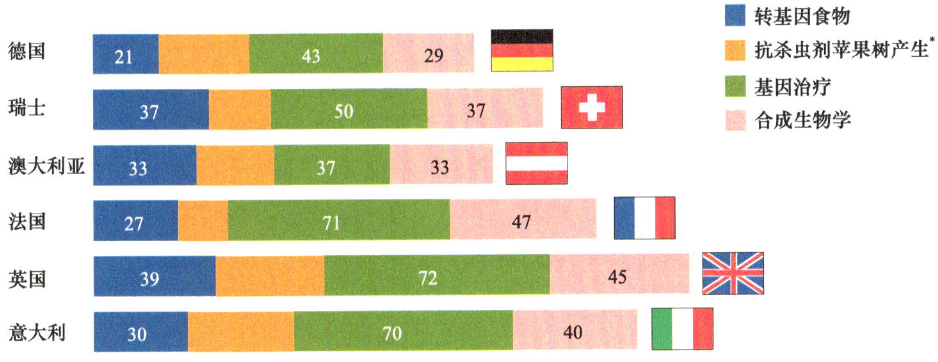

*苹果树抗虫基因如果是转基因的，结果会更加乐观

生物技术的国际情况

概述

与人类历史上的大多数技术和科学突破一样，生物技术和基因工程也是多个国家共同努力的结果。在基础研究和经济危机中，飞跃式的方法(quantum jump)常常有助于向前迈进一步，欧洲和日本的发酵工业也是如此。然而，基因工程很明显是美国的创造，自1971年起，美国越来越多的学术组织开始创建公司，吸引了私人的风险投资，最后出售给大的制药公司或发展成为独立的大公司。同时，在美国和欧洲有2500多家风险投资生物公司，这些公司都致力于生物技术、基因工程和生物信息学。

美国

围绕分子遗传学创建的第一批公司是Cetus(1971年)、Genex(1972年)、Genentech(1977年)、Biogen(1978年)和Amgen(1980年)。最初的动力通常是一项受专利保护的新技术(例如，Genentech，根据Cohen Boyer的专利，进行基因的异源表达)。仅仅几年内，一些靠风险投资资助的公司成功地发明了大量的新技术，并获得专利。Genentech获得了在大肠杆菌中生产人胰岛素(1976年)和在动物细胞中生产人第八因子(1978年)和人TPA(1980年)的专利。这些专利的许可费，以及在某种程度上他们自己的市场努力，使其营业额和股票价值都获得了显著的上升。1990年，瑞士的Roche获得了Genentech价值21亿美元的60%的股份，不久，它又获得了Cetus的全球PCR专利。然而，到目前为止，与投入的资本相比，成功运行的初创公司数仍然很少。2000年以来，公共资本市场是新技术(如免疫治疗、基因治疗和干细胞研究)发展的推动者。大的制药公司(如Novartis、Roche、Aventis、GlaxoSmithKline、Merck、Bayer、Pfizer、Bristol-Myers Squibb等)都经营着跨国研发中心，利用基因组和后基因组研究的巨大潜力，来研制适合其市场战略的新药。通过一系列的合并和收购，他们兼并了小的竞争者和创业公司，初期就开始调整方向或购买新药或新技术。

欧洲

在基因工程的起始阶段，大多数欧洲公司在此领域建立其自己的研究实验室的速度都较慢，风险投资公司的发展也较为缓慢。尽管大多数欧洲国家已经建立了越来越多的中小型企业，但到2014年，欧洲仍未能赶上美国，其中英国和德国处于前列。欧盟在资金和人员(增加了年轻科研工作者的流动性)方面大力支持生物技术相关的项目。

日本

风险投资公司很少，几乎所有大公司都在基因工程和细胞生物学上投入了大量的资金。大学和研究所私有化之后(如RIKEN)，投资公司2011年约有500家。然而，仅有少数从其他行业转到此领域的公司获得成功，如Suntory公司和Kirin啤酒公司。

中国

对现代生物技术发展做出了巨大努力。中国科学院(CAS)和一些大学(如北京大学、清华大学)已经赶上国际领先团队，专利和发表论文数量仅次于美国。

创新与效率

使生物技术得到发展的大多数创新都来自于欧洲的工业化国家和日本，中国也起着越来越多的作用，但最重要的还是美国。若以在分子遗传学和细胞生物学等核心领域的科学出版物作为指标，美国约占全球的40%。

政府项目

作为21世纪的一项重大技术，在所有工业化国家和许多发展中国家(如中国)中，生物技术的发展都得到了支持。核心技术研制和人员培训起着重要的作用，培养具有创新性的年轻人是一项重要任务，以适应涉及生物学、化学、生态学、工程学、信息学和经济学的多学科交叉的技术挑战。

各国成就比较-引自PubMed，2013

	世界	美国	德国	英国	法国	日本	中国
分子遗传学	62 251	24 765	4 219	3 771	2 647	6 480	2 529
发酵	9 526	870	653	155	141	1 346	1 300
药物	37 361	13 558	3 099	2 295	1 730	3 882	1 300

生物技术公司成就

	美国 [US$]			欧洲 [€]		
	2000年	2003年	2012年	2000年	2003年	2012年
总公司	1 379	1 473	1 859	1 570	1 861	1 799
上市公司	339	314	316	105	96	165
员工(×1000)	174	198	～100	61	78	～52
研发支出(十亿)	14.7	17.9	19.3	5.0	6.3	4.9
销售额(十亿)	26.6	39.2	63.7	8.7	11.2	20.4
市值(十亿)	6.2	5.4	360	1.6	1.9	～80

美国和欧洲上市的生物技术公司(2012)

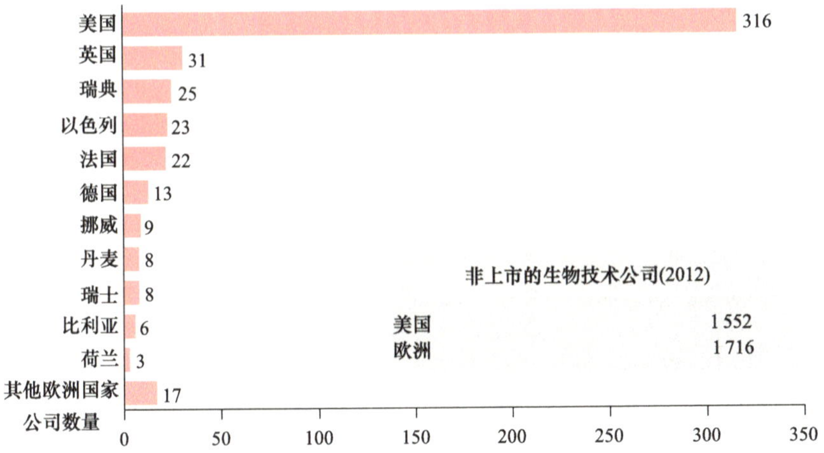

非上市的生物技术公司(2012)

美国	1 552
欧洲	1 716

2012年美国公司的市值约为3600亿美元，欧洲生物技术公司的市值约为800亿美元

生物技术研发产品(2012)

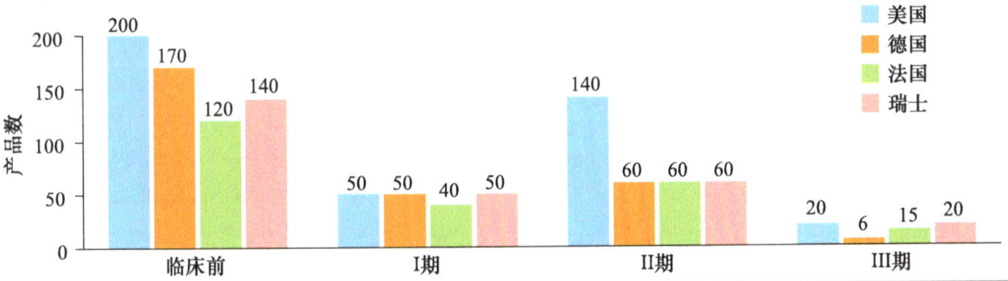

生物技术公司筹措资金(2012，百万美元)

	美国			欧洲		
	2000年	2003年	2012年	2000年	2003年	2012年
首次公开发行	6 698	448	765	2 950	–	40
后续资金	23 237	11 131	6 620	2 447	1 602	948
风险资金	3 207	2 826	4 126	1 154	1 040	1 934
总计	33 142	14 405	63 279	6 551	2 642	4 164

延伸阅读

在本书中，从书、综述、其他出版物和个人通信中引用了大量的资料，不可能一一列举这些资料。

从读者可能感兴趣的角度，我选择了约 600 篇引用文献，根据本书的条目排列，也包括了一些第一版中部分相关的引用。

此外，还优先使用了以下的综述杂志：

- Kirk-Othmer Encyclopedia of Chemical Technology, 4th Edition, Interscience-Wiley
- Ullmanns' Encyclopedia of Industrial Chemistry, 5th Edition, Wiley-VCH
- Advances in Biochemical Engineering/ Biotechnology, Springer-Verlag
- Advances in Biotechnological Processes, Wiley Online Library
- Applied Microbiology and Biotechnology, Springer-Verlag
- Biochemical Society Transactions, Portland Press
- Biotechnology—A Comprehensive Handbook, 2nd Edition, Wiley-VCH
- Biotechnology and Bioengineering, Wiley Online Library
- Chemical & Engineering News, American Chemical Society
- Current Biology, CellPress
- Current Opinion in Biotechnology, Current Biology Publications
- Current Opinion in Immunology, Current Biology Publications
- Current Opinion in Microbiology, Current Biology Publications
- Current Opinion in Structural Biology, Current Biology Publications
- Current Opinion in Genetics and Cell Biology, Current Biology Publications
- Journal of Biotechnology, Elsevier Publishers
- Nature Biotechnology, Nature Publishing Group
- Trends in Biochemical Sciences, Elsevier Publishers
- Trends in Biotechnology, Elsevier Publishers
- Trends in Cell Biology, Elsevier Publishers
- Trends in Microbiology, Elsevier Publishers

因特网已成为最有价值的科学信息资源。然而，由于不能保证持续进入某一网页，所以其他网络文章的引用采取了保守的方式，并且一些很好的影视资源也被忽略。

教科书和专著

- B Atkinson, F Maviura (1991) *Biochemical Engineering and Biotechnology Handbook*, 2nd Edition, Mamillan Publishers, ISBN 1-56159-012-6
- A Demain, J Davies (1999) *Industrial Microbiology and Biotechnology*, 2nd ed., ASM Press, ISBN 1-55581-128-0
- G Walsh (2002) *Protein Biotechnology and Biotechnology*, John Wiley & Sons, ISBN-13: 978-0471899075
- HJ Rehm, G Reed, A Pühler, P Stadler, eds., *Biotechnology-A Multi-Volume Comprehensive Treatise*, 2nd Edition. Wiley-VCH, ISBN 1-56081-602-33
- TA Brown (2010) *Gene Cloning and DNA Analysis: An Introduction*, 6th edition, Wiley e-text, ISBN: 978-1-118-35552-7
- W Soetaert, EJ Vandamme, AL Demain, eds., (2010) *Industrial Biotechnology: Sustainable Growth and Economic Success*, Wiley VCH, ISBN: 978-3-527-31442-3
- WJ Thiemann, MA Palladino, B Cummings (2014) *Introduction to biotechnology*, 3rd ed. Pearson Education ISBN 9781292027616 1292027614
- H Sahm, G Antranikian, KP Stahmann, R Takors eds. (2013) *Industrielle Mikrobiologie* Springer Spektrum, ISBN 978-3-8274-3039-7
- H Renneberg, V Berkling (2013) *Biotechnologie für Einsteiger* 4. Aufl., Springer Spektrum, ISBN 978-8274-3047-2
- R Renneberg (2008) *Biotechnology for Beginners*, Academic Press, ISBN: 978-0-12-373581-2

微生物

- G Fuchs, HG Schlegel (2006) *Allgemeine Mikrobiologie*, Georg Thieme Verlag, 978-3134446081
- MT Madigan JM Martinko (2006) *Brock Biology of Microorganisms*, 11th ed., Pearson Prentice Hall, ISBN 0-13-196893-9
- JG Black, LJ Black (2015) *Microbiology: Principles and Explorations*, 9th ed., Wiley, ISBN: 978-1-118-74316-4

病毒

- http: //en. wikipedia. org/wiki/Virus
- RM Zinkernagel (1996) Immunology taught by viruses. *Science*, 271, 173. PMID: 8539616
- Miyazaki, Y., Fujita, M., Nomaguchi, M., & Adachi, A. (2012). Structural biology for virus research. *Frontiers in Microbiology*, *3*, 91. doi: 10. 3389/fmicb. 2012. 00091
- http: //www. ictvonline. org/index. asp
- http: //www. ncbi. nlm. nih. gov/genome/ viruses/

噬菌体

- http: //en. wikipedia. org/wiki/Bacteriophage
- HW Ackermann (2012) Who went into phage research? Bacteriophage 2(1): 55-59. PMID: 22666657
- http: //www. ebi. ac. uk/genomes/phage. html

微生物

- http: //en. wikipedia. org/wiki/Microorganisms
- http: //www. microbeworld. org
- JG Black, LJ Black (2015) *Microbiology: Principles and Explorations*, 9th ed., Wiley, ISBN: 978-1-118-74316-4

细菌

- J Lengeler, G Drews, H Schlegel (1999) *Biology of the Prokaryotes* Thieme, 3-13-108411-1
- http: //en. wikipedia. org/wiki/Bacteria
- http: //www. ncbi. nlm. nih. gov/genomes/MICROBES/ microbial_taxtree. html

酵母

- http: //en. wikipedia. org/wiki/Yeasts
- http: //www. yeastgenome. org
- http: //www. pombase. org

真菌

- http: //en. wikipedia. org/wiki/Fungi
- Johnson, E. A. (2013) Biotechnology of non-Saccharomyces yeasts—the ascomycetes. *Applied Microbiology and Biotechnology*, *97*(2), 503-17. doi: 10. 1007/s00253-012-4497-y
- Johnson, E. A. (2013) Biotechnology of non-Saccharomyces yeasts—the basidiomycetes. *Applied Microbiology and Biotechnology*, *97*(17), 7563–77. doi: 10. 1007/s00253-013-5046-z
- http: //www. cbs. knaw. nl/Collections/
- http: //www. indexfungorum. org

藻类

- http: //en. wikipedia. org/wiki/Algae
- http: //www. algaebase. org
- Jones, C. S., & Mayfield, S. P. (2012) Algae biofuels: versatility for the future of bioenergy. *Current Opinion in Biotechnology*, *23*(3), 346–351. doi: 10. 1016/j. copbio. 2011. 10. 013
- Hariskos, I., & Posten, C. (2014) Biorefinery of microalgae-opportunities and constraints for different production scenarios. *Biotechnology Journal*, *9*(6), 739–752. doi: 10. 1002/biot. 201300142
- http: //www. algaebase. org
- http: //www. shigen. nig. ac. jp/algae/

生物技术用的一些重要细菌

- http: //en. wikipedia. org/wiki/Escherichia- coli
- http: //en. wikipedia. org/wiki/Bacillus
- http: //en. wikipedia. org/wiki/Pseudomonas
- http: //en. wikipedia. org/wiki/Corynebacterium
- http: //en. wikipedia. org/wiki/Streptomyces
- http: //www. ncbi. nlm. nih. gov/genome/ browse/
- B Dixon (1996) *Power unseen: how Microbes rule the World*, W. H. Freeman, ISBN 0-7167-4550-X
- F Blattner, G Plunkett, C Bloch, N Perna, V Burland, M Riley, J Collado-Vides, J Glasner, C Rode, G

Mayhew, J Gregor, N Davis, H Kirkpatrick, M Goeden, D Rose, B Mau, Y Shao (1997) The Complete Genome Sequence of *Escherichia coli* K-12, *Science*, 277, 1453

- H Sahm, G Antranikian, KP Stahmann, R Takors, eds. (2013) *Industrielle Mikrobiologie,* Springer Spektrum, ISBN 978-3-8274-3039-7
- Zahoor, A., Lindner, S. N., & Wendisch, V. F. (2012) Metabolic engineering of Corynebacterium glutamicum aimed at alternative carbon sources and new products. *Computational and Structural Biotechnology Journal, 3,* e201210004. doi: 10. 5936/csbj. 201210004
- Wieschalka, S., Blombach, B., Bott, M., & Eikmanns, B. J. (2013) Bio-based production of organic acids with Corynebacterium glutamicum. *Microbial Biotechnology, 6*(2), 87–102. doi: 10. 1111/1751-7915. 12013
- Vertès, A. A., Inui, M., & Yukawa, H. (2012) Postgenomic approaches to using corynebacteria as biocatalysts. *Annual Review of Microbiology, 66,* 521–550. doi: 10. 1146/annurev-micro-010312-105506
- Juhas, M., Reuß, D., Zhu, B., & Commichau, F. M. (2014) *Bacillus subtilis* and *Escherichia coli* essential genes and minimal cell factories after one decade of genome engineering. *Microbiology (Reading, England), 160*(Pt 11), 2341–2351. doi: 10. 1099/mic. 0. 079376-0

微生物：分离、保存、安全性 22-23

- http: //en. wikipedia. org/wiki/Biosafety_level

微生物：菌株改良 24-25

- A Crueger (1993) *Mutagenesis* in Biotechnology Second, Completely Revised Edition, 5. Vol. 2, A Pühler (ed.). VCH Verlagsgesellschaft, ISBN 3-527-28312-9

生物化学 26-37

- AL Lehninger, DL Nelson, MM Cox (2008) *Principles of Biochemistry*, 5th Edition, Worth Publishing, ISBN-13: 978-1429208925
- L Stryer, JM Berg, JL Tymoczko (2002) *Biochemistry*, 4th Edition, W H Freeman and Co, ISBN-13: 978-0123735812
- K Bmunk (Hrsg) (2008) Taschenlehrbuch Biologie Biochemie Zellbiologie, Georg Thieme Verlag ISBN 978-3-13-144831-6

氨基酸、多肽、蛋白质 28-29

- http: //en. wikipedia. org/wiki/Amino_acid
- http: //en. wikipedia. org/wiki/Peptide
- http: //en. wikipedia. org/wiki/Protein
- http: //en. wikipedia. org/wiki/Protein_structure
- http: //www. rcsb. org/pdb/home/home. do

酶：结构、功能、动力学 30-31

- http: //en. wikipedia. org/wiki/Enzyme
- http: //en. wikipedia. org/wiki/Enzyme_kinetics
- http: //www. brenda-enzymes. org
- http: //www. chem. qmul. ac. uk/iubmb/ enzyme/

糖、糖苷、多糖 32-33

- http: //en. wikipedia. org/wiki/Carbohydrate
- http: //en. wikipedia. org/wiki/Glycoside
- http: //en. wikipedia. org/wiki/Polysaccharide

脂、膜、膜蛋白 34-35

- http: //en. wikipedia. org/wiki/Lipidomics
- http: //en. wikipedia. org/wiki/Biological_membrane
- http: //en. wikipedia. org/wiki/Cell_membrane
- http: //en. wikipedia. org/wiki/Membrane_protein
- http: //en. wikipedia. org/wiki/Lipid_bilayer

代谢 36-37

- G Michal, D Schomburg (2012) *Biochemical Pathways* 2nd ed., J. Wiley & Sons, ISBN 978-0-470-14684-2

基因工程 38-75

- JD Watson (1965) *Molecular Biology of the Gene* WA Benjamin, Inc., Library of Congress 65-19424
- J Watson, M Gilman, J Witkowski, M Zoller (1992) *Recombinant DNA*, 2nd Edition, Scientific American Books, ISBN 0-7167-2282-8
- ST Nicholl (2008) *An Introduction to Genetic Engineering*, 3rd ed., Cambridge University Press, ISBN 978-0521615211
- TA Brown (2010) *Gene Cloning and DNA analysis*, Wiley-Blackwell, ISBN-13: 978-1405181730
- JW Dale, M vonSchantz, N Plant (2012) *From*

genes to genomes, Wiley Blackwell, 3rd ed. ISBN 978. 0. 470-68386-6

DNA 结构和功能

- http: //en. wikipedia. org/wiki/DNA_structure
- J Rehmann (1996) *Nucleic Acids* in Kirk-Othmer Encyclopedia of Chemical Technology, 4th Edition 17, 507. Interscience-Wiley, ISBN 0-471-52686-X
- F Götz (1993) *Structure and Function of DNA* in Biotechnology Second, Completely Revised Edition, 191. Vol. 2, A Pühler (ed.). VCH Verlagsgesellschaft, ISBN 3-527-28312-9

RNA

- http: //en. wikipedia. org/wiki/RNA
- http: //en. wikipedia. org/wiki/Systematic_ evolution_ of_ ligands_ by_exponential_enrichment
- http: //en. wikipedia. org/wiki/Cell_free_protein_ synthesis
- http: //en. wikipedia. org/wiki/Small_interfering_ RNA
- http: //en. wikipedia. org/wiki/Aptamer
- Rosenblum, G., & Cooperman, B. S. (2014) Engine out of the chassis: cell-free protein synthesis and its uses. *FEBS Letters*, *588*(2), 261–268. doi: 10. 1016/j. febslet. 2013. 10. 016
- Ozcan, G., Ozpolat, B., Coleman, R. L., Sood, A. K., & Lopez-Berestein, G. (2015) Preclinical and clinical development of siRNA-based therapeutics. *Advanced Drug Delivery Reviews*. doi: 10. 1016/j. addr. 2015. 01. 007
- Sioud, M. (2015) RNA interference: mechanisms, technical challenges, and therapeutic opportunities. *Methods in Molecular Biology (Clifton, N. J.)*, *1218*, 1–15. doi: 10. 1007/978-1-4939-1538-5-1
- Berens, C., Groher, F., & Suess, B. (2015) RNA aptamers as genetic control devices: The potential of riboswitches as synthetic elements for regulating gene expression. *Biotechnology Journal*, *10*(2), 246–257. doi: 10. 1002/biot. 201300498
- Lönne, M., Zhu, G., Stahl, F., & Walter, J. G. (2014) Aptamer-modified nanoparticles as biosensors. *Advances in Biochemical Engineering/ biotechnology*, *140*, 121–154. doi: 10. 1007/10- 2013-231

基因工程：常规步骤

- http: //en. wikipedia. org/wiki/Genetic- engineering
- B Holloway (1993) *Genetic Exchange Processes for Prokaryotes* in Biotechnology Second, Completely Revised Edition, 47. Vol. 2, A Pühler (ed.). VCH Verlagsgesellschaft, ISBN 3-527-28312-9
- U Stahl, K Esser (1993) *Genetic Exchange Processes in Lower Eukaryotes* in Biotechnology Second, Completely Revised Edition, 73. Vol. 2, A Pühler (ed.). VCH Verlagsgesellschaft, ISBN 3-527-28312-9

DNA 操作中其他的工具酶

- http: //en. wikipedia. org/wiki/Restriction-enzyme

PCR：常规方法

- http: //en. wikipedia. org/wiki/PCR
- VanGuilder, H. D., Vrana, K. E., & Freeman, W. M. (2008) Twenty-five years of quantitative PCR for gene expression analysis. *BioTechniques*, *44*(5), 619–626. doi: 10. 2144/000112776

DNA 合成和长度测定

- http: //en. wikipedia. org/wiki/DNA_ synthesis

DNA 测序

- http: //en. wikipedia. org/ wiki/DNA_sequencing
- L Middendorf, P Humphrery, N Narayanan, S Roemer (2001) *Sequencing Technology* in Biotechnology. 2nd Edition, 193. Vol. 5b, C Sensen (ed.). VCH-Wiley, ISBN 3-527-28328-5

将外源 DNA 转入活细胞内

- http: //en. wikipedia. org/wiki/Gene_cloning
- H Schwab (1993) *Principles of Genetic Engineering for Escherichia coli* in Biotechnology Second, Completely Revised Edition, 373. Vol. 2, A Pühler (ed.). VCH Verlagsgesellschaft, ISBN 3-527-28312-9
- W Wohlleben, G Muth, J Kalinowski (1993) *Genetic Engineering of Gram-Positive Bacteria* in Biotechnology Second, Completely Revised Edition, 455. Vol. 2, A Pühler (ed.). VCH Verlagsgesellschaft, ISBN ISBN 3-

J., Pandey, A., & Soccol, C. R. (2009) Improvement on citric acid production in solid-state fermentation by Aspergillus niger LPB BC mutant using citric pulp. *Applied Biochemistry and Biotechnology*, *158*(1), 72–87. doi: 10. 1007/s12010-008-8370-5

- D Ercan, a Demirci (2013) Current and future trends for biofilm reactors for fermentation processes, *Crit Rev Biotechnol*, Aug 6, PMID 23919241

微生物的生长 88–89

- http: //en. wikipedia. org/wiki/ Microbiological_culture
- http: //en. wikipedia. org/wiki/Growth_medium
- E Stoppok, K Buchholz (1996) *Sugar-Based Raw Materials for Fermentation Applications* in Biotechnology, 2nd Edition, 5. Vol. 6, M Roehr (ed.), Wiley-VCH, ISBN 3-527-28316-1

生长动力学和产物形成 90–91

- http: //en. wikipedia. org/wiki/Bacterial_growth
- CH Posten, CL Cooney (1993) Growth of Microorganisms in Biotechnology Second, Completely Revised Edition, 111. Vol. 1, H Sahm (ed.). VCH Verlagsgesellschaft, ISBN 3-527-28337-4

分批补料发酵、连续发酵 92–93

- http: //en. wikipedia. org/wiki/Fed-batch
-
- Shiloach, J., & Fass, R. (2005) Growing *E. coli* to high cell density—a historical perspective on method development. *Biotechnology Advances*, *23*(5), 345–57. doi: 10. 1016/j. biotechadv. 2005. 04. 004
- Chang, H. N., Jung, K., Choi, J. -D. -R., Lee, J. C., & Woo, H. -C. Multi-stage continuous high cell density culture systems: a review. *Biotechnology Advances*, *32*(2), 514–525. doi: 10. 1016/j. biotechadv. 2014. 01. 004

发酵技术 94–95

- http: //en. wikipedia. org/wiki/Bioreactor
- R Katzen, GT Tsao (2000) A view of the history of biochemical engineering. *Adv Biochem Eng Biotechnol*, 70, 77.
- KH Lee, V Hatzimanikatis (2002) Biochemical Engineering. *Curr Opin Biotechnol*, 13, 85
- U Mann (2006) *Reactor Technology* in Kirk-Othmer Encyclopedia of Chemical Technology Wiley Online Library, DOI: 10. 1002/0471238961. 1805010320011813. a01. pub2
- D Weuster-Botz (2005) Parallel reactor systems for bioprocess development, *Adv Biochem Eng Biotechnol*, *92*: 125
- C Loeffelholz, SC Kaiser, M Kraume, R Eibl, D Eibl (2014) Dynamic single-use bioreactors—Engineering characteristics and scaling up, *Adv Biochem. Eng Biotechnol*, 97(9): 3787

发酵技术：规模扩大 96–97

- B Sonnleitner (2000) Instrumentation of biotechnological processes *Adv Biochem Eng Biotechnol*, 66, 1
- R Takors (2011) Scale-up of micdrobial processes: impacts, tools and open questions, *J Biotechnol*, 160(1-2): 3
- MM Schuler, IW Marison (2012) Real-time monitoring and control of microbial bioprocesses with focus on the specific growth rate: current state and perspectives, *Appl Microbiol Biotechnol*, 94(6)1469

哺乳动物细胞培养 98–99

- http: //en. wikipedia. org/wiki/Animal_cell_culture
- http: //en. wikipedia. org/wiki/Cell_culture
- http: //en. wikipedia. org/wiki/Chinese_hamster_ovary_cell
- C Bardouille (2001) *Maintenance of Cell Cultures – with Special Emphasis on Eukaryotic Cells* in Biotechnology, 2nd Edition, 27. Vol. 10, H Rehm (ed.). VCH-Wiley, ISBN 3-527-28320-X
- MJ Gramer (2014) Product quality considerations for mammalian cell culture process development and manufacturing, *Adv Biochem Eng Biotechnol*, 139: 123
- JY Kim, YG Kim, GM Lee (2012) CHO cells in biotechnology for production of recombinant proteins: current state and further potential, *Appl Microbiol Biotechnol*, 93(3): 917

哺乳动物细胞生物反应器 100–101

- http: //en. wikipedia. org/wiki/Minusheet_perfusion_culture_system
- G Kretzmer (2002) Industrial processes with animal cells. *Appl Microbiol Biotechnol*, 59, 135.

• L Chu, DK Robinson (2001) Industrial choices for protein production by large-scale cell culture. *Curr Opin Biotechnol*, 12, 180.

• WS Hu, JG Aunins (1997) Large-scale mammalian cell culture, *Curr Opin Biotechnol*, 8, 148.

• B Kelley, T Chiou, M Rosenberg, D Wang (1993) *Industrial Animal Cell Culture* in Biotechnology Second, Completely Revised Edition, 23. Vol. 3, G Stephanopoulos (ed.). VCH Verlagsgesellschaft, ISBN 3-527-28313-7

• Tscheliessnig, A. L., Konrath, J., Bates, R., & Jungbauer, A. (2013) Host cell protein analysis in therapeutic protein bioprocessing-methods and applications. *Biotechnology Journal*, *8*(6), 655–670. doi: 10. 1002/biot. 201200018

酶和细胞反应器 *102-103*

• RA Sheldon, S van Pelt (2013) Enzyme immobilisation in biocatalysis: why, what and how, *Chem Soc Rev*, 42(15): 6223

生物产品的回收 *104-105*

• http: //en. wikipedia. org/wiki/Downstream_(bioprocess)

• http: //en. wikipedia. org/wiki/Centrifugation

• http: //en. wikipedia. org/wiki/Liquid–liquid_extraction

• R Rudolph, H Lilie, E Schwarz (1999) *In vitro Folding of Inclusion Body Proteins on an Industrial Scale* in Biotechnology Second, Completely Revised Edition, 111. Vol. 5a, U Ney, D Schomburg (ed.). VCH Verlagsgesellschaft, ISBN 3-527-28315-3

蛋白质回收：层析 *106-107*

• http: //en. wikipedia. org/wiki/Polyhistidine_tag

• http: //en. wikipedia. org/wiki/Protein_purification

• http: //en. wikipedia. org/wiki/Affinity_chromatography

• R Burgess, N Thompson (2002)Advances in gentle immunoaffinity chromatography. *Curr Opin Biotechnol*, 13, 304.

• S Imamoglu (2002) Simulated moving bed chromatography (SMB) for application in bioseparation. *Adv Biochem Eng Biotechnol*, 76, 211.

• JA Queiroz, CT Tomaz, JM Cabral (2001) Hydrophobic interaction chromatography of proteins. *J Biotechnol* 87, 143.

• Rathore, A. S., Agarwal, H., Sharma, A. K., Pathak, M., & Muthukumar, S. (2015) Continuous processing for production of biopharmaceuticals. *Preparative Biochemistry & Biotechnology*, *45*(8), 836–849. doi: 10. 1080/10826068. 2014. 985834

食品和食品添加剂 *108-109*

• http: //en. wikipedia. org/wiki/Fermented_food

• Byong H Lee (2014) Fundamentals of food biotechnology, 2nd ed., Wiley-Blackwell, ISBN: 978-1-118-38491-6

酒精饮料 *110-111*

• http: //en. wikipedia. org/wiki/Wine

• Pizarro, F., Vargas, F. A., & Agosin, E. (2007) A systems biology perspective of wine fermentations. *Yeast (Chichester, England)*, *24*(11), 977–991. doi: 10. 1002/yea. 1545

• CE Butzke, VL Singleton (2007) Wine in Kirk-Othmer Encyclopedia of Chemical Technology Interscience-Wiley

• Bartowsky, E. J., & Borneman, A. R. (2011) Genomic variations of Oenococcus oeni strains and the potential to impact on malolactic fermentation and aroma compounds in wine. *Applied Microbiology and Biotechnology*, *92*(3), 441–447. doi: 10. 1007/s00253-011-3546-2

• Borneman, A. R., Schmidt, S. A., & Pretorius, I. S. (2013) At the cutting-edge of grape and wine biotechnology. *Trends in Genetics : TIG*, *29*(4), 263–271. doi: 10. 1016/j. tig. 2012. 10. 014

• Borneman, A. R., Pretorius, I. S., & Chambers, P. J. (2013) Comparative genomics: a revolutionary tool for wine yeast strain development. *Current Opinion in Biotechnology*, *24*(2), 192–9. doi: 10. 1016/j. copbio. 2012. 08. 006

啤酒 *112-113*

• http: //en. wikipedia. org/wiki/Beer

• MJ Lewis (2003) *Beer and Brewing* in Kirk-Othmer Encyclopedia of Chemical Technology Interscience-Wiley

• HM Esslinger L Narziss (2009) *Beer* in Ullmann's Encyclopedia of Industrial Chemistry online. Wiley-VCH

• NA Bokulich, CW Bamforth (2013) The microbiology of malting and brewing, *Microbiol Mol Biol Rev*, 77(2): 157

发酵食品 114 115

- E Eugster, E Jakob, D Wechsler (2012) Cheese, processed cheese, and whey, Ullmann's Encyclopedia of Industrial Chemistry online. Wiley-VCH
- MC Montel, S Buchin, A Mallet, C Delbes-Paus, DA Vuitton, N Desmasures, F Berthier (2014) Traditional cheeses: rich and diverse microbiota with associated benefits, *Int J Food Microbiol*, *177*: 136
- Bachmann, H., Pronk, J. T., Kleerebezem, M., & Teusink, B. (2014) Evolutionary engineering to enhance starter culture performance in food fermentations. *Current Opinion in Biotechnology*, *32C*, 1–7. doi: 10. 1016/j. copbio. 2014. 09. 003
- Van Hijum, S. A. F. T., Vaughan, E. E., & Vogel, R. F. (2013) Application of state-of-art sequencing technologies to indigenous food fermentations. *Current Opinion in Biotechnology*, *24*(2), 178–186. doi: 10. 1016/j. copbio. 2012. 08. 004

食品和乳酸发酵 116 117

- http: //de. wikipedia. org/wiki/Milchsäuregärung
- http: //en. wikipedia. org/wiki/Sourdough
- http: //en. wikipedia. org/wiki/Sauerkraut
- EJ Smid, C Lacroix (2013) Microbe-microbe interactions in mixed culture food fermentations, Curr Opin Biotechnol, 24(2): 148
- M Gaenzle (2014) Enzymatic and bacterial conversions during sourdough fermentation, Food Microbiol 37: 2
- Jung, J. Y., Lee, S. H., & Jeon, C. O. (2014) Kimchi microflora: history, current status, and perspectives for industrial kimchi production. *Applied Microbiology and Biotechnology*, *98*(6), 2385–2393. doi: 10. 1007/s00253-014-5513-1

益生元和益生菌 118 119

- http: //en. wikipedia. org/wiki/Probiotics
- http: //en. wikipedia. org/wiki/Prebiotic-(nutrition)
- http: //en. wikipedia. org/wiki/Health_claims-on-food-labels
- Gonzalez, A., Clemente, J. C., Shade, A., Metcalf, J. L., Song, S., Prithiviraj, B., … Knight, R. (2011) Our microbial selves: what ecology can teach us. *EMBO Reports*, *12*(8), 775–784. doi: 10. 1038/embor. 2011. 137
- Balakrishnan, M., & Floch, M. H. (2012). Prebiotics, probiotics and digestive health. *Current Opinion in Clinical Nutrition and Metabolic Care*, *15*(6), 580-585. doi: 10. 1097/MCO. 0b013e328359684f
- Relman, D. A. (2012) The human microbiome: ecosystem resilience and health. *Nutrition Reviews*, *70 Suppl 1*, S2–9. doi: 10. 1111/j. 1753-4887. 2012. 00489. x
- Ottman, N., Smidt, H., de Vos, W. M., & Belzer, C. (2012) The function of our microbiota: who is out there and what do they do? *Frontiers in Cellular and Infection Microbiology*, *2*, 104. doi: 10. 3389/fcimb. 2012. 00104
- Brown, J., de Vos, W. M., DiStefano, P. S., Doré, J., Huttenhower, C., Knight, R., … Turnbaugh, P. (2013) Translating the human microbiome. *Nature Biotechnology*, *31*(4), 304–8. doi: 10. 1038/nbt. 2543
- S Shoaie, J Nielsen (2014) Elucidating the interactions between the human gut microbiota and its host through metabolic modelling, Front Genet, *22*(5): 86
- L Vitetta, D Briskey, H Alford, S Hasll, S Coulson (2014) Probiotics, prebiotics and the gastrointestinal tract in health and disease, *Inflammopharmacology*, *22*(3): 135

面包酵母和饲料酵母 120 121

- http: //en. wikipedia. org/wiki/Baker%27s-yeast
- http: //en. wikipedia. org/wiki/Quorn
- P Vaughan, IG Macreadie (2007) Yeasts, Kirk Othmer Encyclopedia of Chemical Technology. DOI: 10. 1002/0471238961. 2505011913011215. a01. pub2

单细胞蛋白、单细胞油 122 123

- http: //en. wikipedia. org/wiki/Single-cell-protein
- J Litchfield (1994) *Nonconventional Foods* in Kirk-Othmer Encyclopedia of Chemical Technology, 4th Edition, 11, 871. Interscience-Wiley, ISBN 0-471-52680-0
- W Babel, H-D Pöhland, K Soyez (1993) *Single Cell Proteins* in Ullmann's Encyclopedia of Industrial Chemistry, 5th edition, A24, 165. Wiley-VCH, ISBN 3-527-20124-6
- N Scrimshaw, E Murray (1995) Nutritional Value and Safety of "Single Cell Protein" in Biotechnology, 2nd Edition, 221. Vol. 9, G Reed, T Nagodawithana (ed.). VCH-Wiley, ISBN 3-527-28319-6
- C Ratledge (1997) Microbial Lipids in Biotechnology, 2nd Edition, 133. Vol. 7, Hv Döhren, H Kleinkauf (ed.). VCH-Wiley, ISBN 3-527-28310-2

氨基酸

- http: //en. wikipedia. org/wiki/Amino-acids
- K Araki, T Ozeki (2003) Amino Acids in Kirk-Othmer Encyclopedia of Chemical Technology, Wiley Online Library, DOI: 10. 1002/0471238961. 1921182201180111. a01. pub2
- KH Drauz, I Grayson, A Kleemann, HP Krimmer, W Leuchtenberger, C Weckbauer (2007) Amino Acids in Ullmann's Encyclopedia of Industrial Chemistry online, DOI: 10. 1002/14356007. a02-057. pub2
- Becker, J., & Wittmann, C. (2012). Systems and synthetic metabolic engineering for amino acid production—the heartbeat of industrial strain development. *Current Opinion in Biotechnology*, *23*(5), 718–726. doi: 10. 1016/j. copbio. 2011. 12. 025
- VF Wendisch (2014) Microbial production of amino acids and derived chemicals: synthetic biology approaches to strain development, *Curr Opin Biotechnol*. 9: 30C: 51

L-谷氨酸

- http: //en. wikipedia. org/wiki/Glutamic-acid
- http: //en. wikipedia. org/wiki/Umami
- T Kawakita (1992) L-Monosodium Glutamate in Kirk-Othmer Encyclopedia of Chemical Technology, 4th Edition 2, 571. Interscience-Wiley, ISBN 0-471-52669-X
- PG Peters-Wendisch, B Schiel, VF Wendisch, E Katsoulidis, B Mockel, H Sahm, BJ Eikmanns (2001) Pyruvate carboxylase is a major bottleneck for glutamate and lysine production by Corynebacterium glutamicum. *J Mol Microbiol Biotechnol*, 3, 295

DL-甲硫氨酸、L-赖氨酸和L-苏氨酸

- http: //en. wikipedia. org/wiki/Methionine
- http: //en. wikipedia. org/wiki/Lysine
- http: //en. wikipedia. org/wiki/Threonine
- W Pfefferle, B Moeckel, B Bathe, A Marx (2003) Biotechnological manufacture of lysine, *Adv. Biochem. Eng Biotechnol*, *79*: 59

阿斯巴甜、L-苯丙氨酸和L-天冬氨酸

- http: //en. wikipedia. org/wiki/Aspartame
- http: //en. wikipedia. org/wiki/Advantame
- http: //en. wikipedia. org/wiki/Phenylalanine
- http: //en. wikipedia. org/wiki/Sweetener
- http: //en. wikipedia. org/wiki/Aspartic-acid
- T Sato, T Tosa T. Production of L-aspartic acid (1993) *Bioprocess Technol*, *16*, 15
- Behrens, M., Meyerhof, W., Hellfritsch, C., & Hofmann, T. (2011) Sweet and umami taste: natural products, their chemosensory targets, and beyond. *Angewandte Chemie (International Ed. in English)*, *50*(10), 2220–2242. doi: 10. 1002/anie. 201002094

通过酶转化的氨基酸

- http: //en. wikipedia. org/wiki/Membrane-reactor
- H Griengl, H Schwab, M Fechter (2000) The synthesis of chiral cyanohydrins by oxynitrilases, *Trends Biotechnol*, *18*, 252.
- A Bommarius, M Schwarm, K Drauz (2001) Comparison of Different Chemoenzymatic Process Routes to Enantiomerically Pure Amino Acids, *Chimia*, *55*, 50

维生素

- http: //en. wikipedia. org/wiki/Vitamins
- http: //en. wikipedia. org/wiki/Ascorbic-acid
- http: //en. wikipedia. org/wiki/Riboflavin
- http: //en. wikipedia. org/wiki/Vitamin-b12
- G Moine, HP Hohmann, R Kurth, J Paust, W Haehnleink, H Pauling, BJ Weimann, B Kaesler (2011) B Vitamins in Ullmann's Encyclopedia of Industrial Chemistry Wiley Online Library, DOI: 10. 1002/14356007. o27-o09
- B Oster, U Fechtel (2011) Vitamin C, Ullmann's Encyclopedia of Industrial Chemistry, Wiley Online Library, DOI: 10. 1002/14356007. o27-o10
- M Eggersdorfer, D Laudert, U Létinois, T McClymont, J Medlock, T Netscher, W Bonrath (2012) One hundred years of vitamins—a success story of the natural sciences Angew. *Chem. Int Ed Engl*. 51(52): 12960

核苷和核苷酸

- http: //en. wikipedia. org/wiki/Inosinic-acid
- http: //en. wikipedia. org/wiki/Umami
- A Kuninaka (1996) Nucleotides and Related Compounds in Biotechnology. 2nd Edition, 561. Vol. 6, M Roehr (ed.). VCH-Wiley, ISBN 3-527-28316-1

- Asano, Y. (2002). Overview of screening for new microbial catalysts and their uses in organic synthesis—selection and optimization of biocatalysts. *Journal of Biotechnology*, *94*(1), 65–72.

生物乙醇 *138-139*

- http: //en. wikipedia. org/wiki/Ethanol
- http: //en. wikipedia. org/wiki/Bioethanol# Bioalcohols
- Amorim, H. V, Lopes, M. L., de Castro Oliveira, J. V., Buckeridge, M. S., & Goldman, G. H. (2011) Scientific challenges of bioethanol production in Brazil. *Applied Microbiology and Biotechnology*, *91*(5), 1267–1275. doi: 10. 1007/ s00253-011-3437-6
- Geddes, C. C., Nieves, I. U., & Ingram, L. O. (2011) Advances in ethanol production. *Current Opinion in Biotechnology*, *22*(3), 312–319. doi: 10. 1016/j. copbio. 2011. 04. 012
- Della-Bianca, B. E., Basso, T. O., Stambuk, B. U., Basso, L. C., & Gombert, A. K. (2013) What do we know about the yeast strains from the Brazilian fuel ethanol industry? *Applied Microbiology and Biotechnology*, *97*(3), 979–991. doi: 10. 1007/s00253-012-4631-x
- Harris, P. V, Xu, F., Kreel, N. E., Kang, C., & Fukuyama, S. (2014) New enzyme insights drive advances in commercial ethanol production. *Current Opinion in Chemical Biology*, *19*, 162–70. doi: 10. 1016/j. cbpa. 2014. 02. 015

1-丁醇、丙酮 *140-141*

- http: //en. wikipedia. org/wiki/Butanol-fuel
- Gu, Y., Jiang, Y., Yang, S., & Jiang, W. (2014) Utilization of economical substrate-derived carbohydrates by solventogenic clostridia: pathway dissection, regulation and engineering. *Current Opinion in Biotechnology*, *29C*, 124–131. doi: 10. 1016/j. copbio. 2014. 04. 004
- Tracy, B. P. (2012) Improving butanol fermentation to enter the advanced biofuel market. *mBio*, *3*(6). doi: 10. 1128/mBio. 00518-12
- Liu, D., Chen, Y., Ding, F. -Y., Zhao, T., Wu, J. -L., Guo, T., … Ying, H. -J. (2014) Biobutanol production in a Clostridium acetobutylicum biofilm reactor integrated with simultaneous product recovery by adsorption. *Biotechnology for Biofuels*, *7*(1), 5. doi: 10. 1186/1754-6834-7-5
- Schiel-Bengelsdorf, B., Montoya, J., Linder, S., & Dürre, P. Butanol fermentation. *Environmental Technology*, *34*(13-16), 1691–1710. doi: 10. 1080/09593330. 2013. 827746
- Green, E. M. (2011) Fermentative production of butanol—the industrial perspective. *Current Opinion in Biotechnology*, *22*(3), 337–343. doi: 10. 1016/j. copbio. 2011. 02. 004
- Dong, H., Tao, W., Dai, Z., Yang, L., Gong, F., Zhang, Y., & Li, Y. (2012) Biobutanol. *Advances in Biochemical Engineering/biotechnology*, *128*, 85–100. doi: 10. 1007/10-2011-128

高级醇和烯烃 *142-143*

- http: //en. wikipedia. org/wiki/1, 3-Propanediol
- Nakamura, C. E., & Whited, G. M. (2003) Metabolic engineering for the microbial production of 1, 3-propanediol. *Current Opinion in Biotechnology*, *14*(5), 454–459.
- Zhang, F., Rodriguez, S., & Keasling, J. D. (2011) Metabolic engineering of microbial pathways for advanced biofuels production. *Current Opinion in Biotechnology*, *22*(6), 775–83. doi: 10. 1016/j. copbio. 2011. 04. 024
- Yang, J., Xian, M., Su, S., Zhao, G., Nie, Q., Jiang, X., … Liu, W. (2012). Enhancing production of bio-isoprene using hybrid MVA pathway and isoprene synthase in *E. coli*. *PloS One*, *7*(4), e33509. doi: 10. 1371/journal. pone. 0033509
- Tomás, R. A. F., Bordado, J. C. M., & Gomes, J. F. P. (2013) p-Xylene oxidation to terephthalic acid: a literature review oriented toward process optimization and development. *Chemical Reviews*, *113*(10), 7421–7469. doi: 10. 1021/ cr300298j
- Buijs, N. A., Siewers, V., & Nielsen, J. (2013) Advanced biofuel production by the yeast Saccharomyces cerevisiae. *Current Opinion in Chemical Biology*, *17*(3), 480–488. doi: 10. 1016/j. cbpa. 2013. 03. 036
- Chen, Y., Zhou, Y. J., Siewers, V., & Nielsen, J. (2014) Enabling Technologies to Advance Microbial Isoprenoid Production. *Advances in Biochemical Engineering/biotechnology*. doi: 10. 1007/10-2014-284
- Runguphan, W., & Keasling, J. D. (2014) Metabolic engineering of Saccharomyces cerevisiae for production of fatty acid-derived biofuels and chemicals. *Metabolic Engineering*, *21*, 103–113. doi: 10. 1016/j. ymben. 2013. 07. 003
- Jensen, M. K., & Keasling, J. D. (2014) Recent applications of synthetic biology tools for yeast metabolic engineering. *FEMS Yeast Research*. doi: 10. 1111/1567-1364. 12185

乙酸菌

- http: //en. wikipedia. org/wiki/Vinegar
- P Raspor, D Goranovic (2008) Biotechnological applications of acetic acid bacteria. *Crit Rev Biotechnol.* 28(2): 101
- H Ebner, H Follmann, S Sellmer (1995) *Vinegar* in Biotechnology. 2nd Edition, 579. Vol. 9, G Reed, T Nagodawithana (ed.). VCH-Wiley, ISBN 3-527-28319-6
- H Ebner, S Sellmer, H Follmann (1996) *Acetic Acid* in Biotechnology. 2nd Edition, 381. Vol. 6, M Roehr (ed.). VCH-Wiley, ISBN 3-527-28316-1

柠檬酸

- http: //en. wikipedia. org/wiki/Citric-acid
- M Roehr, C Kubicek, J Kominec (1996) Citric Acid in Biotechnology. 2nd Edition, 307. Vol. 6, M Roehr (ed.). VCH-Wiley, ISBN 3-527-28316-1
- Karaffa, L., & Kubicek, C. P. (2003) *Aspergillus niger* citric acid accumulation: do we understand this well working black box? *Applied Microbiology and Biotechnology*, *61*(3), 189–196. doi: 10. 1007/s00253-002-1201-7
- Huang, J., Huang, L., Lin, J., Xu, Z., & Cen, P. (2010) *Biotechnology in China II.* (G. T. Tsao, P. Ouyang, & J. Chen, Eds.)*Advances in biochemical engineering/ biotechnology* (Vol. 122, pp. 43–71). Berlin, Heidelberg: Springer Berlin Heidelberg. doi: 10. 1007/978-3-642-14995-5
- Max, B., Salgado, J. M., Rodríguez, N., Cortés, S., Converti, A., & Domínguez, J. M. (2010) Biotechnological production of citric acid. *Brazilian Journal of Microbiology : [publication of the Brazilian Society for Microbiology]*, *41*(4), 862–75. doi: 10. 1590/S1517-83822010000400005

乳酸、3-羟基丙酸

- http: //en. wikipedia. org/wiki/Lactic-acid
- http: //en. wikipedia. org/wiki/3-Hydroxypropionic-acid
- J Kascak, J Kominek, M Roehr (1996) Lactic Acid in Biotechnology. 2nd Edition, 293. Vol. 6, M Roehr (ed.). VCH-Wiley, ISBN 3-527-28316-1
- Jiang, X., Meng, X., & Xian, M. (2009). Biosynthetic pathways for 3-hydroxypropionic acid production. *Applied Microbiology and Biotechnology*, *82*(6), 995–1003. doi: 10. 1007/s00253-009-1898-7
- Mimitsuka, T., Na, K., Morita, K., Sawai, H., Minegishi, S., Henmi, M., … Yonehara, T. (2012) A membrane-integrated fermentation reactor system: its effects in reducing the amount of sub-raw materials for D-lactic acid continuous fermentation by Sporolactobacillus laevolacticus. *Bioscience, Biotechnology, and Biochemistry*, *76*(1), 67–72. doi: 10. 1271/bbb. 110499
- Abdel-Rahman, M. A., Tashiro, Y., & Sonomoto, K. (2013). Recent advances in lactic acid production by microbial fermentation processes. *Biotechnology Advances*, *31*(6), 877–902. doi: 10. 1016/j. biotechadv. 2013. 04. 002
- Kumar, V., Ashok, S., & Park, S. (2013). Recent advances in biological production of 3-hydroxypropionic acid. *Biotechnology Advances*, *31*(6), 945–961. doi: 10. 1016/j. biotechadv. 2013. 02. 008

葡萄糖酸和"绿色"糖化学

- http: //en. wikipedia. org/wiki/Gluconic-acid
- http: //en. wikipedia. org/wiki/Isosorbide
- M Roehr, C Kubicek, J Kominek (1996) *Gluconic Acid* in Biotechnology. 2nd Edition, 347. Vol. 6, M Roehr (ed.). VCH-Wiley, ISBN 3-527-28316-1
- Singh, O. V, & Kumar, R. (2007) Biotechnological production of gluconic acid: future implications. *Applied Microbiology and Biotechnology*, *75*(4), 713–722. doi: 10. 1007/s00253-007-0851-x
- Van Putten, R. -J., van der Waal, J. C., de Jong, E., Rasrendra, C. B., Heeres, H. J., & de Vries, J. G. (2013) Hydroxymethylfurfural, a versatile platform chemical made from renewable resources. *Chemical Reviews*, *113*(3), 1499–1597. doi: 10. 1021/cr300182k
- http: //www. m-kagaku. co. jp/english/ products/ business/polymer/sustainable/details/1194667-3255. html

二元羧酸

- http: //en. wikipedia. org/wiki/Dicarboxylic-acid
- http: //en. wikipedia. org/wiki/Succinic-acid
- http: //en. wikipedia. org/wiki/Itaconic-acid
- Andersson, C., Petrova, E., Berglund, K., & Rova, U. (2010) Maintaining high anaerobic succinic acid productivity by product removal. *Bioprocess and Biosystems Engineering*, *33*(6), 711–718. doi: 10. 1007/s00449-009-0393-y
- Otero, J. M., Cimini, D., Patil, K. R., Poulsen, S. G., Olsson, L., & Nielsen, J. (2013) Industrial systems biology of Saccharomyces cerevisiae enables novel succinic acid cell factory. *PloS One*, *8*(1), e54144. doi: 10. 1371/journal. pone.

in Biotechnology, *15*(4), 305–313. doi: 10. 1016/j. copbio. 2004. 06. 007

- Panke, S., & Wubbolts, M. (2005) Advances in biocatalytic synthesis of pharmaceutical intermediates. *Current Opinion in Chemical Biology*, *9*(2), 188–194. doi: 10. 1016/j. cbpa. 2005. 02. 007
- Ishige, T., Honda, K., & Shimizu, S. (2005) Whole organism biocatalysis. *Current Opinion in Chemical Biology*, *9*(2), 174–180. doi: 10. 1016/j. cbpa. 2005. 02. 001
- Kazlauskas, R. J. (2005) Enhancing catalytic promiscuity for biocatalysis. *Current Opinion in Chemical Biology*, *9*(2), 195–201. doi: 10. 1016/j. cbpa. 2005. 02. 008
- Mugford, P. F., Wagner, U. G., Jiang, Y., Faber, K., & Kazlauskas, R. J. (2008) Enantiocomplementary enzymes: classification, molecular basis for their enantiopreference, and prospects for mirror-image biotransformations. *Angewandte Chemie (International Ed. in English)*, *47*(46), 8782–8793. doi: 10. 1002/anie. 200705159
- Jochens, H., Hesseler, M., Stiba, K., Padhi, S. K., Kazlauskas, R. J., & Bornscheuer, U. T. (2011). Protein engineering of α/β-hydrolase fold enzymes. *Chembiochem* P19 : *A European Journal of Chemical Biology*, *12*(10), 1508–1517. doi: 10. 1002/cbic. 201000771
- Schober, M., & Faber, K. (2013) Inverting hydrolases and their use in enantioconvergent biotransformations. *Trends in Biotechnology*, *31*(8), 468–478. doi: 10. 1016/j. tibtech. 2013. 05. 005
- Köhler, V., & Turner, N. J. (2015) Artificial concurrent catalytic processes involving enzymes. *Chemical Communications (Cambridge, England)*, *51*(3), 450–464. doi: 10. 1039/c4cc07277d
- Otte, K. B., & Hauer, B. (2015) Enzyme engineering in the context of novel pathways and products. *Current Opinion in Biotechnology*, *35*, 16–22. doi: 10. 1016/j. copbio. 2014. 12. 011

区域酶和手性酶的合成

- Nestl, B. M., Hammer, S. C., Nebel, B. A., & Hauer, B. (2014) New generation of biocatalysts for organic synthesis. *Angewandte Chemie (International Ed. in English)*, *53*(12), 3070–95. doi: 10. 1002/anie. 201302195

添加剂用酶

- H Uhlig (1998) *Industrial Enzymes and their Applications*, John Wiley & Sons, ISBN 0-471-19660-6.
- W Aehle, O Misset (1999) *Enzymes for Industrial Applications* in Biotechnology Second, Completely Revised Edition, 189. Vol. 5a, U Ney, D Schomburg (ed.). VCH Verlagsgesellschaft, ISBN ISBN 3-527-28315-3
- O Kirk, TV Borchert, CC Fuglsang (2002) Industrial enzyme applications. *Curr Opin Biotechnol*, *13*, 345.

洗涤剂酶

- http: //en. wikipedia. org/wiki/Laundry-detergent
- Ito, S. (1997) Alkaline cellulases from alkaliphilic Bacillus: enzymatic properties, genetics, and application to detergents. *Extremophiles : Life under Extreme Conditions*, *1*(2), 61–66
- Maurer, K. -H. (2004). Detergent proteases. *Current Opinion in Biotechnology*, *15*(4), 330–334. doi: 10. 1016/j. copbio. 2004. 06. 005
- Despotovic, D., Vojcic, L., Blanusa, M., Maurer, K. -H., Zacharias, M., Bocola, M., … Schwaneberg, U. (2013) Redirecting catalysis from proteolysis to perhydrolysis in subtilisin Carlsberg. *Journal of Biotechnology*, *167*(3), 279–286. doi: 10. 1016/j. jbiotec. 2013. 06. 017
- Niyonzima, F. N., & More, S. S. (2014) Detergent-compatible bacterial amylases. *Applied Biochemistry and Biotechnology*, *174*(4), 1215–1232. doi: 10. 1007/s12010-014-1144-3
- Vojcic, L., Pitzler, C., Wirtz, G., Jakob, F., Ronny Martinez, Maurer, K. -H., & Schwaneberg, U. (2015) Advances in protease engineering for laundry detergents. *New Biotechnology*. doi: 10. 1016/j. nbt. 2014. 12. 010

淀粉水解酶

- http: //en. wikipedia. org/wiki/Starch
- http: //en. wikipedia. org/wiki/Amylase
- http: //en. wikipedia. org/wiki/Starch-gelatinization

淀粉的酶水解

- http: //en. wikipedia. org/wiki/Starch
- http: //en. wikipedia. org/wiki/Corn-syrup
- http: //en. wikipedia. org/wiki/Cyclodextrin
- C Bertoldo, G Antranikian (2002) Starch-hydrolyzing enzymes from thermophilic archaea and bacteria. Curr Opin Chem Biol. 6, 151
- Tomasik, P., & Horton, D. (2012) Enzymatic conversions of starch. *Advances in Carbohydrate Chemistry and Biochemistry*, *68*, 59–436. doi: 10. 1016/B978-0-12-

396523-3. 00001-4

- Crini, G. (2014) Review: a history of cyclodextrins. *Chemical Reviews*, *114*(21), 10940–10975. doi: 10. 1021/cr500081p

酶和甜味剂 150 / 151

- http: //en. wikipedia. org/wiki/Sweetener
- http: //en. wikipedia. org/wiki/High-fructose-corn-syrup
- http: //en. wikipedia. org/wiki/Invertase
- MM Silveira, R Jonas (2002) The biotechnological production of sorbitol. *Appl Microbiol Biotechnol* 59, 400.
- R Hebeda (1997) *Syrups* in Kirk-Othmer Encyclopedia of Chemical Technology. 4th Edition, 23, 582. Interscience-Wiley, ISBN 0-471-52692-4
- Mu, W., Li, W., Wang, X., Zhang, T., & Jiang, B. (2014) Current studies on sucrose isomerase and biological isomaltulose production using sucrose isomerase. *Applied Microbiology and Biotechnology*, *98*(15), 6569–6582. doi: 10. 1007/s00253-014-5816-2

纤维素和聚糖水解酶 152 / 153

- http: //en. wikipedia. org/wiki/Biomass
- http: //en. wikipedia. org/wiki/Cellulose
- http: //en. wikipedia. org/wiki/Hemicellulose
- http: //en. wikipedia. org/wiki/Xylanase
- http: //en. wikipedia. org/wiki/Cellulase
- N Thompson (1995) *Hemicellulose* in Kirk-Othmer Encyclopedia of Chemical Technology. 4th Edition. 13, 54. Interscience-Wiley, ISBN 0-471-52682-7
- Den Haan, R., van Rensburg, E., Rose, S. H., Görgens, J. F., & van Zyl, W. H. (2014) Progress and challenges in the engineering of non-cellulolytic microorganisms for consolidated bioprocessing. *Current Opinion in Biotechnology*, *33C*, 32–38. doi: 10. 1016/j. copbio. 2014. 10. 003
- Garvey, M., Klose, H., Fischer, R., Lambertz, C., & Commandeur, U. (2013) Cellulases for biomass degradation: comparing recombinant cellulase expression platforms. *Trends in Biotechnology*, *31*(10), 581–593. doi: 10. 1016/j. tibtech. 2013. 06. 006
- Hasunuma, T., Okazaki, F., Okai, N., Hara, K. Y., Ishii, J., & Kondo, A. (2013) A review of enzymes and microbes for lignocellulosic biorefinery and the possibility of their application to consolidated bioprocessing technology. *Bioresource Technology*, *135*, 513–522. doi: 10. 1016/j. biortech. 2012. 10. 047
- Hyeon, J. E., Jeon, S. D., & Han, S. O. (2013) Cellulosome-based, Clostridium-derived multi-functional enzyme complexes for advanced biotechnology tool development: advances and applications. *Biotechnology Advances*, *31*(6), 936–944. doi: 10. 1016/j. biotechadv. 2013. 03. 009

木浆和纸加工用酶 154 / 155

- http: //en. wikipedia. org/wiki/Pulp-and-paper
- http: //en. wikipedia. org/wiki/Bleaching-of-wood-pulp
- L Viikari, M Tenkanen, A Suurnäkki (2001) *Biotechnology in the Pulp and Paper Industry* in Biotechnology. 2nd Edition, 523. Vol. 10, H Rehm (ed.). VCH-Wiley, ISBN 3-527-28320-X
- Polizeli, M. L. T. M., Rizzatti, A. C. S., Monti, R., Terenzi, H. F., Jorge, J. A., & Amorim, D. S. (2005) Xylanases from fungi: properties and industrial applications. *Applied Microbiology and Biotechnology*, *67*(5), 577–591. doi: 10. 1007/s00253-005-1904-7
- Gutiérrez, A., del Río, J. C., & Martínez, A. T. (2009) Microbial and enzymatic control of pitch in the pulp and paper industry. *Applied Microbiology and Biotechnology*, *82*(6), 1005–1018. doi: 10. 1007/s00253-009-1905-z
- Babot, E. D., Rico, A., Rencoret, J., Kalum, L., Lund, H., Romero, J., … Gutiérrez, A. (2011) Towards industrially-feasible delignification and pitch removal by treating paper pulp with Myceliophthora thermophila laccase and a phenolic mediator. *Bioresource Technology*, *102*(12), 6717–6722. doi: 10. 1016/j. biortech. 2011. 03. 100
- Torres, C. E., Negro, C., Fuente, E., & Blanco, A. (2012) Enzymatic approaches in paper industry for pulp refining and biofilm control. *Applied Microbiology and Biotechnology*, *96*(2), 327–344. doi: 10. 1007/s00253-012-4345-0

果胶酶 156 / 157

- http: //en. wikipedia. org/wiki/Pectin
- http: //en. wikipedia. org/wiki/Pectinase
- J Baird (1994) *Gums* in Kirk-Othmer Encyclopedia of Chemical Technology. 4th Edition, 12, 842. Interscience-Wiley, ISBN 0-471-52681-9
- Terefe, N. S., Buckow, R., & Versteeg, C. (2014) Quality-related enzymes in fruit and vegetable products:

effects of novel food processing technologies, part 1: high-pressure processing. *Critical Reviews in Food Science and Nutrition*, *54*(1), 24–63. doi: 10. 1080/10408398. 2011. 566946

酶和乳产品 *188 189*

- http: //en. wikipedia. org/wiki/Rennet
- http: //en. wikipedia. org/wiki/Casein
- http: //en. wikipedia. org/wiki/Cheese
- http: //en. wikipedia. org/wiki/Galactosemia
- http: //en. wikipedia. org/wiki/Lactose-intolerance
- C Hall (1995) *Milk and Milk Products* in Kirk-Othmer Encyclopedia of Chemical Technology. 4th Edition. 16, 700. Interscience-Wiley, ISBN 0-471-52685-1
- Kumar, A., Grover, S., Sharma, J., & Batish, V. K. (2010) Chymosin and other milk coagulants: sources and biotechnological interventions. *Critical Reviews in Biotechnology*, *30*(4), 243–258. doi: 10. 3109/07388551. 2010. 483459

焙烤食品和肉品加工用酶 *190 191*

- http: //en. wikipedia. org/wiki/Baking
- http: //en. wikipedia. org/wiki/Tenderizing
- Kelly, R. M., Dijkhuizen, L., & Leemhuis, H. (2009). Starch and alpha-glucan acting enzymes, modulating their properties by directed evolution. *Journal of Biotechnology*, *140*(3-4), 184–93. doi: 10. 1016/j. jbiotec. 2009. 01. 020
- Bekhit, A. A., Hopkins, D. L., Geesink, G., Bekhit, A. A., & Franks, P. (2014) Exogenous proteases for meat tenderization. *Critical Reviews in Food Science and Nutrition*, *54*(8), 1012–1031. doi: 10. 1080/10408398. 2011. 623247

食品生产和动物饲料用酶 *192 193*

- http: //en. wikipedia. org/wiki/Phytase
- http: //en. wikipedia. org/wiki/Asparaginase
- http: //en. wikipedia. org/wiki/ Transglutaminase
- Kühn, I., & Partanen, K. (2012) Phytase improves apparent total tract digestibility of phosphorus and calcium in piglets fed diets with adequate or reduced phosphorus content. *Journal of Animal Science*, *90 Suppl 4*, 194–196. doi: 10. 2527/jas. 53902
- Itaya, H., & Kikuchi, Y. (2008) Secretion of Streptomyces mobaraensis pro-transglutaminase by coryneform bacteria. *Applied Microbiology and Biotechnology*, *78*(4), 621–625. doi: 10. 1007/s00253-007-1340-y
- Hendriksen, H. V, Kornbrust, B. A., Østergaard, P. R., & Stringer, M. A. (2009) Evaluating the potential for enzymatic acrylamide mitigation in a range of food products using an asparaginase from Aspergillus oryzae. *Journal of Agricultural and Food Chemistry*, *57*(10), 4168–4176. doi: 10. 1021/jf900174q
- Humer, E., Schwarz, C., & Schedle, K. (2014) Phytate in pig and poultry nutrition. *Journal of Animal Physiology and Animal Nutrition*. doi: 10. 1111/jpn. 12258

皮革和纺织处理用酶 *194 195*

- http: //en. wikipedia. org/wiki/Leather#Role-of-enzymes
- http: //en. wikipedia. org/wiki/Stone-washing
- http: //en. wikipedia. org/wiki/Desizing
- P Hamlyn (1995), The Impact of Biotechnology on the Textile Industry *Textiles Magazine* 3, 6
- E Heideman (1990) *Leather* in Ullmann's Encyclopedia of Industrial Chemistry. 5th edition, A15, 259. Wiley-VCH, ISBN 3-527-20115-7
- Li, Q., Yi, L., Marek, P., & Iverson, B. L. (2013) Commercial proteases: present and future. *FEBS Letters*, *587*(8), 1155–1163. doi: 10. 1016/j. febslet. 2012. 12. 019

获得新工业用酶的方法 *196 197*

- http: //en. wikipedia. org/wiki/Protein-engineering
- http: //en. wikipedia. org/wiki/Lipase
- Fischer, M., & Pleiss, J. (2003) The Lipase Engineering Database: a navigation and analysis tool for protein families. *Nucleic Acids Research*, *31*(1), 319–321.

蛋白质设计 *198 199*

- http: //en. wikipedia. org/wiki/Directed-evolution
- http: //en. wikipedia. org/wiki/Protein-design
- Reetz, M. T. (2013) Biocatalysis in organic chemistry and biotechnology: past, present, and future. *Journal of the American Chemical Society*, *135*(34), 12480–12496. doi: 10. 1021/ja405051f
- Renata, H., Wang, Z. J., & Arnold, F. H. (2015) Expanding the Enzyme Universe: Accessing Non-Natural Reactions by Mechanism-Guided Directed Evolution. *Angewandte Chemie International Edition*, n/a–n/a. doi: 10.

1002/anie. 201409470

- Nestl, B. M., & Hauer, B. (2013) Protein engineering: Chemistry gets the assist. *Nature Chemical Biology*, *9*(8), 470–471. doi: 10. 1038/nchembio. 1291
- Turner, N. J. (2009) Directed evolution drives the next generation of biocatalysts. *Nature Chemical Biology*, *5*(8), 567–573. doi: 10. 1038/nchembio. 203
- Ruff, A. J., Dennig, A., & Schwaneberg, U. (2013) To get what we aim for—progress in diversity generation methods. *The FEBS Journal*, *280*(13), 2961–2978. doi: 10. 1111/febs. 12325

抗生素

- http: //en. wikipedia. org/wiki/Antibiotic

抗生素：来源及应用

- Hamad, B. (2010) The antibiotics market. *Nature Reviews. Drug Discovery*, *9*(9), 675–676. doi: 10. 1038/nrd3267
- Bérdy, J. (2012) Thoughts and facts about antibiotics: Where we are now and where we are heading. *The Journal of Antibiotics*, *65*(8), 441. doi: 10. 1038/ja. 2012. 54

抗生素：分离生产和作用机制

- S Sanchez, AL Demain (2015) Antibiotics—current innovations and future trends, Calster Academic Press. ISBN: 978-1-908230-54-6
- http: //www. nature. com/nrd/journal/v12/n5/fig-tab/nrd3975-F1. html

抗生素抗性

- http: //en. wikipedia. org/wiki/Antimicrobial-resistance
- http: //en. wikipedia. org/wiki/Methicillin-resistant-Staphylococcus-aureus
- Rennie, R. P. (2012). Current and future challenges in the development of antimicrobial agents. *Handbook of Experimental Pharmacology*, (211), 45–65. doi: 10. 1007/978-3-642-28951-4-4
- http: //www. ecdc. europa. eu/en/ healthtopics/ antimicrobial-resistance/database/ Pages/map-reports. aspx

β-内酰胺类抗生素：结构和生物合成

- http: //en. wikipedia. org/wiki/B-lactam-antibiotic
- http: //en. wikipedia. org/wiki/Penicillin
- http: //en. wikipedia. org/wiki/ Cephalosporin

β-内酰胺类抗生素：生产

- P Skatrud, T Schwecke, Hv Liempt, M Tobin (1997) *Advances in the Molecular Genetics of β-Lactam Antibiotic Biosynthesis* in Biotechnology. 2nd Edition, 247. Vol. 7, Hv Döhren, H Kleinkauf (ed.). VCH-Wiley, ISBN 3-527-28310-2
- MA Wegman, MHA Janssen, F van Rantwijk, RA Sheldon (2001) Towards Biocatalytic Synthesis of β-Lactam Antibiotics. *Adv Synth Catal* 343, 559.
- _Liu, Y., Gong, G., Xie, L., Yuan, N., Zhu, C., Zhu, B., & Hu, Y. (2010) Improvement of cephalosporin C production by recombinant DNA integration in Acremonium chrysogenum. *Molecular Biotechnology*, *44*(2), 101–109. doi: 10. 1007/s12033-009-9214-4
- Liu, Y., Gong, G., Zhu, C., Zhu, B., & Hu, Y. (2010) Environmentally safe production of 7-ACA by recombinant Acremonium chrysogenum. *Current Microbiology*, *61*(6), 609–614. doi: 10. 1007/s00284-010-9660-z
- Liu, Y., Xie, L., Gong, G., Zhang, W., Zhu, B., & Hu, Y. (2014) De novo comparative transcriptome analysis of Acremonium chrysogenum: high-yield and wild-type strains of cephalosporin C producer. *PloS One*, *9*(8), e104542. doi: 10. 1371/journal. pone. 0104542

氨基酸和肽类抗生素

- http: //en. wikipedia. org/wiki/Lantibiotics
- http: //en. wikipedia. org/wiki/Cycloserine
- http: //en. wikipedia. org/wiki/Ciclosporin
- http: //en. wikipedia. org/wiki/Defensin
- H Kleinkauf, Hv Döhren (1997) Peptide Antibiotics in Biotechnology. 2nd Edition, 277. Vol. 7, Hv Döhren, H Kleinkauf (ed.). VCH-Wiley, ISBN 3-527-28310-2

糖肽类、脂肽类、聚酮类和核苷类抗生素

- http: //en. wikipedia. org/wiki/Vancomycin
- http: //en. wikipedia. org/wiki/Methicillin-resistant-

Staphylococcus-aureus

- http: //en. wikipedia. org/wiki/Daptomycin
- http: //en. wikipedia. org/wiki/Cyclosporin
- http: //en. wikipedia. org/wiki/Blasticidin-S
- Munita, J. M., Murray, B. E., & Arias, C. A. (2014) Daptomycin for the treatment of bacteraemia due to vancomycin-resistant enterococci. *International Journal of Antimicrobial Agents*, *44*(5), 387–395. doi: 10. 1016/j. ijantimicag. 2014. 08. 002
- Peyrani, P., & Ramirez, J. (2015) What is the best therapeutic approach to methicillin-resistant Staphylococcus aureus pneumonia? *Current Opinion in Infectious Diseases.* doi: 10. 1097/QCO. 0000000000000149

氨基糖苷类抗生素 214 215

- http: //en. wikipedia. org/wiki/ Aminoglycoside
- http: //en. wikipedia. org/wiki/Streptomycin
- http: //en. wikipedia. org/wiki/Kasugamycin

四环素类、醌类、喹诺酮类和其他芳香族抗生素 216 217

- http: //en. wikipedia. org/wiki/Tetracyclin
- http: //en. wikipedia. org/wiki/ Fluoroquinolone
- http: //en. wikipedia. org/wiki/ Chloramphenicol
- http: //en. wikipedia. org/wiki/Doxorubicin
- http: //en. wikipedia. org/wiki/Ciprofloxacin
- U Gräfe, K Dornberger, H Salz (1997) *Biotechnical Drugs as Antitumor Agents* in Biotechnology. 2nd Edition, 641. Vol. 7, Hv Döhren, H Kleinkauf (ed.). VCH-Wiley, ISBN 3-527-28310-2

大环内酯类抗生素 218 219

- http: //en. wikipedia. org/wiki/Macrolide
- http: //en. wikipedia. org/wiki/Polyketide
- http: //en. wikipedia. org/wiki/ Amphotericin-B
- http: //en. wikipedia. org/wiki/Natamycin
- http: //en. wikipedia. org/wiki/Rifamycin
- H Kirst (2001) Antibiotics, Macrolides in Kirk-Othmer Encyclopedia of Chemical Technology. 4th Edition, 3, 169. Interscience-Wiley, ISBN 0-471-52671-1
- P Zhong, V Shortridge (2001) The emerging new generation of antibiotic: ketolides, Curr Drug Targets Infect Disord. 1, 125

抗生素筛选的新途径 220 221

- M Chartrain, PM Salmon, DK Robinson, BC Buckland (2000) Metabolic engineering and directed evolution for the production of pharmaceuticals. *Curr Opin Biotechnol*, *11*, 209.
- Menzella, H. G., & Reeves, C. D. (2007) Combinatorial biosynthesis for drug development. *Current Opinion in Microbiology*, *10*(3), 238–245. doi: 10. 1016/j. mib. 2007. 05. 005
- Wohlleben, W., Mast, Y., Muth, G., Röttgen, M., Stegmann, E., & Weber, T. (2012) Synthetic biology of secondary metabolite biosynthesis in actinomycetes: Engineering precursor supply as a way to optimize antibiotic production. *FEBS Letters*, *586*(15), 2171–2176. doi: 10. 1016/j. febslet. 2012. 04. 025
- Baltz, R. H. (2014) Combinatorial biosynthesis of cyclic lipopeptide antibiotics: a model for synthetic biology to accelerate the evolution of secondary metabolite biosynthetic pathways. *ACS Synthetic Biology*, *3*(10), 748–758. doi: 10. 1021/sb3000673
- Blin, K., Kazempour, D., Wohlleben, W., & Weber, T. (2014) Improved lanthipeptide detection and prediction for antiSMASH. *PloS One*, *9*(2), e89420. doi: 10. 1371/journal. pone. 0089420

医药生物技术 222 263

- http: //en. wikipedia. org/wiki/ Biopharmaceutical

胰岛素 222 223

- http: //en. wikipedia. org/wiki/Insulin
- S Shoelson (1995) Insulin and Other Antidiabetic Agents in Kirk-Othmer Encyclopedia of Chemical Technology. 4th Edition, 14, 662. Interscience-Wiley, ISBN 0-471-52683-5
- Tibaldi, J. M. (2014) Evolution of insulin: from human to analog. *The American Journal of Medicine*, *127*(10 Suppl), S25–38. doi: 10. 1016/j. amjmed. 2014. 07. 005

生长激素和其他激素 224 225

- http: //en. wikipedia. org/wiki/Growth-hormone
- http: //en. wikipedia. org/wiki/Bovine-somatotropin
- http: //en. wikipedia. org/wiki/Glucagon
- Moreau, D. T. R. (2014) Ecological risk analysis

and genetically modified salmon: management in the face of uncertainty. *Annual Review of Animal Biosciences*, *2*, 515–533. doi: 10. 1146/annurev-animal-022513-114231

- Bernabei, R., Martone, A. M., Ortolani, E., Landi, F., & Marzetti, E. (2014) Screening, diagnosis and treatment of osteoporosis: a brief review. *Clinical Cases in Mineral and Bone Metabolism : The Official Journal of the Italian Society of Osteoporosis, Mineral Metabolism, and Skeletal Diseases*, *11*(3), 201–207.
- Khan, M., Ouyang, J., Perkins, K., Nair, S., & Joseph, F. (2015) Determining predictors of early response to exenatide in patients with type 2 diabetes mellitus. *Journal of Diabetes Research*, *2015*, 162718. doi: 10. 1155/2015/162718

血红蛋白、血清白蛋白和乳铁蛋白

- http: //en. wikipedia. org/wiki/Human-serum-albumin
- http: //en. wikipedia. org/wiki/Lactoferrin
- http: //en. wikipedia. org/wiki/Hemoglobin
- Kobayashi, K. (2006) Summary of recombinant human serum albumin development. *Biologicals: Journal of the International Association of Biological Standardization*, *34*(1), 55–59. doi: 10. 1016/j. biologicals. 2005. 08. 021

血凝剂

- http: //en. wikipedia. org/wiki/Hemophilia
- http: //en. wikipedia. org/wiki/Factor-Ⅷ
- R Jiang, T Monroe, R McRogers, PJ Larson (2002) Manufacturing challenges in the commercial production of recombinant coagulation factor Ⅷ Haemophilia. 8 Suppl, 1
- Oldenburg, J., & Albert, T. (2014) Novel products for haemostasis-current status. *Haemophilia : The Official Journal of the World Federation of Hemophilia*, *20 Suppl 4*, 23–28. doi: 10. 1111/hae. 12428

抗凝血剂和血栓溶解剂

- http: //en. wikipedia. org/wiki/Tissue-plasminogen-activator
- http: //en. wikipedia. org/wiki/Urokinase
- http: //en. wikipedia. org/wiki/Streptokinase
- Moser, M., Kohler, B., Schmittner, M., & Bode, C. (1998) Recombinant plasminogen activators: a comparative review of the clinical pharmacology and therapeutic use of alteplase and reteplase. *BioDrugs : Clinical Immunotherapeutics, Biopharmaceuticals and Gene Therapy*, *9*(6), 455–463.
- F Markwardt (2002) Hirudin as alternative anticoagulant–a historical review. *Semin Thromb Hemost*, 28, 405.
- Werner, R. G., Kopp, K., & Schlueter, M. (2007) Glycosylation of therapeutic proteins in different production systems. *Acta Paediatrica (Oslo, Norway : 1992). Supplement*, *96*(455), 17–22. doi: 10. 1111/j. 1651-2227. 2007. 00199. x
- Longstaff, C., Williams, S., & Thelwell, C. (2008) Fibrin binding and the regulation of plasminogen activators during thrombolytic therapy. *Cardiovascular & Hematological Agents in Medicinal Chemistry*, *6*(3), 212–223.
- Chaudhari, K., Hamad, B., & Syed, B. A. (2014) Antithrombotic drugs market. *Nature Reviews. Drug Discovery*, *13*(8), 571–572. doi: 10. 1038/nrd4365

酶抑制剂

- http: //en. wikipedia. org/wiki/Trypsin-inhibitor
- http: //en. wikipedia. org/wiki/Xenical
- http: //en. wikipedia. org/wiki/Tamiflu
- http: //en. wikipedia. org/wiki/Acarbose

干扰素

- http: //en. wikipedia. org/wiki/Interferon
- G Wetzel (1999) *Medical Applications of Recombinant Proteins in Humans and Animals* in Biotechnology Second, Completely Revised Edition, 125. Vol. 5a, U Ney, D Schomburg (ed.). VCH Verlagsgesellschaft, ISBN 3-527-28315-3
- Zündorf, I., & Dingermann, T. (2014) PEGylation—a well-proven strategy for the improvement of recombinant drugs. *Die Pharmazie*, *69*(5), 323–326.
- Huber, A. K., Duncker, P. C., & Irani, D. N. (2015) The conundrum of interferon-β non-responsiveness in relapsing–remitting multiple sclerosis. *Cytokine*. doi: 10. 1016/j. cyto. 2015. 01. 004
- Webster, D. P., Klenerman, P., & Dusheiko, G. M. (2015) Hepatitis C. *Lancet*. doi: 10. 1016/S0140-6736(14) 62401-6

白细胞介素和抗白细胞介素

- http: //en. wikipedia. org/wiki/Interleukin
- http: //en. wikipedia. org/wiki/Anti-IL-6

免疫分析 260–261

- http: //en. wikipedia. org/wiki/Immunoassay
- http: //en. wikipedia. org/wiki/Troponin-T
- J Miller, R Niessner (1994) *Enzyme and Immunoassays* in Ullmann's Encyclopedia of Industrial Chemistry. 5th edition. B5, 129. Wiley-VCH, ISBN 3-527-20135-1
- Chan, C. P., Cheung, Y., Renneberg, R., & Seydack, M. (2008) New trends in immunoassays. *Advances in Biochemical Engineering/biotechnology*, *109*, 123–154. doi: 10. 1007/10-2007-075

糖生物学 262–263

- http: //en. wikipedia. org/wiki/Glycobiology
- Aricescu, A. R., & Owens, R. J. (2013) Expression of recombinant glycoproteins in mammalian cells: towards an integrative approach to structural biology. *Current Opinion in Structural Biology*, *23*(3), 345–356. doi: 10. 1016/j. sbi. 2013. 04. 003
- http: //www. ncbi. nlm. nih. gov/books/NBK1898/: Mulloy, B., Hart, G. W., & Stanley, P. (2009) Structural Analysis of Glycans. Cold Spring Harbor Laboratory Press.
- Hossler, P., Khattak, S. F., & Li, Z. J. (2009) Optimal and consistent protein glycosylation in mammalian cell culture. *Glycobiology*, *19*(9), 936–949. doi: 10. 1093/glycob/cwp079
- Loos, A., & Steinkellner, H. (2014) Plant glyco-biotechnology on the way to synthetic biology. *Frontiers in Plant Science*, *5*, 523. doi: 10. 3389/fpls. 2014. 00523
- Nevalainen, H., & Peterson, R. (2014) Making recombinant proteins in filamentous fungi—are we expecting too much? *Frontiers in Microbiology*, *5*, 75. doi: 10. 3389/fmicb. 2014. 00075
- Hagan, A. K., Wang, M., & Liu, L. (2014) Current approaches to glycoprotein analysis. *Protein and Peptide Letters*, *21*(10), 986–999.

动物育种 264–265

- http: //en. wikipedia. org/wiki/Animal-breeding
- Gianola, D., & Rosa, G. J. M. (2015) One hundred years of statistical developments in animal breeding. *Annual Review of Animal Biosciences*, *3*, 19–56. doi: 10. 1146/annurev-animal-022114-110733
- Washburn, S. P., & Mullen, K. A. E. (2014) Invited review: Genetic considerations for various pasture-based dairy systems. *Journal of Dairy Science*, *97*(10), 5923–5938. doi: 10. 3168/jds. 2014-7925
- Buckley, F., Lopez-Villalobos, N., & Heins, B. J. (2014) Crossbreeding: implications for dairy cow fertility and survival. *Animal : An International Journal of Animal Bioscience*, *8 Suppl 1*, 122–133. doi: 10. 1017/S1751731114000901
- Hansen, P. J. (2014) Current and future assisted reproductive technologies for mammalian farm animals. *Advances in Experimental Medicine and Biology*, *752*, 1–22. doi: 10. 1007/978-1-4614-8887-3-1
- Seidel, G. E. (2014) Beef cattle in the year 2050. *Advances in Experimental Medicine and Biology*, *752*, 239–244. doi: 10. 1007/978-1-4614-8887-3-13

胚胎移植、克隆动物 266–267

- http: //en. wikipedia. org/wiki/Embryo-transfer
- http: //en. wikipedia. org/wiki/Cloning
- http: //en. wikipedia. org/wiki/Mouse-models-of-human-disease
- Wilmut, I., Sullivan, G., & Taylor, J. (2009) A decade of progress since the birth of Dolly. *Reproduction, Fertility, and Development*, *21*(1), 95–100.
- Graf, A., Krebs, S., Heininen-Brown, M., Zakhartchenko, V., Blum, H., & Wolf, E. (2014) Genome activation in bovine embryos: review of the literature and new insights from RNA sequencing experiments. *Animal Reproduction Science*, *149*(1-2), 46–58. doi: 10. 1016/j. anireprosci. 2014. 05. 016
- Bó, G. A., & Baruselli, P. S. (2014) Synchronization of ovulation and fixed-time artificial insemination in beef cattle. *Animal : An International Journal of Animal Bioscience*, *8 Suppl 1*, 144–50. doi: 10. 1017/S1751731114000822
- McDougall, S., Heuer, C., Morton, J., & Brownlie, T. (2014) Use of herd management programmes to improve the reproductive performance of dairy cattle. *Animal : An International Journal of Animal Bioscience*, *8 Suppl 1*, 199–210. doi: 10. 1017/S1751731114000457
- Ponsart, C., Le Bourhis, D., Knijn, H., Fritz, S., Guyader-Joly, C., Otter, T., … Mullaart, E. (2013) Reproductive technologies and genomic selection in dairy cattle. *Reproduction, Fertility, and Development*, *26*(1), 12–21. doi: 10. 1071/RD13328
- Wiltbank, M. C., & Pursley, J. R. (2014) The cow as an induced ovulator: timed AI after synchronization of

ovulation. *Theriogenology*, *81*(1), 170–185. doi: 10. 1016/j. theriogenology. 2013. 09. 017

基因图谱 268–269

- http: //en. wikipedia. org/wiki/Gene-mapping
- Pérez-Enciso, M., Mercadé, A., Bidanel, J. P., Geldermann, H., Cepica, S., Bartenschlager, H., … Folch, J. M. (2005) Large-scale, multibreed, multitrait analyses of quantitative trait loci experiments: the case of porcine X chromosome. *Journal of Animal Science*, *83*(10), 2289–2296.
- Geldermann, H., Cepica, S., Stratil, A., Bartenschlager, H., & Preuss, S. (2010) Genome-wide mapping of quantitative trait loci for fatness, fat cell characteristics and fat metabolism in three porcine F2 crosses. *Genetics, Selection, Evolution*: *GSE*, *42*, 31. doi: 10. 1186/1297-9686-42-31
- Berry, D. P., Wall, E., & Pryce, J. E. (2014) Genetics and genomics of reproductive performance in dairy and beef cattle. *Animal*: *An International Journal of Animal Bioscience*, *8 Suppl 1*, 105–121. doi: 10. 1017/S1751731114000743
- Egger-Danner, C., Cole, J. B., Pryce, J. E., Gengler, N., Heringstad, B., Bradley, A., & Stock, K. F. (2015) Invited review: overview of new traits and phenotyping strategies in dairy cattle with a focus on functional traits. *Animal*: *An International Journal of Animal Bioscience*, *9*(2), 191–207. doi: 10. 1017/S1751731114002614

转基因动物 270–271

- http: //en. wikipedia. org/wiki/Mouse-models-of-human-disease
- Palmiter, R. D., Brinster, R. L., Hammer, R. E., Trumbauer, M. E., Rosenfeld, M. G., Birnberg, N. C., & Evans, R. M. (1982) Dramatic growth of mice that develop from eggs microinjected with metallothionein-growth hormone fusion genes. *Nature*, *300*(5893), 611–615.
- Ayadi, A., Birling, M. -C., Bottomley, J., Bussell, J., Fuchs, H., Fray, M., … Herault, Y. (2012) Mouse large-scale phenotyping initiatives: overview of the European Mouse Disease Clinic (EUMODIC) and of the Wellcome Trust Sanger Institute Mouse Genetics Project. *Mammalian Genome*: *Official Journal of the International Mammalian Genome Society*, *23*(9-10), 600–610. doi: 10. 1007/s00335-012-9418-y
- Mouse genome informatics: http: //www. informatics. jax. org

育种、基因制药和异种移植 272–273

- http: //en. wikipedia. org/wiki/Pharming-(genetics)
- http: //en. wikipedia. org/wiki/ Xenotransplantation
- Dove, A. (2000) Milking the genome for profit. *Nature Biotechnology*, *18*(10), 1045–1048. doi: 10. 1038/80231
- Niemann, H., & Kues, W. A. (2007) Transgenic farm animals: an update. *Reproduction, Fertility, and Development*, *19*(6), 762–770.
- Maksimenko, O. G., Deykin, A. V, Khodarovich, Y. M., & Georgiev, P. G. (2013) Use of transgenic animals in biotechnology: prospects and problems. *Acta Naturae*, *5*(1), 33–46.
- Cooper, D. K. C., Satyananda, V., Ekser, B., van der Windt, D. J., Hara, H., Ezzelarab, M. B., & Schuurman, H. -J. Progress in pig-to-non-human primate transplantation models (1998-2013): a comprehensive review of the literature. *Xenotransplantation*, *21*(5), 397–419. doi: 10. 1111/xen. 12127
- Michel, S. G., Madariaga, M. L. L., Villani, V., & Shanmugarajah, K. (2015) Current progress in xenotransplantation and organ bioengineering. *International Journal of Surgery (London, England)*, *13C*, 239–244. doi: 10. 1016/j. ijsu. 2014. 12. 011

植物育种 274–275

- http: //en. wikipedia. org/wiki/Plant-breeding
- http: //faostat. fao. org/site/567/ desktopdefault. aspx# ancor
- Bohra, A., Pandey, M. K., Jha, U. C., Singh, B., Singh, I. P., Datta, D., … Varshney, R. K. (2014) Genomics-assisted breeding in four major pulse crops of developing countries: present status and prospects. *TAG. Theoretical and Applied Genetics. Theoretische Und Angewandte Genetik*, *127*(6), 1263–1291. doi: 10. 1007/s00122-014-2301-3
- Huang, J., Pray, C., & Rozelle, S. (2002) Enhancing the crops to feed the poor. *Nature*, *418*(6898), 678–684. doi: 10. 1038/nature01015
- Palmgren, M. G., Edenbrandt, A. K., Vedel, S. E., Andersen, M. M., Landes, X., Østerberg, J. T., … Pagh, P. (2014) Are we ready for back-to-nature crop breeding? *Trends in Plant Science*. doi: 10. 1016/j. tplants. 2014. 11. 003
- Desta, Z. A., & Ortiz, R. (2014) Genomic selection: genome-wide prediction in plant improvement. *Trends in Plant Science*, *19*(9), 592–601. doi: 10. 1016/j. tplants. 2014. 05. 006

- Yamagishi, H., & Bhat, S. R. (2014). Cytoplasmic male sterility in Brassicaceae crops. *Breeding Science*, *64*(1), 38–47. doi: 10. 1270/jsbbs. 64. 38
- Clevenger, J., Chavarro, C., Pearl, S. A., Ozias-Akins, P., & Jackson, S. A. (2015) SNP identification in polyploids: a review, example and recommendations. *Molecular Plant*. doi: 10. 1016/j. molp. 2015. 02. 002
- Shi, J., & Lai, J. (2015) Patterns of genomic changes with crop domestication and breeding. *Current Opinion in Plant Biology*, *24C*, 47–53. doi: 10. 1016/j. pbi. 2015. 01. 008

植物细胞表面培养

- http: //en. wikipedia. org/wiki/Plant-tissue-culture
- Grout, B. W. (1999) Meristem-tip culture for propagation and virus elimination. *Methods in Molecular Biology (Clifton, N. J.)*, *111*, 115–125. doi: 10. 1385/1-59259-583-9: 115
- Grout, B. W. W. (2007) Cryopreservation of plant cell suspensions. *Methods in Molecular Biology (Clifton, N. J.)*, *368*, 153–161. doi: 10. 1007/978-1-59745-362-2-11
- Ghanem, M. E., Marrou, H., & Sinclair, T. R. (2014) Physiological phenotyping of plants for crop improvement. *Trends in Plant Science*. doi: 10. 1016/j. tplants. 2014. 11. 006

植物细胞悬浮培养

- http: //en. wikipedia. org/wiki/Plant-tissue-culture
- Breuling, M., Alfermann, A. W., & Reinhard, E. (1985) Cultivation of cell cultures of Berberis wilsonae in 20-l airlift bioreactors. *Plant Cell Reports*, *4*(4), 220–223. doi: 10. 1007/BF00269294
- Kreis, W., & Reinhard, E. (1992) 12 beta-Hydroxylation of digitoxin by suspension-cultured Digitalis lanata cells: production of digoxin in 20-litre and 300-litre air-lift bioreactors. *Journal of Biotechnology*, *26*(2-3), 257–273.
- Ge, F., Yuan, X., Wang, X., Zhao, B., & Wang, Y. (2006) Cell growth and shikonin production of Arnebia euchroma in a periodically submerged airlift bioreactor. *Biotechnology Letters*, *28*(8), 525–529. doi: 10. 1007/s10529-006-0014-7
- Georgiev, M. I., & Weber, J. (2014) Bioreactors for plant cells: hardware configuration and internal environment optimization as tools for wider commercialization. *Biotechnology Letters*, *36*(7), 1359–1367. doi: 10. 1007/s10529-014-1498-1
- Murthy, H. N., Georgiev, M. I., Kim, Y. -S., Jeong, C. -S., Kim, S. -J., Park, S. -Y., & Paek, K. -Y. (2014) Ginsenosides: prospective for sustainable biotechnological production. *Applied Microbiology and Biotechnology*, *98*(14), 6243–6254. doi: 10. 1007/s00253-014-5801-9

转基因植物：方法

- http: //en. wikipedia. org/wiki/Transgenic-soybean
- http: //en. wikipedia. org/wiki/Ti-plasmid
- http: //en. wikipedia. org/wiki/Gene-gun
- A Vanavichit, S Tragoonrung, T Toojinda (2001) *Genomic Mapping and Positional Cloning with Emphasis on Plant Science* in Biotechnology. 2nd Edition, 165. Vol. 5b, C Sensen (ed.). VCH-Wiley, ISBN 3-527-28328-5
- Bortesi, L., & Fischer, R. (2014) The CRISPR/Cas9 system for plant genome editing and beyond. *Biotechnology Advances*, *33*(1), 41–52. doi: 10. 1016/j. biotechadv. 2014. 12. 006
- Langridge, P., & Reynolds, M. P. (2014) Genomic tools to assist breeding for drought tolerance. *Current Opinion in Biotechnology*, *32C*, 130–135. doi: 10. 1016/j. copbio. 2014. 11. 027
- Hou, H., Atlihan, N., & Lu, Z. -X. (2014) New biotechnology enhances the application of cisgenesis in plant breeding. *Frontiers in Plant Science*, *5*, 389. doi: 10. 3389/fpls. 2014. 00389
- Szabala, B. M., Osipowski, P., & Malepszy, S. (2014) Transgenic crops: the present state and new ways of genetic modification. *Journal of Applied Genetics*, *55*(3), 287–294. doi: 10. 1007/s13353-014-0210-4

转基因植物：抗性

- http: //en. wikipedia. org/wiki/Transgenic-plants
- http: //en. wikipedia. org/wiki/Genetically-modified-crops
- Mullins, E. (2014) Engineering for disease resistance: persistent obstacles clouding tangible opportunities. *Pest Management Science*. doi: 10. 1002/ps. 3930
- Tanaka, Y., & Brugliera, F. (2013) Flower colour and cytochromes P450. *Philosophical Transactions of the Royal Society of London. Series B, Biological Sciences*, *368*(1612), 20120432. doi: 10. 1098/rstb. 2012. 0432
- *Genetically Modified Pest-Protected Plants: Science and Regulation - PubMed - NCBI*. (n. d.). Retrieved February 21, 2015, from http: //www. ncbi. nlm. nih. gov/pubmed/25032472

- Statistics on Transgenic Plants: http: //www. isaaa. org/resources/videos/globalstatusreport2014/default. asp

转基因植物：产品

- http: //en. wikipedia. org/wiki/Transgenic-plants
- http: //en. wikipedia. org/wiki/Transgenic-maize
- http: //en. wikipedia. org/wiki/Transgenic-wheat
- http: //en. wikipedia. org/wiki/Transgenic-tomato
- Dehesh, K., Jones, A., Knutzon, D. S., & Voelker, T. A. (1996) Production of high levels of 8: 0 and 10: 0 fatty acids in transgenic canola by overexpression of Ch FatB2, a thioesterase cDNA from Cuphea hookeriana. *The Plant Journal : For Cell and Molecular Biology*, *9*(2), 167–172.
- Giddings, G. (2001) Transgenic plants as protein factories. *Current Opinion in Biotechnology*, *12*(5), 450–454.
- Carrari, F., Urbanczyk-Wochniak, E., Willmitzer, L., & Fernie, A. R. (2003) Engineering central metabolism in crop species: learning the system. *Metabolic Engineering*, *5*(3), 191–200.
- Van Beilen, J. B., & Poirier, Y. (2008) Production of renewable polymers from crop plants. *The Plant Journal : For Cell and Molecular Biology*, *54*(4), 684–701. doi: 10. 1111/j. 1365-313X. 2008. 03431. x
- Storck, T. Amflora: great expectation for GM crops in Europe. Interview by Naglaa Abdallah. *GM Crops*, *1*(3), 109–112. doi: 10. 4161/gmcr. 1. 3. 12398
- Osakabe, Y., & Osakabe, K. (2014) Genome Editing with Engineered Nucleases in Plants. *Plant & Cell Physiology*. doi: 10. 1093/pcp/pcu170
- Porth, I., & El-Kassaby, Y. A. (2015) Using Populus as a lignocellulosic feedstock for bioethanol. *Biotechnology Journal*. doi: 10. 1002/biot. 201400194

需氧废水处理

- http: //en. wikipedia. org/wiki/Sewage-treatment
- P Nisipeanu (1999) Laws, Statutory Orders and Directives on Waste and Wastewater Treatment in Biotechnology. 2nd Edition, 141. Vol. 11a, J Winter (ed.). VCH-Wiley, ISBN 3-527-28321-8
- C Gallert, J Winter (2000) Perspectives of Waste, Wastewater, Off-Gas, and Drinking Water Management in Biotechnology. 2nd Edition, 479. Vol. 11c, J Winter (ed.). VCH-Wiley, ISBN 3-527-28336-6
- W Fritsche, M Hofrichter (2000) Aerobic Degradation by Microorganisms in Biotechnology. 2nd Edition, 145. Vol. 11b, J Klein (ed.). VCH-Wiley, ISBN 3-527-28323-4
- L Hartmann (1999) *Historical Development of Wastewater Treatment Processes* in Biotechnology. 2nd Edition, 5. Vol. 11a, J Winter (ed.). VCH-Wiley, ISBN 3-527-28321-8
- C Gallert, J Winter (1999) *Bacterial Metabolism in Wastewater Treatment* in Biotechnology. 2nd Edition, 17. Vol. 11a, J Winter (ed.). VCH-Wiley, ISBN 3-527-28321-8
- P Koppe, A Stozek, V Neitzel (1999) *Municipal Wastewater and Sewage Sludge* in Biotechnology. 2nd Edition, 161. Vol. 11a, J Winter (ed.). VCH-Wiley, ISBN 3-527-28321-8
- K Rosenwinkel, U Austermann-Haun, H Meyer (1999) *Industrial Wastewater Sources and Treatment Strategies* in Biotechnology. 2nd Edition, 191. Vol. 11a, J Winter (ed.). VCH-Wiley, ISBN 3-527-28321-8
- P Weiland (1999) *Agricultural Waste and Wastewater Sources and Management* in Biotechnology. 2nd Edition, 217. Vol. 11a, J Winter (ed.). VCH-Wiley, ISBN 3-527-28321-8
- Riedel, K., Kunze, G., & König, A. (2002) Microbial sensors on a respiratory basis for wastewater monitoring. *Advances in Biochemical Engineering/biotechnology*, *75*, 81–118.
- Kjelleberg, S. (2002). Environmental biotechnology. *Current Opinion in Biotechnology*, *13*(3), 199–203.

厌氧废水处理和污泥处理

- http: //en. wikipedia. org/wiki/Sewage-treatment
- http: //en. wikipedia. org/wiki/Biogas
- C Gallert, J Winter (2002) Solid and liquid residues as raw materials for biotechnology Naturwissenschaften. 89, 483
- Y Sekiguchi, Y Kamagata, H Harada (2001), Recent advances in methane fermentation technology *Curr Opin Biotechnol* 12, 277.
- B Schink (2000) *Principles of Anaerobic Degradation of Organic Compounds* in Biotechnology. 2nd Edition, 169. Vol. 11b, J Klein (ed.). VCH-Wiley, ISBN 3-527-28323-4
- M McInerney (1999) *Anaerobic Metabolism and its Regulation* in Biotechnology. 2nd Edition, 455. Vol. 11a, J Winter (ed.). VCH-Wiley, ISBN 3-527-28321-8
- H Märkl (1999) *Modeling of Biogas Reactors* in Biotechnology. 2nd Edition, 527. Vol. 11a, J Winter (ed.). VCH-Wiley, ISBN 3-527-28321-8
- Cecchi, F., & Cavinato, C. (2015) Anaerobic digestion

of bio-waste: A mini-review focusing on territorial and environmental aspects. Waste Management & Research: The Journal of the International Solid Wastes and Public Cleansing Association, ISWA. doi: 10. 1177/0734242X14568610

废气的生物学处理 290-291

- K Engesser, T Plaggemeier (2000) Microbiological Aspects of Biological Waste Gas Purification in Biotechnology. 2nd Edition, 275. Vol. 11c, J Winter (ed.). VCH-Wiley, ISBN 3-527-28336-6
- K Fischer (2000) *Biofilters* in Biotechnology. 2nd Edition, 321. Vol. 11c, J Winter (ed.). VCH-Wiley, ISBN 3-527-28336-6
- D Chitwood, J Devinny (2000) Commercial Applications of Biological Waste Gas Purification in Biotechnology. 2nd Edition, 357. Vol. 11c, J Winter (ed.). VCH-Wiley, ISBN 3-527-28336-6
- T Plaggemeier, O Lämmerzahl (2000) Treatment of Waste Gas Pollutants in Trickling Filters in Biotechnology. 2nd Edition, 333. Vol. 11c, J Winter (ed.). VCH-Wiley, ISBN 3-527-28336-6
- M Reiser (2000) Waste Gas Treatment: Membrane Processes and Alternative Techniques in Biotechnology. 2nd Edition, 345. Vol. 11c, J Winter (ed.). VCH-Wiley, ISBN 3-527-28336-6
- E Schippert, H Chmiel (2000) Bioscrubbers in Biotechnology. 2nd Edition, 305. Vol. 11c, J Winter (ed.). VCH-Wiley, ISBN 3-527-28336-6
- M Waweru, V Herrygers, HV Langenhove, W Verstraete (2000) Process Engineering of Biological Waste Gas Purification in Biotechnology. 2nd Edition, 259. Vol. 11c, J Winter (ed.). VCH-Wiley, ISBN 3-527-28336-6

土壤生物处理 292-293

- http: //en. wikipedia. org/wiki/ Bioremediation
- W Ulrici (2000) Contaminated Soil Areas, Different Countries and Contaminants, Monitoring of Contaminants in Biotechnology. 2nd Edition, 5. Vol. 11b, J Klein (ed.). VCH-Wiley, ISBN 3-527-28323-4
- J Klein (2000) Possibilities, Limits, and Future Developments of Soil Bioremediation in Biotechnology. 2nd Edition, 465. Vol. 11b, J Klein (ed.). VCH-Wiley, ISBN 3-527-28323-4
- T Held, H Dörr (2000) *In situ* Remediation in Biotechnology. 2nd Edition, 349. Vol. 11b, J Klein (ed.). VCH-Wiley, ISBN 3-527-28323-4
- R Unterman, M DeFlaun, RJSteffan (2000) Acvanced in situ Bioremediation-A Hierarchy of Technology Choices in Biotechnology. 2nd Edition, 399. Vol. 11b, J Klein (ed.). VCH-Wiley, ISBN 3-527-28323-4
- C Wischnak, R Müller (2000) Degradation of Chlorinated Compounds in Biotechnology. 2nd Edition, 241. Vol. 11b, J Klein (ed.). VCH-Wiley, ISBN 3-527-28323-4
- V Schulz-Berendt (2000) Bioremediation with Heap Technique in Biotechnology. 2nd Edition, 319. Vol. 11b, J Klein (ed.). VCH-Wiley, ISBN 3-527-28323-4
- K Blotevogel, T Gorontzy (2000) Microbial Degradation of Compounds with Nitro Functions in Biotechnology. 2nd Edition, 273. Vol. 11b, J Klein (ed.). VCH-Wiley, ISBN 3-527-28323-4
- F-M Menn, J Easter, G Sayleri (2000) Genetically Engineered Microorganisms and Bioremediation in Biotechnology. 2nd Edition, 5. Vol. 11b, J Klein (ed.). VCH-Wiley, ISBN 3-527-28323-4
- Urgun-Demirtas, M., Stark, B., & Pagilla, K. Use of genetically engineered microorganisms (GEMs) for the bioremediation of contaminants. *Critical Reviews in Biotechnology*, *26*(3), 145–164. doi: 10. 1080/07388550600842794
- Vila, J., Tauler, M., & Grifoll, M. (2015). Bacterial PAH degradation in marine and terrestrial habitats. *Current Opinion in Biotechnology*, *33*, 95–102. doi: 10. 1016/j. copbio. 2015. 01. 006

微生物浸矿、生物膜和生物腐蚀 294-295

- http: //en. wikipedia. org/wiki/Bioleaching
- http: //en. wikipedia. org/wiki/Microbial-corrosion
- http: //en. wikipedia. org/wiki/Biofilm
- HC Flemming (2002) Biofouling in water systems – cases, causes and countermeasures Appl Microbiol Biotechnol. 59, 629
- H Brandl (2001) Microbial Leaching of Metals in Biotechnology. 2nd Edition, 191. Vol. 10, H Rehm (ed.). VCH-Wiley, ISBN 3-527-28320-X
- G Gadd (2001) Accumulation and Transformation of Metals by Microorganisms in Biotechnology. 2nd Edition, 225. Vol. 10, H Rehm (ed.). VCH-Wiley, ISBN 3-527-28320-X
- W Sand (2001) Microbial Corrosion and its Inhibition in Biotechnology. 2nd Edition, 265. Vol. 10, H Rehm (ed.). VCH-Wiley, ISBN 3-527-28320-X

- Espinosa-Reyes, G., González-Mille, D. J., Ilizaliturri-Hernández, C. A., Mejía-Saavedra, J., Cilia-López, V. G., Costilla-Salazar, R., & Díaz-Barriga, F. (2014) Effect of mining activities in biotic communities of Villa de la Paz, San Luis Potosi, Mexico. *BioMed Research International*, 2014, 165046. doi: 10. 1155/2014/165046

人类基因组 296–297

- http: //en. wikipedia. org/wiki/Human-genome
- http: //en. wikipedia. org/wiki/Human-Genome-Project

人类基因组的功能分析 298–299

- http: //en. wikipedia. org/wiki/Fondation-Jean-Dausset-CEPH
- http: //en. wikipedia. org/wiki/Human-Genome-Diversity-Project
- http: //en. wikipedia. org/wiki/Single-nucleotide-polymorphism
- http: //en. wikipedia. org/wiki/Hapmap
- http: //en. wikipedia. org/wiki/1000-Genomes-Project
- R Green (2001) Genomics and Human Disease in Biotechnology. 2nd Edition, 105. Vol. 5b, C Sensen (ed.). VCH-Wiley, ISBN 3-527-28328-5
- G Dellaire (2001) *Genetic Disease* in Biotechnology. 2nd Edition, 61. Vol. 5b, C Sensen (ed.). VCH-Wiley, ISBN 3-527-28328-5
- EP Mange, AJ Mange (2008) *Basic Human Genetics*, Rastogi Publications, ISBN 9788171333219
- Overmann, K., & Coolidge, F. (2013) Human species and mating systems: Neandertal-Homo sapiens reproductive isolation and the archaeological and fossil records. *Journal of Anthropological Sciences = Rivista Di Antropologia: JASS / Istituto Italiano Di Antropologia*, *91*, 91–110. doi: 10. 4436/jass. 91021

药物基因组学和营养基因组学 300–301

- http: //en. wikipedia. org/wiki/Personalized-medicine
- http: //en. wikipedia. org/wiki/ADME
- Zanger, U. M., & Klein, K. (2013) Pharmacogenetics of cytochrome P450 2B6 (CYP2B6): advances on polymorphisms, mechanisms, and clinical relevance. *Frontiers in Genetics*, *4*, 24. doi: 10. 3389/fgene. 2013. 00024
- Claus, S. P., & Swann, J. R. (2013) Nutrimetabonomics: applications for nutritional sciences, with specific reference to gut microbial interactions. *Annual Review of Food Science and Technology*, *4*, 381–399. doi: 10. 1146/annurev-food-030212-182612
- Jørgensen, J. T. (2015) Companion diagnostics: the key to personalized medicine. *Expert Review of Molecular Diagnostics*, *15*(2), 153–156. doi: 10. 1586/14737159. 2015. 1002470

DNA 分析 302–303

- http: //en. wikipedia. org/wiki/DNA-profiling
- http: //en. wikipedia. org/wiki/Prenatal-diagnosis
- http: //en. wikipedia. org/wiki/Genetic-disorder#Single-gene-disorder

基因治疗 304–305

- http: //en. wikipedia. org/wiki/Gene-therapy
- A Mountain (2000), Gene therapy: the first decade. *Trends Biotechnol. 18*, 119
- N Wu, MM Ataai (2000), Production of viral vectors for gene therapy applications. *Curr Opin Biotechnol*, 11, 205
- A Mountain (1999) Overview of Gene Therapy in Biotechnology. 2nd Edition, Completely Revised Edition, 383. Vol. 5a, U Ney, D Schomburg (ed.). VCH Verlagsgesellschaft, ISBN 3-527-28315-3
- B Carter (1999) Viral Vectors for Gene Therapy in Biotechnology. 2nd Edition, Completely Revised Edition, 395. Vol. 5a, U Ney, D Schomburg (ed.). VCH Verlagsgesellschaft, ISBN 3-527-28315-3
- N Weir (1999) *Non-Viral Vectors for Gene Therapy* in Biotechnology. 2nd Edition, Completely Revised Edition, 427. Vol. 5a, U Ney, D Schomburg (ed.). VCH Verlagsgesellschaft, ISBN 3-527-28315-3
- Edelstein, M. L., Abedi, M. R., & Wixon, J. (2007) Gene therapy clinical trials worldwide to 2007—an update. *The Journal of Gene Medicine*, *9*(10), 833–842. doi: 10. 1002/jgm. 1100
- Overview: http: //www. genetherapynet. com/types-of-gene-therapy. html

诱导多功能干细胞 306–307

- http: //en. wikipedia. org/wiki/Induced-pluripotent-stem-cell

T. T. (2007) Microbially derived artemisinin: a biotechnology solution to the global problem of access to affordable antimalarial drugs. *The American Journal of Tropical Medicine and Hygiene*, *77*(6 Suppl), 198–202.

- Esvelt, K. M., & Wang, H. H. (2013) Genomescale engineering for systems and synthetic biology. *Molecular Systems Biology*, *9*, 641. doi: 10. 1038/msb. 2012. 66
- Farhi, M., Kozin, M., Duchin, S., & Vainstein, A. (2013) Metabolic engineering of plants for artemisinin synthesis. *Biotechnology & Genetic Engineering Reviews*, *29*, 135–148. doi: 10. 1080/02648725. 2013. 821283
- Paddon, C. J., & Keasling, J. D. (2014) Semi-synthetic artemisinin: a model for the use of synthetic biology in pharmaceutical development. *Nature Reviews. Microbiology*, *12*(5), 355–367. doi: 10. 1038/nrmicro3240

系统生物学 322/323

- http: //en. wikipedia. org/wiki/Systems-biology
- LM Loew, JC Schaff (2001) The Virtual Cell: a software environment for computational
- cell biology. *Trends Biotechnol*, 19, 401.
- H Kitano (2002) Systems biology: a brief overview. *Science*, *295*, 1662.
- Székely, T., & Burrage, K. (2014) Stochastic simulation in systems biology. *Computational and Structural Biotechnology Journal*, *12*(20-21), 14–25. doi: 10. 1016/j. csbj. 2014. 10. 003
- Ritchie, M. D., Holzinger, E. R., Li, R., Pendergrass, S. A., & Kim, D. (2015) Methods of integrating data to uncover genotype–phenotype interactions. *Nature Reviews Genetics*, *16*(2), 85–97. doi: 10. 1038/nrg3868
- Simeonidis, E., & Price, N. D. (2015) Genome-scale modeling for metabolic engineering. *Journal of Industrial Microbiology & Biotechnology*, *42*(3), 327–338. doi: 10. 1007/s10295-014-1576-3

生物信息学：序列和结构数据 324/325

- http: //en. wikipedia. org/wiki/ Bioinformatics
- http: //en. wikipedia. org/wiki/Protein-Data-Bank
- D Wishart (2001) *Bioinformatics: Tools for Protein Technologies* in Biotechnology. 2nd Edition, 325. Vol. 5b, C Sensen (ed.). VCH-Wiley, ISBN 3-527-28328-5
- E Zdobnov, R Lopez, R Apweiler, T Etzold (2001) Bioinformatics: Using the Molecular Biology Data in Biotechnology. 2nd Edition, 281. Vol. 5b, C Sensen (ed.). VCH-Wiley, ISBN 3-527-28328-5
- M Cygler, A Matte, J Schrag (2001) Bioinformatics: Structure Information in Biotechnology. 2nd Edition, 345. Vol. 5b, C Sensen (ed.). VCH-Wiley, ISBN 3-527-28328-5
- Berman, H. M., Gabanyi, M. J., Groom, C. R., Johnson, J. E., Murshudov, G. N., Nicholls, R. A., … Minor, W. (2015) Data to knowledge: how to get meaning from your result. *IUCrJ*, *2*(1), 45–58. doi: 10. 1107/S2052252514023306
- Dorn, M., e Silva, M. B., Buriol, L. S., & Lamb, L. C. (2014) Three-dimensional protein structure prediction: Methods and computational strategies. *Computational Biology and Chemistry*, *53*, 251–276. doi: 10. 1016/j. compbiolchem. 2014. 10. 001
- Sonnhammer, E. L. L., Gabaldón, T., Sousa da Silva, A. W., Martin, M., Robinson-Rechavi, M., Boeckmann, B., … Dessimoz, C. (2014) Big data and other challenges in the quest for orthologs. *Bioinformatics (Oxford, England)*, *30*(21), 2993–2998. doi: 10. 1093/bioinformatics/btu492
- Zanghellini, A. (2014) de novo computational enzyme design. *Current Opinion in Biotechnology*, *29*, 132–138. doi: 10. 1016/j. copbio. 2014. 03. 002

生物信息学：功能分析 326/327

- http: //en. wikipedia. org/wiki/KEGG
- http: //en. wikipedia. org/wiki/BRENDA
- http: //en. wikipedia. org/wiki/BLAST

碳资源 328/329

- http: //www3. weforum. org/docs/WEF-Future Industrial Biorefineries-Report-2010. pdf
- Kircher, M. (2012) How to turn industrial biotechnology into reality. *New Biotechnology*, *29*(2), 243–247. doi: 10. 1016/j. nbt. 2011. 11. 002
- Kircher, M. (2015) Residuals originating from the agricultural, industrial, transport and municipal sectors. *New Biotechnology*, *32*(1), 97–99. doi: 10. 1016/j. nbt. 2014. 02. 003

生物炼制 330/331

- http: //en. wikipedia. org/wiki/Biorefinery
- Kamm, B., & Kamm, M. (2004) Principles of biorefineries. *Applied Microbiology and Biotechnology*, *64*(2), 137–145. doi: 10. 1007/s00253-003-1537-7
- Ragauskas, A. J., Williams, C. K., Davison, B. H., Britovsek, G., Cairney, J., Eckert, C. A., … Tschaplinski, T.

(2006) The path forward for biofuels and biomaterials. *Science (New York, N. Y.)*, *311*(5760), 484–489. doi: 10. 1126/science. 1114736

- Kamm, B., & Kamm, M. (2007) Biorefineries--multi product processes. *Advances in Biochemical Engineering/biotechnology*, *105*, 175–204. doi: 10. 1007/10-2006-040
- Stöcker, M. (2008) Biofuels and biomass-to-liquid fuels in the biorefinery: catalytic conversion of lignocellulosic biomass using porous materials. *Angewandte Chemie (International Ed. in English)*, *47*(48), 9200–9211. doi: 10. 1002/anie. 200801476
- Rögner, M. (2013) Metabolic engineering of cyanobacteria for the production of hydrogen from water. *Biochemical Society Transactions*, *41*(5), 1254–1259. doi: 10. 1042/BST20130122
- Forman, G. S., Divita, V. B., Han, J., Cai, H., Elgowainy, A., & Wang, M. (2014) U. S. refinery efficiency: impacts analysis and implications for fuel carbon policy implementation. *Environmental Science & Technology*, *48*(13), 7625–7633. doi: 10. 1021/es501035a

基因工程的安全性

- http: //en. wikipedia. org/wiki/Regulation-of-genetic-engineering
- http: //www. bvl. bund. de/EN/06-Genetic-Engineering/genetic-engineering-node. html
- R Simon, W Frommer (1993) Safety Aspects in Biotechnology in Biotechnology. Second, Completely Revised Edition, 835. Vol. 2, A Pühler (ed.). VCH Verlagsgesellschaft, ISBN 3-527-28312-9
- D Brauer, M Bröker, C Kellermann, E Winnacker (1995) Biosafety in rDNA Research and Production in Biotechnology. 2nd Edition, 63. Vol. 12, D Brauer (ed.). VCH-Wiley, ISBN 3-527-28322-6
- T Medley, S McCammon (1995) Strategic Regulations for Safe Development of Transgenic Plants in Biotechnology. 2nd Edition, 197. Vol. 12, D Brauer (ed.). VCH-Wiley, ISBN 3-527-28322-6

生物技术产品的法规

- http: //en. wikipedia. org/wiki/Drug-development
- http: //en. wikipedia. org/wiki/Food-and-Drug-Administration
- http: //en. wikipedia. org/wiki/European-Medicines-Agency
- vfA Report 2014, www. vfa-bio. de

道德考虑和公众认同

- Sinemus, K. (2007) Talking with the public--challenging the public scare. *Biotechnology Journal*, *2*(9), 1047. doi: 10. 1002/biot. 200790091
- Oeschger, M. P., & Silva, C. E. (2007) Genetically modified organisms in the United States: implementation, concerns, and public perception. *Advances in Biochemical Engineering/biotechnology*, *107*, 57–68. doi: 10. 1007/10-2007-051
- Einsele, A. (2007) The gap between science and perception: the case of plant biotechnology in Europe. *Advances in Biochemical Engineering/biotechnology*, *107*, 1–11. doi: 10. 1007/10-2007-055

生物技术专利

- http: //en. wikipedia. org/wiki/Patent
- http: //www. wipo. int/portal/en/index. html
- Schrell, A., Bauser, H., & Brunner, H. (2007) Biotechnology patenting policy in the European Union—as exemplified by the development in Germany. *Advances in Biochemical Engineering/biotechnology*, *107*, 13–39. doi: 10. 1007/10-2007-049
- Webber, P. M. (2007) The patenting of novel biotech products. *IDrugs : The Investigational Drugs Journal*, *10*(7), 459–462.

生物技术的国际情况

- R Schmid, B Chung, A Jones, S Saono, J Scriven, J Tsai (1995) Biotechnology in the Asian-Pacific Region in Biotechnology. 2nd Edition, 369. Vol. 12, D Brauer (ed.). VCH-Wiley, ISBN 3-527-28322-6
- T Beppu (2000) Development of applied microbiology to modern biotechnology in Japan. *Adv Biochem Eng Biotechnol*, 69, 41
- A Schmid, F Hollmann, J Park, B Buhler (2002) The use of enzymes in the chemical industry in Europe. *Curr Opin Biotechnol*, *13*, 359.
- Ernst & Young (2013) Beyond Borders – The Global Biotechnology Report 2013. Ernst & Young 2013 www. ey. com/uk

资料来源

本书的一些图表引用了以下出版物中的资料：

p. 3 R Renneberg, (1990) *Biohorizonte*, Urania Publisher, ISBN 3-332-00320-8

pp. 7, 11, 13, 15, 17 J Black (1999) *Microbiology – principles and explorations*, Prentice Hall, ISBN 0-13-920711-2

pp. 23, 121 HG Schlegel (1992). *Allgemeine Mikrobiologie* Thieme Publisher, ISBN 3-13-444607-3

pp. 37, 319 GN Stephanopoulos et al. (1998) *Metabolic Engineering – principles and Methodologies*, Academic Press, ISBN 0-12-666260-6

pp. 39, 41, 51 R Knippers (2001) *Molekulare Genetik*, Thieme Publishers, ISBN 3-1347-7008-3

p. 55, 61 T Brown (1996) *Gentechnologie für Einsteiger*, Spektrum Akademischer Verlag, ISBN 3-8274-0059-7

pp. 71, 73, 297, 301 TA Brown (1999) *Genomes* John Wiley Sons ISBN 1-85996-201-7 (S. 73: the genetic map of Drosophila is from Arthur Sturtevant) (S. 297: data from the following publications have been used: Oliver et al. (1992). Nature *357*, 38 San Miguel et al. (1996). Science *274*, 765 Blattner et al. (1997). Science *277*, 1453)

p. 81, 237 C Janeway, P Travers (1997) *Immunobiology*, Current Biology Publisher, ISBN 0-443-05964-0

p. 103 K Buchholz, V Kasche (1997). *Biokatalysatoren und Enzymtechnologie*, VCH Publishers, ISBN 3-527-2831-7

p. 119 Ottman, N., Smidt, H., de Vos, W. M., & Belzer, C. (2012) The function of our microbiota: who is out there and what do they do? *Frontiers in Cellular and Infection Microbiology*, *2*, 104.

p. 123 P Präve et al. (1994) *Handbuch der Biotechnologie*, R Oldenbourg Publisher, ISBN 3-486-26223-8

p. 157 H Heslot, Biochimie (1998). 80, 19

p. 169 K Faber (2000) *Biotransformations in Organic Chemistry*, Springer Publisher, ISBN 3-540-66334-7

pp. 183, 187, 191, 195 H Uhlig, *Enzyme arbeiten für uns* (1991) Hanser Publisher, ISBN 3-446-15702-6

p. 204 the map on MRSA is from: ECDC/EARS-Net: Proportion of Methicillin Resistant Staphylococcus aureus (MRSA) Isolates in Participating Countries in 2012. In: Antimicrobial resistance interactive database (EARS-Net) für das Europäisches Zentrum für die Prävention und die Kontrolle von Krankheiten. European Centre for Disease Prevention and Control (ECDC), 2012

p. 229 EGD Tuddenheim (1997) in *Molecular Biology in Medicine*, TM Cox, J Sinclair (ed.). Blackwell Science Publisher, ISBN 0-632-02785-1

p. 231 W Bode, H Renatur (1997) Current Opinions in Structural Biology, *6*, 865

p. 241 EJ Mange, AP Mange (1992) *Basic Human Genetics*, Sinauer Associates, ISBN 0-87893-495-2

p. 263 mass spectrum: Essentials of Glycobiology, 2nd ed. . Mulloy, B., Hart, G. W., & Stanley, P. (2009) Structural Analysis of Glycans. Cold Spring Harbor Laboratory Press., http: //www. ncbi. nlm. nih. gov/books/NBK1898/

pp. 269, 273 J Schenkel (1995) *Transgene Tiere*, Spektrum Akademischer Verlag, ISBN 3-86025-269-0

pp. 303, 317 SB Primrose (1966) *Genomanalyse*, Spektrum Akademischer Verlag, ISBN 3-8274-0116-X

p. 309 S Thude, Fraunhofer Institute for Bioprocess and Membrane Technology, Stuttgart, personal communication

p. 315 Lottspeich (1999) Angewandte Chemie Int. Ed. 38, 2476

p. 327 KEGG-generated metabolism: http: //www. genome. jp/kegg-bin/show-pathway?map00020

p. 329 the map on biomass trade is based on the World Forum Biorefinery Report 2010, http: //www3. weforum. org/docs/WEF-FutureIndustrialBiorefineries-Report-2010. pdf

p. 331 Ökoeffizienz Indigo: D Schulte (2000). *Nachr. aus der Chemie* 626

以下照片的版权得到许可：

p. 17 J Black (1999). *Microbiology – principles and explorations*, Prentice Hall, ISBN 0-13-920711-2

p 19 Scenedesmus-Algen: Qingdao Institute for BioEnergy and Bioprocess Technology, VR China, p

p. 19 Dunaliella-Algen: Cognis – BASF Australia

p. 19 Neochloris abundans: Sapphire Co., USA, Copyright requested

p. 99 B Atkinson et al., Biochemical Engineering and Biotechnology Handbook (1992), p. 459, plate C

p. 67 Epigenetics of homozygous twins, Abb. von Zachary A Kaminsky, Science Watch, http: //sciencewatch. com/dr/erf/2010/10augerf/10augerfKami/, copyright requested

p. 87 Horizontal paddle mixer for SSF: Nagel, F. J., Tramper, J., Bakker, M. S., & Rinzema, A. (2001) Temperature control in a continuously mixed bioreactor for solid-state fermentation. *Biotechnology and Bioengineering*, *72*(2), 219–230, Wiley publishers

p. 163 S. 163 *Mortierella alpine:* Kyoto University, http: //www. kyoto-u. ac. jp/en/research/forefronts/archives/ shimizu. html

p. 239 CSIRO, Clayton, Australia, cited from Science 281, p 511 (1998)

p. 241 T. Cox et al., Molecular Biology in Medicine,

plate 25 (1997)

p. 271 Nature 300 (5893) (1982) title, Macmillan Magazines Ltd.

p. 283 AJ Büchting, Biologie in unserer Zeit 28, p 16 (1998)

p. 283 G Krczal, Transgene Pflanzen in der landwirtschaftlichen Produktion, Nachr Chem Tech Lab 45, p 867 (1997)

p. 285 Susan Colburn/Monsanto, cited from Science 282, p 2178 (1998)

p. 285 Sainsbury Tomato Puree http: //www. ncbe. reading. ac. uk/ncbe/gmfood/tomato. html

p. 331Cargill Biorefinery Blair: http: //greenchemicalsblog. blogspot. de/2009-03-01-archive. html

使用了以下维基百科文章中的照片

p. 15Hefen http: //de. wikipedia. org/wiki/Hefen

http: //img2. wikia. nocookie. net/--cb20130326194932/ getyourscienceon/images/e/e5/Saccharomyces-cerevisiae. jpg

p. 19Spirulina: http: //de. wikipedia. org/ wiki/Spirulina

Euglena: http: //en. wikipedia. org/ wiki/Euglena

Botryococcus: http: //en. wikipedia. org/ wiki/ Botryococcus

Chlorella: http: //de. wikipedia. org/wiki/Chlorella

p. 31 Catalytic triad: http: //en. wikipedia. org/wiki/Catalytic-triad, modifiziert

p. 35 Liposome: http: //en. wikipedia. org/wiki/Lipid-bilayer

p. 41 Elektronenmikroskopie: R. Knippers (2006)*Molekulare Genetik*, 9. Aufl., Thieme-Verlag

p. 43 Aptamer-Komplex aus Protein Databank, http: //www. rcsb. org/pdb/home/home. do

p. 47Restriktionsenzym ausProtein Databank, http: //www. rcsb. org/pdb/home/home. do

p. 67Agouti mice: http: //en. wikipedia. org/wiki/Randy_Jirtle

S. 163 Cocoa plant http: //en. wikipedia. org/wiki/ Cocoa-bean

S. 163 Cocoa butter http: //en. wikipedia. org/wiki/Cocoa-butter

pp 29, 43, 47, 175, 211, 223, 225, 229, 231, 233, 235, 237, 239, 241 中的结构模型来源于蛋白质数据库, http: //www. rcsb. org/pdb/home/home. do

虽然进行了彻底的调查，但仍恐在个别情况下疏忽了版权的所有者。若能向出版商提供相关的版权所有权证明，将按科学出版的常规费率给予酬劳。

专业名词与索引

D

K

L

M

N

P

Q

R

S

T

Z

其他

本书为教育部人文社会科学研究青年基金项目“大数据背景下共犯的归责模式研究”（项目批准号：18YJC820052）的阶段性成果。

青蓝文库

共犯从属性研究

秦雪娜 著

中国法制出版社
CHINA LEGAL PUBLISHING HOUSE

谨以此书献给老秦、老邱，阿娇和小小，还有我的家乡长岭！

问渠那得清如许

经过两年多的策划和工作，《青蓝文库》终于面世了。这中间，凝聚了很多人的努力和期待。中国法制出版社邀我写一个总序，考虑到丛书包涉法学各个专业，自己所学狭薄，我一开始有些犹豫。但又想到司马迁所言："序者，绪也，所以助读者，使易得其端绪也。"参与和见证一段历史，无形中就承载了记录绍介的义务。读者可能希望了解到这套文库的来龙去脉，如果我的序能够有所帮助，那还是义不容辞的。

说来话长。这套文库的大致雏形，最早涌现于 2016 年 3 月某日，中国法制出版社的马颖女士与我在陈明楼办公室的一番叙谈。马颖在法律出版界是资深编辑，那时刚接任编辑六部主任一职，很想为法制社的学术出版再开局面，拓展出一些新气象。而我自己当时手头文债积压，并无新货，于是，我们就聊到其他出版项目，其中就包括，法制社打算资助出版一批优秀博士论文。

如所周知，博士论文凝聚了一个人以学术为业的最初心血，是他走上学术之路的叩门砖，意味着从汲取导向的学生，开始向创新导向的学者蜕变。而且，从学术史经验来看，博士论文中也不乏经受住了时间检验的经典之作。尽管意义与价值如此之大，但是，在当下的出版环境中，博士论文出版却非常之难。一来，是由于纯粹的学术著作的受众市场本身就非常狭小；二来，在逼仄的市场中，书的销量和效益又往往与作者的知名度挂钩。于是，一个名不见经传、初出茅庐的学者，捧着手中新鲜出炉的博士论文，既不容易得到学术市场的认可，也因此很难获得出版社的支持。名家大腕被争相约稿，而刚出道的新人，即使自掏腰包自费出版，恐也难逃被冷落敷衍的命运。所以，尽管每年中国的法学院校里有很多博士生毕业，但是，即使是其中最优秀的博士论文，想要立即出版也非易事，往往是“养在深闺人未识”，直到作者闯出腕儿来、有了学术名声的那一天，蒙尘的明珠才可能绽放光芒。

然而，此时出版，已有些错过，不再是学术新人最渴望自我肯定和向学界证明的迫切时机，也不是学者在最艰难的出道之初，最急需的支持和鼓励，因而，可能只是锦上添花。过往，中国人民公安大学出版社的《北大刑法博士文丛》，以及武汉大学出版社的《武汉大学刑法学博士文库》，为很多刚毕业的刑法博士提供了论文出版的平台，成就了他们人生中的第一本书，那是颇有高义的雪中送炭之举。不过，这两套文库作者限于特定高校和刑法专业，影响不免有限。如今，法制社有意精心打造一套文库，推出全国法学院各专业的优秀博士论文，这种对学术新人鼎力相助的力度，可谓前所未有，出版社的学术情怀和社会担当更是令人敬佩。因此，当听到马颖提出这个出版计划并征询我的具体建议时，我也感到很振奋，愿意尽自己绵薄之力，帮助她绘成这个蓝图。

我当时向马颖建议，可以通过民间渠道邀请一批中青年学者，而非官方机构来遴选优秀论文。这不仅是由于，机构评选论文的形式已成窠臼，更主要是考虑，如果评审人与被评审人年龄代际相近，那么无论是个人的学术潜质还是论文情况，都一定更为熟悉。而且，相对于年长的学界大家来说，中青年学者距离在毕业前后的艰难岁月中努力跋涉的经历，时间还未久远，因此，对学术新人出头的不易，以及博士论文出版的困难，大都有尚未淡化和忘却的切身体会，可能更愿意去投入精力帮助后来人。加之较少社会杂务，更多爱惜学术羽毛，评选上也会更加认真、负责和公允。

马颖是个很有决断力的人，她听了我的建议后，完全赞同这个新的民间方案，并请我推荐和联系编委会人选。我被马颖的热诚感染，受她之托，给一些学界朋友打了电话。大家在了解到这个出版计划后，几乎都是毫不犹豫地应允下来，愿意义务承担审查来稿和推荐优秀论文的工作。编委会的人员组成很快就确定下来。这也让我颇有感触，一个有情怀的出版项目，不需要多少鼓吹，自会焕发出它的光彩，吸引和召唤着有学术责任感的学者们汇集。

万事俱备，只欠开会。2016 年 4 月 18 日，第一次神仙会胜利召开。根据出版社的记录，第一次与会的学者名单如下：车浩、陈新宇、侯猛、劳东燕、雷磊、栗峥、王莹、许德峰、张翔、张龑、赵宏、朱腾、谢海定。舒丹、马颖、王雯汀三位法制社编辑策划主持了第一次聚会。聚会之日适逢当年的北京电影节，于是，由我提议，大家在小西天附近餐叙后，又集体遛弯到中国电影资料馆，看了一场银河映像系列之《暗花》。从电影院出来，仍然意犹未尽，找了一处胡同里的茶馆继续聊。

这次聚会颇有成果。商定的内容包括：(1) 在全国范围内面向各个高校和专业征求优秀论文。(2) 采用作者自荐和编委推荐两种方式确立稿源。(3) 编委会的工作制度和推荐评审的义务。(4) 兼顾图书质量和出版规模等基本理念和规则。其实，答应参与编务的学者，虽然是法学各个专业里出类拔萃的青年才俊，但毕竟有学校和专业的隔离，相互间并没有想象中那么熟悉，甚至是闻名已久但从未谋面的神交，是《青蓝文库》这个出版项目中包含的学术理想和情怀，调动了每个人的学术热忱，大家才聚到一起来。每个人都很珍重自己的责任。在集聚餐、喝茶、看电影于一体的聚会中，严肃活泼地讨论了问题，达成了共识，像这样的交游轶事，对我们每个参与者都是很奇妙的体验，也是一次弥足珍贵的回忆。

第一次聚会后不久，法制社就在征求各位编委意见的基础上，面向全国，推出了正式的征稿启事。“《青蓝文库》是由中央级法律专业出版社中国法制出版社创设的重大出版项目，专门出版中国法学专业优秀博士学位论文。文库旨在发现有潜质的学术新星，为法学博士论文的发表搭建优质平台。文库支持和推动高校不断推出创新性成果，与学界一起探索和确立中国法学博士论文的优秀标准。”这份启事，包括我本人在内，多位老师参与修改润色，应当说，完整地表达了出版社编辑和我们编委会成员的共同心声。

在这份启事中，中国法制出版社郑重承诺:《青蓝文库》的出版无需任何资助；出版社会精心打磨每一部作品，以精美的版式设计和装帧风格匹配作品的学术价值；对《青蓝文库》的出版成果，出版社会积极联系各学术刊物、报刊媒体、学校官方平台等进行大力宣传；每一年度出版社将邀请出版论文作者参加“青蓝出版沙龙”，享受一次打破学科专业界限相互交流的盛会。显而易见，这些承诺如能一一实现，那么，进入《青蓝文库》，对于博士毕业的学术新人在学界影响力的彰显和提升，将会有极大的助力。这可能是青年学者能在国内出版界得到的最好的亮相机会了。当然，这份启事中也写明了我们这些编委的承诺，即编委会成员将尊重学术研究视角和立场的多元化，本着充分的学术包容精神，对挑选出真正有价值的论文怀有使命感，力求评选结果客观公正。

出版社与编委会的第一次碰头议事，设在小西天，以独特的方式，取得了非常好的效果。在其乐融融的气氛中，沟通了感情，增进了对《青蓝文库》这项共同事业的认同度和使命感。可能是受此激励，三个月后的一个周末（2016 年 7 月 23、24 日），马颖很快又趁热打铁组织了第二次编委会会议，地点设在京郊。报到当天下午，大家就开始了分组审稿的工作。第二天，在北京实创西山科技培训中心，召开了正式的评审会。针对符合征稿要求的21篇博士论文，按照“严格筛选、宁缺毋滥”的原则，以编委的个人初审为基础，经过分组审稿、分组讨论以及集中评审后，编委会成员进行匿名投票。再由出版社统计全体编委的推荐意见，当场公布获得三分之二（即12名以上）编委推荐的论文名单。针对入选的论文，编委会确定一至两名编委，综合全体编委的修改意见，会后与论文作者直接沟通，提出完善建议。至此，第一次评审会圆满完成，共评选出4篇优秀论文，作为《青蓝文库》第一批次推出的作品。

这是一次非常成功的论文评审会。这首先得益于，马颖、王雯汀、罗莎、侯鹏、吴宇辰等几位出版社的编辑及工作人员，为这次评审会付出了大量的心力来准备、策划和安排。其次，参加评审会的编委会成员，包括陈杭平、侯猛、劳东燕、雷磊、栗峥、王莹、许德峰、尤陈俊、张翔、张龑、朱腾、赵磊以及本人在内，都本着珍重这份责任的态度，对评审投入了很大精力。会前，出版社就已经通过邮件把论文发给了编委进行预审，等到开会当天，各学科组的编委对所推荐论文和存在争议的论文讨论得非常深入，争论得也十分激烈，可以说是充分且坦诚地交换了意见。

之后很长时间，我都常常想起这次令人难忘的评审会。马颖等各位编辑老师的策划安排，可谓煞费苦心。会议所在之地离龙泉寺很近，龙泉寺是全国有名的佛教古刹，出过很多高僧，常常以现代人喜闻乐见的方式传播佛法，寺内香火旺盛，游客如织，置身其中，感受到一种出世般的内心宁静，但也不会斩断与人间烟火的勾连。浸染在这种情绪中，特别适合投入接下去的评审工作。因为学术一途，本来也是素心人之事，要能脱心志于俗谛之桎梏，而付出精力去评审和推荐他人的论文，更是要有一种对学术共同体的使命感。所以，我觉得法制社的这次会议策划颇有禅机、值得回味。

半年之后，我们又在法制社的会议室召开了第三次编委会，也是第二次论文评审会。有了前两次成功的会议打下的基础，编委会磨合日趋顺畅，后面的评审会就进入了良性运转的正常轨道。值得一提的是，在几次会议中，大家逐渐达成一项共识，即《青蓝文库》支持的对象，不仅仅是优秀论文本身，而且是论文作者的学术之路。因此，虽然论文质量不错，但是作者博士毕业后就不再从事学术工作的，原则上不纳入出版计划之列。

受命作序，回想往事，点点滴滴都涌上来。这样不厌其详地叙述过往细节，正如开头所言，因为要向读者诸君讲述《青蓝文库》的来龙去脉，希望文库的每一位作者都能记住历史。法制出版社多次表示，他们有能力、有信心将《青蓝文库》的项目坚持下去，十年、二十年甚至更久。我也相信，未来将有更多的青年才俊，以这套文库为阶，走上学术舞台的中心。序中所记，是在这套文库诞生过程中，出版社编辑和编委会成员付出的热情和心血，当然，肯定还有很多我不了解的幕后工作无法呈现。我一直认为，缺乏学术传承和积累，是中国法学曾被人讥为“幼稚”的重要原因。而学术传统的形成，不是某一两个人甚至一两代人就能毕功的事业。我们每个人，都是在无尽的历史长河中来承担各自的使命。我们努力完成自己的作品，也不要淡忘先行者的努力和恩惠，同样，有能力时，更应尽力去帮助和支持学术之路上的后来人。由此，学术共同体才可能写下历史记忆，中国法学才可能形成绵延不断的积累。

问渠那得清如许？我想，年轻学者们锐意十足的作品、学界同仁间相互守望和提携的赤诚、出版界襄助学术的热忱，就是那永不枯竭的源头活水吧。愿中国法学的学术传统涓涓不息，清水长流！

是为序。

车浩

2018 年 4 月 9 日于北大陈明楼

推荐序

共犯从属性是共同犯罪理论领域中的重要问题，国内现有的文献关注较少，属于研究难度较大的题目，以此作为博士论文的选题，需要相当的勇气。从最终提交的研究成果来看，应当说，秦雪娜博士对于共犯从属性的研究达到了预期的研究目标，呈现给我们的，是一份具有相当理论深度的博士论文。

论文对与共犯从属性相关的框架性问题，包括区分制犯罪参与体系的必要性、共犯的处罚根据以及共同犯罪的本质等，都有深入的剖析；不仅对区分制犯罪参与体系中正犯与共犯的区分标准有所调整，以应对单一正犯体系所提出的质疑与挑战，而且在共犯处罚根据的问题上，明确主张能与因果共犯论原理相契合的纯粹肇因说。在此基础上，论文进一步对共犯从属性本身直接涉及的内容，即实行从属性、要素从属性与罪名从属性，就其各自的地位与要求进行清晰的界定与深入的论述。论文提出，实行从属性的要义在于，共犯有自己的可罚性，但基于事实上的限制，只有正犯着手共犯才能构成未遂，不然，共犯充其量成立犯罪预备；在要素从属性的问题上，应采取最低限度的“共犯的客观构成要件从属性说”，即共犯只是从属于正犯该当客观构成要件的行为事实；罪名从属性则并不属于共犯从属性的内容。由于在论述时能够兼顾框架性的基础理论与具体而微的教义学建构，这使得论文整体感较好，论证思路清晰，各章之间在逻辑上具有内在的承接关系。

论文的突出优点在于，能够合理运用与贯彻体系性思考的方法。体系性思考是法教义学理论的首要特征，但如何合理运用于具体理论的研究往往不好把握。秦雪娜博士的这篇博士论文，在论述共犯从属性的问题时，能较好地顾及体系的上下位关系，注意与不法论、犯罪参与体系等理论立场保持内在逻辑上的一致性。与此同时，论文所主张的观点与通说或多数说并不相同，体现作者对相关问题的独立思考，且能结合实务中的争议案例来展开相应的论证，这也是值得肯定之处。此外，论文对既有文献的把握比较准确，尤其是对日本刑法理论的脉络与进路有深入的理解；此次修订所补充的相应章节中，又对晚近几年来的学术进展作出有力的回应，表现出作者扎实的刑法理论功底。

总体而言，秦雪娜博士的这篇博士论文能够在现有的理论框架下，对共犯从属性问题做推进性的研究与细节性的拓展，在写法上合乎法教义学研究的要求，称得上是一篇踏实之作，相信对于充实我国的共同犯罪理论具有积极的作用，对实务案件的处理也有重要的指导意义。当然，论文也有一些薄弱之处。比如，网络时代的来临，使得共同犯罪的存在形态发生深刻的变化，这种变化无疑对共犯从属性的立场形成重大的冲击，论文对此虽做了一定的回应，但力度显得较弱，期待作者在今后的研究能就相关的问题做进一步的深入探讨。

劳东燕

2020年3月3日

目录

第一章

导　论

一、问题意识

共犯从属性问题并非孤立的具体问题，而是牵涉整个共同犯罪的基础理论。毫不夸张地说，从理论研究层面，借由共犯从属性问题这一视角，可以揭开共同犯罪本质的面纱；在司法实务层面，共犯从属性问题更是直接决定着共同犯罪参与人的处罚范围以及处罚形态。但是，目前我国学界对共犯从属性问题的研究尚存在以下突出的问题。问题之一，对共犯从属性的内涵理解不一，理论立场之间的对立往往缺乏统一的语境。除了对于共犯从属性体系结构上的争议之外，对于公认的共犯从属性内容，特别是共犯的实行从属性问题，并没有形成一致的理论定位。区分制阵营和单一制阵营的学者，经常是结合自己的研究需要，构建共犯从属性论的基本立场，再以此为对象提供支持或展开批驳。这也导致共犯从属性问题的学术印象逐渐褪色，甚至出现了立足于单一制的从属性问题。因而，作为对共犯从属性研究的前提，应首先就共犯从属性的理论内涵建立沟通机制。问题之二，对共犯从属性的研究视野局限，缺乏相关基础理论的体系性构建。无论在何种程度上接受共犯的从属性，均是以采纳区分制犯罪参与体系为前提。此外，共犯从属性的有无以及从属程度并不是能够自证的问题，而是作为共犯处罚根据这一基础理论的具体归结而存在。而共犯的处罚根据与共同正犯的本质问题，又存在能否对整个共同犯罪的实质进行统一解释的内在关联。因此，对共犯从属性的研究，是串联共犯的基础理论并实现理论自洽的系统性工程。然而，面对近年来单一制阵营直击理论根基的批评，区分制体系岌岌可危。而区分制阵营直接跳过区分制体系自身面临的难题，自顾自地探讨共犯从属性问题，或者在共犯从属性特别是要素从属性问题上，直接得出缺乏共犯处罚根据或违背已采纳的共犯处罚根据的结论，均是欠缺体系性构建的表现。问题之三，在共犯从属性以及相关理论问题上的观点因循守旧。作为经常被独立探讨的问题，无论是区分制阵营对区分制体系基本立场的传达，还是共犯处罚根据论上几种有限立场的争议，抑或对共犯的实行从属性、要素从属性的通说定性，或多或少都是传统而守旧的。这些碎片式的研究在制式思维、通说立场的裹挟下，使得共犯论缺少了新意和活力，气氛古板而沉闷。与理论界存在的问题不同，司法实务对共犯从属性问题的把握，则呈现出共犯的实行从属性尚未建立、在要素从属性的处理上又过于严格的“两极化矛盾”。综上，共犯从属性的研究大有作为。本书希望通过对共犯从属性问题及相关共犯基础理论的体系性研究，为共同犯罪的理论发展注入活力，为司法实务中共犯的定罪处罚，以及社会发展变化下共犯呈现出的新特点，提供刑法教义上的指引和支持。

二、研究现状

（一）对共犯从属性的研究缺乏体系性构建

对共犯从属性问题的既有研究，欠缺与相关共犯基础理论之间的系统性建构。

目前，学界对共犯从属性问题的研究多是从该问题本身出发，围绕共犯的实行从属性或共犯的要素从属性进行探讨。然而，研究共犯从属性问题的前提是采纳区分制犯罪参与体系。因此，作为理论研究的前提，应当首先证成区分制体系的必要性和合理性。虽然区分制犯罪参与体系被德日等典型的欧陆国家立法所采纳，在我国理论界也一直作为共同犯罪的解释方法发挥重要影响，但在我国刑法没有明文表态采用区分制参与体系的立法背景下，近些年来，区分制体系受到了单一制阵营强有力的批评。[1] 面对单一制的支持者越来越多的局面，对于单一制阵营提出的颠覆区分制理论根基的质疑，区分制阵营至今未作出有力的回应和调整。因此，在区分制体系本身不稳固的情况下，直接去探讨共犯从属性问题的做法，违背了理论研究的体系性逻辑。此外，共犯从属性问题的具体归结应当是以共犯的处罚根据为基础。但在共犯从属性特别是违法从属性问题上，既有的研究往往跳脱共犯处罚根据论，草率地在共犯从属性问题上作出结论。例如，在共犯的限制从属性说作为现今的通说这一理论背景下，也陆续开始有学者转而支持共犯的最小从属性说。[2] 然而，共犯的最小限从属应当是共犯处罚根据论中纯粹肇因说的理论归结，但支持最小从属性的学者并未在共犯处罚根据论上关注或采取纯粹肇因说。而没有共犯理论基础的支撑，这些观点也只是在突兀地自说自话，合理性和说服力都大打折扣。再者，在既有研究下，共犯的处罚根据与共同正犯的本质问题多被分开来探讨。犯

[1] 参见刘明祥:《论我国刑法不采取共犯从属性说及利弊》，载《中国法学》2015 年第 2 期；刘明祥:《间接正犯概念之否定——单一正犯体系的视角》，载《法学研究》2015 年第 6 期；刘明祥:《区分制理论解释共同过失犯罪之弊端及应然选择》，载《中国法学》2017 年第 3 期；刘明祥:《从单一正犯视角看共谋共同正犯论》，载《法学评论》2018 年第 1 期；刘明祥:《单一正犯视角下的共同正犯问题》，载《中外法学》2019 年第 1 期。

[2] 参见王昭武:《论共犯的最小从属性说——日本共犯从属性理论的发展与借鉴》，载《法学》2007 年第 11 期；参见阎二鹏:《犯罪参与体系之比较研究与路径选择》，法律出版社 2014 年版，第 187 页。

罪共同说和行为共同说的对立被限于对共同正犯问题的解释和说明。[1] 但事实上，同是对犯罪参与本质的阐释，共犯的处罚根据论与共同正犯的本质论应当是关联并且互通的。而二者的关联性，以及相互佐证进而对共犯从属性问题提供理论支持的进一步可能，都在极大程度上被忽略了。

（二）学界的主流观点面临危机

作为共犯从属性问题的理论前提，区分制体系在形式区分标准和实质区分标准之间进退失据，面临理论根基崩溃的危机。近些年来，单一制体系在我国的受众者逐渐增多，单一制阵营针对区分制赖以存在的理论基础进行了颠覆式的批判，气势咄咄逼人，论点掷地有声。这些批评使得区分制陷入了在形式与实质之间迷失自我的被动局面。作为区分制的立论基础，面对正犯和共犯的区分标准不断实质化的发展趋势，单一制阵营学者一针见血地指出，间接正犯、共同正犯以及共谋共同正犯类型，这些为弥补区分制体系的缺陷而提出的扩张的正犯概念，实际上背离了区分正犯和共犯的初衷，已经动摇了区分制的根基。[2] 其他学者也认为，区分制之下正犯标准的实质化，特别是犯罪支配理论的兴起，已经导致正犯的概念泛化。如此一来，限制正犯概念建立在构成要件明确性上的所谓限制机能荡然无存，正犯和共犯的界限愈显模糊，在本质上，已经瓦解了限制正犯概念及以此为基础建构起来的区分制体系。[3] 还有观点从另一角度指出，区分制体系试图在区分标准实质化的路径下，让正犯和共犯的界分一揽子解决犯罪参与现象中的定罪与量刑问题，不仅过分夸大了区分制的作用，也

[1] 参见甘添贵：《正犯与共犯：第一讲——共同正犯之本质》，载《月旦法学教室》2003 年第 6 期；张开骏：《共犯从属性理论的体系建构》，载《清华法学》2013 年第 6 期；李洁、谭堃：《论共犯从属性理论的内涵》，载《国家检察官学院学报》2011 年第 1 期。

[2] 参见刘明祥：《间接正犯概念之否定——单一正犯体系的视角》，载《法学研究》2015 年第 6 期；刘明祥：《从单一正犯视角看共谋共同正犯论》，载《法学评论》2018 年第 1 期；刘明祥：《单一正犯视角下的共同正犯问题》，载《中外法学》2019 年第 1 期。

[3] 参见张伟：《间接正犯泛化与统一正犯体系的确立》，载《法学论坛》2018 年第 3 期。

混淆了共犯定罪和量刑的功能和界限。[1] 鉴于正犯和共犯区分标准的实质化已经使得区分制体系陷入了重量刑的单一制逻辑，区分制阵营的学者开始主张回归最初的形式区分标准，即定罪时根据犯罪参与者形式上的参与形态区分正犯与共犯，量刑时再根据犯罪参与人对犯罪的贡献，即所起作用的大小区分主犯、从犯与胁从犯，由此形成了正犯未必是主犯、共犯未必是从犯的双层参与结构，实现了对共同犯罪参与人定罪和量刑的分离。[2] 然而，区分制存在的关键意义在于，能够标识在不法上存在实质差异的参与类型，而仅仅依托于表象上简单、僵硬的形式逻辑，根本无法对参与行为在规范意义上的实质差异作出准确的识别。而且，这种将正犯和共犯的区分系于简单的形式标准的做法，与功能的单一正犯体系也没有明显差别。因此，在形式与实质之间徘徊的区分制，均已落入了单一制的圈套。在区分制体系的存亡危机之下，探讨共犯从属性问题，实属无本之木。

作为共犯从属性问题的理论基础，共犯的处罚根据论未受到充分的重视，既有的观点也是保守而陈旧。比起对共犯从属性问题的热衷，区分制阵营对共犯处罚根据论的研究则显得有些冷清。然而，共犯从属性问题乃是作为共犯处罚根据的理论归结而存在。因此，在共犯从属性问题的研究上，忽视、欠缺或违背共犯处罚根据论的做法，是有些本末倒置了。就既有的关于共犯处罚根据的观点而言，也是存在多重问题。因违背个人责任原则而被诟病的共犯借用犯说及责任共犯论，在我国仍然得到适用。[3] 因

---

[1] 参见张伟：《限制的正犯概念与二元犯罪参与体系批判》，载《比较法研究》2019 年第 5 期。

[2] 参见钱叶六：《中国犯罪参与体系的性质及其特色——一个比较法的分析》，载《法律科学》2013 年第 6 期。

[3] 参见［德］汉斯·海因里希·耶塞克、托马斯·魏根特：《德国刑法教科书》，许久生译，中国政法大学出版社 2001 年版，第 832 页；［日］曾根威彦：《刑法学基础》，黎宏译，法律出版社 2005 年版，第 138 页；［日］大越义久：《共犯的处罚根据》，青林书院新社 1981 年版，第 260 页，转引自［日］高桥则夫：《共犯体系和共犯理论》，冯军、毛乃纯译，中国人民大学出版社 2010 年版，第 94 页；黎宏：《刑法总论问题思考》，中国人民大学出版社 2007 年版，第 510 页；杨金彪：《共犯的处罚根据》，中国人民公安大学出版社 2008 年版，第 126 页；钱叶六：《共犯与正犯关系论》，载《中外法学》2013 年第 4 期。

果共犯论内部的修正肇因说和折中肇因说[1]虽然在大陆法系刑法学界取得了稳固的主流地位，但二者在论证方法上各自存在无法解决的理论痼疾。详言之，修正肇因说在论证方法上“倒因为果”，即其一方面认为教唆犯引起了正犯的不法，另一方面又认为教唆犯从属于正犯的不法，从而出现了因果倒置的逻辑混乱。而折中肇因说在论证方法上则自我矛盾，即“共犯具有独立的违法性”与“共犯的不法是从正犯导出”在法理基础上完全对立，但折中肇因说出于解决某些具体问题的需要，将二者牵强地杂糅到一起，必然使其理论基础出现不可调和的矛盾。正因为被追捧的修正肇因说和折中肇因说在方法论上存在上述逻辑弊病，二者始终无法为“何以共犯的不法必须从正犯导出”提供充分的理论依据，而折中肇因说出于妥协不得不开始承认部分“违法的相对性”，也是借用了纯粹肇因说的理论立场。可以说，在主流的共犯处罚根据论自以为合理稳定、早已开始养尊处优时，背后却暗藏着源自理论基础的诸多危机。如果不对共犯的处罚根据论进行整改，共犯从属性问题的研究将始终无法突破樊篱，终将成为无源之水。

作为共犯从属性的具体问题，共犯的实行从属性和要素从属性均面临质疑。就共犯的实行从属性问题而言，有单一制学者立足于我国刑法第29条第2款处罚教唆未遂的规定，以及刑法分则将许多教唆行为、帮助行为规定为独立犯罪的立法现象，主张我国刑法并没有采取共犯的从属性说。论者还指出，共犯的实行从属性原则主张正犯未着手实行之前不能处罚共犯，不具有理论上的合理性，会不适当地缩小教唆犯和帮助犯的处罚范围，有可能放纵一些特别危险的教唆犯罪和帮助犯罪的发生。[2]必须承认，如

[1] 参见［德］克劳斯·罗克辛：《德国刑法学总论》（第2卷），王世洲等译，法律出版社2013年版，第101页；［日］高桥则夫：《共犯体系和共犯理论》，冯军、毛乃纯译，中国人民大学出版社2010年版，第134页；周光权：《刑法总论》，中国人民大学出版社2016年版，第340页以下；张明楷：《对向犯中必要参与行为的处罚范围》，载《比较法研究》2019年第5期；陈洪兵：《共犯论思考》，人民法院出版社2009年版，第24页；张开骏：《共犯限制从属性说之提倡——以共犯处罚根据和共犯本质为切入点》，载《法律科学》2015年第5期；李洁、谭堃：《论教唆、帮助自杀行为的可罚性》，载《政治与法律》2013年第6期。

[2] 参见刘明祥：《论我国刑法不采取共犯从属性说及利弊》，载《中国法学》2015年第2期。

果共犯的实行从属性意味着正犯尚未着手共犯就不能受到处罚，那么上述关于共犯从属性的批评确实是无法回避的。然而，这样定义共犯实行从属性的意旨，或是出于误解，或是基于早期传统的见地。立足于区分制体系，基于现实需求的考虑，对共犯实行从属性的内涵完全可以，也有必要作出澄清和新的解释。关于共犯的要素从属性问题，严重背离个人责任原则的严格从属性说在我国依然发挥影响，[1] 但学界的通说已经转向了放弃共犯对正犯有责性的从属，保留共犯对正犯不法从属的限制从属性说，该说不仅在德国[2]、日本[3]以及我国台湾地区[4]是主流见解，亦获得了我国大陆诸多学者的支持。[5] 然而，共犯的限制从属性说并没有摆脱背反个人责任原则的魔咒。不同于纯粹的事实性问题，违法性和有责性一样都属于价值层面的规范性判断，而价值性判断必然因评价对象的情况而异，并无必然从属于他人之说。近年来，共犯不法的独立性在应用领域的表现也越来越凸显。立法上、司法上活跃的"共犯正犯化"现象，事实上已经在一定程度上承认了共犯不法的独立性。在技术改变人类行为模式的发展情境下，借助互联网的技术影响，网络共犯也呈现出了明显的独立违法现象。2019 年开始

---

[1] 参见陈兴良:《共同犯罪论》，中国人民大学出版社 2006 年版，第 461 页；赵秉志主编:《新刑法教程》，中国人民大学出版社 1997 年版，第 220 页；曲新久:《刑法学》，中国政法大学出版社 2011 年版，第 71 页；于志刚:《刑法学总论》，中国法制出版社 2010 年版，第 269 页。

[2] 参见［德］克劳斯·罗克辛:《德国刑法学总论》(第 2 卷)，王世洲等译，法律出版社 2013 年版，第 106 页；[德］约翰内斯·威塞尔斯:《德国刑法总论》，李昌珂译，法律出版社 2008 年版，第 312 页。

[3] 参见［日］山口厚:《刑法总论》，付立庆译，中国人民大学出版社 2011 年版，第 314 页；[日］大塚仁:《刑法概论（总论)》，冯军译，中国人民大学出版社 2003 年版，第 245 页。

[4] 参见林山田:《刑法通论》(下册)，北京大学出版社 2012 年版，第 19 页；林钰雄:《新刑法总则》，中国人民大学出版社 2009 年版，第 344 页。

[5] 参见张开骏:《共犯限制从属性说之提倡——以共犯处罚根据和共犯本质为切入点》，载《法律科学》2015 年第 5 期；梁根林:《间接正犯的中国命运》，载《比较法研究》2019 年第 5 期；谭堃:《共犯的限制从属性说之坚持——以共犯违法相对性的扩张为视角》，载《法律科学》2019 年第 5 期；何庆仁:《共犯论领域阶层思考的现实意义》，载《华东政法大学学报》2018 年第 6 期；张明楷:《共同犯罪是违法形态》，载《人民检察》2010 年第 13 期；钱叶六:《共犯与正犯关系论》，载《中外法学》2013 年第 4 期；周光权:《刑法总论》，中国人民大学出版社 2016 年版，第 343 页；陈洪兵:《共犯论思考》，人民法院出版社 2009 年版，第 85 页以下。

施行的《关于办理非法利用信息网络、帮助信息网络犯罪活动等刑事案件适用法律若干问题的解释》将帮助信息网络犯罪活动的适用范围扩大为无法查证被帮助对象是否达到犯罪程度，但帮助行为本身满足入罪标准的情形，就是直接突破共犯违法从属性的典型表现。因此，作为要素从属性通说观点的限制从属性说，必须抛却理论地位的优越感，进行理论立场上的自我反思。

（三）司法实务呈现“两极化矛盾”

共犯从属性问题在司法实务中表现为共犯的实行从属性观念尚未完全建立，在要素从属性上却又坚持严格从属性的“两级化矛盾”。一方面，在共犯从属性问题上，我国司法实务仍然在应用共犯独立性说，并未彻底接受共犯的实行从属性观念。表现为，在正犯尚未着手实行犯罪的情况下，司法机关仍然将教唆未遂以犯罪未遂处罚，虽然在法律适用上多是援引对犯罪形态的定性比较模糊的刑法第 29 条第 2 款，但通常会在裁判理由中表露出将教唆未遂认定为犯罪未遂的司法态度，从而表达了共犯独立性说的立场。例如，行为人接受霍某雇佣对被害人实施伤害行为，但行为人并未实际着手实施伤害行为，只是烧毁了被害人的小汽车。审理该案的法院根据刑法第 234 条第 1 款以及第 29 条第 1 款、第 2 款的规定，判决被告人霍某构成故意伤害罪（教唆未遂）。裁判理由进一步表示，雇佣犯罪是教唆犯罪的一种特殊形式，如果被雇佣人没有实施被雇佣的犯罪行为，对雇佣人一般应单独追究其雇佣犯罪未遂的刑事责任。[1] 这种在正犯尚未着手时直接将教唆未遂认定为犯罪未遂的做法，是典型的共犯独立性说的表现。另一方面，在共犯的要素从属性问题上，我国司法实务则一直在适用共犯的严格从属性说。如由哈尔滨市道外区检察院负责公诉的一则案件中，24 岁的甲教唆 15 岁的乙盗窃，后赃物被二人共同挥霍。承办该案的检察机关认为，本案中被教唆人乙尚未达到刑事责任年龄，属于被甲利用的犯罪工具，

---

[1] 参见内蒙古阿拉善左旗人民法院（2014）阿左刑二初字第 57 号刑事判决书。

因此，甲构成盗窃罪的间接正犯。[1] 司法机关在其他相关案件中也表达了同样的意见，即只要被教唆者、被帮助者未达到刑事责任年龄，教唆者、帮助者就不能作为共犯处理，一律认定为间接正犯。[2] 而这种不考虑被教唆者实际上是否具有规范意识，径直根据被教唆者未达到法定责任年龄即将教唆者认定为间接正犯的做法，正是适用了共犯的严格从属性说。共犯的实行从属性尚且根基不稳，对共犯的要素从属性在把握上又过于严格的司法局面，在共犯从属性问题上可谓纠结而矛盾。

三、本书的研究路径

（一）共犯从属性理论的体系性研究

本书对共犯从属性问题采取体系性研究路径。首先，作为共犯从属性问题的研究前提，本书将起首证成区分制犯罪参与体系的合理性。在此部分，针对单一制阵营对区分制体系提出的直击理论根基的批评，针对区分制阵营在形式和实质之间的两难，笔者将在突出区分制在共同犯罪的评价上具有精致化优势之基础上，以正犯和共犯区分标准的规范论构建来改良区分制存在的立场性风险，为共犯从属性研究的展开树立稳固的体系根基。其次，作为共犯从属性问题的理论基础，本书将从共犯的处罚根据论出发，把握共犯从属性的基本定位。不同于孤立地开展共犯从属性研究的路径，本书对共犯从属性的把握是基于共犯的处罚根据这一共犯的基础理论，从而既为共犯从属性的定位奠定了坚实的理论基础，亦不会出现对共犯从属性的理解缺乏共犯处罚根据论的支持，或与共犯处罚根据论相冲突的体系性问题。最后，本书对共犯从属性的研究并不局限于共犯领域，而是牵连

[1] 参见哈尔滨市道外区人民检察院:《教唆未成年人盗窃家中财物是否构成犯罪》，载《检察日报》2009 年 5 月 17 日，第 3 版。

[2] 江苏省南通市中级人民法院（2002）通中刑一初字第 10 号；广东省珠海市香洲区人民法院（2006）香刑初字第 406 号。

包括共同正犯在内的整个共同犯罪体系。共犯从属性问题涉及共犯的本质论，因而存在与共同正犯的本质问题即犯罪共同说和行为共同说之争，进而与整个共同犯罪的实质，都存在密切的关联。而本书试图借由共犯从属性这一问题点，串联起共犯论与整个共同犯罪论的内在联系。

（二）共犯基础理论之间的相互印证

本书对共犯从属性的研究，意图实现关联理论之间的自洽与印证。区分制犯罪参与体系不仅仅是共犯从属性问题的体系前提，共犯处罚根据论也不单单是共犯从属性问题的理论基础，共同正犯的本质即犯罪共同说和行为共同说之争亦并非与共犯论完全割裂，这些共同犯罪的基础理论自身，均存在与共犯从属性问题的直接关联，从而在对共犯从属性的引导或归结上，完全可以做到相互印证。本书对共犯从属性的定位，就是试图摆脱对具体问题自顾自地说理，实现共同犯罪关联理论之间的贯通。大体而言，关于犯罪参与体系，笔者主张区分制体系的存在价值应从固守不同参与类型之间法价值评价的从属，转向对不同参与类型在不法评价上的差异本身；对共犯的处罚根据，笔者提倡强调违法独立性，同时需要接受构成要件制约的纯粹惹起说；笔者认为，在共同正犯的本质之争中胜出的客观主义行为共同说与共犯论领域的纯粹惹起说立场相通，从而不仅可以实现对整个共同犯罪本质的统一解释，并且能够进一步佐证纯粹惹起说立场的合理性；至于对共犯从属性的具体把握，笔者提倡真正能体现自我答责原理的最小限度的客观构成要件从属性说。由此，从犯罪参与体系、共犯处罚根据论、共同正犯本质论以及共犯从属性论的不同视角出发，达成了在共犯从属性具体归结上的一致性，实现了共同犯罪基础理论之间的相互支持与印证。

（三）章节的安排设置

根据体系性研究的整体思路，本书对共犯从属性问题分为九章内容展开研究。

第一章为导论，直接抛出本书研究共犯从属性的问题意识，归纳目前对共犯从属性问题的理论研究和司法应用现状，并大体介绍了本书对共犯从属性问题的研究路径。

第二章首先厘清共犯从属性的研究对象，即共犯从属性的体系内容。目前，关于共犯从属性问题究竟包含哪些内容，我国学界尚且见解不一。但作为共犯从属性的研究对象，这一问题应当首先被厘清。在该部分中，笔者着重指出学界提出的三分法、四分法以及多重含义说存在的问题，在此基础上得出共犯从属性问题只包括实行从属性和要素从属性的理论归结。

第三章对研究共犯从属性的理论前提，即区分制犯罪参与体系的存在价值作出论证。确立合适的犯罪参与体系，是探讨共犯从属性问题的理论前提。在此部分，笔者将在突出区分制体系有益价值的基础上，直面单一制阵营对区分制体系提出的批评，并就区分制体系的调整和改良思路作出具体的论证。

第四章针对共犯从属性的理论基础即共犯的处罚根据问题，进行铺垫性探讨。共犯的处罚根据作为共犯的基础理论，对共犯领域具体问题的解决具有统领和指导作用，对共犯从属性问题的研究，也应当从共犯的处罚根据中寻找理论根基。在该部分的研讨中，笔者指出我国学界及实务仍然在适用的“可罚性借用说”和“责任共犯论”的顽疾，重点论证了主流观点所推崇的“修正肇因说”和“混合肇因说”在方法论及具体应用上的弊病，在此基础上，提倡接受构成要件制约的纯粹肇因说，从而为本书对共犯从属性问题的基本定位奠定了理论基础。

第五章和第六章对共犯从属性的具体内容即实行从属性和要素从属性问题分别展开探讨。在第五章对共犯的实行从属性的探讨中，笔者澄清了共犯的实行从属性说的意旨，并针对刑法第 29 条第 2 款作出了符合共犯实行从属性的解释。在第六章对共犯的要素从属性的探讨中，笔者重申了实务仍在适用的严格从属性说的致命缺陷，并指出了处于优势的限制从属性说强调违法从属性的理论弊病，进而提出了在共犯的从属程度上采取最低限度的“共犯的客观构成要件从属性”之主张。

第七章将借由罪名从属性这一桥梁，对共同正犯的本质、共犯的处罚根据以及共犯从属性问题进行整体的串联，以探寻理论之间的融合、实现理论之间的相互印证。虽然罪名从属性问题不属于共犯从属性体系，但借由该问题引申出的犯罪共同说和行为共同说的对立，却能够说明共同犯罪的本质，从而可以与共犯的处罚根据相互印证，进而就可以为共犯的从属性问题提供进一步的理论依据，故笔者设专章对此进行了探讨。在该部分，笔者指出了在通常被作为共同正犯的本质之争即犯罪共同说和行为共同说的对立中，已取得优势地位的客观主义行为共同说和纯粹惹起说之间理论立场的一致性，从而实现了对整个共同犯罪本质的统一解读，进而也为基于纯粹惹起说对共犯从属性的理论归结，再次提供了理论佐证。

以上内容是笔者 2014 年博士论文的主体内容，时至本书即将出版时，已时隔五年有余。因此，笔者增设了第八章，就这几年共犯从属性问题的新近发展情况，进行了归纳整理；增设了第九章，围绕共犯从属性问题在相关立法、司法以及网络共犯领域的应用动向，进行了介绍和分析。

第二章

共犯从属性之理论体系

共犯从属性是研究共犯与正犯关系的理论，该问题不仅涉及罪刑法定原则、个人责任原则等基本的刑法原理，而且关系共犯的处罚根据、共同犯罪的本质等共犯论的根源性问题。在具体案件中，共犯从属性理论则直接影响共犯及间接正犯的成立范围，并牵涉刑法的处罚漏洞及其弥补问题。因此，共犯从属性是一个理论内涵非常丰富的刑法问题。在对此展开系统性的研究之前，有必要对共犯从属性的体系内容，即共犯从属性的理论内涵，作出说明。

一、共犯从属性体系内容的争议

关于共犯从属性体系究竟包含哪些内容，欧陆刑法学界尚未形成统一意见，学者多出于个人研究的需要，对共犯从属性体系进行选择性的构建，由此导致共犯从属性的理论内容呈现“百花齐放”的局面。

（一）共犯从属性体系的"二分说"

实行从属性和要素从属性的二分说。日本团藤重光教授是"二分说"的有力提倡者，他主张共犯从属性只包括从属性的有无及从属的程度两个问题，即实行从属性和要素从属性。其中，实行从属性关注的焦点在于从属性的有无，即共犯构成犯罪未遂，是否以正犯着手实行犯罪为必要，由此形成了实行从属性说和共犯独立性说的对立；而要素从属性则着力解决共犯从属的程度，即在认可共犯具有实行从属性的基础上，进一步探讨正犯行为需要具备构成要件符合、违法性和有责性中的哪些要素，由此形成了最小从属性、限制从属性、严格从属性和夸张从属性的对立。[1]这种根据递进关系将共犯从属性体系二分的做法，受到了诸多中外学者的支持。[2]

实行从属性和处罚从属性的二分说。日本学者齐藤金作也认为共犯从属性具有两层含义，但是与团藤重光教授不同，他将共犯从属性二分为"成立上的从属性"和"处罚上的从属性"。前者是指，教唆者或帮助者要成立犯罪，正犯至少要着手犯罪的实行，这等同于共犯的实行从属性；后者是指，要想教唆犯或从犯受到处罚，正犯必须首先受到处罚，正犯被处罚就意味着教唆犯或从犯亦被处罚。[3]

（二）共犯从属性体系的"三分说"

实行从属性、要素从属性和罪名从属性的三分说。平野龙一教授批评二分说将原本复杂的从属性问题简单化，进而主张共犯从属性体系包括实行从属性、要素从属性和罪名从属性三个方面的内容。其中，实行从属性

---

[1] 参见［日］团藤重光：《刑法纲要总论》，创文社 1990 年版，第 375 页以下，转引自王昭武：《教唆犯从属性说之坚持与展开》，载赵秉志主编：《刑法论丛》（第 15 卷），法律出版社 2008 年版，第 60 页。

[2] 参见张开骏：《共犯从属性理论的体系构建》，载《清华法学》2013 年第 6 期；［日］大谷实：《刑法讲义总论》，中国人民大学出版社 2008 年版，第 368 页以下；［日］大塚仁：《刑法概论（总论）》，冯军译，中国人民大学出版社 2003 年版，第 241 页以下。

[3] 参见［日］齐藤金作：《共犯理论の研究》，有斐阁 1954 年版，第 120 页，转引自张开骏：《共犯从属性理论的体系构建》，载《清华法学》2013 年第 6 期。

和要素从属性与团藤教授的主张一致。至于罪名从属性，探讨的则是共犯与正犯的罪名是否必须一致的问题，由此形成了犯罪共同说和行为共同说的对立，前者多认可罪名的从属性，后者则主张共犯罪名的独立性。[1]这种将共犯从属性体系三分的典型做法，亦得到了很多权威学者的认可。[2]

实行从属性、犯罪从属性和可罚从属性的三分说。植田重正教授早期即主张共犯从属性应当包括三部分，但是与平野龙一教授的三分说不同，植田重正教授认为，共犯从属性是由实行从属性、犯罪从属性和可罚从属性组成。其中，实行从属性与上述学者的指称相同；犯罪从属性是指，共犯的成立范围从属于正犯的犯罪，即共犯必须和正犯成立同一限度内的犯罪；可罚从属性是指，共犯并无自己固有的可罚性，其之所以受到处罚，是因为借用了正犯的可罚性，故只有当正犯构成犯罪并受到处罚之时，共犯才应当和正犯按照同一犯罪和刑罚受罚。[3]

可罚从属性、实行从属性和要素从属性的三分说。李洁教授认为，共犯从属性的理论内涵具有多层次性，第一个层次是共犯的处罚根据，所要解决的是没有实施基本构成要件的共犯为何要受到处罚，由此形成了可罚从属性说和可罚独立性说的对立。第二个层次是共犯成立犯罪的条件，所要解决的是共犯构成犯罪，是否以正犯着手实行犯罪为必要，即共犯的实行从属性问题。第三个层次则是在肯定共犯具有实行从属性的基础上，探讨共犯的成立应当要求正犯具备何种要件，即共犯的要素从属性问题。[4]

实行从属性、罪名从属性和可罚从属性的三分说。有观点主张从实行

---

[1] 参见［日］平野龙一:《刑法总论Ⅱ》，有斐阁 1975 年版，第 345 页以下，转引自王昭武:《教唆犯从属性说之坚持与展开》，载赵秉志主编:《刑法论丛》（第 15 卷），法律出版社 2008 年版，第 60 页。

[2] 参见陈子平:《刑法总论》，中国人民大学出版社 2009 年版，第 342 页；［日］山口厚:《刑法总论》，付立庆译，中国人民大学出版社 2011 年版，第 298 页；［日］西田典之:《刑法总论》，王昭武、刘明祥译，法律出版社 2013 年版，第 347 页。

[3] 参见［日］植田重正:《共犯独立性说与从属性说》，载日本刑法学会编:《刑事法讲座》（第 3 卷），有斐阁 1952 年版，第 439 页以下，转引自王昭武:《教唆犯从属性说之坚持与展开》，载赵秉志主编:《刑法论丛》，法律出版社 2008 年版，第 77 页。

[4] 参见李洁、谭堃:《论共犯从属性理论的内涵》，载《国家检察官学院学报》2011 年第 1 期。

从属性、罪名从属性和可罚从属性三个维度理解共犯的从属性。具言之，共犯的实行从属性解决的是共犯构成犯罪的条件，即共犯的犯罪性问题；而罪名从属性解决的是共犯是否需要与正犯使用相同的罪名，即共犯形式上的犯罪性问题；可罚从属性则解决共犯的刑事责任问题，即对共犯的处罚是否必须以正犯受到处罚为必要。换言之，实行从属性和罪名从属性解决共犯的定罪问题，可罚从属性解决共犯的量刑问题，至于要素从属性，与前三者并不处于一个层面，因而不宜将要素从属性并列其中。[1]

（三）共犯从属性体系的“四分说”

将共犯从属性体系分为四部分内容的代表学者是山中敬一教授，他主张共犯从属性应当在以下四种意义上使用：实行从属性、罪名从属性、可罚从属性和要素从属性。在实行从属性意义上，存在通常所讲的共犯从属性说和共犯独立性说的对立；在罪名从属性意义上，主要探讨狭义共犯的罪名是否从属于正犯的罪名，这与因共同正犯所引发的犯罪共同说和行为共同说的对立，具有相同的性质；在可罚从属性意义上，存在共犯从正犯处获得可罚性根据和共犯具有固有的可罚性根据，即可罚从属性说和可罚独立性说的对立；在要素从属性意义上，针对共犯所从属的正犯行为需要具备何种犯罪构成要素，则存在 M.E.Mayer 所提出的最小从属性说、限制从属性说、严格从属性说和夸张从属性说的对立。[2]

（四）“单一说”和“多重含义说”

除上述“二分法”“三分法”“四分法”外，还有个别学者针对共犯从属性体系提出了比较独到的观点。如郑逸哲教授认为，所谓共犯从属性仅仅是指共犯的罪名从属性。详言之，在个人责任主义之下，每个人都应当独立地为自己的行为负责，那么任何人都应当具有独立的构成要件该当性，

[1] 参见叶良方：《实行犯研究》，浙江大学出版社 2008 年版，第 55 页。

[2] 参见［日］山中敬一：《刑法总论Ⅱ》，成文堂 2008 年版，第 797—798 页，转引自张开骏：《共犯从属性理论的体系构建》，载《清华法学》2013 年第 6 期。

因此，就共犯和正犯的关系而言，不存在谁从属于谁的构成要件之说，也即，共犯和正犯之间根本不存在实行从属性的问题。论者进一步指出，应当将正犯行为理解为共犯的“构成要件要素化”的“客观处罚条件”，而所谓共犯的从属性和独立性，也仅仅是罪名从属性和罪名独立性之间的问题。[1] 另有学者则提出了共犯从属性的六种含义，分别是概念从属性、实行从属性、犯罪从属性、处罚从属性、可罚从属性以及要素从属性。[2]

二、共犯从属性体系的应然结构

笔者认为，要解决共犯从属性的体系内容，必须明确以下两个问题：一是只能将那些与共犯从属性具有紧密关联并处于同一个层面的问题，纳入该体系，而不能为了所谓理论的丰富性、完整性，将那些与共犯从属性处于不同层次的问题，都归入其中。二是共犯从属性体系所包含的内容理应具有从属性倾向，体现共犯独立性的内容不应归入从属性体系，否则会导致名不副实。基于以上考虑，笔者认为，共犯从属性体系只包括实行从属性和要素从属性两个问题。

（一）可罚从属性问题属于共犯处罚根据的范畴

如上所述，日本的植田重正教授、山中敬一教授以及我国的李洁教授等，均将可罚从属性作为共犯从属性的内容之一。然而，可罚从属性说和可罚独立性说的对立，实际上属于共犯处罚根据的范畴，并且，共犯的可罚从属性早已被否定，因而将该问题归入共犯从属性体系，并不妥当。其一，可罚从属性和可罚独立性隶属于共犯的处罚根据论。可罚从属性说又被称为“共犯借用犯说”，该说主张共犯不具有独立的处罚根据，即共犯本身不具有犯罪性和可罚性，其之所以受到处罚，乃是因为借用了正犯的可

[1] 参见郑逸哲：《共犯从属性乃指共犯之罪名从属于正犯之罪名》，载《月旦法学教室》2006 年第 39 期。

[2] 参见陈培锋：《刑法体系精义——犯罪论》，康德文化出版社 1998 年版，第 463 页。

罚性。据此，如果正犯不成立犯罪，共犯就不具有可罚性；反之，共犯之所以成立犯罪，乃是因为正犯成立犯罪。与此相对，可罚独立性说又被称为“共犯固有犯说”，该说认为共犯具有独立的处罚根据，即共犯之所以受到处罚，是因为共犯本身就具有犯罪性和可罚性，与正犯的可罚性之间并无必然的关联。[1] 由上可见，可罚从属性和可罚独立性的争论，关注的焦点在于共犯是否具有独立的处罚根据，这与共犯从属性问题并不处于一个层面，前者是共犯的基础理论，后者则是具体的共犯的成立条件。因此，如陈子平教授所言，将处于共犯更上层、最根源的共犯处罚根据问题，置于共犯从属性之下讨论，不甚妥当。[2] 其二，目前学界普遍承认，共犯在可罚性上具有独立性，从该点来看，将可罚从属性问题归入共犯从属性体系，也不合适。可罚从属性说认为共犯的可罚性是从正犯借用而来，明显违背了个人只就自己行为负责的基本原理，因而备受学界批判；而可罚独立性说主张共犯是因自己的行为才受到处罚，充分体现了个人责任原则，由此获得了学界的一致认同。[3] 据此，将可罚从属性问题纳入共犯从属性体系，等于在共犯从属性内部承认可罚的独立性，会造成体系内容上的混乱和矛盾。综上，将可罚从属性问题作为共犯从属性内容之一的做法，实属望文生义，并不正确。

（二）罪名从属性问题是共犯从属性的附属结论

由平野龙一教授提出并为诸多学者认同的观点主张，罪名从属性应当与实行从属性和要素从属并列作为共犯从属性的体系内容。但笔者认为，罪名从属性问题实际上并无任何实质内容，只是共犯实行从属性和要素从属性的附属结论，不应当作为共犯从属性的板块之一。详言之，如果主张

---

[1] 参见陈子平：《共犯处罚根据论》，三民书局 1992 年版，第 9 页。

[2] 参见陈子平：《论共犯之独立性与从属性》，载陈兴良主编：《刑事法评论》（第 21 卷），北京大学出版社 2007 年版，第 7 页。

[3] 参见王昭武：《教唆犯从属性说之坚持与展开》，载赵秉志主编：《刑法论丛》（第 15 卷），法律出版社 2008 年版，第 77 页以下。

共犯具有实行从属性，并且在要素从属性上采取严格从属性，甚至是夸张从属性，那么共犯和正犯的罪名通常就是一致的；反之，如果主张共犯独立性说，或者虽然主张共犯从属性说，但在从属程度上仅仅要求最小从属性或限制从属性，那么，由于共犯和正犯在构成要件、违法或责任上表现出不同程度的独立性，最终成立的罪名就会出现不一致的情况。因此，所谓罪名的从属性和独立性根本不具有实质性内容，只是共犯实行从属性和要素从属性的逻辑归结，既然如此，将罪名从属性这个“空壳”作为共犯从属性的体系内容，就没有任何意义。值得注意的是，虽然我国也有学者否定罪名从属性属于共犯从属性体系，但是其给出的理由是，罪名从属性问题所引申出的犯罪共同说和行为共同说的对立，只能适用于共同正犯，就共犯而言，无须讨论罪名从属性的问题。[1] 笔者赞同该结论，却不赞同其论证理由。事实上，虽然共犯从属性并不包括罪名从属性，但借由罪名从属性问题所引申出的犯罪共同说和行为共同说的对立，却可以适用于包括狭义共犯在内的整个共同犯罪，进而犯罪共同说和行为共同说也就能够揭示和印证共犯的从属性，尤其是共犯的要素从属性问题。故在对共犯从属性的研究中，不能忽视对犯罪共同说和行为共同说的探讨。

（三）处罚从属性是一个错误的命题

如前所述，齐藤金作教授主张共犯从属性还包括处罚从属性，即为了教唆犯或从犯被处罚，正犯必须被处罚。[2] 叶良方教授也认为，“可罚从属性”问题关系共犯的量刑，即对共犯的处罚是否以正犯受到处罚为必要，因而应一并归入共犯从属性的范畴。[3] 这实际上是误用“可罚从属性”来指称“处罚从属性”。然而笔者认为，处罚从属性本身就是一个错误的命

---

[1] 参见张开骏：《共犯从属性理论的体系构建》，载《清华法学》2013 年第 6 期；李洁、谭堃：《论共犯从属性理论的内涵》，载《国家检察官学院学报》2011 年第 1 期。

[2] 参见［日］齐藤金作：《共犯理论の研究》，有斐阁 1954 年版，第 120 页，转引自张开骏：《共犯从属性理论的体系构建》，载《清华法学》2013 年第 6 期。

[3] 参见叶良方：《实行犯研究》，浙江大学出版社 2008 年版，第 55 页。

题，根本不应当纳入共犯从属性体系。其一，处罚从属性违背刑罚个别化原则。刑罚个别化是近代刑法所确立的基本原则，据此，即便是共同犯罪，在量定刑罚时，仍应当根据各人的责任能力、身份以及处罚阻却事由等情况，个别地作出考虑。因此，完全可能存在不处罚正犯，但却处罚共犯的情况。如甲教唆乙（聋哑人）将他人打成轻伤，由于正犯乙是聋哑人，责任能力并不完全，所以根据我国刑法第 19 条的规定，可以免除处罚；但教唆犯甲是正常人，理应就教唆伤害行为单独受罚。再如，甲教唆乙盗窃甲家中的财物，虽然乙因盗窃罪应当受到刑罚处罚，但就甲而言，由于其具有家庭成员的特殊身份，故根据 2013 年《关于办理盗窃刑事案件适用法律若干问题的解释》第 8 条的规定，可以不追究刑事责任，即使追究，也应当酌情从宽，这也会形成正犯不受处罚而共犯却受到处罚的现象。另外，如果正犯具有特赦等处罚阻却事由，而共犯不具备，也会导致共犯单独受罚。可见，所谓共犯对正犯的处罚从属性，与刑罚个别化原则直接相悖。其二，处罚从属性也不符合刑事诉讼原理。在刑事诉讼的行进过程中，共同犯罪的部分嫌疑人可能由于在逃、死亡等原因无法受到刑事追究，此时，对于其他的犯罪嫌疑人，如果事实清楚、证据充分，仍然可以追诉和审判。因此，从应然的刑事诉讼程序来讲，完全可能存在共犯先于正犯受到处罚的现象。综上，共犯根本不具有处罚从属性，那么，将共犯的处罚独立性这一当然的命题归入共犯从属性体系，也就并不合适。

（四）犯罪从属性是一个无用的立论

还有很多学者提到，共犯从属性包括犯罪从属性。但笔者认为，犯罪从属性的概念实属多余，完全可以被其他从属性概念所替代。第一，诸多学者都用犯罪从属性来指称可罚从属性，故这里的犯罪从属性和可罚从属性一样，都是对共犯处罚根据的说明。学界在探讨可罚从属性说（共犯借用犯说）和可罚独立性说（共犯固有犯说）时，往往会同时提到犯罪从属性和犯罪独立性，即将共犯是否具有独立处罚根据，表述为共犯是否具有独立的犯罪性和可罚性，那么这里的犯罪从属性、独立性和可罚从属性、独立性就并无任何差别，同属于共犯处罚根据的范畴，而并不属于共犯从属性体系。第二，另有学者将犯罪从属性等同于罪名从属性。如前文提到，植田重正教授将共犯从属性分为实行从属性、犯罪从属性和可罚从属性，其中犯罪从属性解决共同犯罪的“共同性”问题，就狭义共犯而言，就是指共犯必须和正犯成立同一限度内的犯罪。[1] 可见，植田重正教授所说的犯罪从属性，其实就是共犯之间的罪名从属性问题。但前文已经表明，罪名从属性问题本身只是共犯从属性的附属结论，由该问题引申出的犯罪共同说和行为共同说的对立，才与共犯从属性问题紧密相关，但也只是用来印证共犯的从属性，尤其是要素从属性，而非独立的从属性内容。因此，这里的犯罪从属性同样不应归入共犯从属性体系。第三，还有学者用犯罪从属性之名来表达要素从属性之实。如日本学者大野平吉认为，共犯从属性包括实行从属性和犯罪从属性。其中，犯罪从属性解决的是，共犯为了成立犯罪，要求正犯行为达到构成要件符合性、违法性和有责性中的何种程度的问题。[2] 正如我国学者所言，这种观点实际上是将犯罪从属性中的“犯罪”理解成了共犯的成立条件，而非共犯在根本上的犯罪性问题，因而与实行从属性和要素从属性的所指是相同的。[3] 综上，“犯罪从属性”要么被用来指代与共犯从属性无关的内容，要么被用来指代共犯从属性体系之内本来就存在的内容，因而并不具有独立存在的价值，更不属于共犯从属性体系。

（五）实行从属性和要素从属性是共犯从属性的实体

笔者认为，为了构建所谓共犯从属性之理论体系，而将与共犯从属性

[1] 参见［日］植田重正：《共犯独立性说与从属性说》，载日本刑法学会编：《刑事法讲座》（第3卷），有斐阁1952年版，第439页以下，转引自王昭武：《教唆犯从属性说之坚持与展开》，载赵秉志主编：《刑法论丛》，法律出版社2008年版，第77页。

[2] 参见［日］大野平吉：《共犯の从属性と独立性》，有斐阁1964年版，第36、39页，转引自张开骏：《共犯从属性理论的体系构建》，载《清华法学》2013年第6期。

[3] 参见张开骏：《共犯从属性理论的体系构建》，载《清华法学》2013年第6期。

处于不同层面，甚至处于对立面的问题都纳入进来的做法，并无实际意义。

其一，共犯从属性是一个具体的刑法问题，因而只应当涉及有无从属性以及从属的程度两部分内容，即共犯的实行从属性和要素从属性。正如团藤重光教授所言，共犯从属性并非指论理的从属性，而是指真正成为问题的实质的从属性，所以应该探讨的是，共犯之成立是否要求正犯现实地实施行为（从属性的有无），进而要求该正犯行为具备何种程度的犯罪要件（从属的程度）。[1] 正因为如此，德国学者在探讨“参与人的从属性”“共犯对正犯行为的依赖性”“共犯从属性”这个话题时，都是在直接认可共犯具有实行从属性的基础上，花大量篇幅论述共犯的从属程度，并不涉及其他的“从属性问题”。[2] 故笔者认为，前述学者将属于共犯基础理论的可罚从属性问题，处于附属地位的罪名从属性问题，可以被其他概念替代的犯罪从属性问题，处于量刑层面的处罚从属性问题，以及纯理论性的所谓“概念从属性”问题，全部或部分纳入共犯从属性体系的做法，不仅抹杀了共犯从属性本来的意义，而且造成了从属性和独立性之间的各种矛盾，并不可取。

其二，关于实行从属性和要素从属性各自的内涵。在共犯从属性体系当中，实行从属性着力解决共犯有无从属性，即教唆行为、帮助行为是否可等同于实行行为，进而教唆犯、帮助犯构成犯罪未遂甚至犯罪既遂，是否以正犯着手实行犯罪为必要。其中实行独立性说主张，凡是能够表征行为人主观恶性的行为就是实行行为，而教唆行为、帮助行为已经显现出行为人的主观犯意，故其本身就是实行行为。据此，只要教唆犯、帮助犯实施了教唆行为、帮助行为，就可以构成犯罪未遂，而无须等到正犯着手实行犯罪。实行从属性说则认为，实行行为必须能够给法益造成现实危险及

---

[1] 参见［日］团藤重光：《刑法纲要总论》，创文社 1990 年版，第 375 页，转引自张开骏：《共犯从属性理论的体系构建》，载《清华法学》2013 年第 6 期。

[2] 参见［德］克劳斯·罗克辛：《德国刑法学总论》（第 2 卷），王世洲等译，法律出版社 2013 年版，第 98 页以下；［德］约翰内斯·威塞尔斯：《德国刑法总论》，李昌珂译，法律出版社 2008 年版，第 312 页；［德］冈特·施特拉腾韦特、洛塔尔·库伦：《刑法总论 I ——犯罪论》，杨萌译，法律出版社 2006 年版，第 326 页。

实害结果，而教唆行为、帮助行为无法独自引起该后果，故教唆行为、帮助行为在犯罪行为的定型性上不同于实行行为，进而教唆犯、帮助犯构成犯罪未遂，理应以正犯着手实行犯罪为必要。[1] 要素从属性则是在认可共犯具有实行从属性的基础上，着力解决共犯的从属程度问题，即被共犯所从属的正犯行为需要具备哪些犯罪要素。对此，学界广泛引用 M.E.Mayer 提出的四个从属公式。其中，最小从属性说认为，正犯行为只要该当构成要件即可；限制从属性说认为，仅仅该当构成要件还不够，正犯行为还必须具有违法性；严格从属性说认为，只有当正犯具备所有的犯罪成立条件，即该当构成要件、违法并且有责时，共犯才能成立；夸张从属性说认为，共犯不仅要从属于正犯所有的犯罪成立条件，还要从属于正犯个人的刑罚加重或减轻事由。[2] 但事实上，共犯的要素从属性问题并非像这四个公式般简单、明了，因为构成要件、违法性及有责性各自包含哪些内容，不结合违法本质观的差异，不可能得出明确的答案；同时，如果不考察共犯的处罚根据、共同犯罪的本质，也不可能就共犯的从属性问题，得出令人信服的答案。因此，针对共犯的从属性，尤其是要素从属性，尚需展开细致、深入的探讨。

三、本章小结

关于共犯从属性体系究竟包含哪些内容，学界尚且见解不一。有学者认为共犯从属性只包括实行从属性和要素从属性两个问题；有论者主张共犯从属性包括实行从属性、要素从属性和罪名从属性三个问题；另有学者认为，共犯从属性应当包括实行从属性、罪名从属性、可罚从属性和要素从属性；还有个别学者主张，共犯从属性具有实行从属性、犯罪从属性、处罚从属性、可罚从属性以及要素从属性等多重含义。笔者认为，可罚从

[1] 参见张明楷：《刑法的基本立场》，中国法制出版社 2002 年版，第 304 页。

[2] 转引自［德］克劳斯·罗克辛：《德国刑法学总论》（第 2 卷），王世洲等译，法律出版社 2013 年版，第 106 页。

属性问题属于共犯处罚根据的范畴；罪名从属性问题是共犯从属性的附属结论；处罚从属性是一个错误的命题；犯罪从属性是一个无用的命题；只有实行从属性和要素从属性才是共犯从属性的实在内容。其中，实行从属性解决共犯有无从属性，即教唆犯、帮助犯构成犯罪未遂，是否以正犯着手实行犯罪为必要；要素从属性解决共犯从属的程度，即在认可共犯具有实行从属性的基础上，进一步探讨共犯需要从属于正犯的构成要件该当性、违法性和有责性中的哪些内容，就此又有严格从属性说、限制从属性说和最小从属性说之争。

第三章

犯罪参与体系与共犯从属性

在对共犯从属性展开研究之前，有必要对其理论前提，即犯罪参与体系问题，作出铺垫性的探讨。一般认为，只有采取区分制犯罪参与体系，才存在共犯对正犯的从属性问题；如果采取单一正犯体系，就意味着否定了参与人之间的从属性。[1] 但问题并非如此简单，事实上，无论是区分制犯罪参与体系还是单一正犯体系，都与共犯从属性问题有着错综复杂的关联，有待挖掘和厘清。

首先，单一正犯体系不存在从属性的见解需要重新审视。单一正犯体系在我国历来不受重视，但近年来却有崛起之势，表现为个别权威学者开始主张形式的单一正犯体系，[2] 另有学者极力推崇只在表面上区分参与类型的功能的单一正犯体系。[3] 在其他地区和国家，这两种形式不同、实质相

[1] 参见江溯:《犯罪参与体系研究》，中国人民公安大学出版社 2010 年版，第 175 页；张开骏:《区分制犯罪参与体系与“规范的形式客观说”正犯标准》，载《法学家》2013 年第 4 期。

[2] 参见刘明祥:《论中国特色的犯罪参与体系》，载《中国法学》2013 年第 6 期。

[3] 参见江溯:《犯罪参与体系研究》，中国人民公安大学出版社 2010 年版，第 242 页以下。

同的单一正犯体系，也获得越来越多学者的认同。[1] 应当承认，单一正犯体系确有合理之处，即通过主张共同犯罪的参与人与单独正犯一样具有独立的不法和罪责，成功地在共同犯罪中引入个人责任原则。但笔者认为，这只能说明单一正犯体系否定共犯的违法从属性和责任从属性，并不能表明单一正犯体系否定共犯的实行从属性。事实上，就教唆者、帮助者构成犯罪未遂是否以实行者着手为必要，在单一制内部同样存在不同见解，因而借由参与人的实行从属性这一桥梁，有必要重新审视单一正犯体系与共犯从属性，特别是共犯最小从属性之间的异同。另外，虽然单一制主张参与者具有独立的不法和罪责值得认同，但独立的不法和罪责不代表等值的不法和罪责，所以，即便单一制具有合理之处，却始终不能摆脱对参与类型不做价值层级的划分所导致的评价粗糙化，对此也有必要予以指出。

其次，区分制试图实现刑法精巧化的努力值得认同，但面对批评和质疑，从限制正犯概念到具体的区分标准，进而到共犯对正犯的从属性问题，区分制都亟待作出自我修正和更新。一方面，单一制阵营从区分制的理论基础即限制正犯概念不符合刑法的归责原则，与因果共犯论自相矛盾，[2] 间接正犯、正犯背后正犯的出现与限制正犯概念相悖，[3] 立足于区分制主张共犯从属性违背个人责任原则等角度，[4] 对区分制进行了有力的批判。对此，

---

[1] Vgl. Kienapfel, Erscheinungsformen der Einheitstäterschaft, in: Muller-Dietz (Hrsg.), Strafrechtsdogmstik und Kriminalpolitik, 1971, S.35f. 转引自［日］高桥则夫:《共犯体系和共犯理论》，中国人民大学出版社 2010 年版，第 23 页；[日] 高桥则夫:《共犯体系和共犯理论》，中国人民大学出版社 2010 年版，第 73 页；黄荣坚:《基础刑法学》(下)，台湾元照出版公司 2006 年版，第 269 页以下；柯耀程:《刑法总论释义——修正法篇》(上册)，台湾元照出版公司 2006 年版，第 289 页以下。其中，Kienapfel、高桥则夫和柯耀程教授支持功能的单一正犯体系，黄荣坚教授主张形式的单一正犯体系。

[2] 参见江溯:《区分制共犯体系的整体系批判》，载《法学论坛》2011 年第 6 期。

[3] 参见阎二鹏:《扩张正犯概念体系的建构——兼评对限制正犯概念的反思性检讨》，载《中国法学》2009 年第 3 期。

[4] Vgl. Kienapfel, Erscheinungsformen der Einheitstäterschaft, in: Muller-Dietz (Hrsg.), Strafrechtsdogmstik und Kriminalpolitik, 1971, S.26, 36, 53. 转引自［日］高桥则夫:《共犯体系和共犯理论》，中国人民大学出版社 2010 年版，第 19 页。

区分制亟待作出回应和调整。另一方面，正犯和共犯的区分标准始终不甚明朗。在我国，形式客观说[1]、重要作用说[2]和犯罪事实支配理论[3]呈现三足鼎立的局面，这种正犯和共犯区分理论的困惑，加剧了学界对区分制的指责。[4]因此，明确各区分标准的利弊，找寻真正体现区分制初衷的划分标准，厘清正犯和共犯以及我国特有的主犯和从犯之间的关系，也是区分制进行自我巩固必须完成的课题。

最后，抛却区分制体系的理论优越感，正视区分制体系存在的问题，考虑吸收单一正犯体系的合理之处，以修正和调整区分制参与体系自身，使其保留精华、去除糟粕，[5]为共犯从属性的研究奠定坚实的体系前提，是新颖的、值得研究的课题。

一、单一正犯体系与共犯从属性

单一正犯概念的首倡者是李斯特。李斯特认为，德国刑法关于正犯和共犯的规定无论是方法论还是具体结论都值得怀疑，而且混乱不堪，进而出于刑事政策的考虑提出了共同犯罪理想体系的问题。他指出，共同犯罪的参与用一个简单的命题即可以说明，“对产生的后果设定了某种条件的人要对该后果答责”，至于刑法典中使用的一些逻辑性、概念性的东西本无必要。[6]这形成了单一正犯体系的雏形。后来，这一见解被进行了系统的整理，从而使得单一正犯体系呈现出鲜明的理论特点：第一，通过对产生的结果设定条件而参与了结果惹起的人，就是惹起了结果的人；第二，惹起结果的所有条件都具有同等价值，在参与了结果惹起的各人之间不存在概

[1] 参见钱叶六：《双层区分制下正犯与共犯的区分》，载《法学研究》2012年第1期。

[2] 参见刘艳红：《论正犯理论的客观实质化》，载《中国法学》2011年第4期。

[3] 参见周光权：《刑法总论》，中国人民大学出版社2011年版，第211页以下。

[4] 参见阎二鹏：《扩张正犯概念体系的建构——兼评对限制正犯概念的反思性检讨》，载《中国法学》2009年第3期。

[5] 参见［日］高桥则夫：《共犯体系和共犯理论》，中国人民大学出版社2010年版，第74页。

[6] 转引自［日］高桥则夫：《共犯体系和共犯理论》，中国人民大学出版社2010年版，第7页。

念性区别；第三，其不同的刑罚仅仅在同一法定刑内部才具有正当性。[1]

（一）单一正犯体系在我国的发展趋势

随着单一正犯体系的发展，其内部出现了不同的分支，主要包括形式的单一正犯体系和机能的单一正犯体系，发展势头也越发强劲，在我国亦不例外。

1. 形式的单一正犯体系受到权威学者的极力支持

形式的单一正犯体系具有如下特点：所有对构成要件结果设定原因关系的参与人，都是不法价值等同的正犯，因而，即便对参与类型在构成要件层面作出形式的划分都是没有必要的，只需要根据各个参与者自身的犯罪构成情况定罪，并根据其参与的性质和程度量刑即可。[2] 据此，刑法学界或立法上所使用的间接正犯、教唆犯以及帮助犯这些概念，已经背离了形式的单一正犯体系的基本原理，并妨碍其实施。正因为如此，形式的单一正犯体系又被称为“单一类型体系”。[3] 意大利刑法典和巴西刑法典是采取形式的单一正犯体系的典型代表。[4]

在我国，刘明祥教授近年来一直力挺形式的单一正犯体系。他立足于这种原始的形式的单一正犯体系，对单一制的优越性进行了较为充分的论证，主要集中于以下几点：其一，单一正犯体系克服了采取区分制难以区分正犯和共犯的弊病；其二，单一正犯体系对各参与人按照单独犯罪的认定路径来定罪，定罪更加科学；其三，单一正犯体系根据各参与者在引起法益侵害后果的过程中所起的事实作用来处罚，处罚更为合理；其四，形式的单一正犯体系不考虑参与类型，也避免了划分参与类型所

---

[1] 转引自［日］高桥则夫:《共犯体系和共犯理论》，中国人民大学出版社 2010 年版，第 8 页。

[2] 参见柯耀程:《刑法总论释义——修正法)》（上册），台湾元照出版公司 2006 年版，第 316 页。

[3] Vgl. Kienapfel, Erscheinungsformen der Einheitstäterschaft, in: Muller-Dietz（Hrsg.）, Strafrechtsdogmstik und Kriminalpolitik, 1971, S.27. 转引自［日］高桥则夫:《共犯体系和共犯理论》，中国人民大学出版社 2010 年版，第 21 页。

[4] 具体介绍请参见［日］高桥则夫:《共犯体系和共犯理论》，中国人民大学出版社 2010 年版，第 28 页。

导致的无法合理区分各自界限的问题，操作更为简便。[1] 针对单一正犯体系受到的批评，刘明祥教授也作出了比较有力的回应：其一，各罪的构成要件本来就不应当限于直接实施犯罪的行为，所以采取单一正犯体系不存在破坏各罪构成要件的明确性之说；其二，基于处罚必要性的限制，单一正犯体系亦不会导致处罚范围的扩大化；其三，通过运用犯罪未遂、犯罪既遂自身的判定标准，单一正犯体系完全能够合理地解决各参与人的未遂、既遂问题。[2]

即便如此，形式的单一正犯体系仍然受到学界的诟病。如奥地利学者奇纳甫菲尔虽然支持单一正犯体系，但他认为形式的单一正犯体系对共同犯罪的参与类型不作出任何划分，只寄托于量刑上的刑罚个别化，会导致不合理的风险。一方面，不同的参与类型在能否直接侵害法益这点上确实存在现实的差异，如果不据此作出划分，只根据各参与者的因果关系认定其是否成立犯罪以及成立何种犯罪形态，始终存在会过度填补区分制下的处罚空隙，以及扩大犯罪未遂成立范围的风险；另一方面，形式的单一正犯体系等于将共同犯罪仅仅作为量刑问题来解决，这从根本上破坏了构成要件的保障效果以及历来的故意犯的解释方法。因此，有必要基于法治国家的要求对形式的单一正犯体系进行修正，由此出现了机能的单一正犯体系。[3]

2. 机能的单一正犯体系获得越来越多学者的认同

与形式的单一正犯体系相同，机能的单一正犯体系也放弃了对参与类型进行价值上的级别划分，即同样认为各参与类型在价值上、本质上、责任上是等同的正犯类型。与形式的单一正犯体系不同的是，机能的单一正犯体系维持了参与类型之间的形式差异，即承认教唆行为、帮助行为和实

[1] 参见刘明祥：《论中国特色的犯罪参与体系》，载《中国法学》2013 年第 6 期。

[2] 参见刘明祥：《论中国特色的犯罪参与体系》，载《中国法学》2013 年第 6 期。

[3] Vgl. Kienapfel, Erscheinungsformen der Einheitstäterschaft, in: Muller-Dietz (Hrsg.), Strafrechtsdogmstik und Kriminalpolitik, 1971, S.28. 转引自［日］高桥则夫：《共犯体系和共犯理论》，中国人民大学出版社 2010 年版，第 22 页。

行行为在存在论上是不同的行为形式，其中，使用与法定构成要件的记述相应的方法充足了构成要件的是实行行为，使用其他方法参与构成要件实现的则是诱发行为和援助行为，又因为它们都属于正犯类型，所以前者被称为直接正犯，后者则被称为诱发正犯和援助正犯。[1] 机能的单一正犯体系被认为通过维持实行行为这个概念，确保了法治国家的明确性，避免了处罚范围扩大化的风险，比形式的单一正犯体系更为优越，因而获得了诸多权威学者的认同。[2] 奥地利刑法典、挪威刑法典、丹麦刑法典、阿根廷刑法典以及美国模范刑法典等，都采用了机能的单一正犯体系。[3]

我国学者江溯明确支持机能的单一正犯体系，[4] 阎二鹏教授通过认可扩张正犯概念，也表现出对这种单一正犯体系的认同。[5] 这些学者敏锐地指出了区分制犯罪参与体系存在的一些弊病，进而论证了单一正犯体系的合理之处，主要集中于以下几点。其一，由奇纳甫菲尔提出的“共动关系的二重性”，为单一正犯体系提供了坚实的理论基础。根据“共动关系的二重性”，共同犯罪由构成要件的范围问题和量刑问题两部分组成，前者解决从多种多样的共动者中使谁可罚的问题；后者则根据各参与者的不法和责任解决量刑上刑罚个别化的问题。[6] 而区分制犯罪参与体系的核心焦点只在

---

[1] Vgl. Kienapfel, Erscheinungsformen der Einheitstäterschaft, in: Muller-Dietz (Hrsg.), Strafrechtsdogmstik und Kriminalpolitik, 1971, S.35f. 转引自［日］高桥则夫:《共犯体系和共犯理论》，中国人民大学出版社 2010 年版，第 23 页。

[2] Vgl. Kienapfel, Erscheinungsformen der Einheitstäterschaft, in: Muller-Dietz (Hrsg.), Strafrechtsdogmstik und Kriminalpolitik, 1971, S.35f. 转引自［日］高桥则夫:《共犯体系和共犯理论》，中国人民大学出版社 2010 年版，第 23 页；［日］高桥则夫:《共犯体系和共犯理论》，中国人民大学出版社 2010 年版，第 73 页；柯耀程:《刑法总论释义——修正法篇》(上册)，台湾元照出版公司 2006 年版，第 289 页以下。

[3] 具体介绍请参见［日］高桥则夫:《共犯体系和共犯理论》，中国人民大学出版社 2010 年版，第 29 页以下。

[4] 参见江溯:《犯罪参与体系研究》，中国人民公安大学出版社 2010 年版，第 131 页以下。

[5] 参见阎二鹏:《扩张正犯概念体系的建构——兼评对限制正犯概念的反思性检讨》，载《中国法学》2009 年第 3 期。

[6] Vgl. Kienapfel, Einheitstäter im Strafrencht, 1971, S.38. 转引自［日］高桥则夫:《共犯体系和共犯理论》，中国人民大学出版社 2010 年版，第 18 页。

于正犯，因而，区分制实际上只是确认正犯的理论，却欠缺确认共犯形成的基础理论。[1] 其二，扩张正犯概念为单一正犯体系提供了更合理的理论前提。扩张正犯概念将包括共同犯罪、单独犯罪在内的所有犯罪主体之可罚性都定位于“法益侵害”，而非所谓“刑罚扩张事由”，真正契合犯罪的本质和刑法的目的。[2] 其三，单一正犯体系通过否定共犯从属性，主张各参与者的刑事责任必须从其本身的不法和罪责中寻找，从而在共同犯罪中贯彻了个人责任原则。[3] 针对单一正犯体系受到的批判，上述学者也作出了有力的回应。其一，单一正犯体系同样以犯罪行为为根本，并非行为人刑法。其二，由于机能的单一正犯体系在构成要件层面区分参与类型，所以，能够保障法治国的明确性。而且，即便单一正犯体系在量刑问题上赋予了司法者更多的裁量空间，但这本来就属于司法裁量自由的范畴，不违反罪刑法定原则。其三，功能的单一正犯体系通过对行为类型进行形式上的划分，亦能够对处罚范围作出有的地限制。而且，是否处罚各参与行为的未遂、预备甚至共谋行为，实际上取决于各国刑事政策的需要，不存在必然扩大处罚范围之说，反而可以避免处罚漏洞。其四，单一正犯体系不仅不会导致量刑的粗糙化，反而可以克服区分制所形成的量刑束缚。其五，亲手犯、身份犯并非采取单一正犯体系的障碍，因为无论采取何种犯罪参与体系，处罚亲手犯、身份犯的参与行为，都源自于刑法的明文规定。[4]

（二）单一正犯体系与共犯从属性不存在必然矛盾

一般认为，区分制犯罪参与体系才存在共犯从属性问题，单一正犯体系则倾向于否定共犯从属性。[5] 但笔者认为，单一正犯体系与共犯从属性

---

[1] 参见江溯：《区分制共犯体系的整体系批判》，载《法学论坛》2011 年第 6 期。

[2] 参见阎二鹏：《扩张正犯概念体系的建构——兼评对限制正犯概念的反思性检讨》，载《中国法学》2009 年第 3 期。

[3] 参见江溯：《犯罪参与体系研究》，中国人民公安大学出版社 2010 年版，第 188 页。

[4] 参见江溯：《犯罪参与体系研究》，中国人民公安大学出版社 2010 年版，第 181 页以下。

[5] 参见张开骏：《区分制犯罪参与体系与“规范的形式客观说”正犯标准》，载《法学家》2013 年第 4 期。

问题不存在必然矛盾，单一正犯体系只是否定参与人的违法从属性和责任从属性，但单一制内部仍然存在参与人的实行从属性问题。

1. 单一制只否定参与人的违法从属性和责任从属性

笔者认为，单一制仅仅否定了共犯的限制从属性和严格从属性，并没有否定共犯的实行从属性。共犯从属性由实行从属性和要素从属性构成。实行从属性解决教唆犯、帮助犯构成犯罪未遂，是否以正犯着手实行犯罪为必要这样的事实性问题。其中，予以肯定的是实行从属性说，予以否定的是共犯独立性说。而要素从属性则是在肯定共犯具有实行从属性的基础上，解决共犯是否应当从属于正犯的违法性和有责性这样的价值性问题。其中，主张共犯从属于正犯违法性，但并不从属于正犯有责性的见解，被称为限制从属性说；认为共犯既从属于正犯的违法性又从属于正犯有责性的观点，被称为严格从属性说。而单一正犯体系的主旨在于，所有共同犯罪的参与人都是价值上、本质上、责任上等同的正犯类型，不存在价值上的级别划分。[1] 因此，各参与人只对其固有的不法、固有的责任进行答责，与其他参与人的不法和责任无涉。[2] 可见，单一正犯只是主张共同犯罪的参与人之间不存在违法性和有责性这种价值性问题的从属，但对于教唆犯、帮助犯构成犯罪未遂是否从属于实行犯的实行行为这样的事实性问题，单一正犯体系并未予以否定。正因如此，虽然单一制的支持者总是反对共犯从属性，认为共犯从属性理论违背个人责任原则，但事实上，他们批判的仅仅是共犯的违法从属性和责任从属性，而非共犯的实行从属性。[3]

2. 单一制同样存在参与人的实行从属性问题

多数主张单一制的学者对“实行从属性”存在误解。如学者江溯认为，

---

[1] 转引自［日］高桥则夫：《共犯体系和共犯理论》，中国人民大学出版社 2010 年版，第 23 页。

[2] 参见［日］高桥则夫：《共犯体系和共犯理论》，中国人民大学出版社 2010 年版，第 25 页。

[3] 如江溯认为：“共犯从属性主张共犯的不法和罪责从属于正犯的不法和罪责，等于否定了共犯自身固有的犯罪性，实属可罚性借用理论的残余，已经背离了个人责任原则。”但事实上，江溯批判的只是共犯的违法从属性和责任从属性，而非共犯的实行从属性（参见江溯：《区分制共犯体系的整体系批判》，载《法学论坛》2011 年第 6 期）。

实行从属性是指，共犯的成立以正犯现实地实施实行行为为必要，即为了共犯成立犯罪，至少需要正犯已经着手实行犯罪；正犯未着手实行犯罪的，教唆行为和帮助行为就无从依附，其犯罪性和可罚性也就不能成立。而单一正犯体系则不存在此种实行从属性问题，因为根据单一正犯体系，对各参与人是否处罚，是根据其自身的情况来考虑，所以，即便直接实施者尚未着手实行犯罪，但如果其他参与人确实具有处罚的必要，仍然可能成立犯罪。[1]笔者认为，这种认为单一正犯体系不存在实行从属性的观点，源自于对实行从属性的误解。所谓实行从属性是指，由于教唆行为、帮助行为不同于未遂犯中的实行行为，只有后者才能造成侵害法益的现实危险，所以教唆犯、帮助犯构成犯罪未遂，应当以正犯着手实行犯罪为必要。可见，实行从属性的主旨在于共犯构成未遂犯以正犯着手为必要，而非共犯成立犯罪以正犯着手为必要。也即，根据实行从属性说，在正犯尚未着手实行犯罪的情况下，只是不能将教唆者、帮助者认定为犯罪未遂，但仍然存在将这种教唆未遂、帮助未遂行为认定为犯罪预备的空间，这主要取决于各国对犯罪预备的立法状况及刑事政策，与实行从属性说并不抵触。因此，立足于区分制主张共犯的实行从属性，并不意味着一定不处罚参与未遂行为，而立足于单一正犯体系处罚参与未遂行为，也并不意味着否定参与人的实行从属性，问题的关键在于将参与未遂行为认定为何种犯罪形态——犯罪预备还是犯罪未遂。[2]

事实上，单一正犯体系内部同样存在实行从属性问题。在澄清了实行从属性真实含义的基础上，有必要指出，单一正犯体系内部就参与人的实行从属性也存在分歧。一方面，仍旧有学者立足于单一正犯体系否定共犯的实行从属性。如奇纳甫菲尔认为，在单一正犯体系中，各参与者只对其固有的未遂、固有的既遂进行答责，而与其他参与者是否实行了可以作为

[1] 参见江溯：《区分制共犯体系的整体系批判》，载《法学论坛》2011 年第 6 期。

[2] 遗憾的是，不仅单一制的支持者，甚至很多区分制的支持者都误以为，实行从属性说等同于完全不处罚参与未遂行为，进而也就错误地将单一正犯体系与实行从属性对立，将区分制犯罪参与体系与处罚参与未遂行为对立。对此，在实行从属性一章中，笔者将详细论及。

未遂或既遂评价的行为无关。例如，甲劝乙射杀丙，乙同意，但在实施该行为前又改变了想法，放弃了射杀丙的计划。根据单一正犯体系，能够将甲的教唆作为其固有的实行行为的着手，因而，即便乙并未着手实行犯罪，仍然能够将甲认定为杀人罪的未遂而使其受到处罚。[1] 这种见解确实否定了参与人的实行从属性。但另一方面，越来越多支持单一正犯体系的学者，开始借助犯罪未遂的认定标准肯定教唆犯、帮助犯的实行从属性。如高桥则夫虽然支持功能的单一正犯体系，但他同时认为，诱发正犯、援助正犯与直接正犯不同，他们对法益侵害的危险性只是间接的，换言之，虽然承认教唆行为、帮助行为是正犯行为，但他们毕竟不是实行行为，[2] 而只有实行行为才可能导致值得作为未遂犯处罚的危险。因此，即便采用单一正犯体系，在直接正犯尚未着手实行犯罪的情况下，基于未遂犯认定标准的限制，同样不能将诱发正犯、援助正犯认定为犯罪未遂。[3] 在上述案例中，甲教唆杀人的行为并不同于杀人罪的实行行为，因而，在乙已经放弃了杀害丙计划的情况下，由于不存在导致丙死亡的具体危险，也就不能将甲认定为杀人罪的犯罪未遂。[4] 我国支持单一正犯体系的学者也表达了相似的见解。[5] 虽然这些学者认为，之所以必须等到实行犯着手才能将教唆犯、帮助犯认定成未遂犯，乃是未遂犯的判断标准使然，与实行从属性无涉。[6] 但笔者认为，之所以存在实行从属性的要求，本就是源自于未遂犯认定标准的限制，所以，上述学者的观点，实际上等于承认了单一正犯体系内部也存在参与人的实行从属性，只不过不像区分制那样称为共犯对正犯的实行从属性，而是称为诱发正犯、援助正犯对直接正犯的实行从属性。笔者

---

[1] 转引自［日］高桥则夫:《共犯体系和共犯理论》，中国人民大学出版社 2010 年版，第 20、23 页。

[2] 这就是“正犯行为和实行行为分离的问题”，详见［日］平野龙一:《正犯和实行》，载佐伯还历:《犯罪和刑罚》（上）（1968 年），第 453 页以下，转引自［日］高桥则夫:《共犯体系和共犯理论》，中国人民大学出版社 2010 年版，第 20 页。

[3] 参见［日］高桥则夫:《共犯体系和共犯理论》，中国人民大学出版社 2010 年版，第 59 页。

[4] 参见［日］高桥则夫:《共犯体系和共犯理论》，中国人民大学出版社 2010 年版，第 20 页。

[5] 参见江溯:《犯罪参与体系研究》，中国人民公安大学出版社 2010 年版，第 295 页。

[6] 参见江溯:《犯罪参与体系研究》，中国人民公安大学出版社 2010 年版，第 295 页。

认为，正因为如此，高桥则夫教授才会断言，单一正犯体系与从属性原理未必矛盾。[1]

3. 单一制内部承认实行从属性的观点与共犯的最小从属性说之异同

上文提到，单一正犯体系只是否定参与人的违法从属性和责任从属性，但单一制仍然存在参与人的实行从属性问题，并且，目前多数支持单一制的学者实质上已经肯定了教唆者、帮助者具有实行从属性，即不等实行者着手，便不能将教唆者、帮助者认定为犯罪未遂。而共犯的最小从属性说也认为，教唆犯、帮助犯只是在事实上从属于正犯的实行行为，但并不从属于正犯的违法性和有责性。[2] 这里就存在一个问题，单一制内部承认实行从属性的观点与共犯的最小从属性到底存在哪些异同。

相同之处。近年来，单一正犯体系和区分制参与体系的两个动向特别值得关注。一方面，上面提到的单一正犯体系出于限制未遂犯处罚范围的考虑，开始认可教唆者、帮助者的实行从属性；另一方面，区分制参与体系出于个人责任原则的考虑，开始降低共犯对正犯从属的程度，从开始固守共犯的严格从属性，到转而一致认可共犯的限制从属性，再到近年来共犯最小从属性说的抬头之势。[3] 从这样一种发展脉络可以看出，单一制和区分制完全对立的局面正在逐渐转变，二者破冰的关键点就是单一制对实行从属性的吸纳与区分制下共犯的最小从属性说，这二者体现出实质上的相通性。其一，都认为教唆犯、帮助犯对实行犯有最低限度的、事实上的从属，即前者构成犯罪未遂，以后者现实地着手实行犯罪为必要；其二，都基于个人责任原则的考虑，主张教唆犯、帮助犯对实行犯的从属，仅仅限于上述事实性的从属，至于违法性和有责性这种价值性问题，则应根据各参与者自身的情况独立地判断，不存在从属之说。

不同之处。即便单一制内部承认实行从属性的观点与共犯的最小从属

[1] 参见［日］高桥则夫：《共犯体系和共犯理论》，中国人民大学出版社 2010 年版，第 60 页。

[2] 参见王昭武：《论共犯的最小从属性说——日本共犯从属性理论的发展与借鉴》，载《法学》2007 年第 11 期。

[3] 对共犯严格从属性、限制从属性以及最小从属性说的详细介绍，请参见要素从属性一章。

性说存在上述相同之处，但二者也有本质的差异。其一，单一正犯体系不只是认为共同犯罪的参与人在不法上价值独立，而且认为各参与人在不法上价值等同，不存在规范层级的区别；[1]而区分制之下共犯的最小从属性说虽然也认为共犯和正犯在违法性上价值独立，但并不认为共犯和正犯的不法价值等同。根据共犯的最小从属性说，尽管共犯不从属于正犯的违法性，但共犯固有的违法性与正犯固有的违法性相较，仍然是规范层级较低的参与类型。[2]其二，虽然部分支持单一正犯体系的学者基于未遂犯的认定标准事实上承认了实行从属性，但单一制内部描述的实行从属性，只是形式上的教唆行为、帮助行为与实行行为之间的关系；而区分制之下的实行从属性，描述的则是共犯和正犯之间的关系。质言之，机能单一制之下的教唆犯、帮助犯和实行犯与区分制之下的共犯和正犯并不相同，前者只是根据参与类型形式上的不同作出的区分，而后者或多或少要考虑参与类型之间的实质差异。例如，甲诱使不具有刑事责任能力的精神病人乙实施犯罪。根据功能的单一制，甲的行为在形式上属于教唆行为，对乙的实行行为具有事实上的从属。而根据区分制，甲的行为属于实质上能够支配犯罪事实的正犯行为，那么甲对乙的行为是否还存在严格意义上的实行从属，就有松动。所以，区分制之下共犯对正犯的实行从属性问题要更精细、更复杂。

（三）单一正犯体系的优势与缺陷

笔者认为，单一正犯体系对共同犯罪的解读更加实质化，这是其优越之处；但单一正犯体系统具有使刑法评价粗糙化的弊端，亦存在缺陷。因此，吸收单一正犯体系的合理之处以修正区分制参与体系，才是可取的方

---

[1] Vgl. Kienapfel, Erscheinungsformen der Einheitstäterschaft, in: Muller-Dietz (Hrsg.), Strafrechtsdogmstik und Kriminalpolitik, 1971, S.35f. 转引自［日］高桥则夫:《共犯体系和共犯理论》，中国人民大学出版社 2010 年版，第 23 页。

[2] 如韦塞尔斯所言，“正犯与共犯的不法评价原则上具有层级的区分，在各自的严重性程度上，正犯、教唆犯和帮助犯展现出一种由‘多’到‘少’的落差走向，从评价的角度观察，可称为规范上的层次关系”（参见［德］约翰内斯·韦塞尔斯:《德国刑法总论》，李昌珂译，法律出版社 2008 年版，第 333 页）。

向。以下对单一正犯体系进行利弊分析。

1. 单一制的优势在于成功地在共同犯罪中引入个人责任原则

虽然区分制的支持者历来不吝啬对单一制的批判，但笔者认为，不得不承认，单一正犯体系确实存在合理之处，即其成功地在共同犯罪中引入个人责任原则，从而实现了对共同犯罪和单独犯罪的一致性解读。

第一，关于共同犯罪中的个人责任原则。单一正犯体系最初的理论基础可以归结为条件说，即“所有为构成要件结果设定条件关系的人，都应当对该结果负责”[1]。但条件说的用语在如今看来并不合适，如高桥则夫教授所言，条件关系已经不是认定因果关系的合适准则，所以，如今大可以用“因果关系”取代“条件说”来说明单一制的体系基础，[2] 即刑法之所以处罚共同犯罪的各参与人，是因为他们通过对构成要件结果设定原因关系而实现了对结果的惹起，因而，都应当就该结果负责。据此，各参与人是否成立犯罪，只由其自身是否应当就构成要件结果进行刑法上的归责来决定，与其他参与者是否应当就构成要件结果承担罪责并无关联。换言之，共同犯罪的各参与人，都只对其固有的不法和责任进行答责，与其他参与者的不法和责任无涉。[3] 而现代刑法所要求的个人责任原则，正是认为个人的可罚性不应当建立在他人的可罚性之基础上，个人只应当就其行为本身的不法和责任而承担罪责。[4] 因此，单一正犯体系通过主张参与人在不法和有责这种价值问题的判断上各自独立，成功地在共同犯罪中引入了个人责任原则。

第二，关于共同犯罪和单独犯罪的对接。因为单一制特别强调共同犯罪的各参与人只是将他人行为作为自己行为的延长线加以利用，以实现自己的不法和罪责，这就使得单一制对共同犯罪的解读呈现出与单独犯罪的

---

[1] Liszt，Strafrechtliche Aufsätze und Vorträge，2.Bd. 1905，S.88. 转引自［日］高桥则夫:《共犯体系和共犯理论》，中国人民大学出版社 2010 年版，第 7 页。

[2] 参见［日］高桥则夫:《共犯体系和共犯理论》，中国人民大学出版社 2010 年版，第 11 页。

[3] 参见［日］高桥则夫:《共犯体系和共犯理论》，中国人民大学出版社 2010 年版，第 25 页。

[4] 参见江溯:《犯罪参与体系研究》，中国人民公安大学出版社 2010 年版，第 188 页。

一致性。详言之，正如刘明祥教授所指出的那样，就单独犯罪而言，是根据行为主体自身的行为、与法益侵害事实之间的因果关系以及主观罪过来认定犯罪，那么，在共同犯罪的场合，判断方式和定罪标准也不应当有所不同。而单一正犯体系正是主张，共同犯罪中的参与人并不是因为他人的罪责才成为刑法处罚的对象，而是通过将他人作为自己利用的工具，就如同利用自然力、动植物一般，从而实现了自己对法益的侵害，才受到刑罚处罚。据此，对共同犯罪中的各参与人是否成立犯罪以及成立何种犯罪，应当根据各参与人自身的情况作出判定，这就实现了共同犯罪与单独犯罪认定标准的对接。[1] 阎二鹏教授也认为，根据以扩张正犯概念为基础的单一正犯体系，共同犯罪中的行为主体和责任主体是合一的，即共同犯罪中的各参与人之所以受到刑罚处罚，均是因为其行为本身支配了法益侵害的实现、与法益侵害结果之间具有因果关系，这就使得共同犯罪与单独犯罪之间的隔阂被填补，使二者共同成为“犯罪”的下位概念。[2]

2. 单一制的缺陷在于忽视了参与类型的实质差异从而导致评价粗糙化

前面也提到，虽然主张区分制的学者经常会给单一制罗列多条罪状，但随着单一制阵营掷地有声的回应，不得不承认，其中的很多批评都变得空洞而无力，尤其是刑法立场上的批判，如所谓单一正犯体系是行为人刑法、单一正犯体系违背罪刑法定原则等，更是显得捉襟见肘。[3] 但笔者认为，即便如此，单一正犯体系仍然存在致命性问题。

第一，单一制误将参与类型在不法上的“价值独立”等同于“价值相等”，进而忽视了参与类型在规范层级上的实质差异。笔者认为，虽然单一正犯体系从个人责任原则出发，特别强调共同犯罪的参与人具有独立的不法，但问题在于，“独立的不法”并不代表“等价的不法”。换言之，只要承认共同犯罪的参与人在违法性上各自独立，就完全满足了刑法上个人责

---

[1] 参见刘明祥:《论中国特色的犯罪参与体系》，载《中国法学》2013 年第 6 期。

[2] 参见阎二鹏:《扩张正犯概念体系的建构——兼评对限制正犯概念的反思性检讨》，载《中国法学》2009 年第 3 期。

[3] 参见［日］高桥则夫:《共犯体系和共犯理论》，中国人民大学出版社 2010 年版，第 56 页以下。

任原则的要求，不可能由个人责任原则得出共同犯罪的参与人在不法上价值相等的结论。而且，即便单一正犯体系是以最初的“条件说”为理论基础，但笔者认为，所谓条件说也只能说明，导致构成要件结果发生的各个条件都是价值独立且必要的，却不能说明所有条件都能对构成要件结果的发生起决定性的支配作用，正因为如此，后来的因果关系论才会出现“相当性”“重要性”这些价值级别上的筛选。所以，单一正犯体系主张各参与类型在价值上等价，并没有充分的理论依据。就区分制来说，笔者认为，区分正犯和共犯真正显著的意义或者说真正的优越性，并非所谓共犯的不法取决于正犯的不法，[1] 而是在于对共犯和正犯的区分还原了参与类型在规范层级上的实质差异。这种实质差异并非指共犯不具有独立的不法、正犯则具有独立的不法，而是指虽然所有的参与行为都与构成要件结果具有因果关系，但事实上，有些参与行为并不能支配整个犯罪构成事实的实现，有些则能够支配犯罪构成事实的实现。所以，即便犯罪参与行为均具有独立的不法，但不具有犯罪构成事实支配能力的参与行为与具有支配能力的参与行为相较，仍然属于不法上规范层级较轻的参与类型，前者便只是共犯，后者则成为正犯。[2] 而单一正犯体系总是自顾自地说明所有参与行为都是引起构成要件结果的原因，却忽视了这些参与行为在引起构成要件结果的过程中是否具有决定性的支配能力，进而也就忽视了共同犯罪参与类型在规范层级上的实质性差异。

第二，由于单一制并未根据参与行为在支配能力上的本质差异作出区分，导致刑法对共同犯罪的评价粗糙化。

首先，表现为定罪上的粗糙处理。笔者认为，对共同犯罪中各参与人的定罪，不应当只是成立哪一罪名那样简单。既然各参与行为在是否具有支配法益侵害事实的能力上存在本质性不同，并且这种不同导致他们在不

[1] 当然区分共犯和正犯的意义仍然在于，共犯要对正犯具有实行从属性，对此前文已经论及，这里不再赘述。

[2] 关于以参与行为是否具有“犯罪构成事实支配能力”作为共犯和正犯的区分标准，下文将做详细介绍。

法上存在价值层级的区别，那么这种价值评价上的区别就应当在定罪上有所体现，这是刑法精致化的表现。例如，主张单一制的学者经常用一类案例批评区分制无谓的复杂化，即在甲教唆十二三岁的未成年人乙杀人的场合，区分制总是在甲到底是构成杀人罪的教唆犯，还是杀人罪的间接正犯上游移不定。而根据单一正犯体系，被教唆的未成年人实际上是否具有支配能力根本无关紧要，因为无论如何都是要将甲认定为故意杀人罪，正如无论甲是教唆正常人杀人还是教唆精神病人杀人，在定罪上都不会有差异一样。论者认为，这样一来，单一制就避免了区分制在划分间接正犯与共犯、共同正犯与共犯等参与类型上的困惑。[1] 但笔者认为，单一制所谓不划分参与类型所带来的定罪上的简便，其实正是单一制过于简单和粗糙的体现。就上述案例而言，区分制之所以纠结于被教唆的未成年人、精神病人乙是否具有实际的刑事责任能力，是因为这决定了甲是否具有支配整个法益侵害的现实能力，也即，如果乙不具有责任能力，则能够认定甲具有法益侵害事实的支配能力，理当属于不法较重的参与类型；反之，如果乙实际上具有责任能力，则甲就欠缺法益侵害事实的支配能力，理应属于不法较轻的参与类型。也就是说，区分制对正犯和共犯的划分，是为了使二者在定罪层面受到他们自身本应获得的不同的价值评价，这是刑法在共同犯罪的定罪处理上精细化的表现，即使不可避免地会出现区分困难的情形，但这种刑法精致性的不懈努力仍然值得认同。而单一制在定罪层面对此笼统地不加区分，反而是一种对参与类型在法益侵害能力上的实质差异视若无睹的鸵鸟心态，在共同犯罪的定罪评价上过于简单和粗暴。

其次，表现为量刑过程中欠缺参考标准。区分制的学者经常批评单一制的一点是，如果在定罪阶段不根据参与行为在不法内涵上的差异作出划分，而仅根据行为的参与性质和参与程度来量定刑罚，必然导致量刑过程的粗糙化。[2] 柯耀程教授也承认，由于单一制并不在构成要件阶段区分参

[1] 参见刘明祥:《论中国特色的犯罪参与体系》，载《中国法学》2013 年第 6 期。

[2] 参见张开骏:《区分制犯罪参与体系与“规范的形式客观说”正犯标准》，载《法学家》2013 年第 4 期。

与形态，在量刑阶段，确实存在需要明确罪责判断之前提的问题。为了解决这一问题，奇纳甫菲尔提出了“刑罚裁量完全性考量”的见解，其指出，虽然共同犯罪的参与行为对于犯罪事实之实现，各自具有同等范围之价值，但加工程度在行为人与行为人之间仍有差别，因而，单一制当然也要根据这种不法程度的差异，对行为人进行概念上的区分，作为量刑时罪责判断的整体考量依据。[1] 柯耀程教授进一步指出，据此，区分制批评单一制欠缺罪责认定标准，稍显武断，单一制在量定刑罚时，仍然是以各参与行为的不法程度为基础。[2] 但笔者认为，上述“刑罚裁量完全性考量”之见解，并没有解决单一制在量刑时欠缺经验性考量标准的问题。详言之，单一制虽然主张在共同犯罪的量刑上仍然是以各参与行为的不法内涵、不法程度为判断基础，但如果进一步追问，各参与行为的不法内涵、不法程度又是以哪些要素为参考指标，恐怕单一制的回答还是要根据个案情况进行裁量，这导致单一制的量刑体系随意性较大，杂乱而不成熟。[3]

最后，表现为犯罪未遂处罚界限的粗糙化。由于单一制不重视参与行为的差异，同时又主张所有参与行为都只对其固有的未遂、既遂进行答责，所以很容易导致对犯罪未遂的认定扩张化，特别表现为容易将教唆未遂、帮助未遂作为其固有的犯罪未遂进行处罚。如前面提到，奇纳甫菲尔所举的案例就认为，甲教唆乙杀丙，即便后来乙放弃了杀人计划，也能够将甲的教唆作为其固有的实行行为的着手，认定为杀人罪的未遂犯。[4] 问题是，在被教唆者乙并未着手实施杀人行为的情况下，根本不存在导致他人死亡

---

[1] Vgl. Kienapfel，Der Einheitstäter Im Strafrencht，1971，S.31ff. 转引自柯耀程：《变动中的刑法思想》，中国政法大学出版社 2003 年版，第 196 页。

[2] 参见柯耀程：《变动中的刑法思想》，中国政法大学出版社 2003 年版，第 196 页。

[3] 正因如此，德国学者格拉斯才对单一制的量刑标准问题提出了以下质疑：虽然根据单一正犯体系，量刑时要根据具体情况下参与者的个别当罚性来确定，但是，此时的量刑标准是什么又成为问题。因此，单一制无视参与类型之间的实质性差异，不可避免地会导致量刑上的粗杂化（Vgl. Gallas，Die modern Entwicklung der Begriff Täterschaft und Teihnahme im Strafrecht，Deutsche Beitäge zum V Ⅱ . Int，Strafrechtkongreß，Sonderheft der ZStW，1957，S.39ff. 转引自［日］高桥则夫：《共犯体系和共犯理论》，中国人民大学出版社 2010 年版，第 15 页）。

[4] 转引自［日］高桥则夫：《共犯体系和共犯理论》，中国人民大学出版社 2010 年版，第 23 页。

的现实危险，此时，将教唆者甲认定成犯罪未遂，明显扩大了未遂犯的处罚范围。针对该问题，高桥则夫教授从犯罪未遂的认定标准出发，主张应将正犯行为和实行行为分离，即虽然教唆行为、帮助行为也是正犯行为，但其对法益侵害的危险毕竟是间接性的，并不值得作为未遂犯处罚，因而，将诱发正犯、援助正犯认定为犯罪未遂，仍然有赖于作为直接正犯的实行行为的存在。[1]前文提到，这相当于承认了教唆行为、帮助行为对实行行为具有实行从属性，似乎可以解决单一制之下教唆行为、帮助行为构成犯罪未遂的界限问题。但事实上，问题并非如此简单。因为机能的单一制仅仅是根据参与行为在形式上的区别作出的划分，而有些形式上的教唆行为、帮助行为实际上具有支配整个犯罪构成事实的能力，这种教唆行为、帮助行为构成犯罪未遂的界限，可能又会有所不同。对此，下文还将展开说明。

二、区分制犯罪参与体系与共犯从属性

笔者认同区分制犯罪参与体系存在的合理性，但同时认为，区分制犯罪参与体系必须正视来自单一制阵营的批评，从正犯和共犯的区分标准、对共犯从属性的理解和定位，以及基础性的限制正犯概念等角度，作出必要的修正和调整。

（一）区分制犯罪参与体系的必要性与合理性

在犯罪参与体系的选择上，区分制和单一制的较量，是无法从所谓立场优越性断然得出结论的，应将视线转移到对共同犯罪的解释技术上，即哪一种方法更有利于提升法律评价的精确性。而相较单一制，区分制正是体现了刑法的精巧性发展。

1. 区分制还原了共同犯罪参与行为在支配能力上的本质差异

笔者认为，虽然共同犯罪中所有的参与行为均与法益侵害结果之间

[1] 参见［日］高桥则夫：《共犯体系和共犯理论》，中国人民大学出版社 2010 年版，第 59 页。

具有因果关系，但并非所有的参与行为都能支配整个法益侵害的事实，也即，共同犯罪的参与行为在“犯罪构成事实支配能力”上存在实质差异，与不具有支配能力的参与行为相较，具有支配能力的参与行为在不法性上为重，这就使得参与行为的不法呈现出规范层级的不同。而区分制对参与类型的划分，正是为了还原共同犯罪的参与行为客观上存在的这一实质性差异。单一制阵营对区分制的解读思路正好相反，即区分制并非为了对参与行为在定罪和量刑上适用不同的处遇，才划分正犯和共犯，[1] 而是由于参与行为在犯罪构成事实的支配能力上呈现出的本质性不同，作为对客观事实的描述，才划分出规范层级不同的参与类型。或者说，在定罪阶段对参与类型的不法性作出价值层级的划分，是源于对共同犯罪这种客观现象的反映，而单一制主张各参与类型在不法上价值等价，反而没有充分的理论依据。

首先，对参与行为适用同一法定刑，是因为他们侵害的是同一法益，并不能说明参与行为价值等同。有支持单一正犯体系的学者认为，对共同犯罪中各参与形式适用同一法定刑，也可以认为是各参与形式具有相同价值的归结。[2] 但笔者认为，对参与行为适用哪一法定刑，取决于其侵害了哪一法益类型，故对共同犯罪中各参与行为适用同一法定刑，只能说明他们侵害了同一法益，并不能为各参与行为在不法上价值等同提供任何理论依据。换言之，虽然参与行为在不法的规范等级上不一，但只要他们侵害的是同一法益，当然都要适用针对该法益侵害类型设置的同一法定刑。

其次，不对过失犯罪的参与形式作出划分，是基于过失犯罪的特殊性以及简便处理的需要，并不能表明所有参与类型在价值上都是等同的。有学者认为，在过失犯的场合，不区别参与形式，一般地采用了单一正犯体系，这说明单一制具有合理性，因而在故意犯的场合也可以作同样的理解，

[1] 参见刘明祥：《论中国特色的犯罪参与体系》，载《中国法学》2013 年第 6 期。

[2] Vgl. Triffterer，Österreichisches Strafrecht，A.T.，1985，S.393f. 转引自［日］高桥则夫：《共犯体系和共犯理论》，中国人民大学出版社 2010 年版，第 54 页。

即各参与形式在价值上也是等同的，而不应当有价值层级的划分。[1] 但正如韦塞尔斯所说，过失犯和故意犯的结构不同，过失犯的行为人是以违反谨慎义务的方式对构成要件的实现作出了贡献，因而对过失犯的参与类型作出划分并无意义。[2] 笔者也认为，过失犯罪的不法和罪责较轻，刑法例外有规定时才构成犯罪，所以，不对过失犯罪的参与形式作出划分，进行简单处理，无明显不妥。但这属于特殊问题特殊对待，并不能表明共同犯罪的参与行为原本在不法上就是价值等同的。

最后，对参与行为在量刑上的灵活处理，是源于参与行为在个案中实际发挥的作用不同，并非源于参与行为在不法上价值相等。有学者认为，存在针对共动关系的特别量刑事由，也体现了参与行为的相同价值，因为之所以必须存在这样的规定，正是源于在构成要件层面将各参与者的不法视为价值相同的东西。[3] 但笔者认为，参与类型的划分与参与行为的量刑是两个问题。换言之，即便在构成要件阶段根据对法益侵害事实的支配能力，划分出不法等级不同的参与类型，但在量刑阶段，原本不法性较重的参与行为所具有的犯罪构成事实支配能力，未必在事后现实地发挥出来，因而在量刑上也就未必一定适用较重的刑罚。[4] 所以，仅仅根据共同关系在量刑上个别化、灵活化，反推参与行为在构成要件层面的不法性上价值等同，并不正确。

由上可见，区分制参与体系对正犯和共犯的类型划分，是对二者在犯罪构成事实支配能力上存在的实质差异的客观反映，而单一正犯体系主张各参与行为在不法上价值等同，并无充分的、有说服力的论据。

---

[1] Vgl. Kienapfel，Die Einheitstäterregelung der § § 12ff und 32ff StGB，JBl，1974，S.116. 转引自［日］高桥则夫:《共犯体系和共犯理论》，中国人民大学出版社 2010 年版，第 54 页。

[2] 参见［德］约翰内斯·韦塞尔斯:《德国刑法总论》，李昌珂译，法律出版社 2008 年版，第 281 页。

[3] Vgl. Triffterer，Die Österreichische Beteiligungslehre—Eine Regelung zwischen Einheitstäter-und Teilnahmesystem? ，1983，S.61f. 转引自［日］高桥则夫:《共犯体系和共犯理论》，中国人民大学出版社 2010 年版，第 55 页。

[4] 对此，下文还将详细论及。

2. 区分制使得不同的参与类型在定罪层面能够受到不同的规范评价

笔者认为，区分制根据共同犯罪的参与行为在不法上的实质差异划分参与类型，并非像单一制所认为的那样，对定罪和量刑意义不大。[1] 就定罪来说，对于能够支配整个法益侵害事实的参与行为，在定罪层面将其划归为正犯类型，能够在该阶段表面其本属于不法较重的参与类型；而对于那些虽与法益侵害后果具有因果关系，但对法益侵害事实不具有支配能力的参与行为来说，在定罪阶段将其定性为共犯，也可以在该阶段表明其本属于不法较轻的参与类型。换言之，区分制对参与类型的划分，能够使得不同类型的参与人在定罪层面即受到其本应获得的层级不同的价值评价，而这正是区分制较单一制之精巧所在，以下举例说明。

间接正犯和教唆犯的区分在定罪阶段的必要性。如甲误以为乙是正常人，教唆乙去杀人，但实际上乙是完全没有刑事责任能力的精神病人，并在该状态下实施了杀人行为。反之，甲误以为乙是未满 14 周岁的孩童，教唆乙去盗窃，但实际上乙已经满 16 周岁。[2] 前一案例属于以教唆犯的意思实现了间接正犯的客观效果，后一案例则是以间接正犯的意思实现了教唆犯的效果。对此，单一制阵营认为，区分制之下的间接正犯和教唆犯实际上都是利用他人实现犯罪的类型，因而都属于间接性正犯，根本没有必要作出区分，所以就上述案例而言，不必判断乙实际上是否具有刑事责任能力，直接将甲认定为杀人罪或盗窃罪既遂即可。[3] 但问题是，行为人利用不具有辨认控制能力的精神病人犯罪，与利用具有正常辨识控制能力的正常人犯罪，在客观上具有实质性不同。就前者来说，由于利用对象不具有辨认控制能力，所以利用者能够支配整个法益侵害事实；就后者来说，由于利用对象具有辨识控制能力，利用者就只是开启了侵害法益的因果流程，

---

[1] 参见刘明祥:《“被教唆的人没有犯被教唆的罪”之解释》，载《法学研究》2011 年第 1 期。

[2] 这两个案例引自阎二鹏:《扩张正犯概念体系的建构——兼评对限制正犯概念的反思性检讨》，载《中国法学》2009 年第 3 期。

[3] 参见阎二鹏:《扩张正犯概念体系的建构——兼评对限制正犯概念的反思性检讨》，载《中国法学》2009 年第 3 期。

却无法支配法益侵害事实。而利用行为在支配能力上的这种客观差异，理应使其获得规范层级不同的价值评定。正因如此，就上述案件，区分制才会纠结于被利用者是否具有实际的责任能力、利用者是否具有支配意思，因为这直接决定了利用者是具有支配能力的参与类型（间接正犯），还是不具有支配能力的参与类型（教唆犯），进而在定罪阶段影响对利用行为不法性的规范评定。就案例一而言，由于甲只具有教唆意思、不具有支配意思，因而不属于具有犯罪事实支配能力的参与类型，应认定为教唆犯，而非规范层级较重的间接正犯；就案例二而言，由于甲客观上无法支配犯罪事实，同样只应认定为教唆犯。这样的处理方式正如有学者所言，是刑法对共同犯罪精确分析、严格认定的体现，符合刑法精确、严谨的要求。[1]

共同正犯和帮助犯的区分在定罪阶段的必要性。同理，区分制之所以致力于共同正犯和帮助犯的区分，也是因为二者在对法益侵害事实的支配能力，进而在定罪阶段应当受到的规范评价上，均有差异。以“择一的事实贡献”为例，在数人基于共同的谋杀计划，分别在一栋房子的各个门口、树林里的各条出路或潜伏在各个城市守候被害人，但只能是其中一人现实地实施了杀人行为的场合，对其他参与人到底是认定为共同正犯还是帮助犯，在区分制内部存在很大的争议。[2] 而刘明祥教授认为，这种争议是没有必要的，因为根据单一正犯体系，所有的参与者都是基于共同的杀人故意而参与了导致他人死亡的犯罪事实，故将其全部认定为故意杀人罪既遂即可。[3] 但正如笔者前文所言，单一制的这种处理方式忽视了参与行为在支配能力上的实质性差异，定罪上的粗糙处理没有显现出各参与行为应当受到的规范评价的不同。而区分制之所以根据不同的情形，将“择一的事

[1] 参见张开骏：《区分制犯罪参与体系与“规范的形式客观说”正犯标准》，载《法学家》2013 年第 4 期。

[2] 参见［德］克劳斯·罗克辛：《正犯与犯罪事实支配理论》，载陈兴良主编：《刑事法评论》（第 25 卷），北京大学出版社 2009 年版，第 61 页。

[3] 参见刘明祥：《论中国特色的犯罪参与体系》，载《中国法学》2013 年第 6 期。

实贡献”中未实际实行的其他参与者认定为共同正犯或共犯，[1] 正是为了彰显参与行为之间在不法上的实质差异，进而使其在定罪层面能够基于正犯或共犯的定性而受到本应获得的差异性规范评价。应当说，这是刑法对共同犯罪的认定精细化的表现，虽然不可避免地会出现区分困难的情形，但不能由此否定对参与类型进行区分所具有的在定罪层面的积极意义。

3. 区分制对参与类型的划分能够为参与人的量刑提供参考因素

单一制经常批判区分制的一点是，区分制使得不同的参与类型与固定的重刑或轻刑绑定，束缚了刑罚个别化的实现。[2] 不得不承认，传统的区分制主张共犯比照正犯之刑处罚或减轻处罚，并且原则上对正犯的处罚重于共犯，[3] 确实会妨碍刑罚个别化的实现。但笔者认为，这实际上是部分主张区分制的学者作茧自缚，事实上，采取区分制与刑罚个别化的实现并不矛盾。

参与类型的划分能够对参与行为的量刑提供参考因素，但并非决定性因素。笔者认为，因为区分制对参与类型的划分是依据定罪阶段各参与行为在犯罪构成事实支配能力上的差异，而量刑阶段则是要根据各参与行为在事后现实发挥的作用处罚，所以，二者完全可能分离。详言之，在定罪阶段，虽然理应根据参与行为在支配能力上的差异作出划分，以彰显出其

---

[1] 在“择一的事实贡献”的场合，罗克辛教授对其他参与者何时构成共同正犯、何时成立共犯的见解如下：人们必须进行区分，如果一幢房子的各条出路或树林里所有出逃的路都被意图谋杀的射击者所占领，那么他们之中的每个人都是共同正犯，即使只有一个人射中。因为通过封锁所有脱逃的可能性，在实施那一刻，每个人都与被害人身陷其中的死亡之网相联系，被害人必然处于一名射击者的枪火之下，这是在实施阶段进行共同合作的典型例子，正如在团伙成员公开围攻被害人的情况下存在共同合作一样。如果潜在的暗杀者为杀害被害人已经潜伏在各个城市，则只有在被害人出现的地方实际开枪的暗杀者，才是正犯，因为余下的人在这个过程中并没有发挥功能（参见［德］克劳斯·罗克辛：《正犯与犯罪事实支配理论》，载陈兴良主编：《刑事法评论》（第25卷），北京大学出版社 2009 年版，第 61 页）。

[2] 参见［日］高桥则夫：《共犯体系和共犯理论》，中国人民大学出版社 2010 年版，第 63 页；刘明祥：《论中国特色的犯罪参与体系》，载《中国法学》2013 年第 6 期。

[3] 参见［日］山中敬一：《刑法总论Ⅱ》，成文堂 1999 年版，第 743 页，转引自刘明祥：《论中国特色的犯罪参与体系》，载《中国法学》2013 年第 6 期。

本身是不法层级较高，还是较低的参与类型，但在量刑阶段，原本属于不法层级较高的参与类型所具有的支配能力，未必在事后现实地发挥出来，因而，并非所有具有犯罪构成事实支配能力的正犯，都要在量刑阶段判处重于共犯的刑罚，这取决于共犯罪事实支配能力是否现实地发挥，进而是否在个案中现实地起到了重要作用。换言之，区分制基于法益侵害事实支配能力的差异对参与类型的划分，对于各参与人在量刑阶段的意义只是一个参考性因素，最终还要看各参与行为对法益侵害事实在事后起到的实际作用。以上述“择一的事实贡献”为例。如多名杀手潜伏在一栋房子的几个出口伏击被害人，最后由一名杀手杀死了被害人。虽然能够认定所有杀手在该具体的时空条件下，都具有杀死被害人的支配能力，因而均是共同正犯，但由于只有一名杀手现实地发挥了这种支配能力，就其他没有实际发挥支配能力的共同正犯来说，对于被害人的死亡所起的实际作用并非如实际实行者那样重要，故在量刑阶段，尽管对现实地发挥支配能力的正犯应当判处较重的刑罚，但对于没有发挥出这种支配能力的其他正犯而言，完全可能判处较之为轻的刑罚。这与单一制所主张的对共同犯罪应根据各个参与者所起的实际作用来量刑[1]并无不同，只不过在区分制之下，事先对参与类型在支配能力上的划分，能够为事后参与人的量刑提供一个稳定的参考标准，比单一制在量刑上的“摸黑处理”更精致、更成熟。[2]

值得说明的是，参与类型的划分只是影响参与人量刑的因素之一，而非全部因素。虽然参与行为是否具有支配法益侵害事实的能力以及这种能力是否在个案中现实地发挥出来，能够影响参与人刑罚的轻重，但这也只是影响参与人量刑的因素之一，至于对各参与人最终适用何种程度的刑罚，还要在个案中综合其他能够影响参与人不法和罪责的因素进行全面的考量。如刘明祥教授认为，在共同实行犯罪的场合，可能有的实行犯是被胁迫参加犯罪，理应判处较轻的刑罚，但根据区分制，这种情形属于共同正犯，

---

[1] 参见刘明祥:《论中国特色的犯罪参与体系》，载《中国法学》2013 年第 6 期。

[2] 参见刘明祥:《论中国特色的犯罪参与体系》，载《中国法学》2013 年第 6 期。

所以对各实行者在处罚原则上都应当是相同的，这就无法体现刑罚个别化、无法实现区别对待的刑事政策思想。[1] 德日等采取区分制的国家为了解决这一问题，出现了“实施实行行为的共犯”之现象，[2] 但这已经违背了区分制的初衷。[3] 笔者并不赞同这种观点。在上述共同实行犯罪的场合，由于每个实行者都具有对法益侵害事实的支配能力，的确属于共同正犯，但这只是影响其刑罚轻重的因素之一，对于其中被胁迫参与实行犯罪的人，由于其期待可能性降低，所以在综合考虑后对其在量刑上有所减损，自是当然，与区分制本身并不矛盾，因为参与类型的划分本来就只是对参与人量刑时考虑的因素之一而已。至于德日之所以出现“实施实行行为的共犯”，是因为其立法上对正犯和共犯的量刑作出了不合理的束缚所致，而在我国刑法中，主犯和从犯的规定恰恰能够赋予对正犯和共犯量刑上的灵活化，因而也就能够维持区分制的本来面貌。对此，下文还将作出进一步说明。

4. 立足于区分制主张共犯从属性能够妥当地限定犯罪未遂的成立范围

笔者认为，区分制根据参与行为对法益侵害事实的支配能力的差异，划分共犯和正犯类型，进而主张共犯对正犯具有实行从属性，能够妥当地划定与共同犯罪相关的未遂犯的成立范围。

一方面，主张共犯的实行从属性能够避免将教唆未遂、帮助未遂认定为犯罪未遂，进而也就避免了不合理地扩大共同犯罪中犯罪未遂的成立范围。共犯的实行从属性说主张，由于教唆犯、帮助犯自身不能对法益侵害后果的发生造成现实危险，所以教唆犯、帮助犯构成犯罪未遂，以某一正犯着手实行犯罪为必要。这就避免了单一制主张各参与行为只对其固有的未遂、既遂进行答责，可能导致的扩大未遂犯处罚范围的风险。如前面提到，主张单一正犯体系的奇纳甫菲尔认为，在甲教唆乙杀人，但乙后来放弃了杀人计划的场合，也能够将甲的教唆作为其固有实行行为的着手而认

---

[1] 参见刘明祥:《论中国特色的犯罪参与体系》，载《中国法学》2013 年第 6 期。

[2] 参见［日］亀井源太郎:《正犯与共犯的区别》，弘文堂 2005 年版，第 120—128 页，转引自刘明祥:《论中国特色的犯罪参与体系》，载《中国法学》2013 年第 6 期。

[3] 参见刘明祥:《论中国特色的犯罪参与体系》，载《中国法学》2013 年第 6 期。

定为犯罪未遂。[1] 但在被教唆者乙尚未着手实施杀人行为的情况下，不存在导致他人死亡的客观危险，此时，将教唆者甲认定为杀人罪未遂，明显扩大了未遂犯的处罚范围。而根据共犯的实行从属性说，由于正犯乙尚未着手实行杀人行为，故甲不能成立杀人罪的未遂犯，这便合理地控制了教唆犯、帮助犯构成犯罪未遂的范围。

另一方面，区分制根据对法益侵害事实的支配能力划分正犯和共犯，并在此基础上主张共犯的实行从属性，使得对共同犯罪中犯罪未遂的认定更加精细化。虽然功能的单一正犯体系对共同犯罪的参与行为作出了形式上的划分，即诱发正犯、援助正犯和直接正犯，并通过犯罪未遂的认定标准，事实上承认了诱发正犯、援助正犯对直接正犯具有实行从属性，[2] 从而在一定程度上限定了诱发正犯、援助正犯成立犯罪未遂的范围，但这只是一种粗线条的处理。因为功能的单一正犯体系只是从表面上划分诱发正犯、援助正犯和直接正犯，但事实上，共同犯罪内部参与人的实行从属问题或者说犯罪未遂的成立条件问题，要复杂得多。例如，将他人作为犯罪工具加以利用以及教唆他人犯罪的情形，在功能的单一正犯体系看来，都是相同的诱发正犯。问题是，在将他人作为犯罪工具加以利用的场合，由于被利用者受到了欺骗或胁迫，故一般情况下不会形成反对动机；而在教唆他人犯罪的场合，由于被教唆者处于正常的认知和行动状态，故教唆者犯罪意图的实现存在规范障碍，那么前者与后者相比，实现法益侵害的危险就有跃升性的提高，[3] 基于此，二者在犯罪未遂的成立条件上，也理应有所不同。详言之，虽然在单纯教唆他人犯罪的场合，教唆犯具有严格的实行从属性，成立犯罪未遂以正犯着手实行犯罪为必要；但在将他人作为犯罪工具加以利用的场合，由于利用行为自身具有支配法益侵害事实的能力，实现法益侵害的危险性更高，故利用行为成立犯罪未遂也就并非像单纯的教唆行为那样，对被利用行为具有严格的实行从属性，这也是德日就间接正

[1] 转引自［日］高桥则夫：《共犯体系和共犯理论》，中国人民大学出版社 2010 年版，第 23 页。

[2] 参见［日］高桥则夫：《共犯体系和共犯理论》，中国人民大学出版社 2010 年版，第 59 页。

[3] 参见［日］西原春夫：《犯罪实行行为论》，戴波、江溯译，北京大学出版社 2006 年版，第 226 页。

犯构成犯罪未遂的标准，并非一律采取“被利用行为说”的原因。[1]而笔者主张的区分制，正是根据参与行为能否支配整个法益侵害事实作出的划分，这样的划分标准与参与人内部对实行从属性的需求正是衔接的，也即，由于将他人作为犯罪工具加以利用的行为能够支配法益侵害事实，属于正犯类型，所以，共犯对正犯的实行从属性对这种间接型正犯来说，不具有严格的适用性。可见，区分制立足于法益侵害事实支配能力对正犯和共犯进行划分，借助于共犯的实行从属性这个桥梁，能够使得对正犯和共犯各自犯罪未遂的认定更加精细化。

5. 区分制在我国具有学理基础、法史基础及法律解释的可能性

笔者认为，区分制参与体系除了具有上述合理性之外，在我国亦具有深厚的学理基础、法史基础，而且就我国刑法规定来说，也存在向区分制解释的空间。

首先，区分制在我国具有学理基础。将参与类型划分为正犯和共犯，是我国刑法学界在探讨共同犯罪的问题时，多数学者所采取的情境。从共犯论的基础问题，如共犯的处罚根据、共犯的从属性和独立性、犯罪共同说和行为共同说，到共犯论的具体问题，如承继的共同犯罪、片面的共同犯罪、共犯与身份、共犯与认识错误等，或多或少都是以正犯和共犯的划分为基础，并且间接正犯的概念在我国学界也被广为接受。[2]因此可以说，区分制参与体系在我国有深厚的学理基础，很难动摇。

其次，区分制在我国具有法史基础。根据学者介绍，早于清末颁布的《大清新刑律》就已经规定了正犯、教唆犯和帮助犯，而1912年的《暂行

---

[1] 关于间接正犯的未遂时期，德国学界的主流观点主张，应将“事件离开间接实行人的控制范围”作为判定标准，联邦法院最近的司法判决也倾向于此（参见［德］克劳斯·罗克辛:《德国刑法学总论》（第2卷），王世洲等译，法律出版社2013年版，第309页）。在日本，虽然司法判例仍然采“被利用行为标准”，但其学界的通说却是“利用行为标准”；此外还有学者采取“区分理论”，认为对间接正犯犯罪未遂的认定应区分不同的情况，或以“利用行为之开始”或以“被利用行为之开始”作为判定标准（参见［日］西原春夫:《犯罪实行行为论》，戴波、江溯译，北京大学出版社2006年版，第209页）。

[2] 参见张明楷:《刑法学》，法律出版社2011年版，第348页以下。

新刑律》、1928 年和 1935 年的《刑法》都沿用了这种区分制。1949 年新中国成立后，在刑法起草的过程中也曾有多稿规定了正犯和狭义共犯；1950 年中央人民政府法制委员会制定的《中华人民共和国刑法大纲草案》同样采取区分制，只不过将共同犯罪人分为正犯、组织犯、教唆犯、帮助犯四类；1957 年全国人大常委会法律室草拟的《中华人民共和国刑法草案》(第 22 稿)，也将共同犯罪人划分为正犯、教唆犯和帮助犯。这说明区分制犯罪参与体系在我国具有法史根基。[1]

最后，区分制在我国具有法律解释的空间。针对我国刑法对共同犯罪的规定到底是单一制还是区分制，学界一直存在争论，有学者认为倾向于区分制，[2] 有学者则认为属于单一制。[3] 应当认为，这些学者各自都有一定的道理。但笔者认为，纠结于我国刑法对共同犯罪的规定更倾向于区分制还是单一制并没有实际意义，因为问题的关键在于区分制和单一制哪一个更合理，然后理应朝着更合理的方向去解释刑法对共同犯罪的规定。前面已经表明，区分制遵循参与行为在支配能力上的客观差异对参与类型作出划分，不仅使得不同的参与类型在定罪阶段能够受到其自身理应获得的不同的价值评价，而且在量刑阶段也能够为参与人的刑罚适用提供重要的参考因素，同时以这种区分标准为基础主张共犯从属性，还能够妥当地划定共同犯罪中犯罪未遂的成立范围，故区分制对共同犯罪的处理较单一制而言更精细、更成熟，是理论进步的表现。据此，我国刑法对共同犯罪的规定，理应朝着区分制的方向解释。而且，我国刑法第 26 条第 1 款对组织、领导犯罪集团进行犯罪活动的首要分子作了单独规定，笔者认为，其实质上就属于罗克辛教授所主张的“基于权力组

---

[1] 参见张开骏:《区分制犯罪参与体系与“规范的形式客观说”正犯标准》，载《法学家》2013 年第 4 期。

[2] 参见周光权:《刑法客观主义与方法论》，法律出版社 2013 年版，第 77 页；陈家林:《共同正犯研究》，武汉大学出版社 2004 年版，第 5 页。

[3] 参见刘明祥:《论中国特色的犯罪参与体系》，载《中国法学》2013 年第 6 期；江溯:《犯罪参与体系研究》，中国人民公安大学出版社 2010 年版，第 194 页以下。

织的支配”之间接型正犯。[1] 另外，第 27 条中独立于主犯和从犯的“辅助作用”、第 29 条对教唆犯的规定，也为帮助犯和教唆犯这两种共犯类型的解释提供了余地。故笔者认为，区分制在我国具有法律解释的可能，而且刑法也应当朝着这种更精巧、更成熟的共同犯罪处理模式去解释、去操作。

（二）正犯和共犯的区分标准应采“内含的犯罪事实支配能力说”

关于区分制之下正犯和共犯的划分标准，历来比较有影响的学说是形式客观说、主观说、规范的综合理论、重要作用说以及犯罪事实支配理论。笔者认为，单纯的主观说违背了客观主义刑法立场，无法妥当地区分正犯和共犯。规范的综合理论缺乏标准之间的体系建构，亦没有完全摆脱主观说的弊病。形式客观说简单、僵硬的形式逻辑，无法标识规范意义上的核心参与类型。当前主张回归形式客观说的见解，无论如何都是一种理论的倒退。重要作用说根据事后的实际作用划分的乃是量刑阶段的主犯和从犯概念，而非定罪阶段的正犯和共犯类型，已经导致区分制滑向了单一正犯体系。关于正犯和共犯的区分标准，笔者主张对罗克辛教授的犯罪事实支配理论进行修正，即正犯和共犯的区分不能着眼于事后发挥的所谓支配性作用，而应转向事前即行为时是否存在对犯罪构成事实的支配能力，笔者将其称为“犯罪构成事实支配能力说”。这种标准摆脱了形式论的狭隘，彰显了规范论的深度；同时剥离了正犯和共犯与主犯和从犯各自的功能，避免了正犯实质化的单一制风险。以下展开说明。

1. 主观说基于固有的不合理性已被淘汰

区分正犯和共犯的主观说主要是指“意思理论”和“利益理论”。其中，意思理论主张，正犯和共犯的区别主要在于主观意思的不同，正犯具有独立的意思，而共犯则只能依赖于正犯的意思。早期德国帝国法院成员 v. Buri 详细表达了“意思理论”的要旨：“主谋与帮助犯的区别，可能仅在

[1] 参见［德］克劳斯·罗克辛：《正犯与犯罪事实支配理论》，载陈兴良主编：《刑事法评论》（第 25 卷），北京大学出版社 2009 年版，第 11 页。

于主谋意思的独立与帮助意思的非独立。详言之，唯有主谋想要结果发生，帮助犯才会对结果存在意欲；如果主谋不想要结果发生，则帮助犯对结果也不会有意欲，因而主谋者具有决定结果发生的意思，而帮助者只有依赖于正犯意思的意思，这才是二者的不同之处。”[1]“利益理论”同样是以“意思理论”为基础，只不过对如何判断正犯意思、共犯意思有不同的切入点，该观点认为，某人是否具有正犯意思，主要取决于其对构成要件结果的利益关系程度，其中，将构成要件结果的实现当作自己利益体现的，是正犯；将构成要件结果的实现当作为了体现他人利益的，则是共犯。[2] 如在德国有名的“浴盆案”中，姐姐甲意图将刚出生的私生子溺死在澡盆里，但因身体虚弱，便让其妹妹乙代而为之。针对此案，德国最高法院从“利益理论”出发，认为乙毕竟是为了姐姐甲的利益实施溺婴行为，故只应将乙认定为帮助犯。[3]

目前，主观标准的不合理性在学界已达成共识，该说已基本无人采纳。首先，主观标准的理论基础存在问题。罗克辛教授认为，主观标准是将 19 世纪自然主义的实证理论引入人文科学的产物，由此认为正犯行为和教唆行为、帮助行为对于结果而言同样具有因果关系，在此点上并不存在区别，故只能从二者的主观层面寻找区别的界限。对此，罗克辛教授指出，这种理论忽视了客观事物为自然现象所无法解释的其他区别，而且，对法律概念的界分需要根据司法性的刑事政策观念来进行，不允许借助其他存在领域的法外范畴，因而，一个在方法论上过时的立场就在主观标准中显示出来。[4] 其次，主观标准自身并不具有明确性。主观说在区分正犯

[1] 转引自［德］克劳斯·罗克辛:《正犯与犯罪事实支配理论》，载陈兴良主编:《刑事法评论》（第 25 卷），北京大学出版社 2009 年版，第 3 页。

[2] 参见［德］克劳斯·罗克辛:《正犯与犯罪事实支配理论》，载陈兴良主编:《刑事法评论》（第 25 卷），北京大学出版社 2009 年版，第 3 页。

[3] 参见［德］克劳斯·罗克辛:《德国刑法学总论》（第 2 卷），王世洲等译，法律出版社 2013 年版，第 18 页。

[4] 参见［德］克劳斯·罗克辛:《正犯与犯罪事实支配理论》，载陈兴良主编:《刑事法评论》（第 25 卷），北京大学出版社 2009 年版，第 3 页。

和共犯时，以参与人是否具有想要构成要件结果发生的意思、与构成要件结果是否具有利害关系作为判断标准，但问题是这二者均不好把握，结果就使得正犯和共犯的区分不可避免地出现随意、模糊的问题。最后，主观标准使得对正犯和共犯的界分主要取决于行为人自身的主观意思，不符合法治国精神。正如有学者所言，主观标准侧重于主观意思、主观利益，由此导致即便参与人客观上实施了构成要件行为，也具有犯罪故意，但法院仍然可能认为，其与具有实现“自己犯罪意志”“自己利益”的人相比，只应受到较少的责难，从而宁愿将其认定为共犯，上述“浴盆案”就是适例。[1] 而正犯和共犯是严谨的法律概念，是经过刑法理论推演所形成的价值判断概念，不可能因为行为人主观上想要成为什么犯罪类型，就将其认定为相应的犯罪形态。[2] 故主观标准及其司法运用，完全抹杀了正犯和共犯原本在不法形态上的区别，[3] 与法治国精神相悖，也由此在大陆法系逐渐销声匿迹。[4]

2. 规范的综合理论欠缺标准之间的体系构建

规范的综合理论不再将“正犯意思”作为单纯的、独立的划分标准，而是主张对于某人是否具有正犯意思，应当根据所有需要考虑的主客观情状来判断，主要是根据参与人与构成要件结果之间的利益关系程度、参与行为的范围、犯罪事实支配或者至少是导致犯罪事实支配的意思。在作出这些考虑的基础上，如果构成要件行为的实施与结果能够决定性地取决于某一参与人的意思，参与人就是正犯，反之则为共犯。[5]

---

[1] 参见张开骏:《区分制犯罪参与体系与“规范的形式客观说”正犯标准》，载《法学家》2013 年第 4 期。

[2] 参见黄荣坚:《基础刑法学》，台湾元照出版公司 2006 年版，第 831 页。

[3] 参见［德］克劳斯·罗克辛:《正犯与犯罪事实支配理论》，载陈兴良主编:《刑事法评论》（第 25 卷），北京大学出版社 2009 年版，第 3 页。

[4] 参见张开骏:《区分制犯罪参与体系与“规范的形式客观说”正犯标准》，载《法学家》2013 年第 4 期。

[5] “规范的综合理论”来自于德国联邦最高法院在判例中形成的见解（参见德国联邦最高法院:《刑事辩护人》，1981 年，第 275 页以下，转引自［德］克劳斯·罗克辛:《正犯与犯罪事实支配理论》，载陈兴良主编:《刑事法评论》（第 25 卷），北京大学出版社 2009 年版，第 4 页）。

实际上，规范的综合理论是主观说和犯罪事实支配理论的折中。罗克辛教授认为，德国联邦最高法院放弃了主观标准进而采取规范的综合理论这种新路线，实际上是在最初的主观标准与犯罪事实支配说之间持折中立场，也即，仍然将主观说中的“正犯意思”“正犯利益”视为重要的界分标准，它还特别提及正犯的支配意思，好让“意思理论”透射到犯罪事实支配理论中来，至于另外提到的“行为参与的范围”“导致犯罪事实支配的意思”，可能只是对犯罪事实支配本身的提示。[1] 问题是，规范的综合理论不仅标准杂乱、模糊，而且并没有完全摆脱主观说的弊病。罗克辛教授认为，规范的综合理论存在两个致命弱点。其一，规范的综合理论将原本不同的标准进行综合，反而导致区分标准的不确定性。规范的综合理论虽然将主观标准和犯罪事实支配理论进行折中，但不仅没有回答为什么这些标准如此重要，也没有对二者的等级关系作出厘清，以至于在界分正犯和共犯时，存在相当程度的不确定性。如在某人有强烈的自我利益但没有犯罪事实支配，或者有犯罪事实支配但没有自我利益时，究竟给哪一标准以优先评定的地位并不明确，以至于根据规范的综合理论往往会得出相反的结论。其二，规范的综合理论在区分正犯和共犯时，并没有放弃主观说中的“利益理论”，因而仍然具有主观说的弊病。罗克辛教授认为，将“与构成要件结果的利益关系程度”作为划分标准，不仅如前文所指违背法治国原则，而且事实上也不可能妥当地区分正犯和共犯。因为通常情况下，人们只会在有利益时才会参与犯罪（无论是教唆犯还是帮助犯），那么，将对所有参与人来说通用的东西作为区分标准，就并无意义。此外，各罪中也设置有为第三者的利益而实施构成要件行为的情形，这与将自我利益作为正犯准则的做法也是矛盾的。[2] 笔者认为，综合理论将主客观标准鲜明融合，确实提供了判断上的弹性空间，亦可照顾多变的司法实践。然而，如果始终视

[1] 参见［德］克劳斯·罗克辛：《正犯与犯罪事实支配理论》，载陈兴良主编：《刑事法评论》（第25卷），北京大学出版社2009年版，第4页。

[2] 参见［德］克劳斯·罗克辛：《正犯与犯罪事实支配理论》，载陈兴良主编：《刑事法评论》（第25卷），北京大学出版社2009年版，第5页。

内部标准之间的逻辑建构于不顾，这样的弹性空间，最终只不过是立场上的讨好和不负责任的无序，在司法适用上随意性较大，有待教义学的整序。

3. 回归到形式客观说实际上是理论的倒退

最早的区分制犯罪参与体系以僵硬的构成要件观念和严格的限制正犯概念为基础，故在正犯和共犯的区分标准上采取严格的形式客观说，即在区分正犯和共犯时，仅仅以是否实施了自然意义上的实行行为这种形式标准来判定，只有亲自实施不法构成行为之一部或全部的人才是正犯，否则即为共犯。[1] 严格的形式客观说曾经在德国学界和实务界处于重要地位，而后这种观点的致命缺陷也逐渐暴露，即在将他人作为犯罪工具加以利用的场合，即便行为人支配了犯罪事实的实现，但根据严格的形式客观说，由于其并未亲自实行犯罪，只能作为共犯处罚，这便导致了不合理的结论。由此，严格的形式客观说在德国逐渐没落，现今几乎无支持者。[2] 值得注意的是，近年来，修正后的形式客观说重归刑法舞台，这种观点虽然认为正犯和共犯的区分仍应以实行行为为基准，但同时主张对实行行为应进行规范上的评价和理解，而非仅仅是形式上的解读。[3] 如大塚仁教授指出，严格的形式客观说忘记了符合构成要件的实行行为这一观念所具有的规范意义，使得正犯的概念过于狭窄。从规范性的角度来看，实行行为并不需要以行为人自身直接的身体性行为为基础，与能够将器具和动物作为工具加以使用一样，也能够将他人作为工具实施犯罪。[4] 这样一来，将他人作为犯罪工具加以利用的，就能够将行为人评价为在规范意义上实施了实行行为的正犯。与严格的形式客观说相区别，这种观点被称作规范的形式客

[1] 形式客观理论由于贝林格、李斯特等知名学者的支持，在1915—1933年成为德国刑法理论及实务上的主流见解（参见柯耀程:《变动中的刑法思想》，中国政法大学出版社2003年版，第159页）。

[2] Vgl. Roxin. Täterschaft und Tatherrschaft, 4. Aufl. 1984. S.34f. 转引自林山田:《刑法通论》（下册），台大法学院图书馆2008年版，第36页以下。

[3] 参见钱叶六:《双层区分制下正犯与共犯的区分》，载《法学研究》2012年第1期。

[4] 参见［日］大塚仁:《刑法概说（总论）》，冯军译，中国人民大学出版社2003年版，第142、239页。

观说，近年来受到我国权威学者的力挺。[1] 但笔者认为，无论是严格的形式客观说，还是规范的形式客观说，都不宜作为正犯和共犯的区分标准。

首先，形式客观说的通病在于仅仅立足于“实行行为”区分正犯和共犯，没有深入到参与行为在“犯罪事实支配能力”上的实质性差异。虽然规范的形式客观说通过对实行行为进行实质的理解，缓和了严格的形式客观说对正犯的认定过于形式化的弊病，但由于规范的形式客观说事实上并没有放弃“实行行为标准”，因而自身也无法完全摆脱形式化的弊病。笔者认为，共同犯罪的参与行为在是否具有对法益侵害事实的支配能力上，原本存在实质性的不同，所以，偏离这种客观上的实质性差异，依据所谓是否实施了实行行为，不可能对参与类型作出妥当的划分。例如，主张规范的实行行为说的学者认为，由于共同犯罪中的组织者、共谋者、望风者并没有亲自实施实行行为，因而不应是正犯。[2] 但笔者认为，正如罗克辛教授所言，并未亲自实施构成要件行为的参与者，也能够以各种方式体现对犯罪事实的支配性，如尽管共同犯罪的组织者并未亲自实施犯罪，但如果基于犯罪组织的内部关系，其对构成要件行为的实施确实具有掌控能力，那么仍然能够认定这样的组织者支配了犯罪事实，理应属于正犯类型；[3] 与此相联系，如果共谋而未实行的参与人，对直接实行者是否实施构成要件行为具有不容更改的支配和控制能力，这样的共谋者也应属于不法层级较高的正犯类型；再如，如果结合犯罪计划，望风者在与其紧密接近的犯罪现场，具有随时可以补位共同实行犯罪的可能，或者如团藤重光教授所言，当望风者对构成要件该当事实的实现具有行为支配时，这样的望风者也可能是正犯。[4] 因此，不根据参与行为在客观支配能力上的实质差

[1] 参见张开骏:《区分制犯罪参与体系与“规范的形式客观说”正犯标准》，载《法学家》2013 年第 4 期；钱叶六:《双层区分制下正犯与共犯的区分》，载《法学研究》2012 年第 1 期。

[2] 参见钱叶六:《双层区分制下正犯与共犯的区分》，载《法学研究》2012 年第 1 期。

[3] 参见［德］克劳斯·罗克辛:《正犯与犯罪事实支配理论》，载陈兴良主编:《刑事法评论》（第 25 卷），北京大学出版社 2009 年版，第 33 页。

[4] 参见［日］团藤重光:《刑法纲要总论》（第 3 版），创文社 1990 年版，第 395 页，转引自张开骏:《区分制犯罪参与体系与“规范的形式客观说”正犯标准》，载《法学家》2013 年第 4 期。

异，而仅仅以是否实施了实行行为这样的名目，不可能对正犯和共犯作出准确的划分。

其次，我国刑法规定了主犯和从犯，不应当成为在区分正犯和共犯时采取形式客观说的理由。我国支持形式客观说的学者认为，德日之所以在区分标准上逐渐实质化，是因为其刑法对正犯和共犯各自适用的刑罚作出了硬性规定，即共犯之刑只能依照正犯或者比正犯减轻处罚，这样一来，为了对类似于犯罪集团幕后主使之类的参与人判处更重的刑罚，以及为了对虽然参与了犯罪实行但仅起到次要作用的人判处较轻的处罚，唯有放弃形式区分标准而采取实质区分标准。而我国刑法规定的主犯和从犯，完全可以实现对参与人量刑上的灵活处理，故在区分正犯和共犯时，也就不必像德日那样，为了迁就参与人的量刑而在区分标准上实质化，可直接依据形式客观标准区分正犯和共犯，在量刑上再根据主犯和从犯个别处罚即可。[1] 笔者认为，这种分析思路并不值得认同。对参与类型的区分与对参与人的量刑要解决的是不同的问题，对参与类型的区分是为了还原参与行为客观存在的实质差异，进而使得不同的参与类型在定罪阶段能够受到其本应获得的层级不同的规范评价，这与各参与人在个案中现实发挥的作用如何、应当被判处何种程度的刑罚这一量刑问题，并无必然关联。因而，不能因为我国刑法规定的主从犯可以合理地解决参与人的量刑问题，就认为我国在正犯和共犯的区分上，可以任意地采取形式客观说。对正犯和共犯的区分，还是应当以还原参与行为之间的真正差异为宗旨，而不应当为量刑问题所左右。换言之，虽然我国刑法对主从犯的规定可以使得对共同犯罪参与人的量刑更为合理，但不能由此无视参与行为之间的实质差异而回归所谓形式客观说，否则，对于共同犯罪参与类型的区分而言，就只是理论的倒退。

最后，有些学者名义上采取“规范的形式客观说”，实际上早已脱离了

[1] 参见张开骏:《区分制犯罪参与体系与“规范的形式客观说”正犯标准》，载《法学家》2013 年第 4 期；钱叶六:《双层区分制下正犯与共犯的区分》，载《法学研究》2012 年第 1 期。

“实行行为标准”。虽然我国有学者主张区分正犯和共犯应采取规范的形式客观说，但同时认为，对于共同犯罪的组织行为、共谋行为和望风行为而言，只要能够认定其对构成要件行为的实施具有支配性影响，仍然可能成立正犯。[1] 问题是，即便对构成要件行为进行规范性的理解，将这些并未参与犯罪实行的组织行为、共谋行为、望风行为认定为正犯，也已经偏离了立足于实行行为的形式客观标准。正如泷川幸辰教授所言，只要在区分正犯和共犯时采取形式客观标准，就不能将利用他人实施犯罪的行为认定为正犯，[2] 更不用说并未参与犯罪实行的组织行为、共谋行为和望风行为。因此，主张形式客观标准的学者这种自我矛盾的做法，也说明形式客观说自我修正的空间有限。

4. 重要作用说混淆了参与行为的“支配能力”与“现实作用”

与形式客观说不同，实质客观说主张突破实行行为的樊篱，从实质层面寻求正犯和共犯的区分依据。实质客观说内部又存在必要性说、同时性说、优势说等分支，其中，只有重要作用说具有较大的影响力。[3] 重要作用说认为，正犯和共犯的区分应取决于参与人对共同犯罪的发展和完成所起的作用，其中，起重要作用的是正犯，起次要作用的则是共犯。而判断是否起重要作用，则需要以参与人的地位、对实行行为加工的有无、样态、程度等进行综合考虑。[4] 因为重要作用说在区分正犯和共犯时，要综合衡量参与人实际发挥的作用，故在我国支持该观点的学者通常认为，正犯和

---

[1] 张开骏：《区分制犯罪参与体系与“规范的形式客观说”正犯标准》，载《法学家》2013 年第 4 期。

[2] 转引自［日］野村稔：《刑法总论》，全力其、何力译，法律出版社 2001 年版，第 384 页。认为依据形式客观标准，利用他人实施犯罪也应当作为共犯处理的学者还有佐伯千仞、中山研一等，相关文献可参见［日］龟井源太郎：《正犯と共犯を区别するということ》，弘文堂 2005 年版，第 57 页；［日］中山研一：《刑法总论の基本问题》，成文堂 1974 年版，第 268 页以下，以上转引自钱叶六：《双层区分制下正犯与共犯的区分》，载《法学研究》2012 年第 1 期。

[3] 参见阎二鹏：《扩张正犯概念体系的建构——兼评对限制正犯概念的反思性检讨》，载《中国法学》2009 年第 3 期。

[4] 参见［日］平野龙一：《刑法总论 II》，有斐阁 1975 年版，第 398 页，转引自阎二鹏：《犯罪参与类型再思考——兼议分工分类与作用分类的反思》，载《环球法律评论》2011 年第 5 期。

共犯与主犯和从犯是同一的。[1]

笔者认为，重要作用说划分的只是量刑阶段的主犯和从犯概念，而非定罪阶段在不法上有本质差异的正犯和共犯类型，已经导致区分制体系和单一正犯体系无异。笔者认为，相较单一制，区分制的关键优势在于，区分制通过对正犯和共犯类型的识别，在定罪阶段即彰显出参与行为在不法规范层级上的差异，并由此实现了对不同规范类型在定罪阶段的差别性价值评定。据此，正犯和共犯的划分，理当是先于量刑阶段的事前判断。而主犯和从犯的区分，则是一种事后判断，即在共同犯罪事实完成后，以各参与人在个案中现实发挥的作用为标尺，确定其主从作用，进而在量刑上决定各参与人实际应当适用的刑罚之轻重。因此，正犯和共犯、主犯和从犯各自的划分阶段、划分目的、划分依据均不相同，并不具有对应关系。而重要作用说恰恰混淆了正犯和共犯与主犯和从犯各自的功能。接下来的问题就是，这种将规范意义上违法性的本质差异等同于量刑阶段的主从作用的做法，已经滑向了不注重不法的评价、仅仅关心量刑问题的单一正犯体系。正因为如此，单一制学者才一针见血地指出，“正犯主犯化”的现象背离了区分制的初衷，[2] 除了称谓上的复杂化之外，根本显示不出相较单一制的优越之处。[3] 因此，虽然重要作用说意在摆脱形式标准的僵化与局限值得肯定，但以事后的实际作用将正犯概念实质化，又使得区分制出现了与单一制并轨的源自理论根基的风险。

5. 对犯罪事实支配理论的修正——“犯罪构成事实支配能力说”之提倡

关于正犯和共犯的区分标准，罗克辛教授提出的犯罪事实支配理论获得了广泛认同。该说认为，正犯和共犯的区别在于是否支配了整个犯罪构

[1] 参见刘艳红:《论正犯理论的客观实质化》，载《中国法学》2011 年第 4 期。我国学者金光旭也认为，共同正犯与狭义共犯的区别，只能根据在犯罪中所发挥作用的重要性来判断，而中国刑法也将作用的大小作为区别主犯与从犯的标准，在此意义上，有可能把中国的“主犯”和日本的“共同正犯”放在一个平台上加以探讨（参见金光旭:《日本刑法中的实行行为》，载《中外法学》2008 年第 2 期）。

[2] 参见刘明祥:《论中国特色的犯罪参与体系》，载《中国法学》2013 年第 6 期。

[3] 参见刘明祥:《主犯正犯化质疑》，载《法学研究》2013 年第 5 期。

成事实，支配整个犯罪构成事实的参与类型是正犯，与法益侵害结果具有因果关系但并未支配犯罪构成事实的参与类型是共犯。罗克辛教授进一步指出，正犯对犯罪构成事实的支配可以通过三种方式实现，一是行为支配，即通过亲手实行构成要件行为而支配法益侵害事实的实现，这种参与人属于直接正犯；二是意志支配，即参与人虽未亲手实施构成要件行为，但通过欺骗使得直接实行者不具有辨认力（基于错误的意志支配），通过胁迫使得直接实行者丧失控制力（基于胁迫的意志支配），或通过有组织的权力结构使得直接实行者成为可被随时替换的机器部件而被操纵时（基于权力组织的意志支配），参与人就支配了直接实行者的行为，进而也支配了法益侵害事实的实现，属于间接正犯；三是功能性支配，即尽管参与人并未完全实施构成要件行为，但通过与其他参与人在犯罪实行阶段的分工合作，对构成要件行为的完成体现了重要功能时，也能够认定参与人功能性地支配了犯罪事实，属于共同正犯。[1]

(1)“犯罪构成事实支配能力说”的基本立场

笔者认为，犯罪事实支配理论应当从“支配能力”的角度进行修正。详言之，正犯和共犯的区分不能根据行为后参与人的实际作用进行判断，而应以参与人在行为时是否具有实现犯罪构成事实的支配能力为标准，笔者称之为“犯罪构成事实支配能力说”。区分制体系之下，参与类型的划分是为标识参与行为在不法上的实质差异，因此，区分方法原本就不应该采取浅显的存在论，而是应从规范论的角度进行构建。据此，犯罪事实支配理论应当关注的不应是外在的、具有偶然性的事后作用，而应是真正能体现参与行为本质的内在的、事前的犯罪构成事实支配能力。其实罗克辛教授在论及共同正犯时，也曾简要地提及，共同正犯的功能性支配是“溯及将来”而非“溯及既往”，也即，共同正犯的功能性支配，并不取决于从事后来看对于共同犯罪的完成是否起到不可或缺的现实作用，而是取决于从

[1] 参见［德］克劳斯·罗克辛：《正犯与犯罪事实支配理论》，载陈兴良主编：《刑事法评论》（第25卷），北京大学出版社2009年版，第11页以下。

事前来看是否原本就存在这种重要的功能性支配力。[1]笔者认为，这实际上就是在强调犯罪构成事实支配是内含于正犯类型的、为其所固有的能力，而非事后的实际作用。遗憾的是，罗克辛教授并未对此展开论述，也未从整个犯罪事实支配理论的视角突出犯罪事实支配“溯及将来”的特点。在德国立法将正犯概念与量刑功能捆绑的立法束缚下，罗克辛教授对犯罪事实支配理论的解释反而越来越实际，以致很多学者都认为，犯罪事实支配理论在适用上已与重要作用说没有本质差别，[2]同样滑入了单一正犯体系的基本逻辑。故笔者认为，有必要以“支配能力”为核心对犯罪事实支配理论作出修正。由于这种犯罪构成事实支配能力内含于参与行为之中，故对其有无应进行事前判断，与各参与行为事后发挥的作用并无必然关联，据此，正犯和共犯与主犯和从犯并不具有对应关系。具言之，行为时原本具有犯罪构成事实支配能力的正犯，未必在个案中现实地发挥出其支配能力，因而也就未必一定是事后起到重要作用的主犯；而行为时原本不具有犯罪构成事实支配能力的共犯，也可能在个案中对共同犯罪的完成提供了其他不可或缺的重要作用，故亦可能成为量刑阶段的主犯。至于德日刑法将正犯和共犯类型与量刑功能绑定，当属其立法上的弊病，并不能说明定罪阶段的正犯和共犯与量刑阶段的主犯和从犯，存在某种必然的关联。

(2)“犯罪构成事实支配能力说”的优势

笔者认为，以“犯罪构成事实支配能力说”作为正犯和共犯的区分标准，具有以下突出的优势。

依据是否具有犯罪构成事实支配能力划分参与类型，还原了参与行为在不法上原本就存在的实质性差异，进而使得不同的参与类型在定罪阶

[1] 参见［德］克劳斯·罗克辛：《正犯与犯罪事实支配理论》，载陈兴良主编：《刑事法评论》（第25卷），北京大学出版社2009年版，第57页。

[2] 参见阎二鹏：《扩张正犯概念体系的建构——兼评对限制正犯概念的反思性检讨》，载《中国法学》2009年第3期。日本西田典之教授也认为犯罪事实支配理论与重要作用说在实质上是相同的，即在不法的实现中发挥重要作用的支配者是正犯，因此，行为支配理论应视为重要作用说的下位观点（参见［日］西田典之：《刑法总论》，弘文堂2006年版，第327页，转引自阎二鹏：《扩张正犯概念体系的建构——兼评对限制正犯概念的反思性检讨》，载《中国法学》2009年第3期）。

段，就能够受到其本应获得的层级不同的规范性评价。即便共同犯罪的参与行为与法益侵害结果之间均具有因果关系，但在能否支配整个法益侵害事实上却存在着本质的不同，这种不同并非理论所臆造，而是参与行为之间客观存在的实质性差异。而犯罪事实支配能力说正是还原了参与类型之间的这种本质性不同。此外，具有犯罪事实支配能力的参与人，原本属于不法较重的参与类型，理应受到更重的价值评定；不具有犯罪事实支配能力的参与行为，原本是违法性较轻的参与形式，理应得到较轻的规范评价。而“犯罪事实支配能力说”根据参与人在犯罪构成事实支配能力上的差异区分正犯和共犯，在定罪阶段就可以使得不同的参与类型受到不同的价值评判，这与单一正犯体系无视参与行为在不法上的实质差异、在定罪层面对参与行为不加区分的做法相比，[1]对共同犯罪在定罪阶段的处理更精细、更成熟。

强调对犯罪构成事实的“支配能力”而非“实际作用”，能够剥离正犯和共犯与主犯和从犯各自的功能。如此一来，存在以下两个突出优势。其一，在发展区分制体系之下区分标准实质化的同时，亦能避免区分制陷入单一制体系的危机。“犯罪构成事实支配能力说”摒弃了简单、僵硬的形式逻辑，立足于深刻的、反映物之本质的犯罪事实支配能力区分正犯和共犯，不仅能够真正标识参与类型的实然差别，也实现了对参与类型区分标准的实质化、规范化构建。同时，由于作为正犯和共犯区分标准的法益侵害事实支配能力，与影响主犯和从犯认定的对法益侵害事实的实际作用，属于不同的标准、不同的路径，所以，不存在实质化的正犯类型与用以量刑的主犯概念同一的单一制风险。其二，立足于区分制，亦能毫无障碍地实现参与人的量刑个别化。如上文所述，正犯和共犯的区分，是以参与人在行为时是否具有对犯罪构成事实的支配能力为标准；而主犯和从犯的区分，则是以参与行为在事后实际发挥的作用以及其他一切能够影响不法和责任的因素作为考量，所以，二者并不具有必然的对应关系。而且，不同于德

[1] 参见刘明祥:《论中国特色的犯罪参与体系》，载《中国法学》2013 年第 6 期。

日刑法，我国刑法并不存在将正犯和共犯与量刑轻重捆绑的立法束缚，只是单独规定了主犯和从犯概念，这也使得正犯和共犯以及主犯和从犯的分离在我国的立法体例下成为可能。例如，甲意图盗窃保险箱，乙便提供了该保险箱的密码，甲用该密码成功地打开了保险箱，并窃取大量财物供二人分赃。[1] 本案中，由于乙仅仅具有提供作案工具的意思，并没有实施盗窃行为的意图，因而可以认定，乙并不具有对盗窃行为事实的支配能力，属于共犯类型；[2] 然而，考虑到乙提供保险箱密码的行为对盗窃事实的完成起到了重要的现实作用，在量刑阶段也可能将共犯乙作为主犯处罚。再以上文提到的“浴盆案”为例。由于妹妹亲手实施了溺婴行为，已通过直接实施实行行为证明了其对构成要件事实的支配能力，故属于正犯；又由于妹妹是受姐姐所托、为了姐姐的利益不得已而行事，可责难性降低，故在量刑上完全可能作为从犯处罚。这就避免了德国法院基于立法上对正犯和共犯的量刑束缚，不得不将妹妹认定为共犯所导致的对参与类型界限的破坏。[3] 此外，笔者认为，正因为是否具有犯罪事实支配能力与在个案中现实发挥的作用是两个不同的标准，所以，很多大陆法系国家刑法才一方面将不具有支配能力的教唆者认定为共犯，另一方面又基于教唆者为共同犯罪的完成提供了重要诱因对其适用正犯之刑，二者并非像有学者所言，存

---

[1] 参见刘明祥:《论中国特色的犯罪参与体系》，载《中国法学》2013 年第 6 期。

[2] 笔者提倡的“犯罪事实支配能力说”中的“支配能力”，并不是纯粹物理意义上的能力，必须同时结合参与人主观上对构成要件事实的支配意思进行判断。

[3] 参见［德］克劳斯・罗克辛:《正犯与犯罪事实支配理论》，载陈兴良主编:《刑事法评论》（第 25 卷），北京大学出版社 2009 年版，第 9 页。同理，在 Staschnskij 案中（Staschnskij 受到苏联情报机关的指令，杀害了流亡在德国的两名政治家），虽然 Staschnskij 通过直接实施杀人行为证明了对杀人罪构成事实的支配能力，从而应成立正犯，但由于其是受上级指令即受他人的意思控制而实施行为，可责难性降低，故在我国这种正犯和共犯与主犯和从犯可以分离的体制下，完全可能将定罪阶段属于正犯的被告人，在量刑阶段作为从犯处理，这就避免了德国联邦最高法院由于受到立法上的量刑束缚，不得不破坏正犯和共犯原本的区分标准，而将被告人认定为杀人罪帮助犯的弊端（参见［德］克劳斯・罗克辛:《正犯与犯罪事实支配理论》，载陈兴良主编:《刑事法评论》（第 25 卷），北京大学出版社 2009 年版，第 9 页）。

在矛盾。[1]

关于本书提出的“犯罪构成事实支配能力说”，需要补充说明的是，以犯罪构成事实支配能力界分正犯和共犯类型，并不否定现实的共犯从属性问题。犯罪事实支配能力说并不否定法益侵害结果或现实危险的发生必须以正犯现实地实施实行行为为前提，只不过强调，并非只有形式上实施了符合构成要件的实行行为的参与人，才是唯一具有犯罪构成事实支配能力的正犯，那些在行为时表现出对犯罪构成事实的具体支配能力的参与人，均是真正意义上的正犯。基于具有犯罪构成事实支配能力的正犯之间在实施实行行为上的可代替性，虽然并不是每个正犯者都需要现实地实施实行行为，但也必须有能够现实地替代其他支配能力者实施实行行为的正犯者存在，才能认定各参与人犯罪未遂或犯罪既遂的刑事责任。因此，以是否具有犯罪构成事实支配能力界分共犯和正犯，当然也存在共犯对正犯的现实从属性问题。

（三）针对区分制受到的批判作出的修正与回应

区分制犯罪参与体系在对共同犯罪解释的精巧性上占据优势，作为共同犯罪的体系基础，有利于教义理论的深入展开。然而，区分制体系在理论根基上，还存在一些痼疾，亦有受到误解之处，需要在调整正犯和共犯区分标准的基础上，部分进行修正，部分作出回应。

1. 对区分制的理论基础“限制正犯概念”之修正

区分制犯罪参与体系最初以严格的限制正犯概念为理论基础。根据这种原始的限制正犯概念，只有亲自实施符合构成要件行为的人才是正犯，只有实施了符合构成要件的行为才应当受到刑罚处罚；而教唆犯、帮助犯并未实施符合构成要件的行为，故不是正犯，之所以处罚这种不符合构成要件的行为，是通过刑法总则的规定扩张刑罚适用范围的表现。[2] 换言之，

---

[1] 参见阎二鹏：《扩张正犯概念体系的建构——兼评对限制正犯概念的反思性检讨》，载《中国法学》2009 年第 3 期。

[2] 转引自许玉秀：《当代刑法思潮》，中国民主法制出版社 2005 年版，第 569 页。

只有正犯具有可罚性，而共犯自身并不具有可罚性，故正犯是犯罪的核心，具有优位性，而共犯则仅处于犯罪的边缘位置，对正犯具有从属性。[1]

这种严格的限制正犯概念已受到学界的有力批判。如有学者指出，限制正犯概念否定共犯的可罚性，将其处罚依据归于刑罚扩张事由，这不符合刑法的目的及归责原理。刑法处罚任何犯罪人，必然是因为其对刑法所保护的法益造成了侵害或威胁，至于其是通过亲手实施符合构成要件的行为侵害法益，还是通过利用他人符合构成要件的行为侵害法益，并无不同。质言之，只要其行为与法益侵害结果之间具有刑法上的因果关系，就应当受到刑罚处罚，这也是任何犯罪人受到刑罚处罚的唯一原因，并不存在所谓“刑罚扩张事由”。[2] 还有学者指出，既然区分制之下参与类型的设置是以限制正犯概念为理论基础，而根据限制正犯概念，正犯的可罚性源于刑法所规定的构成要件，共犯的可罚性则只能通过刑法总则予以扩张，那么正犯和共犯的区分就应以是否实施了符合构成要件的行为为标准，不应当采取犯罪事实支配理论等实质区分标准，否则必然违背限制正犯概念这一区分制的理论基础。[3]

笔者认为，作为区分制理论基础的限制正犯概念确实应当作出修正，即不应当从构成要件以及可罚性限制正犯类型，而应当从犯罪事实支配能力以及价值层级的角度限制正犯类型。前文提到，虽然所有共同犯罪的参与行为都与法益侵害结果具有因果关系，但并非所有参与行为都能够支配法益侵害事实，而具有犯罪构成事实支配能力的参与行为与不具有支配能力的参与行为相比，原本不法性就为重，故理应受到规范层级为高的无价值评定，这与各参与行为在事后发挥了怎样的实际作用，又应当被判处何种程度的刑罚无关。换言之，不能因为在量刑阶段对参与人的处罚相应，

---

[1] Vgl. Roxin. Strafrecht AT. Band Ⅱ ［M］. muenchen：C.H.Beck Verlag，2003. S.9. 转引自江溯：《区分制共犯体系的整体系批判》，载《法学论坛》2011 年第 6 期。

[2] 参见江溯：《区分制共犯体系的整体系批判》，载《法学论坛》2011 年第 6 期。

[3] 参见阎二鹏：《犯罪参与类型再思考——兼议分工分类与作用分类的反思》，载《环球法律评论》2011 年第 5 期。

就忽略了参与类型原本固有的实质性差异，以及这种差异理应带来的对他们在定罪阶段价值评判的不同，这也是笔者反对扩张正犯概念的原因。根据扩张正犯概念，所有与法益侵害结果具有因果关系的参与行为都是价值相等的正犯类型，在定罪阶段根本无须加以区分，只要在量刑上实现个别化即可。[1] 而这恰恰忽略了共同犯罪参与行为在犯罪事实支配能力上的客观差异，以及由此导致的参与类型在不法等级上的不同。所以，笔者认为，妥当的做法是对作为区分制理论基础的限制正犯概念进行修正。所谓限制正犯概念，并非指只有实施构成要件行为的参与行为才具有可罚性，应承认所有与法益侵害结果具有因果关系的参与行为均具有可罚的基础，只不过唯有实施构成要件行为的参与行为才是实行行为，这便解决了对共同犯罪参与行为归责的边界问题。所谓限制正犯概念，也并非从构成要件的角度限制正犯类型，而是从犯罪构成事实支配能力的角度限制正犯概念，即并非实施了构成要件行为的参与人是正犯，行为之际具有犯罪构成事实支配能力的参与人才是真正意义上的正犯。对正犯类型的此种限制，正是为了还原参与行为的实质差异，使正犯和共犯在定罪阶段受到其本应获得的差异性规范评价，这便解决了共同犯罪参与类型的限制和区分问题。

2. 限制正犯概念与因果共犯论的矛盾之化解

有学者质疑，既然限制正犯概念主张共犯并没有实施构成要件行为，因而本来不具有可罚性，那么为何又以共犯处罚根据的名目专门探讨共犯的可罚性问题，为何又在因果共犯论中主张共犯之所以受到处罚，是因为和正犯一样侵害了法益呢，这实属自相矛盾。[2]

笔者认为，修正后的限制正犯概念，完全能够化解其与因果共犯论之间的矛盾。应当承认，严格的限制正犯概念确实与共犯处罚根据论，尤其是其中的因果共犯论存在矛盾之处。但笔者在上文已经表明，早期严格的

---

[1] Vgl. Eh Schmidt Diemittelbare Taterschaft，Frank-FG Ⅱ，1969，S.106，117ff. 转引自许玉秀：《当代刑法思潮》，中国民主法制出版社 2005 年版，第 570 页。

[2] 参见［日］高桥则夫：《共犯体系和共犯理论》，中国人民大学出版社 2010 年版，第 63、71 页；江溯：《区分制共犯体系的整体系批判》，载《法学论坛》2011 年第 6 期。

限制正犯概念理应作出修正，即限制正犯概念不应依据是否实施构成要件行为而否定部分参与行为的可罚性，是不是符合构成要件的行为，只是表明参与行为到底是实行行为还是教唆行为、帮助行为，但不管是实行行为还是教唆行为、帮助行为，都是因其与构成要件结果之间的因果关系才具有可罚性。这样一来，这种被修正的限制正犯概念与因果共犯论之间的矛盾就可以得到化解。值得说明的是，有学者认为，在共犯处罚根据上认同因果共犯论，已经说明区分制开始向单一正犯体系转移。[1] 笔者不以为然。尽管限制正犯概念承认所有参与行为都是因与构成要件结果具有因果关系而具有可罚性，但限制正犯概念仍然认为，各参与行为在是否具有犯罪构成事实支配能力，进而在固有的不法等级上存在差异，故理应对参与类型作出区分，这与单一正犯体系主张共同犯罪的参与行为不存在实质区别，在不法的价值上等同，从而不必对犯罪类型作出划分的见解，存在本质的不同。

3. 立足于区分制主张共犯从属性未必违背个人责任原则

有学者对区分制提出如下批评，区分制的基本原理是共犯从属性，即只有正犯具有固有的不法和罪责，共犯则是因正犯的不法和罪责才具有可罚性，故共犯对正犯具有从属性。虽然共犯从属性原理对限制犯罪参与者的处罚范围具有重要意义，却与现代刑法的个人责任原则相抵牾。[2] 根据个人责任原则，个人只因自己行为所固有的不法和罪责承担责任，而共犯从属性说无法解释为何共犯要为正犯的不法和责任负责。[3] 正因为如此，德国学者毕克迈尔才指出，共犯从属性原理实质上来源于可罚性借用理论，而可罚性借用理论在根本上违背个人责任原则。[4]

笔者认为，区分制之下的共犯从属性原理未必违背个人责任原则，这取

[1] 参见［日］高桥则夫:《共犯体系和共犯理论》，中国人民大学出版社 2010 年版，第 71 页。

[2] 参见蔡墩铭:《刑法总论》，三民书局 1988 年版，第 223 页。

[3] 参见江溯:《区分制共犯体系的整体系批判》，载《法学论坛》2011 年第 6 期。

[4] 参见［日］西田典之:《新版共犯与身份》，成文堂 2003 年版，第 40、43 页，转引自江溯:《区分制共犯体系的整体系批判》，载《法学论坛》2011 年第 6 期。

决于如何理解共犯从属性。共犯从属性问题分为实行从属性和要素从属性两部分。实行从属性主张教唆犯、帮助犯构成犯罪未遂，以正犯着手实行犯罪为必要。要素从属性则存在严格从属性说、限制从属性说和最小从属性说三种不同见解，严格从属性认为共犯从属于正犯的构成要件该当性、违法性和有责性；限制从属性认为共犯从属于正犯的构成要件该当性和违法性，不必从属于正犯的个人责任；最小从属性则彻底地贯彻了个人罪责原则，主张共犯和正犯一样具有独立的不法和罪责，共犯只是在最小限度上从属于正犯该当构成要件的行为。可见，立足于区分制主张共犯的最小从属性说，承认共犯存在固有的违法性和有责性，共犯对正犯的从属只是事实层面的实行从属性，同样在共同犯罪中彰显了个人责任原则。虽然有学者认为，一旦立足于区分制度采取最小从属性说，那么共犯从属性的意义就名存实亡，已使得参与类型趋向单一正犯体系。[1] 但笔者不以为然。一方面，由于单一制主张所有参与行为都只对其固有的未遂、既遂进行答责，[2] 因而极易扩张教唆犯、帮助犯构成犯罪未遂的范围；而立足于区分制主张共犯的最小从属性说，尽管使得共犯从属性原本的意义打了折扣，但在最低限度上坚持共犯的实行从属性，主张共犯构成犯罪未遂以正犯事实上着手实行犯罪为必要，对于妥当限定共同犯罪中未遂犯的处罚范围，仍然具有重要意义。另一方面，即便立足于区分制主张共犯的最小从属性说，也只是承认共犯和正犯一样具有独立的不法，而非认为共犯和正犯具有等价的不法。换言之，根据最小从属性说，虽然共犯具有独立的不法，但由于共犯并非像正犯那样具有犯罪构成事实支配能力，故共犯固有的不法与正犯固有的不法相比，在规范层级上原本是较低的，这与单一制主张所有参与行为在价值上等同、不必对参与类型作出划分，仍然存在本质的不同。[3]

4. 承认间接正犯、正犯背后的正犯及共同正犯并未破坏区分制体系

主张单一正犯体系的学者认为，间接正犯、正犯背后的正犯及同时正

---

[1] 参见柯耀程：《刑法总论释义——修正法篇》（上册），台湾元照出版公司 2006 年版，第 395 页。

[2] 转引自［日］高桥则夫：《共犯体系和共犯理论》，中国人民大学出版社 2010 年版，第 23 页。

[3] 关于共犯的实行从属性和最小从属性问题，将在本书后面的章节详细展开论述。

犯并未亲自或完全实施构成要件行为，但区分制仍然将其认定为正犯，这与单一制主张不管是直接实现构成要件，还是间接实现构成要件都是正犯的观点是一致的，故对这三个概念的肯认，实际上已经使区分制自身受到了破坏。[1]

笔者认为，间接正犯、正犯背后的正犯及同时正犯，均是因为自身具有犯罪构成事实支配能力而归属的正犯类型，与不具有犯罪事实支配能力的共犯具有实质区别，因此，这些正犯类型的存在，正是体现了区分制的基本主张，不存在破坏之说。前文提到，早期严格的限制正犯概念理应作出修正，即不应从是否实施了构成要件行为，而应从是否具有犯罪构成事实支配能力的角度限制正犯概念。而间接正犯、正犯背后的正犯以及共同正犯，正是由于自身具有犯罪构成事实支配能力，才被划归为规范层级较高的正犯类型，这与上述被修正的限制正犯概念是完全契合的。就间接正犯而言，尽管未亲手实施构成要件行为，但行为人通过欺骗使得直接实行人不能辨识违法行为，或通过胁迫使得直接实行人不能抗拒实施违法行为，[2] 从而掌控了犯罪构成事实的支配能力，本就应当成立正犯类型。而正犯背后的正犯，事实上也是间接正犯内部的两种类型。一是参与人虽未直接实行犯罪，但通过欺骗使得直接实行人产生对象认识错误。如甲知道乙要在某时某地枪杀丙，因甲与丁有仇，便在该时将丁诱致该地，结果乙果真将丁误以为丙而杀害。[3] 本案中，乙是通过直接实施杀人的实行行为展现出对抽象的杀人事实的支配能力，甲则是通过对被害人身份的欺骗体现出对具体的丁死亡事实的支配能力，故二者也应属于正犯类型。二是参与人虽未直接实行犯罪，但通过有组织的权力结构，使得直接实行人处于可被随时替换的地位，从而确保了自己命令的实施。Staschnskij 案就属于这种

[1] 参见［日］高桥则夫:《共犯体系和共犯理论》，中国人民大学出版社 2010 年版，第 63 页。

[2] 参见［德］克劳斯·罗克辛:《正犯与犯罪事实支配理论》，载陈兴良主编:《刑事法评论》（第 25 卷），北京大学出版社 2009 年版，第 11 页。

[3] 参见［德］克劳斯·罗克辛:《正犯与犯罪事实支配理论》，载陈兴良主编:《刑事法评论》（第 25 卷），北京大学出版社 2009 年版，第 27 页。

情形。对此，罗克辛教授主张发布命令者是间接正犯，直接实行者是直接正犯。[1] 笔者认为，这种组织性权力机构是幕后者犯罪构成事实支配能力的体现，这才是幕后者构成正犯类型的关键。至于共同正犯，罗克辛教授提出了功能性支配的见解。如甲、乙二人共同抢劫银行，甲拿枪对准柜台里的收银员，乙则清空保险箱。罗克辛教授指出，虽然甲只实施了强制行为，乙只实施了取财行为，但倘若没有甲使雇员动弹不得，抢劫犯罪就会失败，倘若没有乙取走财物也是一样，故甲乙二人都具有无法替代的功能，他们通过这种功能性影响实现了对犯罪事实的支配，因而属于共同正犯。[2] 但笔者认为，类似的案件中，参与人是通过着手之际相互之间行为的可代替性，体现出各自对犯罪构成事实的支配能力，是因此才共同作为正犯类型。综上，间接正犯、正犯背后的正犯及共同正犯，都是以犯罪构成事实支配能力为标准甄别出的不法性较高的参与类型，而这恰恰体现了区分制的意旨。

5. 正犯和共犯的区分困难不能成为否定区分制的理由

有学者认为，区分制体系的另一弊病是导致正犯和共犯区分上的困惑。尽管针对这一问题，学界提出了各种各样的区分标准，但问题丝毫没有解决。而采取单一正犯体系，就不会存在这种区分上的困境。[3]

笔者认为，正犯和共犯的区分困难不能成为否定区分制的理由。一方面，区分制体系并非单纯地为了区分而区分，而是为了还原共同犯罪的参与行为在犯罪事实支配能力，进而在不法等级上的差异，这一还原过程是尊重客观事实的体现，不容选择。虽然在正犯和共犯的区分问题上，并不具有绝对的明确性，但正如罗克辛教授所言，从法学理论、解

[1] 参见［德］克劳斯·罗克辛：《正犯与犯罪事实支配理论》，载陈兴良主编：《刑事法评论》（第25卷），北京大学出版社2009年版，第9页、第33页以下。

[2] 参见［德］克劳斯·罗克辛：《正犯与犯罪事实支配理论》，载陈兴良主编：《刑事法评论》（第25卷），北京大学出版社2009年版，第50页。

[3] 参见阎二鹏：《扩张正犯概念体系的建构——兼评对限制正犯概念的反思性检讨》，载《中国法学》2009年第3期；参见刘明祥：《论中国特色的犯罪参与体系》，载《中国法学》2013年第6期。

释学的基本问题再到实践结果，在学者中间几乎都存在争议，这本无可厚非。[1] 况且，“分界乃是概念精致化的必然结论，分界有其程序目的，即在于更有效地发挥体系功能”[2]。另一方面，如我国学者所言，虽然区分制并没有完全解决正犯和共犯区分的精准性，但理论的发展已经在一些正犯和共犯类型上达成了共识，对于实践中绝大多数犯罪参与形式，是可以作出合理区分的。[3]

6. 我国主从犯的设置完全能够解决区分制的量刑束缚

单一制学者对区分制提出的最常见的批评是，区分制使得正犯和共犯与固定的重刑或轻刑绑定，根本无法在量刑上实现刑罚个别化，[4] 因为根据个案的实际情况，不可避免地存在教唆犯、帮助犯应当适用较重的刑罚，而所谓正犯应当适用较轻刑罚的情况。[5]

笔者认为，在我国采取区分制并不存在量刑上的束缚，完全能够在区分制的基础上实现刑罚个别化。首先，作为正犯和共犯区分标准的犯罪构成事实支配能力，不同于事后发挥的实际作用，故正犯和共犯与主犯和从犯本来就不存在必然的对应关系。详言之，原本具有犯罪构成事实支配能力、不法性较高的正犯，未必在事后现实地发挥出其支配能力，因而也未必一定起到主要作用，亦可能作为起到次要作用的从犯处罚。其次，对正犯和共犯的量刑，本来就不完全取决于二者在犯罪事实支配能力上的差异，还要考虑其他一切能够影响违法性和有责性的因素，故正犯和共犯与主犯和共犯完全可能分离。如共犯虽然不具有犯罪事实支配能力，但如果可责难性较高，也可能作为主犯处罚；反之，即便正犯具有犯罪事实支配能力，

---

[1] Vgl. Roxin，Täterschaft und Tatherrschaft，8. Aufl.，2006. S.107. 转引自阎二鹏：《犯罪参与类型再思考——兼议分工分类与作用分类的反思》，载《环球法律评论》2011 年第 5 期。

[2] 许玉秀：《当代刑法思潮》，中国民主法制出版社 2005 年版，第 565 页。

[3] 参见张开骏：《区分制犯罪参与体系与“规范的形式客观说”正犯标准》，载《法学家》2013 年第 4 期。

[4] Vgl. Kienapfel，Der Einheitstäter im Strafrencht，1971，S.26，29，33. 转引自［日］高桥则夫：《共犯体系和共犯理论》，中国人民大学出版社 2010 年版，第 63 页。

[5] 参见刘明祥：《论中国特色的犯罪参与体系》，载《中国法学》2013 年第 6 期。

但如果是为了他人利益或受到了一定程度的胁迫，导致可责难性降低，同样可能被认定为从犯。最后，我国刑法并未像德日刑法那样将正犯和共犯的刑罚固定化，只是单独规定了主犯和从犯，因而，正犯和共犯与主犯和从犯这两对概念完全可以并行不悖、各司其职。

7. 区分制并没有忽视侠义共犯的形成基础

有学者指出，虽然区分制体系之下参与类型包括正犯和共犯，但实际上区分制只是确认正犯的理论，却欠缺确认共犯形成的理论，在此前提下，直接探讨共犯的从属性，不免显得思维有些跳跃。[1] 而单一正犯体系则以“共动关系的二重性”为基础，即共同犯罪由构成要件的范围问题和量刑问题组成，前者解决从多种多样的共动者中使谁可罚，也就是与构成要件结果是否具有因果关系的问题；后者则根据参与人个人的不法和责任解决刑罚个别化的问题。[2] 对于前者而言，已经为所有参与行为提供了形成的理论基础。[3]

笔者认为，区分制和单一制一样，并没有忽视狭义共犯的形成基础。前文提到，严格的限制正犯概念应当作出修正，即是否实施构成要件行为只能决定其是实行行为还是教唆行为、帮助行为，并不能决定参与行为是否具有可罚性，所有参与行为的可罚性都源自与构成要件结果之间的因果关系。因此，参与行为与法益侵害结果之间是否具有因果关系，是对参与类型作出进一步划分的前提。换言之，只有在确定所有参与行为都是导致构成要件结果发生的原因之前提下，才会进一步根据哪些参与行为具有犯罪构成事实支配能力，划分出正犯类型。因此，区分制体系根本不缺乏狭义共犯的形成基础，这属于刑法上的因果关系问题。

8. 过失共同犯罪适用单一正犯体系并非源于区分制不合理

有学者认为，对过失犯罪不区分参与形式，一般地采用了单一正犯体

---

[1] 参见柯耀程：《刑法参与论的发展与检讨》，载刘明祥等主编：《刑事法探究》（第 4 卷），中国人民公安大学出版社 2011 年版，第 412 页。

[2] Vgl. Kienapfel，Einheitstäter im Strafrencht，1971，S.38. 转引自［日］高桥则夫：《共犯体系和共犯理论》，中国人民大学出版社 2010 年版，第 18 页。

[3] 参见江溯：《区分制共犯体系的整体系批判》，载《法学论坛》2011 年第 6 期。

系，也说明单一制具有合理性。因而，对故意犯罪也应当适用单一正犯体系，不应根据所谓价值层级的差异对参与类型作出划分。[1]

然而，正如韦塞尔斯所说，过失犯和故意犯的结构不同，过失犯的行为人是以违反谨慎义务的方式对构成要件的实现作出了贡献，所以，对过失犯的参与类型作出划分并无意义。[2] 笔者认为，过失犯罪的不法和罪责较轻，刑法例外规定时才构成犯罪，因此，不对过失共同犯罪的参与形式作出划分，依据单一正犯体系进行简单处理，并无明显不妥。但是，故意犯罪是比过失犯罪更重的犯罪类型，对共同故意犯罪的认定，理应更精细、更谨慎、更严肃，故有必要根据参与行为在犯罪构成事实支配能力上的差异，对参与类型作出细致划分，以使得不同的参与类型能够受到其本应获得的层级不同的价值评判。综上，过失共同犯罪适用单一正犯体系，属于特殊问题特殊处理，并非源于区分制体系自身不合理。

三、本章小结

采取区分制犯罪参与体系是探讨共犯从属性的前提。

近年来，单一正犯体系在我国获得越来越多学者的认同。应当承认，单一正犯体系确实具有可取之处。一方面，单一制通过主张参与人具有独立的不法和罪责，成功地在共同犯罪中引入了个人责任原则。另一方面，单一制根据参与人固有的违法和责任进行量刑，可以毫无障碍地实现刑罚的个别化。然而，单一正犯体系也存在致命缺陷。单一制忽视了参与行为在不法上的实质差异，使得对共同犯罪在定罪阶段的处理粗糙化。共同犯罪的参与人具有独立的不法和罪责，并不代表具有等价的不法和罪责，单一制总是强调所有参与行为均与法益侵害结果具有因果关系，却忽略了并非所有参与行为都对法益侵害事实具有支配能力，进而也就忽略了参与行

[1] Vgl. Kienapfel，Die Einheitstäterregelung der §§ 12ff und 32ff StGB，JBI，1974，S.116. 转引自［日］高桥则夫:《共犯体系和共犯理论》，中国人民大学出版社 2010 年版，第 54 页。

[2] 参见［德］约翰内斯·韦塞尔斯:《德国刑法总论》，李昌珂译，法律出版社 2008 年版，第 281 页。

为在不法的规范层级上存在的实质差异。换言之，即便承认共犯具有独立的违法性和有责性，但由于共犯并不具有犯罪构成事实的支配能力，与正犯相比，仍然是规范层级较低的参与类型，故理应对此作出区分，以使得不同的参与类型在定罪阶段即受到其本应获得的层级不同的价值评定。而单一正犯体系无视参与类型的这种客观差异，必然导致在定罪阶段对共同犯罪的评价粗糙化，在量刑阶段欠缺一个成熟的参考标准。此外，虽然单一制有利于实现参与人的刑罚个别化，但由于我国刑法并未将正犯和共犯与参与人的量刑问题作出不合理的绑定，故在我国立足于区分制同样可以实现这一效果。

区分制犯罪参与体系的优势关键在于，区分制一直在努力还原共同犯罪的参与行为在不法上的实质性差异，以使得不同的参与类型在定罪阶段即能够受到差别性的价值评定，从而对共同犯罪问题的处理更加精致化。关于区分制体系之下正犯和共犯的区分标准，纯粹的主观说违背了客观主义刑法立场，无法妥当地区分正犯和共犯。规范的综合理论缺乏标准之间的体系建构，亦没有完全摆脱主观说的弊病。形式客观说简单、僵硬的形式逻辑，无法标识规范意义上的核心参与类型，那些主张回归形式客观说的见解，无论如何都是一种理论的倒退。重要作用说试图摆脱形式客观说的僵化与局限，从更深刻的意义上寻求参与类型的区分标准，这是值得肯定的，但根据事后的实际作用划分的乃是量刑阶段的主犯和从犯概念，而非定罪阶段的正犯和共犯类型，反而导致区分制滑向了单一正犯体系。关于正犯和共犯的区分标准，笔者主张对罗克辛教授提出的犯罪事实支配理论进行修正，即正犯和共犯的区分不能着眼于事后发挥的所谓支配性作用，而应转向事前即行为时是否存在对犯罪构成事实的支配能力，笔者将其称为“犯罪构成事实支配能力说”。这种标准摆脱了形式论的狭隘，彰显了规范论的深度。同时，由于行为时的支配能力和事后的实际作用关注点不同，由此剥离了正犯和共犯与主犯和从犯各自的功能，既避免了正犯实质化的单一制风险，又能立足于区分制实现参与人的量刑个别化。需要说明的是，由于具有犯罪构成事实支配能力的正犯之间在实施实行行为上具有可代替性，并不是每个正犯者都需要现实地实施实行行为，但也必须有能够替代其他支配能力者实施实行行为的正犯存在，因此，以是否具有犯罪构成事实支配能力界分共犯和正犯，并不否定共犯对正犯的现实从属性问题。与上述观点相应，应当对基于早期限制正犯概念的区分制体系作出修正。修正之一，是否实施了构成要件行为只能表明参与行为在存在形态上的差别，并不能直接决定参与行为是否具有可罚性；修正之二，所谓限制正犯概念，不应从构成要件行为的角度限制正犯类型，而是应当从参与人是否具有犯罪构成事实支配能力的角度对正犯类型进行规范性限制；修正之三，区分制体系之下，规范意义上的违法性和有责性理应在共犯和正犯之间独立判断，而共犯对正犯的从属性应当降级为基于自然限制的事实层面的依赖，如此，便可以在区分制体系中引入个人责任原则。至于区分制体系存在的意义，原本就应围绕参与类型在不法上的本质差异来巩固和构建。

第四章

共犯的处罚根据与共犯从属性

共犯的处罚根据作为共犯的基础性问题，能够决定共犯有无从属性以及从属的程度，因而，对共犯从属性的探讨，必须从共犯的处罚根据中寻找理论根基。然而目前，我国对共犯处罚根据的研究尚且薄弱，既有的理论也存在诸多问题，由此导致学界对共犯从属性的定位、实务界对共犯处罚范围的划定，多有偏差。共犯的严格从属性说在我国仍然得到适用，[1]就是将早已被摒弃的共犯借用犯说或责任共犯论作为共犯处罚根据的表现，不仅违背近代刑法所确立的个人责任原则，而且会导致在具体案件中，将一部分本属于共犯的情形错认为间接正犯。因果共犯论内部的修正肇因说和折中肇因说，是现今共犯处罚根据论的优势观点。基于个人责任原则的考虑，二者放弃了共犯对正犯有责性的从属，退守于共犯对正犯构成要件及违法性的从属性。然而，修正肇因说和折中肇因说各自在论证方法上存在弊病，因此，二者始终无法为因何共犯的不法是从正犯导出，提供充分

[1] 最高人民法院主编:《刑事审判参考》(第16辑)，法律出版社2001年版，第74页。

的理论依据，对具体问题的解决也均存在不合理之处。关于共犯的处罚根据，笔者提倡接受构成要件制约的纯粹肇因说。也即，共犯之所以受到处罚，是因为借由正犯该当构成要件的行为事实，实行了自身对法益的侵害。据此，共犯只应从属于正犯符合客观构成要件的行为和结果，在不法和责任这种规范性判断上，则具有独立性。笔者认为，纯粹肇因说不仅在论理上更加可取，而且如果运用妥当，反而可以恰当地划定共犯的处罚范围。至于学界针对纯粹肇因说提出的各种批评，主要源自于对该说的误解以及对刑法条文的僵化解读，而非源自纯粹肇因说之根本。下文将展开论述。

一、共犯处罚根据论在我国的困境

当前，我国学界对共犯从属性等具体问题的研究存在本末倒置之嫌，即将精力单纯地集中于问题的表面，却忽视了对共犯处罚根据自身的深入挖掘。正因为如此，既有的对共犯处罚根据的探讨，不仅观点陈旧，而且存在诸多问题。

（一）共犯借用犯说和责任共犯论的守旧立场依然存在

关于共犯的处罚根据，共犯借用犯说和责任共犯论在我国仍然得到适用。首先，有学者隐晦地表达了对共犯借用犯说的认同。如有论者指出，教唆犯是否被处罚，依实行犯是否被处罚而定。[1] 而该观点恰恰是共犯借用犯说的基本主张，即共犯没有独立的处罚根据，其之所以受到处罚，乃是因为借用了正犯的犯罪性和可罚性，所以，只有在正犯构成犯罪并受到处罚之时，共犯才成立。[2] 其次，另有一些学者则显露出对责任共犯说的支持。如主张陷害教唆具有可罚性的论者给出的理由多是陷害教唆的场合，

[1] 参见马克昌：《共同犯罪理论中若干争议问题》，载《华中科技大学学报》（社会科学版）2004 年第 1 期。

[2] 参见陈子平：《共犯处罚根据论》，三民书局 1992 年版，第 9 页。

教唆者制造了犯罪人，因此也应当被追究刑事责任。[1] 而这正是责任共犯论的观点，即共犯是因为使正犯陷入罪责和刑罚才受处罚。[2] 最后，虽然很多学者、司法者并未就共犯的处罚根据表明立场，但在共犯的成立条件上采取严格从属性，也反映出他们对共犯借用犯说或责任共犯论的默认。如在我国，学界 [3] 和实务 [4] 中仍有观点主张，只有教唆达到刑事责任年龄、具有刑事责任能力的人犯罪才构成教唆犯，否则属于间接正犯。而这种共犯的成立以正犯具备违法性和有责性为必要的见解，正是从共犯借用犯说或责任共犯论中才能推演出的结论。

然而，共犯借用犯说和责任共犯论以及作为其理论归结的严格从属性说，因违背个人责任原理，早已受到了国外学界的有力批判。针对共犯借用犯说，德国学者 Kohler 早期即指出："教唆者因他人之犯罪而负担责任的思考，在刑法的历史过程从来不存在，此种思考系违反现今之文化理念。当今刑法采取就自己行为负担责任的个人责任原则，亦即，教唆犯并非从属于他人责任的附属物，而系教唆者自身之责任。"[5] 据此，共犯的成立根本不应当取决于正犯的罪责。针对责任共犯论，罗克辛教授指出，如果认为共犯的处罚基础在于使正犯陷入犯罪和刑罚，那么共犯的成立同样必须从属于正犯的违法和责任，这一样背离了共同犯罪中的个人责任原理，如

[1] 参见魏东：《教唆犯研究》，中国人民公安大学出版社 2002 年版，第 186 页。

[2] 参见许泽天：《共犯之处罚基础与从属性》，载《罪与刑——林山田教授六十岁生日祝贺论文集》，台湾五南图书出版有限公司 1997 年版，第 64 页。

[3] 参见陈兴良：《共同犯罪论》，中国人民大学出版社 2006 年版，第 461 页。

[4] 最高人民法院主编：《刑事审判参考》（第 16 辑），法律出版社 2001 年版，第 74 页；黑龙江省哈尔滨市香坊区人民法院（2006）香刑初字第 406 号刑事判决书；江苏省南通市中级人民法院（2002）通中刑一初字第 10 号刑事判决书。

[5] Kohler，Studien aus dem Strafrecht，Ⅰ，1890，S.106ff. 转引自陈子平：《论共犯之独立性与从属性》，载陈兴良主编：《刑事法评论》（第 21 卷），北京大学出版社 2007 年版，第 8 页。另外，日本学者大越义久、藤木英雄、十河太郎也针对共犯借用犯说提出了相同的批评（参见［日］大越义久：《共犯的处罚根据》，青林书院新社 1981 年版，第 66 页；［日］十河太朗：《共犯从属性概念的再构成（一）》，载《同志社法学》2004 第 302 号；［日］藤木英雄：《刑法讲义（总论）》，弘文堂 1975 年版，第 295 页，以上转引自王昭武：《教唆犯从属性说之坚持与展开》，载赵秉志主编：《刑法论丛》，法律出版社 2008 年版，第 77 页）。

今，责任共犯论也仅仅具有历史与法政策上的意义。[1]

由此可见，我国学界及实务将正犯的有责性作为共犯的必要条件，不但明显违背了责任个别化原理，而且不可避免地会导致在个案中将一部分本属于共犯的情形错认为间接正犯。因此，对于这种早已过时的共犯借用犯说和责任共犯论，以及作为其理论归结的共犯的严格从属性说，我国亦应及时摒弃。

（二）多数学者坚持方法论有问题的修正肇因说和折中肇因说

与共犯借用犯说和责任共犯论从“共犯和正犯的关系”中寻求共犯的处罚根据不同，肇因说回归到“法益侵害”这条主线说明共犯的处罚基础，即共犯和正犯一样，都是因为惹起了法益侵害结果，才受到处罚。但由于对违法的来源有不同的理解，在德国，肇因说已分化为三种类型：一是纯粹肇因说，提倡共犯不法的独立性；二是修正肇因说，主张共犯的不法只能由正犯导出；三是折中肇因说，认为共犯的不法部分从属于正犯，部分系共犯所固有。[2]

近年来，我国学者也陆续开始支持上述肇因说。但笔者认为，我国对肇因说的研究存在以下问题。第一，支持肇因说的学者一概认同共犯对正

[1] 参见［德］克劳斯·罗克辛：《德国刑法学总论》（第 2 卷），王世洲等译，法律出版社 2013 年版，第 102 页。值得注意的是，支持责任共犯论的德国学者 H.Mayer 后来对该说进行了修正，赋予了共犯的可罚性以双重基础，即与正犯相关的堕落化要素和与正犯行为相关的惹起要素，从而不再固守共犯的严格从属性说（Vgl. H. Mayer，Täterschaft，Teilnahme，Urheberschaft，Festschr. f. Rittler，1957，S.319. 转引自［日］高桥则夫：《共犯体系和共犯理论》，冯军、毛乃纯译，中国人民大学出版社 2010 年版，第 101 页）。但笔者认为，责任共犯论的问题仍然没有解决，即其还是将“共犯侵犯正犯的利益”这种并非落脚于法益侵害的要素，作为共犯的处罚基础。虽然笔者也认为，教唆行为引发他人犯罪或导致他人实施违法行为的事实，确实表明教唆行为具有特殊危险，但这种特殊危险针对的仍然是可能的“法益侵害”，而非“正犯利益”，换言之，在阐释教唆犯的处罚基础时，完全回归到“对法益的侵害或威胁”这条主线，才有说服力。另外，由于上述我国学者在共犯的成立条件上采严格从属性说，故可以断定，他们采用的仍然是传统的、已被摒弃的责任共犯论，而非此种修正的责任共犯论。

[2] 参见［日］高桥则夫：《共犯体系和共犯理论》，冯军、毛乃纯译，中国人民大学出版社 2010 年版，第 114 页。

犯不法的从属性，即一律支持修正肇因说或折中肇因说，却忽视了二者在论证方法上的缺陷。正因如此，我国学者和许多国外学者一样，始终无法在论理上对以下问题作出妥当的说明，即虽然共犯成立未遂犯、既遂犯需要从属于正犯的主行为，但因何共犯在规范意义上的不法也要从正犯导出。第二，虽然这些学者否定共犯对正犯责任的从属，但其采取修正肇因说或折中肇因说，强调共犯对正犯不法的从属，同样会导致在具体案件上处理不当，即在教唆者、帮助者误以为正犯具有故意的场合，在幕后者利用不知情的正犯实施纯正身份犯和亲手犯的场合，以及在教唆者、帮助者利用他人适法行为侵害法益，但又尚未支配整个因果流程的场合，如果认为共犯不法以正犯不法为必要，那么此时，既无法将教唆者、帮助者认定为间接正犯，又不能将其作为共犯处理，从而造成了处罚漏洞。第三，由于盲目推崇修正肇因说和折中肇因说，学界对纯粹肇因说缺乏了解的意愿和动力，经常在曲解该说原意的基础上对其展开批评和排斥，忽视了纯粹肇因说主张违法相对性在论理上的合理性，以及处理具体问题的灵活性。以下将就三种肇因说之优劣取舍展开论述。

二、对修正肇因说的批驳

修正肇因说认为，共犯的处罚根据在于教唆者、帮助者通过引起或促成正犯的不法，参与了对法益的侵害，因而，虽然共犯并不依附于正犯的罪责，但却需要从正犯那里获得其不法内容。换言之，正犯不法对共犯具有连带作用，共犯对正犯的不法具有从属性。[1] 在我国，该说受到了黎宏[2]、杨金彪[3]、钱叶六[4]等学者的支持。但笔者认为，修正肇因说无论是论

[1] 参见［德］汉斯·海因里希·耶塞克、托马斯·魏根特:《德国刑法教科书》，许久生译，中国政法大学出版社 2001 年版，第 829 页。

[2] 参见黎宏:《刑法总论问题思考》，中国人民大学出版社 2007 年版，第 510 页。

[3] 参见杨金彪:《共犯的处罚根据》，中国人民公安大学出版社 2008 年版，第 126 页。

[4] 参见钱叶六:《共犯与正犯关系论》，载《中外法学》2013 年第 4 期。

证方法，还是对具体问题的处理，都有不足之处。

（一）修正肇因说的论证方法存在缺陷

1. 修正肇因说在基础论证上“倒因为果”

笔者认为，修正肇因说的基础性论证适用于教唆犯时，缺陷暴露无遗，即其一方面将教唆犯作为引起正犯不法的原因，另一方面又将教唆犯作为从属于正犯不法的结果，从而出现了倒因为果的逻辑混乱。详言之，修正肇因说的基本主张就在于，教唆犯、帮助犯引起或促成了正犯的不法。[1]据此，针对教唆犯而言，既然他能够引起正犯的不法，就理当属于正犯不法之“因”；但修正肇因说另一方面又认为，教唆犯的不法是由正犯导出，即教唆犯从属于正犯的不法，这实际上又将教唆犯作为正犯不法之“果”看待，这便导致修正肇因说在论理上出现了因果倒置的逻辑弊病。正因为如此，松宫孝明教授才提出以下批评，修正肇因说有根据需要随意地运用“惹起的侧面”与“从属的侧面”之嫌。[2]尽管该问题只出在“引起正犯不法”的教唆犯身上，并不涉及“促成正犯不法”的帮助犯，但足以显现出修正肇因说在论证基础上的破绽。

2. 修正肇因说无法为“违法从属性”提供理论依据

正因为修正肇因说在论证方法上存在缺陷，所以该说的支持者始终不能为“何以共犯不法系由正犯导出”提出充分的理论依据。

第一，即便承认违法的本质在于法益侵害，也不能说明共犯不法是从属于正犯而来。黎宏教授主张，只要认为违法性的本质在于法益侵害，那么共犯的违法性就只能通过正犯的法益侵害体现出来，而难以想象共犯具有和正犯不同的独自的违法性。[3]但笔者认为，即使采纳客观不法论，也不能必然得出共犯和正犯违法连带的结论。一方面，客观不法不同于客观事实，仍然是一种规范性判断，而既然是价值性、规范性的内容，就存在

---

[1] 参见黎宏:《刑法总论问题思考》，中国人民大学出版社 2007 年版，第 510 页。

[2] 参见［日］松宫孝明:《刑法总论讲义》，钱叶六译，中国人民大学出版社 2013 年版，第 240 页。

[3] 参见黎宏:《刑法总论问题思考》，中国人民大学出版社 2007 年版，第 509 页。

因人而异的可能，并无必然从属于他人行为的不法之说；另一方面，违法的本质在于法益侵害仅仅是表明，不管是处罚正犯还是共犯，都必然是因为他们侵害了法益，而并不能说明在认定共犯是否侵害了法益时，要取决于正犯是否侵害了法益。换言之，教唆者、帮助者完全可以通过他人的合法行为实现自己对法益的侵害，就如同利用合法行为的间接正犯被认同一样。[1] 所以，即便是站在结果无价值的立场上，仍需为共犯对正犯违法的从属，提供进一步的理由。

第二，未遂犯的处罚依据，只是表明共犯成立犯罪未遂需存在正犯的主行为，却不能得出共犯违法是由正犯导出之结论。在我国，张明楷教授曾支持修正肇因说，他在论证违法从属性时给出的理由是，由于只有当正犯着手实行犯罪，使法益遭受具体、紧迫危险之时，才处罚共犯，所以共犯不法只能从属于正犯的不法。[2] 但笔者认为，该观点实际上是用实行从属性来论证违法从属性。实行从属性关注的问题仅仅是共犯必须对正犯行为有最低限度的从属，而违法从属性已经升格为要素从属性中的限制从属形态，所以，前者不能成为论证后者的理由。换言之，虽然共犯成立犯罪未遂，必须借助于正犯的主行为实现与法益的紧密对接，但犯罪未遂的认定标准所能说明的全部内容也仅限于此，而并不能得出共犯规范意义上的不法也从属于正犯的论断。

第三，我国刑法总则和分则的相关规定，并不能为共犯是否具有独立的违法性提供实质说明。杨金彪博士立足于我国刑法的具体规定提倡修正肇因说，认为中国刑法总体上采取了结果无价值的立场，所以共犯不法理应从属于正犯不法。[3] 但笔者认为该理由经不起推敲。首先，共犯不法是

[1] 可能会有学者提出反驳，认为间接正犯和共犯的构造不同，但笔者认为，这种所谓构造上的差异不足以成为“一个可以利用合法行为侵害法益”“另一个则不能通过合法行为侵害法益”的理由，对此，下文还将展开论述。

[2] 参见张明楷：《论教唆犯的性质》，载陈兴良主编：《刑事法评论》（第 21 卷），北京大学出版社 2007 年版，第 86 页。

[3] 参见杨金彪：《共犯的处罚根据》，中国人民公安大学出版社 2008 年版，第 126 页。

否由正犯导出是一个关乎共犯本质的问题，根本不可能取决于各国刑法如何规定。正因为如此，虽然德国刑法第 26 条、第 27 条明确要求教唆犯、帮助犯从属于正犯的故意不法，[1] 但很多德国学者都指出，这只是刑法对共犯成立的条件作出的形式上的要求，并非出于事物本质的必然结果，根本无法说明处罚共犯的实质理由，故不能因此否定共犯不法的独立性。[2] 况且，我国刑法并没有像德国刑法一样，明确要求成立共犯以正犯不法为必要，所以，在我国主张违法从属性，不仅没有实质根据，也缺乏法律依据。其次，我国刑法总则和分则的相关规定，只是表明法益侵害是决定违法性的要素，并不能说明共犯不法依附于正犯的不法。杨金彪博士认为，1997 年刑法删除了主犯从重处罚的规定，第 29 条对教唆犯处罚原则的设置，第 14 条就犯罪故意要认识到法益侵害后果的要求，以及我国刑法分则在具体犯罪构成中对数额、结果的重视，都表明共犯的违法性是由正犯所决定，进而就为修正肇因说提供了法律基础。[3] 然而，笔者认为，这些规定仅仅表明对包括正犯和共犯在内的所有犯罪的认定及处罚，都必须围绕其侵害了分则所保护的法益这条主线，并不能说明共犯不法系由正犯导出。而且，由于肇因说内部的三种类型均认为，处罚共犯是因为他们侵害了法益，所以，毋宁说我国刑法的规定是为肇因说提供了法律基础，而非仅仅是修正肇因说。最后，我国刑法第 25 条和第 29 条中的“共同犯罪”，并非不可以作出其他解释。黎宏教授认为，我国刑法第 29 条第 1 款规定，“教唆他人犯罪的，应当按照他在共同犯罪中所起的作用处罚”。据此，教唆犯的成立，必须存在于共同犯罪之中。从第 25 条亦能得出该结论。所以，共犯

---

[1] 现行德国刑法第 26 条规定：故意教唆他人故意实施违法行为的是教唆犯；对教唆犯的处罚与正犯相同。第 27 条规定：(1) 对他人故意实施的违法行为故意予以帮助的，是帮助犯；(2) 对帮助犯的处罚参照正犯的处罚，并依第 49 条第 1 款减轻其刑罚（参见《德国刑法典》，许久生、庄敬华译，中国方正出版社 2002 年版，第 11 页）。

[2] Vgl. Schumann, Strafrechtliches Handlungsunrecht und das Prinzip der Selbstverantwortung der Anderen, 1986, S.43. 转引自许泽天：《共犯之处罚基础与从属性》，载《罪与刑——林山田教授六十岁生日祝贺论文集》，台湾五南图书出版有限公司 1997 年版，第 80 页。

[3] 参见杨金彪：《共犯的处罚根据》，中国人民公安大学出版社 2008 年版，第 120 页。

不法理应从属于正犯。[1] 但是，且不说形式化的法律规定并不能决定共犯的处罚依据这样的本质问题，第 25 条和第 29 条也完全可以作出其他解释，即“二人以上去实现自己的故意犯罪”“教唆他人去实现自己的犯罪”，换言之，这里的共同犯罪可以解释成二人以上客观犯罪构成事实的共同，至于是否成立最终刑事责任意义上的共同犯罪，则完全取决于各人是否违法和有责。[2] 因此，修正肇因说立足于法律条文论证共犯不法从属于正犯的不法，实属避重就轻。

（二）修正肇因说在具体问题上无法自圆其说

1. 修正肇因说的原始观点会导致共犯处罚范围的扩张

修正肇因说主张共犯不法系由正犯导出，等于认可了违法的连带性，即正犯合法，共犯必然合法；正犯违法，共犯也必然违法。但学界普遍认为，就以下几种情形，违法连带性会导致共犯处罚范围的扩张。一是嘱托他人损害自身法益的场合。如甲委托乙杀害自己，乙实施了杀害甲的行为却未果。根据修正肇因说，因为乙构成杀人未遂，所以甲也应连带构成杀人未遂的教唆犯。但甲作为被害法益的主体，让其承当刑事责任明显不妥。[3] 二是未遂教唆、未遂帮助的场合。如甲教唆乙盗窃，但事实上甲并不希望乙既遂，他早已通知警察暗中守候。根据修正肇因说，由于甲已经引发乙实施了违法的未遂行为，故理应从属于乙承担共同犯罪未遂的罪责，这便不当延伸了刑法的触角。[4] 三是片面对向犯的场合。如我国刑法规定的贩卖淫秽物品罪，只处罚卖方不处罚买方。但是，如果认为共犯不法是从正犯导出，那么，由于卖方已经在买方的促进下实施了贩卖淫秽物品的违法行为，所以，买方至少可以依附于卖方的不法成立贩卖淫秽物品罪的

---

[1] 参见黎宏:《刑法总论问题思考》，中国人民大学出版社 2007 年版，第 512 页。

[2] 就刑法第 25 条和第 29 条的解释，笔者在下文还将做论述。

[3] 参见［日］山口厚:《刑法总论》，付立庆译，中国人民大学出版社 2011 年版，第 298 页。

[4] 参见许泽天:《共犯之处罚基础与从属性》，载《罪与刑——林山田教授六十岁生日祝贺论文集》，台湾五南图书出版有限公司 1997 年版，第 69 页。

帮助犯，而这明显与我国刑法规定不符。[1]

2. 修正肇因说的再次修正又与其理论初衷相悖

修正肇因说的支持者也意识到，过于强调正犯对共犯违法的连带性，会不合理地扩张刑法的处罚范围，因而，多数学者再次对修正肇因说作出了修正。然而，笔者认为，正是这种“再修正”，暴露出修正肇因说的不足。

第一，通过“正犯和共犯存在违法性量差”说明部分共犯不可罚的方案，实际上已经否定了违法的连带性。

日本曾根威彦教授赞同修正肇因说，并彻底坚持违法的连带性，至于由此可能导致共犯处罚范围扩张的问题，他给出的解决方案是：虽然正犯违法共犯必然违法，但共犯可能因为特殊情况而不具有可罚的违法性，换言之，正犯和共犯在违法性的“质”上相同，但在“量”上可能有差异。据此，在嘱托他人杀害自己的场合，由于教唆者同时是未遂行为的被害人，有决定自己利益的自由，所以，教唆行为虽然也连带违法，但尚不可罚。[2]在我国，该主张得到了黎宏[3]、杨金彪[4]、钱叶六[5]等学者的支持，他们在采纳修正肇因说的同时，运用这种“违法性量差说”，对我国刑法中部分共犯的不可罚作出了解释。

但笔者认为，“违法性量差说”实际上已经否定了“违法的连带性”。其一，“违法性量差说”所谓的“共犯自身的特殊情况”，事实上就是共犯自身的违法性。由于修正肇因说主张共犯不法是由正犯导出，据此，正犯和共犯在违法的量上的差异，只应取决于二者参与形式的不同，而不应取决于共犯自身的特殊情况。然而，这种修正方案在衡量正犯和共犯之间的违法性量差时，考虑的主要因素却是“共犯是法益主体而正犯不是”，这实

[1] 参见陈洪兵：《共犯论思考》，人民法院出版社 2009 年版，第 21 页。

[2] 参见［日］曾根威彦：《刑法学基础》，黎宏译，法律出版社 2005 年版，第 138 页。

[3] 参见黎宏：《刑法总论问题思考》，中国人民大学出版社 2007 年版，第 511 页。

[4] 参见杨金彪：《共犯的处罚根据》，中国人民公安大学出版社 2008 年版，第 176 页。

[5] 参见钱叶六：《共犯与正犯关系论》，载《中外法学》2013 年第 4 期。

际上已经肯定了共犯具有独立的违法性判断。其二，“违法性量差说”根据“共犯自身的特殊情况”完全否定共犯的可罚性，等于承认了正犯和共犯的违法性并非存在“量”差，而是“质”差。既然正犯和共犯之间只是在违法性的量上存在差异，那么，在上述嘱托他人损害自身法益以及其他必要参与犯的场合，对教唆者、帮助者应该还是存在以共犯论处的可能，然而“违法性量差说”却彻底否定了这种可罚性。如杨金彪博士认为，唆使他人对自己实施杀害行为但未被杀死的被害人，不构成杀人罪的教唆犯；唆使他人把淫秽物品贩卖给自己的人，也一律不构成贩卖淫秽物品罪的教唆犯。[1] 这实际上是变相承认了共犯自身的特殊情况可以切断共犯与正犯违法的连带性，是故，违法性量差说与主张共犯具有部分独自违法性的折中肇因说，已无本质上的差异。这也是诸多折中肇因说的支持者批评修正肇因说完全否定共犯具有独立的不法，会导致在说理上无法自圆其说的原因所在。[2] 综上，笔者认为，所谓“违法性量差说”已然在消极意义上承认了共犯具有独立的违法性，进而也就否定了作为修正肇因说理论基础的违法连带性说。[3]

第二，“未遂教唆的场合，教唆者是因为不具有犯罪故意才不受处罚”，并不能彻底解决违法连带说存在的问题。

如前所述，未遂教唆的场合，虽然教唆者仅仅具有使他人行为终于未遂的意思，但由于教唆者已经导致正犯实施了违法行为，因此，根据修正肇因说共犯不法是由正犯导出的观点，教唆行为也应连带违法。然而，修正肇因说的支持者却普遍认为未遂教唆不可罚。多数学者给出的理由是，未遂教唆行为并非不具有违法性，而是不存在有责性，因为教唆者缺乏指

---

[1] 参见杨金彪:《共犯的处罚根据论——以引起说内部的理论对立为中心》，载陈兴良主编:《刑事法评论》(第 19 卷)，北京大学出版社 2006 年版，第 337 页。

[2] 参见［德］克劳斯 · 罗克辛:《德国刑法学总论》(第 2 卷)，王世洲等译，法律出版社 2013 年版，第 104 页。

[3] 但笔者认为，仅仅在消极意义上承认共犯具有独立违法性的折中肇因说也存在缺陷，对此下文将做论述。

向法益侵害后果的犯罪故意。[1] 由此，便维持了正犯和共犯之间违法的连带性。

然而，笔者认为，以教唆者不具有责任为由说明未遂教唆不可罚，并不能彻底缓解违法连带性说的缺陷。其一，犯罪故意是违法要素还是责任要素并非定论，因此，未遂教唆的场合，教唆者是由于不违法，还是因为没有责任而不受处罚，也不能一概而论。根据结果无价值论的违法观，犯罪故意属于责任要素，故可以说未遂教唆是因为欠缺有责性才不受处罚，如此确实可以维持违法连带性说。然而，根据违法二元论，犯罪故意乃违法要素，教唆者不具有犯罪故意等于不具备完整的违法性，所以，未遂教唆就是因为不违法才不受处罚，而这种正犯违法共犯不违法的现象，恰恰与违法连带性说相悖。正因为如此，采修正肇因说的德国学者 Jescheck 才认为，放弃处罚未遂教唆的理由无法从共犯的处罚根据中获得，只能从法律之外的刑事政策上的原因加以说明。[2] 由此可见，处罚未遂教唆还是可能与修正肇因说主张的违法连带性相抵触。可能会有学者提出反驳，认为这种抵触完全是违法二元论造成的，在结果无价值论的基础上采取修正肇因说，就不会出现该问题。但笔者认为，关于违法观的本质争论至今，结果无价值论和违法二元论同为彰显客观主义刑法立场的学说脱颖而出，而且，由于二者在具体问题上的处理越来越贴近，它们之间的对立也渐渐变得只是具有方法论上的意义。所以，与其说处罚未遂教唆与违法连带性之间的冲突来自违法二元论，不如说是来自修正肇因说所提倡的违法连带性本身。其二，退一步讲，即便认为未遂教唆的场合教唆者是由于没有责任才不受处罚，该方案也无法对嘱托杀人以及其他必要共犯的片面处罚作出合理的解释，换言之，教唆者、帮助者不具有真实犯罪故意的情形毕竟是少数，所以，通过否定共犯的有责性来维护违法连带性的做法，适用范围也非常有限。

---

[1] 参见黎宏:《刑法总论问题思考》，中国人民大学出版社 2007 年版，第 517 页。

[2] 参见［德］汉斯・海因里希・耶塞克、托马斯・魏根特:《德国刑法教科书》，许久生译，中国政法大学出版社 2001 年版，第 832 页。

第三，通过“法益保护具有相对性、主观要素决定违法的相对化”而对修正肇因说作出的再修正，已经在积极意义上承认了共犯具有独立的违法性。

日本学者大越义久教授支持修正肇因说，针对该说过于强调违法连带性所带来的问题，他作出了如下修正：一是在嘱托他人损害自身法益的场合，承认法益主体和法益主体之外的其他人在不法上具有相对性；二是就未遂教唆而言，承认教唆者的主观认识可能导致正犯与共犯之间违法的相对化；三是在特殊情况下，承认正犯不法对于共犯不法而言，能够例外地予以放弃。[1]

但笔者认为，修正肇因说为了缓和违法连带性作出的上述修正，事实上已经全面承认了正犯和共犯之间因人不同的违法相对性。一方面，该方案肯定了“没有共犯的正犯”。大越义久教授认为，如果正犯侵害的法益对共犯来说不受保护，或共犯的主观认识表明共犯行为根本不具有危险性，那么，即使正犯行为违法，共犯行为也可能是合法的，即部分地承认正犯和共犯之间违法的相对性。[2] 然而，这种修正已经导致修正肇因说和折中肇因说一样，在消极意义上承认了共犯具有独立的违法性。另一方面，该方案也肯定了“没有正犯的共犯”。大越义久教授同时认为，正犯与共犯之间违法的相对化还可以表现为，“即使没有正犯的不法也可能有共犯的不法”，换言之，虽然采取修正肇因说，但在认定共犯的不法时，仍然可以例外地放弃对正犯不法的要求。[3] 而这种“共犯违法正犯可能合法”的主张，已经进一步地在积极意义上承认了共犯具有独立的违法性。综合以上两点，笔者认为，与其说大越义久教授仍旧支持强

---

[1] 参见［日］大越义久：《共犯的处罚根据》，青林书院新社 1981 年版，第 260 页，转引自［日］高桥则夫：《共犯体系和共犯理论》，冯军、毛乃纯译，中国人民大学出版社 2010 年版，第 94 页。

[2] 参见［日］大越义久：《共犯的处罚根据》，青林书院新社 1981 年版，第 260 页，转引自［日］高桥则夫：《共犯体系和共犯理论》，冯军、毛乃纯译，中国人民大学出版社 2010 年版，第 94 页。

[3] 参见［日］大越义久：《共犯的处罚根据》，青林书院新社 1981 年版，第 260 页，转引自［日］高桥则夫：《共犯体系和共犯理论》，冯军、毛乃纯译，中国人民大学出版社 2010 年版，第 94 页。

调违法连带性的修正肇因说，倒不如说其更认同提倡违法相对性的纯粹肇因说。

三、对折中肇因说的质疑

折中肇因说主张，共犯的违法性部分是固有的，还有部分是从正犯的违法性导出的。据此，共犯不法还是以正犯不法为必要，但正犯违法时共犯却可能是合法的。[1]这种介于纯粹肇因说和修正肇因说之间的折中肇因说，一方面，坚持了共犯对正犯违法的从属性；另一方面，通过承认共犯具有部分独自的违法性，解决了嘱托杀人、未遂教唆以及部分必要共犯不可罚的问题，因此受到了德国[2]、日本[3]以及我国[4]诸多学者的支持。但笔者认为，折中肇因说同样存在缺陷。

（一）折中肇因说的论证方法存在弊病

1. 折中肇因说在基础论证上自相矛盾

笔者认为，折中肇因说一方面认为共犯的违法从属于正犯，另一方面又认为共犯存在固有的违法，在理论根基上自相矛盾。换言之，在认定共犯不法的来源时，共犯具有独立的违法性和共犯的违法性系由正犯导出，是两个完全对立的视角。但是，折中肇因说出于解决某些具体问题的需要，将两个完全不同的判断标准牵强地杂糅到一起，不仅使得对共犯处罚基础的说明存在无法调和的矛盾，而且，这种为了解决个别问题，就轻易地将两种对立标准折中的理论，能否对其他问题也一并作出合理

---

[1] 参见［德］克劳斯·罗克辛：《德国刑法学总论》（第2卷），王世洲等译，法律出版社2013年版，第100页。

[2] 参见［德］克劳斯·罗克辛：《德国刑法学总论》（第2卷），王世洲等译，法律出版社2013年版，第101页。

[3] 参见［日］高桥则夫：《共犯体系和共犯理论》，冯军、毛乃纯译，中国人民大学出版社2010年版，第134页。

[4] 参见张明楷：《刑法学》，法律出版社2011年版，第372页。

的解释，同样令人怀疑。[1]正因为折中肇因说在认定共犯不法的来源时自相矛盾，所以才有学者提出了如下质疑："折中肇因说在论证的过程中，存在许多模糊之处。如根据该说，共犯的违法性一半以共犯行为自身为基础，一半以正犯行为为基础，但是这二者之间的关系如何，则并不一定清楚。因为强调前者的话，就会导致共犯违法的个别性、相对性；强调后者的话，就会导致共犯违法的连带性、普遍性，那么在二者发生冲突的时候，合者优先，就成为问题。"[2]认为折中肇因说在处理具体问题时基本妥当的高桥则夫教授也承认，折中肇因说一方面主张共犯具有独立的不法，另一方面又主张共犯不法要从正犯导出，然而，对于这二者之间的逻辑关系、内部构造如何，并没有进行充分的分析。[3]而笔者认为，折中肇因说之所以回避该问题，恰恰是因为"违法独立性"和"违法从属性"根本就无法相容，所以，折中肇因说强硬地将二者调和，结局只能是使得折中肇因说既无法摆脱修正肇因说的弊病，又悄然借用纯粹肇因说的观点来解决部分具体问题，已经丧失了作为说明共犯处罚基础的独立学说的地位。以下将展开论述。

2. 折中肇因说同样无法为"部分违法的从属性"提供理论依据

虽然折中肇因说承认共犯具有部分独立的违法性，但该说并没有放弃共犯对正犯违法的从属性要求，换言之，共犯违法还要以正犯违法为必要。因此，折中肇因说和修正肇因说存在同样的问题，即无法为"因何共犯不

---

[1] 笔者认为，折中肇因说虽然解决了嘱托杀人、未遂教唆以及一些必要共犯不可罚的问题，但对于其他一些具体问题，仍然不能得出合理的结论，对此下文将做论述。

[2] 黎宏:《刑法总论问题思考》，中国人民大学出版社 2007 年版，第 509 页。陈子平教授也批评折中肇因说是将两种完全对立的观点进行折中，因而存在缺陷（参见陈子平:《共同正犯与共犯论》，台湾五南图书出版有限公司 2000 年版，第 327 页）。

[3] 参见［日］高桥则夫:《共犯体系和共犯理论》，冯军、毛乃纯译，中国人民大学出版社 2010 年版，第 133 页。

法必须从属于正犯”提供充分的理论根据。[1]

首先，构成要件的明确性要求，只能说明共犯应当从属于正犯的实行行为，却不能得出共犯不法从属于正犯不法的结论。很多支持折中肇因说的学者之所以没有完全放弃共犯对正犯违法的从属，一个很重要的理由是，只有共犯不法以正犯不法为必要，才能维护实行行为的观念，进而才能维护构成要件的明确性。[2] 但笔者认为，该见解对违法从属性的论证并不充分。如果是为了维护罪刑法定原则所确立的构成要件观念，那么只要确保共犯成立犯罪未遂、犯罪既遂时，必须存在正犯的主行为就够了，根本不可能由此得出共犯不法以正犯不法为必要的论断。换言之，只要共犯从属于正犯该当构成要件的行为事实，即便正犯行为不违法，对共犯的处罚也受到了刑法分则所确立的构成要件的制约，从而满足了法治国之要求。因而，所谓构成要件的明确性，根本不能说明共犯不法取决于正犯的不法。

其次，用共犯只是具有补充性质的“次要概念”，论证共犯不法应当从属于正犯的不法，并无说服力。德国罗克辛教授支持折中肇因说，针对“何以共犯不法以正犯不法为必要”，他给出的另外一个理由是，相对于正犯这个首要概念，共犯只是一个具有补充性质的次要概念，所以，共犯的不法有相当程度都需要从正犯导出。[3] 然而，笔者认为，共犯只有借助正犯的主行为才能侵害法益，只能表明共犯在自然意义上是次级概念，却不能表明共犯在是否具有独立的违法性这个规范问题上，具有附属性。因此，虽然可以通过“次要概念”得出共犯应从属于正犯主行为事实的结论，但

---

[1] 德国学者 Samson 也支持折中肇因说，他在论证“因何共犯不法以正犯不法为必要”时，给出的理由是，因为共犯成立犯罪未遂以正犯着手为必要（Vgl. Samson，Rudolphi-Horn-Samson-Schreiber，Systematischer Kommentar zum Strafgesetzbuch，Bd.I A.T.，2.Aufl.，1977，Vor § 26 Rdn.14-15. 转引自［日］高桥则夫:《共犯体系和共犯理论》，冯军、毛乃纯译，中国人民大学出版社 2010 年版，第 131 页）。但笔者已在前文表明，未遂犯的处罚依据，只能说明共犯成立犯罪未遂必须存在正犯的主行为，却不能得出共犯违法是由正犯导出之结论，所以这里不再重复论述，详见上文。

[2] 参见周光权:《刑法总论》，中国人民大学出版社 2011 年版，第 227 页。

[3] 参见［德］克劳斯·罗克辛:《德国刑法学总论》（第 2 卷），王世洲等译，法律出版社 2013 年版，第 100 页。

却不能由此得出共犯从属于正犯不法的论断。正如高桥则夫教授所言，不可能因为是次要概念，就当然地从正犯不法推导出共犯的不法。[1]

最后，处罚共犯时适用正犯的法定刑，是因为共犯和正犯侵害的是同一法益，而非因为共犯从属于正犯的不法。罗克辛教授认为，正犯的刑罚范围决定了共犯的刑罚范围，这也可以说明，正犯行为的不法划定了共犯不法的上下限。[2] 但笔者并不赞同该观点。刑法分则是根据被害法益的不同类型设置了不同的法定刑，所以，对共犯适用何种法定刑进行处罚，应取决于共犯侵害的是何种法益，不可能取决于正犯是否违法。换言之，共犯和正犯的法定刑相同只是表明他们侵害了同一法益类型，并没有为违法从属性提供任何根据。

由上可见，虽然折中肇因说只是认为共犯具有部分“违法的从属性”，但和修正肇因说一样，对这部分“违法的从属”始终论证不足。

3. 折中肇因说主张“部分违法的独立性”是借用纯粹肇因说的观点

笔者认为，虽然折中肇因说只是主张共犯具有部分独立的不法，但这也是源自于纯粹肇因说的观点，所以，折中肇因说的支持者针对该说在具体问题上处理妥当的论证，实际上是对纯粹肇因说合理性的证明，以下举例说明。其一，折中肇因说的支持者认为，根据折中肇因说可以很好地解决未遂教唆不可罚的问题。即未遂教唆的场合，由于教唆者并无违法故意，所以虽然正犯违法，但教唆者却因欠缺固有的违法性而不可罚。[3] 该观点恰恰是纯粹肇因说“共犯具有独立于正犯的不法”之理论归结。其二，折中肇因说的支持者认为，运用该说可以解释嘱托他人损害自己的法益时，因何嘱托者不受处罚。如在教唆他人杀害自己的场合，由于被害法益对教唆者来说不需要受到保护，所以，虽然正犯实施的杀人行为违法，但教唆

---

[1] 参见［日］高桥则夫：《共犯体系和共犯理论》，冯军、毛乃纯译，中国人民大学出版社 2010 年版，第 133 页。

[2] Vgl. Roxin，Leipziger Kommentar，10. Aufl.，1978，Vor § 26 Rnd.4. 转引自［日］高桥则夫：《共犯体系和共犯理论》，冯军、毛乃纯译，中国人民大学出版社 2010 年版，第 133 页。

[3] 参见周光权：《刑法总论》，中国人民大学出版社 2011 年版，第 227 页。

者作为法益主体却欠缺固有的违法性，故不成立杀人罪的教唆犯。[1]然而，在判断共犯是否侵害了法益时考虑共犯自身的特殊情况，正是纯粹肇因说的基本主张。其三，折中肇因说的支持者还认为，对于其他必要共犯的片面处罚，折中肇因说也可以作出妥当的说明。如教唆经营正规商品的店家购进淫秽物品出售给自己，妇女主动要求人贩子将自己卖到经济发达地区，吸毒的人恳请毒贩想办法弄到毒品销售给本人，教唆者不成立贩卖淫秽物品牟利罪、拐卖妇女罪及贩卖毒品罪的教唆犯。因为虽然被教唆者的行为违法，但购买淫秽物品的人、被拐卖妇女、吸毒的人均是刑法保护的对象，只要考虑到这一点，就应当排除其可罚性。[2]但是，这实际上仍然是根据共犯自身的情况单独判断其违法性。所以，与其说是折中肇因说在具体问题上处理妥当，不如说是纯粹肇因说主张共犯具有独立的不法具有合理性。

综上所述，这种出于解决部分具体问题的需要，就将“违法独立性”和“违法从属性”这两个完全对立的观点进行折中的理论，根本不能称为一种独立的学说。而且，由于折中肇因说在借用纯粹肇因说理论观点的同时又不肯全然放弃对违法从属性的强调，所以，折中肇因说和修正肇因说一样，解决具体问题的能力受到限制，在以下场合就暴露出缺陷。

（二）折中肇因说在具体问题上仍然会得出不当的结论

1. 教唆者、帮助者误以为正犯具有故意的场合

以下分别从教唆犯、帮助犯的视角举例说明。一是教唆者误以为正犯具有故意的情形。甲、乙在狩猎的过程中，遇到了共同的仇人丙。甲误以为乙和自己一样发现了丙，就对乙喊：“开枪！”乙闻甲言，以为草丛中走动的物体是野兽，于是开枪射击，造成丙死亡。[3]二是帮助者误以为正犯

[1] 参见陈洪兵：《共犯论思考》，人民法院出版社2009年版，第33页。

[2] 参见陈洪兵：《共犯处罚根据论》，载陈兴良主编：《刑事法评》（第23卷），北京大学出版社2008年版，第446页。

[3] 参见［日］高桥则夫：《共犯体系和共犯理论》，冯军、毛乃纯译，中国人民大学出版社2010年版，第161页。

具有故意的情形。甲男与乙女通奸，甲一厢情愿地认为乙一直想杀死其夫丙，遂出于协助乙的意思给乙提供了毒药，但乙误以为这是治病用的良药而给丙服用，丙不幸身亡。[1]

笔者认为，在上述两个案件中，虽然甲对乙的主观认知发生了认识错误，但甲毕竟还是在杀人故意的支配下通过教唆行为、帮助行为造成了他人死亡结果的发生，理应受到刑事处罚。然而，如果在共犯的处罚根据上坚持共犯不法以正犯不法为必要，可能会导致在上述案件中形成处罚漏洞。首先，在教唆者、帮助者误以为正犯具有故意的情形下，教唆者、帮助者不构成间接正犯。在上述案件中，由于甲错误地以为乙知道自己实施的是杀人行为，所以，甲并不具有利用不知情的他人实施杀人行为的意思，也即，甲仅仅具有教唆故意、帮助故意，不具有间接正犯的故意，故无法成立杀人罪的间接正犯。其次，如果认为共犯的成立要从属于正犯的不法，教唆者、帮助者也可能无法构成共犯。折中肇因说和修正肇因说都认同共犯不法以正犯不法为必要。但是这样一来，如果在违法观上采取二元论，在上述两个案件中，由于正犯乙不具有杀人故意，乙的行为就不具备完整的违法性，共犯也因此丧失了从属的依托，此时，作为教唆者、帮助者的甲就无法构成杀人罪的共犯，由此形成处罚漏洞。最后，采用结果无价值论的违法观，或例外地放弃对正犯主观违法要素的从属要求，都不可能彻底解决该问题。有学者指出，如果采纳结果无价值论的客观违法观，承认不具有犯罪故意的行为也是违法的，甲就可以从属于乙的不法而成立共犯。[2] 但笔者在前文已经表明，违法观的差异更多的意义在于方法论，即分析问题时的层次不同，所以，不能简单地认为采取违法二元论就必然导致处罚漏洞，而采取结果无价值论就可以彻底地解决该问题，问题的根源还是出在对共犯违法从属性的要求上。另外，还有学者主张，尽管同时强调行为无价值和结果无价值的违法二元论是妥当的，但就共犯的成立而言，

---

[1] 参见［德］克劳斯·罗克辛:《德国刑法学总论》(第 2 卷)，王世洲等译，法律出版社 2013 年版，第 107 页。

[2] 参见张明楷:《共犯对正犯故意的从属性之否定》，载《政法论坛》2010 年第 5 期。

正犯只需要具备结果无价值就够了，而无须具备犯罪故意、过失等行为无价值的要素。[1] 然而，既然采取违法二元论，在正犯不具有故意、过失的情况下，就不能声称正犯行为是违法的，此时，如果认为教唆者、帮助者仍然可以依附于这样的正犯行为而成立共犯，就说明共犯违法并非以正犯违法为必要。所以，折中肇因说不舍弃共犯对正犯违法的从属，就无法妥当解决上述案件中存在的问题。

2. 幕后者利用不知情的正犯实施义务犯和亲手犯的场合

以下分别就义务犯和亲手犯举例说明。

一是教唆者恶意利用不知情的正犯实施义务犯的情形。甲乘坐乙驾驶的出租车，后出租车疑似撞击到某物，乘客甲便下车查看。他在明知丙被撞倒的情况下，因急于办事便告知乙什么事也没发生，于是乙驾车离开。后丙因救治不及时死亡。[2] 首先，因为乙对自己将丙撞到的事实并不知情，所以不构成交通肇事逃逸致死。其次，虽然甲客观上利用乙不知情的行为造成了丙的死亡，主观上也具有利用意思，但由于先前的交通事故并非乘客甲造成，所以甲并不负有救助义务，从而也无法单独构成交通肇事逃逸致死的间接正犯。最后，如果要求共犯的成立必须从属于正犯的不法，那么由于乙并没有实施违背救助义务、故意逃逸的违法行为，所以甲也无法成立交通肇事逃逸致死的共犯。这样一来，在甲确实导致一名肇事者离开事故现场，进而导致被害人因得不到及时救助而死亡的情况下，对甲既无法以间接正犯论处，又无法以共犯论处，由此形成处罚疏漏。

二是教唆者恶意利用不知情的正犯实施亲手犯的情形。我国台湾地区许泽天教授曾举过这样一个例子，甲明知乙与丙是失散多年的兄妹，仍故意地撮合两人发生性关系，以报复当年被乙、丙父亲虐待之仇。[3] 其一，

[1] 参见［日］高桥则夫：《共犯体系和共犯理论》，冯军、毛乃纯译，中国人民大学出版社 2010 年版，第 175 页。

[2] 该案例改编自罗克辛教授书中所举的一个案件，参见［德］克劳斯·罗克辛：《德国刑法学总论》(第 2 卷)，王世洲等译，法律出版社 2013 年版，第 107 页。

[3] 参见许泽天：《教唆或帮助欠缺故意之行为》，载《军法专刊》1999 年第 4 期。

本案中甲无法构成血亲相奸罪的间接正犯。台湾地区“刑法”第230条规定了血亲相奸罪，[1] 并且学界普遍认为，亲属相奸的不法存在于行为本身的可谴责性，而非表现在危害社会的结果上，故属于亲手犯，也即，只有直接实行构成要件行为的人才可能是正犯。[2] 据此，虽然甲恶意利用不知情的乙、丙实施血亲相奸行为，但由于甲的利用行为并非血亲相奸罪所要谴责的伦理秩序的背反，所以，甲无法单独构成该罪的间接正犯。其二，如果要求成立共犯以正犯不法为必要，那么由于乙、丙并不具有实施血亲相奸行为的违法意识，故甲也无法成立血亲相奸罪的教唆犯。由此可见，如果不放弃共犯对正犯违法的从属，在幕后者恶意利用他人实施亲手犯的场合，同样会造成处罚漏洞。

这里尚需就主观要素对于构建义务犯、亲手犯不法的意义作出说明。针对幕后者利用不知情的正犯实施义务犯和亲手犯的情形，可能会有学者提出和前文一样的反驳，认为若是采取结果无价值论的客观违法观，就可以将幕后者认定为共犯。因为即便正犯主观上不知道自己违反了特定义务，或实施了具有可谴责性的行为，但从客观上看，他们的行为仍然是违法的，故共犯仍然可以从属于这种不法而成立。[3] 然而，笔者认为，与普通犯罪相比较，义务犯，特别是纯正身份犯的不法，更需要通过主观上违犯义务的意思来建构；亲手犯的不法也需要通过主观意欲所呈现出来的规范违反来实现，所以，客观不法论在义务犯、亲手犯场合的应用，已经逐渐暴露出其在维持共犯违法从属性上的局限性。退一步讲，即便承认在上述义务犯、亲手犯的场合，即使正犯主观上并无违反特定义务、特定伦理秩序的意思，也可以将其行为说成是违法的，客观不法论也无法解决以下问题。

---

[1] 我国台湾地区“刑法”第230条规定：“与直系或三亲等内旁系血亲为性交者，处五年以下有期徒刑。”（参见许玉秀：《新学林分科六法·刑法》，新学林出版股份有限公司2008年版，第A-502页）。

[2] 参见［德］克劳斯·罗克辛：《德国刑法学总论》（第2卷），王世洲等译，法律出版社2013年版，第88页。

[3] 参见张明楷：《共犯对正犯故意的从属性之否定》，载《政法论坛》2010年第5期。

3. 教唆者、帮助者利用他人合法行为侵害法益的场合

笔者认为，如果坚持共犯不法以正犯不法为必要，在教唆者、帮助者利用他人适法行为实现对法益的侵害，但又无法成立间接正犯时，便会出现对教唆者、帮助者无从处理的漏洞，下面分两种情形说明。

一是行为人故意制造争端，使他人陷入正当防卫或紧急避险状态，并借此侵害法益，但又尚未支配整个因果流程的场合。如甲欲杀丙，便诱导丙对乙实施不法侵害，同时又告知乙做好对丙进行防卫的准备。而后在丙对乙行凶时，乙果然出于正当防卫杀死了丙。[1] 首先，本案中不能认定甲构成故意杀人罪的间接正犯。我国有学者认为，利用他人合法行为实施犯罪的，成立间接正犯。在上例中，由于甲已经利用乙的正当防卫行为达到了杀害丙的目的，故理应成立故意杀人罪既遂的间接正犯。[2] 笔者并不赞同该观点。利用他人合法行为侵害法益的，并非必然符合间接正犯的成立条件。因为就间接正犯而言，幕后者必须支配了整个犯罪事实，即在导致危害结果发生的整个因果流程中起到绝对的控制作用。[3] 所以，不能仅仅依据行为人利用的是合法行为，就认定利用者一律构成间接正犯，毕竟利用行为也存在程度的区别。就利用他人的正当防卫行为而言，正如有学者所说，假若上述案例中甲为了使丙死亡，以不听命令就杀害丙相威胁，迫使丙去攻击乙，结果乙正当防卫杀死了丙，此时才能够认定丙和乙都是甲的工具，甲才成立故意杀人罪的间接正犯。[4] 但如果甲仅仅是像上述案例中所描述的那样，先教唆丙去侵害乙，而后又教唆乙对丙进行防卫，由于丙是否能够听从甲的教唆去侵害乙，乙又是否会采纳甲的建议对丙实施无限防卫权，都存在不确定性，所以此时，不能认定甲控制了致丙死亡的整

[1] 很多中外学者都举过这个案例，参见［日］大谷实：《刑法讲义总论》，黎宏译，中国人民大学出版社 2007 年版，第 371 页；王昭武：《论共犯的最小从属性——日本共犯从属性理论的发展与借鉴》，载《法学》2007 年第 11 期。

[2] 参见周光权：《刑法总论》，中国人民大学出版社 2011 年版，第 216 页。

[3] 参见［德］克劳斯·罗克辛：《德国刑法学总论》（第 2 卷），王世洲等译，法律出版社 2013 年版，第 21 页。

[4] 参见张明楷：《刑法学》，法律出版社 2011 年版，第 370 页。

个因果过程，故甲无法成立故意杀人罪的间接正犯。其次，虽然甲在致丙死亡的过程中尚未起到支配作用，但毕竟提供了相当的原因力，不做任何评价也不合适。张明楷教授认为，上述案例中，由于甲并未支配致丙死亡的犯罪事实，故无法成立间接正犯，因此只能评价甲教唆丙攻击乙的部分，即甲仅成立对丙的教唆犯。[1]这就相当于就丙自身的死亡，甲不再承担任何刑事责任。然而，笔者认为该观点也不妥当。甲在致丙死亡的过程中并未起到支配作用，只是表明甲不构成故意杀人罪的正犯，却不能排除甲成立故意杀人罪共犯的可能。换言之，如果甲还是对丙的死亡提供了相当的原因力，就应当作为致丙死亡的共犯受到处罚，而不应不负任何罪责。在上述案例中，甲并非仅仅具有利用意思，是他主动制造了乙和丙利益之间的对立，从而才使得本来无须死亡的丙成为乙防卫的对象，因此，虽然不能说甲支配了丙的死亡，但是甲作为整个事件的发动者，也是导致丙死亡的相当原因，理应就此归责。最后，如果认为共犯的成立以正犯不法为必要，那么在上述案件中，就丙的死亡，甲既无法成立故意杀人罪的间接正犯，又失去了成立故意杀人罪共犯的可能，这就使得本来具有处罚必要性的甲，无法受到任何刑事追究，从而造成处罚疏漏。

二是教唆自杀、帮助自杀的场合。笔者认为，如若坚持正犯不法是共犯成立的必要条件，也无法对教唆、帮助自杀的可罚性作出合理的解释。首先，参与自杀行为在多数国家和地区都受到处罚。[2]尽管我国刑法并没有像日本等国家一样，将教唆、帮助自杀规定成与普通杀人罪不同的独立的犯罪类型，但司法实务同样处罚教唆、帮助自杀行为，只不过是将其统一认定为

---

[1] 参见张明楷:《刑法学》，法律出版社 2011 年版，第 370 页。

[2] 如日本刑法第 202 条规定:“教唆或帮助他人自杀的，……处 6 个月以上 7 年以下惩役或者监禁”。我国台湾地区“刑法”第 275 条规定:“教唆或帮助他人使之自杀的，……处 1 年以上 7 年以下有期徒刑；前项之未遂犯亦罚之。”此外，奥地利刑法第 78 条、西班牙刑法第 143 条、意大利刑法第 580 条、法国刑法第 223-13 条、瑞士刑法第 115 条、丹麦刑法第 240 条以及英国《1961 年自杀罪法》第 2 条，均将全部或部分参与自杀行为规定为犯罪（详见钱叶六:《参与自杀的可罚性研究》，载《中国法学》2012 年第 4 期）。

情节较轻的故意杀人罪。[1] 此外，最高人民法院、最高人民检察院的司法解释也存在将教唆、帮助自杀以故意杀人罪论处的规定。[2] 因而，面对教唆、帮助自杀行为普遍受到处罚的现象，能否对其理论基础作出妥当的说明至为重要。其次，自杀行为并不违法。部分修正肇因说[3]和折中肇因说[4]的支持者为了解释教唆、帮助自杀的可罚性，转而主张自杀行为是违法的，这样便维持了共犯不法以正犯不法为必要的基本观点。论者就“自杀行为违法”给出的基本理由是，生命法益是个人所有利益的前提，具有特殊的重要性，所以，国家有必要从家长主义的立场出发对个人进行干预，禁止其处分或放弃自己的生命，否则便作为违法行为对待。至于为何不处罚自杀者，乃是因为自杀系个人决定，尚不具有可罚的违法性。[5] 笔者认为，这种为了使得修正肇因说和折中肇因说在教唆、帮助自杀的问题上自圆其说，便轻易地将自杀行为说成是违法的观点，并不妥当。一方面，如我国学者所言，自杀体现了个体处分自己生命的自由，虽然不能说这是一种值得鼓励的行为，但也不能将其界定为刑事违法行为。而且，所谓家长主义，原本就是集权主义的理论残余，与刑法规范在最大限度上尊重和保障公民个人自由的特性并不相容。[6] 因此，针对他人的自杀行为，只能认为第三人可以出于紧急避险的需要对自杀者予以及时阻拦，却不能认为国家可基于家长主义将自杀者作为犯罪人看

---

[1] 参见浙江省宁波市中级人民法院（2001）甬刑终字第155号刑事裁定书；钟亚雅等:《帮助自杀，罪不可恕，其情可悯》，载《检察日报》2012年6月6日，第5版；最高人民法院中国应用法学研究所主编:《人民法院案例选》，人民法院出版社1997年版，第279—283页。

[2] 如1999年最高人民法院、最高人民检察院《关于办理组织和利用邪教组织犯罪案件具体应用法律若干问题的解释》（已失效）第4条和2001年《关于办理组织和利用邪教组织犯罪案件具体应用法律若干问题的解释（二）》（已失效）第9条规定，组织、策划、煽动、教唆、帮助邪教组织人员自杀的，应以故意杀人罪定罪处罚。笔者认为，虽然该条规定主要是指行为人对邪教组织成员实行身体或精神上的控制，使其在丧失意志自由的情况下实施了自杀行为，从而应以故意杀人罪的间接正犯论处，但是也不排除参与成员并未丧失意志自由，而是自我答责地实施了自杀行为的情况。因而可以认为，上述解释同时涵盖了将教唆、帮助自杀行为认定为故意杀人罪共犯的规定。

[3] 参见钱叶六:《参与自杀的可罚性研究》，载《中国法学》2012年第4期。

[4] 参见李洁、谭堃:《论教唆、帮助自杀行为的可罚性》，载《政治与法律》2013年第6期。

[5] 参见钱叶六:《参与自杀的可罚性研究》，载《中国法学》2012年第4期。

[6] 参见王钢:《自杀行为违法性之否定——与钱叶六博士商榷》，《清华法学》2013年第3期。

待。另一方面，既然是违法行为，就必然对应有法律责任，但上述论者在主张自杀违法的同时，又认为自杀者无须承担任何法律责任，这实际上自相矛盾。虽然论者从可罚的违法性出发，认为自杀的场合被害人的自我决定使其违法性降低，根本不值得刑罚处罚，[1]但问题是，不值得刑罚处罚的违法行为也必然对应着某些法律责任，或者是定罪免刑，或者是接受行政处罚或行政处分，或者是只承担民事责任。但是，对于自杀未遂的行为人而言，不仅不承担刑事责任，也不负有任何行政责任和民事责任，这样一来，等于是将不存在任何法律后果的行为强行划入违法行为的行列，无法令人信服。最后，如果不放弃共犯对正犯违法的从属，就无法妥当说明参与自杀的可罚性。虽然就自杀者而言，自杀属于处分自己的法益，但从教唆者、帮助者的立场来看，其行为毕竟引发或促成了他人死亡结果的发生，故存在动用刑罚予以规制的必要，这也是包括我国在内的多数国家和地区均处罚参与自杀行为的原因所在。但是，如上所述，如果在共犯处罚根据上采取修正肇因说或折中肇因说，坚持共犯的成立取决于正犯的不法，对处罚教唆、帮助自杀行为，根本无法作出圆满的解释。

四、改良的纯粹肇因说之提倡

纯粹肇因说也是惹起说内部的一种类型，但在学界，该说一直受到制式的批判，鲜有人问津。值得注意的是，近年来，我国开始有个别学者提倡共犯的最小从属性说，即主张成立共犯，正犯行为既无须具备有责性，也无须具备违法性，只要在最低限度上符合分则规定的构成要件即可。[2]虽然论者并未表明在共犯的处罚根据上采取纯粹肇因说，但最小从属性说却是纯粹肇因说的理论归结。笔者赞同纯粹肇因说的基本立场，并主张这

---

[1] 参见钱叶六:《参与自杀的可罚性研究》，载《中国法学》2012 年第 4 期。

[2] 参见王昭武:《论共犯的最小从属性——日本共犯从属性理论的发展与借鉴》，载《法学》2007 年第 11 期；阎二鹏:《从属性观念下共犯形态论之阶层考察——兼议构成要件符合形态论之提倡》，载《法学论坛》2013 年第 4 期。

种强调违法独立性的纯粹肇因说，应当从接受构成要件制约的角度进行改良。以下，就这种纯粹肇因说的合理性展开论证，并就学界对纯粹肇因说的批评进行回应。

（一）改良的纯粹肇因说之基本主张

笔者认为，共犯的处罚根据在于，共犯在教唆故意、帮助故意的支配下，通过正犯符合客观构成要件的行为实现了自己对法益的侵害，即共犯具有独立于正犯的违法性。笔者将这种既保留了共犯的违法独立性，又强调接受构成要件制约的纯粹肇因说，称为改良的纯粹肇因说。以下展开论述。

1. 纯粹肇因说的基本立场——共犯具有独立的违法性

与修正肇因说和折中肇因说不同，纯粹肇因说主张共犯在规范意义上是否违法以及违法的程度都应是由共犯自身的情况决定的，而不应取决于刑法对于他人行为的评价，换言之，共犯具有独立于正犯的违法性判断，至于正犯行为，只是共犯与构成要件结果之间的行为媒介。[1] 在德国，Lüderssen[2]、Schmidhäuser[3] 是纯粹肇因说的代表学者；在日本，野村稔教授明确支持纯粹肇因说，[4] 此外，平野龙一[5]、前田雅英[6]、佐伯仁志[7] 等学者均

---

[1] Vgl. Lüderssen，Zum Strafgrund der Teilnahme，1967，S.25ff，119ff. 转引自［日］高桥则夫：《共犯体系和共犯理论》，冯军、毛乃纯译，中国人民大学出版社 2010 年版，第 117 页。

[2] Vgl. Lüderssen，Zum Strafgrund der Teilnahme，1967，S.25ff，119ff. 转引自［日］高桥则夫：《共犯体系和共犯理论》，冯军、毛乃纯译，中国人民大学出版社 2010 年版，第 117 页。

[3] Vgl. Schmidhäuser，Strafrecht，A.T.，2.Aufl.，1975，S.532ff. 转引自［日］高桥则夫：《共犯体系和共犯理论》，冯军、毛乃纯译，中国人民大学出版社 2010 年版，第 115 页。

[4] 参见［日］野村稔：《刑法总论》，全理其、何力译，法律出版社 2011 年版，第 395 页。

[5] 参见［日］平野龙一：《刑法总论 II》，有斐阁 1975 年版，第 358 页，转引自王昭武：《论共犯的最小从属性——日本共犯从属性理论的发展与借鉴》，载《法学》2007 年第 11 期。

[6] 参见［日］前田雅英：《刑法总论讲义》，东京大学出版会 2006 年版，第 424—425 页，转引自王昭武：《论共犯的最小从属性——日本共犯从属性理论的发展与借鉴》，载《法学》2007 年第 11 期。

[7] 参见［日］佐伯仁志等：《理论刑法学的最前线》，岩波书店 2001 年版，第 236 页，转引自王昭武：《论共犯的最小从属性——日本共犯从属性理论的发展与借鉴》，载《法学》2007 年第 11 期。

认同共犯的最小从属性说，主张共犯成立无须正犯违法，实际上也是默认了纯粹肇因说的合理性；在我国台湾地区，许泽天教授亦赞同该说。[1] 就共犯的处罚根据，笔者提倡接受构成要件制约的纯粹肇因说。笔者认为，纯粹肇因说之下，共犯自身的违法性应当通过以下两个方面来构建。

（1）在客观上侵害了对共犯而言受到保护的法益

笔者认为，共犯固有的违法性之首要内容是，客观上，共犯必须通过正犯该当构成要件的行为制造了自己对法益的损害，换言之，共犯必须实际侵害了对他而言受到保护的法益。以下分四种情况对此作出说明。

第一，共犯和正犯都没有侵害法益的场合。我国有学者认为，根据纯粹肇因说，教唆或者帮助他人实施正当防卫或紧急避险行为，也会被作为教唆犯或帮助犯处罚。[2] 这实属对纯粹肇因说的误解。纯粹肇因说虽然强调共犯具有独立的违法性，但在构建此种违法性时，必须能够认定教唆者、帮助者在客观上实际制造了对法益的损害。而在单纯地教唆、帮助他人实施正当防卫或紧急避险的场合，即使教唆者、帮助者主观上不具有防卫意识、避险意识，他们客观上引发或促成的也是有益的结果，所以，就教唆者、帮助者而言，并没有制造客观的法益侵害，故根据纯粹肇因说，共犯行为同样不违法。但共犯行为之所以合法，并非因为正犯行为合法，而是因为从共犯自身的情况来看，他并未侵害法益。

第二，共犯侵害法益、正犯没有侵害法益的场合。即使正犯并未侵害法益，但如果共犯在引发或促成这种合法行为之外，另外实施了其他主动制造争端的行为，或从共犯的视角而言，某一法益值得特殊保护，也能够认定共犯在客观上单独侵害了法益。这主要是指以下两种情形。其一，行为人故意制造争端，使一方陷入可以实施正当行为以损害另一方利益的事态，但又尚未支配整个因果流程。如前文所述，在这种情况下，行为人并非仅仅在主观上具有利用他人正当行为的意思，而是在客观上积极主动地

[1] 参见许泽天：《共犯之处罚基础与从属性》，载《罪与刑——林山田教授六十岁生日祝贺论文集》，台湾五南图书出版有限公司 1997 年版，第 81 页。

[2] 参见黎宏：《刑法总论问题思考》，中国人民大学出版社 2007 年版，第 508 页。

制造了他人利益的对立，从而才使得本来无须发生的某一方利益的损失成为现实。所以，即便正犯行为是合法的，但就共犯而言，仍然可以认定其在客观上单独实现了对某一方法益的损害，此时共犯就具备了独立于正犯的违法性。其二，参与自杀的行为。由于生命法益具有特殊的重要性，所以，尽管对自杀主体而言，自己的生命并非刑法保护的法益，然而，从共犯的视角来说，他人的生命却有必要受到刑法的特殊保护。换言之，虽然保护生命的需求，并不能使得自杀这种出于个人意愿的行为成为刑事违法行为，但却可以将引发或促成他人自杀的行为评价为违法。据此，在教唆、帮助自杀的场合，即使正犯行为不违法，但共犯行为毕竟引发或促成了他人生命的终结，从共犯的视角而言，这种法益值得保护，故可以认为，此时，教唆者、帮助者在客观上单独制造了法益损害。

第三，共犯没有侵害法益、正犯侵害法益的场合。根据纯粹肇因说，由于共犯在客观上是否制造了法益侵害，要根据共犯自身的情况独立地判断，所以正犯侵害的法益对共犯而言，未必一定受到保护。换言之，即使正犯行为侵害了法益，共犯也可能基于自己是法益主体等特殊情况，不具有法益侵害性。各国刑法对某些必要共犯的片面处罚，正是体现了这一点。

第四，共犯和正犯都侵害法益的场合。如果正犯侵害了法益，多数情况下，共犯也侵害了法益。但正如许泽天教授所言，这只是经验上的通常现象，并不能表明共犯的法益侵害性系由正犯决定。[1] 换言之，此种情况下，并非因为正犯侵害了法益，共犯才连带地侵害了法益，而是因为从共犯自身的情况考虑，他也通过正犯符合构成要件的行为及结果，实现了自身对法益的损害。

（2）在主观上具备教唆故意、帮助故意等主观违法要素

关于违法的本质，笔者赞同违法二元论，认同违法性是由法益侵害和

[1] 参见许泽天:《共犯之处罚基础与从属性》，载《罪与刑——林山田教授六十岁生日祝贺论文集》，台湾五南图书出版有限公司 1997 年版，第 81 页。

规范违法两种要素构成。[1] 据此，在根据纯粹肇因说构建共犯自身的不法时，教唆者、帮助者除了要在客观上侵害对他们而言受到保护的法益之外，还应在主观上具备教唆故意、帮助故意等违法要素。因此，从违法二元论的立场出发，不仅上述客观方面的法益侵害会导致共犯和正犯之间违法的相对性，主观的不法要素也会导致共犯具有独立于正犯的违法性判断。

一方面，如果教唆者、帮助者不具有犯罪故意，即使正犯具有犯罪故意，共犯也会因为欠缺固有的违法性而无法成立。据此，未遂教唆、未遂帮助的场合，尽管正犯客观上对法益造成了威胁，主观上也具有违法故意，理应以犯罪未遂论处，但教唆者、帮助者并不具有真实的犯罪故意，因此，教唆行为、帮助行为也就不具备完整的违法性，不应作为共犯受到处罚。

另一方面，只要教唆者、帮助者具有教唆故意、帮助故意，即使正犯欠缺犯罪故意，共犯也可能因为实现了固有的违法性而得以成立。据此，在上述教唆者、帮助者误以为正犯具有故意，以及幕后者利用不知情的正犯实施义务犯和亲手犯的场合，尽管正犯不具有违法故意，但客观上教唆者、帮助者已经通过正犯符合客观构成要件的行为实现了自己对法益的侵害，主观上也具有教唆故意、帮助故意，因此，虽然无法成立间接正犯，但却可以作为教唆犯、帮助犯受到处罚。

综上所述，根据笔者所提倡的纯粹肇因说，共犯具有独立的违法性，即承认共犯和正犯之间违法的相对性。但是，只有当教唆者、帮助者通过正犯符合客观构成要件的行为制造了自己对法益的损害，并且具备教唆故意、帮助故意等主观不法要素时，才能认定共犯实现了固有的不法。

2. 对纯粹肇因说的澄清与改良——共犯从属于正犯的构成要件事实

与修正肇因说和折中肇因说主张共犯从属于正犯的违法不同，纯粹肇

---

[1] 笔者赞同大谷实教授的观点，即撇开结果无价值的行为无价值论，会导致心情刑法，违背罪刑法定原则；撇开行为无价值的结果无价值论，忽视了违法性具有规范违反的特质，没有全面阐明违法的内容。因此，将违法性定位为违反国家性、社会性伦理规范，给法益以侵害或威胁的违法二元论是比较妥当的（参见［日］大谷实：《刑法讲义总论》，黎宏译，中国人民大学出版社 2007 年版，第 220 页）。由于对违法本质的争论，是一个庞大的话题，所以本书不再就此深入展开。

因说认为共犯和正犯的违法具有相对性，故笔者认为，共犯对正犯的从属只应是该当构成要件的行为事实的从属，这也使得纯粹惹起说满足了构成要件所确立的法治国要求，笔者称之为“改良的纯粹肇因说”。以下分别就这种纯粹肇因说在实行从属性和要素从属性上的立场展开论述。

（1）纯粹肇因说亦采纳共犯的实行从属性论

我国很多学者都将纯粹肇因说等同于共犯独立性说。如黎宏教授认为，根据纯粹肇因说，即便正犯没有实施任何行为，对教唆犯和帮助犯也可以作为共犯加以处罚，……然而，在正犯没有引起构成要件结果的情况下，共犯如何能够引起法益侵害呢？[1] 陈兴良教授也认为，纯粹肇因说主张教唆未遂具有可罚性，在这一点上与共犯独立性说是相同的。[2] 此外，还有其他学者也表达了同一见解。[3]

但笔者认为，上述观点源自对纯粹肇因说的误解。事实上，纯粹肇因说同样反对共犯独立性说，认可共犯具有实行从属性。首先，共犯独立性说和实行从属性说争论的焦点在于共犯未遂的成立时点，即教唆者、帮助者构成犯罪未遂，是否以正犯着手实行犯罪为必要。[4] 其中，共犯独立性说主张，教唆行为、帮助行为也属于实行行为，因此，只要行为人实施了教唆、帮助行为，不必等到正犯实际着手，即可将其认定为犯罪未遂。[5] 共犯的实行从属性说则认为，教唆行为、帮助行为与实行行为在能否独自实现构成要件，以及距离法益侵害的远近上，都有所不同，所以，必须等到正犯着手，才能将教唆者、帮助者以犯罪未遂论处。[6] 其次，虽然纯粹肇因说

---

[1] 参见黎宏：《刑法总论问题思考》，中国人民大学出版社 2007 年版，第 508 页。

[2] 参见陈兴良：《走向共犯的教义学——一个学术史的考察》，载陈兴良主编：《刑事法评论》（第 25 卷），北京大学出版社 2009 年版，第 457 页。

[3] 参见万选才：《论教唆犯的处罚根据》，载《法律适用》2012 年第 5 期。

[4] 参见张明楷：《刑法的基本立场》，中国法制出版社 2002 年版，第 302 页。

[5] 参见［日］牧野英一：《刑法总论》（下卷），有斐阁 1959 年版，第 677 页以下，转引张明楷：《刑法的基本立场》，中国法制出版社 2002 年版，第 304 页。

[6] 参见［日］井田良：《刑法总论之理论构造》，成文堂 2005 年版，第 300 页，转引自王昭武：《教唆犯从属性说之坚持与展开》，载赵秉志主编：《刑法论丛》，法律出版社 2008 年版，第 66 页。

强调共犯具有独立的违法性，但并没有否认共犯成立犯罪未遂需存在正犯的实行行为。如纯粹肇因说的代表学者 Lüderssen 认为，共犯对正犯仍然具有“事实上的依存性”，即共犯成立犯罪未遂、犯罪既遂，还是要有正犯的主行为存在，只不过不要求该正犯行为必须是违法的。[1] 换言之，纯粹肇因说主张共犯具有独立的法益侵害性，并不意味着共犯自己就可以完成法益侵害，而是需要借由正犯该当客观构成要件的行为事实，实现自身对法益的不法侵害。因此，纯粹肇因说同样坚持了共犯的实行从属性。最后，并非处罚教唆未遂就是共犯独立性说，就是在共犯处罚根据上采取了纯粹肇因说，关键在于以何种形式处罚教唆未遂。详言之，只有主张将教唆未遂以犯罪未遂论处，在共犯属性问题上才是采取了共犯独立性说。然而，由于未遂犯的处罚依据在于给法益造成具体危险，因此，立足于法益侵害的三种肇因说，都不可能得出该结论。如果是主张将教唆未遂以犯罪预备处罚，一方面，由于实行从属性说强调的是不能将教唆未遂认定为犯罪未遂，故该观点并不违背共犯的实行从属性说；另一方面，由于教唆未遂行为仍然具有侵害法益的抽象危险，故将性质严重的教唆未遂以犯罪预备处罚，完全契合肇因说将共犯的处罚根据定位于法益侵害的理论初衷，所以，三种肇因说都有可能支持该观点。综上，只要主张处罚教唆未遂，就是共犯独立性说，就是在共犯处罚根据上采取了纯粹肇因说的理解存在误区。

（2）纯粹肇因说在要素从属性上应是采取最小限从属

纯粹肇因说的基本立场在于，共犯是借助正犯的主行为事实以实现自身对法益的侵害，因此，共犯具有独立于正犯的违法性。笔者认为，在保留纯粹肇因说这一基本立场的基础上，还应强调共犯所借助的主行为事实对各罪构成要件的该当性，这一改良能够实现纯粹肇因说与法治国原则的接轨。据此，在共犯和正犯的关系上，共犯具有独立正犯的违法性和有责性，但共犯还应从属于正犯符合各罪构成要件的主行为事实。至于这种最

[1] Vgl. Lüderssen，Zum Strafgrund der Teilnahme，1967，S.25ff，119ff. 转引自［日］高桥则夫：《共犯体系和共犯理论》，冯军、毛乃纯译，中国人民大学出版社 2010 年版，第 118 页。

低限度的构成事实层面的从属，应归为要素从属性中的哪一种形式，尚需结合违法观的不同加以说明。

其一，立足于结果无价值的纯粹肇因说，在要素从属性上会采取最小从属性说。根据结果无价值论，构成要件要素主要是指客观方面的行为和结果，不包括犯罪故意等主观要素。[1]据此，在基于研究共犯从属程度的需要，将构成要件符合性和违法性分层时，结果无价值论的构成要件符合性就只是没有任何价值内容的行为和结果，而纯粹肇因说正是主张共犯只要从属于正犯事实上的行为和结果即可，因此，立足于结果无价值的纯粹肇因说，会认同共犯的最小从属性，即共犯只从属至正犯的构成要件符合性。

其二，立足于违法二元论的纯粹肇因说，在要素从属性上会采取客观构成要件从属性。根据违法二元论，犯罪故意、过失是主观的构成要件要素。[2]而根据纯粹肇因说，虽然教唆者、帮助者必须具备犯罪故意才能成立共犯，但并不要求正犯具有犯罪故意。因此，立足于违法二元论的纯粹肇因说在共犯的从属程度上，会采取比最小从属性还要低的客观构成要件从属性。值得说明的是，对违法本质的不同理解，并不会导致共犯从属程度的实质差异，换言之，上述所谓最小从属性和客观构成要件从属性，对共犯从属程度的要求实质是一样的，它们之间的不同，只是违法观的差异所导致的形式上归类的不同。

3. 纯粹肇因说对于共犯认定的意义——只是处罚基础而非成立条件

在明确了纯粹肇因说的主张及其就共犯属性的立场之后，还有必要对纯粹肇因说在划定共犯处罚范围上所起的作用作出澄清。根据笔者提倡的纯粹肇因说，虽然共犯并不从属于正犯的违法性，只是从属于正犯的客观构成要件该当性，但这并不表示只要是教唆、帮助他人实施合法行为的，就成立共犯。换言之，纯粹肇因说只是共犯的处罚基础，而非共犯的成立

[1] 参见张明楷：《刑法学》，法律出版社 2011 年版，第 133 页。

[2] 参见周光权：《刑法总论》，中国人民大学出版社 2011 年版，第 107 页。

条件。至于在正犯合法的情况下，教唆者、帮助者是否受到处罚，以及是以共犯处罚还是以间接正犯论处，完全取决于各自的成立条件。具体来说，教唆、帮助他人实施了符合构成要件但不违法的行为时，如果教唆者、帮助者客观上并未制造自己对法益的损害，即使其主观上具有利用他人正当行为的意思，也不成立犯罪；如果教唆者、帮助者实际侵害了对他而言受到保护的法益，但又尚未支配整个因果流程的，则成立共犯；如果教唆者、帮助者不仅客观上实现了自己对法益的侵害，其教唆行为、帮助行为又能支配整个法益侵害事实的，则成立间接正犯。

（二）对纯粹肇因说合理性的论证

笔者认为，纯粹肇因说主张共犯和正犯之间仅仅在客观事实上连带，在不法和责任上则具有相对性，无论是在法理基础、论证方法还是在具体问题的处理上，都具有合理性。

1. 纯粹肇因说的观点真正契合“肇因说”的理论初衷

笔者认为，既然肇因说主张处罚共犯的根据和正犯一样，都是在于法益侵害，那么，本来就应当根据共犯自身的情况判断其行为是否侵害了法益，而这正是纯粹肇因说的基本主张。与共犯借用犯说认为处罚共犯是因为他们借用了正犯的犯罪性和可罚性不同，肇因说主张处罚共犯是因为共犯自身就具有犯罪性和可罚性，即共犯有独立的处罚基础；与责任共犯论和违法共犯论在共犯对正犯的关系上寻求共犯的处罚根据不同，肇因说主张共犯和正犯一样，都是因为侵害了刑法所保护的法益才受到处罚。[1] 据此，不管是处罚共犯还是正犯，一定是因为他们自己侵害了法益，而非因为他人侵害了法益。因此，在回答为何处罚共犯时，纯粹肇因说的观点，即因为共犯借助正犯符合客观构成要件的行为和结果，实现了自己对法益的侵害，最符合肇因说的理论初衷。而修正肇因说和折

[1] 参见［日］大越义久：《共犯的处罚根据》，青林书院新社 1981 年版，第 112 页以下，转引自［日］高桥则夫：《共犯体系和共犯理论》，冯军、毛乃纯译，中国人民大学出版社 2010 年版，第 114 页。

中肇因说的观点，即由于正犯侵害了法益，所以共犯才侵害法益，实际上并没有在坚持共犯具有独立的处罚根据，而是偏向了早已被摒弃的共犯借用犯说。综上，笔者认为，只要认为共犯存在固有的处罚根据、共犯固有的处罚根据在于法益侵害，就不应将共犯的违法性依附于正犯，而应根据共犯自身的情况独立地判断其法益侵害性。因此，纯粹肇因说的基本立场理应得到认同。

2. 纯粹肇因说提倡“违法相对性”符合罪责自负的基本原理

笔者认为，纯粹肇因说提倡“共犯和正犯之间违法的相对性”，不仅符合事实问题连带、规范问题相对的客观规律，而且也还原了共犯和正犯在自然意义上的逻辑关系，进而真正践行了刑法上的罪责自负原则。

首先，违法相对性符合客观规律，即事实问题连带、规范问题个别判断。前文提到，在研究共犯的处罚根据，特别是共犯的从属程度时，尤其需要三阶层这种位阶式的思考方法，所以，这里依然借用该种方法进行分析。根据三阶层犯罪构成体系，构成要件符合性基本上是一种形式上的事实判断，违法性和有责性则是一种实质性的规范判断。[1] 而作为客观规律，只有事实问题才具有自然连带性，规范性问题则必然因人而异，不存在连带之说。据此，既然违法性判断和有责性判断都是包含价值评判的规范性内容，那么，就如同有责性应在共犯和正犯之间分别判断一样，违法性也应当在共犯和正犯之间个别地把握。正如黄荣坚教授所言，由于个体的内部因素和外部条件都有所不同，而法律在对个人行为进行价值判断时，不可避免地要考虑行为人自身的情况，因此不法性根本无法从属。[2] 所以，笔者认为，纯粹肇因说主张共犯仅仅从属于正犯的行为事实，至于违法性和有则性则依据共犯和正犯各自的主客观情况独立判断，正是体现了事实连带、价值独立的客观规律。

其次，违法相对性符合共犯和正犯在存在论意义上的逻辑关系。从自

[1] 参见陈兴良:《犯罪论体系的位阶性研究》，载《法学研究》2010 年第 4 期。

[2] 参见黄荣坚:《基础刑法学》，台湾元照出版公司 2012 年版，第 827 页。

然意义上考察共犯和正犯的关系，是共犯首先在犯罪故意的支配下，以教唆行为、帮助行为引发或促进正犯完成了一个行为事实，然后才开始考虑该正犯行为本身是否违法。换言之，是共犯借由正犯的行为事实以及结果，首先实现了自身的不法，而后才出现正犯就其实施的行为以及结果是否不法的问题。而修正肇因说和折中肇因说所主张的违法从属性，思维逻辑正好颠倒，即违法从属性说在认定共犯的违法性时，首先考虑的是顺位在后的“正犯是否违法”这一问题，然后再反过来决定共犯是否具有违法性，从而将共犯和正犯在自然意义上的逻辑关系倒置。这也是早期德国学者Sauer[1]、日本学者牧野英一[2]、木村龟二[3]批评从属性原则扭曲了共犯和正犯本源构造的原因所在。但事实上，问题的症结并非源自于共犯从属性，而是源自于违法从属性。如Sauer所言，只要从正犯行为中排除违法性，而在共犯的成立上仅以正犯的实行行为为必要，就可以解决该问题。[4] 从这一点上来看，纯粹肇因说以及作为其理论归结的客观构成要件从属性，也是可取的。

最后，综合以上两点，提倡违法相对性的纯粹肇因说，真正贯彻了罪责自负原则。罪责自负原则并非刑法凭空创设，而是源自于上述自然逻辑和客观规律。因此，所谓罪责自负，就并非仅仅是指个人只就自己的责任负责，还应当包括个人只对自己的不法负责。正如Sax所言：“所有遭受国家刑罚制裁的人，都是因为自己的责任而承受刑罚，而其责任基础当然是建立在自己行为的不法内涵上，而无法建立在刑法对于他人行为的评价之

---

[1] Vgl. Sauer，Allgemeine Strafrechtslehre，3.Aufl.，S.200ff. 转引自陈子平：《论共犯之独立性与从属性》，载陈兴良主编：《刑事法评论》（第21卷），北京大学出版社2007年版，第8页。

[2] 参见［日］牧野英一：《日本刑法》，有斐阁1937年版，第360—361页，转引自陈子平：《论共犯之独立性与从属性》，载陈兴良主编：《刑事法评论》（第21卷），北京大学出版社2007年版，第8页。

[3] 参见［日］木村龟二：《犯罪论新构造》（下），有斐阁1968年版，第148页，转引自陈子平：《论共犯之独立性与从属性》，载陈兴良主编：《刑事法评论》（第21卷），北京大学出版社2007年版，第9页。

[4] Vgl. Sauer，Allgemeine Strafrechtslehre，3.Aufl.，S.200ff. 转引自陈子平：《论共犯之独立性与从属性》，载陈兴良主编：《刑事法评论》（第21卷），北京大学出版社2007年版，第8页。

上。”[1] 换言之，无论是共犯还是正犯，国家处罚他们的前提，均是被处罚对象本身违法且有责地实现了不法事实，所谓共犯从属于正犯的不法，同样违反个人责任原则。[2] 综上，提倡违法相对性的纯粹肇因说，亦遵循了罪责自负的基本原理。

3.“行为共同说”印证了纯粹肇因说的合理性

我国刑法学界一直将犯罪共同说和行为共同说作为“共同正犯的本质”加以探讨。[3] 如果深究，所谓“共同正犯的本质”实际上就是共同正犯的处罚根据，因为数人之行为在何种范围内共同，才能成立共同正犯，才能就他人行为的结果承担责任，本身就是对共同正犯处罚基础的说明。因此，笔者认为，行为共同说的日渐兴起，能够印证纯粹肇因说的妥当性。

首先，行为共同说的基本主张，即共同正犯是构成要件符合性的共同，与纯粹肇因说的理论宗旨一致。关于共同正犯的处罚基础，立足于客观主义的行为共同说，不仅在国外获得了诸多学者的支持，[4] 近年来，我国学者也陆续开始支持该说。[5] 这种行为共同说主张，共同正犯仅仅是构成要件该当行为的共同，换言之，所谓共同正犯，就是各人利用共同实施的构成要件该当行为，分别实现自己的罪责。据此，对于共同正犯中的各个参与

---

[1] Sax，Zur Problematik des “Teilnehmerdelikts”，in：ZStW 90（1978），S.931. 转引自许泽天：《共犯之处罚基础与从属性》，载《罪与刑——林山田教授六十岁生日祝贺论文集》，台湾五南图书出版有限公司 1997 年版，第 80 页。

[2] 参见许泽天：《共犯之处罚基础与从属性》，载《罪与刑——林山田教授六十岁生日祝贺论文集》，台湾五南图书出版有限公司 1997 年版，第 80 页。

[3] 参见黎宏：《刑法总论问题思考》，中国人民大学出版社 2007 年版，第 508 页。

[4] 参见［日］山口厚：《刑法总论》，付立庆译，中国人民大学出版社 2011 年版，第 305 页；［日］平野龙一：《刑法总论Ⅱ》，有斐阁 1975 年版，第 365 页；［日］前田雅英：《刑法总论讲义》，东京大学出版会 2006 年版，第 414 页，这两个注释转引自王昭武：《论共谋的射程》，载《中外法学》2013 年第 1 期；［日］川端博：《共犯の理论》，成文堂 2008 年版，第 30—31 页，转引自张开骏：《共犯从属性理论的体系建构》，载《清华法学》2013 年第 6 期。

[5] 参见阎二鹏：《共犯本质论之我见——兼议行为共同说之提倡》，载《中国刑事犯杂志》2010 年第 1 期；王昭武：《论共谋的射程》，载《中外法学》2013 年第 1 期；张明楷：《刑法学》，法律出版社 2011 年版，第 358 页；黎宏：《共同犯罪行为共同说的合理性及其应用》，载《法学》2012 年第 11 期；钱叶六：《共犯与正犯的关系论》，载《中外法学》2013 年第 4 期。

人而言，他人的行为不过是自己行为的延长线，扮演者协助自己促进构成要件结果发生的事实性作用。[1]而根据笔者提倡的改良的纯粹肇因说，之所以处罚共犯，也是因为他们通过正犯符合构成要件的行为事实实现了自己的罪责，换言之，共犯仅仅从属于正犯该当客观构成要件的行为事实，而不从属于正犯的违法和有责，所以，共犯和正犯同样只是在构成要件符合性上具有共同性。只不过对于共同正犯而言，是所有共犯人共同实现了构成要件该当行为；而对于教唆犯、帮助犯来说，是从属于正犯的主行为事实实现了分则构成要件的该当性。然而，这种不同仅仅是形式上的，并不影响二者在诠释参与人的处罚基础上呈现出的一致性。

其次，虽然我国有学者将行为共同说解释成“客观违法的共同”，但这实际上已经违背了行为共同说的初衷。前文提到，在我国行为共同说受到越来越多学者的认同，然而，其中部分学者却将“构成要件行为的共同”偷换成“违法的共同”。如黎宏教授认为：“共同犯罪的共同仅仅是指‘行为的共同’，即只要求各个行为人在客观违法上共同，而不要求在责任上共同。”[2]但笔者认为，如此偷换概念，实际上已经歪曲了行为共同说的初衷。既然论者自己也承认，行为共同说就是指数人“共同行为”，共同犯罪只不过是各参与人将他人的行为事实作为自己行为的一部分，以实现自己的犯罪。[3]那么，只要其他正犯的行为是构成要件该当行为即可，根本不必是违法的。正因为如此，日本山口厚教授在主张行为共同说的基础上，才得出以下论断：共同犯罪只是构成要件该当事实的共同，而各共犯人存在固有的违法和责任。[4]所以，从行为共同说的本原出发，其与改良的纯粹肇因说“构成要件从属、违法性相对、有责性相对”的主张，是一致的。

最后，狭义共犯和共同正犯在参与类型上的不同，并不能成为二者处罚根据相通的障碍。有学者认为，教唆犯、帮助犯和正犯毕竟不同，尽

[1] 参见陈子平：《刑法总论》，中国人民大学出版社 2008 年版，第 332 页。

[2] 黎宏：《共同犯罪行为共同说的合理性及其应用》，载《法学》2012 年第 11 期。

[3] 参见黎宏：《共同犯罪行为共同说的合理性及其应用》，载《法学》2012 年第 11 期。

[4] 参见［日］山口厚：《刑法总论》，付立庆译，中国人民大学出版社 2011 年版，第 305 页。

管可以用行为共同说解释共同正犯的处罚根据，却不能运用它来说明作为“次要概念”的狭义共犯的处罚基础。[1] 然而，笔者认为，狭义共犯和共同正犯的处罚根据乃是犯罪参与的基础性问题，而狭义共犯和共同正犯则是对犯罪参与形式的分类，主张这种参与类型上的不同将导致二者在处罚基础上出现鸿沟的观点，并无充分的论据。

综上，用所谓“次要概念”论证狭义共犯不应与共同正犯有相同的处罚基础，不具有说服力。

4.“利用合法行为的间接正犯”也凸显出纯粹肇因说的妥当性

我国刑法学界普遍认为，在利用他人合法行为侵害法益的场合，尽管被利用者的行为是合法的，利用者的行为却是违法的，可单独构成间接正犯。[2] 但笔者认为，这实际已经否定了违法从属性，而采用了纯粹肇因说“违法相对性”的逻辑。

其一，利用合法行为的间接正犯，表明教唆行为、帮助行为存在固有的不法。违法从属性说主张教唆行为、帮助行为的不法从属于正犯行为的不法，据此，在正犯行为不违法的情况下，教唆行为、帮助行为也就无从获得违法性，因而，既不应以共犯论处，也不应按照所谓间接正犯受到处罚。正因为如此，部分提倡违法从属性说的学者才主张，不宜承认利用合法行为的间接正犯，否则便是遵循了纯粹肇因说的逻辑。[3] 反之，如果学界广泛认为，教唆者、帮助者利用他人合法行为侵害法益的，可通过间接正犯的形式成立犯罪，就等于是承认了教唆行为、帮助行为具有独立的违法性。

其二，共犯和间接正犯的不同，并不能成为否定共犯具有独立不法的依据。可能会有学者认为，共犯和间接正犯有所相同，虽然可以肯定间接

[1] 参见杨金彪:《共犯的处罚根据》，中国人民公安大学出版社 2008 年版，第 169 页。

[2] 参见刘士心:《论间接正犯之范围》，载《法商研究》2006 年第 3 期；钱叶六:《间接正犯与教唆犯的界分——行为支配说的妥当性及其贯彻》，载陈兴良主编:《刑事法评论》（第 28 卷），北京大学出版社 2011 年版，第 373 页。

[3] 参见杨金彪:《共犯的处罚根据》，中国人民公安大学出版社 2008 年版，第 172 页。

正犯的场合，教唆行为、帮助行为具有独立的违法性，但却不能承认狭义共犯的场合，教唆行为、帮助行为的不法也是相对的。然而，如果回归共犯和间接正犯的认定标准就会发现，共犯和间接正犯的区分，乃是依据教唆者、帮助者对犯罪构成事实的支配能力，并不涉及违法性的从属或独立的问题。所以，根本不可能依据共犯和间接正犯在不法等级上的差异，得出一个违法性从属、另一个则违法性独立的结论。此外，如有学者所言，共犯和间接正犯不存在绝对的、黑白分明的界限，不免会产生角色互动的现象。如果认为二者在是否具有独立的违法性上存在本质差别，就会得出“违法性的有无可以活动”这样不合理的结论。[1] 基于以上理由，笔者认为，利用合法行为的间接正犯得到承认，恰恰可以说明强调违法相对性的纯粹肇因说具有合理性。

5. 纯粹肇因说能够恰当地划定共犯的处罚范围

笔者认为，纯粹肇因说主张共犯仅仅从属于正犯符合客观构成要件的行为事实，在不法和责任上具有独立性，可以使得共犯的处罚范围合理、适中。

一方面，纯粹肇因说可以避免违法连带性所导致的共犯处罚范围的扩张。根据纯粹肇因说，共犯是否不法，应根据共犯自身的情况独立地判断。据此，在教唆、帮助他人损害自身重要法益的场合，如嘱托他人杀害、重伤自己，虽然教唆者、帮助者引起或促成他人实施了违法行为，但由于从教唆者、帮助者的立场来看，他们是法益主体，正犯侵害的法益对他们而言无须受到保护，此时，共犯就因欠缺固有的不法而无法成立。在意图使他人的犯罪行为终于未遂而实施教唆、帮助行为的场合（未遂教唆、未遂帮助），尽管正犯应当承担未遂犯的刑事责任，但由于教唆者、帮助者并不存在违法故意，从而不具备完整的不法，亦不应以共犯处罚。在其他必要共犯的场合，同样可能出于对教唆者、帮助者自身主客观情况的考量，认

[1] 参见许泽天:《共犯之处罚基础与从属性》，载《罪与刑——林山田教授六十岁生日祝贺论文集》，台湾五南图书出版有限公司 1997 年版，第 92 页。

定其不具有违法性，从而不将其作为共犯处理。如根据我国刑法，只处罚贩卖淫秽物品的行为而不处罚购买行为，只处罚受贿行为而不处罚为了谋求正当利益的行贿行为等，都可以通过纯粹肇因说作出合理的解释。

另一方面，纯粹肇因说主张共犯存在固有的不法，有利于充分地保护法益。承认共犯的成立并非以正犯不法为必要，还可以防止在一些案件中形成处罚漏洞。如前文所述，在行为人故意制造他人利益的对立，以借助一方的正当行为侵害另一方的法益，但又不能认定其支配了整个因果流程的场合，虽然就他人遭受的法益侵害，作为事故挑起人的行为人理当负责，但无法将其认定为间接正犯。而根据纯粹肇因说，仍然可以将其认定为共犯，从而成功维护了无辜受损的法益。在参与自杀的场合，出于保护他人生命的特殊需求，有必要将教唆行为、帮助行为纳入刑法规制，而纯粹肇因说提倡的违法相对性，可以为此提供合理的解释。在共犯误以为正犯具有故意，以及幕后者利用不知情的正犯实施义务犯或亲手犯的场合，一方面，由于教唆者、帮助者缺乏支配意思，或不具有特殊的身份或资格，无法成立间接正犯；另一方面，如果认为共犯从属于正犯的不法，那么，由于此时正犯并非故意不法，教唆者、帮助者也无法成立共犯，由此形成处罚漏洞。而根据纯粹肇因说，共犯只需要从属于正犯符合客观构成要件的行为，无须从属于正犯的不法，据此，在上述情形下，完全可以将教唆者、帮助者认定为共犯，这便有效地保护了法益。

此外，纯粹肇因说还能够避免共犯和间接正犯界限的混淆。纯粹肇因说主张共犯存在固有的不法，因此，在正犯不违法的情况下，如果正犯行为引发的符合构成要件的结果对共犯来说是值得保护的法益，仍然可能将教唆者、帮助者作为共犯处罚。换言之，根据纯粹肇因说，利用他人的合法行为实现自己对法益的侵害的，并非一律成立间接正犯，假若行为人尚未支配整个法益侵害事实，仍然存在作为共犯处罚的余地。因此，纯粹肇因说可以避免将所有利用他人合法行为侵害法益的情形，不分教唆者、帮助者的参与角色，全部作为间接正犯处罚的不合理现象，不仅使得共犯和间接正犯之间的界分更加细致，也能够防止给行为人以不利的法律评价。

（三）对纯粹肇因说受到的批判之回应

虽然纯粹肇因说在学界受到诸多批评，但笔者认为，这些批评要么源自对纯粹肇因说的误读，要么源自对刑法条文的僵化理解，并不具有说服力。以下将一一作出回应。

1. 纯粹肇因说并不必然导致共犯处罚范围的扩张

学界对纯粹肇因说提出的最多的批评就是，该说承认没有正犯的共犯，会扩大共犯的处罚范围。[1]但实际上，纯粹肇因说作为共犯的处罚基础，仅仅表明即便正犯不违法，也存在成立共犯的可能，至于最终能否成立共犯，还要视教唆行为、帮助行为是否实现了固有的不法而定，所以，该说并不必然导致共犯处罚范围的扩张。

其一，纯粹肇因说并非认为只要教唆、帮助他人实施合法行为的，一律构成犯罪，而是要看教唆者、帮助者是否实现了自己对法益的侵害。我国很多学者都误以为，根据纯粹肇因说，只要教唆、帮助他人实施合法行为的，就可以作为共犯处罚。因此，教唆、帮助他人实施正当防卫或紧急避险行为，[2]利用医生的医疗行为或利用国家机关执行死刑的行为，[3]甚至在警察抓捕歹徒时为警察加油的，都可能构成共犯，这明显扩大了共犯的处罚范围。[4]然而，笔者在前文已经指出，虽然纯粹肇因说主张共犯具有独立的违法性，但只有当教唆者、帮助者实现了这种固有的不法时，才能成立共犯。换言之，教唆者、帮助者必须在客观上现实地侵害了对他们而言受到保护的法益，在主观上具有违法故意，否则并不构成犯罪。因此，就论者所列举的上述情形而言，如果只是单纯地利用他人的合法行为，并没有主动制造法益之间的争端，那么，从教唆者、帮助者的立场来看，即便主观上具有利用意思，但由于客观上，上述教唆行为、帮助行为导致的是

[1] 参见杨金彪：《共犯的处罚根据》，中国人民公安大学出版社 2008 年版，第 172 页。

[2] 参见黎宏：《刑法总论问题思考》，中国人民大学出版社 2007 年版，第 508 页。

[3] 参见杨金彪：《共犯的处罚根据》，中国人民公安大学出版社 2008 年版，第 172 页。

[4] 参见陈洪兵：《共犯论思考》，人民法院出版社 2009 年版，第 16 页。

对社会有益的结果，并没有制造现实的法益损害，所以，共犯就由于欠缺客观不法而无法成立。也即，根据纯粹肇因说，在单纯利用他人合法行为的场合，也不会将教唆者、帮助者作为共犯处罚，因而，不存在扩大处罚范围之说。[1]但值得一提的是，此时并非因为正犯合法共犯才合法，而是因为从共犯自身的情况来看，没有实现固有的不法。如果行为人故意造成他人利益的对立，然后唆使或协助一方以正当行为去侵害另一方的利益，那么，由于其行为制造了一个不必要的法益损失，因而存在客观不法，此时，如果行为人并未支配整个因果流程，就存在将其作为共犯处罚的余地。但这不仅没有扩大共犯的处罚范围，反而避免了将这种情形一律认定为间接正犯的不合理现象。

其二，纯粹肇因说并非认为只要教唆、帮助他人自损法益的，就全部成立共犯，而是要看这种法益是否特殊重要，以至于就其他人而言值得保

---

[1] 笔者认为，之所以很多学者都指责 Lüderssen 主张的纯粹肇因说会扩大共犯的处罚范围，原因并不在于纯粹肇因说自身，而是在于 Lüderssen 本人对纯粹肇因说的解释有问题。如 Lüderssen 认为："如果行为人唆使他人不救助陷入生命危险的人，那么，虽然被教唆者只能按照德国刑法上的不救助罪处罚，但教唆者却可以被认定为教唆杀人罪，因为他已经侵犯了一个对其而言受到保护的生命法益。"（Vgl. Lüderssen，Zum Strafgrund der Teilnahme，1967，S.192. 转引自许泽天：《共犯之处罚基础与从属性》，载《罪与刑——林山田教授六十岁生日祝贺论文集》，台湾五南图书出版有限公司 1997 年版，第 85 页）。针对该观点，诸多国外学者纷纷提出了批评，认为纯粹肇因说已经使得与结果具有因果性的所有恶劣事迹都成为刑法处罚的对象，以至于以积极的作为参与他人疏于救助的行为，都可能构成杀人罪的共犯，从而破坏了构成要件的明确性原则，造成处罚范围的扩张。（参见［德］克劳斯·罗克辛：《德国刑法学总论》（第 2 卷），王世洲等译，法律出版社 2013 年版，第 101 页）。但笔者在上文已经指出，事实上，纯粹肇因说并非认为所有与构成要件结果具有因果性的行为都要受到处罚，还要看共犯在客观上是否实际制造了法益侵害。就上述案例而言，以中国刑法为背景，单纯不救助的行为仅仅是不道德行为，并不构成犯罪。据此，如果是不具有保护义务的第三人教唆他人不实施救助的，虽然其教唆行为客观上与他人死亡结果的发生具有因果关联，但从教唆者的立场来看，他同样不存在对陷入危险的对象积极救助的义务，故教唆行为和正犯行为一样，都不具有故意杀人的不法性，也属于不应受到处罚的见危不救行为。但是，如果此时教唆者对陷入危险的对象有保护义务，那么，虽然正犯行为属于见危不救，但从教唆者的视角来看，由于该特殊义务的客观存在，其实施的教唆行为就单独具备了杀人罪的不法，从而应作为故意杀人罪处罚。故笔者认为，纯粹肇因说之所以在国外受到很多批评，或多或少源自于 Lüderssen 本人对纯粹肇因说的解释有问题，根据笔者提倡的纯粹肇因说，并不会导致所谓共犯处罚范围的扩张。

护。有观点从教唆、帮助他人自损法益的视角，说明纯粹肇因说会扩大共犯的处罚范围。如甲醉酒后误以为门口停放的摩托车为他人所有，便将该车撬开交给朋友乙，让他骑走。后来，甲的弟弟丙发现甲的摩托车丢失，便向公安机关报案。论者认为，根据纯粹肇因说，该案中乙应当成立盗窃罪的共犯，但在没有盗窃罪正犯的情况下，就处罚共犯，明显不合理。[1]笔者并不认同该项批评。根据纯粹肇因说，在教唆、帮助他人自损法益的场合，自损者毕竟是基于自主决定而选择了对自我法益的损害，所以，通常情况下，该法益对其他人来说同样无须受到保护，只有当这种法益非常重要，如事关人的生命和紧要的身体健康时，出于对这种重大法益特殊保护的需求，才有必要单独确认教唆行为、帮助行为的可罚性。换言之，只有在参与自杀、参与自我重伤这种会引发或促成无法恢复的重大损害的场合，才能认为即便自损行为不违法，但参与其中的教唆行为、帮助行为却值得作为违法行为予以否定评价。因此，就论者所举的上述案例而言，即便能够认定乙促成甲实施了符合盗窃罪客观构成要件的行为，但由于甲实际上是将自己的财物交给了乙，所以从乙的视角考虑，他对转移财物占有提供的协助行为已经得到了被害人的认可，并且由于甲自主处分的仅仅是财产法益，对其他人而言也无须受到特别的保护，故根据笔者提倡的纯粹肇因说，同样不会将乙作为盗窃罪的共犯处罚。综上，纯粹肇因说并不像学界批评的那样，会无度扩张共犯的处罚范围，纯粹肇因说虽然认为共犯具有独立的不法，但在确认共犯实现了固有的不法时，仍然要面临不法内涵本身所存在的限制条件。

2. 纯粹肇因说亦能满足罪刑法定的法治国要求

还有很多学者认为，采取纯粹肇因说会破坏构成要件的定型性，违背罪刑法原则。笔者认为，这种批评要么源自对纯粹肇因说的误解，要么并非纯粹肇因说的本质性问题。

其一，立足于纯粹肇因说，亦能满足罪刑法定的法治国要求。很多中

---

[1] 参见周光权：《刑法总论》，中国人民大学出版社 2011 年版，第 226 页。

外学者都认为，由于共犯从属性服务于分则构成要件的明确性，而纯粹肇因说并不通过从属性来约束共犯的成立范围，这便导致对共犯的处罚绕过了正犯的构成要件该当性，从而违反了罪刑法定原则。[1] 但笔者在上文已经表明，纯粹肇因说同样认可共犯具有实行从属性，即教唆者、帮助者构成犯罪未遂、犯罪既遂，当然还是要从属于正犯的主行为事实，而且，基于对法治国原则的遵守，完全可以从共犯所借助的主行为事实应当符合各罪的构成要件这一角度进行改良。换言之，根据这种接受构成要件制约的纯粹肇因说，虽然共犯存在固有的不法，但共犯实现这种固有的不法仍然需要一个事实性的前提，即该当构成要件的正犯行为。因此，指责纯粹肇因说完全抛弃了构成要件的定型性，不免有些草率。可能会有学者提出质疑，认为仅仅从属于客观构成要件，还是不能实现罪刑法定原则。但事实上，Beling 在创设三阶层体系时，之所以将构成要件符合性独立出来，正是因为纯客观的、与违法性和有责性无关的构成要件本身，能够对罪刑法定原则提供最基本的保障。[2] 所以，纯粹肇因说主张共犯只是从属于正犯符合客观构成要件的行为事实，在不法和责任上具有独立性，完全可以满足罪刑法定的基本要求。

其二，部分学者就纯粹肇因说会破坏构成要件定型性所举的事例，实属对纯粹肇因说的误读。如有论者指出，我国刑法并没有规定自杀构成犯罪，也没有规定教唆、帮助自杀构成犯罪，因此，纯粹肇因说主张处罚参与自杀行为，实属破坏罪刑法定原则。再如，在行为人误以为公务员知情而教唆妻子收受贿赂的场合，尽管公务员的妻子不具有公务身份而无法构成受贿罪，但按照纯粹肇因说“没有正犯的共犯”之逻辑，仍然可以将行

[1] 参见陈洪兵：《共犯处罚根据论》，载陈兴良主编：《刑事法评》（第 23 卷），北京大学出版社 2008 年版，第 440 页。

[2] 参见［日］小野清一郎：《犯罪构成要件理论》，王泰译，中国人民公安大学出版社 2004 年版，第 22 页。

为人认定为受贿罪的教唆犯，如此便破坏了受贿罪构成要件之定型性。[1]笔者认为，论者并未真正理解纯粹肇因说的观点。就处罚参与自杀行为而言，自杀行为虽然不违法，但仍然是符合杀人罪构成要件的行为，所以出于保护生命的特殊需求，对自杀者以外的其他人实施的教唆、帮助自杀行为进行处罚，就并未破坏杀人罪构成要件的明确性。就“公务员妻子受贿案”而言，虽然纯粹肇因说主张“没有正犯的共犯”，但这仅仅是说“没有正犯的不法、也可能存在共犯的不法”，并非说“没有正犯的构成要件该当性，也存在共犯的构成要件该当性”。所以，在论者所举的案例中，由于客观上并不存在公务人员收受贿赂的行为，即不具备受贿罪的客观构成要件该当性，当然不可能成立所谓共犯。可以说，上述批评或多或少是基于论者一厢情愿的想象，而产生的对纯粹肇因说的误解。

3.“纯正身份犯的共犯”并非贯彻纯粹肇因说的障碍

纯粹肇因说受到的另外一个批评是，该说无法对纯正身份犯的共犯作出合理的解释。很多学者都认为，在纯正身份犯的场合，既然无身份者只能依附于有身份者构成纯正身份犯的共犯，就说明共犯的不法只能从正犯的不法导出。[2]笔者并不赞同该见解，根据纯粹肇因说，共犯在任何情形下都应具有独立的违法性。

其一，就纯正身份犯而言，共犯固有的不法在于，他故意通过正犯的事实身份制造了自己对法益的客观损害。笔者认为，纯正身份犯的不法包含两层内容：一是特定身份者的义务违反；二是客观上造成的法益损害。就前一内容而言，必须存在有身份者故意违反义务的行为才能构建；就后一内容而言，只需要借助有身份者的行为事实即可实现。据此，在纯正身份犯的场合，由于成立正犯必须具有特殊身份，即正犯是负有特定义务的人，所以，正犯的不法应同时包括这两个方面的内容。但是，成立共犯无须具备特殊身份，即对共犯来说，根本不存在所谓义务违反，因此，共犯

[1] 参见陈洪兵:《共犯处罚根据论》，载陈兴良主编:《刑事法评》(第 23 卷)，北京大学出版社 2008 年版，第 440 页。

[2] 参见杨金彪:《共犯的处罚根据》，中国人民公安大学出版社 2008 年版，第 172 页。

的不法应当仅仅在于通过有身份者的事实性行为造成了法益损害。换言之，就纯正身份犯的不法来说，义务违反和法益损害是可以分开的，而共犯固有的不法就在于，他通过正犯立足于特殊身份所实施的该当客观构成要件的行为，制造了自己对法益的损害，而并不从属于正犯基于特殊身份所产生的规范性的义务违反。[1]例如，甲向不知情的国有金融机构工作人员乙使用伪造的票据，获取了数额巨大的财物。由于国家工作人员乙对自己行为的性质并不知情，故不能说其违反了职责义务，因而也不存在所谓贪污罪正犯的不法。但是，从客观方面看，甲已经借助国家工作人员乙的主行为事实，造成了国家财产遭受重大损失的恶果，故理当认为甲单独实现了贪污罪共犯的不法。换言之，就纯正身份犯而言，也可能存在"没有正犯不法的共犯不法"。因此，在该案例中，甲构成票据诈骗罪的正犯和贪污罪教唆犯的想象竞合，应从一重罪处罚。[2]虽然一般会以票据诈骗罪论处，

[1] 笔者认为，支持纯粹肇因说的德国学者 Lüderssen 对身份犯共犯的解释之所以在学界备受批评，就是因为他没有将作为纯正身份犯不法内容的"义务违法"和"法益侵害"进行区分。如 Lüderssen 虽然也赋予了正犯的身份以事实性的作用，但他同时又认为，共犯的不法同样在于间接侵害了"职务履行的纯粹性"，即认为共犯不法的内容也包括义务违反（Vgl. Lüderssen，Zum Strafgrund der Teilnahme，1967，S.137. 转引自［日］高桥则夫：《共犯体系和共犯理论》，冯军、毛乃纯译，中国人民大学出版社 2010 年版，第 119 页），而这必然导致共犯的不法只能由正犯导出，所以，学界才会提出以下批评：Lüderssen 对纯正身份犯共犯的解释，已经违背了自己的立场，即共犯存在固有的不法（参见［日］高桥则夫：《共犯体系和共犯理论》，冯军、毛乃纯译，中国人民大学出版社 2010 年版，第 119 页）。但按照笔者对纯正身份犯共犯的解释，共犯不法的内容仅仅是利用正犯的事实身份制造了客观的法益损害，不包括正犯基于这种特殊身份所产生的义务违反，据此，共犯仍然具有独立的违法性，而不从属于正犯的不法。

[2] 笔者文中所举的案例引自张明楷：《共犯对正犯故意的从属性之否定》，载《政法论坛》2010 年第 5 期。根据张明楷教授在该篇论文中的主张，他就该案例得出与笔者相同的结论，但由于张明楷教授在违法观上坚持结果无价值论，所以，分析的路径与笔者有所不同。详言之，张教授认为，即便国家工作人员乙对自己行为的性质并不知情，客观上他的行为也是违反义务的行为，所以，乙的行为已经具备了贪污罪正犯的不法，此时，按照张教授主张的折中肇因说，甲就可以从属于乙的客观不法而成立贪污罪的教唆犯，从而与票据诈骗罪形成想象竞合关系。但笔者认为，在乙完全不知道自己收受的是伪造的票据而向他人支付款项的情况下，说乙违反了贪污罪所确立的职责义务，实现了贪污罪正犯的不法，无法令人信服。而根据笔者的观点，由于乙不知情，不能说乙违反了职责义务，因而也不存在所谓贪污罪正犯的不法，之所以处罚甲，乃是因为他借助乙的事实身份单独实现了贪污罪共犯的不法，这样解释似乎更容易让人接受。

但不可轻视纯粹肇因说同时将甲认定为贪污罪共犯的路径，因为当无身份者参与有身份者该当构成要件的客观行为并造成法益损害时，刑法并没有就所有无身伤者的行为都设立单独的罪名，所以，不排除需要将参与者认定为身份犯共犯，以避免处罚漏洞的情形。

其二，虽然纯粹肇因说会导致无身伤者单独构成纯正身份犯的共犯，但这毕竟不同于单独构成正犯，故并不违背身份犯的法理。根据笔者对纯粹肇因说以及纯正身份犯的共犯作出的解释，只要无身份者通过有身份者该当构成要件的行为制造了客观的法益损害，就可以作为纯正身份犯的共犯受到处罚。这样一来，可能会出现不处罚身份犯的正犯，反而单独处罚身份犯共犯的现象。对此，有学者提出质疑，让不具有特殊身份的人单独构成纯正身份犯，是不可思议的。[1] 但笔者仅仅是认为，无身份者可以单独构成纯正身份的共犯，而非单独构成正犯，并且，由于纯正身份犯只是限制了正犯的资格，没有要求共犯具有特殊资格，所以，该主张并不违反身份犯的法理。综上，纯正身份犯的共犯问题，不能成为坚持共犯具有独立违法性的障碍。

4. 纯粹肇因说只是强调违法相对性而非彻底主张主观不法论

另有很多中外学者认为，纯粹肇因说主张正犯和共犯之间违法的相对性，实际上是采纳了从行为人的关系上考虑违法性的主观不法论，已经偏离了从法益侵害上寻求共犯处罚根据的客观立场。[2]

笔者认为该批评同样源自对纯粹肇因说的误解。笔者在前文已经说明，纯粹肇因说虽然强调违法的相对性，即共犯具有独立的违法性，但共犯的不法也是需要通过客观和主观两个方面来构建的。详言之，教唆者、帮助者首先必须借助正犯符合客观构成要件的行为，现实地制造了自己对法益的损害，然后才开始考虑共犯是否存在主观不法的问题。所以上文才指出，如果行为人只是单纯地唆使或协助他人实施正当防卫或紧急避险等正当行

[1] 参见黎宏：《刑法总论问题思考》，中国人民大学出版社 2007 年版，第 514 页。

[2] 参见陈洪兵：《共犯处罚根据论》，载陈兴良主编：《刑事法评》（第 23 卷），北京大学出版社 2008 年版，第 442 页。

为，并没有主动制造他人利益之间的对立，那么，即便行为人主观上有利用该正当行为侵害某人利益的意思，但由于客观上他的教唆行为、帮助行为并没有引起恶的结果，根据纯粹肇因说，这种行为也会因为欠缺客观不法而无法成立共犯。由此可见，纯粹肇因说在认定共犯的不法时，仍然围绕着法益侵害这条主线，只不过在正犯实施了该当客观构成要件行为的前提下，对共犯来说是否存在法益侵害，应当根据共犯自身的情况来考虑，并不取决于正犯行为是否违法。因此，上述学者批评纯粹肇因说采纳了彻底的主观不法论，完全不考虑法益侵害，是没有任何依据的。

5. 我国刑法总则和分则的规定不能成为反对纯粹肇因说的理由

还有学者认为我国刑法总则和分则的规定与纯粹肇因说不相容。[1]笔者认为，这是对刑法条文作僵化解读而得出的武断的结论。前文提到，共犯是否具有独立的违法性是一个本原性的问题，根本不可能取决于立法如何规定。况且，对于我国刑法规定，仍然可以作出与本书提倡的纯粹肇因说相应的解释。

其一，刑法总则中的“共同犯罪”，可以解释为“二人以上共同实施客观犯罪构成事实”。例如，刑法第 25 条的“二人以上共同故意犯罪”，可解释为“二人以上共同去故意实施客观犯罪构成事实”。据此，只要数人在客观构成要件层面有共同的行动，即满足了共同犯罪客观归责的基础，至于各人是否故意不法，再根据各人的具体情况独立地判断。又如，第 28 条“被胁迫参加犯罪的”，可以解读为“被胁迫参加了符合犯罪客观构成的事实”，而后再根据胁从犯自身的主客观情况判断其规范意义上的违法和罪责。再如，第 29 条第 1 款的“教唆他人犯罪”，也可以解释为“教唆他人实施客观犯罪构成事实”，据此，只要他人的行为符合客观构成要件即可，至于教唆行为是否违法、有责，则根据教唆者自身的立场进行衡量。最后，第 29 条第 2 款的“被教唆的人没有犯被教唆的罪”，亦可以解释为“被教唆者没有实施该当犯罪客观构成要件的行为”，未必一定解释成“被教唆者

[1] 参见杨金彪:《共犯的处罚根据》，中国人民公安大学出版社 2008 年版，第 120 页。

没有实施该当犯罪构成要件、违法甚至是有责的行为”。因此，我国刑法总则关于共同犯罪的规定，完全可以作出与纯粹肇因说相应的解释。而且，正如有学者所言，日本刑法就共同犯罪、教唆犯的规定与我国并无实质差异，但其学界普遍认为，这并不代表立法规定已经限制了共犯从属的形式，而是仍然有赖于刑法理论的解读。[1] 正因如此，如前所述，日本也有很多权威学者明确支持作为纯粹肇因说理论归结的最小从属性说。

其二，刑法分则的规定不仅并未排斥纯粹肇因说，反而体现了纯粹肇因说的主张。有论者认为，由于我国刑法分则对具体犯罪的规定特别注重客观方面的法益侵害，所以，共犯必须从属于正犯的不法，而不可能存在固有的不法。[2] 笔者已在前文表明，刑法分则重视法益侵害，并不能否定纯粹肇因说的主张，因为纯粹肇因说的出发点就是法益侵害。换言之，根据纯粹肇因说，之所以处罚共犯，就是因为他们通过正犯符合客观构成要件的行为故意制造了对法益的损害，只不过在对此作出判断时，是以共犯自身为视角，而非以正犯为视角。所以，指责纯粹肇因说与刑法分则的规定不相容，并无说服力。笔者反倒认为，我国刑法分则的相关规定恰恰体现了对共犯具有独立不法的认同。例如，将部分教唆、帮助他人自损法益的行为单独规定为犯罪，像引诱、教唆他人吸毒罪、容留他人吸毒罪，以及司法解释及实务作为故意杀人罪处罚的参与自杀行为，都属于正犯不违法但共犯违法的犯罪。又如，我国刑法分则还对一些必要共犯实行片面处罚，像只处罚传播淫秽物品的行为，不处罚对此起到促进作用的传播对象；只处罚销售假冒注册商标的商品、贩卖毒品的行为，不处罚对此提供相当原因力的购买行为等，都源自于对共犯自身违法性的权衡。再如，刑法分则有时会根据共犯的身份或其他共犯固有因素的考虑，而将其规定为独立的犯罪，像私放在押人员罪、放纵制售伪劣商品犯罪行为罪等，很多都是脱逃罪、制售伪劣商品罪的共犯行为；传授犯罪方法罪、提供虚假的证明

[1] 参见王昭武:《论共犯的最小从属性——日本共犯从属性理论的发展与借鉴》，载《法学》2007 年第 11 期。

[2] 参见杨金彪:《共犯的处罚根据》，中国人民公安大学出版社 2008 年版，第 120 页。

文件罪等，也多属于具体犯罪的教唆犯、帮助犯。而之所以将共犯行为设置成独立罪名，正是考虑了共犯自身的违法情况。综上，笔者认为，我国刑法的规定不能成为反对纯粹肇因说的理由。

五、本章小结

对共犯从属性问题的探讨，应当从共犯的处罚根据中寻找理论基础。关于共犯的处罚根据这一关涉共犯本质的问题，我国部分学者及司法实务仍然固守可罚性借用说或责任共犯论。但该见解直接违背个人责任原理，而且会导致在个案中将一些本属于共犯的情形错认为间接正犯，应予及时摒弃。多数学者支持修正肇因说或折中肇因说，主张虽然共犯并不从属于正犯的有责，但却从属于正犯的不法。但这两种学说各自存在缺陷。修正肇因说在论证方法上“倒因为果”，即其一方面认为教唆犯引起了正犯的不法，另一方面又认为教唆犯从属于正犯的不法，从而出现了因果倒置的逻辑混乱。正因为如此，该说始终无法为“何以共犯不法必须从正犯导出”，提供充分的理论依据。而且修正肇因说主张违法的连带性，会造成共犯处罚范围的扩张，该说从“正犯和共犯存在违法性量差”等角度作出的修正，又与其理论初衷相悖。折中肇因说在论证方法上则自相矛盾，“共犯具有独立的违法性”和“共犯的不法是从正犯导出”原本就是两个完全对立的标准，但折中肇因说出于解决某些具体问题的需要，将二者牵强地杂糅到一起，必然使其理论基础出现不可调和的矛盾。因此，折中肇因说不仅和修正肇因说一样，无法为“违法从属性”提供合理的说明，而且该说部分承认“违法的相对性”，实际上也是借用了纯粹肇因说的逻辑。然而，正是由于折中肇因说只是部分承认违法的相对性，所以在利用他人合法行为侵害法益，但又尚未支配整个因果流程等场合，就暴露出其解决问题的局限性。关于共犯的处罚根据，笔者提倡接受构成要件制约的“改良的纯粹肇因说”，主张共犯在规范意义上具有独立的不法和责任，至于共犯对正犯的从属，只能是对该当客观构成要件的行为事实的从属。这种纯粹肇因说坚持了共犯的实行从属性，并非等同于共犯独立性说。纯粹肇因说在确认共犯实现了固有的不法时，要考虑其是否制造了法益损害以及是否具备犯罪故意等主客观条件，并不会导致共犯处罚范围的无端扩张。立足于身份的事实性质，纯粹肇因说亦能对纯正身份犯的共犯问题作出合理的解释。并且，纯粹肇因说真正契合了因果共犯论的理论初衷，充分体现了罪责自负原理，亦能与“行为共同说”“利用合法行为的间接正犯”之法理相通。

第五章

共犯的实行从属性之提倡

共犯的实行从属性问题探讨的是共犯从属性的有无，即共犯构成犯罪未遂，是否以正犯着手实行犯罪为必要。近年来，受到德日刑法理论的影响，我国部分学者开始明确支持共犯的实行从属性说，主张共犯成立犯罪未遂以正犯着手实行犯罪为必要。[1]但应当看到，共犯的实行从属性说并未在我国真正立足，突出表现在以下几个方面。

其一，我国司法实务仍然在适用共犯独立性说，即在被教唆者没有犯被教唆之罪的场合，也将教唆者认定为犯罪未遂。[2]其二，共犯的实行从

[1] 参见周光权：《“被教唆的人没有犯被教唆的罪”的理解——兼与刘明祥教授商榷》，载《法学研究》2013年第4期；张明楷：《论教唆犯的性质》，载陈兴良主编：《刑事法评论》（第21卷），北京大学出版社2007年版，第85—89页；何庆仁：《我国刑法中教唆犯的两种涵义》，载《法学研究》2004年第5期；王昭武：《教唆犯从属性说之坚持与展开》，载赵秉志主编：《刑法论丛》（第15卷），法律出版社2008年版，第66页；杨金彪：《刑法共犯规定对共犯从属性说的贯彻》，载《法学论坛》2006年第4期；钱叶六：《共犯的实行从属性说之提倡》，载《法学》2012年第11期。

[2] 参见内蒙古阿拉善左旗人民法院（2014）阿左刑二初字第57号刑事判决书。

属性说在我国学界还受到排挤。一方面，部分权威学者依然坚持共犯独立性说；[1]另一方面，学界从实行从属性说违背个人责任原则、[2]与我国刑法规定不符、[3]造成处罚漏洞[4]等诸多角度，对其提出了批评。而这些都成为在我国推行实行从属性说的重大阻力。其三，实行从属性说自身也被包括支持该说在内的多数学者曲解。当前，我国很多学者都误以为处罚教唆未遂与实行从属性说是排斥的。[5]但事实上，实行从属性说只是反对以犯罪未遂处罚教唆未遂行为，至于其是否可以其他形式处罚，则完全取决于各国的立法状况及刑事政策。但我国学者无视我国与他国刑法的差异，人为将二者对立，这既使得实行从属性说在我国卷入诸多不应有的批评，也引发了学界争相对刑法第 29 条第 2 款作出各种不必要的牵强解释之怪现象，而这些进一步加深了我国学者对共犯实行从属性说的误解，使其行进之路步履维艰。

为了澄清共犯的实行从属性说的原意，并提高其在我国学界的接受度，进而达到正确引导司法的目的，本章将从以下三个方面为实行从属性说在我国所处的困境解围。首先，笔者将在介绍实行从属性说在大陆法系、英美法系已获得普遍认同的基础上，论证其适用于我国的合理性。其次，笔者将就我国学界对实行从属性说提出的批评一一作出回应，以肃清该说适用于我国之阻碍。最后，笔者将就在我国处罚教唆未遂与共犯的实行从属性说并不矛盾进行澄清，并就如何依据中国刑法处罚教唆未遂作出说明。以下将展开论述。

---

[1] 参见陈兴良：《共同犯罪论》，中国人民大学出版社 2006 年版，第 369 页；高铭暄：《刑法问题研究》，法律出版社 1994 年版，第 203 页；曲新久主编：《刑法学》，中国政法大学出版社 2011 年版，第 72 页；赵秉志、魏东：《论教唆犯的未遂——兼议新刑法第 29 条第 2 款》，载《法学家》1999 年第 3 期。

[2] 参见陈兴良：《共同犯罪论》，中国人民大学出版社 2006 年版，第 238 页。

[3] 参见刘明祥：《“被教唆的人没有犯被教唆的罪”之解释》，载《法学研究》2011 年第 1 期。

[4] 参见刘明祥：《“被教唆的人没有犯被教唆的罪”之解释》，载《法学研究》2011 年第 1 期。

[5] 参见周光权：《“被教唆的人没有犯被教唆的罪”的理解——兼与刘明祥教授商榷》，载《法学研究》2013 年第 4 期；刘明祥：《“被教唆的人没有犯被教唆的罪”之解释》，载《法学研究》2011 年第 1 期。

一、实行从属性说在我国尚未确立

共犯的实行从属性观念，尚未在我国真正确立。我国司法实务当中，仍然存在适用共犯独立性说的现象；在刑法学界，共犯的实行从属性说也受到曲解，引致诸多批评。

（一）司法实务尚采共犯独立性说

由于我国刑法第 29 条第 2 款专门就教唆未遂设置了处罚原则，因此，在教唆未遂的定性问题上，司法实务的态度往往比较模糊、暧昧。裁判机关很少在判决书中明确表达教唆未遂构成哪种犯罪未完成形态，通常是绕过第 22 条犯罪预备或第 23 条犯罪未遂的规定，直接引用第 29 条第 2 款进行处罚。但在裁判要旨中，也会流露出将教唆未遂认定为犯罪未遂的意思，从而表达了共犯独立性说的立场。以一则典型的案件为例。

1. 基本案情及裁判要旨

被告人霍某与被害人安某因为恋爱产生感情纠纷，霍某为报复安某，雇用被告人王某对安某进行打击报复（事后证据查明，霍某只有教唆王某伤害安某的意思）。2014 年 3 月 27 日 4 时许，被告人王某伙同满某将被害人安某停放于内蒙古自治区阿拉善经济开发区某小区的灰色马自达轿车放火烧毁。经阿拉善盟价格认证中心评估，被烧毁轿车价值 127892 元。案发后，被告人霍某已对被害人进行了赔偿。审理该案的法院根据刑法第 234 条第 1 款以及第 29 条第 1 款、第 2 款的规定，判决被告人霍某犯故意伤害罪（教唆未遂），判处拘役三个月。

裁判要旨称，雇佣犯罪是教唆犯罪的一种特殊形式，对雇佣犯罪的处理，应遵循刑法有关教唆犯罪的一般规定。在雇佣犯罪关系中，如果被雇佣人没有实施被雇佣的犯罪行为，则雇佣人和被雇佣人之间不存在共同犯罪关系，对雇佣人一般应按其所雇佣的犯罪罪名来单独追究其雇佣犯罪未遂的刑事责任。本案中，被告人霍某雇用被告人王某故意伤害被害人安某，但被教唆人王某、满某未按照教唆人霍某的指使实施故意伤害行为，因此，霍某的行为构成故意伤害罪（教唆未遂），可以对霍某从轻或减轻处罚。[1]

2. 案件体现的共犯独立性主张

首先，本案中被告人霍某的行为属于教唆未遂。刑法理论界所探讨的教唆未遂，是指被教唆人没有按教唆犯的意思去实行其被教唆之罪。具体到该案例，虽然霍某教唆王某伤害安某，但王某并没有实施符合故意伤害罪构成要件的实行行为，而是另起犯意实施了故意毁坏财物的行为，故理应将霍某的行为定性为故意伤害罪的教唆未遂。其次，法院将霍某的教唆未遂行为定性为故意伤害罪未遂，说明对该案适用了共犯独立性说。是否将教唆未遂等同于犯罪未遂，被认为是共犯的实行从属性说与共犯独立性说的根本差别。[2] 本案中，虽然法院在判决书中援引的是比较暧昧的第 29 条，而非直接适用第 23 条，但该案的裁判要旨已明确表示，应将此种教唆未遂行为单独认定为所教唆之罪的犯罪未遂，故可以断定，本案适用了共犯独立性说。最后，该案在一定程度上能够反映出我国司法实践对共犯独立性说的依赖。事实上，其他司法机关也确实在应用共犯的独立性说。再以一起典型案件为例。甲因私怨欲教训丁，便给乙 1500 元钱让他将丁的脸打破相，后乙又找到丙给其 400 元钱，让丙去实施。但丙找到丁后，并未实施伤害行为，仅向丁敲诈了 400 元钱。本案中，虽然甲教唆乙伤害他人，乙又间接教唆丙，但丙并未实行伤害行为，而是实施了未达到犯罪程度的敲诈勒索行为，故甲、乙属于典型的教唆未遂。但审理法院在判决书中是明确援引了刑法第 23 条，这显然是将教唆未遂等同于犯罪未遂，所以采用的也是共犯独立性说。[3]

（二）实行从属性说在理论上备受争议

在我国，共犯的实行从属性说不仅未被实务界接受，在刑法学界同样处于困境。表现在，多数学者依然坚持共犯独立性说，并从不同角度对实

[1] 参见内蒙古阿拉善左旗人民法院（2014）阿左刑二初字第 57 号刑事判决书。

[2] 参见张明楷：《刑法的基本立场》，中国法制出版社 2002 年版，第 302 页。

[3] 参见江苏省大丰市人民法院（2000）大刑初字第 172 号刑事判决书。

行从属性说提出了质疑；很多支持实行从属性说的学者自身对该说也存在一定的误解，从而导致该说在我国卷入不应有的批评。

1. 很多学者仍然坚持共犯独立性说[1]

共犯独立性说主张共犯行为与实行行为在刑法评价上是等同的，所以，对共犯犯罪停止形态的认定，理应以共犯行为自身而非以实行行为为标准。据此，即便被教唆者尚未着手实行犯罪，也能够将教唆者认定为所教唆之罪的犯罪未遂，甚至犯罪既遂。[2]以该具体结论为检验标准，目前，我国很多学者仍旧在采用共犯独立性说。

其一，诸多学者主张教唆未遂的场合，应将教唆者认定为犯罪未遂。如陈兴良教授认为，教唆犯只因其教唆行为而受处罚，被教唆人实行犯罪进而实现犯罪结果的系列过程，都只是教唆行为自身的结果而已。由此出发，必然得出教唆犯的着手不以被教唆人的着手为转移之结论，换言之，只要教唆犯开始以言辞或其他方法进行教唆时，就应认为教唆犯已经着手实行犯罪，应成立犯罪未遂，且是实行终了的未遂。[3]此外，曲新久[4]、高铭暄[5]、赵秉志[6]、谢望原[7]、侯国云[8]、陈世伟[9]、毛冠楠[10]等学者，均表达了同一见解。而以

[1] 虽然笔者下文所列举的支持共犯独立性说的学者中，多数都认为自己是二重性说，但正如张明楷教授所言，实行从属性说与共犯独立性说存在根本差别，二者从理论基础到具体结论完全对立，故不可能调和、折中（参见张明楷:《论教唆犯的性质》，载陈兴良主编:《刑事法评论》（第21卷），北京大学出版社2007年版，第78页）。笔者赞同该观点，所以，下文仅根据学者是否将教唆未遂认定为犯罪未遂、既遂，而将其划归为从属性说或独立性说，不再就早已备受批判的二重性说做评析。

[2] 参见［日］牧野英一:《刑法总论》（下卷），有斐阁1959年版，第677页以下，转引自张明楷:《刑法的基本立场》，中国法制出版社2002年版，第304页。

[3] 参见陈兴良:《共同犯罪论》，中国人民大学出版社2006年版，第364、365、369页。

[4] 参见曲新久主编:《刑法学》，中国政法大学出版社2011年版，第72页。

[5] 参见高铭暄:《刑法问题研究》，法律出版社1994年版，第203页。

[6] 参见赵秉志、魏东:《论教唆犯的未遂——兼议新刑法第29条第2款》，载《法学家》1999年第3期。

[7] 参见谢望原:《刑法学》，北京大学出版社2012年版，第164页。

[8] 参见侯国云:《刑法学》，暨南大学出版社2009年版，第115页。

[9] 参见陈世伟:《论共犯的二重性》，中国检察出版社2008年版，第60页。

[10] 参见毛冠楠:《论我国刑法中教唆犯性质之界定》，载《云南大学学报法学版》2006年第6期。

上观点，正是共犯独立性说的基本主张。其二，个别学者主张教唆未遂应构成犯罪既遂。这种观点显然也是将教唆行为等同于各罪的实行行为，因而与共犯独立性说的旨趣是一致的。其支持者主要是老一辈学者，如李希慧教授认为，根据刑法第 26 条第 2 款（现行刑法第 29 条第 2 款）的规定，如果被教唆人没有犯被教唆之罪的，对于教唆犯应相对于行为人所教唆之罪的犯罪既遂从轻处罚。[1] 此外，李光灿教授也持该见解。[2] 不过，由于教唆未遂的场合，并未发生符合各罪构成要件的犯罪结果，所以，该观点明显违背了学界所公认的犯罪既遂的认定标准，故即便是共犯独立性说的推崇者，绝大多数也反对该观点，而是支持上述“典型”的共犯独立性说。

2. 实行从属性说受到诸多理论批评

我国很多学者都从自身立场出发，对实行从属性说提出了批评，这也成为在我国采纳和适用实行从属性说的主要障碍。这些批评集中在以下几点：第一，教唆犯并不具有共犯性质，其本身就是一种独立的犯罪，因而不存在所谓从属性。[3] 第二，从属性说主张共犯的犯罪性和可罚性是从正犯处借受，违背了刑法上的个人责任原则。[4] 第三，我国刑法采用的是单一正犯体系，而该体系本身就排斥实行从属性说。[5] 第四，间接正犯形式的出现导致共犯从属性说的诸多观点捉襟见肘，故从属性说本身就不具有合理性。[6] 第五，我国刑法总则第 29 条第 2 款的规定与实行从属性说不相容；[7] 分则当中独立教唆犯的规定，也说明共犯不具有从属性。[8] 第六，采取实行从属性说，就等于不处罚教唆未遂，如此便放纵了教唆犯罪，会造成处罚疏漏；反过来，如果处罚教唆未遂，就说明实行从属性说自身并未

---

[1] 参见李希慧：《论教唆犯的处罚》，载《中南政法学院学报》1988 年第 4 期。

[2] 参见李光灿：《刑法因果关系论》，北京大学出版社 1986 年版，第 240 页。

[3] 参见李凤梅：《教唆行为：共犯行为抑或实行行为》，载《法学杂志》2009 年第 1 期。

[4] 参见陈兴良：《共同犯罪论》，中国人民大学出版社 2006 年版，第 238 页。

[5] 参见刘明祥：《“被教唆的人没有犯被教唆的罪”之解释》，载《法学研究》2011 年第 1 期。

[6] 参见陈世伟：《论共犯的二重性》，中国检察出版社 2008 年版，第 13 页。

[7] 参见刘明祥：《“被教唆的人没有犯被教唆的罪”之解释》，载《法学研究》2011 年第 1 期。

[8] 参见赵秉志主编：《犯罪总论问题探索》，法律出版社 2003 年版，第 545 页。

贯彻到底，因而该说存在无法解决的“两难问题”，不应被采纳。[1]

3. 实行从属性说的立场被严重曲解

除了受到上述批评外，共犯的实行从属性说自身也被严重曲解，表现为包括支持实行从属性说在内的很多学者，都误以为实行从属性说基本等同于不处罚教唆未遂。[2] 但事实上，实行从属性说的全部含义仅仅在于不能将教唆未遂认定为犯罪未遂形态，[3] 至于其是否可以其他形态处罚，则完全取决于各国的刑法规定及一定时期的刑事政策。换言之，处罚教唆未遂与实行从属性说并不冲突。而我国学者却人为将二者对立，由此导致了以下困境和误区。一是使得实行从属性说在我国遭受了不应有之批评，即如上所述，认为实行从属性说要么必然造成处罚漏洞，要么必然陷入自我矛盾。但事实上，实行从属性说并不存在这两个问题。二是在对学者就共犯属性采取何种立场进行归类时出现错误，即只要有学者主张教唆未遂具有可罚性，不管其是否将教唆未遂认定为犯罪未遂，都将其归为共犯独立性说。如目前我国很多学者都认为，伍柳村和马克昌教授所提倡的“教唆犯二重性说”本质上就是“共犯独立性说”。[4] 但事实上，二者只是认为即便正犯没有着手实行犯罪，基于教唆行为自身的社会危害性，也应将其作为犯罪处罚，而没有进一步表示要将其认定为犯罪未遂，[5] 因此，将二者归为

---

[1] 参见刘明祥：《“被教唆的人没有犯被教唆的罪”之解释》，载《法学研究》2011 年第 1 期。

[2] 参见周光权：《“被教唆的人没有犯被教唆的罪”的理解——兼与刘明祥教授商榷》，载《法学研究》2013 年第 4 期；杨金彪：《刑法共犯规定对共犯从属性说的贯彻》，载《法学论坛》2006 年第 4 期。

[3] 参见［日］木村龟二主编：《刑法学词典》，顾肖荣等译，上海翻译出版公司 1991 年版，第 350 页。

[4] 参见张明楷：《论教唆犯的性质》，载陈兴良主编：《刑事法评论》（第 21 卷），北京大学出版社 2007 年版，第 82 页。

[5] 如伍柳村教授认为，教唆者给予他人以犯罪意图这一行为与单个人犯意表示的危害性不同，因为教唆行为已经使得教唆者与被教唆者发生了人与人之间的社会关系，并在这种社会关系中显示出了教唆他人犯罪这一行为本身对社会的严重危害性，所以，无论被教唆人是否去实行犯罪，教唆行为本身都应该被认定为犯罪。但是，其在文中并未表明应将教唆未遂认定为何种犯罪形态（参见伍柳村：《试论教唆犯的二重性》，载《法学研究》1982 年第 1 期）。再如，马克昌教授认为，在被教唆人没有犯被教唆之罪的情况下，虽然教唆犯与被教唆人不成立共同犯罪，但根据我国刑法第 26 条第 2 款（现行刑法第 29 条第 2 款）的规定，仍然应当追究教唆者的刑事责任。然而，马克昌教授也未表示应如何追究教唆者的刑事责任（参见马克昌：《论教唆犯》，载《法律学习与研究》1987 年第 5 期）。

共犯独立性说，并不准确。再如，虽然余淦才和夏诚华教授都标榜自己是“教唆犯独立性说”，并否认教唆犯具有从属性，但事实上与伍柳村和马克昌教授一样，两位学者只是认为教唆未遂的场合，教唆犯依然具有可罚性，至于是否将其认定为未遂形态，两位学者则始终未表态，[1] 所以，二者也非真正的“教唆犯独立性说”。[2] 针对以上错误倾向，笔者认为，当前必须就处罚教唆未遂与实行从属性说并不矛盾进行澄清，并就以何种形式处罚教唆未遂、处罚教唆未遂与实行从属性说如何相容，进行有力的论证，如此方能消除误解，回复实行从属性说的原意。

针对共犯的实行从属性说在我国受到的上述批评和误解，笔者将在下文一一作出回应和澄清，以期为真正之实行从属性说在我国之有效确立提供助益。

二、实行从属性说的合理性

虽然共犯的实行从属性说在我国仍然步履维艰，但该说在以德日为代表的大陆法系早已获得绝对支持，历来被贴上主观主义标签的英美法系也不再倾向于教唆犯的“实行独立性说”。而且，笔者认为，我国学者对实行从属性说的反对理由不能成立。因此，摒弃共犯独立性说，贯彻实行从属性说在我国同样具有必要性与合理性。

（一）实行从属性说在大陆法系获得多数支持

1. 在日本实行从属性说被认为符合客观主义立场而成为通说

在日本，共犯独立性说曾由新派的代表学者牧野英一、木村龟二、宫本英佑等学者主张，对于共犯成立犯罪未遂是否以正犯着手实行犯罪为必

[1] 参见余淦才:《试论教唆犯的刑事责任》，载《安徽大学学报》（哲学社会科学版）1983 年第 2 期；夏诚华:《试论教唆犯的独立性》，载《山东法学》1989 年第 2 期。

[2] 当然，这种对教唆未遂以何种犯罪形态处罚未能表明立场的做法，不仅有失严谨，而且无法解决实际问题，所以持此观点的学者必须对此作出进一步说明，方才妥适。

要，这些学者都予以否定。这一主张的理论依据是犯罪征表说，即所谓犯罪的实行行为，就是确定地征表出行为人犯意的行为，由于教唆行为、帮助行为本身已经显现出行为人侵害法益的意思，故也属于实行行为。因此，只要行为人实施了教唆行为，不必等到正犯实际着手实行犯罪，即可将其作为犯罪未遂处罚。[1] 可见，共犯独立性说和实行从属性说的对立，实质上就是主观主义和客观主义刑法立场的对立。但随着主观主义在刑法领域的衰退，以此为根基的共犯独立性说在日本学界受到了诸多批判，理由集中在以下几个方面。

其一，共犯独立性说不符合共犯的处罚基础。从客观主义刑法立场出发，目前，日本刑法学界普遍认为，包括共犯在内的所有犯罪的处罚依据都在于引起了法益侵害。[2] 据此，由于教唆行为、帮助行为自身无法引起侵害法益的具体危险及实害结果，所以，要将教唆者、帮助者认定为犯罪未遂或既遂，必须借助于正犯的实行行为对各罪法益实行从属性侵害，如此方能提供对其处罚的充分依据。而共犯独立性说不等正犯着手，即将教唆者认定为犯罪未遂，显然缺乏令人信服的处罚基础，不具有正当性。[3]

其二，共犯独立性说对犯罪未遂的认定标准有失准确。主观主义和客观主义的争论反映到犯罪未遂的认定标准上，就是主观标准和客观标准的对立。主观标准认为，犯意因其遂行行为而得以确定性地认定之时，即着手，进而可成立犯罪未遂。[4] 但随着主观主义的衰败，依据上述标准

---

[1] 参见［日］牧野英一:《刑法总论》(下卷)，有斐阁 1959 年版，第 677 页以下;［日］木村龟二:《犯罪论新构造》(下)，有斐阁 1968 年版，第 341 页以下，以上转引自张明楷:《刑法的基本立场》，中国法制出版社 2002 年版，第 304 页。

[2] 参见［日］大谷实:《刑法讲义总论》，中国人民大学出版社 2008 年版，第 384 页。

[3] 参见［日］山口厚:《刑法总论》，付立庆译，中国人民大学出版社 2011 年版，第 311 页;［日］高桥则夫:《共犯体系和共犯理论》，冯军、毛乃纯译，中国人民大学出版社 2010 年版，第 189—190 页。

[4] 参见［日］牧野英一:《刑法总论》(下卷)，有斐阁 1959 年版，第 254 页，转引自［日］西田典之:《刑法总论》，王昭武、刘明祥译，法律出版社 2013 年版，第 267 页。

认定犯罪着手的做法亦受到了批判，即其不仅使得预备和未遂的区分极不明确，而且从保护法益的角度来看，也使得未遂的处罚时期过于提前。与此同时，以正犯是否开始实施实行行为（形式客观说），或是否引起侵害法益的具体危险（实质客观说）为标准认定犯罪着手的客观说，取得了通说地位。[1] 据此，为了将共犯认定为犯罪未遂，共犯行为和正犯的实行行为必须同时存在。[2] 可见，在日本学界，共犯独立性说被认为在认定犯罪未遂时，采用了早已被摒弃的主观未遂论，因而连同其理论基础一起受到排斥。

其三，共犯独立性说无视构成要件行为的定型性，违背罪刑法定原则。根据客观主义刑法立场，即便同是彰显出行为人主观犯意的行为，在性质上也会有所不同。如井田良教授指出，教唆、帮助行为自身并不具有导致构成要件结果发生的现实危险，只有正犯的实行行为才可能引发此种危险乃至实害结果，因此，二者在能否独自实现构成要件及距离法益侵害之远近上有所不同，所以，教唆、帮助行为在犯罪行为的定型性上也不同于正犯的实行行为，只有后者才是符合各罪基本构成要件的行为，前者仅仅充足了被修正的构成要件而已。[3] 正是基于此种考虑，早期小野清一郎教授即指出，将教唆或帮助行为直接视为“实行”的共犯独立性说，是忽视犯罪之定型性的抽象论，违反了罪刑法定主义。[4] 此外，团藤重光教授[5]、福

[1] 参见［日］西田典之:《刑法总论》，王昭武、刘明祥译，法律出版社 2013 年版，第 267 页。

[2] 参见［日］曾根威彦:《刑法学基础》，黎宏译，法律出版社 2005 年版，第 141 页。

[3] 参见［日］井田良:《刑法总论之理论构造》，成文堂 2005 年版，第 300 页，转引自王昭武:《教唆犯从属性说之坚持与展开》，载赵秉志主编:《刑法论丛》（第 15 卷），法律出版社 2008 年版，第 59 页。

[4] 参见［日］小野清一郎:《新订刑法讲义总论》，有斐阁 1950 年版，第 97 页以下，转引自陈子平:《论共犯之独立性与从属性》，载陈兴良主编:《刑事法评论》（第 21 卷），北京大学出版社 2007 年版，第 10 页。

[5] 参见［日］团藤重光:《刑法纲要总论》，创文社 1990 年版，第 377 页，转引自王昭武:《教唆犯从属性说之坚持与展开》，载赵秉志主编:《刑法论丛》（第 15 卷），法律出版社 2008 年版，第 59 页。

田平教授[1]、大塚仁教授[2]也表达了相同见解。

由上可见，在日本，共犯独立性说被认为采纳了过度强调社会防卫的主观主义刑法立场，因而备受批判。实行从属性说则被认为以重视人权保障的客观主义刑法立场为理论根基，从而在共犯未遂的成立时点这样的具体问题上处理妥当，由此获得了日本学界的一致认同，其司法判例也是立足于此。[3]

2. 在我国台湾地区实行从属性说亦得到了学界的认同

在我国台湾地区，实行从属性说受到了林山田[4]、陈子平[5]、林钰雄[6]、柯耀程[7]、许泽天[8]等诸多中坚学者的支持，共犯独立性说则被认为存在诸多缺陷，因而支持者甚少。除了日本学界就共犯独立性说采纳了主观主义刑法立场，而对其提出的基础性批判以外，我国台湾地区学者普遍认为，共犯独立性说还存在以下具体问题。

第一，共犯独立性说势必导致罪刑不均。陈子平教授认为，当正犯虽然产生犯罪决意，却未为预备行为或着手犯罪之实行时，通常皆不加以处罚，反之，此时却要对教唆者以一般的未遂犯论处，这显然罪刑不均、有失公允。[9]其进一步举例，当正犯尚未着手杀人罪之实行前，亦仅能以预备杀人罪处罚之，而教唆者于教唆他人杀人后，即便被教唆者尚未达于预

---

[1] 参见［日］福田平:《全订刑法总论》，有斐阁 2004 年版，第 251 页，转引自王昭武:《教唆犯从属性说之坚持与展开》，载赵秉志主编:《刑法论丛》(第 15 卷)，法律出版社 2008 年版，第 59 页。

[2] 参见［日］大塚仁:《刑法概论（总论)》，冯军译，中国人民大学出版社 2003 年版，第 243 页。

[3] 最判昭和 25 年［1950 年］7 月 11 日刑集 4 卷 7 号 1261 页，转引自王昭武:《教唆犯从属性说之坚持与展开》，载赵秉志主编:《刑法论丛》(第 15 卷)，法律出版社 2008 年版，第 59 页。

[4] 参见林山田:《刑法通论》(下册)，北京大学出版社 2012 年版，第 17 页。

[5] 参见陈子平:《刑法总论》，中国人民大学出版社 2009 年版，第 342 页。

[6] 参见林钰雄:《新刑法总则》，中国人民大学出版社 2009 年版，第 343—345 页。

[7] 参见柯耀程:《刑法总论释义——修正法篇》(上册)，台湾元照出版公司 2005 年版，第 389—393 页。

[8] 参见许泽天:《共犯之处罚基础与从属性》，载《罪与刑——林山田教授六十岁生日祝贺论文集》，台湾五南图书出版有限公司 1998 年版，第 84—87 页。

[9] 参见陈子平:《论教唆犯、从犯规定之独立性与从属性》，载蔡墩铭主编:《刑法争议问题研究》，台湾五南图书出版有限公司 1999 年版，第 314 页。

备杀人阶段，或者仅达于预备杀人阶段，也可论以杀人罪未遂，这便导致共犯的犯罪形态比正犯更严重，从而有违共犯的基本原理。再如，教唆他人窃盗或抢夺，即便被教唆者已达于窃盗或抢夺之预备阶段，由于窃盗罪或抢夺罪不处罚预备行为，因此，正犯不成立犯罪，反之，教唆者却得以构成窃盗罪或抢夺罪未遂，这明显不公。[1]

第二，共犯独立性说将共犯的处罚根据与成立根据混为一谈。柯耀程教授指出，虽然共犯之处罚基础与正犯无异，均受行为责任及个别责任之规范，但这并不表示共犯之成立，系完全独立于主行为之外。因为共犯行为在法定原则的规范下，仍属于构成要件之外的行为，而非刑法评价的标的，故其所以受罚，前提上，仍需有构成要件实现之存在。而共犯独立性说实则将这二者混淆。因此，与其说共犯独立性说是关于共犯成立与否之见解，倒不如将之视为共犯处罚根据的见解，更为贴切。[2] 林山田教授也持该观点。[3]

第三，共犯独立性说违背了区分制犯罪参与体系的初衷。许玉秀教授指出，区分正犯与共犯的理论基础，就是教唆犯与帮助犯的从属性理论。换句话说，主张狭义的共犯概念，就是宣示共犯的从属性。[4] 正因为如此，柯耀程教授才得出以下论断，共犯独立性说已经使得区分制体系完全改变，此时，共犯已非共犯，而系另一种形式的正犯形态。[5]

与理论界否定共犯独立性说的呼声相应，台湾地区的相关规定也转而采取实行从属性说。台湾地区 1935 年“刑法”第 29 条第 3 款规定：“被教唆人虽未至犯罪，教唆犯仍以未遂犯论。但以所教唆之罪有处罚未遂犯之

---

[1] 参见陈子平：《论共犯之独立性与从属性》，载陈兴良主编：《刑事法评论》（第 21 卷），北京大学出版社 2007 年版，第 22 页。

[2] 参见柯耀程：《刑法总论释义——修正法篇》（上册），台湾元照出版公司 2005 年版，第 390、393 页。

[3] 参见林山田：《刑法通论》（下册），北京大学出版社 2012 年版，第 18 页。

[4] 参见许玉秀：《检视刑法共犯章修正草案》，载《月旦法学杂志》2003 年第 1 期。

[5] 参见柯耀程：《刑法总论释义——修正法篇》（上册），台湾元照出版公司 2005 年版，第 392 页。这里需要说明的是，虽然共犯独立性说已倾向于单一正犯体系，但单一正犯体系却并非必然反对实行从属性说，因为该体系内部尚可分为不同派别，对此将在下文论述。

规定者，为限。”[1] 对此，台湾地区学者普遍认为，是共犯独立性说的法律规定形式。[2] 但 2006 年开始实施的新规定删除了该款，修正理由为：“教唆犯如采独立性说，实则侧重于处罚行为人之恶性，此与现行刑法以处罚犯罪行为为基本原则之立场有违，故改采共犯从属性说之立场。”[3] 据此，被教唆者尚未着手实施犯罪的，不再认定为犯罪未遂。由此可见，我国台湾地区刑事规定的转变，也昭示了对共犯独立性说的否定以及对共犯实行从属性说的认同。

3. 在德国实行从属性说成为默示之共识

与日本和我国台湾地区不同，德国学者并没有过多地关注共犯的实行从属性、独立性这样的问题。但笔者认为，这并非源于其存在理论上的疏漏，而是因为在教义法学相对成熟的德国，主观主义和客观主义之间的学派之争已演绎得淋漓尽致，客观主义刑法立场的最终胜出及其妥当性也得到了各方的一致认同，因而，共犯的实行从属性说被认为具有当然的合理性。

一方面，“共犯具有实行从属性”在德国刑法学界已是不言自明的命题。德国学者在论述共犯从属性时，往往跳过共犯是否具有实行从属性的争论，直接探讨共犯的从属程度问题。如罗克辛教授在论述“参加人的从属性”时，仅用很小的篇幅说明共犯对正犯的实行行为具有依赖性，即任何参加人，不管是教唆的人还是帮助的人，首先必须以实行人的“构成行为”为前提。[4] 余下，则用了大量篇幅论述这个“被依赖的实行行为”需要达到何种程度，即是否必须是违法的，是否必须是有责的。再如，M.E.Mayer 教授仅简短地指出，共犯必须在某种程度内依存于正犯，才能

[1] 许玉秀主编：《新学林分科六法・刑法》，新学林出版股份有限公司 2008 年版，第 A-107 页。

[2] 参见陈子平：《刑法总论》，中国人民大学出版社 2009 年版，第 344 页；林钰雄：《新刑法总则》，中国人民大学出版社 2009 年版，第 343 页；柯耀程：《刑法总论释义——修正法篇》（上册），台湾元照出版公司 2005 年版，第 389 页。

[3] 许玉秀主编：《新学林分科六法・刑法》，新学林出版股份有限公司 2008 年版，第 A-107 页。

[4] 参见［德］克劳斯・罗克辛：《德国刑法学总论》（第 2 卷），王世洲等译，法律出版社 2013 年版，第 98 页。

够将适用于正犯的构成要件扩张适用于共犯，因而，共犯具有从属的本质。在此基础上，其按照共犯从属程度的强弱，划分出四种从属形态，并着墨于此。[1]另外，耶塞克、魏根特[2]、韦塞尔斯[3]、施特拉腾韦特、库伦[4]同样在其教科书中言简意赅地表达了对实行从属性说的认同。新派的代表人物李斯特也支持实行从属性说，其从犯罪的本质是对法益的侵害出发，认为对共犯的处罚理由并不在于其自身，而在于其引发了他人犯罪，故只有当帮助行为对犯罪结果的产生事实上起到了作用时，始可成立帮助犯。[5]由此可见，德国学界就共犯的实行从属性说已形成共识，共犯成立犯罪未遂以正犯着手实行犯罪为必要，被认为理所当然。

另一方面，尚需对德国刑法第30条的性质作出澄清。由于德国刑法第30条规定了对教唆未遂行为的处罚，即“命令或教唆他人实施重罪而未遂的，依该重罪的未遂论处。但依第49条第1款减轻处罚”[6]。据此，可能会有观点认为，该条将教唆未遂等同于犯罪未遂，因而采取的就是共犯独立性说。事实上，在德国，也有个别学者认为该条是对犯罪未遂的规定。[7]但此见解已受到了学界的有力驳斥，如罗克辛教授批评道：“犯罪未遂必须是直接开始实施符合构成要件的行为，故其并未预定第30条所描述的

---

[1] Vgl. Mayer，Strafrecht Allgemeiner Teil，2.Aufl.，1923，S.390f. 转引自许泽天：《主行为故意对共犯从属的意义》，载《成大法学》2012年第24期。

[2] 参见［德］汉斯·海因里希·耶塞克、托马斯·魏根特：《德国刑法教科书》，徐久生译，中国法制出版社2001年版，第792页。

[3] 参见［德］约翰内斯·威塞尔斯：《德国刑法总论》，李昌珂译，法律出版社2008年版，第311页。

[4] 参见［德］冈特·施特拉腾韦特、洛塔尔·库伦：《刑法总论Ⅰ——犯罪论》，杨萌译，法律出版社2006年版，第326页。

[5] 参见［德］弗兰茨·冯·李斯特：《德国刑法教科书》，徐久生译，法律出版社2000年版，第201、375页。

[6]《德国刑法典》，许久生、庄敬华译，中国方正出版社2002年版，第12页。

[7] Vgl. Kühl，Grundfälle zu Vorbereitung，Versuch，Vollendung und Beendigung，JuS，1979，S.874ff. 转引自［日］高桥则夫：《共犯体系和共犯理论》，冯军、毛乃纯译，中国人民大学出版社2010年版，第194页。

情形。”[1] 况且，第 30 条只是规定量刑时依照犯罪未遂论处，并在此基础上减轻处罚，并没有说要将教唆者认定为犯罪未遂形态。目前，德国的多数意见认为，第 30 条实际上是将犯罪预备行为刑罚化。[2] 德国刑法特别委员会亦赞同该见解，[3] 而且，联邦法院近年的判例也认为，第 30 条规定的是“独立的具有可罚性的预备行为”[4]。由此可见，虽然德国刑法处罚针对重罪的教唆未遂，但并非将其认定为犯罪未遂，而是作为预备行为看待，所以，其与共犯的实行从属性说并无冲突。[5]

（二）英美法系实际上同样倾向于实行从属性说

英美法系历来被认为与主观主义刑法理论有着密切关联，而且，由于其采取统一正犯体系，我国部分学者便认为英美法系在共犯属性问题上，采用的是实行独立性说。[6] 但笔者并不赞同该见解。前文提到，是否将教唆未遂行为认定为犯罪未遂，是检验共犯属性的试金石。而就该问题，英美法系的学说主张及司法判例其实更倾向于实行从属性说。

其一，在被教唆者并未接受教唆的场合，英美法系的多数意见认为，教唆者不足以构成犯罪未遂。就单纯的教唆行为能否成立犯罪未遂，在英美法系曾产生激烈的争论。[7] 但目前，多数学者都认为，不宜将单纯的教

---

[1] Roxin，Leipziger Kommentar，10. Aufl.，1979，§30 Rdn. 2. 转引自［日］高桥则夫：《共犯体系和共犯理论》，冯军、毛乃纯译，中国人民大学出版社 2010 年版，第 194 页。

[2] 转引自［日］高桥则夫：《共犯体系和共犯理论》，冯军、毛乃纯译，中国人民大学出版社 2010 年版，第 195 页。

[3] 转引自［日］高桥则夫：《共犯体系和共犯理论》，冯军、毛乃纯译，中国人民大学出版社 2010 年版，第 195 页。

[4] BGHSt 9，131；14，378. 转引自［日］高桥则夫：《共犯体系和共犯理论》，冯军、毛乃纯译，中国人民大学出版社 2010 年版，第 195 页。

[5] 针对该问题下文还将展开论述。

[6] 参见王昭武：《教唆犯从属性说之坚持与展开》，载赵秉志主编：《刑法论丛》（第 15 卷），法律出版社 2008 年版，第 57 页；潘莉：《论教唆罪的设立》，载高铭暄、赵秉志主编：《刑法论丛》（第 9 卷），法律出版社 2005 年版，第 298—342 页。

[7] See John W. Curran，“Solicitation：A Substantive Crime”，17 Minnesota law Review，(1933)：499.

唆行为认定为犯罪未遂，[1] 其司法审判也通过诸多案例适用了该观点。[2] 基本理由如下。首先，犯罪未遂须具备以下要素："犯罪意图""实质性行为""未能完成犯罪"。其中，"实质性行为"必须是对犯罪的实施、完成具有实质重要性的行为，仅仅准备性质的行为是不够的。其次，教唆行为并非犯罪未遂所要求的"实质性行为"。由于教唆行为自身无法造成实质危险及现实损害，必须通过他人的行为才能实现该结果，其距离犯罪的完成尚且较远，而且，即便教唆行为实施完毕，也仍有很多不确定性，所以，教唆行为根本不是"实质性行为"。据此，在被教唆者并未接受教唆的场合，仅凭单纯的教唆行为就将教唆者认定为犯罪未遂，并不妥当，不仅破坏了教唆行为和未遂行为之间的界限，也造成了进一步的困惑。[3] 最后，这种未达成意思沟通的教唆行为，是犯罪未遂之前的共谋罪的未遂，[4] 或者说是犯罪未遂之前的准备行为。[5] 因此，虽然部分普通法国家或地区通过设立教唆罪对其进行处罚，但教唆罪仍然具有预备性质，而不同于未遂犯。[6] 可见，针对教唆未被接受的情形，英美法系的多数见解也反对将教唆者认定为犯罪未遂。虽然其在论证时并非像大陆法系学者一样，使用共犯行为、正犯行为这样的概念，但殊途同归，同样认为教唆行为与直接实行犯罪的行为是两种不同的行为类型，故单纯的教唆行为无法成立犯罪未遂，而这

---

[1] See John W.Curran，"Solicitation：A Substantive Crime"，17 Minnesota law Review，（1933）：501-504.

[2] See Gervin v. State，212 Tenn. 653，371 S. W. 2d 449，454（Tenn.1963）；Hutchinson v. State，315 So. 2d 546（Fla.Dist.Ct.App.1975）；Arias v. State，593 So. 2d 260，263（Fla.3d DCA 1992）.

[3] 上述分析是对以下学说和判例观点的整理：John W.Curran，"Solicitation：A Substantive Crime"，17 Minnesota law Review，（1933）：503-504；Gervin v.State，212 Tenn. 653，371 S.W. 2d 449，454（Tenn.1963）；Hutchinson v. State，315 So. 2d 546（Fla.Dist.Ct.App.1975）；Dolt v. States，27 F. 3d 235，240（6th Cir.1994）.

[4] See People v. Saephanh，80 Cal. App. 4th 451，460（Ct.App.2000）.

[5] See Arias v. State，593 So. 2d 260，263（Fla.3d DCA 1992）.

[6] 正因为如此，在美国联邦及各州，通常制定法对二者的处罚也不相同，对未遂犯一般是按照既遂犯的二分之一量刑，而对单纯教唆犯的处罚则还要轻缓（See John W.Curran，"Solicitation：A Substantive Crime"，17 Minnesota law Review，（1933）：504）。

正是实行从属性说的要义。

其二，在被教唆者接受教唆但尚未实行犯罪的场合，英美法系是将教唆者认定为预备性质的犯罪共谋，而非犯罪未遂。在普通法国家，如果被教唆者已经实施了实质性行为，则教唆者与被教唆者共同构成该罪的未遂犯或既遂犯；如果被教唆者接受了教唆，但尚未实施任何行为或仅实施了预备行为，则教唆者与被教唆者构成共谋罪。[1] 这里有必要对共谋罪的性质作出说明。普通法上的共谋罪是基于有组织犯罪对国家和社会所造成的潜在威胁而设置的，其成立只需要二人以上为实施犯罪达成协议即可，无须有进一步的实质行为的实施，故共谋罪不同于犯罪未遂，只是犯罪预备行为，甚至是“前预备行为”。[2]

综上，虽然英美国家处罚教唆未遂，但其并不倾向于将教唆未遂认定为未遂犯，所以，如果兑换成大陆法系的法律话语，英美法系同样偏向于实行从属性说，而非共犯独立性说。

（三）我国亦应采纳实行从属性说及对批评之回应

由上述大陆法系、英美法系对共犯属性问题的评析可知，实行从属性说的合理性归根结底源自一个基本的客观规律，即教唆行为、帮助行为并非直接触及法益之载体，所以，其客观上既不能给法益造成实害结果，也无法对其创设现实危险。正是基于此种自然性质的限制，一方面，教唆行为、帮助行为与能够直接造成上述法益侵害后果的实行行为，是两种不同的行为类型；另一方面，由于成立各罪的犯罪未遂要给法益造成具体、紧迫的危险，而教唆行为、帮助行为自身无法满足该条件，故教唆者、帮助者构成犯罪未遂，应以正犯着手实行犯罪为必要。而共犯独立性说认为单纯的教唆行为可构成犯罪未遂之观点，无视教唆行为和实行行为在自然属性上的差异，是不尊重客观事实的表现，正因为如此，才被各个法系的主

---

[1] See Richard G. Singer and John Q. la Fond. *Criminal Law* Fifth Edition，Aspen publishers，2010，p.299.

[2] 参见储槐植、江溯:《美国刑法》，北京大学出版社 2012 年版，第 108 页。

流观点批评为主观色彩浓厚，并由此导致在具体问题上的上述不合理性。所以，笔者认为，我国亦应在尊重客观规律、迎合世界刑法思潮的基础上，真正采纳并贯彻实行从属性说。以下将就我国学者对实行从属性说提出的批评一一作出回应，以肃清该说适用于我国之阻碍。

1. 根据“教唆犯独立犯说”反对实行从属性论不符合共同犯罪的原理

在我国，极个别学者根据“教唆犯独立犯说”反对共犯从属性说。但该观点与上述共犯独立性说又有所不同，其主张教唆行为本身就是一种独立的犯罪行为，因此，根本不必在共同犯罪的视野内考虑其罪与罚，进而也不存在所谓从属性。该说可分为以下两种类别。

一是完全否定教唆行为具有共犯性质的“教唆犯独立犯说”。如个别学者认为，教唆行为并非共犯行为，而是一种独立的犯罪行为，故并无从属于他人行为之说，而应在刑法分则中设置独立的罪名对其进行规制。[1] 但笔者认为，这种不仅否定共犯的实行从属性，而且从根本上否定教唆行为具有共犯性质的观点，不符合共同犯罪的基本原理。首先，论者对教唆者和被教唆者不符合共同犯罪成立条件的论述，[2] 实属牵强。虽然教唆故意与实行故意、教唆行为与实行行为不完全相同，但这并不妨碍教唆者和实行者构成共同犯罪，因为共同犯罪的本质在于数人共同完成犯罪构成事实，并没有要求所有参与人的主观意欲和客观行为完全相同。况且，按照论者的逻辑，帮助故意与实行故意、帮助行为与实行行为也非完全相同，是否也不成立共同犯罪，而应在分则中设置独立的帮助罪呢？其次，论者认为各国刑法典都在分则中规定了一些具体的教唆犯罪，如我国刑法规定的煽动颠覆国家政权罪、教唆他人吸毒罪等，这也说明教唆行为本身就是独立

---

[1] 参见李凤梅:《教唆行为：共犯行为抑或实行行为》，载《法学杂志》2009 年第 1 期；卢勤忠:《论教唆罪的设立》，载《现代法学》1996 年第 6 期；齐文远、刘代华:《论教唆犯应被规定为独立犯罪》，载高铭暄、赵秉志主编:《刑法论丛》（第 2 卷），法律出版社 1999 年版，第 1—34 页；杨晓东、肖怡:《教唆行为应构成独立的“教唆罪”》，载《西南政法大学学报》2002 年第 2 期。

[2] 参见李凤梅:《教唆行为：共犯行为抑或实行行为》，载《法学杂志》2009 年第 1 期。

的犯罪。[1] 但此种论证实属对法律的误读。我国刑法分则中确实存在一些属于教唆性质的罪名，不仅如此，还存在一些属于帮助性质的罪名。但之所以作出这些规定，并不是因为教唆行为、帮助行为是独立的犯罪，而是出于个别情况下法益保护的必要性、罪刑均衡等考虑，在分则中将少数的共犯行为特别拟制为正犯。[2] 而“拟制的正犯”本身就说明，教唆犯、帮助犯并非真正的正犯。最后，论者认为将教唆行为设置成独立的犯罪，可以使得本身就具有同质性的所有教唆行为适用同一罪名，并统一适用刑罚，这样既避免了诸如教唆未遂等现象无法妥当处理的尴尬，也可以削减对教唆行为依据所教唆之罪定罪处罚所引发的罪刑失衡。[3] 但正如我国学者所言，所有的教唆行为都是共同犯罪的伴生现象，否则我国刑法就不会将其规定在共同犯罪一章。那种为了从各种观点的争论中解脱出来而另起炉灶的方法，大有逃避矛盾之嫌。[4] 而且，针对不同犯罪的教唆原本就不具有同质性，此时，对教唆者依据所教唆之罪定罪，根据其在共同犯罪中所起的作用量刑，又何来罪刑失衡之说呢?

二是仅否定教唆未遂具有共犯性质的“教唆未遂独立犯说”。[5] 这种观点根据我国刑法第 29 条第 1 款和第 2 款的规定，将教唆犯分为共同教唆犯和独立教唆犯。其中，共同教唆犯是指教唆者和被教唆者构成共同犯罪的情形；独立教唆犯则是指教唆者实施教唆行为后，被教唆者没有犯被教唆之罪的情况。之所以作出此种划分，是因为就后者而言，教唆者的犯罪性和可罚性已不再依附于被教唆者，教唆未遂的罪质也不同于共同教唆犯，属于一种与共同犯罪无关的独立的犯罪。甚至有学者主张，应将此种情形

---

[1] 参见李凤梅:《教唆行为：共犯行为抑或实行行为》，载《法学杂志》2009 年第 1 期。

[2] 参见周光权:《刑法总论》，中国人民大学出版社 2007 年版，第 213 页。

[3] 参见李凤梅:《教唆行为：共犯行为抑或实行行为》，载《法学杂志》2009 年第 1 期。

[4] 参见陈兴良:《共同犯罪论》，中国人民大学出版社 2006 年版，第 223 页。

[5] 前文提到，英美法系的制定法中，有些针对被教唆者并未接受教唆的情形，单独规定了教唆罪。但如上所述，其并未否定此种教唆未遂行为具有共犯性质，而是认为其本质上就是共谋罪的未遂，或者说是共同犯罪的准备行为。所以这与我国学者主张的此种“教唆未遂独立犯说”，即认为教唆未遂是独立的犯罪类型，与共同犯罪完全无关，并不相同。

作为具体罪名规定在刑法分则中。[1] 笔者认为，尽管该观点仅仅认为教唆未遂是独立的犯罪，并没有否认其他教唆行为的共犯性质，但同样不符合共同犯罪的基本原理。首先，虽然教唆未遂的场合，只有教唆犯而没有实行犯，但教唆者仍是以教唆他人实行犯罪为目的。换言之，此种情形下，仍存在“潜在的实行犯”，即对于教唆者来说，要构成犯罪未遂，还是以被教唆者着手为必要，这在德国刑法学界被称作“假定的从属性”。[2] 因此，教唆未遂行为仍然具有共犯性质。其次，如我国学者所言，被教唆的人没有犯被教唆之罪，只不过是发生在共同犯罪中的一种特殊情形，而不是与共同犯罪完全无关的独立的犯罪现象，如果过分夸大其特殊性，把它与共同犯罪完全隔绝，根据无助于揭示教唆未遂这种犯罪现象的本质。[3] 最后，德国刑法第 30 条也处罚教唆未遂行为，但罗克辛教授认为，该条并不是根据分则规定的方式形成的独立的行为构成，也不是对参与行为的特别规定，而是将争取参与这种犯罪准备的特别形式置于刑罚之下。[4] 可见，德国刑法学界从未否认教唆未遂属于犯罪参与的范畴。

综上，用不符合共同犯罪原理的“教唆犯独立犯说”反对共犯从属性说，并不具有说服力。

2. 以“共犯借用犯说”批评实行从属性说属于“对象错误”

虽然我国反对实行从属性说的学者中，多数都不赞同上述“教唆犯独立犯说”，而是认为教唆行为就是共犯行为，但其对实行从属性说的批评理由同样不能令人接受。如陈兴良教授认为：“按照共犯从属性说，教唆行为

[1] 参见郝守才：《论独立教唆犯》，载《河南师范大学学报》（哲学社会科学版）2002 年第 5 期；潘莉：《论教唆罪的设立》，载高铭暄、赵秉志主编：《刑法论丛》（第 9 卷），法律出版社 2005 年版，第 298—342 页；吴振兴：《论教唆犯》，吉林人民出版社 1986 年版，第 96—109 页；张睿：《论独立教唆犯》，载《河南省政法管理干部学院学报》2000 年第 3 期。

[2] 参见［德］汉斯·海因里希·耶塞克、托马斯·魏根特：《德国刑法教科书》，徐久生译，中国法制出版社 2001 年版，第 851 页。

[3] 参见陈兴良：《共同犯罪论》，中国人民大学出版社 2006 年版，第 223 页。

[4] 参见［德］克劳斯·罗克辛：《德国刑法学总论》（第 2 卷），王世洲等译，法律出版社 2013 年版，第 215 页。

的犯罪性和可罚性是从正犯借用而来，这种比喻固然生动形象，观点却荒唐可笑。从这个意义上说，共犯独立说从教唆行为本身寻找教唆犯的处罚根据，比共犯从属性说要深刻得多。”[1] 另有一些学者也持该见解，认为实行从属性说主张教唆犯的可罚性从属于实行行为，违背了个人责任原则，即每个人皆是因自己的行为而非因他人行为而负担罪责。[2]

但笔者认为，以上学者之批评实乃“选错了靶子”，即其批判的是共犯借用犯说，而非实行从属性说。第一，实行从属性说只解决事实层面的问题，即该说关注的全部内容在于，教唆行为、帮助行为和实行行为在自然性质上存在差异，由此导致二者在刑法评价上成为两种不同的行为类型，由此，教唆者、帮助者构成犯罪未遂，应以实行行为的存在为必要。第二，共犯借用犯说解决的则是规范层面的问题。共犯固有犯说、共犯借用犯说关注的焦点在于共犯自身是否存在固有的犯罪性和可罚性，而这并不属于事实层面的内容，是需要在共犯处罚根据中探讨的更深层的问题。就共犯是否具有独立的处罚根据，共犯借用犯说主张共犯不存在固有的犯罪性、可罚性，其之所以受罚，乃是因为借用了正犯的犯罪性和可罚性。但此观点明显违背了刑法上的个人责任原理，因而，早已受到国内外学者的一致批判，现今已无人继承。[3] 目前，关于共犯的处罚根据，得到普遍承认的是共犯固有犯说，即所有的犯罪主体皆是因自己的行为承担罪责，皆有自己独立的处罚基础。第三，正因为实行从属性说和共犯借用犯说并非针对同一层面的问题，所以，将对后者的批评转嫁于前者，实属“欲加之罪”。虽然实行从属性说认为共犯成立犯罪未遂以正犯着手实行犯罪为必要，但这并不等于否认教唆行为、帮助行为存在固有的犯罪性和可罚性，只不过

[1] 陈兴良：《共同犯罪论》，中国人民大学出版社 2006 年版，第 238 页。

[2] 参见姜伟：《犯罪形态通论》，法律出版社 1994 年版，第 260 页；李兰英：《论教唆犯的几个问题》，载《现代法学》2003 年第 5 期；陈世伟：《论共犯的二重性》，中国检察出版社 2008 年版，第 14 页。

[3] 参见王昭武：《教唆犯从属性说之坚持与展开》，载赵秉志主编：《刑法论丛》（第 15 卷），法律出版社 2008 年版，第 77 页。

教唆者、帮助者构成犯罪未遂、犯罪既遂形态，需要通过正犯的实行行为这个桥梁来实现而已。所以，上述批评实际上是先给实行从属性说附加了额外的规范性内容，再就此一内容对其进行批判，不能令人信服。

3. 统一正犯体系并非必然排斥实行从属性说

在我国学界，另有学者立足于统一正犯体系排斥实行从属性说。如刘明祥教授认为，我国刑法采用的是单一正犯体系，与德日采取正犯与共犯相区分的体系不同，共犯从属性说根本没有存在的余地。[1]江溯博士也认为，单一正犯体系之下，各参与者均是根据自己行为的不法和罪责承担责任，并无从属性之说。[2]但是笔者认为，用统一正犯体系排斥实行从属性说，并不妥当。

首先，统一正犯体系和实行从属性说解决的亦是不同的问题，二者不存在必然冲突。如前所述，实行从属性说只关注事实问题，即教唆者、帮助者构成犯罪未遂、既遂，必须存在一个直接去侵害法益的主行为，至于共犯行为本身是否存在固有的不法这种规范性问题，并非实行从属性说涉猎的内容，而是共犯处罚根据的内部争论。所以，虽然单一正犯体系特别强调所有参与人的行为都存在固有的不法，而不依赖于他人行为的不法，但这与实行从属性说并无直接冲突，只是在这种体系之下需要探讨的不是“共犯对正犯是否具有实行从属性”，而是“诱发正犯和援助正犯对直接正犯是否具有实行从属性”。其次，关于统一正犯体系之下是否存在此种实行从属性，虽然我国学者援引日本高桥则夫教授的评论予以否定，即“统一正犯体系与从属性互相排斥”，[3]但此乃断章取义。实

[1] 参见刘明祥：《“被教唆的人没有犯被教唆的罪”之解释》，载《法学研究》2011 年第 1 期。

[2] 参见江溯：《犯罪参与体系研究——以单一正犯体系为视角》，中国人民公安大学出版社 2010 年版，第 296 页。

[3] 参见刘明祥：《我国大陆不宜采取共犯从属性说》，载《海峡两岸暨第八届内地中青年刑法学者高级论坛论文集》，2012 年 10 月，中国青年政治学院，第 252 页。

际上该命题是由日本香川达夫教授提出，[1] 高桥教授在书中只是引用并对此进行质疑。高桥教授认为，尽管根据统一正犯体系，各参与人只对其固有的不法、责任进行答责，然而，未遂犯的处罚根据仍然在于行为对法益侵害的客观危险性，由于教唆行为、帮助行为本身对法益侵害的危险只是间接性的，虽然承认其是价值独立的正犯行为，但却不能将其等同于实行行为，因此，要对教唆犯以犯罪未遂处罚，还是应当存在狭义的实行行为。基于以上思考，统一正犯体系未必与从属性原理相矛盾。[2] 可见，单一正犯体系并非必然排斥实行从属性说。最后，我国提倡单一正犯体系的学者，实际上也在适用实行从属性说。如刘明祥教授和江溯博士都认为，要认定教唆者构成犯罪未遂，被教唆者必须已经着手实行犯罪，[3] 而这恰恰是实行从属性说的基本要求。综上，统一正犯体系不能成为反对实行从属性说的依据。[4]

4. 间接正犯类型的出现与实行从属性说并不冲突

我国还有学者以间接正犯为由反对实行从属性说，如有观点认为，共犯从属性说主张共犯从属于正犯的实行行为，其最大障碍就在于无法解决行为人利用无刑事责任能力等主体实现犯罪的问题，为了克服这一矛盾，其被迫提出间接正犯这一概念。但间接正犯的出现，本身即说明共犯从属性说所主张的共犯行为理论已彻底崩溃。因为与间接正犯的行为构造一样，共犯也是将他人行为作为自己所利用的客观条件来实现犯罪的，故按照从

---

[1] 参见［日］香川达夫：《1964 年奥地利刑法草案中的未遂犯处罚规定》，载《学习院大学法学部研究年报》1968 年第 4 号，转引自［日］高桥则夫：《共犯体系和共犯理论》，冯军、毛乃纯译，中国人民大学出版社 2010 年版，第 58 页。

[2] 参见［日］高桥则夫：《共犯体系和共犯理论》，冯军、毛乃纯译，中国人民大学出版社 2010 年版，第 59 页。

[3] 参见刘明祥：《“被教唆的人没有犯被教唆的罪”之解释》，载《法学研究》2011 年第 1 期；江溯：《犯罪参与体系研究——以单一正犯体系为视角》，中国人民公安大学出版社 2010 年版，第 296 页。

[4] 需要说明的是，由于笔者在本书着重探讨的是实行从属性，而非犯罪参与体系，况且单一制和区分制的优劣取舍，对本书并无实质影响，换言之，共犯的实行从属性完全可兑换成教唆犯、帮助犯的实行从属性。故关于犯罪参与体系将在他文另行论述，但由于我国学界已普遍接受了区分制的称谓，所以笔者在本书仍旧使用共犯从属性、共犯独立性此等术语。

属性说，包括共犯在内的所有的共同犯罪人都可能成立间接正犯。这样说来，其立场就并不彻底。[1]

笔者不同意上述见解。有关间接正犯与实行从属性说之间的关系，有以下两个问题需要澄清。其一，间接正犯的出现并非针对实行从属性，而是为了弥补严格从属性说造成的处罚漏洞。这从间接正犯在大陆法系发源的历史背景可见一斑。1943 年之前，德国刑法一直采取严格从属性说，即教唆者、帮助者构成犯罪未遂、既遂，不仅要从属于正犯的实行行为，而且后者还必须是应受刑事惩罚的行为。这样一来，在正犯因不具有刑事责任能力等原因而无责任的情况下，教唆者、帮助者亦无法受到处罚，[2] 而这明显造成了处罚疏漏。于是，间接正犯在一定程度上作为严格从属性说的“替补角色”应运而生。[3] 由此可见，间接正犯的出现，只是导致了不符合个人责任原则的严格从属性说的崩溃，而与尚未涉及共犯从属程度问题的实行从属性说无涉。其二，间接正犯与共犯在行为构造上并不相同，所以，间接正犯也并非像共犯一样具有绝对的实行从属性。虽然间接正犯和共犯都是利用他人行为来实现自己的犯罪，但这并不代表二者的行为构造完全相同。因为在间接正犯的场合，被利用者受到了欺骗或强迫，所以，通常情况下其不可能形成反对动机，即在利用人的犯罪意图及其实现之间不存在任何规范障碍，故利用行为与单纯的教唆行为、帮助行为相比，实现法益侵害的危险性更高。[4] 基于此，在着手时期的判定上，利用行为也并非像共犯行为那样完全依赖于被利用

---

[1] 参见陈世伟:《论共犯的二重性》，中国检察出版社 2008 年版，第 13 页。

[2] 参见［德］克劳斯·罗克辛:《德国刑法学总论》（第 2 卷），王世洲等译，法律出版社 2013 年版，第 106 页。

[3] 参见［德］汉斯·海因里希·耶塞克、托马斯·魏根特:《德国刑法教科书》，徐久生译，中国法制出版社 2001 年版，第 801 页。

[4] 参见［日］西原春夫:《犯罪实行行为论》，戴波、江溯译，北京大学出版社 2006 年版，第 226 页。

者的行为。[1] 所以，不能因为共犯对正犯有绝对的实行从属性，而在间接正犯的场合对此有所松动，就批评实行从属性说不彻底，因为归根结底，这是源于二者在客观构造上的差异。综上，间接正犯这种特殊的正犯形式与共犯的实行从属性说并不冲突。

5. 刑法总则第 29 条第 2 款和分则单独教唆犯的规定与实行从属性说并无矛盾

我国还有学者立足于刑法总则或分则的规定反对实行从属性说。

一是立足于分则当中单独教唆犯的规定否定实行从属性说。与上述“教唆未遂独立犯说”不同，这种观点并非认为单独教唆犯的规定表明教唆行为不具有共犯性质，而是认为这些规定表明教唆行为这种共犯行为具有独立性。如有论者认为，我国刑法分则将一些单纯的教唆行为规定为犯罪，本身就说明立法未采纳共犯从属性说。[2] 对于该种批评的不合理性，前文已有论及，这里稍作说明。分则当中单独教唆犯的规定与实行从属性说并不冲突。因为虽然刑法分则基于保护重要法益的初衷，选择处罚一些单纯的教唆行为，但这种处罚不同于将其认定为所教唆之罪的犯罪未遂，如我国学者所言，二者在犯罪形态的评价[3] 和刑罚的量上都有差异。[4] 正因为如

---

[1] 换言之，教唆犯、帮助犯构成犯罪未遂以正犯着手实行犯罪为必要，但在间接正犯的场合，利用者成立犯罪未遂却并非必然依赖于被利用者的行为。如关于间接正犯的未遂时期，德国学界的主流观点主张，应将“事件离开间接实行人的控制范围”作为判定标准，联邦法院最近的司法判决也倾向于此（参见［德］克劳斯·罗克辛:《德国刑法学总论》（第 2 卷），王世洲等译，法律出版社 2013 年版，第 309 页）。在日本，虽然司法判例仍然采“被利用行为标准”，但其学界的通说却是“利用行为标准”；此外还有学者采“区分理论”，认为对间接正犯犯罪未遂的认定应区分不同的情况，或以“利用行为之开始”或以“被利用行为之开始”作为判定标准（参见［日］西原春夫:《犯罪实行行为论》，戴波、江溯译，北京大学出版社 2006 年版，第 209 页）。可见，虽然共犯具有实行从属性，但在间接正犯内部却并非必然存在此种实行依赖性。

[2] 参见赵秉志主编:《犯罪总论问题探索》，法律出版社 2003 年版，第 545 页。

[3] 笔者认为，虽然分则中的独立教唆犯将一些单纯的教唆行为各罪化，但这些行为本质上仍然是犯罪预备行为，而非犯罪未遂行为，对此，下文还将展开论述。

[4] 参见何庆仁:《我国刑法中教唆犯的两种涵义》，载《法学研究》2004 年第 5 期。

此，虽然德国刑法分则中也有处罚单纯教唆行为之规定，[1] 但这丝毫不影响其采纳共犯的实行从属性说。因而，依据我国刑法分则的规定反对从属性说，并无道理。

二是立足于总则第 29 条第 2 款的规定否定实行从属性说。在我国，刘明祥教授是持该观点的代表学者，其除了依据上述统一正犯体系排斥实行从属性说，另外认为，我国刑法总则第 29 条第 2 款的规定也与实行从属性说不相容。[2] 但笔者认为，即便接受刘明祥教授对第 29 条第 2 款的解释结论，该规定与实行从属性说也不矛盾。其一，有一点必须再次重申，实行从属性说的含义仅仅在于不能将教唆未遂认定为犯罪未遂、犯罪既遂形态，至于对教唆未遂是否可以其他形式进行处罚，又赋予其怎样的刑罚，则并不属于实行从属性说的范畴。正因为如此，前面才得出结论，实行从属性说与分则当中独立教唆犯的规定并不矛盾。其二，第 29 条第 2 款只是表明对教唆未遂行为应予处罚，并规定了相应的刑罚幅度，但其自始至终都未表明要将这种行为认定为犯罪未遂。虽然第 29 条第 2 款为教唆未遂配置的刑罚幅度与第 23 条相同，但这只是刑罚配置上的出入问题，不能反过来"以刑制罪"，想当然地认为该款规定就是将教唆未遂等同于犯罪未遂形态。这与刑法分则也可能对独立教唆犯设置了较高的刑罚，但却不能据此认为其就是将单纯教唆行为等同于犯罪未遂或既遂，是一个道理。综合以上两点，笔者认为，第 29 条第 2 款仅赋予了教唆未遂以可罚性，与共犯的实行从属性说不存在必然冲突。故我国学界根本不必费尽心机对第 29 条第 2 款作出各种牵强

[1] 如德国刑法第 80 条 a 处罚鼓动进行侵略战争的行为，第 111 条处罚公开煽动他人实施犯罪的行为等（参见《德国刑法典》，许久生、庄敬华译，中国方正出版社 2002 年版，第 51、70 页）。

[2] 参见刘明祥：《"被教唆的人没有犯被教唆的罪"之解释》，载《法学研究》2011 年第 1 期。

的解释，[1] 如此只会遭人“破坏法制原则”之诟病，[2] 而应将精力集中在如何限制该款规定对教唆未遂的处罚范围，如何化解其所产生的罪刑不均这两个问题上。对此，下文还将展开论述。

6. 采取实行从属性说并不必然造成处罚漏洞

目前，我国学界对实行从属性说提出的比较有力的批评是，该说有放纵犯罪之嫌。如陈兴良教授认为：“共犯从属性说使教唆犯完全从属于正犯而成立，没有看到教唆犯自身作为犯意的发起者与制造者，具有严重的主观恶性，因而轻纵了犯罪。”[3] 刘明祥教授也批评实行从属性说会放纵教唆犯罪：“众所周知，在现代社会，集团犯罪、有组织犯罪特别是恐怖主义犯罪频繁发生，因而必须防患于未然，不能等到被教唆者接受了教唆并已着手实行犯罪，才处罚教唆犯。例如，某人想用重金收买对方将定时炸弹放在电影院以炸死多人，但对方拒绝并及时报了警。按教唆犯从属性说，肯定不能处罚教唆者，而这无疑会放纵危险犯罪的发生，与国民的基本要求不符。”[4] 其他反对实行从属性说的学者，也表达了同样的担心。[5]

笔者认为，上述批评源自对实行从属性说的误解。其实针对该问题，笔者在上文已有所说明，实行从属性说并非必然反对处罚教唆未遂，其关心的焦点仅仅在于，不能将教唆未遂认定为犯罪未遂形态，除此之外，是

---

[1] 我国很多学者一直误以为第 29 条第 2 款处罚教唆未遂就是违背实行从属性说，因而曾试图对该款规定作出其他解释，主要有以下两种解释方法：一是将“被教唆的人没有犯被教唆的罪”解释为被教唆的人已经着手实行犯罪，但没有既遂（参见张明楷：《论教唆犯的性质》，载陈兴良主编：《刑事法评论》（第 21 卷），北京大学出版社 2007 年版，第 88—90 页；周光权：《“被教唆的人没有犯被教唆的罪”的理解——兼与刘明祥教授商榷》，载《法学研究》2013 年第 4 期）。二是将第 29 条第 2 款解释为以教唆方式实施的间接正犯的犯罪未遂（参见何庆仁：《我国刑法中教唆犯的两种涵义》，载《法学研究》2004 年第 5 期）。

[2] 针对上述学者对第 29 条第 2 款的两种解释结论，刘明祥教授分别进行了反驳，认为其违背了现代法制原则。笔者认为，刘明祥教授的批评是有道理的（详见刘明祥：《“被教唆的人没有犯被教唆的罪”之解释》，载《法学研究》2011 年第 1 期）。

[3] 陈兴良：《共同犯罪论》，中国人民大学出版社 2006 年版，第 39 页。

[4] 刘明祥：《“被教唆的人没有犯被教唆的罪”之解释》，载《法学研究》2011 年第 1 期。

[5] 参见李凤梅：《古典学派语境下的教唆犯地位研究》，载赵秉志主编：《刑法论丛》（第 2 卷），法律出版社 2009 年版，第 16 页。

否需要处罚教唆未遂、在多大范围内处罚教唆未遂，完全取决于各国刑法的具体规定及其刑事政策。遗憾的是，在我国，不仅共犯独立性说的推崇者，甚至有些共犯实行从属性说的支持者，都误将这二者完全对立，由此才导致实行从属性说卷入“陷阱式批评”，即要采纳共犯的实行从属性说便会造成处罚疏漏，要处罚教唆未遂就是未将实行从属性说贯彻到底。[1]唯笔者认为，只要不对教唆未遂以犯罪未遂、既遂论处，处罚教唆未遂行为便不违背共犯的实行从属性说，因而在我国采纳共犯的实行从属性说，不会必然导致处罚漏洞，亦不存在不自洽的问题。以下将就该问题做专门论证。

三、必要的澄清：处罚教唆未遂与实行从属性说并不冲突

在此有必要先对教唆未遂的具体类型作出说明。研究共犯属性问题时所关心的教唆未遂行为，无非指教唆行为实施之后，被教唆人着手实行之前的各种情形，一般认为包括以下几种：一是失败的教唆，指教唆信息尚未传达至被教唆人，或被教唆人拒绝教唆；二是无效果的教唆，指被教唆人虽然接受教唆，但尚未实施任何行为或仅实施了预备行为，或虽着手实施犯罪，但所犯之罪并非被教唆之罪且二者无包容关系，或所犯之罪与教唆行为根本没有因果关系。[2]

（一）教唆行为的可罚性与实行从属性是两个不同的问题

目前，我国学界的主流观点认为，处罚教唆未遂与共犯的实行从属性说在一定程度上是互相排斥的。其中，不仅极力反对实行从属性说的代表学者刘明祥教授主张，只要处罚教唆未遂就是未彻底贯彻实行从属性说。[3]

[1] 参见刘明祥：《“被教唆的人没有犯被教唆的罪”之解释》，载《法学研究》2011 年第 1 期。

[2] 参见［德］克劳斯·罗克辛：《德国刑法学总论》（第 2 卷），王世洲等译，法律出版社 2013 年版，第 218 页；［日］大谷实：《刑法讲义总论》，中国人民大学出版社 2008 年版，第 328 页。

[3] 参见刘明祥：《“被教唆的人没有犯被教唆的罪”之解释》，载《法学研究》2011 年第 1 期。

支持实行从属性说的代表学者张明楷教授也认为，采取实行从属性说就不宜处罚教唆未遂，唯有在被教唆者实施了预备行为的场合，方有对其以犯罪预备论处的可能性。[1] 周光权教授主张，即便此时，也不宜处罚教唆者，这才与共犯从属性说的“处罚消极主义”更具有一致性。[2] 笔者认为，教唆未遂的可罚性和共犯的实行从属性属于不同的问题，二者完全可以并存、相容。

第一，实行从属性说从理论基础到具体结论，都未否认教唆未遂行为具有可罚性。就理论基础而言，有观点认为，实行从属性说建立在客观主义刑法立场之上，而处罚教唆未遂实则侧重行为人之主观恶性，因而，前者理应排斥后者。[3] 但笔者认为，这种说法经不起推敲。因为处罚教唆未遂行为根本就不同于处罚犯罪意思，如黄荣坚教授所言，难道单纯教唆行为不是客观行为？难道教唆未遂行为就完全不会置重要法益于危险之中？如是思考，处罚教唆未遂根本就不违背客观主义刑法立场，[4] 处罚教唆未遂与实行从属性说的理论根基也不存在所谓冲突。就具体结论而言，实行从属性说只是认为，教唆行为、帮助行为所具有的抽象危险在客观上无法等同于实行行为所具有的现实危险，因而，共犯成立犯罪未遂、既遂，以正犯着手实行犯罪为必要。然而，这并不等同于“共犯成立犯罪也以正犯着手为必要”。换言之，共犯的实行从属性说并未否认教唆未遂行为仍然可以其他形式进行处罚。

第二，无论大陆法系还是英美法系，在采纳实行从属性说的同时，都

[1] 参见张明楷:《论教唆犯的性质》，载陈兴良主编:《刑事法评论》（第 21 卷），北京大学出版社 2007 年版，第 77 页。

[2] 参见周光权:《“被教唆的人没有犯被教唆的罪”的理解——兼与刘明祥教授商榷》，载《法学研究》2013 年第 4 期。

[3] 参见周光权:《“被教唆的人没有犯被教唆的罪”的理解——兼与刘明祥教授商榷》，载《法学研究》2013 年第 4 期。

[4] 笔者虽然不赞同黄荣坚教授“部分教唆未遂行为可构成犯罪未遂”之主张，但却认同其“处罚教唆未遂行为符合客观主义刑法立场”之说明（参见黄荣坚:《基础刑法学》，台湾元照出版公司 2012 年版，第 839 页）。

在一定范围内处罚教唆未遂行为。如上所述，大陆法系、英美法系均倾向于反对将教唆未遂认定为犯罪未遂的实行从属性说。但是，德国刑法总则第 30 条仍然处罚重罪的教唆未遂。在日本多数学者认为，分则中的预备罪可成立共犯，如教唆杀人但被教唆者仅实施了预备行为的，教唆者也成立杀人预备罪，而此时，教唆者的行为本质上就是教唆未遂行为。[1] 在英美法系，如上所述，教唆未遂行为既可能构成教唆罪，也可能构成共谋罪。可见，各国出于应对风险社会、提前保护法益的需求，都在通过各种方式在一定范围内处罚教唆未遂行为，但这丝毫不影响其采用参与人的实行从属性说。

第三，我国学者之所以误认为实行从属性说排斥处罚教唆未遂，主要是因为忽视了我国刑法对犯罪预备采取普遍处罚原则。前面提到，日本刑法典以处罚犯罪预备为例外，仅在分则中就个别犯罪作出规定，基于立法本身的限制，其通过预备罪处罚教唆未遂的法律空间极其狭小，故日本学者在论及共犯的实行从属性时，才将其基本等同于“共犯成立犯罪以正犯着手为必要”。[2] 然而，我国刑法第 22 条明确规定对犯罪预备采取普遍处罚主义，虽然司法实践未必实行处罚，但这种规定至少表明，在我国对教唆未遂以犯罪预备论处是有弹性、有空间的。而且，正如我国学者所言，我国刑法对犯罪预备、未遂的此种规定方式，恰恰适应了现代社会的预防性法益保护要求。[3] 故笔者认为，当实行从属性说处于中国的法律环境中作为中国问题时，应当仅仅是指，共犯成立犯罪未遂，以正犯着手为必要，

---

[1] 参见［日］西田典之:《刑法总论》，王昭武、刘明祥译，法律出版社 2013 年版，第 352—355 页。虽然日本学者在论证分则中的预备罪存在教唆犯、帮助犯时，往往从这些预备罪规定的是实行行为之角度予以说明，但笔者认为，即便分则将一些预备行为规定为独立的预备罪，其也只是形式上的实行行为，并不能抹杀其本质上是犯罪预备行为的事实，所以，此时对教唆者、帮助者进行处罚，实际上就是在处罚教唆未遂行为。

[2] 参见［日］大谷实:《刑法讲义总论》，中国人民大学出版社 2008 年版，第 368 页；［日］山口厚:《刑法总论》，付立庆译，中国人民大学出版社 2011 年版，第 311 页。

[3] 参见江溯:《犯罪参与体系研究——以单一正犯体系为视角》，中国人民公安大学出版社 2010 年版，第 291 页。

而在正犯尚未着手的场合，仍然存在对其以犯罪预备处罚的可能。

（二）将部分教唆未遂行为以犯罪预备处罚的具体论证

既然共犯的实行从属性说与处罚教唆未遂不存在必然冲突，那么，在采取实行从属性说的同时，就不能忽略部分教唆未遂行为所具有的处罚必要性。笔者认为，对于那些针对严重暴力犯罪所实施的危险性较大的教唆未遂行为，完全可能以所教唆之罪的犯罪预备处罚。具体论证如下。

1. 前提：所有的教唆未遂行为在性质上都是预备行为

作为论证前提，笔者首先对教唆未遂行为的性质作出说明。我国有学者认为，教唆者要成立犯罪预备，仅在被教唆者实施了预备行为的场合方有可能。[1] 换言之，该观点仅承认此种情形下教唆未遂是犯罪预备行为，而对于被教唆者尚未实施预备行为的，教唆未遂则不属于犯罪预备行为。笔者认为，所有类型的教唆未遂都具有犯罪预备性质，因而，不能武断地排除某些教唆未遂行为以犯罪预备处罚的可能。

首先，虽然共犯在实行阶段对正犯具有从属性，但这并不代表其在预备阶段也要从属于正犯。我国学者之所以会认为，只有被教唆者实施了预备行为时，教唆者才可能构成犯罪预备，原因在于，误将共犯的从属性从实行阶段扩展至预备阶段，即认为共犯对正犯的预备行为也有从属性。但事实上，根据实行从属性说，共犯对正犯的从属性仅存在于犯罪实行阶段，因为只有在该阶段才需要区分哪些是实行行为，哪些是非实行行为，进而才有了后者对前者在存在论上的依赖。而在犯罪预备阶段，并无实行行为与非实行行为之区隔，因而，也不存在相互之间的从属性要求。其次，纵使被教唆者并未实施预备行为，教唆行为自身也完全符合犯罪预备行为的特征。所谓犯罪预备，在范围上涵盖了所有促使其后犯罪得以顺利实行的

[1] 参见张明楷：《论教唆犯的性质》，载陈兴良主编：《刑事法评论》（第 21 卷），北京大学出版社 2007 年版，第 89 页；周光权：《“被教唆的人没有犯被教唆的罪”的理解——兼与刘明祥教授商榷》，载《法学研究》2013 年第 4 期。

行为。[1]教唆行为本质上就是试图寻找共同犯罪人，这虽然不同于准备犯罪工具，但也是为后续实行犯罪制造条件的行为，因而其本身就是预备行为。据此，教唆未遂是否成立犯罪预备，应视自身是否具有处罚的必要性而定，与被教唆者是否产生犯意，进而是否实施了预备行为根本无关。最后，其他一些国家在将重罪的教唆未遂以犯罪预备论处时，也未排除被教唆者尚未实施预备行为的情形。如德国刑法第30条将重罪的教唆未遂视为共同犯罪的预备行为进行处罚，但能够适用该条规定的不限于被教唆者实施了预备行为的情形，还包括被教唆者拒绝教唆等其他的教唆未遂类型。[2]再如，根据韩国刑法典第31条的规定，教唆行为实施后，即便被教唆者未承诺实行，对教唆者同样要以阴谋或预备犯处罚。[3]

综上，笔者认为，所有的教唆未遂都是为教唆者所企图的犯罪之实行做准备的行为，换言之，所有的教唆未遂行为都具有预备性质，因而存在以犯罪预备论处的可能。当然，这并不意味着对教唆未遂行为都要论以预备罪，这里还存在处罚范围的问题。

2. 展开：对教唆未遂行为以犯罪预备处罚的范围及依据

即便承认教唆未遂具有预备性质，对于此种预备行为是否有必要以犯罪预备处罚、在多大范围内处罚，都不无争议。笔者认为，对于性质严重的教唆未遂行为，应以犯罪预备论处。下面，将从两个层次展开论述。

（1）教唆未遂具有特殊危险且不缺乏定型性，存在以犯罪预备论处的必要及可能。我国有学者认为，被教唆人实施的预备行为对法益也仅仅具有抽象危险，而教唆行为对法益的危险本身又非常间接，所以如果处罚教唆未遂，等于是处罚抽象危险犯背后的危险犯，而且，被教唆人的预备行为尚缺乏定型性，教唆未遂行为自不待言，对其处罚更有将刑事法网无限

---

[1] 参见许泽天：《作为犯罪预备的教唆行为》，载《台湾法学杂志》2011年总第187期。

[2] 参见［德］汉斯·海因里希·耶塞克、托马斯·魏根特：《德国刑法教科书》，徐久生译，中国法制出版社2001年版，第850—853页。

[3] 参见［韩］金永哲译：《韩国刑法典及单行刑法》，中国人民大学出版社1996年版，第5页。

扩大之危险。因此，即便教唆未遂行为具有预备性质，也要尽量不罚。[1]笔者并不赞同该观点。

其一，教唆未遂行为具有特殊危险，存在以犯罪预备论处的必要。首先，教唆未遂行为与其他预备行为相比，在引诱其他人实施犯罪这一点上，违法性和有责性都更高。换言之，正犯的预备行为并不牵涉到其他人，而教唆未遂行为却有招致他人产生犯意进而实施犯罪的额外风险，而且，有些教唆未遂行为已经导致他人形成犯意，甚至实施了准备行为，有预防之特殊必要。其次，教唆未遂行为内含对法益进行再次侵害的潜在威胁。故意教唆表明了教唆者实现某种犯罪的决心和计划，如果因为偶然的教唆未遂就对这种行为概不处罚，根本无法防范教唆者继续践行犯罪计划，进而也无法妥善保护重大法益。最后，罗克辛教授立足于德国刑法第 30 条，提出了教唆未遂行为的另外两个特殊危险性。一是教唆行为实施后，教唆者就启动了一个其自身无法再控制的非常危险的因果流程，若想放弃犯罪，必须同时消除其行为可能引发的他人犯罪的危险方可；而其他人实施预备行为后，因果流程仍然掌握在自己手中，完全可以随时撤销犯意。二是部分教唆未遂行为所形成的“意志联系”。在被教唆者接受教唆但尚未实施任何行为或仅实施了预备行为的场合，教唆者与被教唆者已经形成了“意志联系”，处于这种联系并且受此约束的人，比其他单独行动的人更难放弃犯罪计划，所以，这种共谋性准备行为与其他预备行为相比，暗含了一种更大的危险。[2]基于上述特殊危险，教唆未遂行为与其他预备行为相比，更具有处罚之必要。

其二，教唆未遂行为比其他预备行为的定型性要明显，存在以犯罪预备论处的可能。正犯的预备行为从形式上看，的确多数都是日常生活行为，比如购买刀具、跟踪被害人等，因而定型性有所欠缺，在处罚上应谨

---

[1] 参见周光权:《“被教唆的人没有犯被教唆的罪”的理解——兼与刘明祥教授商榷》，载《法学研究》2013 年第 4 期。

[2] 参见［德］克劳斯·罗克辛:《德国刑法学总论》（第 2 卷），王世洲等译，法律出版社 2013 年版，第 216—218 页。

慎、例外为之。但教唆未遂作为一种特殊的预备行为，定型性相对明显。因为教唆者已通过教唆行为明确表达了让他人实施犯罪的意思，而且该项教唆会通过信息载体等表现形式呈现出来，并有被教唆者作为“见证人”，所以，不会与日常生活行为产生明显的混淆。这里还有必要对教唆未遂的“认真性”作出说明。[1] 处罚教唆未遂的前提当然是教唆者具有真实的教唆故意，如果教唆者只是在开玩笑或并未认真地考虑被教唆者是否会采取行动，由于教唆者欠缺教唆故意，该行为当然不再是刑法上的教唆行为。因此，认为“当教唆者只说了一句‘杀死某人’时，即使对方完全默认，也无处罚必要性”的观点，[2] 是片面的。因为这里就涉及教唆未遂的“认真性”问题。如果此时教唆者并不具有杀死特定之人的认真的教唆故意，当然不能处罚；但如果教唆者已明确了是杀死特定之人，而且教唆杀人的故意是真实的，那么，是否具有处罚之必要就应另当别论。所以，在探讨对教唆未遂以犯罪预备处罚的范围之前，必须首先声明，这些教唆未遂行为都是在真实的教唆故意之下所实施的。

（2）针对严重暴力犯罪所实施的危险性较大的教唆未遂，应以犯罪预备处罚。虽然教唆未遂行为具有以犯罪预备论处的必要及可能，但基于世界各国对犯罪预备例外处罚的通例，不必将所有的教唆未遂行为都认定为犯罪预备。笔者认为，其处罚范围应限定为针对严重暴力犯罪所实施的、情节比较严重的教唆未遂行为。

其一，应当是针对严重暴力犯罪所实施的教唆未遂。德国刑法第 30 条规定，教唆他人实施重罪而未遂的，应予以处罚。[3] 第 12 条规定，重罪是

---

[1] 罗克辛教授将处罚教唆未遂行为时，教唆者必须具有刑法意义上的、真实的教唆故意，称为教唆未遂的“认真性”，笔者在此借用这一形象的称谓（参见［德］克劳斯·罗克辛：《德国刑法学总论》（第 2 卷），王世洲等译，法律出版社 2013 年版，第 221 页）。

[2] 参见［日］前田雅英：《刑法总论讲义》，东京大学出版会 2006 年版，第 418 页，转引自张明楷：《论教唆犯的性质》，载陈兴良主编：《刑事法评论》（第 21 卷），北京大学出版社 2007 年版，第 87 页。张明楷教授亦赞同该观点。

[3] 参见《德国刑法典》，许久生、庄敬华译，中国方正出版社 2002 年版，第 8 页。

指法定最低刑为一年或一年以上自由刑的违法行为。[1] 可见，德国刑法对重罪的划定范围相对宽泛，进而对教唆未遂的处罚范围也比较广。但就我国而言，犯罪门槛尚且较高，法网也相对稀疏，在这种立法环境之下，将上述严重犯罪进而将教唆未遂的处罚范围划定得宽泛，并不现实。所以笔者认为，目前，只有教唆他人实施特别严重的危害国家安全罪（如武装叛乱、暴乱罪）、危害公共安全罪（如放火罪、爆炸罪）、侵犯公民人身权利罪（如故意杀人罪、故意重伤犯罪）而未遂的，才应以犯罪预备追究教唆者的刑事责任。至于教唆他人实施其他并不严重的暴力犯罪、非暴力犯罪而未遂的，尚不具有处罚之必要。

其二，应当是情节比较严重的教唆未遂。[2] 即使教唆未遂是针对上述特别严重的暴力犯罪实施的，但如果情节并不严重，也不能充足追究刑事责任之理由。首先，如果教唆信息尚未传达至被教唆人，如写好教唆他人犯罪的信息但尚未传递，一般不宜处罚教唆者。因为此时，教唆者并非完全不能控制其开启的犯罪因果流程（如其尚可取消投递），其与被教唆者之间也尚未形成暗含较大危险的“意志联系”。其次，如果教唆信息已传达至被教唆人，但其拒绝教唆的，是否处罚教唆者要视其行为的危险性而定。因为在拒绝教唆的场合，也未形成“意志联系”，所以在决定其处罚必要性时，应有所节度。如果此时教唆者仅仅向被教唆人表达了希望其实施犯罪的意愿，而没有其他行为的，通常说明教唆行为的危险性不大，不宜处罚教唆者；如果教唆者除了向被教唆人表达意愿外，还实施了其他表明其实现犯罪计划之决心的行为，如向被教唆人给付犯罪报酬、提供作案工具、指认被害人等，一般说明教唆行为的危险性较大，可以将教唆者认定为犯罪预备。最后，如果被教唆人接受了实施上述严重暴力犯罪的请求，那么，无论其是否实施了预备行为，通常都应对教唆者以犯罪预备处罚。因为如上所述，此时，教唆行为已导致二人形成了比单独行动人更难放弃犯罪计

---

[1] 参见《德国刑法典》，许久生、庄敬华译，中国方正出版社 2002 年版，第 12 页。

[2] 至于帮助未遂，由于其违法性和有责性都较教唆未遂轻微，即行为本身的危险性更小，所以一般不宜以犯罪预备论处。

划的“意志联盟”，就教唆者而言，更具有处罚之必要。接下来就是援引法条的问题。

3. 适用法条：处罚教唆未遂应援引第 29 条第 2 款并灵活运用第 37 条之规定

笔者在上文用大量篇幅论证了处罚教唆未遂并不违背共犯的实行从属性说，由于第 29 条第 2 款就是针对教唆未遂设置的处罚规定，所以，在处罚针对严重暴力犯罪所实施的、危险性较大的教唆未遂行为时，理应适用该款规定。同时，针对其在刑罚配置上比其他预备行为严苛的不合理之处，笔者认为，可通过灵活运用第 37 条“免予刑罚”之规定进行补救。

其一，第 29 条第 2 款是对教唆未遂这种犯罪预备行为的特殊处罚规定，与第 22 条是法条竞合关系，应予优先适用。笔者在前文提到，我国很多学者一直依据第 29 条第 2 款为教唆未遂配置的刑罚与犯罪未遂相同，断定其是将教唆未遂等同于犯罪未遂形态，进而以其违背了实行从属性说为由，主张对该款规定作出其他解释。[1] 但笔者认为，这种违背第 29 条第 2 款的原意对其做各种牵强解释的做法，完全没有必要。因为如上所述，处罚教唆未遂与共犯的实行从属性说并不矛盾，所以，第 29 条第 2 款本身并不存在与共犯实行从属性说的冲突。换言之，第 22 条是对普通犯罪预备行为的处罚规定，而第 29 条第 2 款则是对教唆未遂这种特殊犯罪预备行为的处罚规定，二者是普通法条和特别法条的竞合关系，因此，在处罚性质严重的教唆未遂行为时，就应当适用第 29 条第 2 款。至于该款规定为教唆未遂配置的刑罚效果与犯罪未遂相同的问题，则完全属于刑罚配置上的失误，不能据此认为第 29 条第 2 款就是将教唆未遂等同于犯罪未遂。而且，针对该款规定在刑罚配置上的问题，完全可通过如下方法解决。

其二，由于第 29 条第 2 款不当地赋予了教唆未遂这种预备行为以未遂犯的法律效果，所以，应同时援引第 37 条免刑之规定进行补救。虽然

[1] 关于学界针对第 29 条第 2 款提出的两种其他解释结论，以及刘明祥教授对这些解释结论违背法制原则之批评，请参见笔者在前文的介绍。

第 29 条第 2 款并不违背共犯的实行从属性说，但其确实存在对教唆未遂配刑不当的问题，即根据第 22 条，其他犯罪预备行为都是可以从轻、减轻或免除处罚，但根据第 29 条第 2 款，教唆未遂这种本质上属于犯罪预备的行为，却与犯罪未遂的处罚效果相同。笔者认为，此种罪刑不均实属立法的失误，但并非不可补救到要架空该规定的地步。由于我国刑法总则第 37 条赋予了免除刑罚制度以弹性空间，即“对于犯罪情节轻微不需要判处刑罚的，可以免予刑事处罚”，所以笔者认为，在对性质严重的教唆未遂行为进行处罚时，不需要免除刑罚的，可直接适用第 29 条第 2 款，根据个案情况需要免刑的，应允许同时运用第 37 条的规定。如此，可弥补立法之配刑失当，使犯罪预备行为之间的处罚均衡有序。

通过上文，笔者对处罚教唆未遂与共犯的实行从属性说并不矛盾，作出了澄清。据此，便可对前文中个别学者针对实行从属性说提出的“陷阱式批评”，即采纳共犯的实行从属性说会造成处罚疏漏，处罚教唆未遂就是未将共犯的实行从属性说贯彻到底[1]作出回应：采取共犯的实行从属性说并不会放纵犯罪，因为对性质严重的教唆未遂行为仍然可认定为犯罪预备；并且，由于实行从属性说的精义仅仅在于不能将教唆未遂认定为犯罪未遂，所以此种做法并未违反实行从属性说的基本要求。因此，这一批评同样不应成为在我国采纳实行从属性说的障碍。

四、本章小结

共犯具有对正犯的实行从属性，但实行从属性的含义需要得到澄清。共犯实行从属性说的要义在于，如果正犯尚未着手实行犯罪，客观上根本无法形成侵害法益的现实危险，因而此时，不能将共犯认定为犯罪未遂。该说从理论基础到具体结论，与客观主义刑法立场、作为共犯处罚根据的因果共犯论、实行行为的定型性原理以及犯罪未遂的认定标准，均是契合

[1] 参见刘明祥:《“被教唆的人没有犯被教唆的罪”之解释》，载《法学研究》2011 年第 1 期。

的，也因此获得了普遍认同。故我国学界也应在尊重客观规律的基础上，真正接受共犯的实行从属性说，并引导实务改变仍在适用共犯独立性说之司法现象。必须澄清的是，处罚教唆未遂与共犯的实行从属性说并不矛盾，共犯的实行从属性说反对的是，正犯尚未着手时，不能将共犯论以犯罪未遂，但不排除对教唆未遂以犯罪预备处罚的可能性。由于我国刑法对犯罪预备行为的处罚赋予了弹性空间，因此，对于那些针对严重暴力犯罪所实施的、情节严重的教唆未遂行为，完全可以认定为犯罪预备，并直接适用刑法为犯罪预备行为设置的特别法条即第 29 条第 2 款进行处罚，同时还需灵活运用第 37 条免刑之规定，以补救第 29 条第 2 款对犯罪预备行为在刑罚配置上的失误。值得说明的是，在共犯从属性的探讨中，共犯的实行从属性关注的仅仅是共犯对正犯事实层面的从属，即共犯构成犯罪未遂、犯罪既遂，必须依赖于正犯的实行行为，至于该实行行为在规范上是否必须是违法的、有责的，则并不属于实行从属性的范畴，而是需要在要素从属性即共犯从属的程度中探讨的内容。

第六章

共犯的要素从属性之厘清

要素从属性问题探讨的是共犯从属的程度，即在认可共犯具有实行从属性的基础上，进一步探讨共犯应从属于正犯的构成要件该当性、违法性和有责性中的哪些要素。共犯的要素从属性不仅牵涉共犯的处罚根据、共同犯罪的本质等基础理论，而且直接决定了共犯以及间接正犯的成立范围，并涉及刑法的处罚漏洞及其弥补问题，重要性不可小觑。然而，目前我国学界和实务对共犯要素从属性的定位尚存诸多问题。

首先，关于共犯的要素从属性，仍然有学者坚持严格从属性说，主张共犯的成立以正犯具备构成要件符合性、违法性和有责性为必要，[1] 司法实务也仍然在适用该观点。[2] 但严格从属性说违背了刑法上的责任自负原则，在共犯的处罚基础上并未坚持因果共犯论，会导致将部分共犯错认

[1] 参见陈兴良:《共同犯罪论》，中国人民大学出版社 2006 年版，第 461—462 页；赵秉志主编:《新刑法教程》，中国人民大学出版社 1997 年版，第 220 页。

[2] 江苏省南通市中级人民法院（2002）通中刑一初字第 10 号；广东省珠海市香洲区人民法院（2006）香刑初字第 406 号。

为较重的间接正犯，还可能在正犯不具有责任能力、违法性认识的可能性或期待可能性，教唆者、帮助者又由于欠缺利用意思或特殊身份无法成立间接正犯的场合，造成处罚漏洞。其次，部分学者立足于结果无价值提倡限制从属性说，主张共犯从属于正犯该当构成要件并且违法的行为。[1] 然而，违法性作为价值判断的内容根本无法从属，换言之，要求共犯从属于正犯的不法，违背了“价值问题个别判断”的客观规律，正因为如此，该说的支持者始终无法为“因何共犯不法必须从属于正犯的不法”提供充分的理论依据。而且，面对未遂教唆、片面对向犯以及参与自杀、利用正当行为的违法行为等情形，违法从属性说无法自圆其说。再次，另有部分学者立足于违法二元论支持限制从属性说，主张共犯还应从属于正犯主观上的犯罪故意。[2] 然而，即便犯罪故意是违法要素，对故意从属性的要求也违背了“主观问题因人而异”的基本原理。并且，如果共犯的成立以正犯具有犯罪故意为必要，在教唆者、帮助者误以为正犯具有故意，以及幕后者利用不知情的正犯实施义务犯或手犯的场合，一方面行为人不成立间接正犯，另一方面又无法将其认定为共犯，从而形成处罚漏洞。最后，还有学者立足于违法二元论提倡最小从属性说，主张虽然共犯不从属于正犯的不法，但却应当从属于正犯的主客观构成要件。[3] 问题在于，既然故意从属性在论理和具体问题上均存在缺陷，要求共犯从属于正犯的主观构成要件，同样不合理。

笔者认为，立足于违法二元论的客观构成要件从属性说，以及立足于结果无价值论的最小从属性说是妥当的，即共犯只应从属于正犯该当客观构成要件的行为，在违法性和有责性上则具有独立的判断。该观点不仅在

---

[1] 参见张明楷：《共同犯罪是违法形态》，载《人民检察》2010 年第 13 期；钱叶六：《共犯与正犯关系论》，载《中外法学》2013 第 4 期。

[2] 参见何庆仁：《共犯判断的阶层属性》，载《中国刑事法杂志》2012 年第 7 期。

[3] 参见王昭武：《论共犯的最小从属性说——日本共犯从属性理论的发展与借鉴》，载《法学》2007 年第 11 期；王昭武：《教唆犯从属性说之坚持与展开》，载赵秉志主编：《刑法论丛》（第 15 卷），法律出版社 2008 年版，第 89 页以下。

论理上更加可取，而且如果运用妥当，反而可以恰当地划定共犯的处罚范围。对于这种最小限从属形式已经以及可能受到的批评，笔者将一一作出回应，以澄清学界对该观点的误解。

一、研究共犯要素从属性的前提

共犯的要素从属性，并不是一个孤立的问题。探讨要素从属性的前提，是采纳阶层犯罪构成体系，还需要结合违法本质观的差异，如此，才能厘清共犯对正犯从属的层次范围和具体内容。

（一）探讨要素从属性应采纳阶层犯罪构成体系

笔者认为，研究共犯的要素从属性，应当以三阶层犯罪构成体系为前提。德国学者 M.E.Mayer 是最早将共犯的要素从属性分层研究的学者，他根据共犯对正犯从属程度的不同，将共犯的要素从属性分为四类：一是最小从属性说，教唆者、帮助者只要从属于一个符合法定构成要件的正犯行为，就可能成立共犯；二是限制从属性说，正犯行为在符合法定构成要件的基础上，还必须同时具有违法性，才可能成立共犯；三是严格从属性说，只有当正犯行为符合构成要件、违法并且有责时，共犯才可能成立；四是夸张从属性说，共犯不仅要从属于正犯的构成要件该当性、违法性和有责性，还要从属于正犯的刑罚加重或减轻事由，换言之，当正犯因特定的个人要素加重或减轻刑罚时，该效果也要适用于共犯。[1] 在这四种从属形态中，夸张从属性因明显背离刑罚个别化原则，不仅在学理上几乎无人支持，多数国家和地区的立法亦拒绝采取该

[1] Vgl. Mayer，Strafrecht Allgemeiner Teil，2.Aufl.，1923，S.391. 转引自［德］克劳斯・罗克辛：《德国刑法学总论》（第 2 卷），王世洲等译，法律出版社 2013 年版，第 106 页。

观点。[1] 其他三种从属形式在各国的立法、学界及实务界，各自存在支持力量，有必要予以系统的比较研究。值得注意的是，由于最小从属性说、限制从属性说以及严格从属性说分别及至犯罪阶层中的构成要件符合性、违法性和有责性，所以，只有采纳三阶层犯罪构成体系，才可能对共犯的要素从属性展开充分的探讨。至于我国部分学者提倡的违法和有责二阶层说，[2] 并没有给构成要件该当性阶层以独立的地位，从而也就没有给共犯的最小从属性说预留空间，所以，如果以二阶层为基础探讨共犯的要素从属性，必然无法全面展开。至于个别学者及司法实务仍在坚持的四要件说，[3] 根本没有划分出犯罪成立的不同阶层，在这样的体系之下，只可能存在共犯的严格从属性，不可能出现其他从属形态，要素从属性的理论与实践意义也就被抹杀了。所以，笔者认为，虽然不同的犯罪论体系各自存在优缺点，但在研究共犯的要素从属性时，三阶层犯罪论体系确实有着不可替代的意义。

（二）探讨要素从属性还应结合违法本质观的差异

虽然 M.E.Mayer 将共犯的要素从属性划分出四种形式，但这种划分还是略显粗糙。因为构成要件究竟包含哪些内容，违法性又涵盖了哪些要素，必须结合违法二元论和结果无价值论这两种不同的违法本质观，才能得出

---

[1] 如日本刑法第 65 条第 2 款规定："因身份而特别加重或者减轻刑罚时，对于没有这种身份的人，判处通常的刑罚。"（《日本刑法典》，张明楷译，法律出版社 2006 年版，第 28 页）我国台湾地区"刑法"第 31 条第 2 款规定："因身份或其他特定关系致刑有重轻或免除者，其无特定关系之人，科以通常之刑。"（许玉秀主编：《新学林分科六法・刑法》，新学林出版股份有限公司 2008 年版，第 A-120 页）我国刑法总则虽然没有对此作出专门规定，但分则和司法解释中均有所体现，如"盗窃家庭成员或近亲属的财物的，即使追究刑事责任，也应当酌情从宽"（2013 年《关于办理盗窃刑事案件适用法律若干问题的解释》第 8 条）。据此，和他人一起盗窃自己家庭成员或近亲属的财物的，虽然作为家庭成员或近亲属的行为人可以在定罪量刑上"有所优惠"，但就其他人而言，则应适用通常的刑罚，我国司法实务也是如此处理的（参见哈尔滨市道外区人民检察院：《教唆未成年人盗窃家中财物是否构成犯罪》，载《检察日报》2009 年 5 月 17 日，第 3 版）。

[2] 参见张明楷：《犯罪构成体系与构成要件要素》，北京大学出版社 2010 年版，第 108 页以下。

[3] 参见赵秉志：《罪刑总论问题》，北京大学出版社 2010 年版，第 29 页。

更细致的答案。其一，结果无价值论的最小从属性说[1]和违法二元论的最小从属性说[2]并不相同。结果无价值论者通常主张构成要件的客观性，即构成要件的全部内容只是客观行为、结果以及它们之间的因果关系；而根据违法二元论，犯罪故意等使得犯罪之定型性更加明确的主观要素，也是构成要件的内容之一。据此，结果无价值论的最小从属性就等同于违法二元论的“客观构成要件从属性”；而违法二元论的最小从属性，实际上比结果无价值论最小从属性的从属要求要高，即共犯还要从属于正犯的犯罪故意等主观构成要件。其二，结果无价值论的限制从属性说[3]和违法二元论的限制从属性说[4]也不相同。由于在违法性阶层，结果无价值论主张客观不法，而违法二元论则承认主观不法，所以通常来讲，与结果无价值论的限制从属性相比，违法二元论的限制从属性同样从属程度更高，即共犯在从属于正犯客观不法要素的基础上，还要从属于正犯的犯罪故意等主观不法要素。当然，也有部分违法二元论的支持者，声称自己主张限制从属性的同时，却不要求共犯从属于正犯的主观不法。[5]但笔者认为，虽然这种观点与结果无价值论的限制从属性并无实质差异，但站在违法二元论的立场上，这种从属形态已经不再是限制从属性，而是比最小从属性要高、比限制从属性要低的“客观不法从属性”。由上可见，为了对共犯的要素从属性展开全面、细致的探讨，除了应当采纳构成要件符合性、违法性和有责性的三阶层体系，还应当结合违法本质观的差异。

---

[1] 参见阎二鹏:《从属性观念下共犯形态论之阶层考察——兼议构成要件符合形态论之提倡》，载《法学论坛》2013 年第 7 期。

[2] 参见王昭武:《论共犯的最小从属性说——日本共犯从属性理论的发展与借鉴》，载《法学》2007 年第 11 期。

[3] 参见张明楷:《共同犯罪是违法形态》，载《人民检察》2010 年第 13 期。

[4] 参见何庆仁:《共犯判断的阶层属性》，载《中国刑事法杂志》2012 年第 7 期。

[5] 参见［日］高桥则夫:《共犯体系和共犯理论》，冯军、毛乃纯译，中国人民大学出版社 2010 年版，第 176 页。

二、对共犯严格从属性说的批驳

关于共犯的要素从属性，目前，严格从属性说在我国学界和实务中仍然得到适用，也即，只有正当具备全部的犯罪成立条件时，教唆者、帮助者才可能成立共犯。笔者认为，严格从属性说无论在论理还是在具体问题的处理上，都存在缺陷。以下展开论述。

（一）严格从属性说在我国仍发挥重要影响

严格从属性说是我国刑法学界的传统学说。如早期有论者提出，要成立共同犯罪，二人以上必须都是达到刑事责任年龄和具有刑事责任能力的人，没有达到责任年龄或不具有责任能力的人不是共犯，对其进行利用的，按间接实行犯处理。[1] 近些年，还有很多学者从教唆犯的成立条件出发，提出了相同的观点，即要成立教唆犯，教唆对象应当是达到刑事责任年龄并且具有刑事责任能力的人，如果教唆对象尚未达到刑事责任年龄或不具有刑事责任能力，两者之间根本不发生共同犯罪关系，属于间接正犯。[2] 这种共犯的成立，不仅以正犯具备构成要件该当性和违法性为必要，而且还以正犯自身具备有责性为必要的观点，正是严格从属性说的基本主张。

我国司法实务同样在适用共犯的严格从属性说。例如，甲（24 岁）是网吧网管，乙（15 岁）经常到该网吧打游戏。后甲以缺钱为名，教唆乙回家盗窃。由于甲经常帮助乙，乙便同意，先后从家中窃取了 7000 元钱，被二人共同挥霍。承办该案的检察机关认为，由于被教唆人乙尚未达到责任年龄，属于被甲利用的犯罪工具，因此，甲理应构成盗窃罪的间接正犯。[3]

---

[1] 参见马克昌、李光灿、罗平：《论共同犯罪》，中国政法大学出版社 1987 年版，第 31 页。

[2] 参见陈兴良：《共同犯罪论》，中国人民大学出版社 2006 年版，第 461 页；赵秉志主编：《新刑法教程》，中国人民大学出版社 1997 年版，第 220 页；曲新久：《刑法学》，中国政法大学出版社 2011 年版，第 71 页；于志刚：《刑法学总论》，中国法制出版社 2010 年版，第 269 页。

[3] 参见哈尔滨市道外区人民检察院：《教唆未成年人盗窃家中财物是否构成犯罪》，载《检察日报》2009 年 5 月 17 日，第 3 版。

然而，根据共犯的最小从属性说以及限制从属性说，教唆者成立共犯，并不要求正犯一定具备责任要素，只要结合教唆者的教唆内容以及被教唆者的年龄情况，能够认定被教唆者实际上具有规范意识即可。就本案而言，由于乙已经非常接近责任年龄，盗窃罪又属于日常多发的犯罪，乙对于甲的教唆应当具有辨识与控制能力，所以，最小从属性说和限制从属性说都会倾向于将甲作为教唆犯处理。而上述处理意见不考虑被教唆者实际上是否具有规范意识，径直根据被教唆者未达到法定责任年龄，就将教唆者认定为间接正犯的做法，正是适用了共犯的严格从属性说。此外，就其他案件而言，审理法院在裁判理由中也表达了相同的意见，即只要被教唆者、被帮助者未达到刑事责任年龄，教唆者、帮助者就不能作为共犯处理，一律认定为间接正犯。[1] 由此可见，关于共犯的要素从属性，我国司法实务仍然在顽固地践行严格从属性说。

（二）严格从属性说在论理和具体问题上的缺陷

笔者认为，在我国学界和实务具有重要影响的严格从属性说，不仅违背了基本的刑法原理，适用于具体问题时还会得出不合理的结论。

1. 严格从属性说混淆了“刑事责任意义上的共同犯罪”和“实质上的共同犯罪”

笔者认为，严格从属性说的病源在于仅仅从刑事责任的意义上理解共同犯罪，却忽视了共同犯罪的实质。共犯在何种程度上从属于正犯，取决于共同犯罪的本质为何。而严格从属性说之所以认为只有当被教唆者、被帮助者具备所有的犯罪成立条件时，教唆者、帮助者才成立共犯，乃是因为严格从属性说是从刑事责任的意义上来理解共同犯罪的。然而，刑事责任意义上的共同犯罪仅仅说明了哪些共同犯罪行为最终能够受到刑罚处罚，却无法对何谓共同犯罪提供实质的回答，所以，立足于刑事责任意义上的

[1] 江苏省南通市中级人民法院（2002）通中刑一初字第 10 号；广东省珠海市香洲区人民法院（2006）香刑初字第 406 号。

共同犯罪得出的严格从属性说，不可能彰显共同犯罪的原意。值得注意的是，近年来，中外学者就共同犯罪的重要研究成果之一，就是将对共同犯罪的理解从最终的刑事责任层面解脱出来，主张共同犯罪的实质仅仅在于二人以上共同制造了法益侵害后果，共同犯罪仅仅是为了解决各参与者就法益侵害后果的客观归属问题。[1] 从这种共同犯罪的本质出发，根本不应当要求共犯从属于正犯的有责性。因此，笔者认为，严格从属性说源自于对“犯罪”概念，进而对“共同犯罪”概念的僵化解读，并未真正理解共同犯罪的本质，并不可取。

2. 严格从属性说在共犯的处罚根据上并未坚持“因果共犯论”

笔者认为，严格从属性说在共犯的处罚根据上采用了早已被摒弃的“可罚性借用说”或“责任共犯论”。共犯的处罚根据与共犯从属性之间存在密切的关联，从共犯的处罚根据这个共犯的本源性问题出发，可以就共犯的属性得出相应的结论，所以，对共犯的要素从属性的探讨，有必要回归到共犯的处罚基础上来。关于共犯的处罚根据，目前，欧陆刑法学界几乎一致赞同因果共犯论，即处罚共犯和处罚正犯的理由并无不同，都是因为他们惹起了法益侵害。虽然不同学者对共犯不法的来源有不同的理解，从而出现了纯粹肇因说、修正肇因说和折中肇因说三种不同的学说，但这只是因果共犯论的内部争议，并没有脱离将共犯的处罚根据定位为“法益侵害”这条主线。[2] 据此，只要教唆者、帮助者借助正犯行为造成了对法益的侵害，就已经具备了作为共犯处罚的基础，而正犯的责任要素不可能对法益侵害的有无产生影响，根据因果共犯论，也就不应当要求共犯从属于正犯的有责性，因此，严格从属性说并非因果共犯论的理论归结。事实上，唯有根据可罚性借用说或者责任共犯论，才可能推导出严格从属性说，但由于这两种学说均主张共犯是因他人之罪责才受处罚，不合理性至为明

---

[1] 参见［日］西田典之:《刑法总论》，王昭武、刘明祥译，法律出版社 2013 年版，第 358 页；张明楷:《刑法学》，法律出版社 2011 年版，第 348 页。

[2] 参见［日］高桥则夫:《共犯体系和共犯理论》，冯军、毛乃纯译，中国人民大学出版社 2010 年版，第 114 页。

显，早已退出历史舞台。[1] 因此，共犯的严格从属性说不存在可靠的理论基础。

3. 严格从属性说违背了刑法上的“个人责任原则”

个人责任原则又被称为责任独立性原则，强调多人参与犯罪的，各人只按照自己的责任情况受处罚，与他人是否具有责任以及责任的大小，并无关联。[2] 个人责任原则并非凭空创设，而是源自刑事责任的特质。详言之，由于刑事责任是就违法行为对行为人的法律谴责，所以，刑事责任的有无以及大小，必然要取决于行为人个人的情况，不可能将他人的状态作为衡量标准。[3] 据此，共犯不应当从属于正犯的有责性。正因为如此，德国刑法第 29 条才明确规定：“数人共同犯罪的，各依自己的责任受处罚，而不考虑他人的责任。”[4] 所以，即便正犯尚未达到法定的责任年龄、不具有违法性认识的可能性或期待可能性，但只要教唆者、帮助者实际上具有责任能力、具有违法性认识以及实施合法行为的期待可能，就可以将其认定为共犯。当然，如果正犯连事实上的责任能力也不具备，从而能够认定教唆者、帮助者支配了整个犯罪事实，并且其主观上也具有利用意思的，则应认定为间接正犯，但这只是共犯与间接正犯的区分问题，并没有动摇共同犯罪中的个人责任原则。综上，笔者认为，共犯的严格从属性说违背了刑法上的责任自负原理，不具有合理性。

4. 严格从属性说会导致将部分共犯错认为较重的间接正犯

在具体案件中，严格从属性说还会导致将较轻的共犯认定为较重的间接正犯，从而形成对行为人不利的法律评价。如上所述，坚持严格从属性说的学者虽然认为如果正犯不具备有责性，教唆者、帮助者就不成立共犯，

[1] 参见［德］克劳斯・罗克辛：《德国刑法学总论》（第 2 卷），王世洲等译，法律出版社 2013 年版，第 102 页。

[2] 参见［德］汉斯・海因里希・耶塞克、托马斯・魏根特：《德国刑法教科书》，徐久生译，中国法制出版社 2001 年版，第 800 页。

[3] 参见王昭武：《论共犯的最小从属性说——日本共犯从属性理论的发展与借鉴》，载《法学》2007 年第 11 期。

[4] 参见《德国刑法典》，许久生、庄敬华译，中国方正出版社 2002 年版，第 12 页。

但并非不处罚教唆者、帮助者，而是将其认定为犯罪形式更重、适用刑罚也可能更重的间接正犯，我国司法实务实际上也是这样处理的。然而，笔者在前文已经表明，即使正犯不具备责任要素，教唆者、帮助者也完全可能成立共犯，但严格从属性说却将这种情形一律认定为间接正犯，如我国学者所言，这不仅无限扩大了间接正犯的成立范围，也破坏了间接正犯自身的认定标准。[1] 例如，上文提到的 24 岁的甲教唆 15 岁的乙盗窃的案件，乙对甲的教唆理应具有辨识能力，所以，将甲认定为盗窃罪的教唆犯更妥当，但司法机关仍然将其作为盗窃罪的间接正犯处理。相较之下，在日本，已有判例承认与 12 岁的少年一同抢劫可成立抢劫罪的共同正犯，而非一律将达到法定年龄的行为人认定为间接正犯。[2] 综上，固守共犯的严格从属性说，将不可避免地混淆共犯与间接正犯的界限，从而造成对行为人不利的法律结果。

5. 严格从属性说还可能在某些问题上形成处罚漏洞

如果坚持共犯的成立以正犯具备有责性为必要，还会导致某些具有处罚必要性的案件无从处理。例如，在误以为正犯具有完备的责任要素，而仅以教唆、帮助的意思引诱或促使其实施犯罪的场合，由于教唆者、帮助者主观上不具有利用意思，不构成间接正犯；如果采取严格从属性说，由于此时正犯不具备有责性，教唆者、帮助者也无法成立共犯。然而，在行为人确实基于犯罪故意，也造成了法益侵害后果的情况下，对其不做任何刑法评价，明显有失公正。再如，行为人明知道有身份者不具有责任能力、违法性认识或期待可能性，故意利用这种状态来实现对纯正身份犯所保护的法益的损害，此时，由于行为人不具有特殊身份，无法构成纯正身份犯的间接正犯；如果认为共犯必须从属于正犯的有责性，行为人也无法成立纯正身份犯的共犯，从而形成处罚漏洞。由此可见，出于妥善处理具体问题的需要，也有必要放弃共犯的严格从属性说。

---

[1] 参见何庆仁：《共犯判断的阶层属性》，载《中国刑事法杂志》2012 年第 7 期。

[2] 参见［日］松宫孝明：《刑法总论讲义》，中国人民大学出版社 2013 年版，第 215 页。

三、对共犯限制从属性说的质疑

与共犯的严格从属性说不同，限制从属性说主张共犯并不从属于正犯的有责性，只从属于正犯的构成要件该当性和违法性。该说不仅在德国、[1]日本[2]以及我国台湾地区[3]是主流见解，亦获得了我国大陆诸多学者的支持。[4]但笔者认为，无论是结果无价值论的限制从属性说，还是违法二元论的限制从属性说，都各自存在问题。

（一）结果无价值论的限制从属性说之弊病

立足于结果无价值论的限制从属性说通常认为，由于犯罪故意等主观要素属于责任的范畴，所以，共犯无须从属于正犯的犯罪故意等主观要素。[5]然而，笔者认为，即便如此，该主张也违背了“价值问题个别判断”的客观规律，在具体问题上亦不能自圆其说。

1. 违法从属性违背“价值问题个别判断”的客观规律

笔者认为，既然违法性判断是一种价值判断，就不应当存在从属性之说。如黄荣坚教授所言，法律在对某一行为进行价值判断时，不可避免地要考虑行为人自身的情况，而个体的内部因素以及所处的外部条件都有所

---

[1] 参见［德］克劳斯·罗克辛:《德国刑法学总论》（第2卷），王世洲等译，法律出版社2013年版，第106页；［德］约翰内斯·威塞尔斯:《德国刑法总论》，李昌珂译，法律出版社2008年版，第312页。

[2] 参见［日］山口厚:《刑法总论》，付立庆译，中国人民大学出版社2011年版，第314页；［日］大塚仁:《刑法概论（总论）》，冯军译，中国人民大学出版社2003年版，第245页。

[3] 参见林山田:《刑法通论》（下册），北京大学出版社2012年版，第19页；林钰雄:《新刑法总则》，中国人民大学出版社2009年版，第344页。

[4] 参见何庆仁:《共犯判断的阶层属性》，载《中国刑事法杂志》2012年第7期；周光权:《刑法总论》，中国人民大学出版社2011年版，第229页；张明楷:《共同犯罪是违法形态》，载《人民检察》2010年第13期；钱叶六:《共犯与正犯关系论》，载《中外法学》2013年第4期；陈洪兵:《共犯论思考》，人民法院出版社2009年版，第85页以下。

[5] 参见张明楷:《共同犯罪是违法形态》，载《人民检察》2010年第13期；钱叶六:《共犯与正犯关系论》，载《中外法学》2013年第4期；陈洪兵:《共犯论思考》，人民法院出版社2009年版，第85页以下。

不同，价值判断的结论完全可能因人而异。这样说来，不法性根本就无法从属。[1] 所以，前田雅英教授才会认为，共犯和正犯之间不具有违法连带性，共犯是否违法，理应根据共犯自身是否存在违法阻却事由而定，与正犯是否具有违法阻却事由之间，不存在必然的关联。换言之，即便正犯存在正当防卫之情况，共犯也可能因为自身不具备正当情形而独自具有违法性。据此，共犯的要素从属性应当仅仅意味着“若无正犯实施该当构成要件的行为则无法处罚共犯”这种最低限度的从属。[2] 由此可见，与构成要件该当性这种形式上的事实判断不同，既然违法性是一种实质上的价值判断，就不应当认为违法性具有从属的性质，这也是支持限制从属性说的学者始终无法为“违法从属性”提供充分理论依据的原因所在。

第一，即便承认违法性的本质仅仅在于客观上的法益侵害，也不可能当然地得出违法从属性的结论。我国黎宏教授主张，只要认为违法性的本质在于法益侵害，共犯的违法性就只能通过正犯的法益侵害体现出来，而难以想象共犯具有和正犯不同的独自的违法性。[3] 然而，笔者认为，“违法性的本质在于法益侵害”只能说明，不管处罚共犯还是处罚正犯，一定是因为他们侵害了法益，却不能表明评价共犯是否侵害了法益时，要取决于能否评价为正犯侵害了法益。换言之，由于法益侵害性的判断属于一种价值性判断，所以，在正犯行为该当构成要件的基础上，就正犯和共犯是否侵害了法益，完全可能作出个别的考虑。据此，根本不可能通过客观不法论得出违法从属性的论断。第二，未遂犯的成立条件只能说明共犯具有实行从属性，却不能表明共犯具有违法从属性。有学者认为，由于构成犯罪未遂必须使得法益遭受具体、紧迫之危险，而只有当正犯着手实行犯罪时

[1] 参见黄荣坚：《基础刑法学》，台湾元照出版公司 2012 年版，第 826 页。

[2] 参见［日］前田雅英：《刑法总论讲义》（第 4 版），东京大学出版会 2006 年版，第 424 页，转引自陈子平：《论共犯之独立性与从属性》，载陈兴良主编：《刑事法评论》（第 21 卷），北京大学出版社 2007 年版，第 26 页。

[3] 参见黎宏：《刑法总论问题思考》，中国人民大学出版社 2007 年版，第 509 页。

才可能出现该后果，所以，共犯的不法必须从属于正犯的不法。[1] 但笔者认为，该观点实际上是用共犯的实行从属性来论证共犯的限制从属性（违法从属性），并不妥当。详言之，未遂犯的成立条件只能说明，在正犯尚未着手实行犯罪的情况下，共犯不可能构成犯罪未遂，所以，共犯必须从属于正犯该当构成要件的主行为，然而，却不能表明共犯的不法也要从属于正犯的不法。质言之，实行从属性只解决共犯从属性的有无，不可能为要素从属性所关注的共犯从属程度问题提供任何依据。第三，如果是为了维护构成要件的明确性，共犯只要从属于正犯的构成要件该当性即可，不可能由此得出共犯还应从属于正犯不法的论断。很多中外学者都认为，由于共犯从属性的意义在于赋予共犯行为以法治国家的轮廓，也即，使得共犯的成立受到法定构成要件的限制，以防止与结果具有因果性的所有事态都作为共犯处罚，所以，理当认为共犯的不法必须从属于正犯的不法。[2] 问题是，共犯只要从属于正犯符合构成要件的行为，就已经满足了构成要件的明确性要求，根本不必再要求共犯从属于正犯的不法。正如许泽天教授所言，所谓构成要件观念，不过是在强调处罚共犯应以正犯主行为的出现为前提，而无法得出正犯不法导出共犯不法的结论。[3] 第四，共犯是“次要的犯罪类型”，同样不能为共犯的违法从属性提供理论依据。山口厚教授认为，相对于正犯这个首要概念，共犯只是一个具有补充性质的次要概念，所以，共犯应当从属于正犯的不法。[4] 笔者认为，该见解有循环论证之嫌。虽然在事实层面，共犯只有借助于正犯行为才能实现与法益的紧密接触，然而，共犯是否应当从属于正犯的不法，却并非既成的命题，需要进行论

[1] Vgl.Samson，Rudolphi-Horn-Samson-Schreiber，Systematischer Kommentar zum Strafgesetzbuch，Bd.I A.T.，2.Aufl.，1977，Vor § 26 Rdn. 14-15. 转引自［日］高桥则夫：《共犯体系和共犯理论》，冯军、毛乃纯译，中国人民大学出版社 2010 年版，第 131 页。

[2] 参见［德］克劳斯·罗克辛：《德国刑法学总论》（第 2 卷），王世洲等译，法律出版社 2013 年版，第 98—101 页；周光权：《刑法总论》，中国人民大学出版社 2011 年版，第 227 页。

[3] 参见许泽天：《共犯之处罚基础与从属性》，载《罪与刑——林山田教授六十岁生日祝贺论文集》，台湾五南图书出版有限公司 1997 年版，第 81 页。

[4] 参见［日］山口厚：《刑法总论》，付立庆译，中国人民大学出版社 2011 年版，第 314 页。

证。但上述学者在没有对此作出论证的背景下，直接用“共犯是次要概念”来说明“共犯具有违法从属性”，实属“先定结论”，不具有说服力。第五，处罚共犯时适用正犯的法定刑，是因为共犯和正犯侵害的是同一法益，而非因为共犯从属于正犯的不法。罗克辛教授认为，从共犯的刑罚范围由正犯的刑罚范围决定可知，正犯的不法划定了共犯不法的上下限。[1] 笔者并不赞同该观点。处罚行为人时适用何种法定刑，取决于行为人侵害了何种法益。据此，共犯和正犯援用相同的法定刑，只能说明他们侵害的是相同的法益，不可能由此得出共犯的违法性系由正犯导出之结论。第六，刑法总则和分则的规定，更不可能为违法从属性提供实质根据。有学者认为，从刑法条文的具体规定出发，也应当认为共犯从属于正犯的不法。[2] 然而，笔者认为，共犯是否具有违法从属性，乃是一个关乎共犯本质的问题，不可能取决于各国刑法如何规定。正因为如此，即便德国刑法第 26 条、第 27 条明确要求共犯从属于正犯的违法行为,[3] 但很多学者都指出，这只是刑法对共犯的成立条件人为设定的限制，而非出于事物本质的必然结果，并不因此否定共犯不法的独自性。[4] 况且，我国刑法并没有像德国一样，明确要求共犯的成立以正犯不法为必要，所以，在我国主张违法从属性，不仅没有实质根据，也欠缺法律依据。

2. 违法从属性会导致对具体问题的处理或解释不当

笔者认为，结果无价值论的限制从属性说不仅在论理上存在上述缺陷，而且要求共犯从属于正犯的不法，在处理以下两类具体问题时，会得出不

---

[1] Vgl. Roxin，Leipziger Kommentar，10.Aufl.，1978，Vor § 26 Rnd.4. 转引自［日］高桥则夫:《共犯体系和共犯理论》，冯军、毛乃纯译，中国人民大学出版社 2010 年版，第 133 页。

[2] 参见杨金彪:《共犯的处罚根据》，中国人民公安大学出版社 2008 年版，第 94 页以下。

[3] 现行德国刑法第 26 条规定，故意教唆他人故意实施违法行为的是教唆犯，对教唆犯的处罚与正犯相同。第 27 条规定，(1) 对他人故意实施的违法行为故意予以帮助的，是帮助犯;(2) 对帮助犯的处罚参照正犯的处罚，并依第 49 条第 1 款减轻其刑罚（参见《德国刑法典》，许久生、庄敬华译，中国方正出版社 2002 年版，第 11 页）。

[4] Vgl. Herzberg，Anstiftung und Beihilfe als Straftatbestände，in：GA 1971，S.2. 转引自许泽天:《共犯之处罚基础与从属性》，载《罪与刑——林山田教授六十岁生日祝贺论文集》，台湾五南图书出版有限公司 1997 年版，第 83 页。

妥当的结论，或者无法作出合理的解释。

其一，嘱托杀人的行为以及部分必要参与犯。违法从属性说主张共犯从属于正犯的不法，那么，在正犯违法的情况下，共犯也理当不法。据此，嘱托他人杀害自己的，既然正犯已经具备了杀人未遂的不法，嘱托者就应当作为教唆犯受到处罚。就其他一些必要参与犯而言，也不应当有片面处罚的现象。如既然销售淫秽物品的行为构成犯罪，那么，对此起到促进作用的购买行为就应当从属于这种不法而成立共犯。然而，上述结论，不仅不符合刑法对部分必要共犯实行片面处罚的规定，而且将被害主体连带认定为共犯，明显扩大了刑法的打击范围。提倡违法从属性说的学者也意识到，过于强调共犯对正犯违法的从属会扩大共犯的处罚范围，于是试图对该说作出修正，主要有以下两种修正方式。部分学者主张共犯确实从属于正犯的不法，但共犯自身可能因为不具有可罚的违法性而不受处罚。就嘱托他人杀害自己而言，由于教唆者同时是被害人，有处分自己权益的自由，所以，虽然教唆行为连带违法，但尚不可罚。[1]然而，笔者认为，所谓“共犯不具有可罚的违法性”，实际已经否定了“共犯的违法从属性”。既然共犯能够根据自身的特殊情况，完全切断其与正犯不法之间的关联，那么，共犯和正犯的违法性就并非仅仅存在量的差异，而是具有质的不同。正因为如此，另有部分学者干脆直接承认共犯具有部分独立的违法性、部分从属的违法性。[2]问题是，在认定共犯不法的来源时，违法独立性和违法从属性是从两个相反的视角得出的完全对立的立场，根本不可能调和、折中，所以，即便该观点能够缓解违法从属性说所导致的共犯处罚范围的扩张，但其理论基础却有自相抵触之嫌。并且，如果不彻底放弃共犯的违法从属性，也无法解决以下问题。

其二，参与自杀行为以及利用正当行为的违法行为。一方面，违法从属性无法为普遍受到处罚的参与自杀行为提供理论依据。参与自杀在日

[1] 参见杨金彪:《共犯的处罚根据》，中国人民公安大学出版社 2008 年版，第 176 页。

[2] 参见陈洪兵:《共犯论思考》，人民法院出版社 2009 年版，第 70—72 页。

本[1]、意大利[2]、瑞士[3]、英国[4]等世界上的多数国家以及我国台湾地区[5]，都被视为犯罪。虽然我国刑法并没有在杀人罪之外单独设立处罚参与自杀的规定，但最高人民法院、最高人民检察院的司法解释中却存在将教唆、帮助自杀以故意杀人罪论处的规定。[6]此外，我国司法实务也一直将参与自杀作为情节较轻的故意杀人罪处罚。[7]但是，根据违法从属性说，既然主行为人实施的自杀行为合法，教唆、帮助自杀就不应当具有违法性，不应当受到处罚。然而，这样的结论不仅与包括我国在内的多数国家处罚参与自杀的立法以及司法现状不符，也忽视了参与自杀行为的当罚性。详言之，虽然自杀行为对于自杀者来说，属于自损法益，不存在违法之说，但对于教唆者、帮助者而言，却是引发或促成了他人生命法益的损害，所以，参与自杀行为具有违法的基础。而且，将教唆、帮助自杀行为作为违法行为处罚，能够有效地遏制他人生命的流失，进而才能最大限度地实现刑法保护生命法益的任务。正因为如此，部分违法从属性说的支持者也承认参与自杀行为应当受到处罚，却又不肯放弃对共犯违法从属性的要求，于是转而主张自杀行为是违法的，只是尚未达到值得刑罚处罚的程度，这样一来，

[1] 参见《日本刑法典》，张明楷译，法律出版社 2006 年版，第 75 页。

[2] 参见《意大利刑法典》，黄风译，法律出版社 2007 年版，第 196 页。

[3] 参见《瑞士联邦刑法典》，徐久生、庄敬华译，中国方正出版社 2004 年版，第 43 页。

[4] 参见谢望原主译：《英国刑事制定法精要》，中国人民公安大学出版社 2003 年版，第 152 页。

[5] 参见许玉秀主编：《新学林分科六法·刑法》，新学林出版股份有限公司 2008 年版，第 A-538 页。

[6] 如 2001 年《关于办理组织和利用邪教组织犯罪案件具体应用法律若干问题的解释（二）》（已失效）第 9 条规定，组织、策划、煽动、教唆、帮助邪教组织人员自杀的，应以故意杀人罪定罪处罚。再如，2012 年最高人民法院、最高人民检察院、公安部联合下发的《关于依法办理藏区自焚案件的意见》指出："组织、策划、煽动、胁迫、引诱、教唆、帮助他人实施自焚的，以故意杀人罪依法追究刑事责任。"笔者认为，虽然这些规定主要是指行为人对邪教组织成员或自焚者实行身体或精神上的控制，使其在丧失意志自由的情况下实施了自杀行为，但是，也不排除被害人并未丧失意志自由，而是自我答责地实施了自杀行为的情况。因而可以认为，上述司法解释并不限于故意杀人罪的间接正犯，也包括将参与自杀行为以故意杀人罪的共犯论处的情形。

[7] 参见最高人民法院中国应用法学研究所编：《人民法院案例选》，人民法院出版社 1997 年版，第 279—283 页；浙江省宁波市中级人民法院（2001）甬刑终字第 155 号；钟亚雅等：《帮助自杀，罪不可恕，其情可悯》，载《检察日报》2012 年 6 月 6 日，第 5 版。

处罚教唆、帮助自杀便不违背违法从属性说。[1] 然而，笔者认为，主张自杀行为违法的观点，不仅违背基本的公众认同感，也违背基本的法理。违法行为必然对应有法律责任，即便某一违法行为不值得刑法处罚，至少也应当承担行政责任或民事责任。但是，自杀未果的行为人，在刑事、行政和民事领域均无须负担任何法律后果，那么，将这种没有责任后果的行为说成是违法行为，就是没有道理的。由此可见，如果承认参与自杀行为具有可罚性，就必须放弃违法从属性说。[2] 另一方面，利用正当行为的违法行为得到认可，也说明违法从属性说不具有合理性。例如，甲对警察乙谎称丙实施了盗窃正在逃窜，乙信以为真，便逮捕了丙。西田典之教授认为，本案中，即便警察乙逮捕现行犯的行为属于正当行为，但甲的行为仍然具有违法性，应构成非法拘禁罪的间接正犯或教唆犯。由此可见，共犯并不从属于正犯的不法。[3] 岛田聪一郎教授也认为，是否存在正当防卫等违法阻却事由，是一个不同于客观事实的评价性问题，因而，完全可以对各个参与者作出不同的违法评价，换言之，违法性不应当是共同的，也可能存在利用合法行为的违法行为。[4] 而根据违法从属性说，根本无法对“利用正当行为的违法行为”作出圆满的解释。虽然有论者认为，利用合法行为只能成立间接正犯，无法成立狭义共犯，因此，共犯仍然具有违法从属性。[5] 但如果进一步追问，为何狭义共犯和间接正犯一个具有违法从属性，另一个则具有违法独立性？恐怕论者的回答只能是，因为正犯具有独立的不法，而共犯不存在独立的不法。但共犯是否具有独立的违法性，不正是

---

[1] 参见钱叶六：《参与自杀的可罚性研究》，载《中国法学》2012 年第 4 期。

[2] 值得注意的是，有学者认为，自杀行为根本不符合故意杀人罪的构成要件，因而处罚参与自杀行为违背罪刑法定原则（参见张明楷：《刑法中危险接受的法理》，载《法学研究》2012 年第 5 期）。但笔者认为，我国刑法第 232 条并未将杀人罪限定为“他杀”，既然如此，基于处罚参与自杀行为的现实需要，将自杀行为解释为符合故意杀人罪的构成要件，进而使得参与自杀行为受到有效惩处，就不能说是不可容忍地违反了罪刑法定原则，对此下文还将做论述。

[3] 参见［日］西田典之：《日本刑法总论》，王昭武、刘明祥译，法律出版社 2013 年版，第 357 页。

[4] ［日］島田聡一郎「適法行為を利用する違法行為」法律時報 73 巻 6 号（2001 年）参照。

[5] 参见［日］林干人：《刑法的现代性课题》，有斐阁 1991 年版，第 102 页以下，转引自［日］西田典之：《日本刑法总论》，王昭武、刘明祥译，法律出版社 2013 年版，第 357 页。

要证明的命题吗！可见，这只是循环论证而已。笔者认为，只要承认利用合法行为能够构成犯罪行为，违法从属性说就并非合理。

（二）违法二元论的限制从属性说之缺陷

如果站在违法二元论的立场上坚持共犯的限制从属性说，那么，共犯不仅应当从属于正犯的客观不法，还应当从属于正犯的犯罪故意等主观不法。[1] 这样一来，违法二元论的限制从属性说不仅存在和结果无价值论的限制从属性说一样的弊病，另外要求共犯从属于正犯的犯罪故意，又产生了新的问题。

1. 故意从属性违背“主观问题因人而异”的基本原理

笔者认为，犯罪故意作为主观内容本来就是因人而异，不应当具有从属性。虽然客观事实具有普遍性、连带性，但主观要素却是为各人所持，这就决定了主观要素只能根据个体的主观状态独立地判断，不应当有所谓从属性、连带性之说。据此，只要教唆者、帮助者具有教唆故意、帮助故意，就已经满足了共犯成立的主观条件，不应当要求共犯另外从属于正犯的犯罪故意。所以才有学者指出，既然违法二元论主张犯罪故意是主观的违法要素，那么，基于主观要素个别化的原理，违法性就应当在共犯和正

---

[1] 参见何庆仁:《共犯判断的阶层属性》，载《中国刑事法杂志》2012 年第 7 期。值得说明的是，虽然有部分支持违法二元论的学者声称自己采取限制从属性说，但同时又不要求共犯从属于正犯的犯罪故意（参见［日］高桥则夫:《共犯体系和共犯理论》，冯军、毛乃纯译，中国人民大学出版社 2010 年版，第 240 页）。笔者认为，虽然这种观点与结果无价值论的限制从属性说对共犯从属程度的要求相同，但从违法二元论的立场出发，这种观点已经不是限制从属性，而是比最小从属性要高、比限制从属性要低的“客观不法从属性”。所以，上述学者仍然称其为“限制从属性说”，并不准确。而且，即便这种立足于二元论的“客观不法从属性说”不要求共犯从属于正犯的犯罪故意，但要求共犯从属于正犯的客观不法，仍然存在和结果无价值论的限制从属性说相同的弊病，所以，这里不再就此种观点单独评析。此外，还有部分结果无价值论者例外地承认犯罪故意在未遂犯的场合是违法要素（参见付立庆:《主观违法要素理论——以目的犯为中心的展开》，中国人民大学出版社 2008 年版，第 160 页），那么此时，即便从结果无价值论的见地出发，也存在共犯是否应当从属于正犯的故意不法这样的问题，在此一并作出回应。

所规定的犯罪，但没有证据证实这几位妇女在实施这些行为时真的基于教唆而产生了犯罪故意。上诉法院认为，既然被教唆者主观上并未产生犯罪意图，就不应当处罚教唆者，因此宣告行为人无罪。[1]但在行为人确实出于犯罪故意，同时也通过他人的行为引发了犯罪结果的情况下，对行为人不予处罚，明显不合理。正因为如此，诸多英国学者都对此一司法判决提出了批评，如Herring教授认为，对于教唆犯的成立而言，被教唆人事实上是否具备被教唆之罪的主观罪过并不重要，重要的是教唆人自身具备这种罪过并且自认为被教唆人也具备此种罪过。[2]Hogan教授也认为，被教唆者的主观罪过不应当影响教唆犯的定罪。[3]将上述见解兑换成大陆法系的法律话语就是，为了妥善地保护法益，应当否定共犯对正犯故意的从属性。就帮助犯而言，例如甲欲杀害丙，便准备好下毒的牛奶暂时交由乙保管，而后甲忘记了牛奶有毒的事情，从乙处接过牛奶交给丙喝下，致丙死亡。[4]本案中，乙出于帮助杀人的故意将有毒牛奶交给甲，也确实通过甲的行为造成了丙的死亡，因而值得刑罚处罚。但是一方面，乙仅仅具有帮助故意，无法成立故意杀人罪的间接正犯；另一方面，如果要求共犯从属于正犯故意，那么，由于甲在将有毒牛奶交给丙喝时并无杀人的意思，乙也无法成立故意杀人罪的共犯，由此导致处罚漏洞。[5]可见，为了避免在

---

[1] Curr［1968］2QB944，［1967］1ALLER478，CA，SHC 334.

[2] See Jonathan Herring，*Criminal Law*，Palgrave Macmil-lan，2002，p.441.

[3] See Smith & Hogan，*Criminal Law*，Butterworths，1999，p.271.

[4] 参见［日］松宫孝明:《犯罪论体系再考》，张小宁译，载《中外法学》2008年第4期。笔者对该案例略作改动，但不影响对“共犯是否应当从属于正犯故意”这个问题的分析。

[5] 有学者认为，坚持共犯的故意从属性未必一定形成处罚漏洞，如在教唆者、帮助者误以为正犯具有故意的场合，虽然不能将教唆者、帮助者认定为共犯，但仍然可以将其认定为过失犯罪或论以具体犯罪的教唆未遂（参见林山田:《刑法通论》（下册），北京大学出版社2012年版，第59页）。但笔者认为，一方面，在教唆者、帮助者主观上具有犯罪故意并且也导致了法益侵害后果的情形下，仅将其认定为过失犯罪，明显轻纵了犯罪人；另一方面，教唆未遂受到处罚也是例外为之，如德国刑法规定，只有针对重罪的教唆未遂才受到处罚，并且一律不处罚帮助未遂（参见《德国刑法典》，许久生、庄敬华译，中国方正出版社2002年版，第12页）。可见，这种处理方式同样不能避免故意从属性所造成的处罚不力。

上述两个案件中得出不正义的结论，虽然不能将教唆者、帮助者认定为间接正犯，但却有必要将他们作为共犯处罚，因而，共犯的故意从属性应当被否定。[1]

其二，幕后者利用不知情的正犯实施义务犯或亲手犯的场合。就义务犯而言，在德国发生过这样一个案件，甲向妻子的医生乙谎称已经得到了妻子的允许，前来进行医疗咨询，乙信以为真，便向甲提供了其妻的私人秘密。联邦法院认为，虽然负有保密义务的医生乙不存在泄露秘密的犯罪故意，但共犯的成立本来就无须从属于正犯故意，因而判决甲构成秘密泄露罪（纯正身份犯）的教唆犯。[2] 虽然后来德国刑法又明确要求共犯的成立以正犯具有犯罪故意为必要，但诸多权威学者都对该规定提出了批评，认为要求共犯从属于正犯的犯罪故意，会导致在上述幕后者利用不知情的正犯实施义务犯的案件中，形成可罚性漏洞。详言之，在甲确实使得医生乙公开了病人秘密的情况下，一方面，幕后者甲不具有特殊身份，不能构成该义务犯的间接正犯；另一方面，故意从属性的要求又使得无法将甲认定为该义务犯的共犯，这便人为地造成了刑罚漏洞。为了弥补这一疏漏，

[1] 值得注意的是，很多日本学者在讨论共犯误以为正犯具有故意的情形时，是将其作为共犯和间接正犯的认识错误问题处理，而并没有否定共犯的故意从属性。详言之，在这类案件中，教唆者、帮助者是以共犯的故意引起了间接正犯的客观事实，属于共犯和间接正犯之间的认识错误，因而，应当适用认识错误的法理来解决，即虽然教唆者、帮助者没有利用意思，从而无法成立间接正犯，但由于教唆者、帮助者的客观行为和主观内容在狭义共犯的范围内是重合的，故理应按照较轻的教唆犯、帮助犯论处（参见［日］大塚仁:《间接正犯和教唆犯的错误》，载齐藤还历:《现代的共犯理论》，有斐阁 1964 年版，第 116 页，转引自［日］高桥则夫:《共犯体系和共犯理论》，冯军、毛乃纯译，中国人民大学出版社 2010 年版，第 168 页）。但正如张明楷教授所言，根据认识错误理论认定行为人构成较轻的罪有一个理论前提，就是行为人的主客观情况也必须符合轻罪的成立条件。据此，如果认为在教唆者、帮助者误以为正犯具有故意的场合，教唆者、帮助者最终能够成立共犯，就说明共犯的成立原本就并非以正犯故意为必要，换言之，所谓共犯与间接正犯的认识错误理论，实际上已经否定了共犯的故意从属性（详见张明楷:《共犯对正犯故意的从属性之否定》，载《政法论坛》2010 年第 5 期）。

[2] 参见［德］克劳斯·罗克辛:《德国刑法学总论》（第 2 卷），王世洲等译，法律出版社 2013 年版，第 107 页。

理当否定共犯对正犯故意的从属。[1]就亲手犯而言，上文曾提到过台湾地区许泽天教授列举的一个案例，甲明知乙与丙是失散多年的兄妹，仍故意地撮合两人发生性关系，以报复当年被乙、丙父亲虐待之仇。[2]虽然台湾地区“刑法”第230条规定了血亲相奸罪，但由于该罪是亲手犯，所以幕后操纵者甲无法构成间接正犯；如果认为共犯从属于正犯故意，由于正犯主观上不知情，甲也无法构成该罪的共犯。然而，倘若乙、丙知情，甲都要成立血亲相奸罪的教唆犯，在乙、丙不知情的情况下，幕后者甲的违法性和有责性都更高，反而不构成任何犯罪，这显然是有失公允的结论。相反，如果承认共犯并不从属于正犯故意，就能够将甲认定为血亲相奸罪的教唆犯，由此，便可以实现个案之间的均衡。

综上，无论是结果无价值论的限制从属性说主张共犯从属于正犯的不法，还是违法二元论的限制从属性说主张共犯从属于正犯的故意，在理论阐释和具体问题的处理上都各自存在缺陷，不足为采。

四、“共犯的客观构成要件从属性说”之提倡

笔者认为，关于共犯的要素从属性，应采取“客观构成要件从属性说”，即共犯只是从属于正犯该当客观构成要件的行为事实，在违法性和有责性上则具有独立性。笔者认为，该说不仅在论理上更加可取，适用于具体问题时亦能得出妥当的结论。下文将就此展开论述。

（一）“共犯的客观构成要件从属性说”的基本主张

所谓“共犯的客观构成要件从属性说”，强调共犯对正犯仅仅具有最低限度的从属，但是不能简单地将这种从属形式等同于共犯的最小从属性说，因为基于违法本质观的差异，要素从属性中的最小从属性说也存在两种不

---

[1] 参见［德］克劳斯·罗克辛：《德国刑法学总论》（第2卷），王世洲等译，法律出版社2013年版，第107页。

[2] 参见许泽天：《教唆或帮助欠缺故意之行为》，载《军法专刊》1999年第4期。

同的类型，因而有必要就以下问题首先作出说明。

1. 前提厘清：违法二元论的最小从属性说因强调故意从属性同样不可取

虽然最小从属性说主张共犯仅仅从属于正犯的构成要件该当性，但是，由于违法二元论和结果无价值论对构成要件要素的理解不同，所以，立足于违法二元论的最小从属性说和立足于结果无价值论的最小从属性说，对共犯从属程度的要求实际上并不相同。详言之，由于违法二元论主张犯罪故意是构成要件要素，二元论的最小从属性说在要求共犯从属于正犯客观构成要件的同时，必然还要求共犯从属于正犯的犯罪故意等主观构成要件。[1]而结果无价值论强调构成要件的客观性，通常认为犯罪故意等主观要素属于责任的范畴，所以，根据结果无价值论的最小从属性说，共犯只是从属于正犯该当客观构成要件的行为事实，而不必从属于正犯的犯罪故意。[2]由于笔者在前文已经表明，共犯的故意从属性在论理和具体问题的处理上均存在缺陷，因此，如果是立足于违法二元论采取共犯的最小从属性说，同样不可取。

2. 应然归结：二元论的客观构成要件从属性和结果无价值论的最小从属性

笔者认为，共犯既不从属于正犯的不法等价值性内容，也不从属于正犯的故意等主观性要素，因此，立足于违法二元论采取共犯的客观构成要件从属性说，以及立足于结果无价值论采取共犯的最小从属性说，都是可取的。值得说明的，虽然这二者的称谓不同，但这只是违法本质观的差异所导致的形式上的不同而已，实际上，二者对共犯从属程度的要求是一

[1] 我国学者王昭武即采取该观点，他在支持违法二元论的基础上提倡共犯的最小从属性说，同时认为共犯应当从属于正犯的犯罪故意，详见以下两篇文章（王昭武：《论共犯的最小从属性说——日本共犯从属性理论的发展与借鉴》，载《法学》2007年第11期；王昭武：《教唆犯从属性说之坚持与展开》，载《刑法论丛》2008年第3期）。

[2] 我国学者阎二鹏就立足于结果无价值论采取此种最小从属性说（参见阎二鹏：《从属性观念下共犯形态论之阶层考察——兼议构成要件符合形态论之提倡》，载《法学论坛》2013年第4期）。

致的，即共犯仅仅从属于正犯该当客观构成要件的行为事实，在不法和责任上则应根据共犯自身的情况独立地判断。由于笔者在违法观上采取二元论，[1] 据此，关于共犯的要素从属性相应地采取“共犯的客观构成要件从属性说”。需要指出的是，虽然该说只是要求共犯从属于正犯的客观构成要件该当性，但这并不违背违法二元论的立场，因为共犯的违法性仍然是通过共犯自身的行为无价值，以及借助正犯行为所导致的结果无价值来构建的。

（二）对“共犯的客观构成要件从属性说”合理性的论证

关于共犯的要素从属性，虽然这种最小限度的从属形式在我国鲜有人问津，但是在国外却获得了越来越多学者的认同，如日本学者平野龙一、前田雅英、佐伯仁志、西田典之等，均立足于结果无价值论提倡共犯的最小从属性说。[2] 从违法二元论的立场来看，这就等于仅仅要求共犯从属于正犯的客观构成要件该当性。另外，采取违法二元论的大谷实教授在否定共犯从属于正犯不法的同时，又认为共犯的成立无须正犯具备犯罪故意，[3]

[1] 笔者赞同大谷实教授的观点，即撇开结果无价值的行为无价值论会导致心情刑法，违背罪刑法定原则；撇开行为无价值的结果无价值论，忽视了违法性具有规范违反的特质，从而没有全面阐明违法的内容。因此，将违法性定位为违反国家性、社会性伦理规范，给法益以侵害或威胁的违法二元论是比较妥当的（参见［日］大谷实:《刑法总论》，黎宏译，法律出版社 2003 年版，第 220 页）。由于对违法本质的争论，是一个庞大的话题，本书不再就此深入展开。

[2] 需要指出的是，我国有学者认为，由于平野龙一、前田雅英、佐伯千仞等学者只是在例外的情况下承认共犯的最小从属性说，因而不能认为他们放弃了限制从属性说（参见陈洪兵:《共犯论思考》，人民法院出版社 2009 年版，第 66—70 页）。然而笔者认为，就共犯是否具有限制从属性，即共犯是否从属于正犯的违法性，只可能存在“肯定”和“否定”两种结论，不应当有所谓“一般情况下承认”“例外情况下否认”之说。换言之，既然上述学者已经肯定存在“没有共犯的正犯”，也存在“没有正犯的共犯”，就应当认为这些学者并不要求共犯从属于正犯的违法性，进而可以认定，他们在要素从属性上采取的就是最小从属性说（参见［日］平野龙一:《刑法总论Ⅱ》，有斐阁 1975 年版，第 358 页；［日］前田雅英:《刑法总论讲义》，东京大学出版会 2006 年版，第 424—425 页；［日］山口厚、井田良、佐伯仁志:《理论刑法学的最前线》，岩波书店 2001 年版，第 236 页，以上转引自王昭武:《论共犯的最小从属性说——日本共犯从属性理论的发展与借鉴》，载《法学》2007 年第 11 期；［日］西田典之:《日本刑法总论》，王昭武、刘明祥译，法律出版社 2013 年版，第 357 页）。

[3] 参见［日］大谷实:《刑法总论》，黎宏译，法律出版社 2003 年版，第 371、424 页。

这实际上也是采取了“共犯的客观构成要件从属性说”。笔者亦赞同该观点，以下就其合理性展开论证。

1.“共犯的客观构成要件从属性说”真正体现了罪责自负原则

罪责自负原则是在否定团体责任的基础上发展而来的，其基本主张在于每个人都只就自己的犯罪行为承担罪责，但是该原则并非仅仅适用于单独犯罪，在共同犯罪中同样适用。详言之，虽然所有的参与人共同引起了该当构成要件的结果，但是各人的行为是否违法以及是否应当就该结果承担责任，则属于罪责自负的范畴。正如德国学者Sax所言，尽管是共同犯罪，但对于狭义共犯而言，正犯行为仍然是一个在想象上可以分离的“结果”，因此，刑法对于这个“结果”如何评价，即正犯是违法或有责，并不能直接反映到对共犯行为本身的评价，就如同死亡结果的发生，并不意味着所有导致该结果发生的行为均是违法和有责的。在此基础上，Sax指出，包括共犯在内的所有的犯罪人，都是因为自己的罪责才承受刑罚处罚，而罪责的基础，当然是建立在自己行为的不法以及自身的有责之基础上。[1]而共犯的客观构成要件从属性说，即共犯并不从属于正犯规范意义上的违法性和有责性，亦不从属于正犯个人所具有的主观故意，仅仅从属于正犯符合客观构成要件的行为事实，正是体现了共同犯罪中的罪责自负原理。

2. 两种间接正犯类型表明“共犯的客观构成要件从属性说”具有合理性

学界普遍认为，利用他人的合法行为以及过失行为侵害法益的，可通过间接正犯的形式构成犯罪。[2]笔者认为，这两种间接正犯形式得到认可，其实已经表明共犯不应当从属于正犯的违法性，也不应当从属于正犯的犯

---

[1] Vgl. Sax，Zur Problematik des “Teilnehmerdelikts”，in：ZStW 90（1978），S.931. 转引自许泽天：《共犯之处罚基础与从属性》，载《罪与刑——林山田教授六十岁生日祝贺论文集》，台湾五南图书出版有限公司1997年版，第80页。

[2] 参见陈兴良：《间接正犯：以中国的立法与司法为视角》，载《法制与社会发展》2002年第5期；刘士心：《论间接正犯之范围》，载《法商研究》2006年第3期；钱叶六：《间接正犯与教唆犯的界分——行为支配说的妥当性及其贯彻》，载陈兴良主编：《刑事法评论》（第28卷），北京大学出版社2011年版，第373页。

罪故意。其一，利用合法行为的间接正犯否定了参与人之间的违法从属性。如甲欲假人之手杀害丙，便以暴力相威胁教唆丙去杀乙，同时又告知乙做好防卫准备，结果如甲所预期，乙出于正当防卫杀死了丙。本案中，由于乙主观上具有正当化意思，客观上导致丙死亡也是应对不法侵害所必需，可依正当防卫阻却违法；而对于甲来说，虽然其表面上促成乙实施了正当防卫，但客观上，是甲积极制造了乙和丙利益的对立，才使得原本无须死亡的丙成为乙防卫的对象，主观上甲也具有杀人的意思，故甲不属于正当防卫，应认定其独自实现了杀人罪的不法。由此可见，共犯人之间的违法性本来就是要根据各自的主客观情况独立地判断，不存在从属性之说。可能会有学者提出质疑，认为共犯和间接正犯不同，不能相互论证。然而，共犯和间接正犯的不同，只是犯罪参与类型上的差异，不可能由此当然地得出一个违法从属、另一个则违法独立的结论。那种认为间接正犯本来就是独立的违法性主体，而共犯原本就具有违法从属性的主张，实际上已经陷入了前文提到的循环论证的误区。换言之，共犯是否具有违法从属性，共犯和间接正犯在违法性的从属或独立上是否存在实质的不同，正是待证明的结论，不能将其直接作为论据使用。其二，利用过失行为的间接正犯也能够说明，各个参与人构成故意犯罪，根本无须其他参与人具备犯罪故意。笔者认为，利用过失行为的间接正犯传达了这样一种意旨，虽然共同犯罪的参与人构成故意犯罪以自身具备犯罪故意为必要，却并非一定要求其他参与人具备犯罪故意，而共犯的成立并非以正犯故意为必要，正是体现了这一意旨。[1]

3. 行为共同说印证了“共犯的客观构成要件从属性说”之妥当性

犯罪共同说和行为共同说的对立发展至今，已经演变为温和的部分犯罪共同说和温和的行为共同说之争。其中，后者又被称为构成要件行为共同说，主张共同犯罪仅仅是构成要件阶层客观行为的共同，而非实质重合

[1] 需要说明的是，虽然共犯和间接正犯的成立都不要求主行为人具有犯罪故意，但这并不意味着共犯和间接正犯无法区分，对此笔者在前文已经作出了解释，这里不再赘述。

的犯罪的共同。[1] 该说受到了平野龙一、前田雅英、佐伯千仞等诸多学者的支持，[2] 发展势头强劲。而笔者提倡的“共犯的客观构成要件从属性说”，亦是认为共犯和正犯只是共同完成了该当客观构成要件的事实，这与构成要件行为共同说的旨趣是一致的。需要指出的是，有学者认为，部分犯罪共同说和行为共同说分别立足于“实质重合的犯罪的共同”和“构成要件行为的共同”，而只有共同正犯才存在“共同实行犯罪”还是“共同实行构成要件行为”的问题，狭义共犯则只能从属于正犯行为，和正犯之间根本无从共同，所以，部分犯罪共同说和行为共同说的对立与狭义共犯无关。[3] 笔者认为，该观点对部分犯罪共同说和行为共同说的理解过于形式化。部分犯罪共同说和行为共同说关注的核心问题并非在于“共同实行了什么”，而是在于“共同完成了什么”，换言之，虽然共犯不可能“实行”构成要件行为，但共犯和正犯之间也存在是共同“完成”了实质重合的犯罪，还是共同“完成”了构成要件的问题。基于此，构成要件行为共同说完全可以印证“共犯的客观构成要件从属性说”，这也是上述平野龙一、前田雅英、佐伯千仞等学者在支持行为共同说的同时，都相应地采取共犯最小从属性说的原因所在。

4.“共犯的客观构成要件从属性说”能够妥当地处理具体问题

首先，“共犯的客观构成要件从属性说”不要求共犯从属于正犯的责任，可以避免将部分共犯错认为较重的间接正犯，同时也能够防止处罚不力的现象。一方面，否定了责任从属性意味着并非只要被教唆者、被帮助者未达到责任年龄，教唆者、帮助者就一律构成间接正犯，而是要看被教唆者、被帮助者实际上是否具有规范意识，如此，可以防止在个案中形成

[1] 参见［日］龟井源太郎:《正犯と共犯を区别するということ》，弘文堂 2005 年版，第 18 页以下，转引自张开骏:《共犯从属性理论的体系建构》，载《清华法学》2013 年第 6 期。

[2] 参见［日］平野龙一:《刑法总论》，有斐阁 1975 年版，第 364 页；［日］前田雅英:《刑法讲义总论》，东京大学出版会 1999 年版，第 394 页；［日］佐伯千仞:《三订刑法讲义总论》，有斐阁 1978 年版，第 332 页，以上转引自黎宏:《刑法总论问题思考》，中国人民大学出版社 2007 年版，第 470、481 页。

[3] 参见张开骏:《共犯从属性理论的体系建构》，载《清华法学》2013 年第 6 期。

不合理的、对行为人不利的法律评价。另一方面，否定了责任从属性，在上述教唆者、帮助者误以为正犯具有责任能力等场合，虽然不能将教唆者、帮助者认定为间接正犯，但仍然可以将其作为共犯处罚，从而妥善保护了被侵害的法益。其次，“共犯的客观构成要件从属性说”不要求共犯从属于正犯的故意，在前文提到的教唆者、帮助者误以为正犯具有故意，以及幕后者利用不知情的正犯实施义务犯或亲手犯的案件中，在无法将教唆者、帮助者认定为间接正犯的情况下，还可以将其认定为共犯，由此便避免了不合理的处罚漏洞。最后，“共犯的客观构成要件从属性说”不要求共犯从属于正犯的违法性，在某些具体问题上能够提供合理的解释结论，也完全能够防止共犯处罚范围的扩张。详言之，在嘱托杀人以及部分必要参与犯的场合，由于共犯具有独立的违法性判断，所以，即使正犯行为违法，教唆者、帮助者却可能因为自己是被害人等特殊情况，并不从属于正犯的不法。针对上文提到的普遍受到处罚的参与自杀行为，以及利用合法行为的违法行为，“共犯的客观构成要件从属性说”提倡的违法独立性原则，亦能提供合理的解释说明。此外，共犯虽然具有独立的违法性，但这一固有的违法性的实现和确认，仍然要受到不法自身的主客观条件的限制，并无必然扩大处罚范围之说，此处不再赘言。

（三）对“共犯的客观构成要件从属性说”可能受到的批判之回应

前文提到，违法二元论的“客观构成要件从属性说”相当于结果无价值论的最小从属性说，二者均主张共犯只是从属于正犯的客观构成要件，而不从属于正犯的违法和责任。虽然该观点在学界受到了诸多批判，但笔者认为，这些批评主要源自对此种最小限从属形式的误解，并不具有说服力，以下将一一作出回应。

1.“共犯的客观构成要件从属性说”并不违背共犯的处罚根据

关于共犯的处罚根据，目前得到普遍认可的是因果共犯论，即共犯和正犯都是因为惹起了法益侵害才受处罚。据此，我国有学者指出，从因果共犯论出发，虽然不必要求共犯从属于正犯主观上的犯罪故意，共犯却理应从属于正犯的不法。[1] 这样说来，仅仅要求共犯从属于正犯的客观构成要件该当性，似乎不符合共犯的处罚根据。但笔者不以为然。其一，因果共犯论仅仅是说明无论是处罚共犯还是正犯，必然是因为他们侵害了法益，并不能表明在判断共犯是否侵害了法益时，要取决于正犯是否侵害了法益。换言之，在正犯实施了该当客观构成要件的行为事实的前提下，针对正犯和共犯在规范意义上是否侵害了法益，根据二者各自所处的情况独立地判断，并没有违背因果共犯论立足于“法益侵害”的理论初衷。其二，虽然笔者认为共犯具有独立的法益侵害性判断，并不从属于正犯的违法性判断，但这仅仅是共犯的处罚基础，而非共犯的成立条件，也即，在正犯合法的情况下，并非所有的教唆者、帮助者都要最终作为共犯处罚，而是要看教唆者、帮助者是否实现了自身的法益侵害性，这就涉及以下问题。

2.“共犯的客观构成要件从属性说”不会导致共犯处罚范围的扩张

有论者认为，如果采取这种最小限度的从属形式，不要求共犯从属于正犯的违法性，共犯的处罚范围必然被不合理地扩大化，以至于教唆他人实施紧急避险、递给正当防卫者一把刀、委托医生对亲属实施手术以及为警察抓捕罪犯喝彩等场合，教唆者、帮助者都要构成共犯，这明显不合理。[2] 笔者认为，该观点实属对最小限从属形式的误解。根据“共犯的客观构成要件从属性说”，虽然共犯并不从属于正犯的违法性，但这并非说只要教唆、帮助他人实施合法行为的，都要构成犯罪，而是说由于共犯具有独立的违法性判断，所以即便正犯行为合法，也存在成立共犯的可能。换言之，否定了共犯的违法从属性，仅仅是澄清了共犯的处罚基础，而非设定了共犯的成立条件。至于正犯合法的情况下，教唆者、帮助者何时成立违法的共犯，何时属于合法行为，则完全取决于教唆者、帮助者是否实现了共犯固有的违法性，即教唆者、帮助者是否现实地制造了自身对法益的损害，以及主观上是否具有教唆故意、帮助故意等不法意思。据此，就论

[1] 参见杨金彪：《共犯的处罚根据》，中国人民公安大学出版社 2008 年版，125 页。

[2] 参见陈洪兵：《共犯论思考》，人民法院出版社 2009 年版，第 65 页以下。

者所举的上述案例而言，由于从教唆者、帮助者的立场来看，他们在客观上并未制造出“坏”的结果，不能认为他们实现了共犯固有的违法性，因而，即便他们主观上具有“坏”的意思，也不可能将其认定为共犯。反之，在参与自杀以及故意制造他人利益的对立，而后利用其中一方的正当行为以侵害另一方面利益的场合，虽然正犯实施的行为合法，但从教唆者、帮助者的角度来看，由于他们引发或促成了他人生命的损害，或者故意制造争端从而才使得本来无须发生的某一方利益的损失成为现实，才可能认定教唆者、帮助者在客观上制造了“坏”的结果，从而才可能将其作为共犯处罚。由此可见，承认共犯具有独立的违法性，并不会导致共犯处罚范围的无端扩张，因为在认定教唆者、帮助者实现了共犯固有的违法性时，还要受到违法性本身所必须具备的条件的限制。[1] 至于“共犯的客观构成要件从属性说”否定了共犯对正犯故意的从属性，不仅不存在扩大处罚范围之说，反而可以避免前文提到的不合理的处罚漏洞，对此不再赘述。

3.“共犯的客观构成要件从属性说”并未损坏各罪构成要件的定型性

笔者认为，“共犯的客观构成要件从属性说”与罪刑法定原则也不存在冲突。其一，虽然“共犯的客观构成要件从属性说”不要求共犯从属于正犯的不法，但这与构成要件符合性的判断无涉，并不会动摇罪刑法定所确立的法治国原则。值得一提的是，我国有学者认为，自杀行为不符合故意杀人罪的构成要件，因此，如果主张参与自杀可依照故意杀人罪的共犯处罚，就是连共犯的最小从属原则都未遵循。同理，由于伪证罪的犯罪主体

---

[1] 正因如此，大谷实教授虽然否定了共犯的违法从属性，但他同时指出，在正犯合法的情况下，教唆者、帮助者是否成立共犯，则是另外一个问题，要视教唆行为、帮助行为自身是否满足了违法性的条件而定（参见［日］大谷实：《刑法总论》，黎宏译，法律出版社 2003 年版，第 371 页）。需要指出的是，我国有学者认为，这种最小限从属形式一方面否定共犯从属于正犯的违法性，另一方面又认为正犯合法的情况下，教唆者、帮助者并非全部成立共犯，在处罚范围上根本不具有明确性（参见陈洪兵：《共犯论思考》，人民法院出版社 2009 年版，第 70 页）。但笔者已经表明，承认共犯具有独立的违法性本来就只是说明了共犯的处罚基础，即正犯合法的情况下，仍然有成立共犯的可能，至于共犯具体的成立范围，当然还要根据违法性自身的条件来限定，这里并不存在处罚范围不明确之说。

不包括本犯，那么，教唆本犯就自己实施的犯罪行为进行虚假供述的，也不应当被认定为伪证罪的教唆犯，否则就是漠视罪刑法定原则。[1] 虽然笔者认为，参与自杀行为可认定为故意杀人罪的共犯，教唆本犯虚假供述的行为也能够作为伪证罪的教唆犯处罚，但这样的结论并非如论者所言，没有遵循共犯的最小从属原则，问题的关键在于对各罪构成要件的解释。就我国刑法第 232 条的规定而言，由于故意杀人罪并没有限定为“他杀”，那么，基于处罚参与自杀行为的现实需要，将自杀行为解释为符合故意杀人罪的构成要件，进而将参与自杀作为故意杀人罪的共犯处罚，就并未破坏杀人罪构成要件的定型性。同理，由于第 305 条的伪证罪也没有对作为犯罪主体之一的“证人”作出限定，那么，将虚假供述的行为评价为第 305 条的伪证行为，进而将教唆、帮助本犯虚假供述这种不仅妨害司法而且具有期待可能性的行为认定成伪证罪的共犯，就是合理的解释结论。[2] 总之，对于一些具体问题的处理，不宜动辄扣上“违反罪刑法定原则”的帽子，即对于各罪构成要件的解释不宜过于形式化，还应考虑具体行为的当罚性，毕竟借助于修法是一个更加不现实的选择！其二，“共犯的客观构成要件从属性说”不要求共犯从属于正犯故意，同样可以满足罪刑法定的基本要求。许泽天教授认为，否定共犯的故意从属性会破坏分则构成要件的定型性。如前文提到的丈夫甲欺骗医生乙，进而成功地从乙处获得其妻私人秘密的案件，如果认为即便正犯乙不知情，甲也能成立针对保密义务人而设定的泄密罪的教唆犯，就会混淆刺探秘密和泄露秘密这两种不同的行为类型，从而有违立法者不处罚刺探私人秘密的意旨。然而，笔者认为，利用

[1] 参见陈洪兵:《共犯论思考》，人民法院出版社 2009 年版，第 83—85 页。

[2] 虽然我国有学者认为，根据刑事诉讼法，犯罪嫌疑人供述和证人证言是两种不同的证据种类，因此，第 305 条的伪证罪不可能包含本犯自己作虚假供述的行为（参见陈洪兵:《共犯论思考》，人民法院出版社 2009 年版，第 84 页）。但笔者并不赞同该观点，刑法和刑事诉讼法有各自的任务和运作特点，所以，刑法并非必须按照刑事诉讼法的规定进行解释。就刑法第 305 条中的“证人”而言，只要解释没有超出刑法文义的射程，就不能以其不符合刑事诉讼法中对证据分类为由，认定解释结论不合理。由于从广义上来讲，犯罪嫌疑人的供述也是一种可以证明案件事实的证言，所以在刑法解释上，将本犯虚假供述的行为评价为第 305 条的伪证行为，并无不妥。

医生获得私人秘密，与从普通人处刺探私人秘密本来就不相同，因为在事实层面，行为人确实使得一个具有特殊身份的人泄露了私人秘密，所以将其认定为泄密罪（台湾地区“刑法”的规定）的共犯，不能说破坏了泄密罪的定型性。[1]

4.“共犯的客观构成要件从属性说”能够解释纯正身份犯的共犯问题

虽然“共犯的客观构成要件从属性说”否定共犯的违法从属性和故意从属性，但笔者认为，该说在解释纯正身份犯的共犯问题时，并无障碍。其一，纯正身份犯的共犯并不能说明共犯具有违法从属性。有学者认为，因为无身份者必须依附于有身份者才能构成纯正身份犯的共犯，所以，共犯理应从属于正犯的违法性。[2]然而，笔者认为，在纯正身份犯的场合，共犯也只是从属于正犯的事实身份，并不从属于正犯的违法性。详言之，虽然无身份者只有依附于有身份者才能成立纯正身份犯的共犯，但这仅仅说明无身份者构成纯正身份犯的共犯，必须存在一个具有特殊身份犯的正犯，并不能表明共犯还要从属于正犯的不法。笔者认为，就纯正身份犯而言，共犯依然具有独立于正犯的违法性。具体来说，纯正身份犯的正犯的不法由两个方面构成：立足于特殊身份所产生的义务违反和客观上的法益损害。而纯正身份犯的共犯的不法，仅仅在于后一个方面，即通过有身份者该当构成要件的行为实现了自己对法益的客观损害。因此，即便正犯并未违反基于特殊身份所产生的义务，进而不能认定正犯违法，但只要共犯通过正犯该当纯正身份犯构成要件的行为制造了客观的法益损害，就能够单独认定共犯的不法。所以，对于纯正身份犯而言，共犯同样不从属于正犯的违法性。其二，纯正身份犯的共犯也不能作为共犯具有故意从属性的理由。有学者认为，虽然共犯并不从属于正犯的不法，但由于正犯的故意对于构建纯正身份犯的法益侵害来说不可或缺，所以，共犯理当从属于正犯的犯

[1] 值得注意的是，尽管笔者认为，否定共犯的故意从属性同样可以满足罪刑法定原则，但这并不代表笔者赞同结果无价值论，因为就此时的共犯而言，主观上仍然必须具有教唆故意、帮助故意，才能说共犯具有完整的违法性。

[2] 参见杨金彪：《共犯的处罚根据》，中国人民公安大学出版社 2008 年版，第 169 页。

罪故意。如甲利用不知情的公务员乙向商家索取有关职务的利益，由于乙不具有索贿的故意，所以，受贿罪所保护的“公务行为的纯正性”就并未受到侵害，因而，甲也就不能成立受贿罪的共犯。[1]然而，笔者在上文已经表明，纯正身份犯的正犯和共犯在违法的内容上本来就不相同，虽然正犯的不法包括“职务履行的纯粹性”，只有当正犯具有违反义务的故意时才能侵害该项法益，但共犯的不法仅仅在通过有身份者该当构成要件的行为制造了“客观损害”，因而，成立纯正身份犯的共犯，根本不必要求正犯具有犯罪故意。具体到上述案例，尽管公务员乙因不具有受贿故意并未实现受贿罪正犯的不法，但由于甲已经通过乙该当受贿罪客观构成要件的行为，制造了“以职务换取他人利益”这样一个客观的损害结果，所以，能够认定甲单独实现了受贿罪共犯的不法。因此，在纯正身份犯的场合，共犯同样不必从属于正犯故意。

5. 我国刑法规定并非贯彻“共犯的客观构成要件从属性说”的障碍

一方面，我国刑法规定并没有为共犯的违法从属性提供依据。有学者指出，我国刑法总则关于共同犯罪的规定，已经体现了对共犯违法从属性的要求。如第 27 条第 1 款规定：“在共同犯罪中起次要或者辅助作用的，是从犯”；第 29 条第 1 款规定：“教唆他人犯罪的，应当按照他在共同犯罪中所起的作用处罚”。据此，既然教唆犯、帮助犯只能存在于共同犯罪之中，共犯就理当从属于正犯的不法。[2]笔者并不赞同该见解。虽然我国刑法要求教唆犯、帮助犯必须存在于“共同犯罪”之中，但对于共犯和正犯在何种程度上“共同”，却并未像德国刑法那样明确予以限定，故刑法总则关于共同犯罪的规定，完全可以作出与“共犯的客观构成要件从属性说”相应的解读。详言之，这里的共同犯罪可以解释成“二人以上共同去完成该当犯罪客观构成要件的行为”，至于各人是否违法和有责，则应根据个体的情况独立地判断。据此，第 27 条完全可以理解为在“共同完成客观犯

[1] 参见许泽天：《教唆或帮助欠缺故意之行为》，载《军法专刊》1999 年第 4 期。

[2] 参见黎宏：《刑法总论问题思考》，中国人民大学出版社 2007 年版，第 512 页。

罪构成事实”的过程中起辅助作用的，是从犯；第 29 条第 1 款则可以理解为教唆他人实施“该当犯罪客观构成要件”的行为的，应当按照他在“共同完成客观犯罪构成事实”的过程中所起的作用处罚。另一方面，我国刑法关于共同犯罪的规定，也不能说明共犯具有故意从属性。虽然我国刑法第 25 条第 1 款规定，“共同犯罪是指二人以上共同故意犯罪”，但这也可以解释成“共同犯罪是指二人以上共同去实现自己的故意犯罪”，据此，只要共犯自身具有犯罪故意即可，而不必要求正犯具有犯罪故意。综上，我国刑法规定不能成为采取最小限从属形式的障碍。而且，日本刑法就教唆犯、帮助犯的规定与我国并无实质性不同，但其学界普遍认为，这样的立法规定并未限制共犯从属的程度，对于共犯的要素从属性问题，仍然依赖于刑法理论来解读。[1] 正因为如此，如前文所述，日本也有很多权威学者明确支持共犯的最小限从属形式。

五、本章小结

关于共犯的要素从属性，即共犯的从属程度，应采取最低限度的“共犯的客观构成要件从属性说”。目前，我国实务仍然在适用严格从属性说。然而，要求共犯从属于正犯的有责性，混淆了刑事责任意义的共同犯罪和实质上的共同犯罪，在共犯的处罚根据上并未坚持因果共犯论，违背了刑法上的个人责任原则。此外，严格从属性说在处理具体问题时，既可能将部分共犯错认为较重的间接正犯，还可能在某些问题上形成处罚漏洞，不足为采。目前，我国学界的通说是限制从属性说。有学者立足于结果无价值论支持限制从属性说，主张共犯从属于正犯的违法性。但笔者认为，违法从属性违背“价值问题个别判断”的基本规律，正因为如此，该说的支持者始终无法为“因何共犯从属于正犯的不法”提供充分的理论依据，根

[1] 参见王昭武：《论共犯的最小从属性说——日本共犯从属性理论的发展与借鉴》，载《法学》2007 年第 11 期。

据所谓“客观不法论”“未遂犯的成立条件”“构成要件的明确性要求”“共犯是次要的犯罪类型”等，不可能必然推导出共犯从属于正犯不法的结论。而且，主张共犯具有违法从属性，在嘱托杀人、片面对向犯以及参与自杀、利用正当行为的违法行为等场合，无法自圆其说。另有部分学者立足于违法二元论支持限制从属性说，主张共犯还应当从属于正犯的犯罪故意。但故意从属性不仅违背“主观问题因人而异”的基本原理，在教唆者、帮助者误以为正犯具有故意，以及幕后者利用不知情的正犯实施义务犯或亲手犯的场合，还会导致不合理的处罚漏洞，同样不可取。关于共犯的要素从属性，笔者认为，立足于违法二元论的“共犯的客观构成要件从属性说”，或立足于结果无价值论的共犯的最小从属性说是合理的，即共犯只是从属于正犯该当客观构成要件的行为事实，在违法性和有责性上则应根据个人的情况独立地判断。这种最小限从属形式真正体现了罪责自负原则，部分间接正犯类型以及“行为共同说”的兴起也能够印证其理论合理性；在具体问题的处理上，该观点既能防止对行为人不利的法律评价，又可以避免处罚漏洞。至于学界对这种最小限从属形式提出的批评，多源自于对该观点的误解。事实上，这种最小限从属形式不必然导致共犯处罚范围的扩张，亦不会损坏各罪构成要件的定型性，能够合理地解释纯正身份犯的共犯问题，与我国刑法规定之间也不存在必然的冲突。

第七章

共犯的罪名从属性之否定

罪名从属性问题表面上探讨的是共同犯罪的参与人是否必须成立同一罪名，但实际上问题远非如此简单。罪名从属性问题不仅与共犯从属性理论有错综复杂的关系，也牵涉到整个共同犯罪的本质问题。但目前，学界对罪名从属性问题并未展开关联性研究，既有的观点也存在诸多问题。

第一，对罪名从属性问题的定位存在错误。有很多学者将罪名从属性作为共犯从属性的内容之一，即主张共犯从属性包括实行从属性、要素从属性和罪名从属性。[1] 但事实上，罪名从属性只是实行从属性和要素从属性的附属性问题，三者并非处于一个层次。换言之，只要确定了共犯是否具有从属性以及从属的程度，针对共犯在罪名上是从属还是独立，基本上就可以得出相应的答案。因此，将罪名从属性归为共犯从属性体系，并不妥当。第二，对罪名从属性问题的研究比较局限，没有深入到整个共同犯

[1] 参见［日］平野龙一:《刑法总论Ⅱ》，有斐阁 1975 年版，第 345 页以下，转引自王昭武:《教唆犯从属性说之坚持与展开》，载赵秉志主编:《刑法论丛》（第 15 卷），法律出版社 2008 年版，第 60 页。

罪的本质。虽然借由罪名从属性问题，引申出了犯罪共同说和行为共同说的对立，但很多学者都将其限定为是对共同正犯本质的说明，而与狭义共犯无涉，[1] 这就使得犯罪共同说和行为共同说的争议打了折扣。事实上，犯罪共同说和行为共同说均根据自身的立场，对何谓“共同犯罪”作出了解读，从二者的对立出发，同样可以明晰共犯和正犯的关系，即共犯和正犯到底是“共同完成了犯罪”，还是只是“共同完成了行为”，进而可以实现对整个共同犯罪本质的统一解读。第三，对罪名从属性问题的研究比较封闭，没有挖掘与共犯论之间的内在关联。既然由罪名从属性问题引申出的犯罪共同说和行为共同说之争，是对共同犯罪本质的阐释，而共犯的处罚根据也是对共犯本质的说明，那么，二者完全可以相互检验、印证和支撑，进而也可为共犯从属性问题提供理论基础上的进一步佐证。然而，这种内在关联却被学界忽视了。

在本章中，笔者首先对罪名从属性问题的理论地位作出了澄清，指出其并不属于共犯从属性体系，而是共犯从属性问题的逻辑归结。其次笔者对犯罪共同说和行为共同说的对立范围进行了探讨，主张该对立同样适用于狭义共犯。最后笔者在提倡客观主义行为共同说的基础上，指出了这种观点与作为共犯处罚根据的纯粹肇因说的相通之处。由此，完成了对共同犯罪本质的统一解释，实现了共同正犯本质论与共犯处罚根据论的对接和贯通，进而为共犯最低限度的客观构成要件从属性，奠定了更加坚实的理论基础。以下展开论述。

一、罪名从属性并非共犯从属性问题

“罪名从属性”这一概念本身，似乎与共犯从属性问题挂钩。事实上，也有很多中外学者认为，罪名从属性是共犯从属性的内容之一。[2] 但笔者

[1] 参见张开骏:《共犯从属性理论的体系建构》，载《清华法学》2013 年第 6 期。

[2] 参见［日］山口厚:《刑法总论》，中国人民大学出版社 2011 年版，第 311 页；叶良方:《实行犯研究》，浙江大学出版社 2008 年版，第 55 页。

认为，“罪名从属性”实际上是一个伪问题，并不属于共犯从属性体系。

（一）共犯从属性只包括实行从属性和要素从属性

关于共犯从属性的理论体系，虽然学界尚未达成统一意见，但已经形成几种比较突出的见解。其中，部分学者认为，共犯从属性只包括实行从属性和要素从属性，前者解决共犯从属性的有无，即共犯成立犯罪未遂，是否以正犯着手实行犯罪为必要；后者解决共犯从属的程度，即在肯定共犯具有实行从属性的基础上，探讨共犯需要从属于正犯的构成要件符合性、违法性和有责性中的哪些要素。[1] 另有学者认为，对共犯从属性问题应当展开复线条的研究，不能进行简单处理，进而主张共犯从属性包括实行从属性、要素从属性和罪名从属性三个问题。罪名从属性在实行从属性和要素从属性之外，解决共犯和正犯的罪名是否必须一致的问题。[2] 还有学者采取四分法，认为共犯从属性包括可罚从属性、实行从属性、要素从属性和罪名从属性。其中，可罚从属性解决的是共犯有无独立的处罚根据的问题。[3]

笔者赞同第一种见解，主张共犯从属性体系只包括实行从属性和要素从属性。至于可罚从属性和可罚独立性，既然属于共犯处罚根据的范畴，与共犯从属性问题就不应当处于一个层次。详言之，可罚从属性说主张共犯没有独立的犯罪性和可罚性，其之所以受到处罚，乃是因为借用了正犯的犯罪性和可罚性。该观点由于明显违背刑法上的个人责任原则，早已遭到摒弃。目前，学界几乎一致认同可罚独立性说，即共犯是因为自己行为的犯罪性和可罚性才接受处罚，基于此种立场，才出现了责任共犯论、违

---

[1] 参见［日］大谷实:《刑法讲义总论》，中国人民大学出版社 2007 年版，第 368 页。

[2] 参见［日］平野龙一:《刑法总论Ⅱ》，有斐阁 1975 年版，第 345 页以下，转引自王昭武:《教唆犯从属性说之坚持与展开》，载赵秉志主编:《刑法论丛》(第 15 卷)，法律出版社 2008 年版，第 60 页。

[3] 参见［日］山中敬一:《刑法总论Ⅱ》，成文堂 2008 年版，第 797—798 页，转引自张开骏:《共犯从属性理论的体系建构》，载《清华法学》2013 年第 6 期。

法共犯论和因果共犯论三种学说。可见，可罚从属性和可罚独立性属于共犯从属性问题的基础理论，不应当将其归到共犯从属性的具体内容当中。至于罪名从属性和罪名独立性，即共犯和正犯的罪名是否一致，则主要取决于共犯有无从属性以及从属的程度，因而，罪名从属性和共犯从属性也不是一个层面的问题，前者只是后者的附属性结论。所以，上述学者将罪名从属性作为共犯从属性的内容之一，使其与实行从属性和要素从属性并列，同样不正确。

（二）罪名从属性实际上是一个伪问题

笔者认为，罪名从属性这个概念本身就不具有合理性，应将其逐出刑法领域。正如西田典之教授所言，旧时的观点才将实行从属性、极端从属性和罪名从属性这三者作为不可分割的整体而采取从属性说，这种观点的根本性思维是可罚性借用理论，也即，由于正犯的可罚性只有当其着手实行犯罪并且具备构成要件该当性、违法性和有责性时方得以认定，而且正犯的可罚性是由罪名、处罚条文来决定的，所以，共犯也就应当从属于正犯的“犯罪”。[1] 然而，如上所述，可罚性借用说和极端从属性说违背个人只就自己的罪责承担刑事责任的基本原理，因此，以此为理论根基的罪名从属性说同样不具有合理性。事实上，刑法学界已很少有人赞同共犯具有罪名从属性，绝大多数都承认共犯和正犯的罪名可以有不一致的情况，可以说，共犯之间的罪名从属性实际上已经被否定了。值得注意的是，虽然罪名从属性已经成为一个伪命题，但借由罪名从属性所引申出的犯罪共同说和行为共同说对立，却与共犯从属性尤其是要素从属性，有着密切的关联。

二、共同正犯本质之争与共犯从属性的关联

犯罪共同说和行为共同说的对立，最初是围绕共同正犯的罪名是否必须

[1] 参见［日］西田典之:《日本刑法总论》，法律出版社 2013 年版，第 348 页。

一致，即共同正犯是否限于“共犯一罪”这个问题而展开的。但笔者认为，犯罪共同说和行为共同说争论的意义不限于此，事实上，他们都从各自的视角揭示了整个共同犯罪的本质。也即，犯罪共同说认为共同犯罪就是“共同完成特定的犯罪”，行为共同说则认为共同犯罪只是“共同实施客观行为”。就狭义共犯而言，犯罪共同说对应着共犯的严格从属性，而行为共同说则对应着共犯的最小从属性。可见，犯罪共同说和行为共同说与共犯从属性问题紧密相关，进而也影响着共犯罪名独立的范围。以下展开论述。

（一）犯罪共同说和行为共同说对立的范围——是否限于共同正犯之争

在对犯罪共同说、行为共同说与共犯从属性之间的关联进行介绍之前，有一个前提性的问题必须首先厘清，那就是犯罪共同说和行为共同说的适用范围。笔者认为，二者的对立同样及于狭义的共犯。

1. 犯罪共同说和行为共同说之争只适用于共同正犯的观点

甘添贵教授认为，只有在共同正犯的场合，才存在二人以上共同实施犯罪构成要件的问题，也即，只有共同正犯对构成要件结果的实现才具有共同关系，进而才有究竟是犯罪的共同关系，还是行为的共同关系这样的问题。至于教唆犯与帮助犯，由于他们仅仅是引发或促成正犯实施犯罪构成要件，因而就构成要件结果的实现而言，共犯并未与正犯建立起共同关系，共犯和正犯之间也就不存在是犯罪共同还是行为共同的争议。[1]张开骏博士也赞同该见解，其举例对此进行了论证。甲教唆乙去盗窃，如果乙窃取了财物或者在行窃的过程中转化为抢劫，都能够认定甲通过乙的实行而实现了自己对财产法益的侵害，从而构成盗窃罪。如果乙没有实行，则甲的教唆意图没有实现，两者都不成立犯罪。可见，无论怎样，在上述场合，都不可能存在甲和乙的盗窃构成要件行为共同的问题。所以，犯罪共同说和行为共同说的争议并不涉及狭义共犯。[2]此外，其他学者也表达了

[1] 参见甘添贵：《正犯与共犯：第一讲——共同正犯之本质》，载《月旦法学教室》2003年第6期。

[2] 参见张开骏：《共犯从属性理论的体系建构》，载《清华法学》2013年第6期。

同一见解。[1]

2. 犯罪共同说和行为共同说之争同样适用于狭义共犯

笔者认为，上述学者将犯罪共同说和行为共同说的对立限于共同正犯，实际上是对二者做了形式化的解读，并不妥当。详言之，对于犯罪共同说和行为共同说中的“共同关系”，不能仅仅从字面上理解，而应当从实质层面体会其意旨。具体来讲，犯罪共同说和行为共同说并非局限于二人以上“共同‘实行’特定犯罪”或是“共同‘实行’客观行为”，而是可以进一步地理解成所谓共同犯罪，到底是二人以上“共同‘完成了’特定犯罪”还是“共同‘完成了’客观行为”。就论者所举的上述案例而言，虽然教唆者甲不可能实施符合盗窃罪基本构成要件的行为，但如果没有甲的教唆，正犯乙也不可能于当时的时空条件下实施盗窃行为，所以，虽然甲和乙并非共同实行盗窃罪的构成要件，却是共同完成了盗窃罪的构成要件。因此，就共犯和正犯而言，同样存在到底是犯罪共同，还是行为共同的问题。根据犯罪共同说，共犯和正犯就是共同犯“特定之罪”；根据行为共同说，共犯和正犯就只是共同完成“客观行为”。事实上，目前很多学者都赞同该观点，即犯罪共同说和行为共同说的对立可以适用于包括狭义共犯在内的所有共同犯罪。[2]

（二）犯罪共同说和行为共同说对立的实质——对要素从属性的要求不同

明确了犯罪共同说和行为共同说的对立同样适用于狭义共犯，就可以

---

[1] 参见张明楷：《刑法学》，法律出版社 2011 年版，第 357 页；李洁、谭堃：《论共犯从属性理论的内涵》，载《国家检察官学院学报》2011 年第 1 期。

[2] 参见王昭武：《论共谋的射程》，载《中外法学》2013 年第 1 期；陈家林：《共同正犯研究》，武汉大学出版社 2004 年版，第 63 页；陈子平：《共同正犯与共犯论——继受日本之轨迹及其变迁》，台湾五南图书出版有限公司 2000 年版，第 220 页；[日] 西田典之：《日本刑法总论》，法律出版社 2013 年版，第 358 页；[日] 大谷实：《刑法讲义总论》，中国人民大学出版社 2007 年版，第 365 页；[日] 亀井源太郎：《正犯と共犯を区别するということ》，弘文堂 2005 年版，第 16 页，[日] 内藤谦：《犯罪共同说と行为共同说》，载《法学教室》1990 年第 116 号，以上两个引注转自张开骏：《共犯从属性理论的体系建构》，载《清华法学》2013 年第 6 期。

解释二者与共犯从属性之间的关联。虽然有学者认为，随着犯罪共同说由“完全共同”向“部分共同”的转变，以及行为共同说从“自然行为共同”向“构成要件行为共同”的修正，二者已具有接近的趋势。[1] 但笔者认为，犯罪共同说和行为共同说仍然具有本质性的差别，特别体现在二者对共犯要素从属性，即共犯从属程度的要求上。

1. 犯罪共同说体现了共犯的严格从属性

不管是完全犯罪共同说还是部分犯罪共同说，都主张共同犯罪必须是共同实施同一犯罪，只不过前者要求“同一犯罪”只能是“特定的一罪”，而后者则要求“同一犯罪”只要是“实质重合的犯罪”即可。那么根据犯罪共同说，二人以上要构成共同犯罪，除了客观上要共同完成同一犯罪的行为之外，主观上还应当具有共同完成同一犯罪的故意，而且各个参与人都必须具有此种犯罪故意，否则就谈不上“共犯一罪”。正因为如此，犯罪共同说对共同犯罪的解读，被有的学者形象地称为“集团性合同行为”。[2] 据此，犯罪共同说通常会否定片面的共同犯罪、过失的共同犯罪，以及故意犯和过失犯之间的共同犯罪。那么，当犯罪共同说适用于狭义共犯时，教唆者、帮助者要与实行者构成共同犯罪，不仅自身应当符合修正的构成要件、违法并且具有犯罪故意，实行者也应当符合基本的构成要件、违法并且具备犯罪故意。这对于视犯罪故意为责任要素的结果无价值论来说，属于共犯的严格从属；对于视犯罪故意为违法要素的二元论来说，至少是共犯的限制从属。可见，根据犯罪共同说，在共犯和正犯的关系上，共犯具有比较严格的从属性。

2. 行为共同说只要求共犯的最小限从属

无论是主观主义的行为共同说还是客观主义的行为共同说，均认为所谓共同犯罪，只是二人以上共同实施客观行为，即共同犯罪的本质并不在于数人一罪这种形式层面，而是应当理解为共犯人相互利用他人行为以实

[1] 参见陈家林：《共同正犯研究》，武汉大学出版社 2002 年版，第 60 页以下。

[2] 参见陈子平：《犯罪共同说与行为共同说》，载《月旦法学教室》2004 年第 26 期。

现各自犯罪目的的一种犯罪类型。[1] 换言之，行为共同说认为共同犯罪中的“共同关系”，仅仅是指“因果的共同”，共同犯罪的意义也仅仅在于解决“客观结果的归属”。[2] 据此，将行为共同说应用于狭义的共犯，必然得出以下两个结论：其一，共犯并不从属于正犯的违法性。虽然近年来我国有越来越多的学者支持行为共同说，但有部分学者却将行为共同说解释成“违法行为的共同”，[3] 这实际上已经偏离了行为共同说的原意。根据行为共同说，[4] 共同犯罪的本质与单独犯罪无异常，它们的差别仅仅在于，单独犯罪是亲自引起构成要件结果，而共同犯罪则是将他人的行为置于自己行为的延长线，作为自己的行为加以利用而引起构成要件结果。据此，共犯人之间就只是在“客观事实”上具有共同关系，不可能由此得出共犯之间“违法共同”的结论。正如山中敬一教授所言，犯罪共同说倾向于违法连带说，而行为共同说则是以共犯之间的违法独立性为前提的。[5] 其二，根据行为共同说，共犯也不必从属于正犯故意。虽然行为共同说要求二人以上具有共同行为的意思，但这种共同行为的意思不同于共同的犯罪故意，只要行为人相互之间具有将自己的行为与他人行为因果结合的意思即可。据此，行为共同说并不要求参与人之间的故意从属性，也不会要求共犯人之间存在犯意联络，通常会承认过失的共同犯罪、故意犯和过失犯之间的共同犯罪以及片面的共同犯罪。由上可见，根据行为共同说，共犯不应当从属于正犯的违法性，也不应当从属于正犯故意，所以在共犯和正犯的关系

---

[1] 参见阎二鹏：《共犯本质论——基于“个人责任”的反思性检讨》，载赵秉志主编：《刑法论丛》(第 19 卷)，法律出版社 2009 年版，第 211 页。

[2] 参见［日］山中敬一：《日本刑法共犯论之基础》，陈子平监译，载《东海法学研究》1996 年第 10 期。

[3] 参见张明楷：《刑法学》，法律出版社 2011 年版，第 358 页；黎宏：《共同犯罪行为共同说的合理性及其应用》，载《法学》2012 年第 11 期；钱叶六：《共犯与正犯罪关系论》，载《中外法学》2013 年第 4 期。

[4] 这里是指客观主义行为共同说，主观主义行为共同说被认为不注重构成要件观念，有违背罪刑法定原则之嫌，已遭摒弃。下文还将就此作出说明。

[5] 参见［日］山中敬一：《日本刑法共犯论之基础》，陈子平监译，载《东海法学研究》1996 年第 10 期。

上，共犯具有最小从属性。

（三）客观主义行为共同说及其应然的理论归结——共犯的最小限从属

笔者认为，在犯罪共同说和行为共同说的对立当中，客观主义行为共同说真正反映了共同犯罪的本质，根据这一理论立场得出的共犯具有最小从属性的结论，也形成了体系之内的相互印证，同时为共犯和正犯之间罪名不一致的问题，提供了理论基础。以下展开论述。

1. 完全犯罪共同说已成为历史性学说

完全犯罪共同说特别重视犯罪的定型性，主张共同犯罪之成立，必须是数人共同实施同一个故意犯罪，不同的故意犯罪之间则不可能有成立共同犯罪的余地。因此，根据完全犯罪共同说认定的共同犯罪，各参与人的罪名必须完全一致。[1] 我国司法实务就存在因参与者的主观故意不同，否定其为共同犯罪的判例。[2]

然而，完全犯罪共同说并不合理，这在各国的刑法学界已成为共识。第一，完全犯罪共同说对共同犯罪的理解过于形式化，没有真正回答共同犯罪的本质是什么。完全犯罪共同说认为，共同犯罪就是共同实施刑法所规定的犯罪。然而，如果进一步追问，刑法因何能确定共同犯罪的成立，完全犯罪共同说则无法给出回答。可见，完全犯罪共同说不可能为共同犯罪的成立提供实质依据。第二，完全犯罪共同说是团体责任的表现。如我国学者阎二鹏所言，完全犯罪共同说将共同犯罪视为一种“集团性合同行为”，将共同犯罪的主体视为“犯罪集团”这种超个人的存在，而不是从行为人个人的角度考虑其罪责，这必然违反了个人责任原则。实际上，完全

---

[1] 参见陈子平：《犯罪共同说与行为共同说》，载《月旦法学教室》2004 年第 26 期。

[2] 该案的基本案情是：甲绑架了丙，企图勒索钱财，但甲欺骗乙说是因为丙欠他的钱不还才绑架他，让乙帮忙看管丙，以防止其逃走，乙照办。审理该案的法院认为，由于乙认为自己是在帮甲追还欠款，所以，尽管甲主观上具有绑架故意，乙却仅仅具有非法拘禁的故意。既然二者不具有共同的犯罪故意，就不应当成立共同犯罪，而应分别以绑架罪和非法拘禁罪论处［参见国家法官学院、中国人民大学法学院编：《中国审判案例要览》（2001 年刑事审判案例卷），中国人民大学出版社 2002 年版，第 61 页］。

犯罪共同说和备受诟病的共同意思主体说的理论旨趣是一致的，二者均是团体责任的表现，不足为取。[1] 第三，根据完全犯罪共同说认定的共同犯罪的范围过于狭窄，会导致不合理的结论。如甲教唆乙把丙打成重伤，但乙却直接将丙杀死。根据完全犯罪共同说，由于甲、乙的犯罪故意不完全相同，二者不构成共同犯罪，应按照单独犯罪处理，即乙构成故意杀人罪，甲构成故意伤害罪（未遂）。问题是，如果乙只是实施了重伤行为，对甲都要按照伤害罪既遂处理，在乙实施了更严重的杀人行为时，却只能将甲认定为故意伤害罪的未遂犯，这明显有失公正。综上，完全犯罪共同说并不可取，事实上，现今也很少有人支持该说。

2. 部分犯罪共同说在论理和具体结论上均有缺陷

为了修正完全犯罪共同说导致共同犯罪的范围过于狭隘之弊病，部分犯罪共同说脱颖而出。根据该说，即便共犯人意欲完成的是不同的犯罪，但只要这些犯罪具有实质重合的部分，仍然可以认定他们就该重合部分构成共同犯罪。[2] 该说不仅在日本一度成为通说，[3] 在我国亦受到了诸多学者的支持。[4] 据此，在二人共同实施暴行，一人具有杀人故意，另一人具有伤害故意，由后者直接导致被害人死亡的场合，由于故意杀人罪和故意伤害罪在伤害罪的范围内是实质重合的，所以，能够认定甲和乙在故意伤害致死的范围内成立共同犯罪，至于最终对甲的行为如何处理，部分犯罪共

---

[1] 参见阎二鹏：《共犯本质论——基于“个人责任”的反思性检讨》，载赵秉志主编：《刑法论丛》（第19卷），法律出版社2009年版，第209页。完全犯罪共同说的前两点缺陷，部分犯罪共同说也存在，下文将做说明。

[2] 参见陈子平：《犯罪共同说与行为共同说》，载《月旦法学教室》2004年第26期。

[3] 参见［日］大塚仁：《刑法概说》（总论）》中国人民大学出版社2003年版，第270页；［日］大谷实：《刑法讲义总论》，中国人民大学出版社2007年版，第366页。

[4] 参见陈兴良：《共同正犯：承继性与重合性——高海明绑架、郭永杭非法拘禁案的法理分析》，载陈兴良主编：《刑事法评论》（第21卷），北京大学出版社2007年版，第49页（虽然陈兴良教授并未直接表明其赞同部分犯罪共同说，但根据陈教授在该篇文章中的论述，其实际上是支持该说的）；周光权：《刑法总论》，中国人民大学出版社2011年版，第209页；陈家林：《共同正犯研究》，武汉大学出版社2004年版，第63页以下；甘添贵：《正犯与共犯：第一讲——共同正犯之本质》，载《月旦法学教室》2003年第6期。

同说内部也存在分歧。一种观点认为，虽然甲与乙构成故意伤害致死的共犯，但由于甲另有杀人的故意和行为，所以最终成立杀人罪。[1] 另一种观点则认为，既然甲已经和乙构成故意伤害致死的共同犯罪，那么，就其实施的杀人部分而言，只能论以未遂，否则就是对被害人死亡结果的重复归责，所以，甲最终构成故意伤害罪（致死）和故意杀人罪（未遂）的想象竞合。[2]

笔者认为，部分犯罪共同说同样不具有合理性。第一，部分犯罪共同说并没有摆脱犯罪共同说在论理上的缺陷。虽然部分犯罪共同说将“共同实施特定的犯罪”扩大解释为“共同实施实质重合的犯罪”，但该说的理论基础与完全犯罪共同说仍然是一致的，即还是认为共同犯罪必须是“共犯一罪”，只不过是将“完全相同的一罪”替换成了“重合部分的犯罪”而已。所以，根据部分犯罪共同说，共犯之间依然具有比较严格的从属性。[3] 详言之，要成立共同犯罪，不仅二人以上需要共同完成重合之罪的构成要件，参与行为均违法，而且参与者还必须就重合之罪具有共同的犯罪故意。然而，从共犯的处罚根据出发，包括部分犯罪共同说在内的犯罪共同说，对于共同犯罪成立条件的上述解释和要求，并非得到普遍认可的因果共犯论的理论归结。[4] 而且，部分犯罪共同说和完全犯罪共同说一样，在论理上存在团体责任之嫌。[5] 第二，如有学者所言，部分犯罪共同说认定数人就“重合之罪”暂时成立共同犯罪，没有实际意义。[6] 例如，甲教唆乙盗窃，结果乙实施了抢劫。根据部分犯罪共同说，虽然先认定甲和乙在盗窃

[1] 参见周光权：《刑法总论》，中国人民大学出版社 2011 年版，第 208 页。

[2] 参见甘添贵：《正犯与共犯：第一讲——共同正犯之本质》，载《月旦法学教室》2003 年第 6 期。

[3] 值得说明的是，这种从属性在共同正犯之间是一种双向的、互相的从属；在共犯和正犯之间则是单向的、片面的从属。

[4] 参见［日］前田雅英：《刑法总论讲义》，东京大学出版会 2006 年版，第 419 页，转引自张明楷：《刑法学》，法律出版社 2011 年版，第 359 页。

[5] 参见阎二鹏：《共犯本质论——基于“个人责任”的反思性检讨》，载赵秉志主编：《刑法论丛》（第 19 卷），法律出版社 2009 年版，第 220—223 页。

[6] 参见钱叶六：《共犯与正犯罪关系论》，载《中外法学》2013 年第 4 期。

罪的范围内构成共同犯罪，但最终还是将甲认定为盗窃罪，将乙认定为抢劫罪，如此一来，先前对二人就重合部分构成共同犯罪的认定，就并无意义，而且存在重复评价之虞。第三，部分犯罪共同说在具体问题上，仍然会得出不当的结论。如甲教唆乙杀丙，结果乙只把丙打成重伤。根据部分犯罪共同说，甲和乙只在故意伤害致死的范围内成立共同犯罪，在此之外，由于甲没有分担任何实行行为，乙也并未实施杀人行为，所以，就甲教唆杀人的事实而言，故意杀人罪的未遂也无法成立。然而，在甲基于杀人故意而实施了教唆行为，并因此导致被害人死亡的情况下，却只能将甲认定为故意伤害罪（致死），这明显与其应当承担的罪责不相应。[1] 以共同正犯为视角，部分犯罪共同说同样不合理。例如，甲、乙二人分别出于杀人故意和伤害故意，共同实行暴力导致丙死亡，但无法查清死亡结果是谁引起的。由于部分犯罪共同说仅承认二人就故意伤害罪成立共同犯罪，所以，只应当将二者认定为故意伤害致死的共同正犯，至于杀人的部分，根据存疑有利于被告人的原则，只能将甲认定为故意杀人罪未遂。问题在于，不管最终是将甲认定为故意伤害致死，还是故意杀人罪未遂，都不妥当，要么忽视了甲主观上的杀人故意，要么无视其行为已经导致被害人死亡的事实。[2] 综上，部分犯罪共同说亦不足为采。

3. 客观主义行为共同说及作为其理论归结的共犯最小限从属之合理性

笔者认为，关于共同犯罪的本质，行为共同说的观点是合理的。前文提到，犯罪共同说和行为共同说的对立，同样适用于狭义共犯。所以，根据行为共同说，在共犯和正犯的关系上，共犯就应当仅仅具有最小从属性，即共犯只是从属于正犯该当构成要件的客观行为，至于作为价值判断的违法性和有责性，以及属于主观内容的故意和过失，则应根据共犯和正犯自身的情况独立地判断。在这一认知下，共犯和正犯罪名不一致的范围，会比较宽。以下展开论述。

[1] 参见自王昭武：《论共谋的射程》，载《中外法学》2013 年第 1 期。

[2] 参见钱叶六：《共犯与正犯罪关系论》，载《中外法学》2013 年第 4 期。

第一，主观主义行为共同说忽视各罪构成要件的定型性，因而不可取。行为共同说最初是由新派学者提出，所以其产生之初，带有浓厚的主观主义色彩，被称为“主观主义的行为共同说”。该观点虽然也认为，共同犯罪的本质就是数人以共同的行为实现各自的犯罪，但其同时认为，所谓共同行为，只要是自然意义上的行为的共同即可，不要求是构成要件行为的共同。[1] 正因为如此，该说一直受到“破坏构成要件观念”“违反罪刑法定原则”之诟病，现今已基本无人支持。

第二，客观主义行为共同说不仅重视构成要件观念，而且在论理上真正体现了“个人责任原则”。针对主观主义行为共同说的弊病，客观主义行为共同说立足于构成要件的法治国要求，对其作出了修正，主张共同犯罪的本质在于，二人以上通过共同完成构成要件行为，实现了各自的犯罪。因此，这种观点又被称为“构成要件行为共同说”。[2] 由于这种行为共同说与客观主义刑法立场进行了很好的融合，所以，不仅在日本受到了诸多权威学者的认同，[3] 在我国支持者也越来越多。[4] 笔者认为，客观主义行为共同说对共同犯罪的解读，真正摆脱了团体责任的怪圈。详言之，根据客观主义行为共同说，所谓共同犯罪，就是各参与人为了扩大自己行为的因果

---

[1] 参见［日］牧野英一：《改订日本刑法》，有斐阁 1932 年版，第 361 页以下，转引自阎二鹏：《共犯本质论——基于“个人责任”的反思性检讨》，载赵秉志主编：《刑法论丛》（第 19 卷），法律出版社 2009 年版，第 210 页。

[2] 参见［日］山中敬一：《日本刑法共犯论之基础》，陈子平监译，载《东海法学研究》1996 年第 10 期。

[3] 参见［日］山口厚：《刑法总论》，付立庆译，中国人民大学出版社 2011 年版，第 305 页；［日］平野龙一：《刑法总论Ⅱ》，有斐阁 1975 年版，第 365 页；［日］前田雅英：《刑法总论讲义》，东京大学出版会 2006 年版，第 414 页，这两个注释转引自王昭武：《论共谋的射程》，载《中外法学》2013 年第 1 期；［日］川端博：《共犯の理论》，成文堂 2008 年版，第 30—31 页，转引自张开骏：《共犯从属性理论的体系建构》，载《清华法学》2013 年第 6 期。

[4] 参见阎二鹏：《共犯本质论——基于“个人责任”的反思性检讨》，载赵秉志主编：《刑法论丛》（第 19 卷），法律出版社 2009 年版，第 224 页以下；王昭武：《论共谋的射程》，载《中外法学》2013 年第 1 期；张明楷：《刑法学》，法律出版社 2011 年版，第 358 页；黎宏：《共同犯罪行为共同说的合理性及其应用》，载《法学》2012 年第 11 期；钱叶六：《共犯与正犯的关系论》，载《中外法学》2013 年第 4 期。

性影响范围，将他人行为作为自己行为的延长线加以利用，以实现自己的犯罪。[1] 据此，共同犯罪的参与人既不是对他人的行为，也不是对共同的行为负责，而是对自己的行为负责。综上，与犯罪共同说强调团体责任不同，行为共同说成功地在共同犯罪中引入了个人责任原则。

第三，客观主义行为共同说能够妥当地处理具体问题。前文提到的部分犯罪共同说无法妥善解决的案件，根据行为共同说可以得出合理的结论。例如，在甲教唆乙杀人，结果乙只实施了重伤行为的场合，根据行为共同说，虽然甲、乙不具有相同的犯罪故意，但二人就“乙去行凶”有共同的意思，而且也确实通过甲的教唆、乙的实行共同完成了“乙去行凶”这一行为，所以，甲和乙就“乙的行凶行为”具有共同关系，据此，针对乙的行为及其导致他人死亡的结果，也要对作为利用者的甲进行归责。在此基础之上，由于甲具有杀人故意，所以定故意杀人罪既遂（教唆犯）；由于乙只具有伤害故意，因而定故意伤害罪致死（实行犯）。这便避免了根据部分犯罪共同说，只能将甲认定为故意伤害罪致死的不合理之处。再如，当甲、乙二人分别出于杀人故意和伤害故意，共同实行暴力导致他人死亡，但无法查清是谁的行为所致时，根据行为共同说，由于二人就“行凶行为”具有共同关系，所以，甲和乙不仅要对自己的行凶行为负责，还要对作为自己行为延长线的他人的行凶行为负责，因此，是甲的行为，还是乙的行为导致被害人死亡，并不重要。就本案而言，即便无法查清死亡结果由谁造成，也能够将甲认定为故意杀人罪既遂，将乙认定为故意伤害罪致死。如此，避免了根据部分犯罪共同说只能将甲认定为故意伤害罪致死和故意杀人罪未遂的想象竞合，从而导致的处罚不力的问题。

第四，客观主义行为共同说不会导致共同犯罪的范围无端扩张。有学者认为，行为共同说主张数人没有共同的犯罪故意也能成立共同犯罪，[2] 在

---

[1] 参见陈子平:《刑法总论》，台湾元照出版公司 2006 年版，第 102 页。

[2] 参见甘添贵:《正犯与共犯：第一讲：共同正犯之本质》，载《月旦法学教室》2003 年第 6 期。

完全不同的犯罪之间亦能成立共同犯罪，[1] 这会导致共同犯罪的处罚范围被不合理地扩大化。笔者并不认同该项批评。根据客观主义行为共同说认定的共同犯罪，也要受到两点约束。一是数人共同完成的必须是构成要件行为，而非松散的自然意义上的行为。二是数人的行为必须具有共同性，否则根本不可能形成共同关系。如有学者所言，在杀人与盗窃、伤害与诈骗、爆炸与抢劫等犯罪之间，根本不具有任何共同的地方，即使是行为共同说也不会认为，二人以上可以就这些犯罪形成共同关系。[2] 笔者认为，由于客观主义行为共同说强调共同犯罪的本质是二人以上就共同完成的同一构成要件结果进行客观归属，所以，在不同的犯罪之间成立共同犯罪的前提是，不同的构成要件在构成要件结果上具有同一的部分，而非任何不同的犯罪之间都能成立共同犯罪。

明确了客观主义行为共同说的合理性，结合犯罪共同说和行为共同说的对立同样适用于狭义共犯的主张，就可以得出以下结论：整个共同犯罪的本质都在于事实层面的“构成要件行为的共同”，至于规范意义上的违法性和有责性，则应根据各参与者个体的情况独立地判断。基于此，共同正犯之间，共犯与正犯之间，罪名不一致的范围都是比较宽的。

三、共犯不具有罪名从属性的具体表现

明确了共同犯罪的本质，就可以对共同犯罪的参与人之间罪名不一致的情形，作出梳理。以下主要以共犯和正犯之间罪名不一致的情形为视角，并根据正犯行为是否超出共同行为的意思为标准，将共犯罪名独立的情形进行分类。

[1] 参见陈兴良：《共同正犯：承继性与重合性——高海明绑架、郭永杭非法拘禁案的法理分析》，载陈兴良主编：《刑事法评论》（第 21 卷），北京大学出版社 2007 年版，第 42 页。

[2] 参见钱叶六：《共犯与正犯的关系论》，载《中外法学》2013 年第 4 期。

（一）正犯行为未超出共同行为意思的场合

前文提到，共同犯罪的本质仅仅在于数人共同完成该当构成要件的客观行为，据此，即便正犯行为并未超出数人共同行为的意思，共犯和正犯的罪名也可能出现不一致的情况，主要表现为以下三种情形。

1. 因不同构成要件具有重合部分导致的共犯罪名之独立

其一，二人以上共同行为时，如果他们意图实现的构成要件具有法条竞合上的重合关系，他们之间的罪名就会出现不一致的情况。例如，邮政工作人员甲利用职务上的便利，教唆普通公民乙开拆他人信件，数量较大。本案中，虽然甲和乙共同实现了开拆他人信件的行为及结果，因而都要对此负责，但由于刑法根据主体身份的不同，在刑法第 252 条侵犯通信自由罪之外，专门针对邮政工作人员侵犯通信自由的行为规定了第 253 条私自开拆、隐匿、毁弃邮件、电报罪，与前者形成普通法和特别法的竞合关系，所以，最终会将甲认定为私自开拆、隐匿、毁弃邮件、电报罪，而将乙认定为侵犯通信自由罪。再如，乙组织卖淫，甲提供协助。显然二人也具有行为上的共同关系，但由于我国刑法在组织卖淫罪之外特别规定了协助组织卖淫罪，所以，甲并非与乙共同成立组织卖淫罪（帮助犯），而是单独构成协助组织卖淫罪。其二，二人以上共同行为时，尽管他们意图实现的构成要件不具有狭义上法条竞合的重合关系，但如果具有实质上的重合关系，也会出现罪名不一致的情况。如杀人罪和伤害罪、绑架罪和非法拘禁罪、抢劫罪和盗窃罪、盗窃罪和侵占罪等，即便认为它们之间不存在法条竞合关系，但考察具体犯罪的实质，这些犯罪之间就某一部分而言确实是重合的。因此，当二人以上分别意图实现这些具有实质重合关系的犯罪时，如果能够认定他们属于共同行为，可就同一结果对各参与人进行客观归属，就成立共同犯罪关系，但他们最终构成的罪名却是不同的。[1]

---

[1] 我国司法实务也存在承认二人以上可以就具有实质重合关系的不同犯罪，成立共同犯罪的案例（参见最高人民法院主编:《刑事审判参考》总第 52 辑第 408 号）。

2. 因共犯不从属于正犯的不法导致的罪与非罪

客观主义行为共同说认为，共同犯罪的本质仅仅在于二人以人共同实现构成要件行为。据此，各参与行为在价值判断上是否具备违法性，理应根据各参与者自身的情况个别地判断。而共犯独立于正犯的不法，不仅仅是共犯和正犯之间罪名不一致的问题，而是可能直接导致共犯和正犯之间出现罪与非罪的差别。如甲、乙给丙打电话，邀约向丙购买 10 克海洛因。后甲、乙主动开车来找丙，将其接到交易地点，在丙正准备交付毒品时，被警察抓获。事后得知，甲、乙为警察安排的线人。[1] 本案中，如果不考虑甲、乙、丙各自的身份及主观目的，他们确实在客观上共同促成了丙贩卖毒品的未遂行为，所以具有行为上的共同关系。然而，当考察他们各自的违法性时，由于甲、乙促进丙贩卖毒品的行为实际是警察合理运用的特情手段，因而不具备违法性，最终不够成犯罪；而丙贩卖毒品未遂的行为，并没有任何违法阻却事由，具备违法性，应单独构成贩卖毒品罪。再如，甲的母亲乙因病半身不遂，不堪疾病困扰，央求甲买农药给她。甲多次拒绝，但乙一直坚持，甲便买回。但甲不忍拿给乙，乙便拿起枕边的棍子打甲，让甲打开瓶盖，甲无奈打开瓶盖交给乙，乙服用后身亡。[2] 本案中，甲购买农药交给乙和乙服用农药的行为，具有共同行为的关系，因而，就乙的死亡结果对甲、乙二人都应当进行归属，但由于乙自杀的行为属于处分个人法益，是合法的，故即便其自杀未遂，也不构成犯罪，而甲帮助乙自杀的行为，则是侵害了他人的生命法益，具备违法性，理应单独认定为故意杀人罪(帮助犯)。

---

[1] 新疆维吾尔自治区乌鲁木齐市水磨沟区人民法院（2013）水刑初字第 51 号刑事判决；新疆维吾尔自治区乌鲁木齐市中级人民法院刑事裁定书（2013）乌中刑一终字第 86 号。

[2] 参见钟亚雅等:《帮助自杀，罪不可恕，其情可悯》，载《检察日报》2012 年 6 月 6 日，第 5 版。

3. 因共犯不从属于正犯的故意导致的罪名之独立[1]

根据客观主义行为共同说，既然共同犯罪的本质在于客观行为之共同，那么，共同犯罪的参与人只要具有共同行为的意思即可，根本不必具有共同的犯罪故意，所以，在不同的故意犯罪以及故意犯罪和过失犯罪之间，都可能成立共同犯罪，这便会出现共犯和正犯罪名不一致的情况。其一，因共犯不从属于正犯的故意而导致共犯和正犯成立不同故意犯罪的情形。例如，甲欲杀丙，将致命毒药交给乙，欺骗乙说只是使人负伤的药品，教唆乙给丙服用。乙照办，结果丙身亡。山中敬一教授认为，本案中，由于乙明知甲给自己的是"使人致伤之药"，在此种认知之下，乙完全有可能拒绝给丙服用，即对于甲来说，乙属于规范障碍，故不能认定甲构成故意杀人罪的间接正犯。其进一步指出，由于共犯的本质也是在于其自身之犯罪，而非在于从属于正犯之犯罪，所以本案中，甲和乙完全可能成立不同的犯罪，即甲构成杀人罪的教唆犯，乙则构成伤害罪的正犯。[2]换言之，共犯和正犯完全可以就不同的故意犯罪而形成共同关系。其二，因共犯不从属于正犯的故意而导致共犯和正犯分别成立故意犯罪和过失犯罪的情形。如医生甲欲杀害患者丙，命令护士乙向丙注射毒药，乙却误以为甲让其注射的是治病用的药物，未经检查就给丙注射，导致丙死亡。本案中，甲和乙具有行为上的共同关系，因而就丙的死亡，应同时归属给甲和乙。其中，由于甲具有教唆杀人的故意，所以应当成立故意杀人罪的教唆犯；而乙仅仅具有疏忽过失，应成立过失致人死亡罪。[3]可见，共犯和正犯之间主观

---

[1] 针对犯罪故意在犯罪论体系中的地位，结果无价值论和违法二元论的立场有所不同，前者认为犯罪故意是责任要素，后者则认为犯罪故意是违法要素，二者各执一词，尚无定论。所以，笔者特意将"因共犯不从属于正犯故意"所导致的二者罪名不一致的问题，从违法性和有责性中独立出来进行说明。此外，虽然共犯不从属于正犯的有责性，也会导致共同关系的参与人之间罪名的偏一，但由于共犯不从属于正犯的有责性已成为共识，并且，由此导致的共犯人之间罪名的独立或偏一也并非典型，所以不再单独介绍。

[2] 参见［日］山中敬一：《日本刑法共犯论之基础》，陈子平监译，载《东海法学研究》1996年第10期。

[3] 山中敬一教授亦赞同该观点（［日］山中敬一：《日本刑法共犯论之基础》，陈子平监译，载《东海法学研究》1996年第10期）。

要素的各自独立，同样会导致他们之间罪名的独立。

（二）正犯行为超出共同行为意思的场合

前文提到的共犯和正犯罪名不一致的情形，仍然是以共犯和正犯具有共同关系为前提的，即共犯和正犯在共同行为的关系中，所存在的罪名独立的情况。以下将介绍正犯行为超出共同行为的意思之场合，即正犯的部分行为脱离共犯关系时，共犯和正犯罪名不同的情形。

1. 因正犯构成想象竞合导致的共犯罪名之独立

笔者认为，尽管共犯和正犯具有共同行为的意思，但如果正犯超出这一共同意思，利用一个行为侵害了数个法益的，虽然正犯应当按照想象竞合的处理原则从一重罪处罚，但对于共犯而言，由于正犯另外侵害的法益已经超出了共同关系，所以共犯只应当成立共同意思之内的犯罪，由此便会形成共犯和正犯之间罪名的不一致。如甲雇用乙杀丙，乙自主决定用爆炸的方式实施，遂将炸药运至丙居住的房屋后引爆，结果造成丙的两名亲属及附近的一名工作人员死亡，丙和另外两人轻伤，另外造成相邻房屋财产损失130余万元的后果。[1]笔者认为，在本案中，甲和乙仅仅对于“杀害丙的行为”具有共同关系，由于乙实施的杀人行为不仅侵犯了丙的生命法益，同时也侵犯了公共安全，而后者已经超出了甲和乙原本形成的共同意思，所以，尽管乙构成故意杀人罪和爆炸罪的想象竞合，可能会被认定为评价更加全面的爆炸罪，甲却只构成故意杀人罪（未遂）。[2]可见，即便二人有以上共同行为，但如果其中有人利用一行为侵害数法益从而构成想象竞合犯，就应当认为其额外侵害的法益已经超出了共同行为的意思，其他参与者不应当就该结果负责，由此就会出现参与人罪名独立的现象。

2. 因正犯构成转化犯导致的共犯罪名之独立

如果共犯和正犯已经就某一构成要件行为形成共同意思，但正犯超出

---

[1] 参见姜兴长主编:《刑事审判指导》2004年第1辑，人民法院出版社2004年版，第18页。

[2] 审理该案的二审法院也是如此改判的（参见姜兴长主编:《刑事审判指导》2004年第1辑，人民法院出版社2004年版，第18页）。

此种共同意思而额外实施了连带性行为，从而触犯了刑法所规定的更严重的犯罪时，虽然正犯成立转化后的重罪，但就共犯而言，由于正犯实施的连带性行为不属于共同行为的范畴，所以共犯不应当对此负责，只成立转化前的轻罪，这也导致了共犯和正犯之间罪名的不一致。例如，甲、乙、丙三人共谋盗窃，甲在门外望风，乙、丙入室盗窃他人财物后被民警发现，遂各自逃窜，后乙在逃跑的过程中为了抗拒抓捕将民警刺死。本案中，虽然甲、乙、丙就盗窃行为具有共同关系，其中，甲属于帮助犯，乙、丙属于正犯，但由于乙又超出共同行为的意思实施了以暴力抗拒抓捕的行为，所以乙最终要成立刑法第 269 条的转化型抢劫罪，而甲和丙则基于对盗窃行为的共同关系，分别构成盗窃罪的帮助犯和正犯。[1] 再如，甲女因私怨教唆其男朋友乙纠结丙、丁等人与另一拨人斗殴，丙在斗殴的过程中用匕首将一人刺死。本案中，甲、乙、丙、丁等人就聚众斗殴行为具有共同关系，其中，甲起到教唆作用，乙、丙、丁则为直接实行者。由于丙在斗殴的过程中额外实施了杀人行为，根据我国刑法第 292 条第 2 款的规定，应转化为故意杀人罪，至于甲、乙、丁等人，则无须就该超出共同行为意思的杀人行为负责，只成立聚众斗殴罪。[2]

3. 因正犯构成数罪导致的共犯罪名之独立

在共犯和正犯共同行为的意思之外，如果正犯又实施了其他行为，并由此导致其触犯了前后数个不同的犯罪时，虽然共犯只就共同意思之内的行为成立犯罪，但正犯却要成立数个罪名，这在表面上看来，也会形成共犯和正犯之间罪名不一致的现象。当然，这种情形还应当分为以下两种情况来考虑。其一，如果刑法将两个原本独立的犯罪行为规定为一个结合犯，共犯只实施了其中一项犯罪行为，正犯则超出共同行为的意思又实施了结合犯中的另一项犯罪行为时，共犯和正犯就是各自成立不同的罪名。如甲教唆乙杀丙，结果乙将丙绑架并向其家属勒索财物之后，才将丙杀死。虽

---

[1] 具体案情及判决参见最高人民法院法院主编：《刑事审判参考》总第 13 辑第 86 号。

[2] 具体案情及判决参见湖南省邵阳市中级人民法院刑事判决书（2012）邵中刑一初字第 28 号。

然甲、乙就“杀害丙的事实”具有共同行为之关系（甲起到教唆作用，乙为直接实行者），但由于乙另外又实施了绑架行为，并且刑法第239条将绑架过程中的故意杀人行为，统一作为结合犯绑架罪处理，所以甲最终构成故意杀人罪（教唆犯），乙则直接成立绑架罪（正犯）。其二，如果刑法并未将原本独立的犯罪行为规定为结合犯，那么，当正犯超出共同行为的意思，另外实施了其他构成要件行为时，正犯要成立前后数个犯罪，共犯则仅仅成立共同意思之内的犯罪。如甲教唆乙入户盗窃，乙入户行窃后，又临时起意强奸了房间的女主人。本案中，尽管甲、乙共同完成了盗窃行为，但由于乙超出二人共同行为的意思，另外实施了与盗窃行为完全独立的强奸行为，所以乙同时构成盗窃罪（正犯）和强奸罪，数罪并罚；甲则只成立盗窃罪（教唆犯）。虽然个别参与人超出共同行为的意思，实施了数个犯罪行为，进而导致原共同犯罪的参与人之间最终成立的罪名不完全一致，应属理所当然，但基于系统梳理共犯罪名独立性的需要，这里也特别指出。

四、本章小结

罪名从属性问题并不属于共犯从属性体系，而是共犯从属性的附属性问题。共犯从属性体系只包括从属性的有无以及从属的程度两个问题，即实行从属性和要素从属性。至于共犯之间到底是罪名从属，还是罪名独立，在确定了共犯有无从属性以及从属程度之基础上，就可以作出相应的回答。因此，将罪名从属性归于共犯从属性体系，使其与实行从属性和要素从属性并列，并不妥当。而且，由于目前很少有观点主张共犯人之间的罪名必须完全一致，所以，罪名从属性已经成为一个伪命题。虽然罪名从属性问题并不属于共犯从属性的内容，但借由罪名从属性问题引发的犯罪共同说和行为共同说的对立，却能够阐释整个共同犯罪的本质，从而能够与共犯的处罚根据相互印证，进而也就能够为共犯的从属性，尤其是要素从属性，提供进一步的理论支撑。尽管犯罪共同说和行为共同说一直被视为对共同正犯本质的说明，但事实上二者的对立同样适用于狭义共犯，因为不管是共同正犯之间，还是共犯和正犯之间，都存在到底是共同完成了“行为”，还是共同完成了“犯罪”的问题。因此，就狭义共犯而言，犯罪共同说实际上意味着共犯具有较严格的从属性，即共犯不仅要从属于正犯客观上该当构成要件的不法，还要从属于正犯主观上的故意；而行为共同说则意味着共犯具有最小限从属性，即共犯只需要从属于正犯客观上的行为。由于完全犯罪共同说和部分犯罪共同说在论理和对具体问题的处理上存在诸多不合理之处，主观主义行为共同说有破坏构成要件观念之嫌，故立足于客观主义的行为共同说即构成要件行为共同说，是可取的。根据客观主义行为共同说，整个共同犯罪的本质都在于，各参与人为了扩大自己行为的因果性影响，通过与他人协力完成该当客观构成要件的事实，以分别实现自己对法益的侵害。这一立场与纯粹肇因说对狭义共犯本质的说明是一致的。而这种被客观主义行为共同说印证的纯粹肇因说，又再次为“共犯的客观构成要件从属性说”奠定了坚实的理论基础。

第八章

共犯从属性理论的新近发展

本书第二章至第七章的内容，是笔者博士论文的主体部分，完成于2014年3月，收录于清华大学学位论文服务系统。毕业后，一直有将博士论文出版的想法，但由于各种主观和客观的原因而耽搁下来。截至出版事宜联系稳妥，已时隔五年有余，共犯从属性问题的理论研究有了新的发展，实践中的应用也出现了新的动向。在对此作出梳理的基础上，增加以下两章内容，作为笔者前期博士论文观点的延伸和应用。

一、区分制在与单一制的对峙中渐入劣势

虽然我国刑法并未明确使用正犯和共犯的概念，但继受德日刑法教义学的基本框架，区分正犯和共犯的犯罪参与体系已成为我国在解释共同犯罪问题上的主基调。然而，近几年来，单一制阵营在我国的发展势头越发强劲，区分制阵营面对直击理论根基的质疑和批评，并没有作出有力的回应和调整，在对峙中逐渐转入劣势。

（一）单一制阵营不断发展壮大

近几年，单一制的合理性受到我国越来越多学者的认同。以往单一制处于小众观点的局面，已被极大地扭转。作为我国单一制体系的有力倡导者，刘明祥教授近年来发表了系列单一制立场应用类的论文，围绕具体问题将既往提出的单一制的基本观点一一展开。但刘明祥教授针对区分制的主要批评，仍然是集中于以下两点。一是间接正犯、共同正犯以及共谋共同正犯类型，这些为弥补区分制体系的缺陷而提出的扩张的正犯概念，实际上背离了区分正犯和共犯的初衷，已经动摇了区分制的根基。对过失共同正犯问题的争议，也暴露了区分制体系上的自相冲突。二是立足于区分制采取共犯从属性说，不可避免地会形成处罚漏洞，以致轻纵犯罪。而立足于单一正犯体系，可以简单地实现对上述参与行为定罪和量刑的合理化，并且可以根据处罚必要性，灵活地掌握对参与人的处罚边界。[1]就其他支持单一制的学者而言，近年来比较突出的现象是，特别针对区分制体系之下间接正犯概念存在的问题，以及我国刑法关于共同犯罪的规定，阐释单一制的可取性。如张伟教授陆续发文指出，区分制之下正犯的标准逐渐实质化，特别是犯罪支配理论的兴起，已经导致间接正犯的概念泛化。如此一来，限制正犯概念建立在构成要件明确性上的所谓限制机能荡然无存，正犯和共犯的界限愈显模糊，在本质上，已经瓦解了限制正犯概念及以此为基础建构起来的区分制体系。[2]黄明儒教授也指出，对于区分制之下通过间接正犯概念解决的利用他人犯罪的“支配性”行为类型，运用单一正犯体系即可作出科学、合理的处理，并且更有利于实现罪刑均衡。[3]此外，

---

[1] 参见刘明祥：《论我国刑法不采取共犯从属性说及利弊》，载《中国法学》2015 年第 2 期；刘明祥：《间接正犯概念之否定——单一正犯体系的视角》，载《法学研究》2015 年第 6 期；刘明祥：《区分制理论解释共同过失犯罪之弊端及应然选择》，载《中国法学》2017 年第 3 期；刘明祥：《从单一正犯视角看共谋共同正犯论》，载《法学评论》2018 年第 1 期；刘明祥：《单一正犯视角下的共同正犯问题》，载《中外法学》2019 年第 1 期。

[2] 参见张伟：《间接正犯泛化与统一正犯体系的确立》，载《法学论坛》2018 年第 3 期。

[3] 参见黄明儒、王振华：《论单一正犯体系视域下间接正犯概念之否定》，载《东南大学学报》（哲学社会科学版）2017 年第 6 期。

刑法规范应当是刑法教义学的出发点，在犯罪参与的问题上采取区分制，已经脱离了我国现行法的规定，属于缺乏规范依据的“形而上”的研究。[1]再者，区分制体系还被认为在方法论上存在弊病，即试图让正犯和共犯的界分一揽子解决犯罪参与现象中的定罪与量刑问题，这不仅过分夸大了区分制的作用，也混淆了共犯定罪和量刑的功能和界限。[2]

值得注意的是，黄明儒教授2019年发文提出了“二元的形式单一正犯体系”。该观点认为，刑法分则的构成要件遵循了区分制的思考模式，而刑法总则采用了形式的单一正犯体系，在将分则条款适用于二人以上的共同犯罪时，刑法总则的一般规定与刑法分则的构成要件必须结合使用，从而共同构建起我国犯罪参与的“二元体系”，可称之为“二元的形式单一正犯体系”。[3]但笔者认为，这种观点实际上接近于重视构成要件定型性的功能的单一正犯体系，虽然表达了对单一制的支持，但似乎并未提出有关单一制基本立场的新观点。

（二）区分制阵营始终未正视问题症结

上述单一制阵营对区分制的指摘，均是传统式的批评。笔者在本书第三章“犯罪参与体系与共犯从属性”部分，对此作出过系统的梳理和回应。所谓我国刑法的规定，以及过失共同正犯等问题，均不能成为否定区分制体系的理由。事实上，单一制阵营对区分制的致命性批评在于，区分制体系之下正犯标准呈现的实质化趋势，确实存在颠覆区分制自身理论根基的危险。然而，纵观这几年区分制阵营的理论发展，对此并没有提出有力的回应措施。也正因为如此，单一制阵营才会逐渐居于上风。

[1] 参见黄明儒：《二元的形式单一正犯体系之提倡——犯罪参与体系问题二元论研究的新思考》，载《法学》2019年第7期。

[2] 参见张伟：《限制的正犯概念与二元犯罪参与体系批判》，载《比较法研究》2019年第5期。

[3] 参见黄明儒：《二元的形式单一正犯体系之提倡——犯罪参与体系问题二元论研究的新思考》，载《法学》2019年第7期。

1. 折中的“双层犯罪参与体系”并没有解决区分制的困境

也许是单一制的势头过于强劲，区分制阵营逐渐开始妥协。标志就是，出现了所谓“双层犯罪参与体系”。如钱叶六教授提出，我国的犯罪参与体系既不属于纯粹的正犯与共犯的区分制体系，也不属于完全的单一正犯体系，毋宁说是折中了区分制与单一制的双层制犯罪参与体系。这种双层制犯罪参与体系，一方面要求在定罪时根据犯罪参与者的参与形态区分正犯与共犯（教唆犯、帮助犯），另一方面要求在量刑时根据犯罪参与人对犯罪的贡献，即所起作用的大小区分主犯、从犯与胁从犯，由此形成了正犯未必是主犯、共犯未必是从犯的双层参与结构，实现了对共同犯罪参与人定罪和量刑的分离。而摆脱了量刑功能束缚的正犯概念，就可以还原为最初的、纯粹以构成要件行为样态为标准的形式客观说。[1] 阎二鹏教授亦认为，基于维护限制正犯概念与区分制参与体系的考虑，在正犯与共犯的划分标准上应当采取形式客观说，继而将间接正犯的所有类型均纳入共犯的范畴。[2] 梁根林教授也赞同这种严格区分犯罪参与形态与犯罪参与贡献的双层犯罪参与体系，认同将定罪和量刑功能混同的实质客观说破坏了区分制体系的内在逻辑，认同与双层制犯罪参与体系契合的形式客观说，不仅有利于维护构成要件的定型性，也能体现我国犯罪参与体系的特色。据此，不仅间接正犯概念应予否定，共谋共同正犯、正犯后正犯等未直接实行构成要件行为的正犯类型，均没有必要存在。[3]

笔者认为，这种双层犯罪参与体系并没有真正回应单一制对区分制的诘问，反而抹杀了区分制自身的体系特点。一方面，对于是否承认犯罪参与行为之间在不法上存在规范层级上的价值差异，区分制和单一制在基本立场上存在根本性区别。因而，主张单一制和区分制可以折中的观点，[4] 实

[1] 参见钱叶六：《中国犯罪参与体系的性质及其特色——一个比较法的分析》，载《法律科学》2013年第6期。

[2] 参见阎二鹏：《犯罪参与体系之比较研究与路径选择》，法律出版社2014年版，第187页。

[3] 参见梁根林：《间接正犯的中国命运》，载《比较法研究》2019年第5期。

[4] 参见王华伟：《犯罪参与模式之比较研究——从分立走向融合》，载《法学论坛》2017年第6期。

属没有原则的立场式讨好。事实上，根据这种纯粹的、形式上的行为形态标准界分参与类型，也很难与功能的单一正犯体系区别开来。另一方面，要想真正体现区分制之下参与行为在价值层级上的差异，应始终以还原二者之间的本质性差别为宗旨，不应为参与人的量刑问题所左右。如果因为我国的主犯立法可以剥离正犯的量刑功能，就认为正犯概念可以回归简单的形式标准，这种思考方法绝非以发现正犯概念之真实为目的。换言之，即便我国的主犯立法有利于实现参与人的量刑个别化，亦不能因此忽视参与类型之间的本质差别。将区分制之下违法性较高的正犯类型，回溯简单的形式客观标准的做法，无论如何都是理论的倒退。

2. 部分调整的做法无法全面回应质疑

针对单一制阵营指责区分制扩大正犯概念的体系性矛盾，部分学者作出了调整。如黎宏教授、姚培培博士认为，肯定间接正犯会导致限制正犯概念崩溃，滑向扩张正犯概念甚至单一正犯体系，如果一旦出现共犯制度解决不了的问题，就通过间接正犯概念来扩大刑法分则规范的适用范围，那么构成要件的类型性限制功能将不复存在。因此，要坚持限制正犯概念，就必须否定间接正犯类型。[1] 区分制阵营开始正视自身的问题，尝试通过调整作出补救，这种努力是值得认同的。然而，时下的区分制犯罪参与体系，正犯概念的实质化已然成为主导性方向，根据参与人在构成要件实现过程中的重要作用或者说犯罪事实支配性，正犯概念已经从理想化的构成要件行为实行者，横向扩张到所谓“功能性”的共同正犯，又纵向延伸到利用他人的间接正犯，最后继续向共谋而未实行的共谋共同正犯，甚至是存在规范障碍的正犯后正犯妥协。因此，解救限制正犯概念滑向扩张正犯概念的危机，绝非否定一个间接正犯概念就可以完成的。如果继续追问，可能又是完全转向僵硬的形式客观标准，或是干脆地接纳统一正犯体系。

3. 从归责论的角度重构区分制的尝试已滑向单一制

部分学者试图从规范论的视角重构区分制犯罪参与体系。如何庆仁教

[1] 参见黎宏、姚培培:《间接正犯概念不必存在》，载《中国刑事杂志》2014 年第 4 期。

授主张，对于区分制体系之下正犯和共犯的区分标准，不能拘泥于正犯与构成要件行为形式上的关联，而是应当在归责的规范意义上构建参与类型的差别。具言之，应在不法归责的轻重上，划分出核心人物和边缘人物。而我国刑法上主犯和从犯的分类，正是基于参与人在共同归责中的意义份额划分的主次类型，因此，我国刑法的主犯概念和德日刑法的正犯概念，完全可以在共同归责的意义上达成一致。也即，对于构成要件的整体实现在规范意义上起主要作用的是主犯，同时也应当成为作为核心参与类型的正犯。据此，我国刑法不但不必照搬德日刑法上的区分制标准，德日刑法理论中的正犯概念，反而有必要参照我国刑法的规定进行主犯化改造。[1] 笔者认为，从区分制基于参与行为规范层级的差异区分参与类型的初衷出发，对参与类型的划分本来就不能局限于物理上的行为样态，而是应当以规范评价的深度进行不法等级的筛选。因此，何庆仁教授主张从规范论的角度重构区分制的区分标准，是有道理的。然而，将正犯和共犯的规范性差异系于在构成要件实现过程中的主从作用，将规范评价上属于核心参与类型的正犯，等同于在事后量刑上起到主要作用的主犯，非但不能达到区分制对参与行为进行规范等级划分的价值高度，反而导致区分制之下的正犯类型完全论为量刑概念，根本无从体现与单一制之下仅仅关注量刑问题的统一正犯概念之差异。

（三）区分制的出路：正犯标准规范化 + 保障罪刑法定 + 罪和刑的分离

区分制本身具有精细化刑法教义的积极意义，然而，面对单一制的强势批评，区分制的确应该从自身的理论根基出发，进行反思。关于区分制应该如何在对正犯概念进行规范论构建的道路上，避免正犯实质化带来的单一制风险，对作为区分制理论基础的限制正犯概念，又该如何在摆脱简单、僵硬的形式逻辑的基础上，保障构成要件法治国功能的实现，是区分制在自我改进的过程当中，必须考虑和解决的理论难题。围绕区分制体系的积极意义以及正犯和共犯区分标准的修正，笔者在本书第三章提出了完

[1] 参见何庆仁：《归责视野下共同犯罪的区分制与单一制》，载《法学研究》2016 年第 3 期。

整的解决方案，并进行了系统的论证。这里，针对单一制一直以来的批评和关切，笔者仅就区分制调整的基本路径，再次进行要点的归纳。

第一，区分制犯罪参与体系的立足点，是对法治国原则下构成要件定型性的维护。因此，在参与类型区分标准的建构上，不能脱离构成要件的基本指针。

第二，限制正犯概念的初衷，是在所有的参与行为当中，根据违法性的实质差异，划分不同的参与类型。而不法的实质差异，本来就应当是一种立足于价值评价的规范性判断，不应取决于具有偶然性的表面上的行为样态。因此，作为区分制参与体系的立论前提，参与类型的区分标准必须体现规范属性，而非简单的物理特征。换言之，在正犯标准的构建上，既要做到以构成要件为指针，又必须体现正犯概念的规范论深度。

第三，对正犯标准的规范化构建，必须剥离正犯的定罪和量刑功能，还原正犯纯然的类型特点。站在区分制的立场上，必须承认的一点是，以“重要作用说”和“犯罪事实支配理论”为代表的实质标准，在将正犯概念向实质化引导的道路上，已经与单一正犯概念殊途同归。[1] 那些还试图主张这些实质区分标准也能维护限制正犯概念的辩护，[2] 不免有些自说自话，显得苍白无力。在成立共同犯罪的基础上，由于单一制的终极关怀只是量刑问题，因此，那些名义上立足于区分制体系，实际又迫不得已将正犯和共犯的区分与量刑轻重进行捆绑的做法，只是在徒然地为单一制歌功颂德而已。笔者认为，为体现区分制独立于单一制的体系优势，在以构成要件为指针，对正犯标准进行深度的规范论构建时，还必须剥离正犯概念的量刑功能，还原最初区分正犯和共犯的纯然目的。换言之，在区分制体系之下，参与人在不法阶层的类型化差异，与参与人最终在责任承担意义的量刑轻重，属于不同阶层的不同问题，不存在绝对的对应关系，原本就不应混为一谈。

---

[1] 参见张伟：《限制的正犯概念与二元犯罪参与体系批判》，载《比较法研究》2019 年第 5 期。

[2] 参见武晓雯：《间接正犯概念的必要性——对基于区分制正犯体系的否定说之回应》，载《清华法学》2019 年第 3 期。

为了解决区分制体系之下形式化的区分标准无法标识核心参与类型，实质化的区分标准违背区分制理论根基的两难境地，笔者在本书第三章尝试提出了参与类型区分标准的修正思路。笔者当时主张对犯罪事实支配理论进行修正，即作为在违法性上有实质差异的参与类型，对正犯和共犯的区分不应当是根据事后发生的具有偶然性的实际作用，而应根据事前是否存在犯罪事实支配能力来作出判断，也即，犯罪事实支配理论应当以“支配能力”为中心，作出修正。时至今日，笔者的基本立场并没有改变，但关于正犯和共犯的区分标准，形成了比较成熟的思考。以上述区分制进行自我调整时必须解决的问题为导向，关于区分制体系之下正犯和共犯的区分标准，笔者现在提倡超越形式标准，亦不同于既有实质标准的“规范能力说”，将正犯和共犯的区分标准定位于行为时实现各罪构成要件的具体行为能力。[1]要识别参与行为于法评价上的本质差异，在正犯标准的把握上，原本就不应执着于对法益侵害事实发挥的事后作用，而是应关注参与人行为时实现构成要件的行为能力。因此，笔者主张，在实施各罪行为时，具有实现各罪构成要件的现实的行为能力者，为正犯；凡无构成要件实现能力的参与人，只为共犯。这种规范实现能力是意志行为能力，而非单纯的物理能力或意思冲动；规范能力必须是现实能力，而非遥远的未然风险；规范能力是指行为能力，而非主体的性格倾向。笔者认为，这一观点能够解决当下区分制面临的困难处境。一方面，这种“规范能力说”摆脱了以物理形态上构成要件行为的有无区分参与类型的简单的形式逻辑，属于深层次的规范性判断标准，同时又始终以各罪的构成要件为指针，确保了法治国原则下构成要件的安定性。另一方面，不同于以“实际作用”为标准进行事后判断的重要作用说和犯罪事实支配理论，“规范能力说”是根据参与人行为时的“构成要件实现能力”进行事前判断，这种判断时点的错位，将正犯类型与主犯概念真正分离开来，不仅有利于发挥正犯和

[1]“规范能力说”中的“规范”，意指行为能力所指向的各罪的构成要件规范，另外，“规范能力说”本身属于规范性标准，称为“规范能力说”，也有一语双关之意。

主犯各自的功能，也能保证在对正犯标准进行规范论的构建时，不会发生属于违法性高阶的正犯概念和单纯用以量刑的主犯概念重合，进而与单一制同轨的现象。[1]

二、共犯处罚根据论的发展缓慢

相较于犯罪参与体系的激烈对抗，作为共犯从属性理论基础的共犯处罚根据论，则显得有些冷清。2014 年笔者在博士论文中明确提倡接受构成要件制约的纯粹肇因说，但时至今日，共犯处罚根据论并没有明显的进展。

（一）新式观点有向“可罚性借用理论”倒退之嫌

相较于惹起说的内部争议，舒曼的“与他人不法的连带说”，是较新的观点。舒曼认为，共犯的处罚根据在于，共犯者根据其故意作出的贡献，与他人的故意不法连带起来，从而与他人的犯行形成了共同化。在此，共犯本身具有让法律共同体无法容忍的特别的行为无价值。根据这种观点，一方面，作为正犯处罚根据的法益侵害结果，并非共犯的处罚根据；另一方面，共犯的不法是以共犯自身的行为无价值为基础，即共犯的不法具有独立性。前一点区别于纯粹惹起说，后一点则与纯粹惹起说具有共通之处。这种见解被认为在纯正身份犯共犯的可罚性问题上，比起说明困难的纯粹惹起说，更容易作出合理的解释。此外，在共犯的处罚根据上，将与他人不法的连带作为要件，也可以合理地解决共犯的处罚范围。例如，在日常交易等中立行为的场合，由于不存在与正犯之间充分的连带关系，就可以否定帮助犯的成立。但该说也受到了极力的批评。如罗克辛教授指出，在与正犯者的连带中，存在“对法律妥当性的社会心理学风险”，但“连带”本身原本并不具有可罚性，共犯的可罚性必须从共犯者对法益侵害结果的

[1] 关于笔者提出的“规范能力说”更详细的论证，笔者已撰写完成《论正犯标准的规范性重构——从“实际作用”转向“规范能力”》一文，预定于 2020 年发表于《比较法研究》。如有感兴趣的同仁，届时可查阅，并不吝指正。

作用上去寻找。而且，连带概念在很多场合并不能准确表达共犯关系，因为教唆者和帮助者没有必要与正犯连带起来，往往只是在追求自己的利益而已。[1] 在法益侵害成为违法性中心的教义学发展背景下，从缥缈的连带概念上寻求共犯的处罚基础，存在无视法益侵害的违法内涵之弊病，在共犯的处罚根据上有退步之嫌。近年来，我国有学者专门针对纯正身份犯共犯的处罚根据，提出了“寄生责任说”。该说主张，客观上，在真正身份犯所指向的法益面前，真正身份犯始终起着“主作用”，共犯只是这种“主作用”的依托或附着物；在主观上，共犯的不法意图必须通过真正身份犯本身的不法意图才能得到自我实现，因此，共犯与真正身份犯本身之间形成了“寄生关系”，此种“寄生关系”便形成了共犯在真正身份犯面前的“寄生责任”。[2] 虽然是为了解决真正身份犯的共犯在处罚基础上的难题，[3] 但这种“寄生责任”同样违背了刑法上的自我答责原理，已经倒退到了早期的“可罚性借用理论”。

（二）因果共犯论内部的折中肇因说仍然处于主流地位

因果共犯论最大的贡献，就是在对共犯可罚性的诠释上摆脱了对正犯的依附，将共犯的处罚根据统一定位于法益侵害，从而贯彻了个人责任原理。就因果共犯论的内部争议而言，折中肇因说和修正肇因说在现代大陆法系的共犯教义体系之下，处于优势地位。值得注意的是，由于修正肇因说强调违法的连带性在具体问题上很难自圆其说，近几年，在共犯的处罚根据上，折中肇因说大有超越修正肇因说的势头。很多学者都从不同的角度，积极证明折中肇因说的优势及合理性。如有观点再次重申折中肇因说的“传统优势”，认为折中肇因说一方面坚持违法的连带性，将共犯的违法性求之于正犯该当构成要件的行为对于法益的侵害，坚持了构成要件基

---

[1] ［日］豊田兼彦『共犯の処罰根拠と客観的帰属』（成文堂、2009 年）27 頁以下参照。

[2] 参见马荣春：《论真正身份犯之共犯处罚根据》，载《法治研究》2015 年第 1 期。

[3] 事实上，立足于因果共犯论内部的纯粹惹起说，也能合理地说明纯正身份犯共犯的处罚基础，对此，笔者曾在本书第四章有过论证，在此不再赘言。

准、维护了罪刑法定主义和共犯从属性原理；另一方面又承认违法的相对性，在判断共犯违法时，例外地考虑法益对于共犯自身的保护必要性，为部分参与行为找到了出罪路径，从而使得共犯的处罚范围宽严适度，是作为共犯处罚根据的更合理的立场。[1] 张明楷教授 2019 年发文，立足于结果无价值论，以对向犯的片面处罚为视角，再次论证了折中肇因说在具体应用上的可取性，强调共犯的违法性由来于共犯行为自身的违法性和正犯行为的违法性，而共犯行为自身的违法性，并不是指共犯行为本身具有行为无价值，而是指共犯不具有违法阻却事由。[2] 另有观点站在违法二元论的立场上，阐释折中肇因说的合理性。该见解主张，虽然共犯在所违反的行为规范内容上有别于正犯，但是鉴于共犯行为规范也包含了法益侵害的结果内容，以违反行为规范为本质的共犯违法性就自然要受到正犯结果违法的制约，因此，肯定共犯的违法性由连带于正犯的部分和共犯固有的部分构成的折中肇因说是妥当的。据此，就可以用对法益产生直接侵害的违法正犯行为，来限定共犯的成立范围。[3] 学界对折中肇因说的热衷，多来自折中肇因说将违法连带和违法独立调和，从而在具体问题的处理上展现出来的灵活性。然而，这种灵活性是以牺牲立场的统一性为代价的。折中肇因说最大的问题在于，并没有自己的理论立场，只是在具体问题上打“游击战”。然而，如果没有统一理论立场的支持，对具体问题的解决也不免是盲目的。对于折中肇因说以及修正肇因说系统的理论批评，笔者曾在本书第四章做过详细论证，不再赘言。

（三）纯粹肇因说在理论立场上的合理性获得极少数学者认同

近几年，学界对纯粹肇因说的批评依然停留于传统认识。如有学者

[1] 参见张开骏：《共犯限制从属性说之提倡——以共犯处罚根据和共犯本质为切入点》，载《法律科学》2015 年第 5 期。

[2] 参见张明楷：《对向犯中必要参与行为的处罚范围》，载《比较法研究》2019 年第 5 期。

[3] 参见谭堃：《共犯的限制从属性说之坚持——以共犯违法相对性的扩张为视角》，载《法律科学》2019 年第 5 期。

反复重申，纯粹肇因说强调共犯处罚的独立性，已经脱离了实行从属性的内在制约，放弃了为共犯行为所设置的法治国轮廓，有向共犯独立性说后退的隐忧；纯粹肇因说排除了共犯违法性依赖于正犯违法性的必要，招致可罚性的无根据扩张等。[1] 因为共犯处罚根据是共犯从属性问题的理论基础，对共犯从属性的研究至关重要，因此，笔者在 2013 年至 2014 年撰写博士论文时，就曾花了大量篇幅为纯粹肇因说的合理性正名，针对学界对纯粹肇因说提出的理论批评，也一一作出了回应。纯粹肇因说关键的理论特色是提倡参与人之间违法性的独立，在因果共犯论内部的观点林立中，是真正体现了刑法上的自我答责原理。而立足于纯粹肇因说，当然也可以接受事实层面上的共犯的实行从属性，进而实现与罪刑法定所树立的法治国原则的接轨。换言之，纯粹肇因说完全可以在保留自身理论特色的基础上，接受法治国原则的形式要求。根据这种接受构成要件制约的纯粹肇因说，共犯的处罚根据就在于，共犯通过正犯该当构成要件的行为实现了自身对法益的损害。据此，共犯仅仅在构成要件层面从属于正犯的行为事实，在违法性和有责性的规范评价上，则具有自身的独立性。因此，那些对纯粹肇因说沿袭下来的理论批判，只是一厢情愿地纠结于并非纯粹肇因说理论本质的边边角角，却忽视了纯粹肇因说强调违法相对性的理论精华，以及由此对共同犯罪中个人责任原理的坚守。笔者在本书的第四章，详细论述了在接受法治国原则的约束下，纯粹肇因说是如何通对共犯违法独立性的定位，凸显自身理论立场的优势，以及实现对具体问题的恰当解决的。2014 年笔者在博士论文中提倡纯粹肇因说之时，纯粹肇因说处于被妖魔化的劣势地位，国内没有任何学者站在区分制的立场上支持纯粹肇因说，国外学界对纯粹肇因说也是批评的声音居于绝对多数。但是 2014 年以后，我国开始有学者支持这种接受构成要件约束的纯粹肇因说。这几位学者不是

[1] 参见谭堃:《共犯的限制从属性说之坚持——以共犯违法相对性的扩张为视角》，载《法律科学》2019 年第 5 期；张开骏:《共犯限制从属性说之提倡——以共犯处罚根据和共犯本质为切入点》，载《法律科学》2015 年第 5 期。

一开始就认同纯粹肇因说，而是从认可共犯的最小限度从属性，[1] 或认可特殊领域共犯不法的独立性出发，[2] 回溯纯粹肇因说在理论立场上的合理性。虽然路径崎岖、进展缓慢，但纯粹肇因说在理论立场上的闪光之处，总算开始受到关注。笔者也觉得，仿佛为共犯处罚根据领域理论立场的充分对立，作出了一点学术贡献。

三、限制从属性说和最小从属性说对立局面的形成

在共犯从属性问题上，以往区分制和单一制聚焦于实行从属性上的争议，基于对实行从属性纯粹“事实化”的定位，已经逐渐趋于缓和。区分制和单一制对抗的焦点，已经转向参与人违法性的从属问题，在区分制内部则表现为共犯的限制从属性和最小从属性的对立。

（一）共犯实行从属性的争议有缓解的趋势

1. 实行从属性问题不再是区分制和单一制争议的焦点

共犯的实行从属性问题，在单一制和区分制内部一度积极对立。然而，近年来，曾经建立在共犯实行从属性问题上的激烈抗争，在对共犯的实行从属性重新定位的基础上，似乎达成了一些共识。在区分制内部，对于正犯尚未着手实行犯罪的情况下，是否处罚共犯，也出现了不同的见解，但这些见解的分歧仅仅是基于处罚必要性的考虑而已。如笔者曾在本书第五章提出，立足于区分制坚持共犯的实行从属性，也可以在正犯尚未着手时处罚共犯。因为共犯的实行从属性否定的仅仅是在正犯尚未着手实施实行行为时，不能凭空以犯罪未遂处罚共犯，并不否认对于重罪的教唆未遂或帮助未遂，以犯罪预备处罚的必要性和可行性。另有区分制的支持者虽然

[1] 参见马卫军：《超最小从属性说的展开》，载陈兴良主编：《刑事法评论》（第 40 卷），北京大学出版社 2017 年版，第 80 页以下。

[2] 参见王霖：《网络共犯归责模式新构——以改良纯粹惹起说为视角》，载《西部法学评论》2017 年第 1 期。

仍旧主张正犯未着手时不能处罚共犯，但主要的理由也是基于对正犯犯罪预备的教唆或帮助，法益侵害的危险性间接而且非常抽象，欠缺处罚的必要性。[1] 单一制体系内部，对直接实行者尚未着手时，是否处罚其他参与人，也存在不同的意见。如刘明祥教授立足于单一正犯体系反对共犯从属性说，认为因直接实行者未着手就一概不处罚教唆未遂或帮助未遂，会放纵一些特别危险的教唆犯罪和帮助犯罪的发生，因此，对教唆未遂和帮助未遂，应个别地去判断其社会危害性的大小及处罚必要。[2] 另有学者立足于功能的单一正犯体系提出了不同意见，即教唆行为在性质上只是犯罪预备行为，在直接正犯着手之前，还没有产生法益侵害的紧迫危险，对此时的教唆行为予以处罚，有违刑法的谦抑性原则。在我国刑法明确以处罚未遂犯为原则、以处罚预备犯为例外的立法体例下，只有作为“直接正犯”的实行犯开始实施实行行为，才有必要对教唆犯予以处罚。[3] 可见，单一制内部的不同见解，同样是围绕教唆未遂、帮助未遂的处罚必要性而已。

实行从属性逐渐被降级为“事实上的从属”或“客观处罚条件”，而得到多数学者的认同。事实上，即便是单一制的支持者，现今也很少主张在正犯未着手实施实行行为的情况下，将教唆者、帮助犯以犯罪未遂论处。诚如有单一制的支持者所言，无论是直接行为人还是间接行为人，作为未遂犯处罚的基础均在于其行为具有实行行为性，即具有法益侵害的现实危险性，因此，在犯罪参与的场合，参与人构成犯罪未遂，在事实上仍需依赖于被利用者是否着手实行。[4] 但是，这在单一制体系内部，并不认为是体现了所谓共犯从属性，而是被认为仅仅是一种非实行犯对实行犯的事实上的从属关系；[5]或是认为这种从属仅仅是要求教唆行为、帮助行为达到可

[1] 参见张开骏：《共犯从属性立场的进一步贯彻》，载《苏州大学学报》（法学版）2016 年第 1 期。

[2] 参见刘明祥：《论我国刑法不采取共犯从属性说及利弊》，载《中国法学》2015 年第 2 期。

[3] 参见谭彬：《中国刑法中教唆犯从属性说之否定》，载《太原理工大学学报》（社会科学版）2016 年第 2 期。

[4] 参见张伟：《间接正犯泛化与统一正犯体系的确立》，载《法学论坛》2018 年第 3 期。

[5] 参见田然：《论主从犯特殊区分制的共犯体系》，载陈兴良主编：《刑事法评论》（第 1 卷），北京大学出版社 2017 年版，第 520 页。

罚性程度的一种“量的从属性”；[1] 或是主张这种实行从属性并不能体现共犯的规范性本质，仅仅是通过立法或者司法附加的，用来限制处罚范围的政策性选择。[2] 站在区分制的立场上采取纯粹肇因说的吕德森，同样主张共犯从属性只意味着共犯对正犯行为的事实上的依存关系，对从属性完全可以用客观处罚条件来把握。日本葛原力三教授也是站在纯粹肇因说的立场上得出了相同的结论。不限于纯粹肇因说的主张者，学者斯泰因、伦齐科夫斯基、尼古拉·沃内克等，均在承认正犯和共犯的行动规范上存在差异，因而共犯具有固有不法的基础上，指出从属性要件仅仅是基于处罚必要性考虑的单纯的制裁规范。[3] 可见，无论是区分制还是单一制，在将参与人的实行从属性还原为纯粹事实层面的问题之基础上，逐渐达成了一致，也即，基本上都承认在直接实行者未着手实施实行行为之前，其他参与人难以成立犯罪未遂，至于是否值得以犯罪预备处罚，只是纯粹基于处罚必要性的立法或司法选择而已。综上，在将实行从属性定位于“事实上的从属”“量的从属”，或是作为“客观处罚条件”看待的基础上，实行从属性问题已经不再是区分制和单一制争议的主战场。

2. 共犯从属性与构成要件相对性的发展空间

有单一制学者指责共犯从属性的逻辑存在问题，主张共犯行为是否

---

[1] 转引自袁国何：《功能单一正犯体系的理论脉络及其检讨》，载《中外法学》2019 年第 1 期。需要说明的是，该篇论文的作者本人是从批判功能单一正犯体系的视角出发的，论者认为，如果立足于功能的单一正犯体系认可诱发正犯、援助正犯对直接正犯的量的从属性，就不可避免地需要承认质的从属性，从而导致功能的单一正犯体系难以全面贯彻。笔者认为，由于量的从属性和质的从属性这一对概念使用的频次不高，所以其内涵和外延如何，与实行从属性和要素从属性之间有怎样的对应关系，首先就是不明确的。如果量的从属性仅仅指代间接参与人对直接参与人实行行为的事实上的依存关系，而质的从属性指代违法从属性和责任从属性这种规范评价上的依存关系，那么，这种作为事实判断的量的从属性，与作为规范判断的质的从属性就完全可能是分离的。如同笔者在上文中所介绍的，区分制和单一制在对从属性进行事实化理解的基础上，已经对这种被剥离了规范意义的实行从属性，逐渐形成了共识。

[2] 参见王志远：《共犯从属观念的现实意义批判》，载陈兴良主编：《刑事法判解》（第 16 卷），北京大学出版社 2014 年版，第 8 页。

[3] ［日］小島秀夫『幇助犯の規範構造と処罰根拠』（弘文堂、2015 年）48 頁以下参照。

该当法定构成要件、其该当构成要件的行为是否违法以及有责，均应独立地进行判断。据此，正犯行为缺乏构成要件符合性，并不必然否定共犯行为的构成要件该当性。例如，在甲教唆乙自伤的场合，虽然乙的自伤行为欠缺构成要件符合性，但是不能否定甲的教唆行为符合故意伤害罪的构成要件。[1] 该学者进一步从方法论的角度指出，限制正犯概念将构成要件行为局限于亲自实施构成要件、直接造成法益侵害结果的行为，是从形式而非实质的层面理解构成要件及其实现的意义，这明显是不够的，会陷入经验主义的泥潭。对于构成要件符合性的判断，应采取规范论的态度，对构成要件进行实质性的把握，即应承认构成要件行为是类型化的法益侵害行为，实现构成要件即意味着行为引起了法益侵害，无论其是否亲自、直接引起法益侵害。[2] 事实上，在德国共犯教义领域展开的肇因说，原本就是在“共犯以自己的行为为基础使构成要件结果发生”上，寻求共犯的处罚根据的。由此出发，对于构成要件结果发生与否的判断，原本在参与人之间就具有相对性，并且应根据这种相对性决定共犯成立与否。例如，由于不存在“自杀罪”的构成要件，法律并不禁止侵害自己生命的行为，因此，德国刑法上“嘱托杀人罪”的构成要件结果应解释为“他人的死亡”。那么，教唆他人杀害自己的被害者，由于并没有引起嘱托杀人罪的构成要件结果，就不构成嘱托杀人罪的教唆犯，但对于接受嘱托者来说，由于导致了“他人死亡”结果的发生，则应以该罪的正犯进行处罚。也即，教唆他人杀害自己的场合，并不是因为被害人死亡而不受处罚，而是因为被害人没有引起符合构成要件的结果。所以，肇因说实际上是承认参与人对于构成要件结果的相对性的。[3] 笔者在本书第一章到第七章基本观点的建设上，无论是纯粹肇因说的提倡，还是最小从属性的归结，基于法治国要求的诫命，始终保持着共犯对正犯构成要件从属的一份制约和谨慎。但这种发生在区分制和单一制内部的共性现象，即开始承认构成要件符合性判断在参

[1] 参见张伟:《间接正犯泛化与统一正犯体系的确立》，载《法学论坛》2018 年第 3 期。

[2] 参见张伟:《限制的正犯概念与二元犯罪参与体系批判》，载《比较法研究》2019 年第 5 期。

[3] ［日］外木央晃『共犯の基礎理論』（成文堂、2018 年）18 頁参照。

与人之间的相对性，也不断促使笔者更加深入地思考，即参与人之间的从属性，仅仅应当限于纯粹自然意义上的行为依赖，而所有脱离于事实本身、需要法律评价的内容，不仅是有责性和违法性，也包括构成要件符合性这一评价性的法律判断，都只能是在参与人之间个别地展开。这种定位，本身也符合纯粹肇因说的基本逻辑。并且，只要对于共犯构成要件符合性的独立判断还是以各罪的构成要件为标准，还需要借助正犯类型性的实行行为，就不能轻易地指责其背反罪刑法定原则。只要承认正犯和共犯的划分，能够实现对参与行为在不法上差异化的价值评价，就不能否定在这种比最小从属性还小的事实从属性之下，区分制仍然存在特别的意义。[1]

（二）共犯的限制从属性说和最小从属性说的对立

近几年，对共犯从属性问题的争议似乎集中在了要素从属性问题上。虽然共犯的限制从属性说依然稳坐优势地位，但共犯的最小从属性说犹如黑马，逐渐获得了越来越多学者的认同，逐渐形成了在要素从属性问题上限制从属性和最小从属性抗争的局面。

1. 共犯的限制从属性说仍然处于优势地位

关于共犯的要素从属性，摆脱了违背个人责任原则的严格从属性以后，共犯的限制从属性说一直处于大陆法系共犯教义的通说地位。从近几年的发展趋势来看，除了立足于区分制犯罪参与体系，对共犯限制从属性说基本立场及优势的传统维护以外，[2] 考虑到违法本质观的差异，以及客观归责理论对客观不法的实质分层，共犯限制从属性说的内涵也逐渐被丰富化。如有学者站在规范论的立场上，指出共犯违法的本质是对其自身行为规范的违反，但由于行为规范中也包括了结果的内容，而法益侵害结果必然牵涉不法的连带关系，因此，共犯的违法性是由自身要素决定的固有

---

[1] 关于区分制犯罪参与体系之下，共犯与正犯在构成要件符合性判断上的相对性问题，以及这一相对性如何与区分制参与体系进行协调的问题，笔者还将展开后续研究。

[2] 参见张开骏：《共犯限制从属性说之提倡——以共犯处罚根据和共犯本质为切入点》，载《法律科学》2015 年第 5 期；梁根林：《间接正犯的中国命运》，载《比较法研究》2019 年第 5 期。

违法与造成法益侵害结果的正犯违法共同构成的，在此意义上，限制从属性说应当得到坚持。并且，依据限制从属性说，以能够对法益产生直接侵害的违法正犯行为来限定共犯的成立范围，也能够避免共犯处罚范围的无根据扩张。[1] 何庆仁教授则从要素从属性与阶层论的关系出发，指出三阶层的意义更多地在于认定犯罪的过程，对于要素从属性问题，必须回归犯罪的本质构造即不法和责任的二阶层划分。由此出发，要素从属性应当仅仅涉及严格从属性和限制从属性的对立。而限制从属性，应当理解为是一种客观归责上的从属，即共犯只是从属于正犯那些影响客观归责的不法要素，并不从属于正犯包括犯罪故意在内的与客观归责无关的内容。[2] 虽然该观点基于客观归责理论，剥离了共犯对正犯主观不法的从属，但从仍然强调客观不法的从属来看，依然是建立在共犯对正犯违法从属性上的限制从属性说。

2. 共犯的最小从属性说逐渐成为有力学说

面对刑法上自我答责原理的诘问，即便区分制阵营从严格从属性说退守于限制从属性说，但对违法性这一规范性内容的从属性的保留，仍然违背了价值判断因人而异的基本规律。对此，笔者在 2014 年的博士论文中，即本书第六章“共犯的要素从属性”部分，在提出“共犯的客观构成要件从属性”之基础上，对违法从属性存在的问题进行了详细的论述。从这几年的发展趋势来看，对参与人之间违法从属性的批评获得越来越多学者的认同，处于发酵状态。如有学者指出，各参与者的行为是否具有违法性，应当立足于参与者及其行为与法定构成要件之间的关系进行独立的判断。在利用他人该当构成要件的行为遂行自己犯罪的场合，对利用行为违法与否的评价，应仅就各参与者是否违背相关犯罪的罪刑规范、是否该当法定的构成要件以及是否具有违法阻却事由等因素进行个别且独立之分析。换言之，利用行为的违法性与被利用行为的不法性没有任何关系，各行为人

[1] 参见谭堃:《共犯的限制从属性说之坚持——以共犯违法相对性的扩张为视角》，载《法律科学》2019 年第 5 期。

[2] 参见何庆仁:《共犯论领域阶层思考的现实意义》，载《华东政法大学学报》2018 年第 6 期。

仅对自己的不法行为及结果负责，这一点不仅适用于间接正犯，也适用于教唆犯和帮助犯。[1] 该学者进一步指出，违法性判断的对象虽限于与法益发生关联之行为，但对行为属性之认定却离不开行为主体，而同样的行为因主体身份的差异，在违法的评价上可能迥然不同。面对参与人违法相对性的现象，限制从属性说内部也开始出现松动与分化，主张正犯违法并不能直接导致共犯违法，违法的连带性仅具有“正犯不违法，则不成立共犯”的消极性意义。然而，如认为“正犯违法并不能直接导致共犯违法”，实际上已经原则性地否定了违法的连带性，在违法判断的方法上贯彻了违法相对论。[2] 对于限制从属性说存在的这一问题，笔者在本书第六章也曾提及过，因此，在 2014 年的博士论文中，关于共犯的要素从属性，笔者提出共犯应仅仅在事实层面从属于正犯的客观构成要件行为，至于价值判断的内容以及主观性内容，皆应在参与人之间个别判断，笔者当时称之为“共犯的客观构成要件从属性说”。这种比最小从属性还要小的共犯对正犯的事实性从属，当时在国内很少有人采纳，[3] 在其他大陆法系国家也是小众观点。但是，近几年，在我国陆续有区分制的学者转而支持共犯的最小限从属说。如周啸天博士 2015 年发文，开始反对共犯的违法从属性，转而支持共犯的最小从属性说。[4] 学者马卫军 2017 年发文，将共犯正犯的客观构成要件从属性称为“超小从属性”。[5] 虽然仍然有学者为共犯的限制从属性辩护，批驳共犯的最小从属性说，[6] 但是必须看到，最小从属性说确实已经从劣势地位逐渐转变为有力的立场。笔者在这里重申，面对单一制阵营提出的区分

---

[1] 参见张伟:《间接正犯泛化与统一正犯体系的确立》，载《法学论坛》2018 年第 3 期。

[2] 参见张伟:《限制的正犯概念与二元犯罪参与体系批判》，载《比较法研究》2019 年第 5 期。

[3] 除了本书第六章提到王昭武教授很早就明确支持最小从属性说外，闫二鹏教授在 2014 年出版的专著中，也提倡在正犯与共犯的关系上采取“最小从属性说”，参见阎二鹏:《犯罪参与体系之比较研究与路径选择》，法律出版社 2014 年版，第 187 页。

[4] 参见周啸天:《最小从属性说的提倡：以对合法行为的利用为中心》，载《法律科学》2015 年第 6 期。

[5] 参见马卫军:《超最小从属性说的展开》，载陈兴良主编:《刑事法评论》（第 40 卷），北京大学出版社 2017 年版，第 80 页以下。

[6] 参见张开骏:《共犯限制从属性说之提倡——以共犯处罚根据和共犯本质为切入点》，载《法律科学》2015 年第 5 期。

制在共犯从属性问题上违背自我答责原理的批评，区分制阵营必须进行自我反思，将共犯的从属程度调整至最小限度的事实依赖，至于对区分制本身的存在意义的证明，则需转向参与行为在不法上的实质性差异，以及由此对共同犯罪参与人在定罪层面的差异化评价上。[1]

四、客观归责理论应用于共同犯罪领域的探索

近十余年来，刑法教义学方法论的重要转变，就是从形式化的存在论走向深度的规范论。这一转变也牵涉到了共同犯罪领域，表现之一就是客观归责理论向共同犯罪领域的挺进。然而，客观归责方法论与共犯论的关系和互动，还有很大的研究空间。

（一）欧陆法国家在客观归责论与共犯论关系上的研究趋势

一直以来，客观归责论与共犯论多是被分开来探讨。在各自发展的过程中，也存在尝试将二者结合的努力。特别是在客观归责理论起源的德国，对在共同犯罪问题上应用客观归责理论的研究，相对大胆而热忱。作为在德国占据优势的客观归责理论的代表者，罗克辛教授就将客观归责理论应用于共犯的处罚根据当中，针对折中肇因说所主张的共犯固有的法益部分，试图用客观归责理论予以解释和说明。例如，对于被害者自我危害的参与不可罚、本犯教唆妨害司法不可罚的问题，由于对共犯者来说并不存在受到保护的法益，共犯者就无法以刑法上重要的方法侵害法益，不可能创设或增加法所不允许的风险，因此，不同于此种情况下对正犯可以归责，对共犯必须排除客观归责。罗克辛教授认为，在这种共犯呈现独立的法益侵害性的场合，可以援用各自的客观归责原理，将共犯的处罚根据与客观归责理论结合。罗克辛教授同时指出，将客观归责理论应用于共犯的前提在于，承认共犯和正犯一样存在固有的不法。因此，将共犯固有的不法纳入

[1] 对此，笔者在本书第三章“犯罪参与体系与共犯从属性”部分，有详细论证。

共犯处罚根据的折中肇因说，不仅能够在必要的共犯、未遂教唆不可罚等个别问题上发挥作用，也展现出了将客观归责理论应用于共犯论的方法论、体系论的意义，应当引起重视。[1]

与德国不同，日本学界原本对客观归责理论的接受度就不高，对客观归责理论和共同犯罪问题的探讨，也是剥离的。但随着客观归责理论的深入，将客观归责理论应用于共同犯罪领域的研究，也逐渐受到关注。丰田兼彦教授2004年开始发表了系列论文，系统地介绍、分析了德国关于共犯处罚根据与客观归属的关系，以及与具体问题的关联性的议论，并探讨了这一问题的研究在日本展开的可能性。[2] 日本期刊《刑法杂志》于2010年推出了“客观归责论与共犯论”专题，从共犯处罚根据、身份犯的共犯、中立帮助行为、过失共犯等几个角度，探讨了客观归责理论与共犯论的关系问题。[3] 在2019年《刑法杂志》推出的“客观归责理论的目标与课题”这一特集中，金子博教授专门探讨了客观归责理论与过失共犯论的关系，并指出这一研究还有待具体化，同时，客观归责论与故意共犯论的关系问题，也是今后需要研究的课题。[4] 立足于功能的单一正犯体系，奥地利学者施莫勒提出无论是哪一种正犯形式（直接正犯、诱发正犯或援助正犯），让参与人承担刑事责任的条件不仅仅在于其行为与法益侵害结果（或危险）之间存在引起与被引起的关系，在对行为与法益侵害结果（或危险）之间的因果关系进行判断时，需要采用客观归责理论来实质地限定归责的范围。[5]

可见，无论是立足于区分制还是单一制，客观归责理论与共犯论的关

---

[1] ［日］豊田兼彦「共犯の処罰根拠と客観的帰属（1）」愛知大学法学部法經論集166号（2004年）。

[2] ［日］豊田兼彦「共犯の処罰根拠と客観的帰属（1）」愛知大学法学部法經論集166号（2004年）。

[3] ［日］川口浩一「客観的帰属論と共犯の関係」刑法雑誌50巻1号（2010年）。

[4] ［日］金子博「客観的帰属論と過失共犯」刑法雑誌58巻1号（2019年）。

[5] 参见江溯:《单一正犯体系的类型化考察》，载《内蒙古大学学报》（哲学社会科学版）2012年第1期。

联，在典型的欧陆法国家，已经受到重视，并且正在深入的发展当中。

（二）我国对客观归责论与共犯论关系的研究——起步与局限

客观归责理论在共同犯罪领域的应用，在我国近几年才受到关注。就既存的少量研究成果而言，也存在很多局限性。何庆仁教授 2016 年发文，主张将归责论纳入共同犯罪领域。何庆仁教授认为，在共同犯罪的场合，判断是否制造和实现了法所不允许的风险时，无法不考虑其他参加者的行为，而在单一制单独考虑各参加者行为贡献的体系下，运用客观归责理论存在天然的障碍，所以，将归责论纳入共同犯罪领域的突破口，应当是运用归责论重构区分制犯罪参与体系。重构的基本路径，就是将我国刑法上的主犯和从犯理解为共同归责的核心人物和次要人物，对应于德日刑法上的正犯和共犯类型。其进一步指出，归责意义上的区分制的前提，是承认所有的共同犯罪人首先应当作为整体对构成要件的实现共同负责，在这一点上，全体共同犯罪人不分彼此；但是在不法归责的轻重上，则需要划分出起到主要作用的核心人物和起到次要作用的边缘人物，作为区分制体系之下的不同参与类型。[1] 对此，有学者立足于单一正犯体系，提出了反对见解。王振华教授 2019 年发文指出，单一正犯体系无法引入归责论的论断过于武断。单一制的真正危机恰恰就在于，其所进行的仅是行为与结果之间自然因果关联上的事实判断，忽略了刑法意义上的规范判断，而摆脱这一危机的出路，正是将归责理论运用到共同犯罪问题的研究中来，将单一制中的事实归因判断向具有刑法规范意义的结果归责判断转变。详言之，按照客观归责理论来评价参与犯的构成要件该当性，必须满足两个条件：(1) 整体行为为行为的客体创设了一个非允许性风险，并且这种风险也在具体的结果中实现；(2) 例外情况是，当构成要件的范围不包含阻碍整体行为的危险及其作用时，归责就能够被取消。这样一来，在共同犯罪中，客观归责理论就与单一正犯体系结合，在合理限缩单一正犯体系打击范围

[1] 参见何庆仁：《归责视野下共同犯罪的区分制与单一制》，载《法学研究》2016 年第 3 期。

的同时，也巩固了客观归责理论在犯罪论的体系地位，从而实现了理论上的优势互补。[1]

笔者认为，客观归责理论作为认定客观不法的重要方法论，在共同犯罪领域有广阔的应用空间，这是有待挖掘的。但是，需要指出，上述研究存在以下局限性。局限之一，在共同犯罪中进行客观归责的角度，应当是以每个参与人作为独立参照。本书的基本观点，就是主张参与人之间仅仅在事实层面存在依赖和从属，在违法和有责的价值判断层面相互独立。由于客观归责方法属于实质不法的归责，而非单纯地对客观构成要件的形式判断，因此，在对共同犯罪的参与人进行客观归责时，无论共犯还是正犯，均需根据实质的归责原理，进行不法的独立判断，即独立的客观归属判断。而上述学者的观点，无论是立足于区分制还是单一制，都在强调共同犯罪参与人的“整体归责”，这首先就违背了共同犯罪的基本原理，在这一束缚的、扭曲的前提之下，客观归责理论是无法在共同犯罪的土壤里充分发挥作用的。局限之二，虽然笔者赞同教义上更加精细化的区分制体系，但必须说明的是，在对共同犯罪的参与人进行客观归责时，需要考虑其他参与人的行为，并不能成为否定归责论可应用于单一制的理由。因为在对任一参与人归责时，其他参与人仅仅是作为介入因素而存在，不能据此否认归责的个别性和独立性。所以，无论是区分制还是单一制，归责理论有着同样的适用可能性。至于区分制和单一制的比较问题，不再赘言。局限之三，作为基本的方法论，客观归责理论在共同犯罪领域，对共犯论具体问题的解决和处理，应当展现出更加具体化的研究成果。但我国学界在该方面的研究，还停留于原则性的倡导或简单的套用阶段，未来还有广阔的发展空间。笔者也将围绕共犯论问题，继续开展客观归责论在共犯论的应用研究。

[1] 参见王振华：《单一正犯体系的危机与突围：归责体系的构建——兼与何庆仁教授商榷》，载《法学家》2019 年第 3 期。

五、本章小结

本书第二章至第七章，是笔者2014年博士论文的主体部分。截至本书出版之时，已时隔五年有余，学界对共犯从属性问题的研究有了新的发展变化，因而增加本章予以补充评析。作为共犯从属性问题的研究前提，对犯罪参与体系的争论，近年来持续白热化。区分制体系固守最初的形式区分标准，在界定犯罪参与的核心类型上捉襟见肘，转向实质区分标准的尝试，又滑向了单一正犯体系的基本逻辑。不得不承认，区分制阵营已经在形式和实质之间走入了死胡同，面对单一制阵营步步紧逼、直击理论根基的批评，逐渐转入被动和劣势的局面。对此，笔者再次重申，区分制体系必须直面自身的问题，调整既有的区分标准。而区分制逆袭的出路就是，立足于规范论构建参与类型的区分标准，同时剥离正犯和共犯类型的量刑功能，并且应始终以各罪的构成要件为指针。据此，笔者在2014年立足于“支配能力”修正犯罪事实支配理论的基础上，再次提出了区分标准的“规范能力说”，主张根据参与人行为时实现构成要件的具体行为能力区分正犯和共犯。作为共犯从属性的理论基础，共犯处罚根据论相对冷清，发展缓慢。基本立场自相矛盾的折中肇因说，依然稳坐通说地位。值得说明的是，2014年笔者提出应采取接受构成要件制约的纯粹肇因说之时，国内无任何学者采取该观点。但近年来，有个别学者开始注意到纯粹肇因说主张违法相对性的闪光之处，转而支持该观点，算是共犯处罚根据论缓慢发展过程中的微小成果。关于共犯的从属性问题本身，由于实行从属性逐渐被还原为一种限制处罚必要性的事实性条件，故这一问题不再成为区分制和单一制争议的主战场。区分制和单一制的对立，逐渐聚焦于参与人的违法从属性上。对此，一个重要的转变是，立足于区分制认同参与人违法的独立性，进而支持共犯最小从属性的学者越来越多，从而在共犯的要素从属性问题上，逐渐形成了共犯的限制从属性说和最小从属性说对立的局面。相较于共犯处罚根据论的冷清，学界对共犯最小限从属性的接纳，整体上是一种缺乏理论支撑的倒叙模式。但与有责性一样，违法性的价值评价同样无法从属的意识逐渐被接受，也是理论的重要进步。共犯论的另一重要发展趋势，是客观归责理论的引入。当然，对于客观归责论和共犯论关系的研究尚且不够深入，还有广袤的发展空间。

第九章

共犯从属性理论的应用动向

本书关于共犯从属性的理论阐释已经接近尾声。最后一章，将就本书对共犯从属性问题的基本观点在具体问题上的应用作出总结，并就近些年来立法、司法在共犯从属性问题上的发展动向，以及共犯从属性问题在新兴技术影响下的异化现象，进行梳理和介绍。

一、共犯从属性理论的教义应用

共犯从属性作为具体问题，不存在能够自证合理性的结论，必须以区分制犯罪参与体系存在的合理性、共犯处罚根据的基础理论为依托，方能得出具有体系一致性的理论归结。因此，本书前半部分花了大量篇幅论证与共犯从属性问题相关的共犯基础理论。以此为基础，以下仅就本书对共犯从属性问题的归结观点在具体问题上的应用，进行归纳。

（一）共犯实行从属性的应用

根据共犯的实行从属性说，正犯没有着手实施犯罪行为的，共犯不构成犯罪未遂，但是，基于处罚必要性的考虑，对教唆未遂、帮助未遂，仍然存在以犯罪预备处罚的空间，这并不违背共犯的实行从属性原理。以第四章提到过的典型案件为例，被告人霍某与被害人安某因为恋爱产生感情纠纷，霍某为报复安某，雇用被告人王某对安某实施伤害行为，王某接受雇佣后，伙同满某将被害人安某停放于内蒙古自治区阿拉善经济开发区某小区的灰色马自达轿车放火烧毁（被烧毁轿车价值127892元）。[1] 虽然霍某教唆王某伤害他人，但王某和满某未实施符合故意伤害罪构成要件的行为，二人临时起意实施的故意毁坏财物的行为也并非霍某所教唆，故霍某的行为属于教唆未遂。笔者认为，由于霍某是雇凶伤人，属于情节严重的教唆未遂行为，具有刑罚处罚的必要性。但根据笔者提倡的共犯的实行从属性说，由于正犯并未着手实施被教唆的犯罪行为，因此，即使对教唆未遂行为需要以刑罚处罚，也不能像该案的裁判要旨那样单独论以犯罪未遂，而是应认定为犯罪预备，并直接适用刑法为特殊的犯罪预备行为设置的特别法条，即第29条第2款进行处罚（由于本案情节比较严重，因而不涉及需要引用刑法第37条免除刑罚的规定以实现与其他犯罪预备行为处刑均衡的问题）。

（二）共犯违法独立性的应用

1. 共犯客观不法独立性的应用

其一，即使正犯行为是违法的，共犯行为也可能是合法的。首先，嘱托杀人的场合。如甲委托乙杀害自己，乙实施了杀害甲的行为未果。本案中，虽然是甲引起乙实施了符合故意杀人罪构成要件的违法行为，但由于甲是被害法益的主体，乙侵害的法益对甲而言无须受到保护，因此，即便正犯乙的行为违法，教唆者甲的行为却是合法的。其次，未遂教唆、未遂

[1] 内蒙古阿拉善左旗人民法院（2014）阿左刑二初字第57号刑事判决书。

帮助的场合。以前文提到的案件为例，甲、乙是警察，为了查获毒品犯罪给嫌犯丙打电话，邀约向丙购买10克海洛因，丙在准备交付毒品时被抓获。[1] 本案中，丙是基于真实的犯罪故意而实施了贩卖毒品未遂的行为，不具有任何违法阻却事由，故正犯丙的行为是违法的；但甲、乙实施的教唆行为属于特情侦察的范围，存在违法阻却事由，所以二者的参与行为是合法的。最后，对必要参与犯片面处罚的场合。就必要参与犯而言，每个参与者都对最终犯罪结果的发生提供了不可或缺的原因力，但由于参与者的个体情况不同或出于刑事政策上的考虑，也可能仅仅处罚核心的主行为，而不处罚次要的参与行为。例如，根据我国刑法规定，只处罚以牟利为目的贩卖淫秽物品的行为，但一律不处罚购买行为，只处罚受贿行为，却不处罚为了谋取正当利益的行贿行为等，这实际上也是正犯行为违法，但参与行为不违法的表现。

其二，虽然正犯行为是合法的，共犯行为却可能是违法的。例如，参与自杀的行为。在教唆、帮助他人自杀的场合，正犯的自杀行为是合法的。自杀属于基于自主决定权而实施的自损法益的行为，主张自杀行为违法的观点，不仅违背基本的公众认同感，而且也违背基本的法理。因为违法行为必然对应有法律责任，但自杀未果的行为人，在刑事、行政和民事领域均无须负担任何法律后果，将这种没有法律责任的行为解释为违法行为，可以说并无根据。但是，教唆、帮助自杀的行为却是违法的。虽然自杀行为对于自杀者来说，属于自损法益，不存在违法之说，但对于教唆者、帮助者而言，却是引发或促成了他人生命法益的流失，故参与自杀行为是违法的，理应单独作为故意杀人罪的共犯处罚。值得一提的是，我国有学者认为，由于自杀行为并不符合故意杀人罪的构成要件，所以，如果主张参与自杀可依照故意杀人罪的共犯处罚，就是连共犯的最小从属原则都未遵守。笔者并不赞同该见解，因为问题的关键实际上在于对各罪构成

[1] 新疆维吾尔自治区乌鲁木齐市水磨沟区人民法院（2013）水刑初字第51号刑事判决；新疆维吾尔自治区乌鲁木齐市中级人民法院刑事裁定书（2013）乌中刑一终字第86号。

要件的解释。就我国刑法第232条的规定而言，由于故意杀人罪并没有限定为“他杀”，那么基于处罚参与自杀行为的现实需要，将自杀行为解释为形式上符合故意杀人罪的构成要件，进而将参与自杀作为故意杀人罪的共犯处罚，仍然可以满足共犯的最小从属要求。笔者认为，对各罪构成要件的解释不宜过于僵化，还应考虑具体行为的当罚性，毕竟借助于修法是更加不现实的选择。再如，行为人故意制造争端，使一方陷入可以实施正当行为损害另一方利益的事态，但又尚未支配整个因果流程。如甲欲杀丙，便首先诱导丙对乙实施不法侵害，同时告知乙做好对丙防卫的准备，而后在丙对乙行凶时，乙果然出于正当防卫杀死了丙。[1]本案中，一方面，由于丙是否能够听从甲的教唆去侵害乙，乙又是否会采纳甲的建议对丙实施防卫行为，都存在不确定性，所以不能认定甲控制了乙和丙，进而支配了致丙死亡的整个因果历程，故甲无法构成故意杀人罪的间接正犯。另一方面，甲的行为并非片面的对丙实施的伤害行为的教唆，也并非单纯的对乙实施的正当防卫行为的促进，是甲主动制造了乙和丙之间利益的对立，从而才使得本来无须死亡的丙成为乙防卫的对象，故就丙的死亡而言，甲理应负责。换言之，尽管对于实施杀人行为的乙来说，属于正当防卫并不违法，但对于促使乙实施杀死丙行为的甲来说，他制造了一个本来不必发生的“坏”的结果，虽然无法成立间接正犯，但可基于单独的不法成立故意杀人罪的共犯。

2. 共犯主观不法独立性的应用

其一，教唆者、帮助者误以为正犯具有故意的场合，仍然可以成立该故意犯罪的共犯。如文中提到的案例，甲、乙在狩猎的过程中，遇到了共同的仇人丙。甲误以为乙和自己一样发现了丙，就对乙喊“开枪！”乙闻

[1] 很多中外学者都举过这个案例，参见［日］大谷实：《刑法讲义总论》，黎宏译，中国人民大学出版社2007年版，第371页；王昭武：《论共犯的最小从属性——日本共犯从属性理论的发展与借鉴》，载《法学》2007年第11期；张开骏：《共犯限制从属性说之提倡——以共犯处罚根据和共犯本质为切入点》，载《法律科学》2015年第5期。

甲言，以为草丛中走动的物体是野兽，于是开枪射击，造成丙死亡。[1] 本案中，由于甲仅仅具有教唆故意，所以不构成杀人罪的间接正犯；如果要求共犯从属于正犯故意，那么由于乙不具有杀人故意，甲也无法成立故意杀人罪的共犯。然而，在甲具有杀人故意并导致被害人死亡的情况下，对其不予刑事处罚，这明显是一个不合理的处罚漏洞。根据笔者对要素从属性所持的观点，共犯只是从属于正犯该当客观构成要件的行为事实，据此，无论是将犯罪故意视为主观构成要件要素抑或主观不法要素，可以肯定的是，共犯一定不从属于正犯的主观内容。所以，即便乙不具有杀人故意，也可以将甲认定为故意杀人罪的教唆犯，这便有效避免了上述处罚漏洞。

其二，幕后者利用不知情的正犯实施义务犯或亲手犯的场合，可以构成该义务犯或亲手犯的共犯。同样以前文提到的案件为例。甲乘坐乙驾驶的出租车，后出租车疑似撞击到某物，乘客甲下车查看，他在明知丙被撞倒的情况下，因急于办事告知乙什么事也没发生，于是乙驾车离开，后丙因救治不及时死亡。[2] 本案中，由于乙是在不知道自己将他人撞倒的情况下离开事故现场，所以不构成交通肇事逃逸致死。虽然甲客观上利用乙不知情的行为造成了丙的死亡，主观上也具有利用意思，但先前的交通事故并非乘客甲造成，故甲不负有救助义务，从而无法单独成立交通肇事逃逸致死的间接正犯，如果要求共犯从属于正犯的犯罪故意，那么由于正犯乙不知情，甲也无法成立交通肇事逃逸致死的共犯。然而，假设乙知情，甲都要成立教唆犯，在甲恶意利用乙不知情的行为，进而导致被害人死亡的情况下，甲却不构成任何犯罪，明显有失公正。根据笔者的观点，由于共犯仅仅从属于正犯该当客观构成要件的行为，不从属于正犯的主观故意内容，所以，即便乙对自己行为的性质不知情，仍然可以将甲认定为交通肇事逃逸致死的共犯，这便避免了上述不公正的结论。再如上文提到过的一

[1] 参见［德］克劳斯·罗克辛：《德国刑法学总论》（第 2 卷），王世洲等译，法律出版社 2013 年版，第 107 页。

[2] 该案例改编自罗克辛教授书中所举的一个案件，参见［德］克劳斯·罗克辛：《德国刑法学总论》（第 2 卷），王世洲等译，法律出版社 2013 年版，第 107 页。

则案例，甲明知乙与丙是失散多年的兄妹，仍故意地撮合两人发生性关系，以报复当年被乙、丙父亲虐待之仇。[1]我国台湾地区“刑法”规定了血亲相奸罪，由于该罪是亲手犯，所以本案中，甲无法构成血亲相奸罪的间接正犯，但根据笔者的观点，即便乙和丙没有血亲相奸的故意，也可以将甲认定为血亲相奸罪的教唆犯，从而避免了处罚疏漏。

（三）共犯有责性独立的应用

共犯并不从属于正犯的有责性。以前文提到的案件为例。24 岁的甲是网吧网管，15 岁的乙经常到该网吧打游戏，后甲以缺钱为名，教唆乙回家盗窃，由于甲经常帮助乙，乙便同意，先后从家中窃取了 7000 元钱，被二人共同挥霍。[2]根据笔者对要素从属性的观点，共犯并不从属于正犯的有责性，所以，即便正犯不具备有责性，但只要事实上仍然具有规范意识，教唆者、帮助者就能够依附于这样的正犯而成立共犯。就本案而言，由于乙已经非常接近责任年龄，盗窃罪又属于日常多发的犯罪，乙对于甲教唆的犯罪行为应当具有辨识与控制能力，因此，尽管乙未达到法定的责任年龄，也能够将甲认定为盗窃罪的教唆犯。至于承办该案的检察院的立场，即只要被教唆者未达到刑事责任年龄，教唆者一律构成间接正犯，是严格从属性说的表现，并不正确。同理，即便正犯不具有违法性认识的可能或期待可能性，但只要教唆者、帮助者不欠缺这些责任要素，仍然可以单独成立共犯。

如果正犯因特定的个人因素需要加重或减轻刑罚，该效果也不适用于共犯。还是以上面提到的案件为例，对于甲教唆乙去盗窃乙家中的财物这样的案件，根据 2013 年《关于办理盗窃刑事案件适用法律若干问题的解释》第 8 条的规定，即使乙达到责任年龄，基于其家庭成员的特殊身份，也可以不认定为盗窃罪，即便定罪也要酌情从宽。但是，教唆犯甲并不属

[1] 参见许泽天:《教唆或帮助欠缺故意之行为》，载《军法专刊》1999 年第 4 期。

[2] 参见哈尔滨市道外区人民检察院:《教唆未成年人盗窃家中财物是否构成犯罪》，载《检察日报》2009 年 5 月 17 日，第 3 版。

于被盗对象的家庭成员，因而，不仅成立盗窃罪，在量刑上也不能适用该从宽情节。

二、共犯从属性理论的立法应用

“共犯行为正犯化”的立法趋势，一定程度上反映了共犯不法的独立性。我国 1997 年刑法中原本就存在“共犯行为正犯化”的立法。近些年来，为应对特殊共犯行为的处罚需求，刑法修正案呈现的一个明显趋势，就是“共法行为正犯化”立法的增多。当刑法分则针对教唆行为或帮助行为设置了独立的条款，这些共犯与对应的正犯之间的从属性问题该如何把握，有无特殊性，是非常值得探讨的问题。但该问题在国内尚未引起充分的重视，就少量现存的研究成果来说，大体呈现两种意见。

一种观点认为，“共犯行为正犯化”的立法，已经使共犯具有了正犯品格，不再接受共犯从属性原则的限制。如有学者指出，在共犯正犯化的立法模式中，包括帮助犯在内的共犯行为已经被正犯化，应当具有独立性，不再受到实行从属性和要素从属性的制约。具体而言，一方面，共犯的实行从属性对共犯犯罪形态的限定作用，可以被突破。例如，由于我国刑法分则单独规定了协助组织卖淫罪，因此，对协助组织卖淫行为犯罪未遂乃至犯罪既遂的认定，仅需考虑协助行为单方的违法性情况，不必受到原本对应的正犯行为即组织卖淫行为是否着手实行的影响。[1] 另一方面，共犯对正犯的违法从属性，也可以被突破。由于正犯原本属于不法位阶较高的参与类型，因此，在正犯不具有刑罚处罚必要性的情况下，共犯也不可能值得刑罚处罚。但是，在共犯行为正犯化的立法模式下，共犯的刑事可罚性不必受到正犯违法程度的制约。例如，因为《刑法修正案（九）》单独增设了帮助信息网络犯罪活动罪，所以，即使被帮助的正犯行为未达

[1] 参见黎宏：《刑法学各论》，法律出版社 2016 年版，第 480 页；周光权：《刑法各论》，中国人民大学出版社 2016 年版，第 449 页。

到入罪标准，具有严重危害性的帮助行为也可以直接构成帮助信息网络犯罪活动罪。[1]

另一种观点则认为，对共犯正犯化的立法模式还需要区分具体情形，有些共犯正犯化的立法，仍然需要接受共犯从属性的制约。如有学者主张，共犯正犯化的立法形式具有多元性特征，不能对所有正犯化的行为均赋予独立性。例如，对于正犯和正犯化的共犯适用相同法定刑的情形，如果承认此类正犯化的共犯具有构成要件的完全独立性，就很可能产生罪刑不均衡的问题。因为除非侵犯新的法益，否则帮助行为作为法益侵害性程度轻于正犯行为的参与形态，不可能只因为立法形式的更改，而在实质危害性上飙升至可与正犯行为等价的程度。又如，在正犯化的帮助行为中，存在一些正常的业务行为，只有被帮助的正犯行为在现实中显示出严重的法益侵害性，相关帮助行为才有可罚的余地。因此，断然切断正犯化的共犯行为和正犯行为之间的从属关系，可能存在处罚不当罚行为的危险。再如，有的共犯正犯化的立法，在犯罪构成上必须满足特定的限制条件或以特定的危害结果为构成要件要素，而在原正犯尚未实施实行行为的场合，这些结果是不可能出现的，因此，不能认为这些正犯化的规定摆脱了从属性原理的限制。以刑法第 287 条之二规定的帮助信息网络犯罪活动罪为例。该罪名的成立，以明知他人利用信息网络实施“犯罪”为前提，同时要求满足情节严重这一要件。据此，虽然该条属于帮助行为正犯化的立法，但在被帮助的正犯未实施信息网络犯罪行为时，该罪名也无法成立。换言之，互联网接入、服务器托管、网络存储、通信传输等技术支持作为本罪的行为方式，原则上不宜具有独立的可罚性，而必须从属于其帮助的犯罪行为的违法构成要件。[2]

笔者认为，对于刑法上正犯化的共犯的从属性问题，有以下几点是需要注意的。一方面，由于立法的复杂化，确实需要区分真正的共犯正犯化

---

[1] 参见于志刚：《共犯行为正犯化的立法探索与理论梳理——以“帮助信息网络犯罪活动罪”立法定位为角度的分析》，载《法律科学》2017 年第 3 期。

[2] 参见邓毅丞：《共犯正犯化背景下的从属性困境及理论应对》，载《中外法学》2019 年第 3 期。

和非真正的共犯正犯化。所以，上述学者主张对“共犯正犯化”的立法区分不同类型的思路，是可取的。对于非真正的共犯正犯化，当然仍然需要接受共犯从属性的约束。但另一方面，对于真正的共犯正犯化的识别不能过于苛刻，对于共犯从属性问题不能赋予过多的规范期待。首先必须明确的是，结合本书观点，根据自我答责原理的精神，共犯从属性应当被降级理解为基于事实性依赖的最低限度的从属，也即，因共犯没有独立的实行行为，因此，虽然教唆未遂、帮助未遂在具有处罚必要性时可论以犯罪预备，但共犯构成犯罪未遂、犯罪既遂，则必须以正犯着手实行为必要；至于规范意义上的违法性和有责性，本身就应当根据共犯和正犯个别的情况独立衡量。所以，共犯从属性在限制功能上不应承载过多的使命，对所谓共犯正犯化的立法违背共犯从属性的忧虑，似乎更多的也只是主观想象。根据本书对共犯从属性的定位，共犯从属性只是在限制共犯的犯罪形态上具有实际意义，那么，正犯化的共犯能否摆脱共犯从属性的限制，关键就在于刑法有无针对教唆行为、帮助行为设置独立的构成要件类型。所谓中立的帮助行为正犯化后，仍应接受共犯从属性的限制，其实并不准确。因为中立的帮助行为只是单纯的称谓，而如果刑法已经设置了独立的犯罪构成，就必然涵摄了不法内容，那么，在这一独立的犯罪构成之外，不能过于纠缠其他所谓从属性限制。而且，只要能够评价为教唆行为、帮助行为具有了独立的构成要件，就成立了独立的不法类型，认定其具有独立的犯罪未遂或犯罪既遂标准，也就并不违背共犯的实行从属性说，毋宁说正是在维护通过构成要件树立的法治国原则。至于这种以教唆行为、帮助行为为原型的独立构成要件类型的出现和增多，则是以特殊领域突出的共犯行为为契机，彰显了共犯不法的独立性格。

三、共犯从属性理论的司法应用

司法解释中的“共犯正犯化”现象，是司法对共犯不法独立性的被动回应。除了 1997 年刑法及刑法修正案呈现的共犯正犯化现象，针对特殊领域的共犯行为，我国近些年来的司法解释也存在突破违法从属性的明显动向。如 2010 年《关于办理网络赌博犯罪案件适用法律若干问题的意见》、2010 年《关于办理利用互联网、移动通讯终端、声讯台制作、复制、出版、贩卖、传播淫秽电子信息刑事案件具体应用法律若干问题的解释（二）》、2011 年《关于办理危害计算机信息系统安全刑事案件应用法律若干问题的解释》以及 2019 年《关于办理非法利用信息网络、帮助信息网络犯罪活动等刑事案件适用法律若干问题的解释》等，针对其中涉及的典型的帮助行为，在入罪问题上均未将正犯构成犯罪作为必要条件。不同于立法上的“共犯正犯化”，司法解释能否进行“共犯正犯化”的设置，在学界存在不同的见解。持肯定意见的学者将共犯正犯化分为立法的正犯化和司法的正犯化，主张司法解释按照正犯的规定来处罚共犯行为的做法，也属于正犯化的范畴。[1] 持反对意见的学者则主张，真正的共犯正犯化只能限定于立法上的正犯化，而不能包括司法的正犯化。司法解释中所谓的正犯化规定，不能理解为是对共犯行为进行正犯化的法律拟制，而应当理解为以共犯形式出现的参与行为在本质上具有正犯的基本特征，因而对其按照正犯处罚。[2] 笔者在上文提到，识别真正的共犯正犯化的标志，在于立法上是否为教唆行为、帮助行为设置了独立的犯罪构成，这显然是立法机关的权力范围，最高司法机关只能就审判、检察工作中具体应用法律的问题作出司法解释，无权针对共犯行为设置独立于正犯的犯罪构成。然而，如上所述，最高人民法院、最高人民检察院通过司法解释，使对共犯的定罪摆脱对正犯依附性的现象，并不罕见。比较典型的例子是，我国刑法第 287 条之二增设了帮助信息网络犯罪活动罪，构成要件将帮助的对象即正犯行为明文限于他人利用信息网络实施的犯罪行为。正因为如此，有学者主张，该条属于不完整的共犯正犯化，其中的帮助行为仍需从属于被帮助

---

[1] 参见于冲：《网络犯罪帮助行为正犯化的规范解读与理论省思》，载《中国刑事法杂志》2017 年第 1 期。

[2] 参见邓毅丞：《共犯正犯化背景下的从属性困境及理论应对》，载《中外法学》2019 年第 3 期。

的犯罪行为的违法构成要件。[1]然而，2019 年开始施行的《关于办理非法利用信息网络、帮助信息网络犯罪活动等刑事案件适用法律若干问题的解释》将帮助信息网络犯罪活动罪的适用范围扩大为无法查证被帮助对象是否达到犯罪程度，但帮助行为本身满足入罪标准的情形，直接突破了立法上的从属限制。所以，必须承认，司法解释的确是在进行摆脱违法从属性限制的共犯正犯化立法，无法理解为是单纯地将共犯按照正犯处罚。这当然存在司法解释僭越立法的问题，但背后也反映出面对共犯不法独立性的本质，在缺乏明确且普遍支撑的理论背景下，司法的局促和被动。

司法程序上共犯先于正犯被追究刑事责任，是广义上共犯不法独立性的表现。有学者从诉讼程序的公正与共犯从属性的关系出发，指出在没有正犯实行行为的情况下，先行追究共犯行为的刑事责任，可能导致错误的侦查、起诉和审判。因此，在对参与人追究刑事责任的顺序这一诉讼程序问题上，共犯从属性原则也有发挥作用的空间。[2]然而，在实务操作当中，出于及时惩处犯罪的现实需求，共犯先于正犯被追究刑事责任的现象并不少见。2014 年《关于办理网络犯罪案件适用刑事诉讼程序若干问题的意见》明确承认了可先行追究已到案的共犯人的刑事责任。2019 年《关于办理非法利用信息网络、帮助信息网络犯罪活动等刑事案件适用法律若干问题的解释》规定，被帮助对象实施的犯罪行为可以确认，但尚未到案、尚未依法裁判或因未达到刑事责任年龄等原因依法未予追究刑事责任的，不影响帮助信息网络犯罪活动罪的认定。根据本书观点，共犯仅仅在事实层面从属于正犯的实行行为，而共犯自身具有独立的违法性，也即，正犯行为只是共犯自身实现法益侵害过程中的介入因素。因此，只要正犯行为的事实可以通过相关证据予以确认，完全可以先行追究共犯的刑事责任。这一司法程序上追责顺序的倒置，并没有违背共犯的实行从属性要求，只是共犯不法独立性的表现之一。

---

[1] 参见邓毅丞:《共犯正犯化背景下的从属性困境及理论应对》，载《中外法学》2019 年第 3 期。

[2] 参见张开骏:《共犯从属性研究》，法律出版社 2015 年版，第 113 页。

四、互联网技术影响下共犯的异化

借助互联网技术的支持，共犯行为的不法独立性得以凸显。互联网络的出现和发展，深刻地改变了人类的行为方式，也在很大程度上改变了犯罪行为的方式。而以联合和互通为特点的互联网络，对共同犯罪行为模式的影响是最深远的，突出的表现就是网络共犯呈现的异化现象。其一，网络共犯表现出强势的法益侵害性。共犯原本是共同犯罪中不法层级较低的参与类型，但借助互联网络即时方便的技术特点，通过网络空间“人际互联”的技术平台，共犯的对象范围和作用空间被瞬间放大，共犯和正犯之间的关系从“点对点”的局限状态，转变为“点对面”的辐射效果，直接促成了网络帮助犯法益侵害的聚合式增长。在很多情况下，共犯已体现出超越个体正犯的强势违法性。其二，网络共犯展现出明显的违法独立性。前文提到的近些年来立法上的共犯正犯化现象，以及司法解释当中突破违法从属性限制的正犯化现象，主要是针对网络共犯行为。由于网络共犯呈现出强势的法益侵害性，即便个体的正犯行为没有达到值得刑法处罚的违法性，网络共犯也可能独自达到了可罚的违法性程度。《刑法修正案（九)》新增的帮助信息网络犯罪活动罪，就是典型的网络共犯。如前文所述，虽然本罪的构成要件要求被帮助的正犯行为是犯罪行为，但 2019 年《关于办理非法利用信息网络、帮助信息网络犯罪活动等刑事案件适用法律若干问题的解释》直接取消了刑法上的违法从属性限制，承认只要这种网络帮助行为自身满足入罪标准，即便被帮助的对象未达到犯罪程度，也不影响其单独构成帮助信息网络犯罪活动罪，或不影响对其单独追究刑事责任。应当认为，并非网络技术特别地改变了共犯的属性，而是以互联网络的技术发展为契机，成功地凸显了共犯违法独立性的本质。其三，网络共犯联结的正犯呈现出不特定性。在传统的共犯和正犯的关系上，帮助犯指向的对象即正犯具有特定性。然而，通过普遍参与的互联网络平台，帮助犯可以同时对不特定的多人实施的犯罪行为提供网络技术上的辅助，互联网络的这种分散型联结模式，形成了异于传统的、共犯与正犯之间的不特定关系。

其四，网络共犯和正犯之间的主观联系弱化。由于互联网络参与主体广泛并且不特定，准入门槛基本无实名限制，在互联网络上实施的行为又具有即时性，这些技术特点导致网络共犯与正犯之间往往并不存在，事实上也难以实现相互之间的意思沟通。因此，有学者指出，在网络语境下，主观上的犯意联络成为不再被需要的共同犯罪成立条件。[1]

网络共犯的异化现象，需要立足于共犯的基础理论予以解释。为了应对网络共犯呈现的异化现象，学界相继提出了开展“共犯正犯化”立法的能动路径，[2] 彻底回归原本的共犯责任的保守路径，[3] 以及以共犯责任为基础、共犯正犯化的立法模式为补充的折中模式。[4] 然而，无论是共犯模式，还是变相的正犯化模式，都需要从根源上，针对网络共犯行为呈现出的强势的违法独立性以及与正犯主观联络的疏离等异化特点，提供基础理论的支撑。本书对共犯从属性问题及其涉及的共犯基础理论的立场，可以合理地解释网络共犯的异化问题。根据本书提倡的接受构成要件制约的纯粹肇因说，共犯只是在最低限度上从属于正犯该当构成要件的行为事实，也即，正犯在共犯自身实现法益侵害的过程中，只是事实性的介入因素，至于规范层面的违法性和有责性则为共犯自身所固有。据此，一方面，共犯指向的正犯特定与否，并不影响对教唆行为、帮助行为与法益侵害结果之间因果关系的判断，进而也不影响共犯的成立。由于正犯只是客观上的事实性介入因素，因此，共犯与正犯之间意思联络的有无这一主观层面的问题，亦不影响共犯的成立。另一方面，作为价值性问题，由于共犯具有独立于正犯的违法性判断，所以，即便个体的正犯行为没有达到值得刑罚处罚的违法程度，但如果教唆行为、帮助行为借助正犯的行为事实对法益的侵害

---

[1] 参见刘仁文、杨学文：《帮助行为正犯化的网络语境——兼及对犯罪参与理论的省思》，载《法律科学》2017 年第 3 期。

[2] 参见胡云腾：《谈〈刑法修正案（九）〉的理论与实践创新》，载《中国审判》2015 年第 20 期。

[3] 参见王霖：《网络犯罪参与行为刑事责任模式的教义学塑造——共犯归责模式的回归》，载《政治与法律》2016 年第 9 期。

[4] 参见于志刚：《网络空间中犯罪帮助行为的制裁体系与完善思路》，载《中国法学》2016 年第 2 期；苏彩霞：《多元化网络共犯行为的刑法规制路径体系之重构》，载《法学家》2019 年第 2 期。

达至可罚的违法性，完全可单独论以共犯进行处罚。对于网络共犯借助互联网平台“一对多”的技术支持，呈现出的超越个体正犯的强势违法性，通过正犯化的独立犯罪构成进行规制，也是体现了共犯不法的独立性特质。总之，针对网络技术已经呈现出的联结又分散的技术特点，以及以此为基础网络技术在未来发展的无限可能，在保障接受法治国原则约束的前提下，主张违法相对性的纯粹肇因说，以及作为其理论归结的共犯对正犯在客观事实层面的最低限度从属，能够以逻辑自洽的统一立场，很好地应对和解释共犯领域已经存在或可能发生的所谓“异化”现象。

五、本章小结

本章就本书对共犯从属性的基本观点在具体问题上的适用，进行了归纳总结。此外，从立法、司法以及法律与技术几个维度，分析了共犯从属性理论的应用导向。近些年，我国刑法立法上突出的“共犯正犯化”现象，提出了共犯从属性能否被突破的新问题。根据本书对共犯从属性的定位，共犯从属性只是在事实层面对于限制共犯的犯罪形态具有实际意义，而对于真正的共犯正犯化立法而言，由于刑法已经为这些共犯行为设置了独立的构成要件，也就不存在突破共犯的实行从属性的问题，此时，以正犯化的共犯自身的违法情况作为犯罪未遂或犯罪既遂的标准，毋宁说正是在维护构成要件所树立的法治国基准。事实上，这种以教唆行为、帮助行为为原型的独立构成要件类型的出现和增多，是以特殊领域突出的共犯行为为契机，彰显了共犯在不法上的独立性格。对于近些年司法解释当中不断涌现出在共犯的入罪问题上摆脱对正犯的依附，甚至直接突破立法的限制，以及司法程序上共犯先于正犯被追究刑事责任的现象，也反映出面对共犯不法独立性的理论本质的促动，在缺乏明确理论支撑的情况下，司法先行的被动性。此外，共犯不法的独立性，在网络共犯身上得到了淋漓尽致的体现。借助互联网络的技术特点，以网络平台为依托，网络共犯呈现出强势的法益侵害性、明显的违法独立性以及与正犯意思联络的疏离等异化特点。而立足于本书提倡的纯粹肇因说，以及作为其理论归结的共犯对正犯在事实层面的最低限度的从属性，可以从统一的理论立场出发，合理地解释网络共犯的所谓异化现象，实现法律和技术的有效沟通以及积极互动。

结论

第一，共犯从属性问题并非孤立的理论问题，必须深入区分制犯罪参与体系存在的必要性，从共犯的处罚根据出发，并结合共同犯罪的本质问题，构建体系性的研究路径。

第二，共犯从属性的具体内容，只包括实行从属性和要素从属性。前者解决共犯从属性的有无，后者解决共犯从属性程度。可罚从属性，属于共犯处罚根据的范畴；罪名从属性是共犯从属性问题的附属结论；处罚从属性是共犯量刑层面的问题；犯罪从属性则是其他从属性概念的代称。并且，所谓共犯的可罚从属性、罪名从属性以及处罚从属性，均已被否定。

第三，对共犯从属性问题的研究，以区分制参与体系存在的必要性为前提。区分制根据参与行为在不法上的实质差异划分参与类型，在共同犯罪的评价和处理上体现了刑法教义的精致性，具有积极的方法论意义。然而，面对单一制的强势批评，区分制的确应该从自身的理论根基出发，作出反思和调整。其一，作为区分制的立论基础，正犯和共犯的区分既不能停留于无法充分标识核心参与类型的形式标准，又必须遵守法治国的基本要求始终以法定的构成要件为指针；既要摆脱简单的形式逻辑转向区分标准的规范论构建，又要避免以事后作用这样的量刑因素捆绑正犯标准，从而引发实质化的正犯概念滑入统一正犯体系的风险。据此，笔者在本书第三章中，主张就区分制之下正犯和共犯的区分标准采取“犯罪构成事实支配能力说”，即立足于“支配能力”对犯罪事实支配理论进行修正，不以事后发生的具有偶然性的实际作用区分正犯和共犯，而是根据事前对于犯罪构成事实的实现是否存在支配能力进行判断。这种区分标准不仅体现了超越形式论的规范论特点，而且判断时点的错位将正犯类型与主犯概念真正分离开来，不仅能够独立发挥正犯的违法性位阶识别和主犯的量刑个别化功能，也能够保证在对正犯标准进行规范论的构建时，不会发生属于违法性高阶的正犯概念和单纯用以量刑的主犯概念重合，进而与单一制同轨的现象。[1] 需要说明的是，基于具有犯罪构成事实支配能力的正犯之间在实施实行行为上具有可代替性，虽然并不是每个正犯者都需要现实地实施实行行为，但也必须有能够现实地替代其他支配能力者实施实行行为的正犯者存在，因此，以是否具有犯罪构成事实支配能力界分共犯和正犯，并不否定共犯对正犯的现实从属性问题。其二，必须承认的是，虽然单一制主张参与行为在不法上等价并不可取，但认为参与行为在不法上独立，从而在共同犯罪中引入个人责任原则，却值得认同。立足于区分制，同样需要考虑并贯彻刑法上的自我答责原理。据此，区分制体系之下，规范意义上的违法性和有责性理应在共犯和正犯之间独立判断，共犯对正犯的从属性应当降级为基于自然限制的事实层面的依赖，如此便可以在区分制体系中引入个人责任原则。至于区分制体系存在的意义，正犯概念的限制要点，原本就应围绕参与类型在不法上的本质差异来巩固和构建。

第四，对共犯从属性问题的探讨，应当从共犯的处罚根据中寻找理论基础。关于共犯的处罚根据这一关涉共犯本质的问题，我国部分学者及司法实务仍然固守可罚性借用说或责任共犯论，但该见解直接违背个人责任原理，并且会混淆共犯和间接正犯的界限。多数学者支持因果共犯论内部的修正肇因说和折中肇因说，然而两说各自存在缺陷。修正肇因说一方面认为教唆犯引起了正犯的不法，另一方面又认为教唆犯从属于正犯的不法，

[1] 笔者后期在此观点的基础上，提出了超越形式标准亦不同于既有实质标准的“规范能力说”，将正犯和共犯的区分标准定位于行为时实现各罪构成要件的具体的行为能力，并就此撰写完成《论正犯标准的规范性重构——从“实际作用”转向“规范能力”》一文。

在论证方法上“倒因为果”；而且修正肇因说的原始观点会导致共犯处罚范围的扩张，修正肇因说的再次修正又与其理论初衷相悖。折中肇因说一方面主张共犯存在固有的不法，另一方面又认为共犯从属于正犯的不法，在论证方法上“自相矛盾”；对于利用他人合法行为侵害法益的情形，折中肇因说也始终无法提供妥当的处理法案。关于共犯的处罚根据，笔者提倡接受构成要件制约的“改良的纯粹肇因说”，也即，虽然共犯属于规范层级较低的参与类型，但之所以处罚共犯，是因为共犯借由正犯该当客观构成要件的行为事实，实现了自身对法益的侵害。据此，共犯具有对正犯的实行从属性，但也仅仅是从属于正犯该当客观构成要件的行为事实，在违法性和有责性的判断上，则具有独立性（最小限度的“客观构成要件从属性说”）。这种纯粹肇因说坚持了共犯的实行从属性，并非等同于共犯独立性说。纯粹肇因说在确认共犯实现了固有的不法时，要考虑其是否制造了法益损害以及是否具备犯罪故意等主客观条件，并不会导致共犯处罚范围的无端扩张。立足于身份的事实性质，纯粹肇因说亦能对纯正身份犯的共犯问题作出合理的解释。并且，纯粹肇因说真正契合了因果共犯论的理论初衷，充分体现了罪责自负原理，亦能与“行为共同说”“利用合法行为的间接正犯”之法理相通。

第五，共犯具有对正犯的实行从属性，但实行从属性的含义需要得到澄清。共犯实行从属性说的要义在于，如果正犯尚未着手实行犯罪，客观上根本无法形成侵害法益的现实危险，因而此时，不能将共犯认定为犯罪未遂。该说从理论基础到具体结论，与客观主义刑法立场、作为共犯处罚根据的因果共犯论、实行行为的定型性原理以及犯罪未遂的认定标准，均是契合的，也因此获得了普遍认同。故我国学界也应在尊重客观规律的基础上，真正接受共犯的实行从属性说，并引导实务改变仍在适用共犯独立性说之司法现象。必须澄清的是，处罚教唆未遂与共犯的实行从属性说并不矛盾。共犯的实行从属性说强调的是正犯尚未着手时不能将共犯论以犯罪未遂，但不排除对教唆未遂以犯罪预备处罚的可能性。由于我国刑法对犯罪预备行为的处罚赋予了弹性空间，因此，对于那些针对严重暴力犯罪所实施的、情节严重的教唆未遂行为，完全可能认定为犯罪预备，并直接适用刑法为犯罪预备行为设置的特别法条即第 29 条第 2 款进行处罚，同时还需灵活运用第 37 条免刑之规定，以补救第 29 条第 2 款对犯罪预备行为在刑罚配置上的失误。值得说明的是，在共犯从属性的探讨中，共犯的实行从属性关注的仅仅是共犯对正犯事实层面的从属，即共犯构成犯罪未遂、犯罪既遂，必须依赖于正犯的实行行为，至于该实行行为在规范上是否必须是违法的、有责的，则并不属于实行从属性的范畴，而是属于在要素从属性即共犯从属的程度中探讨的内容。

第六，关于共犯的要素从属性，即共犯的从属程度，应采取最低限度的“共犯的客观构成要件从属性说”。目前，我国实务仍然在适用严格从属性说。然而，要求共犯从属于正犯的有责性，混淆了刑事责任意义的共同犯罪和实质上的共同犯罪，在共犯的处罚根据上并未坚持因果共犯论，违背了刑法上的个人责任原则。此外，严格从属性说在处理具体问题时，既可能将部分共犯错认为较重的间接正犯，还可能在某些问题上形成处罚漏洞，不足为采。目前，学界的通说是限制从属性说。有学者立足于结果无价值论支持限制从属性说，主张共犯从属于正犯的违法性。但笔者认为，违法从属性违背“价值问题个别判断”的基本规律，正因为如此，该说的支持者始终无法为“因何共犯从属于正犯的不法”提供充分的理论依据。而且，主张共犯具有违法从属性，在嘱托杀人、片面对向犯以及参与自杀、利用正当行为的违法行为等场合，无法自圆其说。另有部分学者立足于违法二元论支持限制从属性说，主张共犯还应当从属于正犯的犯罪故意。但故意从属性不仅违背“主观问题因人而异”的基本原理，在教唆者、帮助者误以为正犯具有故意，以及幕后者利用不知情的正犯实施义务犯或亲手犯的场合，还会导致不合理的处罚漏洞，同样不可取。关于共犯的要素从属性，笔者认为，立足于违法二元论的“共犯的客观构成要件从属性说”，或立足于结果无价值论的共犯的最小从属性说是合理的，即共犯只是从属于正犯该当客观构成要件的行为事实，在违法性和有责性上则应根据个人的情况独立地判断。这种最小限从属形式真正体现了罪责自负原则，部分间接正犯类型以及“行为共同说”的兴起也能够印证其理论合理性；在具体问题的处理上，该观点既能防止对行为人不利的法律评价，又可以避免处罚漏洞。至于学界对这种最小限从属形式提出的批评，多源自于对该观点的误解。事实上，这种最小限从属形式不必然导致共犯处罚范围的扩张，亦不会损坏各罪构成要件的定型性，能够合理地解释纯正身份犯的共犯问题，与我国刑法规定之间也不存在必然的冲突。

第七，罪名从属性问题并不属于共犯从属性的内容，但借由罪名从属性问题引发的犯罪共同说和行为共同说的对立，却能够阐释整个共同犯罪的本质，从而能够与共犯的处罚根据论相互印证，进而也就能够为共犯的从属性，尤其是要素从属性，提供进一步的理论支撑。尽管犯罪共同说和行为共同说一直被视为对共同正犯本质的说明，但事实上二者的对立同样适用于狭义共犯，因为不管是共同正犯之间，还是共犯和正犯之间，都存在到底是共同完成了“行为”还是共同完成了“犯罪”的问题。因此，就狭义共犯而言，犯罪共同说实际上意味着共犯具有较严格的从属性，即共犯不仅要从属于正犯客观上该当构成要件的不法，还要从属于正犯主观上的故意；而行为共同说则意味着共犯具有最小限从属性，即共犯只需要从属于正犯客观上的行为。由于完全犯罪共同说和部分犯罪共同说在论理和对具体问题的处理上存在诸多不合理之处，主观主义行为共同说有破坏构成要件观念之嫌，故立足于客观主义的行为共同说即构成要件行为共同说，是可取的。根据客观主义行为共同说，整个共同犯罪的本质都在于，各参与人为了扩大自己行为的因果性影响，通过与他人协力完成该当客观构成要件的事实，以分别实现自己对法益的侵害。这一立场与纯粹肇因说对狭义共犯本质的说明是一致的。而这种被客观主义行为共同说印证的纯粹肇因说，又再次为“共犯的客观构成要件从属性说”奠定了坚实的理论基础。

参考文献

一、中文文献

（一）著作和文集

张开骏：《共犯从属性研究》，法律出版社 2015 年版。

阎二鹏：《犯罪参与体系之比较研究与路径选择》，法律出版社 2014 年版。

陈兴良：《共同犯罪论》，中国人民大学出版社 2006 年版。

江溯：《犯罪参与体系研究》，中国人民公安大学出版社 2010 年版。

杨金彪：《共犯的处罚根据》，中国人民公安大学出版社 2008 年版。

陈洪兵：《共犯论思考》，人民法院出版社 2009 年版。

魏东：《教唆犯研究》，中国人民公安大学出版社 2002 年版。

叶良方：《实行犯研究》，浙江大学出版社 2008 年版。

陈子平：《共犯处罚根据论》，三民书局 1992 年版。

陈家林：《共同正犯研究》，武汉大学出版社 2004 年版。

陈世伟：《论共犯的二重性》，中国检察出版社 2008 年版。

吴振兴：《论教唆犯》，吉林人民出版社 1986 年版。

马克昌、李光灿、罗平：《论共同犯罪》，中国政法大学出版社 1987 年版。

柯耀程:《变动中的刑法思想》，中国政法大学出版社 2003 年版。

许玉秀:《当代刑法思潮》，中国民主法制出版社 2005 年版。

黎宏:《刑法总论问题思考》，中国人民大学出版社 2007 年版。

黄荣坚:《基础刑法学》，台湾元照出版公司 2012 年版。

储槐植、江溯:《美国刑法》，北京大学出版社 2012 年版。

姜伟:《犯罪形态通论》，法律出版社 1994 年版。

张明楷:《犯罪构成体系与构成要件要素》，北京大学出版社 2010 年版。

张明楷:《刑法的基本立场》，中国法制出版社 2002 年版。

李光灿:《刑法因果关系论》，北京大学出版社 1986 年版。

曲新久主编:《刑法学》，中国政法大学出版社 2011 年版。

张明楷:《刑法学》，法律出版社 2016 年版。

周光权:《刑法总论》，中国人民大学出版社 2016 年版。

周光权:《刑法各论》，中国人民大学出版社 2016 年版。

黎宏:《刑法学各论》，法律出版社 2016 年版。

林山田:《刑法通论》(下册)，北京大学出版社 2012 年版。

陈子平:《刑法总论》，中国人民大学出版社 2009 年版。

林钰雄:《新刑法总则》，中国人民大学出版社 2009 年版。

柯耀程:《刑法总论释义——修正法篇》(上册)，台湾元照出版公司 2006 年版。

周光权:《刑法客观主义与方法论》，法律出版社 2013 年版。

蔡墩铭:《刑法总论》，三民书局 1988 年版。

谢望原:《刑法学》，北京大学出版社 2012 年版。

侯国云:《刑法学》，暨南大学出版社 2009 年版。

赵秉志主编:《犯罪总论问题探索》，法律出版社 2003 年版。

赵秉志:《罪刑总论问题》，北京大学出版社 2010 年版。

于志刚:《刑法学总论》，中国法制出版社 2010 年版。

陈子平:《共同正犯与共犯论——继受日本之轨迹及其变迁》，台湾五南图书出版有限公司 2000 年版。

最高人民法院主编:《刑事审判参考》(第16辑),法律出版社2001年版。

陈培锋:《刑法体系精义——犯罪论》,康德文化出版社1998年版。

赵秉志主编:《新刑法教程》,中国人民大学出版社1997年版。

高铭暄:《刑法问题研究》,法律出版社1994年版。

（二）中文译著、译文

[德] 克劳斯·罗克辛:《德国刑法总论》(第2卷),王世洲等译,法律出版社2013年版。

[德] 汉斯·海因里希·耶塞克、托马斯·魏根特:《德国刑法教科书》,徐久生译,中国法制出版社2001年版。

[德] 约翰内斯·威塞尔斯:《德国刑法总论》,李昌珂译,法律出版社2008年版。

[德] 冈特·施特拉腾韦特、洛塔尔·库伦:《刑法总论Ⅰ——犯罪论》,杨萌译,法律出版社2006年版。

[德] 弗兰茨·冯·李斯特:《德国刑法教科书》,徐久生译,法律出版社2000年版。

[德] 克劳斯·罗克辛:《正犯与犯罪事实支配理论》,载陈兴良主编:《刑事法评论》(第25卷),北京大学出版社2009年版。

[日] 高桥则夫:《共犯体系和共犯理论》,冯军、毛乃纯译,中国人民大学出版社2010年版。

[日] 西原春夫:《犯罪实行行为论》,戴波、江溯译,北京大学出版社2006年版。

[日] 山口厚:《刑法总论》,付立庆译,中国人民大学出版社2011年版。

[日] 曾根威彦:《刑法学基础》,黎宏译,法律出版社2005年版。

[日] 大塚仁:《刑法概论(总论)》,冯军译,中国人民大学出版社2003年版。

[日] 西田典之:《刑法总论》,王昭武、刘明祥译,法律出版社2013

年版。

［日］松宫孝明：《刑法总论讲义》，中国人民大学出版社 2013 年版。

［日］大谷实：《刑法讲义总论》，中国人民大学出版社 2008 年版。

［日］野村稔：《刑法总论》，全理其、何力译，法律出版社 2011 年版。

［日］山中敬一：《日本刑法共犯论之基础》，陈子平监译，载《东海法学研究》1996 年第 10 期。

谢望原主译：《英国刑事制定法精要》，中国人民公安大学出版社 2003 年版。

（三）中文法典与工具书

《德国刑法典》，许久生、庄敬华译，中国方正出版社 2002 年版。

《日本刑法典》，张明楷译，法律出版社 2006 年版。

《意大利刑法典》，黄风译，法律出版社 2007 年版。

《瑞士联邦刑法典》，徐久生、庄敬华译，中国方正出版社 2004 年版。

［韩］金永哲译：《韩国刑法典及单行刑法》，中国人民大学出版社 1996 年版。

［日］木村龟二主编：《刑法学词典》，顾肖荣等译，上海翻译出版公司 1991 年版。

（四）期刊论文

刘明祥：《单一正犯视角下的共同正犯问题》，载《中外法学》2019 年第 1 期。

张明楷：《对向犯中必要参与行为的处罚范围》，载《比较法研究》2019 年第 5 期。

张伟：《限制的正犯概念与二元犯罪参与体系批判》，载《比较法研究》2019 年第 5 期。

黄明儒：《二元的形式单一正犯体系之提倡——犯罪参与体系问题二元论研究的新思考》，载《法学》2019 年第 7 期。

梁根林:《间接正犯的中国命运》，载《比较法研究》2019年第5期。

武晓雯:《间接正犯概念的必要性——对基于区分制正犯体系的否定说之回应》，载《清华法学》2019年第3期。

袁国何:《功能单一正犯体系的理论脉络及其检讨》，载《中外法学》2019年第1期。

王振华:《单一正犯体系的危机与突围：归责体系的构建——兼与何庆仁教授商榷》，载《法学家》2019年第3期。

谭堃:《共犯的限制从属性说之坚持——以共犯违法相对性的扩张为视角》，载《法律科学》2019年第5期。

邓毅丞:《共犯正犯化背景下的从属性困境及理论应对》，载《中外法学》2019年第3期。

刘明祥:《从单一正犯视角看共谋共同正犯论》，载《法学评论》2018年第1期。

刘明祥:《区分制理论解释共同过失犯罪之弊端及应然选择》，载《中国法学》2017年第3期。

何庆仁:《共犯论领域阶层思考的现实意义》，载《华东政法大学学报》2018年第6期。

张伟:《间接正犯泛化与统一正犯体系的确立》，载《法学论坛》2018年第3期。

黄明儒、王振华:《论单一正犯体系视域下间接正犯概念之否定》，载《东南大学学报》（哲学社会科学版）2017年第6期。

王华伟:《犯罪参与模式之比较研究——从分立走向融合》，载《法学论坛》2017年第6期。

王霖:《网络共犯归责模式新构——以改良纯粹惹起说为视角》，载《西部法学评论》2017年第1期。

张开骏:《共犯从属性立场的进一步贯彻》，载《苏州大学学报》（法学版）2016年第1期。

何庆仁:《归责视野下共同犯罪的区分制与单一制》，载《法学研究》

2016年第3期。

刘明祥:《间接正犯概念之否定——单一正犯体系的视角》，载《法学研究》2015年第6期。

马荣春:《论真正身份犯之共犯处罚根据》，载《法治研究》2015年第1期。

张开骏:《共犯限制从属性说之提倡——以共犯处罚根据和共犯本质为切入点》，载《法律科学》2015年第5期。

谭彬:《中国刑法中教唆犯从属性说之否定》，载《太原理工大学学报》(社会科学版) 2016年第2期。

周啸天:《最小从属性说的提倡：以对合法行为的利用为中心》，载《法律科学》2015年第6期。

黎宏、姚培培:《间接正犯概念不必存在》，载《中国刑事杂志》2014年第4期。

于志刚:《网络空间中犯罪帮助行为的制裁体系与完善思路》，载《中国法学》2016年第2期。

苏彩霞:《多元化网络共犯行为的刑法规制路径体系之重构》，载《法学家》2019年第2期。

于冲:《网络犯罪帮助行为正犯化的规范解读与理论省思》，载《中国刑事法杂志》2017年第1期。

刘仁文、杨学文:《帮助行为正犯化的网络语境——兼及对犯罪参与理论的省思》，载《法律科学》2017年第3期。

胡云腾:《谈〈刑法修正案（九)〉的理论与实践创新》，载《中国审判》2015年第20期。

王霖:《网络犯罪参与行为刑事责任模式的教义学塑造——共犯归责模式的回归》，载《政治与法律》2016年第9期。

周光权:《“被教唆的人没有犯被教唆的罪”的理解——兼与刘明祥教授商榷》，载《法学研究》2013年第4期。

蔡桂生:《〈刑法〉第29条第2款的法理分析》，载《法学家》2014年第1期。

钱叶六:《中国犯罪参与体系的性质及其特色——一个比较法的分析》,载《法律科学》2013年第6期。

江溯:《单一正犯体系的类型化考察》,载《内蒙古大学学报》(哲学社会科学版)2012年第1期。

许泽天:《主行为故意对共犯从属的意义》,载《成大法学》2012年第24期。

张明楷:《共同犯罪是违法形态》,载《人民检察》2010年第13期。

何庆仁:《共犯判断的阶层属性》,载《中国刑事法杂志》2012年第7期。

王昭武:《论共谋的射程》,载《中外法学》2013年第1期。

钱叶六:《共犯的实行从属性说之提倡》,载《法学》2012年第11期。

刘明祥:《"被教唆的人没有犯被教唆的罪"之解释》,载《法学研究》2011年第1期。

张开骏:《区分制犯罪参与体系与"规范的形式客观说"正犯标准》,载《法学家》2013年第4期。

钱叶六:《共犯与正犯关系论》,载《中外法学》2013年第4期。

张开骏:《共犯从属性理论的体系建构》,载《清华法学》2013年第6期。

钱叶六:《参与自杀的可罚性研究》,载《中国法学》2012年第4期。

王昭武:《论共犯的最小从属性说——日本共犯从属性理论的发展与借鉴》,载《法学》2007年第11期。

李洁、谭堃:《论共犯从属性理论的内涵》,载《国家检察官学院学报》2011年第1期。

郑逸哲:《共犯从属性乃指共犯之罪名从属于正犯之罪名》,载《月旦法学教室》2006年总第39期。

刘明祥:《论中国特色的犯罪参与体系》,载《中国法学》2013年第6期。

许玉秀:《检视刑法共犯章修正草案》,载《月旦法学杂志》2003年第

1 期。

阎二鹏:《扩张正犯概念体系的建构——兼评对限制正犯概念的反思性检讨》，载《中国法学》2009 年第 3 期。

钱叶六:《双层区分制下正犯与共犯的区分》，载《法学研究》2012 年第 1 期。

刘艳红:《论正犯理论的客观实质化》,《中国法学》2011 年第 4 期。

陈兴良:《犯罪论体系的位阶性研究》，载《法学研究》2010 年第 4 期。

万选才:《论教唆犯的处罚根据》，载《法律适用》2012 年第 5 期。

黎宏:《共同犯罪行为共同说的合理性及其应用》，载《法学》2012 年第 11 期。

江溯:《区分制共犯体系的整体系批判》，载《法学论坛》2011 年第 6 期。

王昭武:《论共犯的最小从属性说——日本共犯从属性理论的发展与借鉴》，载《法学》2007 年第 11 期。

江溯:《区分制共犯体系的整体系批判》，载《法学论坛》2011 年第 6 期。

阎二鹏:《犯罪参与类型再思考——兼议分工分类与作用分类的反思》，载《环球法律评论》2011 年第 5 期。

马克昌:《共同犯罪理论中若干争议问题》，载《华中科技大学学报》(社会科学版) 2004 年第 1 期。

张明楷:《共犯对正犯故意的从属性之否定》，载《政法论坛》2010 年第 5 期。

许泽天:《教唆或帮助欠缺故意之行为》，载《军法专刊》1999 年第 4 期。

李洁、谭堃:《论教唆、帮助自杀行为的可罚性》，载《政治与法律》2013 年第 6 期。

王钢:《自杀行为违法性之否定——与钱叶六博士商榷》，载《清华法学》2013 年第 3 期。

阎二鹏:《从属性观念下共犯形态论之阶层考察——兼议构成要件符合形态论之提倡》，载《法学论坛》2013年第4期。

阎二鹏:《共犯本质论之我见——兼议行为共同说之提倡》，载《中国刑事法杂志》2010年第1期。

刘士心:《论间接正犯之范围》，载《法商研究》2006年第3期。

何庆仁:《我国刑法中教唆犯的两种涵义》，载《法学研究》2004年第5期。

杨金彪:《刑法共犯规定对共犯从属性说的贯彻》，载《法学论坛》2006年第4期。

赵秉志、魏东:《论教唆犯的未遂——兼议新刑法第29条第2款》，载《法学家》1999年第3期。

毛冠楠:《论我国刑法中教唆犯性质之界定》，载《云南大学学报》（法学版）2006年第6期。

李凤梅:《教唆行为：共犯行为抑或实行行为》，载《法学杂志》2009年第1期。

陈兴良:《间接正犯：以中国的立法与司法为视角》，载《法制与社会发展》2002年第5期。

余淦才:《试论教唆犯的刑事责任》，载《安徽大学学报》（哲学社会科学版）1983年第2期。

夏诚华:《试论教唆犯的独立性》，载《山东法学》1989年第2期。

卢勤忠:《论教唆罪的设立》，载《现代法学》1996年第6期。

杨晓东、肖怡:《教唆行为应构成独立的“教唆罪”》，载《西南政法大学学报》2002年第2期。

郝守才:《论独立教唆犯》，载《河南师范大学学报》（哲学社会科学版）2002年第5期。

张睿:《论独立教唆犯》，载《河南省政法管理干部学院学报》2000年第3期。

李兰英:《论教唆犯的几个问题》，载《现代法学》2003年第5期。

许泽天:《作为犯罪预备的教唆行为》，载《台湾法学杂志》2011 年总第 187 期。

甘添贵:《正犯与共犯：第一讲——共同正犯之本质》，载《月旦法学教室》2003 年第 6 期。

陈子平:《犯罪共同说与行为共同说》，载《月旦法学教室》2004 年第 26 期。

李希慧:《论教唆犯的处罚》，载《中南政法学院学报》1988 年第 4 期。

哈尔滨市道外区人民检察院:《教唆未成年人盗窃家中财物是否构成犯罪》，载《检察日报》2009 年 5 月 17 日，第 3 版。

钟亚雅等:《帮助自杀，罪不可恕，其情可悯》，载《检察日报》2012 年 6 月 6 日，第 5 版。

马卫军:《超最小从属性说的展开》，载陈兴良主编:《刑事法评论》(第 40 卷)，北京大学出版社 2017 年版。

田然:《论主从犯特殊区分制的共犯体系》，载陈兴良主编:《刑事法评论》(第 1 卷)，北京大学出版社 2017 年版。

王志远:《共犯从属观念的现实意义批判》，载陈兴良主编:《刑事法判解》(第 16 卷)，北京大学出版社 2014 年版。

刘明祥:《我国大陆不宜采取共犯从属性说》，载《海峡两岸暨第八届内地中青年刑法学者高级论坛论文集》，2012 年 10 月，中国青年政治学院。

潘莉:《论教唆罪的设立》，载高铭暄、赵秉志主编:《刑法论丛》(第 9 卷)，法律出版社 2005 年版。

阎二鹏:《共犯本质论——基于“个人责任”的反思性检讨》，载赵秉志主编:《刑法论丛》(第 19 卷)，法律出版社 2009 年版。

姜兴长主编:《刑事审判指导》2004 年第 1 辑，人民法院出版社 2004 年版。

陈兴良、张军、胡云腾主编:《人民法院刑事指导案例裁判要旨通纂》(上卷)，北京大学出版社 2013 年版。

陈子平:《论共犯之独立性与从属性》，载陈兴良主编:《刑事法评论》(第21卷)，北京大学出版社2007年版。

王昭武:《教唆犯从属性说之坚持与展开》，载赵秉志主编:《刑法论丛》(第15卷)，法律出版社2008年版。

许泽天:《共犯之处罚基础与从属性》，载《罪与刑——林山田教授六十岁生日祝贺论文集》，台湾五南图书出版有限公司1998年版。

陈子平:《论教唆犯、从犯规定之独立性与从属性》，载蔡墩铭主编:《刑法争议问题研究》，台湾五南图书出版有限公司1999年版。

柯耀程:《刑法参与论的发展与检讨》，载刘明祥等主编:《刑事法探究》(第4卷)，中国人民公安大学出版社2011年版。

杨金彪:《共犯的处罚根据论——以引起说内部的理论对立为中心》，载陈兴良主编:《刑事法评论》(第19卷)，北京大学出版社2006年版。

陈洪兵:《共犯处罚根据论》，载陈兴良主编:《刑事法评》(第23卷)，北京大学出版社2008年版。

陈兴良:《走向共犯的教义学——一个学术史的考察》，载陈兴良主编:《刑事法评论》(第25卷)，北京大学出版社2009年版。

钱叶六:《间接正犯与教唆犯的界分——行为支配说的妥当性及其贯彻》，载陈兴良主编:《刑事法评论》(第28卷)，北京大学出版社2011年版。

齐文远、刘代华:《论教唆犯应被规定为独立犯罪》，载高铭暄、赵秉志主编:《刑法论丛》(第2卷)，法律出版社1999年版。

李凤梅:《古典学派语境下的教唆犯地位研究》，载赵秉志主编:《刑法论丛》(第2卷)，法律出版社2009年版。

陈兴良:《共同正犯：承继性与重合性——高海明绑架、郭永杭非法拘禁案的法理分析》，载陈兴良主编:《刑事法评论》(第21卷)，北京大学出版社2007年版。

（五）司法案例

内蒙古阿拉善左旗人民法院（2014）阿左刑二初字第 57 号刑事判决书。

新疆维吾尔自治区乌鲁木齐市水磨沟区人民法院（2013）水刑初字第 51 号刑事判决书。

新疆维吾尔自治区乌鲁木齐市中级人民法院（2013）乌中刑一终字第 86 号刑事裁定书。

湖南省邵阳市中级人民法院（2012）邵中刑一初字第 28 号刑事判决书。

广东省珠海市香洲区人民法院（2006）香刑初字第 406 号刑事判决书。

黑龙江省哈尔滨市香坊区人民法院（2006）香刑初字第 406 号刑事判决书。

吉林省通化市中级人民法院（2002）刑一初字第 10 号刑事判决书。

江苏省南通市中级人民法院（2002）通中刑一初字第 10 号刑事判决书。

浙江省宁波市中级人民法院（2001）甬刑终字第 155 号刑事裁定书。

江苏省大丰市人民法院（2000）大刑初字第 172 号刑事判决书。

二、外文文献

（一）著作

[日] 外木央晃『共犯の基礎理論』(成文堂、2018 年)。

[日] 小島秀夫『幇助犯の規範構造と処罰根拠』(弘文堂、2015 年)。

[日] 豊田兼彦『共犯の処罰根拠と客観的帰属』(成文堂、2009 年)。

[日] 川端博『共犯の理论』(成文堂、2008 年)。

Richard G. Singer and John Q. la Fond. *Criminal Law*. Fifth Edition，Aspen publishers，2010.

Jonathan Herring，*Criminal Law*，Palgrave Macmil-lan，2002.

Smith & Hogan，*Criminal Law*，Butterworths，1999.

（二）论文和文集

[日] 金子博「客観的帰属論と過失共犯」刑法雜誌 58 卷 1 号（2019 年）。

[日] 川口浩一「客観的帰属論と共犯の関係」刑法雜誌 50 卷 1 号（2010 年）。

[日] 豊田兼彦「共犯の処罰根拠と客観的帰属（1）」愛知大学法学部法經論集 166 号（2004 年）。

[日] 十河太朗「共犯従属性概念の再構成（1）」同志社法學 56 卷 4 号（2004 年）。

[日] 島田聡一郎「適法行為を利用する違法行為」法律時報 73 卷 6 号（2001 年）。

John W.Curran，"Solicitation：A Substantive Crime"，17 Minnesota law Review，（1933）.

后 记

本书第二章至第七章是笔者 2014 年博士论文的主体内容。毕业后，一直有将博士论文出版的念头，但由于各种原因而耽搁下来。直至终于有机会出版，已经时隔五年有余。

笔者博士论文的题目，是导师周光权教授所定。当时接受该题目时，对共犯论这一复杂的领域有畏难情绪。但经过一番煎熬，待毕业论文撰写完成时，真是庆幸研究了这一极具争议又极具挑战性的领域。在博士论文中，笔者对共犯从属性问题采取了体系性研究路径。论文中提出的立足于“支配能力”修正犯罪事实支配理论，进而对区分制体系作出规范论上的调整，在共犯的处罚根据上采取接受构成要件制约的“改良的纯粹惹起说”，以及相应地在共犯从属性问题上采取最低限度的“共犯的客观构成要件从属性说”，在 2014 年笔者完成博士论文之时，国内几乎没有学者采纳。所以，本书能够体现出笔者在共犯论领域的创新性观点，算是笔者在共犯论领域的第一本代表作，也算是对笔者博士论文的最好的纪念。需要说明的是，本书是在笔者博士论文的基础上完成的，毕业后笔者赴日访学一年，补充了少量日本共犯论领域较新的文献，因此，本书存在前几章的日文文献多为转引，最后增补的两章中日文文献多为直接引用的现象。

作为第一本出版的个人专著，即便交织了各种外在的因素，心情也不免是激动的。想起撰写博士论文时，每天骑自行车拖着装满文献资料的行李箱往返于图书馆；想起那一年的寒假和暑假，在人影稀疏的校园，我辗转于还在开放的教室那瘦削的身影；想起某一天晚自习后，我骑着自行车在回宿舍的路上，突然迸发出“纯粹惹起说有道理”的突发奇想，然后好像一切迎刃而解的很大的、安静的喜悦；想起了许多认真的、努力的、充实多于单调、不知是单纯还是傻的时光。因为有过那样努力的劲头，因为那时简单又丰富的情绪，因为出版一本专著的机会实在难得，想借此表达我的感谢。

感谢我读博期间的导师周光权教授，感谢周老师为我选取了这样一个有深度和包容性的论文题目，这直接决定了我毕业后的研究领域。周老师治学严谨、正直包容、谦逊而温和，真正展现了学者的精神和风范，这也影响了我对科研工作的态度。感谢劳东燕教授向中国法制出版社的“青蓝文库”项目推荐本书，不仅使得本书得以免费出版，也为本书的修改和完善提供了宝贵的建议。

还想感谢我的父母。我们家有姐弟三人，父母的压力可想而知。但父母一直坚持并鼓励我们接受教育，给我们提供了不富裕却也自足的生活环境。父亲脾气不好，与母亲没有恩爱。可是记忆里，父亲坚持给上小学的我们姐弟三人每人定一套50元的校服，坚持让姐姐自费读全县最好的高中，我们中考、高考时，沉默寡言的父亲会细心地准备汽水和水果。印象中，母亲勤劳、坚强又乐观，在北方寒冷的冬日里出一整天的烧烤摊，八月十五时推着三轮车卖月饼，开过小饭店、小旅馆，寒来暑往……不过是普通又平凡的小地方妇女，却开明豁达，从未要求我们出人头地，却给了我们最好的价值观教育。感谢我的姐姐和弟弟。小的时候相互陪伴着成长，长大了共同分担着现实的压力。父母年岁已高，多亏了大姐和老弟在老家照顾，帮我减轻了压力，特此表达感谢。

不知不觉，已三十好几。有成长中带来的真诚和单纯，也有面对现实的局促和狭隘，还有与生俱来的乐观。想要坚持的，不过是板凳宁坐十年冷，文章不写一字空；想要守护的，只是家人的平安和健康。想让自己变得好一点儿。想和知心人携手共奋进。

图书在版编目（CIP）数据

共犯从属性研究 / 秦雪娜著 .—北京：中国法制出版社，2020.3
（青蓝文库）
ISBN 978-7-5216-0905-9

Ⅰ．①共…　Ⅱ．①秦…　Ⅲ．①同案犯—研究　Ⅳ．① D914.104

中国版本图书馆 CIP 数据核字（2020）第 032702 号

策划编辑　马颖　王雯汀　　　责任编辑　王雯汀　　　封面设计　蒋　怡

共犯从属性研究
GONGFAN CONGSHUXING YANJIU

著 者 / 秦雪娜
经 销 / 新华书店
印 刷 / 三河市紫恒印装有限公司
开 本 / 710 毫米 ×1000 毫米　16 开
印 张 / 20
字 数 / 239 千

版次：2020 年 3 月第 1 版 / 2020 年 3 月第 1 次印刷
书号：ISBN 978-7-5216-0905-9　　定价：69.00 元

北京西单横二条 2 号
邮政编码：100031　　传真：010-66031119
网址：http://www.zgfzs.com　　编辑部电话：010-66060794
市场营销部电话：010-66033393　　邮购部电话：010-66033288

（如有印装质量问题，请与本社印务部联系调换。电话：010-66032926）